lb/ 222
43 iwm 100
03. Expl.

Ausgeschieden im Jahr 2025

Schumann · *Metallographie*

Von Professor Dr. sc. techn. Hermann Schumann †
unter Mitarbeit von Dr.-Ing. Klaus Cyrener, Dipl.-Met. Wolfgang Molle,
Dr. sc. techn. Heinrich Oettel, Dr. rer. nat. Joachim Ohser
und Dr.-Ing. Heinz-Ludwig Steyer

Metallographie

13., neu bearbeitete Auflage

mit 1136 Bildern und 91 Tabellen

Deutscher Verlag für Grundstoffindustrie Stuttgart

Schumann, Hermann:
Metallographie / von Hermann Schumann unter Mitarb. von Klaus Cyrener ...
13., neubearb. Aufl. – Stuttgart Dt. Verl. für Grundstoffind., 1990. –

ISBN: 3-342-00431-2

13., neu bearbeitete Auflage
© 1991 Deutscher Verlag für Grundstoffindustrie Stuttgart
Satz: Interdruck Leipzig GmbH
Druck und Binden: Druckhaus „Thomas Müntzer" GmbH, Bad Langensalza
Lektor: Dipl.-Geol. Michael Fuchs
Gestaltung: Bernhard Dietze
Redaktionsschluß: 30. Juni 1989

Vorwort

Noch vor einigen Jahren war der Begriff »Metallographie« ziemlich klar definiert. Man verstand darunter die Entwicklung des Gefüges eines metallischen Werkstoffs und, wenn möglich, die Herstellung eines meist qualitativen Zusammenhangs zwischen dem lichtmikroskopisch sichtbaren Gefüge und den vorzugsweise mechanischen Eigenschaften. Diese Grenzen sind in zunehmendem Maß durchbrochen worden: Den Metallen ordnen sich gleichberechtigt Kunststoffe, Keramiken und Gläser bei, so daß die klassische Metallkunde zunehmend in der modernen Werkstoffwissenschaft aufgeht und sich die Metallographie in eine »Materialographie« wandelt. Das Elektronenmikroskop mit seinen verschiedenen Varianten hat die Erkennbarkeit und Identifizierung von Gefügebestandteilen bis in den atomaren Bereich hinein verschoben, so daß für die Deutung der mit dem Elektronenmikroskop erhaltenen Ergebnisse vertiefte physikalische und kristallographische Kenntnisse erforderlich sind. Zahlreiche neue, zum Teil recht komplizierte Untersuchungs- und Meßverfahren erbringen quantitative, wissenschaftlich fundierte Zusammenhänge zwischen dem Aufbau und den allgemeinen Eigenschaften eines Werkstoffs, womit höhere mathematische Anforderungen entstehen.
Bei der Neubearbeitung und Modernisierung des vorliegenden Buchs war deshalb eine Auswahl unter verschiedenen Möglichkeiten zu treffen. Da der bisherige Titel ›Metallographie‹ weiter bestehen bleiben sollte, mußte eine Beschränkung auf die metallischen Werkstoffe erfolgen. Das Buch richtet sich vorzugsweise auf die Belange der Lernenden im Bereich der industriellen Praxis aus. Deshalb hatte die Lichtmikroskopie den Schwerpunkt zu bilden. Die neuen Abschnitte über optische Grundlagen sind zwar etwas theoretisch, stellen aber den Anschluß an den derzeitigen Stand von Wissenschaft und Technik her und ermöglichen das Verständnis der neueren Untersuchungsverfahren. Dementsprechend wurde auch das Kapitel zur Elektronenmikroskopie erweitert, obwohl es hierüber ausgezeichnete Monographien gibt. Zur Herstellung quantitativer Relationen zwischen Gefüge und Eigenschaften dienen die Abschnitte über die Gefügebewertung und die Röntgendiffraktometrie. Zum Verständnis sind wohl gewisse kristallographische und metallphysikalische Vorkenntnisse erforderlich. Bei der Behandlung der Gefüge spezieller Werkstoffe fand eine Straffung und Aktualisierung statt. Neu aufgenommen wurden Ausführungen über Titan und Edelmetalle.
Für Vorschläge zu weiteren Verbesserungen wären die Autoren dankbar.

Der Herausgeber

Inhaltsverzeichnis

Einleitung 13

1.	Metallographische Arbeitsverfahren	15
1.1.	*Ziel und Methoden metallographischer Untersuchungen*	15
1.2.	*Lichtmikroskopie*	16
	1.2.1. Optische Grundlagen	16
	1.2.1.1. Polarisation	19
	1.2.1.2. Brechung und Reflexion	19
	1.2.1.3. Doppelbrechung	24
	1.2.1.4. Interferenz	24
	1.2.1.5. Beugung	25
	1.2.1.6. Linsen	26
	1.2.2. Aufbau und Wirkungsweise von Auflichtmikroskopen	29
	1.2.2.1. Optische Elemente von Auflichtmikroskopen	29
	1.2.2.2. Zur Theorie der mikroskopischen Abbildung	35
	1.2.2.3. Abbildungsfehler	38
	1.2.3. Verfahren der Auflichtmikroskopie	40
	1.2.3.1. Hellfeldabbildung	41
	1.2.3.2. Dunkelfelduntersuchungen	43
	1.2.3.3. Phasenkontrastverfahren	44
	1.2.3.4. Polarisationsmikroskopie	45
	1.2.3.5. Interferenzmikroskopie	46
	1.2.3.6. Interferenzschichtenmikroskopie	49
	1.2.3.7. Stereomikroskopie	51
	1.2.4. Fotografische Dokumentation	52
	1.2.4.1. Wiedergabeverfahren mikroskopischer Bilder	52
	1.2.4.2. Arbeitsschritte in der Mikrofotografie	56
	1.2.4.3. Aufnahmesysteme in der Mikrofotografie	57
	1.2.4.4. Aufbau und Wirkungsweise fototechnischer Materialien für die Schwarz-Weiß-Fotografie	63
	1.2.4.5. Fototechnische Eigenschaften von Aufnahme- und Kopiermaterialien	66

1.3.	*Präparationstechnik*		75
	1.3.1.	Probenahme	77
	1.3.2.	Herstellung des Anschliffs	80
	1.3.2.1.	Einfassen	80
	1.3.2.2.	Schleifen und mechanisches Polieren	82
	1.3.2.3.	Weitere spanende Abtragsverfahren	95
	1.3.2.4.	Polieren durch elektrochemischen Metallabtrag	95
	1.3.3.	Kontrastierung	105
1.4.	*Gefügebewertung*		127
	1.4.1.	Allgemeine geometrische Parameter von Gefügebestandteilen	128
	1.4.2.	Stereologische Methoden	130
	1.4.3.	Mittlere Korngröße, mittlere Lamellendicke, Versetzungsdichte	135
	1.4.4.	Bestimmung der Verteilungsfunktion räumlicher Größen	138
	1.4.4.1.	Verteilung des Durchmessers sphärolithischer Teilchen	139
	1.4.4.2.	Verteilung der Lamellendicke oder des Plattenabstands	139
	1.4.5.	Hilfsmittel und Geräte der quantitativen Metallographie	140
1.5.	*Röntgendiffraktometrie*		146
	1.5.1.	Grundlagen der Raumgitterinterferenzen	146
	1.5.2.	Vielkristallinterferenzen	148
	1.5.3.	Vielkristalldiffraktometrie	152
	1.5.4.	Anwendungen der Röntgendiffraktometrie	155
	1.5.4.1.	Röntgenographische Phasenanalyse	155
	1.5.4.2.	Röntgenographische Untersuchung von Mischkristallen	156
	1.5.4.3.	Röntgenographische Korngrößenbestimmung	158
	1.5.4.4.	Ermittlung von Versetzungsdichten	159
	1.5.4.5.	Texturen	159
1.6.	*Metallographische Sonderverfahren*		161
	1.6.1.	Transmissionselektronenmikroskopie	161
	1.6.1.1.	Grundlagen der Transmissionselektronenmikroskopie	161
	1.6.1.2.	Elektronenbeugung	164
	1.6.1.3.	Abdruckverfahren	166
	1.6.1.4.	Untersuchung kristalliner Objekte	167
	1.6.2.	Elektronenstrahlmikrosonde	170
	1.6.2.1.	Zur Wechselwirkung zwischen beschleunigten Elektronen und Materie	170
	1.6.2.2.	Aufbau einer Elektronenstrahlmikrosonde	171
	1.6.2.3.	Elektronenstrahlmikroanalyse	172
	1.6.2.4.	Rasterelektronenmikroskopie	174
	1.6.3.	Mikrohärtemessung	175
	1.6.4.	Gefügeuntersuchungen bei hohen und tiefen Temperaturen	185
	1.6.4.1.	Hochtemperaturmikroskopie	188
	1.6.4.2.	Tieftemperaturmikroskopie	190
	1.6.4.3.	Möglichkeiten und Grenzen der Hoch- und Tieftemperaturmikroskopie	191
	1.6.5.	Mikroreflexionsmessung	194
	1.6.6.	Strukturätzungen	200

2. Zustandsdiagramme der Metalle und Legierungen 206

2.1. *Reine Metalle* 206
    2.1.1. Kristalliner Aufbau der Metalle 206
    2.1.2. Kristallographische Grundlagen 208
    2.1.3. Verhalten der Metalle beim Erwärmen 225
    2.1.4. Methoden zur Bestimmung von Umwandlungspunkten 232
    2.1.4.1. Thermische Analyse 233
    2.1.4.2. Dilatometrische Analyse 242
    2.1.4.3. Magnetische Analyse 248
2.2. *Zweistofflegierungen* 251
    2.2.1 Begriff des Zustandsdiagramms 251
    2.2.2. RAOULTsches Gesetz 253
    2.2.3. Legierungen mit einer Mischungslücke im flüssigen Zustand . . 256
    2.2.3.1. Vollständige Unmischbarkeit im flüssigen Zustand 256
    2.2.3.2. Geringe Mischbarkeit im flüssigen Zustand 260
    2.2.3.3. Größere Mischbarkeit im flüssigen Zustand 267
    2.2.4. Legierungen mit vollständiger Mischbarkeit im festen Zustand . 272
    2.2.4.1. Atomarer Aufbau der Mischkristalle 272
    2.2.4.2. Grundgesetze der Diffusion 275
    2.2.4.3. Legierungen mit vollständiger Mischkristallbildung 278
    2.2.4.4. Eigenschaften von Legierungen mit vollständiger Mischkristallbildung 284
    2.2.5. Legierungen mit einer Mischungslücke im festen Zustand . . . 285
    2.2.5.1. Vollständige Unmischbarkeit im festen Zustand 285
    2.2.5.2. Eutektische Entmischung 289
    2.2.5.3. Peritektische Entmischung 297
    2.2.5.4. Eigenschaften von Legierungen mit Kristallgemengen . . . 303
    2.2.6. Legierungen mit einer intermetallischen Verbindung 306
    2.2.6.1. Atomarer Aufbau und Eigenschaften der intermetallischen Verbindungen 306
    2.2.6.2. Legierungen mit einer kongruent schmelzenden Verbindung . . 310

    2.2.7. Legierungen mit Umwandlungen im festen Zustand 316
    2.2.7.1. Löslichkeitsänderung der Mischkristalle (Aushärtung) . . . 316
    2.2.7.2. Komponenten mit allotropen Modifikationen 323
    2.2.7.3. Eutektoider Zerfall der Mischkristalle 325
    2.2.7.4. Überstrukturbildung der Mischkristalle 329
    2.2.7.5. Bildung einer intermetallischen Verbindung aus einem Mischkristall 330
    2.2.7.6. Zerfall eines Mischkristalls in zwei Mischkristalle von unterschiedlicher Zusammensetzung 331
    2.2.8. Ergänzungen zu den Zweistofflegierungen 332
    2.2.8.1. Zusammengesetzte binäre Systeme 332
    2.2.8.2. Experimentelle Aufstellung von Zustandsdiagrammen 335

2.3. Einiges über Dreistofflegierungen 339
    2.3.1. Graphische Darstellung der Zusammensetzung von Dreistofflegierungen 339
    2.3.2. Hebelgesetz bei ternären Legierungen 342
    2.3.3. Ternäre Zustandsdiagramme 343
    2.3.4. Isotherme und Temperatur-Konzentrations-Schnitte 348
    2.3.5. Erstarrungsablauf bei ternären Legierungen 352

3. Einfluß der Verarbeitungsverfahren auf die Gefügeausbildung der Metalle und Legierungen 356

3.1. Gießen der Metalle 356
    3.1.1. Zustand metallischer Schmelzen 356
    3.1.2. Erstarrungsprozeß 357
    3.1.3. Gußgefüge 358
    3.1.4. Seigerungen 364
    3.1.5. Lunker 375
    3.1.6. Gasblasen 378
    3.1.7. Fremdeinschlüsse 382
3.2. Plastische Formgebung der Metalle 384
    3.2.1. Kaltumformung 384
    3.2.1.1. Zerreißdiagramm 384
    3.2.1.2. Verformung durch Abgleitung 386
    3.2.1.3. Verformung durch Zwillingsbildung 390
    3.2.1.4. Kornstreckung und Verformungstextur 392
    3.2.1.5. Eigenschaftsänderungen 394
    3.2.2. Entfestigungsvorgänge 395
    3.2.2.1. Kristallerholung 396
    3.2.2.2. Primärrekristallisation 396
    3.2.2.3. Kornwachstum 397
    3.2.3. Warmumformung 403
3.3. Löten und Schweißen der Metalle 413
    3.3.1. Löten 413
    3.3.1.1. Weichlöten 413
    3.3.1.2. Hartlöten 414
    3.3.2. Schweißen 414
    3.3.2.1. Preßschweißen 415
    3.3.2.2. Schmelzschweißen 415

4. Gefüge der technischen Eisenlegierungen 420

4.1. Herstellung und Einteilung der Eisenlegierungen 420
    4.1.1. Herstellung der Eisenlegierungen 420
    4.1.2. Einteilung und Bezeichnung der Eisenlegierungen 423
4.2. Reineisen 424
4.3. Eisen-Kohlenstoff-Diagramm 428

4.4.	Eisenbegleiter		445
	4.4.1.	Kohlenstoff	446
	4.4.2.	Silizium	452
	4.4.3.	Mangan	452
	4.4.4.	Phosphor	453
	4.4.5.	Schwefel	461
	4.4.6.	Stickstoff	466
	4.4.7.	Wasserstoff	470
	4.4.8.	Sauerstoff	474
	4.4.9.	Nichtmetallische Einschlüsse	479
4.5.	*Wärmebehandlung der Stähle*		484
	4.5.1.	Umwandlungen des Austenits beim Abkühlen	484
	4.5.1.1.	Perlitbildung	487
	4.5.1.2.	Martensitbildung	488
	4.5.1.3.	Bainitbildung	494
	4.5.1.4.	Zeit-Temperatur-Umwandlungs-Diagramme	496
	4.5.2.	Normalglühen	509
	4.5.3.	Weichglühen	515
	4.5.4.	Rekristallisationsglühen	520
	4.5.5.	Härten	525
	4.5.6.	Oberflächenhärten	533
	4.5.7.	Vergüten	541
4.6.	*Legierte Stähle*		552
	4.6.1.	Allgemeine Wirkung der Legierungselemente	552
	4.6.2.	Siliziumstähle	569
	4.6.3.	Manganstähle	573
	4.6.4.	Nickelstähle	580
	4.6.5.	Chromstähle	584
	4.6.6.	Chrom-Nickel-Stähle	592
	4.6.7.	Schnellarbeitsstähle	604
4.7.	*Gußeisen und Temperguß*		610

5.	**Gefüge der technischen Nichteisenmetalle und ihrer Legierungen**		**626**
5.1.	*Kupfer und seine Legierungen*		626
	5.1.1.	Reinkupfer	626
	5.1.2.	Kupfer-Schwefel	627
	5.1.3.	Kupfer-Sauerstoff	627
	5.1.4.	Kupfer-Zink (Messing)	630
	5.1.5.	Sondermessing	643
	5.1.6.	Kupfer-Zinn (Bronze)	645
	5.1.7.	Sonderbronzen und andere Kupferlegierungen	650
5.2.	*Zink und seine Legierungen*		659
	5.2.1.	Reinzink	659
	5.2.2.	Zink-Aluminium	661
	5.2.3.	Zink-Aluminium-Kupfer	664

5.3.	Blei und seine Legierungen		667
	5.3.1.	Reinblei	667
	5.3.2.	Blei-Zinn	668
	5.3.3.	Blei-Antimon	670
	5.3.4.	Blei-Zinn-Antimon	671
5.4.	Aluminium und seine Legierungen		676
	5.4.1.	Reinaluminium	676
	5.4.2.	Aluminium-Silizium	681
	5.4.3.	Aluminium-Kupfer	685
	5.4.4.	Aluminium-Magnesium	687
	5.4.5.	Aluminium-Mangan	690
	5.4.6.	Aluminium-Eisen	692
	5.4.7.	Aluminium-Mehrstofflegierungen	693
5.5.	Magnesium und seine Legierungen		701
	5.5.1.	Reinmagnesium	701
	5.5.2.	Magnesiumlegierungen	702
	5.5.2.1.	Magnesium-Aluminium	703
	5.5.2.2.	Magnesium-Zink	706
5.6.	Titan und seine Legierungen		707
5.7.	Edelmetalle		713
	5.7.1.	Übersicht	713
	5.7.2.	Silber und seine Legierungen	713
	5.7.2.1.	Reines Silber	713
	5.7.2.2.	Silber-Nickel	715
	5.7.2.3.	Silber-Kupfer	717
	5.7.2.4.	Silber-Kadmium	719
	5.7.2.5.	Silber-Palladium	722
	5.7.2.6.	Dispersionsgehärtete Silberlegierungen	723
	5.7.3.	Gold und seine Legierungen	724
	5.7.3.1.	Reines Gold	724
	5.7.3.2.	Gold-Nickel	725
	5.7.3.3.	Gold-Silber	726
	5.7.3.4.	Gold-Silizium	728
	5.7.4.	Platin und seine Legierungen	729
	5.7.4.1.	Reines Platin	729
	5.7.4.2.	Platin-Rhodium und Platin-Iridium	733

Anhang 735

Literaturverzeichnis 754

Sachwörterverzeichnis 757

Einleitung

Die *Wissenschaft von den metallischen Werkstoffen* ist noch nicht sehr alt. Bis zur Mitte des 19. Jahrhunderts beschränkte sich die Prüfung der wenigen damals bekannten Legierungen auf die Ermittlung der chemischen Zusammensetzung, technologische Teste und Untersuchungen des Bruchgefüges. Nur in wenigen Fällen wurden Kristallbildungen in Lunkern oder auf der Oberfläche von erstarrten Schmelzen beschrieben; man hielt die Metalle vorwiegend für amorph. Von den Mineralogen A. v. WIDMANNSTÄTTEN und C. v. SCHREIBERS war jedoch bereits um 1810 die gesetzmäßige Anordnung grober Platten in Meteoreisen durch Anschleifen und Ätzen entdeckt worden. Die Anschliffe wurden sogar unmittelbar als Druckstöcke verwendet und damit Reproduktionen hergestellt.

Die wissenschaftliche *Metallographie* (Metallbeschreibung) begann vor etwa 100 Jahren. 1864 stellten H. C. SORBY in England und 1878 A. MARTENS in Deutschland erstmalig metallographische Metallschliffe im heutigen Sinn her und photographierten die im Mikroskop bei höheren Vergrößerungen sichtbaren Gefügestrukturen von Stahl und Gußeisen. F. OSMOND in Frankreich schuf daraufhin wichtige Grundlagen der Metallkunde, besonders auch der Stahlhärtung. W. C. ROBERTS-AUSTEN in England entwarf um die Jahrhundertwende das erste brauchbare Eisen-Kohlenstoff-Diagramm. Der Amerikaner H. M. HOWE führte die Gefügenamen Ferrit, Zementit, Perlit und Hardenit ein, OSMOND die Namen Martensit, Troostit und Austenit.

H. LE CHATELIER führte 1887 das Thermoelement ein, und mit Hilfe der dadurch ermöglichten thermischen Analyse wurden ab 1903 von G. TAMMANN und seinen Schülern zahlreiche Zustandsdiagramme metallischer Systeme aufgestellt. Männer wie HEYN, LEDEBUR und MAURER in Deutschland, TROOST, CHEVENARD und SAUVEUR in Frankreich, BRINELL, STEAD und ARNOLD in England sowie TSCHERNOW, ANOSSOW und KURNAKOW in Rußland sind untrennbar mit diesen Anfängen der Metallographie, die sich zunächst auf den Eisen- und Stahlsektor beschränkte, verknüpft. Aber erst im Jahre 1912 gelang es M. v. LAUE, FRIEDRICH und KNIPPING, die längst vermutete geregelte Atomanordnung in Kristallen durch Röntgenstrahlen eindeutig und unwiderlegbar nachzuweisen.

Die Erkenntnisse über das Wesen der Metalle und Legierungen wuchsen durch die klassischen Arbeiten obiger Forscher sehr rasch in die Breite und in die Tiefe, und man faßte später alles einschlägige Wissen unter dem Sammelnamen *Metallkunde* zusammen. Der ursprüngliche Name *Metallographie* wird heute dem Teilgebiet der Metallkunde vorbehalten, das sich mit dem Zusammenhang zwischen den Zustandsdiagrammen, dem Gefügeaufbau und den Eigenschaften der Metalle und Legierungen befaßt.

Ziel der Metallographie ist es, bei festgelegter chemischer Zusammensetzung aus dem Gesamtbild der makro- und mikroskopisch sichtbaren Gefügestruktur heraus die Eigenschaften und das Verhalten einer Legierung unter vorgegebenen Beanspruchungsverhältnissen nach Möglichkeit im voraus zu bestimmen und das günstigste Gefüge für einen bestimmten Verarbeitungsprozeß oder Verwendungszweck anzugeben.

Daneben hat sich die Metallographie zu einem der wichtigsten Kontrollverfahren für die laufende Produktion und zu dem erfolgreichsten Untersuchungsverfahren für die Ermittlung von Verarbeitungsfehlern und Schadensursachen bei metallischen Werkstoffen entwickelt.

Allerdings darf man die *Grenzen der Metallographie* nicht verkennen und nicht mehr von der makro- und mikroskopischen Gefügeuntersuchung verlangen, als dieselbe zu geben vermag.

Diese Begrenztheit der Metallographie beruht einerseits darauf, daß wir die speziellen Einzelgesetze des Zusammenhangs zwischen Gefügeaufbau und Eigenschaften noch nicht alle kennen und daß wir oftmals die Gesamtheit aller bei einem konkreten Fall mitwirkenden Gesetzmäßigkeiten und ihre gegenseitige Beeinflussung nicht überblicken können.

Andererseits sind einer weitergehenden Gefügeinterpretation gewisse Grenzen gesetzt durch das Unvermögen, bestimmte Substanzen im Gefüge mikroskopisch zu erkennen oder zu identifizieren, teils weil ihre absolute Menge oder Größe zu gering ist, teils weil sie als Mischkristall in Lösung gehen. Auch durch Einführung spezieller optischer Kontrastierungsverfahren in neuerer Zeit konnte diese Grenze nur geringfügig verschoben werden. Neue Möglichkeiten bietet der Einsatz moderner Elektronenmikroskope und Elektronenstrahlmikrosonden.

Eine weitere Erschwernis für die eindeutige Zuordnung von Gefügeaufbau und Eigenschaft liegt in der bisher subjektiven und in den meisten Fällen rein qualitativen Beurteilung desselben. Dies bedeutet: Anstelle von zahlenmäßigen Angaben, zwischen denen mathematische Gesetzmäßigkeiten hergestellt werden könnten, treten in der Metallographie meist relative Begriffe auf wie: »kleiner oder größer«, »mehr oder weniger« usw. Es ist zu erwarten, daß hier durch das *Fernsehmikroskop* und durch die hierdurch ermöglichte digitale Bildverarbeitung ein grundsätzlicher Wandel erfolgt.

Aus den angeführten Gründen steht der Metallograph z. B. allen möglichen Versprödungserscheinungen bis heute noch machtlos gegenüber. Auch Fragen, welche Schlackengrößen, -mengen und -verteilungen beispielsweise in Wälzlager- oder Turbinenschaufelstählen noch zulässig sind oder wann Karbidzeilen in Schnellarbeitsstählen von schädlichem Einfluß auf die Härtbarkeit oder auf die Standzeit des daraus gefertigten Werkzeugs sind, können bis heute nicht eindeutig beantwortet werden und bilden deshalb stets Reibungspunkte zwischen Erzeugern und Verbrauchern.

Trotz dieser Einschränkungen ist die Metallographie aus der modernen Metallforschung und Werkstoffprüfung nicht mehr wegzudenken. In den folgenden Ausführungen wird versucht, dem angehenden Werkstoffmann einen Überblick über die wichtigsten Arbeitsverfahren und Ergebnisse der modernen Metallographie zu vermitteln.

1. Metallographische Arbeitsverfahren

1.1. Ziel und Methoden metallographischer Untersuchungen

Aufgabe der Metallographie ist die qualitative und quantitative Beschreibung des Gefüges metallischer Werkstoffe. Darunter soll die Ermittlung und Bestimmung der
- Art
- Menge
- Größe
- Form
- örtlichen Verteilung
- Orientierungsbeziehungen und Realstruktur

der Gefügebestandteile mit Hilfe direkt abbildender mikroskopischer Verfahren verstanden werden. Die umfassende Charakterisierung des Gefüges ist dabei nicht Selbstzweck, sondern wird mit der Absicht durchgeführt, Zusammenhänge zwischen chemischer Zusammensetzung, technologischen Prozessen zur Gewinnung bzw. zur Nachbehandlung metallischer Körper und der Gefügeausbildung aufzuklären sowie auf dieser Grundlage die Eigenschaften und das Beanspruchungsverhalten metallischer Werkstoffe bzw. Werkstücke verstehen zu helfen. Sie stellt damit einen wichtigen Methodenkomplex der Werkstoffwissenschaft zur Aufklärung der Zusammenhänge zwischen Technologie (Gewinnung, Be- und Verarbeitung), Struktur und Eigenschaften metallischer Werkstoffe dar. Damit soll gleichzeitig zum Ausdruck gebracht werden, daß die Metallographie im Sinn der hier getroffenen Begriffsbestimmung nur ein Teil einer komplex aufzufassenden allgemeinen Struktur- und Gefügeanalyse ist, der unter anderem noch die indirekt strukturabbildenden Beugungsverfahren wie die Röntgen-, die Elektronen- und die Neutronenbeugung sowie die indirekten physikalischen Methoden auf der Grundlage der Ermittlung strukturabhängiger Eigenschaften (z. B. elektrischer Widerstand, magnetische Kenngrößen, mechanische Eigenschaften, thermisches Verhalten usw.) zuzuordnen sind. Das bedeutet, daß der »Metallograph« nicht nur sein eigenes, engeres Fachgebiet beherrschen, sondern auch Kenntnisse über ergänzende Untersuchungsmethoden und über die Technologie, die Eigenschaften und den praktischen Einsatz von metallischen Werkstoffen besitzen sollte, die er insbesondere dann benötigt, wenn er eine metallkundliche Interpretation seiner Untersuchungsergebnisse vorzunehmen hat.

Das wohl wichtigste Instrument der Metallographie ist das Lichtmikroskop, dessen technische Vervollkommnung im vergangenen Jahrhundert erst die Herausbildung der Metallographie als eine selbständige wissenschaftliche Untersuchungsrichtung ermöglicht hatte. Darüber hinaus bezieht man in der jüngeren Vergangenheit mehr und mehr die Elektronenmikroskopie und die Rasterelektronenmikroskopie in den Kreis der genutzten mikroskopischen Verfahren ein, die sich durch ein erhöhtes Auflösungsvermögen bei relativ großen Schärfentiefen auszeichnen. Trotz der unverkennbaren Tendenz zur Nutzung immer leistungsfähigerer Systeme der mikroskopischen Beobachtung soll aber nicht vergessen werden, daß oft die Betrachtung geeignet präparierter Proben bereits mit dem bloßen Auge oder einer Lupe zu wertvollen Gefügeinformationen verhelfen kann.

Die quantitative Gefügebeschreibung, kurz quantitative Metallographie genannt, hat sich in der jüngsten Vergangenheit, ausgehend von einfachen Verfahren zur Bestimmung von Korngrößen- und Volumenanteilen aus dem metallographischen Schliffbild, durch Einbeziehung der stochastischen Geometrie sehr rasch entwickelt. Moderne Verfahren der Bildanalyse, wie sie mit halb- und vollautomatischen Gefüge- bzw. Bildanalysatoren realisiert werden können, sind heute aus der metallographischen Praxis nicht mehr wegzudenken, wenn auch ihre Entwicklung noch lange nicht als abgeschlossen gelten kann.

Bei der umfassenden Charakterisierung des Gefüges metallischer Werkstoffe allein mit mikroskopischen Methoden stößt man häufig auf Schwierigkeiten bei der Feststellung der Art und der Menge von Gefügebestandteilen (Phasen), bei der Ermittlung von Orientierungsbeziehungen im kristallographischen Sinn oder auch bei der Charakterisierung von kleinen Ausscheidungen. In diesen Fällen können die Röntgen- und die Elektronenbeugung sowie die Elektronenstrahlmikroanalyse mit großem Nutzen eingesetzt werden, so daß der metallographisch Tätige gut beraten ist, wenn er ihre methodischen Grundlagen kennt und ihre Aussagekraft einzuschätzen weiß.

Neben den bisher aufgeführten Verfahren interessieren noch die Methoden zur Bestimmung von Umwandlungspunkten bzw. -bereichen im flüssigen und besonders im festen Zustand, mit denen gefügebildende Prozesse in Abhängigkeit von Temperatur und Zeit verfolgt werden können. Zu ihnen zählen die thermische und die dilatometrische Analyse, die als wichtige Hilfsmittel zur Aufstellung von Zustandsdiagrammen und realen ZTU- bzw. ZTA-Schaubildern anzusehen sind. In den folgenden Abschnitten soll daher nicht nur auf die metallographischen Arbeitsverfahren im engeren Sinn, d.h. die Präparation von Schliffen und Proben sowie deren mikroskopische Untersuchungstechniken, eingegangen werden, sondern im notwendig erscheinenden Umfang auch die Elektronenbeugung, die Röntgenbeugung, die Elektronenstrahlmikroanalyse, die thermische und die dilatometrische Analyse besprochen werden.

1.2. Lichtmikroskopie

1.2.1. Optische Grundlagen

Vor der Behandlung des Aufbaus und der Wirkungsweise von Lichtmikroskopen ist es ratsam, sich mit einigen Grundlagen der Optik vertraut zu machen.
Das sichtbare Licht als das wichtigste »Handwerkszeug« eines Metallmikroskopikers stellt

eine elektromagnetische Wellenstrahlung dar. Sie wird üblicherweise charakterisiert durch die örtliche und zeitliche Periodizität des elektrischen Feldstärkevektors $\vec{E}$ in der Form

$$\vec{E} = \vec{E}_0 \sin \frac{2\pi}{\lambda} (c \cdot t - z) \tag{1.1}$$

$\vec{E}_0$ Amplitude der elektrischen Feldstärke
c Lichtgeschwindigkeit (Ausbreitungsgeschwindigkeit der Welle)
t Zeit
λ Wellenlänge
z Ortskoordinate in Ausbreitungsrichtung

Der Feldstärkevektor $\vec{E}$ steht dabei senkrecht auf der Ausbreitungsrichtung, da elektromagnetische Wellen transversalen Charakter tragen. Mit der Gleichung (1.1) läßt sich der Feldstärkevektor $\vec{E}$ einer elektromagnetischen Welle zu jeder Zeit t an jeder Stelle z beschreiben (Bild 1.1), wobei vorausgesetzt wird, daß sich $\vec{E}_0$ mit z nicht ändert, d. h. sich

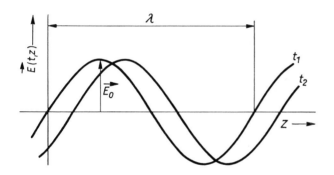

Bild 1.1. Darstellung einer elektromagnetischen Welle: Abhängigkeit des Feldstärkevektors E vom Ort z für zwei verschiedene Zeiten t_1 und t_2

das Erregungszentrum (der Entstehungsort) der Welle praktisch im Unendlichen befindet (Annahme einer sogenannten ebenen Welle). Berücksichtigt man weiterhin, daß die Wellenlänge λ, die Schwingungsfrequenz ν und die Lichtgeschwindigkeit c durch die Beziehung

$$c = \lambda \cdot \nu \tag{1.2}$$

miteinander verknüpft sind, und führt die Kreisfrequenz $\omega = 2\pi\nu$ ein, läßt sich Gleichung (1.1) auch in der häufig verwendeten Form

$$\vec{E} = \vec{E}_0 \sin [\omega \cdot t - \delta] \tag{1.3}$$

schreiben. Der Phasenfaktor δ ergibt sich dabei zu

$$\delta = \omega \cdot z/c = 2 \cdot \pi \cdot z/\lambda \tag{1.4}$$

Die Intensität, d. h. die pro Zeiteinheit durch eine Flächeneinheit hindurchgehende Energie I, ist proportional zum Quadrat der Amplitude der Welle:

$$I \sim E_0^2 \tag{1.5}$$

1. Metallographische Arbeitsverfahren

Die Wellenlänge λ ist ein wesentliches Charakteristikum einer elektromagnetischen Welle. Das sichtbare Licht weist Wellenlängen zwischen 350 und 780 nm (entspricht 0,35 bis 0,78 μm) auf, nimmt also im Gesamtspektrum der elektromagnetischen Wellen nur einen recht eng begrenzten Bereich ein (Bild 1.2).

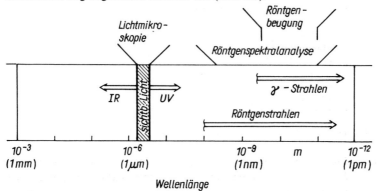

Bild 1.2. Von der Struktur- und Gefügeanalyse genutzte Wellenlängenbereiche für elektromagnetische Strahlungen

Sichtbares Licht mit unterschiedlicher Wellenlänge wird vom menschlichen Auge als verschiedenfarbig empfunden, und man bezeichnet die den jeweiligen Wellenlängen zuordenbaren Farben als Spektralfarben (s. Tabelle 1.1).

Tabelle 1.1. Spektralfarbenbereiche

Wellenlängen-bereich [nm]	Farbbereich
360...440	violett
440...495	blau
495...580	grün
580...640	gelb-orange
640...780	rot

Licht mit einheitlicher Wellenlänge, das vom Auge mit einer bestimmten Spektralfarbe wahrgenommen wird, bezeichnet man als monochromatisch.

Das natürliche Tageslicht bzw. das von üblichen Quellen wie Glühlampen emittierte Licht ist ein Gemisch der verschiedenen Wellenlängen des sichtbaren Bereichs, d. h., es ist polychromatisch und wird vom Auge als schlechthin »weiß« empfunden. Entzieht man dem »weißen« Licht einen bestimmten Spektralbereich (z. B. durch Filterung), so wird das verbleibende Licht uns ebenfalls farbig erscheinen. Es handelt sich aber nicht mehr um reine Spektralfarben, sondern um sogenannte Mischfarben des Restspektrums, die komplementär zu den entzogenen Spektralfarbenbereichen sind (Tabelle 1.2).

Als farbig wahrgenommenes Licht ist also nicht notwendigerweise ein monochromatisches Licht. Das menschliche Auge ist nur sehr bedingt in der Lage, Mischfarben von Spektralfarben zu unterscheiden.

Tabelle 1.2. Komplementärfarben

entzogene Spektralfarbe	Mischfarben des Restspektrums (Komplementärfarbe)
rot	blaugrün
orange	eisblau
gelb	ultramarinblau
grün	purpur
eisblau	orange
ultramarinblau	gelb
violett	grüngelb

1.2.1.1. Polarisation

Wie bereits erwähnt, sind elektromagnetische Wellen Transversalwellen; der elektrische Feldstärkevektor $\vec{E}$ steht stets senkrecht auf der Ausbreitungsrichtung z. Dementsprechend können aber verschiedene Schwingungsrichtungen für $\vec{E}$ in einer Ebene senkrecht zu z (x-y-Ebene) auftreten, anhand deren die verschiedenen *Polarisationszustände des Lichts* unterschieden werden können. Bei linear polarisiertem Licht schwingt $\vec{E}$ in einer bestimmten Ebene (Schwingungsebene), wie es Bild 1.3 veranschaulicht. Schließt diese Schwingungsebene einen Winkel γ mit der gedachten x-Richtung bzw. einen Winkel $90°-\gamma$ mit der y-Richtung ein, kann diese linear polarisierte Welle mit der Amplitude $\vec{E}_0$ als Summe zweier in den x-z- und y-z-Ebenen linear polarisierter Wellen mit gleicher Kreisfrequenz ω und Phase δ aufgefaßt werden, wobei für die zugehörigen Amplituden

$$\vec{E}_{0x} = \vec{E}_0 \cos \gamma$$
$$\vec{E}_{0y} = \vec{E}_0 \sin \gamma \qquad (1.6)$$

gilt. Als unpolarisiertes Licht bezeichnet man solches, bei dem die Winkel γ der Schwingungsebenen der Teilwellen alle möglichen Werte zwischen 0° und 90° mit gleicher Wahrscheinlichkeit annehmen.
Fügt man zwei linear polarisierte Wellen $\vec{E}_x$ und $\vec{E}_y$ mit senkrecht zueinanderstehenden Schwingungsebenen so zusammen, daß ein Phasenunterschied Δ zustande kommt,

$$\vec{E}_x = \vec{E}_{0x} \sin [\omega t - \delta]$$
$$\vec{E}_y = \vec{E}_{0y} \sin [\omega t - \delta - \Delta],$$

ergibt sich ein resultierender Feldvektor, dessen Projektion in die x-y-Ebene eine Ellipse beschreibt. Man bezeichnet eine solche Welle als elliptisch polarisiert. Dieser Fall repräsentiert den allgemeinen Polarisationszustand. Für $\Delta = 0$ erhält man daraus den linear polarisierten Zustand und für $\Delta = \pi/2$ und gleichen Amplituden der Teilwellen das sogenannte zirkular polarisierte Licht (Projektion des Feldstärkevektors in x-y-Ebene beschreibt einen Kreis; Bild 1.3).

1.2.1.2. Brechung und Reflexion

Fällt eine Lichtwelle unter dem Winkel α auf eine ebene Grenzfläche zwischen zwei Medien mit unterschiedlichen dielektrischen Eigenschaften (Bild 1.4), so wird ein Teil des

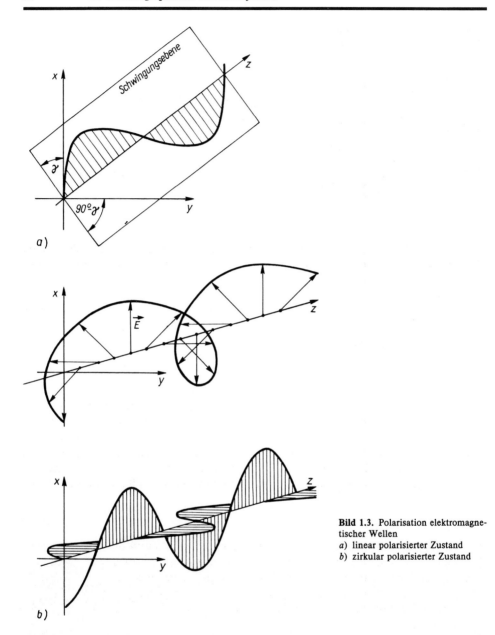

Bild 1.3. Polarisation elektromagnetischer Wellen
a) linear polarisierter Zustand
b) zirkular polarisierter Zustand

Lichts reflektiert, der andere Teil tritt als gebrochener Strahl durch die Grenzfläche hindurch. Während der Reflexionswinkel α_r gleich dem Einfallswinkel ist ($\alpha_r = \alpha$), verläuft der gebrochene Strahl im zweiten Medium unter dem Winkel β zum Lot auf die Grenzfläche. Dabei gilt das SNELLIUSsche Brechungsgesetz:

$$\frac{\sin \alpha}{\sin \beta} = \frac{n_2}{n_1} = n_{21} \tag{1.7}$$

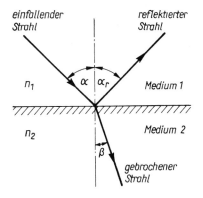

Bild 1.4. Strahlenverlauf beim Übergang von Licht in ein Medium mit veränderten optischen Eigenschaften

n_1 und n_2 sind die absoluten Brechzahlen der beiden betrachteten Medien, die sich als Quotient aus der Lichtgeschwindigkeit c_0 im Vakuum und der Phasengeschwindigkeit c des Lichts im Medium ergeben:

$$n_i = \frac{c_0}{c_i} \qquad (1.8)$$

Dementsprechend gilt für die relative Brechzahl n_{21}

$$n_{21} = \frac{c_1}{c_2} \qquad (1.9)$$

Beim Übergang von einem optisch dünneren Medium in ein optisch dichteres ($n_2 > n_1$) beobachtet man für alle Winkel auch einen gebrochenen Strahl, da n_{21} in diesem Fall > 1 wird. Im umgekehrten Fall, d.h. beim Übergang von einem optisch dichteren in ein optisch dünneres Medium ($n_2 < n_1$) tritt oberhalb eines Grenzwinkels α_{gr} kein gebrochener Strahl mehr in Erscheinung, es liegt dann eine reine Reflexion, genannt *innere Totalreflexion*, vor. Dieser Grenzwinkel α_{gr} ergibt sich aus der Bedingung, daß $\sin \beta$ maximal 1 werden kann.

$$\sin \alpha_{gr} = n_{21} \; ; \quad (n_{21} \leq 1) \qquad (1.10)$$

Die Phasengeschwindigkeiten c des Lichts in einem Medium und damit die absoluten Brechzahlen hängen nicht nur von seinen dielektrischen Eigenschaften (d.h. Elektronenstruktur) ab, sondern auch von der Wellenlänge λ des Lichts selbst ($n = f(\lambda)$). Diese Erscheinung bezeichnet man als *Dispersion*. Sie ist die Ursache dafür, daß beim Durchgang von weißem Licht durch ein Prisma dieses in seine spektralen Komponenten zerlegt werden kann.

Für die Auflichtmikroskopie von Bedeutung sind die *Reflexionskoeffizienten R* der Stoffe. Sie sind definiert als das Verhältnis der Intensität des reflektierten Strahls zu der des einfallenden Strahls an einer ideal reflektierenden, d.h. feinst polierten Fläche. Dabei muß unterschieden werden nach der Lage der Schwingungsebene *(Polarisationsebene)* zur Reflexionsebene, d.h. der Ebene, die durch das Oberflächenlot und den einfallenden Strahl gebildet wird. Liegen die beiden Ebenen parallel zueinander, erhält man den Reflexionskoeffizienten R_p, stehen sie senkrecht zueinander, ergibt sich R_s.

Betrachtet sei zunächst der Fall vernachlässigbarer Absorption in den Medien. Es gilt dann

$$R_p = \frac{\tan^2(\alpha - \beta)}{\tan^2(\alpha + \beta)} \tag{1.11a}$$

bzw.

$$R_s = \frac{\sin^2(\alpha - \beta)}{\sin^2(\alpha + \beta)} \tag{1.11b}$$

Bei unpolarisierter Strahlung, in der die beiden Komponenten mit gleicher Intensität auftreten, gilt für den Reflexionskoeffizienten R

$$R = \frac{1}{2}(R_p + R_s) = \frac{1}{2}\left[\frac{\tan^2(\alpha - \beta)}{\tan^2(\alpha + \beta)} + \frac{\sin^2(\alpha - \beta)}{\sin^2(\alpha + \beta)}\right] \tag{1.11c}$$

Den Verlauf von R_p, R_s und R für den Strahlübergang von Luft in Glas ($n_{21} = 1{,}52$) in Abhängigkeit von α veranschaulicht Bild 1.5.

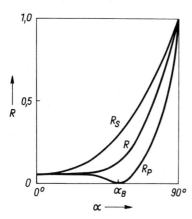

Bild 1.5. Verlauf von R_G, R_p und R in Abhängigkeit vom Einfallswinkel α bei vernachlässigbarer Absorption

Da R_s stets größer als R_p ist, wird selbst bei unpolarisiert einfallendem Licht der reflektierte Strahl teilpolarisiert sein. Wie man weiterhin sieht, weist R_p bei einem bestimmten Einfallswinkel α_B den Wert 0 auf, der sich aus der Bedingung

$$\tan^2(\alpha_B + \beta) = \infty \quad \text{bzw.} \quad \alpha_B + \beta = 90° \tag{1.12}$$

ergibt. Dieser Winkel α_B wird als BREWSTER-Winkel bezeichnet. Strahlt man unpolarisiertes Licht unter dem Winkel α_B auf die Grenzfläche zu einem schwach- oder nichtabsorbierenden Medium ein, so ist der reflektierte Strahl vollständig linear polarisiert.
Die Reflexion an einem nichtabsorbierenden Medium führt zu einem Phasensprung von 180°, falls $n_2 > n_1$ gilt (Übergang vom optisch dünneren in ein optisch dichteres Medium). Bei $n_2 < n_1$ erfolgt die Reflexion ohne Phasensprung.
Fällt das Licht senkrecht auf die reflektierende Grenzfläche, wird $R_p = R_s$, und für den Reflexionskoeffizienten folgt dann

$$R = \left(\frac{n_2 - n_1}{n_2 + n_1}\right)^2, \tag{1.13a}$$

d. h., er wird allein durch die *Brechzahlen* n_i bestimmt. Für den Fall, daß das Medium *1* das Vakuum ist ($n_1 = 1$), erhält man also

$$R = \left(\frac{n_2 - 1}{n_2 + 1}\right)^2 . \tag{1.13b}$$

Untersucht man Metalle oder Legierungen, muß die Absorption in ihnen berücksichtigt werden. Bei einer Reflexion an einer Grenzfläche zwischen einem nichtabsorbierenden (Index 1) und einem absorbierenden Medium (Index 2) wird bei senkrechtem Strahleinfall

$$R = \frac{(n_2 - n_1)^2 + k_2^2}{(n_2 + n_1)^2 + k_2^2} \tag{1.14}$$

n_1 Brechzahl des nichtabsorbierenden Mediums *(1)*

$n_2\, k_2$ Brechzahl bzw. Absorptionskoeffizient des absorbierenden Mediums *(2)*

Gemäß dieser Beziehung hat man einen hohen Reflexionskoeffizienten dann zu erwarten, wenn es sich wie bei den Metallen um Substanzen mit einem großen Absorptionskoeffizienten k handelt. Die reflektierte Strahlung erfährt einen Phasensprung δ, der von 180° abweicht:

$$\tan \delta = 2\, n_1 k_2 / (n_1^2 - n_2^2 - k_2^2) . \tag{1.15}$$

Bei geneigtem Lichteinfall ergeben sich für die *s*- und *p*-Komponente unterschiedliche Reflexionskoeffizienten und Phasensprünge, so daß die Reflexion von unpolarisiertem Licht bzw. linear polarisiertem Licht mit einer Schwingungsebene, die nicht mit der *p*- oder *s*-Ebene zusammenfällt, einen zirkular polarisierten Strahl ergibt. Im Unterschied zum Reflexionsverhalten nichtabsorbierender Medien, bei denen R_p für $\alpha_B + \beta = 90°$ (Gl. (1.12)) Null wurde, tritt bei einem kritischen Einfallswinkel nur noch ein Minimum

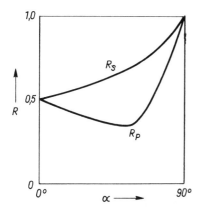

Bild 1.6. Verlauf von R_s und R_p in Abhängigkeit vom Einfallswinkel α bei Metallen

für R_p auf (s. Bild 1.6). Eine Erweiterung müssen auch die Gleichungen (1.14) und (1.15) erfahren, wenn auch im Medium *1* eine Lichtabsorption zu berücksichtigen ist (Absorptionskoeffizient k_1).

Es gilt dann bei Betrachtung des Geschehens unmittelbar an der Phasengrenze für das Reflexionsvermögen

$$R = \frac{(n_2 - n_1)^2 + (k_2 - k_1)^2}{(n_2 + n_1)^2 + (k_2 + k_1)^2} \qquad (1.16)$$

und für den Phasensprung δ

$$\tan \delta = \frac{2(n_1 k_2 - n_2 k_1)}{n_1^2 + k_1^2 - n_2^2 - k_2^2} \qquad (1.17)$$

1.2.1.3. Doppelbrechung

Die bisherigen Betrachtungen zur Brechung setzten optisch isotrope Medien voraus, bei denen die Brechzahl unabhängig von der Richtung und vom Polarisationszustand ist. Solche Medien sind z. B. Gase, die meisten Flüssigkeiten, aber auch amorphe Festkörper (Glas) und kubisch kristallisierte Festkörper. Nicht kubisch kristallisierte Substanzen zeichnen sich dagegen dadurch aus, daß die Ausbreitungsgeschwindigkeit von Lichtwellen und damit die Brechzahlen von der Ausbreitungsrichtung und dem Polarisationszustand der Wellen abhängen. Diese Erscheinung wird *Doppelbrechung* genannt, da der an der Grenzfläche des Mediums gebrochene Strahl in zwei Teilstrahlen aufgespalten wird. Bei orthorhombischen, monoklinen und triklinen Kristallen ist die Brechzahl für beide Strahlen richtungsabhängig, diese Kristalle bezeichnet man als optisch zweiachsig. Ihr optisches Verhalten ist recht kompliziert. Tetragonale, hexagonale und trigonale bzw. rhomboedrische Kristalle, die alle eine Symmetrieachse hoher Zähigkeit aufweisen, zeigen optisch einachsiges Verhalten. Das bedeutet, daß für einen der beiden gebrochenen Strahlen Richtungsunabhängigkeit der Brechzahl n_0 gilt und damit das übliche Brechungsgesetz anwendbar ist. Er wird als ordentlicher Strahl bezeichnet. Der zweite Strahl, außerordentlicher Strahl genannt, weist eine richtungsabhängige Brechzahl n_e auf und gehorcht damit nicht mehr dem üblichen Brechungsgesetz. Das führt nun zu folgenden Erscheinungen: Trifft ein un- oder teilpolarisierter monochromatischer Strahl auf eine ebene Oberfläche eines optisch einachsigen Kristalls, so breiten sich im Kristallinneren zwei gebrochene, linear polarisierte Strahlen aus, deren Schwingungsebenen praktisch senkrecht zueinander stehen und deren Ausbreitungsrichtungen sich im allgemeinen merklich unterscheiden. Nur bei Lichteinfall parallel zur optischen Achse (höherzähligen Symmetrieachse) gilt $n_0 = n_e$, eine Doppelbrechung findet nicht statt, das vom Kristall durchgelassene Licht erscheint wieder unpolarisiert.

Unter Ausnutzung der Doppelbrechung lassen sich hochwertige *Polarisatoren* bauen (Eliminierung des ordentlichen Strahls durch Totalreflexion an einer inneren Grenzfläche). Die Wirkung der jetzt häufig als Polarisatoren verwendeten Polarisationsfolien (Polare) aus speziell hergestellten Plasten beruht dagegen darauf, daß einer der beiden gebrochenen Strahlen stark geschwächt und damit dem durchfallenden Licht entzogen wird (sogenannter *Dichroismus*).

1.2.1.4. Interferenz

Eine wichtige optische Erscheinung ist das Interferieren kohärenter Wellen. Als kohärent bezeichnet man Wellen, die die gleiche Wellenlänge λ haben und eine zeitunabhängige, feste Phasendifferenz aufweisen. Überlagern sich zwei solche linear in gleicher Schwingungsebene polarisierte Wellen mit den Amplituden E_1 und E_2 und den Phasen δ_1 und δ_2 (Bild 1.7), erhält man eine resultierende Welle mit der Amplitude E_{res}

$$E_{res} = \sqrt{E_1^2 + E_2^2 + 2E_1E_2 \cos(\delta_1 - \delta_2)} \tag{1.18}$$

Die Intensität, die proportional zum Amplitudenquadrat ist, lautet dann

$$I_{res} = I_1 + I_2 + 2\sqrt{I_1 I_2} \cos(\delta_1 - \delta_2) \tag{1.19}$$

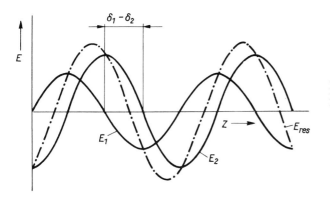

Bild 1.7. Überlagerung zweier kohärenter Wellen mit dem Gangunterschied $\delta_2 - \delta_1$

Die resultierende Intensität ergibt sich im allgemeinen nicht mehr, wie beim Zusammenwirken inkohärenter Wellen, als Summe der Teilintensitäten $I_1 + I_2$, sie ist um das Glied $2I_1 \cdot I_2 \cdot \cos(\delta_1 - \delta_2)$ vergrößert bzw. verkleinert. Diese Erscheinung bezeichnet man als *Interferenz*. Eine maximale Interferenzverstärkung der Intensität stellt sich dann ein, wenn $\cos(\delta_1 - \delta_2) = 1$, d. h., $\delta_1 - \delta_2 = 2m\pi$ wird. In diesem Fall liegen die Amplitudenmaxima der an der Interferenz beteiligten Wellen übereinander, die resultierende Amplitude beträgt $E_{res} = E_1 + E_2$, die Intensität $I = I_1^2 + I_2^2 + 2 \cdot I_1 \cdot I_2$.
Minimale Interferenzintensitäten ergeben sich, wenn die Phasendifferenz $\delta_2 - \delta_1 = (2m + 1) \cdot \pi$ beträgt. Die resultierende Welle hat dann eine Amplitude von $E_{res} = E_1 - E_2$, die Intensität findet man zu $I = I_1 + I_2 - 2\sqrt{I_1 I_2}$. Wählt man die Amplituden E_1 und E_2 der interferierenden Wellen gleich groß, werden E_{res} und I sogar Null (Interferenzauslöschung). Durch gezielte Ausnutzung von Interferenzeffekten lassen sich, wie später noch berichtet wird, spezielle Kontrastbedingungen einstellen, mit denen sich eine Reihe von metallographischen Fragestellungen mit Vorteil untersuchen lassen.

1.2.1.5. Beugung

Betrachtet man die Wechselwirkung von Licht (elektromagnetischen Wellen) mit einem Objekt, z. B. einem metallographischen Schliff, so muß man berücksichtigen, daß dieses im optischen Sinn stark inhomogen ist, d. h. aus makroskopischen und mikroskopischen Bereichen differierender optischer Eigenschaften besteht. Das einfallende Licht erzeugt an jeder Stelle der Objektoberfläche entsprechend dem HUYGENSschen Prinzip elementare Kugelwellen gleicher Wellenlänge, jedoch mit unterschiedlichen Amplituden und Phasen. Alle Erscheinungen, die sich aus dem Zusammenwirken dieser Elementarwellen ergeben, werden als *Beugung* bezeichnet. Als einfaches Beispiel dafür sei die Beugung an einem Strichgitter erläutert (Bild 1.8). Ein System paralleler feiner Spalte, die alle den Abstand d voneinander haben, wird mit monochromatischem kohärenten Licht bestrahlt. An diesen Spalten (*1* bis *5*) werden jeweils Kugelwellen generiert, die sich kugelförmig in alle Richtungen ausbreiten wollen. Sie haben, bezogen auf eine Ausbreitungsrichtung $\vec{s}$, die unter dem Winkel φ zur Einfallsrichtung $\vec{s}_0$ verläuft, Gangunterschiede

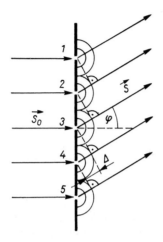
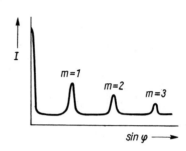

Bild 1.8. Beugung an einem System äquidistanter Spalte (Strichgitter)
a) Strahlenverlauf
b) schematischer Verlauf der Beugungsintensitäten

gegeneinander (Wegstreckendifferenzen), die sich zu $\Delta = d \cdot \sin \varphi$ berechnen. Sie sind zeitlich unveränderlich, und damit sind die Bedingungen für eine Interferenz dieser sekundären Wellen gegeben. Das führt dazu, daß eine maximale Interferenzverstärkung aller sekundären Wellen dann auftritt, wenn Δ gerade ein ganzzahliges Vielfaches der Wellenlänge wird. In einer Richtung mit dem Winkel φ beobachtet man also ein Intensitätsmaximum, wenn die Bedingung

$$\Delta = d \cdot \sin \varphi = m \cdot \lambda \tag{1.20}$$

erfüllt ist. Die ganze Zahl m charakterisiert dabei die Interferenzordnung. Den Intensitätsverlauf, der mit einem Schirm in hinreichender Entfernung hinter dem Strichgitter sichtbar gemacht werden kann, zeigt Bild 1.8b. Es treten mehrere Intensitätsmaxima auf, die den verschiedenen Interferenzordnungen m zugeordnet werden können. Die Zahl der Interferenzmaxima, d. h. die maximal mögliche Interferenzordnung, ist durch die Bedingung $m \leq d/\lambda$ begrenzt.
Diese Vorstellungen werden im Abschnitt 1.2.2.2. zur Erklärung der Auflösungsgrenze von Mikroskopen wieder verwendet.

1.2.1.6. Linsen

Zum Abschluß dieses Kapitels seien noch einige Bemerkungen über die optische Wirkung von *Linsen* angefügt. Linsen sind die grundlegenden optischen Elemente von Mikro-

skopen, und ihre Eigenschaften bestimmen letztendlich die Leistungsfähigkeit der Mikroskope. Besonders interessiert dabei das Verhalten von *Sammellinsen*.
Wesentliches Charakteristikum einer Linse (Sammellinse) ist ihre *Brennweite f* bzw. *f'* (Bild 1.9). Sie stellt den Abstand der sogenannten Brennebenen von der Hauptebene der

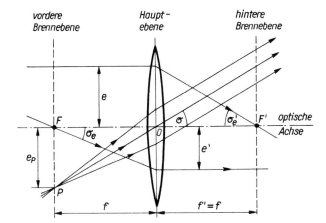

Bild 1.9. Charakteristische Eigenschaften von Sammellinsen

Linse dar. Die Schnittpunkte der Brennebenen mit der optischen Achse bezeichnet man als Brennpunkte. Die Brennweite berechnet sich aus den Krümmungsradien R und R' der Linsenoberfläche sowie der relativen Brechzahl n_{21} des Linsenkörpers zur Umgebung (gewöhnlich Luft oder Vakuum).

$$f = \frac{1}{(n_{21}-1)\left(\frac{1}{R}+\frac{1}{R'}\right)} \quad (1.21)$$

Wichtig sind nun folgende Erscheinungen:

a) Ein Lichtstrahl, der in der optischen Achse selbst verläuft, erfährt beim Durchgang durch die Linse keine Richtungsänderung. Gleiches gilt für alle Strahlen, die durch den Punkt 0 gehen (Mittelpunktsstrahlen).

b) Ein parallel zur optischen Achse im Abstand e verlaufender Strahl (Parallelstrahl) wird so gebrochen, daß er durch den hinteren Brennpunkt F' verläuft. Er wird zu einem Brennpunktsstrahl. Für den Winkel σ'_e mit der optischen Achse gilt

$$\tan \sigma'_e = e/f'. \quad (1.22\,\text{a})$$

Alle Parallelstrahlen sammeln sich im Brennpunkt F', werden also Brennpunktsstrahlen.

c) Ein vom Brennpunkt F unter dem Winkel σ_e ausgehender Strahl (Brennpunktsstrahl) wird zu einem Parallelstrahl mit einem Abstand e' zur optischen Achse von

$$e' = f \cdot \tan \sigma_e. \quad (1.22\,\text{b})$$

Das bedeutet also, daß alle vom Brennpunkt F ausgehenden Strahlen zu Parallelstrahlen werden.

d) Strahlen, die divergent von einem Punkt *P* der vorderen Brennebene ausgehen, werden zu Parallelstrahlen, die um den Winkel σ' zur optischen Achse geneigt sind.

$$\tan \sigma' = e_p/f \qquad (1.22\,\text{c})$$

Mit diesen typischen Strahlenverläufen lassen sich die Abbildungseigenschaften der Sammellinsen geometrisch herleiten. Dabei bedient man sich der sogenannen Linsengleichung

$$\frac{1}{f} = \frac{1}{g} + \frac{1}{b}, \qquad (1.23)$$

aus der bei bekannter Brennweite *f* und *Gegenstandsweite g* die Bildweite *b* zu berechnen ist. Den Abbildungsmaßstab *M* für reelle Abbildungen erhält man mit Hilfe der Beziehung

$$M = b/g = b/f - 1 \qquad (1.24)$$

die Vergrößerung *V* bei virtuellen Abbildungen (Lupenmaßstab) zu

$$V = \frac{250}{f} \qquad (1.25)$$

Der Gleichung (1.25) liegt die Vorstellung zugrunde, daß sich die Vergrößerung als Quotient aus dem Sehwinkel für das vergrößerte Bild und dem Sehwinkel für das eigentliche Objekt bei einer konventionellen Sehweite von 250 mm ergibt. Es sind nun drei Fälle zu unterscheiden (Bild 1.10):

a) Der Gegenstand bzw. das Objekt, hier durch einen Pfeil veranschaulicht, befinden sich in einem Abstand $g_1 > 2f$ von der Linse entfernt. Es entsteht ein reelles, umgekehrtes, verkleinertes Bild im Abstand b_1 ($f' < b_1 < 2f'$).

b) Das Objekt befindet sich im Abstand g_2 von der Linse mit $2f > g_2 > f$ (innerhalb der doppelten Brennweite). Man erhält ein umgekehrtes, reelles, vergrößertes Bild in $b_2 > 2f'$. Wird das Objekt im Brennpunkt plaziert ($g = f$), entsteht sein Bild im Unendlichen ($b_2 = \infty$).

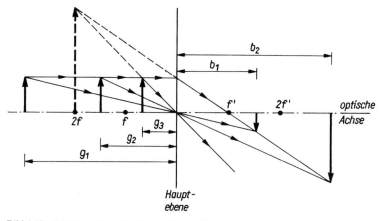

Bild 1.10. Abbildungseigenschaften von Sammellinsen

c) Ist die Gegenstandsweite $g_3 < f$, erzeugt die Linse kein reelles, sondern ein vergrößertes virtuelles oder scheinbares Bild, da sich die bildseitigen Strahlen nicht mehr schneiden. (Dem menschlichen Auge als ein zusätzliches Abbildungssystem erscheint dieses Bild an der Stelle, an der sich die objektseitigen Verlängerungen der bildseitigen Strahlen schneiden.) Das virtuelle Bild ist vergrößert.

Wichtig für den Bau von Mikroskopen sind die Fälle b) und c), da mit ihnen das Entstehen von vergrößerten Abbildungen eines Objekts oder eines vorhandenen Zwischenbilds zu erklären ist.

1.2.2. Aufbau und Wirkungsweise von Auflichtmikroskopen

1.2.2.1. Optische Elemente von Auflichtmikroskopen

Die Frage, wer als erster ein Mikroskop baute, kann heute nicht mit Sicherheit beantwortet werden. Als mögliche Erfinder gelten CORNELIUS DREBBEL und GALILEO GALILEI, die bereits um 1620 über ein aus zwei Linsen bestehendes optisches System verfügten, mit dem Objekte stark vergrößert beobachtet werden konnten. Dieses Prinzip des zusammengesetzten Mikroskops (früher bezeichnete man oft einfache Lupenanordnungen als »einfache« Mikroskope) hat sich bis heute erhalten, wenn auch die derzeit erreichbaren Leistungsparameter mit denen des 17. Jahrhunderts nicht mehr zu vergleichen sind.

Den prinzipiellen Aufbau eines zusammengesetzten Mikroskops zeigt Bild 1.11. Das dem Objekt zugewandte optische System bezeichnet man als *Objektiv*, das dem Beobachter zugewandte als *Okular*. Das Objektiv erzeugt ein reelles, vergrößertes objektähnliches Bild (*Zwischenbild*) im Abstand t von der hinteren Brennebene des Objektives. t wird als Tubuslänge bezeichnet, für die $t = b - f'_{Obj}$ gilt (b Bildweite, f'_{Obj} Brennweite des Objektivs). Damit die Abbildungsweite b bzw. die Tubuslänge t endlich bleibt, muß sich nach

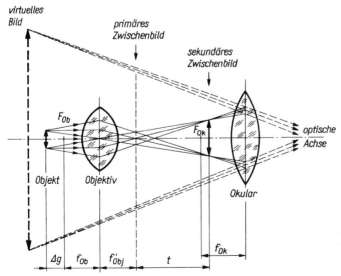

Bild 1.11. Prinzipieller Aufbau eines zusammengesetzten Mikroskops mit endlicher Weite des Zwischenbilds

Gl. (1.23) das Objekt in einer Entfernung $g > f_{Obj}$ von der Hauptebene des Objektives befinden, wobei sowohl die Differenz $\Delta g = g - f_{Obj}$ als auch f selbst sehr klein gehalten werden, um einen hohen Abbildungsmaßstab $M = b/g = b/(f_{Obj} + \Delta g)$ (Gleichung (1.24)) zu erzielen. Das vom Objektiv erzeugte Zwischenbild wird im weiteren mit Hilfe des als Lupe wirkenden Okulars betrachtet. Dazu muß sich das Zwischenbild innerhalb der einfachen Brennweite f_{Ok} und nahe seinem Brennpunkt F_{Ok} befinden. Die Okularvergrößerung wird entsprechend der Gleichung (1.25) durch die Okularbrennweite f_{Ok} bestimmt. Das von einem solchen System erzeugte vergrößerte Bild ist virtuell, kann also nicht ohne weitere Hilfsmittel auf einem Bildschirm oder einer Fotoplatte registriert werden. Bei visueller Betrachtung dient die Augenlinse als weiteres abbildendes Element, das letztlich auf der Netzhaut des Auges ein reelles Bild erzeugt. Die gesamte Vergrößerung des Mikroskops erhält man zu

$$V_{Mikr} = M_{Obj} \cdot V_{Ok} \tag{1.26a}$$

Ersetzt man das Okular durch ein System, für das sich das vom Objektiv entworfene Zwischenbild innerhalb der doppelten Brennweite befindet (d. h. zwischen einfacher und doppelter Brennweite), erzeugt dieses ein vergrößertes reelles Bild, das auf Bildschirmen oder mit Fernseheinrichtungen sichtbar gemacht bzw. mit geeigneten fotografischen Einrichtungen registriert werden kann. Ein solches System bezeichnet man als Projektiv, sein Abbildungsmaßstab M_{Pro} bestimmt zusammen mit M_{Obj} die erreichte Gesamtvergrößerung

$$M_{Mikr} = M_{Obj} \cdot M_{Pro} \tag{1.26b}$$

Bei *Auflichtmikroskopen* ist es notwendig, zusätzliche optische Elemente (z. B. Prismen oder Planspiegel zur Realisierung des beleuchtenden Strahlenganges, $\lambda/4$-Plättchen, Polarisatoren u. a. m.) in den Strahlengang zwischen Objektiv und Okular einzufügen. Das läßt sich dann problemlos bewerkstelligen, wenn man Objektive mit unendlicher Bildweite, bei denen sich das Objekt in der vorderen Brennebene befinden muß, verwendet (Bild 1.12). Damit bilden alle Strahlen, die von einem Objektpunkt ausgehen, nach dem Objektiv Parallelstrahlen, deren Neigung zur optischen Achse durch den Abstand des Objektpunktes von der optischen Achse bestimmt wird (Gleichung (1.22c)). Um nun wieder eine Objektabbildung im Endlichen zu erhalten, wird eine als Tubuslinse bezeichnete Zwischenlinse eingefügt, wobei ihr Abstand zum Objektiv in gewissen Grenzen frei wählbar und damit den konstruktiven Forderungen für das Einfügen weiterer optischer Elemente anpaßbar wird. Das von der Tubuslinse entworfene Zwischenbild kann in üblicher Weise mit einem Okular oder Projektiv (s. o.) noch vergrößert werden. Die Objektive mit unendlicher Bildweite werden durch ihre Vergrößerung $V = 250/f_{Obj}$ gekennzeichnet (s. Gl.(1.25)). Mit dem sogenannten Tubusfaktor $q_\infty = f_{Tub}/250$ (f_{Tub} – Brennweite der Tubuslinse) ergibt sich nun die *Gesamtvergrößerung* des Systems zu

$$V = V_{Obj} \cdot q_\infty \cdot V_{Ok} \tag{1.27}$$

Betrachtet man Bild 1.12, so lassen sich folgende gleichwertige Interpretationen der optischen Funktionen von Objektiv, Tubuslinse und Okular vornehmen:

– Die Kombination von Objektiv mit unendlicher Bildweite und Tubuslinse wirkt wie ein Objektiv mit endlicher Bildweite. Dieses kombinierte System und das Okular/Projektiv stellen dann das eigentliche Mikroskop dar (vgl. Bild 1.11).

1.2. Lichtmikroskopie

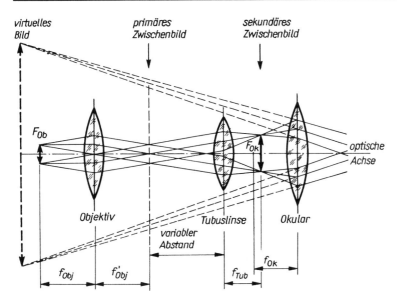

Bild 1.12. Prinzipieller Aufbau eines zusammengesetzten Mikroskops mit unendlicher Weite des Zwischenbilds

– Die Kombination von Tubuslinse und Okular kann auch als ein Fernrohrsystem angesehen werden, mit dem das im Unendlichen liegende Bild, erzeugt vom Objektiv, betrachtet wird.

Wichtig für die in der Metallographie angewendeten Auflichtmikroskope ist es, daß das Objekt mit senkrechtem oder nahezu senkrechtem Strahleneinfall beleuchtet werden kann. Man muß also letztendlich die Beleuchtungsstrahlengänge durch das Objektiv selbst führen können. Diesem Zwecke dienen im allgemeinen Planglasilluminatoren, die einen halbdurchlässigen Spiegel (Planglas) verkörpern, der um 45° zur optischen Achse geneigt zwischen Objektiv und Tubuslinse eingefügt wird (Bild 1.13 a). Der senkrecht zur optischen Achse geführte Beleuchtungsstrahl wird am Planglas teilweise in Richtung Objektiv – Objekt reflektiert, das vom Objekt danach reflektierte Licht kann aber seinerseits ohne nennenswerte Störungen partiell durch das Planglas in Richtung der optischen Achse des Mikroskops hindurchtreten. Bei einem Planglasilluminator ist ein volles Ausschöpfen der Apertur (Apertur – maximaler Winkel, den die zur Abbildung beitragenden

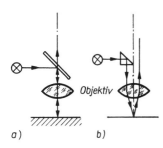

Bild 1.13. Auflichtilluminator
a) Planglasilluminator
b) Prismenilluminator

Strahlen bilden, die vom Schnittpunkt der optischen Achse mit der Objektoberfläche ausgehen, oder Winkel, unter dem man von diesem Punkt aus die nutzbare Objektivöffnung »sieht«.) und damit des Auflösungsvermögens (s. Abschn. 1.2.2.2.) möglich, jedoch ist nur etwa ein Viertel des beleuchtenden Lichtes nutzbar. Auch wird durch die Reflexion der Polarisationszustand des beleuchtenden Strahls beeinflußt (s. Abschn. 1.2.1.).

Seltener wird ein Prismenilluminator (Bild 1.13 b) angewendet, bei dem mit einem Prisma der Beleuchtungsstrahl in Richtung Objektiv – Objekt gelenkt wird. Prismenilluminatoren ermöglichen eine hohe Intensitätsausbeute und nur geringe Veränderungen des Polarisationszustands (BEREK-Prismen), reduzieren jedoch merklich die nutzbare Apertur und damit das Auflösungsvermögen. Die Anwendung von Illuminatoren mit BEREK-Prismen ist bei der Polarisationsmikroskopie zu empfehlen.

Wesentlich für die Güte einer mikroskopischen Abbildung ist ein optimaler Beleuchtungsstrahlengang, wie er von KÖHLER 1893 vorgeschlagen wurde. Sein Prinzip ist dem Bild 1.14 zu entnehmen. Die *Beleuchtungseinrichtung* enthält als wesentliche Elemente ne-

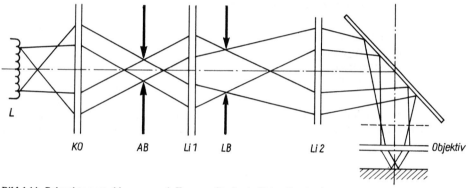

Bild 1.14. Beleuchtungsstrahlengang nach KOEHLER für die Auflichtmikroskopie

ben der Lichtquelle L einen Kollektor KO, zwei Linsen Li_1 und Li_2, eine Aperturblende AB und eine Leuchtfeldblende LB. Kollektor KO erzeugt in der Ebene der Aperturblende AB ein Abbild der Lichtquelle. Diese Aperturblende wird ihrerseits über die Linsen Li_1 und Li_2 in die hintere Brennebene des Objektivs abgebildet, womit erreicht wird, daß mit einer Veränderung der Aperturblende die tatsächlich genutzte Objektivapertur reguliert und eine gleichmäßige Ausleuchtung des Objekts erzielt werden kann. Die zweite Blende, die Leuchtfeldblende LB, wird von der Linse Li_2 und dem Objektiv in die Objektebene abgebildet, sie begrenzt damit das tatsächlich ausgeleuchtete Objektfeld (Dingfeld). Das KÖHLERsche Beleuchtungsprinzip gestattet also eine Variation der Beleuchtungsapertur, des Durchmessers des Leuchtfelds und damit die Vermeidung unnötigen Streulichts und eventueller Reflexionen.

Als Lichtquellen verwendet man in der Auflichtmikroskopie gewöhnlich Xenon-Hochdrucklampen mit Leistungen zwischen 100 und 500 W oder Halogenlampen mit Leistungen um 100 W. Sie ermittieren in einem breiten Spektralbereich, sind also als Kontinuumsstrahler einzuordnen, wobei die Xenon-Hochdrucklampen in ihrer spektralen Verteilung dem natürlichen Licht (Farbtemperatur ≈ 5 000 K) nahekommen. Die Halogenlampen sind dagegen als Kunstlicht mit einer Farbtemperatur von ≈ 3 000 K anzusehen. Dieses muß insbesondere bei der Farbfotografie beachtet werden, bei der das fotografische Material entsprechend der Wahl der Lichtquelle sensibilisiert sein muß. Ein Ausgleich kann im Bedarfsfall durch sogenannte Konversionsfilter im Beleuchtungsstrahlengang vorgenommen werden.

Eine merkliche Veränderung der spektralen Verteilung der Lichtquelle erreicht man durch Verwendung von *Absorptionsfiltern*, die aufgrund ihres wellenlängenabhängigen Absorptionsverhaltens nur einen bestimmten, allerdings noch recht breiten Spektralbereich durchlassen (z.B. Grün-, Blau-, Rot- oder Orange-Filter). Sie dienen gewöhnlich als kontrastverstärkende Filter. (Ist die Filterfarbe komplementär zur Farbe des Objektdetails, beobachtet man eine Kontrastverstärkung. Im umgekehrten Fall tritt eine Kontrastverminderung auf.)

Benötigt man wie im Fall der Interferenzschichtenmikroskopie (s. Abschn. 1.2.3.6.) weitgehend monochromatisches Licht, d.h. Licht mit sehr stark eingeengtem Spektralbereich, verwendet man *Interferenzfilter*, die es ermöglichen, spektrale Verteilungen mit Halbwertsbreiten von ≈ 10 bis 20 nm zu erzeugen. Damit verbunden sind jedoch starke Intensitätseinbußen.

Eine Verringerung der Lichtintensität ohne wesentliche Veränderung der spektralen Verteilung gelingt mit sogenannten *Graufiltern*.

Die wesentlichen optischen Elemente eines Auflichtmikroskops, nämlich Objektiv, Tubuslinse, Okular bzw. Projektiv, Illuminatoren und Beleuchtungseinrichtung mit Lichtquelle, Apertur- und Leuchtfeldblende sowie geeignete fotografische Einrichtungen und Mattscheiben werden in modernen Mikroskopen zu einer kompakten Einheit zusammengefügt. Die Bilder 1.15 und 1.16 zeigen zwei Mikroskope des VEB Carl Zeiss Jena. Das

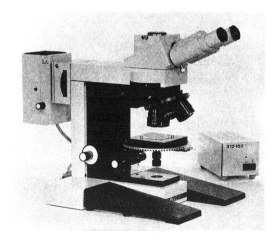

Bild 1.15. Auflichtmikroskop JENAVERT des VEB Carl Zeiss Jena (Werkfoto)

Mikroskop JENAVERT verkörpert ein aufrechtes Auflichtmikroskop, bei dem die Schliffprobe auf einem manipulierbaren Kreuztisch liegt und sich die eigentliche vertikale Mikroskopsäule darüber befindet. (Es kann außerdem ohne Aufwand zu einem Durchlichtmikroskop umgestaltet werden.) Das Auflichtmikroskop NEOPHOT 32 realisiert den umgekehrten Mikroskoptyp, wie er 1897 von LE CHATELLIER vorgeschlagen wurde. Bei ihm befindet sich die Probe auf einem mittig durchbrochenen, drehbaren und in x-y-Richtung verschiebbaren Probentisch über der umgekehrt ausgeführten Mikroskopsäule. Diese Bauart hat gegenüber der aufrechten den Vorteil, daß alle eben angeschliffenen, sonst beliebig geformten Proben einfach aufgelegt werden können, wobei die Schliffebene stets senkrecht zur optischen Achse steht. Eine direkte visuelle Beobachtung des ausgeleuchteten Probenorts wie bei der aufrechten Bauart ist jedoch kaum möglich. Trotzdem ist die umgekehrte Bauart bei den Metallmikroskopen vorherrschend.

Bild 1.16. Auflichtmikroskop NEOPHOT 32 des VEB Carl Zeiss Jena (Werkfoto)

Anschließend sei noch kurz auf die Möglichkeit einer bleibenden Registrierung von Mikroskopbildern eingegangen. Nahezu alle Metallmikroskope verfügen über Ansätze für Kleinbildkameras, mit denen unaufwendig Schliffbilder fotografiert werden können. Die dabei erzielbaren Bildqualitäten genügen dem Routinebetrieb, Nachvergrößerungen sind bis zu Formaten von (9×12) cm unproblematisch. Höhere Nachvergrößerungen lassen oft das beschränkte Auflösungsvermögen der Kleinbildfotografie spürbar werden. Höhere Anforderungen an eine fotografische Registrierung genügen bei besseren Mikroskopen wahlweise verfügbare großformatige Plattenkameras bzw. Planfilmkameras. Aufgrund ihrer großen Ausgangsformate sind extrem hohe Nachvergrößerungen bzw. einfache Kontaktabzüge hoher Bildqualität möglich. Immer mehr Eingang finden computergestützte Auswertesysteme bzw. Bildanalysatoren (siehe z.B. Bild 1.17). Bei Verwendung von Anlagen mit leistungsfähigen Massenspeichern ist dabei eine Registrierung des Mikroskopbilds mit TV-Kameras und ihre digitale Speicherung gegeben (Speicherplatzbedarf pro Bild zwischen 100 KByte und 1 MByte). Für den Routinebetrieb und eine langzeitige Archivierung ist jedoch diese Art wegen des hohen Speicherplatzbedarfs nur bedingt geeignet.

Zunehmende Bedeutung gewinnen hochauflösende Videoprinter, mit denen das über eine TV-Kamera in den Bildspeicher gebrachte digitalisierte Bild mit hoher Qualität als Hardcopy ausgegeben werden kann.

Bild 1.17. Bildverarbeitungssystem IMAGE-C des VEB Robotron (Werkfoto)

1.2.2.2. Zur Theorie der mikroskopischen Abbildung

Im Abschn. 1.2.1. wurde die Beugung von monochromatischem Licht an einem Gitter erläutert. Man beobachtet dabei in bestimmten Richtungen φ_m eine Interferenzverstärkung und zwischen ihnen nur sehr geringe Intensitäten. Die Periodizität des Gitters spiegelt sich in der Periodizität der Intensitätsverteilung im Beugungsbild wider. Liegt keine strenge Periodizität des beugenden Gitters vor, so wird das Interferenzbild entsprechend »verwaschen« erscheinen. Das Beugungsbild enthält also in verschlüsselter Form alle Informationen über die optische Struktur des beugenden Gitters bzw. eines beugenden Objekts. Diese Feststellung ist der Ausgangspunkt der ABBEschen Theorie der mikroskopischen Abbildung.

Befindet sich das beleuchtete Objekt in der vorderen Brennebene eines Objektivs, so werden parallele Strahlen, die von verschiedenen Objektpunkten unter dem gleichen Winkel σ_e zur optischen Achse gebeugt werden, in einem Punkt der hinteren (bildseitigen) Brennebene vereinigt, wobei dieser Punkt einen Abstand

$$e = f \cdot \tan \sigma_e$$

zur optischen Achse hat (vgl. Gl. (1.22c)). In der hinteren Brennebene entsteht also das Beugungsbild des Objekts, das ein objektunähnliches Bild darstellt (vgl. Bild 1.11) *(primäres Zwischenbild)*. Durch Interferenz des Lichts, das von diesem Beugungsbild ausgeht, entsteht in der Zwischenbildebene ein objektähnliches Bild *(sekundäres Zwischenbild)*.

Kommen in der sekundären Zwischenbildebene alle Strahlen vom Objekt zur Interferenz, ergibt sich ein unverfälschtes Bild des Objekts. Werden jedoch vom Objekt gebeugte Strahlen durch eine Begrenzung des Winkels, unter dem diese in das Objektiv eintreten können, oder durch entsprechende Ausblendungen in der hinteren Brennebene (Ort des Beugungsbilds) von der Bildentstehung ausgeschlossen, wird ein mehr oder weniger stark verfälschtes, dem Objekt nur noch bedingt ähnliches Bild in der Zwischenbildebene entstehen. Durch Eingriffe in das Beugungsbild kann also das sekundäre Zwischenbild als vergrößertes objektähnliches Bild erheblich verändert werden. Da der maximale Winkel σ_{max}, unter dem ein Strahl in ein Objektiv gelangen kann, aus technischen Gründen 72° beträgt, sind zwangsläufig bei jeder mikroskopischen Abbildung Teile der vom Objekt gebeugten Strahlung von der Bildentstehung ausgeschlossen, so daß nie ein objekttreues, sondern stets nur ein objektähnliches Bild entstehen kann. Wesentlich für die Qualität der mikroskopischen Abbildung ist der Öffnungswinkel 2σ des Objektivsystems (Apertur). Er ist gegeben durch den technisch bedingten Öffnungswinkel σ_{max} des Objektivs bzw. durch die Weite der Aperturblende. Aus der Sicht einer weitgehend objektähnlichen Abbildung ist zu fordern, daß möglichst viele Beugungsmaxima der vom Objekt ausgehenden Strahlung erfaßt werden, d.h., daß die wirksame Apertur des Objektivs möglichst groß sein soll. Den Einfluß der Apertur auf die Objektähnlichkeit der mikroskopischen Abbildung demonstriert Bild 1.18 am Beispiel eines perlitischen Stahls.

Ein Grenzfall ist dann gegeben, wenn zur Abbildung außer dem ungebeugten Strahl gerade noch das erste Beugungsmaximum herangezogen wird. Unter dieser Bedingung erhält man noch ein strukturiertes sekundäres Zwischenbild, dessen Periodizität der Intensitätsverteilung durch die Periodizität der Objektstruktur bestimmt wird. Ausgehend von der Gleichung (1.20) gilt bei senkrechter Beleuchtung des Objekts für den im sekundären Zwischenbild noch auflösbaren Gitterabstand d_{gr} des beugenden Objekts

$$d_{gr} = \frac{\lambda}{n \cdot \sin \sigma} \tag{1.28a}$$

n Brechungsindex des Mediums zwischen Objekt und Objektiv

Diese Gleichung kann als Zusammenhang zwischen der Wellenlänge λ, der sogenannten numerischen Apertur $A = n \cdot \sin \sigma$, und dem gerade noch auflösbaren Parameter eines Beugungsgitters d_{gr} (d_{gr} Auflösungsgrenze für ein gitterähnliches Objekt) verstanden werden.

Wird das Objekt schräg unter dem Winkel σ beleuchtet (derartige Strahleingänge treten bei vollständiger Öffnung der Beleuchtungsapertur auf), kann die doppelte numerische Apertur genutzt werden, wodurch sich d_{gr} auf die Hälfte verringert:

$$d_{gr} = \lambda/(2A) \tag{1.28b}$$

Bild 1.18. Einfluß der Objektivapertur auf die mikroskopische Abbildung eines perlitischen Stahls
a) $A = 0{,}25$; b) $A = 0{,}80$

Eine niedrige Auflösungsgrenze erzielt man also durch Verwendung einer möglichst hohen numerischen Apertur A und einer niedrigen Wellenlänge λ. Bei Luft (Vakuum) zwischen Objekt und Objektiv beträgt die maximal realisierbare numerische Apertur, gemäß des oben erwähnten maximalen halben Öffnungswinkels von $\sigma_{max} = 72°$, $A = 0{,}95$; sie kann durch Verwendung einer Immersionsflüssigkeit zwischen Objekt und Objektiv auf Werte um 1,5 angehoben werden. Als Immersionsflüssigkeit eignen sich z. B. Zedernholzöl ($n = 1{,}52$) oder Monobromnaphthalin ($n = 1{,}66$).

Eine wellenoptische Abschätzung der *Auflösungsgrenze* kann auch auf andere Weise gegeben werden. HELMHOLTZ berechnete den Radius eines Beugungsscheibchens, das als Abbildung eines Punkts an einer kreisförmigen Blende (Aperturblende bzw. Objektivfassung) entsteht. Daraus ergibt sich, daß zwei Objektpunkte dann noch im sekundären Zwischenbild aufgelöst werden können, wenn die Entfernung zwischen ihnen größer oder gleich dem Radius dieser Beugungsscheibchen wird. Damit erhält man für die Auflösungsgrenze d'_{gr} bei mikroskopischer Abbildung von Punkten

$$d'_{gr} = \frac{0{,}61 \cdot \lambda}{A} \tag{1.29}$$

was gut den ABBESCHEN Beziehungen (1.28) entspricht.

Von Bedeutung für die mikroskopische Praxis ist die sogenannte *Schärfentiefe* Z_{ST}. Sie stellt den Bereich entlang der optischen Achse dar, in dem sich das Objekt bewegen kann, ohne daß die zulässige »Unschärfe« des Bilds überschritten wird. Sie verkörpert den Spielraum für die Objektpositionierung bzw. gibt ein Maß für die zulässigen Höhenunterschiede verschiedener Objektbereiche. Sie berechnet sich näherungsweise zu

$$Z_{ST} \approx \frac{n \cdot \lambda}{2 \cdot A^2} + \frac{150 \cdot n}{A \cdot V} \tag{1.30}$$

(Angaben in µm)

Der erste Term trägt dem Umstand Rechnung, daß sich bei einer Verlagerung der Objektebene die oben genannten Beugungsscheibchen verbreitern bzw. sich ihre maximale Intensität verringern (wellenoptischer Anteil der Schärfentiefe). Er ist abhängig von der Wellenlänge λ, der numerischen Apertur A und der Brechzahl n des Mediums zwischen Objekt und Objektiv. Der zweite Term berücksichtigt den rein geometrisch-optischen Einfluß einer Objektebenenverlagerung auf die Schärfentiefe, d. h. die Erscheinung, daß sich dabei ein Bildpunkt des objektähnlichen Zwischenbilds zu einer Kreisscheibe in der festgehaltenen Beobachtungsebene verbreitert, deren Sehwinkel den Grenzwert von 2' nicht überschreiten darf. Dieser Term hängt somit von der Mikroskopvergrößerung V (bzw. den Abbildungsmaßstab M) ab. Für $A = 0{,}95$, $n = 1$, $V = 1\,000$ und $\lambda = 0{,}5$ µm beträgt die Schärfentiefe $Z_{ST} \approx 0{,}4$ µm. Daraus wird ersichtlich, welche hohen Anforderungen an eine Objektpositionierung bzw. auch die Ebenheit des metallographischen Schliffs bei hohen Vergrößerungen (Abbildungsmaßstäben) gestellt werden müssen.

Die Forderungen bezüglich einer niedrigen Auflösungsgrenze (hohes A) und einer hohen Schärfentiefe (kleines A) stehen sich entgegen, so daß im konkreten Fall durch eine optimale Wahl der numerischen Apertur ein entsprechender Kompromiß herbeizuführen ist.

Beim Mikroskopieren ist anzustreben, daß die *Gesamtvergrößerung* als Produkt aus Objektiv- und Okular- bzw. Projektivvergrößerungen (s. Gl. (1.26)) so gewählt wird, daß einerseits die Leistungsfähigkeit des Mikroskopobjektives voll ausgenutzt, andererseits eine leere Vergrößerung durch ungeeignete Wahl der Okularvergrößerung vermieden wird. Die Okular- bzw. Projektivvergrößerung soll daher so groß sein, daß die im objektähnlichen sekundären Zwischenbild gerade noch aufgelösten Bilddetails dem Betrachter unter einem Sehwinkel um $3'$ ($\triangleq 0{,}87 \cdot 10^{-3}$) bei einer Sehweite von 250 mm erscheinen. Das bedeutet, daß V_{Ok} bzw. M_{Pr} etwa $750 \cdot A/V_{Obj}$ sein soll bzw. die gesamte förderliche Vergrößerung etwa $750 \cdot A$ beträgt.

Optimale *Bildkontraste* entstehen meist dann, wenn die Beleuchtungsapertur etwa zwischen $\frac{1}{2}$ und $\frac{2}{3}$ der Objektivapertur gewählt wird. Zu hohe Beleuchtungsaperturen (Öffnungen der Aperturblende) führen zu lichtstarken, aber kontrastarmen Abbildungen.

1.2.2.3. Abbildungsfehler

Die im Mikroskop verwendeten optischen Systeme (Objektive, Zwischenlinsen, Okulare, Projektive) realisieren keine ideale Abbildung des Objekts. Gründe hierfür sind im wesentlichen die großen Öffnungswinkel der Strahlengänge, die zur optischen Achse geneigten Strahlenverläufe, die endliche Ausdehnung des Objektes in der Objektebene und die Wellenlängenabhängigkeit der Brechungseigenschaften der verwendeten Gläser (Dispersion).

Zunächst seien die *geometrischen Abbildungsfehler* besprochen, die bei Anwendung monochromatischen Lichts in Erscheinung treten. Die endlichen Öffnungswinkel bzw. die Neigung der Strahlengänge zur optischen Achse bewirken, daß ein Punkt in der Gegenstandsebene nicht als Punkt, sondern nur als endlich ausgedehnte asymmetrische Zerstreuungsfigur abgebildet wird, wobei der Ort der minimalen Ausdehnung dieser Zerstreuungsfigur nicht mehr in der idealen Bildebene liegt. Es lassen sich folgende geometrische Fehler unterscheiden:

– *Öffnungsfehler.* Bei achsenparallelen Strahlenbündeln ist der Schnittpunkt der bildseitigen Strahlen mit der optischen Achse um so mehr in Richtung der Sammellinse verschoben, je größer der Achsenabstand der Strahlen im parallelen Bündel ist (Bild 1.19). Die engste Zusammenführung der bildseitigen Strahlengänge befindet sich bei Sammellinsen nicht mehr in der idealen Bildebene, sondern etwas vor dieser. Bei Zerstreuungslinsen ist der Effekt umgekehrt, so daß der Öffnungsfehler optischer Systeme durch eine geeignete Kombination von Sammel- und Zerstreuungslinsen korrigiert werden kann.

– *Koma:* Bei der Abbildung außeraxialer Objektpunkte mit weitgeöffneten Strahlbündeln entstehen neben dem Öffnungsfehler in radialer Richtung ausgedehnte asymmetrische Bildbereiche, die ein schweifartiges Aussehen haben. Ist dieser Schweif zur Bildmitte

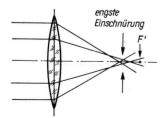

Bild 1.19. Geometrischer Öffnungsfehler abbildender optischer Systeme

gerichtet, spricht man von Innenkoma, bei umgekehrter Schweifrichtung von Außenkoma.
- *Astigmatismus* (Zweischalenfehler): Selbst bei kleinen Öffnungswinkeln können außeraxiale Objektpunkte nicht punktförmig (stigmatisch) abgebildet werden. Es entstehen zwei zueinander senkrechte strichförmige Abbildungen, die jedoch nicht in einer gemeinsamen Ebene liegen. Diese Erscheinung bezeichnet man als Astigmatismus.
- *Bildfeldwölbung:* Auch bei eliminiertem Astigmatismus liegen die Bildpunkte für ein ausgedehntes Objekt nicht in einer Ebene, sondern auf einer gewölbten Fläche. Das führt dazu, daß sich beim Mikroskopieren die Scharfeinstellung für randnahe Gebiete von der achsennaher unterscheidet, sofern die verwendeten optischen Systeme diesbezüglich nicht ausreichend korrigiert wurden.
- *Verzeichnung:* Darunter versteht man die Erscheinung, daß der Abbildungsmaßstab von der Objektgröße, oder anders ausgedrückt, vom Abstand des Objektpunkts von der optischen Achse abhängt. Nimmt der Abbildungsmaßstab mit der Objektgröße zu, ergibt sich eine kissenförmige Verzeichnung, nimmt er ab, beobachtet man eine tonnenförmige Verzeichnung (Bild 1.20).

Als *chromatische Abbildungsfehler* bezeichnet man solche, die bei Anwendung polychromatischen Lichtes aufgrund der normalen Brechungsdispersion entstehen. So sind die bereits besprochene Verzeichnung und der Öffnungsfehler wellenlängenabhängig. Der wohl bedeutungsvollste chromatische Fehler ergibt sich dadurch, daß gewöhnlich mit steigender Wellenlänge die Brechzahl ab- und damit die Brennweite der Linse zunimmt (Gl. (1.21)). Entsprechend der Linsengleichung (1.23) bedeutet dies, daß ein mit violettem Licht (kurze Wellenlänge) erzeugtes Bild der Linse näher gelegen ist, als ein mit rotem Licht (lange Wellenlänge) entstandenes. Dieser Fehler wird als *chromatischer Längsfehler* bezeichnet (Bild 1.21). Ein unzureichend korrigierter chromatischer Längsfehler gibt Anlaß zu farbigen Säumen im mikroskopischen Bild.

Eine weitgehende Korrektur der hier aufgeführten geometrischen und chromatischen Abbildungsfehler gelingt durch geeignete Kombination von Sammel- und Zerstreuungslinsen aus Materialien unterschiedlicher Brechungs- und Dispersionseigenschaften. So können z.B. Objektive mit hohem Korrektionszustand neun einzelne Linsenkörper enthalten.

Je nach Korrektionszustand unterscheidet man folgende Objektivarten:

Achromate: Korrigiert ist der chromatische Längsfehler für zwei Wellenlängen.

Apochromate: Die Korrektion des chromatischen Längsfehlers ist für drei Wellenlängen durchgeführt. Dazwischen liegende Wellenlängen verursachen nur sehr geringe Restfehler.

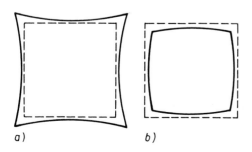

Bild 1.20. Grundtypen der Bildverzeichnung
a) kissenförmige Verzeichnung
b) tonnenförmige Verzeichnung

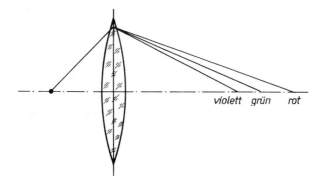

Bild 1.21. Chromatischer Längsfehler abbildender optischer Systeme

Planachromate bzw. -apochromate: Neben der jeweiligen Korrektion des chromatischen Längsfehlers ist eine zusätzliche Bildfeldebnung vorgenommen worden.

Einen optimalen Korrektionszustand des Mikroskops erreicht man erst durch Verwendung entsprechend korrigierender Okulare. So werden bei Achromaten allgemeine Okulare ohne Korrektion der chromatischen Vergrößerungsdifferenz (A-Okulare) genutzt. Kompensationsokulare (K-Okulare) sind zusammen mit Apochromaten zu verwenden, da dadurch noch der verbliebene chromatische Vergrößerungsfehler reduziert wird. Sogenannte Plankompensationsokulare werden in Verbindung mit Planobjektiven (Planachromaten, -apochromaten) angewendet. Ungeeignete Kombinationen der Objektiv- und Okulararten führen zu verschlechterten Abbildungsbedingungen.

In den letzten Jahren sind neue, äußerst leistungsfähige Objektiv- bzw. Okularsysteme entwickelt worden, die für eine Großfeldabbildung mit Bildfelddurchmessern bis zu 250 mm geeignet sind (Korrektion der Bildfeldwölbung bis zu Zwischenbildgrößen von 32 mm). Derartige Systeme zeichnen sich außerdem durch eine farbfehlerfreie Feldabbildung aus (sogenannte CF-Systeme). Sie stehen als eine gemischte Reihe von Planachromaten (für A bis 0,5) und Planapochromaten (A $\geq$ 0,6) zur Verfügung.

1.2.3. Verfahren der Auflichtmikroskopie

Bei der Wechselwirkung des Lichts mit einem ebenen Objekt können, wie im Abschnitt 1.2.1. dargelegt wurde,

– Änderungen der Amplituden (Amplitudenobjekte)
– Änderungen der Phasen (Phasenobjekte)
– Änderungen des Polarisationszustands (bei optisch anisotropen Objekten oder Schrägreflexionen)

auftreten. Während Amplitudenunterschiede der von verschiedenen Objektbereichen berührten Wellen direkt zu wahrnehmbaren Intensitätsunterschieden im objektähnlichen sekundären Zwischenbild führen (gewöhnlich bezeichnet man die relativen Intensitätsdifferenzen im sekundären Zwischenbild als Kontraste), können Phasendifferenzen bzw. Änderungen des Polarisationszustandes nicht ohne weiteres in Kontraste des sekundären Zwischenbilds umgesetzt werden. Es bedarf dazu besonderer optischer Hilfsmittel, um diese objektbedingten Veränderungen in wahrnehmbare Amplituden- bzw. Intensitätsdifferenzen, d. h. Kontraste, zu überführen.

Bei einem unebenen (»rauhen«) Objekt muß weiterhin berücksichtigt werden, daß nicht nur eine reguläre Reflexion mit den obengenannten Wechselwirkungseffekten auftritt. Entsprechend der Höhendifferenz bzw. den Unterschieden der Oberflächenneigung zum beleuchtenden Strahl verschiedener Objektbereiche zueinander ergeben sich zusätzlich

– geometrisch bedingte Phasendifferenzen (resultierend aus den Differenzen der Strahlwege)
– Reflexions- bzw. Streurichtungen, die bei senkrechter Beleuchtung nicht mehr vom Objektiv erfaßt werden (diffuse Reflexionen bzw. Streuungen)
– Änderungen des Polarisationszustands.

Auch diese Effekte können zur Kontrastierung des mikroskopischen Bilds genutzt werden.

Entsprechend der Komplexität der Wechselwirkungen des Lichts mit dem Objekt sind eine Reihe von auflichtmikroskopischen Verfahrensvarianten entwickelt worden, bei denen einzelne Wechselwirkungseffekte bzw. Effektkombinationen zur Kontrastierung im mikroskopischen Bild ausgenutzt werden. Nachfolgend sollen als die bedeutungsvollsten die Hell- und Dunkelfeldabbildung, die Polarisationsmikroskopie, das Phasenkontrast- und das Interferenzkontrastverfahren behandelt werden. Ergänzt werden diese Ausführungen durch eine kurze Erläuterung der Interferenzschichtenmikroskopie als einer Möglichkeit, durch Nutzung von Interferenzeffekten an gezielt aufgebrachten Oberflächenschichten eine Kontrastverstärkung herbeizuführen.

1.2.3.1. *Hellfeldabbildung*

Bei der *Hellfeldabbildung* wird das regulär reflektierte Licht und das innerhalb des Öffnungsbereichs des Objektivs gebeugte bzw. diffus reflektierte Licht zur Abbildung genutzt, wie es Bild 1.22 im Schema zeigt. Dabei wird das Objekt nahezu senkrecht beleuchtet (Verwendung von Planglas- bzw. Prismenilluminatoren). Die Kontraste im mikroskopischen Bild resultieren aus

– Brechzahldifferenzen der Objektdetails, da das Reflexionsvermögen von der Brechzahl n abhängt (s. Gl. (1.14))

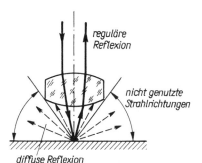

Bild 1.22. Prinzip der mikroskopischen Hellfeldabbildung

- Differenzen des Absorptionskoeffizienten k, der ebenfalls das Reflexionsvermögen beeinflußt
- durch Intensitätsverminderungen als Folge von diffusen Reflexionen bzw. Streuungen.

Brechzahldifferenzen tragen wegen ihrer Kleinheit in der Regel nur in unbedeutendem Maß zur Kontrastentstehung bei, die im wesentlichen auf ein verändertes Absorptionsverhalten und diffuse Reflexionen zurückzuführen ist. Es handelt sich also dem Wesen nach um *Amplitudenkontraste*.

Da sich das Reflexionsvermögen der Metalle nicht sehr stark unterscheidet, beobachtet man an einem polierten Metallschliff zunächst nur sehr schwache Kontraste, die sogar verschwinden, wenn es sich um ein einphasiges Gefüge handelt. Lediglich bei Schliffen, die Gefügebestandteile mit stark unterschiedlichem Reflexionsvermögen enthalten, treten diese mit ausreichenden Kontrasten in Erscheinung, wie es Bild 1.23 für das Beispiel eines Gußeisens mit Kugelgraphit zeigt. Auch können stärkere Kratzer eines polierten Schliffs sichtbar gemacht werden (diffuse Reflexion im Bereich des Kratzers).

Im allgemeinen ist es notwendig, durch geeignete Kontrastierungsmaßnahmen, wie Ätzen, Ionenätzen, Bedampfen, thermisches Nachbehandeln, günstige Bedingungen für Amplitudenkontraste zu schaffen. Dabei können folgende Effekte erzielt werden:

- Korn- bzw. Phasengrenzen werden so vertieft, daß die an den Vertiefungen reflektierten Strahlen nicht mehr vom Objektiv erfaßt werden (diffuse Reflexion). Das läßt sich durch chemisches bzw. elektrochemisches Ätzen, Ionenätzen oder thermisches Ätzen (Abdampfen) erreichen.
- Kornflächen werden je nach Orientierung und/oder Phasenart unterschiedlich aufgerauht, wodurch eine reguläre Reflexion in stark differenziertem Maß auftritt bzw. auch unterdrückt wird (Ätzen, Ionenätzen, thermisches Ätzen).
- Durch chemisches Ätzen, Bedampfen oder Oxidieren werden phasen- und gegebenenfalls orientierungsspezifisch Schichten aufgebracht, die sich in ihrem regulären Reflexionsvermögen unterscheiden. Dabei können im Fall von nicht zu stark absorbierenden Schichten Interferenzeffekte der direkt an der Oberfläche und der an der Phasengrenze Schicht–Präparat reflektierten Wellen zur Kontrastverstärkung ausgenutzt werden.

Hellfelduntersuchungen stellen aufgrund ihrer Lichtstärke (regulär reflektiertes Licht wird genutzt) und ihrer relativ einfachen Handhabung (keine zusätzlichen optischen Manipulationen im Mikroskopstrahlengang notwendig) die Standardmethode der Metallmikroskopie dar, sie nehmen den breitesten Raum in der metallographischen Praxis ein.

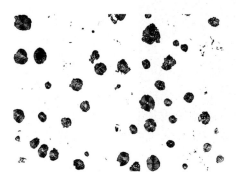

Bild 1.23. Hellfeldabbildung von Gußeisen mit Kugelgraphit (ungeätzt)

1.2.3.2. Dunkelfelduntersuchungen

Führt man den beleuchtenden Strahlengang so, daß die regulär reflektierten Strahlen nicht mehr in das Objektiv gelangen können, spricht man von einer *Dunkelfeldabbildung* (Bild 1.24). Zum mikroskopischen Bild tragen in diesem Falle nur am Objekt gebeugte

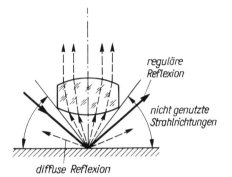

Bild 1.24. Prinzip der mikroskopischen Dunkelfeldabbildung

Strahlen bzw. an entsprechend zur optischen Achse geneigten Oberflächen reflektierte Strahlen (diffuse Reflexion) bei, also gerade jene Strahlen, die bei der Hellfeldabbildung von der Bildentstehung ausgeschlossen wurden. Damit erweisen sich die Kontraste der Dunkelfeldabbildung komplementär zu denen der Hellfeldabbildung, sofern sie nicht auf unterschiedliche Brechungs- und Absorptionsbedingungen zurückzuführen sind. So erscheinen angeätzte Korngrenzen oder Kratzer im Gegensatz zum Hellfeld hier hell auf dunklem Grund (vgl. Bild 1.25).

Die allseitige Dunkelfeldbeleuchtung wird gewöhnlich durch eine Ringblende im Beleuchtungsstrahlengang und einem das eigentliche Objektiv umfassenden Parabolspiegel realisiert (Bild 1.26). Bewährt hat sich auch der Einsatz von Faseroptiken zur allseitigen oder einseitigen Schrägbeleuchtung des Objekts.

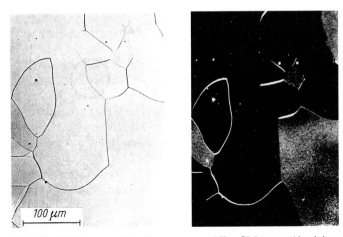

Bild 1.25. Abbildung angeätzter Korngrenzen und Kornflächen von Aluminium
a) Hellfeld; *b*) Dunkelfeld

1. Metallographische Arbeitsverfahren

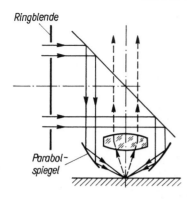

Bild 1.26. Dunkelfeldbeleuchtung mit ringförmigem Parabolspiegel

Mit Hilfe der Dunkelfeldabbildung können vorteilhaft mechanische Oberflächenstörungen, wie Kratzer, Bearbeitungsspuren und Risse, Einschlüsse, Poren, Lunker oder Ausbrüche, untersucht werden. So ist z. B. eine Dunkelfeldabbildung eines ungeätzten Metallschliffs zur Kontrolle auf Kratzerfreiheit sehr geeignet.

1.2.3.3. Phasenkontrastverfahren

Wie bereits erläutert wurde, weist die von verschiedenen Objektbereichen herrührende Strahlung mitunter nur einen verschwindend kleinen Amplitudenunterschied, dagegen aber eine merkliche *Phasendifferenz* auf (Phasenobjekte). Im objektähnlichen Zwischenbild, das durch Interferenz der gebeugten und der ungebeugten Strahlen entsteht, können damit kaum Intensitätsunterschiede bzw. Kontraste festgestellt werden. Führt man jedoch in der hinteren Brennebene des Objektivs am Ort des O. Beugungsmaximums (ungebeugter Strahl) ein Phasenplättchen ein, das die Aufgabe hat, die Phase des ungebeugten Lichts gegenüber der des gebeugten um 90° zu verschieben und außerdem durch Absorption die Intensität des ungebeugten Strahls an die des gebeugten anzupassen, erhält man in der Ebene des objektähnlichen Zwischenbilds den Phasendifferenzen adäquate Kontraste (Umwandlungen von Phasendifferenzen in Amplitudendifferenzen). Dieses von ZERNIKE 1932 eingeführte Verfahren wird als Phasenkontrastverfahren bezeichnet.
Phasendifferenzen können entstehen bei Brechzahlunterschieden der betrachteten Objektbereiche (sogenannte physikalische Phasenobjekte) oder bei Höhenunterschieden derselben (geometrische Phasenobjekte). Damit eignet sich das Phasenkontrastverfahren in der Auflichtmikroskopie zur Untersuchung von Einschlüssen, intermetallischen Phasen, Karbiden, Nitriden, Oxiden u. ähnlichen Gefügebestandteilen sowie von Oberflächenunebenheiten bei ungeätzten Schliffen. Ein Beispiel für die Anwendung des Phasenkontrasts zeigt Bild 1.27.
Da die optischen Eigenschaften des Präparats und des Phasenplättchens wellenlängenabhängig sind, ergeben sich bei Verwendung von weißem Licht meist *Mischfarbenbilder*. Günstig erweist sich daher oft der Einsatz von Grünfiltern.
Die Bedeutung des Phasenkontrastverfahrens für die Metallographie ist mit der Einführung des Interferenzkontrastverfahrens nach NOMARSKI (s. Abschn. 1.2.3.5.) stark gesunken, so daß es bei neueren Mikroskoptypen nicht mehr vorgesehen ist.

1.2. Lichtmikroskopie

Bild 1.27. Stahl X5CrNiTi26.6 mit σ-Phase
links: Hellfeld;
rechts: Phasenkontrast

1.2.3.4. Polarisationsmikroskopie

Für polarisationsmikroskopische Untersuchungen verwendet man linear polarisiertes Licht (s. Abschn. 1.2.1.), das durch einen *Polarisator* im Beleuchtungsstrahlengang erzeugt wird. Das vom Objekt reflektierte Licht kann hinsichtlich seines Polarisationszustands analysiert werden, indem man in den Abbildungsstrahlengang einen um die optische Achse drehbaren Analysator einfügt, der nur Licht in einer Schwingungsebene passieren läßt. Untersucht man ein optisch isotropes Objekt (kubische und amorphe Substanzen) unter der Bedingung, daß die Schwingungsrichtungen des Polarisators und des Analysators senkrecht zueinander stehen *(gekreuzte Polare)*, so erscheint das Objekt auch bei Drehung um die optische Achse im Mikroskop stets dunkel. Ursache dafür ist, daß bei senkrechtem Lichteinfall die Reflexion an einem optisch isotropen Objekt ohne Änderung des Polarisationszustands erfolgt und das auf den Analysator gelangende linear polarisierte Licht von ihm nicht durchgelassen wird.

Anders sind die Verhältnisse bei der Untersuchung optisch anisotroper Objekte. Bei ihnen unterliegt im allgemeinen ein linear polarisierter einfallender Strahl der Doppelbrechung, wobei sich die Brechzahlen und die Absorptionskoeffizienten für den ordentlichen und den außerordentlichen Strahl (s. Abschn. 1.2.1.) unterscheiden. Das bedingt, daß auch die zugehörigen reflektierten Strahlen hinsichtlich ihrer Amplitude und ihrer Phase differieren, das reflektierte Licht ist also elliptisch polarisiert und enthält damit Komponenten, die den Analysator passieren können. Dreht man ein solches Objekt bei gekreuzten Polaren um die optische Achse des Mikroskops, ergeben sich je um 90° versetzte Positionen maximaler Aufhellung bzw. Dunkelheit. Dieses Verhalten läßt sich anschaulich bei der polarisationsmikroskopischen Betrachtung von Kugelgraphit demonstrieren (Bild 1.28). Das dunkle Kreuz resultiert hier aus der rotationssymmetrischen Orientierungsverteilung der hexagonalen Graphitkristalle in der Anschliffebene.

Da sich die Brechungsindizes und die Absorptionskoeffizienten deutlich mit der Wellenlänge des Lichts verändern, ergeben sich bei Untersuchungen mit weißem Licht aufgrund von Unterdrückungen bzw. Heraushebungen bestimmter Spektralbereiche Mischfarbeneffekte, die letztendlich für die untersuchten Substanzen charakteristisch sind. Eine Ana-

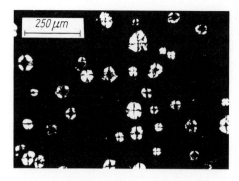

Bild 1.28. Polarisationsmikroskopische Abbildung von Kugelgraphit im Gußeisen (vgl. Bild 1.23)

lyse dieser Mischfarben bzw. die Ermittlung der Ellipsenparameter (Hauptachsenazimut und Achsenverhältnis) des elliptisch polarisierten Reflexionslichts sind wichtige Hilfsmittel bei einer Diagnostik z. B. von Erzen, Schlacken, Einschlüssen in metallischen Werkstoffen sowie von nichtkubischen intermetallischen Verbindungen. Die Veränderung des Polarisationszustands ist auch von der Orientierung der Kristallite einer optisch anisotropen Phase abhängig. (Nur wenn man in Richtung der optischen Achse des Materials einstrahlt, erfolgt kein Eingriff in den Polarisationszustand, es ergeben sich dann Bedingungen wie bei optisch isotropen Materialien.) Diese Orientierungsabhängigkeit erlaubt eine polarisationsoptische Kontrastierung (bei Verwendung weißen Lichtes eine Mischfarbenkontrastierung) für ungeätzte, polierte Schliffe einphasiger Gefüge aus nichtkubischen Substanzen, wie es Bild 1.29 zeigt.

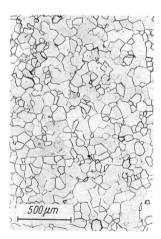

Bild 1.29. Hexagonales Zink
links: Hellfeld;
rechts: polarisiertes Licht

1.2.3.5.   Interferenzmikroskopie

Bei dieser Variante der Auflichtmikroskopie bringt man das vom Objekt reflektierte monochromatische Strahlenbündel zur Interferenz mit einem kohärenten Vergleichsstrahlenbündel, das entweder an einer strukturlosen Vergleichsfläche oder an der Objektfläche selbst erzeugt werden kann. Ein instruktives Beispiel für den zuerst genannten Fall stellt das *Interferenzmikroskop* nach LINNIK dar (Bild 1.30). Der beleuchtende Strahl *1* wird an der Teilungsfläche *2* partiell in Richtung Objekt *3* reflektiert bzw. in Richtung der Vergleichsfläche *4* durchgelassen. Das vom Objekt reflektierte Licht passiert die Teilungsfläche und interferiert in der Zwischenbildebene mit dem an der Teilungsfläche reflektierten Licht von der Vergleichsfläche. Die Intensitätsverteilung im Zwischenbild hängt bei strukturloser Vergleichsfläche somit von der Oberflächenmorphologie des Objekts bzw.

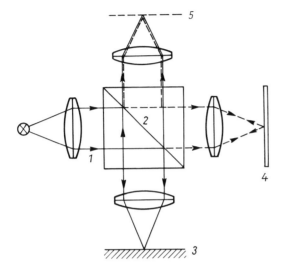

Bild 1.30. Prinzip der Interferenzmikroskopie nach LINNIK

dessen Neigung bezüglich der Vergleichsfläche ab. Man beobachtet streifige Kontraste, die Objektbereiche mit konstantem Gangunterschied charakterisieren. Aus ihnen können quantitative Informationen über die Oberflächengestalt gewonnen werden. Eine andere Variante ergibt sich nach TOLANSKY dadurch, daß man zwischen Objekt und Objektiv möglichst objektnahe eine leicht geneigte halbdurchlässige Spiegelplatte einfügt, die als Vergleichsfläche fungiert (Bild 1.31). Alle Objektunebenheiten (aber auch Unebenheiten des Spiegelplättchens!) äußern sich in Deformationen der Interferenzstreifenmuster, aus denen ebenfalls quantitative Informationen erhalten werden können.

Weite Verbreitung hat das *Interferenzkontrastverfahren* nach NOMARSKI, auch differentieller Interferenzkontrast genannt (oft mit DIK abgekürzt), gefunden (Bild 1.32). Linear polarisiertes Licht gelangt über das Planglas *1* auf das Wollastonprisma (Biprisma), das den Strahl in einen ordentlichen *2* und einen außerordentlichen Strahl *3* mit jeweils senkrecht zueinanderstehenden Schwingungsebenen aufspaltet, die beide nach Passieren des

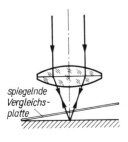

Bild 1.31. Prinzip der Interferenzmikroskopie nach TOLANSKY

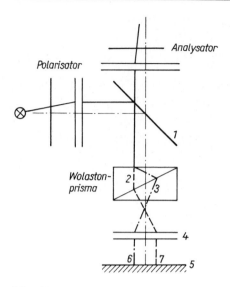

Bild 1.32. Prinzip der differentiellen Interferenzkontrastmikroskopie (DIK) nach NOMARSKI

Objektivs *4* um einen geringen Betrag versetzt auf das Objekt *5* auffallen. Die vom Objekt in den Punkten *6* und *7* reflektierten Strahlen werden durch das Wollastonprisma wieder geometrisch vereinigt und gelangen nach der Tubuslinse zum Analysator, dessen Polarisationsebene um 45° geneigt zu den Polarisationsebenen der beiden Strahlen ist. Die vom Analysator durchgelassenen Komponenten beider Strahlen interferieren miteinander, da sie nun die gleiche Schwingungsebene aufweisen. Damit können Gangunterschiede der reflektierten Strahlen *2* und *3*, die durch Höhenunterschiede der Objektpunkte *6* und *7* oder veränderte optische Eigenschaften der Bereiche hervorgerufen werden, in Amplitudenunterschiede des Interferenzstrahls umgewandelt werden. Die Aufspaltung der beiden Strahlen *2* und *3* ist dabei sehr gering, d. h. in der Größenordnung der Auflösungsgrenze, so daß eine Bilddoppelung nicht erkennbar ist.

Das Interferenzkontrastverfahren nach NOMARSKI eignet sich hervorragend zur Abbildung mechanisch gestörter Oberflächen (Kratzer, Riefen, Vertiefungen) und von Ätzstrukturen (z. B. Ätzgrübchen in Halbleitermaterialien und Metallen bei Versetzungsdichten kleiner als etwa 10^8 cm^{-2}), zur Unterscheidung von Gefügebestandteilen unterschiedlicher Härte in Verbindung mit einem Reliefpolieren (bevorzugtes Herauspolieren der weichen Gefügebestandteile), zur Untersuchung ionengeätzter Schliffe und von Abdampfstrukturen sowie zur Diagnostizierung von Gleitlinien in Einzelkristalliten bzw. von Oberflächenverwerfungen nach Phasenumwandlungen. Die mikroskopischen Abbildungen vermitteln einen betont plastischen Eindruck, wie Bild 1.33 demonstriert. Dabei ist zu beachten, daß nicht eine Phasendifferenz schlechthin, sondern ihre lokale Änderung kontrastwirksam wird. Der Kontrast einer Vertiefung (oder Erhöhung) ist damit wegen des unterschiedlichen Gradientenvorzeichens an den gegenüberliegenden Berandungen einer Vertiefung umgekehrt. Man gewinnt daher den Eindruck einer schrägen Objektbeleuchtung. Ob es sich bei den erkannten Objektstrukturen um Vertiefungen oder um Erhöhungen handelt, läßt sich aus dem subjektiven Eindruck nicht festlegen, da die Kontraste je nach Stellung des Wollastonprismas auch umgekehrt werden können.

1.2. *Lichtmikroskopie* 49

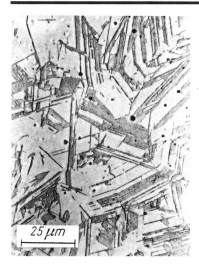

Bild 1.33. Chrom-Nickel-Stahl mit Austenit und Martensit
links: Hellfeld;
rechts: differentieller Interferenzkontrast (DIK)

Da durch Verschieben des Wollastonprismas zusätzliche Gangunterschiede aufgeprägt werden können, sind bei Verwendung polychromatischen Lichts auch farbliche Kontrastierungen möglich.

1.2.3.6. *Interferenzschichtenmikroskopie*

Bei der mikroskopischen Betrachtung polierter, unkontrastierter Metallproben im Hellfeld ergeben sich wegen der Ähnlichkeit der Reflexionskoeffizienten metallischer, intermetallischer und stark absorbierender nichtmetallischer Phasen in der Regel nur ungenügende Kontraste. Bringt man jedoch auf die Schlifffläche eine hinsichtlich ihrer optischen Eigenschaften geeignete dünne Schicht auf, läßt sich der Kontrast zwischen verschiedenen Gefügebestandteilen erheblich verstärken.
Trifft aus einem nichtabsorbierenden Medium (z. B. Luft, Vakuum) Licht auf eine beschichtete Probe, so wird ein Teil des Lichtes bereits an der Oberfläche der Schicht reflektiert (Strahl A_1 im Bild 1.34), wobei entsprechend dem Reflexionskoeffizienten r_{OS} eine

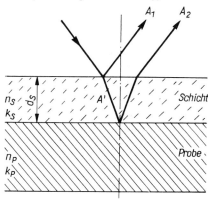

Bild 1.34. Zur Wirkung von Interferenzschichten

Amplitudenverringerung und ein Phasensprung δ_{OS} auftritt. Der in die Schicht eindringende gebrochene Strahl A' unterliegt einer Absorption, ändert gemäß der Brechungszahl n_S der Schicht seine Wellenlänge und wird teilweise an der Phasengrenze Schicht–Probe reflektiert. Dieser reflektierte Strahl tritt als A_2 aus der Schicht aus und interferiert mit dem Strahl A_1. Die Phasendifferenz zwischen A_1 und A_2 beträgt

$$\delta = \frac{4\pi \cdot n_S}{\lambda} d_S - \delta_{SP} + \delta_{OS} \tag{1.31}$$

Der erste Term resultiert aus dem zusätzlichen Laufweg des Strahls durch die Schicht unter Beachtung der Wellenlängenänderung des Lichts in der Schicht, die beiden anderen Terme können nach den Gleichungen (1.15) und (1.17) berechnet werden. Das Reflexionsvermögen R_{OS} an der Oberfläche liefert die Gleichung (1.14), das für den Strahl A_2 die Gleichung (1.16), wobei die Strahlenabsorption in der Schicht durch den zusätzlichen Faktor $\exp[-4\pi k_S \cdot d_S/\lambda]$ zu berücksichtigen ist (LAMBERTsches Gesetz). Das gesamte Reflexionsvermögen R_g des Schichtsystems beträgt dann

$$R_g = \frac{R_{OS} + R_{SP} - 2\sqrt{R_{OS} \cdot R_{SP}} \cos\delta}{1 + R_{OS} \cdot R_{SP} - 2\sqrt{R_{OS} R_{SP}} \cos(2\delta_{OS} - \delta)} \tag{1.32}$$

Es zeigt in Abhängigkeit von der Schichtdicke deutliche, periodisch wiederkehrende Minima, wie es schematisch im Bild 1.35 zu sehen ist. Sie treten etwa bei den Schichtdicken

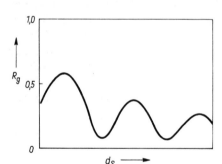

Bild 1.35. Abhängigkeit des Reflexionsvermögens von der Dicke der Interferenzschicht

auf, für die die Phasendifferenz δ gerade ein ungeradzahliges Vielfaches von $\lambda/2$ wird (Phasenbedingung). Gelingt es noch, durch Wahl des Absorptionskoeffizienten k_S in Verbindung mit der Schichtdicke die Amplituden A_1 und A_2 näherungsweise gleich groß zu machen (Amplitudenbedingung), verschwindet das Reflexionsvermögen nahezu völlig, was bedeutet, daß bei der mikroskopischen Betrachtung der betreffende Gefügebestandteil extrem dunkel erscheint.

Die Einstellung eines solchen Reflexionsminimums für eine monochromatische Strahlung hängt nicht nur von der Wellenlänge λ und der Schichtdicke d_S ab, sondern auch von den optischen Konstanten n_S und k_S der Schicht bzw. n_P und k_P der Probe. Daraus folgt, daß bei gleichen Schichtparametern das Reflexionsvermögen für verschiedenartige Gefügebestandteile (Phasen) erheblich differieren kann, insbesondere dann, wenn man ein minimales Reflexionsvermögen für einen Gefügebestandteil eingestellt hat.

Im Bild 1.36 ist die Wellenlängenabhängigkeit des Reflexionsvermögens R_g für zwei verschiedene Phasen dargestellt worden. Arbeitet man im Bereich der Wellenlänge λ_1, er-

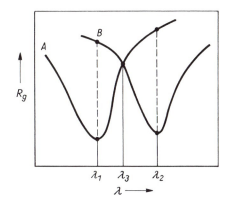

Bild 1.36. Wellenlängenabhängigkeit des Kontrasts bei der Interferenzschichtenmikroskopie

scheint Gefügebestandteil A erheblich dunkler als B, der Kontrast als relative Differenz der Reflexionsvermögen ist maximal. In der Umgebung von λ_2 ist ebenfalls ein relatives Kontrastmaximum festzustellen, allerdings erscheint nun B als die dunklere Phase (Kontrastumkehr). Das Arbeiten mit Wellenlängen um λ_3 ist äußerst ungünstig, da hier wegen der Gleichheit der Reflexionsvermögen der Kontrast verschwindet.

Eine optimale Auswahl des Schichtmaterials, der Wellenlänge und der Schichtdicke ist in der Praxis oft recht schwierig, da noch in vielen Fällen die optischen Konstanten der Proben und häufig auch des Schichtmaterials nicht hinreichend bekannt sind. Man hilft sich, indem man Proben unterschiedlich dick beschichtet und diese in verschiedenen Wellenlängenbereichen (Verwendung von *Interferenzfiltern*) systematisch untersucht. Auf diese Weise lassen sich die Bedingungen für günstige Kontrastverstärkungen relativ unaufwendig finden.

Das Beschichten der Proben erfolgt meist durch Bedampfen bzw. durch Gasentladungen, als Schichtmaterialien eignen sich u. a. ZnS, CdS, ZnSe, ZnTe oder Sb_2S_3.

1.2.3.7. Stereomikroskopie

Manchmal ist es zweckmäßig, die räumliche Anordnung von Gefügebestandteilen, Bruchflächen u. dgl. in der photographischen Aufnahme festzuhalten. Dies erreicht man durch Photographieren der gleichen Objektstelle aus zwei nur wenig voneinander abweichenden Richtungen. (Der Mensch sieht ja auch nur deshalb räumlich, weil er mit zwei Augen sieht, die einen gewissen Abstand voneinander haben.) Bei Makroaufnahmen genügt es, die Kamera nach der ersten Aufnahme etwas zu verschieben und eine zweite Aufnahme anzufertigen. Für Kleinbildkameras gibt es besondere Stereovorsätze. Sind höhere Vergrößerungen erforderlich, so ist die Benutzung eines *Stereomikroskops* notwendig. Hierbei lassen sich Vergrößerungen bis etwa 100:1 erreichen. Bild 1.37 zeigt eine aus zwei Einzelbildern bestehende und mit einem Stereomikroskop aufgenommene Stereoaufnahme eines Dünnschliffs von gegossenem Transformatorenstahl (Eisen mit 4% Si), bei dem die metallische Grundmasse durch Behandlung mit Bromwasserstoff aufgelöst wurde und die nichtmetallischen Einschlüsse und Karbide in ihrer ursprünglichen Form und gegenseitigen räumlichen Lage erhalten bleiben. Um aus einer derartigen Stereoaufnahme die

1. Metallographische Arbeitsverfahren

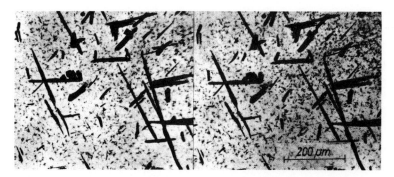

Bild 1.37. Stereoaufnahme eines Dünnschliffs von Transformatorenstahl, bei dem die metallische Grundmasse durch Behandeln mit HBr aufgelöst wurde und die nichtmetallischen Einschlüsse in ihrer ursprünglichen Lage erhalten blieben

räumlichen Verhältnisse entnehmen zu können, ist es allerdings erforderlich, das Doppelbild durch eine besondere Stereobrille zu betrachten. Durch diese Brille sieht man dann nur ein Bild, das aber räumlich wirkt.

1.2.4. Fotografische Dokumentation

1.2.4.1. Wiedergabeverfahren mikroskopischer Bilder

Die Wiedergabe eines mikroskopischen Bildes kann sowohl durch direkte als auch indirekte Beobachtung erfolgen (Bild 1.38). Während bei der direkten Beobachtung der Betrachter mit seinen Augen das virtuelle Bild aus dem Okular aufnimmt (subjektive Mikroskopie), erfolgt die indirekte Beobachtung über den Weg der Dokumentation des mikroskopischen Bilds. Hierzu muß mit Hilfe eines Projektivs ein reelles Bild erzeugt werden, welches von einem Bildträger aufgenommen bzw. gespeichert wird. Das mikroskopische Bild wird erst unter Anwendung eines Bildwiedergabeverfahrens später dann den Augen des Betrachters zugänglich. Es ist leicht einzusehen, daß die Art des Bildträgers vom Wiedergabeverfahren abhängt.

Die bisher in der Metallografie angewandten Bildwiedergabeverfahren sind dem rechten Teil des Bilds 1.38 zu entnehmen. Beim Zeichnen des mikroskopischen Bilds wird in der Regel das reelle Bild mit Hilfe von Zusatzeinrichtungen auf die Zeichenfläche projiziert und nachgezeichnet. Der Zeichnende (meist ein Lernender) nutzt bei seiner Bildwiedergabe zwei Vorteile dieses Verfahrens. Einmal kann er sich bei der Darstellung auf das Typische des zu untersuchenden Gefüges beschränken und somit die Anschaulichkeit erhöhen. Zum anderen wird der Zeichnende zum fachgerechten Mikroskopieren angehalten (z. B. Veränderung der Scharfeinstellung zur Umgehung geringer Tiefenschärfe) und zur intensiven Auseinandersetzung mit dem Bildinhalt erzogen.

Die Bildwiedergabeverfahren, welche die Fernseh- bzw. Videotechnik nutzen, haben große Bedeutung für die quantitative Gefügecharakterisierung mit Hilfe der elektronischen Bildverarbeitung (automatische Strukturbildanalyse).

Die Mikrokinegrafie ist ein Verfahren zur zeitgesteuerten Aufnahme von Kleinbildern und dient der fotografischen Erfassung langfristiger Objektveränderungen auf stehendem

1.2. Lichtmikroskopie

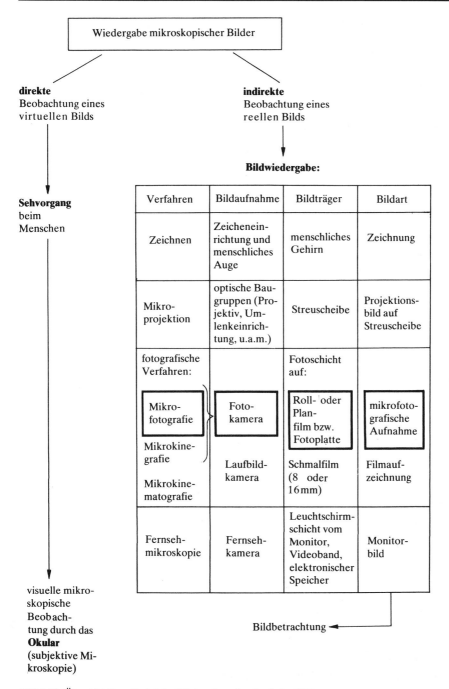

Bild 1.38. Übersicht über die Art der Wiedergabe mikroskopischer Bilder

Film. Kurzzeitige Veränderungen dagegen werden mit mikrokinematografischen Verfahren dokumentiert, wobei die Objektveränderungen auf einem laufenden Film registriert werden. Beide fotografische Verfahren werden zur Dokumentation von Ergebnissen metallografischer Sonderuntersuchungen eingesetzt, beispielsweise in der Hoch- und Tieftemperaturmikroskopie oder bei mikroskopischen Beobachtungen von Verformungsvorgängen an der Probenoberfläche. In der üblichen metallografischen Praxis kommt der *Mikrofotografie* als Bildwiedergabeverfahren die größte Bedeutung zu. Sie unterscheidet sich von der *Makrofotografie* durch den *Abbildungsmaßstab*. Er ist das Verhältnis zwischen der Größe eines Details im Bild und der Größe des gleichen Details vom abzubildenden Objekt. Ist dieses Verhältnis auf dem Negativ kleiner oder gleich 1:1, dann spricht man von Makrofotografie, ist es größer als 1:1, von Mikrofotografie. Je nach der Gerätetechnik wird in der Mikrofotografie wiederum zwischen der *Lupenaufnahme* (einstufige Vergrößerung, bis 10:1) und der *Mikroaufnahme* unterschieden (zweistufige Vergrößerung, >10:1). Tabelle 1.3 gibt die üblichen Abbildungsmaßstäbe und Empfehlungen zu ihrer Anwendung wieder.

Der Abbildungsmaßstab des mikroskopischen Bilds entspricht häufig der mikroskopischen Vergrößerung des Objekts. Beide Angaben gehören zu jeder mikrofotografischen

Tabelle 1.3. Abbildungsmaßstäbe in der lichtoptischen Metallographie

Abbildungsmaßstab	Bemerkungen		
1:10 1:5 1:2	Verkleinerungen	Makrofotografie	
1:1	natürliche Größe		
2:1 5:1 10:1	bevorzugte Vergrößerungen	Lupen- aufnahmen	
(20:1) **50:1** **75:1** (80:1) **100:1** (150:1) **200:1** (300:1) (400:1) **500:1** (600:1) (630:1) (800:1) **1 000:1**		Mikro- aufnahmen	Mikro- foto- grafie
(1 500:1) (2 000:1)	optisch leere Vergrößerungen		

Anmerkungen: in ( ) zulässige, aber nicht bevorzugte Vergrößerungen
halbfett = bevorzugte Vergrößerungen

1.2. Lichtmikroskopie

Aufnahme. Wird der Abbildungsmaßstab als Verhältnis angegeben, dann erscheint er meistens rechts unter dem Bild. Besser ist eine Angabe des Abbildungsmaßstabes mit Hilfe eines Distanzbalkens schon auf dem Negativ, so daß bei Vergrößerungen und Reproduktionen eindeutige Rückschlüsse auf die wahren Größenverhältnisse gegenüber dem Objekt gezogen werden können.

Die Bilder 1.39 bis 1.41 geben mikrofotografische Aufnahmen vom Gefüge einer untereutektischen Fe-C-Legierung bei verschiedenen mikroskopischen Vergrößerungen wieder.

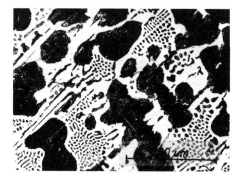

Bild 1.39. Untereutektische Eisen-Kohlenstoff-Legierung

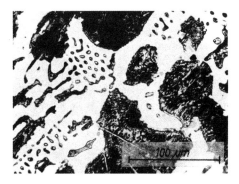

Bild 1.40. Ausschnitt aus Bild 1.39 (doppelte Vergrößerung)

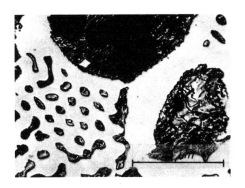

Bild 1.41. Ausschnitt aus Bild 1.40 (2,5fache Vergrößerung = 5fache Vergrößerung von Bild 1.39). Die verschiedenen Vergrößerungen der Bilder 1.39 bis 1.41 entsprechen den genormten Abbildungsmaßstäben nach Tabelle 1.3)

In diesem Fall besteht zwischen den mikroskopischen Vergrößerungen und den Abbildungsmaßstäben kein Unterschied, weil bei der Herstellung des Positivbilds das Kontaktkopierverfahren angewandt wurde (s. unten). Der Vergleich der Aufnahmen verdeutlicht, daß mit zunehmender mikroskopischer Vergrößerung (hier gleichbedeutend mit größer werdendem Abbildungsmaßstab) der Bildausschnitt kleiner wird, sich aber die Auflösung, d. h. die Unterscheidbarkeit der Gefügedetails, verbessert. Das Format des reellen Bilds, mit welchem dies in der Bildebene der Aufnahmevorrichtung erscheint, wird als *Aufnahmeformat* bezeichnet. In der Mikrofotografie hängt das Aufnahmeformat vom Kamerasystem und somit von den Abmessungen des verwendeten Aufnahmematerials ab. Befindet sich in der Bildebene des Kamerasystems ein Negativmaterial, dann ist das Aufnahmeformat gleich dem Negativformat. Bei einem Umkehrfilm (z. B. zur Anfertigung von Diapositiven) oder bei der Sofortbild-Fotografie (Polaroid-Verfahren) entspricht dagegen das Positivformat dem Aufnahmeformat. In Tabelle 1.4 sind verschiedene Aufnahmeformate und entsprechend konfektionierte Aufnahmematerialien zusammengestellt. Für die Dokumentation lichtmikroskopischer Befunde werden das Kleinbildformat (24 × 36) mm und das Großbildformat (9 × 12) cm bevorzugt (Gesichtspunkte zur Wahl des Aufnahmeformats s. hinten).

Tabelle 1.4. Formate mikrofotografischer Aufnahmen

Bezeichnung	Abmessungen [mm]	Konfektionierung des Aufnahmematerials
Kleinbildformat	24 × 36	Kleinbildfilm in Tageslichtpatronen, Meterware
Mittelbildformat	60 × 60 60 × 90 65 × 90	} Rollfilm Planfilm
Großbildformat	90 × 120 130 × 180	Platte, Planfilm, Polaroidfilm Platte, Planfilm

Auch die Formate der Positivbilder sind vereinheitlicht worden (Tabelle 1.5). Während das Klein- und Hauptformat sowie das Großformat *1* in der Mikrofotografie üblich sind, werden die Großformate in der Makrofotografie bevorzugt. Kleinere Bildgrößen als das Kleinformat ergeben eine unzureichende Gefügeübersicht. Die Verwendung des Großformats *2* in der Mikrofotografie setzt entweder eine Kamera für das Aufnahmeformat (13 × 18) cm voraus oder erfordert besondere Aufwendungen bei der Nachvergrößerung von Aufnahmen mit kleinerem Format. Manchmal ist es zweckmäßig, aus Positivbildern Montagen anzufertigen. In vielen Fällen kann hierbei durch die freie Wahl des Positivformats eine bessere Abstimmung von Bildgröße und -inhalt erreicht werden.

Tabelle 1.5. Formate der Positivbilder in der Metallographie

Benennung	nutzbares Bildfeld		Bemerkungen
	[mm]	[cm²]	
Kleinformat	41 × 57	23,5	} bevorzugt in der Mikrofotografie
Hauptformat	57 × 81	46,0	
Großformat 1	81 × 114	92,5	
Großformat 2	114 × 162	185,0	} bevorzugt in der Makrofotografie
Großformat 3	162 × 229	370,0	

1.2.4.2. Arbeitsschritte in der Mikrofotografie

Bei der mikrofotografischen Dokumentation sind viele Arbeitsschritte zu beachten. Die wichtigsten sind im Bild 1.42 zusammengestellt. Die vorbereitenden Arbeiten beginnen bereits mit Besonderheiten bei der Anschliffpräparation und stellen auch einen wesentlichen Abschnitt des Mikroskopierens dar. Bei der Vorbereitung einer mikrofotografischen Aufnahme sollten zwei Grundregeln beachtet werden:

a) Was subjektiv im Mikroskop beobachtbar ist, muß nicht unbedingt auch fotografierbar sein.

b) Schlechte Präparate und ein schlechtes virtuelles Bild ergeben keine ansprechenden Aufnahmen.

Die Arbeiten für die eigentliche fotografische Dokumentation lassen sich einteilen in solche zur Anfertigung der Aufnahmen und in solche zu ihrer Verarbeitung. Die Arbeiten enden mit der Herstellung eines Positivbilds im Positivprozeß oder bei der Umkehrentwicklung von Positivfilmmaterial (z. B. bei Diapositiven). Die Daten im anzufertigenden Aufnahmeprotokoll erleichtern Wiederholungen, liefern die Basis für Verbesserungen und helfen in der Routine.

Die Zusammenstellung (Bild 1.42) erlaubt die erwähnten Begriffe, wie mikroskopische Vergrößerung, Abbildungsmaßstäbe und Formate, den entsprechenden Arbeitsschritten zuzuordnen und somit der Abfolge während der fotografischen Dokumentation. Bei den Arbeitsschritten, die mit dem Mikroskop zur Vorbereitung der Aufnahme ausgeführt werden, muß analog der förderlichen (mikroskopischen) Vergrößerung der *förderliche Abbildungsmaßstab* beachtet werden. Er ergibt sich aus der ABBESchen Regel unter Berücksichtigung des Verhältnisses von der Betrachtungsentfernung des Endbilds a und der Bezugssehweite l, die 25 cm beträgt. Der förderliche Abbildungsmaßstab $M_{\text{förd}}$ läßt sich wie folgt berechnen:

$$M_{\text{förd}} = (500\ldots 1\,000)\, A_{\text{Obj}} \cdot \frac{a}{l} \qquad (1.33)$$

Bei $a \approx 25$ cm ist $M_{\text{förd}}$ gleichbedeutend mit der förderlichen Vergrößerung. Dieser Fall ist häufig und liegt vor, wenn das fertige Gefügefoto vom Betrachter in die Hand genommen und angesehen wird. Sobald a wesentlich von l abweicht (z. B. bei Anwendung eines Projektors zur Bildbetrachtung), muß die spätere Betrachtungsart bereits beim Mikroskopieren berücksichtigt werden. Ist der Abbildungsmaßstab bereits im Negativ förderlich, z. B. bei einer Aufnahme im Negativformat 9×12 (Tabelle 1.4), deren Positiv bei der Betrachtung in der Hand gehalten wird, dann ist es zweckmäßig, das Positiv im Kontaktabzug herzustellen, eine Verfahrensweise, welche die Dunkelkammerarbeit vereinfacht. Ansonsten muß das Positivbild erst durch eine Nachvergrößerung auf den förderlichen Abbildungsmaßstab gebracht werden. Diese Arbeitsweise ist bei der Kleinbildmikrofotografie üblich und erfordert den Einsatz eines Vergrößerungsgeräts.

1.2.4.3. *Aufnahmesysteme in der Mikrofotografie*

Die Geräte für die Mikrofotografie lassen sich in drei Gruppen unterteilen: Ansetzkamerasysteme, Kameramikroskope und Balgenkamerasysteme. Die letztgenannte Gerätegruppe wird aber hauptsächlich in der Makrofotografie eingesetzt und nur mitunter noch für die Anfertigung von Lupenaufnahmen (s. Tabelle 1.3). Dann sind sie allerdings nur für Aufnahmen im Großbildformat ausgelegt. Die Balgenkamera ist in der Regel vertikal über dem Mikroskop angeordnet und muß mit Hilfe eines gesonderten Stativs abgestützt werden. Das Stativ erlaubt, die Balgenlänge zur Scharfeinstellung des Bilds zu verändern. Da die üblichen Mikroskopokulare benutzt werden, muß die mechanische Anpassung über spezielle Fototuben erfolgen, was bei der Variation des Abbildungsmaßstabs gewisse Umrüstungen mit sich bringt. Deshalb werden bei der Dokumentation metallografischer Befunde häufiger die beiden anderen Gerätegruppen eingesetzt.

Ansetzkamerasysteme bestehen aus den Baugruppen Mikroskopanpassung, mikrofotogra-

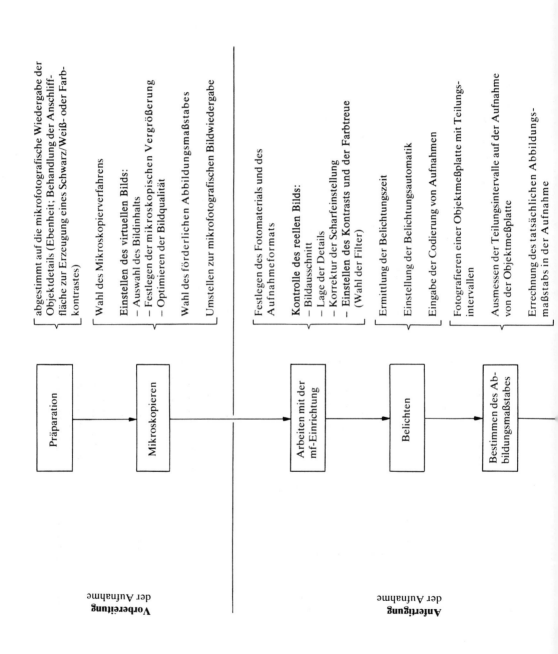

fischer (mf-) Grundkörper und Kameraansatz. Bild 1.43 zeigt diese Baugruppen im Prinzip. Die *Mikroskopanpassung* (Tubusklemme, Fototubus o. ä.) stellt die mechanische Verbindung zwischen dem Mikroskop und der externen mf-Einrichtung her und nimmt das entsprechende mf-Projektiv auf. Die auf die Mikroskopobjektive abgestimmten mf-Projektive erzeugen ein reelles Bild am Ort der Fotoschicht.

Das Einstellsystem des *mf-Grundkörpers* enthält die optischen Teile zur Auswahl und

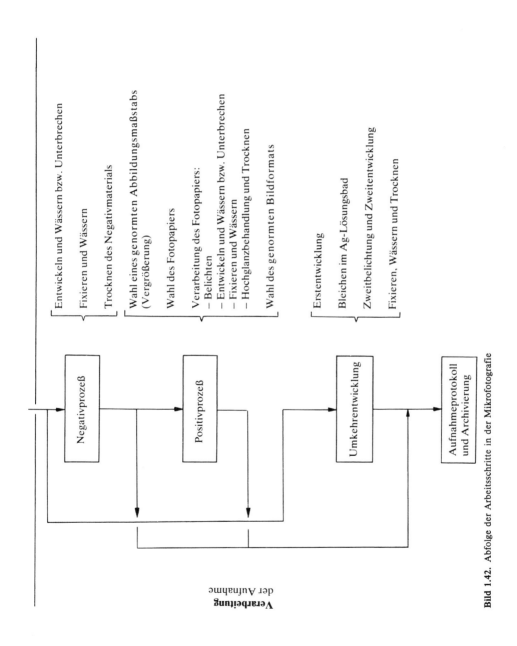

Bild 1.42. Abfolge der Arbeitsschritte in der Mikrofotografie

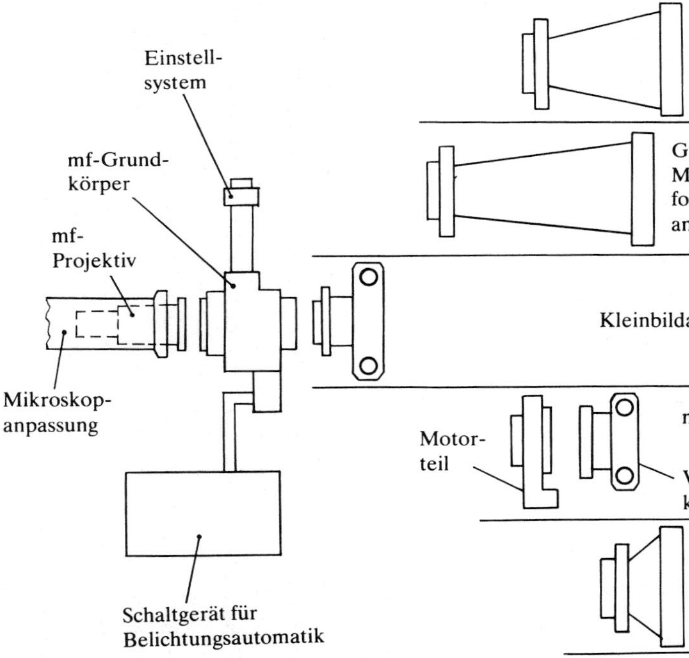

1. Metallographische Arbeitsverfahren

Kameraansatz		Aufnahme-format	Foto-material	Kamera-faktor, P
mf-Adapter P		$4'' \times 5''$ $3^{1}/_{4}'' \times 4^{1}/_{4}''$	Polaroid: Planfilm Planfilm, Rollfilm	$3,5 \times$ $2,5 \times$
Groß- und Mittelformatansatz		$9\,cm \times 12\,cm$ $6,5\,cm \times 9\,cm$	Platte, Planfilm	$3,5 \times$ $3 \times$
Kleinbildansatz		$24\,mm \times 36\,mm$	Rollfilm	$1 \times$
mf-matic	Wechselkassette	$24\,mm \times 36\,mm$	Rollfilm	$1 \times$
mf-Mehrbildansatz		$24\,mm \times 36\,mm$ $11\,mm \times 36\,mm$	$6,5\,cm \times 9\,cm$- Platte, – Planfilm	$1 \times$

Bild 1.43. Übersicht zu den mf-Einrichtungen des VEB Kombinat Carl Zeiss Jena

Kontrolle der Aufnahme (Hilfsobjektiv, Einstellscheibe mit Formatbegrenzung, stellbares Okular). Bei den Mikroskopen 250-CF des VEB Kombinat Carl Zeiss Jena übernimmt der Okularteil die Funktion des Einstellsystems. Dadurch wird eine Kombination mehrerer Arbeitsschritte beim Mikroskopieren mit denen beim Arbeiten mit der mf-Einrichtung erreicht. Im mf-Grundkörper sind weiterhin Baugruppen der Belichtungsautomatik, insbesondere das System für die lichtelektrische Messung, sowie der Kameraverschluß enthalten. Er wird durch ein Schaltgerät zur Bedienung der Automatik ergänzt. Grundkörper moderner mf-Kamerasysteme erlauben zusätzlich die Einbelichtung von Daten zur Codierung der Aufnahmen, und ihre Belichtungsautomatik wird über ein Bedienpult betätigt.

Für die verschiedenen Aufnahmeformate wurden entsprechende *Kameraansätze* entwickelt. Das dazugehörige Fotomaterial ist im Bild 1.43 mit angegeben. Der Kameraansatz besitzt einen Zentralverschluß als Lichtschutz für das Fotomaterial, welches sich in einer Kassette befindet (Tageslichtpatrone für Rollfilme, Schiebekassette für Fotoplatten bzw. Planfilme). Werden Rollfilme eingesetzt, dann enthält der Kameraansatz auch die Vorrichtung für den manuellen und/oder automatischen Filmtransport. Der automatische Transport ist vorteilhaft bei seriellen Aufnahmen (z. B. Vermeidung von Doppelbelichtung) und garantiert durch Vorwahl von Aufnahmetakt und Bildanzahl eine bequeme Arbeitsweise in der Mikrokinegrafie. Bild 1.43 wird ergänzt durch eine Spalte mit den jeweiligen Faktoren der Kameras aus der Produktion des VEB Kombinat Carl Zeiss Jena. Die Kamerafaktoren müssen bei der überschlägigen Berechnung des Abbildungsmaßstabs auf dem Fotomaterial berücksichtigt werden. Für Auflichtmikroskope der o. g. Produktion gilt üblicherweise (beim Arbeiten mit Projektiven und bekanntem Tubusfaktor):

$$M_{\text{Fotomat}} = V_{\text{Obj}} \cdot f_{\text{Tub}} \cdot M_{\text{Proj}} \cdot p \tag{1.34}$$

M_{Fotomat} überschlägiger Abbildungsmaßstab auf dem Fotomaterial
V_{Obj} Lupenvergrößerung des verwendeten Objektivs
f_{Tub} Tubusfaktor
M_{Proj} Maßstabzahl des mf-Projektivs
p Kamerafaktor

Die überschlägig errechneten Abbildungsmaßstäbe sind in den Anleitungen zu den externen mf-Einrichtungen vom Hersteller in Tabellen zusammengestellt, die auch umgekehrt zur Auswahl geeigneter Objektiv-Projektiv-Kombinationen benutzt werden können. Reicht die Genauigkeit des überschlägig errechneten Abbildungsmaßstabs nicht aus, dann muß er durch Ausmessen von einer Aufnahme experimentell bestimmt werden. Hierzu wird der Maßstab einer Objektmeßplatte anstelle des Objekts bei sonst gleicher Mikroskopeinstellung aufgenommen. Der 1 mm lange Maßstab ist in Abständen von 10 µm unterteilt. Durch Ausmessen des Abstands mehrerer Teilstriche auf der Aufnahme (z. B. mit einer Schublehre, wobei als Abstand die Strecke von der linken Begrenzung des ersten bis zur linken Begrenzung des n-ten Teilstriches festzulegen ist) ergibt sich der genaue *tatsächliche Abbildungsmaßstab* zu

$$M_{\text{Film}} = \left(\frac{100 \cdot b}{n} \right) : 1 \tag{1.35}$$

b auf der Aufnahme ausgemessene Strecke in mm
n Anzahl der Teilstriche in der Meßstrecke

Die dritte Gerätegruppe für die Mikrofotografie bilden die Kameramikroskope. In ihnen sind Mikroskop und Fotokamera zu einem Gerät vereint, was besondere Vorteile ergibt hinsichtlich der Anpassung des (internen) Kamerasystems an dem eigentlichen Mikroskop. Wie Bild 1.16 am Beispiel des großen Kameramikroskops NEOPHOT 32 des VEB Kombinat Carl Zeiss Jena zeigt, kann ein Kameramikroskop einen in sich geschlossenen Arbeitsplatz darstellen, an dem allein durch die Gerätebedienung sowohl mikroskopiert als auch dokumentiert werden kann. Beim NEOPHOT 32 befindet sich die interne Kamera in Pultanordnung unterhalb des Okularsystems. Wie die meisten Kameramikroskope erlaubt auch dieses Gerät eine zusätzliche Dokumentation mit Hilfe wahlweise anzubauender externer Ansetzkamerasysteme, wie sie bereits beschrieben wurden.

Eine wichtige Arbeitsetappe bei der Anfertigung der Aufnahme ist das Belichten des Fotomaterials. Sollen aufwendige lichtelektrische Messungen umgangen werden, dann sind zur Ermittlung der optimalen Belichtungszeit für ein ausgewähltes Fotomaterial Probebelichtungsreihen vom eigentlichen Objekt anzufertigen. Die Belichtungszeiten solch einer Reihe werden so abgestuft, daß sie sich um jeweils das Zweifache verlängern. Planfilme und Platten (beginnend vom Format $(6,5 \times 9)$ cm, s. Tabelle 1.4) werden hierzu einer Streifenbelichtung unterworfen, wogegen mit Rollfilmen (Format $\leq (6 \times 9)$ cm) Aufnahmeserien hergestellt werden. Eine Belichtungsautomatik muß mit Hilfe solcher Probebelichtungsreihen in ihre Schaltstellung für das Auslösen des Kameraverschlusses geeicht werden. Das Vorgehen bei der Probebelichtung des Fotomaterials und der Eichung der Automatik ist den vom Gerätehersteller mitgelieferten Arbeitsvorschriften zu entnehmen. Aus den Belichtungsreihen werden diejenigen Belichtungsparameter (Art der Lichtquelle, Filter, Zeit, Schalterstellungen der Automatik u. a. m.) ausgewählt, die zu einer ansprechenden Aufnahme führen. Mit ihnen wird dann die endgültige Aufnahme belichtet. Die Belichtungsdauer sollte bei der Wahl des Aufnahmeformats und somit bei der Wahl des Fotomaterials berücksichtigt werden. Ein Vorteil des Kleinbildformats liegt in seiner kurzen Belichtungszeit. Wird von einem Objekt der gleiche Strukturbereich (gleicher Bildinhalt) mit einem Aufnahmematerial gleicher Lichtempfindlichkeit, aber mit den Formaten 24×36, $6,5 \times 9$ und 9×12 dokumentiert, dann verhalten sich die erforderlichen Belichtungszeiten wie 1:6:10. Für ein Großbildformat sprechen der Wegfall der Vergrößerungsarbeiten im nachfolgenden Positivprozeß (s. Bild 1.42) und die Ausnutzung der Vorteile des Kontaktabzugverfahrens. Durch das Fehlen der Unschärfeeinflüsse (Körnigkeit und Wirkung des Diffusionslichthofs beim kleinbildformatigen Negativmaterial) machen die Kontaktabzüge von Platten bzw. Planfilmen im Großbildformat einen »schärferen« Eindruck als gleichformatige Kleinbildvergrößerungen. Bei der Aufnahme von Sofortbildern, die ausnahmslos großbildformatig sind, kommt noch der Wegfall der gesamten Dunkelkammerarbeit als Vorteil hinzu.

An dieser Stelle muß betont werden, daß die *Auswahl des Aufnahmematerials* nicht allein nach dessen Format erfolgt, sondern vielmehr nach seinen charakteristischen Eigenschaften. Im folgenden wird deshalb auf den Aufbau fototechnischer Materialien, die Wirkungsweise der Fotoschicht, und die Haupteigenschaften des Aufnahmematerials eingegangen, zumal einige, wie Empfindlichkeit, Körnigkeit und Wirkung des Diffusionslichthofs, ohne nähere Erläuterungen dazu bereits erwähnt wurden. Es kann hier nur auf die Grundzüge der Schwarz-Weiß-Fotografie eingegangen werden. Für die Color-Dokumentation metallografischer Befunde bediene man sich der Spezialliteratur.

1.2.4.4. Aufbau und Wirkungsweise fototechnischer Materialien für die Schwarz-Weiß-Fotografie

Der Aufbau des fototechnischen Materials für die Schwarz-Weiß-Fotografie geht aus Bild 1.44 hervor. Unter einer transparenten Schicht zum Schutz gegen mechanische Einwirkungen befindet sich die eigentliche Fotoschicht, eine Suspension aus Gelatine und Silberhalogenidkristallen (üblicherweise AgBr). Die bei Filmen und Platten vorhandene

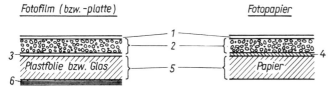

Bild 1.44. Schichtenaufbau fototechnischer Materialien für die Schwarz-Weiß-Fotografie (schematisch)
1 Gelatineschutzschicht, *2* Suspensionsschicht (Gelatine und AgBr-Kristalle; fälschlich als Fotoemulsion bezeichnet), *3* Haftschicht, *4* Barytschicht (mit BaSO$_4$), *5* Schichtträger, *6* Lichthofschutzschicht

ebenfalls transparente Haftschicht (Schicht *3*) verbindet die Suspensionsschicht unlösbar mit dem Schichtträger. Bei Fotopapieren ist diese Zwischenschicht mit Bariumsulfat (Baryt) versehen und deshalb weiß (Schicht *4*). Sie erfüllt mehrere Aufgaben, von denen die Gewährleistung der Haftung eine untergeordnete Rolle spielt. Die Hauptaufgabe der Barytschicht besteht in der Verbesserung des Vermögens der Papierschicht, die in der Suspensionsschicht enthaltenen optischen Informationen (s. u.) dem Betrachter in der Draufsicht verlustarm wiederzugeben (Remissionsvermögen). Des weiteren verhindert die Barytschicht beim Weiterverarbeiten der Aufnahme Reaktionen von Flüssigkeiten an der Rückseite der Suspensionsschicht über das Papier (z. B. Entwickler- und Fixierlösung, s. Bild 1.42). Auf die Lichthofschutzschicht der Filme und Platten (Schicht *6*) wird weiter unten eingegangen.

Aus Bild 1.42 konnte bereits indirekt entnommen werden, daß die fotografischen Prozesse (Negativ- und Positivprozeß; Umkehrentwicklung) unterteilt werden in

- Belichten und Entwickeln
- Unterbrechen
- Fixieren
- Schlußwässerung.

Der Vorgang des Fotografierens mit der mf-Einrichtung stellt nur die Belichtung des Fotomaterials dar. Die anderen Schritte werden üblicherweise unter Ausnutzung chemischer Reaktionen im Fotolabor ausgeführt.

Das Wirkprinzip der Fotografie besteht in dem Zerfall der in der Fotoschicht (Schicht *2*) suspensierten AgBr-Kristalle in elementarem Silber und Brom. Dieser Zerfall erfolgt in zwei Stufen, der *Belichtung* des fototechnischen Materials und seiner *Entwicklung*. Beim Belichten wird durch die (meist relativ kurze) Lichteinwirkung über eine fotochemische Spaltung die Reduktion des Ag-Ions im Kristallverband des AgBr eingeleitet (Primärreaktion). Es entstehen submikroskopische Ag-Keime (Keimsilber), durch welche das Bild zunächst nur aufgezeichnet wird (latentes Bild). Bei der anschließenden Entwicklung wird das belichtete AgBr in verstärktem Maß weiter selektiv reduziert (Sekundärreaktion). Das dabei entstehende Silber läßt die vorher entstandenen Ag-Keime wachsen, wodurch das Bild sichtbar wird (Bildsilber).

Das Schema im Bild 1.45 verdeutlicht die Entstehung eines fotografischen Bilds am Beispiel des Negativprozesses. Dem Bild sind auch die prinzipiellen chemischen Reaktionen zu entnehmen, die in den einzelnen Arbeitsschritten ablaufen. Da Belichten und Entwickeln nur verschiedene Stadien der Silberreduktion sind (Bild 1.45, Reaktionen *(I)* und *(II)*), müssen beide Schritte als eine Einheit angesehen werden. Somit dürfen bei der Aufstellung von Belichtungsreihen zur Ermittlung optimaler Belichtungszeiten (s. Bild 1.42) die Entwicklungsbedingungen nicht verändert werden. Andererseits sollten die Belichtungsbedingungen konstant gehalten werden, wenn die günstigste Arbeitsweise beim Entwickeln aufzufinden ist.

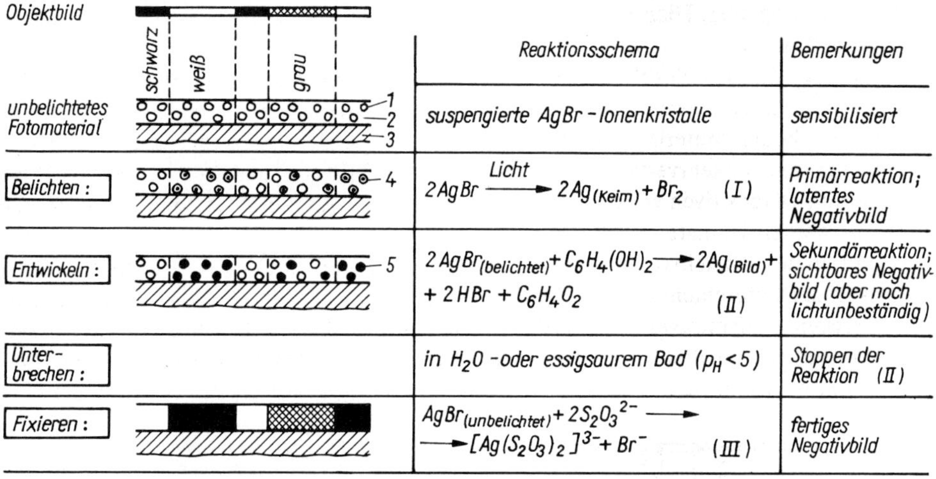

Objektbild		Reaktionsschema	Bemerkungen
unbelichtetes Fotomaterial	schwarz / weiß / grau	suspengierte AgBr - Ionenkristalle	sensibilisiert
Belichten:		$2 AgBr \xrightarrow{Licht} 2 Ag_{(Keim)} + Br_2$ (I)	Primärreaktion; latentes Negativbild
Entwickeln:		$2 AgBr_{(belichtet)} + C_6H_4(OH)_2 \longrightarrow 2 Ag_{(Bild)}$ $+ 2 HBr + C_6H_4O_2$ (II)	Sekundärreaktion; sichtbares Negativbild (aber noch lichtunbeständig)
Unterbrechen:		in H_2O - oder essigsaurem Bad ($p_H < 5$)	Stoppen der Reaktion (II)
Fixieren:		$AgBr_{(unbelichtet)} + 2 S_2O_3^{2-} \longrightarrow$ $\longrightarrow [Ag(S_2O_3)_2]^{3-} + Br^-$ (III)	fertiges Negativbild

Bild 1.45. Entstehung des fotografischen Bilds (Negativprozeß, schematisch)
1 unbelichtete AgBr-Kristallkörner, *2* Gelatine, *3* Schichtträger, *4* belichtete AgBr-Kristallkörner (Keimsilber), *5* reduziertes Silberkorn (Bildsilber)

Die Entwicklerlösung enthält Hydrochinon ($C_6H_4(OH)_2$) als Reduktionsmittel, welches unter Abgabe von H^+-Ionen zu Chinon oxidiert (Bild 1.45, Reaktion *(II)*); Chinon färbt den Entwickler braun). Da bei dieser Redoxreaktion Bromsäure entsteht, muß die Entwicklerlösung zur Neutralisation gleichzeitig alkalische Substanzen enthalten, ansonsten verringert sich ihr p_H-Wert während des Gebrauchs, und die Sekundärreaktion *(II)* kommt zum Stillstand, ohne daß das latente Bild ausreichend entwickelt wurde (verbrauchter Entwickler). Das sog. Entwickleralkali (z. B. KOH, Na_2CO_3 oder Borax) gibt der Lösung einen basischen Charakter und beschleunigt die Entwicklung. Durch die sofortige Neutralisation läuft Reaktion *(II)* stets in Pfeilrichtung ab, und das abgeschiedene Bildsilber macht das latente Bild sichtbar.

Die Entwicklung wird gestoppt, sobald das behandelte Fotomaterial in einem wäßrigen oder besser noch saurem Unterbrecherbad getaucht wird. Das Bild ist nach dem Entwikkeln lichtunbeständig, weil noch viele unbelichtete AgBr-Körner in der Fotoschicht vorhanden sind. Sie würden bei Lichteinwirkung ebenfalls Schwärzungen hervorrufen. Die Bildkontraste gehen mit der Zeit zurück, was letztlich zum »Verschwinden« des Bilds führen würde (gleichmäßige Schwärzung). Erst durch die Entfernung des unbelichteten (unentwickelten) und schwerlöslichen AgBr aus der Fotoschicht wird das Bild lichtbeständig. Dieser Arbeitsschritt wird *Fixieren* genannt.

Das Fixierbad enthält Natriumthiosulfat ($Na_2S_2O_3$), welches die unbelichteten AgBr-Körner unter Bildung von Ag-Thiosulfatkomplexen auflöst. Bei Überschuß an $S_2O_3^{2-}$-Ionen erfolgt dies entsprechend der Reaktion *(III)* mit Hilfe der leichtlöslichen Tristhiosulfato-Komplexe. Beim anschließenden Wässern werden die restlichen Komplexionen und Thiosulfationen sowie kristallisierbare Reaktionsprodukte aus der Fotoschicht entfernt. Das Negativbild ist nun, nachdem es getrocknet wurde, haltbar.

Der Positivprozeß läuft analog dem Schema im Bild 1.45 ab (s. a. Bild 1.42). Nur tritt hierbei an die Stelle des Objektbilds das transparente Negativbild. Die Belichtung des Positivmaterials (Fotopapier, Diapositivplatte) erfolgt allerdings mit Hilfe eines Kopiergeräts in der Dunkelkammer.

Die Vorteile, die das Negativ-Positiv-Verfahren durch den Kopierprozeß erlangt (z. B. Vervielfältigung, Papierbildherstellung oder Änderung des Abbildungsmaßstabs), müssen durch einen hohen Material- und Arbeitsaufwand erkauft werden. Kostengünstiger arbeitet dagegen das Umkehrverfahren, weil es sofort zum Positiv führt, was z. B. bei der Herstellung von Diapositiven vorteilhaft ist. Die Vorteile des Kopierens gehen aber dabei verloren. Es werden Unikate erhalten.

Das Prinzip des Umkehrverfahrens beruht auf der Ausnutzung der unbelichteten AgBr-Körner in der Fotoschicht des entwickelten Negativs zur Erzeugung des Positivbildes auf dem gleichen Schichtträger. Die Entstehung des Positivbilds bei der Umkehrentwicklung wird schematisch im Bild 1.46 gezeigt. Bildbelichtung und Erstentwicklung erfolgen wie beim Negativprozeß, nur wird das Negativbild kontraststärker entwickelt, indem die Re-

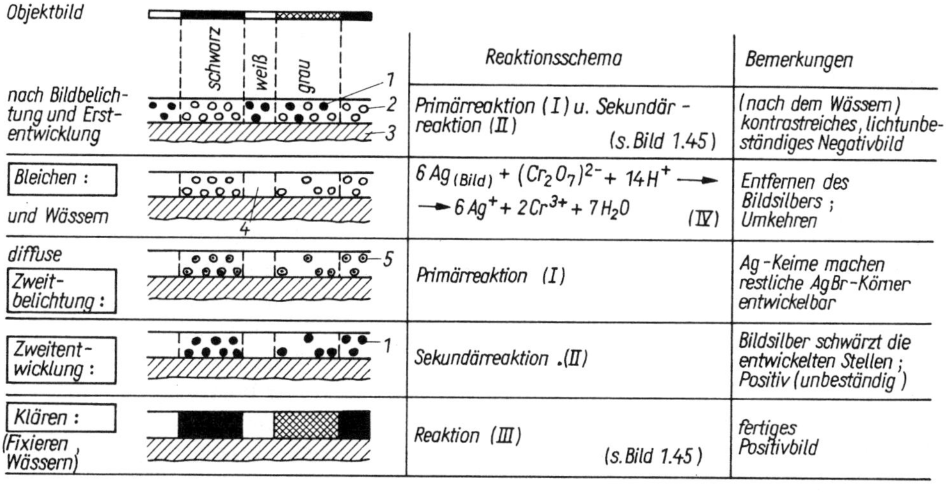

Objektbild		Reaktionsschema	Bemerkungen
nach Bildbelichtung und Erstentwicklung	schwarz / weiß / grau — 1, 2, 3	Primärreaktion (I) u. Sekundärreaktion (II) (s. Bild 1.45)	(nach dem Wässern) kontrastreiches, lichtunbeständiges Negativbild
Bleichen: und Wässern	— 4	$6 Ag_{(Bild)} + (Cr_2O_7)^{2-} + 14 H^+ \rightarrow 6 Ag^+ + 2 Cr^{3+} + 7 H_2O$ (IV)	Entfernen des Bildsilbers; Umkehren
diffuse Zweitbelichtung:	— 5	Primärreaktion (I)	Ag-Keime machen restliche AgBr-Körner entwickelbar
Zweitentwicklung:	— 1	Sekundärreaktion (II)	Bildsilber schwärzt die entwickelten Stellen; Positiv (unbeständig)
Klären: (Fixieren, Wässern)		Reaktion (III) (s. Bild 1.45)	fertiges Positivbild

Bild 1.46. Bildentstehung bei der Umkehrentwicklung (schematisch)
1 reduzierte Silberkörner (Bildsilber), *2* unbelichtete AgBr-Körner, *3* Schichtträger, *4* Stelle mit entferntem Bildsilber, *5* belichtete AgBr-Körner (Keimsilber)

aktion *(II)* später unterbrochen wird. Danach wird das schwärzende Bildsilber des Negativs (metallisches Ag) zu Ag^+-Ionen oxidiert und kann durch Herauslösen aus der Fotoschicht entfernt werden. Dieser Vorgang wird »*Bleichen*« genannt. Das Bleichbad besteht im wesentlichen aus einer schwefelsauren Kaliumdichromatlösung ($K_2Cr_2O_7$). Während der Redoxreaktion *(IV)* wird das 6-wertig positive Chrom im Chromation durch das Bildsilber zu Cr^{3+}-Ionen reduziert (Bild 1.46). Die noch verbliebenen Ag^+-Ionen werden bei der anschließenden Wässerung entfernt. Nach dem Bleichen verbleiben in der Fotoschicht nur an den bisher unbelichteten Stellen AgBr-Körner, während die belichteten Stellen bereits, wie im Objektbild, weiß erscheinen. Eine diffuse *Zweitbelichtung* der gesamten Fotoschicht und die darauf folgende *Zweitentwicklung* führen nun zur Schwärzung der im Objektbild dunklen Stellen. Es entsteht ein Positivbild, was allerdings erst nach dem üblichen Fixieren, Wässern und Trocknen haltbar ist. Das Fixieren trägt in diesem Fall nicht zur Bildentstehung bei, sondern dient im Verein mit dem Wässern zum *Klären* der Fotoschicht. Ziel dieser Arbeitsschritte ist die endgültige Entfernung der Reste unbelichteter AgBr-Körner und die Beseitigung der beim Bleichen entstandenen Anfärbungen der Fotoschicht. Das Positivbild wird dadurch lichtbeständig (haltbar) und klar.

1.2.4.5. Fototechnische Eigenschaften von Aufnahme- und Kopiermaterialien

Von den vielfältigen Eigenschaften des Fotomaterials (fotophysikalische und -chemische sowie mechanische Eigenschaften, Handhabungseigenschaften, Reagieren auf fotografische Effekte usw.) können hier nur die interessierenden fototechnischen Eigenschaften behandelt werden. Es sind dies zugleich Eigenschaften, die eine vergleichbare Charakterisierung der Materialien erlauben und deshalb auch ihre Auswahl bei der mikrofotografischen Dokumentation metallografischer Befunde erleichtern.
Der Charakter der Wiedergabe von Grautönen einer metallografischen Vorlage (Objektbild, sein Negativ, ein zu reproduzierendes Positivbild und dgl.) mit Hilfe einer Fotoschicht läßt sich aus der sog. *Schwärzungskurve* ablesen (Bild 1.47). Sie ist die grafische Darstellung des funktionalen Zusammenhangs zwischen der Schwärzung einer Fotoschicht S (dimensionslos; densitometrisch ermittelt) und ihrer Belichtung H (Dimension lxs; sensitometrisch aufgebracht). Die Schwärzungskurve (häufig als charakteristische Kurve bezeichnet) charakterisiert nur das Fotomaterial, von der sie stammt, wobei die Verarbeitungsbedingungen des jeweiligen Fotomaterials, insbesondere beim Entwickeln (s. u.), konstant und reproduzierbar gehalten werden müssen (Normentwicklung).
Im gradlinigen Teil der Schwärzungskurve gilt die Reziprozitätsregel nach BUNSEN und ROSCOE. Sie besagt, daß die Schwärzung nur von der Belichtung selbst abhängt, nicht aber von ihren beiden Faktoren Beleuchtungsstärke E und Belichtungsdauer t im einzelnen:

$$S = S(\lg H) = S(\lg E\, t) \tag{1.36}$$

Abweichungen vom gradlinigen Kurvenverlauf, besonders im Schulterbereich (Teil $C-D$ im Bild 1.47; SCHWARZSCHILD-Effekt), sind für die Mikrofotografie weniger bedeutungsvoll. Zum einen werden sie bei der Ermittlung optimaler Belichtungszeiten (z. B. über Belichtungsreihen) bereits berücksichtigt. Zum anderen streuen die Belichtungszeiten bei den einzelnen mikroskopischen Beleuchtungsverfahren kaum mehr als 1:100, weshalb der SCHWARZSCHILD-Effekt bei der Anwendung von Belichtungsautomaten vernachlässigt wer-

1.2. Lichtmikroskopie

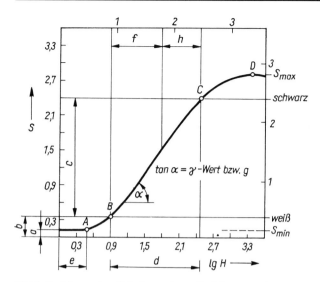

Bild 1.47. Schema einer Schwärzungskurve für Schwarz-Weiß-Fotomaterial (Negativ oder Positiv)
A Schwellenwert mit Grundschleier (*a*) und Mindestbelichtung (*e*) für eine Schwärzungszunahme
A–B Durchhang mit Anfangsschwärzung (*b*); garantiert Lage der hellsten Grautöne noch im Teil *B–C*
B–C Geradenteil mit Schwärzungs- und Belichtungsumfang (*c* bzw. *d*); Neigung entspricht der Gradation; Differenz aus *d* und Objektbildhelligkeitsumfang (*f*) ergibt den Belichtungsspielraum (*h*)
C–D Schulter

den kann, weil meistens bei solchem Streubereich der Belichtungsspielraum des Aufnahmematerials (Abschnitt *h* im Bild 1.47) noch ausreicht. Mit anderen Worten, der Geradenteil der Schwärzungskurve wird noch nicht in Richtung Schulter verlassen, und der Schwärzungsumfang (Abschnitt *c*) wird voll genutzt. Außerdem erlauben moderne Belichtungsautomaten eine experimentell erfaßbare Veränderung der gemessenen Belichtungszeiten, so daß dem Schwarzschild-Effekt durch Verlängerung der Belichtungszeit begegnet werden kann.

Anhand des Bilds 1.47 lassen sich die charakteristischen Merkmale Empfindlichkeit und Gradation erläutern. Die *Empfindlichkeit* eines Fotomaterials wird durch diejenige Belichtung bestimmt, die auf ihm die erste nachweisbare Schwärzung über dem Grundschleier (Abschnitt *a*) hinaus hervorruft. Die allgemeine Lichtempfindlichkeit von Schwarz-Weiß-Fotomaterialien wird nach TGL 143-408/12 mit Hilfe der Empfindlichkeitskennzahl *n* in DIN-Zahlen angegeben. Sie ist dimensionslos und wie folgt definiert:

$$n = 10 \lg \frac{H_0}{H_K} \tag{1.37}$$

H_0 sensitometrisch bedingte Belichtungskonstante, materialspezifisch
H_K Kriteriumsbelichtung, von der nach genau festgelegter Verarbeitung eine definierte Schwärzung $> S_{min}$ (Bild 1.47) hervorgerufen wird.

Tabelle 1.6 enthält diesbezügliche Angaben für verschiedene Schwarz-Weiß-Fotomaterialien. Die Empfindlichkeitsangaben von Positivmaterialien, die im Kopierprozeß verarbeitet werden (z. B. Fotopapiere, Positivfilme), und von Umkehrmaterialien sind bisher nicht genormt. Im Gegensatz zu den Negativmaterialien für bildmäßige Aufnahmen, bei denen sich die Empfindlichkeitsangabe auf den Durchhang der Schwärzungskurve bezieht (Teil $A-B$ im Bild 1.47), werden bei Positivmaterialien die bildwichtigen Schwärzungen herangezogen. Sie liegen im Mittenbereich des Geradenteils der Schwärzungskurve. Da bei Umkehrmaterialien die Empfindlichkeitsangaben für die Schwärzungskurve nach der Erstentwicklung gelten, sind bei Anwendung der Kurve vom Bild 1.47 die Verhältnisse ähnlich. Die Angaben in Tabelle 1.6 zum Umkehrfilm weisen lediglich darauf hin, daß sich die Umkehrfilm-Empfindlichkeitskennzahl (UEZ) auf Schwärzungen im unteren Bereich des Geradenteils der Kurve bezieht.

Die unterschiedliche Normung der Lichtempfindlichkeit von Filmmaterialien in den verschiedenen Ländern hat zu voneinander abweichenden, aber umrechenbaren Kennzahlen geführt. Die Kennzahlen der z. Z. wichtigsten Empfindlichkeitsbewertungssysteme sind in Tabelle 1.7 gegenübergestellt. Zunehmende Kennzahlen charakterisieren steigende Emp-

Tabelle 1.6. Angaben zur Ermittlung der Kennzahlen für die allgemeine Lichtempfindlichkeit von Schwarz-Weiß-Filmen

Materialart	H_0 [lx]	H_K zum Erreichen der Schwärzung	Empfindlichkeitskennzahl
Negativ (für bildmäßige Aufnahmen)	1	$S_{min} + 0{,}1$	DIN-Zahl (genormt)
Umkehrfilm	10	$S_{min} + 0{,}85$	UEZ
Positivfilm	15	$S_{min} + 1{,}0$	PEZ

Tabelle 1.7. Gegenüberstellung von Filmempfindlichkeitskennzahlen verschiedener internationaler Systeme

DIN	ASA (amer.) BS (brit.)	GOST	DIN	ASA (amer.) BS (brit.)	GOST
6	3	3	24	200	180
7	4	4	25	250	250
8	5	4	26	320	250
9	6	6	27	400	360
10	8	8	28	500	500
11	10	8	29	650	500
12	12	11	30	800	720
13	16	16	31	1 000	1 000
14	20	16	32	1 250	1 000
15	25	22	33	1 600	1 400
16	32	32	34	2 000	2 000
17	40	32	35	2 500	2 000
18	50	45	36	3 200	2 800
19	64	65	37	4 000	4 000
20	80	65	38	5 000	4 000
21	100	90	39	6 400	5 600
22	125	130	40	8 000	8 000
23	160	130			

findlichkeiten. Während das DIN- bzw. TGL-Bewertungssystem jede ganze Zahl als Abstufung zuläßt, liegt der Kennzahlenreihe nach ASA bzw. BS eine $\sqrt[3]{2}$-Abstufung zugrunde. Das GOST-System basiert auf einer angenäherten $\sqrt{2}$-Abstufung.

Neben der allgemeinen Empfindlichkeit, die bei allen Fotomaterialien von Interesse ist, muß an dieser Stelle noch auf die spektrale Empfindlichkeit (Farbempfindlichkeit) der Schwarz-Weiß-Aufnahmematerialien eingegangen werden. Die spektrale Empfindlichkeit gibt an, in welchem Wellenlängenbereich das Licht Schwärzungen der Fotoschicht hervorruft. AgBr ist aufgrund des Energiebedarfs für die Primärreaktion *(I)* und seiner gelben Eigenfarbe nur für blaues Licht empfindlich. Um auch andere Wellenlängen des Lichts zur Aufzeichnung der optischen Information zu nutzen, werden der Fotosuspension Farbstoffe zugesetzt (Sensibilisierung). Sie verändern das Absorptionsvermögen der AgBr-Körner und damit ihre spektrale Empfindlichkeit. Beispielsweise bewirkt eine Rotfärbung der Suspensionsschicht, daß neben blauem auch grünes Licht absorbiert wird. Bei einer derart sensibilisierten Fotoschicht verursachen auch die grünen Strahlen eine Schwärzung (orthochromatisches Material). Dies bringt gegenüber dem unsensibilisierten Material eine wesentliche Verbesserung bei der Umsetzung von Objektbildfarben in Grauwerten. Panchromatisches Material ist infolge der Violettfärbung seiner Fotoschicht im gesamten Spektralbereich des sichtbaren Lichtes empfindlich.

Tabelle 1.8 enthält Angaben zur Farbempfindlichkeit von Schwarz-Weiß-Negativmaterialien, die in der metallografischen Mikrofotografie verwendet werden. Wie die letzte Spalte der Tabelle zeigt, kann anhand der Farbempfindlichkeit auch die bei der Verarbeitung des Materials zulässige Beleuchtung in der Dunkelkammer festgelegt werden. Es ist zu beachten, daß beim Fotografieren mit der orthochromatischen Mikroplatte MO 1 stets mit einem Grün/Gelb-Filter gearbeitet wird, weil sonst die Vorteile der Sensibilisierung unwirksam sind. Häufig wird die spektrale Empfindlichkeit des panchromatischen Materials ausgenutzt, um mit Hilfe von Lichtfiltern die Kontraste in der Aufnahme zu verbessern. Soll z. B. im Negativ eine charakteristische Farbe des Objektbilds hell erscheinen (also im Positiv durch Schwärzung hervorgehoben werden), dann muß bei der Belichtung ein Filter verwendet werden, welches die zu dieser charakteristischen Farbe gehörende Komplementärfarbe aufweist. Besteht dagegen die Aufgabe, eine bestimmte Objektfarbe

Tabelle 1.8. Farbempfindlichkeitsangaben für ausgewählte Schwarz-Weiß-Aufnahmematerialien

Sensibilisierung	Materialart	Empfindlichkeitsbereich		Licht bei der Verarbeitung
		[nm]	Farben	
unsensibilisiert (farbenblind)	FU 2; FU 3	200 bis 500	UV, violett und blau	gelb-grün
orthochromatisch (rotunempfindlich)	MO 1; NO 18	200 bis 600	UV, violett, blau, grün und gelb	dunkelrot
panchromatisch (allfarbenempfindlich)	NP 15; NP 20; NP 27	200 bis 700	UV, violett, blau, grün, gelb und rot	völlige Dunkelheit

im Negativ dunkel erscheinen zu lassen (d. h. im Positiv durch Helligkeit abzuschwächen), dann ist ein Filter mit gleicher Farbe wie diese Objektfarbe zu wählen.
Der Abschnitt $B-C$ der Schwärzungskurve ist der bildwichtige Teil (Bild 1.47). Die Steilheit seines Anstiegs wird als *Gradation* bezeichnet und zahlenmäßig durch den Tangens des Neigungswinkels, den sogenannten γ-Wert, ausgedrückt. Die Gradation von Schwarz-Weiß-Fotomaterialien wird nach TGL 143-415/01 und 03 mit Hilfe des mittleren Gradienten g angegeben, ist als Verhältniszahl dimensionslos und für Negativ- sowie Positivmaterial wie folgt definiert:

$$g = \gamma = \tan \alpha = \frac{S_2 - S_1}{\lg H_2 - \lg H_1} \tag{1.38}$$

S_1 untere (visuelle) Schwärzung
H_1 Belichtung, die S_1 hervorgerufen hat
S_2 obere Schwärzung
H_2 Belichtung, die S_2 hervorgerufen hat

Entsprechend den unterschiedlich gearteten Schwärzungskurven für Negativ- und Positivmaterialien (Bild 1.48) unterscheiden sich auch bei beiden Materialien die Verfahrensweisen bei der Bestimmung der Gradation. Für Negativmaterialien ist festgelegt, daß $S_1 = S_{min} + 0{,}3$ beträgt und $S_2 = S_{min} + 1{,}3$. Die dazugehörigen Werte für H_1 und H_2 werden der entsprechenden Schwärzungskurve entnommen, und g_N (g-Wert für Negativ) kann nach Gl. (1.38) berechnet werden. Im Fall der Positivmaterialien wird $S_1 = S_{min} + 0{,}7$ vorgegeben, womit auch $\lg H_1$ gemäß der Schwärzungskurve festliegt. Zur Ermittlung von $\lg H_2$ wird zu $\lg H_1$ ein Belichtungsintervall von $\Delta \lg H = 0{,}5$ addiert, so daß $\lg H_2 = 0{,}5$

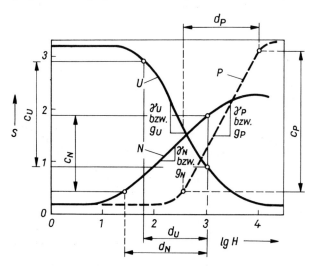

Bild 1.48. Gegenüberstellung von Schwärzungskurven verschiedener Schwarz-Weiß-Filmmaterialien bei normgerechter Entwicklung (schematisch)
N Negativmaterial $\quad d_N > d_P > d_U$
P Positivmaterial $\quad c_P > c_U > c_N$
U Umkehrmaterial (nach Zweitentwicklung) $\quad g_P \gtreqless g_U > g_N$ (Symbole s. Bild 1.47)

$+ \lg H_1$ beträgt. Mit $\lg H_2$ ist nun auch S_2 festgelegt, und g_p (g-Wert für Positiv) kann nach obiger Gleichung angegeben werden.

Bei Umkehrmaterialien wird für die Bestimmung der Gradation die Schwärzungskurve nach der Zweitbelichtung verwendet (Bild 1.48). Da der γ-Wert negativ ist, wurde für die Gradationsangabe der vorzeichenlose Betrag der Neigung als Kennzahl g_U (Kennzahl für Umkehrfilm) vereinbart. Der γ-Wert charakterisiert über den Zusammenhang

$$K_B = \gamma K_{Obj} \tag{1.39}$$

die Wirkung der Fotoschicht auf den Kontrast des aufgenommenen Bilds K_B. Hierbei ist der Kontrast des Objektbildes mit K_{Obj} bezeichnet. Unter Kontrast wird in Abwandlung der allgemeinen Kontrastformel an dieser Stelle der bezogene Schwärzungsunterschied verstanden:

$$K = \frac{S_2 - S_1}{S_1 + S_2} \tag{1.40}$$

wobei $S_2 > S_1$ ist.

Bild 1.49a erläutert die kontrastverändernde Wirkung der γ-Werte. Die Kontrastveränderung ist aus einem Vergleich der ΔS-Beträge für die eingezeichneten Geradenteile der Schwärzungskurve mit dem Objekthelligkeitsumfang f ersichtlich.

Es werden drei Bereiche der γ-Werte unterschieden:

$\gamma > 1$ »hart«:   kontrastverstärkende Wirkung der Fotoschicht; $\Delta S_h > f$

$\gamma = 1$ »normal«: kontrastunverändernde Wirkung; $\Delta S_n = f$

$\gamma < 1$ »weich«: kontrastvermindernde Wirkung; $\Delta S_w < f$.

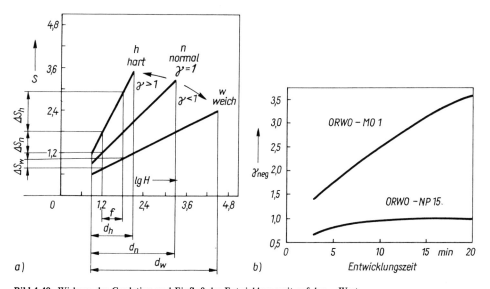

Bild 1.49. Wirkung der Gradation und Einfluß der Entwicklungszeit auf den γ-Wert
a) Umsetzung des Objekthelligkeitsumfangs f in Schwärzungsunterschiede ΔS in Abhängigkeit von der Gradation
b) Beispiele für γ-Zeit-Kurven (ORWO-Entwickler RO 9 (1:20), Schalenentwicklung bei $+20\,°C$)

Aus Bild 1.49a ist auch zu erkennen, daß bei den unterschiedlichen Gradationen der Belichtungsumfang des jeweiligen Fotomaterials d wie folgt abgestuft ist: $d_w > d_n > d_h$.
Ein »weich« arbeitendes Negativmaterial kann somit den gesamten Helligkeitsbereich des Objektbilds besser erfassen als ein »hart« arbeitendes, gibt aber den Kontrast abgeschwächt in der Aufnahme wieder. Beim Kopieren wird dies rückgängig gemacht, indem die Kontrastabschwächung ausgeglichen, häufig sogar überkompensiert wird. Durch bewußte Abweichung von der GOLDBERG-Bedingung, die für eine richtige Wiedergabe der Grauwerte beim Negativ-Positiv-Prozeß gilt,

$$\gamma_{neg} \cdot \gamma_{pos} = \gamma_{ges} = 1, \tag{1.41}$$

wird nun die Gradation des Fotopapiers so gewählt, daß im Positivbild ansprechende Kontraste entstehen. Meistens wird $\gamma_{pos} > 1$ gewählt, weil der natürliche Bildeindruck in der Praxis im allgemeinen bei $\gamma_{ges} = 1,3$ bis 1,4 liegt. Ist beispielsweise ein Negativmaterial weich arbeitend mit $\gamma_{neg} = 0,7$, dann sollte die Kontrastminderung durch ein hartes Positivmaterial mit $\gamma_{pos} = 2,0$ überkompensiert werden.
Üblicherweise wird ein Fotomaterial unter Bedingungen entwickelt, die von denjenigen abweichen, die bei der Aufstellung der Schwärzungskurve einzuhalten waren. Die Folge davon ist eine Veränderung seiner Gradation. Der Grund hierfür liegt in der Kinetik der Sekundärreaktion (Bild 1.45, Reaktion *(II)*). Sie wird im wesentlichen beeinflußt von der Entwicklungsdauer, der Zusammensetzung des Entwicklerbads, seiner Temperatur und seiner Bewegung. Bei ansonsten konstant gehaltenen Verarbeitungsbedingungen steigt der γ-Wert mit der Entwicklungsdauer an. Bild 1.49b verdeutlicht dies am Beispiel der ORWO-Mikroplatte MO 1 und des ORWO-Negativfilms NP 15. Während der NP 15 nach ≈ 10 min vollständig entwickelt ist, kann die Gradation der MO 1-Platte bei noch längeren Entwicklungszeiten weiter gesteigert werden. Wie über die Zusammensetzung des Entwicklerbads der γ_{neg}-Wert einer MO 1-Platte variiert werden kann, geht aus Tabelle 1.9

Entwickler	Entwicklungszeit bei 20 °C [min]	γ_{neg}-Wert
ORWO 12	8	0,8
ORWO F43	10	1,2
ORWO RO9 1:20	4	1,5
ORWO RO9 1:10	4	1,8
ORWO 74	4	2,4

Tabelle 1.9. Abhängigkeit des γ_{neg}-Werts von der Zusammensetzung des Entwicklerbads für die ORWO-Mikroplatte MO 1

hervor. Die bewußte Abweichung von der Bedingung (1.41), infolge der Auswahl von Fotomaterialien verschiedener Gradation und der verarbeitungsbedingten Variation der γ-Werte, hat in der Fotopraxis dazu geführt, daß die Bezeichnung der Gradation bei Negativen von Objektbildern zu niedrigeren γ-Werten verschoben wurde. Wie aus Bild 1.50 hervorgeht, hat sich demgegenüber eingebürgert, der Gradation der Fotopapiere für die Positive höhere γ-Werte zuzuordnen. Demnach wird ein Negativ mit $\gamma_{neg} = 0,7$ als normal bezeichnet, wogegen ein Kontaktpapier mit normaler Gradation ein $\gamma_{pos} = 1,4$ bis 1,6 besitzt. Weiterhin ist dem Bild 1.50 zu entnehmen, daß Fotopapiere für Kontaktarbeiten eine härtere Gradation aufweisen als solche für Vergrößerungen. Da letztere über den

1.2. Lichtmikroskopie

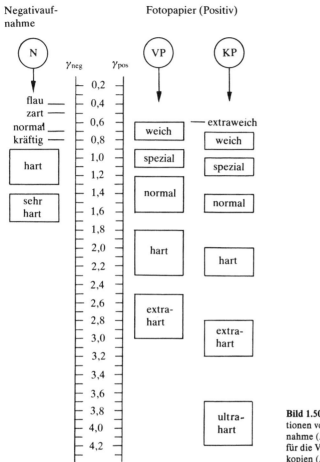

Bild 1.50. Gegenüberstellung der Gradationen vom Negativ einer Objektbildaufnahme (*N*) mit denen von Fotopapieren für die Vergrößerung (*VP*) und Kontaktkopien (*KP*)

Entwicklungsprozeß in ihrer Gradation leichter zu beeinflussen sind als die Kontaktpapiere, ist die Anzahl der Papiersorten unterschiedlicher Gradation für Vergrößerungsarbeiten geringer.

Ein weiteres charakteristisches Merkmal der Fotoschicht ist ihre *Körnigkeit*. Sie wird hervorgerufen von den (schwarzen) Silberkörnern, die in der verarbeiteten Fotoschicht über ihre lokale Belegungsdichte die Grautöne für die Bilddetails aufbauen. Die Körnigkeit wird visuell sichtbar, sobald die verarbeitete Fotoschicht (Aufnahme) über die sog. Grenzvergrößerung hinaus weiter vergrößert wird. Die danach erkennbaren Schwärzungspunkte stören den Bildeindruck einer metallographischen Aufnahme empfindlich. Somit bestimmt die Körnigkeit einer verarbeiteten Fotoschicht die *Vergrößerungsfähigkeit* der mit ihr angefertigten Aufnahme.

Die Körnigkeit hängt ab sowohl vom Charakter der AgBr-Körner in der Suspensionsschicht selbst als auch von der Führung des Entwicklungsprozesses. Da letztere in erster Linie durch den Entwicklertyp vorgegeben ist und in der Fotolaborpraxis als konstant anzusehen ist, soll hier nur auf den Charakter der AgBr-Körner und dessen fototechnische Auswirkungen eingegangen werden. Der geometrische Charakter der AgBr-Körner wird bestimmt von ihrer mittleren Korngröße (Positivmaterial 0,3 µm; Negativmaterial 0,7 µm; Fotopapier 0,8 µm) und der Korngrößenhäufigkeitsverteilung, von der Kornform, von Kornzusammenballungen und von der Gleichmäßigkeit der räumlichen Verteilung der Körner in der unbelichteten Fotoschicht. Da ein grobes Korn beim Belichten eher vom Licht getroffen und deshalb entwickelbarer ist als ein kleines Korn, ist verständlich, warum hochempfindliche Fotomaterialien stets grobkörnig sind. Nachteilig ist, daß die von ihnen stammenden Aufnahmen nicht hoch vergrößert werden können. Demgegenüber besitzen feinkörnige Fotomaterialien eine geringe Allgemeinempfindlichkeit. Die Vergrößerungsfähigkeit der mit ihnen angefertigten Aufnahmen ist aber entsprechend höher.

An dieser Stelle soll auf die Eigenschaft des Fotomaterials eingegangen werden, die Objektbildkonturen durch Lichthöfe zu verwaschen, d. h. unscharf abzubilden. Es müssen zwei Arten von Lichthöfen unterschieden werden, der Diffusions- und der Reflexionslichthof. Der kleinere Diffusionslichthof entsteht durch diffuse Streuung des Lichtes an den AgBr-Körnern. Das gestreute Licht aktiviert auch AgBr-Körner in der Umgebung des getroffenen Korns, so daß diese beim Entwickeln ebenfalls geschwärzt werden. Da sie nicht an der Originalstelle der Kontur vom Objektbild liegen, verwaschen sie die Kontur. Diese Verwaschung ist meßbar, wird mit Hilfe der Konturenschärfezahl charakterisiert und kann über die Schichtdicke der Suspension sowie die Korngröße der AgBr-Partikel beeinflußt werden. Der Diffusionslichthof läßt sich nicht beseitigen, sondern nur einschränken. Fotomaterialien steiler Gradation besitzen eine feinkörnige Suspensionsschicht und deshalb auch eine hohe *Konturenschärfe* (KS-Zahl hoch). Demgegenüber besitzen Materialien mit flacher Gradation eine grobkörnige Schicht und somit eine geringe Konturenschärfe. Sie liefern Aufnahmen mit mehr oder weniger unscharfen Konturen. Unter der Voraussetzung eines scharf eingestellten mikroskopischen Bilds bestimmen also Konturenschärfe und Körnung einer Fotoschicht die Schärfe der Wiedergabe des Objektbilds in der mikrofotografischen Aufnahme. Der Reflexionslichthof entsteht durch Totalreflexion des Lichts an der Grenzfläche Schichtträger/Luft. Er ist nur bei transparenten Fotomaterialien zu beachten. Die totalreflektierten Strahlen belichten die Fotoschicht von der Rückseite her zusätzlich und ergeben Konturverwaschungen in stärkerem Ausmaß als der Diffusionslichthof. Reflexionslichthöfe werden durch Aufbringen einer Lichthofschutzschicht mit entsprechenden optischen und chemischen Eigenschaften (wie Brechzahl, Farbe, Fähigkeit zur Entfärbung) auf der Rückseite des Schichtträgers vollständig beseitigt (Bild 1.44).

In der Mikrofotografie besteht die Forderung, daß die kleinsten optisch aufgelösten Details im mikroskopischen Bild auch von der Fotoschicht als getrennte Bildpunkte bzw. Konturen aufgenommen und wiedergegeben werden müssen. Aus dieser Forderung leitet sich eine weitere Kenngröße der Fotoschicht ab, *ihr Auflösungsvermögen*.

Das Auflösungsvermögen einer Fotoschicht gibt den Abstand an, den zwei Konturen des mikroskopischen Bilds (bzw. Bildpunkte) mindestens haben müssen, damit sie auf der entwickelten Schicht (Normentwicklung) bei passend gewählter (Nach-) Vergrößerung visuell gerade noch getrennt wahrgenommen werden können. Ein hohes Auflösungsvermögen erfordert eine feinkörnige Suspensionsschicht sowohl im Negativ- als auch im Positivmaterial und einen geringen Diffusionslichthof. Als Maß für das Auflösungsvermögen wird die Anzahl paralleler Linien auf 1 mm eines Rasters benutzt, die gerade noch getrennt wahrgenommen werden können, der sog. R-Wert. Die meisten in der metallographischen Mikrofotografie verwendeten Fotomaterialien besitzen einen R-Wert $\geq 80\ \mathrm{mm}^{-1}$ und damit ein ausreichendes Auflösungsvermögen.

Die Fotosuspensionen verändern mit der Zeit ihre Eigenschaften. Bei sachgemäßer Lagerung ($\leq 18\ °C$; relative Luftfeuchtigkeit $\leq 60\%$, keine Dämpfe von H_2S, NH_3, H_2O, Formaldehyd und Terpentin) garantiert der Hersteller eine Konstanz der Eigenschaften von mindestens einem Jahr. Danach nehmen Empfindlichkeit und Gradation durch Fortschreiten der Alterung ab, der Schleier (Bild 1.47) verstärkt sich.

Bei unsachgemäßer Lagerung machen sich die Alterungserscheinungen schon vor Ablauf der Lagerfrist bemerkbar. Ist das vom Hersteller angegebene Verfallsdatum bei richtiger Lagerung überschritten, sollte anhand von Probebelichtungen und -verarbeitungen die Brauchbarkeit des Fotomaterials kontrolliert werden. Meistens kann es dann noch qualitätsgerecht verarbeitet werden.

Den Ausführungen zu den charakteristischen Eigenschaften ist zu entnehmen, daß die Gegenläufigkeit einiger Eigenschaften die Auswahl der Fotomaterialien erschwert, sobald mehrere Forderungen gleichzeitig erfüllt werden sollen. Je höher empfindlich eine Fotoschicht ist, desto größer ist ihr Korn, und gleichzeitig verschlechtern sich Auflösungsvermögen, Konturenschärfe und Vergrößerungsfähigkeit. Ebenso schließen sich hohe Empfindlichkeit kombiniert mit besonders steiler Gradation aus. Tabelle 1.10 verdeutlicht diesen Sachverhalt. Sie enthält Angaben zu fototechnischen Eigenschaften von ausgewählten in der metallographischen Mikrofotografie häufig benutzten Schwarz-Weiß-Negativ-Aufnahmematerialien (ausschließlich ORWO-Erzeugnisse des VEB Fotochemischen Kombinats Wolfen). Die Tabelle wird ergänzt durch Einsatzbeispiele der aufgeführten Materialien aus der üblichen Praxis metallographischer Labore. Details zur Durchführung der Arbeitsschritte bei der Verarbeitung der Aufnahmen im Rahmen des Negativ-Positiv-Prozesses oder der Umkehrentwicklung entnehme man den zahlreichen Arbeitsvorschriften der Hersteller von Fotomaterialien und -chemikalien.

1.3. Präparationstechnik

Metallische Werkstoffe sind opak. Ihre lichtmikroskopisch zu beobachtende Struktur muß deshalb im Auflicht untersucht werden. Hierbei werden die Strukturinformationen den Lichtstrahlen entnommen, die von einer präparierten Fläche des Werkstoffs, der Anschlifffläche, reflektiert werden. Der Anschliff ist ein Schnitt durch den metallischen Werkstoff. Seine präparierte Fläche muß eine hohe Ebenheit besitzen, eine ausreichende Randschärfe aufweisen, die erforderliche Wechselwirkung mit dem auftreffenden Licht garantieren und die Werkstoffstruktur sowohl wirklichkeitsgetreu als auch repäsentativ wiedergeben. Weiterhin wird von der Anschlifffläche gefordert, daß sie frei von Kratzern, Ausbrüchen, Verschmierungen, zusätzlichen Rissen und Unsauberkeiten ist. Häufig interessiert auch die Größe der präparierten Fläche. Sie sollte abgestimmt auf die Untersuchungen 2 cm^2 nicht wesentlich überschreiten, weil die Herstellung großer Anschliffflächen im Hinblick auf die Einhaltung der genannten Anforderungen erhebliche

1. Metallographische Arbeitsverfahren

Tabelle 1.10. Fototechnische Eigenschaften von Schwarz-Weiß-Negativ-Aufnahmematerialien für die metallographische Mikrofotografie (nach Normentwicklung)

Fotomaterial	Film				Mikroplatte	fototechnischer Film	
	NP 15	NP 22	NP 27		MO 1	FO 1	FU 2
Empfindlichkeit: Allgemeinempfindlichkeit in DIN	gering 15	mittel 22	hoch 27 (Tageslicht, z. B. XBO-Brenner) 30 (Kunstlicht, z. B. Halogenlampe)		gering 14	ist von untergeordneter Bedeutung gering: ≈ 17	
Sensibilisierung	feinstkörnig	panchromatisch			orthochromatisch		unsensibilisiert
Körnigkeit	feinstkörnig	feinkörnig	grobkörnig		feinstkörnig	keine Angaben vom Hersteller	
Gradation	normal bis kräftig		normal		hart	normal	hart
g_N-Wert	0,6 bis 0,8		0,6 bis 0,75		1,2	≈ 1	≈ 2
Konturenschärfe KS_N-Zahl	hoch ≧ 65	mittel ≧ 58	gering ≧ 48		hoch	keine Angaben vom Hersteller	
Auflösungsvermögen R-Wert in Rasterlinienzahl mm^{-1}	hoch 111 bis >170	normal bis hoch 83 bis >120	normal 63 bis 87		normal 85		
Einsatzbeispiele	universell einsetzbar; für kontrastreiche Objektbilder u. gut reflektierende Objekte	für kontrastreiche Objektbilder mittlerer Helligkeit. Arbeiten im polarisierten Licht und Interferenzkontrast	für dunkle Objektbilder, Arbeiten im polarisierten Licht u. Phasenkontrast; schwach reflektierende Objekte		universell einsetzbar (Grünfilter!); auch für Sonderbeleuchtungsverfahren	für Repro-Zwecke von Halbtonvorlagen (z. B. Papierpositive, gedruckte Gefügebilder)	für Makro- und Lupenaufnahmen
						mitunter anstelle d. MO 1	

1.3. Präparationstechnik

Schwierigkeiten bereitet. Die Form der Anschlifffläche wird von der geometrischen Gestalt der dem Werkstoff entnommenen Probe bestimmt. Um zu einer metallographiegerechten Anschlifffläche zu gelangen, bedarf es mehrerer Präparationsstufen, die folgerichtig und ohne Präparationsfehler durchlaufen werden müssen. Sie sind im Bild 1.51 zusammengestellt.

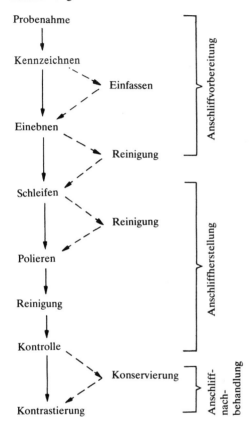

Bild 1.51. Präparationsstufen zur Herstellung eines metallographischen Schliffs

Die Abfolge der Präparationsstufen – Probenahme bis Kontrastierung – kann durch die Hilfsschritte Einfassen, Reinigung nach dem Einebnen und Schleifen sowie Konservierung unterbrochen werden. Fehler in den Präparationsstufen werden häufig erst am Schluß der relativ aufwendigen Anschliffherstellung bemerkt und können, wenn überhaupt, nur mit sehr hohem Aufwand korrigiert werden. Der Aufwand für die Anschliffherstellung kann durch Kombination einzelner Präparationsstufen gesenkt werden (z. B. Probenahme bei gleichzeitiger Einebnung).

1.3.1. Probenahme

Die *Probenahme* beginnt mit der Auswahl des Probenmaterials und der Lage der künftigen Anschliffebene. Während sich die Auswahl des Probenmaterials vorrangig nach dem Ziel der metallographischen Untersuchung richtet, wird die Lage der Anschliffebene zusätzlich noch von den Eigenarten der zu charakterisierenden Struktur bestimmt. Bei einer Schadensfallanalyse und bei der Untersuchung einzelner Werkstücke ist die *gezielte Probenahme* erforderlich. Bei dieser Art der Probenahme muß das Material so geschnitten werden, daß die Werkstoffschädigung bzw. der interessierende Werkstoffbereich in der Anschlifffläche erscheint. Im Fall einer metallographischen Charakterisierung eines größeren Werkstücks (z.B. Schmiedestück, Bauteil u.ä.) und bei der Qualitätskontrolle sind stets mehrere Proben zu entnehmen. Der Grund dafür sind die während der Herstellung und Bearbeitung entstandenen Strukturheterogenitäten. Um bei der Qualitätskontrolle zu statistisch gesicherten Aussagen zu gelangen, ist eine *systematische Probenahme* notwendig. Hierbei muß entsprechend der mathematischen Statistik ein Stichprobenplan eingehalten werden. Er ist häufig ein Bestandteil von Vorschriften der Qualitätskontrolle.

Hinsichtlich des Winkels zwischen der Mantelfläche eines Probekörpers und der Anschliffebene wird zwischen einem *Normalschliff* und einem *Schrägschliff* unterschieden. Beim Normalschliff bilden Anschliffebene und Mantelfläche einen rechten Winkel. Derartige Probekörper werden Materialien mit ungerichteter (d.h. isotroper) Struktur entnommen oder auch dann, wenn eine Struktur untersucht werden soll, die senkrecht zur Mantelfläche der Probe orientiert und ausreichend grob ausgebildet ist. Beispiele hierfür sind die im Gußblock senkrecht zu seiner Oberfläche angeordneten stengelförmigen Körner, die Transkristallite (Bild 1.52), oder Oberflächenschichten von $\gtrsim 20\,\mu m$ Breite. Werden solche Strukturen bei der Probenahme ausschließlich parallel zur Oberfläche geschnitten, können sie häufig nicht umfassend charakterisiert werden. So erscheinen beispielsweise die orientierten Transkristallite in der Anschlifffläche parallel zur Gußblockoberfläche als ungerichtete Körner (Bild 1.53). Von einer Oberflächenschicht werden dann mehrere parallele Anschliffe erforderlich sein, um auch Strukturinformationen von tiefer liegenden Schichtbereichen zu erhalten.

Im Gegensatz zum Normalschliff bilden beim Schrägschliff die Probenmantelfläche und die Anschlifffläche einen spitzen Winkel. Die Schrägschlifftechnik ist vorteilhaft bei der Untersuchung dünner Schichten, z.B. Werkstoffverbunde und dünne Oberflächenschichten ($<20\,\mu m$). Für gerade Schichten auf ebenen Proben lassen Bild 1.54 und Tabelle 1.11 erkennen, daß die Breite der beobachtbaren Oberflächenschicht D mit kleiner werdendem Winkel vergrößert und somit einer besseren Untersuchung zugänglich wird.

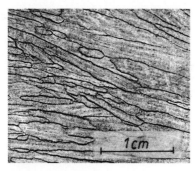

Bild 1.52. Schliff senkrecht zur Oberfläche eines gegossenen Stahlblocks. Gestreckte Körner der Transkristallisationszone

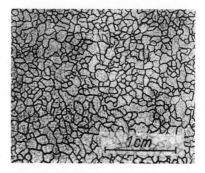

Bild 1.53. Schliff parallel zur Oberfläche eines gegossenen Stahlblocks dicht unter der Oberfläche. Körner ohne Vorzugsrichtung

1.3. Präparationstechnik

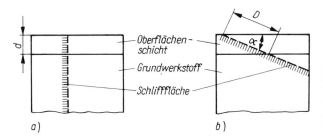

Bild 1.54. Normalschliff (*a*) und Schrägschliff (*b*) einer Oberflächenschicht
d wahre Schichtdicke ($d = D \cdot \sin \alpha$)
D beobachtete Schichtbreite
α Anschliffwinkel

Tabelle 1.11. Schichtverbreiterung in Abhängigkeit vom Anschliffwinkel

Schichtverbreiterung *d:D*	Anschliffwinkel α
1:2	30°
1:5	11°30' bzw. 11,50°
1:10	5°40' bzw. 5,67°
1:25	2°20' bzw. 2,33°
1:50	1°10' bzw. 1,17°
1:100	30' bzw. 0,50°

Liegt im Material eine Vorzugsorientierung der Struktur als Folge ihrer Umformung vor, muß bei der Probenahme die Symmetrie der Formgebungsverfahren berücksichtigt werden. So erscheinen z. B. die Körner in kaltgezogenen, -gewalzten oder -gepreßten Profilen (Draht, Rund-, Vier-, Sechskantstangen usw.) längs der Symmetrieachse gestreckt und senkrecht zu ihr gleichachsig (Bild 1.55). Beim Kaltstauchen ohne seitliche Behinderung des Materialflusses werden senkrecht zur Symmetrieachse ebenfalls gleichachsige Körner

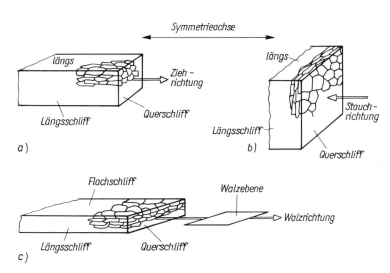

Bild 1.55. Lage der Anschliffflächen gegenüber der Kornausrichtung bei verschiedenen Formgebungsverfahren
a) Orientierung längs zur Symmetrieachse (z. B. Drahtziehen)
b) Orientierung senkrecht zur Symmetrieachse (z. B. Stauchen mit freier Breitung)
c) Orientierung längs und quer zur Symmetrieachse (z. B. Blechwalzen)

beobachtet, aber in Richtung der Symmetrieachse werden sie zusammengestaucht, wodurch im Längsschliff eine Kornstreckung senkrecht zur Symmetrieachse erscheint (Bild 1.55b). In beiden Fällen unterscheiden sich die Kornstrukturen in Längs- und Querrichtung (Längs- und Querschliff). Bei Bändern und Blechen im Kaltwalzzustand sind entsprechend Bild 1.55c sogar drei Lagen der Anschliffflächen zu beachten. Im Längsschliff erscheinen die Körner in Walzrichtung (Symmetrieachse) stark gestreckt, im Querschliff senkrecht zur Walzrichtung in Walzebene bzw. parallel zur ihr verbreitert. Der Flachschliff liegt in der Walzebene. In ihm wird eine Streckung der Kornstruktur in Walzrichtung beobachtet und gleichzeitig eine Breitung in der Walzebene.

Bei der Probenahme wird die Schliffprobe mit Hilfe eines Trennverfahrens dem Material entnommen. Hierbei besteht die Gefahr einer Beeinflussung der Materialstruktur in Nähe der Trennfläche und somit der späteren Anschlifffläche. Die Beeinflussungen können hervorgerufen werden durch Wärmeeinwirkungen, Verformung, Verstärkung und/oder Neubildung von Rissen sowie Ausbrüchen. Ein Probenahmeverfahren, welches Schliffproben mit minimaler Strukturbeeinflussung und optimaler Trennfläche liefert, ist das *Naßtrennschleifen*. Eine motorgetriebene Trennscheibe, bestehend aus dem Schneidmittel bestimmter Körnung (Al_2O_3, SiC, Diamant) und aus einem Bindemittel (Kunststoff, Gummi, Metall), trennt das Material durch Schleifen in einem Kühlmittel meist auf Wasserbasis. Die Oberflächenschicht nahe der Trennfläche erfährt keine Veränderung der chemischen Zusammensetzung. Die Trennfläche selbst besitzt eine gute Ebenheit, weshalb die Präparationsstufe „Einebnen" entfallen kann.

Bei richtiger Wahl der Trennparameter können Rauhigkeit der künftigen Anschlifffläche und Verformungstiefe der oberflächennahen Materialbereiche in der Größenordnung von jeweils ≈ 10 µm liegen. Das Naßtrennschleifen ist für die meisten metallischen Werkstoffe anwendbar. Lediglich Proben extrem weicher Metalle, die zum Zuschmieren der Trennscheiben neigen (Blei, Zink, Zinn), sollten durch Schneiden oder Sägen entnommen werden.

Nach der Entnahme ist die Probe eindeutig zu kennzeichnen, um Verwechslungen auszuschließen. Das Kennzeichnen hat so zu erfolgen, daß keine Materialveränderungen an der zu präparierenden Anschlifffläche eintreten und die Zeichen bei den nachfolgenden Arbeitsschritten erhalten und auch lesbar bleiben.

1.3.2. Herstellung des Anschliffs

1.3.2.1. Einfassen

Mit dem *Einfassen* von Anschliffproben werden folgende Ziele verfolgt:
- Proben in hand- oder maschinengerechte Formen und Abmaße zu bringen
- weiche, poröse, randrissige, spröde oder brüchige Proben vor Präparationsfehlern zu schützen bzw. zusammenzuhalten
- Probenränder, insbesondere bei Untersuchungen von Oberflächenschichten, zu stützen und somit Kantenabrundungen entgegenzuwirken
- zwecks Rationalisierung der Anschliffherstellung mehrere kleinere Proben zu einem Probekörper zusammenzufassen.

1.3. Präparationstechnik

Die Vielfalt der angewandten Methoden zum Einfassen metallographischer Proben läßt zwei grundsätzliche Arbeitsweisen erkennen, das Einspannen oder Klammern und das Einbetten. Das *Einspannen* in Schliffklammern (Bild 1.56) ist besonders für eine manuelle Anschliffherstellung geeignet. Es läßt sich bei geometrisch einfachen Probenformen gleicher Abmessungen ohne großen Aufwand ausführen. Um Unterschieden im Abtrag der Materialien von Probe und Klammer entgegenzuwirken, sollte der Schliffhalterwerkstoff mit dem der Probe abgestimmt sein. Hierbei ist auch das Ätzverhalten des Klammermaterials zu berücksichtigen, damit bei einer späteren chemischen Kontrastierung in der Anschlifffläche der Probe kein Scheingefüge auftritt. Die im Bild 1.56 eingezeichneten Zwischenlagen sollen elastisch sein, damit beim Klammern der Probenwerkstoff keinen zusätzlichen Spannungen oder gar Verformungen ausgesetzt ist (PVC, Gummi, mitunter Kupferblech). Häufig gleichen die Zwischenlagen den Spalt zwischen Probe und Halterung lokal aus, verbessern damit die Randschärfe und können die nachteiligen Kapillarwirkungen des Spaltes mindern.

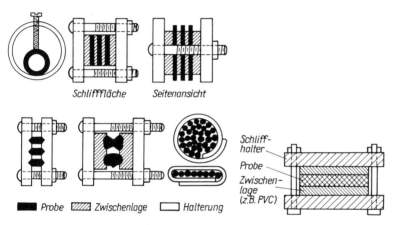

Bild 1.56. Beispiele von Schliffklammern für verschiedene Proben

Beim *Einbetten* werden die Proben mit einem in der Regel gießfähigen Einbettmittel umhüllt. Nach dem Aushärten oder Erstarren des Einbettmittels bildet die Probe einen Teil von einem Probekörper, der seine Gestalt und Abmaße von der Einbettform erhalten hat und nun zusammen mit der Probe weiter präpariert wird. Die Proben können warm oder kalt sowie galvanisch eingebettet werden. Da beim *Warmeinbetten* die Probe eine etwa 10 min andauernde Wärmebehandlung bei Temperaturen zwischen 80 und 160 °C erfährt, ist abzuwägen, ob unter diesen Bedingungen in der Probe Strukturveränderungen auftreten, die den metallographischen Befund beeinträchtigen. Beim *galvanischen Einbetten* ist darauf zu achten, daß sich die Oberfläche der einzufassenden Proben während der elektrochemischen Reaktionen nicht verändert, z.B. im Elektrolyten sich nicht anlöst. Finden Ab- oder Auflösreaktionen statt, werden äußerste Randbereiche der Untersuchung entzogen.

Die *Warm- und Kalteinbettmittel* müssen vielfältigen Forderungen genügen. Sie dürfen keine Reaktionen eingehen mit der Probe, der Einbettform und allen Chemikalien, die bei weiteren Präparationsstufen angewandt werden. Weiterhin sollen sie beim Aushärten einen geringen Schwund aufweisen, eine gute Adhäsion zur Probe besitzen, blasenfreie Probekörper bilden, während des Einbettvorgangs genügend viskos sein und keine Lokalelementbildung verursachen. Ihr Abtragsverhalten soll dem des Probenmaterials angepaßt sein. Bei harten und hochfesten Werkstoffen sowie beim Einbetten von Proben mit zu untersuchenden harten Oberflächenschichten empfiehlt sich ein Härteangleich. Lokal kann dieser Härteangleich erreicht werden durch Miteinbetten von gleichen oder ähnlichen Materialstücken (z. B. Hartgußschrot, Späne u. dgl.) und Keramikteilen (z. B. speziell geglühtes Al_2O_3 in Kugelform). Durch Untermischen von harten Substanzen ausreichender Feinheit (Gesteins- oder Porzellanmehl, Glasfasern, Al_2O_3-Pulver) wird die Härte des Einbettmittels ingesamt erhöht. Das Einbetten mit anorganischen Warmeinbettmitteln wird in der Regel durch Eingießen der Probe, die vorher in eine zylindrische Einbettform positioniert worden war, vorgenommen. Gebräuchlich sind niedrig schmelzende Legierungen, z. B. Cerrolow (44,7 % Bi + 22,6 % Pb + 8,3 % Sn + 5,3 % Cd + 19,1 % In; $T_s = 47$ °C), die WOODsche Legierung (50 % Bi + 25 % Pb + 12,5 % Sn + 12,5 % Cd; $T_s = 60$ °C) oder das LIPOWITZ-Metall (50 % Bi + 27 % Pb + 13 % Sn + 10 % Cd; $T_s = 70$ °C) und Gläser. Organische Warmeinbettmittel (Duro- und Thermoplaste) liegen unverarbeitet als Pulver vor. Ihre Verarbeitung zu Probekörpern erfolgt in Pressen, in denen Probe und Einbettmittel zusammen unter Druck erwärmt und abgekühlt werden. Die Anschlifffläche des so entstandenen zylindrischen Preßkörpers wird bei richtiger Arbeitsweise einen spaltarmen oder sogar spaltfreien Verbund von Probe und Einbettmittel aufweisen.

Bei den Kalteinbettmitteln wird ebenfalls zwischen anorganischen und organischen unterschieden. Beide Sorten sind leicht zu handhaben, ohne aufwendige Einrichtungen zu verarbeiten und liefern gute Einbettungen. Gebräuchliche anorganische Kalteinbettmittel sind bestimmte Gipsarten und Zemente. Ein häufig angewendetes organisches Kalteinbettmittel ist das Epoxidharz EGK 19 + Härter DPTA (Härter 3) oder H 10-58 (Härter 8). Harz und Härter werden vor dem Eingießen in einem vorgeschriebenen Verhältnis gemischt. Bei Raumtemperatur dauert der Aushärtungsvorgang ≈ 24 h. Er kann auf ≈ 12 h verkürzt werden, indem nach den ersten Teilreaktionen von Harz und Härter (Gelzustand) die Einbettform ≈ 2 h bei 85 °C ausgelagert wird.

Zusätze von geeigneten Metallpulvern (Ag, Ni für Eisenlegierungen, Cu für Buntmetalle) zu den Warmpreßmassen oder den Kalteingießharzen erlauben, den Probekörper elektrisch leitend zu machen. Eine elektrisch leitende Einbettmasse ist vorteilhaft für eine spätere elektrochemische Behandlung der Anschlifffläche z. B. durch elektrolytisches Polieren. Ein elektrischer Kontakt kann aber auch durch Anbohren des Probekörpers bis zur Probe und Einsetzen eines Leiterstiftes geschaffen werden.

Bei der Wahl zwischen Kalt- und Warmeinbetten gilt die Regel: Bei großen Probenzahlen sowie bei temperatur- und druckempfindlichen Proben stets Kalteinbetten. Bei geeigneten Einzelproben bietet das Warmeinbetten zeitliche Vorteile.

1.3.2.2. Schleifen und mechanisches Polieren

Unmittelbar nach der Probenahme ist die künftige Schlifffläche meist uneben, besitzt eine unzulässige Rauhigkeit und weist Bearbeitungsschichten auf (Bild 1.57). Die Bearbeitungsschicht stellt einen gestörten Oberflächenbereich dar und besteht aus mehreren

1.3. Präparationstechnik

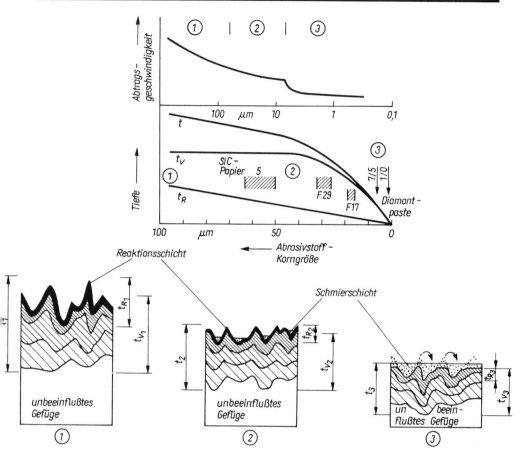

Bild 1.57. Aufbau der gestörten Oberflächenschicht und deren Abbau beim Schleifen und mechanischen Polieren
① Naß-Trennschleifen bzw. Grobschleifen
② Feinschleifen
③ mechanisches Polieren
t Gesamttiefe der Bearbeitungsschicht, t_R Rauhtiefe, t_v Deformationstiefe

Zonen, die sich während der Anschliffpräparation verändern. Dies zeigen schematisch die unteren Teilbilder des Bildes 1.57 beginnend vom Naß-Trennschleifen bzw. Einebnen durch Grobschleifen (Teilbild 1) bis hin zur letzten Stufe beim mechanischen Polieren (Teilbild 3). Anstelle der zuerst vorliegenden Reaktionsschicht, bestehend aus Produkten von Oxidations-, Adsorptions- und Korrosionsvorgängen, bildet sich bis zum Ende des mechanischen Polierens eine Schmierschicht heraus. Sie entsteht durch plastisches Fließen der obersten Materialbereiche beim Polieren, insbesondere durch das Auffüllen von Kratzermulden durch Hineindrücken der Kratzerspitzen. Außerdem enthält die Schmierschicht Abriebs- und Oxidationsprodukte. Diese äußerste Schicht glättet zwar die Schlifffläche, wird aber nicht vom unbeeinflußten Probenmaterial gebildet und kann deshalb beim Kontrastieren zu Scheingefügen führen.

Rauhigkeits- und Deformationszone machen den Hauptteil der Bearbeitungszone aus (für Stahl ≈ 17 µm, für Kupfer ≈ 22 µm). Sie bedingen einander. Die Deformationszone besteht ihrerseits wiederum aus Schichten abgestufter Verformungsgrade und -spannungen. Die Bereiche mit gleichem Verformungsgrad laufen parallel zum Oberflächenprofil. Die Verfestigung nimmt in die Tiefe hinein ab. Sowohl die Rauhigkeits- als auch die Deformationszone verringern sich im Lauf der mechanischen Präparation auf ein Minimum, verschwinden aber nicht gänzlich, weil die Korngröße des Abrasivstoffes nicht Null sein kann. *Schleifen* und *mechanisches Polieren* sind spanende Abtragsverfahren, so daß bei jedem Präparationsschritt eine Aufrauhung verbunden mit einer erneuten Deformation stattfindet. Wie das Halbschema im Bild 1.57 (Mitte) verdeutlicht, wird zwar mit sinkender Korngröße des Abrasivstoffs die Rauhtiefe verringert, die Deformationstiefe aber erst merklich in der letzten Feinschleifstufe und beim Polieren. Die Deformationszone wird ingesamt nur dann auf ein Minimum reduziert, wenn die neu hinzukommende Deformation eine schmalere Zone erfaßt als beim vorangegangenen Bearbeitungsschritt.

Um den Anforderungen an einen metallographischen Anschliff nachzukommen, muß also die Schlifffläche einer schrittweisen Feinbearbeitung unterworfen werden. Ziel der Feinbearbeitung ist es, die künftige Schlifffläche zunächst einzuebnen, danach die Oberflächenrauhigkeit zu verringern und dabei gleichzeitig die von den vorangegangenen Präparationsschritten veränderten Materialbereiche abzutragen. Die Abtragsrate sinkt mit dem Korndurchmesser des Abrasivstoffes und erfährt beim Übergang zum mechanischen Polieren einen charakteristischen Abfall (Bild 1.57 oben). Beim Polieren mit feinsten Abrasivstoffen bleibt die Abtragsrate nahezu konstant. Diese Charakteristik wird erklärt durch Verfahrensunterschiede beim Schleifen und mechanischen Polieren. Wie Bild 1.58 verdeutlicht, unterscheiden sich Schleifen und mechanisches Polieren sowohl untereinander als auch von anderen spanenden Abtragsverfahren in der Metallographie hinsichtlich Beschaffenheit der Unterlage für den Abrasivstoff und dessen Bindung mit ihr. Für eine metallographiegerechte Anwendung der aufgeführten Abtragsverfahren sind neben geeigneten Abrasivstoffen und Unterlagen noch spezielle Hilfsstoffe notwendig (meist Flüssigkeiten). In Tabelle 1.12 sind verfahrenstypische Beispiele der drei Verbrauchsmaterialien Abrasivstoff, Unterlage und Hilfsstoff zusammengestellt. Bis auf die Unterteilung des Schleifens in das Grobschleifen zur Einebnung und das eigentliche metallographische Feinschleifen entsprechen die angegebenen Abtragsverfahren denen im Bild 1.58. Als Abrasivstoffe haben sich verschiedene Korundsorten (Al_2O_3), Siliziumkarbid und Diamant durchgesetzt. Wegen ihrer hohen Härte (Härte nach MOHS >9), ausreichenden Druckfestigkeit, Splitterfähigkeit sowie Kornform und -größe werden sie den Anforderungen eines Abrasivstoffs für die Feinbearbeitung der Anschlifffläche mit Hilfe der angegebenen Ver-

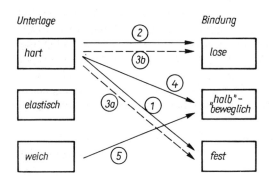

Bild 1.58. Prinzip mechanischer Abtragsverfahren in der Metallographie
① Schleifen
② Läppen
③ Schleifläppen (*a* u. *b*)
④ Polieren mit ausgeprägter Verformungszone und geringem Gefügerelief
⑤ Polieren mit geringer Verformungszone und ausgeprägtem Gefügerelief

1.3. Präparationstechnik

fahren, außer dem Polieren, gerecht. Universell anwendbare Poliermittel in der Metallographie sind lediglich Diamant und Tonerde (Tabelle 1.12). Die Abrasivstoffträger weisen für die einzelnen Abtragsverfahren große, teilweise prinzipielle Unterschiede auf. Das Grobschleifen, welches häufig bereits in der Probenahmewerkstatt durchgeführt wird, benötigt Schleifsteine, wogegen das Feinschleifen im metallographischen Labor üblicherweise mit SiC-Schleifpapieren erfolgt. Bewährt hat sich das Naßschleifverfahren auf rotierenden Horizontaltellern, die mit wasserfestem SiC-Schleifpapier bestückt sind und mit Leitungswasser beaufschlagt werden. Die Schliffprobe wird entweder von Hand oder von mechanischen Vorrichtungen geführt. Letztere sind Teile von kommerziellen Automaten zum Schleifen von einzelnen Proben oder ganzen Probengruppen. Die gruppenweise Probenbearbeitung auf Automaten ist sehr effektiv. Für das Naßschleifen stehen verschiedene *Papierkörnungen* zur Verfügung (Tabelle 1.13), deren zweckmäßige *Auswahl* die erste der folgenden Schleifregeln erleichtert:

a) Vom Startpapier ausgehend wird für den nächsten Schritt ein Schleifpapier mit dem halben Nennkorndurchmesser des davor verwendeten Papiers benutzt.
Ebenheit und Rauhigkeit der Trennfläche nach der Probenahme bestimmen die Wahl des Startpapiers. Nach einer Probenahme durch Naß-Trennschleifen wird üblicherweise mit Körnung 5 (63 bis 50 µm) begonnen, wodurch sich unter Berücksichtigung dieser Regel ein Feinschleifen in drei Stufen ergibt (Tabelle 1.13): 5 – F 29 – F 17.
Ergeben sich nach dieser Regel mehr als vier Schleifstufen, dann wird aus Effektivitätsgründen empfohlen, nach der Probenahme eine Einebnung durch Grobschleifen vorzunehmen, oder was noch besser ist, ein Probenahmeverfahren zu wählen, welches den Einsatz eines Startpapiers mit geringem Nennkorndurchmesser erlaubt.
Stehen Naßschleifpapiere mit anderen als in Tabelle 1.13 angegebenen Bezeichnungen bzw. von unterschiedlichen Herstellern zur Verfügung, sollten im Sinn der Anwendung dieser Schleifregel die entsprechenden Nennkorndurchmesser bekannt sein.

b) Um zu verhindern, daß mitgeschleppte Schleifrückstände das Ergebnis nachfolgender Präparationsschritte beeinträchtigen, muß bei jedem Papierwechsel und nach der letzten Schleifstufe eine sorgfältige *Reinigung* der Schlifffläche durchgeführt werden.

c) Mit Rücksicht auf eine geringe Tiefe der Bearbeitungsschicht sollten unter Beachtung eines ausreichenden Abtrags weiche metallische Werkstoffe (z. B. reine Metalle, Legierungen aus Pb, Sb, Sn, Cd und Al sowie Weicheisen) mit einem geringeren *Anpreßdruck* geschliffen werden als harte (z. B. gehärtete oder vergütete Stähle, ausgehärtete Legierungen, Hartguß).
Werden sehr weiche Metalle (z. B. Rein-Ag, Pb, Reinst-Cu und -Al) mit scharfem Schleifpapier und hohem Anpreßdruck geschliffen, so bildet sich eine sehr stark gestörte Oberflächenschicht heraus. Sie enthält nicht selten eingepreßte Schleifrückstände. Da die Tiefe ihrer Deformationszone bis zu einigen Zehntel mm betragen kann, wird das unbeeinflußte Gefüge erst nach großem Präparationsaufwand einer Untersuchung zugängig. Es empfiehlt sich, Werkstoffe mit ausgeprägter Neigung zur Bildung von Bearbeitungsschichten auf mit Kerzenwachs abgestumpftem Schleifpapier trocken zu schleifen.
Um einen ausreichenden Abtrag zu erreichen, sollte bei härteren Werkstoffen ein höherer Anpreßdruck gewählt werden. Harte Werkstoffe neigen weniger zur Ausbildung einer ausgeprägten Deformationszone.

Tabelle 1.12. Verbrauchsmaterialien für spanende Abtragsverfahren

Abtragsverfahren	Abrasivstoff (Schleif-, Polier- oder Läppmittel)	Abrasivstoffträger (Unterlage)	Hilfsstoff
Schleifen: – Grobschleifen (Einebnen) – Feinschleifen	feste Flachschleifkörper aus Al_2O_3 oder SiC, z. B.: gerader Schleifstein, Topfscheibe, Schleifring SiC-Naß-Schleifpapiersorten		Kühlschmierstoffe auf Wasser- oder Öl-Basis Leitungswasser
Läppen	Korund-Läppulver (Al_2O_3-Sorten); SiC; B_4C	Läppscheibe aus Glas oder GGL	Läppöle, Glykole, Wasser mit oberflächenaktiven Zusätzen
Schleif-Läppen (SL-Methode)	Diamant (als Suspension, in Sprays)	Schleif-Läpp-Scheibe (Kunstharz gestützt mit Metallpulver)	Gleitmittel auf Alkohol-Glykol-Basis
Polieren: – reliefarm, ausgeprägte Verformungszone – Reliefpolieren, verformungsarm	Diamant (als Suspension, in Pasten und/oder Sprays) oder Poliertonerde (Al_2O_3-Sorten als Suspension)	Poliertuch aus: Polyamidvlies, Pellon, Filz Wolle, Samt	Gleitmittel auf Alkohol-Glykol-Basis Wasser (dest.)-Basis

1.3. Präparationstechnik

Tabelle 1.13. Bezeichnungen von metallographischen SiC-Naßschleifpapieren

nach TGL 8005		frühere Bezeichnung Fepa-Standard
Körnung	Nennkorndmr. [μm]	
Siebkornfraktionen:		
16	200...160	80
12	160...125	100
10	125...100	120
8	100... 80	150
6	90... 75	180
5	63... 50	220
4	50... 40	320
Mikrofraktionen:		
F 29	31,0...28,0	400
F 23	24,5...21,5	500
F 17	18,5...16,5	600

d) Die Abtragsleistung eines Schleifpapiers sinkt mit seinem Nennkorndurchmesser und mit Verringerung des Anpreßdruckes. Damit aber Teile der Bearbeitungsschicht, insbesondere der Deformationszone, mit Sicherheit abgebaut werden, ist beim Übergang zu feineren Papieren die *Schleifzeit* zu verlängern, zumal es günstig ist, den Anpreßdruck zu verringern. Verschiedentlich wird empfohlen, die Schleifzeit bei der folgenden Stufe mindestens zu verdoppeln gegenüber der Bearbeitungszeit in der vorangegangenen Stufe.

Beim Feinschleifen von Hand sollte eine weitere Regel beachtet werden. Bei jedem Papierwechsel wird die Probe um 90° gedreht, damit die neue Schleifrichtung senkrecht zur alten steht. Dies wirkt der Bildung von Schleiffriesen entgegen, verbessert die Gleichmäßigkeit des Abtrages über die gesamte Anschlifffläche und erleichtert die Sichtkontrolle auf Planheit sowie das Erkennen des optimalen Zeitpunkts für die Beendigung der jeweiligen Schleifstufe. Eine Schleifstufe gilt dann als beendet, wenn nach der verlängerten Schleifzeit die Schleifspuren der neuen Richtung gleichmäßig die gesamte Fläche erfaßt haben und die Schleifspuren der alten Richtung beseitigt sind.

Die vielen und deshalb häufig in ihrer Wirkung auch schwer zu übersehenden Parameter, wie Schleifpapiersorte, Schleifmedium (Hilfsstoff), Schleifdruck, -bewegung, -geschwindigkeit und -zeit, werden beim Schleifen auf Automaten für die einzelnen Werkstoffe in Bearbeitungstechnologien zusammengefaßt. Dadurch wird eine sichere Reproduzierbarkeit der Ergebnisse gewährleistet, eine Optimierung hinsichtlich Aufwand und Schliffqualität sowie -quantität erreicht und das Erlernen des matallografiegerechten Feinschleifens erleichtert.

Für das Feinschleifen sehr harter Werkstoffe und Verbunde aus ihnen (z. B. Hartmetalle oder Boridschichten auf Stahl) ist die Standzeit der SiC-Naßschleifpapiere unzureichend. Solche Fälle erfordern ein Feinschleifen mit automatischen Geräten (ggf. stufenweise) auf Schleifscheiben. Sie enthalten als Abrasivstoff Diamanten entsprechender Körnung oder auch extrem harte gleichmäßig verteilte Primärkarbide.

Beim Rotationspolieren werden die Tücher auf relativ harte, plane und horizontal angeordnete Drehteller faltenfrei aufgespannt, besser noch aufgeklebt. Der Abrasivstoff wird in

Form pastöser oder flüssiger Suspensionen auf die Poliertücher aufgebracht und auf diese gleichmäßig verteilt. Gewisse Polierhilfsstoffe stellen bereits Bestandteile der Suspensionen dar. Für das *Tonerde-Polieren* stehen, abgesehen von ausländischen Tonerdesorten, aus der landeseigenen Produktion drei Suspensionen mit jeweils unterschiedlichen Feinheitsstufen des Al_2O_3 zur Verfügung. Die Feinheitsstufen werden durch Schlämmen und Variation der Absetzzeiten eingestellt. Tabelle 1.14 liefert Hinweise zur Charakterisierung und Anwendung der drei Al_2O_3-Sorten. Als Poliertücher für das Tonerde-Polieren werden in der Mehrzahl der Fälle übliche Textilien eingesetzt. Die Auswahl der Tücher richtet sich nach dem Charakter des zu polierenden Werkstoffs unter Berücksichtigung der verwendeten Tonerdesorte. Harte Werkstoffe werden mit Tonerde der Sorte *1* auf feste Tücher poliert, wogegen weichere Werkstoffe mit Sorte *2* mitunter auch mit Sorte *3* auf fein

Tabelle 1.14. Poliermittel und -tücher für das Tonerde-Polieren (nach WASCHULL)

Al_2O_3-Sorte	Absetzzeit [h]	Körnungsmerkmale		Werkstoffe	angewendete Tuchsorte	
					Bezeichnung	Faser
1	3	grob	≈ 60 % Korndmr. < 1 μm ≈ 40 % Korndmr. 1...10 μm	bevorzugt harte z. B. Fe-Legierungen mittelharte	Pellon Filz	Polyamid Wolle
2	12	mittel	≈ 60 % Korndmr. < 1 μm ≈ 40 % Korndmr. 1...3 μm	harte	Pellon	s. o.
				bevorzugt mittelharte, z. B. Ni- und Cu-Legierungen	Webfilz Billardtuch	Wolle Wolle oder Wolle und Viskosekunstseide
				Weicheisen	Flocksamt	Baumwolle und Polyamid oder Viskosekunstseide
				weiche	Velveton Wirksamt Flocksamt	Baumwolle ohne oder mit Viskosekunstseide Polyamid und Viskosekunstseide s. o.
3	24	fein	Korndmr. ≦ 3 μm	mittelharte	Velveton Flocksamt	s. o. s. o.
				bevorzugt weiche; z. B. reine Metalle, Al-Legierungen	Wirksamt Flocksamt	s. o. s. o.
				Verbundwerkstoffe	Flocksamt	s. o.

behaarten, weichen Tücher poliert werden. Da die gelieferten Al_2O_3-Suspensionen einen für das übliche Polieren zu hohen Poliermittelgehalt aufweisen, werden sie vor Gebrauch mit destilliertem Wasser verdünnt. Beim Einsatz von Tonerde wird in der Regel 1stufig, bei Verwendung von Diamant 2- oder sogar 3stufig poliert. Deshalb erfordert das *Diamant-Polieren* ein vergleichsweise breiteres Sortiment an Verbrauchsmaterialien. Auch ist Diamant gegenüber der Poliertonerde wesentlich teurer. Trotz dieser Nachteile gibt es mehrere eindeutige Vorteile, die den Einsatz des Diamants beim metallographischen Polieren rechtfertigen. Manche harte Werkstoffe (Stellite, Hartmetalle, Metall-Keramik-Verbunde, keramische Werkstoffe) können überhaupt nur mit Diamant poliert werden. Aufgrund seiner günstigeren stofflichen und geometrischen Eigenschaftskombinationen (z. B. gegenüber Al_2O_3 eine 5fach höhere Vickershärte und Biegebruchfestigkeit, eine 2,6fach höhere Druckfestigkeit, Körner mit größerer Anzahl schneidfähiger Kanten) besitzt Diamant eine bessere Schneid- und damit Abtragswirkung. Das Diamant-Polieren führt zu einer vergleichsweise besseren Anschliffqualität bezüglich des Reflexionsvermögens der Schliffläche, der Randschärfe, zusätzlicher Ausbrüche und der Schärfe der Konturen zwischen den einzelnen Gefügebestandteilen (z. B. Phasengrenze zwischen nichtmetallischen Einschlüsen und Matrix). Beim Diamant-Polieren gelingt durch geeignete Wahl von Korngröße und Poliermittelträger eine bessere Einflußnahme auf die Ausbildung von Bearbeitungsschicht und Gefügerelief. Eine geringe Tiefe der Bearbeitungsschicht begünstigt ihre endgültige Beseitigung für die Untersuchung des wahren Gefüges. Die bessere Klassierbarkeit der Diamantkörner bis zu Durchmessern von 0,2 µm wird bei der Herstellung engklassierter Diamantpasten, -suspensionsflüssigkeiten und -sprays ausgenutzt. Ein engklassiertes Poliermittel bietet wesentliche Vorteile hinsichtlich seines Preis/Leistungsverhältnisses. Einmal führt das Überkorn eines weitklassierten Poliermittels lokal zu tiefen Polierriefen, wodurch eine Oberflächenrauhigkeit entsteht, die das Ergebnis der weiteren metallographischen Bearbeitung der Schliffläche verschlechtert. Zum anderen stellt unter Berücksichtigung der Preisbildung auf der Grundlage der Diamantkonzentration das kaum wirksame Unterkorn nur teuren Füllstoff dar. Sowohl beim automatischen Polieren als auch beim Schleif-Läppen sind Verbrauchsmaterialien auf Diamantbasis wegen ihrer gleichbleibend hohen Qualität, ihrer bequemen Dosierbarkeit und ihrer relativ sauberen Handhabung anwendungsfreundlicher als Poliertonerde.
In Tabelle 1.15 sind Beispiele typischer Kombinationen von Polierkorndurchmesser und -unterlage zusammengestellt. Die Unterlagen sind meist speziell für das Polieren mit Diamant hergestellte Tücher mit einem mehrschichtigen Aufbau. Die oberste Schicht bewirkt mit den Diamantpartikeln den eigentlichen Abtrag (Wirkschicht). Angaben zu ihr sind ebenfalls der Tabelle zu entnehmen. Die darunterliegende Sperrschicht verhindert das zu tiefe Eindringen der Körner in die Unterlage, wodurch die Abtragungswirkung der Partikeln selbst bei relativ weichen Diamant-Poliertüchern nicht eingeschränkt wird. Die Hersteller der Verbrauchsmaterialien für das metallographische Polieren mit Diamant empfehlen je nach der Art des zu präparierenden Werkstoffs unter Beachtung der jeweiligen Aufgabenstellung ganz bestimmte Kombinationen von Diamantkörnung, Unterlage und Schmierstoff. Für Schliffflächen mit hoher Planheit eignen sich besonders gut harte Tücher. Sie geben beim Vor- und Zwischenpolieren die Gewähr eines schnellen Abtrags der Bearbeitungsschicht, einer Minimierung und Vergleichmäßigung der Rauhtiefe und einer geringen Ausbildung vom Gefügerelief. Weiche Tücher begünstigen die Reliefbildung, weil mit ihnen die weichen Gefügebestandteile bevorzugt abgetragen werden. Beim End-

Tabelle 1.15. Verbrauchsmaterialien und deren Einsatz für das Diamant-Polieren

Polier-Stufe	Diamantkorndurchmesser [µm]	Werkstoffcharakter	Unterlage Wirkschicht	Produktbeispiel (Hersteller)	Schmierstoffe
	(15) 9 bis 6	*extrem hart* (z. B. Hartmetall, Stellit, sehr harte Schichten, Verbunde mit extrem harten Komponenten)	gewobener Stahldraht	DP-Net (Struers)	Alkohol-Glykol-Gemisch
			Pellon (PVC-Faser)	Pan-W- (Struers und Leco)	alkohollösliches Läppöl
			gewobene Synthetik	DP-Plan, Plan-X (Struers)	Alkohol-Glykol-Gemisch
	7 bis 5	*hart* (z. B. gehärtete Stähle, harte Schichten)	verschiedene Seidenarten	Nylon (Buehler)	alkohollösliches Läppöl
		mittelhart (z. B. normalisierte C-Stähle; Ni- u. Cu-Legierungen)		montalan 2 (ROW)	Gleitmittel GM 20
		Verbundwerkstoffe, verschiedene Schichten, weich (z. B. reine Metall Legierungen aus Al, Cd, Zn, Sn)	Filz aus Polyamid und Viskosekunstseide	DP-Dur (Struers)	Alkohol-Glykol-Gemisch
				Textmet (Buehler)	Streckmittel für Diamantpaste auf Wasserbasis
		extrem weich (z. B. Pb, Pb-Leg., Reinstmetalle)	Baumwolle	Metcloth (Buehler)	alkohollösliches Läppöl
	3 bis 2	*extrem hart*	Drahtgewebe (s. o.)	DP-Net (Struers)	s. o.
			Pellon (PVC-Faser)	Pan-K (Leco)	alkohollösliches Läppöl
		(Bsp. s. o.)	Naturseide	DP-Dur (Struers)	s. o.
			gewobene Synthetiks	DP-Plan (Struers)	
		hart (z. B. vergütete Stähle, Stahlguß, Halb-	Polyamidfeinseide	montanlan 2 (ROW)	s. o.
			Naturseide	DP-Dur (Struers)	s. o.

1.3. *Präparationstechnik*

	Material	Poliertuch	Poliermittel	Schmiermittel
(1)	leitersorten, Nitrierschichten; weitere Bsp. s.o.	Filz (s.o.) Wolle	Textmet (Buehler) DP-Mol (Struers)	s.o. Alkohol-Glykol-Gemisch
	mittelhart (z. B. weichgeglühte Werkzeugstähle, Hartchromschichten, weitere Bsp. s.o.)	verschiedene Flocksamtarten	montalan 3 (ROW) montalan 4 (ROW)	Gleitmittel GM 20
	weich (z. B. Weicheisen, Gußeisen mit Lamellargraphit, weitere Bsp. s.o.)		DP-Plus (Struers)	Alkohol-Glykol-Gemisch
	Verbundwerkstoffe verschiedene Schichten	Naturseide Flocksamt aus Polyamid und Baumwolle	DP-Dur (Struers) montalan 4 (ROW)	s.o. s.o.
1 bis 0,25	*extrem hart*	Pellon (s.o.) Wolle	Pan-K (Leco) DP-Mol (Struers)	s.o. s.o.
	hart	s.o.	DP-Mol (Struers) DP-Plus (Struers) DP-Nap (Struers)	für harte Werkstoffe: Alkohol-Glykol-Gemisch für weiche Werkstoffe: Öl-Wasser-Emulsion
	mittelhart und weich	verschiedene Flocksamtarten	montalan 3 (ROW) montalan 4 (ROW)	s.o.
(0,10)	*extrem weich*	Samt aus Kunstfasern, Rayvel synthetische Faser	Microcloth (Buethler) (Buehler) Velvet (Leco)	Streckmittel für Diamantpaste auf Alkoholbasis Streckmittel für Diamantpaste auf Wasserbasis

Vorpolieren
Zwischenpolieren
Endpolieren

polieren sollte die Diamant-Poliertechnik nur bei genügend harten Werkstoffen eingesetzt werden. Sie neigen weniger zur Oberflächendeformation. In solchen Fällen empfiehlt es sich, mit den feinsten Diamantkörnungen auf weichen Tüchern zu arbeiten. Besteht die Gefahr, daß die neuaufgebaute Deformationszone zu tief in das Material eindringt, dann sollte das Polieren mit einer Methode beendet werden, die zu einer vernachlässigbaren Bearbeitungsschicht und somit auch Deformationszone führt (z.B. chemisch-mechanisches oder chemisches Polieren).

Für das mechanische Polieren, insbesondere das Diamantpolieren, wird in gleicher Weise wie beim Naß-Feinschleifen nach empirischen Regeln gearbeitet.

a) Die *Auswahl der Polierstufen* und der in ihnen benutzten Kombinationen von Unterlage, Poliermittel und -hilfsstoff richtet sich nach dem zu bearbeitenden Werkstoff und der jeweiligen Verfahrensvariante. Harte Werkstoffe werden auf Unterlagen poliert, die härter sind als diejenigen für weiche Werkstoffe, wobei die Wirkschicht von der Unterlage der Korngröße des Poliermittels angepaßt sein muß. Beim Übergang zur nächsten Polierstufe ist unter Beibehalt der Verfahrensvariante der Korndurchmesser des Poliermittels auf etwa die Hälfte desjenigen zu verringern, welches in der vorangegangenen Stufe benutzt wurde. Dies gilt angenähert auch für den Übergang von der letzten Feinschleifstufe zum Vorpolieren. Da die Polierhilfsstoffe auf Wasserbasis den Abstand zwischen Poliermittelkorn und Schliffläche verkleinern, hauptsächlich kühlend wirken und somit den Materialabtrag intensivieren, werden derartige Hilfsstoffe bevorzugt in groben Polierstufen eingesetzt. Beim Endpolieren werden entweder dem Wasser oberflächenaktive Zusätze beigegeben (bevorzugt beim Tonerde-Polieren), oder es werden ölhaltige Hilfsstoffe verwendet (besonders beim Diamant-Polieren weicher Werkstoffe). Letztere vergrößern den Abstand zwischen Korn und Schliffläche, wirken hauptsächlich schmierend und verhindern einen zu intensiven Abtrag.

b) Nach jeder Polierstufe muß eine gründliche *Reinigung* der gesamten Schliffprobe vorgenommen werden (Ultraschall-Reinigung).
Verschleppte Polierrückstände gefährden das Polierergebnis und verursachen einen erheblichen Mehraufwand an Verbrauchsmaterial und Arbeitszeit.

c) Der *Anpreßdruck* sollte bei harten Werkstoffen größer sein als bei weichen, aber in beiden Fällen den Druck beim Schleifen nicht überschreiten. Ersteres wird begründet mit der vergleichsweise geringeren Neigung zur Bildung von Deformationszonen und mit dem Bestreben nach einem effektiven Materialabtrag. Zweiteres entspricht der Forderung nach einer Minimierung der Deformationszone ingesamt. Um dieser Forderung noch besser nachzukommen, sollte der Anpreßdruck beim mechanischen Polieren ab der zweiten Stufe ebenfalls abnehmen.

d) Beim mechanischen Polieren sollten längere *Polierzeiten* als beim Feinschleifen gewählt werden. Außerdem sind diese beim Übergang zur nächsten Polierstufe (bei Beibehalt der gleichen Verfahrensvariante) ebenfalls zu verlängern. Der Grund hierfür liegt in der Abnahme der Abtragsgeschwindigkeit mit geringer werdendem Korndurchmesser.
Eine Verlängerung der Polierzeit, die sich auch infolge der Druckverringerung in der letzten Polierstufe ergibt, kommt zwar der o.g. Forderung bezüglich der Deformationszone entgegen, kann aber auch zu einer unerwünschten Reliefbildung (»Überpolie-

1.3. Präparationstechnik

ren«) und/oder zur Kantenabrundung führen. Kantenabrundungen beeinträchtigen die Randschärfe, was z.B. die Untersuchungen von Oberflächenschichten erschwert.

Beim mechanischen Polieren von Hand, insbesondere beim Polieren von Gefügen mit geringen Anteilen harter Bestandteile (z. B. nichtmetallische Einschlüsse), können infolge einer zu lang andauernden einsinnigen Relativbewegung zwischen Schlifffläche und rotierender Polierscheibe Polierfehler in Form von Schweifbildungen auftreten. Die Schweife entstehen hinter dem harten Gefügebestandteil, liegen in Polierrichtung und sind als Wischer, Kometen und Kommata dem Präparator bekannt. Zur Vermeidung dieses Polierfehlers muß der einsinnigen Relativbewegung eine zusätzliche Probenbewegung überlagert werden, indem während der manuellen Probenführung die Probe selbst gedreht wird, besser noch auf dem Poliertuch Kreise oder Achten beschrieben werden. Beim mechanischen Polieren auf Automaten tritt dieser Polierfehler nicht auf, weil die zusätzliche Probenbewegung durch das Führen der Proben mit Hilfe eines exzentrisch rotierenden Probenhalters gegeben ist. Für das Polieren auf Automaten lassen sich wie beim automatischen Feinschleifen auch Poliertechnologien aufstellen, welche die vielen Polierparameter (Unterlage, Abrasivstoff, dessen Anwendungsart, Hilfsstoff, Polierdruck, -geschwindigkeit, -bewegung und -zeit) für einzelne Werkstoffe zusammenfassen. Die Vorteile, die sich gegenüber dem manuellen Polieren beim Polieren auf Automaten ergeben, sind denen beim automatischen Feinschleifen analog.

Um die Deformationszone, die beim mechanischen Polieren stets erneut aufgebaut wird, schnell zu minimieren, hat sich ein Wechsel zwischen mechanischem und chemischem Oberflächenabtrag bewährt. Durch Tauchen der endpolierten Probe in das für die spätere Gefügekontrastierung vorgesehene Ätzmittel wird die Bearbeitungsschicht aufgelöst. Ein weiteres Endpolieren erzeugt nun nur noch eine ihm typische (und vor allem geringe) Bearbeitungsschicht, die im Verlaufe der nachfolgenden chemischen Gefügekontrastierung beseitigt wird.

Die Arbeitsweise beim Läppen und Schleif-Läppen sei anhand des Bilds 1.59 beschrieben. Beim Läppen wird das Läppulver in Form einer Suspension auf eine Grauguß- oder Glasscheibe aufgegeben und die Schliffprobe unter Druck manuell oder maschinell bewegt. Die Abrasivstoffkörper weichen geringen Drücken lokal aus, indem sie auf der harten Unterlage rollen. Hierbei drücken sie sich in die Anschlifffläche ein und brechen schuppenähnliche Werkstoffteilchen aus der lokal stark deformierten Oberflächenschicht. Hohe Läppdrücke dagegen führen lokal zu einem zeitweiligen Feststehen der Abrasivstoffkörner. Die Partikeln wirken dann schleifend. Der gegenüber dem Feinschleifen langsamere Abtrag beim Läppen ruft ingesamt eine kraterförmig genarbte Oberfläche geringer Rauhtiefe hervor. Die Bereiche starker Deformationen sind in der gestörten Oberflächenschicht im Gegensatz zu denjenigen beim Schleifen und mechanischen Polieren punktförmig ausgebildet und erstrecken sich lokal sehr tief in das Probenmaterial hinein. Weitere Unterschiede zwischen Feinschleifen und Läppen sind Tabelle 1.16 zu entnehmen. In ihr werden anhand metallographisch interessierender Kriterien die Vor- und Nachteile beider Verfahren aufgezeigt. Die geringe Abtragsgeschwindigkeit und die ungünstige Ausbildung der Deformationszone sind die ausschlaggebenden Gründe für die geringe Anwendung des Läppens in der Metallographie. Es bleibt beschränkt auf die Präparation harter und gleichseitig spröder Werkstoffe (z. B. Halbleiter), extrem harter Werkstoffe (z. B. Hartmetalle) und Werkstoffverbunde (z. B. Emailschichten).

Für das Schleif-Läppen wird eine Spezialscheibe verwendet, deren Wirkschicht aus einem Kunstharz besteht. Das Kunstharz ist mit verschiedenen Metallteilchen unterschiedlicher Härte und Duktilität verstärkt (meist Stahlsorten und Kupfer), enthält eine selbstschmierende Substanz und besitzt eine gewisse Mikroporösität. Es wird mit aufgesprühten Diamanten unter Beigabe eines flüssigen Gleitmittels gearbeitet. Der Teil der Diamanten, der während des Prozesses in das Kunstharz eingedrückt wird, wirkt schleifend und erzeugt Mikrospäne wie beim Feinschleifen. Der andere Teil der Partikeln bewegt sich rol-

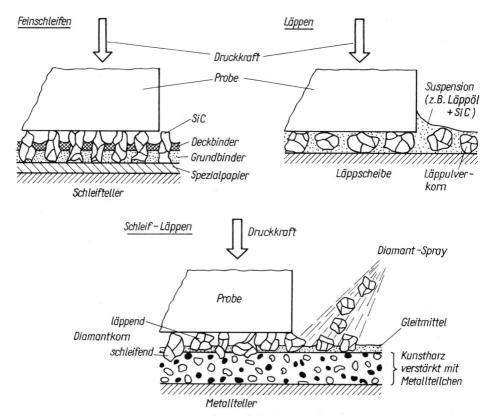

Bild 1.59. Wirkprinzipien von Feinschleifen, Läppen und Schleif-Läppen

lend, furchend und/oder drückend zwischen der durch die Metallteile verstärkten Kunststoffunterlage und der Anschlifffläche, wirkt also läppend. Die Mikroporen des Kunstharzes und die in die Wirkschicht eingebrachten Rillen begrenzen die Beweglichkeit der Diamanten, fungieren als Abrasivstoffreservoir und sammeln den Abtrag. Diese Kombination von Feinschleifen und Läppen beseitigt die Nachteile beider Verfahren und vereint deren Vorteile zu einem metallographisch optimalen und ökonomisch günstigen Abtragsverfahren. Die hohe Effektivität, die Universalität und die äußerst bequeme Handhabung des Schleif-Läppens rechtfertigen den Einsatz des teuren Abrasivstoffs Diamant.

Tabelle 1.16. Gegenüberstellung der Abtragsverfahren Feinschleifen, Läppen und Schleif-Läppen

Kriterien	Feinschleifen		Läppen		Schleif-Läppen	
Abtrag	groß und schnell	+	klein und langsam	−	groß und schnell	+
Rauhtiefe	groß	−	gering	+	gering	+
Deformationszone	relativ schmal und gleichmäßig	+	lokal punktförmig und tief; ungleichmäßig	−	schmal und gleichmäßig	+
Ebenheit (Balligkeit; Randschärfe)	gute Planheit und ausreichende Randschärfe	+	gute Planheit und sehr gute Randschärfe	+	sehr gute Planheit und ausgezeichnete Randschärfe	+
Anwendung des Verfahrens	materialintensiv und mehrstufig	−	wenig Verbrauchsmaterial; meistens einstufig	+	wenig Verbrauchsmaterial; meistens einstufig	+

+ Vorteil
− Nachteil

1.3.2.3. Weitere spanende Abtragsverfahren

Mikrotomieren, Feinfräsen und Feindrehen stellen in der präparativen Metallographie einer Vielzahl weicher Nichteisenwerkstoffe (≲150 *HV*-Einheiten) echte Alternativen zur stufenweisen Bearbeitung durch Flachschleifen und anschließendem mechanischen Polieren dar. Bei Anwendung geeigneter Schneidwerkzeuge (Hobel bzw. Meißel mit Hartmetall- oder Diamantschneide spezieller Geometrie), Geräte und Verfahrensparameter erlauben diese spanenden Bearbeitungsverfahren, in nur einer Präparationsstufe kontrastierfähige Untersuchungsebenen zu erzeugen. Die dabei entstehenden Bearbeitungsschichten besitzen eine geringe Rauhtiefe ($t_R \lesssim 0{,}1\,\mu m$, d. h. Spiegelglanz). Ihre Deformationszonen sind so minimal, daß sie beim nachfolgenden chemischen Kontrastieren von dem Ätzmittel aufgelöst werden. Während das Mikrotomieren bei der Präparation vieler Werkstoffe erfolgreich angewandt wird (z. B. bei reinen Metallen wie Pb, Sn, Zn, Cu, Al, Mg, Cd, Ag, Au, Pa, Pt sowie deren Legierungen und Verbunde), haben sich das Feinfräsen und Feindrehen bisher kaum durchsetzen können.

1.3.2.4. Polieren durch elektrochemischen Metallabtrag

Der elektrochemische Metallabtrag ist ein Herauslösen von Atomen aus der Anschlifffläche. Hierbei werden die Atome ionisiert und massenweise im Poliermittel (Elektrolyten) gelöst. Der Auflösungsprozeß findet bevorzugt an Rauhigkeitsspitzen, aber auch an der Oberfläche deformierter Bereiche statt. Dadurch wird die von der mechanischen Präparation herrührende Bearbeitungsschicht zunächst deformationsfrei eingeebnet und schließlich beseitigt.
Elektrochemische Poliermethoden in der Metallographie sind das *chemische Polieren* und das *elektrolytische Polieren*. Beide Verfahren unterscheiden sich durch die Bedingungen, unter denen die Metallauflösung stattfindet. Beim chemischen Polieren ergibt sich die erforderliche Stromdichte aus dem System Probenoberfläche/Polierlösung ohne äußere Be-

einflussung. Die Stromdichte resultiert aus räumlich und zeitlich veränderlichen Lokalelementen, die auf einer vorher mechanisch bearbeiteten Anschlifffläche stets vorhanden sind. Beim elektrolytischen Polieren wird dem System Probe (Anode)/Polierlösung (Elektrolyt) die Stromdichte aufgezwungen, indem von außen (über eine Katode im Elektrolyten) eine elektrische Spannung angelegt wird.

Das chemische Polieren ist sehr einfach durchzuführen. Die Probe wird nach dem Feinschleifen mit der Anschlifffläche in die Polierlösung getaucht. Um die Reaktionsprodukte schneller von der Schlifffläche zu entfernen und frische Lösung einwirken zu lassen, sollte die Probe in der Polierlösung einige Zeit bewegt werden. Eine erfolgreich chemisch polierte Anschlifffläche ist nach dem Abspülen und Trocknen eben und weist den bekannten für das jeweilige Metall typischen Glanz auf.

Die Polierlösungen sind empirisch gefundene und später dann in ihrer Polierwirkung optimierte Gemische aus mindestens drei Komponenten. Art und Wirkung der einzelnen Chemikalien müssen auf die Teilvorgänge abgestimmt sein. Dies bereitet häufig Probleme, weil die Teilvorgänge beim chemischen Polieren bisher nur im Prinzip bekannt sind. Die Unkenntnis der Details führt noch öfters zu unsicheren Resultaten. Die Polierlösungen enthalten starke Oxidationsmittel, die im Verlauf der Metallauflösung die Bildung kompakter Passivschichten begünstigen (sog. Passivatoren; z. B. HNO_3, CrO_3, H_2O_2). Einmal gebildete Passivschichten (Deckschichten) unterbrechen den Auflösungsprozeß und verhindern somit den weiteren Abtrag der restlichen Bearbeitungsschicht. Das Vorhandensein einer zweiten Komponente, bestehend aus starken Säuren, soll der Ausbildung reaktionshemmender Deckschichten entgegenwirken (sog. Depassivatoren; z. B. HF, HCl, H_2SO_4, CH_3(OOH)). Eine unmittelbar vor der Schlifffläche gebildete Flüssigkeitsschicht begünstigt den Abtrag, indem sie den Stofftransport durch Diffusion und Konvektion reguliert. Um die Ausbildung dieser flüssigen Reaktionsschicht zu unterstützen, werden den Polierlösungen häufig sog. Diffusionsschichtbildner zugegeben (z. B. H_3PO_4, CH_3OH, Glyzerin). Sie können allein oder auch zusammen mit Inhibitoren (z. B. Gelatine sowie Kupfer, Nickel und andere Schwermetallsalze) auf die Polierlösung zusätzlich noch viskositätserhöhend wirken.

Für einige technisch wichtige Werkstoffe sind in Tabelle 1.17 die Arbeitsbedingungen für das chemische Polieren zusammengestellt. Im allgemeinen lassen sich mit den in ihr dargelegten Empfehlungen bei Aluminium und Kupfer sowie deren Legierungen sicherere Resultate erreichen als bei Eisen und Stählen. Steigende Temperaturen begünstigen in den angegebenen Bereichen den Auflösungsprozeß und können in einigen Fällen die Polierzeiten verkürzen. Verglichen mit dem mechanischen Polieren, insbesondere dem manuellen, sind die Polierzeiten beim chemischen Polieren insgesamt kurz. Der Grund dafür ist in den hohen Abtragsgeschwindigkeiten zu suchen, die in der Größenordnung des Naß-Feinschleifens liegen (10 bis 50 µm/min).

Außer der einfachen Handhabung (z. B. Tauchen der lediglich feingeschliffenen Probe, keine Gerätebedienung) und der kurzen Polierzeit weist das chemische Polieren noch den Vorteil eines deformationsfreien Abtrags auf. Sobald eine geeignete Arbeitsweise gefunden worden ist, lassen sich die Polierergebnisse ausgezeichnet reproduzieren.

Diese und weitere Vorteile führten dazu, daß außer den in Tabelle 1.17 angegebenen Werkstoffen viele andere erfolgreich chemisch poliert werden, insbesondere solche, die bei einer mechanischen Anschliffherstellung zur Bildung ausgeprägter Deformationszonen neigen (z. B. Be, Cd, Co, Mg, Nb, Ta, Zn, Ni-Cu-Legierungen, wie Monelmetall).

Tabelle 1.17. Arbeitsbedingungen für das chemische Polieren ausgewählter metallischer Werkstoffe

Werkstoff	Polierlösung	Temperatur [°C]	Zeit [s]	Bemerkungen
Reinst-Al	10 ml HNO_3 (1) 60 ml H_3PO_4 30 ml CH_3COOH	20	bis 180	geringer Abtrag; evtl. mechanische Vorpolitur notwendig
Al und seine homogenen Legierungen	50 ml H_3PO_4 25 ml H_2SO_4 7 ml HNO_3 6 ml CH_3COOH 12 ml H_2O (2)	70 bis 90	120 bis 240	brauchbar für Leg. mit intermet. Phasen, z. B. Al–Cu, Al–Fe u. Al–Si
Al und seine heterogenen Legierungen	70 ml H_3PO_4 25 ml H_2SO_4 5 ml HNO_3	80 bis 90	30 bis 120	Abtrag am besten, wenn kein Kupferoxid zugegen ist
Reinst-Cu	55 ml H_3PO_4 20 ml HNO_3 25 ml CH_3COOH	60 bis 70	60 bis 120	Probe muß in Lösung bewegt werden
Cu und seine Legierungen	30 ml HNO_3 10 ml HCl 10 ml H_3PO_4 50 ml CH_3COOH	70 bis 80	dto.	
Cu-Al-Legierungen	35 bis 100 ml H_2O 7 bis 40 ml HNO_3 25 bis 27 g CrO_3	20	bis 240	gebildete Oxidhaut durch Tauchen in 10 %iger HF entfernen; mitunter Korngrenzen angegriffen
Cu-Zn-Legierungen (Messing)	80 ml HNO_3 (rauchd.) 20 ml H_2O	40	5	nach kurzem Tauchen sofort unter kräftigem Leitungswasserstrahl abwaschen; bei α-β- u. β- - Messing geringe Variation der Zusammensetzg; matter Film auf α-β-Leg. wird durch kurzes Tauchen in gesättigter Lösg. von CrO_2 in HNO_3 beseitigt, danach Probe gut abwaschen

Fortsetzung Tabelle 1.17.

Werkstoff	Polierlösung	Temperatur [°C]	Zeit [s]	Bemerkungen
Cu-Zn-Legierungen (Messing) u. Cu-Ni-Legierung (Neusilber)	50 ml H_3PO_4 10 ml HNO_3 30 ml CH_3COOH 10 ml H_2O	20 bis 60	120 bis 600	Lösg. in weiten Grenzen variierbar
Fe und C-arme unleg. Stähle	7 ml HF (40%ig) 3 ml HNO_3 30 ml H_2O	60 bis 70	120 bis 180	braune viskose Schicht vor Schlifffläche ist löslich im Poliermittel; Fe_3C wird im C-armen Stahl bevorzugt angegriffen
Fe, un- u. niedrigleg. Stähle, Gußeisen, FeSi	5 ml HF (40%ig) 70 ml H_2O_2 (30%ig) 40 ml H_2O	20 bis 30	30 bis 90	
Fe und normalisierte C-Stähle	4 ml H_2O_2 (30%) 28 ml Oxalsäure-Lösg. (100 g/l) 80 ml H_2O	35 bis 45	600 bis 900	stets frische Lösg. verwenden; Probe vorher gut reinigen; Mikrogefüge erscheint, mitunter zu geringer Abtrag u. deshalb schlechte Schliffqualität
austenitische Stähle	7 ml HCl 23 ml H_2SO_4 4 ml HNO_3 66 ml H_2O	30	300	
austenitische Cr-Stähle	36 ml HCl 32 ml H_2SO_4 80 g $TiCl_4$ 32 ml H_2O	70 bis 80	300	für V2A geeignet; evtl. geringer HNO_3-Zusatz
Ni-Sorten	30 ml HNO_3 10 ml H_2SO_4 10 ml H_3PO_4	80 bis 90	30 bis 60	sehr gute Schlifffläche

Pb-Sorten	20 ml H_2O_2 (30 %ig) 80 ml CH_3COOH	20	in Perioden von 5 bis 10	empfohlen wird abwechselndes Tauchen in der angegebenen Lösg. u. folgender Lösg.: 10 g MoO_3 140 ml NH_4OH 240 ml H_2O_4 zum Schluß 60 ml HNO_3 zugeben
Reinst-Ti	10 ml HF (40 %ig) 60 ml H_2O_2 (30 %ig) 30 ml H_2O	20	≈ 240	Jodid-Ti; auch als Makroätzmittel anwendbar
Ti-Sorten	10 ml HF (40 %ig) 10 ml HNO_3 30 ml Milchsäurelösg. (90 %ig)	20	bis ≈ 300	
Ti-Werkstoffe; bevorzugt Ti-Al-V-Legierungen	1 bis 3 ml HF (40 %ig) 2 bis 6 ml HNO_3 100 ml H_2O	20	5 bis 20	Kroll-Ätzmittel

(1) wenn nichts anders vermerkt, sind konzentrierte Säuren gemeint
(2) stets destilliertes Wasser verwenden

Aber auch Halbleiterwerkstoffe (z.B. Ge und Si) und oxidkeramische Werkstoffe wurden mit Hilfe dieses Verfahrens erfolgreich poliert.

Nachteilig ist, daß beim chemischen Polieren die Randschärfe der Proben verlorengeht, Risse, Poren und Lunker an ihren Kanten abgerundet werden und nichtmetallische Einschlüsse meistens herausfallen. Die Ursache dieser Präparationsfehler liegt im bevorzugten chemischen Angriff von Kanten und Oberflächenbereichen mit mechanischen Spannungen. Grobkörnige und auch stark heterogene Werkstoffe sowie solche, die zur Passivität neigen, lassen sich schwer chemisch polieren. In derartigen Fällen können Zerstörungserscheinungen der Anschlifffläche (z.B. Grübchenbildung, unerwünschter Ätzangriff), unzureichende Glättung oder gar festhaftende Reaktionsprodukte beobachtet werden. Dies weist darauf hin, daß beim chemischen Polieren die Anpassung einer empfohlenen Arbeitsweise an die vorliegende Präparationsaufgabe problematisch ist. Die besonderen Arbeitsschutzvorschriften, die bei der Anwendung der stark ätzenden, z.T. giftigen und mitunter schädliche Dämpfe entwickelnden Polierlösungen beachtet werden müssen, dürften unter den heutigen Arbeitsbedingungen einzuhalten sein.

Die Kombination des chemischen Abtrags mit dem des mechanischen Polierens ergibt eine selbständige Poliermethode, das *chemisch-mechanische Polieren*. Es wird wie das mechanische Polieren auf einem Horizontalteller durchgeführt. Das hierzu eingesetzte Poliergerät muß mit chemisch resistenten Teilen ausgerüstet sein (z.B. Polierteller, Spritzschutz, Auffangschale und Abflußteile aus PVC). Weiterhin erfordert das chemisch-mechanische Polieren ein gegenüber der Polierlösung resistentes Poliertuch und geeignete Polierlösungen. Die chemischen Zusammensetzungen der Polierlösungen sind weniger aggressiv als diejenigen, die in Tabelle 1.17 angegeben sind. Sie sind ebenfalls auf die zu polierenden Werkstoffe abgestimmt, berücksichtigen aber auch die Art von Polierunterlage und Abrasivstoff. Häufig ist der Abrasivstoff bereits in der Polierlösung suspendiert. Als Abrasivstoffe werden beispielsweise γ-Al_2O_3 (Nennkorndurchmesser 0,05 µm), CeO_2 und amorphe Kieselsäure eingesetzt.

Das chemisch-mechanische Polieren kann sehr gut auf modernen Polierautomaten durchgeführt werden. Es liefert Anschliffflächen, die keine vom chemischen Abtrag herrührenden Reaktionsschichten besitzen, weil diese sofort nach ihrem Entstehen durch den Abrasivstoff mechanisch abgetragen werden. Andererseits wird eine bereits vorhandene bzw. neu aufgebaute Bearbeitungsschicht (Deformationszone) sofort chemisch aufgelöst. Da derartige Anschliffflächen alle Belange bezüglich der späteren Kontrastierung erfüllen, wird das chemisch-mechanische Polieren als Verfahren zum Endpolieren nach einem mechanischen Vorpolieren eingesetzt. Besonders effektiv ist die Anwendung des chemisch-mechanischen Polierens bei der Präparation von extrem weichen Metallen wie Ag, Au, Al, Cu, Mg und Pb, deren Legierungen, weiche Schichten auf ihnen, Werkstoffverbunde mit diesen Legierungen und Verbundwerkstoffe mit harten und weichen Komponenten (z.B. Al_2O_3-Fiber in Mg oder Al mit SiC). Auch extrem zähe Metalle, wie Mo, Nb, Ta, Ti, W und Zr, können mit gutem Erfolg chemisch-mechanisch endpoliert werden.

Beim elektrolytischen Polieren wird die Bearbeitungsschicht (z.B. vom Feinschleifen) durch anodische Auflösung beseitigt. In einer Zelle zum elektrolytischen Polieren (Bild 1.60) stellt die Probe die Anode dar. Sie wird mit der Anschlifffläche auf eine Maske gesetzt, die über ihre Öffnung die Form und die Größe des zu polierenden Bereiches der Schlifffläche vorgibt. Parallel zur Anschlifffläche ist in einem vorgegebenen Abstand die Katode angeordnet. Sie besteht aus einem gegenüber dem Elektrolyten resistenten Mate-

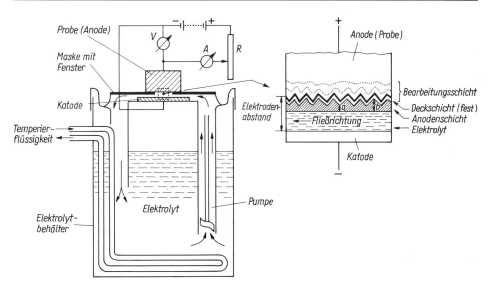

Bild 1.60. Prinzip kommerzieller Zellen zum elektrolytischen Polieren und Schichtausbildung im Elektrodenraum (schematisch)

rial (vorzugsweise V2A). Eine Pumpe fördert den Elektrolyten derart, daß im Elektrodenraum eine laminare Strömung entsteht, deren Geschwindigkeit geregelt werden kann. Die Arbeitstemperatur des Elektrolyten wird über einen Thermostaten und eine Temperierschlange eingestellt und konstant gehalten. Eine Stromversorgungseinheit liefert die gewünschte Gleichspannung, unterbricht den Strom nach einer vorgewählten Polierzeit und betreibt die Pumpe.

Die Grundvorgänge bei der anodischen Metallauflösung seien anhand der Schichtausbildung im Elektrodenraum (Bild 1.60) und der idealisierten Stromdichte-Spannungs-Kurve (Bild 1.61, Kurve *1*) erklärt. Ist die von außen angelegte Spannung gering, erfolgt praktisch keine Auflösung (Bereich *A'-A*). Erst im Bereich *A-B* geht das Metall mit steigender Spannung anodisch und mit seiner höchsten Wertigkeit in Lösung. Für ein zweiwertiges Metall kann dies wie folgt beschrieben werden:

$$\mathrm{Me} \rightleftharpoons \mathrm{Me}^{2+} + 2\,e^- \tag{1.42}$$

Der Elektrolyt nimmt die Metallionen auf und reagiert mit ihnen zu leicht löslichen Produkten. Infolge der Wirkung des elektrischen Felds zwischen den beiden Elektroden finden Polarisationserscheinungen statt. Die Reaktionsprodukte und überschüssige Metallionen bilden zusammen mit den Elektrolytbestandteilen unmittelbar vor der Anode eine konzentrationsreiche Schicht. Diese flüssige Anodenschicht besitzt gegenüber dem frischen Elektrolyten eine höhere Viskosität und ein Konzentrationsgefälle der Metallionen in Richtung der frischen Lösung. Anodenseitig folgt diese Schicht dem Rauhigkeitsprofil der Probenoberfläche. Elektrolytseitig bildet die Anodenschicht mit dem laminar strömenden Elektrolyten eine ebene Grenzfläche aus. Im Grenzbereich der Anodenschicht zum Elektrolyten hin liegt im Gegensatz zur Anodenseite eine hohe Konzentration an Anionen, insbesondere Hydroxidionen, vor. Bei zunehmender Spannung wandern diese

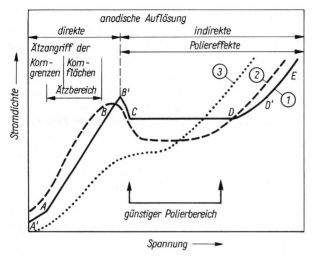

Bild 1.61. Stromdichte-Spannungs-Kurven für die anodische Metallauflösung (schematisch)
1 idealisierte Kurve
2 reale Kurve bei Elektrolyten mit niedrigem Eigenwiderstand
3 reale Kurve bei Elektrolyten mit hohem Eigenwiderstand

zur Anode und reagieren mit dem Metall, wobei eine Oxidschichtbildung nach folgender Gleichung einsetzt (Kurve *1*, Bereich *B-B′*):

$$Me + 2\,OH^- \rightarrow MeO + H_2O + 2\,e^- \tag{1.43}$$

Die passivierende Wirkung der Deckschicht nimmt in diesem Kurvenabschnitt zu und erreicht im Punkt *B′* der Kurve solche Ausmaße, daß die direkte Metallauflösung zum Erliegen kommt. Zwischen der metallischen Anodenoberfläche und der flüssigen Anodenschicht ist nun zusätzlich eine geschlossene, feste, relativ dicke, oxidische Deckschicht entstanden. Sie geht bei weiterer Erhöhung der Spannung in Lösung, wobei die Wasserstoffionen des Elektrolyten als Reduktionsmittel wirken:

$$MeO + 2\,H^+ \rightarrow Me^{2+} + H_2O \tag{1.44}$$

Der Antransport der Wasserstoffionen an die Grenzfläche feste Deckschicht/flüssige Anodenschicht und der Abtransport der Metallionen wird von der Anodenschicht über Diffusionsvorgänge gesteuert, weshalb die Schicht auch als Diffusionsschicht bezeichnet wird. Die Reaktion nach Gl. (1.44) führt zu einer Dickenreduzierung der Deckschicht, wodurch deren passivierende Wirkung teilweise zurückgeht. Die Auflösung der Anodenoberfläche setzt nach Gl. (1.43) erneut ein und liefert für den Stromfluß die Elektronen, allerdings weniger intensiv, denn die Deckschicht wird nur in dem Maß nachgebildet, wie sie gemäß Gl. (1.44) auch in Lösung gehen kann. Dies ist der Grund, weshalb ab Punkt *B′* die Stromdichte nicht auf Null absinkt, sondern nur bis zum Punkt *C*, um dann konstant zu bleiben. In dem Spannungsbereich des Plateaus der Stromdichte-Spannungs-Kurve (Bereich *C-D*) befindet sich die Deckschichtbildung mit der Deckschichtauflösung im Gleichgewicht. Die Summenreaktion ist eine Metallauflösung, die letztlich nach Gl. (1.42) beschrieben werden kann, aber über den Umweg der Oxidbildung und -auflösung stattfindet und deshalb eine indirekte Auflösung darstellt. Der sich im Spannungsbereich C-D einstellende Schichtenaufbau zwischen Anode und Katode wird im rechten Teil des Bilds 1.60 schematisch dargestellt. Es ist einzusehen, daß aufgrund des kurzen Diffusionswegs die an den Rauhigkeitsspitzen (Abstand a) gebildeten Metallionen schneller in den frischen Elektrolyten gelangen als diejenigen aus dem Bereich der Täler (Abstand $b > a$). Das Material wird somit an den Spitzen schneller als im Bereich der Täler abgetragen. Dies führt zu einer Einebnung der Probenoberfläche, wogegen die indirekte Metallauflösung zum Abtrag der Bearbeitungsschicht ingesamt führt. Erst beide Prozesse zusammen (Einebnung und Abtrag) bestimmen das Ergebnis beim elektrolytischen Polieren. Der günstigste Polierbereich ist im Bild 1.61 eingezeichnet. Bei Spannungen oberhalb des Punkts D der Kurve 1 findet die indirekte Metallauflösung unter Sauerstoffentwicklung an der Anode statt. Im Bereich D-E besteht die Gefahr der Zerstörung der Anschlifffläche durch Grübchenbildung. Obwohl die Poliereffekte unter diesen Bedingungen instabil sind, wird der Bereich D'-E für das anodische Glänzen in der industriellen Fertigungstechnik genutzt. Aus Bild 1.61 geht hervor, daß mit Erhöhung des Elektrolyteigenwiderstands sich bei realen Stromdichte-Spannungs-Kurven die charakteristischen Bereiche der idealen Kurve nicht so deutlich ausprägen. Trotzdem können auch in den Realfällen die Vorgänge beim elektrolytischen Polieren mit den gleichen Vorstellungen über die Ausbildung von Reaktionsschichten und deren Wirkung im Elektrodenraum erklärt werden:

— Die flüssige Anodenschicht sorgt für die Einebnung.
— Die feste Deckschicht und die flüssige Anodenschicht bewirken zusammen den Abtrag der Bearbeitungsschicht (Deformationszone).

Beim elektrolytischen Polieren müssen mehrere Parameter beachtet werden. Sie leiten sich ab aus den vorangegangenen Erklärungen zum Abtragsmechanismus und sind

— ein dem Werkstoff angepaßter *Elektrolyt*
— *Elektrolyttemperatur* und *Strömungsgeschwindigkeit*
— eine von der Bearbeitungsschicht abhängige *Polierzeit*
— *Polierspannung*
— die über die Größe des *Maskenfensters* im Verein mit der Polierspannung einzustellende Stromdichte.

Die Größe des Maskenfensters kann nicht nur in Abstimmung mit den Spannungs- und Stromwerten für den günstigen Polierbereich gewählt werden, sondern es muß auch die Größe der Anschlifffläche der zu polierenden Probe berücksichtigt werden. Die Parameter und weitere Hinweise zum elektrolytischen Polieren sind in den Arbeitsvorschriften kommerzieller Geräte werkstoffbezogen angegeben.

Wie die Lösungen für das chemische Polieren bestehen auch die Elektrolyte aus mehreren Chemikaliengruppen, wodurch garantiert wird, daß sie allen Anforderungen entsprechen hinsichtlich der Bildung leicht löslicher Reaktionsprodukte, des Aufbaus und der Begrenzung der Schichten im Elektrodenraum, der Inaktivität im stromlosen Zustand, der Unbedenklichkeit während der Handhabung usw.

Elektrolyte auf der Basis von Gemischen aus Perchlorsäure, Alkohol (Äthanol oder Methanol), Wasser und Butylglykol können für viele Metalle und ihre Legierungen angewandt werden, z.B. Ag, Be, Mo, Pb, Sn, Ti, V und Zr sowie Al, Mg, Ni, Zn und ihre Legierungen, außerdem unlegierte und legierte Stähle. Kupfer und seine Legierungen, wie Bronzen und Messinge, werden häufig mit Elektrolyten aus Gemischen von HNO_3 oder H_3PO_4, Alkohol und verschiedenen Zusätzen (z.B. Harnstoff, $Cu(NO_3)_2$) poliert. Die konkreten Elektrolytzusammensetzungen für die verschiedensten Werkstoffe und die daraufhin abgestimmten Polierbedingungen, einschließlich Vor- und Nachbehandlungen, sind den erwähnten Arbeitsvorschriften und spezieller Fachliteratur zu entnehmen.

Das elektrolytische Polieren wird (nach dem Naß-Feinschleifen) bei homogenen, weichen und zähen Werkstoffen mit Kornabmessungen <200 µm bevorzugt angewandt. Beim Polieren grobkörniger Materialien kann leicht eine genarbte Oberfläche entstehen (Apfelsinenhaut). Weiterhin bietet das Verfahren Vorteile hinsichtlich Zeitaufwand (einige s bis wenige min Polierzeit) und Reproduzierbarkeit (große Serien gleichartiger Proben). Die Nachteile des elektrolytischen Polierens sind die gleichen wie beim chemischen Polieren. Sie werden besonders deutlich beim elektrolytischen Polieren von Werkstoffen mit heterogenen Gefügen. Jedoch überwiegen die Vorteile, und sie machen das elektrolytische Polieren zu einer wichtigen Präparationsmethode, vor allem, weil die polierte Anschlifffläche deformationsfrei ist.

Analog dem chemisch-mechanischen Polieren kann auch das elektrolytische mit dem mechanischen Polieren kombiniert werden. Das elektrolytisch-mechanische Polieren oder kurz, das *Elektrowischpolieren*, erfolgt ebenfalls auf einem Horizontalteller. Er ist als V2A-Katode ausgebildet, mit einem dem Elektrolyten gegenüber resistenten Tuch bespannt und rotiert im Elektrolyten (Bild 1.62). Wird mit Gleichstrom gearbeitet, dann ist die Probe anodisch geschaltet. In manchen Fällen führt ein niederfrequenter Wechselstrom (z.B. bei Mo, Re, W) oder ein periodisch umgepolter Gleichstrom (bei leicht passivierbaren Werkstoffen) zu besseren Ergebnissen.

Durch die Kombination der Abtragsmechanismen ergeben sich eine Vielzahl von Einflußfaktoren, die das Polierergebnis bestimmen. Trotzdem läßt sich das Polierverfahren leicht beherrschen, und es wird (meistens unter Zuhilfenahme kommerzieller Gerätetechnik) in solchen Fällen angewandt, bei denen das elektrolytische oder mechanische Polieren allein nicht zum gewünschten Erfolg führen, beispielsweise bei heterogenen weichen Werkstoffen (Edelmetallegierungen), bei hochschmelzenden Metallen und ihren Legierungen oder reinen Metallen. Soll das Polierergebnis über den mechanischen Abtrag beeinflußt werden, dann erfolgt dies häufig durch Variation der Poliertücher, Änderung der Relativgeschwindigkeit zwischen Polierteller und Probe sowie durch Zugabe von Al_2O_3 als Abrasivstoff zum Elektrolyten. Der elektrolytische Abtrag läßt sich variieren durch die Art des Elektrolyten, die Höhe der angelegten Spannung, die Stromart und die sich einstellende Stromdichte. Letztere ist nicht nur abhängig von der Größe der zu polierenden An-

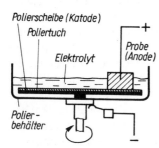

Bild 1.62. Schema einer Vorrichtung zum Elektrowischpolieren (nach PETZOW und EXNER)

schlifffläche, sondern auch von der im Elektrolyten eintauchenden Mantelfläche der Probe. Es werden andere Elektrolyte als beim elektrolytischen Polieren verwendet. Sie enthalten selten mehr als drei Chemikalien, sind weniger konzentriert und deshalb weniger aggressiv und können mitunter auch zum (chemischen) Ätzen benutzt werden. Häufig verwendete Elektrolyte sind Salzlösungen geringer Konzentration auf Wasser-, Methylalkohol- oder Glyzerinbasis, verdünnte Säuren (z.B. HNO_3, HCl, H_2SO_4, Eisessig) oder Basen. Im Hinblick auf Angaben über genaue Rezepturen, Polierparameter und einzusetzende Poliertücher muß auf spezielle Fachliteratur verwiesen werden bzw. auf Arbeitsvorschriften, die vom Hersteller kommerzieller Geräte zum Elektrowischpolieren mitgeliefert werden. Ebenso wie beim elektrolytischen Polieren sind für das Elektrowischpolieren nur gut kontaktierbare Proben geeignet. Ein Abwägen der Vor- und Nachteile von den angeführten elektrochemischen und mechanischen Poliermethoden ergibt, daß das Elektrowischpolieren die Nachteile der Einzelverfahren verringert unter weitgehender Beibehaltung ihrer wesentlichen Vorzüge. Obwohl das Verfahren etwas langsamer ist als das elektrolytische, ist es dennoch gut geeignet für die serienmäßige Präparation heterogener Werkstoffe. Mit ihm werden zwar keine deformationsfreien Anschliffflächen erreicht, aber die minimale Bearbeitungsschicht ist geringer als beim mechanischen Polieren und stört nicht bei der Gefügekontrastierung mit elektrochemischen Ätzverfahren.

1.3.3. Kontrastierung

Die Anschlifffläche muß, um nach ihrer Präparation für eine metallographische Untersuchung geeignet zu sein, neben den allgemeinen noch speziellen Anforderungen genügen. Diese Anforderungen beziehen sich auf die Oberflächenausbildung und auf die Fähigkeit der Schlifffläche, eine gewünschte Wechselwirkung mit dem auftreffenden Licht einzugehen.
Die Oberflächenrauhigkeit des Anschliffes muß $\leq 0,1\,\mu m$ betragen. Bei dieser geringen Rauhigkeit spiegelt die Schlifffläche und zeigt einen für den entsprechenden Werkstoff typischen Glanz. *Die Anschlifffläche muß frei sein von Reaktionsprodukten.* Sie stellen Fehler vorangegangener Behandlungen dar, beeinträchtigen oder verhindern die Sichtbarmachung der Struktur und können zu Fehldeutungen führen (Scheingefüge). Häufige Fehler dieser Art sind Deckschichtenreste vom elektrochemischen Polieren, Schmutz- und Trockenflecke von einer ungenügenden Endreinigung und Kontaminations- bzw. Korrosionsschichten infolge unsachgemäßer Lagerung nach dem Endpolieren. Die Gefahr einer Bildung von Korrosionsschichten kann eingeschränkt werden, indem die Schliffprobe nach der Präparation in einem Exsikkator gelagert wird oder die Schlifffläche mit einem Schutzlack konserviert wird.
Der Anschliff sollte im oberflächennahen Bereich am besten keine Deformationszone aufweisen.
Kann dieser Forderung nicht entsprochen werden (z.B. beim mechanischen Endpolieren), dann darf die Tiefe der verbleibenden Deformationszone nur $\leq 1\,\mu m$ betragen. Deformationszonen mit einer Tiefe $>1\,\mu m$ werden beim nachfolgenden (elektrochemischen) Ätzen kaum noch vollständig abgetragen, so daß nicht die wahre Struktur im Anschliff erscheint. Das gleiche gilt auch für Schichten, in denen durch Wärmeeinfluß (evtl. im Verein mit vorangegangener Verformung) eine Strukturveränderung stattgefunden hat.

Die von der Anschliffebene geschnittenen Strukturelemente müssen sich von ihrer Umgebung durch Grau- oder Farbkontraste unterscheiden. Fehlen diese Kontraste im lichtmikroskopischen Abbild der Schliffebene, kann der Mensch mit seinen Augen die Struktur bzw. das Gefüge nicht wahrnehmen, d. h., es entzieht sich der metallographischen Untersuchung.

Nur in Sonderfällen werden bei Beobachtungen im Hellfeld gewisse Struktureigenschaften bereits in der lediglich polierten Schliffläche sichtbar. So liefern z. B. viele nichtmetallische Einschlüsse aufgrund ihrer Eigenfarbe einen ausreichenden Farbkontrast, weshalb häufig ihre Bewertung am polierten Schliff vorgenommen werden kann (Bild 1.63). Die gute Erkennbarkeit des Graphits im Gußeisen beruht auf einem hohen Hell/Dunkel-Kontrast. Er ergibt sich aufgrund der unterschiedlichen Reflexionsvermögen von polierter Matrix und Graphit. Analoge Verhältnisse liegen bei Al-Si-Legierungen vor. Auch lassen sich Poren, Lunker, Risse, Ausbrüche u. dgl. wegen der kontrastfördernden Wirkung der diffusen Reflexion bereits im polierten Schliff beobachten. Mitunter kann auch die Schattenwirkung eines durch Polieren herausgearbeiteten Reliefs genutzt werden, um bei Untersuchungen im Hellfeld die harten und deshalb erhabenen Gefügebestandteile von den

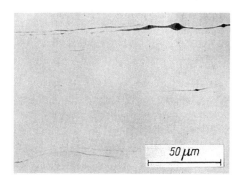
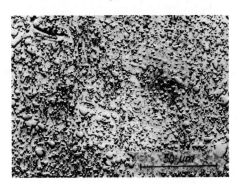

Bild 1.63. Sulfide im warmgewalzten Blech aus St600; z. T. vergesellschaftet mit Oxiden. Diese Ausbildung der nichtmetallischen Einschlüsse beeinträchtigt die Zähigkeit.

Bild 1.64. Stahl mit 1,3 % C, reliefpoliert. Die härteren Eisenkarbidkörnchen heben sich reliefartig von der viel weicheren ferritischen Grundmasse ab. Schräge Beleuchtung

weichen, tieferliegenden zu unterscheiden (Bild 1.64). Kombinationen der genannten Eigenheiten führen ebenfalls zu geeigneter Kontrastierung polierter Anschliffflächen. So lassen sich z.B. in polierten Schliffen von Pb-Sn-Sb-(Cu)-Legierungen (Lagerweißmetalle) wesentliche Strukturelemente aufgrund von Unterschieden im Reflexionsvermögen einzelner Gefügebestandteile kombiniert mit deren Schattenwirkungen erkennen.

In der Mehrzahl reichen jedoch die von der polierten Anschlifffläche hervorgebrachten Kontraste nicht aus, um die lichtmikroskopisch erfaßbaren Struktur- und Gefügeelemente sichtbar zu machen. Es müssen deshalb geeignete Maßnahmen zur Kontrastierung durchgeführt werden. Bild 1.65 zeigt in Anlehnung an einen Vorschlag von PETZOW eine Systematisierung von grundsätzlichen Methoden zur Kontrastierung von Anschliffen metallischer Werkstoffe. Für eine lichtoptische Kontrastierung ist die Anschliffpräparation mit dem Fertigpolieren und Reinigen beendet. Die Kontrastierungsmethoden dieser Gruppe nutzen die optischen Gesetzmäßigkeiten der Wechselwirkung des auffallenden Lichts mit der metallischen Schliffläche. Sie benötigen entsprechend ausgerüstete Auf-

1.3. Präparationstechnik

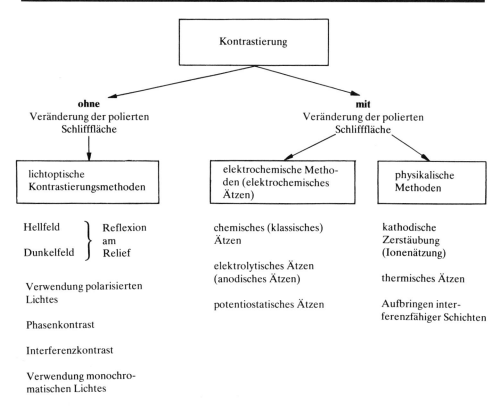

Bild 1.65. Kontrastierungsmethoden in der Metallographie

lichtmikroskope. Da die lichtoptische Kontrastierung bereits behandelt wurde, werden ihre Methoden nur der Systematik wegen im Bild 1.65 mit aufgezählt.
Bei den elektrochemischen und physikalischen Methoden wird die polierte Schlifffläche weiterbehandelt, um die Reflexions- und Absorptionseigenschaften der Strukturelemente zu verbessern, damit der erforderliche Grau- oder Farbkontrast zustande kommt. Allerdings müssen zur Sichtbarmachung von Strukturen und Gefügen die im linken Teil der Übersicht aufgezählten Mikroskopierverfahren herangezogen werden. Die Kombination der Methoden, die auf einer Veränderung der Schlifffläche beruhen, mit den lichtoptischen Methoden ist eine notwendige und deshalb übliche Praxis beim Durchlaufen der Präparationsstufe Kontrastierung. So ist z. B. die kontrastierende Wirkung von interferenzfähigen Schichten (physikalische Methode) dann besonders deutlich, wenn die beschichtete Schlifffläche bei Verwendung von monochromatischem Licht untersucht wird. Des weiteren kann eine durch katodische Zerstäubung präparierte Schlifffläche sehr gut im Interferenzkontrast beobachtet werden.
Die vorgestellte Systematik ist nicht geeignet, die vielen Ätzbegriffe und Wortverbindungen überschaubar zu machen, die zu einzelnen Ätzverfahren, -techniken und -varianten sowie den dabei auftretenden Ätzerscheinungen geprägt wurden. Sie werden im Text dort erwähnt, wo diese Begriffe helfen, die inhaltliche Beschreibung eines ätztechnischen

Sachverhalts zu verkürzen. Hierbei können nur ein Teil der bekanntgewordenen Ätzbegriffe berücksichtigt werden.

Beim Betrachten der *elektrochemischen Grundlagen des* (klassischen) *Ätzens* muß von den Auflösungsreaktionen des Metalls mit der Ätzlösung (Ätzmittel, Lösungsmittel, Elektrolyt) ausgegangen werden. Das Bestreben eines Metalls, unter Elektronenabgabe in Lösung zu gehen, ist aus der elektrochemischen Spannungsreihe abzulesen (Tabelle 1.18). Sie ordnet im allgemeinen die Elemente (hier nur interessierende Metalle) nach abnehmender Stärke ihres Lösungsbestrebens. Bekanntlich sind die Auflösungsreaktionen Redoxvorgänge. Die vor dem Wasserstoff eingeordneten Metalle werden von verdünnten Säuren unter Wasserstoffentwicklung aufgelöst. Die Oxidation findet an der Metalloberfläche (Schlifffläche) statt und wird z.B. für ein zweiwertiges Metall durch Gl. (1.42) beschrieben (anodische Teilreaktion). Die dazugehörige Reduktion (katodische Teilreaktion) verbraucht gemäß

$$2\,H^+ + 2\,e^- \rightarrow H_2 \uparrow \tag{1.45}$$

Tabelle 1.18. Elektrochemische Spannungsreihe ausgewählter Metalle

Elektrode Metall/Metallion	Normalelektrodenpotential [V]	Bemerkungen
Mg/Mg^{2+}	−2,37	gegenüber Wasserstoff
Be/Be^{2+}	−1,85	unedel, lösbar
Al/Al^{3+}	−1,66	(oxidierbar) in Säuren,
Ti/Ti^{2+}	−1,63	wobei $H^{\pm}$-Ionen zu Wasser-
V/V^{2+}	−1,50	stoff reduziert werden
Mn/Mn^{2+}	−1,18	(H_2-Abscheidung)
Nb/Nb^{3+}	−1,10	
Zn/Zn^{2+}	−0,76	
Cr/Cr^{3+}	−0,74	
Fe/Fe^{2+}	−0,44	
Cd/Cd^{2+}	−0,40	
Co/Co^{2+}	−0,28	
Ni/Ni^{2+}	−0,25	
Mo/Mo^{3+}	−0,20	
Sn/Sn^{2+}	−0,14	
Pb/Pb^{2+}	−0,12	
Fe/Fe^{3+}	−0,04	
H_2/H^+	0	
W/W^{3+}	+0,05	gegenüber Wasserstoff edel,
Sb/Sb^{3+}	+0,10	nur in Säuren mit starkem
Bi/Bi^{3+}	+0,20	Oxidationsmittel lösbar,
Cu/Cu^{2+}	+0,34	wobei Oxidationsmittel
Cu/Cu^+	+0,52	reduziert wird
Ag/Ag^+	+0,80	
Pd/Pd^{2+}	+0,99	
Pt/Pt^+	+1,20	
Au/Au^{3+}	+1,50	
Au/Au^+	+1,70	

die freigesetzten Elektronen. Befinden sich in der Ätzlösung noch stärkere Oxidationsmittel als die H^+-Ionen, dann werden diese anstelle der H^+-Ionen reduziert, und die Wasserstoffentwicklung bleibt aus. Der Reduktionsvorgang findet beim chemischen Ätzen in der Ätzlösung statt. Die Ätzlösung wirkt in diesem Fall als Katode. Den Elektronentransport übernimmt das Metall (Probe). Sind in der Ätzlösung gleichzeitig zwei Metalle eingetaucht, die entsprechend ihrer Stellung in der Spannungsreihe einen merklichen Potentialunterschied aufweisen, z. B. Cu/Cu^{2+} und Zn/Zn^{2+} (1,1 V lt. Tabelle 1.18), dann wird zuerst das Metall in Lösung gehen oder angeätzt werden, welches das größere Lösungsbestreben hat, also Zink.

Die Überlegungen zum unterschiedlichen Lösungsbestreben der reinen Metalle sind auf die Phasen ihrer Legierungen übertragbar. So ist, um bei dem obigen Beispiel zu bleiben, die kupferreiche α-Phase im zweiphasigen Messing CuZn40 wegen ihres geringeren Zinkgehaltes ($\approx 34\%$ Zn bei RT) edler als die zinkreiche β-Phase ($\approx 47\%$ Zn). Die zwischen beiden Phasen bestehende Potentialdifferenz ist die Ursache dafür, daß in einer salzsauren $FeCl_3$-Lösung die β-Phase eher bzw. stärker angeätzt wird als die α-Phase. Es liegt ein Lokalelement vor, dessen Anode die β-Phase ist und die α-Phase die Katode darstellt.

Die Unterschiede in der chemischen Zusammensetzung verschiedener Phasen, wie auch im obigen Beispiel, werden als chemische Inhomogenitäten bezeichnet. Sie verursachen Potentialdifferenzen. Zu ihnen gehören beispielsweise auch Seigerungen, Konzentrationsunterschiede von Begleit- und Legierungselementen zwischen Korninnern und Korngrenzenbereich sowie erhöhte Fremdatomkonzentrationen in Nähe von Versetzungen und Kleinwinkelkorngrenzen. Nicht nur die chemischen, sondern auch physikalische Inhomogenitäten und Kombinationen zwischen beiden verursachen die Potentialdifferenzen. Zu den physikalischen Inhomogenitäten werden u. a. gezählt: Unterschiede in der Gitterfehlerkonzentration zwischen Korninnern und Korngrenzenbereich, Verformungsheterogenitäten, Orientierungsdifferenzen benachbarter Körner, Unterschiede im Gitteraufbau einzelner Phasen und unterschiedliche kristallographische Orientierung der in der Schliffebene erscheinenden Kornflächen. Weiterhin können lokale Konzentrations-, Temperatur- und Strömungsunterschiede in der Ätzlösung unmittelbar vor der Schlifffläche zu Potentialdifferenzen führen. Aus der Betrachtung der Ursachen für die Potentialdifferenzen geht hervor, daß die Schlifffläche in viele kleine Lokalelemente aufgeteilt ist. Sie garantieren immer einen selektiven Ätzangriff, wodurch das Mikrorelief der anodischen Bereiche stärker verändert wird als das der katodischen. Die Veränderung des Mikroreliefs der Schlifffläche verändert auch die Reflexionsbedingungen. Gegenüber der lediglich polierten Schlifffläche werden in Abhängigkeit vom Gefüge mehr Stellen für diffuse und disloziierende Reflexion geschaffen, was letztlich zur Kontrastierung führt. Findet beim selektiven Ätzen nur ein Abtrag statt, dann werden die Korn-, Zwillings- und Phasengrenzen markiert (Bild 1.66, *Korngrenzenätzung*) oder die Kornflächen unterschiedlich aufgerauht (Bild 1.67, *Kornflächenätzung*). Meistens treten beide Erscheinungen zusammen auf. Mit einem stark angreifenden Ätzmittel gelingt es, eine Phase herauszulösen, wobei die andere stehen bleibt (Bild 1.68, *Tiefenätzung*). Man erhält so ein unmittelbares Bild von der Größe, Form und räumlichen Anordnung einzelner Phasen. Der selektive Abtrag kann auch auf den Schnittflächen der Körner geometrische Kristallfiguren erzeugen, die Rückschlüsse auf die Orientierung einzelner Körner erlauben (Bild 1.69, *Kristallfigurenätzung*). Geht bei einer Kornflächenätzung die anodische Auflösungsreaktion mit einer Deckschichtbildung einher, dann bleiben die Gebiete der katodi-

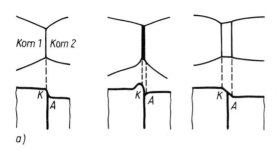

a)

Bild 1.66. Korngrenzenätzung
a) Erscheinung im Abbild der Schlifffläche (Schnitt senkrecht zur Schlifffläche). Markierung der Korngrenzen (schematisch):
A anodischer Bereich, K katodischer Bereich
b) Kornstruktur in Reineisen.
10 s geätzt mit 1%iger alkoholischer HNO_3 (Nital)

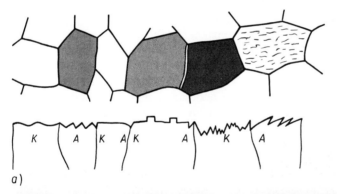

a)

Bild 1.67. Kornflächenätzung (mit orientierungsabhängigem Abtrag)
a) Erscheinung im Abbild der Schlifffläche (Schnitt senkrecht zur Schlifffläche). Aufrauhung der Kornflächen (schematisch).
A anodischer Bereich, K katodischer Bereich
b) Kornstruktur in Reinaluminium. Hell-Dunkel-Kontrast der Körner, verursacht durch unterschiedlich starke Aufrauhungen der Kornschnittflächen (Makroätzung). Geätzt mit HCl und HF

1.3. Präparationstechnik

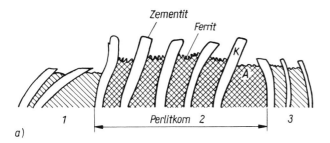

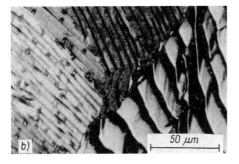

Bild 1.68. Tiefenätzung
a) Erscheinung im Abbild der Schlifffläche (Schnitt senkrecht zur Schlifffläche). Starker selektiver Abtrag des Ferrits im Perlit (schematisch).
A anodischer Bereich, K katodischer Bereich
b) Stahl mit 0,9 % C, Perlit. Der Ferrit des Perlits ist herausgelöst, die Zementitlamellen ragen isoliert hervor.
Geätzt mit 10 %iger $FeCl_3$-Lösung

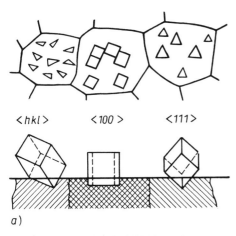

Bild 1.69. Kristallfigurenätzung
a) Erscheinung im Abbild der Schlifffläche (Schnitt senkrecht zur Schlifffläche). Form der Kristallfiguren (schematisch)
b) Reineisen. Quadratische Kristallfiguren im Korn. Geätzt mit Kupferammoniumchlorid

schen Bereiche frei, und die Kornflächen der anodischen Bereiche werden von einer Reaktionsschicht abgedeckt. Da die Deckschichten meistens ein geringeres Reflexionsvermögen aufweisen als die freien Bereiche, entsteht ein guter Hell/Dunkel-Kontrast (Bild 1.70, *Niederschlagsätzung* mit partieller Schichtbildung). Mit dem Materialabtrag kann auch eine recht intensive Schichtbildung ablaufen, wobei die gesamte Schlifffläche bedeckt wird. Solche Reaktionen laufen häufig in Ätzlösungen ab, die stark oxidierende Chemikalien enthalten (z. B. HNO_3). Die Deckschicht besteht dann aus Oxiden. In Abhängigkeit von der kristallographischen Orientierung weisen die in der Schliffebene liegenden Kornflächen unterschiedlich dicke Schichten auf. Je dicker die Schicht ist, um so dunkler erscheint das entsprechende Korn. Auf diese Weise unterscheiden sich die Körner wiederum durch ihren Hell/Dunkel-Kontrast. Beim Reineisen besitzt die durch Ätzung in HNO_3 entstandene Oxidschicht zusätzlich eine bräunliche Eigenfarbe (Bild 1.71; Niederschlagätzung mit orientierungsabhängiger Schichtbildung). Aufgrund der unterschiedlichen Schichtdicken sind die Körner in allen Farbtönungen zwischen hellgelblichweiß (dünne Oxidschicht) und dunkelbraunschwarz (dicke Oxidschicht) kontrastiert.

Beim *chemischen* (klassischen) *Ätzen* wird die Schliffprobe in die Ätzlösung getaucht (Tauchätzung) und in ihr bewegt. Dadurch werden Gasblasen von der Schlifffläche abgelöst und Konzentrationsunterschiede ausgeglichen. Obwohl der dabei stattfindende Ätzangriff von vielen, in ihrer komplexen Wirkung schwer zu übersehenden Einflußgrößen abhängt, lassen sich im wesentlichen nur die Zusammensetzung der Ätzlösung sowie deren Temperatur und Einwirkungsdauer variieren. Ätzlösungen für häufige Metalle und Legierungen sind im Anhang angegeben. Bezüglich spezieller Ätzlösungen (Zusammen-

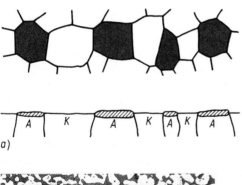

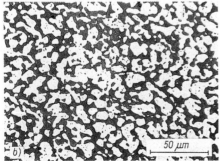

Bild 1.70. Niederschlagsätzung mit partieller Schichtbildung
a) Erscheinung im Abbild der Schlifffläche (Schnitt senkrecht zur Schlifffläche). Partielle Schichtbildung (schematisch).
A anodischer Bereich, K katodischer Bereich
b) Stahl mit 0,08 % C, 24,4 % Cr, 6,4 % Ni und 2,2 % Mo, Wärmebehandlung nach Warmwalzen 950 °C/1 h/Wasser. δ-Ferrit (dunkel) und Austenit (hell). Die δ-Ferritbereiche sind mit einer Sulfidschicht bedeckt.
Geätzt nach BERAHA mit salzsaurer Kaliummetabisulfit-Lösung

1.3. Präparationstechnik 113

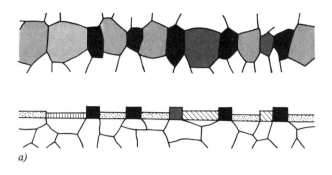

a)

b)

Bild 1.71. Niederschlagsätzung mit orientierungsabhängiger Schichtbildung
a) Erscheinung im Abbild der Schlifffläche (Schnitt senkrecht zur Schlifffläche).
Orientierungsabhängige Schichtbildung (schematisch)
b) Reineisen, Kornflächenätzung mit geschlossener Deckschicht. Auf den einzelnen Körnern befinden sich verschieden dicke Oxidschichten.
5 min geätzt in 3%iger alkoholischer HNO_3

setzung, Handhabung, kontrastierende Wirkung u. dgl. m.) sollten die Angaben in den Handbüchern zum metallographischen Ätzen herangezogen werden.
Die Angriffsgeschwindigkeit einer Ätzlösung wird, unter Voraussetzung einer sauberen Schlifffläche, hauptsächlich vom Dissoziationsgrad, der elektrischen Leitfähigkeit und der Temperatur bestimmt. Die Intensität des Ätzangriffs steigt mit den genannten drei Einflußgrößen, wodurch die Ätzzeiten herabgesetzt werden. Die optimalen Ätzzeiten werden empirisch gefunden, indem die Ätzung unterbrochen und das Aussehen der Schlifffläche begutachtet wird. Damit eine solche Kontrolle möglich ist, sollte eine Ätzlösung nicht zu intensiv wirken. Bei Raumtemperatur und Ätzzeiten zwischen ≈ 10 s und wenigen Minuten läßt sich die Schlifffläche bequem kontrastieren. Als Lösungsmittel ist Alkohol dem Wasser vorzuziehen, weil alkoholische Lösungen länger haltbar sind und einen nicht zu schnellen, jedoch gleichmäßigen Ätzangriff garantieren. Unter Beachtung der allgemeinen Hinweise und Ätzbedingungen lassen sich bereits mit einigen wenigen Ätzlösungen viele Gefüge kontrastieren. So ist z. B. eine für alle Kohlenstoffstähle gebräuchliche Ätzlösung die 1- bis 3%ige alkoholische HNO_3 (Nitalätzung), die bei Raumtemperatur angewandt wird. Obwohl bei den meisten Ätzungen die Lösungen bei Raumtemperatur bereits einen ausreichenden Angriff zeigen, müssen einige Lösungen auf 50 bis 80 °C erwärmt werden, um in vertretbaren Ätzzeiten eine Kontrastierung zu bewirken. Mitunter ergeben einige Ätzlösungen erst bei ihrer Siedetemperatur den gewünschten Angriff. Bei Anwendung derartig hoher Ätztemperaturen muß deren gefügeverändernde Wirkung berücksichtigt werden. Dies gilt besonders beim *Anlaßätzen*, bei dem als Ätzmittel die Luft verwendet wird. Die Schliffprobe wird hierbei auf einer Heiz-

platte oder in einem beheizten Sandbad erhitzt. Die polierte, gut gesäuberte und ggf. vorgeätzte Schlifffläche zeigt nach oben. Bei erhöhten Temperaturen bilden sich farblose interferenzfähige Oxidschichten, deren Interferenzfarben im weißen Licht (Anlauffarbe) sich in Abhängigkeit von der Schichtdicke ändern. Die Oxidschichtdicke ist ihrerseits wiederum abhängig vom Probenwerkstoff, der Temperatur, der Anlaßdauer und der Kristallorientierung (Kontrast aufgrund von Interferenzschichten). Cu_3P färbt sich in Bronzen beispielsweise blau, Cu_4Sn gelb an. Bei einem Kohlenstoffstahl färbt sich bei einer Anlaßtemperatur von 280 °C der Perlit blau und der Zementit rot. Wird graues Gußeisen auf 300 °C erwärmt, dann ergibt sich ein Farbkontrast, bei dem der Perlit hellblau und das Eisenphosphid rot erscheint. In hochlegierten austenitisch-ferritischen Stählen lassen sich durch Anlaßätzungen die Gefügebestandteile Austenit, δ-Ferrit und σ-Phase deutlich voneinander unterscheiden (Bild 1.72). Auch die sich bei hohen Temperaturen einstellende Gefügeausbildung in ferritisch-perlitischen Chromstählen läßt sich nach Abschrecken mit Hilfe der Anlaßätzung gut kontrastieren (Bild 1.73).

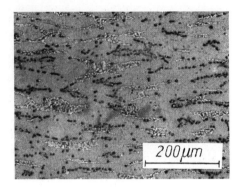

Bild 1.72. Austenitisch-ferritischer Chrom-Nickel-Stahl mit 0,1 % C, 19 % Cr, 10 % Ni, 1,5 % W, 1 % V und 1,5 % (Nb + Ta), Schmiedezustand, 5 min bei 500 °C an Luft oxidiert. Anlaßätzung

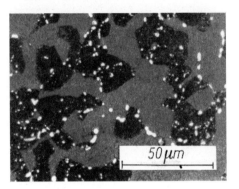

Bild 1.73. Ferritisch-perlitischer Chromstahl mit 0,2 % C, 17 % Cr und 1 % Mo, von 1050 °C in Öl abgeschreckt und 5 min bei 500 °C an Luft oxidiert. Anlaßätzung

Es lassen sich nicht nur Kristalle des Grundgefüges anätzen bzw. anfärben, sondern es gibt *spezielle Ätzmittel*, die nur einen einzigen Gefügebestandteil angreifen, also geradezu als Nachweismittel für diesen dienen können. So wird in Chromstählen nur das Eisenkarbid Fe_3C durch alkalische Natriumpikratlösung dunkel geätzt, nicht aber der Ferrit, der Martensit oder das Chromkarbid (Bild 1.74). Man kann also Zementit durch alkalische Natriumpikratlösung spezifisch nachweisen. Sind derartige spezifische Ätzmittel in ihrer Wirkung noch abhängig von der Konzentration der Legierung, so lassen sich neben qualitativen in gewissen Grenzen auch quantitative Untersuchungen durchführen. Beim dem *Fitzerschen Ätzmittel* wird auf Eisen-Silizium-Legierungen durch anodische Oxidation (Chromschwefelsäure) eine festsitzende SiO_2-Schicht erzeugt, die dann mit kaltgesättigter Methylen-blau-Lösung getränkt wird. Eisen-Silizium-Mischkristalle mit mindestens 8 % Si erscheinen dann leuchtend blau, während niedriger legierte Mischkristalle und auch die Verbindung FeSi nicht gefärbt werden.

Ähnlich kann mit dem *Klemmschen Ätzmittel* Natriumthiosulfat der Phosphorgehalt in Stählen örtlich bestimmt werden. Das Reagens besteht aus 50 cm^3 kaltgesättigter Na-

1.3. Präparationstechnik

triumthiosulfatlösung mit 1 g Kaliummetabisulfit. Ein steigender Phosphorgehalt macht sich unter bestimmten Versuchsbedingungen durch Farbwechsel in Richtung Gelb nach Blau nach Rot bemerkbar. Die färbende Wirkung beruht auf der Bildung einer Schicht aus Eisensulfid, FeS, das bei der Schlifftrocknung zu Zwischenverbindungen oxidiert wird. Das Ätzmittel liefert auch bei Kupfer, Bronze, Messing, Zinn, Monelmetall, unlegiertem Stahlguß und Grauguß Kornfärbungen, während Silber, Antimon, Blei und Zink nur hell-dunkel schattiert werden.

Ätzt man Aluminiumlegierungen mit einem Kupfergehalt >1 % mit Natronlauge, so bildet sich auf der Schlifffläche ein lockerer rötlicher Niederschlag. Läßt man diesen auf den Schliff antrocknen, so ergibt sich schon bei der Betrachtung mit freiem Auge ein sehr brillantes Bild mit Merkmalen disloziierter Reflexion. Dies rührt davon her, daß beim Trocknen der Belag schrumpft und nach einem Muster aufreißt, das von der Kristallorientierung abhängt. Ein derartiges Verfahren bezeichnet man als *Schraffurätzung* (Bild 1.75).

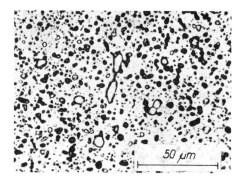
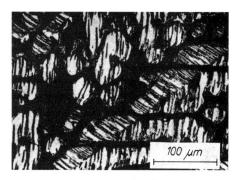

Bild 1.74. Stahl mit 1,3 % C, 1,5 % Cr und 2 % W. Anfärbung eines einzelnen Gefügebestandteils: Eisenkarbid ist dunkel, Chromkarbid bleibt hell. Geätzt mit heißer alkalischer Natriumpikratlösung

Bild 1.75. Al-Cu-Mg-Gußlegierung. Schraffurätzung.
Geätzt mit 1 %iger Natronlauge (nach SCHOTTKY)

Manchmal erweist es sich als zweckmäßig, nur eine Hälfte der Schlifffläche zu ätzen. An einem Schliff kann dann der Werkstoff sowohl im polierten als auch im geätzten Zustand untersucht werden, und man spart u. U. nachträgliches Abpolieren oder Abschleifen. Es besteht auch die Möglichkeit, einen Teil der Schlifffläche mit dem Ätzmittel *A* und den restlichen Teil der Schlifffläche mit einem anderen Ätzmittel *B* zu behandeln. Zur Erzielung *trennscharfer Doppelätzungen* kann man nach PLÖCKINGER und RANDAK so vorgehen, daß ein Teil der Schlifffläche zunächst mit Nadiaband abgedeckt und der Schliff mit dem Ätzmittel *A* geätzt wird. Daraufhin entfernt man das Nadiaband, klebt vorsichtig auf die geätzte Fläche ein anderes Stück Nadiaband, so daß der Bandrand genau mit der Begrenzungslinie der 1. Ätzung zusammenfällt (am besten erfolgt dies unter einem Stereomikroskop oder mittels Lupe), und ätzt mit dem Reagens *B*. Nach Ablösung des Nadiabands ist der Schliff fertig. Bild 1.76 zeigt als Beispiel die trennscharfe Doppelätzung Salpetersäure-OBERHOFFER eines niedrig mit Nickel, Chrom und Molybdän legierten und warmverformten Stahls. Man erkennt deutlich, wie helle Zeilen bei der OBERHOFFER-Ätzung (phosphorreiche Seigerungszeilen) in dunkle Zeilen bei der Salpetersäure-Ätzung (Perlitzeilen, d. h. kohlenstoffreiche Zeilen) übergehen.

116 1. Metallographische Arbeitsverfahren

Durch einander folgende Ätzungen der gleichen Schliffstelle (sog. *Mehrfachätzung*) gelingt es manchmal, die einzelnen Bestandteile von komplizierten Gefügestrukturen zu unterscheiden und zu identifizieren. Vorbedingung ist, daß die gleiche Schliffstelle auch nach den einzelnen Ätzoperationen wiedergefunden wird. Dies erreicht man durch Markierung der betreffenden Schliffstelle mit Hilfe eines Objektmarkierers. Dieser besteht aus einem Halter mit einer verstellbaren, federnd gelagerten feinen Hartmetallnadel, der anstelle des Objektivs in das Mikroskop eingesetzt wird. Durch Aufdrücken des Schliffs auf die Nadel und Drehen des Halters wird auf der Schlifffläche ein je nach Einstellung kleinerer oder größerer Kreis eingeritzt, der es gestattet, die zu untersuchende Schliffstelle nach den verschiedenen Ätzungen und auch nach dem Abpolieren aufzufinden. Als Beispiel für die Anwendung einer Mehrfachätzung sind in den Bildern 1.77 bis 1.79 die einzelnen Ätzangriffe an einem warmfesten Stahl mit 0,1 % C, 19 % Cr, 10 % Ni, 1,5 %, 1 % V und 1,5 % Nb + Ta dargestellt. Dieser Stahl besteht aus einer austenitischen Grundmasse, in die δ-Ferrit- und Karbidkristalle eingelagert sind. Je nach dem Bearbeitungs- und Wärmebehandlungszustand des Stahls sind die δ-Ferritkristalle mehr oder weniger weitgehend zerfallen, und zwar in Austenit, σ-Phase und Karbide. Bild 1.77 zeigt zunächst eine δ-Ferritinsel nach dem Ätzen des Schliffs mit Königswasser. Die Umrisse der

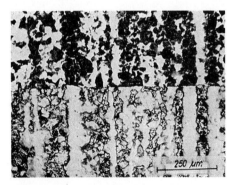

Bild 1.76. Trennscharfe Doppelätzung von Stahl 28NiCrMo10.4 mit alkoholischer Salpetersäure (unten) und dem OBERHOFFERschen Ätzmittel (oben)

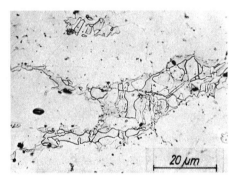

Bild 1.77. Warmfester austenitisch-ferritischer Stahl, 1 100 °C/Wasser/10 h 700 °C. Geätzt mit Königswasser

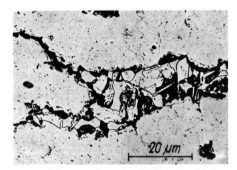

Bild 1.78. Wie Bild 1.77, aber zusätzlich elektrolytisch mit wäßriger Chromsäure geätzt. Die σ-Phase wird herausgelöst und erscheint schwarz

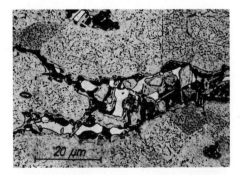

Bild 1.79. Wie Bild 1.77, aber zusätzliche Anlaßätzung. Der Austenit wird braunrot (grau) gefärbt, σ-Phase und Karbide schwarz, σ-Ferrit bleibt weiß

1.3. Präparationstechnik

Kristalle sind zwar scharf entwickelt, ohne daß aber die einzelnen Gefügebestandteile zu unterscheiden sind. Nach dem zweiten Ätzen, elektrolytisch mit 10%iger wäßriger Chromsäure, ist die σ-Phase herausgelöst worden und erscheint in Form größerer schwarzer Flecke (Bild 1.78). Die Karbide werden angeätzt und bilden dunkle, kleine Pünktchen. Wird der Schliff anschließend 5 min bei 500 °C an Luft angelassen, so färbt sich der Austenit braunrot, während der restliche δ-Ferrit weiß bleibt. Im Bild 1.79 erscheinen der Austenit grau, die σ-Phase schwarz (großflächig), die Karbide dunkel (kleine Pünktchen) und der δ-Ferrit weiß. Die vier Gefügebestandteile sind nach der Mehrfachätzung also deutlich voneinander zu unterscheiden.

Das chemische (klassische) Ätzen ist meistens eine Erfahrungssache, und die Güte der damit erreichten Kontrastierung hängt vom experimentellen Geschick des Präparators ab. Die Vorgänge, die den Ätzangriff bewirken, sind noch nicht so gut bekannt, daß eine gezielte Beeinflussung des Ätzergebnisses vorgenommen werden kann. Deshalb ist die Reproduzierbarkeit der Kontrastierung unsicher. Unbekannte Gefügezustände und Gefügeuntersuchungen an neuen Werkstoffen erfordern ein aufwendiges Probieren mit bekannten Ätzlösungen oder ein Suchen nach neuem. Trotz seiner Empirie bleibt das einfache chemische Ätzen auch in der nächsten Zeit noch die wichtigste Kontrastierungsmethode.

Während beim chemischen Ätzen in den Ablauf der elektrochemischen Reaktionen nicht eingegriffen werden kann, wird beim *elektrolytischen Ätzen* zumindest die Startphase der Reaktionen beeinflußt. Hierzu wird das System Lokalelemente/Elektrolyt (gleichbedeutend mit Schlifffläche/Ätzlösung) ergänzt durch eine Gegenelektrode, die bei anodischer Schaltung der Probe und Anlegen einer äußeren Gleichspannung als Katode wirkt. Die Anordnung und der Katodenwerkstoff sind die gleichen wie beim elektrolytischen Polieren. Das elektrolytische Ätzen kann deshalb in der gleichen Zelle vom Bild 1.60 vorgenommen werden. Bei Variation der angelegten Spannung ergibt sich der im Bild 1.61 eingezeichnete Steilanstieg für den Bereich der direkten Metallauflösung (Bereich $A'-B$). In diesem Bereich löst sich das Metall anodisch auf (Gl. (1.42)). Die freigesetzten Elektronen verbleiben im Werkstoff und werden über den Leitungsdraht zur Katode abgeführt, d. h., zum Elektronenverbrauch wird kein Oxidationsmittel benötigt. Die katodische Teilreaktion wird räumlich von der Schlifffläche getrennt. Im Bereich $A'-A$ der Stromdichte-Spannungs-Kurve (Bild 1.61) fließt ein noch zu geringer Strom, so daß keine merkliche Metallauflösung stattfindet. Im unteren Teil des Abschnitts $A-B$ bewirken die Potentialdifferenzen im Korngrenzenbereich einen selektiven Angriff der Korngrenzen. Bei Erhöhung der äußeren Spannungen werden auch die Kornflächen selektiv angegriffen (oberer Teil des Abschnitts $A-B$). In der Regel wird im gleichen Elektrolyt geätzt, mit dem auch poliert wurde. Hierzu verbleibt die Probe nach dem Polieren auf der Maske, und die Spannung wird durch Umschalten in einen Bereich zwischen $\approx 0{,}8$ V bis 10 V abgesenkt. Die Ätzzeiten betragen einige Sekunden, mitunter aber auch wenige Minuten. Die Bilder 1.80 und 1.81 zeigen ein durch elektrolytisches Ätzen kontrastiertes Gefüge von einem teilrekristallisierten Transformatorenstahl. Die versetzungsreichen Gebiete sind aufgrund der Potentialdifferenzen gegenüber den bereits rekristallisierten Bereichen dunkel kontrastiert. Außerdem wirken in den rekristallisierten Bereichen die Potentialunterschiede zwischen Korninnerm und Korngrenzengebieten, so daß die Korngrenzen auch mit angeätzt werden.

Metalle und Legierungen, die zur Passivierung neigen, werden häufig nicht in der Zelle,

1. Metallographische Arbeitsverfahren

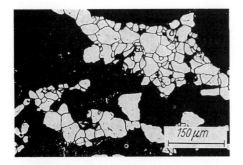

Bild 1.80. Kontrastierung versetzungsreicher Bereiche in Eisen mit 3 % Si durch elektrolytische Ätzung (nach Morris). Fortschreitende Primärrekristallisation nach Kaltwalzen ($\eta = 50\%$) und Glühung bei 710 °C 12 s.
Elektrolyt: CrO_3 in Eisessig; Ätzspannung 10 V; Stromdichte 0,1 bis 0,25 A/cm^2

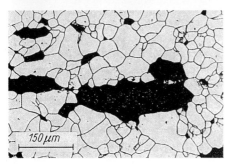

Bild 1.81. Wie Bild 1.80, Glühzeit 48 s

sondern extern geätzt. Dabei wird die Probe anodisch mit der Stromversorgungseinheit verbunden, der Elektrolyt auf die mechanisch oder elektrolytisch polierte Schlifffläche aufgetropft und eine Drahtkatode in den Elektrolyttropfen getaucht.

Es gelingt auch, analog zum Niederschlagsätzen mit geschlossener Deckschicht elektrolytisch einen Metallabtrag mit Oxidschichtbildung zu kombinieren (Anodisieren). Entsprechend den Ausführungen zu der Deckschichtbildung beim elektrolytischen Polieren müssen hierzu die Stromdichten und Spannungswerte im Bereich $B'-C$ der idealisierten Kurve von Bild 1.60 eingestellt werden. Kristallographische Orientierung und chemische Zusammensetzung der Gefügebestandteile bestimmen die lokale Schichtdicke, so daß sie infolge der Interferenz an dünnen Schichten in einem ausgeprägten Farbkontrast erscheinen.

Während des elektrolytischen Ätzens ändert sich das Potential an der Probe undefiniert. Dieser Nachteil ist durch die Konzentrationsänderungen des Elektrolyten und die damit verbundenen Unterschiede in der Strombelastung der Probe bedingt. Die Stromdichte kann aber nicht über die gesamte Ätzzeit hinweg konstant gehalten werden, wodurch sich der Ätzangriff ebenfalls verändert (Bild 1.61, s. Bereich $A'-B'$). Mit Hilfe einer Dreielektrodenanordnung und Anwendung eines Potentiostaten aber läßt sich das elektrolytische Ätzen reproduzierbar machen. Beim potentiostatischen Ätzen wird das sich zwischen Probe und unmittelbar vor der Schlifffläche im Elektrolyten einstellende Potential über eine Kalomel-Vergleichselektrode gemessen und die Potentialänderung als Regelgröße benutzt, um eine vorgegebene Sollspannung zwischen der Probe (Anode) und der Gegenelektrode (Katode) mit Hilfe des Potentiostaten konstant zu halten. Den prinzipiellen Aufbau einer Anlage zum potentiostatischen Ätzen zeigt Bild 1.82. Das Coulometer mißt den durch die Zelle geflossenen Strom und bildet sein Integral über die Zeit. Dieser Wert

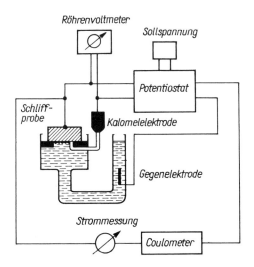

Bild 1.82. Prinzipieller Aufbau einer Anlage zum potentiostatischen (coulometrischen) Ätzen (nach LÜDERING)

entspricht der aufgelösten Metallmenge und stellt somit ein Maß für die Ätztiefe dar (*Maßätzen*).
Die vorzugebende Sollspannung (Potential), bei der sich die Schlifffläche gezielt anätzen läßt, ist bei einem geeigneten Elektrolyten nur noch von der Stromdichte abhängig. Die Beziehungen zwischen Potential und Stromdichte sind dem Stromdichte (i)-Potential (E)-Schaubild zu entnehmen (Bild 1.83). Es enthält die i-E-Kurven für die anodische und katodische Teilreaktion und die meßbare i-E-Kurve für den Gesamtprozeß der Auflösung eines Metalls bzw. einer Phase. Ein charakteristisches Potential ist das Ruhepotential E_r. Bei ihm ist der Teilstrom der anodischen gleich dem der katodischen Reaktion, d. h., das System ist nach außen hin stromlos, es findet kein Ätzangriff statt. Erst beim Anlegen des Arbeitspotentials, welches oberhalb des Ruhepotentials gewählt werden muß, fließt ein Strom, und die Metallauflösung läuft ab. Sind die i-E-Kurven der anzuätzenden Phasen bekannt, dann lassen sich durch die Vorwahl der Arbeitspotentiale bestimmte Phasen bevorzugt anätzen.

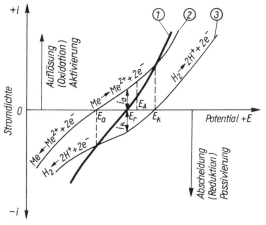

Bild 1.83. Schematisches Stromdichte-Potential-Schaubild für die Metallauflösung
Kurve 1: meßbare i-E-Kurve (Gesamtreaktion)
Kurve 2: i-E-Kurve der anodischen Teilreaktion
Kurve 3: i-E-Kurve der katodischen Teilreaktion
i_a anodische Teilstromdichte, i_k katodische Teilstromdichte, E_r Ruhepotential der Gesamtreaktion, E_a Ruhepotential der anodischen Teilreaktion, E_k Ruhepotential der katodischen Teilreaktion

Liegen beispielsweise im Gefüge zwei Phasen vor und haben ihre positiven (aktiven) Äste der i-Kurve den im Bild 1.84 dargestellten Verlauf, dann wird beim Arbeitspotential E_{A1} nur die Phase *1* angeätzt. Wird als Sollspannung dagegen das Arbeitspotential E_{A2} gewählt, dann werden beide Phasen kontrastiert, aber Phase *1* stärker als Phase *2*, weil in diesem Fall für Phase *1* die Stromdichte höher ist.

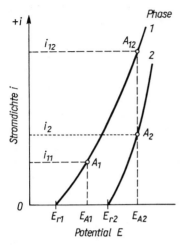

Bild 1.84. Verlauf der aktiven Äste von Stromdichte-Potential-Kurven zweier Phasen (schematisch)
E_{r1}, E_{A1} Ruhe- bzw. Arbeitspotential der Phase *1*, E_{r2} Ruhepotential der Phase *2*, E_{A2} Arbeitspotential zur Kontrastierung beider Phasen (Phase *1* wird stärker als Phase *2* angeätzt), i_{11} Stromdichte am Arbeitspunkt A_1 der Phase *1*, i_2 Stromdichte am Arbeitspunkt A_2, i_{12} Stromdichte am Arbeitspunkt A_{12} der Phase *1*

Das potentiostatische Ätzen ist dann zu empfehlen, wenn mehrphasige Werkstoffe untersucht werden müssen, deren Strukturelemente ähnliche Ätzpotentiale aufweisen. Sie lassen sich durch chemisches Ätzen kaum und durch elektrolytisches Ätzen unsicher kontrastieren. Erfolgreich wurde das Verfahren z. B. für die Gefügekontrastierung leicht passivierbarer hochlegierter Eisenwerkstoffe (rostfreie Stähle, hochlegierter warmfester Stahlguß, Schnellarbeitsstähle), für das Sichtbarmachen von Eisenphosphid und Zementit in Gußeisen und für die separate Kontrastierung gleichzeitig vorliegender Eisennitride und -karbide im Ferrit angewandt. Es können aber auch Silizium- und Phosphorseigerungen in Eisen, Stahl und Gußeisen sowie Gefügeeinzelheiten in Nichteisenmetallen (Cu, Zn und deren Legierungen) mit dem potentiostatischen Ätzen sichtbar gemacht werden. Die Anwendung dieser Ätzmethode setzt, außer einer speziellen Anlage dafür, voraus, daß die Arbeitspotentiale, bei denen die Gefügeeinzelheiten optimal kontrastiert werden und die jeweiligen Elektrolyten bekannt sind. Dies wiederum erfordert die Kenntnis entsprechender i-E-Kurven und deren Aufnahmebedingungen. Der Grund, weshalb sich das potentiostatische Ätzen nur zögernd durchsetzt, ist in der mangelnden Verfügbarkeit der i-E-Kurven für die in den metallischen Werkstoffen vorkommenden Phasen zu suchen.

Im Fall der physikalischen Kontrastierungsmethoden (Bild 1.65) wird die polierte Schlifffläche mit Hilfe physikalischer Vorgänge verändert. Da diese Kontrastierungsmethoden an wenig verfügbare und mitunter aufwendige Apparaturen gebunden sind, haben sie sich in der metallographischen Praxis bisher kaum als Routineverfahren durchgesetzt. In Sonderfällen aber, bei denen die elektrochemischen Kontrastierungsmethoden große Schwierigkeiten bereiten oder überhaupt nicht eingesetzt werden können, ergeben die physikalischen Methoden eine sehr saubere, rückstandsfreie oder definiert beschichtete und gut kontrastierbare Schlifffläche, deren Zustand sicher reproduziert werden kann. Solche

Fälle sind beispielsweise die Kontrastierung von Gefügen, deren Bestandteile zu große Potentialdifferenzen aufweisen (Plattierungen, Beschichtungen), die Kontrastierung von Metall/Keramik-Verbunden, randscharfer Bereiche (Oberflächenschichten) und die Kontrastierung von metallischen Werkstoffen, die schnell passivierende Schichten bilden (Al-Legierungen, hochwarmfeste Legierungen auf Ni- und Co-Basis).

Beim *Ionenätzen* wird die Oberfläche der Schliffprobe im Vakuum senkrecht mit energiereichen Edelgasionen beschossen. Hierbei ist die Probe als Katode gepolt. Die von einer Entladungsspannung zwischen 1 und 10 kV beschleunigten Ionen zerstäuben beim Aufprall auf die Schlifffläche die obersten Materialbereiche (katodische Zerstäubung, katodisches Ätzen). Die Abtragsrate hängt sowohl von Parametern des Ionenstrahls ab (u. a. Ionenenergie, -masse und -stromdichte) als auch von Einflußfaktoren seitens der Schlifffläche (z. B. Oberflächenbeschaffenheit, Atommasse der chemischen Elemente, Kristallstruktur der Phasen und deren Orientierung zur Oberfläche). Es werden Abtragsraten bis zu 0,1 µm/min angegeben. Beim Kontrastieren von Kornstrukturen homogener Gefüge erzeugt das Ionenätzen orientierungsabhängige Mikrorauhigkeiten auf den in der Schliffebene liegenden Kornflächen. Das Mikrorelief liefert bei Hellfeldbeleuchtung einen ähnlichen (mitunter aber noch schärferen) Kontrast wie nach einer reinen Kornflächenätzung mit Abtrag (s. Bild 1.67). In heterogenen Gefügen bewirkt der Ionenbeschuß in Abhängigkeit vom Strukturaufbau unterschiedliche Abtragsraten. Es entsteht dann ein Gefügebild, welches vergleichbar ist mit demjenigen nach üblicher chemischer Ätzung.

Die kinetische Energie aufschlagender Ionen führt nicht nur zu einem Austritt von Atomen aus der Schlifffläche, sondern auch zu einer ausreichend hohen thermischen Energie. Wird diese der Probe durch Erhitzen zugeführt, dann sind die Atome in der Lage, sich an der Probenoberfläche durch Diffusionsvorgänge neu anzuordnen. Ein Teil der Atome kann auch die Oberfläche verlassen (z. B. durch Verdampfen). Finden die Vorgänge im Vakuum oder in einer Inertgasatmosphäre statt, wird vom *thermischen Ätzen* gesprochen. Laufen sie noch unter der zusätzlichen Einwirkung eines Ätzgases ab (z. B. Chlorgas, HCl-Gas, Luft), bezeichnet man das Verfahren als Heißätzen. Letzteres ist veraltet, so daß das thermische Ätzen den Vorrang hat. Durch die Zufuhr der thermischen Energie entstehen im Oberflächenbereich der durch die Schliffebene geschnittenen Korngrenzenflächen grabenartige Vertiefungen, so daß die Kornstruktur derjenigen Phase erscheint, die bei den angewandten Temperaturen thermodynamisch stabil ist. Im Bild 1.85 wird die Kornstruktur des ehemaligen Austenits nach einer Heißätzung und Abkühlung auf Raumtemperatur wiedergegeben. Sie ist vergleichbar mit der Kornstruktur desselben Stahls, wenn dieser ebenfalls bei 1 200 °C 20 h lang im Vakuum thermisch geätzt wäre. Die im Abbild der Schlifffläche nach einem thermischen Ätzen (oder Heißätzen) sichtbaren Kornflächen stellen schwach konvexe Gleichgewichtsflächen minimaler Oberflächenenergie dar (Bild 1.85 oben). Sie entstehen durch die erwähnte Neuverteilung der Atome durch Diffusion im Grenzbereich der Schlifffläche. Dabei verkleinern sich die äußeren Oberflächen der Körner, und die Korngrenzenenergie wird verringert. Auch ist ein Verdampfen einer geringen Atommenge aus den Korngrenzenbereichen nachgewiesen worden. Da Diffusionsprozesse zeit- und temperaturabhängig sind, erscheinen kontrastreiche Gefüge der Hochtemperaturphase erst nach längeren Ätzzeiten (> 0,5 h) und bei Temperaturen, die oberhalb der Hälfte der Schmelztemperatur für die jeweilige Phase liegen. Es muß beachtet werden, daß bei derartigen hohen Temperaturen Gefügeveränderungen eintreten, die nicht nur auf die zu kontrastierende Hochtemperaturphase beschränkt bleiben

1. Metallographische Arbeitsverfahren

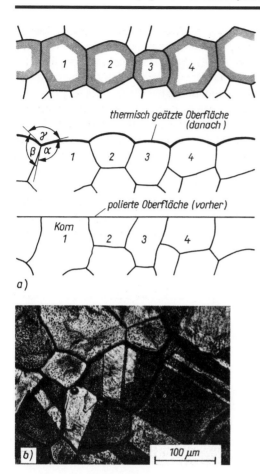

Bild 1.85. Thermisches Ätzen und Heißätzung
a) Erscheinung im Abbild der Schlifffläche (Schnitt senkrecht zur Schlifffläche). Thermisches Ätzen (schematisch); $\alpha = \beta = \gamma = 120°$
b) Stahl mit 0,5 % C, 20 h bei 1 200 °C im Stickstoffstrom erhitzt. Heißätzung. Das Gefüge der nur bei hohen Temperaturen beständigen Austenitphase ist entwickelt worden

(z. B. Kornwachstum, Auflösung oder Ausscheidung von Zweitphasen), sondern auch während der Abkühlung auf Raumtemperatur ablaufen (Phasenumwandlung, Ausscheidung). Ein schnelles Abkühlen von der Ätztemperatur garantiert das Erhaltenbleiben der Gefügeerscheinung zum Abschluß des thermischen Ätzens. Die Vorgänge beim thermischen Ätzen werden besonders in der Hochtemperaturmikroskopie und zur Sichtbarmachung von Austenitkornstrukturen in Stählen ausgenutzt.

Die beim Anlaßätzen oder Anodisieren gebildeten interferenzfähigen Schichten ergeben selten gut reproduzierbare Kontraste. Außerdem besteht bei der chemischen Schichtbildung die Gefahr einer Verfälschung von Gefügedetails. Das physikalische *Aufbringen von Interferenzschichten* durch Aufdampfen und Gasionenätzen verändert weder die Größe noch die Form der kontrastierten Gefügebestandteile.

Beim Aufdampfen wird die polierte Schlifffläche im Vakuum mit Substanzen bedampft, deren Schichten möglichst absorptionsfrei sind (keine Eigenfarbe haben) und hohe Brechzahlen aufweisen. Bei einer Wellenlänge $\lambda = 550$ nm liegen die Brechzahlen (Brechungsindizes) zwischen $n = 1,35$ bis $3,5$. Die Verdampfung erfolgt in widerstandsbeheizten Substanzträgern (Schiffchen oder vertieftes Blech) aus hochschmelzenden Werkstof-

1.3. Präparationstechnik

fen, wie Ta, Mo oder W. Die Probe ist über die Verdampferquelle mit der Schlifffläche zu ihr zeigend positioniert (Bild 1.86). Der Dampf kondensiert an der kalten Schlifffläche, und es entsteht eine homogene, dünne Schicht (20 bis 80 nm) mit möglichst isotropen Eigenschaften und geeigneten optischen Konstanten (Brechzahl n und Absorptionskoeffizient k). Durch Betätigen einer schwenkbaren Blende über der Verdampferquelle läßt sich die Bedampfungszeit variieren. Bei visueller Abschätzung der Schichtdicke wird solange bedampft, bis die Schlifffläche in einem purpurvioletten Farbton erscheint. Zur Erzeugung reproduzierbarer Schichtdicken wird empfohlen, mit einem Schichtdickenmesser auf Schwingquarzbasis zu arbeiten. Als Schichtsubstanzen für stark reflektierende Gefüge haben sich ZnS ($n_{550} = 2{,}39$) und ZnSe ($n_{550} = 2{,}6$) bewährt, für weniger stark reflektierende Gefüge Na$_3$AlFe ($n_{550} = 1{,}35$) oder ThF$_4$ ($n_{550} = 1{,}52$).

Das *Gasionenätzen*, eine weitere Methode zum Aufbringen interferenzfähiger Schichten auf polierte Schliffflächen, wird in einer Gasionenkammer durchgeführt (Bild 1.87). Über ein Hochspannungsnetzgerät wird an die Katode eine negative Gleichspannung von 1 bis

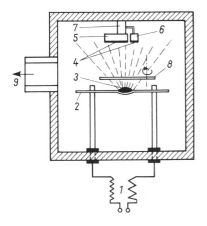

Bild 1.86. Schema einer Bedampfungsanlage (modifiziert nach BÜHLER und HOUGARDY)
1 Stromquelle, *2* Verdampferblech (Mo, Ta, W), *3* Schichtwerkstoff, *4* aufgedampfte Schicht, *5* Probe, *6* Schwingquarz zur Schichtdickenmessung, *7* Halterung für Probe und Schwingquarz, *8* einschwenkbare Blende, *9* Vakuumpumpe

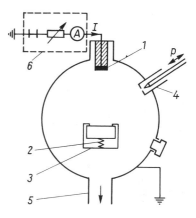

Bild 1.87. Schema einer Kammer zum Gasionenätzen (BARTZ-Kammer)
1 Katode, *2* Probe, *3* schwenkbarer Probenhalter, *4* Nadelventil zur Einstellung des Arbeitsgaspartialdrucks p, *5* Anschlußstutzen zur Vakuumpumpe, *6* Hochspannungsnetzgerät

2 kV angelegt. Der Katode gegenüber befindet sich die anodisch geschaltete Probe. Probenhalter und Kammergehäuse sind geerdet. Die Kammer wird bis auf einen Restdruck von ≈ 10 Pa evakuiert. Wird die Hochspannung angelegt, dann findet eine Glimmentladung statt, und die dabei aus dem Restgas (Edelgas) entstehenden Ionen zerstäuben den Katodenwerkstoff (Sputter). Die aus der Katode herausgeschlagenen Atome setzen sich auf die Schlifffläche ab und bilden die Interferenzschicht. Reagieren die freigesetzten Atome des Katodenwerkstoffs mit einem Reaktionsgas (z. B. Luft oder Sauerstoff), dessen Partialdruck über ein Nadelventil geregelt wird, dann besteht die Schicht aus Reaktions-

produktionsprodukten, meist Oxiden (reaktives Sputtern). Für das Aufbringen von Schichten auf metallischen Werkstoffen durch Gasionenätzen haben sich Katoden aus Eisen im Verein mit Sauerstoff als Reaktionsgas bewährt. Zur mikroskopischen Kontrolle des Beschichtungsvorgangs läßt sich die Probe in der Kammer um 90° schwenken und befindet sich dann senkrecht zur optischen Achse eines Auflichtmikroskops.

Die kontrastierende Wirkung einer interferenzfähigen Schicht wurde bereits erläutert. Durch das Aufbringen von Interferenzschichten wurden beispielsweise kontrastiert: In Eisenlegierungen und Stählen Karbide unterschiedlicher chemischer Zusammensetzung, verschiedene Einschlußtypen und intermetallische Verbindungen, die unterschiedlichen Phasen in Hartmetallen, in hochwarmfesten Legierungen auf Fe-, Ni- oder Co-Basis, in Cu- und Al-Legierungen sowie in Legierungen aus weiteren Nichteisenmetallen und der Gefügeaufbau von Oberflächenschichten sowie Metall/Keramik-Verbunden.

Die Vielfalt der Kontrastierungsmethoden zwingt zu ihrer Bewertung, besonders im Hinblick auf ihren Einsatz für eine Kontrastierung solcher Gefüge, die quantitativ charakterisiert werden sollen. Wesentliche Bewertungskriterien sind Art und Reproduzierbarkeit des mit der jeweiligen Methode erreichten Kontrasts, mögliche Gefügeverfälschungen bei der Kontrastierung und Universalität in der Anwendung der Methode. Wird vorausgesetzt, daß die im Bild 1.65 aufgeführten optischen Kontrastierverfahren mit einer modernen mikroskopischen Ausrüstung realisiert werden können, dann ergibt die Bewertung der schliffflächenverändernden Methoden folgendes Ergebnis:

Das potentiostatische Ätzen, das Ionenätzen und das Aufbringen von Interferenzschichten liefern die besten Ergebnisse bezüglich der o.g. Bewertungskriterien. Sie werden künftig eine breitere Anwendung als bisher erfahren, aber in naher Zukunft das chemische (klassische) Ätzen in seiner Dominanz noch nicht einschränken. Seine Dominanz begründet sich auf die Einfachheit (z. B. einer Tauchätzung), auf den Einsatz von nicht allzu großem Fachwissen für die Durchführung der Ätzung und auf die Publikation zahlreicher Rezepturen und Arbeitsweisen in den Handbüchern des metallographischen Ätzens.

Eine weitere moderne Gefügeentwicklungsmethode arbeitet mit radioaktiven Indikatoren und wird so gehandhabt, daß die Untersuchungsprobe entweder mit Teilchenstrahlung (Neutronenstrahlen) bombardiert wird, wodurch gewisse Legierungselemente radioaktiv, d. h. strahlungsaussendend werden, oder man legiert der Probe Spuren eines radioaktiven Elements (α- und β-Strahler) zu. Danach wird die Probe geschliffen, poliert und gegen die Schicht von besonders hergestelltem äußerst feinkörnigem Film gepreßt. Die von den Strahlen getroffenen Filmteile werden belichtet und geben nach dem Entwickeln und Fixieren die Lage der an radioaktiven Atomen angereicherten Gefügestellen wieder.

Bild 1.88 zeigt das dendritische Gefüge von Reinstaluminium, dem eine Spur von radioaktivem Ruthenium zulegiert ist, nach Ätzen mit Königswasser und Flußsäure. Bild 1.89 gibt die gleiche Stelle wieder, wobei die lediglich polierte Probe gegen einen lichtempfindlichen Film gedrückt worden ist. Deutlich sind die Rutheniumanreicherungen an den Begrenzungen der Dendriten durch die stärkere Schwärzung zu erkennen.

Bild 1.90 zeigt in üblicher Weise mit dem Dreisäuregemisch ($HCl + HF + HNO_3$) geätztes Aluminium von 99,99 % Reinheitsgrad. Durch Neutronenbestrahlung werden die Verunreinigungen des Reinaluminiums, hauptsächlich Eisen und Silizium, radioaktiv und schwärzen die aufgepreßte Photoschicht (Bild 1.91). Mit Hilfe dieser sog. *Autoradiographien* lassen sich zahlreiche metallographische Vorgänge, wie z.B. der Konzentrationsaus-

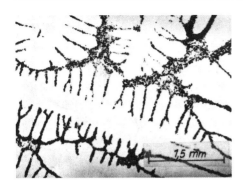

Bild 1.88. Gußgefüge von Reinstaluminium mit einer Spur von radioaktivem Ruthenium. Geätzt mit Königswasser und HF

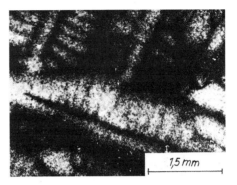

Bild 1.89. Autoradiographie von gegossenem Reinstaluminium mit einer Spur von radioaktivem Ruthenium (gleiche Stelle wie Bild 1.88)

Bild 1.90. Aluminium 99,99. Geätzt mit Dreisäuregemisch HCl+HF+HNO$_3$

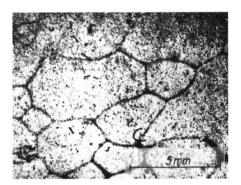

Bild 1.91. Autoradiographie von Aluminium 99,99, das durch Bestrahlung aktiviert wurde (gleiche Stelle wie Bild 1.90)

gleich beim Homogenisierungsglühen, genau verfolgen. Diese Methode befindet sich aber erst im Anfangsstadium ihrer Entwicklung.

Ein weiteres neues Gefügeentwicklungsverfahren, die Mikroradiographie, nutzt die unterschiedliche Schwächung von Röntgenstrahlen durch die in einer Legierung enthaltenen Gefügebestandteile aus. Läßt man Röntgenstrahlen der Intensität J_0 durch eine Metallschicht von D mm Dicke hindurchtreten, so sinkt die Strahlungsintensität nach folgender Gleichung ab:

$$J = J_0 e^{-\mu D} \tag{1.46}$$

Die Größe μ bezeichnet man als Schwächungskoeffizient. μ hängt ab von der Wellenlänge der verwendeten Strahlung sowie von der chemischen Zusammensetzung und Dichte des durchstrahlten Stoffes. In Tabelle 1.19 sind einige Werte angeführt.

Je größer der Schwächungskoeffizient μ ist, um so stärker werden die Röntgenstrahlen absorbiert, und um so schwächer ist infolgedessen ihre Einwirkung auf dem hinter der durchstrahlten Fläche befindlichen Fotopapier.

1. Metallographische Arbeitsverfahren

Tabelle 1.19. Massenschwächungskoeffizienten μ/ϱ (in cm^2/g) einiger Elemente (nach GLOCKER)

Wellenlänge [nm]	Al	Fe	Cu	Zn	Pb
0,022	0,31	1,40	2,0	2,3	5,9
0,030	0,55	3,30	4,5	5,1	13,6
0,040	1,11	7,25	10,2	11,6	31,8
0,100	14,2	102	133	152	77
0,154	48,5	330	50	59	230
0,193	94	71	99	115	420

Bei der Mikroradiographie wird eine dünne Scheibe der Versuchsprobe (0,01 bis 1 mm dick) gegen die Emulsion einer fotografischen Spezialfeinstkornplatte gedrückt und Röntgenlicht durch die Probe auf die Fotoplatte zur Einwirkung gebracht. Die einzelnen Gefügebestandteile absorbieren die Strahlung je nach ihrem Schwächungskoeffizienten mehr oder weniger stark und unterscheiden sich deshalb auf der entwickelten Platte voneinander. Je nach der Feinkörnigkeit der verwendeten lichtempfindlichen Emulsion kann die erhaltene Mikroradiographie bis zu 200mal nachvergrößert werden, und man erhält ähnliche Gefügebilder wie bei den normalen polierten und geätzten Schliffen.

Im Bild 1.92 ist eine Mikroradiographie einer Aluminium-Chrom-Legierung dargestellt. Aluminium bildet mit Chrom die Verbindung Al_7Cr, die in Nadelform kristallisiert. Da bei der verwendeten Kupferstrahlung der Schwächungskoeffizient μ von Chrom viel größer ist als der von Aluminium, werden die Röntgenstrahlen beim Durchdringen der Al_7Cr-Kristalle mehr geschwächt als von der Aluminiumgrundmasse und heben sich deshalb vom dunkleren Untergrund ab. Es ist deutlich zu erkennen, daß die Al_7Cr-Nadeln am Rand des Gußblöckchens angereichert sind, während der Kern praktisch frei von Nadeln ist. Bild 1.93 zeigt die Mikroradiographie einer Legierung aus Aluminium mit 2% Fe. Die hell erscheinenden Al_3Fe-Kristalle strahlen von der Probenoberfläche in das Probeninnere ein. Die dunklen Flecken bestehen aus Mikrolunkern und Gasporen.

Die Übersichtlichkeit der Aufnahmen nimmt mit abnehmender Probendicke zu. Durch

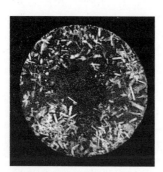

Bild 1.92. Mikroradiographie von Aluminium mit 5% Cr. Kupferstrahlung. Helle Nadeln aus Al_7Cr in der Aluminiumgrundmasse

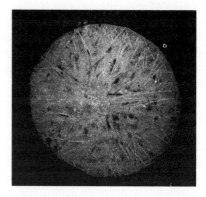

Bild 1.93. Mikroradiographie von Aluminium mit 2% Fe. Molybdänstrahlung. Helle Nadeln aus Al_3Fe in der Aluminiumgrundmasse

Bestrahlung aus verschiedenen Richtungen und Vergleich der erhaltenen Bilder gelingt es in günstig gelagerten Fällen, sich eine Vorstellung von der räumlichen Anordnung der Gefügebestandteile zu machen (stereographische Gefügeuntersuchung).

1.4. Gefügebewertung

Gefügebewertung ist ein Sammelbegriff für eine Vielzahl von Methoden, die wichtig für die Untersuchung des Zusammenhangs zwischen den Herstellungsbedingungen und den Werkstoffeigenschaften sind. Merkmale der Gefügeausbildung werden zur Normung von Werkstoffen herangezogen, und Methoden der Gefügebewertung sind seit langem Bestandteil der Werkstofforschung, der Werkstoffprüfung und der Produktionsüberwachung.

Unter Bewertung der Gefügeausbildung ist vor allem die Beschreibung der Geometrie von Gefügebestandteilen zu verstehen. Es ist naheliegend, geometrische Merkmale zu messen. Ausgegangen wird dabei von einer optischen Abbildung des Gefüges. Die Gefügebewertung ist somit ein Teilgebiet der Metallographie. Man spricht von quantitativer Gefügeanalyse oder quantitativer Metallographie.

Zu den Grundlagen der quantitativen Metallographie gehören:

- die *Bildanalyse*, d. h. die Analyse von Abbildungen ebener Anschliffe von Gefügen. Zunehmende Bedeutung hat die digitale Bildverarbeitung. Zuvor digitalisierte Bilder werden durch spezielle Rechner verarbeitet.
- die *Stereologie*, d. h. die Ermittlung geometrischer Parameter des räumlichen Gefüges aus Meßwerten, die am ebenen Anschliff gewonnen wurden.
- die *stochastische Geometrie*, durch die vor allem mathematische Modelle zur Behandlung von Problemen der Bildanalyse und der Stereologie bereitgestellt werden.

Bei der quantitativen Gefügeanalyse wird vorausgesetzt, daß die Gefügebestandteile eindeutig identifiziert sind. Weiterhin wird in diesem Abschnitt im wesentlichen davon ausgegangen, daß das Gefüge isometrisch ist. Das bedeutet, daß die Lage des ebenen Anschliffs in der Probe und die Lage des zu analysierenden Bildausschnitts in der Schlifffläche bei der Anwendung der Methoden nicht berücksichtigt werden müssen. Die Beschreibung nicht isometrischer Gefüge, bei denen die Lage des Anschliffs zu den Orientierungsrichtungen des Gefüges (z. B. Walzrichtung) beachtet werden muß, ist komplizierter.

Eine umfassende Charakterisierung von Gefügebestandteilen beinhaltet die Beschreibung der Größe, der Form und der Verteilung. Eine Vielzahl von Richtreihen sind so aufgebaut. Bei genauerer Betrachtung ist jedoch festzustellen, daß diese Begriffe nicht ausreichend spezifiziert sind. Besonders dann, wenn geometrische Parameter gemessen werden sollen, ist man auf eine genaue Definition des Parameters angewiesen. Ein empirisches Herangehen, das in der Metallographie bevorzugt wird, hat eine große Anzahl von Definitionen und Begriffen in der quantitativen Metallographie zur Folge. In den nächsten Abschnitten wird versucht, einige international gebräuchliche Begriffe einzuführen, wobei besonderes Augenmerk auf eine Systematik gelegt wird.

1.4.1. Allgemeine geometrische Parameter von Gefügebestandteilen

Der wichtigste Parameter eines Gefügebestandteils ist aus metallkundlicher Sicht sicher der Anteil eines Gefügebestandteils am Gesamtvolumen oder kurz der *Volumenanteil* V_V. Der Volumenanteil ist dimensionslos; häufig wird er in Prozent angegeben.
Ein weiterer sehr wichtiger Parameter ist die Größe von Grenzflächen, insbesondere von Korngrenzen oder Phasengrenzen. Ein Maß für die Größe einer Grenzfläche ist die *spezifische Grenzfläche* S_V, d.h. die mittlere Größe der Grenzfläche in einer Einheit des Probenvolumens. Je nach der Art der Grenzfläche wird z.B. von spezifischer Korngrenzfläche oder spezifischer Phasengrenzfläche gesprochen. Es ist üblich, die spezifische Grenzfläche in der Dimension mm^2/mm^3 anzugeben.
Neben diesen beiden sehr gebräuchlichen Parametern wird oft noch ein Krümmungsmaß für die Grenzfläche bestimmt, das im engen Zusammenhang mit der im ebenen Anschliff sichtbaren Teilchenanzahl steht. Teilchen können im Anschliff jedoch nur gezählt werden, wenn der ebene Anschnitt des Gefügebestandteils tatsächlich aus einzelnen isolierten Teilchen besteht. Es ist aber oft nicht möglich, ein praktikables Kriterium vorzugeben, nach dem ein Gefügebestandteil in einzelne isolierte Teilchen zerlegt werden kann. Andererseits ist die Anzahl der Teilchen pro Flächeneinheit kein Parameter des räumlichen Gefüges. Diese Einschränkungen sind die Begründung für die Definition eines Gefügeparameters, der im folgenden *Integral der mittleren Krümmung pro Volumeneinheit* genannt werden soll und mit M_V bezeichnet wird.
Zur Erläuterung dieses Begriffs soll ein Flächenelement der Grenzfläche betrachtet werden (Bild 1.94). Die Krümmung der Grenzfläche in diesem Flächenelement ist definiert als der Kehrwert des Radius des Krümmungskreises, der an das Flächenelement gelegt

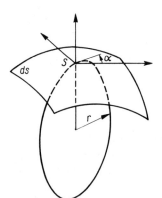

Bild 1.94. Schematische Darstellung zur Erläuterung von M_V und K_V

$$M_V = \frac{1}{V} \int_S \frac{1}{2}\left(\frac{1}{r_1} + \frac{1}{r_2}\right) ds$$

$$K_V = \frac{1}{V} \int_S \frac{1}{r_1 \cdot r_2} ds$$

$r_1 = \min r(\alpha)$
$r_2 = \max r(\alpha)$

werden kann. Der Radius des Krümmungskreises ändert sich im allgemeinen, wenn die Ebene, in der der Krümmungskreis liegt, um die Grenzflächennormale gedreht wird. Damit ändert sich die Krümmung. Die mittlere Krümmung für ein Flächenelement ist definiert als Mittel aus dem Maximum und dem Minimum dieser Krümmungen. Summiert man die Krümmung über alle Flächenelemente der Grenzfläche, erhält man das Integral der mittleren Krümmung, und bezieht man es auf die Einheit des Probenvolumens, so wird das Integral der mittleren Krümmung je Volumeneinheit M_V erhalten.

1.4. Gefügebewertung

M_V ist ein Parameter des räumlichen Gefüges, und im Fall, daß der zu untersuchende Gefügebestandteil aus einzelnen isolierten Teilchen besteht, ist M_V proportional zur Anzahl der Teilchen pro Flächeneinheit des ebenen Anschliffs. Die geometrische Dimension von M_V ist mm/mm³ bzw. mm^{-2} wie bei der Teilchenzahl pro Flächeneinheit.

M_V ist ein Maß für die Dispersität eines Gefügebestandteils. Je größer M_V ist, um so größer ist der Anteil konvexer Teile der Grenzfläche. Häufig wird das Verhältnis M_V/S_V angegeben.

Aus der Sicht der stochastischen Geometrie werden die drei Parameter V_V, S_V und M_V zu einer Gruppe von Parametern zusammengefaßt, zu der noch die Anzahl der Teilchen pro Volumeneinheit N_V gehört. N_V kann allerdings mit lichtoptischen Mitteln nur in wenigen Ausnahmefällen bestimmt werden.

Mit den Parametern V_V, S_V und M_V läßt sich die Geometrie von Gefügebestandteilen weitgehend charakterisieren. Die in den Bildern 1.95 und 1.96 gezeigten Gefüge von Kohlenstoffstählen unterscheiden sich vor allem im Volumenanteil V_V des Perlits. Bei den beiden Gußgefügen (Bilder 1.97 und 1.98) ist der Volumenanteil V_V des Graphits etwa gleich groß. Kugelgraphit hat aber eine wesentlich kleinere Phasengrenzfläche als Lamellengraphit. Wichtigstes Unterscheidungsmerkmal für die Ausbildung des Zementits im

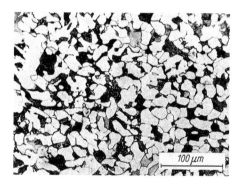

Bild 1.95. Kohlenstoffstahl C45, ferritisch-perlitisches Gefüge. Geätzt mit HNO₃

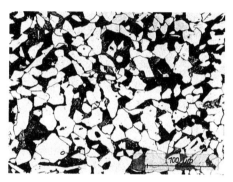

Bild 1.96. Kohlenstoffstahl C60, ferritisch-perlitisches Gefüge. Geätzt mit HNO₃

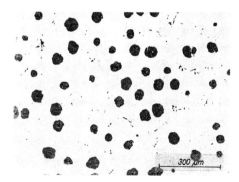

Bild 1.97. Gußeisen mit Kugelgraphit (GGG). Ungeätzt

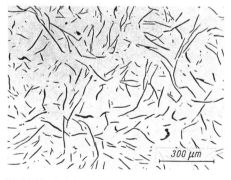

Bild 1.98. Gußeisen mit Lamellengraphit. Ungeätzt

Perlit (Bild 1.99) und im Weichglühgefüge (Bild 1.100) ist die Größe des Integrals der mittleren Krümmung. Das Verhältnis von M_V/S_V ist bei Perlit gleich Null, beim Weichglühgefüge ist M_V/S_V ungewöhnlich groß.

Über die Grundparameter hinaus sind in der quantitativen Metallographie noch eine Vielzahl von Parametern zur Gefügebeschreibung gebräuchlich, die aber oft mit den Grundparametern im engen Zusammenhang stehen und sich sogar direkt daraus berechnen lassen. Diese Parameter sind meist für spezielle Anwendungen anschaulicher, oder sie werden aus traditionellen Gründen noch benutzt. Ein typisches Beispiel ist die *Korngröße*, die je nach Definition mit S_V oder M_V, manchmal sogar mit N_V in Zusammenhang steht. Der Begriff Korngröße hat also inhaltlich verschiedene Bedeutungen. Das ist bei Angaben der Korngröße zu beachten. Auch einige andere zur Gefügebeschreibung verwendete Begriffe sind nicht eindeutig.

 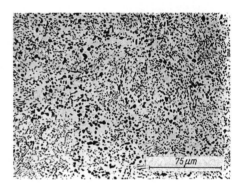

Bild 1.99. Kohlenstoffstahl ClOO (Perlit). Geätzt mit HNO₃

Bild 1.100. Kohlenstoffstahl (Weichglühgefüge)

Es gibt eine Vielzahl von Versuchen, Relationen zwischen den Grundparametern und den Werkstoffeigenschaften bzw. den Herstellungsbedingungen herzustellen. Diese Versuche haben meist empirischen Charakter. Metallkundlich begründete Ansätze sind selten. Sicher ist die sogenannte HALL-PETCH-Beziehung, die einen Zusammenhang zwischen der Größe der Korngrenzfläche einphasiger Werkstoffe und der Streckgrenze des Werkstoffs darstellt, die bekannteste Beziehung dieser Art. Demnach ist die Streckgrenze proportional zur Wurzel aus der spezifischen Korngrenzfläche. In der Literatur sind eine Reihe von Modifikationen der HALL-PETCH-Beziehung zu finden (z. B. Beziehungen zwischen der Größe der Korngrenzfläche und der Brinellhärte oder zwischen der Größe der Phasengrenzfläche von Bestandteilen mehrphasiger Gefüge und der Zugfestigkeit; vgl. Bild 1.101). Untersucht wurden auch Beziehungen zwischen den Grundparametern und der elektrischen Leitfähigkeit bzw. der Koerzitivfeldstärke.

1.4.2. Stereologische Methoden

Gewöhnlich werden die Messungen in ebenen Meßfeldern (Rechtecken) durchgeführt. Da das sehr aufwendig sein kann (insbesondere wenn die entsprechende Gerätetechnik nicht zur Verfügung steht), werden Messungen häufig auch auf Meßlinien oder in Punkte-

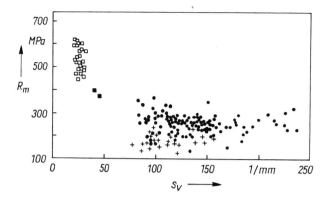

Bild 1.101. Zusammenhang zwischen Zugfestigkeit und spezifischer Phasengrenzfläche bei Gußeisenlegierungen
□ GGG, ■ GGV, * GGL ($S_C < 1$),
+ GGL ($S_C > 1$)

rastern durchgeführt. Es wird dann von einem flächenhaften, linienhaften bzw. punktförmigen Meßfeld gesprochen. Der Dimension des Meßfelds entsprechend gliedern sich die stereologischen Methoden in Flächenanalyse, Linearanalyse und Punktanalyse.

Mit der *Flächenanalyse* können zur Bestimmung der Grundparameter drei Größen gemessen werden:

- Flächenanteil A_A,
  wird bestimmt als Quotient der gesamten Fläche eines Gefügebestandteils im Meßfeld und der Fläche des Meßfelds. Dazu ist es notwendig, zu planimetrieren.

- spezifische Linienlänge L_A
  wird bestimmt als Quotient der gesamten Länge der durch die Schliffebene geschnittenen Grenzflächen und der Fläche des Meßfelds. Die im ebenen Anschliff sichtbaren Grenzlinien können z. B. mit einem Kurvimeter abgefahren werden.

- Teilchenanzahl pro Flächeneinheit N_A,
  wird bestimmt als Quotient aus der Anzahl der Teilchen im Meßfeld und der Fläche des Meßfelds.

Bei der Teilchenzählung können noch sogenannte Bildrandfehler auftreten. Zählt man nämlich alle Teilchen in einem Meßfeld, auch die vom Rand des Meßfelds angeschnittenen, dann wird N_A überschätzt. Zählt man nur die, die vollständig im Meßfeld liegen, wird N_A unterschätzt. Zur Vermeidung dieser Fehler werden verschiedene Techniken verwendet.
Für einphasige polyedrische Gefüge gilt z. B.

$$N = N' - \frac{P}{2} - 1, \tag{1.47}$$

wobei N' die Gesamtzahl der Teilchen im Meßfeld und P die Anzahl der Schnittpunkte der Korngrenzen mit dem Rand des Meßfelds ist. Die Berechnung von N_A aus N liefert dann im statistischen Mittel exakte Werte. Die Form des Meßfelds spielt dabei keine Rolle. Für das Beispiel im Bild 1.102 ist $N' = 16$ und $P = 12$. Daraus errechnet sich $N = 9$.

Noch einfacher ist die Zählung aller Teilchen, von denen ein markanter Punkt – z. B. der in der Abbildung am weitesten unten liegende Punkt – im Meßfeld liegt. Im Bild 1.104

sind das gerade 9 Teilchen. Diese Methode läßt sich auch zur Zählung von Körnern oder Teilchen im Anschliff von mehrphasigen Gefügen verwenden (z. B. zur Zählung von Einschlüssen und Ausscheidungen).

Bei Gefügebestandteilen mit einem hohen Volumenanteil sind die Verhältnisse topologisch komplizierter. Der Gefügebestandteil besteht dann nicht mehr aus isolierten Teilchen, die von der Matrix umgeben sind. In diesem Fall wird die Anzahl der Tangenten an die Grenzfläche des Gefügebestandteils gezählt (Bild 1.103). Die Normalenrichtung der Tangenten wird fest vorgegeben. Außerdem wird zwischen den Tangenten an konvexe Teile der Grenzlinie und Tangenten an konkave Teile der Grenzlinie unterschieden. N ist dann die Differenz zwischen der Anzahl der Tangenten an die konvexen und konkaven Teile der Grenzlinie ($N = N^+ - N^-$). Im Bild 1.103 wird die Bestimmung von N^+ und N^- demonstriert.

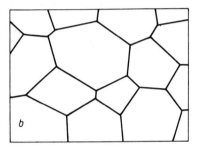

Bild 1.102. Schematische Darstellung eines einphasigen Gefüges

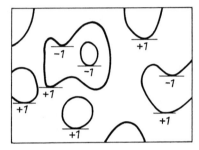

Bild 1.103. Schematische Darstellung zur Erläuterung der Messung von N^+ und N^-

Bei ferritisch-austenitischen Gefügen besteht oft weder die ferritische noch die austenitische Phase aus einzelnen isolierten Teilchen. Eine Teilchenzählung ist dann unmöglich. Es läßt sich aber N auf dem hier beschriebenen Weg bestimmen. Für das Gefüge im Bild 1.104 ist N mit einem digitalen Bildanalysegerät bestimmt worden (N(Ferrit) = $-N$(Austenit) = 635, $N_A = 14\,500\text{ mm}^{-2}$).

Bild 1.104. Ferritisch-austenitisches Gefüge (Mikroduplexgefüge). Elektrolytisch poliert; geätzt nach BERAHA

1.4. Gefügebewertung

Mit der *Linearanalyse* können zur Bestimmung der Grundparameter zwei Größen gemessen werden:

- Linearanteil L_L,
  d. h. der Quotient aus der Gesamtlänge der Schnittsehnen durch einen Gefügebestandteil und der Länge der Meßlinie. Die Sehnenlängen werden einzeln vermessen und summiert (Bild 1.105).
- Punkteanzahl je Längeneinheit P_L,
  d. h. der Quotient aus der Anzahl der Schnittpunkte von Grenzflächen mit der Meßlinie und der Länge der Meßlinien (Bild 1.106).

Die Art der Meßlinie spielt bei den Methoden keine Rolle. Zweckmäßig sind aber Strecken und Kreislinien. Meßstrecken werden zur Messung von L_L und für orientierte Gefüge auch zur Bestimmung von P_L verwendet. Kreislinien können für isometrische Gefüge zur Messung von P_L verwendet werden.

Mit der *Punktanalyse* kann zur Bestimmung der Grundparameter nur eine Größe gemessen werden:

- Punktanteil P_P,
  das ist die Anzahl der Punkte eines Punkterasters, die in den zu untersuchenden Gefügebestandteil fallen, bezogen auf die Gesamtpunktzahl des Rasters (Bild 1.107).

Bei der Messung der Größen mit diesen Methoden sind insbesondere statistische Fehler zu berücksichtigen. Diese sind besonders groß, wenn das Gefüge sehr inhomogen ist. In diesem Fall sind die Messungen ausreichend oft an verschiedenen Stellen des Anschliffs

Bild 1.105. Schematische Darstellung zur Erläuterung der Messung von L_L

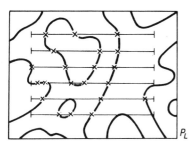

Bild 1.106. Schematische Darstellung zur Erläuterung der Messung von P_L

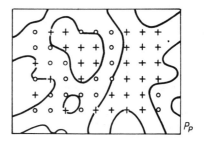

Bild 1.107. Schematische Darstellung zur Erläuterung der Punktanalyse

zu wiederholen. Die Gesamtfläche der Meßfelder, die Gesamtlinienlänge oder die Gesamtzahl der Rasterpunkte wird dabei entsprechend groß.
Aus den gemessenen Größen können die Grundparameter durch folgende einfachen Gleichungen berechnet werden:

Grundparameter	Flächenanalyse	Linearanalyse	Punkteanalyse	Dimension

$$V_V = A_A = L_L = P_P \quad [-] \tag{1.48}$$

$$S_V = \frac{4}{\pi} L_A = 2 P_L \quad [\text{mm}^{-1}] \tag{1.49}$$

$$M_V = 2\pi N_A \quad [\text{mm}^{-2}] \tag{1.50}$$

$$N_V \quad [\text{mm}^{-3}] \tag{1.51}$$

Aus dem Schema geht hervor, daß durch eine Flächenanalyse die meisten Parameter gewonnen werden können. Durch die Linearanalyse (bzw. durch die Punktanalyse) werden die Messungen allerdings bequemer. Während zur Bestimmung des Volumenanteils bei der Flächenanalyse noch planimetriert werden muß, kommt man bei der Linearanalyse schon durch das Messen von Intervallängen und bei der Punktanalyse durch das Zählen von Punkten zu entsprechenden Ergebnissen.
N_V kann durch die hier genannten einfachen Methoden nicht bestimmt werden.
Gleichung (1.48) hat allgemeine Gültigkeit, während die Gleichungen (1.49) und (1.50) nur für isometrische Gefüge gelten. Bei nicht isometrischen Gefügen sind P_L und N_A stark von der Lage der Meßlinie bzw. des Meßfelds zur Hauptorientierungsrichtung (i. allg. Walzrichtung) des Gefüges abhängig. S_V und M_V können dann nur noch näherungsweise bestimmt werden. Außerdem sind im allgemeinen Messungen an mindestens zwei Schliffflächen erforderlich, die zweckmäßigerweise senkrecht aufeinander stehen sollten (Längs- und Querschliff). Für nicht isometrische Gefüge wurde von SALTYKOW die Gleichung (1.49) modifiziert.

$$S_V = \left(2 - \frac{\pi}{2}\right) P_L'' + \left(\frac{\pi}{2} - 1\right) P_L' + P_L^\perp, \tag{1.52}$$

wobei P_L'', P_L' und $P_L^\perp$ die in verschiedenen Raumrichtungen gemessenen Schnittpunktzahlen pro Linienlänge sind (vgl. Bild 1.108). P_L'' wird am Längsschliff gemessen, P_L' wird am Querschliff gemessen, und $P_L^\perp$ kann an beiden Schliffen gemessen werden.
Bei nicht isometrischen Gefügen kann M_V durch die Beziehung

$$M_V \approx \frac{\pi}{3} \left(2 + \frac{P_L''}{P_L^\perp}\right) N_A'' + \left(2 + \frac{P_L'}{P_L^\perp}\right) N_A' \tag{1.53}$$

näherungsweise bestimmt werden, wobei N_A' und N_A'' am Längs- bzw. Querschliff zu bestimmen sind.
Bild 1.109 zeigt einen Längsschliff durch einen Draht aus ferritischem Stahl. Bei Drähten kann angenommen werden, daß $P_L^\perp = P_L'$. Zur Bestimmung von S_V ist damit eine Messung am Längsschliff ausreichend. Im speziellen Fall ist $P_L'' = 29 \text{ mm}^{-1}$ und $P_L^\perp$

1.4. *Gefügebewertung* 135

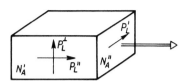

Bild 1.108. Schematische Darstellung zur Erläuterung von P'_L, P''_L, P_L, N'_A und N''_A

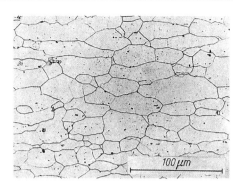

Bild 1.109. Ferritischer Stahl (orientiert, Längsschliff). Elektrolytisch geätzt

= 88,5 mm^{-1}. Mit Gleichung (1.52) erhält man eine spezifische Korngrenzfläche von 151 mm²/mm³. Auch in einigen anderen Fällen genügt zur Bestimmung von S_V die Auswertung eines Anschliffs (z. B. gestauchte Proben).

1.4.3. Mittlere Korngröße, mittlere Lamellendicke, Versetzungsdichte

Diese Parameter stehen mit den Grundparametern in enger Beziehung. Sie lassen sich direkt aus V_V, S_V, M_V und N_V berechnen. Das bedeutet z.B., daß die hier behandelten Methoden direkt zur Bestimmung dieser Parameter übernommen werden können. Die Einführung dieser Begriffe hat daher nur formalen Charakter. Inhaltlich liefern sie keine über die Grundparameter hinausgehenden Informationen über das Gefüge. Wegen ihrer großen Bedeutung in der Metallographie wird aber auf diese Begriffe im folgenden näher eingegangen.
Die *Korngröße* ist der wichtigste Parameter zur Beschreibung einphasiger polyedrischer Gefüge. Es gibt aber Unsicherheiten im Gebrauch dieses Begriffs, die daher rühren, daß mindestens drei verschiedene Definitionen der mittleren Korngröße in der Metallographie gebräuchlich sind.
Die erste Definition geht auf die Anwendung des Linienschnittverfahrens (Linearanalyse) zurück. Beim Schnitt einer Meßstrecke mit den Grenzlinien eines polyedrischen Gefüges entstehen Schnittsehnen. Die Korngröße ist in diesem Fall definiert als Mittelwert der Schnittsehnen. Dieser Mittelwert – die sogenannte mittlere Sehnenlänge – ist der Kehrwert von P_L. Es gilt daher

$$\bar{L} = \frac{2}{S_V} \qquad (1.54)$$

d.h., die mittlere lineare Korngröße $\bar{L}$ ist umgekehrt proportional zur spezifischen Korngrenzfläche S_V.
Bei der zweiten Definition wird vom ebenen Anschliff ausgegangen (Flächenanalyse). In diesem Fall wird die Korngröße definiert als Mittelwert $\bar{A}$ der im ebenen Anschliff sicht-

baren Kornflächen. Der Kehrwert dieser mittleren Korngröße ist gleich N_A ($N_A = 1/\bar{A}$), und damit ist diese mittlere Korngröße umgekehrt proportional zum Grundparameter M_V. Diese Definition der Korngröße ist z.B. die Grundlage für die Bestimmung der Korngröße nach der ASTM-Norm. Die Richtreihennummer n für die Korngröße ist nach der ASTM-Norm festgelegt durch

$$N_A = 2^{(n+2{,}9542)} \text{ [mm}^{-2}\text{]} \quad (1.55)$$

oder

$$M_V = 2^{(n+0{,}3027)} \text{ [mm}^{-2}\text{]} \quad (1.56)$$

Die Definitionen der mittleren Korngröße unterscheiden sich wesentlich. Es ist z. B. denkbar, daß zwei Gefüge die gleiche mittlere Korngröße $\bar{L}$ haben, obwohl sich die mittleren Kornflächen $\bar{A}$ und damit die ASTM-Korngrößennummern unterscheiden. Häufig korrelieren aber beide Korngrößen miteinander. Ist das Gefüge besonders gleichmäßig, wie im Bild 1.110, kann sogar eine mathematische Beziehung zwischen S_V und M_V angegeben werden. Nach MILES gilt für sogenannte VORONOI-Mosaike

$$M_V = 1{,}0185 \, S_V^2. \quad (1.57)$$

Die Beziehung

$$\bar{A} = 1{,}4525 \cdot \bar{L}^2 \quad (1.58)$$

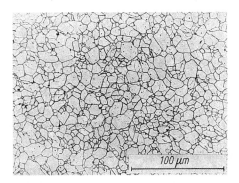

Bild 1.110. Ferritischer Stahl (isometrisches Gefüge). Elektrolytisch geätzt

ist nur eine andere Form von Gleichung (1.56). Für das Gefüge im Bild 1.110 ist $\bar{L}$ = 5,8 µm und $\bar{A}$ = 51,0 µm². Gleichung (1.58) ist also näherungsweise erfüllt. Die Abweichungen betragen nur $\approx 3\%$. Bei Gefügen mit sehr ungleichmäßigem Korn sind die Abweichungen wesentlich größer.

Perlitische Gefüge werden weitgehend durch den Abstand der Zementitlamellen (d. h. durch die Dicke der Ferritlamellen charakterisiert. Im ebenen Anschliff variiert der *Lamellenabstand* sehr stark. Ursache dafür ist, daß die Lamellen verschiedener Kolonien in voneinander verschiedenen Winkeln geschnitten werden. Das stereologische Problem besteht darin, aus dem am ebenen Anschliff beobachtbaren scheinbaren Lamellenabstand den räumlichen Lamellenabstand s zu bestimmen.

Oft wird der kleinste in der Schliffebene gemessene Lamellenabstand als Schätzwert für den räumlichen Lamellenabstand s verwendet. Diese Methode beruht auf der Annahme,

1.4. Gefügebewertung

daß die Perlitlamellen der Kolonie mit dem kleinsten scheinbaren Lamellenabstand senkrecht von der Schliffebene geschnitten werden. Ein Nachteil dieser Methode ist der hohe Aufwand. Das Minimum muß über eine sehr große Anzahl von Kolonien gebildet werden. Außerdem liefert diese Methode falsche Ergebnisse, wenn der tatsächliche räumliche Lamellenabstand von Kolonie zu Kolonie stark variiert.

Eine einfache und sichere Methode zur Bestimmung von s ergibt sich aus der Beziehung zwischen s und der spezifischen Grenzfläche der Phasen des Perlits. Es gilt

$$s = \frac{2V_V}{S_V} \qquad (1.59)$$

wobei V_V der Volumenanteil der ferritischen Phase ist. Wegen $V_V \approx 1$ und Gleichung (1.59) erhält man

$$s = \frac{1}{P_L} \qquad (1.60)$$

als Grundlage zur Bestimmung von s.

Zur Bestimmung von s werden meist TEM-Aufnahmen auf der Grundlage von Abdrucktechniken oder REM-Aufnahmen ausgewertet. Es ist zweckmäßig, Kreislinien als Meßlinien zu verwenden (vgl. Bild 1.111). Zur Bestimmung von P_L wird die Anzahl der Schnittpunkte der Kreislinien mit der Grenzfläche zwischen Zementit und Ferrit gezählt. (Es ist zu beachten, daß beim Schnitt der Meßlinie mit einer Lamelle die Grenzfläche zweimal geschnitten wird.) Im Bild 1.111 werden die Lamellen 24mal geschnitten. Die auf das Objekt bezogene Länge der Meßlinie beträgt 16,8 µm. Nach Gleichung (1.60) errechnet sich ein Lamellenabstand von 0,3 µm.

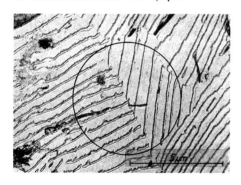

Bild 1.111. Perlit (TEM-Aufnahme) mit Kreis als Meßlinie

Die Beziehung zwischen der *Dicke der Ferritlamellen* und den Grundparametern V_V und S_V der ferritischen Phase im Perlit läßt sich verallgemeinern. Voraussetzung ist, daß der zu untersuchende Gefügebestandteil lamellenartig ausgebildet ist, d. h., die Dicke muß wesentlich kleiner als die Ausdehnung der Lamelle sein. Diese Voraussetzung ist z. B. noch für Lamellengraphit im stabil erstarrten Gußeisen erfüllt. Bei einer spezifischen Grenzfläche des Graphits von z. B. 100 mm²/mm³ und einem Volumenanteil von 10 % errechnet sich nach Gleichung (1.59) eine mittlere räumliche Lamellendicke von 2 µm.

Die *Versetzungsdichte* ϱ_V ist definiert als mittlere Gesamtlänge der Versetzungen in einer Einheit des Probenvolumens. Die geometrische Dimension von ϱ_V ist mm/mm³. Die Versetzungsdichte hängt also eng mit dem Parameter M_V zusammen. Das Integral der mittleren Krümmung von linienartigen Strukturen beträgt nämlich gerade π je Längeneinheit dieser Linien. Es gilt

$$M_V = 2\pi \varrho_V \tag{1.61}$$

Die Versetzungsdichte kann lichtmikroskopisch durch Auszählen von Versetzungsgrübchen oder durch Auswertung von TEM-Aufnahmen bestimmt werden. Verwendet man Gleichung (1.61), erhält man

$$\varrho_V = 2 N_A \tag{1.62}$$

wobei N_A hier als Anzahl der Versetzungsgrübchen je Flächeneinheit des ebenen Anschliffs definiert wird. Im Bild 1.112 sind Ätzgrübchen in Indiumphosphit zu sehen. Die Fläche des Bildausschnitts beträgt 0,7 mm², und damit erhält man eine Versetzungsdichte von $\varrho_V = 217 \text{ mm/mm}^3$.

Bild 1.112. Indiumphosphit mit Ätzgrübchen

In TEM-Aufnahmen sind Projektionen von Versetzungen zu sehen. Die Gesamtlinienlänge der Projektionen hängt natürlich auch von der Dicke d der Folie ab. Berücksichtigt man, daß nur ein Teil p der Versetzungen abgebildet wird, erhält man

$$\varrho_V = \frac{4}{d \cdot p \cdot \pi} L_A \tag{1.63}$$

L_A Linienlänge der Projektion der Versetzungen je Flächeneinheit

Oft wird L_A durch ein Linienschnittverfahren bestimmt. Unter Verwendung der Gleichung (1.49) gilt dann

$$\varrho_V = \frac{2}{d \cdot p} P_L \tag{1.64}$$

1.4.4. Bestimmung der Verteilungsfunktion räumlicher Größen

Die stereologische Bestimmung der Verteilungsfunktion räumlicher Größen aus Werten, die am ebenen Anschliff gemessen wurden, ist nur in Ausnahmen möglich. Dazu sind

Modellannahmen erforderlich. Im folgenden werden zwei Gefügeausbildungen, die gut durch mathematische Modelle beschrieben werden können, näher untersucht:

- Gefügebestandteile, die aus im Probenvolumen gleichmäßig verteilten sphärolithischen Teilchen bestehen
  (z. B. Kugelgraphit im Gußeisen oder sphärolithische Zementitteilchen, bedingt auch die Körner einphasiger polyedrischer Gefüge)
- Gefügebestandteile, die aus im Probenvolumen gleichmäßig verteilten Platten oder Lamellen bestehen
  (Ferritlamellen im Perlit, Lamellengraphit im Gußeisen)

Aus Meßwerten, die am ebenen Anschliff durch eine Flächenanalyse oder Linearanalyse erhalten werden, ist die Verteilungsfunktion der Kugeldurchmesser bzw. die Verteilungsfunktion der Lamellendicke zu bestimmen.

1.4.4.1. Verteilung des Durchmessers sphärolithischer Teilchen

Es bezeichne F_V die Verteilungsfunktion des Durchmessers von im Probenvolumen gleichmäßig verteilten Kugeln. Weiterhin seien $F_A(d)$ und $F_L(d)$ die Verteilungsfunktionen der Schnittkreisdurchmesser und der Sehnenlängen, die von ebenen oder linearen Schnitten erhalten werden. Zwischen F_V und F_A bzw. F_L gibt es einen engen Zusammenhang, der durch folgende Integralgleichungen ausgedrückt werden kann:

$$F_A(d) = 1 - \frac{1}{\bar{D}} \int_0^\infty \left[1 - F_V\left(\sqrt{d^2 + x^2}\right)\right] dx \qquad (1.65)$$

$$F_L(d) = \frac{2\pi}{\bar{S}} \int_0^d x \left[1 - F_V(x)\right] dx \qquad (1.66)$$

Dabei sind $\bar{D}$ und $\bar{S}$ der mittlere Durchmesser bzw. die mittlere Oberfläche der Kugeln. Die Integralgleichungen (1.65) und (1.66) sind die Grundlage für die stereologische Bestimmung der Verteilungsfunktion der Kugeldurchmesser.
Aus einer beschränkten Anzahl gemessener Schnittkreisdurchmesser oder Schnittsehnen können die Verteilungsfunktionen F_A und F_L nur angenähert werden. Meist wird ein Histogramm der Schnittkreisdurchmesser bzw. der Sehnen erstellt. Davon ausgehend wird ein Histogramm der Kugeldurchmesser bestimmt.
In Bild 1.113 ist ein Histogramm der Durchmesser der Schnittflächen von Zementitteilchen eines Weichglühgefüges dargestellt. Die Durchmesser wurden am Anschliff mit einem digitalen Bildanalysegerät gemessen. Anschließend wurde durch Lösung des Gleichungssystems (A1) das entsprechende Histogramm des räumlichen Durchmessers der Teilchen ermittelt (s. Anhang Seite 735).

1.4.4.2. Verteilung der Lamellendicke oder des Plattenabstands

Es bezeichne F_V die Verteilungsfunktion der räumlichen Lamellendicke (oder des Plattenabstands), F_A ist die Verteilungsfunktion der am ebenen Anschliff gemessenen Lamel-

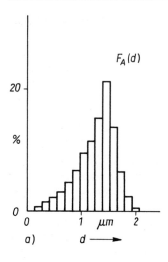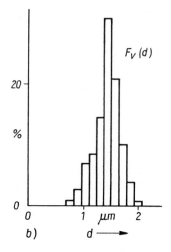

Bild 1.113. Histogramme der Schnittkreisdurchmesser der Karbide (*a*) und der (aus *a* berechneten) Kugeldurchmesser (*b*)

lendicke, wobei die Lamellendicke von einem zufällig gewählten Punkt der Grenzfläche der Lamellen gemessen wird (vgl. Bild 1.114). F_L ist wieder die Sehnenlängenverteilung. Grundlage für eine stereologische Bestimmung der Verteilungsfunktion der Lamellendicke F_V aus Meßwerten an ebenen oder linearen Schnitten sind die Integralgleichungen

$$F_A(d) = \int_0^d \left[1 - \frac{2}{\pi} \left(\frac{x}{d} \sqrt{1 - \frac{x^2}{d^2}} + \text{arc sin} \frac{x}{d} \right) \right] dF_V(x) \qquad (1.67)$$

$$F_L(d) = \int_0^d \left(1 - \frac{x^2}{d^2} \right) dF_V(x), \qquad (1.68)$$

die numerisch gelöst werden.

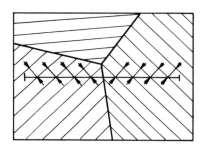

Bild 1.114. Schematische Darstellung zur Erläuterung der Messung des ebenen Lamellenabstands

1.4.5. Hilfsmittel und Geräte der quantitativen Metallographie

Zu den ältesten Methoden der Metallographie gehören *Richtreihenvergleiche*. Dazu wurden in der Vergangenheit eine Vielzahl von nationalen und internationalen Standards erarbeitet. Neben Flächenanteilen und Korngrößen werden vor allem Größen bestimmt, die nur mit großem Aufwand gemessen werden können oder die sich nicht so ohne weiteres

1.4. Gefügebewertung

quantifizieren lassen (z. B. Karbidanhäufungen in Wälzlager- oder Schnellarbeitsstählen).

Gefügerichtreihen bestehen aus einer Anzahl hinsichtlich des zu beurteilenden Gefügemerkmals abgestufter Gefügebilder (Bilder 1.115 und 1.116). Bei einer vorgegebenen Vergrößerung wird das Gefüge im Mikroskop beobachtet und mit der Richtreihe verglichen. Dem Gefüge wird dann die Nummer des Bilds der Richtreihe zugeordnet, das nach subjektiver Einschätzung mit dem Gefüge am besten übereinstimmt. Es sind eine Reihe von Hilfsmitteln für einen Richtreihenvergleich im Gebrauch. Sogenannte *Richtreihenansätze* oder *Richtreihenokulare* erlauben einen bequemen Vergleich im Okular des Mikroskops.

Die Gefügecharakterisierung durch Richtreihen ist eine sehr einfache Methode, und gut trainierte Laboranten können schnell und sicher Ergebnisse ermitteln. Allerdings ist mit Richtreihen nur eine grobe Gefügecharakterisierung möglich. Bei hohen Anforderungen an die Meßgenauigkeit wird gemessen. Zum Beispiel kann die Korngrößenbestimmung mit der ASTM-Richtreihe (Bild 1.115) leicht durch Auszählen der Körner ersetzt werden. Bei der Bestimmung der Länge von Graphitlamellen im Gußeisen kann der Richtreihenvergleich aber sicher nicht durch ein objektives Verfahren ersetzt werden. Es ist nämlich nicht möglich, die Lamellen eindeutig voneinander abzugrenzen. Folglich kann auch die Länge der Lamellen nicht gemessen werden. Die Lamellenlänge ist also kein Maß, sondern ein Kriterium für eine subjektive Bewertung. Hier und auch in vielen anderen Fällen wird die Gefügecharakterisierung durch Richtreihen ihre Bedeutung behalten.

Besonders bewährt haben sich in der quantitativen Metallographie *Okularplättchen*. Diese werden in die Ebene des reellen Zwischenbilds des Mikroskops gebracht. Dazu dienen spezielle, stellbare Okulare, bei denen die Feldblende ausgeschraubt werden kann und die eine Aufnahme für standardisierte Okularplättchen haben.

Mit *Okularnetzplatten* können sehr einfach Volumenanteile bestimmt werden. Grundlage dafür ist eine Punktanalyse. Das Gefüge wird in den Schnittpunkten des Liniennetzes untersucht. Es wird die Anzahl der Punkte gezählt, die in den zu untersuchenden Gefügebestandteil fallen. Der Volumenanteil ist der Anteil dieser Punkte an der Gesamtpunktzahl des Rasters. Die Mikroskopvergrößerung wird so gewählt, daß eine sichere Zuordnung der Punkte zu den Gefügebestandteilen möglich ist. Die Gesamtzahl der Punkte im Raster hängt vom Volumenanteil selbst ab. Es wird empfohlen, die Anzahl der Punkte im Raster so groß zu wählen, daß davon im Mittel 2 bis 5 Punkte in den zu untersuchenden Gefügebestandteil fallen. Wird das Raster größer gewählt, geht die Übersicht im Gesichtsfeld verloren. Der bei einer kleinen Rasterpunktanzahl zu erwartende große statistische Fehler kann durch Mittelung der Ergebnisse über viele Gesichtsfelder verkleinert werden.

Sehr einfach lassen sich mit Okularplättchen auch spezifische Grenzflächen und damit verwandte Größen bestimmen. Dazu werden Schnittpunkte von Linien auf dem Okularmeßplättchen mit Phasen- oder Korngrenzflächen gezählt. Die auf das Objekt bezogene Länge der Meßlinien auf der Okularnetzplatte muß zuvor ausgemessen werden.

Mit *Okularmeßplatten* und *Okularstrichskalen* kann die Größe einzelner Teilchen (Einschlüsse oder Ausscheidungen) vermessen werden. Im allgemeinen wird der Durchmesser des flächengleichen Kreises bzw. der sogenannte FERETsche Durchmesser bestimmt (Bild 1.117). Entsprechende Statistiken liefern dann Parameter oder Histogramme der Durchmesserverteilung. Die Durchmesserbestimmung ist sehr einfach. Schwierigkeiten bereitet aber eine repräsentative Auswahl der Teilchen, an denen der Durchmesser bestimmt werden soll.

142 1. Metallographische Arbeitsverfahren

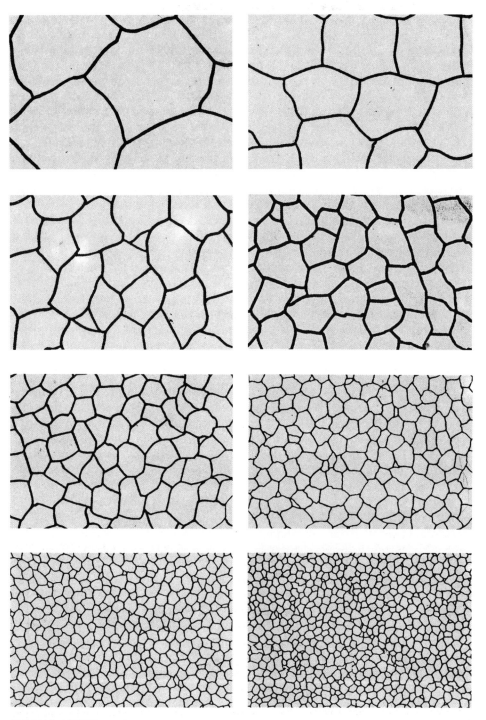

Bild 1.115. ASTM-Korngrößenrichtreihe, gültig für eine mikroskopische Vergrößerung von $V = 100:1$

1.4. Gefügebewertung

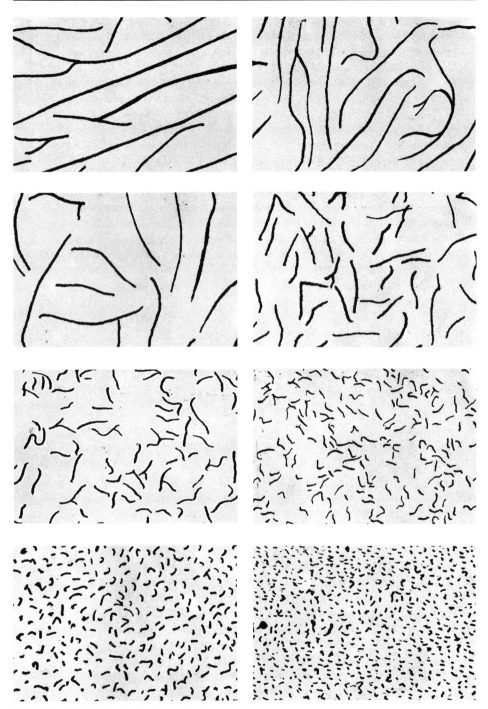

Bild 1.116. ASTM-Richtreihe für die Lamellenlänge von Graphit, gültig für eine mikroskopische Vergrößerung von V = 100 : 1

Integrationstische bzw. *Punktzählgeräte* werden vor allem zur Bestimmung des Volumenanteils von Gefügebestandteilen eingesetzt. Der erste Integrationstisch wurde 1916 von SHEND gebaut. Dieses Gerät ist ein Mikroskoptisch, der in einer Richtung durch zwei unabhängig voneinander wirkende Mikrometerschrauben bewegt werden kann. Befindet sich ein durch ein Okularplättchen markierter Punkt im Gefügebestandteil α, so wird der Mikroskoptisch und damit die Probe durch die erste Mikrometerschraube bewegt. Befindet sich nach dem Überfahren der Grenzfläche der Punkt im Gefügebestandteil β, wird die Probe durch die zweite Mikrometerschraube bewegt. An den Mikrometerschrauben kann dann der Weg abgelesen werden, den der durch das Okularplättchen markierte Punkt über die jeweiligen Bestandteile zurückgelegt hat. Aus den Weglängen läßt sich der Linearanteil L_L berechnen.

Es wurde eine Vielzahl von Geräten dieser Art gebaut, wobei zunächst die Anzahl der unabhängig voneinander wirkenden Mikrometerschrauben (und damit die Anzahl der gleichzeitig bestimmbaren Gefügebestandteile) erhöht wurde (Bild 1.118) und der Antrieb des Tischs und die Registrierung der Weglängen elektromechanisch erfolgte (Punktzählgeräte). Später wurden neben den Weglängen auch noch die Anzahl der Übergänge über die Phasengrenzfläche registriert und Sehnenlängen klassiert. Wegen der bevorzugten Art, die Probe entlang einer Linie zu untersuchen, wurden diese Geräte dann *Linearanalysatoren* genannt.

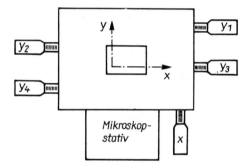

Bild 1.117. Schematische Darstellung zur Erläuterung des FERETschen Durchmessers

Bild 1.118. Schematische Darstellung eines vierspindeligen Integrationstischs. Y_1 bis Y_4 Integrationsspindeln

Bei den bisher beschriebenen Geräten wurde durch einen Beobachter entschieden, in welchem Gefügebestandteil sich ein durch ein Okularplättchen markierter Punkt befindet oder wo die Phasen- bzw. Korngrenzenfläche durch eine Linie geschnitten wird. Das kann bei umfangreichen Untersuchungen sehr zeitaufwendig und anstrengend sein. Außerdem ist mit subjektiven Fehlern zu rechnen. Aus diesem Grund wurde die Gefügeanalyse weiter automatisiert.

Mit einem Photometer kann das Reflexionsvermögen in einem Punkt der Probe gemessen werden. Bei der Verschiebung der Probe erhält man ein entsprechendes elektrisches Signal entlang einer Meßlinie, das abhängig vom Reflexionsvermögen der Probe in den Punkten der Meßlinie ist. Mit Selektoren wird das elektrische Signal und damit der jeweilige Punkt der Meßlinie Gefügebestandteilen zugeordnet. Wird noch die Probenbewegung

1.4. Gefügebewertung

(d. h. der mechanische Antrieb des Mikroskoptischs) gesteuert und werden die Signale des Photometers durch Rechner ausgewertet, ist die Gefügeanalyse vollständig automatisiert.

Voraussetzung für eine *vollautomatische Gefügeanalyse* ist, daß der Kontrast zwischen den Gefügebestandteilen ausreichend groß ist. Die Anforderungen an die Gefügepräparation liegen weit über denen für eine manuelle Auswertung. Das ist einer der wichtigsten Gründe dafür, daß diese Geräte bisher nur sehr begrenzt eingesetzt werden können.

Bei moderneren Geräten werden meist Fernsehkameras als Abtaster verwendet. Es wird eine Abbildung der Probe z. B. in der Bildebene des Lichtmikroskops durch einen Elektronenstrahl abgetastet. Bewegt wird dabei nicht die Probe, sondern der Elektronenstrahl. Die Abtastgeschwindigkeiten sind wesentlich größer als bei Geräten mit Objektscanning. Die Zusammensetzung von Linien oder Zeilen zu Bildern ist erst bei diesen Abtastgeschwindigkeiten effektiv. Damit ist eine Gefügeanalyse auf der Grundlage der Flächenanalyse möglich. Die Videosignale werden digitalisiert. Man erhält digitale Bilder, die dann durch Methoden der digitalen Bildverarbeitung ausgewertet werden.

Automatische Gefügeanalysatoren mit Fernsehabtaster haben sich gegenüber anderen Systemen in der Metallographie durchgesetzt. Neben den Vorteilen solcher Systeme in der Metallographie ist ihre Entwicklung vor allem durch die vielseitige Anwendung der digitalen Bildverarbeitung beschleunigt worden.

Digitale Bildverarbeitungsgeräte haben folgenden Aufbau (Bild 1.119): Durch A-D-Wandler wird aus dem Videosignal der Fernsehkamera ein Digitalbild erzeugt, das zunächst auf einem Bildspeicher abgelegt wird. Durch Transformationen wird das Digitalbild verbessert (z. B. durch digitale Filter) und schließlich in ein Binärbild gewandelt. Jedem Bildpunkt wird eine Binärzahl so zugeordnet, daß durch das Binärbild die Geome-

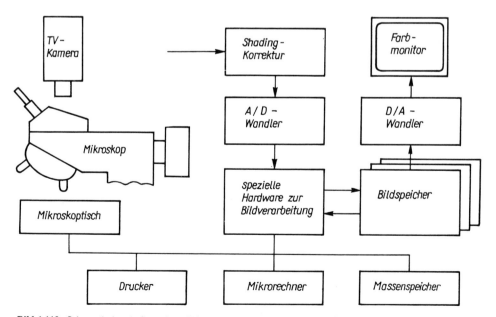

Bild 1.119. Schematischer Aufbau eines digitalen Bildverarbeitungssystems

trie des zu untersuchenden Gefügebestandteils widerspiegelt wird. Für die Auswertung des Binärbilds werden Bildmasken gesetzt (zur Vermeidung von Bildrandfehlern), Transformationen am Binärbild durchgeführt (Dilatation, Erosion, Öffnung, Abschließung usw.) und schließlich die Parameter gewonnen.

Zur Beschleunigung der digitalen Bildverarbeitung werden für die genannten Operationen spezielle Bildprozessoren eingesetzt. Ein *Hostrechner* steuert diese Prozessoren und verarbeitet übernommene Daten (Statistik, Stereologie).

Bild 1.120 zeigt den Monitor eines digitalen Bildverarbeitungssystems (IMAGE-C der Fa. ROBOTRON). Im Diagramm ist ein Histogramm der Durchmesserverteilung der auf dem Monitor abgebildeten Karbide dargestellt.

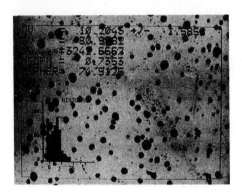

Bild 1.120. Aufnahme vom Farbmonitor eines digitalen Bildverarbeitungssystems

1.5. Röntgendiffraktometrie

1.5.1. Grundlagen der Raumgitterinterferenzen

Mit der Entdeckung der Röntgeninterferenzen an Kristallen im Jahre 1912 durch VON LAUE, FRIEDRICH und KNIPPING bekam die Werkstofforschung erstmals eine experimentelle Methode in die Hand, mit der die durch die Kristallographie entwickelten Vorstellungen über den atomaren Aufbau kristalliner Substanzen überprüft und weiterentwickelt werden konnten. Es zeigte sich außerdem sehr rasch, daß gerade diese Methode hervorragend geeignet ist, über die Analyse idealer Kristallstrukturen hinaus wertvolle Informationen über die Realstruktur (d.h. über Gitterstörungen im weitesten Sinn) und im Fall von Vielkristallen auch über das Gefüge zu erlangen. Erst durch diese Kenntnisse wurde eine physikalisch begründete Deutung der strukturabhängigen Eigenschaften der metallischen und auch der nichtmetallischen kristallinen Werkstoffe möglich.

Röntgenstrahlen sind eine elektromagnetische Wellenstrahlung mit Wellenlängen im Bereich von ≈ 10 bis 10^{-3} nm. Die zunächst für die Beugung von Röntgenstrahlen entwickelten theoretischen Vorstellungen ließen sich später auch auf die Beugung anderer Strahlungen wie Elektronen- und Neutronenstrahlen übertragen, da diesen bewegten Teilchen nach DE BROGLIE (1924) eine von ihrem jeweiligen Impuls ($m \cdot v$) abhängige Wellenlänge λ gemäß

$$\lambda = \frac{h}{m \cdot v} \tag{1.69}$$

zugeordnet werden kann (Materiewellen; h Plancksche Konstante).
Wie aus der Optik bekannt ist, ergeben sich durch eine kohärente Streuung von Strahlung an dreidimensional periodischen Strukturen dann ausgeprägte Beugungserscheinungen bzw. Interferenzeffekte, wenn die Wellenlängen etwa gleich oder kleiner als die Periodizitätsparameter sind, die im Fall von Kristallen in der Größenordnung der atomaren Abstände liegen. Das sich ergebende Beugungsbild spiegelt dabei die reale Struktur des beugenden Objekts wider, seine quantitative Analyse bezüglich der Intensitäten und deren räumlichen Verteilung gestattet es also, auf die Struktur des beugenden Objekts rückzuschließen. Diese grundsätzliche Feststellung bezieht sich nicht nur auf kristalline, sondern auch parakristalline und amorphe (glasartige) Festkörper.
Eine recht anschauliche und geometrische Erklärung der Raumgitterinterferenzen an Kristallen gab BRAGG (1912). Er betrachtete ihre Entstehung als Folge der Reflexion monochromatischer Röntgenstrahlen an aufeinanderfolgenden Netzebenen, wobei zwischen benachbarten reflektierten Strahlen ein Gangunterschied w auftritt, wie das im Bild 1.121 dargestellt wurde. Dieser Gangunterschied beträgt $w = w_1 + w_2$. Mit $w_1 = d/\sin \vartheta$ und $w_2 = w_1 \cdot \cos(180° - 2\vartheta)$ findet man

$$w = d/\sin \vartheta \, (1 + \cos(180° - 2\vartheta)) = \frac{d_{hkl}}{\sin \vartheta} (1 - \cos 2\vartheta)$$

$$= \frac{d_{hkl}}{\sin \vartheta} (1 - \cos^2 \vartheta + \sin^2 \vartheta) = 2 d_{hkl} \sin \vartheta \tag{1.70}$$

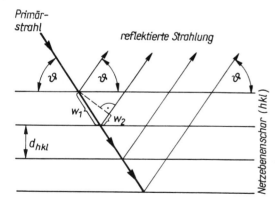

Bild 1.121. Zur Ableitung der BRAGGschen Gleichung

Eine Interferenz kann dann auftreten, wenn dieser Gangunterschied gerade ein ganzzahliges Vielfaches n der Wellenlänge λ wird, d.h., es gilt für die sogenannte Interferenzreflexion die Bedingung

$$n \cdot \lambda = 2 d_{hkl} \sin \vartheta \tag{1.71}$$

Man bezeichnet n als die Interferenzordnung und ϑ als den Glanzwinkel (BRAGG-Winkel), die Beziehung selbst als *BRAGGsche Gleichung*. Sie sagt aus, daß eine Interferenzreflexion dann möglich wird, wenn λ, d_{hkl} und ϑ in der durch sie festgelegten Weise miteinander verknüpft sind. Ist die BRAGGsche Gleichung nicht erfüllt, kann keine Raumgitterinterferenz auftreten. Genauere Betrachtungen zeigen, daß merkliche Interferenzintensitäten nicht nur streng beim Glanzwinkel ϑ zu beobachten sind, sondern auch in einem engen Winkelbereich $\Delta\vartheta$ um den BRAGG-Winkel herum, wobei dieser Winkelbereich durch die Spektrallinienbreite $\Delta\lambda/\lambda$ der verwendeten Strahlung, geometrische Gegebenheiten der experimentellen Anordnung, die Kristallabmessungen und den Störungsgrad des Kristalls bestimmt wird. Auch muß beachtet werden, daß bei nichtprimitiven Translationsgittern selbst bei formaler Erfüllung der BRAGGschen Gleichung eine Interferenz an einer bestimmten Netzebenenschar mit gegebener Interferenzordnung n ausbleiben kann. Diese Auslöschungen sind dabei charakteristisch für die Symmetrie der Elementarzellen.

Es ist für die Auswertung von Beugungsuntersuchungen zweckmäßig, statt des kristallographischen Netzebenenabstands d_{hkl} den sogenannten *Beugungsnetzebenenabstand d* zu verwenden, der als $d = d_{hkl}/n$ definiert ist. Die BRAGGsche Gleichung nimmt dann folgende Gestalt an:

$$\lambda = 2d \cdot \sin \vartheta \tag{1.72}$$

Dieses Vorgehen bedeutet formal, daß man die MILLERschen Indizes hkl der reflektierenden Netzebenenschar mit der Interferenzordnung n verknüpft und so zu den LAUEschen Interferenzindizes $h_1 h_2 h_3$ gelangt, wobei

$$h_1 = n \cdot h; \quad h_2 = n \cdot k \quad \text{und} \quad h_3 = n \cdot l \tag{1.73}$$

gilt.

Diese LAUEschen Indizes sind also im Gegensatz zu den MILLERschen nicht mehr teilerfremd, der gemeinsame Teiler ist durch die Interferenzordnung gegeben. Mit den LAUEschen Indizes $h_1 h_2 h_3$ statt der hkl können die Beugungsnetzebenenabstände für die verschiedenen Kristallsysteme direkt berechnet werden. So gilt z. B. für das kubische Kristallsystem wegen $d = a/\sqrt{h_1^2 + h_2^2 + h_3^2}$

$$\lambda = 2 \cdot a \cdot \sin \vartheta / \sqrt{h_1^2 + h_2^2 + h_3^2} \tag{1.74}$$

Es kann also jeder beobachteten Interferenz ein Indextripel $h_1 h_2 h_3$, die sogenannte *Indizierung*, zugeordnet werden.

Da bei der Ableitung der BRAGGschen Gleichung keinerlei Voraussetzungen über die Art der Strahlung gemacht wurden, gilt sie auch für den Fall der Raumgitterinterferenzen von Elektronen- bzw. Neutronenstrahlen.

1.5.2. Vielkristallinterferenzen

Bestrahlt man einen feststehenden Einkristall mit einer monochromatischen Röntgenstrahlung, so erhält man nur zufällig Interferenzen, nämlich nur dann, wenn eine der Netzebenenscharen gerade die BRAGG-Bedingung erfüllen sollte. Die Winkel, unter denen der Primärstrahl auf die verschiedenen Netzebenenscharen des Kristalls auftrifft, sind durch die Stellung des Einkristalls bezüglich der Primärstrahlrichtung fest vorgegeben. Sie genügen dabei nur selten der BRAGGschen Gleichung. Verwendet man dagegen polychromatische Strahlung (sogenannte »weiße« Röntgenstrahlung), so reflektieren die Netzebenenscharen jeweils die Wellenlängen, die für eine Interferenzreflexion gemäß der BRAGGschen Gleichung erforderlich sind. Diese Verfahrensvariante entspricht der klassischen LAUE-Methode. Das mit einem Film registrierte Laue-Diagramm von NaCl zeigt Bild 1.122. Die sichtbaren Reflexe stammen von unterschiedlichen Netzebenen mit unterschiedlichen Wellenlängen. Die Symmetrie der Reflexanordnung des LAUE-Diagramms spiegelt die Kristallsymmetrie in Primärstrahlung wider.

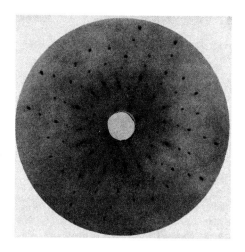

Bild 1.122. LAUE-Diagramm eines NaCl-Einkristalls

Eine andere Situation bietet sich bei der Untersuchung von Vielkristallen. Sie enthalten eine Vielzahl von Einzelkristallen mit einer großen Orientierungsmannigfaltigkeit. Für eine monochromatische Röntgenstrahlung wird deshalb immer ein Bruchteil der Kristallite mit ihren Netzebenen so günstig zum Primärstrahl orientiert sein, daß für diese eine Interferenzreflexion möglich wird. Alle Netzebenen der Art $\{hkl\}$, deren Normalenrichtungen mit der Primärstrahlrichtung den Winkel $90° - \vartheta$ einschließen, befinden sich in Interferenzstellung (Bild 1.123). Die dabei entstehenden Interferenzstrahlen bilden einen Kegel mit einem Öffnungswinkel von 4ϑ und der Kegelachse in der Primärstrahlrichtung. Da die Netzebenenabstände d_i verschiedener Netzebenenscharen unterschiedliche, diskrete Werte annehmen, ergibt sich eine diskrete Menge von Interferenzkegeln mit Öffnungswinkeln $4\vartheta_i$, deren gemeinsame Kegelachse die Primärstrahlrichtung ist ($0 < 4\vartheta_i < 360°$). Entsprechend der BRAGGschen Gleichung können die d-Werte interferenzfähiger Netzebenenscharen Beträge in den Grenzen $\infty > d_i \geqq \lambda/2$ annehmen. Bei metallischen Strukturen treten gewöhnlich maximale d-Werte im Bereich von wenigen nm bis wenigen Zehntel nm auf, so daß die Verwendung von Strahlungen mit $\lambda \leqq 0{,}2$ nm in der Regel zu brauchbaren Interferenzdiagrammen führt.

Eine *Registrierung der räumlichen Verteilung der Interferenzintensitäten von Vielkristallen* kann man am einfachsten mit photographischen Filmen vornehmen, da Röntgenstrahlen wie auch sichtbares Licht eine Schwärzung photographischer Filme bewirken. Verwendet man ebene Filme, die senkrecht zur Primärstrahlrichtung positioniert werden, spricht man von

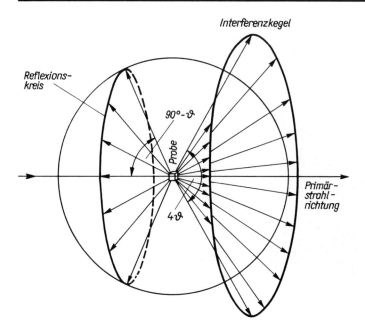

Bild 1.123. Geometrische Interferenzbedingungen für Vielkristalle

Planfilmmethoden. Mit ihnen lassen sich aus geometrischen Gründen gewöhnlich nur Glanzwinkelbereiche von etwa 30° bis 40° erfassen. Legt man einen zylindrisch gebogenen Film so um das Präparat herum, daß dieses sich in der Zylinderachse befindet (Verwendung von Zylinderkammern), können praktisch alle auftretenden Interferenzkegel gleichzeitig registriert werden, wie es Bild 1.124 veranschaulicht (klassisches DEBYE-SCHERRER-*Verfahren*).

Bild 1.125 stellt eine Reihe von DEBYE-SCHERRER-Aufnahmen dar, denen zunächst die typische Form der DEBYE-SCHERRER-Ringe zu entnehmen ist. Außerdem läßt die detaillierte Ausbildung der Ringe eine Reihe von Schlußfolgerungen über das Gefüge der Probe zu. Aufnahme *a)* wurde an einem feinkörnigen Präparat gewonnen. Da sich in diesem Fall viele Einzelkristalle in Reflexionsstellung befinden, überlagern sich die endlich ausgedehnten Einzelreflexe zu geschlossenen, homogen geschwärzten Ringen. Bei einem grobkörnigen Präparat (Aufnahme *b)* befinden sich nur verhältnismäßig wenige Einzelkri-

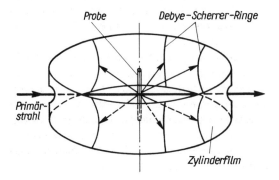

Bild 1.124. Prinzip des Zylinderfilmverfahrens nach DEBYE und SCHERRER

1.5. Röntgendiffraktometrie

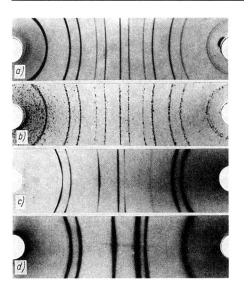

Bild 1.125. DEBYE-SCHERRER-Diagramme
a) feinkörniges Präparat
b) grobkörniges Präparat
c) mit Fasertextur
d) mit Linienverbreiterung als Folge einer Kaltumformung

stalle in Reflexionsstellung, die Einzelreflexe überlagern sich nicht mehr, man beobachtet also einen in Einzelreflexe aufgelösten DEBYE-SCHERRER-Ring als typisches Kennzeichen für ein grobkörniges Präparat. Dieser Effekt kann sogar für eine quantitative Korngrößenbestimmung ausgenutzt werden. Kompakte vielkristalline Proben weisen häufig eine Textur, d. h. eine nichtstatistische Orientierungsverteilung der Einzelkristallite, auf. Das bedeutet, daß bestimmte räumliche Lagen der Kristallite bevorzugt, andere dagegen nur mit geringer Wahrscheinlichkeit auftreten. Dementsprechend beobachtet man entlang der DEBYE-SCHERRER-Ringe Bereiche mit starker Schwärzung (Überlagerung von sehr vielen Einzelreflexen) neben solchen mit schwacher Schwärzung (nur wenige Kristallite tragen zur registrierten Interferenzintensität dieser Bereiche bei), wie es für den Fall eines kaltgezogenen Drahts (Aufnahme c) zu sehen ist. Untersucht man umgeformte Metalle (Aufnahme d), so stellt man fest, daß sich insbesondere die Interferenzen mit hohen Glanzwinkeln merklich verbreitern. Eng benachbarte Interferenzen überlagern sich dabei oft so, daß sie nur noch als eine gemeinsame, »verwaschene« Interferenz in Erscheinung treten. Ursache für diesen Effekt sind die durch die Versetzungen in den Kristalliten hervorgerufenen inhomogenen Gitterverzerrungen, die als lokale Schwankungen des Netzebenenabstands zu verstehen sind. Ähnliche Effekte beobachtet man in Materialien, die eine hohe Dichte verzerrungswirksamer Ausscheidungen aufweisen.

Diese Beispiele mögen demonstrieren, daß bereits aus dem Aussehen von mit Filmverfahren registrierten DEBYE-SCHERRER-Interferenzen wichtige qualitative Informationen über das Gefüge und die Realstruktur des Vielkristalls gewonnen werden können. Eine quantitative Analyse dieser Erscheinungen wird aber erst dann möglich, wenn es gelingt, die räumliche Verteilung der Interferenzintensitäten mit ausreichender Genauigkeit zu vermessen. Dazu verwendet man heute nur noch selten Filmmethoden, vielmehr bedient man sich der Vielkristalldiffraktometrie, die außerdem einen hohen Automatisierungsgrad bis hin zur Prozeßrechnersteuerung und -auswertung gestattet.

1.5.3. Vielkristalldiffraktometrie

Kennzeichnend für die Röntgendiffraktometrie ist der Einsatz von Quantenzählern als Strahlungsdetektoren, die kreisförmig um das in der Mitte des eigentlichen Diffraktometers befindliche Präparat bewegt werden können. Als *Strahlungsdetektoren* kommen dabei Proportionalzählrohre, Szintillationsmeßköpfe und Halbleiterdetektoren zum Einsatz, die in Verbindung mit geeigneten *Strahlungsmeßplätzen* eine quantitative Registrierung der auftretenden Interferenzintensitäten in Abhängigkeit von der Winkelstellung des Detektors bzw. des Präparats ermöglichen. Jedes vom Detektor absorbierte Strahlungsquant wird in einen elektrischen Impuls verwandelt, dessen Höhe von der Quantenenergie ($h \times \nu$) abhängig ist. Unmittelbar gemessen werden können also die je Zeiteinheit im Mittel auftretenden Impulse, die sogenannte *Impulsdichte*, sowie bei Bedarf die der Quantenenergie proportionale *Impulshöhe*.

Die prinzipielle Wirkungsweise eines üblichen Vielkristalldiffraktometers ist der schematischen Darstellung im Bild 1.126 zu entnehmen: Ausgehend von der als Strahlungsquelle

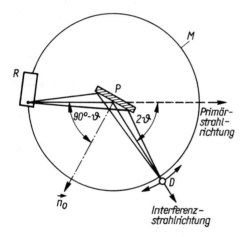

Bild 1.126. Strahlengang eines Vielkristall-Diffraktometers (nach BRAGG und BRENTANO)

dienenden Röntgenröhre R trifft ein divergierender Primärstrahl auf die ebene, in der Mitte des Meßkreises M angeordnete Probe P. Das Detektorsystem D wird in definierter Weise entlang des Meßkreises M geführt, womit eine räumliche Abtastung des Interferenzfelds möglich wird. Dabei bewegt man die ebene Probe so mit, daß sie den Winkel 2ϑ zwischen Primär- und Interferenzstrahlung stets halbiert bzw. ihre Oberflächennormale $\vec{n}_0$ mit der Primär- bzw. Interferenzstrahlrichtung jeweils den Winkel $90°-\vartheta$ einschließt. Damit wird erreicht, daß bezüglich eines probenfesten Koordinatensystems alle vermessenen Interferenzen von Kristalliten herrühren, deren Netzebenennormalen mit der Oberflächennormalen zusammenfallen, die in diesem Sinn Untersuchungsrichtung ist. Verändert man die Detektorstellung bzw. ϑ und hält diese probenbezogene Untersuchungsrichtung fest, erhält man die sogenannte *radiale Intensitätsverteilung*. Mit dieser Untersuchungstechnik gewonnene Interferenzdiagramme gibt Bild 1.127 wieder. Man beobachtet einzelne scharfe Intensitätsmaxima, die sich über einen monoton verlaufenden Untergrund erheben und den bereits besprochenen Interferenzkegeln entsprechen. Die gemessene Intensität $I(2\vartheta)$ stellt die Ordinate, die Winkelstellung 2ϑ die Abszisse dar.

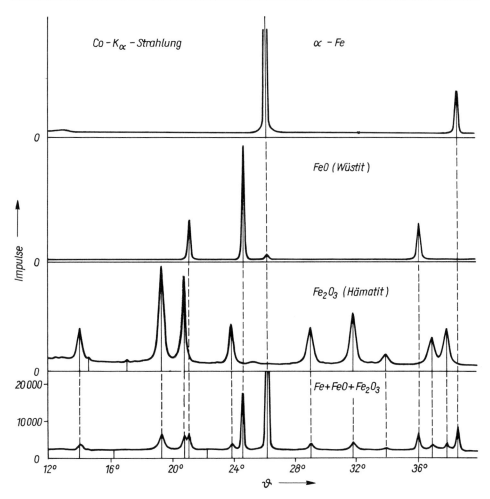

Bild 1.127. Interferenzdiagramme von Eisen (Fe), Wüstit (FeO), Hämatit (Fe_2O_3) und einem Fe-FeO-Fe_2O_3-Gemisch (Co-K_α-Strahlung)

Die einzelnen Interferenzen lassen sich charakterisieren durch

- den Glanzwinkel ϑ_i (z. B. halber Winkel, unter dem die maximale Interferenzintensität registriert wurde)
- die maximale Interferenzintensität I_{max}
- die Integralintensität I (Fläche unter der Intensitätsverteilung abzüglich des Untergrunds)
- die Linienbreite (Integralbreite = Integralintensität, dividiert durch I_{max}).

Aus diesen Parametern gewinnt man Informationen über Gitterparameter und deren Änderungen, Phasenzusammensetzungen und spezielle Realstruktureffekte.

Hält man den Beugungswinkel 2ϑ konstant und ändert die Position des Präparats relativ zum Primärstrahl, was einer Veränderung der probenbezogenen Untersuchungsrichtung entspricht, registriert man die sogenannte *azimutale Intensitätsverteilung*. Diese Untersuchungstechnik wendet man z. B. bei der röntgenographischen Texturanalyse, bei Spannungsmessungen oder bei der diffraktometrischen Korngrößenbestimmung an.

Als Probenmaterial kommen sowohl Pulver als auch kompakte Körper in Frage. Pulver werden, gegebenenfalls mit einem Bindemittel versetzt, in spezielle Präparathalter geschüttet oder gepreßt. Kompakte Proben werden zweckmäßigerweise metallographisch geschliffen und poliert, wenn die Proben keine direkt untersuchbaren Flächen aufweisen. Es ist dafür Sorge zu tragen, daß die oberflächennahen Bereiche durch Präparationsverfahren und Probenvorbehandlungen in ihrer Struktur und Zusammensetzung nicht unzulässig verändert werden, da die Eindringtiefen der Röntgenstrahlen je nach Strahlung und Probenmaterial lediglich Werte zwischen 1 und 100 µm annehmen. Die zur Untersuchung erforderlichen Präparatflächen betragen $\approx$ 0,1 bis 5 cm^2.

Bisher nicht erläutert wurde die Wirkungsweise einer Röntgenröhre als gängige Strahlungsquelle für die Röntgendiffraktometrie. Sie stellt eine Röhrendiode mit einer Wolfram-Glühkatode als Elektronenquelle und einer metallischen, wassergekühlten Anode dar. Die von der Katode emittierten Elektronen werden durch eine hohe angelegte Gleichspannung von 20 bis 60 kV in Richtung der Anode beschleunigt und wechselwirken dort mit den Atomen des Anodenmaterials. Dabei entsteht durch das Abbremsen der schnellen Elektronen in den COULOMB-Feldern der Atomkerne Röntgenstrahlung mit einer kontinuierlichen Wellenlängenverteilung (Bild 1.128), die bei kurzen Wellenlängen abbricht. Diese kurzwellige Grenze wird durch die angelegte Röhrenspannung U bestimmt, wobei

$$\lambda_{min} = \frac{1,24}{U} \qquad (1.75)$$

gilt (λ_{min} in nm, U in kV).

Die einfallenden Elektronen können außerdem gebundene Elektronen der Anodenatome ablösen (Tiefenionisation). Als Folge dessen springen schwächer gebundene Elektronen in diese unbesetzten Zustände und geben die dabei freiwerdende Energie als Strahlungsquanten ($h \cdot \nu$) ab.

Die abgegebenen Energien ($h \cdot \nu$) entsprechen der Differenz der Bindungsenergien des überwechselnden Elektrons vor und nach dem Sprung, sind also im wesentlichen durch die Art der Atome, genauer gesagt durch ihre Ordnungszahl Z bestimmt. Es entsteht ein

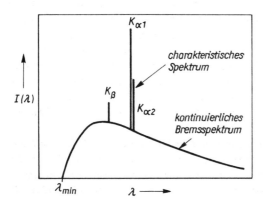

Bild 1.128. Schematische Darstellung des Strahlungsspektrums einer technischen Röntgenröhre

1.5. Röntgendiffraktometrie

diskretes Spektrum mit wohldefinierten, aber ordnungszahlabhängigen Wellenlängen. Es wird deshalb *charakteristisches Spektrum* genannt. Praktisch genutzt werden die sogenannten *K*-Serien, die entstehen, wenn die Elektronenübergänge auf der innersten Schale enden (s. Bild 1.128). Sie enthalten als wesentlichste Wellenlänge die sogenannte *β-Strahlung* (λ_β) sowie zwei intensitätsstarke, eng beieinanderliegende Spektrallinien α_1 und α_2 (sogenanntes K_α-*Dublett*). Die Wellenlängen des *K*-Spektrums einiger häufig genutzter Anodenelemente finden sich in der Tabelle 1.20. Bereits 1913 wurde von MOSELEY der quantitative Zusammenhang zwischen den Wellenlängen des charakteristischen Spektrums λ_i und der Ordnungszahl *Z* erkannt *(MOSELEYsches Gesetz)*. Es gilt

$$1/\lambda_i = K(Z-\sigma)^2 \tag{1.76}$$

Die Konstante σ, die die Abschirmung des Kernfelds durch die Hüllelektronen beschreibt, beträgt z. B. für die *K*-Serie ≈ 1, die Konstante K unterscheidet sich je nach der Art der Spektrallinie innerhalb einer Serie (z. B. α_1-, α_2- oder β-Strahlung). Das MOSELEYsche Gesetz ist die physikalische Grundlage der Röntgenspektralanalyse, deren Aufgabe es ist, aus den gemessenen Wellenlängen λ_i und den Intensitäten des charakteristischen Spektrums die Art und den Anteil der in einer Probe vorkommenden Elemente zu ermitteln.

Tabelle 1.20. Wellenlängen des K-Spektrums einiger ausgewählter Anodenelemente (in nm)

Anoden-element	Ordnungs-zahl	λ_β	λ_{α_1}	λ_{α_2}
Cr	25	0,208 49	0,228 97	0,229 36
Co	27	0,162 08	0,178 90	0,179 28
Cu	29	0,139 22	0,154 06	0,154 44
Mo	42	0,063 23	0,070 93	0,071 36

1.5.4. Anwendungen der Röntgendiffraktometrie

1.5.4.1. Röntgenographische Phasenanalyse

Die *röntgenographische Phasenanalyse* (mit RPA abgekürzt) ist eine der häufigsten Anwendungen der Röntgenbeugung. Sie geht davon aus, daß jeder kristallinen Phase ein für sie charakteristisches Interferenzdiagramm zugeordnet werden kann, das durch ihre Struktur bestimmt wird. Es ist sozusagen der unverwechselbare Fingerabdruck einer Phase. Befinden sich mehrere Phasen in einem Probengemenge, überlagern sich die zugehörigen Interferenzdiagramme, wobei sich die Glanzwinkel ϑ_i bzw. die aus ihnen über die BRAGGsche Gleichung ableitbaren Netzebenenabstände d_i nicht verändern. Die Integralintensitäten der Interferenzen einer Phase werden jedoch durch ihren Volumenanteil in der Probe bestimmt (vgl. Bild 1.127). Es ist also prinzipiell möglich, aus einem Interferenzdiagramm einer Probe, die eine oder mehrere kristalline Phasen enthält, auf die Art und die Volumenanteile dieser Phasen zu schließen.

Eine *qualitative Phasenanalyse* gelingt, wenn man die experimentell ermittelten *d*-Werte mit denen der in der Probe vermuteten reinen Phasen unter Beachtung der relativen Intensitätsabstufungen vergleicht. Dazu verwendet man zweckmäßigerweise Standarddatensammlungen wie die JCPDS-Kartei (herausgegeben vom Joint Committee of Powder Diffraction Standards, USA). Sie enthält gegenwärtig Daten für ≈ 35 000 anorganische Phasen und wird ständig erweitert. Diese Datensätze sind entweder in einem sich auf die chemische Phasenbezeichnung beziehenden alphabetischen Index oder in einem Suchindex zusammengestellt, in dem die Datensätze nach dem d-Wert der intensitätsstärksten Interferenz in Gruppen zusammengefaßt und innerhalb der Gruppen nach dem d-Wert der zweitstärksten Interferenz geordnet wurden. Auf diese Weise ist ein zielgerichtetes Vergleichen möglich, falls Vermutungen über die möglichen Phasen angestellt werden können (Verwendung des alphabetischen Indexes), aber auch dann, wenn keine Vorinformationen vorliegen (Verwendung des Suchindexes). Bei modernen Vielkristalldiffraktometern mit Rechnerkopplung können diese Vergleichs- bzw. Suchprozeduren rechnergestützt vorgenommen werden. In günstigen Fällen gelingt der röntgenographische Nachweis von Phasen mit einem Anteil von wenigen Zehntel Volumenprozent.

Bei der *quantitativen Phasenanalyse* geht man davon aus, daß die Integralintensitäten I_{ij} der Interferenzen einer Phase j von ihrem Volumenanteil v_j abhängen. Es gilt für texturfreie Proben

$$I_{ij} = k \cdot I_0 \cdot G_{ij} \cdot \mu^{-1} \cdot v_j. \tag{1.77}$$

I_0 Primärstrahlintensität
k Konstante
G_{ij} theoretisch aus den Strukturdaten berechenbare oder auch experimentell an reinen Phasen bestimmbare Intensitätsfaktoren

Der lineare Schwächungskoeffizient μ der Probe ist unter anderem von der Phasenzusammensetzung selbst abhängig und bewirkt, daß bei Gemengen aus Phasen mit unterschiedlichem Schwächungsverhalten die gemessenen Integralintensitäten I_{ij} nicht proportional zu den Volumenanteilen v_j werden. Man wertet deshalb meist Intensitätsverhältnisse aus, die diesen Nachteil nicht aufweisen. (Bezüglich der möglichen Verfahrensvarianten sei auf die einschlägige Fachliteratur verwiesen.) Die Nachweisgrenzen für eine quantitative Phasenanalyse hängen stark von den strukturellen Eigenheiten der Phasen ab und liegen üblicherweise zwischen 0,5 und 5 Vol.-%. Die Reproduzierbarkeiten entsprechen näherungsweise den jeweiligen Nachweisgrenzen.

Der besondere Vorzug der röntgenographischen Phasenanalyse im Vergleich zur metallographischen Phasenidentifizierung und -quantifizierung ist darin zu sehen, daß keine besonderen Präparationsschritte (Kontrastierungen) notwendig sind, eine direkte Identifizierung anhand der strukturkorrelierten Beugungsdaten vorgenommen wird und auch Phasen mit Kristallitgrößen deutlich kleiner als die Auflösungsgrenze der Lichtmikroskopie (die bei ≈ 1 μm liegt) sicher untersucht werden können (z. B. feindisperse Ausscheidungen). Bei Kopplung der röntgenographischen Phasenanalyse mit Gitterparametermessungen bzw. Linienbreitenanalysen können außerdem wichtige Informationen über die Realstruktur der einzelnen Phasen gewonnen werden.

1.5.4.2. Röntgenographische Untersuchung von Mischkristallen

Die röntgenographische Untersuchung von Mischkristallen basiert in den meisten Fällen auf der Bestimmung genauer Gitterparameter bzw. deren Veränderungen. Um eine Gitterparameterbestimmung vornehmen zu können, ist es notwendig, die experimentell er-

1.5. Röntgendiffraktometrie

mittelten Interferenzdiagramme zu indizieren. Das kann im einfachsten Fall dadurch geschehen, daß man sich für alle in Frage kommenden LAUE-Indizierungen mit Hilfe der gewöhnlich näherungsweise bekannten Gitterparameter die zu erwartenden Glanzwinkel berechnet und diese mit den experimentellen Ergebnissen vergleicht. Dazu verwendet man z. B. für kubische Kristalle die in Gleichung (1.74) angegebene Form der BRAGGschen Gleichung. Anschließend kann man aus den gemessenen Glanzwinkeln die Gitterparameter berechnen, wobei man höchste Reproduzierbarkeiten dann erzielt, wenn man Interferenzen mit hohen Glanzwinkeln auswertet. Nicht zu vermeidende systematische Fehlereinflüsse, bedingt durch eine Reihe experimenteller Fehlerquellen, werden durch Eichmessungen an geeigneten Standardsubstanzen (z. B. Siliziumpulver) mit genau bekannten Gitterparametern, Regressionsrechnungen unter Einbeziehung dieser Fehlerquellen oder durch rechnerische Korrekturen eliminiert. Die mit guten Diffraktometern erzielbaren Reproduzierbarkeiten erreichen bei kubischen Substanzen Werte von $1 \cdot 10^{-5}$, mit steigender Zahl der Gitterparameter bei nichtkubischen Substanzen erhöht sich dieser Wert beträchtlich.

Bei einer Mischkristallbildung ändert sich nicht der Strukturtyp, wohl aber die Gitterparameter. Von VEGARD wurde als Regel erkannt, daß diese Gitterparameteränderung linear mit der Konzentration erfolgt. Abweichungen von dieser VEGARD-Regel, wie sie nicht selten vorkommen, deuten auf ein nichtideales Mischkristallverhalten hin (Tendenzen zur Nahordnung bzw. zur Nahentmischung). Sind die Konzentrationsabhängigkeiten der Gitterparameter bekannt, so können aus den an Mischkristallen gemessenen Gitterparametern die Mischkristallkonzentrationen ermittelt werden. Die dabei erzielten Genauigkeiten hängen natürlich von der Reproduzierbarkeit der Gitterparameterbestimmung und der Gitterparameteränderung pro Konzentrationseinheit ab. Sie betragen in vielen Fällen deutlich weniger als 1 Atom.-%. In ähnlicher Weise wie diese Mischkristallkonzentrationen können Stöchiometrieabweichungen von Verbindungen (intermetallische Verbindungen, Einlagerungsphasen) untersucht werden.

Die Art des Mischkristalls, d. h., ob es sich um einen Substitutions- oder einen Einlagerungsmischkristall handelt, kann aus der Kombination einer chemischen Analyse, einer Dichte- und einer Gitterparametermessung (genauer gesagt, einer Messung des Elementarzellenvolumens) abgeleitet werden. Die röntgenographische Dichte erhält man, wenn man die gesamte Masse M_{ez} der Atome in der Elementarzelle durch ihr Volumen V_{ez} dividiert. Die Masse M_{ez} berechnet sich ihrerseits aus der mittleren Zahl m der Atome in der Elementarzelle, dem mittleren Atomgewicht $\bar{A} = \sum_i c_i A_i$ (c_i Atomanteile, A_i Atomgewichte der i Atomarten in der Elementarzelle) und der LOSCHMIDT-Zahl L zu $M_{ez} = m \cdot \sum_i c_i A_i / L$ (L = $6{,}023 \cdot 10^{23}$). Bei bekannter Dichte und bekanntem Elementarzellenvolumen V_{ez}, gegeben durch die Gitterparameter des Mischkristalls, findet man also für die mittlere Zahl m der Atome pro Elementarzelle

$$m = \frac{\varrho \cdot V_{ez} \cdot L}{\sum_i c_i A_i}. \qquad (1.78)$$

Erhält man für den Mischkristall die gleiche m-Zahl wie für die reine Basiskomponente, handelt es sich um einen Substitutionsmischkristall. Bei einem Einlagerungsmischkristall nimmt dagegen m mit der Mischkristallkonzentration laufend zu.

Auch Änderungen des Ordnungsgrads ordnungsfähiger Mischkristallsysteme lassen sich anhand von Gitterparametermessungen gut verfolgen. So verschiebt sich z. B. der Gitterparameter einer kubischen $NiCuZn_2$-Legierung (Neusilber) beim Übergang vom ungeordneten in den nahezu vollständig nahgeordneten Zustand um $-8 \cdot 10^{-2}\%$. Gitterparameteränderungen in ähnlichen Größenordnungen stellt man auch bei sich nahentmischenden Systemen fest.

1.5.4.3. Röntgenographische Korngrößenbestimmung

Untersucht man bei feststehendem Strahlendetektor die sich ergebende integrale Interferenzintensität I_i in Abhängigkeit von der Präparatestellung relativ zum Primärstrahl (azimutale Intensitätsverteilung), so findet man insbesondere bei grobkörnigen Materialien starke Schwankungen der Interferenzintensitäten. Ursache dafür ist, daß die Zahl der reflexionsfähigen, zum Meßwert beitragenden Kristallite in Abhängigkeit von der Probenposition statistisch schwankt. Diese Schwankungen ε können direkt mit der Zahl der im untersuchten effektiven Probenvolumen V_{eff} vorhandenen Kristallite bzw. dem mittleren Kornvolumen $\bar{v}_K$ in Verbindung gebracht werden, nachdem sie bezüglich einer stets auftretenden Quantenzählstatistik korrigiert wurden. Es gilt der Zusammenhang

$$\varepsilon^2 = \frac{\sum_i (I_i - \bar{I})^2}{\bar{I}^2} = \frac{\bar{v}_K}{W \cdot V_{eff}} \tag{1.79}$$

Die Reflexionswahrscheinlichkeit W kann aus den strahlengeometrischen Bedingungen der Diffraktometeranordnung berechnet werden, das effektive Probenvolumen hängt im wesentlichen vom Strahlenschwächungsverhalten der Probe, d. h. vom linearen Schwächungskoeffizienten ab, der in einschlägigen Tabellenwerken zu finden ist. Diese Methode liefert gute Resultate für lineare Kornabmessungen D_K im Bereich von 1 bis 5 µm und ist dann vorteilhaft anzuwenden, wenn die Korngrenzen eines Präparats nicht sicher angeätzt werden können bzw. eine eindeutige Kornflächenätzung nicht gelingt.

In einigen Fällen sind Gefügebestandteile so klein, daß sie lichtmikroskopisch nicht mehr aufgelöst und damit nachgewiesen werden können. Das trifft z. B. auf feindisperse Ausscheidungen oder auch auf aufgedampfte vielkristalline Schichten zu. Wird die Kristallitgröße $D_K < 0{,}2$ bis $0{,}3$ µm, beobachtet man eine meßbare Verbreiterung β der Interferenzlinien. (β stellt die hinsichtlich experimenteller Verbreiterungseinflüsse korrigierte integrale Linienbreite dar und wird im Bogenmaß der Beugungswinkelskala 2ϑ angegeben.) Von SCHERRER wurde für diese Erscheinung die Beziehung

$$\beta = \frac{\lambda}{\cos\vartheta \cdot D_K} \tag{1.80}$$

abgeleitet. Es ist also möglich, aus Linienbreitenmessungen auf Kristallitgrößen im Bereich $D \lesssim 0{,}2$ bis $0{,}3$ µm zu schließen. Mißt man zum Beispiel eine Linienverbreiterung von $2°$ ($\hat{=} 3{,}49 \cdot 10^{-2}$ im Bogenmaß) bei einem Glanzwinkel von $60°$ und einer Wellenlänge von $0{,}179$ nm (Co-K_α-Strahlung), ergibt sich eine Kristallitgröße von 10 nm.

1.5.4.4. Ermittlung von Versetzungsdichten

In Abschnitt 1.5.2. wurde schon darauf hingewiesen, daß plastisch umgeformte Materialien verbreiterte Interferenzlinien aufweisen. Eigentliche Ursache ist, daß die in den Kristalliten vorhandenen Versetzungen elastische Verzerrungen des Gitters hervorrufen, man also nicht mehr mit einem einheitlichen Netzebenenabstand d rechnen kann. Nach KRIVOGLAZ gilt für den Zusammenhang zwischen der Versetzungsdichte N_V und der Linienbreite

$$\beta = K_V \cdot \tan \vartheta \cdot b \cdot \sqrt{N_V} \tag{1.81}$$

b BURGERS-Vektor der Versetzungen

Die Konstante K_V ist abhängig vom Typ der Versetzungen und der Versetzungsanordnung und liegt für kaltverformte kubische Metalle um 0,5. Die Methode, aus Linienverbreiterungen Versetzungsdichten abzuleiten, kann mit Erfolg im Bereich von $N_V \gtrsim 1 \cdot 10^{10}$ cm^{-2} genutzt werden. Bedenkt man, daß die Ätzgrübchenmethode nur bis $\approx 10^8$ cm^{-2} und die noch zu besprechende Transmissionselektronenmikroskopie nur bis zu Versetzungsdichten von $\approx 1 \cdot 10^{11}$ cm^{-2} quantitative Ergebnisse liefert, wird verständlich, daß die Linienverbreiterungsmessung insbesondere bei technisch mit höheren Umformgraden umgeformten Metallen ($N_V \gtrsim 10^{11}$ cm^{-2}) vorteilhaft eingesetzt werden kann.

1.5.4.5. Texturen

Als Texturen von Vielkristallen bezeichnet man alle Abweichungen von der für den idealen Vielkristall kennzeichnenden statistischen Orientierungsverteilung. Sie entstehen bei der Kristallisation aus der Schmelze, bei der Elektrokristallisation, Gasphasenabscheidung, Bedampfung, bei plastischen Formgebungen (Ziehen, Hämmern, Walzen, Tiefziehen usw.), bei Rekristallisationsvorgängen nach plastischen Deformationen, bei Phasenumwandlungen u. a. m. Ursache ist, daß bei all diesen gefügebildenden Prozessen äußere und innere gerichtete Einflußfaktoren wirken (z. B. bevorzugte Wärmefluß- oder Stoffflußrichtungen, mechanische Beanspruchungen, äußere Magnetfelder, bevorzugte Orientierungsbeziehungen zwischen den sich neu bildenden Körnern und denen des Ausgangsgefüges usw.), auf die die im allgemeinen anisotropen Eigenschaften der Einzelkristallite ansprechen.

Bei den Texturen unterscheidet man zwei ideale Grundtypen, die *Faser-* und die *Blechtexturen*. Bei den *Fasertexturen* sind die Einzelkristallite im Idealfall mit einer kristallographischen Vorzugsrichtung *[uvw]*, der Faserachse unter einem definierten Winkel α zu einer äußeren geometrischen Vorzugsrichtung, der Drahtachse, angeordnet, wie es schematisch im Bild 1.129 zu sehen ist. Bei Faserachsen parallel der Drahtachse ($\alpha = 0°$) spricht man von gewöhnlichen Fasertexturen, bei Faserachsen senkrecht zur Drahtachse ($\alpha = 90°$) von *Ringfasertexturen*, bei Ausrichtungen mit $0° < \alpha < 90°$ von *Spiralfasertexturen*. Dabei können die Einzelkristallite alle Orientierungen annehmen, die als Drehungen um die Draht- und um die Faserachsen zu verstehen sind.

Als Beispiele seien die durch Kaltziehen metallischer Werkstoffe entstehenden Fasertexturen genannt. Die krz. Metalle bilden bei dieser Umformungsart gewöhnliche Fasertexturen mit Faserachsen [110], die kfz. Metalle doppelte gewöhnliche Fasertexturen mit Faserachsen [111] + [100] und hexagonale Metalle Ringfasertexturen mit Faserachsen [001] aus.

Blechtexturen entstehen bevorzugt bei mechanischen Deformationen mit mehrachsigen Spannungszuständen, wie sie z. B. beim Walzen von Blechen auftreten sowie bei Rekristallisation und Phasenumwandlungen solcher Proben. Definiert man ein probenbezogenes kartesisches Koordinatensystem durch die Walz- und die Querrichtung in der Blech-

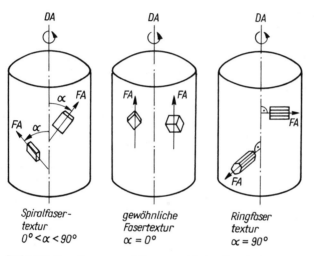

Bild 1.129. Grundtypen von rotationssymmetrischen Fasertexturen

ebene und die senkrecht auf ihr stehende Blechnormale, so ergibt sich dann eine ideale Blechtextur, wenn alle Kristallite mit einer kristallographischen Vorzugsebene *(hkl)* in der Blechebene und mit einer kristallographischen Vorzugsrichtung *[uvw]* in der Walzrichtung liegen. Bild 1.130 veranschaulicht dafür die Verhältnisse bei der idealen Goss-Textur, wie sie für Transformatorenbleche angestrebt wird.

Experimentell können Texturen mit Hilfe spezieller Texturdiffraktometer untersucht werden, die die azimutale Intensitätsverteilung $I_{hkl}(\alpha, \varrho)$ zu registrieren gestatten. Die Integralintensität ist nämlich direkt proportional zur sogenannten relativen Poldichte Ω_{hkl}:

$$I_{hkl}(\alpha, \varrho) \sim \Omega_{hkl}(\alpha, \varrho) \tag{1.82}$$

α, ϱ Winkel, die die betrachtete Raumrichtung bezüglich eines probenbezogenen Koordinatensystems beschreiben

Die relative Poldichte $\Omega_{hkl}(\alpha, \varrho)$ stellt den Quotienten aus der Zahl der mit ihren Normalen n_{hkl} in einer bestimmten Raumrichtung α, ϱ liegenden Kristallite und der entsprechenden Zahl für einen texturlosen Probekörper gleicher Korngröße dar.

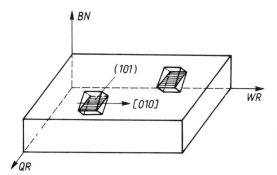

Bild 1.130. Räumliche Lage von Elementarzellen der Einzelkristallite bei einer Blechtextur vom Typ (101)[010] (Goss-Textur)

1.6. Metallographische Sonderverfahren

Der Begriff »metallographische Sonderverfahren« wird nicht in jedem Fall einheitlich gehandhabt, zumal viele der im folgenden beschriebenen Methoden einen festen Platz im Routinebetrieb der metallographischen Labors innehaben und keineswegs eine Sonderstellung einnehmen. Unter metallographischen Sonderverfahren soll hier die Bestimmung chemischer, physikalischer, mechanischer und struktureller Eigenschaften in Bereichen der Anschliffläche verstanden werden, deren geringster Durchmesser ≈ 2 μm beträgt. Diese Eigenschaftsbestimmung im Mikrobereich dient der Identifizierung einzelner Gefügebestandteile und der Charakterisierung von Zonen (z. B. Diffusions-, Wärmeeinfluß- oder Deformationszonen, Schichten, Seigerungsbereiche) sowie bestimmter Kristallbereiche. Entsprechend den zu ermittelnden Eigenschaften bedient man sich hierbei des selektiven Ätzangriffs, scharf gebündelter Licht- oder Elektronenstrahlen (aber auch Ionenstrahlen und des Ultraschalls) und mechanischer Taster. Es soll nicht unerwähnt bleiben, daß auch die Messung elektrochemischer Potentiale einzelner Phasen zu ihrer Identifizierung mit Hilfe des potentiostatischen Ätzens und die Ermittlung der chemischen Zusammensetzung von Gefügebestandteilen und Zonen mit der Elektronenstrahlmikroanalyse zu den metallographischen Sonderverfahren gezählt werden.

1.6.1. Transmissionselektronenmikroskopie

1.6.1.1. Grundlagen der Transmissionselektronenmikroskopie

Ein mit der Geschwindigkeit v und der Masse m bewegtes Teilchen kann als Welle (Materiewelle) beschrieben werden, deren Wellenlänge λ durch die von DE BROGLIE gefundene Beziehung

$$\lambda = \frac{h}{m \cdot v} \tag{1.83}$$

h PLANCKsches Wirkungsquantum ($= 6{,}626 \cdot 10^{-34}$ J s) beschrieben wird. Das gilt auch für Elektronen, die in einem elektrischen Feld beschleunigt werden. Nach Durchlaufen einer Beschleunigungsspannung U_B besitzen die Elektronen eine kinetische Energie von ($U_B \cdot e$) und eine Wellenlänge von

$$\lambda = \frac{h}{\sqrt{2 \cdot m_0 \cdot e \cdot U_B \left(1 + \frac{e \cdot U_B}{2 m_0 c^2}\right)}} \qquad (1.84)$$

m_0 Ruhemasse des Elektrons ($m_0 = 9{,}109\,6 \cdot 10^{-31}$ kg)
e Elementarladung ($e = 1{,}602\,2 \cdot 10^{-19}$ C)
c Lichtgeschwindigkeit ($c = 2{,}997\,9 \cdot 10^8$ m/s)

In Tabelle 1.21 sind die Werte der Wellenlängen für Beschleunigungsspannungen angegeben, wie sie bei transmissionselektronenmikroskopischen (TEM) Untersuchungen üblich sind. Diese Wellenlängen im Bereich von 5 bis 0,8 pm lassen erwarten, daß es bei Wechselwirkung mit Kristallen zu Elektroneninterferenzen kommt (erstmals 1927 von DAVISSON und GERMER experimentell nachgewiesen) und daß mit Elektronen Mikroskopie mit einer Auflösungsgrenze beträchtlich kleiner als die der Lichtmikroskopie betrieben werden kann, falls geeignete »Elektronenlinsen« zur Verfügung stehen. 1926 zeigte BUSCH die Anwendbarkeit inhomogener, rotationssymmetrischer Magnetfelder für den Bau von Elektronenlinsen, und mit Beginn der 30er Jahre setzte eine noch heute anhaltende rasche Entwicklung der Elektronenmikroskopie ein. Die erzielbaren Auflösungsgrenzen können nach der von ABBE abgeleiteten Theorie abgeschätzt werden, wobei zu beachten

Tabelle 1.21. Elektronenwellenlängen in Abhängigkeit von der Beschleunigungsspannung

U_B [kV]	λ [pm]
50	5,36
100	3,70
200	2,51
500	1,42
1 000	0,87

ist, daß die nutzbaren maximalen Objektivaperturen von Elektronenlinsen etwa zwei Größenordnungen niedriger sind als die der Lichtmikroskopie. Übliche Transmissionselektronenmikroskope, bei denen die Proben von Elektronen durchstrahlt werden, erreichen daher Auflösungsgrenzen um 0,5 nm, mit speziellen Objektiven können jedoch auch Werte im Bereich der Atomdurchmesser realisiert werden ($\approx 0{,}1$ nm).

Der Aufbau eines *Transmissionselektronenmikroskops* ist schematisch im Bild 1.131 dargestellt. Die Elektronenquelle besteht aus einer Katode *(1)* (meist eine Wolframglühkatode, seltener Lanthan-Borid- oder Feldemissionskatoden), einem die emittierten Elektronen richtenden WEHNELT-Zylinder *(2)* und einer Anode *(3)* mit einer Bohrung, durch die die beschleunigten Elektronen in die eigentliche Mikroskopsäule eintreten. Zwischen der Katode und der Anode liegt die Beschleunigungsspannung U_B an. Mittels einer oder zweier Kondensorlinsen *(4)* werden die Elektronen auf einen wenige μm großen Bereich der Probe *(5)* gelenkt. Die Proben müssen so dünn gehalten werden, daß sie von den Elektro-

1.6. Metallographische Sonderverfahren

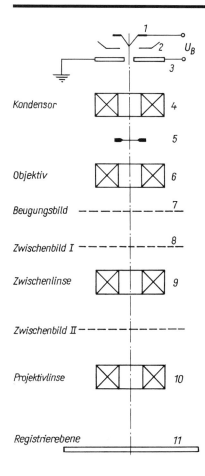

Bild 1.131. Schematischer Aufbau eines Transmissionselektronenmikroskops

nen mit genügender Intensität durchstrahlt werden können und eine unelastische Streuung zu vernachlässigen ist. Die durchstrahlbaren Dicken liegen im Bereich von 0,1 bis 1 µm und steigen mit U_B an. Die von der Probe gestreuten bzw. gebeugten Elektronen gelangen in das Objektiv (6), dessen vordere Brennebene sich etwa in der Präparateebene befindet. Entsprechend den ABBEschen Vorstellungen entsteht in der hinteren Brennebene (7) des Objektivs das Beugungsbild oder primäre Zwischenbild des Objekts und ein objektähnliches Zwischenbild I (sekundäres Zwischenbild) bei (8), das von der Zwischenlinse (9) nachvergrößert wird. Dieses Zwischenbild II wird von der Projektivlinse (10) mit abermaliger Vergrößerung auf die Registrierebene (11) gebracht, um dort mit photographischen Platten registriert oder mit einem Leuchtschirm sichtbar gemacht zu werden (dreistufige Abbildung). Vergleicht man dieses Schema mit dem Aufbau eines Lichtmikroskops in Transmission, wird man unschwer die Analogie beider Mikroskoparten feststellen können.

Das Vakuum in der Mikroskopsäule muß so gut sein, daß die Elektronen auf ihrem Weg von der Quelle bis zur Registrierebene möglichst keine Zusammenstöße mit Molekülen des Restgases erleiden (<1 mPa). Plattenmaterial und Proben werden über Vakuum-

schleusen in das Mikroskop eingebracht. Das Präparat kann in der Ebene senkrecht zur optischen Achse bewegt und auch gekippt werden.
Bedeutungsvoll für den praktischen Einsatz der TEM ist die Möglichkeit, durch Änderung der Brennweite der Zwischenlinse (Änderung des Zwischenlinsenstromes) auch zu einer vergrößerten Abbildung des Beugungsbilds *(7)* vom Objekt zu gelangen. Bei der Untersuchung kristalliner Objekte kann man also sehr einfach neben dem eigentlichen, mikroskopisch vergrößerten Abbild des Objekts auch sein Beugungsbild beobachten, das aus einem eng begrenzbaren Bereich stammt (sogenannte *Feinbereichsbeugung*).

1.6.1.2. Elektronenbeugung

Da die bei der TEM benutzten Wellenlängen der monoenergetischen Elektronen kleiner als die wesentlichen Netzebenenabstände von Kristallen sind, treten Beugungserscheinungen auf, deren Geometrie wie bei der Röntgenbeugung mit Hilfe der BRAGGschen Gleichung beschrieben werden kann. Da das Verhältnis λ/d für Beschleunigungsspannungen U_B zwischen 100 und 1 000 kV in der Größenordnung von $5 \cdot 10^{-2} \gtrsim \lambda/d \gtrsim 2 \cdot 10^{-4}$ liegt, können maximale Glanzwinkel von nur wenig mehr als 1° erwartet werden. Die mit Hilfe des Strahlengangs nach BOERSCH mögliche Vergrößerung des Beugungsbilds gestattet jedoch auch für derartig kleine Glanzwinkel eine gut auswertbare Registrierung der Beugungserscheinungen.

Bei der Untersuchung von vielkristallinen Präparaten ergeben sich in gleicher Weise wie bei der Röntgenbeugung koaxiale Interferenzkegel, ihr Schnitt mit einer senkrecht zur Kegelachse stehenden Fotoplatte ergibt Interferenzdiagramme mit konzentrischen Ringen (Bild 1.132). Das Elektronenbeugungsdiagramm eines einkristallinen Probenbereichs trägt dagegen Punktcharakter, wobei bei entsprechender Kristallorientierung relativ zum Primärstrahl (niedrig indizierte Zonenachsen in der Primärstrahlrichtung) regelmäßige und symmetrische Anordnungen der Interferenzpunkte auftreten (Bild 1.133). Die Ab-

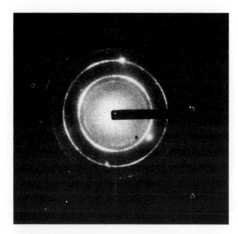

Bild 1.132. Elektronenbeugungsdiagramm von vielkristallinem CrN (Extraktionsabdruck)

Bild 1.133. Elektronenbeugungsdiagramm eines einkristallinen Bereichs von α-Fe

stände R_i der Interferenzpunkte von der Mitte des Diagramms (Durchtrittspunkt des Primärstrahls) bzw. die Ringradien bei Vielkristalldiagrammen werden durch die sogenannte Kameralänge L, die Wellenlänge λ und den Netzebenenabstand d bestimmt. Es gilt (Bild 1.134)

$$R_i = L \cdot \tan 2\vartheta_i \tag{1.85}$$

bzw. unter Verwendung der BRAGGschen Gleichung (1.72)

$$R_i \cdot d_i = \lambda \cdot L \cdot \frac{\tan 2\vartheta_i}{2 \sin \vartheta_i}. \tag{1.86a}$$

Da die Glanzwinkel ϑ_i sehr klein sind, läßt sich mit ausreichender Genauigkeit für $\tan 2\vartheta/2 \sin \vartheta = 1$ setzen, es ergibt sich also

$$R_i \cdot d_i \approx \lambda \cdot L = C \tag{1.86b}$$

$\lambda \cdot L$ wird als Beugungskonstante C bezeichnet. Sie muß für die jeweils angewendeten Betriebsbedingungen (Beschleunigungsspannungen, Vergrößerungen) über Messungen an Standardsubstanzen bestimmt werden, ehe man nach Gleichung (1.86b) aus den R_i die Netzebenenabstände d_i berechnen kann.

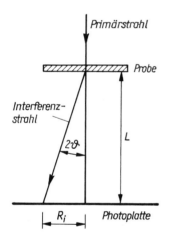

Bild 1.134. Zur Ableitung der Auswertegleichung für Elektronenbeugungsdiagramme

Die Verbindungslinie zwischen dem Mittelpunkt der Aufnahmen und einem Interferenzpunkt charakterisiert die Normalenrichtung der Netzebenenschar, die diesen Interferenzpunkt erzeugt hat. Nach Indizierung eines Einkristallinterferenzdiagramms lassen sich daher verhältnismäßig einfach die Winkel zwischen den verschiedenen Netzebenennormalen bzw. Netzebenen ablesen sowie Orientierungsbestimmungen vornehmen.
Elektronenbeugungsuntersuchungen mit der TEM lassen sich vorteilhaft anwenden zur

- Phasenidentifizierung in kleinsten Probenbereichen anhand von d-Werten bzw. auch von Winkeln zwischen Netzebenennormalen (z. B. Ausscheidungen)
- Orientierungsbestimmung einzelner Kristallite
- Ermittlung der Desorientierung von Subkörnern untereinander
- Bestimmung der Orientierungsbeziehungen zwischen Ausscheidungen und Matrix.

Zu beachten ist, daß die Reproduzierbarkeit einer d-Wert-Bestimmung mit der Elektronenbeugung deutlich schlechter als bei Anwendung der Röntgenbeugung ist. Quantitative Phasenanalysen sind praktisch nicht bzw. nur in Einzelfällen durchführbar.

1.6.1.3. Abdruckverfahren

Da Elektronenstrahlen nur sehr dünne Präparate zu durchdringen vermögen, verbietet sich die Untersuchung kompakter Proben mit der TEM. Eine Möglichkeit, sich von der geometrischen Oberflächenbeschaffenheit einer kompakten Probe Informationen zu verschaffen, besteht in der Anwendung von *Abdrücken* aus amorphen Materialien. Man gewinnt sie, indem man einen geeigneten Lack (z. B. Kollodium) dünn auf die Oberfläche aufbringt (Lackabdruck) oder durch Bedampfen dünne C- oder SiO_2-Schichten auf der Oberfläche erzeugt. Diese Schichten können abgelöst werden und weisen ein geometrisches Negativ der Probenfläche auf, d. h., daß sich Erhebungen in der Probenoberfläche als dünne Bereiche und Vertiefungen als dicke Bereiche im Abdruck wiederfinden. Die Schwächung von Elektronenstrahlen beim Durchgang durch Materie hängt sowohl von der Dichte ϱ als auch von der Schichtdicke t des Präparats ab. Es gilt

$$I = I_0 \exp[-K \cdot \varrho \cdot t]. \tag{1.87}$$

K Konstante, abhängig von der Ordnungszahl, U_B und der genutzten Objektivapertur

Beim Durchstrahlen solcher unterschiedlich dicken Abdruckfolien entstehen also Kontraste, die die Oberflächenmorphologie der Probe widerspiegeln. Weil die Schwächung der Elektronen in sehr dünnen amorphen Proben vorwiegend auf Streuung beruht, müssen die gestreuten Strahlen durch eine Aperturblende in der hinteren Objektivbrennebene teilweise an der Bildentstehung gehindert werden, um zu verwertbaren Kontrasten zu gelangen.

Oberflächenabdrücke enthalten nur Informationen über die geometrische Oberflächenbeschaffenheit der Probe, nicht über ihre Struktur. Aufgrund der kleinen Objektivaperturen bei der TEM zeichnen sich die Abdruckaufnahmen durch eine hohe Schärfentiefe aus (s. Bild 1.135). Sie eignen sich hervorragend zur Untersuchung geätzter Schliffe oder auch von Bruchflächen, wobei je nach Qualität des Abdruckes Auflösungsgrenzen um 5 nm erreicht werden (Abbildungsmaßstäbe bis etwa 50 000:1). Diese Untersuchungstechnik, die oft auch als Elektronenmetallographie bezeichnet wird, stellt eine wichtige Ergänzung der konventionellen Lichtmikroskopie dar, deren Auflösungsgrenze bekanntlich bei wenigen Zehntel μm liegt.

Eine spezielle Art der Abdrucktechniken stellt das *Extraktionsabdruckverfahren* dar. Dabei wird ein Schliff selektiv so geätzt, daß möglichst nur die metallische Matrix gelöst wird, um vorhandene Teilchen wie Ausscheidungen oder Einschlüsse aus der Oberfläche herausragen zu lassen. Stellt man von einem so präparierten Schliff einen Abdruck her, werden diese Teilchen beim Abheben des aufgebrachten Films mit ihm abgerissen (extrahiert), sie befinden sich original im Abdruck. Die TEM-Untersuchung der Extraktionsabdrücke vermittelt nicht nur Information über Form, Größe und Verteilung der Teilchen (s. Bild 1.136), sondern gestattet außerdem eine Phasenidentifizierung mit Hilfe der Elektronenbeugung.

1.6. Metallographische Sonderverfahren

Bild 1.135. TEM-Aufnahme eines Oberflächenabdrucks von Aluminium

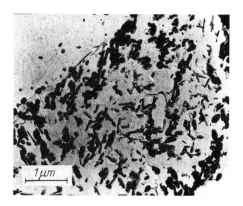

Bild 1.136. TEM-Aufnahme eines Extraktionsabdrucks von einem höherfesten schweißbaren Baustahl

1.6.1.4. Untersuchung kristalliner Objekte

Bestrahlt man kristalline Objekte mit Elektronen, beobachtet man nicht wie bei amorphen Objekten eine in allen Raumrichtungen auftretende Streustrahlung, sondern diskrete Interferenzen in ausgezeichneten Raumrichtungen, die durch die BRAGGsche Gleichung festgelegt werden. (Sie können als vergrößerte Abbildung des Beugungsbilds in der hinteren Objektivbrennebene sichtbar gemacht werden.) Durch entsprechende Wahl der Aperturblende kann nun erreicht werden, daß diese Interferenzstrahlen nicht zur Abbildung beitragen, wie es im Bild 1.137a veranschaulicht wurde. Das Bild des Objekts wird in diesem Fall durch die Intensität des interferenzgeschwächten Primärstrahls $I_H = I_0 - \sum_i I_i$ (I_i Interferenzintensitäten, I_0 Intensität des Primärstrahls) bestimmt. Man spricht von einer *Hellfeldabbildung*. Bildkontraste ergeben sich dann, wenn sich die Inter-

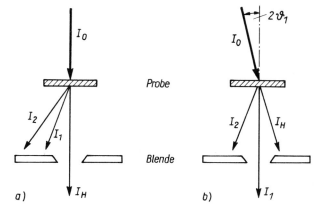

Bild 1.137. Hellfeld- (*a*) und Dunkelfeldabbildung (*b*) bei der Transmissionselektronenmikroskopie

ferenzintensitäten, die von verschiedenen Probenorten ausgehen, hinreichend voneinander unterscheiden (Beugungskontraste). Das kann geschehen durch

- sich lokal ändernde Orientierungen (Gitterkrümmungen, diskontinuierliche Orientierungsübergänge an Korn- und Subkorngrenzen)
- wechselnde Präparatdicken (sogenannte Keilinterferenzen)
- lokale geometrische oder chemische Störungen des Kristallaufbaus (z. B. Versetzungen, Stapelfehler, Loops, Ausscheidungen, GP-Zonen, Zwillingslamellen).

Bild 1.138 stellt Beispiele der TEM-Abbildung von wichtigen Kristallbaufehlern zusammen (Hellfeld). Übersichtliche und leichter deutbare Kontraste ergeben sich dann, wenn man die Probe durch entsprechendes Kippen so orientiert, daß nur eine starke Interferenz angeregt wird (Zweistrahlfall). Unter solchen Bedingungen können durch theoretische Kontrastanalysen bei Variation der Abbildungsbedingungen Einzeldefekte sehr detailliert untersucht werden (z. B. BURGERS-Vektor-Bestimmung von Versetzungen).

Neben der Hellfeldanordnung läßt sich auch eine *Dunkelfeldanordnung* verwirklichen. Bei ihr wird der interferenzgeschwächte Primärstrahl durch die Aperturblende unterdrückt, und lediglich die Interferenzstrahlung (in der Regel nur eines Reflexes) trägt zur Abbildung bei (Bild 1.137). Das wird zweckmäßigerweise so realisiert, daß der Primärstrahl um 2ϑ geneigt zur optischen Achse einfällt, weil dann der Interferenzstrahl in der optischen Achse selbst verläuft, was hinsichtlich der optischen Güte der Abbildung anzustreben ist. Das Dunkelfeldbild ist in seinen Kontrasten komplementär zum Hellfeldbild, wie der Vergleich im Bild 1.138a zeigt. Vorteilhaft kann man z. B. die Dunkelfeldabbildung zur Untersuchung von orientierten Ausscheidungen einsetzen, wenn man eine spezifische Ausscheidungsinterferenz zur Abbildung wählt.

Wegen der geringen durchstrahlbaren Dicken, sie liegen je nach Strahlspannung und Probenmaterial im Bereich von $\approx 0{,}1$ bis $1\,\mu\text{m}$, ist es für die TEM-Untersuchung kristalliner Proben notwendig, sehr dünne Folien verformungsfrei zu präparieren. Das geschieht nach anfänglicher mechanischer Präparation meist durch spezielle chemische oder elektrochemische Dünnungsverfahren und ist relativ aufwendig.

Die Transmissionselektronenmikroskopie kristalliner Objekte kann bei Nutzung der elektronenmikroskopischen Abbildung in Kombination mit der Elektronenbeugung bei folgenden Fragestellungen eingesetzt werden:

- Phasenidentifizierung in Mikrobereichen
- Analyse von Nahordnungs- und -entmischungserscheinungen in Mischkristallen
- Analyse von Ausscheidungen hinsichtlich ihrer Art, Form und Verteilung sowie ihrer Orientierungsbeziehungen zur Matrix
- Untersuchung von Versetzungen bezüglich ihrer Linien- und Burgersvektoren, ihrer Dichte und ihrer Anordnung
- Bestimmung der kristallographischen Charakteristika von Stapelfehlern, Versetzungsloops, Antiphasengrenzen und Zwillingen
- Orientierung von Einzelkristalliten
- Größe und Form von Subkörnern sowie deren Desorientierungen
- Untersuchungen zur Struktur von Korn- und Subkorngrenzen
- Wechselwirkungen zwischen verschiedenen Defektarten (z. B. von Versetzungen und Ausscheidungen).

1.6. Metallographische Sonderverfahren

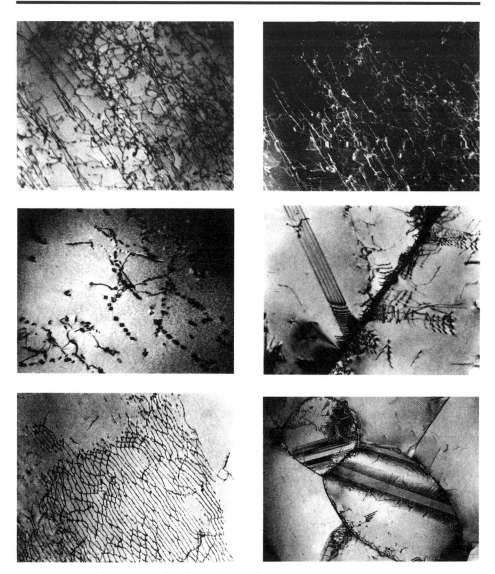

Bild 1.138. TEM-Abbildungen von Gitterfehlern in kristallinen Präparaten
oben: Versetzungen (Hell- und Dunkelfeld)
Mitte, links: Ausscheidungen
Mitte, rechts: Stapelfehler am Ende einer Versetzungsaufstauung in Korngrenzennähe
unten, links: Korngrenzstruktur
unten, rechts: Zwilling

Die TEM ist damit eine wesentliche Methode für die Untersuchung von Verformungs-, Erholungs- und Rekristallisationsvorgängen, von Ausscheidungsprozessen, Phasenumwandlungen und von Defektstrukturen, die sich bei der Bildung des Primärgefüges bzw. bei der Züchtung von Einkristallen einstellen.

1. Metallographische Arbeitsverfahren

1.6.2. Elektronenstrahlmikrosonde

Unter einer Elektronenstrahlmikrosonde versteht man ein Gerätesystem, das die technischen Möglichkeiten für die Durchführung von Röntgenspektralanalysen in Mikrobereichen (Elektronenstrahl-Mikroanalysator) und eines Rasterelektronenmikroskops in sich vereinigt. Diese Gerätekombination bietet eine Vielzahl von metallkundlichen Untersuchungsmöglichkeiten und ist heute aus dem Repertoire einer modernen Werkstoffanalytik nicht mehr wegzudenken. In den nachfolgenden Abschnitten soll daher kurz auf die Wirkungsweise, einige Fragen der Gerätetechnik sowie die Einsatzmöglichkeiten der Elektronenstrahlmikroanalyse und Rasterelektronenmikroskopie eingegangen werden.

1.6.2.1. *Zur Wechselwirkung zwischen beschleunigten Elektronen und Materie*

In einer Elektronenstrahlmikrosonde trifft ein Elektronenstrahl, der mittels elektronenoptischer Elemente (Linsen) fein fokussiert wurde, auf die Probe und erzeugt so in einem sehr kleinen Probenbereich (Durchmesser $\lesssim 1\,\mu m$) durch Wechselwirkung mit den Probenatomen eine Reihe von Sekundärstrahlungen oder Signalen, die mittels geeigneter Detektoren registriert und analysiert werden können. Dazu zählen im wesentlichen die charakteristische Röntgenstrahlung, die Bremsstrahlung und die Katodolumineszenzstrahlung als elektromagnetische Strahlungen, die rückgestreuten Elektronen und die Sekundärelektronen als Elektronenstrahlungen sowie die von der Probe absorbierten Elektronen.

Über die Entstehung der Röntgenbremsstrahlung sowie der elementspezifischen, charakteristischen Röntgenstrahlung wurde bereits berichtet. Bedeutung für eine Mikroanalyse im chemischen Sinn hat nur die charakteristische Röntgenstrahlung, deren Wellenlängen λ_i bzw. Quantenenergien $h \cdot v_i = h \cdot \dfrac{c}{\lambda_i}$ durch die Ordnungszahl der angeregten Elemente bestimmt werden (MOSELEYsches Gesetz (1.76)). Die Intensität der charakteristischen Spektrallinien wird durch die Konzentration des betreffenden Elements in der Probe bestimmt.

Unter *Katodolumineszenzstrahlung* versteht man eine durch einen Elektronenstrahl angeregte elektromagnetische Strahlung mit Wellenlängen im sichtbaren Bereich bzw. in den unmittelbar daran angrenzenden Spektralbereichen (IR, UV). Sie tritt insbesondere bei halbleitenden Materialien auf und kann zu deren Realstrukturanalyse herangezogen werden.

Beim Auftreffen der primären Elektronen wird ein Teil von ihnen durch eine COULOMB-Wechselwirkung mit den Atomkernen der Probe elastisch rückgestreut, d. h., sie treten praktisch ohne Energieverluste aus der Probenoberfläche wieder aus.

Die Intensität dieser Rückstreuelektronen ist im wesentlichen eine Funktion der Ordnungszahl Z (Kernladungszahl) und des Winkels α, unter dem die Probenoberfläche zum primären Elektronenstrahl steht.

Ein Teil der primären Elektronen ionisiert Probatome. Die dabei aus dem Atomverband herausgelösten Elektronen, die eine deutlich geringere kinetische Energie als die einfallenden Elektronen aufweisen, bezeichnet man als Sekundärelektronen. Aufgrund ihrer kleinen kinetischen Energie von $\lesssim 100\,eV$ können sie nur dann aus der Probenoberfläche austreten, wenn sie in geringen Tiefen gebildet wurden (wenige nm). Die Intensität der Sekundärelektronen hängt stark vom Winkel α, jedoch kaum von der Ordnungszahl der Probenelemente ab.

Die von der Probe absorbierten Elektronen können in einfacher Weise als Probenstrom gemessen werden. Da die Summe der absorbierten, der rückgestreuten und der Sekundärelektronen gleich den primären Elektronen sein muß, gilt, daß der Probenstrom wie die rückgestreuten Elektronen durch die Ordnungszahl der Probenatome sowie den Neigungswinkel α der Probenoberfläche relativ zur Primärstrahlenrichtung bestimmt wird. Probenstrom und Intensität der rückgestreuten Elektronen stehen aber komplementär zueinander.

1.6.2.2. Aufbau einer Elektronenstrahlmikrosonde

Der prinzipielle Aufbau einer Elektronenstrahlmikrosonde ist dem Bild 1.139 zu entnehmen. Der Elektronenstrahl wird von der aus einer Katode *(1)*, einem WEHNELT-Zylinder *(2)* und einer Anode *(3)* bestehenden Elektronenquelle gebildet. Die Beschleunigungsspannung zwischen der Katode und der Anode beträgt gewöhnlich 5 bis 50 kV. Mit Hilfe einer Kondensor- *(4)* und einer Objektivlinse *(5)* wird der primäre Elektronenstrahl auf die Probe *(6)* fokussiert, wobei sein Durchmesser je nach Beschleunigungsspannung, Pro-

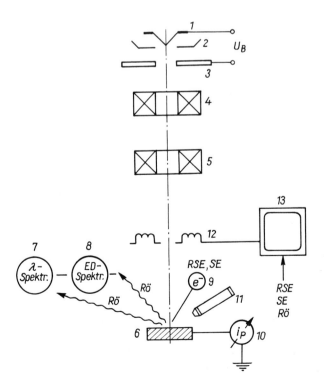

Bild 1.139. Schematischer Aufbau einer Elektronenstrahlsonde

benstrom und auch Qualität der elektronenoptischen Elemente Werte zwischen wenigen nm und ≈ 10 µm annehmen kann. Die am bestrahlten Probenort entstehende charakteristische Röntgenstrahlung wird entweder durch wellenlängendispersive Spektrometer *(7)* oder ein energiedispersives Detektionssystem *(8)* analysiert. Spezielle Detektionssysteme gestatten die Registrierung der sekundären und der rückgestreuten Elektronen *(9)* bzw. der absorbierten Elektronen *(10)* (Probenstrom). Die Probe selbst wird über eine Probenschleuse in die evakuierte elektronenoptische Säule eingebracht; sie kann in definierter Weise in x-, y- und z-Richtung verschoben bzw. auch gekippt werden.

Ein optisches Mikroskop *(11)* dient der Auswahl und einer Sichtkontrolle des zu untersuchenden Probenbereichs. Mit einer solchen Anordnung kann zunächst nur punktweise bzw. in dem Maß linien- oder flächenhaft analysiert werden, wie es die Bewegungen des Probentischs erlauben. Durch Einfügen von Ablenk- oder Scanning-Spulen *(12)* in den Strahlengang ist aber auch ein rasches, flächenhaftes Abtasten begrenzter Probenbereiche möglich. Koppelt man diese Scanning-Bewegung des primären Elektronenstrahls mit der Strahlauslenkung einer geeigneten Bildröhre *(13)* und steuert die Helligkeit ihres Strahls durch die Intensität, die von einem der Detektionssysteme registriert wird, erhält man eine vergrößerte rasterelektronenmikroskopische Abbildung des abgetasteten Probenbereichs.

1.6.2.3. *Elektronenstrahlmikroanalyse*

Die bei der Wechselwirkung des primären Elektronenstrahls mit der Probe angeregte charakteristische Röntgenstrahlung besteht aus diskreten Spektrallinien, deren Wellenlängen λ_i bzw. Quantenenergien $h \cdot v_i = h \cdot c / \lambda_i$ von den Ordnungszahlen und deren Intensitäten von den Gehalten der im angeregten Probenvolumen vorhandenen Elemente bestimmt werden. Eine Spektralanalyse dieser Röntgenstrahlung erlaubt also sowohl eine qualitative als auch eine quantitative chemische Analyse. Zur *Spektralanalyse* verwendet man zwei unterschiedliche Wirkprinzipien. Einmal können mit Hilfe der selektiven BRAGG-Reflexion der Strahlung an einem Einkristall mit definiertem Netzebenenabstand die in der Strahlung vorkommenden Wellenlängen λ_i und Intensitäten ermittelt werden. Dazu ist es im wesentlichen notwendig, entsprechend der BRAGGschen Gleichung (1.72) den Winkel zwischen der reflektierenden Netzebenenschar des Analysatorkristalls und der zu analysierenden Röntgenstrahlen gezielt zu verändern und die Interferenzstrahlung einem geeigneten Detektor zuzuführen. Die ϑ_i, bei denen Interferenzmaxima gefunden werden, können dann leicht über die BRAGGsche Gleichung in die gesuchten Wellenlängen λ_i umgerechnet werden *(wellenlängendispersive Spektrometrie)*. Die Netzebenenabstände der eingesetzten Analysatorkristalle sind dabei den zu vermessenden Wellenlängenbereichen bzw. den Ordnungszahlen der Elemente anzupassen. Übliche Analysatorkristalle sind: LiF ($d = 0{,}202$ nm, $0{,}1 \leq \lambda_i \leq 0{,}35$ nm), Pentaerythrit-PET ($d = 0{,}44$ nm, $0{,}2 \leq \lambda_i \leq 0{,}8$ nm), Kaliumphthalat-KAP ($d = 1{,}33$ nm, $0{,}6 \leq \lambda_i \leq 2{,}4$ nm) und Stearat ($d = 5$ nm, $2{,}2 \leq \lambda_i \leq 10$ nm). Der untersuchbare Elementbereich ist $Z \geq 4$, d.h., alle Elemente des Periodensystems von Be an aufwärts können analysiert werden. Die Nachweisgrenzen für die leichten Elemente ($Z \lesssim 10$) liegen um $\approx 0{,}05$ Masse-%, die der übrigen Elemente ($Z \gtrsim 10$) bei $\approx 0{,}01$ Masse-%. Da die Mikrosonden mit bis zu fünf Spektrometern ausgerüstet sind, können mehrere Elemente gleichzeitig bestimmt werden.

1.6. Metallographische Sonderverfahren

Eine zweite Möglichkeit einer Spektralanalyse bietet der Einsatz von energieauflösenden Halbleiterdetektionssystemen, die jedes absorbierte Strahlungsquant in einen elektrischen Impuls umwandeln, dessen Höhe proportional zur Quantenenergie ($h \cdot v_i$) ist. Über einen Vielkanalanalysator werden die auf den Detektor fallenden Quanten in Abhängigkeit von ihrer Quantenenergie registriert. Man erhält ein dem Wellenlängenspektrum entsprechendes Energiespektrum der charakteristischen Röntgenstrahlen. Dieses elegante Verfahren arbeitet sehr schnell, da es die Spektrallinien aller Probenelemente gleichzeitig erfaßt.

Es zeichnet sich weiterhin durch eine hohe Nachweiseffektivität bzw. Nachweisempfindlichkeit aus und kann daher besonders vorteilhaft bei geringen Strahlströmen, wie sie in der Rasterelektronenmikroskopie üblich sind, eingesetzt werden. Einfache Rastermikroskope werden daher im allgemeinen mit energiedispersiven Spektralanalysezusätzen ausgerüstet. Einschränkungen erfährt die *energiedispersive Spektrometrie* allerdings dadurch, daß das Energieauflösungsvermögen nur ≈ 100 eV beträgt und lediglich Elemente mit Ordnungszahlen $Z \gtrsim 10$ analysiert werden können. Die quantitative chemische Analyse geht von den Intensitäten der wellenlängen- bzw. energiedispersiv vermessenen Spektrallinien aus. Sie werden auf die Intensitäten der entsprechenden Spektrallinien von in ihrer Zusammensetzung genau bekannten Standardproben bezogen, die die zu analysierenden Elemente in angemessenen Konzentrationen enthalten. Aus diesen Verhältnissen können nach zum Teil recht umfangreichen iterativ durchzuführenden Korrekturen die gesuchten Konzentrationen berechnet werden. Bezüglich der anzuwendenden Korrekturen muß auf die Fachliteratur verwiesen werden.

Die Proben, die gewöhnlich Abmessungen von $\approx (20 \times 20 \times 20)$ mm nicht überschreiten sollen, müssen für quantitative Analysen polierte ebene Flächen besitzen. Sie werden meist mit den üblichen metallographischen Schliffpräparationsverfahren hergestellt. Mittels der Elektronenstrahlmikroanalyse können qualitative und quantitative chemische Analysen in »punktförmigen« Probenbereichen von 1 bis 3 µm Durchmesser durchgeführt werden (Untersuchung einzelner Körner, Einschlüsse oder Ausscheidungen). Zu *Linienanalysen* gelangt man, indem die Probe in einer Richtung bewegt bzw. der Elektronenstrahl mit dem Ablenksystem über die Probe geführt wird. Mit ihr untersucht man Konzentrationsverläufe in Diffusionsbereichen, wie sie z. B. bei chemisch-thermischen Oberflächenbehandlungen, Entkohlung, Seigerungen oder Ausscheidungen entstehen können. Will man quantitative Informationen über die Homogenität in ausgewählten Probenbereichen gewinnen, ist es notwendig, ein Punktanalysenraster abzufahren oder zahlreiche Linienanalysen bei definierten Linienabständen durchzuführen *(Flächenanalysen)*. Für qualitative Flächenanalysen wendet man oft rasterelektronenmikroskopische Untersuchungsvarianten an.

Häufig steht der Mikroanalytiker vor dem Problem, die Art einzelner Gefügebestandteile bestimmen zu müssen *(qualitative Phasenanalyse)*. Das gelingt dann, wenn der untersuchte Probenbereich von einigen µm³ chemisch und strukturell homogen ist und über Stöchiometriebetrachtungen aus dessen chemischer Zusammensetzung eindeutig auf die Phasenart geschlossen werden kann. Quantitative Phasenanalysen erfordern aufwendige Linien- bzw. Flächenanalysen und sollten nur dann durchgeführt werden, wenn andere einfachere Methoden, wie die Röntgenbeugung bzw. die quantitative Metallographie, nicht anwendbar sind.

1.6.2.4. Rasterelektronenmikroskopie

Das Prinzip eines Rasterelektronenmikroskops (REM) besteht darin, daß ein primärer Elektronenstrahl mit Hilfe geeigneter Ablenksysteme definiert über die Probe wandert und ein synchron gelenkter Elektronenstrahl einer Bildröhre, dessen Intensität über die Intensität eines vom primären Elektronenstrahl angeregten Signals gesteuert wird, auf dem Bildschirm ein vergrößertes Bild aufzeichnet. Dieses Bild kann photographiert oder auch auf elektronische Bildspeicher- bzw. -analysensysteme übertragen werden. Mit einem Rastermikroskop erreicht man je nach Qualität des Geräts und verwendeter Signalart sinnvolle Abbildungsmaßstäbe bis zu $\approx 50\,000:1$. Als helligkeitssteuernde Signale können die charakteristische Röntgenstrahlung, Sekundärelektronen, rückgestreute Elektronen, der Probenstrom und bei entsprechend ausgestatteten Systemen die Katodolumineszenzstrahlung genutzt werden.

Sekundärelektronenbilder (SE-Bilder):
Die registrierten Sekundärelektronen stammen aus sehr geringen Probentiefen, was bedeutet, daß die erzielbare Auflösungsgrenze praktisch durch den Strahldurchmesser gegeben ist. Er kann bei guten Geräten bis auf ≈ 3 nm reduziert werden. Bei vergleichbaren Abbildungsmaßstäben ist die Schärfentiefe von SE-Bildern etwa 2 Größenordnungen besser als die der Lichtmikroskopie (z. B. bei 1 000:1 um 100 µm). Die Kontraste von SE-Bildern ergeben sich im wesentlichen aus der Abhängigkeit der SE-Intensität vom Neigungswinkel α zwischen der Richtung der primären Elektronen und der Probenoberfläche, man bezeichnet sie als *Topographiekontraste*. Eine Ordnungszahlabhängigkeit tritt praktisch nicht auf. SE-Bilder eignen sich hervorragend zur Untersuchung von Oberflächentopographien, z. B. von Bruchflächen, geätzten, verschlissenen oder korrodierten Oberflächen (Bild 1.140).

Rückstreuelektronenbilder (RSE-Bilder):
RSE-Bilder weisen sowohl einen Topographie- als auch einen *Ordnungszahlkontrast* auf. Durch spezielle Bildmanipulationen kann der Topographiekontrast unterdrückt werden, so daß dann RSE-Bildkontraste allein als lokale Änderungen der mittleren Ordnungszahl des Probenbereichs gedeutet werden können (Bild 1.141). RSE-Bilder weisen eine beträchtlich schlechtere Auflösungsgrenze als SE-Bilder auf (0,1 bis 1 µm). Man verwendet sie, wenn man Bereiche unterschiedlicher chemischer Zusammensetzung sichtbar machen will.

Bild 1.140. Rastermikroskopisches Sekundärelektronenbild der Bruchfläche eines hochlegierten Stahls (Sprödbruchauslösung an einem nichtmetallischen Einschluß)

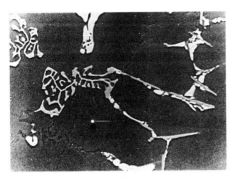 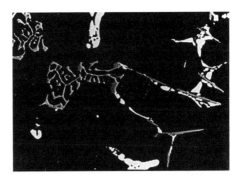

Bild 1.141. Intermetallische Verbindungen in einer Aluminium-Gußlegierung
links: Sekundärelektronenbild (starker Topographiekontrast)
rechts: Rückstreuelektronenbild (starker Ordnungszahlkontrast)

Röntgenbilder:
Bei der Aufnahme von Röntgenbildern werden die vom Spektrometerdetektor nachgewiesenen Quanten einer ausgewählten Spektrallinie eines Elements flächenhaft registriert. Dabei erfolgt entsprechend dem statistischen Charakter der Quantenemission im angeregten Probengebiet eine punktförmige Strukturierung der Bilder, wobei die lokale Punktdichte proportional der jeweiligen Spektrallinienintensität ist (Bild 1.142). Man erhält so die halbquantitative Flächenverteilung des ausgewählten Elements. Nimmt man den gleichen Probenbereich mit den Spektrallinien weiterer Elemente auf, ergeben sich komplementäre Verteilungsbilder, wie sie im Bild 1.142 dargestellt sind. Auf diese Weise lassen sich sehr anschauliche Schliffbildinterpretationen durchführen.

1.6.3. Mikrohärtemessung

Die Härte ist der Widerstand eines Körpers gegen das Eindringen eines härteren Prüfkörpers (Eindringkörper). Dies gilt auch für die Mikrohärte. Es ist lediglich zu beachten, daß der Widerstand des Körpers in einem Mikrobereich gegen das Eindringen des Prüfkörpers gemeint ist, der Eindringkörper dementsprechend klein sein muß und mit Prüfkräften zwischen 0,01 und 2 N (0,001 bis 0,2 kp) belastet wird. Der Prüfkörper hinterläßt auf der präparierten Anschlifffläche einen Härteeindruck, der ausgemessen wird. Durch Quotientenbildung aus Prüfkraft und Meßgröße des Mikroeindrucks wird eine Kenngröße für die Mikrohärte errechnet, weshalb diese Verfahren auch als *Mikroeindruck-Härtemessungen* bezeichnet werden. Der Härteeindruck besitzt unter der Probenoberfläche eine Einflußzone, deren plastischer Bereich der Einfachheit wegen als Halbkugel angenommen wird (Bild 1.143). Je nach Lage des Eindrucks und dieser Einflußzone zu den Strukturdetails können unterschiedliche Mikrohärten bestimmt werden. Enthält das Gefüge z.B. zwei unterschiedlich harte Bestandteile, dann können entsprechend Bild 1.143 drei verschiedene Mikrohärten, die sich auch in ihren Werten voneinander unterscheiden, angegeben werden. Die *Gefügehärte* wird bestimmt, wenn vom Eindruck und seiner Einflußzone beide Bestandteile erfaßt werden (Teilbild *a*). Liegt der Eindruck in nur einem der angeschnittenen Körner und befinden sich in der Einflußzone mehrere Körner desselben Gefügebe-

176 1. Metallographische Arbeitsverfahren

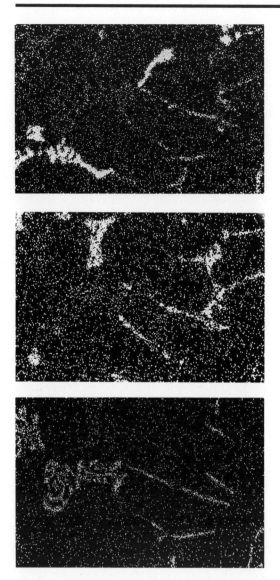

Bild 1.142. Intermetallische Verbindungen in einer Aluminium-Gußlegierung (vgl. Bild 1.141). Röntgenrasterbilder
oben: Si-K_α-Verteilung
Mitte: Cu-K_α-Verteilung
unten: Fe-K_α-Verteilung

standteils (Teilbild b), dann wird eine *Vielkristallhärte* gemessen. Liegen Eindruck und Einflußzone in einem Mikrobereich, der nur von einem Kristalliten gebildet wird (grobkörniges Gefüge, Einkristall), dann spricht man von der *Einkristallhärte*. Diese unterschiedlichen Mikrohärten müssen beachtet werden, besonders dann, wenn kompliziert aufgebaute Gefüge vorliegen. So wird verständlich, daß bei der Charakterisierung einer chemisch-thermisch aufgebrachten Oberflächenschicht mit Hilfe von Mikrohärtemessungen meistens Gefügehärtewerte ermittelt werden. An einer Schliffprobe aus einer grobkörnigen einphasigen Legierung (mittlere lineare Korngröße $\gtrsim 100\ \mu\text{m}$) wird dagegen häufig die Einkristallhärte gemessen werden.

1.6. Metallographische Sonderverfahren 177

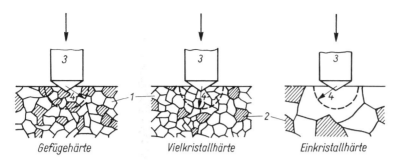

Bild 1.143. Schematische Darstellung zum Einfluß der Gefügeausbildung auf die Mikrohärte
1 weicher Gefügebestandteil, *2* harter Gefügebestandteil, *3* Prüfkörper, *4* Radius der Einflußzone

Zur Messung der Mikrohärte metallischer Werkstoffe wird am häufigsten das Prüfverfahren nach VICKERS angewandt, in Sonderfällen auch das nach KNOOP. Bild 1.144 enthält die wichtigsten Angaben zu beiden Verfahren. Aufgrund der unterschiedlichen Formen der Eindringkörper entsteht bei VICKERS ein quadratischer Eindruck, bei KNOOP ein rhombischer. Die Bestimmung der VICKERS-Härte erfolgt über ein Ausmessen der Diagonalen (mit Mittelwertsbildung). Zur Ermittlung der KNOOP-Härte wird die Länge des rhombischen Eindruckes herangezogen. Die Messung der Diagonalen bzw. der Eindrucklänge erfolgt mit Hilfe eines vorher geeichten Meßschraubenokulars. Bei gleicher Prüfkraft ist l nahezu das Dreifache von d, und die Eindringtiefe der KNOOP-Pyramide beträgt $\frac{2}{3}$ von derjenigen der VICKERS-Pyramide (dritte Längsspalte). Letzteres ist der Grund, weshalb die Mikrohärtemessung nach KNOOP besonders für die Oberflächenhärte bei harten und/oder spröden Werkstoffen (z. B. gehärteten Stählen oder verschleißfesten Oberflächenschichten) sowie bei dünnen Folien ($s < 100$ µm) und extrem dünnen Schichten (z. B. Oxid- oder Karbidschichten) bevorzugt angewandt wird. Die Forderung nach einer Eindringtiefe von maximal $\frac{1}{10}$ der Schichtdicke läßt sich mit dem KNOOP-Verfahren durch die Wahl der Belastung besser realisieren. Außerdem kann unter diesen Bedingungen der größeren Länge des rhombischen Eindrucks bequemer gemessen werden als bei den ohnehin schon kleineren Diagonalen des VICKERS-Eindrucks.
Im Bild 1.144 unten sind die Auswerteformeln und die Bezeichnung der Kenngrößen für die relative Mikrohärte beider Verfahren angegeben. Die nach der Gleichung (1) ermittelte Kenngröße der VICKERS-Mikrohärte ist genormt (TGL 39 274). Bei der Ermittlung der relativen Härte, die Vergleichszwecken dient, beschränkt man sich auf die Messung bei einer einmal festgelegten Prüfkraft. Sie muß aber wegen der Lastabhängigkeit der Mikrohärte mit angegeben werden. Beispiele sind dem Bild 1.144 zu entnehmen. Beträgt die Krafthaltedauer bei der Mikrohärteprüfung nach VICKERS 30 s, dann muß dies aus der Kenngröße hervorgehen, z. B. HV 0,05/30. Die Kenngröße der relativen KNOOP-Mikrohärte berücksichtigt die Prüfkraft in gleicher Weise. Oft genügen Relativmessungen mit konstanter Prüfkraft zur Beurteilung von Härteunterschieden einzelner Mikrobereiche. Die Gleichungen (1) und (2) im Bild 1.144 werden auch für die Ermittlung der absoluten (wahren oder standardisierten) Mikrohärte benutzt. Hierbei wird aber zusätzlich die Lastabhängigkeit der Mikrohärte erfaßt, indem die Messung bei verschiedenen Prüfkräften wiederholt wird. Die anzugebenden Härtewerte sind im Fall der VICKERS-Härte drei, und zwar diejenigen, die sich vereinbarungsgemäß bei Eindrucksdiagonalen von 5, 10

1. Metallographische Arbeitsverfahren

Verfahren	Vickers	Knoop
Diamant-Eindringkörper: (nicht maßstabsgerecht):	quadratische Pyramide Flächenwinkel $\gamma = 136°$ 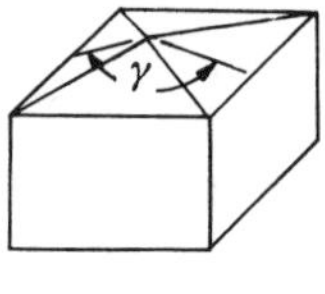	rhombische Pyramide großer Kantenwinkel $\alpha = 172°30'$ kleiner Kantenwinkel $\beta = 130°$ 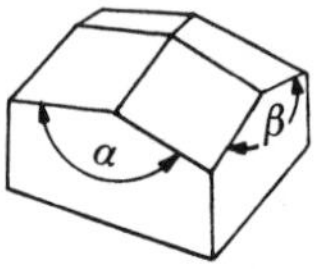
Eindruck und Meßgrößen:	$d = \dfrac{d_1 + d_2}{2}$ 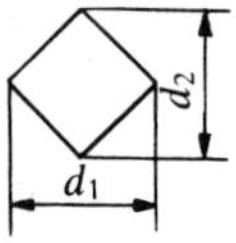	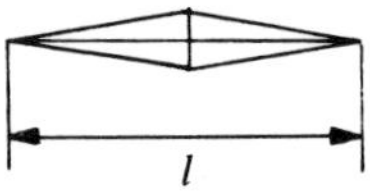 l
Eindringtiefe:	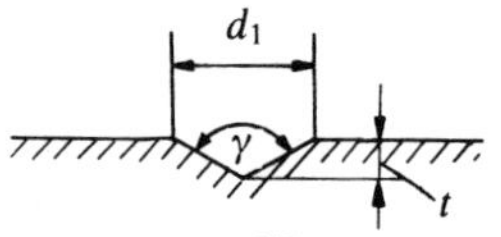 $t \approx d/7$	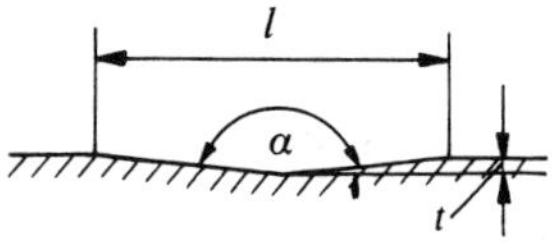 $t \approx l/30$
Kenngröße und Formel (relative Mikrohärte): Belastung (Prüfkraft) F in N; Mittelwert der Diagonalen d bzw. Länge l in μm	$HV(\text{F in kp})^* = \dfrac{189 \cdot 10^3 \, F}{d^2}$ (1) * lt. TGL 39274 z. B. für Krafthaltedauer von 10 bis 15 s u. $F = 0{,}2$ N $(= 0{,}02$ kp$)$ HV 0,02	$HK(\text{F in kp}) = \dfrac{1452 \cdot 10^3 \, F}{l^2}$ Beispiel: $F = 1$ N $(= 0{,}1$ kp$)$ HK 0,1

Bild 1.144. Mikroeindruck-Härteprüfung nach VICKERS und KNOOP

und 20 μm ergeben. Dies wird auch mit entsprechenden Kennzahlen ausgedrückt (z. B. *HV* 5 μm, *HV* 10 μm und *HV* 20 μm). Die Angabe absoluter Mikrohärtewerte erlaubt, trotz der Lastabhängigkeit vergleichbare Mikrohärten zu ermitteln. Beispiele für die Messung absoluter und relativer VICKERS-Mikrohärten sind weiter unten aufgeführt.

Die Mikrohärtewerte nach VICKERS und KNOOP sind nicht miteinander vergleichbar bzw. können nicht umgerechnet werden, weil zur Herleitung der Gl. (1) die Eindruckoberfläche verwendet wird, in Gl. (2) aber die Projektionsfläche.

Aufgrund der begrenzten Auflösung des Mikroskops werden die Längen d_1 und d_2 bzw. l immer zu kurz gemessen. Wird die Verkürzung in Abhängigkeit von der Objektivapertur als Maß für die Auflösungsgrenze grafisch dargestellt, ergeben sich die im Bild 1.145 wiedergegebenen Fehlerbereiche. Der Verkürzungsfehler sinkt mit steigender Apertur, ist aber auch deutlich abhängig von der Form des Eindringkörpers. Da die Enden des sehr spitz auslaufenden KNOOP-Eindrucks schwerer zu erkennen sind als die Ecken des VICKERS-Eindrucks, beträgt der Verkürzungsfehler beim KNOOP-Verfahren etwa das 7fache von dem des VICKERS-Verfahrens. Um den Verkürzungsfehler vernachlässigbar klein zu

1.6. Metallographische Sonderverfahren

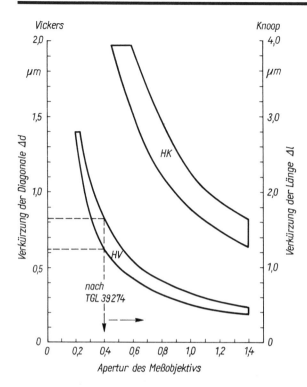

Bild 1.145. Verkürzung der ausgemessenen Diagonalen infolge der begrenzten Auflösung des Mikroskops (nach MOTT und OETTEL)

halten, wird für die VICKERS-Härtemessung gefordert, daß die Apertur des Meßobjektivs >0,4 betragen soll (Bild 1.145). Ein weiterer Nachteil des KNOOP-Verfahrens wird sichtbar, sobald die Einkristallhärte ermittelt werden soll. Die kristallographische Anisotropie der Einkristallhärte, besonders bei hexagonalen Gitterstrukturen, läßt sich an der Form des VICKERS-Eindrucks eindeutiger erkennen als am KNOOP-Eindruck. Letzterer muß in solchen Fällen mehrmals mit der gleichen Prüfkraft in unterschiedlichen Richtungen eingebracht werden.

Um eine Beeinflussung der Härteeindrücke durch Probenränder, benachbarte Gefügebestandteile, Korngrenzen oder durch die Einflußzone eines nächst gelegenen Härteeindrucks selbst auszuschließen, müssen ausreichende Abstände eingehalten werden. Sie sollen gemessen vom Eindruckmittelpunkt beim VICKERS-Verfahren mindestens das 2fache der Eindruckdiagonalen betragen.

Die Mikroeindruck-Härtemessung muß sehr sorgfältig durchgeführt werden, ansonsten führt die Vielzahl der experimentellen Fehler nicht nur zu weiten Streuungen und Widersprüchen in den Meßergebnissen, sondern auch zu Fehlaussagen und zum Ausbleiben der Reproduzierbarkeit. Von den drei möglichen Fehlergruppen sollen hier nur solche Fehler angesprochen werden, die nicht sofort erkennbar sind und deshalb auch bei Routinemessungen kaum korrigiert werden.

Formungenauigkeit (Abnutzung, Abplatzungen) und schlechte Oberflächenbeschaffenheit (Rauhigkeit, anhaftende Werkstoffteilchen) sind *gerätebedingte Fehler* seitens des Eindringkörpers. Sie verfälschen die Form des Härteeindrucks und beeinträchtigen den Eindringvorgang (Reibungsverhältnisse). Eine weitere Verfälschung der Eindrücke tritt ein, wenn infolge einer fehlerhaften Belastungseinrichtung oder durch Erschütterungen die Prüfkraft nicht kontinuierlich und stoßfrei steigend, sondern unstetig und ruckartig aufgebracht wird oder ihren Sollwert nicht erreicht. Diese Fehler stellen sich erst nach längerem Gebrauch der Prüfeinrichtung ein und sind meistens auf Verschleißerscheinungen und unsachgemäße Handhabung zurückzuführen. Sie lassen sich durch regelmäßige Kontrollen der Prüfeinrichtung erkennen und durch Reparaturen beseitigen. Der vorne besprochene Verkürzungsfehler gehört ebenfalls zu den gerätebedingten Fehlern. Er kann durch Anwendung eines Meßobjektivs mit ausreichend hoher Apertur klein gehalten werden, spielt aber bei der Ermittlung der relativen Mikrohärte (konstante Meßbedingungen) keine entscheidende Rolle.

Von den *probebedingten Fehlern* sind besonders diejenigen zu beachten, die von den Materialeigenheiten und der Oberflächenbeschaffenheit der Anschlifffläche herrühren. Die Abmessungen der Gefügebestandteile und auch die Dicke der zu charakterisierenden Schicht müssen bei der Wahl der Prüfkraft berücksichtigt werden, denn Korngrenzen und tieferliegende Schichten beeinflussen den Härtewert. Die Kriecheigenschaften des Materials bestimmen die Krafthaltedauer nach Erreichen der Sollast. Im allgemeinen werden Werkstoffe, die unter den Prüfbedingungen kaum zum Kriechen neigen (z. B. Eisenwerkstoffe), 10 bis 15 s lang belastet. Für weiche Werkstoffe, die leicht zum Kriechen neigen (z. B. Rein-Al oder Pb-Legierungen), beträgt die Krafthaltedauer 30 s. Die Umformverhältnisse an der Probenoberfläche sind mitbestimmend für die Form des Eindruckes. Ein geometrisch regelmäßig ausgebildeter, formgerechter Eindruck kann wesentlich bequemer ausgemessen werden als ein Eindruck mit Randwülsten oder -vertiefungen (gekrümmte Seiten der Grundfläche des Eindrucks) oder ein rißbehafteter Eindruck. Präparationsfehler, insbesondere Deformationszonen, und ungünstige Oberflächengeometrie (z. B. Unebenheiten beginnend vom Mikrorelief, über die Rauhigkeit, bis hin zur Wölbung der Prüffläche) beeinträchtigen ebenfalls die Härtemessung und ihr Ergebnis.

Schließlich sollen die *Fehler durch den Prüfenden* selbst nicht unerwähnt bleiben. Sachkenntnis, Sorgfalt bei der Probenvorbereitung, richtige Handhabung der Prüfeinrichtung und fehlerfreie Auswertung der Meßdaten bestimmen den Erfolg einer Mikrohärtemessung.

Zur Vermeidung der Belastungsfehler wurden Prüfeinrichtungen entwickelt, die entweder über Federkräfte oder pneumatisch den Eindruck erzeugen. Zur ersten Gruppe gehört die Mikrohärte-Prüfeinrichtung mhp 100 des VEB Kombinat Carl Zeiss Jena (Bauart nach HANEMANN). Sie wird weiter unten genauer besprochen. Ein Vertreter der zweiten Gruppe ist der automatische Mikrohärteprüfer der Fa. E. Leitz GmbH, Wetzlar. Im Gegensatz zum mhp 100, bei dem Eindringkörper und Objektiv zwecks maximaler Treffsicherheit miteinander kombiniert sind, wird beim Leitz-Mikrohärteprüfer zuerst ein Prüfkopf mit Eindringkörper in die optische Achse des Mikroskops gebracht und nach dem Einbringen des Eindrucks das Meßobjektiv.

Um andere mögliche Fehler und den relativ hohen Zeitaufwand bei der Mikrohärtemessung zu reduzieren sowie die Messung und Auswertung zu objektivieren, wurden spezielle Arbeitsweisen und automatisierte Gerätesysteme entwickelt. Sie erlauben das programmierte Einbringen der Härteeindrücke in ganze Probenserien, das Ausmessen der Eindrücke (Diagonale und Position) mit Hilfe der automatischen Bildanalyse und die anschließende Auswertung der Meßdaten mittels Computers. Ein leistungsfähiges Prüfsystem dieser Art ist der DIATRONIC-AUTOMAT der Fa. Amsler Otto Wolpert-Werke

GmbH, Ludwigshafen. Bei Anwendung extrem kleiner Prüfkräfte im Falle dünner Proben (≲0,01 N) und bei harten, spröden Werkstoffen (z. B. Halbleitermaterialien) oder Schichten (z. B. Metall-Keramik-Verbunde) sowie bei der Erfassung von Härteänderungen in Oberflächenschichten hat sich die registrierende Mikrohärteprüfung bewährt. Hierbei wird im Verlauf des programmgesteuerten Einbringens der VICKERS-Eindrücke sowohl die Prüfkraft als auch die Eindringtiefe des Prüfdiamanten kontinuierlich gemessen. Beide Meßgrößen werden in einem Diagramm während der Prüfung gegeneinander aufgezeichnet. Die Auswertung ergibt eine lastunabhängige Härtezahl, die für duktile metallische Werkstoffe vergleichbar ist mit derjenigen, welche mit der konventionellen VICKERS-Mikrohärtemessung ermittelt wurde. Im Bereich hoher VICKERS-Mikrohärten (z. B. >800 *HV* 0,1), wo Unterschiede in den konventionell ermittelten Kenngrößen kaum noch aussagekräftig sind, liefert die registrierende Mikrohärteprüfung dagegen zuverlässige Ergebnisse. Weitere Vorteile dieser Härteprüfung in Mikrobereichen sind neben ihrer Objektivität (keine Belastungs- und Ausmeßfehler, Datenregistrierung) ihre hohe Empfindlichkeit und ihre Computerfreundlichkeit (programmierbare Messung, digitalisierbare Daten).
Für die konventionelle Mikroeindruck-Härtemessung nach dem VICKERS-Verfahren wird häufig der mhp 100 benutzt. Das Gerät sieht aus wie ein großes Objektiv und wird anstelle eines solchen in einem umgekehrten Auflichtmikroskop eingesetzt. Ein Schnitt durch den *Mikrohärteprüfer* läßt seine Wirkungsweise erkennen (Bild 1.146). Ein VICKERS-Prüfdiamant von ≈0,8 mm Durchmesser *(1)* ist zentrisch in die Frontlinse *(2)* des Hauptobjektivs eingelassen. Das Objektiv entspricht in seinen Daten einem Apochromaten 32x/0,65. Da nur der äußere, kreisringförmige Teil für die Beleuchtung und Abbildung des Prüfbereichs *(13)* ausgenutzt werden kann, verringert sich die nutzbare Apertur um diejenige des ausgeblendeten Mittelbereichs. Das Objektiv hängt frei in zwei Scheibenringfe-

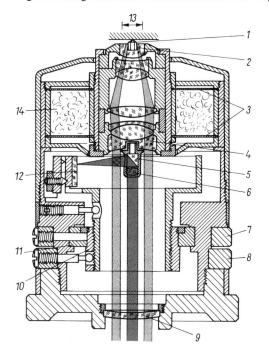

Bild 1.146. Schnitt durch das Mikrohärteprüfgerät mhp 100
1 Prüfdiamant nach VICKERS, *2* Frontlinse des Hauptobjektivs, *3* Scheibenringfedern,
4 Hinterlinse, *5* Spiegel, *6* Hilfsobjektiv,
7 u. *8* Stellringe, *9* Korrektionslinse,
10 Mutter (Nullpunkteinstellung), *11* Exzenterring (Scharfeinstellung), *12* Kraftanzeigeskala, *13* Prüfbereich auf der Probe, *14* Kunstseidefäden

dern *(3)*. Der Raum zwischen diesen beiden Federn *(14)* ist zur Dämpfung der Schwingungen mit einer abgestimmten Menge unversponnener Kunstseide ausgefüllt. Eine Belastung des Diamanten bewirkt ein Nachgeben des Objektivs gegen die Federkraft, die ein Maß für die Prüfkraft darstellt. Die Weglänge des Objektivs wird über ein zweites optisches System gemessen. Es besteht aus dem Hilfsobjektiv *(6)* und dem Spiegel *(5)*, ist an der Hinterlinse *(4)* des Hauptobjektivs angebracht und befindet sich in dem optisch nicht ausgenutzten Mittelbereich. Der Spiegel beleuchtet die Kraftanzeigeskala *(12)*. Sie wird im Okular abgebildet. Wird der Diamant belastet, indem der Objekttisch mit der festgeklemmten Probe durch den Grobtrieb abgesenkt wird, dann kann der Ausschlag auf der Skala *(12)* im Okular abgelesen werden. Eine Eichung des Ausschlags mittels Wägestükken (0,05, 0,1, 0,2, 0,4, 0,65, 0,7, 0,8 und 1 N) ermöglicht dann ein genaues Ablesen und Bemessen der Prüfkräfte. Die hierzu aufgestellte Eichkurve sollte nach gewisser Zeit und vor besonders genauen Messungen überprüft werden, weil sich die elastischen Eigenschaften des Federsystems verändern. Nach jedem Ansetzen des Härteprüfers an das Mikroskop ist die Vorrichtung zur optischen Kraftanzeige mit Hilfe zweier Stellringe *(7, 8)* zu justieren. Der obere Stellring *(7)* ist mit einem Exzenterring *(11)* verbunden und dient der Scharfeinstellung des Skalenbilds. Der untere Ring *(8)* bewirkt über eine Mutter *(10)* die Einstellung des Nullpunkts auf der Skala. Die Korrektionslinse *(9)* schützt das Geräteinnere vor Staub und gleicht die Optik an die des Mikroskops an.

Zur Ausmessung der Eindrücke dient ein *Meßschraubenokular*. Es besitzt eine feststehende und eine verschiebbare Strichplatte, die mit je einer Rechtwinkelfigur versehen sind. Auf der verschiebbaren Platte ist noch eine gestrichelte Gerade zur bequemeren Messung der Diagonalen aufgebracht. In der Nullstellung der Meßtrommel am Okular bilden beide Winkelfiguren ein rechtwinkliges Fadenkreuz, ansonsten entsteht ein Quadrat entsprechend der Grundfläche des Pyramideneindrucks. Zur Eichung des Meßschraubenokulars wird ein Objektmikrometer mit einer 10-μm-Teilung auf den Kreuztisch des Mikroskops gelegt. Als Meßobjektiv wird der Planachromat 50x/0,80 verwendet, weil er den Eindruck ausreichend vergrößert abbildet und bei ihm der Verkürzungsfehler vernachlässigbar ist (s. Bild 1.145). Für andere Objektive muß die Eichung wiederholt werden. Man bringt einen festgelegten Abschnitt des Objektmikrometers (meist 50 μm) mit zwei gegenüberliegenden Eckpunkten des Meßquadrats zur Deckung und liest die Trommelstellung ab (Hunderter auf der gestrichelten Geraden im Okular, Zehner und Einer auf der Trommelskale). Der Teilungswert des Meßokulars δ bzw. der Abschnitt auf dem Objektmikrometer x ergeben sich zu:

$$\delta = \frac{x}{m} \quad \text{bzw.} \quad x = \delta\, m \quad [\mu m] \tag{1.93}$$

Die Anzahl der Teilstriche auf der Meßtrommel ist m. Bei der Messung einer Diagonalen ersetzt man x durch d_1 bzw. d_2.

Details zur oben erwähnten Eichung der Kraftanzeige und des Okularmikrometers sowie die noch notwendige Zentrierung des Meßokulars zum Eindruck sind der Gebrauchsanweisung für den mhp 100 zu entnehmen.

Die Auswertung von Meßergebnissen zur Bestimmung der absoluten Mikrohärten soll an einem Meßbeispiel erläutert werden. Die Mikrohärte-Kenngrößen wurden für einen Fe-Si-Mischkristall im Transformatorenstahl mit 3,8 % Si bestimmt. Bei vollständig geöffneter Aperturblende wurde mit den Kräften $F = 1, 2, 5, 10, 25, 50$ und 100×10^{-2} N die Pyramide unter Einhalten der Abstandsbedingung (s. vorne) an verschiedenen Stellen des Mischkristalls eingedrückt. Die unterschiedlich großen Eindrücke wurden mit dem Meßschraubenokular ausgemessen, wodurch man die Teilstrichanzahl m erhielt. Um beim Ausmessen unter günstigen Kontrasten zu arbeiten, wurde ein kleiner Aperturblendendurchmesser eingestellt. Es folgten die Berechnungen der Diagonalen d_1 und d_2 nach Beziehung (1.93), ihres Mittelwerts d sowie d^2 und schließlich der Kenngrößen für die 7 Belastungen nach Gl. (1) vom Bild 1.144. Es erwies sich als zweckmäßig, die gemessenen und berechneten Werte in übersichtlicher Weise zu tabellieren.

In dem Beispiel fällt die Mikrohärte mit steigender Prüfkraft ab. Da mit steigender Prüfkraft auch ein größerer Eindruck erzeugt wurde, ergab die grafische Darstellung der Abhängigkeit der Mikrohärte von d im doppeltlogarithmischen Papier die im Bild 1.147 wiedergegebene Härtegerade. Durch grafische Interpolation ließen sich nun für die Standardeindruckdurchmesser von 5, 10 und 20 µm die Kenngrößen der absoluten Mikrohärte für den geprüften Fe-Si-Mischkristall (s. Bild 1.148) bestimmen. Abschließend muß noch kontrolliert werden, ob die Art der festgestellten Lastabhängigkeit im gesamten Prüfkraftbereich gleich bleibt oder sich mit der Prüfkraft noch ändert. Die Abhängigkeit der

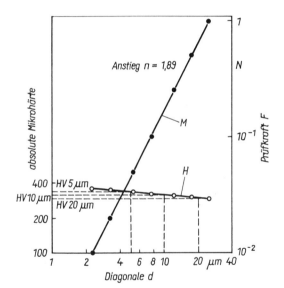

Bild 1.147. Ermittlung der absoluten Mikrohärte nach VICKERS für einen Eisen-Silizium-Mischkristall
M MEYER-Gerade, H Härtegerade mit den Härtekenngrößen $HV\,5\,\mu m = 340$, $HV\,10\,\mu m = 318$, $HV\,20\,\mu m = 298$

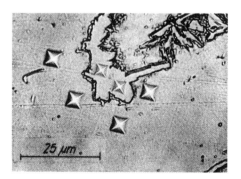

Bild 1.148. Eindrücke zur Messung der relativen Mikrohärte in Fe-Si-Mischkristallen (Silicoferrit) und Eisenkarbid, mit gleicher Belastung erzeugt. Transformatorenstahl, ungeätzt

Eindruckdiagonale von der Prüfkraft läßt sich in einem nicht allzugroßen Kraftbereich durch das MEYERsche Potenzgesetz beschreiben, welches nach Umstellung und Logarithmierung in folgender Form angewandt wurde:

$$\lg F = \lg a + n \lg d \tag{1.94}$$

a Materialkonstante
n MEYER-Exponent; Anstieg in der Darstellung $\lg F = f(\lg d)$

Für das Meßbeispiel ergab die Darstellung der Abhängigkeit (1.94) im doppeltlogarithmischen Papier im gesamten Prüfkraftbereich eine Gerade (MEYER-Gerade im Bild 1.147). Die Lastabhängigkeit änderte sich also im angewandten Kraftbereich nicht. Diese Aussage gilt nur für die durchgeführte Messung. Ändert sich dagegen der MEYER-Exponent mit der Prüfkraft, dann muß für die Ermittlung der absoluten Mikrohärte der Prüfkraftbereich eingeschränkt werden. Dabei kann es vorkommen, daß einer der Kennwerte (HV 5 µm oder HV 20 µm) nur durch Extrapolation zu ermitteln ist, eine Verfahrensweise, die wegen des zu großen Fehlers abzulehnen ist. Statt dessen wird in solchem Fall die absolute Mikrohärte nur durch eine Kenngröße unter Hinzufügen des MEYER-Exponenten angegeben, z. B. in der Form ^nHV 10 µm.

Die Messung der relativen Mikrohärte an Einschlüssen, intermetallischen Verbindungen oder anderen Gefügebestandteilen erfolgt nur bei einer vorher festgelegten Prüfkraft. Das z. B. in Transformatorenstahl vorkommende siliziumhaltige Eisenkarbid zeigt bei gleicher Belastung (0,1 N) wesentlich kleinere VICKERS-Eindrücke als das Grundmaterial bestehend aus Fe-Si-Mischkristallen (Bild 1.148). Die Auswertung ergab für die relative Mikrohärte des Grundgefüges die Kenngröße HV 0,01 = 372 und für das Karbid einen nahezu doppelten Betrag von HV 0,01 = 690.

Bild 1.149 zeigt das schwach übereutektische Gefüge einer Kupfer-Sauerstoff-Legierung mit 4% Cu_2O. Die Grundmasse besteht aus dem feinkörnigen ($Cu + Cu_2O$)-Eutektikum, in das einige große, runde Cu_2O-Primärkristalle eingelagert sind. Da die Grenzgebiete der eutektischen Bereiche frei von Cu_2O-Partikeln sind, kann die Relativmessung vergleichsweise an drei Mikrobereichen ausgeführt werden, an Kupfer, Eutektikum und Primärkristallen. In dieser Reihenfolge verhalten sich die relativen Mikrohärten wie 1:1,1:3,2. Schon an der Eindruckgröße ist zu erkennen, daß das ($Cu + Cu_2O$)-Eutektikum eine mit Kupfer vergleichbare geringe Mikrohärte aufweist, wogegen der Cu_2O-Primärmischkristall härter ist.

Die Mikrohärteprüfung kann auch zur Untersuchung von Diffusionsvorgängen eingesetzt

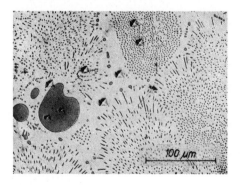

Bild 1.149. Mikrohärteeindrücke, erzeugt mit gleicher Belastung in Kupfer, ($Cu + Cu_2O$)-Eutektikum und Cu_2O-Primärkristallen. Ungeätzt

1.6. Metallographische Sonderverfahren

werden. Die Mikrohärte eines Mischkristalls steigt mit wachsendem Legierungsgehalt an. Hat man die Konzentrations-Mikrohärte-Kurve für einen Mischkristall einmal aufgestellt, so lassen sich die Konzentrationen von geseigerten Mischkristallen sowie der Konzentrationsausgleich beim Diffusionsglühen quantitativ verfolgen. Mit Hilfe der Mikrohärteprüfung lassen sich noch zahlreiche andere Aufgaben lösen, z.B. der Härteverlauf in Oberflächenschichten (eloxiertes Aluminium, chemisch-thermisch erzeugte Schichten), die Kontrolle der Härte präparierter Oberflächen, Feststellen von Ver- und Entfestigungsvorgängen in Mikrobereichen (z.B. durch Ausscheidungen und Verformungen bzw. durch Koagulation, Kristallerholung und Rekristallisation), Kristallorientierungsbestimmungen, Charakterisierung der Zähigkeit von oberflächennahen Bereichen u. a. m.

Bei der Identifizierung von Gefügebestandteilen leistet die Messung der relativen Mikrohärte in Kombination mit Beobachtungen zum Ätzverhalten ebenfalls gute Dienste. Wie sich Mikrohärtemessung und Ätzverfahren ergänzen können, wird an einem warmfesten Stahl mit 0,1 % C, 19 % Cr, 10 % Ni, 1,5 % W, 1 % V und 1,5 % (Nb + Ta) erläutert. Dieser Stahl besitzt nach dem Abschrecken von 1 100 °C in Wasser und Anlassen bei 900 °C ein austenitisch-ferritisches Gefüge (Bild 1.150). Vergleicht man die ermittelten Mikrohärten von der (hellen) austenitischen Grundmasse mit denen der im Bild 1.150 dunkel angeätzten Inseln und den dazu benachbarten hellen Inseln, dann ergibt sich ein Verhältnis von 1:1,5:5,4. Daraus ist zu schließen, daß der dunkle Gefügebestandteil δ-Ferrit darstellt, die hellen Inseln aber aus der harten, spröden σ-Phase bestehen. Andere Gefügebestandteile (abgesehen von feinen Karbiden) treten in diesem Stahl nicht auf. Nach dem Abpolieren des Schliffs (ohne Wegpolieren der Eindrücke) und anschließend erneutem Ätzen wird die obige Schlußfolgerung bestätigt (Bild 1.151). Die Inseln mit der höchsten Mikrohärte werden durch das Ätzmittel herausgelöst, und die dabei entstandenen Vertiefungen erscheinen schwarz, während Austenit und δ-Ferrit nicht angegriffen werden.

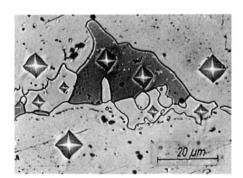

Bild 1.150. Warmfester austenitisch-ferritischer Stahl, 1 100 °C/Wasser/900 °C 10 h. Elektrolytisch mit Kadmiumazetat geätzt

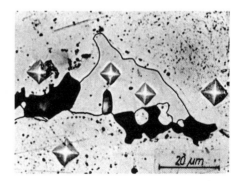

Bild 1.151. Wie Bild 1.150, aber nach dem Abpolieren mit Chromsäure elektrolytisch geätzt. Die harte, spröde σ-Phase wurde herausgeätzt, die Vertiefungen erscheinen schwarz

1.6.4. Gefügeuntersuchungen bei hohen und tiefen Temperaturen

Um die Auswirkungen der Temperatur auf die Bildung und Veränderung von Gefügen direkt verfolgen zu können, bedient man sich metallographischer Verfahren der *Hoch- und*

Tieftemperaturmikroskopie. Hierbei wird die Probe in einer definierten Atmosphäre einem Temperatur-Zeit-Regime unterworfen und dabei gleichzeitig ihre Anschlifffläche mit einem Mikroskop untersucht. Die Dokumentation der Vorgänge, die auf der präparierten Fläche sichtbar werden, erfolgt mit Bildwiedergabeverfahren der Mikrokinegraphie, der Mikrokinematographie oder auch der TV-Technik. Im Gegensatz zum Heißätzen (s. Abschnitt 1.3.3.), bei dem die Gefügeveränderungen lediglich indirekt verfolgt werden können, erfordert die direkte Beobachtung einen unvergleichlich höheren gerätetechnischen Aufwand.

Von den zahlreichen Zusatzeinrichtungen und Anlagen, die für Gefügeuntersuchungen bei hohen und tiefen Temperaturen im Labormaßstab entwickelt wurden, sind nur die im Bild 1.152 angegebenen Typen kommerziell erhältlich. Die Probenerwärmung erfolgt meistens mit Hilfe der indirekten Widerstandsheizung, die Probenabkühlung durch kalte und flüssige Gase. In der Metallographie werden für die Mehrzahl der Untersuchungen Hoch- und Tieftemperaturkammern als Zusatzeinrichtungen zu universell anwendbaren Metallmikroskopen benutzt. In ihnen ist gegenüber den meisten handelsüblichen kombinierten Heiz-Kühleinrichtungen eine gezielte Einstellung der Atmosphäre möglich, weshalb mit den Temperaturkammern die Untersuchungen im gesamten interessierenden Temperaturbereich vorgenommen werden können (Bild 1.152). Die Konstruktionsbesonderheiten dieser Kammern erfordern den Einsatz von Sonderobjektiven spezieller Korrektion. Anschraubbare Frontplatten aus Quarzglas und große freie Arbeitsabstände (Abstand zwischen angeschraubter Frontplatte und Schlifffläche $\geqslant 14$ mm) dienen als Schutz der Objektivlinsen vor den extremen Arbeitstemperaturen. Die Apertur dieser Spezialobjektive liegt in der Regel bei $\leqslant 0{,}60$. Die angewandten Vergrößerungen betragen max. $750\times$. Des weiteren sind für die Hoch- und Tieftemperaturuntersuchungen Metallmikroskope erforderlich, mit denen möglichst viele Verfahren zur Erkennung und Identifizierung der an der Oberfläche ablaufenden Vorgänge realisiert werden können (Dunkelfeld, Phasen- und Interferenzkontrast, Arbeiten im polarisierten Licht).

Neben dem Metallmikroskop mit der dazugehörigen Temperaturkammer sind für die Durchführung der Untersuchungen noch folgende Zusatzgeräte unbedingt erforderlich:

- Hochvakuumanlage mit Meß-, Regel- und Steuereinrichtungen für den Kammerdruck
- Versorgungsanlage für Schutz- oder Reaktionsgase (Gasreinigung und -trocknung, Gemischregelung, Dosiervorrichtung, Gastemperatureinstellung)
- elektrische Geräte zur Erzeugung der Heizspannung und deren Regelung
- Einrichtungen zum Messen, Regeln, Steuern und Registrieren des Temperatur-Zeit-Regimes der Probe
- Anlage zur Regulierung der Temperaturen von Kammerwandung und Stromzuleitungen (z. B. Kühlwasseranlagen bei Hochtemperaturkammern)
- Belichtungs- und Antriebsautomatik für die fotografische Dokumentation, ggf. Ausrüstung für eine elektronische Bildaufzeichnung.

Werden die Temperaturkammern noch kombiniert mit zusätzlichen Einrichtungen (z. B. zur Thermoanalyse, Zugverformung oder Härteprüfung), dann erreicht der Geräteumfang ein Ausmaß, das nur noch in wenigen Fällen solche komplexe Untersuchungen rechtfertigt.

1.6. Metallographische Sonderverfahren

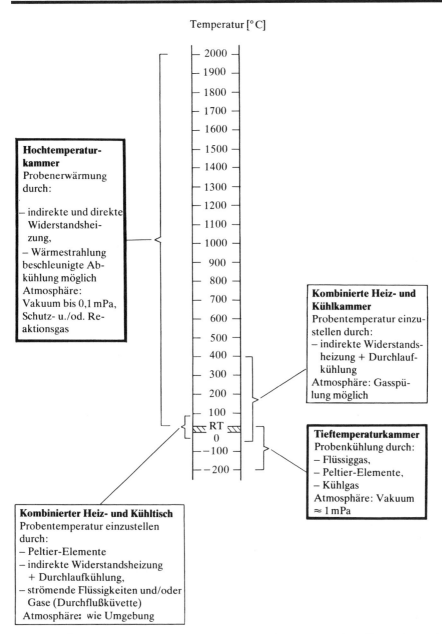

Bild 1.152. Übersicht zu kommerziellen Zusatzeinrichtungen für metallographische Untersuchungen bei hohen und tiefen Temperaturen

1.6.4.1. Hochtemperaturmikroskopie

Eine technisch ausgereifte handelsübliche Einrichtung für die Hochtemperaturmikroskopie ist im Bild 1.153 dargestellt. Dem prinzipiellen Aufbau der *Heizkammer* ist zu entnehmen, daß die Rundprobe 3 (Durchmesser Anschlifffläche ≈4 mm) von den Heizblechen 6 durch Strahlung erwärmt wird. Die Aufheizgeschwindigkeit bis auf Arbeitstempertur (max. 1 800 °C) kann bis 15 k/s betragen. Durch Einblasen von Kaltgas (Inertgas) ist es möglich, die Probe von der Arbeitstemperatur bis auf ≈400 °C mit maximal 120 K/s abzukühlen. Der Quarzglasring 5 und die auswechselbaren Quarzglasscheiben 13 garantieren gute Beobachtungsmöglichkeiten, indem sie die Nachteile einer Bedampfung des Beobachtungsfensters 4 zu vermindern helfen. Die Heizkammer wird auf dem Objekttisch eines umgekehrten Metallmikroskops angebracht.

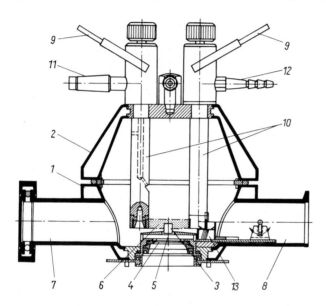

Bild 1.153. Prinzipieller Aufbau der Schnellregelheizkammer VACUTHERM (Fa. C. Reichert AG, Wien)
1 Unterteil, *2* Oberteil, *3* Probe, *4* Beobachtungsfenster aus Quarzglas, *5* Quarzglasring, *6* Heizbleche (Mo, W oder Ta), *7* Abpumpstutzen, *8* Stutzen für Vakuummeßgerät oder Schauglas, *9* Stromzuführung, *10* Stäbe für Stromzuführung, *11* Ansatz für Belüftungsventil, *12* Anschluß für Wasserkühlung, *13* Quarzglasscheiben (wechselbar)

Der Arbeitsplatz wird durch die Hochvakuumanlage, das Heizstromgerät mit Temperaturanzeige und die Steuerautomatik für die fotographische Dokumentation ergänzt.

Mit den Methoden der Hochtemperaturmikroskopie lassen sich besonders anschaulich die Veränderungen der Kornstruktur verfolgen. Als Beispiel für derartige Gefügeveränderungen werden Ergebnisse von FORSYTH wiedergegeben, die bei der Erhitzung von Reinzink gewonnen wurden (Bilder 1.154 bis 1.159). Erhitzt man einen polierten Schliff von hexagonalem Zink auf höhere Temperaturen, so dehnen sich diejenigen Kristalle, die mit ihrer *c*-Achse annähernd senkrecht zur Schlifffläche angeordnet sind, stärker aus als die Kristalle, deren *c*-Achsen nahezu parallel zur Schlifffläche liegen, weil der thermische Ausdehnungskoeffizient in Richtung der *c*-Achse zwischen 20 und 400 °C = $59 \cdot 10^{-6} \, \text{K}^{-1}$ beträgt, senkrecht zur *c*-Achse aber nur $16 \cdot 10^{-6} \, \text{K}^{-1}$. Die vor der Erhitzung ebene Anschlifffläche erhält dadurch bei höheren Temperaturen ein Relief, das durch die unterschiedliche Ausdehnung der zur Schlifffläche verschieden orientierten Körner hervorgerufen wird. Die Korngrenzen heben sich infolge Schattenbildung von den benachbarten

1.6. Metallographische Sonderverfahren

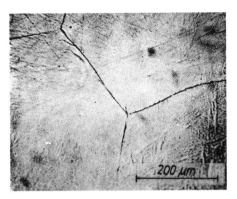

Bild 1.154. Reinzink, in 1 min auf 200 °C erhitzt

Bild 1.155. Reinzink, in 12 min auf 350 °C erhitzt. Auftreten neuer Korngrenzen

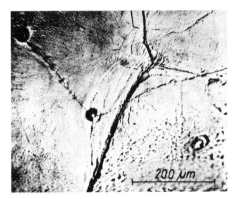

Bild 1.156. Reinzink, in 22 min auf 420 °C erhitzt. Aufschmelzen der Kornzwickel

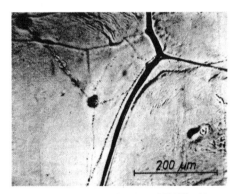

Bild 1.157. Reinzink, in 24 min auf 420 °C erhitzt und sofort wieder unter Schmelzpunkttemperatur abgekühlt. Aufschmelzen der Kornzwickel und -grenzen

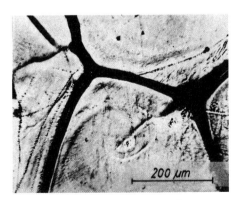

Bild 1.158. Reinzink, in 28 min auf 420 °C erhitzt, 3mal über Schmelzpunkttemperatur erhitzt und wieder abgekühlt. Verstärktes Aufschmelzen der Korngrenzen

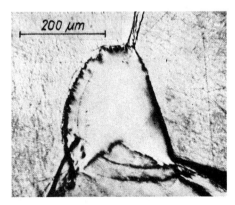

Bild 1.159. Reinzink auf 420 °C erhitzt. Aufgeschmolzener Kornzwickel

Kristalliten ab. Eine gesonderte Ätzung ist also zur Gefügekontrastierung nicht erforderlich. Ein analoges Verhalten zeigen weitere hexagonale Metalle, wie Kadmium und Zinn, aber auch die hexagonale Kobaltphase (existent < 420 °C). Bei kubischen Metallen muß gegebenenfalls zur Kontrastierung das thermische Ätzen oder eine Verbesserung der Reflexionsverhältnisse durch interferenzfähige Schichten durchgeführt werden.

Die Bilder 1.154 bis 1.156 zeigen das Auftreten neuer Korngrenzen bei höheren Temperaturen, die Rekristallisationsvorgängen zuzuschreiben sind. Nach Überschreiten der Schmelztemperatur von 419 °C beginnen zuerst die Kornzwickel (Bild 1.156), dann zusätzlich die Korngrenzen (Bilder 1.157 u. 1.158) und schließlich die Kornbereiche in Nähe der Tripel (Bild 1.159) aufzuschmelzen.

1.6.4.2. Tieftemperaturmikroskopie

Nicht nur bei höheren, sondern auch bei tieferen Temperaturen laufen Gefügeveränderungen ab. Bei Anwendung einer *Tieftemperaturkammer* (Bild 1.160) können sie ebenfalls direkt verfolgt werden. Die Probe *1* befindet sich in der evakuierten Kammer (≈ 1 mPa) auf einer Auflage *4*, die gleichzeitig als Wärmetauscher fungiert. Sowohl während der Ab-

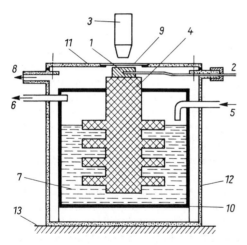

Bild 1.160. Tieftemperaturkammer (schematisch)
1 Probe, *2* Thermoelement, *3* Spezialobjektiv, *4* Probenauflage und Wärmeaustauscher, *5* u. *6* Kühlmittelzu- und -abfluß, *7* Kühlmittel, *8* Anschluß für Vakuumpumpe, *9* Quarzglasfenster, *10* Kühlmittelbehälter (isoliert), *11* Kammeroberteil, *12* Kammerwand (Unterteil), *13* Mikroskoptisch

-kühlung (anisotherme Versuchsdurchführung) als auch bei der Temperatur des Kühlmittels (isothermer Versuch) kann die Anschlifffläche der Probe durch ein Quarzglasfenster *9* beobachtet werden. In Abhängigkeit von der Kühlmittelart (z.B. Kühlflüssigkeiten, sich entspannende Gase oder Flüssiggas) können Probentemperaturen bis nahe -200 °C erreicht werden. Die dargestellte Kammer ist als Zusatzeinheit für ein aufrechtes Auflichtmikroskop gedacht. Sie wird ergänzt durch die Vakuumanlage, die Temperaturmeßeinrichtung und Einrichtungen zur Kühlmittelversorgung. Zur Regelung der Probentemperatur und Steuerung der Temperatur-Zeit-Regime kann eine Tieftemperaturkammer noch mit einer zusätzlichen elektrischen Wärmequelle ausgerüstet sein (indirekte Widerstandsheizung). Ingesamt ergibt sich für einen Arbeitsplatz zum Betreiben der Tieftemperaturmikroskopie ein ähnlich hoher Geräteaufwand wie bei der Hochtemperaturmikroskopie.

Ein wichtiger Untersuchungsgegenstand in der Tieftemperaturmikroskopie ist die martensitische Umwandlung, insbesondere die in Stählen. Da dieser Umwandlungsvorgang mit einer Volumenveränderung verbunden ist, heben sich die Martensitnadeln reliefartig von der vorher präparierten Probenoberfläche ab. Das entstandene Mikrorelief begünstigt die Beobachtung der Scherumwandlung im Interferenzkontrast.

Bei der Tieftemperaturmikroskopie kann nur die Reliefbildung als kontrastierender Vorgang genutzt werden, denn mit sinkender Temperatur kommen die thermisch aktivierten Vorgänge, die sonst noch die Kontrastierung verbessern, zum Stillstand. Somit beschränken sich alleinige mikroskopische Untersuchungen bei tiefen Temperaturen auf Gefügeveränderungen, die mit einer Reliefbildung einhergehen (meistens durch Scherung, weniger durch Anisotropie des thermischen Ausdehnungskoeffizienten). Um die Aussagekraft zu erhöhen, sind deshalb viele Anlagen erstellt worden, in denen die Tieftemperaturmikroskopie kombiniert wurde mit Untersuchungsmethoden zur gleichzeitigen Erforschung des Werkstoffverhaltens unter verschiedenen Belastungen, beispielsweise Zugverformung oder Wechselbiegebeanspruchung.

1.6.4.3. Möglichkeiten und Grenzen der Hoch- und Tieftemperaturmikroskopie

In Tabelle 1.22 sind, ohne auf Vollständigkeit zu achten, Untersuchungsrichtungen zusammengestellt, die mit Hilfe der Hoch- und Tieftemperaturmikroskopie bearbeitet wurden. Es werden nur solche Untersuchungen angeführt, die ohne Kombination mit weiteren Prüfverfahren durchgeführt wurden. Für das Sichtbarwerden der untersuchten Vorgänge sind im wesentlichen zwei für die Gefügekontrastierung notwendigen Erscheinungen ausschlaggebend, die Reliefneubildung bzw. -veränderung und die Änderung lokaler Reflexionsverhältnisse. Können diese kontrastwichtigen Veränderungen an der Schlifffläche nicht oder nur unzureichend ablaufen, dann werden die metallkundlichen Vorgänge im Auflichtmikroskop nicht wahrgenommen. Reliefbildung und Änderung der Reflexionsverhältnisse werden durch eine Reihe von Mechanismen verursacht, die in der anderen Spalte der Tabelle 1.22 den entsprechenden Vorgängen zugeordnet sind. Um auf der Schlifffläche der Probe die kontrastwichtigen Veränderungen in solchem Maß ablaufen zu lassen, daß die Einzelheiten der Gefügeumwandlungen im Lichtmikroskop gut sichtbar werden, benötigen die einzelnen Mechanismen unterschiedlich lange Einwirkungszeiten. Für die Reliefbildung bzw. -veränderung läßt sich eine Reihenfolge der Mechanismen angeben, welche die Abstufung von langen zu kurzen Einwirkzeiten widerspiegelt:

– selektives Verdampfen
– Abnahme des Porenvolumens
– thermisches Ätzen (Vorgang in Abschnitt 1.3.3. erläutert),
– Anisotropie des thermischen Ausdehnungskoeffizienten (s. Abschnitt 1.6.4.1.),
– Unterschiede im spezifischen Volumen
– Gleitstufenbildung
– Umklappen.

Tabelle 1.22. Einsatzgebiete der Hoch- und Tieftemperaturmikroskopie (ohne Kombination mit anderen Untersuchungsverfahren) und kontrastverursachende Vorgänge

Untersuchungsgegenstand	kontrastverursachender Vorgang
a) Untersuchung von Kornstrukturen	
– Sichtbarmachen von Kornstrukturen – Kornwachstumskinetik	Relief durch thermisches Ätzen und/oder Anisotropie thermischer Ausdehnungskoeffizienten kombiniert mit ΔR^* infolge interferenzfähiger Schichten
– Zwillingsbildung	Relief durch Umklappvorgang
– Rekristallisationsvorgänge	Relief durch thermisches Ätzen
b) Untersuchung von Grenzflächenvorgängen	
– Diffusionsprozesse an Kontaktflächen	ΔR infolge Unterschieden in den optischen Eigenschaften alter und neuer Phasen kombiniert mit Relief durch Unterschiede im spezifischen Volumen
– Sintervorgänge	ΔR infolge Unterschieden in den optischen Eigenschaften der Phasen kombiniert mit Reliefänderungen durch Abnahme der Poren
– Initialstadien der Schichtbildung unter Beteiligung von Reaktionsgasen (selektive Oxidation, Korrosion, Passivschichten, Kontamination, Schichten der chemisch-thermischen Oberflächenbehandlung u. ähnl.)	Relief durch Unterschiede im spezifischen Volumen kombiniert mit ΔR infolge Unterschieden in den optischen Eigenschaften der Phasen und/oder interferenzfähiger Schichten auf ihnen
c) Untersuchungen von Gefügeveränderungen während Phasenumwandlungen	
– Gleich- und Ungleichgewichtsdiagramme – diffusiv gebildete Umwandlungsprodukte	ΔR infolge Unterschieden in den optischen Eigenschaften der Phasen; interferenzfähige Schichten auf ihnen kombiniert mit Relief durch thermisches Ätzen und/oder Unterschieden im thermischen Ausdehnungskoeffizienten; Gleitstufen im Korn, verursacht durch Unterschiede im spezifischen Volumen der Phasen
– durch Scherung gebildete Umwandlungsprodukte	Relief durch Umklappvorgang und Unterschieden im spezifischen Volumen der Phasen
d) Untersuchung von Ausscheidungs-, Koagulations- und Auflösungsvorgängen	
– Sichtbarmachen von thermisch stabilen Ausscheidungen	Relief durch selektives Verdampfen
– Ausscheidungs-, Koagulations- und Auflösungskinetik	ΔR infolge Unterschieden in den optischen Eigenschaften der Phasen kombiniert mit Relief durch Unterschiede im thermischen Ausdehnungskoeffizienten
e) Untersuchung des lokalen Schmelz- und Erstarrungsverhaltens an der Probenoberfläche	ΔR infolge Unterschieden in den optischen Eigenschaften der Phasen kombiniert mit Relief durch Unterschiede im spezifischen Volumen

* ΔR-Unterschiede im Reflexionsvermögen vorhandener (alter) und neuer Phasen

Für die Änderung lokaler Reflexionsverhältnisse lautet die Reihenfolge:

- Bildung interferenzfähiger Schichten auf den Phasen
- Änderung der optischen Eigenschaften einzelner Phasen und Gefügebestandteile mit der Temperatur
- Auftreten neuer Reflexionsunterschiede durch Erscheinen neuer Phasen mit von der Umgebung stark abweichenden optischen Eigenschaften.

Die Dauer der Einwirkzeit der Mechanismen bestimmt die Geschwindigkeit der Kontrastierung und somit den Zeitpunkt der Erkennbarkeit der ablaufenden metallkundlichen Vorgänge. Nur wenn die Geschwindigkeit der an der Probenoberfläche ablaufenden Gefügeveränderungen und ihre Kontrastierungsgeschwindigkeit gleich sind, dann gelingt eine verzögerungsfreie Beobachtung. Ansonsten verfälscht eine zu späte Kontrastierung das Untersuchungsergebnis. Dies muß besonders bei der Erarbeitung kinetischer Daten mit den Methoden der Hoch- und Tieftemperaturmikroskopie beachtet werden. So sind diejenigen Gefügeveränderungen gut zu verfolgen, die mit einer Reliefbildung durch Umklappvorgänge einhergehen oder bei denen Phasen mit völlig anderen optischen Eigenschaften entstehen (deutlich andere Brech- und/oder Absorptionszahlen oder gar optische Anisotropie). Ist man dagegen bei der visuellen Beobachtung auf langsam ablaufende Kontrastierungsmechanismen angewiesen, wie das thermische Ätzen oder gar das selektive Verdampfen, dann zeigen sich deutlich die Grenzen der Hochtemperaturmikroskopie.

Diesen Nachteil versuchte man mit Hilfe der *Photoemissions-Elektronenmikroskopie* zu umgehen. Hierbei dient die Probe selbst als Elektronenquelle. Die zur Elektronenemission notwendige Energie wird der präparierten Anschliffffläche durch Bestrahlen mit Photonen zugeführt, indem Hochdruckquecksilberlampen mit intensivem UV-Licht die Probenfläche beleuchten. Die emittierten Elektronen erzeugen im Elektronenmikroskop ein Abbild von der Oberfläche. Zwei Kontrastkomponenten sind für das verzögerungsfreie Erkennen und Verfolgen der Gefügeveränderungen verantwortlich, der Orientierungs- und der Konzentrationskontrast. Der Orientierungskontrast beruht auf der Abhängigkeit der Emissionsintensität von der kristallographischen Orientierung der mit UV-Licht bestrahlten Gefügebereiche. Dem Konzentrationskontrast liegt eine analoge Abhängigkeit von der chemischen Zusammensetzung zugrunde. Zur Erwärmung wird die Probe entweder in einem Strahlungsheizer eingesetzt (mit $\leqslant 2$ K/s auf 1 200 °C) oder in einem speziellen Objekthalter mit Elektronen bombardiert (mit $\leqslant 100$ K/s auf $>2\,000$ °C). Reinigungsvorrichtungen, die im Photoemissions-Elektronenmikroskop mit untergebracht sind, garantieren im Verein mit dem Hochvakuum (≈ 50 nPa) eine sehr saubere Probenoberfläche. Die gegenüber dem Lichtmikroskop wesentlich höhere Auflösung ist ein weiterer Vorteil dieses speziellen Elektronenmikroskops. Die apparatebedingten Störeinflüsse, die beim Arbeiten mit der Hochtemperaturkammer (Bild 1.153) des öfteren nachgewiesen wurden, wie eine unkontrollierte Oxidation der Schlifffläche, ihr Auflegieren durch abdampfende Teile der Strahlungsbleche oder die Oberflächenentkohlung durch alleinige Wirkung des Restsauerstoffs, wurden im Photoemissions-Elektronenmikroskop nicht beobachtet. Trotz dieser und noch anderer Vorteile konnten sich die Gefügeuntersuchungen bei hohen Temperaturen mit Hilfe des Photoemissions-Elektronenmikroskops bislang noch nicht durchsetzen. Der Grund dafür liegt in den probebedingten Störfaktoren, die sowohl in der Heizkammer der lichtmikroskopischen Anlage wirken, als auch im Photoemissions-Elektronenmikroskop nicht eliminiert werden können. Sie beeinträchtigen sogar die Deutung einiger Ergebnisse der Tieftemperaturmikroskopie.

Die Störfaktoren resultieren aus Gesetzmäßigkeiten der Festkörperreaktionen an äußeren Oberflächen und des Verhaltens metallischer Werkstoffe im Vakuum bei hohen Temperaturen. Da an der freien Oberfläche gegenüber dem Probeninneren günstigere Verhältnisse bezüglich der Diffusion, der Keimbildung und des Drucks vorherrschen, laufen hier viele Vorgänge mit veränderter Kinetik ab. Bei Diffusionsvorgängen dominiert die Oberflächendiffusion, die bekanntlich schneller abläuft als die Volumendiffusion. Die freie Oberfläche bietet energetisch bessere Voraussetzungen für die Keimbildung neuer Phasen als z. B. eine Korngrenze im Werkstoff. Die mit Volumenzunahme verbundenen Umwandlungen laufen an der Oberfläche schneller ab, weil nach der Außenseite hin der Druckzwang auf die neu entstehende Phase fehlt. Dies sind drei Gründe, weshalb Gefügeveränderungen unterschiedlichen Typs an der Schlifffläche schneller ablaufen als im Probeninneren. Andererseits kann eine Gefügeveränderung an der Oberfläche auch langsamer als im Inneren ablaufen, z. B. wenn sie mit Volumenverminderung verbunden ist oder wenn an der Oberfläche Reaktionsschichten (meist Oxide) entstanden sind, welche die Umwandlung verzögern.

Zu der anderen Gruppe der probebedingten Störfaktoren zählt die stets im Vakuum bei erhöhten Temperaturen stattfindende selektive Verdampfung der Legierungselemente. Sie hängt ab vom Dampfdruck der einzelnen Elemente, von der Höhe der Untersuchungstemperatur und von der Versuchsdauer. Die selektive Verdampfung kann zu einer merklichen Veränderung der chemischen Zusammensetzung in der oberflächennahen Zone führen. Dies kann zwar beim Arbeiten mit Schutzgas in der Heizkammer weitgehend eingeschränkt werden; mit dem Schutzgas gelangt aber wieder unerwünschter Sauerstoff in die Heizkammer. Im Photoemissions-Elektronenmikroskop, wo das Vakuum um etwa eine Größenordnung höher liegt und durch Schutzgas nicht vermindert werden kann, lassen sich Veränderungen in der chemischen Zusammensetzung der Oberfläche nicht einschränken.

Die vorn erwähnte Entkohlung durch den Sauerstoff im Restgas wird durch den im Metall gelösten oder auch gebunden vorliegenden Sauerstoff unterstützt. Unter den Bedingungen der Hochtemperaturmikroskopie werden an der Oberfläche liegende oxidische Einschlüsse durch den Kohlenstoff des umgebenden Werkstoffs unter CO-Bildung reduziert.

Die Wirkung all dieser Störfaktoren und häufig auch die verzögerte Beobachtbarkeit der Vorgänge infolge geringer Kontrastierungsgeschwindigkeiten komplizieren die Verhältnisse außerordentlich und begrenzen die Möglichkeiten der Gefügeuntersuchungen bei hohen und tiefen Temperaturen. Trotz dieser Schwierigkeiten gestatten diese Untersuchungsmethoden, insbesondere im Verein mit der Dokumentation über die Mikrokinematografie oder TV-Technik, wichtige Kenntnisse über den prinzipiellen Ablauf ausgewählter Gefügeveränderungen zu gewinnen.

1.6.5. Mikroreflexionsmessung

Wird die Anschlifffläche metallischer Werkstoffe mit Licht der Intensität I_0 beleuchtet, dann reflektiert sie einen Teil mit der Intensität I_R. Den anderen Teil des Lichts absorbiert der Werkstoff in einer sehr dünnen Oberflächenschicht. Das Verhältnis der Intensität des reflektierten Lichts zu der des beleuchtenden (einfallenden) Lichtes bezeichnet man als *Reflexionsgrad R*:

$$R = \frac{I_R}{I_0} \cdot 100 \ [\%]. \tag{1.95}$$

Zwei Einflußgruppen bestimmen den Reflexionsgrad. Er ist abhängig vom einfallenden Licht (Intensität, Wellenlänge, Polarisationszustand, Einfallswinkel) und von den optischen Eigenschaften des Gefüges im zu untersuchenden Mikrobereich. Zu den optischen Gefügeeigenschaften gehören neben der Mikrorauhigkeit, die sich im letzten Arbeitsgang bei der Anschliffherstellung einstellt, die Stoffkenngrößen Brechzahl n und Absorptionsindex $\varkappa$ (bzw. Absorptionskoeffizient $k = n\varkappa$) sowie deren Richtungsabhängigkeit (optische Anisotropie). Brechzahl, Absorptionsindex und optische Anisotropie sind ihrerseits abhängig von der chemischen Zusammensetzung und dem kristallografischen Aufbau (Gittertyp und -defekte) der Gefügebestandteile. Die Abhängigkeit $R = f(n, \varkappa,$ Anisotropie) wird durch die BEERschen Formeln beschrieben, die bereits im Abschnitt 1.2.1. behandelt wurden.

Werden nun die Einflüsse auf den Reflexionsgrad seitens des einfallenden Lichts konstant gehalten, indem der Mikrobereich mit linear polarisiertem und gleichzeitig monochromatischem Licht gleichbleibend hoher Intensität senkrecht beleuchtet wird, dann können mit Hilfe von Mikroreflexionsmessungen die Gefügebestandteile charakterisiert werden. Ein Meßsystem, welches diesen Bedingungen genügt, ist das *lichtelektrische Mikroskop-Fotometer*. Sein prinzipieller Aufbau und seine Wirkungsweise sollen anhand des Bilds 1.161 erläutert werden. Die Zentraleinheit ist ein Auflicht-Polarisations-Mikroskop. Die Beleuchtungseinrichtung enthält eine leistungsstarke, gut stabilisierte Lichtquelle *(1)*, den Monochromator mit Spezialinterferenzfilter *(2)* und den Polarisator *(4)*. Häufig benutzte Wellenlängen sind 486 nm (blau), 551 nm (grün), 589 nm (orange) und 656 nm (rot). Um den Zustand des linear polarisierten Lichts nicht zu beeinträchtigen, kann anstelle des teildurchlässigen Planglases *(5)* ein BEREK-Prisma als Reflektor in den Beleuchtungsstrahlengang gebracht werden (vorteilhaft beim Vermessen anisotroper Gefügebestandteile). Das Objektiv *(6)* darf nur wenig Streulicht erzeugen. Ansonsten wird das Meßergebnis verfälscht durch Intensitätsverluste des von der Oberfläche der Probe *(7)* reflektierten Lichts. Objektiv *(6)*, Tubuslinsen *(8)* und Projektionssystem *(9)* erzeugen ein mikroskopisches Abbild, welches über das wahlweise in den Strahlengang einschiebbare Umlenkprisma *(10)* im Okular *(11)* betrachtet werden kann. Die Fotometerblende *(12)* blendet aus dem vergrößerten Bild das Meßfeld aus. Damit kein Streulicht von angrenzenden Gefügebereichen mit anderem Reflexionsgrad auf die Empfängerfläche *(13)* gelangt, soll das Meßfeld stets kleiner sein als der von der Leuchtfeldblende erfaßte Bereich des Umfelds. Es wird empfohlen, daß selbst das Leuchtfeld sicher in dem zu fotometrierenden Gefügebereich liegen sollte. Da sowohl Leuchtfeld als auch Meßfeld dem Bild im Okular überlagert sind, können ihre Positionen und Durchmesser gut den zu messenden Gefügebereichen angepaßt werden. Die Intensität vom reflektierten Licht, welches nach dem Passieren der Fotometerblende die Empfängerfläche *(13)* des Fotometers erreicht, wird mit Hilfe eines Sekundär-Elektronen-Vervielfachers (Fotomultiplier) *(14)* in ein elektrisches Signal umgewandelt. Das verstärkte Signal gelangt über ein Schaltgerät *(15)* (mit Netzteil für den SEV) zum Anzeige- und Registriergerät *(16)*.

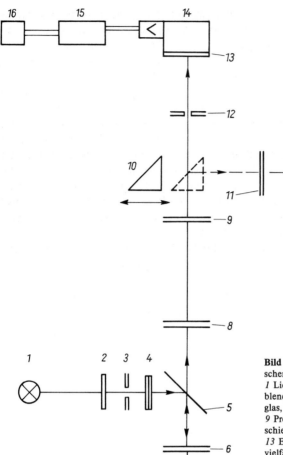

Bild 1.161. Aufbauprinzip eines lichtelektrischen Mikroskopfotometers (Einstrahlgerät)
1 Lichtquelle, *2* Monochromator, *3* Leuchtfeldblende, *4* Polarisator, *5* teildurchlässiges Planglas, *6* Objektiv, *7* Probe, *8* Tubuslinsensystem, *9* Projektionssystem, *10* Umlenkprisma (verschiebbar), *11* Okular, *12* Fotometerblende, *13* Empfängerfläche, *14* Sekundärelektronenvervielfacher (SEV), *15* Schaltgerät, *16* Anzeige- und Registriergerät

Um die unbekannte Intensität des beleuchtenden Lichts I_0 zu eliminieren, muß eine Zweitmessung mit einem Standard durchgeführt werden, dessen Reflexionsgrad R_S genau bekannt ist. Darüber hinaus muß noch über eine dritte Messung die von der Optik herrührende Streulichtintensität bestimmt werden.

Hierzu umhüllt man die Objektivöffnung mit einem mattschwarzen Hohlkörper und mißt bei ansonsten gleicher Geräteeinstellung die Intensität des Streulichtes (Leermessung). Der Reflexionsgrad im fotometrierten Bereich R_p ergibt sich zu:

$$R_p = R_S \frac{I_p - I_{St}}{I_s - I_{St}} \cdot 100 \; [\%] \tag{1.96}$$

I_p Intensität der Probe
I_s Intensität des Standards
I_{St} Intensität des Streulichts

1.6. Metallographische Sonderverfahren

Anstelle der Intensitäten werden in der Auswerteformel (1.96) meistens die angezeigten Skalenteile eingesetzt. Die Anschliffflächen der Reflexionsstandards müssen hohen Anforderungen gerecht werden. Der Reflexionsgrad des Standards sollte in der Nähe des Wertes vom zu messenden Gefügebestandteil liegen und kaum wellenlängenabhängig sein. Bild 1.162 gibt die Abhängigkeit $R_s = f(\lambda)$ für Standardsubstanzen wieder, die für die Fotometrie metallographischer Objekte empfohlen werden. Nur Pyrit ist im Bereich <500 nm (blau/violett) stark von λ abhängig.

In Tabelle 1.23 sind Ergebnisse von Reflexionsmessungen an metallographisch interessierenden Phasen zusammengestellt. Derartige Meßwerte dienen der Identifizierung insbesondere mineralogischer Gefügebestandteile (wie Desoxidationsprodukte, Schlacken und andere oxidische exogene Einschlüsse, Karbide und Sulfide), weil sie zu direkten Vergleichen herangezogen werden können. Auch lassen sich über Mikroreflexionsmessungen der Phasenaufbau von nichtmetallischen Einschlüssen und Zunderschichten ermitteln. Zahlreiche Untersuchungen belegen, daß mittels Reflexionsmessung die chemische Zusammensetzung von metallischen, oxidischen, sulfidischen, nitridischen und karbidischen Mischkristallen bestimmt werden kann. Besonders nützlich (z. B. für die Interferenzschichtenmikroskopie oder für Anisotropieuntersuchungen) sind Reflexionsgradmessungen für die Errechnung optischer Konstanten einzelner Gefügebestandteile wie n, $\varkappa$, k oder deren Richtungsabhängigkeit. Mitunter leisten Reflexionsmessungen gute Dienste beim Auffinden geeigneter Reflexionsunterschiede für eine elektronische Gefügeerkennung mit dem Ziel einer automatischen Bildanalyse.

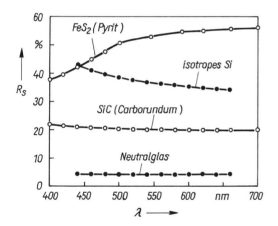

Bild 1.162. Abhängigkeit des Reflexionsgrads verschiedener Standards (nach GABLER u. Mitarb. sowie SINGH)

Mit Hilfe von Mikroreflexionsmessungen läßt sich auch die Wirksamkeit verschiedener Polierverfahren einschätzen, wodurch eine begründete Auswahl für einzelne metallische Werkstoffe getroffen werden kann. Dies soll anhand des Bilds 1.163 erläutert werden. In ihm sind die Wirkungen verschiedener Poliermethoden auf die Güte der Anschlifffläche beispielhaft für Kupfer, Gold und Nickel dargestellt. Als Maß für die Oberflächengüte dient der mittlere Reflexionsunterschied zwischen polierter und idealer Oberfläche. Ideale Oberflächen sind frische Spaltflächen der Kristallite. Sie liefern für das entsprechende Material den wahren Reflexionsgrad. Dies ist auch der Grund, weshalb die meisten Reflexionsstandards spröde Substanzen sind (s. Tabelle 1.23), bei denen der Mate-

Tabelle 1.23. Reflexionsgrade ausgewählter Substanzen (in %; $\lambda = 589$ nm)

Stoffkennzeichnung		
chemisch	mineralogisch	R^*
Elemente		
Ag**	Silber	94
Mg	Magnesium	93
Cu	Kupfer	83
Al	Aluminium	82,7
Au	Gold	82,5
Pt**	Platin	73
Mn	Mangan	64
Ni	Nickel	62
Fe	Eisen	57
W	Wolfram	54,5
Si**	Silizium	35,6
C	Graphit	5/23,5
Oxide		
Fe_2O_3**	Hämatit	24/27,5
Cu_2O	Cuprit	22,5
Fe_3O_4	Magnetit	21
TiO_2	Rutil	20/23,6
CuO	Tenorit	19/35,6
»FeO«	Wüstit	19
Cr_2O_3	Eskolait	18
NiO	Bunsenit	16,8
Mn_3O_4	Hausmannit	16,5
Ti_2O_3	Titanoxid	14,7/20,4
MnO	Manganosit	13,6
ZrO_2	Baddeleyit	12,7/13,8
SnO_2	Zinnstein	10
ZnO	Zinkit	10
Ti_3O_5	Anosovit	9,4/13,6
CaO	Kalziumoxid	8,7
Al_2O_3	Korund	7,6
MgO	Periklas	7,25
SiO_2**	Quarz (0001)	4,58
SiO_2	Cristobalit	3,8
»SiO_2«	Tridymit	3,6
Sulfide		
FeS_2**	Pyrit	54,6
NiS	Millerit	54
PbS**	Bleiglanz	37,5
FeS	Troilit	37
MnS	Alabandin	21
CdS	Greenockit	17
ZnS	Zinkblende	16
Cu_2S	Chalkocit	16
CuS	Covellin	15/24
Karbide		
Fe_3C	Zementit	56,5
TiC	Titankarbid	47

Fortsetzung Tabelle 1.23

Stoffkennzeichnung		
chemisch	mineralogisch	$R*$
Ti_2NC	Cochranit	31,5
$SiC**$	Carborundum	20,1
Silikate		
$2FeO \cdot SiO_2$	Fayalit	8,9
$2MnO \cdot SiO_2$	Tephroit	8,2
$MnO \cdot SiO_2$	Rhodonit	7,1
$3CaO \cdot SiO_2$	Trikalziumsilikat	7
$3CaO \cdot MgO \cdot SiO_2$	Merwinit	6,9
$CaO \cdot MnO \cdot SiO_2$	Glaukochroit	6,8/7,1
$Al_2O_3 \cdot SiO_2$	Sillimanit	6,4
$2MgO \cdot SiO_2$	Forsterit	6,05
$CaO \cdot MgO \cdot SiO_2$	Monticellit	6
Aluminate		
$MnO \cdot Al_2O_3$	Galaxit	9,9
$FeO \cdot Al_2O_3$	Hercynit	8,6
$ZnO \cdot Al_2O_3$	Gahnit	7,8
$MgO \cdot Al_2O_3$	Spinell	6,95
$3CaO \cdot Al_2O_3$	Trikalziumaluminat	6,9
Alumosilikate		
$3MnO \cdot Al_2O_3 \cdot 3SiO_2$	Spessartin	8,3
$2CaO \cdot Al_2O_3 \cdot SiO_2$	Gehlenit	6,2
$3Al_2O_3 \cdot 2SiO_2$	Mullit	5,95
$CaO \cdot Al_2O_3 \cdot 3SiO_2$	Anorthit	5,15
Ferrite		
$MnO \cdot Fe_2O_3$	Jakobsit	16,9
$MgO \cdot Fe_2O_3$	Magnesiumferrit	16
$2CaO \cdot Fe_2O_3$	Dikalziumferrit	14,95
$4CaO \cdot Al_2O_3 \cdot Fe_2O_3$	Brownmillerit	10,8/12,3

* für stark anisotrope Stoffe Minimal- und Maximalwerte; für schwach anisotrope Stoffe Mittelwert
** als Reflexionsstandard verwendbar

rialabtrag während der mechanischen Anschliffherstellung nicht über eine plastische Deformation oberflächennaher Schichten erfolgt, sondern durch Spaltung, d. h., die im Gegensatz zu vielen Metallen frei sind von Deformationszonen. Jede Polierbehandlung vermindert den Reflexionsgrad der idealen Spaltflächen. Je größer ΔR ist, desto ungeeigneter ist das Polierverfahren. Gemäß Bild 1.163 ist für Gold das Mikrotomieren dem elektrolytischen Polieren oder gar dem Al_2O_3-Polieren vorzuziehen. Bei Kupfer und Nickel dagegen ist das elektrolytische Polieren den anderen angegebenen Verfahren überlegen. Es liefert die stärker reflektierenden Anschliffflächen. Reflexionsmessungen können auch benutzt werden, um für ein gegebenes Verfahren die günstigsten Polierparameter aufzufinden. Diese Arbeitsweise wird in den Fällen angewandt, wo Reflexionsmessungen hoher Genauigkeit und guter Reproduzierbarkeit erforderlich sind, z.B. für die Errechnung optischer Konstanten oder die Herstellung von Reflexionsstandards.

200   **1.** *Metallographische Arbeitsverfahren*

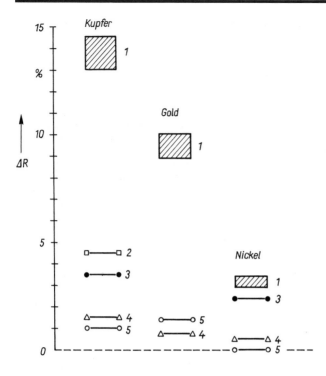

Bild 1.163. Wirksamkeit verschiedener Polierverfahren, gemessen am Reflexionsunterschied zwischen idealer und polierter Oberfläche (nach PETZOW)
1 mit Tonerde poliert
2 elektrowischpoliert
3 mit Diamant poliert
4 mikrotomiert
5 elektrolytisch poliert

1.6.6. Strukturätzungen

Zur Erläuterung des Begriffes Strukturätzung und zur Einordnung dieser Ätzung gegenüber anderen Kontrastierungstechniken wird Tabelle 1.24 herangezogen. In ihr sind verschiedene (elektro-)chemische Ätzverfahren angeführt und den dazugehörigen Abmessungen von solchen Schliffflächenbereichen zugeordnet, in denen die Potentialdifferenzen wirken. Von den angeführten Ätzverfahren sollen nur diejenigen Varianten in Betracht gezogen werden, welche ausschließlich durch einen selektiven Metallabtrag kontrastierend wirken. Deckschichtbildende Verfahren liegen außerhalb der Betrachtungen. Gemäß der Tabelle sind die verschiedenen Varianten der Strukturätzung der großen Gruppe der Mikroätzungen zuzuordnen. Gegenüber der üblichen Kornflächenätzung sind aber die Ausdehnungen der Wirkbereiche von den Potentialdifferenzen bei den Strukturätzungen geringer. Dies ruft einen stark lokalisierten Angriff des Ätzmittels hervor und erlaubt, strukturbedingte Ätzerscheinungen zur Sichtbarmachung physikalischer Gitterdefekte auszunutzen. Mit der Strukturätzung lassen sich anhand spezieller Ätzerscheinungen auf der Schlifffläche die kristallographische Orientierung einzelner Körner oder Einkristalle erkennen *(Kristallfigurenätzung)* sowie Einzelversetzungen *(Versetzungsätzung)*, Versetzungsanordnungen und Subkorngrenzen *(Subgrenzenätzung, Äderungsätzung)* sichtbar machen. Die letzte Spalte der Tabelle 1.24 enthält Beispiele für Ätzerscheinungen, die bei den jeweiligen Strukturätzungen aber auch anderen Mikroätzungen beobachtet werden. Aus Vergleichsgründen wurden sie ergänzt durch Erscheinungen der Makroätzung.

1.6. Metallographische Sonderverfahren

Tabelle 1.24. Wirkungsbereiche von Potentialdifferenzen und dazugehörige (elektro-)chemische Ätzverfahren

Größe der Wirkungsbereiche von Potentialdifferenzen	Ätzverfahren	kontrastierte Gefüge- und Strukturbereiche	Beispiele für Ätzerscheinungen
einige cm ... ≈ 0,5 mm	**Makroätzung** (Flächenätzung)	Zonen, Schichten, Korngruppen, grobe Körner, Gußstrukturen	Seigerungsbereiche, Wärmeeinflußzonen, Transkristallite, Grobkornzonen
<1 mm ... ≈ 0,5 µm	**Mikroätzung** Korngrenzen- und Kornflächenätzung	Diffusionszonen, innere Grenzflächen (kohärente), Matrixkörner, grobe Ausscheidungen	Mischkristallseigerungen, peritektische Höfe, Oberflächenschichten, Körner von Gefügebestandteilen; Korn-, Phasen- und Zwillingsgrenzen
<100 µm ... ≈ 0,1 µm	**Strukturätzung** Kristallfigurenätzung	Ein- und Vielkristallbereiche	geometrisch definierte Ätzfiguren in Körnern kubischer und hex. Metalle und Legierungen (z. B. Ag, Al, Cd, Cu, Fe, Fe-Si, -Messing, kohlenstoffarmer Stahl, W, Zn)
lineare Bereiche: Länge <100 µm Breite ≦ 2 µm	Subgrenzenätzung	Subkörner in den Körnern vielkristalliner Metalle und in stark gestörten Einkristallen	Subkörner nach Polygonisation schwach verformter Kristallbereiche, Subgrenzen, Subgrenzennetzwerke
	Äderungsätzung	Äderung in Körnern reiner Metalle und Legierungen	Äderung in Körnern von Reineisen, Al, Cu, Cu-Legierungen, Fe-Si, Ni
punktförmige Bereiche: ≦3 µm lineare Bereiche: Länge ≦10 µm Breite ≦ 1 µm	Versetzungsätzung	Gebiete mit isolierten Versetzungen in Einkristallen bzw. Versetzungsanhäufungen	Ätzgruben an Schnittstellen der Versetzungslinien mit der Schliffebene; Ätzgruben längs von Subgrenzen; Versetzungslinien in der Schliffebene

Da den hier betrachteten Mikroätzungen stets die gleiche Kontrastierungsart zugrunde liegt, nämlich die Erzeugung eines Mikroreliefs, gibt es zwischen einer Kornflächen-, Kristallfiguren- und Versetzungsätzung nur graduelle Unterschiede. Bei einer Kornflächenätzung entstehen infolge der für alle Körner annähernd gleichen Abtragsgeschwindigkeit korneigene Mikroreliefs, die aber nur eine schwache Orientierungsabhängigkeit aufweisen. Ist der Ätzangriff dagegen stark orientierungsabhängig, dann werden auf den einzelnen Kornschnittflächen geometrisch definierte *Kristallfiguren* gebildet. Im Fall kubischer Metalle erfolgt der Ätzangriff häufig bevorzugt an den Würfelseitenflächen. Die Kristallfiguren stellen dann Schnittlinien der {100}-Ebenen mit der Schliffebene dar und besitzen eine quadratische Form. Bricht man den Ätzvorgang ab, bevor die gesamte Schlifffläche von dem Mikrorelief der sich überschneidenden Kristallfiguren erfaßt wird, dann kann aufgrund der Form einzelner Kristallfiguren die kristallographische Ebene des jeweiligen Korns in der Schliffebene (oder parallel zu ihr) bestimmt werden. Dies soll am Beispiel einer Reinaluminium-Probe demonstriert werden (Bild 1.164). Die grobkörnige Probe wurde elektrolytisch poliert und danach einer Tauchätzung in einem Gemisch aus 100 ml. Alkohol, 35 ml HCl und 65 ml HNO_3 unterzogen. Korn A im Bild 1.164 weist quadratische Kristallfiguren auf, was bedeutet, daß in diesem Korn die {100}-Ebenen parallel zur Schliffebene liegen. Die Körner B und C wurden in {hkl}-Ebenen höherer Indizierung geschnitten, denn die Kristallfiguren in ihnen sind gleichseitige Trapeze. Gleichseitige Dreiecke müßten {111}-Ebenen zugeordnet werden. Korn D wurde in einer (110)-Ebene geschnitten (rechteckige Kristallfiguren). Die lokalen Schwankungen in der Anzahl der Kristallfiguren weisen auf unterschiedliche Defektdichten in den Körnern hin (s. Versetzungsätzung).

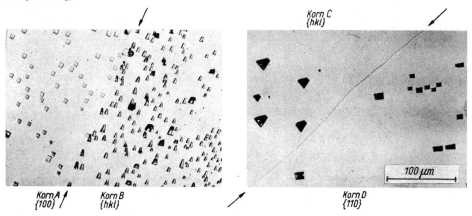

Bild 1.164. Kristallfiguren in grobkörnigem Aluminium. Elektrolytisch poliert und kurzzeitig in einem Alkohol-HCl-HNO_3-Gemisch geätzt.
(Pfeilrichtungen markieren den Korngrenzenverlauf)

Während der Ätzangriff bei der Kornflächen- und Kristallfigurenätzung flächenhaft ist und sich nur durch das Ausmaß seiner Anisotropie unterscheidet, erfolgt bei der *Versetzungsätzung* entsprechend Form und Ausdehnung des Wirkbereiches der Potentialdifferenz (Tabelle 1.24) ein punkt- bzw. linienförmiger Ätzangriff. Die Versetzungen, deren Spannungsfeld sich immer nur über wenige Atomabstände erstreckt, werden mit Fremdatomen dekoriert, wodurch eine genügend hohe Potentialdifferenz gegenüber der defektfreien Umgebung entsteht. Ihr Wirkbereich wiederum besitzt eine so große Ausdehnung, daß die unmittelbare Umgebung der Versetzung nach dem lokalen Ätzangriff lichtmikroskopisch sichtbar wird. An den Schnittpunkten der Versetzungslinie mit der Schliffebene (Durchstoßpunkte) erscheinen *Ätzgruben*. Die in der Schliffebene liegenden Versetzungen werden durch Gräben markiert. Die genügend große Potentialdifferenz ist nur eine von den drei Bedingungen für die Bildung von Ätzgruben. Zwei weitere resultieren aus den Unterschieden in den Geschwindigkeiten des Metallabtrags (Bild 1.165). Die lokalen Abtragsgeschwindigkeiten entlang der vertikal verlaufenden Versetzungslinie v_v und in der Horizontalrichtung v_h müssen wesentlich größer sein als die mittlere Abtragsgeschwindigkeit der ungestörten Oberfläche v_s. Außerdem muß gelten $v_v \geq 0,1\, v_h$. Nur unter diesen

1.6. Metallographische Sonderverfahren

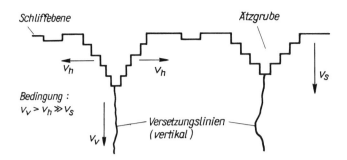

Bild 1.165. Durch Ätzgruben hervorgerufenes Mikrorelief (schematisch)

Voraussetzungen dominiert das Tiefenwachstum, und es entstehen Ätzgruben mit ausreichend steilen Wänden. Häufig ist der am Durchstoßpunkt lokalisierte Ätzangriff gleichzeitig anisotrop. In diesem Fall besitzen die Ätzgruben, wie Bild 1.166 zeigt, eine gewisse Ähnlichkeit mit Kristallfiguren. Die dreieckähnlichen Ätzgruben auf einer (111)-Ebene von GaAs entstanden durch eine Versetzungsätzung in einem Gemisch aus 20 ml HF (40%ig), 80 ml H_2O_2 und 20 ml konz. H_2SO_4 innerhalb 1 min bei 50 °C. Die rasterelektronenmikroskopische Aufnahme der Ätzgruben (Bild 1.167) läßt deutlich den bevorzugten Tiefenangriff sowie die relativ steile und abgestufte Wandung erkennen. Der Ätzgrubengrund hat die Form eines Dreiecks mit ausgebogenen Seiten; eine Form, die für {111}-Ebenen typisch ist.

Da Subgrenzen und Äderungen bestimmte Versetzungsanordnungen darstellen, lassen sie sich meistens mit Hilfe modifizierter Versetzungsätzungen sichtbar machen. Im Bild 1.168 werden zwei benachbarte Körner einer schwach deformierten und anschließend wärmebehandelten kohlenstoffarmen Fe-3%-Si-Legierung gezeigt. In beiden Körnern lag nach der Deformation eine unterschiedliche Versetzungsdichte vor, weswegen sich die verschiedenen Substrukturen während der Erholung ausbilden konnten. Die thermisch aktivierte Versetzungsauflösung und -umverteilung führte im oberen Korn zu einer geringeren Versetzungsdichte und zu einer Versetzungsanordnung in nahezu parallelen Subgrenzen (Äderung). Demgegenüber bedingt die höhere Versetzungsdichte im unteren

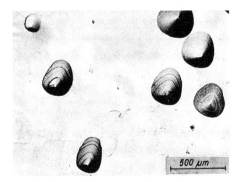

Bild 1.166. Ätzgruben an Versetzungsdurchstoßpunkten in (111)-GaAs.
Versetzungsätzung mit HF-H_2SO_4-H_2O-Gemisch

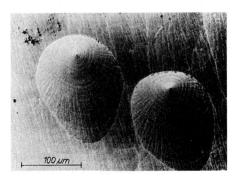

Bild 1.167. Rasterelektronenmikroskopische Aufnahme von Ätzgruben in GaAs.
Ätzung wie bei Bild 1.166

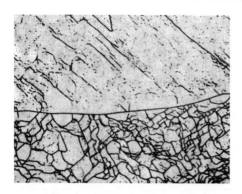

Bild 1.168. Substrukturausbildung in benachbarten Körnern einer erholten Fe-3 % Si-Legierung (nach AUST).
Elektrolytisch geätzt nach MORRIS

Korn eine fast vollständige Konzentration der Versetzungen in den Subgrenzen. Diese wiederum bilden eine ausgeprägte Subkornstruktur. Sowohl die restlichen Einzelversetzungen als auch die in den Subgrenzen angeordneten Versetzungen wurden als Ätzgruben sichtbar gemacht. Wegen der geringen Vergrößerung erscheinen Einzelversetzungen als Punkte und die Subgrenzen als Linien. Die im Bild 1.168 dargestellten Substrukturen wurden mit einer elektrolytischen Ätzung im MORRIS-Elektrolyt entwickelt (133 ml Eisessig, 25 g CrO_2, 7 ml H_2O; bei 20 bis 30 mA/cm^2).

Für eine erfolgreiche Strukturätzung ist Voraussetzung, daß die Schliffoberfläche selbst keine präparationsbedingten Defekte aufweist. Dies kann mit Sicherheit nur durch chemisches oder elektrolytisches Polieren erreicht werden. Sollte dennoch als letzte Präparationsstufe ein mechanisches Feinstpolieren (oder Läppen) erforderlich sein, dann muß ein Ätzmittel benutzt werden, welches vor dem Angriff der eigentlichen Strukturdefekte die restliche Deformationszone ($<0,5$ µm) abträgt. Das Ätzmittel muß eine langsame selektive Materialauflösung bewirken, damit die örtlich begrenzten und relativ geringen Potentialdifferenzen zwischen ungestörtem und gestörtem Kristallbereich die in Tabelle 1.24 genannten Ätzerscheinungen hervorrufen. Besitzt das Ätzmittel diese Eigenschaft nicht, dann geht eine Kristallfigurenätzung mit fortschreitendem Abbau der Kristallfläche in eine übliche Kornflächenätzung über. Es wurden auch nach zu starkem Ätzangriff bei Versetzungsätzungen Mikroreliefausbildungen beobachtet, die denjenigen entsprachen, die nach einer abgeschlossenen Kristallfigurenätzung auftreten (besonders bei stark gestörten Kristallen). Ätzmittel für die Entwicklung von Kristallfiguren sind für verschiedene reine polykristalline Metalle und Legierungen bekannt geworden, z. B. für Weicheisen, Fe-Si-Legierungen, Rein-Al- und Rein-Cu-Sorten sowie Messing. Die Zusammensetzung derartiger Ätzmittel und ihre Handhabung sind den Ätzhandbüchern zu entnehmen. Auch bezüglich der Ätzmittel zur Sichtbarmachung von Versetzungen (ggf. auch anderen Strukturdefekten) sei auf Spezialliteratur über die Struktur der Einkristalle, insbesondere die der Halbleiter, verwiesen. Versetzungsätzungen wurden u.a. erfolgreich angewandt bei einkristallinen Materialien aus Al, Cu, Fe-Si, Ge, Si und Verbindungshalbleitern.

Als lichtmikroskopische Betrachtungsverfahren strukturgeätzter Mikrobereiche kommen neben der Hellfeldbetrachtung vor allem Interferenzkontrastverfahren und das Phasenkontrastverfahren in Betracht. Mitunter lassen sich auch im Dunkelfeld oder bei schrägsteiler Beleuchtung die Relieferscheinungen nach einer Strukturätzung ausreichend gut beobachten.

Aus den in Tabelle 1.24 angeführten Beispielen können bereits einige Anwendungsfälle für Strukturätzungen abgeleitet werden. Darüber hinaus werden Strukturätzungen angewandt zur metallographischen Bestimmung von Kristall- und Kornorientierungen. Sie eignen sich auch für lichtmikroskopische Texturkontrollen. Bei der Anwendung einer Versetzungsätzung zur Bestimmung der Versetzungsdichte muß überprüft werden, ob die entstandenen Ätzgruben tatsächlich den Versetzungen zugeordnet werden können. Eine breite Anwendung haben die Strukturätzungen in der Einkristalltechnik, inbesondere bei der Halbleiterherstellung, gefunden. Sie dienen hier neben der Orientierungsbestimmung auch der Kontrolle der Defektstruktur und somit der physikalischen Reinheit einkristalliner Materialien. In vielen Plastizitäts-, Erholungs- und Rekristallisationsuntersuchungen bedient man sich ebenfalls der Strukturätzungen. Hier lassen sich über derartige Ätzungen nicht nur Dichte sowie Anordnungen der Versetzungen bestimmen, sondern auch deren Wanderung, ihre Umweltverteilung zu Subgrenzen, die Subkornstruktur und deren Veränderungen beobachten und quantifizieren.

2. Zustandsdiagramme der Metalle und Legierungen

2.1. Reine Metalle

Ein *Metall* ist ein chemisches Element, das sich von den Nichtmetallen durch besondere Eigenschaften unterscheidet: Es besitzt einen geringen elektrischen Widerstand, eine hohe Wärmeleitfähigkeit, ein großes Reflexionsvermögen für Licht und geht in Form von positiv geladenen Ionen in wäßrige Lösung. Diese Eigenschaften werden durch die metallische Bindung verursacht. Jedes Metallatom gibt etwa ein äußeres Elektron ab und wird dadurch selbst positiv aufgeladen. Die abgegebenen Elektronen können sich zwischen den Ionen fast frei bewegen und bilden als Elektronengas gewissermaßen den Kitt, der die Ionen zusammenhält. Etwa 80 % der chemischen Elemente sind Metalle.

Reine Metalle bestehen theoretisch nur aus einer Art von Atomen. Dieser Idealfall wird in der Praxis jedoch nie erreicht, weil stets noch geringe Mengen anderer Substanzen, wie andersartige Atome, Gase und nichtmetallische Einschlüsse, im Grundmetall enthalten sind. Der durchschnittliche Reinheitsgrad technischer Metalle liegt bei ≈99,99 %, doch lassen sich durch spezielle Reinigungsverfahren wesentlich höhere Reinheitsgrade erzielen, so z. B. durch Elektrolyse oder Zonenschmelzen.

2.1.1. Kristalliner Aufbau der Metalle

Wie im Abschn. 1. dargelegt wurde, besteht das mit dem Licht- oder normalen Elektronenmikroskop nach entsprechender Probenvorbereitung erkennbare Gefüge eines Metalls aus *Körnern*. Diese weisen eine unregelmäßige, zufällige äußere Begrenzung auf und sind scheinbar gleichmäßig mit Materie erfüllt. Die Frage, ob die kleinsten Bausteine der Materie, die Atome, in den Körnern unregelmäßig oder nach einem geometrischen Muster regelmäßig angeordnet sind, also ob die Metalle amorph oder kristallin sind, war lange Zeit umstritten, da die Atomradien nur äußerst klein sind (Tabelle 2.1). Manche Erscheinungen wiesen auf eine amorphe, andere hingegen auf eine kristalline Struktur hin. Zu den letzteren gehört beispielsweise der Befund, daß im Innern der Körner mancher Metalle eben begrenzte Muster vorhanden sind, wobei die Kornteile konstante Winkel miteinander bilden. Dies zeigt Bild 2.1 für das reine, geglühte Metall Kobalt.

2.1. Reine Metalle

Tabelle 2.1. Atomradien einiger Elemente

Element	C	Fe	Cu	Zn	Al	Mg
Atomradius [nm]	0,077	0,124	0,128	0,133	0,143	0,160

Erst nach dem Jahr 1920 konnte mit Hilfe der Röntgenfeinstruktur-Verfahren (LAUE-Verfahren für Einkristalle, DEBYE-SCHERRER-Verfahren für Vielkristalle) nachgewiesen werden, daß alle Metalle und auch alle Legierungen eine geordnete kristalline Struktur haben. Mit den Methoden der Hochauflösungs-Elektronenmikroskopie gelang es dann auch, die Positionen einzelner Atome direkt sichtbar zu machen, so daß heute die Kristallstrukturen aller Metalle und der meisten Legierungen aufgeklärt sind. Erst in den letzten Jahren ist es gelungen, durch besondere Verfahren, z. B. extrem schnelle Abschreckung aus der Schmelze, einige spezielle Legierungen im amorphen Zustand herzustellen.

Der Begriff des *Kristalls* im Sinn eines geordneten, regelmäßigen Zustands ist schon sehr lange bekannt. Zuerst entdeckte man wohl die regelmäßigen Formen von sechseckigen Schneesternen und die Eisblumen (*krystallos*, grch. = Eis). Später fanden Bergleute zahlreiche große Kristalle der verschiedensten Mineralien mit definierten chemischen Zusammensetzungen. Charakteristisch für einen derartigen makroskopischen Kristall sind ebene äußere Begrenzungsflächen, gerade Kanten und konstante Winkel zwischen den Ebenen. Daraus hat man schon frühzeitig die Schlußfolgerung gezogen, daß diese regelmäßigen äußeren Formen durch geregelte Anordnungen der Atome erzeugt werden müßten.

Wird ein makroskopischer Kristall zertrümmert, zerbricht er in mehr oder minder zahlreiche, unregelmäßig geformte Bruchstücke. Ein derartiges Bruchstück hat zwar eine beliebige äußere Form und Größe, der geregelte innere atomare Aufbau ist jedoch nicht zerstört, sondern erhalten geblieben. Man bezeichnet es als *Kristallit*. Die unregelmäßig geformten Körner im Gefüge der Metalle und Legierungen sind in analoger Weise als Kristallite anzusprechen.

Metalle kommen nur selten als wohlausgebildete makroskopische Kristalle vor, und wenn, dann nur unter besonderen Bedingungen. Im Bild 2.2. sind bei der Elektrolyse entstandene Kupferkristalle dargestellt. Auch bei der Kondensation von Metalldämpfen entstehen häufig prachtvolle, wenn auch meist nur kleine Kristallchen.

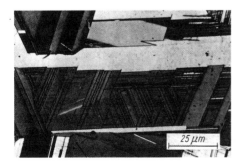

Bild 2.1. Reines Kobalt mit geradlinigen Wachstumszwillingen. Geätzt mit Natriumthiosulfat

Bild 2.2. Elektrolytisch gezüchtete Kupferkristalle (Oktaeder)

208 2. Zustandsdiagramme der Metalle und Legierungen

Durch einen Kunstgriff lassen sich regelmäßig geformte große Kristalle besonders leicht bei Wismut erzeugen. Dazu schmilzt man in einem Eisenlöffel von 10 bis 15 cm Dmr. Wismut (Schmelztemperatur = 271 °C) ein und läßt dann die Schmelze langsam an der Luft abkühlen. Sobald die feste Oberflächenkruste etwa 1 bis 2 mm dick ist, schüttet man die Restschmelze durch schnelles Umdrehen des Löffels aus. Am Boden des Löffels hat sich eine dicke Schicht von Wismutkristallen gebildet, und man erhält auf diese Weise eine sog. Wismutschale. Die Kristalle haben ein würfelförmiges Aussehen, in Wirklichkeit sind des Rhomboeder. Im Bild 2.3 ist ein Ausschnitt wiedergegeben. Die bunte Oxidschicht kann durch vorsichtiges Abätzen mit 1%iger Salpetersäure entfernt werden.

Bild 2.3. Wismutkristalle (Rhomboeder)

2.1.2. Kristallographische Grundlagen

Obwohl wegen der äußerst geringen Größe der Atome der geordnete, kristalline Aufbau der Metalle und Legierungen bei üblichen metallographischen Untersuchungen nicht direkt in Erscheinung tritt, macht er sich jedoch indirekt sehr häufig bemerkbar, da dadurch zahlreiche Gefügeausbildungen beeinflußt bzw. hervorgerufen werden. Jeder Metallograph sollte deshalb einige Grundlagen der Kristallkunde beherrschen. Der Übersichtlichkeit halber werden nachstehend zunächst statt der kugelförmig angenommenen Atome lediglich ihre Schwer- bzw. Mittelpunkte dargestellt.
Durch fortgesetzte Verschiebung (Translation) eines Atoms um die Strecke a längs einer geraden Linie erhält man ein eindimensionales Gitter, eine *Gitterrichtung* (Bild 2.4). Erfolgt noch zusätzlich eine Verschiebung um eine Strecke b in einer anderen Richtung, erhält man ein zweidimensionales Gitter, eine *Netzebene* (Bild 2.5). Schließlich führt eine weitere Translation um die Strecke c in einer dritten Richtung, die nicht in der von den ersten beiden Richtungen gebildeten Ebene liegt, zum *Raumgitter* (Bild 2.6). Durch diese drei Translationen in den drei Richtungen des Raums läßt sich ein vorgegebener Körper in gesetzmäßiger Weise mit Atomen erfüllen. Man sagt, ein Kristall ist ein dreidimensionales, periodisches, homogenes Diskontinuum. Die Verschiebungsbeträge a, b, c bezeichnet man als *Gitterkonstanten* des Raumgitters. Ihre Absolutwerte liegen, ähnlich wie bei den Atomradien (s. Tabelle 2.1), in der Größenordnung von 0,1 nm.

2.1. Reine Metalle

Bild 2.4. Gitterrichtung   Bild 2.5. Netzebene

Zur besseren Beschreibung des Raumgitters bzw. Kristalls ordnet man ihm ein räumliches Koordinatensystem zu, und zwar so, daß die drei Koordinatenachsen x, y, z parallel zu den drei Hauptkanten des Kristalls verlaufen (Bild 2.7). Die Gitterkonstanten können als Maßeinheiten auf den entsprechenden Koordinatenachsen angesehen werden. Außerdem sind die Winkel α, β, γ zwischen den Koordinatenachsen, die *Achsenwinkel*, von Bedeutung.

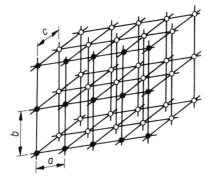 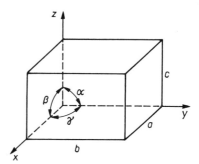

Bild 2.6. Raumgitter

Bild 2.7. Kristall mit zugehörigem Koordinatensystem
(a, b, c Gitterkonstanten; α, β, γ Achsenwinkel)

Es hat sich herausgestellt, daß alle in der Natur vorkommenden oder künstlich hergestellten Kristalle sieben verschiedenen *Kristallsystemen* zugeordnet werden können, wobei sich die einzelnen Systeme in der relativen Größe der Gitterkonstanten a, b, c und der absoluten Größe der Achsenwinkel α, β, γ unterscheiden (Tabelle 2.2). Die weitaus meisten Metalle gehören dem kubischen und hexagonalen Kristallsystem an, nur wenige sind tetragonal, rhombisch oder rhomboedrisch.
Im Raumgitter eines würfelförmigen Kristalliten von 0,1 mm Kantenlänge sind immerhin noch $\approx 10^{18}$ Atome geometrisch geordnet enthalten. Zur bequemeren Übersicht hat man den Begriff der *Elementarzelle* geschaffen. Die Entstehung einer derartigen, in gewissem Sinne willkürlichen Elementarzelle kann man sich so vorstellen, daß aus dem riesigen Raumgitter eine einzelne Zelle herausgetrennt wird, die aber alle für das betreffende Raumgitter charakteristischen Merkmale, wie Gitterkonstanten, Achsenwinkel, Atomlagen, Symmetrieeigenschaften usw., enthält. Legt man diese Elementarzellen nun wieder

2. Zustandsdiagramme der Metalle und Legierungen

Tabelle 2.2. Die 7 Kristallsysteme

Kristallsystem	Gitterkonstanten	Achsenwinkel
kubisch	$a = b = c$	$\alpha = \beta = \gamma = 90°$
tetragonal	$a = b \neq c$	$\alpha = \beta = \gamma = 90°$
rhombisch	$a \neq b \neq c$	$\alpha = \beta = \gamma = 90°$
rhomboedrisch	$a = b = c$	$\alpha = \beta = \gamma \neq 90°$
hexagonal	$a = b \neq c$	$\alpha = \beta = 90°$; $\gamma = 120°$
monoklin	$a \neq b \neq c$	$\alpha = \gamma = 90°$; $\beta \neq 90°$
triklin	$a \neq b \neq c$	$\alpha \neq \beta \neq \gamma$, alle $\neq 90°$

in den drei Richtungen des Raums aneinander, so entsteht erneut das ursprüngliche Raumgitter. Dies beinhaltet die dreidimensionale Periodizität des Raumgitters.

Die typischen Elementarzellen der Metalle sind relativ einfach konstruiert. Im kubisch-raumzentrierten Gitter (krz.) befinden sich 8 Atome in den Ecken und 1 Atom im Zentrum des Würfels (Bild 2.8). Im kubisch-flächenzentrierten Gitter (kfz.) gibt es 8 Atome in den Ecken des Würfels sowie 6 Atome, die im Mittelpunkt der Würfelflächen liegen (Bild 2.9). Im Gitter mit der hexagonal dichtesten Kugelpackung (hex.d.P.) befinden sich 12 Atome in den Ecken, 2 Atome zentrieren die untere und obere Basisfläche, und 3 Atome befinden sich auf einer Ebene im Innern der Zelle (Bild 2.10). In letzterem Bild sind, um die hexagonale Symmetrie zu verdeutlichen, drei Elementarzellen zusammengefaßt. In Tabelle 2.3 sind die Elementarzellen und Gitterkonstanten einiger Metalle angegeben.

In Wirklichkeit sind in den einzelnen Elementarzellen nicht so viele Atome enthalten, wie oben angegeben, denn es muß berücksichtigt werden, daß die Elementarzellen nur Ausschnitte aus dem Raumgitter sind. Beim kubischen Würfel beispielsweise gehört ein Eckatom gleichzeitig zu acht neben- bzw. übereinander liegenden Elementarzellen, d.h., von einem Eckatom gehört nur $\frac{1}{8}$ in die betreffende Zelle. Ein flächenzentrierendes Atom gehört gleichzeitig zu zwei benachbarten Zellen, und damit ist die Zähligkeit dieses Atoms nur 1/2. Nur das raumzentrierende Atom gehört ganz zur Zelle. Führt man die Rechnun-

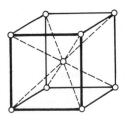 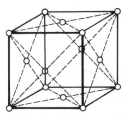 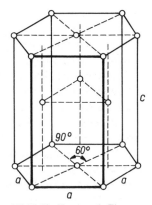

Bild 2.8. Kubisch-raumzentrierte Elementarzelle (α-Fe, Cr, Mo, W, Ta, V)

Bild 2.9. Kubisch-flächenzentrierte Elementarzelle (γ-Fe, Al, Ni, Pb, Cu, Au, Ag)

Bild 2.10. Hexagonale Elementarzelle (Zn, Mg, Cd, Be, Co, Ti, Zr)

2.1. Reine Metalle

Tabelle 2.3. Gitterkonstanten einiger Metalle

Metall	Elementarzelle	Gitterkonstante [nm]	
α-Fe (20 °C)	krz.	$a = 0{,}286\,62$	
α-Fe (910 °C)	krz.	$0{,}290\,41$	
Cr	krz.	$0{,}288\,45$	
Mo	krz.	$0{,}314\,6$	
W	krz.	$0{,}316\,48$	
γ-Fe (910 °C)	kfz.	$a = 0{,}364\,62$	
γ-Fe (1 390 °C)	kfz.	$0{,}368\,76$	
Ni	kfz.	$0{,}352\,38$	
Cu	kfz.	$0{,}361\,52$	
Al	kfz.	$0{,}404\,89$	
Co	hex. d. P.	$a = 0{,}250\,7$,	$c = 0{,}406\,9$
Zn	hex. d. P.	$0{,}266\,4$,	$0{,}494\,4$
Ti	hex. d. P.	$0{,}295\,8$,	$0{,}473\,8$
Mg	hex. d. P.	$0{,}320\,9$,	$0{,}521\,0$

gen durch, ergibt sich, daß die krz. Elementarzelle insgesamt nur zwei Atome enthält, die kfz. Zelle vier Atome und die Zelle mit der hex. d. P. nur zwei Atome.
Es gibt aber auch wesentlich kompliziertere Gitter bei den Metallen. So enthält das bei Raumtemperatur vorkommende Gitter des Mangans (das ebenfalls kubisch ist) insgesamt 58 Atome in der Elementarzelle!
Die Lage eines Atoms in der Elementarzelle wird gemäß Bild 2.11 so angegeben, daß die Koordinaten auf den drei Achsen bestimmt werden: $x = m \cdot a$, $y = n \cdot b$, $z = p \cdot c$. Zur Vereinfachung wird nicht in Absolutwerten (z. B. cm) gemessen, sondern in Einheiten der Gitterkonstanten auf den betreffenden Achsen.
Man erhält in dieser Reihenfolge das Zahlentripel m, n, p. Diese Bruchteile der Gitterkonstanten setzt man vereinbarungsgemäß in doppelte eckige Klammern $[[m\;n\;p]]$. Für das Beispiel vom Bild 2.11 findet man für die Lage des eingezeichneten Atoms $[[\frac{1}{2}\,1\,1]]$. Kürzungen oder Erweiterungen der Zahlen dürfen nicht vorgenommen werden.
Eine *Richtung* γ im Raumgitter läßt sich als Vektor angeben. Dieser Vektor geht vom Koordinatenursprung $[[0\,0\,0]]$ aus. Seine Komponenten auf den Koordinatenachsen sind gemäß Bild 2.12 $x = u \cdot a$; $y = v \cdot b$; $z = w \cdot c$; gemessen in absoluten Einheiten. Wird wieder in Einheiten der Gitterkonstanten gemessen, ergibt sich das Zahlentripel u, v, w. Um anzudeuten, daß es sich um einen Vektor handelt, wird das Zahlentripel in einfache eckige Klammern gesetzt: $[u\,v\,w]$. Dem im Bild 2.12 eingezeichneten Vektor kommt die Bezeichnung $[\frac{1}{2}\,\frac{1}{2}\,1]$ zu. Da es bei Richtungsangaben meistens nicht auf die Länge des Vektors ankommt, kann man das Zahlentripel auch erweitern: $[\frac{1}{2}\,\frac{1}{2}\,\frac{2}{2}]$ und dann schreiben: $[1\,1\,2]$. Vektoren lassen sich auch parallel verschieben, ohne daß die Komponenten geändert werden. Die zu $[u\,v\,w]$ entgegengesetzte Richtung wird als $[\bar{u}\,\bar{v}\,\bar{w}]$ angegeben.
Eine *Ebene E* pflegt man in der analytischen Geometrie durch die drei Abschnitte, die sie auf den Koordinatenachsen abschneidet, zu kennzeichnen. In der Kristallographie hat es sich als zweckmäßig erwiesen, nicht die Achsenabschnitte selbst, gemessen in Einheiten der Gitterkonstanten, anzugeben, sondern deren reziproke Werte. Diese bezeichnet man

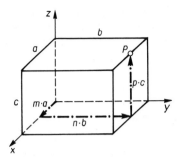

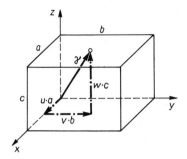

Bild 2.11. Koordinaten einer Atomlage: $P = [[m\ n\ p]]$

Bild 2.12. Komponenten einer Gitterrichtung: $r = u\ v\ w$

als die MILLERschen Indizes h, k, l der Ebene. Die im Bild 2.13 eingezeichnete Ebene E schneidet, in absoluten Einheiten, die x-Achse bei $m \cdot a$, die y-Achse bei $n \cdot b$ und die z-Achse bei $p \cdot c$. Dies sind die *Achsenabschnitte*. Mißt man jeweils auf den 3 Koordinatenachsen in Einheiten der Gitterkonstanten, erhält man das Zahlentripel m, n, p. Die MILLERschen Indizes ergeben sich daraus zu: $h = 1/m$; $k = 1/n$; $l = 1/p$. Um anzudeuten, daß es sich bei diesem Zahlentripel um die Indizes einer Ebene handelt, setzt man es in runde Klammern: $E = (h\ k\ l)$. Im Beispiel vom Bild 2.13 sind $m = 1$; $n = \frac{2}{3}$ und $p = \frac{3}{4}$. Daraus folgt: $h = \frac{1}{1}$; $k = 1/\frac{2}{3}$; $l = 1/\frac{3}{4}$. Somit ist $(h\ k\ l) = (1\ \frac{3}{2}\ \frac{4}{3})$ oder $(\frac{6}{6}\ \frac{9}{6}\ \frac{8}{6}) = (6\ 9\ 8)$. Wird eine Achse von der Ebene nicht geschnitten, liegt der Achsenabschnitt im Unendlichen, und der betreffende MILLERsche Index ist 0.

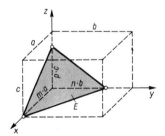

Bild 2.13. MILLERsche Indizes einer Ebene: $\left(\frac{1}{m}\ \frac{1}{n}\ \frac{1}{p}\right) = E = (h\ k\ l)$

Die Ebene $(h\ k\ l)$ hat im Kristall bzw. in dem damit gekoppelten Koordinatensystem eine ganz bestimmte Lage. In Kristallen mit höherer Symmetrie existieren aber Ebenen, die kristallographisch völlig gleichwertig sind. Diese Ebenen weisen die gleichen MILLERschen Indizes auf, aber in einer anderen Reihenfolge. Um diese Ebenen zu erfassen, hat man noch eine weitere Symbolik eingeführt, wie nachfolgend für das höchstsymmetrische kubische Kristallsystem aufgezeigt wird.

Unter dem Symbol $\{h\ k\ l\}$ versteht man alle Ebenen, die durch Vertauschung der einzelnen Indizes entstehen, wobei jeder Index sowohl positiv als auch negativ auftritt. Im letzteren Fall wird die betreffende negative Koordinatenachse geschnitten. Zeichnet man alle diese Ebenen in ein Koordinatensystem ein und vergrößert sie solange, bis sie sich gegenseitig schneiden, entsteht eine regelmäßige Kristallform, deren äußere Begrenzungsflächen nur aus diesen Ebenen bestehen.

Das Symbol {100} ist die Abkürzung für die Gesamtheit der sechs möglichen Ebenen (110), ($\bar{1}$00), (010), (0$\bar{1}$0), (001) und (00$\bar{1}$). Jeweils zwei Ebenen verlaufen parallel. Der entstehende Kristall besteht aus einem Würfel oder *Hexaeder* (Sechsflächner), wie er im Bild 2.14 dargestellt ist. Die einzelnen Ebenen haben eine Quadratform.
Das Symbol {110} beinhaltet die 12 Ebenen (110), ($\bar{1}\bar{1}$0), ($\bar{1}$10), (1$\bar{1}$0), (101), ($\bar{1}$0$\bar{1}$), ($\bar{1}$01), (10$\bar{1}$), (0$\bar{1}\bar{1}$), (0$\bar{1}$1), (01$\bar{1}$). Jeweils zwei Ebenen sind zueinander parallel. Die resultierende Kristallform besteht aus einem *Dodekaeder* (Zwölfflächner), der im Bild 2.15 gezeigt wird. Die Ebenen bestehen alle aus gleichseitigen Rhomben oder Rauten.
Das Symbol {111} stellt eine Zusammenfassung der acht Ebenen (111), ($\bar{1}\bar{1}\bar{1}$), ($\bar{1}$11), (1$\bar{1}$1), (11$\bar{1}$), ($\bar{1}\bar{1}$1), (1$\bar{1}\bar{1}$), ($\bar{1}$1$\bar{1}$) dar. Jeweils zwei Ebenen verlaufen wieder parallel zueinander. Als äußere Kristallform ergibt sich ein *Oktaeder* (Achtflächner), wie er im Bild 2.16 dargestellt ist. Die einzelnen Ebenen haben die Form von gleichseitigen Dreiecken.

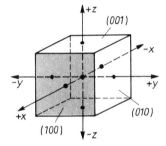

Bild 2.14. Würfel oder Hexaeder (100) (Die sechs Flächen sind Quadrate)

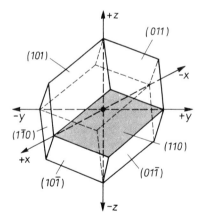

Bild 2.15. Rhombendodekaeder (110) (Die 12 Flächen sind Rhomben)

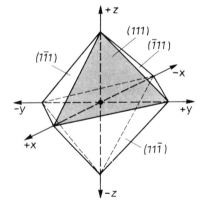

Bild 2.16. Oktaeder (111) (Die acht Flächen sind gleichseitige Dreiecke)

Sind im allgemeinen Fall alle drei Indizes h, k, l voneinander verschieden, existieren insgesamt 48 Ebenen mit einer ungleichmäßigen Dreiecksform. Der resultierende Kristallkörper wird als *Hexakisoktaeder* bezeichnet.
In analoger Weise faßt man durch das Symbol $\langle u\,v\,w \rangle$ sämtliche Kristallrichtungen zusammen, die durch Vertauschung der Komponenten u, v, w unter Einschluß der negati-

ven Komponenten $\bar{u}$, $\bar{v}$, $\bar{w}$ entstehen. Da die Metalle und Legierungen einen geordneten, kristallinen Aufbau haben, hängen die Eigenschaften von der Richtung ab, es sind vektorielle Größen. Man sagt, ein Kristall ist anisotrop im Gegensatz zu einem isotropen amorphen Körper, dessen Eigenschaften skalare Größen sind. Zur Verdeutlichung seien die Verhältnisse im kfz. Gitter betrachtet:
Bild 2.17 zeigt die Würfelebene (100) mit den in ihr liegenden Atomen. Diese sind in den realen Größenverhältnissen dargestellt. Die Atome bilden ein regelmäßiges, ganz spezielles Baumuster. Man erkennt, daß die Atomabstände in der y- und x-Richtung gleich groß sind, aber z. B. verschieden von denen in der Richtung [011]. Durch diese unterschiedlichen Abstände bedingt, sind auch die Elektronenverteilungen, damit die Bindungsverhältnisse und somit die Eigenschaften in den einzelnen Richtungen verschieden. Daraus resultiert die *Anisotropie*. Denkt man sich des weiteren senkrecht zur Zeichnungsfläche eine Achse durch das mittlere, flächenzentrierende Atom gelegt und dreht die Ebene um diese Achse, so kommt sie nach einer Drehung um 90° zur Deckung mit sich selbst. Diese Drehung um 90° kann insgesamt viermal wiederholt werden, bis die Ebene nach einer Gesamtdrehung von $4 \times 90° = 360°$ wieder in ihre Ausgangslage gelangt. Man sagt, die Ebene (100) besitzt eine vierzählige *Symmetrie*.
Nur die dunkel gefärbten Bereiche der fünf Atome befinden sich im Innern der eingezeichneten quadratischen Fläche mit der Kantenlänge a. Dazwischen gibt es noch leere, nicht mit Materie gefüllte Bereiche. Die *Flächenbelegung*, d. h. das Verhältnis der mit Atomen erfüllten Fläche zur Gesamtfläche des Quadrats, errechnet sich zu $\beta = \pi/4 = 0{,}785$, d. h., 78,5 % der (100)-Ebene sind mit Atomen erfüllt, der Rest von 21,5 % ist leerer Zwischenraum.
Dem gegenüber weist die Dodekaederebene (110) ein gänzlich anderes Baumuster auf (Bild 2.18). Die Ebene besitzt auch nur eine zweizählige Symmetrie, und die Flächenbelegung ist mit $\beta = \pi/4\sqrt{2} = 0{,}555$ sehr gering.
Wiederum ein anderes Baumuster kommt der Oktaederebene (111) zu (Bild 2.19). Diese Ebene hat eine dreizählige Symmetrie und besitzt mit $\beta = \pi/2\sqrt{3} = 0{,}905$ die maximale Flächenbelegung, es handelt sich um die dichteste ebene Kugelpackung.
Im krz. Gitter und im Gitter mit hex. d. P gibt es analoge Unterschiede zwischen den Strukturen der einzelnen Kristallrichtungen und Netzebenen. Das anisotrope Verhalten und die Symmetrie einer Netzebene läßt sich bereits daran erkennen, daß ein mit einer

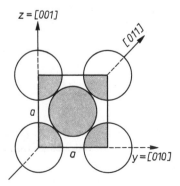

Bild 2.17. Netzebene (100) im kfz. Gitter

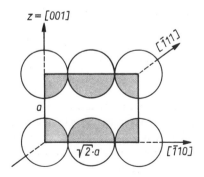

Bild 2.18. Netzebene (110) im kfz. Gitter

2.1. Reine Metalle

Kugel erzeugter Eindruck nicht rund ist (Bild 2.20). Dies beweist, daß die mechanischen Eigenschaften in den einzelnen Richtungen innerhalb der Ebene unterschiedlich sind. Für einen Kupfer-Einkristall wurden beispielsweise gemessen:

Richtung der Kraft	Zugfestigkeit [MPa]	Bruchdehnung [%]
[100]	150	10
[110]	200	50
[111]	350	33

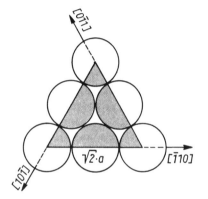

Bild 2.19. Netzebene (111) im kfz. Gitter

Bild 2.20. Unrunde Kugeleindrücke in Eiseneinkristallen

Der Elastizitätsmodul, die thermische Ausdehnung sowie optische, elektrische und magnetische Eigenschaften sind ebenfalls anisotrop.
Die unterschiedlichen Strukturen und Flächenbelegungen der einzelnen Netzebenen haben zur Folge, daß sie in unterschiedlichem Maß einem Korrosionsangriff unterliegen. Dies hat u. a. zur Folge, daß in einem polykristallinen Werkstoff, bei dem die Schlifffläche die einzelnen Kristallite in zufälliger Lage schneidet, bei *Kornflächenätzungen* die einzelnen Ebenen unterschiedlich stark angegriffen werden. Daraus ergeben sich Ätzkontraste zwischen einzelnen Körpern, wie dies Bild 2.21 für einen hochlegierten ferritischen Stahl zeigt.
Kristalle aus weichen, zähen Metallen, die aus der Schmelze erstarren, nehmen meist keine massive, kompakte Form an, sondern bilden Kristallskelette, sog. *Dendriten* (grch. Baum). Ein derartiger Dendrit ist schematisch im Bild 2.22 dargestellt. Die Kristallisationsgeschwindigkeit ist ebenfalls eine anisotrope Eigenschaft. Deshalb wächst der Kristall in einer bestimmten Richtung schneller als in anderen Richtungen. Wegen der Symmetrie gibt es im Raum mehrere Richtungen maximaler Kristallisationsgeschwindigkeit. So entsteht zunächst der »Stamm«, daran wachsen die »Äste« an, usw. Bild 2.23 zeigt ein Konglomerat verschiedener Eisendendriten, die im Lunker einer großen, langsam erstarrten Stahlgußwalze gefunden wurden.
Kristallisiert nur eine dünne Schmelzschicht, nehmen die Dendriten eine flächenhafte

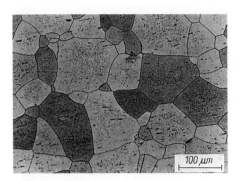

Bild 2.21. Gefüge einer Zündelektrode aus einem zunderbeständigen ferritischen Stahl mit 20,8 % Cr, 4 % Al und 0,6 % Si. Geätzt mit V2A-Beize

Bild 2.22. Kristalldendrit (schematisch)

Gestalt an (Bild 2.24). Derartige »Farnkrautblätter« findet man auch auf der Oberfläche erstarrter Gußblöcke (Bild 2.25), bei feuerverzinkten Stählen und bei Eisblumen an Fenstern.

In sehr reinen Metallen ist die dendritische Erstarrung im metallographischen Schliff meist nicht nachweisbar, da die Äste allmählich zu einem kompakten Kristall zusammen-

Bild 2.23. Eisendendriten, im Lunker einer großen Stahlgußwalze frei gewachsen

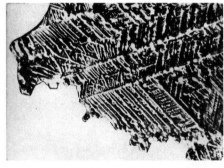

Bild 2.24. Natürlich gewachsener Golddendrit

Bild 2.25. Aluminiumdendriten auf der Oberfläche eines langsam erstarrten Gußblocks

2.1. Reine Metalle

wachsen. Die durch die Konvektion der Schmelze hervorgerufene Verbiegung der Stengel führt jedoch zu inneren Baufehlern (Substruktur der Einkristalle). In verunreinigten Metallen und in Legierungen hingegen weisen die zuerst erstarrten Stämme und Äste eine andere chemische Zusammensetzung auf als die zuletzt erstarrte Restschmelze *(Kristallseigerung).* Erfolgt die Abkühlung so schnell, daß kein Konzentrationsausgleich durch Diffusion erfolgen kann, bleibt die Dendritenform der Primärkristalle erhalten. Dies zeigen die Bilder 2.26 und 2.27. Hierbei ist wieder zu beachten, daß der räumliche Dendrit von der Schlifffläche in einer Ebene mit zufälliger Orientierung geschnitten wird.

 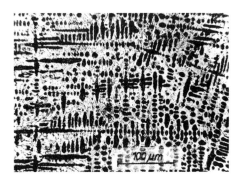

Bild 2.26. Dendritische Struktur von gegossenem Hartmanganstahl

Bild 2.27. Dendritische Struktur der Primärkristalle eines gegossenen Schnellarbeitsstahls

In Legierungen scheiden sich während der Abkühlung häufig aus der Grundmasse A andere Kristalle B aus. Haben A und B unterschiedliche chemische Zusammensetzungen und Strukturen, spricht man von einer *Segregatbildung,* weisen sie dagegen gleiche chemische Zusammensetzungen, aber unterschiedliche Strukturen auf, von einer *Martensitbildung.* Häufig sind die beiden Kristalle A und B in kristallographisch gesetzmäßiger Weise miteinander verwachsen. Man spricht von einer *Epitaxie* oder einem definierten *Orientierungszusammenhang* beider Gitter. Hierzu ist eine notwendige Voraussetzung, daß beide Raumgitter auf einer Netzebene ein ähnliches atomares Baumuster aufweisen und die Atomabstände in bestimmten Gitterrichtungen nicht allzu sehr voneinander abweichen. Ist die atomare Passung nur in einer einzigen Richtung befriedigend, nehmen die Ausscheidungen eine Stäbchenform an; gibt es in beiden Kristallen Ebenen mit ähnlichem Baumuster, werden die Ausscheidungen Platten.
Als Beispiel seien zwei Kristalle betrachtet, bei denen das eine Gitter kfz. ($= \gamma$), das andere krz. ($= \alpha$) ist. Obwohl sich beide Gitter erheblich in ihrer Struktur und in der Raumerfüllung unterscheiden, weisen die beiden Ebenen $(111)_\gamma$ des kfz. Gitters und $(110)_\alpha$ des krz. Gitters sehr ähnliche Baumuster auf (Bild 2.28). Die Flächenbelegung von $(111)_\gamma$ beträgt $\beta = \pi/2\sqrt{3} = 0{,}905$, die von $(110)_\alpha$ hingegen $\beta = 3 \cdot \pi/8\sqrt{2} = 0{,}833$. Die erstere Ebene weist eine dichteste Kugelpackung auf, die letztere Ebene ist ebenfalls recht dicht gepackt. Die Längenverhältnisse der Seiten sind, gleiche Atomradien in beiden Gittern vorausgesetzt, mit $x_\gamma/x_\alpha = \sqrt{\frac{3}{2}} = 0{,}866$ bzw. $y_\gamma/y_\alpha = 3\sqrt{\frac{2}{4}} = 1{,}061$ nicht sehr günstig.
Wie die Untersuchungen ergeben haben, liegen diese beiden Ebenen meistens parallel zueinander: $(111)_\gamma \parallel (110)_\alpha$, wenn sich aus einem kfz. γ-Kristall ein krz. α-Kristall ausschei-

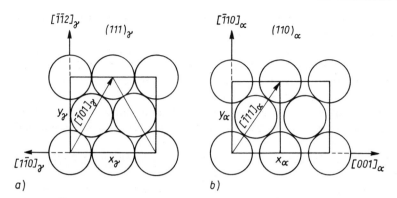

Bild 2.28. Ähnliche Baumuster in Ebenen aus verschiedenen Raumgittern
a) kfz. Gitter: Ebene (111)
b) krz. Gitter: Ebene (110)

det, beispielsweise Ferrit oder Martensit aus Austenit in Stählen, oder wenn sich umgekehrt aus einem krz. Kristall ein kfz. Kristall ausscheidet, beispielsweise α-Messing aus β-Messing. Wegen der ungünstigen Längenverhältnisse gibt es bei den einzelnen Legierungen verschiedene Möglichkeiten, welche Kristallrichtungen in den Ebenen $(111)_\gamma$ und $(110)_\alpha$ sich parallel zueinander einstellen. Die Grenzlagen sind $[\bar{1}\bar{1}2]_\gamma \parallel [\bar{1}10]_\alpha$ und $[\bar{1}01]_\gamma \parallel [\bar{1}11]_\alpha$, aber es sind auch dazwischen liegende Orientierungen möglich.

Bei derartigen kristallographisch gesetzmäßigen Verwachsungen zweier Kristalle ist stets zu berücksichtigen, daß eine Ausscheidung ein räumliches Gebilde ist, das von der Schlifffläche in zufälliger Lage durchschnitten wird. Stäbchenförmige Ausscheidungen werden mit hoher Wahrscheinlichkeit quer geschnitten und erscheinen deshalb als rundliche Gebilde, plattenförmige Ausscheidungen werden ebenfalls bevorzugt quer geschnitten und erscheinen in der Schlifffläche als eben begrenzte Balken.

Von großer Bedeutung sind auch die Symmetrieverhältnisse eines Kristalls bzw. einer Ebene. Wenn bei einem kubischen Kristall beispielsweise stäbchenförmige Ausscheidungen mit ihrer Längsrichtung parallel zur Richtung [010] liegen, so werden kristallographisch völlig gleichberechtigt andere Stäbchen mit ihrer Längsachse parallel zu den Richtungen [100] und [001] liegen. Je nach der Orientierung der Schlifffläche zum Gitter werden die stäbchenförmigen Ausscheidungen im Gefüge eine unterschiedliche Form haben.

Analoge Verhältnisse liegen vor, wenn die Ausscheidungen eine Plattenform haben. Es sei der Spezialfall betrachtet, daß sich plattenförmige Ausscheidungen auf den Oktaederebenen $\{111\}_\gamma$ des kfz. γ-Kristalls gebildet haben. Wie schon ausgeführt wurde, gibt es wegen der Symmetrieverhältnisse im kubischen Gitter vier Oktaederebenen (111), $(\bar{1}11)$, $(1\bar{1}1)$, $(11\bar{1})$, die kristallographisch völlig gleichberechtigt sind und insbesondere die gleiche Struktur aufweisen, die sich aber in ihrer relativen Lage zueinander unterscheiden.

Wird nun dieser Oktaeder mit den plattenförmigen Ausscheidungen von der Schlifffläche geschnitten, hängt der mikroskopisch sichtbare Gefügeaufbau von der Orientierung der Schlifffläche zum Koordinatensystem x, y, z ab. Liegt die Schlifffläche beispielsweise parallel zur Netzebene (111), dann wird diese von den anderen drei Ebenen $(\bar{1}11)$, $(1\bar{1}1)$ und $(11\bar{1})$ geschnitten. Die Schnittgeraden sind die drei Gitterrichtungen $[0\bar{1}1]$, $[10\bar{1}]$ bzw.

[1̄10], die sich jeweils unter einem Winkel von 60° (bzw. 120°) schneiden (Bild 2.29). Das entstandene Gefüge ist im Bild 2.30 wiedergegeben.

Liegt aber die Schlifffläche parallel zur Ebene (001), die senkrecht auf der z-Achse steht, so schneiden die Plättchen der Ausscheidung auf den Ebenen (111) und (11$\bar{1}$) die Schlifffläche (001) in der gleichen Gitterrichtung (110), die auf den anderen beiden Ebenen ($\bar{1}$11) und (1$\bar{1}$1) befindlichen die Ebene (001) in der gleichen Richtung [110]. Die Richtungen [1$\bar{1}$0] und [110] sind kristallographisch gleichwertig und stehen senkrecht aufeinander. Dies bedeutet, daß die Ausscheidungen auf der Schlifffläche (001) ein quadratisches Muster aus balkenförmigen Kristallen bilden. Zwischen der Lage der Schlifffläche und den Schnittwinkeln der Ausscheidungsplättchen besteht demnach ein definierter, berechenbarer Zusammenhang.

Analoge Verhältnisse liegen vor, wenn Ausscheidungen in Plattenform im krz. Gitter er-

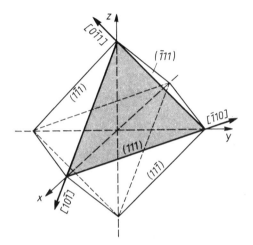

Bild 2.29. Oktaeder mit drei Schnittgeraden ⟨110⟩ zwischen den {111}-Ebenen

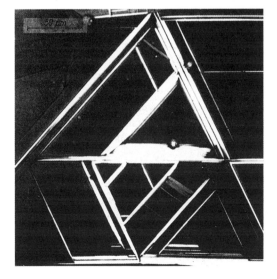

Bild 2.30. Kfz. γ-Kristall (grau) mit Ausscheidungen von hex. ε-Martensitplatten (weiß) auf den {111}$_\gamma$-Ebenen. Schlifffläche annähernd parallel zur Ebene (111). WIDMANNSTÄTTENsches Gefüge. Stahl mit 24% Mn, tiefgekühlt auf −196°C. Geätzt mit Natriumthiosulfat

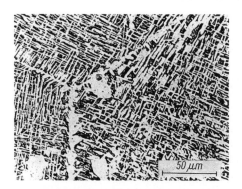 

Bild 2.31. Sonderbronze für Schiffsschrauben mit 5,5 % Al, 8,2 % Zn, 10,8 % Mn, 2,5 % Fe, 1,7 % Ni, Rest Cu. 900 °C/H$_2$O + 16 h/650 °C/H$_2$O. Ausscheidungen von Platten aus kfz. α-Bronze (weiß) und krz. β-Bronze (dunkel). WIDMANNSTÄTTENsches Gefüge. Geätzt mit Eisenchlorid + HCl

Bild 2.32. Meteoreisen mit WIDMANNSTÄTTENschem Gefüge

folgen. Dies zeigt Bild 2.31 an einer Sonderbronze, in der zunächst durch Abschrecken von 900 °C in Wasser der krz. β-Kristall bei Raumtemperatur erhalten wurde, aus dem dann durch 16stündiges Anlassen bei 650 °C die (weißen) kfz. α-Kristalle ausgeschieden wurden.

Derartige kristallographisch geregelte Gefüge bezeichnet man nach ihrem Entdecker als WIDMANSTÄTTENsche Gefüge. Sie wurden um 1800 zuerst bei Meteoreisen entdeckt (Bild 2.32). Die großen balkenförmigen Kristalle enthalten 6 bis 7 % Ni, Rest Fe. Man bezeichnet sie als *Kamazit*. Auf der Außenseite dieser Balken befinden sich häufig Schichten aus schwer anätzbarem *Tänit* mit 13 bis 48 % Ni, Rest Fe. Den Raum zwischen den Balken nimmt die Füllmasse *Plessit* ein, die aus einem fein verwachsenen Gemenge von Kamazit und Tänit besteht. Daneben findet man noch manchmal den *Rhabolit* oder *Schreibersit* (Fe, Ni, Cr)$_3$P, der, von weißer Farbe, schnell goldgelb anläuft, den *Cohenit* Fe$_3$C, den *Troilit* FeS und andere Kristallarten. Die Kamazitbalken schneiden sich unter bestimmten Winkeln, die von der Lage der Schlifffläche abhängen. Es ist bisher noch nicht gelungen, dieses grobe Gefüge im Laboratorium zu erzeugen. Offenbar sind dazu ganz extreme Bedingungen erforderlich, wie sie auf der Erde und in kurzer Zeit nicht reproduziert werden können.

In den bisherigen Ausführungen wurde stillschweigend vorausgesetzt, daß sich auf jedem durch das Raumgitter festgelegten Platz ein identisches Atom befindet. Dieser ideale Fall, der *Idealkristall*, wird weder in der Natur noch in der Technik jemals realisiert. In einem *Realkristall* sind stets chemische Verunreinigungen in Form von Fremdatomen enthalten, die im Gitter eingebaut sind. Des weiteren ist auch das geometrische Baumuster nicht ideal durchgebildet, sondern stets sind *Kristallbaufehler* vorhanden. Man unterscheidet punktförmige (z. B. Gitterleerstellen), linienförmige (z. B. Versetzungen), flächenhafte (z. B. Stapelfehler) und räumliche (z. B. Poren) Gitterbaufehler. In der Regel umfaßt der Anteil an Gitterbaufehlern weniger als ≈ 1 % der Gesamtatome. Dieser geringe Anteil ist nicht so sehr für die Gefügeausbildung von Bedeutung als vielmehr für die mechanischen, physikalischen und chemischen Eigenschaften. An dieser Stelle kann auf dieses

2.1. Reine Metalle

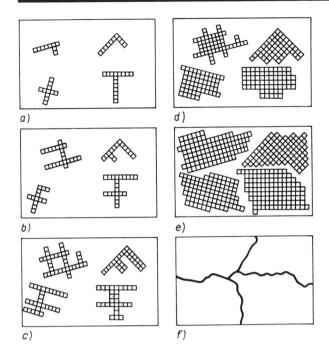

Bild 2.33. Schematische Darstellung der Erstarrung einer Metallschmelze (nach ROSENHAIN)

umfangreiche Gebiet nicht näher eingegangen werden. Erwähnt sei nur, daß Ätzgrübchen an solchen Stellen entstehen, wo Versetzungslinien aus der Schlifffläche austreten.

Wie bereits erwähnt, bestehen die Metalle im allgemeinen nicht nur aus einem, sondern aus sehr vielen Kristalliten oder Körnern von $\approx 0{,}1$ mm Durchmesser, die eine unregelmäßige äußere Begrenzung haben. Man sagt, die Metalle sind viel- oder *polykristallin*. Die Ursache liegt darin, daß bei der Erstarrung einer Schmelze äußerst zahlreiche, winzige Kriställchen *(Keime)* gebildet werden, die beliebige relative Lagen zueinander einnehmen und die sich ständig ändern (Bild 2.33). Die einzelnen Kriställchen können zunächst in der Schmelze ungehindert wachsen und bilden Dendriten (*a* bis *c*). Im weiteren Verlauf der Erstarrung füllen sich die Restfelder zwischen den Ästen auf, und es entstehen kompakte Kristalle (*d*). Bei der weiteren Vergrößerung stoßen die Kristalle aneinander, wobei die Begrenzungsflächen rein zufällig sind (*e* bis *f*).

Die einzelnen Kristallite stoßen an den flächenhaften *Korngrenzen* aneinander. Bei reinen Metallen haben die an einer Korngrenze zusammentreffenden Körner das gleiche Raumgitter. Beide Raumgitter weisen aber relativ zueinander eine unterschiedliche Lage auf. Dies ist schematisch im Bild 2.33 *e* dargestellt, läßt sich aber auch metallographisch leicht nachweisen. Bild 2.34 zeigt die Körner von tiefgeätztem reinem Eisen. Der allgemeine Ätzangriff und die Form der Ätzgrübchen hängen von der Art der in der Schlifffläche liegenden Netzebene ab. Im Bild 2.35 ist die vorher polierte Oberfläche eines polykristallinen austenitischen Manganstahls nach plastischer Umformung wiedergegeben. In jedem einzelnen Korn sind Spuren von ausgetretenen Gleitebenen (Gleitlinien bzw. -bänder) sichtbar, die aber von Korn zu Korn ganz verschieden sind, je nach der Orientierung des Gitters zur Kraftrichtung. Bild 2.36 zeigt einen grobkörnigen Zerreißstab aus Messing

Bild 2.34. Kornstruktur von tiefgeätztem Reineisen. Geätzt mit FeCl$_3$

Bild 2.35. Oberfläche eines polykristallinen, plastisch verformten austenitischen Stahls. Unterschiedliche Gleitlinienmuster in den einzelnen Kristalliten

nach starker plastischer Verformung. Die ursprünglich glatte, geschliffene Staboberfläche ist rauh und uneben geworden, weil sich die einzelnen unterschiedlich orientierten Kristallite je nach ihrer Lage zur Zugrichtung ganz unterschiedlich verformt haben.

Es hängt nun von der relativen Lage der beiden Gitter ab, wie die Korngrenzen beschaffen sind. Es gibt Korngrenzen, bei denen die beiden Gitter völlig störungsfrei ineinander übergehen (Bild 2.37a). Ein derartiger Fall liegt z.B. bei Kristallzwillingen vor. Beide Kristallteile sind längs der Zwillingsebene kohärent miteinander verwachsen. Im allgemeinen passen die beiden Gitter aber nicht so fehlerfrei zusammen. Sie können gegenseitig um einen beliebigen Winkel gekippt (Bild 2.37b) oder verdreht oder gleichzeitig gekippt und verdreht sein. In allen diesen Fällen treten *Störungen im Gitteraufbau* auf, die eine Erhöhung der inneren Energie zur Folge haben, und auch Hohlräume. Aus diesen Gründen lassen sich Korngrenzen leichter anätzen als die Körner selbst (Bild 2.38). Auch Verunrei-

Bild 2.36. Inhomogene Verformung eines grobkörnigen Zerreißstabs aus Messing

nigungen sammeln sich in Korngrenzen an, und Ausscheidungen beginnen bevorzugt in Korngrenzen, weil dort die Bildung von Keimen energetisch bevorzugt ist (Bild 2.39). Wird ein Metall über eine bestimmte Temperatur erwärmt, nimmt die Korngröße zu, weil sich dadurch die energiereiche Korngrenzenfläche verringert. Die geringste innere Energie besitzt der korngrenzenfreie Einkristall. Im Prinzip ist es durchaus möglich, durch langes Erwärmen bei hohen Temperaturen einen Einkristall zu erzeugen.

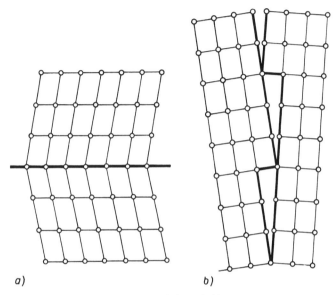

Bild 2.37. Struktur von Korngrenzen (schematisch)
a) kohärente Korngrenze (Zwillingsebene)
b) teilkohärente Korngrenze (Kleinwinkel-Korngrenze durch Kippung der beiden Kristalle)

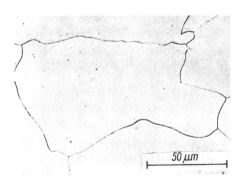

Bild 2.38. Kornstruktur von Reineisen

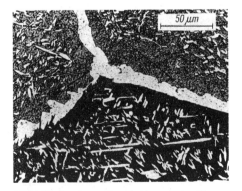

Bild 2.39. Bevorzugte Ausscheidung an den Korngrenzen.
Sonderbronze mit 7,1 % Al, 5,3 % Zn, 10,2 % Mn, 2,5 % Fe, 1,8 % Ni, Rest Cu. 900 °C/H$_2$O + 16 h 650 °C/H$_2$O. α-Bronze (weiß), β-Bronze (dunkel). Geätzt mit FeCl$_3$ + HCl

2. Zustandsdiagramme der Metalle und Legierungen

Wegen der Unterschiede in der Struktur, chemischen Zusammensetzung und inneren Energie unterscheiden sich die Korngrenzen und das Kornvolumen in ihren Eigenschaften. Ist beispielsweise die mechanische Trennfestigkeit des Kornvolumens größer als die der Korngrenzen, kommt es zu *interkristallinen Rissen* (Bild 2.40). Bild 2.41 zeigt sauerstoffhaltiges Kupfer, das beim Glühen in wasserstoffhaltiger Atmosphäre längs der Korngrenzen, also interkristallin aufgerissen ist. Ist umgekehrt die Trennfestigkeit der Korngrenzen größer als die des Kornvolumens, gehen die Risse bzw. Brüche mitten durch die Körner hindurch, und zwar auf kristallographisch definierten Spaltflächen. Bei krz. Metallen sind dies die {100}- und {110}-Ebenen, bei hex. Metallen die (001)- und {100}-Ebenen (Bild 2.42). Kfz. Metalle haben keine Spaltflächen. Sind die Festigkeiten von Korngrenzen und Kornvolumen annähernd gleich groß, kommt es zu gemischten Rissen, die teils interkristallin, teils transkristallin verlaufen (Bild 2.43). Auch durch einen Korrosionsangriff kann es zu interkristallinen und/oder transkristallinen Rissen kommen.

Je nach den Erstarrungsbedingungen können mehr oder weniger Körner je Volumeneinheit gebildet werden, d. h., die Größe des Gußkorns ist abhängig von den Gieß- und Erstarrungsbedingungen. Auch durch Glühen von unverformten oder von vorher plastisch verformten Metallen sind Veränderungen der Korngröße im festen Zustand in weitem Umfang möglich. Die Korngröße eines Metalls ist demnach keine definierte Werkstoffkennzahl, sondern hängt von der vorausgegangenen Verarbeitung ab. Auch ist ein Metall

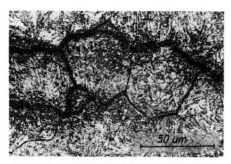

Bild 2.40. Interkristalliner Härteriß bei gehärtetem Stahl

Bild 2.41. Interkristalliner Verlauf der durch »Wasserstoffkrankheit« des Kupfers verursachten Risse

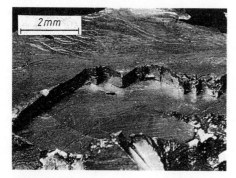

Bild 2.42. Eisenkristall, längs der Spaltflächen gebrochen

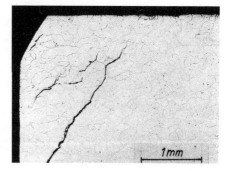

Bild 2.43. Transformatorstahl mit trans- und interkristallinem Rißverlauf

2.1. Reine Metalle

um so feinkörniger, je mehr Verunreinigungen es enthält. Diese wirken einerseits als Fremdkeime bei der Erstarrung mit, hemmen andererseits das Kornwachstum bei höheren Temperaturen. Reinste Metalle sind deshalb meist wesentlich grobkörniger als verunreinigte Metalle oder Legierungen.

Im allgemeinen soll ein technischer Werkstoff möglichst feinkörnig sein, weil dann die anisotropen Eigenschaften der einzelnen Kristallite weniger nach außen hin in Erscheinung treten. Der Werkstoff ist dann *quasi-isotrop*. Nur in einigen wenigen Fällen ist grobes Korn erwünscht, z. B. bei weichmagnetischen Werkstoffen zur Verminderung der Wattverluste oder bei warmfesten Werkstoffen zur Verbesserung der Kriechfestigkeit.

Durch plastische Umformungen, Glühungen oder durch Kombination beider Verfahren gelingt es, die unterschiedlich orientierten Raumgitter der einzelnen Körner eines polykristallinen Werkstoffs mehr oder weniger exakt auszurichten bzw. parallel zu stellen, so daß sich anisotrope Eigenschaften ähnlich wie bei einem Einkristall ergeben. Dies sind die *Texturwerkstoffe*, die zwar noch Korngrenzen aufweisen, bei denen aber die angrenzenden Raumgitter mit nur kleinen Orientierungsdifferenzen aneinander stoßen. Deshalb lassen sich die Gefüge derartiger Werkstoffe weder durch Korngrenzen- noch durch Kornflächenätzungen kontrastreich entwickeln. Daraus wurde früher die Schlußfolgerung gezogen, daß plastisch deformierte Metalle amorph seien, geglühte Metalle aber kristallin. Durch die annähernd gleiche Form der Ätzgrübchen in den einzelnen Körnern können Texturwerkstoffe von normalen ungeordneten polykristallinen Werkstoffen unterschieden werden.

2.1.3. Verhalten der Metalle beim Erwärmen

Während einer Erwärmung kann sich der Gefügeaufbau der Metalle wesentlich verändern. Weiter vorn wurde ausgeführt, daß die technischen Metalle polykristallin sind und daß sich an den Korngrenzen Atome befinden, die keine regulären Gitterplätze einnehmen. Von den Atomen der benachbarten Kristallite werden auf diese irregulären Atome Kräfte ausgeübt, die dahin streben, diese Atome dem eigenen Kristallverband einzuverleiben. Bei relativ zum Schmelzpunkt niedrigen Temperaturen ist die Beweglichkeit der Atome so klein, daß sie den angreifenden Kräften nicht Folge leisten können. Mit steigender Temperatur erhöht sich jedoch auch die Beweglichkeit der Atome, und sie werden von dem stabilsten der Nachbarkristallite, der die größte Anziehungskraft hat, eingefangen und in den Kristallverband eingebaut. Auf diese Weise vergrößert sich der stabilere Kristall auf Kosten seines instabileren Nachbarn, denn dieser muß nun Atome auf die frei gewordenen Korngrenzenplätze abgeben, wodurch er sich verkleinert.

Dieses Aufzehren der instabilen Kristallite durch die stabileren Nachbarn verläuft um so schneller und vollständiger, je höher die Temperatur und damit die Atombeweglichkeit ist und je länger das Metall auf dieser erhöhten Temperatur gehalten wird. Der angestrebte ideale Endzustand ist der korngrenzenfreie Einkristall, der aber mit den üblichen in der Technik gebräuchlichen Temperaturen und Glühzeiten nicht erreicht wird. Bei unvorsichtigem Glühen entsteht jedoch ein unerwünschtes Grobkorn. Grobkornbildung durch überhöhte Temperaturen bezeichnet man als *Überhitzung*, durch zu lange Glühzeit als *Überzeitung*. Langsame Abkühlung von der Glühtemperatur wirkt im gleichen Sinn wie eine verlängerte Glühzeit, führt also ebenfalls zu gröberem Korn.

Es gibt eine Anzahl Metalle, die bei einer Erwärmung im noch festen Zustand ihre gegenseitige Atomanordnung verändern. Diese Eigenschaft wird als *Allotropie* bezeichnet und die verschiedenen Ordnungszustände eines Metalls als seine allotropen Modifikationen. Die Umwandlungen sind reversibel (umkehrbar), und man kann durch Erwärmen oder Abkühlen die jeweils bei der Versuchstemperatur beständige Modifikation erhalten. Die Umwandlungstemperaturen der einzelnen Modifikationen sind genau definiert. Allerdings kann die Umwandlungstemperatur bei der Erhitzung verschieden sein von der Rückumwandlungstemperatur bei der Abkühlung. Diese Erscheinung nennt man *Hysterese*. Die Lage der Umwandlungspunkte ist ferner vom Reinheitsgrad bzw. dem Legierungszusatz abhängig sowie von der Erhitzungs- und Abkühlungsgeschwindigkeit.

Das technisch wichtigste Metall, das Eisen, kommt in den drei allotropen Modifikationen α-Eisen, γ-Eisen und δ-Eisen vor. Diese Tatsache ist eine der wesentlichsten Voraussetzungen dafür, daß sich kohlenstoffhaltiges Eisen, der Stahl, härten und vergüten läßt, und auf den dadurch erzielbaren hohen Festigkeiten, Härten und Streckgrenzen beruht vor allen Dingen das weite Anwendungsgebiet der Stähle.

In Tabelle 2.4 sind die allotropen Modifikationen einiger wichtiger Metalle angeführt.

Die Umwandlungen der einzelnen Modifikationen sind mit sprunghaften Änderungen aller Eigenschaften verbunden, so z. B. des spezifischen Volumens, der elektrischen Leitfähigkeit und des Wärmeinhalts. Die verbrauchte bzw. frei werdende Umwandlungswärme führt in Erhitzungs- oder Abkühlungskurven zu Haltepunkten, ähnlich wie die Schmelz- und Kristallisationswärme beim Phasenübergang flüssig $\rightleftharpoons$ fest.

Die Änderung des spezifischen Volumens, die auf die verschieden dichte Packung der Atome im Gitter der einzelnen Modifikationen zurückzuführen ist, führt zu Spannungen im Innern des sich umwandelnden Metalls, die bis zu dessen Zerstörung anwachsen können. Ein Beispiel dafür bildet die Umwandlung des Zinns bei tiefen Temperaturen. Das metallische, feste, weiße β-Zinn geht bei tieferen Temperaturen im Lauf der Zeit teilweise in das graue, pulverförmige α-Zinn über. Dieser als Zinnpest bezeichnete Zerfall in ein Pulver wird verursacht durch das um 25 % größere Volumen des α-Zinns. Bei einer Wie-

Tabelle 2.4. Allotrope Modifikationen einiger Metalle

Metall	Modifikationen	Temperaturgebiet der Beständigkeit	Kristallsystem
Eisen	α-Fe	RT $\rightarrow$ 910 °C	kubisch-raumzentriert
	γ-Fe	910 $\rightarrow$ 1390 °C	kubisch-flächenzentriert
	δ-Fe	1390 $\rightarrow$ 1535 °C	kubisch-raumzentriert
Kobalt	α-Co	RT $\rightarrow$ 420 °C	hexagonal
	β-Co	420 $\rightarrow$ 1492 °C	kubisch-flächenzentriert
Mangan	α-Mn	RT $\rightarrow$ 710 °C	kubisch (58 Atome je Elementarzelle)
	β-Mn	710 $\rightarrow$ 1079 °C	kubisch (20 Atome je Elementarzelle)
	γ-Mn	1079 $\rightarrow$ 1143 °C	kubisch-flächenzentriert
	δ-Mn	1143 $\rightarrow$ 1244 °C	kubisch-raumzentriert
Titan	α-Ti	RT $\rightarrow$ 880 °C	hexagonal
	β-Ti	880 $\rightarrow$ 1820 °C	kubisch-raumzentriert
Zinn	α-Sn	T < 13 °C	Diamantgitter
	β-Sn	13 $\rightarrow$ 232 °C	tetragonal

2.1. Reine Metalle

dererwärmung geht das α-Zinn in das metallische β-Zinn über, ohne daß sich die Pulverform ändert.

Am absoluten Nullpunkt bei 0 K = −273 °C verharren die Atome eines Metalls starr und unbeweglich auf ihren Gitterplätzen, sie sind eingefroren. Durch Wärmezufuhr von außen wird erreicht, daß die Atome Schwingungen um diese Ruhelagen ausführen. Je mehr Wärme zugeführt wird, um so größer sind die Schwingungsamplituden der Atome. Die innere Energie der Metalle nimmt mit steigender Temperatur zu. Bei einem bestimmten Energiegehalt des Gitters, der für jedes Metall verschieden ist, werden die Schwingungsamplituden der Atome so groß, daß das Gitter zusammenbricht. Das Metall wird flüssig; es schmilzt. Um das Metallgitter vollständig zu zerstören, ist eine gewisse Energie erforderlich, die sog. *Schmelzwärme*. Dabei gilt die *Richardsche Regel*, die besagt, daß die atomare Schmelzwärme im Mittel das 9fache der absoluten Schmelztemperatur beträgt (Tabelle 2.5).

Metall	Schmelz-temperatur T_s [K]	atomare Schmelzwärme Q_s [J/g · Atom]	Q_s/T_s
Eisen	1 808	15 200	8,4
Kobalt	1 768	15 700	8,9
Zink	693	7 400	10,5
Blei	600	5 000	7,6
Quecksilber	234	2 350	10,0

Tabelle 2.5
Schmelztemperatur und Schmelzwärme einiger Metalle

Bei weiterer Energiezufuhr bzw. Temperatursteigerung vergrößert sich auch die Beweglichkeit der Atome innerhalb der Schmelze, und schließlich wird eine Temperatur erreicht, bei der das flüssige Metall verdampft. Um die in der dicht gepackten Schmelze wirkenden Anziehungskräfte zu überwinden, ist eine erhebliche Energie erforderlich, die sog. *Verdampfungswärme*. Ähnlich wie bei der Schmelzwärme gilt für die Verdampfungswärme eine Beziehung, die *Troutonsche Regel*, die besagt, daß die atomare Verdampfungswärme etwa das 90fache der absoluten Verdampfungstemperatur eines Metalls beträgt (Tabelle 2.6).

Die Verdampfungsentropie ist also rund 10mal so groß wie die Schmelzentropie.
Während der Abkühlung eines Metalldampfs verflüssigt sich dieser bei der Kondensationstemperatur, wobei die *Kondensationswärme* frei wird. Bei weiterem Wärmeentzug geht die Schmelze bei der Erstarrungs- oder Kristallisationstemperatur in den festen Zu-

Metall	Verdampfungs-temperatur T_v [K]	atomare Verdampfungswärme Q_v [J/g · Atom]	Q_v/T_v
Magnesium	1 375	136 000	98
Eisen	3 000	350 000	117
Zink	1 179	114 000	97
Kadmium	1 038	100 000	96
Quecksilber	630	59 000	95

Tabelle 2.6
Verdampfungstemperatur und Verdampfungswärme einiger Metalle

stand über, wobei die *Erstarrungs-* oder *Kristallisationswärme* abgegeben wird. In zahlenmäßiger Hinsicht entsprechen sich folgende Werte:

Schmelztemperatur T_s = Erstarrungstemperatur T_e
Schmelzwärme Q_s = Erstarrungswärme Q_e
Verdampfungstemperatur T_v = Kondensationstemperatur T_k
Verdampfungswärme Q_v = Kondensationswärme Q_k.

Zusammenfassend ist im Bild 2.44 der Wärmeinhalt von Quecksilber in Abhängigkeit von der Temperatur graphisch dargestellt. Bei 0 K ist der Wärmeinhalt des festen Quecksilbers =0. Bis zum Schmelzpunkt von 234 K = −39 °C steigt der Wärmeinhalt kontinuierlich auf 6 000 J/g·Atom an. Die Schmelzwärme Q_s beträgt 2 350 J/g·Atom. Das geschmolzene Quecksilber hat bei 234 K also einen Gesamtwärmeinhalt von 6 000 + 2 350 = 8 350 J/g·Atom. Bis zur Verdampfungstemperatur von 630 K = 357 °C nimmt das Quecksilber stetig noch ≈10 000 J/g·Atom auf.

Um bei der Verdampfungstemperatur das flüssige Quecksilber zu verdampfen, ist die Verdampfungswärme von 59 000 J/g·Atom erforderlich, so daß sich der Gesamtwärmeinhalt des Quecksilberdampfs auf 77 350 J/g·Atom beläuft. Durch weitere Wärmezufuhr kann der Energiegehalt des Dampfs noch sehr weitgehend kontinuierlich gesteigert werden.

Das *Zustandsdiagramm* eines Metalls ist nach den vorangegangenen Ausführungen sehr einfach und in Bild 2.45 für Magnesium dargestellt. Auf der vertikalen Temperaturachse werden Schmelz- und Siedetemperaturen aufgetragen. Vom absoluten Nullpunkt (−273 °C) bis 650 °C ist das Magnesium fest und kristallin, von 650 bis 1 100 °C existiert das schmelzflüssige Magnesium, und >1 100 °C ist nur noch Magnesiumdampf beständig. Die angegebenen Daten sind streng nur für einen äußeren Druck von $p = 0{,}1$ MPa gültig. Sie ändern sich mit steigendem oder fallendem Druck.

Die feste, flüssige und dampfförmige Form eines Metalls bezeichnet man als seine *Aggregatzustände*. Jedes Metall kann durch Temperatur- (und Druck-) Änderung von einem Aggregatzustand in den anderen überführt werden. Die Bezeichnung »Aggregat« (Anhäufung) deutet auf die unterschiedlichen Packungsdichten der Atome in Kristall, Schmelze und Dampf hin.

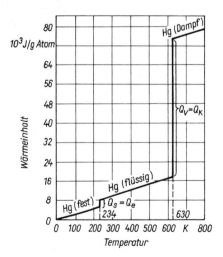

Bild 2.44. Wärmeinhalt von Quecksilber in Abhängigkeit von der Temperatur

2.1. Reine Metalle

Der feste, kristalline Zustand ist dadurch gekennzeichnet, daß die Atome infolge der interatomaren Bindungskräfte nur einen begrenzten Raum erfüllen und der Gesamtkörper eine vorgegebene Form behält. Die Atome sind nach strengen Gesetzmäßigkeiten im Kristallgitter angeordnet.

Die Schmelze nimmt ebenfalls nur einen begrenzten Raum ein, paßt sich andererseits aber jeder vorgegebenen Form, etwa einem Tiegel, an. Der atomare Ordnungszustand ist nicht mehr so ausgeprägt wie bei den Kristallen. Es besteht in der Schmelze nur noch eine Nahordnung. An die Stelle der Gitterkonstanten tritt die Wahrscheinlichkeit, daß das Nachbaratom eine gewisse Entfernung von einem betrachteten Zentralatom aufweist.

Ein Metalldampf erfüllt jeden beliebigen Raum und jede vorgegebene Form. Die Atome sind so weit voneinander entfernt, daß sie sich gegenseitig praktisch nicht mehr beeinflussen und auch keine Kräfte mehr aufeinander ausüben. Die Verteilung der Atome im Raum ist durchaus regellos und zufällig. Man spricht von einer statistischen Verteilung.

Schmelztemperatur und Verdampfungstemperatur sind, wie schon angedeutet, vom äußeren Druck abhängig. Die in Tabellen angegebenen Werte besitzen nur Gültigkeit für einen Druck von $p = 0{,}1$ MPa, wie er also vorliegt, wenn die Erhitzung des Metalls im offenen Tiegel oder Ofen durchgeführt wird.

Im Bild 2.46 ist das vollständige Zustandsdiagramm von Magnesium wiedergegeben, in dem also auch der Druckeinfluß mit berücksichtigt ist.

Das *vollständige Zustandsdiagramm* (*p-T*-Diagramm) besteht aus drei Feldern: Bei niederen Temperaturen und hohen Drücken befindet sich das Existenzgebiet der festen, kristallinen Phase, bei hohen Temperaturen und hohen Drücken befindet sich das Existenzgebiet der schmelzflüssigen Phase, und bei hohen Temperaturen und niedrigen Drücken befindet sich das Existenzgebiet der Dampfphase. Die *Sublimations-* oder *Reifkurve I* trennt die Felder von Kristall und Dampf, die *Schmelz-* oder *Erstarrungskurve II* trennt die Felder von Kristall und Schmelze, und die *Verdampfungs-* oder *Kondensationskurve III* trennt die Felder von Schmelze und Dampf. Besonders die Kurven *I* und *III* sind stark druckabhängig.

Das im Bild 2.45 wiedergegebene Zustandsdiagramm von Magnesium für $p = 0{,}1$ MPa Druck findet sich in dem vollständigen Zustandsdiagramm vom Bild 2.46 in dem zur Temperaturachse parallelen Schnitt *1* wieder. Durch Absenken des äußeren Drucks wird der Schmelzpunkt nur geringfügig, der Siedepunkt dagegen erheblich erniedrigt. Für

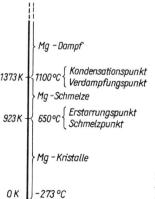

Bild 2.45. Zustandsschaubild von Magnesium ohne Berücksichtigung des Druckeinflusses

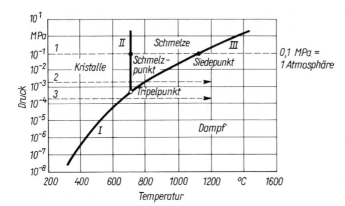

Bild 2.46. Vollständiges Zustandsschaubild von Magnesium

einen äußeren Druck von $p = 1{,}33 \cdot 10^{-3}$ MPa beträgt die Siedetemperatur beispielsweise nur noch $\approx 750\,°C$, während der Schmelzpunkt praktisch unverändert ist (Schnitt 2). Bei Drücken $< 3{,}3 \cdot 10^{-4}$ MPa ist die Schmelze bei keiner Temperatur mehr beständig. Bei einem Druck von beispielsweise $p = 1{,}33 \cdot 10^{-4}$ MPa geht das feste Magnesium bei 620 °C direkt in den Dampfzustand über (Schnitt 3).

Dem Diagramm läßt sich weiterhin entnehmen, daß ein festes Metall ohne Temperaturerhöhung allein durch Drucksenkung verdampft werden kann. Erniedrigt man bei 600 °C den Druck über noch festem Magnesium, so verdampft das Magnesium vollständig, sobald ein Druck von $p = 1{,}33 \cdot 10^{-4}$ MPa erreicht wird. Diese Metallverdampfung aus dem festen Zustand bezeichnet man als *Sublimation*, den Niederschlag von Metalldampf zu festem Metall als *Reifung*.

Bei den durch die Kurven *I*, *II* und *III* angegebenen Temperaturen und Drücken befinden sich jeweils die zwei an die Kurven angrenzenden Phasen miteinander im Gleichgewicht. Man sagt z. B., bei $p = 1{,}33 \cdot 10^{-4}$ MPa und $T = 600\,°C$ stehen festes und dampfförmiges Magnesium miteinander im Gleichgewicht. Bei diesem Druck und bei dieser Temperatur können in einem abgeschlossenen Behälter Magnesiumkristalle und Magnesiumdampf unbeschränkt lange nebeneinander gehalten werden, ohne daß sich die eine Phase in die andere Phase umwandelt. Eine Magnesiumschmelze könnte dagegen unter diesen Bedingungen nicht bestehen, sie würde im Lauf der Zeit zu Kristallen und Dampf zerfallen.

Nur in einem einzigen Punkt des Diagramms, dem *Tripelpunkt*, sind alle drei Phasen (Kristall, Schmelze und Dampf) unbeschränkt lange nebeneinander beständig. Die Koordinaten des Tripelpunkts von Magnesium sind: $p = 3{,}3 \cdot 10^{-4}$ MPa, $T = 650\,°C$. Wird Druck oder Temperatur geändert, so verschwinden eine oder auch zwei Phasen.

Zustandspunkte, d. h. einander zugeordnete *p*- und *T*-Werte, die sich innerhalb eines Phasenfelds befinden, bezeichnet man als divariant (zweifach veränderlich), weil Druck und Temperatur, also zwei Zustandsgrößen, innerhalb gewisser Grenzen beliebig und unabhängig voneinander verändert werden können, ohne daß eine neue Phase auftritt. Zustandspunkte, die sich auf einer der drei Linien *I*, *II* oder *III* befinden, bezeichnet man als monovariant (einfach veränderlich), weil nur Druck oder Temperatur beliebig verändert werden können, ohne daß sich die Phasenanordnung verändert. Wird nämlich die Temperatur willkürlich variiert, so muß der Druck entsprechend erhöht oder erniedrigt

2.1. Reine Metalle

werden, damit der Zustandspunkt wieder auf die Kurve fällt. Der Tripelpunkt ist in diesem Sinn schließlich ein nonvarianter (nicht veränderlicher) Punkt. Es kann weder die Temperatur noch der Druck geändert werden, sollen die drei Phasen zusammen beständig sein.

Aus den vorstehenden Ausführungen geht hervor, daß sowohl die Metallschmelzen als auch die festen Metallkristalle einen von der Temperatur abhängigen Dampfdruck aufweisen. Diese Abhängigkeit läßt sich näherungsweise darstellen durch die Dampfdruckgleichung

$$\log p = B - \frac{A}{T}. \tag{2.1}$$

Hierin bedeutet p den Dampfdruck über der Schmelze bzw. über dem festen Metall in MPa und T die absolute Temperatur in K. A und B sind empirisch ermittelte Konstanten, deren Werte in Tabelle 2.7 für einige Metalle angegeben sind.

Tabelle 2.7. Konstanten der Dampfdruckgleichung (nach GUY) und Tripelpunkte (nach KROLL) einiger Metalle

Metall	Schmelze		Kristall		T_{trip}	p_{trip}
	A	B	A'	B'	[°C]	[$1{,}33 \cdot 10^{-4}$ MPa]
Mg	7 120	4,15	7 590	4,66	650	10^{-3}
Zn	6 160	4,23	6 950	5,92	419	10^{-5}
Pb	9 190	3,57	9 460	4,02	327	≈ 0
Fe	18 480	4,65	19 270	5,09	1 535	10^{-5}
Cu	15 970	4,57	16 770	5,16	1 084	10^{-9}
Hg	3 066	3,87	3 810	6,50	–	–

Die Druckabhängigkeit der Schmelztemperatur eines Metalls wird durch die *CLAUSIUS-CLAPEYRONsche Gleichung* gegeben:

$$\Delta T = \frac{T_s(V_{\text{fl}} - V_{\text{f}})}{Q_s} \Delta p. \tag{2.2}$$

Hierin bedeutet ΔT die Änderung der Schmelztemperatur, die durch eine Druckänderung von Δp bewirkt wird, T_s die absolute Schmelztemperatur, Q_s die auf das Gramm bezogene Schmelzwärme, V_{fl} das spezifische Litervolumen der Schmelze bei T_s in Liter je Gramm und V_{f} das spezifische Litervolumen des erstarrten Metalls bei T_s in Liter je Gramm.

Für Kupfer berechnet sich die durch eine Drucksteigerung von $\Delta p = 0{,}1$ MPa bewirkte Erhöhung der Schmelztemperatur wie folgt. Aus Bild 3.33 entnimmt man für die spezifischen Litervolumina $V_{\text{fl}} = 0{,}125 \cdot 10^{-3}$ l/g und $V_{\text{f}} = 0{,}120 \cdot 10^{-3}$ l/g. Die absolute Schmelztemperatur von Kupfer beträgt $T_s = 1\,083 + 273 = 1\,356$ K. Die Schmelzwärme von Kupfer beläuft sich auf $Q_s = 176$ J/g. Diese Energiegröße muß umgerechnet werden, damit Gl. (2.2) dimensionsrichtig ist: $1\,\text{l} \cdot \text{MPa} = 1\,010$ J. Die Schmelzwärme des Kupfers beträgt in diesem Maß also $Q_s = \frac{176}{1\,010} = 0{,}174\,\text{l} \cdot \text{MPa}$. Diese Werte, in Gl. (2.2) eingesetzt, ergeben:

$$\Delta T = \frac{1\,356 \cdot (0{,}125 - 0{,}120) \cdot 10^{-3}}{0{,}174} \cdot 1 = 0{,}04\,\text{K}.$$

Erst eine Erhöhung des äußeren Drucks um 25 MPa ergibt also einen Anstieg der Schmelztemperatur von Kupfer um 1 K.

Im Bild 2.47 ist die Druckabhängigkeit des Schmelzpunkts für einige Metalle wiedergegeben. Wismut, dessen Dichte im schmelzflüssigen Zustand größer ist als im festen Zustand, schmilzt bei niedrigerer Temperatur, wenn der Druck ansteigt. Ein derartiges Verhalten ist gemäß Gl. (2.2) auch zu erwarten.

Bemerkt sei, daß die CLAUSIUS-CLAPEYRONsche Gleichung ebenfalls die Druckabhängigkeit des Siedepunkts wiedergibt und auch die Druckabhängigkeit von Phasenumwandlungen im festen Zustand. Es sind dann natürlich die auf den betreffenden Umwandlungsvorgang bezogenen Größen in Gl. (2.2) einzusetzen.

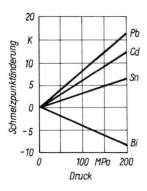

Bild 2.47. Druckabhängigkeit der Schmelzpunkte von Blei, Kadmium, Zinn und Wismut (nach JOHNSTON und ADAMS)

2.1.4. Methoden zur Bestimmung von Umwandlungspunkten

Aus den Bildern der vorhergehenden Abschnitte geht hervor, daß die innere Struktur, d.h. das Gefüge der Legierungen, sehr unterschiedlich sein kann. Der Gefügeaufbau einer Legierung ist nun nicht zufälliger Natur, sondern entsteht nach ganz bestimmten Gesetzmäßigkeiten, die einmal durch die chemische Zusammensetzung, zum anderen durch die mechanisch-thermische Behandlung der Legierung bedingt sind. Das Grundgefüge einer Legierung ist eine Funktion ihrer chemischen Zusammensetzung und entsteht während der Abkühlung aus dem Schmelzfluß oder durch Reaktionen in der bereits erstarrten Legierung. Dieses Grundgefüge kann durch mechanische Bearbeitungsprozesse, wie Kalt- oder Warmverformung, oder durch mannigfaltige Wärmebehandlungsverfahren in weiten Grenzen verändert werden.

Die durch die chemische Zusammensetzung gegebenen Kristallisationsgesetze der Legierungen, die den Grundaufbau des Gefüges bedingen, sind in den später zu besprechenden Zustandsschaubildern festgelegt. Aus diesen Diagrammen geht hervor, daß jeder einzelne Gefügebestandteil entweder bei einer bestimmten Temperatur durch eine physikalisch-chemische Reaktion entsteht oder innerhalb eines Temperaturintervalls durch sog. Ausscheidungsvorgänge.

Für das Verständnis des Gefügeaufbaus der Legierungen sowie für die praktisch wichtigen Wärmebehandlungsverfahren ist die Kenntnis der Reaktions- bzw. Ausscheidungstemperaturen von besonderer Bedeutung. Im folgenden Abschnitt werden deshalb einige Ar-

beitsverfahren beschrieben, die es gestatten, diese Umwandlungspunkte der Legierungen experimentell zu bestimmen.
Jede Änderung des Gefügeaufbaus einer Legierung während der Abkühlung oder der Erhitzung ist von Änderungen der physikalischen Eigenschaften der Legierung begleitet. Zur Bestimmung der Umwandlungspunkte ist es deshalb nur erforderlich, irgendeine physikalische Größe, etwa die Dichte, den Wärmeinhalt, die elektrische oder magnetische Leitfähigkeit oder dgl., in Abhängigkeit von der Temperatur zu messen. Solange sich die Legierungsstruktur nicht ändert, ändert sich die betreffende Eigenschaftsgröße, graphisch als Funktion der Temperatur aufgetragen, stetig. Umwandlungspunkte zeigen sich dagegen durch Unstetigkeiten im Kurvenverlauf an.

2.1.4.1. Thermische Analyse

Als besonders brauchbar hat sich unter den zahlreichen möglichen Verfahren die *thermische Analyse* erwiesen, die 1903 von G. TAMMANN zur Untersuchung von Legierungen eingeführt wurde und die die Änderungen des Wärmeinhalts einer Legierung während der Abkühlung oder Erhitzung liefert. Der prinzipielle Aufbau einer Versuchsanordnung zur Ermittlung von Abkühlungskurven oder Erhitzungskurven ist recht einfach (Bild 2.48): ein Schmelztiegel, der die Untersuchungsprobe sowie ein Thermoelement samt Schutzrohr aufnimmt, eine Wärmequelle (elektrischer Heizofen), eine Thermosflasche zum Konstanthalten der Temperatur der Kaltlötstelle und schließlich ein Gerät zum Messen kleiner Spannungen (Millivoltmeter oder Spiegelgalvanometer).

Das *Thermoelement* ist das in der Metallographie übliche Temperaturmeßgerät. Es besteht aus zwei dünnen Drähten von 0,2 bis 0,5 mm Dmr. aus verschiedenen geeigneten Metallen oder Legierungen, die an einem Ende, der Warmlötstelle, zusammengeschweißt sind. Die anderen beiden freien Enden, die Kaltlötstelle, werden an das Spannungsmeßgerät angeschlossen. Erhitzt man die Warmlötstelle, so entsteht zwischen den beiden freien Drahtenden der Kaltlötstelle eine elektrische Spannung. Dabei gilt die allgemeine Gesetzmäßigkeit: Je höher die Temperatur der Warmlötstelle, desto größer ist die elektrische Spannung an der Kaltlötstelle. Einer gemessenen Spannung kann demnach eine bestimmte Temperatur zugeordnet werden. Dies erfolgt entweder graphisch in Eichkurven, tabellarisch oder indem das Spannungsmeßgerät von der Herstellerfirma direkt in °C ge-

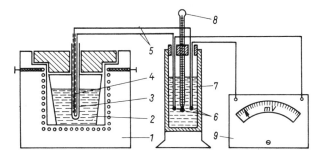

Bild 2.48. Versuchsanordnung zur Aufnahme von Erhitzungs- und Abkühlungskurven (schematisch)
1 elektrischer Ofen, *2* Tiegel mit Schmelze, *3* Schutzrohr, *4* Isolierröhrchen, *5* Thermoelement, *6* Kaltlötstellen, *7* Dewargefäß, *8* Thermometer, *9* Galvanometer

eicht wird. Es gelingt so, Temperaturen bis ≈3 000 °C zu messen, wenn im allgemeinen der Anwendungsbereich der Thermoelemente auch auf ≈1 700 °C beschränkt wird. Da das Thermoelement nur die Temperaturdifferenz zwischen der Warm- und Kaltlötstelle mißt, ist es erforderlich, letztere stets auf gleicher Temperatur, meist 0 oder 20 °C, zu halten. Dies erfolgt mit dem Dewargefäß. In Tabelle 2.8 sind die Daten für einige gebräuchli-

Tabelle 2.8. Thermokraft gebräuchlicher Thermoelemente (in mV)

Temperatur [°C]	Konstantan-Eisen	Nickel-Chromnickel	Platin/Platin-Rhodium	Pallaplat
0	0,0	0,0	0,0	0,0
100	5,40	3,85	0,64	2,88
200	10,99	8,02	1,42	6,56
300	16,56	11,97	2,29	10,62
400	22,07	15,26	3,21	15,08
500	27,58	18,42	4,17	19,74
600	33,27	21,74	5,18	24,74
700	39,30	25,32	6,23	29,88
800	45,72	28,86	7,31	35,10
900	52,29	32,47	8,43	40,37
1 000	58,22	36,04	9,65	45,50
1 100	–	39,73	10,72	50,55

che Thermoelemente angeführt. Zur Aufnahme einer *Abkühlungskurve* wird die Legierung bis auf eine dem Untersuchungszweck angepaßte Temperatur erhitzt und daraufhin möglichst langsam wieder abgekühlt. Dabei mißt man in regelmäßigen Abständen, etwa alle 10, 30 oder 60 s, ihre Temperatur. Die in einem Diagramm eingetragenen zusammengehörigen Wertepaare von Zeit und Temperatur ergeben die Abkühlungskurve der Legierung. Die *Erhitzungskurve* einer Legierung wird in ähnlicher Weise erhalten, nur daß die zeitliche Änderung der Temperatur bei der Erhitzung gemessen wird.

Beispiel: Bei der Abkühlung von Nickel, das auf $T_0 = 1\,000$ °C erhitzt worden war, wurden folgende Temperaturen bei den angeführten Zeiten gemessen:

Zeit [s]	0	50	100	150	200	250	300	350	400	450	500	550	600
Temp. [°C]	1 000	826	681	562	464	383	316	261	215	178	147	121	100

Trägt man diese Werte in ein Koordinatensystem ein, dessen Achsen gleichmäßig eingeteilt sind, so ergibt sich eine Abkühlungskurve nach Bild 2.49. Das Absinken der Temperatur verläuft stetig, und zwar so, daß die Abkühlungsgeschwindigkeit, d. h. die Temperaturabnahme je Zeiteinheit ($V_A[\text{K s}^{-1}]$), immer geringer wird. Dem Bild 2.49 entnimmt man für die einzelnen Temperaturintervalle nachstehende mittlere Abkühlungsgeschwindigkeiten:

Temperatur-intervall [°C]	von 1 000 bis 900	900 800	800 700	700 600	600 500	500 400	400 300	300 200	200 100
$V_A[\text{K s}^{-1}]$	3,64	3,28	2,86	2,50	2,13	1,73	1,33	0,95	0,55

2.1. Reine Metalle

Bei der Angabe der Abkühlungsgeschwindigkeit ist also stets eine Bezugstemperatur erforderlich, damit der Abkühlungsverlauf eindeutig beschrieben ist.
Die Abkühlungskurve vom Bild 2.49 folgt dem NEWTONSCHEN *Abkühlungsgesetz*:

$$T = T_0 \, e^{-at}. \tag{2.3}$$

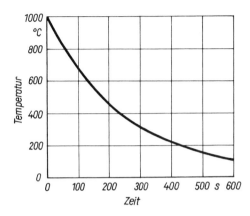

Bild 2.49. Abkühlungskurve von Nickel, das auf 1 000 °C erhitzt worden war ($a = 0{,}003\,84\,\mathrm{s}^{-1}$)

Hierin bedeutet T die Temperaturdifferenz des Körpers gegenüber der Temperatur der Umgebung zur Zeit t, T_0 die Anfangstemperatur des Körpers (Temperaturdifferenz gegenüber der Umgebung zur Zeit $t = 0$) und a die Abkühlungskonstante.
Man sagt, die Temperatur fällt nach einem Exponentialgesetz ab. Im vorliegenden Beispiel beträgt $a = 0{,}00384\,\mathrm{s}^{-1}$. Je größer a ist, um so schneller kühlt der Körper ab.
Durch Logarithmieren der Gl. (2.3) erhält man:

$$\ln T = \ln T_0 - a\,t. \tag{2.4}$$

Setzt man $\ln T = Y$ und $\ln T_0 = B$, so geht Gl. (2.4) über in

$$Y = B - a\,t. \tag{2.4a}$$

Dies ist die Gleichung der geraden Linie. Trägt man deshalb auf der Ordinate nicht die Temperatur selbst, sondern ihren Logarithmus auf, so geht die Abkühlungskurve in eine gerade Linie über, wie dies Bild 2.50 zeigt. Die Steilheit der Geraden ist um so größer, je größer die Abkühlungskonstante ist. Die logarithmische Darstellung ist vorteilhaft, wenn man Unstetigkeiten des Kurvenverlaufs feststellen will.
Eine andere Darstellung der Abkühlungskurve hat in den letzten Jahren eine besondere Bedeutung erlangt. Teilt man die Ordinate gleichmäßig, die Abszisse, auf der die Zeit aufgetragen ist, jedoch logarithmisch, so nimmt die Abkühlungskurve die im Bild 2.51 gezeigte Form an. Wie ersichtlich, werden bei dieser Auftragungsart die Anfangszeiten stark auseinandergezogen, die längeren Zeiten dagegen zusammengerafft. Diese Darstellungsart wird besonders bei den Umwandlungsvorgängen der Stähle bevorzugt.
Die Abkühlung des Nickels von 1 000 °C bis auf Raumtemperatur verläuft gleichmäßig, und in der Abkühlungskurve treten keine Unregelmäßigkeiten auf. Dies ist ein Zeichen, daß sich die innere Struktur bzw. der Gefügeaufbau des Nickels in diesem Temperaturbereich nicht ändert.

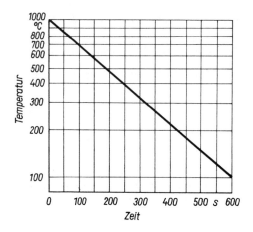

Bild 2.50. Abkühlungskurve von Nickel, Ordinate (Temperatur) mit logarithmischer Einteilung

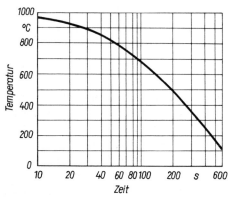

Bild 2.51. Abkühlungskurve von Nickel, Abszisse (Zeit) mit logarithmischer Einteilung

Erhitzt man dagegen beispielsweise reines Blei auf 600 °C und verfolgt anschließend die zeitliche Temperaturabnahme, so erhält man bei gegebenen Abkühlungsbedingungen folgende Werte:

Zeit [s]	0	30	60	90	120	150	180	210	240	270	300	330	360	390	420
Temp. [°C]	600	470	420	365	330	327	327	327	327	327	327	327	293	250	215	180

Trägt man die einander zugeordneten Wertepaare von Zeit und Temperatur graphisch auf und verbindet die einzelnen Meßwerte durch glatte Kurven, so erhält man die im Bild 2.52 dargestellte Abkühlungskurve, die nicht mehr gleichmäßig abfällt, sondern bei $T = 327$ °C ein zur Zeitachse paralleles gerades Linienstück enthält. Offenbar wurde bei 327 °C die Abkühlung des Bleis verzögert, was, unveränderte äußere Abkühlungsbedingungen vorausgesetzt, nur durch eine Wärmeentwicklung im Innern des Bleis bewirkt werden konnte.

Dies ist nun tatsächlich auch der Fall. Bei 327 °C liegt nämlich die Erstarrungs- bzw. Schmelztemperatur von Blei, bei der während der Abkühlung das flüssige Blei in festes, kristallisiertes Blei übergeht bzw. bei der Erhitzung der Phasenübergang festes Blei → flüssiges Blei abläuft. Beim Phasenübergang fest ⇌ flüssig findet eine sprunghafte Ände-

2.1. Reine Metalle

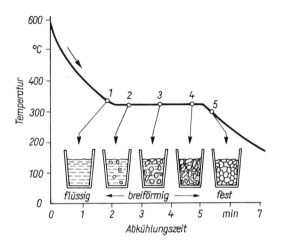

Bild 2.52. Abkühlungskurve von Blei. Der Haltepunkt bei 327 °C gibt die Erstarrungstemperatur des Bleis an

rung des Energie- bzw. Wärmeinhaltes eines Metalls statt. Diese Energiedifferenz bezeichnet man als Kristallisations- bzw. Schmelzwärme. Sie beträgt im vorliegenden Falle 26,4 J/g Pb. Kühlt eine Bleischmelze von 100 g ab, so werden demnach bei der Erstarrungstemperatur $100 \cdot 26,4 = 2640$ J frei.

Die Erstarrung des Bleis geht nun nicht schlagartig vonstatten, sondern benötigt je nach der vorhandenen Menge und den äußeren Abkühlungsbedingungen eine mehr oder weniger lange Zeit, d. h., die Länge des Haltepunktes ist eine von den Versuchsdaten abhängige Größe. Im Bild 2.52 ist der Erstarrungsablauf schematisch eingetragen. Im Punkt *1* der Abkühlungskurve ist das gesamte Blei noch flüssig, da seine Temperatur >327 °C liegt. Sobald die Erstarrungstemperatur erreicht ist (Punkt *2*), bilden sich im Inneren der Schmelze kleinste Bleikristalle, wobei eine entsprechende Wärmemenge frei wird, die das Absinken der Temperatur verhindert. Im weiteren Verlauf der Erstarrung wachsen einmal die zuerst entstandenen Kriställchen an, zum anderen werden neue Kristalle gebildet. Der Mengenanteil an Schmelze wird dadurch verringert (Punkte *3* u. *4*). Schließlich ist die gesamte Schmelze aufgebraucht und das Blei vollständig erstarrt. Erst dann kann die Temperatur weiter absinken (Punkt *5*), weil keine zusätzliche Wärme im Inneren des Bleis mehr entwickelt wird.

Wenn umgekehrt festes Blei erhitzt wird, so muß bei der Schmelztemperatur von 327 °C dem festen Blei erst zusätzlich die Schmelzwärme von gleichfalls 26,4 J/g Pb zugeführt werden, damit das feste Blei vollständig in den flüssigen Zustand übergehen kann. In einer Erhitzungskurve macht sich infolgedessen der Schmelzpunkt eines reinen Metalls ebenfalls durch einen Haltepunkt bemerkbar.

Damit der Haltepunkt einer Abkühlungskurve auch der wirklichen Erstarrungstemperatur des Metalls entspricht, ist es erforderlich, die Abkühlung möglichst langsam durchzuführen. Andernfalls wird die Schmelze unterkühlt, d.h., die Kristallisation setzt erst bei Temperaturen unterhalb der Schmelztemperatur ein. Untersuchungen haben ergeben, daß alle Metalle um 18 % ihrer absoluten Schmelztemperatur unterkühlt werden können. Bei nicht zu schroffer Abkühlung steigt die Temperatur der unterkühlten Schmelze wieder an, wenn die Kristallisationswärme frei wird. Geht die Abkühlung dagegen sehr schnell vonstatten, so genügt die frei werdende Kristallisationswärme nicht, um die unterkühlte

2. Zustandsdiagramme der Metalle und Legierungen

Schmelze wieder auf die Erstarrungstemperatur zu bringen. Der Haltepunkt der Abkühlungskurve kann sich dann merklich von der wirklichen Schmelztemperatur unterscheiden.

Aber auch bei sehr langsamen Abkühlungen können Unterkühlungserscheinungen auftreten, und zwar dann, wenn die Bildung der ersten Kristallisationskeime irgendwie verzögert oder verhindert wird. Durch Rühren mit dem Thermoelementschutzrohr oder durch Zugabe kleinster Kriställchen des gleichen Metalls (Impfen) läßt sich diese Art der Unterkühlung vermeiden.

Abkühlungs- oder Erhitzungskurven gestatten es also, die Schmelzpunkte von Metallen experimentell zu bestimmen. Sind umgekehrt die Schmelzpunkte von Substanzen bekannt, so können damit Thermoelemente geeicht werden. Zu diesem Zweck werden die Abkühlungskurven verschiedener Substanzen mit genau bekanntem Schmelzpunkt aufgestellt. Das zu eichende Thermoelement liefert für jeden Haltepunkt eine bestimmte elektrische Spannung. Trägt man diese Spannungen graphisch gegenüber den bekannten zugehörigen Schmelzpunkten auf und verbindet die Punkte durch einen glatten Kurvenzug, so erhält man die Eichkurve des betreffenden Thermoelementes. Einige als Eichsubstanzen geeignete chemische Elemente sind in Tabelle 2.9 angeführt.

Tabelle 2.9. Fixpunkte zur Eichung von Thermoelementen

Substanz	Temperatur [°C]
Wasser (Siedepunkt)	100,0
Schwefel (Siedepunkt)	440,6
Silber (Erstarrungspunkt)	960,8
Gold (Erstarrungspunkt)	1 063,0
Zinn (Erstarrungspunkt)	231,9
Kadmium (Erstarrungspunkt)	320,9
Blei (Erstarrungspunkt)	327,3
Zink (Erstarrungspunkt)	419,5
Antimon (Erstarrungspunkt)	630,5
Aluminium (Erstarrungspunkt)	660,1
Kupfer (Erstarrungspunkt)	1 083,0

Komplizierter als bei den reinen Metallen verlaufen die Erstarrungsvorgänge bei Legierungen, die aus zwei, drei oder mehr Bestandteilen zusammengesetzt sind. Neben Haltepunkten, die bei konstanter Temperatur ablaufende Reaktionen anzeigen, treten außerdem Knickpunkte in den Abkühlungs- oder Erhitzungskurven auf, die innerhalb eines Temperaturintervalls ablaufende Ausscheidungsvorgänge andeuten. Ein jeder Haltepunkt oder Knickpunkt der Abkühlungskurve zeigt eine Zustandsänderung der Legierung an. Es braucht sich dabei nicht immer um Schmelz- oder Erstarrungsvorgänge zu handeln, sondern auch Zustandsänderungen der bereits erstarrten Legierungen machen sich durch thermische Effekte kenntlich.

Die thermische Analyse gibt also weitgehende Aufschlüsse über das Zustandekommen des bei Raumtemperatur auftretenden Legierungsgefüges. Deshalb wurden die Apparaturen vervollkommnet, so daß die modernen Geräte bei einer Genauigkeit von $\approx 0,5$ K die Abkühlungs- oder Erhitzungskurve einer Legierung vollkommen automatisch aufzeichnen.

Manchmal ergibt sich die Notwendigkeit, Abkühlungskurven von schnell abgekühlten oder von abgeschreckten Legierungen aufzunehmen. Dies ist z. B. bei der Untersuchung von Gießvorgängen der Fall oder bei der Untersuchung der Abschreckwirkung auf das Gefüge von unlegierten oder legierten Stählen. Zur Messung derartig schneller Temperaturänderungen sind die üblichen Millivoltmeter oder Spiegelgalvanometer nicht geeignet. Man benutzt dann sog. Elektrokardiographen oder Schleifenoszillographen, deren Hauptbestandteil ein besonderes Spiegelgalvanometer mit einem sehr massearmen Spiegel ist (Meßschleife). Mit derartigen Geräten ist es gelungen, Temperaturänderungen bis zu 30 000 K/s zu messen und selbsttätig zu registrieren. Bild 2.53 zeigt die mittels Schleifenoszillographen aufgenommene Abkühlungskurve eines Stahls mit 0,6 % C, der auf 900 °C erhitzt und dann durch Anblasen mit einem Luftstrom schnell abgekühlt wurde. Der bei 670 °C befindliche Haltepunkt von ≈20 s Dauer ist deutlich zu erkennen. Wird der gleiche Stahl dagegen in Wasser abgeschreckt, so ergibt sich ein ganz anderer Verlauf der Abkühlungskurve (Bild 2.54). Der Haltepunkt bei 670 °C ist verschwunden, dafür sind aber zwei Knickpunkte bei 500 bzw. bei 315 °C aufgetreten. An dieser Stelle sei nur so viel vermerkt, daß auch in diesem Fall jedem Halte- bzw. Knickpunkt ein besonderes Gefüge entspricht: Bei $A_{r_1} = 670$ °C bildet sich im Stahl der Gefügebestandteil »Perlit«, bei $A'_r = 500$ °C »Feinster Perlit« und bei $A''_r = 315$ °C das Härtungsgefüge »Martensit«. Im Abschnitt über das Härten von Stahl wird noch weiter auf diese Umwandlungspunkte von Stahl zurückzukommen sein.

Sind die Wärmeeffekte bei den Reaktionen im Metallinnern jedoch nur sehr gering, so wählt man andere Verfahren zur Aufnahme der Abkühlungskurven. Bei der *Osmondschen Methode* nimmt man die reziproke Abkühlungsgeschwindigkeit auf. Mit Hilfe eines Chronographen (Zeitschreiber) mißt man die Zeiten, die die Probe benötigt, um jeweils 5 oder 10 K abzukühlen. Diese Zeitintervalle trägt man graphisch über der Temperatur auf und erhält deutlich die Umwandlungspunkte. Bild 2.55 zeigt dieses Verfahren für einen Stahl, der 0,45 % C enthält. Die Umwandlungspunkte A_{r_3} und A_{r_1} heben sich als Spitzen hervor.

Umwandlungsvorgänge mit kleiner Wärmetönung lassen sich mit den üblichen Abkühlungs- oder Erhitzungskurven nicht oder nur sehr ungenau erfassen. Eine wesentlich empfindlichere Methode stellt nach ROBERTS-AUSTEN die Aufnahme von *Thermodifferentialkur-*

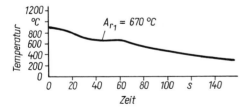

Bild 2.53. Abkühlungskurve von Stahl mit 0,6 % C, schnelle Luftabkühlung. Haltepunkt $A_{r_1} = 670$ °C. Aufgenommen mit einem Schleifenoszillographen

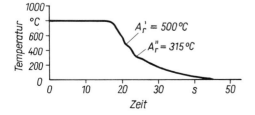

Bild 2.54. Abkühlungskurve von Stahl mit 0,6 % C, Wasserabschreckung. Knickpunkte bei $A'_r = 500$ °C und $A''_r = 315$ °C. Aufgenommen mit einem Schleifenoszillographen

ven, auch Differenzkurven genannt, dar. Die grundsätzliche Versuchsanordnung zur Aufstellung derartiger Kurven zeigt Bild 2.56. Das Differenzthermoelement besteht aus zwei gegeneinander geschalteten, gleichartigen Thermoelementen, beispielsweise zwei langen Drähten aus Platinrhodium, die durch ein angeschweißtes kurzes Stück Platindraht miteinander verbunden sind. Das Differenzthermoelement besitzt also 2 Warmlötstellen, von denen jede bei Erhitzung eine elektrische Spannung erzeugen kann. Die eine Warmlötstelle befindet sich im Innern der Untersuchungsprobe, die andere in einem umwandlungsfreien Vergleichskörper aus Nickel oder Platin von gleicher Masse. Die freien beiden Schenkel der Platin-Rhodium-Drähte werden an ein Nullinstrument, meistens ein empfindliches Spiegelgalvanometer, angeschlossen. Mit einem normalen Thermoelement wird die Temperatur der Probe gemessen.

Die Probe und der Vergleichskörper werden zusammen mit gleichmäßiger Geschwindigkeit erhitzt bzw. abgekühlt. Hierbei ist der Einsatz eines Temperaturprogrammreglers von

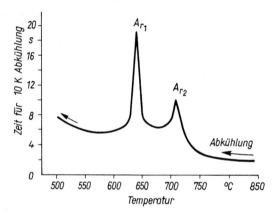

Bild 2.55. OSMONDsche Abkühlungskurve eines Stahls mit 0,45 % C

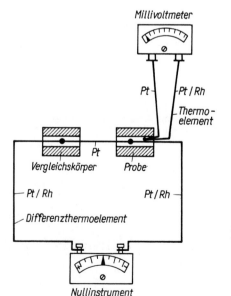

Bild 2.56. Versuchsanordnung zur Aufnahme von Differenzkurven

2.1. Reine Metalle

Vorteil. Wesentlich ist, daß beide Körper möglichst die gleiche Temperatur haben. Dies erreicht man dadurch, daß die Probe und der Vergleichskörper dicht neben- oder hintereinander in der Zone konstanter Temperatur eines elektrischen Röhrenofens angeordnet werden. Manchmal befinden sich auch beide Körper in den Bohrungen eines Nickelblockes.

Befinden sich Probe und Vergleichskörper auf genau gleicher Temperatur, so zeigt das Nullinstrument keinen Ausschlag an, da sich die elektrischen Spannungen der gegeneinandergeschalteten Thermoelemente des Differenzthermoelementes genau aufheben bzw. kompensieren. Erfährt die Untersuchungsprobe aber eine Umwandlung, so wird Wärme verbraucht bzw. frei, und es entsteht eine Temperaturdifferenz von $-\Delta T$ bzw. $+\Delta T$ gegenüber der Temperatur des Vergleichskörpers. Das Nullinstrument zeigt demzufolge einen Ausschlag in der einen oder anderen Richtung an. Diese Temperaturdifferenzen $\pm \Delta T$, zwischen Probe und Vergleichskörper in Abhängigkeit von der Temperatur T der Probe aufgetragen, ergeben die Thermodifferentialkurve des zu untersuchenden Materials.

Bild 2.57 zeigt die beim Erhitzen eines nichtrostenden Stahls mit 0,22 % C, 17 % Cr und 1 % Mo (X22CrMo17.1) erhaltene Thermodifferentialkurve. Bei 670 °C ist eine ausgeprägte Spitze vorhanden, die auf eine Umwandlung im Stahl hindeutet. In diesem Fall handelt es sich um den magnetischen Umwandlungspunkt *(Curiepunkt)* des Stahls: Unterhalb von 670 °C ist der Stahl ferromagnetisch, oberhalb dieser Temperatur paramagnetisch. Bei der normalen thermischen Analyse wird dieser Umwandlungspunkt nicht oder nur ganz schwach erhalten, da die Wärmetönung relativ gering ist.

Im Bild 2.58 ist die Thermodifferentialkurve eines ebenfalls rostbeständigen Stahls mit 0,20 % C und 13 % Cr (X20Cr13) dargestellt. Der Curiepunkt liegt bei 725 °C und damit um 55 K höher als bei dem Stahl mit 17 % Cr und 1 % Mo. Außerdem ergeben sich aber noch zwei weitere Unstetigkeiten im Kurvenverlauf bei 820 und 880 °C. Innerhalb dieses

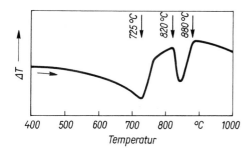

Bild 2.57. Thermodifferentialkurve eines Stahls mit 0,22 % C, 17,0 % Cr und 1 % Mo. $A_{c2} = 670\,°C$

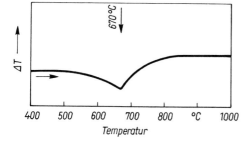

Bild 2.58. Thermodifferentialkurve eines Stahls mit 0,20 % C und 13 % Cr. $A_{c2} = 725\,°C$, $A_{c1} = 820\,°C$, $A_{c3} = 880\,°C$

Temperaturbereichs findet eine Phasenumwandlung statt: Der Stahl geht vom perlitischen in den austenitischen Zustand über.

Auch die Thermodifferential-Apparatur ist vervollkommnet worden. Nach KURNAKOW und BAIKOW werden sowohl das Nullinstrument als auch das Temperaturmeßgerät als Spiegelgalvanometer ausgebildet, und die beiden Lichtzeiger fallen auf eine mit Photopapier bespannte, rotierende Trommel. Da die Trommel im allgemeinen einsinnig rotiert, werden Erhitzungs- und Abkühlungskurven nicht über der gleichen Temperaturskala, sondern hintereinanderliegend erhalten.

Bei dem Doppelgalvanometer von SALADIN und LE CHATELIER trifft der Lichtstrahl zunächst den Spiegel des ΔT-Galvanometers, wird dann durch ein Prisma senkrecht umgelenkt, fällt anschließend auf den Spiegel des T-Galvanometers und von da aus auf ebenes Photopapier. Auf diese Weise wird automatisch die Temperaturdifferenz ΔT über die Temperatur T aufgezeichnet, weshalb Erhitzungs- und Abkühlungskurve über der gleichen Temperaturskala erscheinen. Auch mit Hilfe eines X-Y-Koordinatenschreibers lassen sich Thermodifferentialkurven selbstregistrierend mit hoher Genauigkeit aufzeichnen.

Mit demselben apparativen Aufbau wie bei Bild 2.56 kann die Auswertung auch so erfolgen, daß die Temperaturdifferenz ΔT zwischen Probe und Vergleichskörper bei gleich großen, einander folgenden Temperaturintervallen der Probe, z.B. 2 K, ermittelt wird. Bei Erhitzungskurven werden die Temperaturdifferenzen ΔT gegenüber der unteren Temperatur des Intervalls, bei Abkühlungskurven gegenüber der oberen Temperatur des Intervalls aufgetragen. Mit dieser *abgeleiteten Differentialmethode* lassen sich ebenfalls Umwandlungen mit sehr geringer Änderung des Wärmeinhalts bestimmen.

2.1.4.2. Dilatometrische Analyse

Innere Umwandlungen der Metalle und Legierungen sind im allgemeinen mit Änderungen des spezifischen Volumens verbunden. Wird die Abhängigkeit des spezifischen Volumens einer Substanz von der Temperatur bestimmt, so machen sich innere Umwandlungen durch Unstetigkeiten im Kurvenverlauf kenntlich. Im Gegensatz zu den einzelnen Abarten der thermischen Analyse läßt sich durch Messung des spezifischen Volumens auch der zeitliche Ablauf von Reaktionen untersuchen.

Der *Volumenausdehnungskoeffizient* γ einer Substanz gibt die relative Volumenänderung bei einer Temperaturerhöhung um 1 K an:

$$\gamma = \frac{1}{V_1}\left(\frac{V_2 - V_1}{T_2 - T_1}\right) = \frac{1}{V_1}\frac{\Delta V}{\Delta T} \tag{2.5}$$

V_1 Volumen bei der Temperatur T_1
V_2 Volumen bei der höheren Temperatur T_2

Der *lineare Ausdehnungskoeffizient* β einer Substanz gibt entsprechend die relative Längenänderung bei einer Temperaturerhöhung um 1 K an:

$$\beta = \frac{1}{L_1}\left(\frac{L_2 - L_1}{T_2 - T_1}\right) = \frac{1}{L_1}\frac{\Delta L}{\Delta T} \tag{2.6}$$

L_1 Länge bei der Temperatur T_1
L_2 Länge bei der höheren Temperatur T_2

2.1. Reine Metalle

Sowohl γ als auch β sind abhängig von der Temperatur. Zur eindeutigen Kennzeichnung ist deshalb die Angabe der Bezugstemperatur erforderlich. Sind die Temperaturdifferenzen ΔT in den Gln. (2.5) u. (2.6) größer ($\gtrsim 100$ K), so erhält man den mittleren Volumen- bzw. linearen Ausdehnungskoeffizienten. Da γ und β sehr kleine Größen sind, läßt sich aus den Gln. (2.5) u. (2.6) folgende Beziehung ableiten:

$$\gamma = 3\beta \tag{2.7}$$

Der Volumenausdehnungskoeffizient γ ist (bei kubischen Substanzen) proportional zum linearen Ausdehnungskoeffizienten β. Da sich β experimentell wesentlich einfacher und genauer ermitteln läßt als γ, wird die Bestimmung der Temperaturabhängigkeit des spezifischen Volumens bei festen Substanzen meistens ersetzt durch die Ermittlung der Längenausdehnung eines Stabs in Abhängigkeit von der Temperatur. Dies erfolgt mit Hilfe eines *Dilatometers* (Ausdehnungsmesser).

Der prinzipielle Aufbau eines Dilatometers wird im Bild 2.59 gezeigt. Der Probestab (*Pr*) befindet sich leicht gleitbar in einem Quarzrohr (*R*), das durch den Stutzen (*V*) luftleer

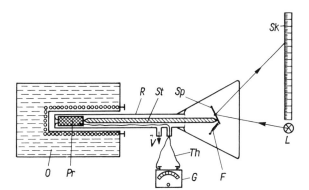

Bild 2.59. Prinzipieller Aufbau eines Dilatometers

gepumpt werden kann. Das eine Ende der Probe liegt an einem festen Widerlager an, während das andere Ende über einen Quarzstab (*St*) auf einen drehbaren Spiegel (*Sp*) einwirkt. Die Erhitzung der Probe erfolgt durch einen über das Quarzrohr geschobenen Ofen (*O*). Die Temperatur der Probe wird mit dem Thermoelement (*Th*) und dem Galvanometer (*G*) gemessen. Wird die Probe (*Pr*) erwärmt, so dehnt sie sich aus und kippt den Drehspiegel (*Sp*), der durch eine Feder (*F*) gegen die Spitze des Quarzstabs (*St*) gedrückt wird. Ein von der Punktlampe (*L*) auf den Spiegel auftreffender Lichtstrahl wird dadurch abgelenkt. Das Maß der Ablenkung wird an der Skala (*Sk*) abgelesen und ist proportional zur Ausdehnung des Probestabes. Zusammengehörende Wertepaare von Temperatur und Ausdehnung, in ein Koordinatensystem eingetragen, ergeben die Ausdehnungs- oder *Dilatometerkurve* des Probematerials.

Es gibt noch zahlreiche andere Meßprinzipien bei Dilatometern. Häufig wird die Ausdehnung direkt mit einer Meßuhr von $\frac{1}{500}$ oder $\frac{1}{1000}$ mm Skaleneinteilung gemessen. Bei länger dauernden oder auch sehr schnell ablaufenden Versuchen wird dann die Meßuhr, zusammen mit der Skala des die Temperatur anzeigenden Galvanometers und der Skala einer Stoppuhr, photographiert bzw. gefilmt. Auch auf der Basis von Dehnungsmeßstreifen und *X-Y*-Koordinatenschreibern lassen sich präzise arbeitende und selbstregistrierende Dilatometer bauen, die auch bei großen Abkühlungsgeschwindigkeiten einwandfrei arbeiten. Je nach Konstruktion schwankt das Übersetzungsverhältnis der Dilatometer zwischen ≈50:1 und 10 000:1.

Die Dilatometerkurven von Metallen und Legierungen, die keine inneren Umwandlungen in dem betreffenden Temperaturbereich erfahren, verlaufen in erster Annäherung linear, wie dies Bild 2.60 für Eisen, Nickel und eine Legierung aus 25 % Ni und 75 % Fe zeigt. Bedingt durch das Auftreten eines magnetischen Umwandlungspunkts, kann die Dilatometerkurve aber auch stärkere Krümmungen aufweisen, wie dies bei den beiden Legierungen mit 36 % Ni + 64 % Fe (Invar) und 45 % Ni + 55 % Fe der Fall ist.

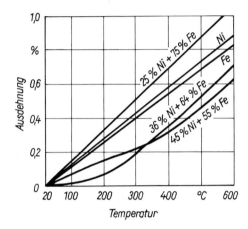

Bild 2.60. Ausdehnungs-Temperatur-Kurven von Eisen, Nickel und Eisen-Nickel-Legierungen

Kommt ein Metall in mehreren allotropen Modifikationen vor, so ändert sich entsprechend der unterschiedlichen atomaren Packungsdichte der einzelnen Modifikationen das spezifische Volumen bei der Umwandlungstemperatur sprunghaft. Bild 2.61 zeigt als Beispiel die Dilatometerkurve von reinem Eisen. Von Raumtemperatur bis ≈910 °C besteht Eisen aus einer kubisch-raumzentrierten Modifikation, dem α-Eisen (Ferrit). Oberhalb von 910 bis 1 390 °C ist eine kubisch-flächenzentrierte Modifikation, das γ-Eisen (Austenit), beständig. Das γ-Eisen hat eine größere atomare Packungsdichte, d. h. also ein geringeres spezifisches Volumen als das α-Eisen. Infolgedessen verkürzt sich die Dilatometerprobe bei der α/γ-Umwandlung sprunghaft. Der Längenunterschied beträgt ≈0,25 %. Bei der Abkühlung erfolgt die γ/α-Rückumwandlung bei etwas tieferer Temperatur, nämlich 900 °C. Diesen Unterschied zwischen der Lage eines Umwandlungspunkts beim Erhitzen und beim Abkühlen bezeichnet man als *Hysterese* (Zurückbleiben). Im Fall des Eisens würde die Hysterese 910 − 900 = 10 K betragen.

Reaktionen im festen Zustand zwischen einzelnen Gefügebestandteilen kommen in großer Zahl bei Legierungen vor. Damit ist ebenfalls meistens eine Volumenänderung verbunden, da die verschwindenden bzw. neu entstehenden Kristallarten im allgemeinen eine unterschiedliche atomare Packungsdichte aufweisen. Bild 2.62 zeigt als Beispiel für eine bei konstanter Temperatur im festen Zustand ablaufende Reaktion die Dilatometerkurve einer Legierung aus 80 % Zn + 20 % Al. Diese Legierung besteht bei niederen Temperaturen aus einem Gemenge von zinkreichen hex. α-Mischkristallen und aluminiumreichen kfz. β'-Mischkristallen. Wird die Legierung erwärmt, so reagiert bei 280 °C α mit

2.1. Reine Metalle

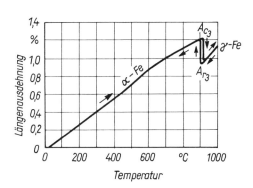

Bild 2.61. Dilatometerkurven von reinem Eisen. Sprunghafte Verkürzung beim Übergang α-Fe → γ-Fe infolge der dichteren Packung der kfz. Phase

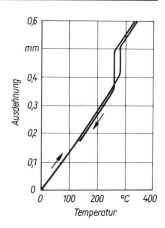

Bild 2.62. Erhitzungs- und Abkühlungskurve einer Legierung mit 80 % Zn und 20 % Al

β', und es entsteht ein neuer kfz. Mischkristall β. Wie aus der Dilatometerkurve hervorgeht, ist diese Reaktion mit einer Zunahme des Volumens von ≈0,6 % verbunden. Wird die Legierung von Temperaturen >280 °C langsam abgekühlt, so zerfällt β wieder in α und β'. Dabei findet eine Kontraktion statt, die den gleichen absoluten Betrag hat wie die Ausdehnung bei der Erwärmung.

Bei einer Abkühlungsgeschwindigkeit von 2 K/min liegt die Temperatur der Rückumwandlung aber nicht bei 280 °C, sondern bei der tieferen Temperatur von 260 °C. Die Hysterese beträgt also 20 K. Je schneller die Legierung abgekühlt wird, um so größer wird auch die Hysterese.

Von größter praktischer Bedeutung ist die dilatometrische Bestimmung der Umwandlungspunkte von Stählen, da die genaue Kenntnis der Umwandlungstemperaturen die Grundlage für die gesamte Wärmebehandlung von Stahl bildet. Die γ/α-Umwandlung, die bei reinem Eisen bei ≈900 °C liegt, wird durch eine Anzahl von Legierungselementen, wie Aluminium, Silizium, Wolfram u. a., erhöht, durch andere Legierungselemente, wie Nickel, Mangan, Kohlenstoff u. a., erniedrigt. Außerdem tritt eine Anzahl weiterer Umwandlungspunkte auf. Die Lage der Umwandlungspunkte hängt ferner von der Erhitzungs- bzw. Abkühlungsgeschwindigkeit ab.

Durch Dilatometerkurven lassen sich zunächst die verschiedenen Stahltypen voneinander unterscheiden. Ein sog. vollumwandelnder Stahl zeigt bei der Erhitzung die normale Verkürzung bei der α/γ-Umwandlung (Bild 2.63a). Bei einem sog. halbferritischen Stahl ist der Abfall entsprechend dem Mengenanteil an nichtumwandlungsfähigem δ-Ferrit schwächer ausgebildet (Bild 2.63b). Keine sprunghafte Verkürzung zeigen die ferritischen (Bild 2.63c) und die austenitischen Stähle (Bild 2.63d). Ein ferritischer Stahl unterscheidet sich dabei durch seinen kleineren Ausdehnungskoeffizienten von einem austenitischen Stahl, was sich unmittelbar durch den flacheren Anstieg der Dilatometerkurve des ferritischen gegenüber der des austenitischen Stahls zu erkennen gibt.

Die Lage der Umwandlungspunkte von Stahl ist, wie bereits erwähnt, besonders stark von

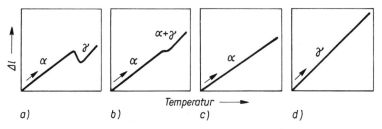

Bild 2.63. Ausdehnungsverhalten der verschiedenen Stahltypen
a) ferritisch-perlitischer Stahl (z. B. 0,3 % C, 2 % Mn, Rest Fe)
b) halbferritischer (härtbarer) Stahl (z. B. 0,2 % C, 17 % Cr, 1,7 % Ni, Rest Fe)
c) ferritischer Stahl (z. B. 0,05 % C, 4 % Si, Rest Fe)
d) austenitischer Stahl (z. B. 0,1 % C, 20 % Ni, 20 % Cr, Rest Fe)

der Geschwindigkeit abhängig, mit der der Stahl aus dem Austenitgebiet abgekühlt wird. Dies soll an einem Stahl 24CrMoV5.5 mit 0,25 % C, 1,4 % Cr, 0,5 % Mo und 0,25 % V gezeigt werden. Dilatometerproben von 50 mm Länge und 4 mm Dmr. wurden mit einer Geschwindigkeit von 4 K/min = 240 K/h auf die Austenitisierungstemperatur von 1000 °C erhitzt. Die Umwandlungspunkte A_{c_1} und A_{c_3} wurden dabei zu 770 bzw. 825 °C bestimmt. Nachdem die Proben 5 min auf 1000 °C gehalten worden waren, wurden sie verschieden schnell wieder bis auf Raumtemperatur abgekühlt. Als Maß für die Abkühlungsgeschwindigkeit ist im folgenden die Zeit Δt angegeben, die die Proben benötigten, um von $A_{c_3} = 825$ auf $M_s = 370$ °C abzukühlen. Das ist der Temperaturbereich, innerhalb dessen die Austenitumwandlung stattfindet, d. h. in dem auch die Umwandlungstemperaturen liegen.

Bei einer sehr langsamen Abkühlung von $\Delta t = 20$ h ergibt sich eine Dilatometerkurve nach Bild 2.64a. Die Austenitumwandlung beginnt bei $A_{r_3} = 800$ °C und ist bei $A_{r_1} = 660$ °C beendet. Das Gefüge besteht aus Ferrit + Perlit, die Brinellhärte beträgt $HB = 184$. Bei einer Abkühlung von $\Delta T = 4$ h (Bild 2.64b) wandelt sich der größte Teil des Austenits ($\approx 85\%$) im Temperaturbereich von $A_{r_3} = 790$ °C bis $A_{r_1} = 650$ °C um. Die restlichen 15 % Austenit wandeln sich aber erst bei tieferen Temperaturen um, und zwar zwischen $A_{r_z} = 470$ °C und ≈ 300 °C. Das Gefüge besteht aus Ferrit + Perlit + Bainit + Martensit, die Brinellhärte beträgt $HB = 195$.

Bei einer Abkühlung von $\Delta t = 1,5$ h (Bild 2.64c) beginnt die Umwandlung bei $A_{r_3} = 760$ °C mit der Ausscheidung von Ferrit. Nachdem sich bis ≈ 650 °C 45 % Ferrit ausgeschieden haben, hört die weitere Umwandlung auf und setzt erst bei $A_{r_z} = 510$ °C mit der Bainit- und später Martensitbildung wieder ein. Das Gefüge besteht aus Ferrit + Bainit + Martensit, die Brinellhärte beträgt $HB = 259$.

Ähnlich verläuft die Abkühlung bei $\Delta t = 15$ min (Bild 2.64d), nur daß sich die Menge an gebildetem Ferrit auf 5 % verringert hat und der A_{r_3}-Punkt bei 730 °C entsprechend schwächer ausgebildet ist. Die Brinellhärte liegt mit $HB = 298$ auch höher.

Ein Stahl, der mit $\Delta t = 1,5$ min abgekühlt wird, beginnt erst bei $A_{r_z} = 450$ °C mit der Umwandlung (Bild 2.64e). Das Gefüge besteht im wesentlichen aus Bainit mit etwas Martensit; die Brinellhärte beträgt $HB = 367$. Bei einer Abkühlung von $\Delta t = 3$ s schließlich ergibt sich ein rein martensitisches Gefüge, d.h., die Umwandlung beginnt erst bei $M_s = 370$ °C, und die Brinellhärte ist mit $HB = 506$ am höchsten (Bild 2.64f).

Wie aus dieser Bildreihe hervorgeht, spiegelt sich das Umwandlungsverhalten eines Stahls

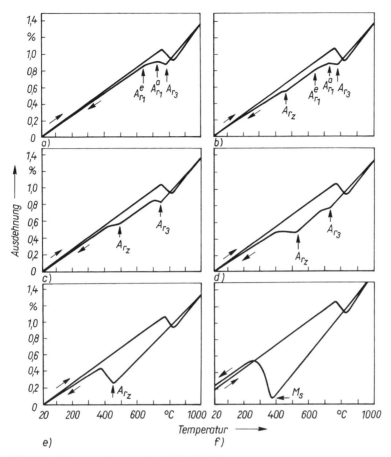

Bild 2.64. Dilatometerkurve von Stahl 24CrMoV5.5
a) Abkühlung von 825 bis 370 °C in 20 h
b) Abkühlung von 825 bis 370 °C in 4 h
c) Abkühlung von 825 bis 370 °C in 1,5 h
d) Abkühlung von 825 bis 370 °C in 15 min
e) Abkühlung von 825 bis 370 °C in 1,5 min
f) Abkühlung von 825 bis 370 °C in 3 s

sehr deutlich in Dilatometerkurven wider, und aus der Lage und Intensität der Umwandlungspunkte können Art und Menge der auftretenden Gefügebestandteile ermittelt werden. Mit Hilfe derartiger Serien von Dilatometerkurven werden die Zeit-Temperatur-Umwandlungs-Schaubilder für kontinuierliche Abkühlung der Stähle aufgestellt.

Unstetigkeiten der Dilatometerkurve müssen allerdings nicht immer mit Umwandlungen oder Reaktionen von Gefügebestandteilen zusammenhängen. Innere Spannungen, die bei der Erwärmung auf höhere Temperaturen abgebaut werden, können, je nachdem, ob es sich um Druck- oder Zugspannungen handelt, zu Verlängerungen oder Verkürzungen führen. Als Beispiel sei die Untersuchung einer Spezialkolbenring-Legierung aus legiertem Grauguß angeführt. Trotz sorgfältigster Erschmelzung und genauer Einhaltung der vorgeschriebenen Analyse lieferten die Kolbenringe keine zufriedenstellenden Ergebnisse. Einmal dauerte der Einlaufvorgang zu lange, wobei erheblicher Verschleiß eintrat, und nach dem Einlaufen begannen die Kolben nach kurzer Zeit zu klappern. Aus der metallographischen Untersuchung konnten keine Rückschlüsse auf die Fehlerursache gezogen werden.

Die Dilatometerkurve dagegen zeigte einen ganz ungewöhnlichen Verlauf (Bild 2.65). Schon bei Temperaturen <100 °C war eine zusätzliche Volumenvergrößerung vorhanden, die mit steigender Temperatur allmählich zunahm. Bei ≈230 °C stieg die Kurve plötzlich stärker an. Ab 430 °C zog sich die Probe wieder zusammen, und bei 460 °C hatte das Volumen seine eigentliche Größe eingenommen. Wurde die Legierung vorher 3 h bei 500 °C entspannt und anschließend an Luft abgekühlt, so ergab sich ein gleichmäßiger, linearer Ausdehnungsverlauf (gestrichelte Kurve in Bild 2.65). Da weder Restaustenit vorhanden war noch Ausscheidungsvorgänge möglich waren, konnte das abnorme Ausdehnungsverhalten nur auf sich auslösende Gußspannungen zurückgeführt werden. Die bei 500 bis 550 °C spannungsfrei geglühten Kolbenringe zeigten dann auch das erwartete, zufriedenstellende Laufverhalten.

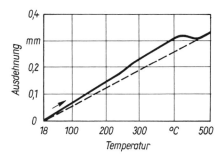

Bild 2.65. Dilatometer-Kurve einer Spezialkolbenring-Legierung aus legiertem Grauguß. Durch Gußspannungen verursachte zusätzliche Ausdehnung gegenüber dem (gestrichelten) Kurvenverlauf von spannungsfrei geglühtem Werkstoff

2.1.4.3. Magnetische Analyse

Die Metalle Eisen, Kobalt und Nickel und ein großer Teil ihrer Legierungen sind bei Raumtemperatur ferromagnetisch, d. h., sie werden von einem Magneten stark angezogen. Auf paramagnetische Metalle, wie Aluminium, Mangan und Chrom, sowie auf diamagnetische Metalle, wie Kupfer, Zink und Wismut, übt ein Magnet nur geringe Wirkungen aus: Erstere werden nur ganz schwach angezogen, letztere ganz schwach abgestoßen. Gewisse Legierungen des Mangans mit Aluminium und Kupfer, die sog. HEUSLERschen Legierungen, sind ebenfalls ferromagnetisch.

Mit steigender Temperatur nimmt die Magnetisierbarkeit der ferromagnetischen Metalle und Legierungen ab, zunächst nur wenig, dann stärker. Bei einer ganz bestimmten Temperatur, der *Curie-Temperatur*, verschwindet der restliche Ferromagnetismus vollständig, und die Metalle sind dann paramagnetisch (Bild 2.66). Der Curiepunkt von Eisen liegt bei 770 °C, der von Kobalt bei 1 130 °C und der von Nickel bei 370 °C.

In Thermodifferentialkurven macht sich der Curiepunkt häufig durch eine Spitze oder einen Knickpunkt bemerkbar. Zweckmäßigerweise erfolgt die Bestimmung der magnetischen Umwandlungspunkte aber auf magnetischem Wege. Ein geeignetes Gerät dazu ist die im Bild 2.67 im Prinzip dargestellte *thermomagnetische Waage*. An einem sehr dünnen

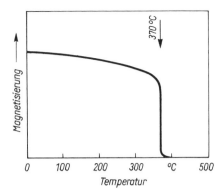

Bild 2.66. Abhängigkeit der Magnetisierung von Nickel von der Temperatur

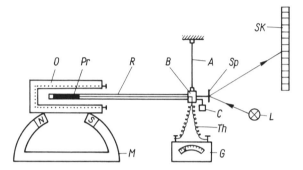

Bild 2.67. Prinzipieller Aufbau einer thermomagnetischen Waage

Metallfaden aus Wolfram (*A*) ist ein kleines Blöckchen (*B*) aufgehängt. Auf der einen Seite ist an dem Blöckchen (*B*) ein Quarzrohr (*R*) befestigt, in dem die Untersuchungsprobe (*Pr*) liegt. Auf der entgegengesetzten Seite trägt das Blöckchen (*B*) ein Gegengewicht (*C*) und einen Spiegel (*Sp*). Das ganze System bildet einen bei (*A*) aufgehängten Waagebalken. Die Probe (*Pr*), deren Temperatur mittels Thermoelements (*Th*) und Galvanometers (*G*) gemessen wird, befindet sich in einem bifilar gewickelten elektrischen Ofen (*O*), der oberhalb der Pole eines Dauer- oder Elektromagneten (*M*) angeordnet ist. Das Magnetfeld des Magneten (*M*) am Ort der Probe (*Pr*) ist inhomogen und wird zu den Polen *N–S* hin stärker. Beim Erhitzen der Probe (*Pr*) nimmt ihre Magnetisierbarkeit ab, und das Rohr (*R*) steigt empor. Die andere Seite des Waagebalkens mit dem Spiegel (*Sp*) sinkt entsprechend, und der von der Lampe (*L*) ausgehende Lichtstrahl wandert längs der Skala (*Sk*).

Zusammengehörende Wertepaare von Temperatur und Skalenausschlag, in ein Diagramm eingetragen, ergeben die Magnetisierungs-Temperatur-Kurve der Probe, ähnlich wie sie für Nickel im Bild 2.66 dargestellt ist. Bei entsprechender konstruktiver Gestaltung der Apparatur ist es auch möglich, die Magnetisierungs-Temperatur-Kurve selbstregistrierend auf Photopapier aufzuzeichnen. Bei diesem Verfahren wird die Magnetisierbarkeit also nicht in absoluten Zahlen, sondern in relativen Werten erhalten. Dies reicht aber für viele Zwecke, beispielsweise für die Bestimmung von Curiepunkten oder sonstigen Umwandlungstemperaturen, aus.

Im besonderen zur Ermittlung der Austenitumwandlung bei Stählen hat sich dieses Verfahren als wertvoll erwiesen. Die bei un- und mittellegierten Stählen nur bei höheren Temperaturen beständige paramagnetische Austenitphase wandelt sich beim Abkühlen ganz oder teilweise in ferromagnetische Phasen, wie Ferrit, Perlit, Bainit, Martensit und Karbide, um. Die Kinetik der Umwandlung sowie Art und Menge der Umwandlungsprodukte hängen dabei weitgehend von der Stahlzusammensetzung und den Abkühlungsverhältnissen ab.

Bild 2.68 zeigt als Beispiel die selbstregistrierte Magnetisierungs-Temperatur-Kurve eines Stahls mit 0,25 % C, 3,0 % Cr und 0,4 % Mo (25CrMo12.4). Die Erhitzungs- und Abkühlgeschwindigkeit betrug 4 K/min. Auf der Erhitzungskurve liegt der Steilabfall bei 750 °C. Dies ist der A_{c_2}-(Curie-)Punkt. Die A_{c_1}- und A_{c_3}-Punkte lassen sich bei diesem Stahl nicht magnetisch bestimmen, da sie temperaturmäßig mit 775 bzw. 825 °C $> A_{c_2}$ liegen. Nach der Abkühlung von 850 °C setzt bei 710 °C am A_{r_3}-Punkt die Rückumwandlung ein. Zwischen 710 und $\approx$600 °C wandeln sich $\approx$60 % des Austenits in Ferrit und Perlit um. Von 600 bis 420 °C ist der restliche Austenit ziemlich stabil. Erst ab 420 °C wandeln sich die 40 % Restaustenit um, und zwar in Bainit und Martensit. Ab 300 °C ist die Umwandlung dann beendet.

Durch Anbringung von Lauf- oder Rotationskassetten lassen sich ferner bei konstanter Temperatur Magnetisierungs-Zeit-Kurven aufnehmen. Unterhalb der Curietemperatur können damit bei ferromagnetischen Werkstoffen die zeitlichen Reaktionsabläufe ermittelt werden. Auf diese Weise wird z. B. der isotherme Austenitzerfall bei Stählen untersucht und in den isothermen Zeit-Temperatur-Umwandlungsschaubildern zusammengefaßt. Bild 2.69 zeigt als Beispiel die Magnetisierungs-Zeit-Kurve eines Stahls mit

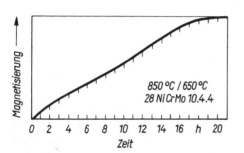

Bild 2.68. Thermomagnetometer-Kurve von Stahl mit 0,25 % C, 3 % Cr, 0,4 % Mo, Rest Fe

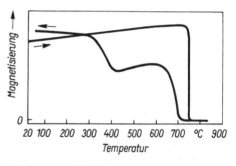

Bild 2.69. Stahl 28NiCrMo10.4.4 von 850 °C schnell auf 650 °C abgekühlt und bei dieser Temperatur 21 h gehalten. Kinetik des Austenitzerfalls. Magnetisierungs-Zeit-Kurve

0,30 % C, 2,5 % Ni, 1 % Cr und 0,4 % Mo, der von 850 schnell auf 650 °C abgekühlt wurde und bei dieser konstanten Temperatur gehalten wurde. Es ist zu erkennen, daß erst nach einer Anlaufzeit von 30 min die Umwandlung einsetzt. Nach 9 h steigt die Umwandlungsgeschwindigkeit etwas an und wird dann allmählich wieder kleiner. Bei dieser isothermen Umwandlung entstehen aus dem Austenit Ferrit und Perlit. Nach 21 h Haltezeit ist die Umwandlung noch nicht vollständig abgelaufen.

2.2. Zweistofflegierungen

2.2.1. Begriff des Zustandsdiagramms

Eine Legierung besteht mindestens aus zwei chemischen Elementen, von denen eines ein Metall sein muß. Diese die Legierung aufbauenden metallischen und nichtmetallischen Stoffe bezeichnet man als *Komponenten*. Je nach der Anzahl der in einer Legierung enthaltenen Komponenten spricht man von einer Zwei-, Drei-, Vier- oder Mehrstofflegierung. Lötzinn besteht aus Blei und Zinn und ist demzufolge eine Zweistofflegierung. Rotguß enthält neben Kupfer noch Zinn und Zink, manchmal auch noch etwas Blei, und ist je nachdem eine Drei- (ohne Pb-Zusatz) oder Vierstofflegierung (mit Pb-Zusatz). Hochleistungs-Schnellarbeitsstähle enthalten Eisen, Kohlenstoff, Wolfram, Kobalt, Chrom, Vanadium und Molybdän und sind demzufolge Siebenstofflegierungen. Die Kennzeichnung richtet sich nach den Elementen, die absichtlich zwecks Erzielung bestimmter Eigenschaften hinzugegeben werden. Die stets in Legierungen enthaltenen Verunreinigungen rechnen nicht mit, da sie wegen ihrer geringen Menge auf den Kristallisationsablauf im allgemeinen keinen merkbaren Einfluß ausüben.

Nur in seltenen Fällen liegen die Komponenten in der Legierung in ihrer ursprünglichen elementaren Form vor. Im allgemeinen reagieren die einzelnen Komponenten bei der Erschmelzung und der nachfolgenden Abkühlung miteinander unter Ausbildung von Mischkristallen (s. Abschn. 2.2.4.) und Metallverbindungen (s. Abschn. 2.2.6.). Vollständig erstarrte Legierungen enthalten grundsätzlich nur drei verschiedene Typen von Grundbausteinen, nämlich reine Elemente, Mischkristalle und Metallverbindungen. Man bezeichnet diese Grundbausteine der Legierungen als *Phasen* (Erscheinungsform). Eine Phase ist in sich homogen (einheitlich) und hat beispielsweise an jeder beliebigen Stelle die gleiche Zusammensetzung, die gleiche Härte, die gleiche Dichte, die gleiche elektrische Leitfähigkeit usw.

Zufolge dieser Definition ist eine Phase der Dampf, die homogene Schmelze oder ein reines Metall oder ein Mischkristall oder eine Metallverbindung. Allotrope Modifikationen sind verschiedene Phasen des gleichen Metalls.

Die Gesamtheit der eine Legierung aufbauenden Komponenten stellt ein thermodynamisches *System* dar. Legt man die in einem System enthaltenen Komponenten nebeneinander, so ist das System nicht im thermodynamischen Gleichgewicht, da die für die betreffenden Komponenten charakteristischen metallurgischen Reaktionen infolge ungenügender Berührung der Stoffe und mangelnden Konzentrationsausgleiches nicht ablaufen können. Um das System ins Gleichgewicht zu bringen, muß die Durchmischung der Komponenten verbessert werden. Dies erfolgt im allgemeinen dadurch, daß das System auf so hohe Temperaturen erhitzt wird, bis alle Komponenten in den schmelzflüssigen Zustand übergegangen sind. Hierbei findet eine innige Durchmischung statt. Kühlt das System dann langsam wieder ab, so treten die verschiedenen Komponenten miteinander in Wechselwirkung, und es bilden sich die dem Gleichgewicht des Systems entsprechenden Phasen aus. Im Gleichgewichtsfall besteht ein K-Stoffsystem nicht aus K Komponenten, sondern aus φ Phasen, die sich aus den K Komponenten durch Reaktionen gebildet haben.

Anzahl, Art, Konzentration und Menge der miteinander im Gleichgewicht befindlichen

Phasen ergeben den *Zustand* des Systems. Dieser ist eindeutig festgelegt durch die Konzentration der Komponenten, durch die Temperatur und den Druck. Die Änderung einer dieser *Zustandsgrößen* zieht im allgemeinen die Änderung des Zustandes des gesamten Systems nach sich. Bei konstanter Temperatur läßt sich z.B. durch Druckerniedrigung ein Metallkristall in Metalldampf überführen, oder durch Temperaturerhöhung bei konstantem Druck geht ein festes Metall in den schmelzflüssigen Zustand über.

Die Zahl der Komponenten und die maximal mögliche Zahl der miteinander im Gleichgewicht befindlichen Phasen eines Systems sind nicht unabhängig voneinander. Die *Gibbssche Phasenregel* besagt, daß die Zahl miteinander im Gleichgewicht befindlicher Phasen n höchstens gleich der um zwei vermehrten Zahl der Komponenten K sein kann:

$$\varphi_{max} = K + 2. \tag{2.8}$$

In einem Einstoffsystem, etwa dem im Abschn. 2.1.3. beschriebenen Magnesium, ist $K = 1$, also $\varphi_{max} = 1 + 2 = 3$. In der Tat haben wir gesehen, daß am Tripelpunkt die 3 Phasen: Mg-Dampf, Mg-Schmelze und Mg-Kristalle miteinander im Gleichgewicht stehen. Mehr als 3 Phasen können nicht miteinander im Gleichgewicht sein, wohl aber weniger. Bei 2 Phasen sind dies z.B. Mg-Schmelze und Mg-Dampf.

In einem Zweistoffsystem ($K = 2$) können maximal $\varphi = 2 + 2 = 4$ Phasen miteinander im Gleichgewicht stehen, also etwa die Dampfphase, die Schmelzphase und zwei verschiedene Kristallphasen, oder auch die Dampfphase, 2 Schmelzphasen und eine Kristallphase. In einem Dreistoffsystem ist $K = 3$, und damit sind maximal $\varphi = 3 + 2 = 5$ miteinander im Gleichgewicht befindliche Phasen möglich usw.

Eine quantitative Beschreibung der bei den verschiedenen Temperaturen und Drücken miteinander im Gleichgewicht befindlichen Phasen eines aus K Komponenten bestehenden Systems wird durch das *Zustandsdiagramm* gegeben. In Abschn. 2.1.3. wurde das Zustandsdiagramm des Einstoffsystems Magnesium erläutert. Zur eindeutigen Charakterisierung des Zustandes genügte die Angabe von Temperatur und Druck, um aus dem Diagramm abzulesen, ob Magnesium als Kristall, Schmelze oder Dampf beständig ist oder ob die Schmelze mit dem Dampf oder der Kristall mit der Schmelze im Gleichgewicht steht.

Bei einem Zweistoffsystem kommt als weitere den Zustand bestimmende Größe noch die Zusammensetzung der Legierung hinzu. Es genügt hierbei die Angabe einer Konzentration, z.B. der Komponente B (C_B), weil die Konzentration der anderen Komponente A (C_A) durch die Bedingung, daß beide Konzentrationen zusammen die Gesamtlegierung ergeben müssen, ebenfalls festgelegt ist. Es gilt also:

$$C_A + C_B = 100\% \quad \text{oder} \quad C_A = 100\% - C_B. \tag{2.9}$$

Die vollständige Beschreibung eines Zweistoffsystems erfordert demnach die 3 Bestimmungsgrößen Konzentration (C_A oder C_B), Temperatur (T) und Druck (p). Zur graphischen Darstellung der Gleichgewichtsverhältnisse ist also ein räumliches T-p-C_B-Diagramm notwendig. Eine derartige Darstellung ist sehr unübersichtlich und unpraktisch. Da üblicherweise die Legierungen im offenen Ofen oder Tiegel, also unter dem konstanten Atmosphärendruck $p = 0,1$ MPa erschmolzen werden, ist man dazu übergegangen, nicht die vollständigen T-p-C_B-Schaubilder, sondern nur die isobaren Schnitte bei $p = 0,1$ MPa = konst. für die einzelnen Systeme anzugeben und darzustellen. Diese T-C_B-

Schaubilder sind die *Zustandsdiagramme der Zweistofflegierungen*. Da der Dampfdruck der Metalle bei den in Frage kommenden Temperaturen meist sehr gering ist, so kann der Druckeinfluß auf die Lage der Gleichgewichtslinien und -punkte praktisch vernachlässigt werden.
Weil der Dampfdruck bei diesen sog. *kondensierten Systemen* unberücksichtigt bleibt, nimmt auch das GIBBSsche Phasengesetz eine etwas andere Form an:

$$\varphi_{max} = K + 1. \tag{2.10}$$

In einem kondensierten Zweistoffsystem ($K = 2$) sind also höchstens $\varphi = 2 + 1 = 3$ Phasen miteinander im Gleichgewicht (ohne Dampfphase), und zwar 2 Schmelzen und 1 feste Kristallart, oder 1 Schmelze und 2 feste Kristallarten, oder 3 feste Kristallarten. Über Form, Größe, Menge und Verteilung der einzelnen Phasen sagt das Phasengesetz nichts aus.
Die Erfahrung hat nun gezeigt, daß sämtliche Zustandsschaubilder der Zweistofflegierungen auf einige wenige Grundtypen zurückgeführt werden können. Diese einfachen Diagramme werden im folgenden erläutert. Durch Kombination der Grundsysteme entstehen dann die manchmal recht komplizierten Zustandsschaubilder der technischen Zweistofflegierungen.

2.2.2. RAOULTsches Gesetz

Es ist eine Erfahrungssache, daß der Dampfdruck einer Lösung, bestehend aus dem Lösungsmittel A und der gelösten Substanz B, kleiner ist als der Dampfdruck des reinen Lösungsmittels A. Die relative Dampfdruckerniedrigung

$$\frac{p_0 - p}{p_0} = \frac{\Delta p}{p_0} \tag{2.11}$$

ist unabhängig von der Temperatur. Der Dampfdruck p einer Lösung ist also bei den verschiedenen Temperaturen stets um den gleichen Prozentsatz kleiner als der Dampfdruck p_0 des reinen Lösungsmittels (Bild 2.70). Bei der Schmelztemperatur T_s ist der Dampfdruck p_0 des flüssigen Lösungsmittels gleich dem Dampfdruck p_0' der Kristalle des festen Lösungsmittels, d. h., flüssiges und festes Lösungsmittel sind miteinander im Gleichgewicht.
Der Dampfdruck p der Lösung (A + B) ist aber erst bei einer niedrigeren Schmelztemperatur T_s' gleich dem Dampfdruck p_0' der festen Kristalle A des reinen Lösungsmittels, wie aus Bild 2.70 unmittelbar zu ersehen ist. Scheiden sich deshalb bei der Erstarrung Kristalle des reinen Lösungsmittels aus einer Lösung aus, so liegt die Schmelztemperatur T_s' der Lösung um einen Betrag ΔT_s niedriger als die Schmelztemperatur T_s des reinen Lösungsmittels. ΔT_s bezeichnet man als *Schmelz-* oder *Gefrierpunkterniedrigung*.
Es läßt sich nun weiter zeigen, daß bei verdünnten Lösungen die relative Dampfdruckerniedrigung proportional der Menge des gelösten Stoffs B ist:

$$\frac{\Delta p}{p_0} \sim c_B. \tag{2.12}$$

Daraus folgt, daß bei (verdünnten) Lösungen die Schmelztemperatur von A proportional mit der Konzentration des gelösten Stoffs B abnimmt. Die Schmelzpunktserniedrigung folgt für ideale, verdünnte Lösungen dem *Raoultschen Gesetz*:

$$\Delta T_s = \left(\frac{RT_s^2}{1000\,l}\right)_A n_B = E_A n_B. \tag{2.13}$$

Hierin bedeuten ΔT_s die Schmelzpunkterniedrigung der Schmelze (A + B) gegenüber dem reinen Lösungsmetall A, R die allgemeine Gaskonstante (8,4 J/K · mol), T_s die absolute Schmelztemperatur des reinen Lösungsmetalls A in K, l die auf das Gramm bezogene Schmelzwärme des Lösungsmetalls A, E_A die molare Gefrierpunktserniedrigung des Lösungsmetalls A und n_B die Anzahl der Mole des gelösten Metalls B, die sich in 1 000 g Schmelze befinden ($n_B = g/M_B$, wenn g die Menge in Gramm des in 1 000 g Schmelze A gelösten Metalls B und M_B seine Atommasse ist). Das Raoultsche Gesetz besagt in Worten, daß n_B Mole eines in geringer Konzentration gelösten Stoffs in 1 000 g Lösung den Schmelzpunkt des Lösungsmetalls um $\Delta T_s'$ herabsetzen. E_A ist dabei eine vom gelösten Metall unabhängige und für das Lösungsmetall charakteristische Konstante. Je größer n_B, d.h. die Menge an gelöstem Metall, ist, um so tiefer sinkt der Schmelzpunkt des Lösungsmittels ab, und zwar für kleine Konzentrationen proportional zu n_B.

Es sei als Beispiel ausgerechnet, um wieviel K der Schmelzpunkt des Zinks durch Zusatz von 0,5 Masse-% Blei, und umgekehrt, um wieviel °C der Schmelzpunkt des Bleis durch Zusatz von 0,5 Masse-% Zink herabgesetzt wird. Die erforderlichen Daten für Zink sind: Atommasse = 65,38, Schmelztemperatur $T_s' = 419 + 273 = 692$ K; Schmelzwärme $l = 101$ J/g; und die Daten für Blei: Atommasse = 207,22; Schmelztemperatur $T_s' = 327 + 273 = 600$ K; Schmelzwärme $l = 23,9$ J/g.

Zunächst werden die molaren Gefrierpunktserniedrigungen E_A von Zink und Blei ausgerechnet:

$$E_{Zn} = \left(\frac{RT_s^2}{1000\,l}\right)_{Zn} = \frac{8,4 \cdot 692^2}{1000 \cdot 101} = 39,7 \text{ K/mol},$$

$$E_{Pb} = \left(\frac{RT_s^2}{1000\,l}\right)_{Pb} = \frac{8,4 \cdot 600^2}{1000 \cdot 23,9} = 126,4 \text{ K/mol}.$$

In 1 000 g einer Blei-Zink-Schmelze mit 0,5 % Zn sind 5 g Zink enthalten. Um die Anzahl der Mole zu berechnen, muß durch die Atommasse des Zinks dividiert werden: $n_{Zn} = 5/65,38 = 0,0765$. Daraus ergibt sich die Schmelzpunktserniedrigung für diese Legierung zu

$$\Delta T_s = E_{Pb} n_{Zn} = 126,4 \cdot 0,0765 = 9,7 \approx 10 \text{ K}.$$

Der Schmelzpunkt einer Legierung aus 99,5 % Pb und 0,5 % Zn beträgt rechnungsmäßig $T_s' = 327 - 10 = 317$ °C (experimentell wurden $T_s' = 318$ °C gefunden).
In 1 000 g einer Zink-Blei-Schmelze mit 0,5 % Pb sind 5 g Pb enthalten. Daraus errechnet sich die Anzahl der Mole zu $n_{Pb} = 5/207,22 = 0,0241$. Diese bewirken eine Erniedrigung des Schmelzpunkts von Zink um

$$\Delta T_s = E_{Zn} n_{Pb} = 39,7 \cdot 0,0241 = 1 \text{ K}.$$

Der Schmelzpunkt einer Legierung aus 99,5 % Zn und 0,5 % Pb beträgt also $T'_s = 419 - 1 = 418\,°C$ (experimentell wurden ebenfalls 418 °C ermittelt).
Im Bild 2.71 sind die Schmelzpunktserniedrigungen von Blei durch Zink und von Zink durch Blei graphisch dargestellt. Wie ersichtlich, verlaufen die beiden Abschnitte der Schmelzkurven gemäß Gl. (2.13) geradlinig. Bei höheren Konzentrationen treten dagegen Abweichungen von der Linearität auf, und zwar können diese positiv oder negativ sein. Das RAOULTsche Gesetz gilt nur für sehr verdünnte Lösungen, nicht aber für höhere Konzentrationen.

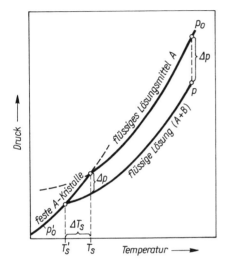

Bild 2.70. Dampfdruckkurven von Lösung $(A + B)$, Lösungsmittel A und festen A-Kristallen

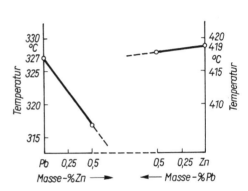

Bild 2.71. Schmelzpunkterniedrigung von Blei durch Zugabe von Zink und Schmelzpunkterniedrigung von Zink durch Zugabe von Blei gemäß dem RAOULTschen Gesetz

Eine Voraussetzung des RAOULTschen Gesetzes ist die Mischbarkeit der beiden Metalle im flüssigen Zustand, da sich ja eine wirkliche Lösung ausbilden muß. Ergeben die beiden Metalle in der Schmelze nur eine Emulsion, so können sich die Metalle gegenseitig nicht beeinflussen, d. h., die Schmelztemperaturen sind unabhängig von der Konzentration des Zusatzmetalls. Einen derartigen Fall werden wir beim System Eisen–Blei kennenlernen (s. Abschn. 2.2.3.1.).
Eine weitere Voraussetzung für die Gültigkeit des RAOULTschen Gesetzes besteht darin, daß sich bei der Erstarrung Kristalle des reinen Lösungsmittels ausscheiden müssen. Scheiden sich dagegen Mischkristalle, die sowohl das Lösungsmetall wie auch das gelöste Metall enthalten, aus der Schmelze aus, so gilt das RAOULTsche Gesetz nicht mehr. Der Schmelzpunkt einer Lösung kann, falls sich primäre Mischkristalle ausscheiden, höher liegen als der Schmelzpunkt des reinen Lösungsmetalls. Der Erstarrungspunkt der Kupfer-Nickel-Mischkristalle liegt beispielsweise höher als der Erstarrungspunkt des reinen Kupfers. Dies beruht darauf, daß Mischkristalle nicht den Dampfdruck des Lösungsmetalls, sondern einen geringeren Druck haben. Aus diesem Grunde kann man Mischkristalle als »feste Lösungen« ansehen.

2.2.3. Legierungen mit einer Mischungslücke im flüssigen Zustand

2.2.3.1. Vollständige Unmischbarkeit im flüssigen Zustand

Besteht zwischen zwei Metallen, wie beispielsweise bei Eisen und Blei, weder im festen noch im flüssigen Zustand eine gegenseitige Löslichkeit, so nimmt das *Zustandsdiagramm* die im Bild 2.72 dargestellte sehr einfache Form an.

Auf der Ordinate ist die Temperatur T in °C, auf der Abszisse die Legierungszusammensetzung in Masse-% aufgetragen. Jedem Punkt auf der Abszisse entspricht eine Eisen-Blei-Legierung, so z. B. dem Punkt »20 %« eine Legierung aus 20 % Blei und 80 % Eisen usw. Der rechte Endpunkt der Abszisse entspricht dem reinen Blei, der linke Endpunkt dem reinen Eisen.

Erhitzt man die Eisen-Blei-Legierung mit 20 % Pb + 80 % Fe auf höhere Temperaturen, so bedeutet dies in dem Zustandsdiagramm, daß sich der Zustandspunkt (C_{Pb}, T) von der Abszisse senkrecht, d. h. parallel zur Temperaturachse, entfernt. Der Zustand der Legierung verändert sich in gewissen Grenzen in Abhängigkeit von der Temperatur. Von 0 bis 327 °C befindet sich der Zustandspunkt in dem Phasenfeld »festes Eisen + festes Blei«, d. h., die gesamte Legierung ist noch vollständig fest. Von 327 bis 1 535 °C besteht die Legierung aus flüssigem Blei und festem Eisen, d. h., die Legierung ist teilweise aufgeschmolzen. Oberhalb von 1 535 °C schließlich ist auch das Eisen schmelzflüssig, und somit ist die gesamte Legierung aufgeschmolzen. Bei einer Abkühlung von ≈ 1 800 °C werden die Phasenfelder von dem Zustandspunkt in umgekehrter Reihenfolge durchlaufen, d. h., zuerst erstarrt bei 1 535 °C das Eisen und dann bei 327 °C auch das Blei. Nach dem Erkalten liegt die Legierung wieder im festen Ausgangszustand vor.

Die gleichen Schmelz- und Erstarrungsverhältnisse, wie hier bei der Legierung mit 20 % Pb + 80 % Fe beschrieben, treten bei allen anderen Eisen-Blei-Legierungen auf, nur daß sich entsprechend der Legierungskonzentration das Mengenverhältnis von Eisen zu Blei verändert.

Das T-C_{Pb}-Diagramm der Eisen-Blei-Legierungen wird durch die zwei horizontalen Geraden L und S, die den Schmelzpunkten von Eisen und Blei entsprechen, in drei *Phasenfel-*

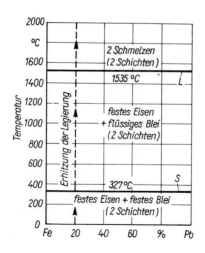

Bild 2.72. Zustandsschaubild Eisen–Blei

der eingeteilt. Oberhalb der Linie $L = 1535\,°C$, der *Liquiduslinie* (liquidus = flüssig), sind alle Eisen-Blei-Legierungen vollständig aufgeschmolzen, im Phasenfeld zwischen den Linien L und S ist das Eisen erstarrt, das Blei aber noch flüssig, und unterhalb der Linie S, der *Soliduslinie* (solidus = fest), sind alle Eisen-Blei-Legierungen vollständig erstarrt.

Zwei Flüssigkeiten, die sich nicht miteinander mischen, haben das Bestreben, sich in Schichten übereinanderzulagern, falls der Unterschied der Dichten groß genug ist *(Schwerkraftseigerung)*. Eine derartige Schichtbildung ist aus dem täglichen Leben von den Flüssigkeitspaaren Wasser–Quecksilber und Wasser–Öl her bekannt: Im ersteren Fall schwimmt das spezifisch leichtere Wasser ($\varrho = 1\,g/cm^3$) auf dem spezifisch viel schwereren Quecksilber ($\varrho = 13{,}55\,g/cm^3$), während im zweiten Fall das schwerere Wasser zu Boden sinkt und das leichtere Öl sich darüberschichtet.

In gleicher Weise lagern sich zwei gegenseitig nicht mischbare Metallschmelzen übereinander. Im vorliegenden Beispiel sinkt das schwerere Blei ($\varrho = 11{,}34\,g/cm^3$) zu Boden, und das leichtere Eisen ($\varrho = 7{,}87\,g/cm^3$) schwimmt an der Oberfläche. Durch Rühren und Schütteln läßt sich die Durchmischung zwar etwas verbessern, aber sobald die Schmelzen ruhig abstehen, erfolgt wieder die Schichtbildung gemäß den unterschiedlichen Dichten.

Weil sich die beiden Schmelzen nicht mischen, tritt auch keine gegenseitige Beeinflussung der Schmelzpunkte ein: Das Eisen erstarrt in allen Eisen-Blei-Legierungen bei 1535 °C, das Blei bei 327 °C.

Der genaue Erstarrungsvorgang einer Eisen-Blei-Legierung sei anhand der Abkühlungskurve der Legierung mit 20% Pb + 80% Fe erläutert (Bild 2.73). Bei 1800 °C besteht die Legierung aus einer am Boden des Tiegels befindlichen reinen Bleischmelze und einer darübergelagerten reinen Eisenschmelze. Sobald die Erstarrungstemperatur des Eisens bei der Abkühlung erreicht wird, kristallisiert das gesamte Eisen bei konstanter Temperatur. Bei weiterer Abkühlung kristallisiert das Blei bei der konstanten Temperatur von 327 °C. Der Schmelzregulus besteht nach dem Erkalten aus zwei scharf begrenzten Teilen, die keine gegenseitige Bindung haben und die, sobald der Tiegel entfernt wird, auseinanderfallen: Der obere Teil ist reines Eisen und der untere Teil reines Blei.

Vom legierungstechnischen Standpunkt kann man sagen, daß Blei und Eisen sich nicht

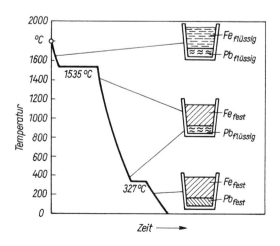

Bild 2.73. Erstarrungsablauf einer Mischung aus 20% Pb + 80% Fe

miteinander legieren. Deshalb läßt sich Blei in Eisentiegeln schmelzen und beliebig lange erhitzen, ohne daß der Tiegel angegriffen wird. Andererseits lassen sich Eisen und Stahl auch nicht mit reinem Blei löten, sondern als Weichlote sind nur Blei-Zinn-Legierungen geeignet, weil sich Zinn mit Eisen und Blei wiederum mit Zinn legiert.

Die Zusammensetzung von Legierungen wird im allgemeinen in *Masseprozent* angegeben. In 100 Gramm einer Legierung aus 80 Masse-% A und 20 Masse-% B sind dann 80 Gramm von A und 20 Gramm von B enthalten.

Bei einer mehr wissenschaftlichen Betrachtungsweise, wo es darauf ankommt, das gegenseitige Verhalten der verschiedenen Atomarten zu studieren, bevorzugt man die Konzentrationsangabe in *Atomprozent*. In einer Legierung aus 80 Atom-% A und 20 Atom-% B verhält sich die Zahl der A-Atome zu der Zahl der B-Atome wie 80:20 = 4:1, d. h., auf 4 A-Atome kommt 1 B-Atom. Manchmal ist es wichtig, zu wissen, welchen Raumanteil die einzelnen Komponenten in einer Legierung einnehmen. Dann bevorzugt man die Konzentrationsangabe in *Volumenprozent*. In einer Legierung aus 80 Vol.-% A und 20 Vol.-% B werden $\frac{4}{5}$ des Volumens der Legierung von dem A-Bestandteil und $\frac{1}{5}$ des Volumens von dem B-Bestandteil ausgefüllt.

Die Konzentrationsangaben Masse-, Atom- und Volumenprozent lassen sich mit Hilfe der nachfolgenden Formel ineinander umrechnen. Die Formelzeichen haben folgende Bedeutung:

G_A Masseprozentanteil der Komponente A
G_B Masseprozentanteil der Komponente B
M_A Atommasse von A
M_B Atommasse von B
X_A Atomprozentanteil der Komponente A
X_B Atomprozentanteil der Komponente B
ϱ_A Dichte von A
ϱ_B Dichte von B
V_A Volumenprozentanteil der Komponente A
V_B Volumenprozentanteil der Komponente B.

Umrechnung von Masseprozent in Atomprozent

$$X_A = \frac{100}{1 + \dfrac{G_B M_A}{G_A M_B}} \quad \text{Atomprozent A} \tag{2.14a}$$

$$X_B = \frac{100}{1 + \dfrac{G_A M_B}{G_B M_A}} \quad \text{Atomprozent B} \tag{2.14b}$$

Umrechnung von Atomprozent in Masseprozent

$$G_A = \frac{100}{1 + \dfrac{X_B M_B}{X_A M_A}} \quad \text{Masseprozent A} \tag{2.15a}$$

$$G_B = \frac{100}{1 + \dfrac{X_A M_A}{X_B M_B}} \quad \text{Masseprozent B} \tag{2.15b}$$

2.2. Zweistofflegierungen

Umrechnung von Masseprozent in Volumenprozent

$$V_A = \frac{100}{1 + \frac{G_B \varrho_A}{G_A \varrho_B}} \quad \text{Volumenprozent A} \tag{2.16a}$$

$$V_B = \frac{100}{1 + \frac{G_A \varrho_B}{G_B \varrho_A}} \quad \text{Volumenprozent B} \tag{2.16b}$$

Umrechnung von Volumenprozent in Masseprozent

$$G_A = \frac{100}{1 + \frac{V_B \varrho_B}{V_A \varrho_A}} \quad \text{Masseprozent A} \tag{2.17a}$$

$$G_B = \frac{100}{1 + \frac{V_A \varrho_A}{V_B \varrho_B}} \quad \text{Masseprozent B} \tag{2.17b}$$

Umrechnung von Atomprozent in Volumenprozent

$$V_A = \frac{100}{1 + \frac{X_B M_B}{\varrho_B} \frac{\varrho_A}{X_A M_A}} \quad \text{Volumenprozent A} \tag{2.18a}$$

$$V_B = \frac{100}{1 + \frac{X_A M_A}{\varrho_A} \frac{\varrho_B}{X_B M_B}} \quad \text{Volumenprozent B} \tag{2.18b}$$

Umrechnung von Volumenprozent in Atomprozent

$$X_A = \frac{100}{1 + \frac{\varrho_B V_B}{M_B} \frac{M_A}{\varrho_A V_A}} \quad \text{Atomprozent A} \tag{2.19a}$$

$$X_B = \frac{100}{1 + \frac{\varrho_A V_A}{M_A} \frac{M_B}{\varrho_B V_B}} \quad \text{Atomprozent B} \tag{2.19b}$$

Beispiel: Gegeben sei eine Legierung aus 90 Masse-% Kupfer und 10 Masse-% Aluminium. Es ist zu ermitteln, aus wieviel Atom- bzw. Volumenprozenten Kupfer und Aluminium die Legierung besteht. Die erforderlichen Daten von Cu und Al sind:

$G_{Cu} = G_A = 90$ Masse-% Cu; $\quad G_{Al} = G_B = 10$ Masse-% Al;
$M_{Cu} = M_A = 63,5;$ $\quad M_{Al} = M_B = 27,0;$
$\varrho_{Cu} = \varrho_A = 8,96$ g/cm³; $\quad \varrho_{Al} = \varrho_B = 2,7$ g/cm³.

Aus Gl. (2.14) werden die Atomprozentgehalte ausgerechnet:

$$X_{Cu} = \frac{100}{1 + \frac{10 \cdot 63,5}{90 \cdot 27,0}} = 79,3 \text{ Atom-\% Kupfer,}$$

$X_{Al} = 100 - 79,3 = 20,7$ Atom-% Aluminium.

Durch Einsetzen der entsprechenden Werte in Gl. (2.16) erhält man die Volumenprozente:

$$V_{Cu} = \frac{100}{1 + \dfrac{10 \cdot 8{,}96}{90 \cdot 2{,}7}} = 73{,}1 \text{ Volumen-\% Kupfer},$$

$V_{Al} = 100 - 73{,}1 = 26{,}9$ Volumen-% Aluminium.

Statt durch Einsetzen der Werte in Gl. (2.16) hätte man die Volumenprozentgehalte auch aus Gl. (2.18) ausrechnen können:

$$V_{Cu} = \frac{100}{1 + \dfrac{20{,}7 \cdot 27{,}0 \cdot 8{,}96}{2{,}7 \cdot 79{,}3 \cdot 63{,}5}} = 73{,}1 \text{ Volumen-\% Kupfer},$$

$V_{Al} = 100 - 73{,}1 = 26{,}9$ Vol.-% Aluminium.

2.2.3.2. Geringe Mischbarkeit im flüssigen Zustand

Im vorigen Abschnitt wurde gezeigt, daß bei zwei Metallen, die sich im flüssigen Zustand nicht mischen, auch keine gegenseitige Beeinflussung der Erstarrungstemperaturen erfolgt. In allen Eisen-Blei-Legierungen erstarrt das Eisen bei 1535 °C und das Blei bei 327 °C. Besteht zwischen zwei Metallen im schmelzflüssigen Zustand dagegen eine gewisse wenn auch nur geringe Löslichkeit, so sinken zufolge des RAOULTschen Gesetzes die Temperaturen bei beginnender Erstarrung mehr oder weniger ab, wenn sich bei der Abkühlung das Lösungsmittel in reiner Form ausscheidet.

Im Bild 2.74 ist das Zustandsdiagramm der Blei-Zink-Legierungen dargestellt. Im flüssigen Zustand löst das Blei eine gewisse Menge Zink (Schmelze S_2) und das Zink eine gewisse Menge Blei (Schmelze S_1) auf. Die Löslichkeit beider Metalle nimmt mit steigender Temperatur bedeutend zu und ist bei Temperaturen > 798 °C vollständig. Das maximale Lösungsvermögen der Schmelze S_1 für Blei in Abhängigkeit von der Temperatur wird durch den Kurvenzug AB, das maximale Lösungsvermögen der Schmelze S_2 für Zink in Abhängigkeit von der Temperatur durch den Kurvenzug BC wiedergegeben.

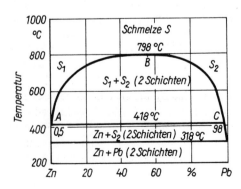

Bild 2.74. Zustandsschaubild Blei–Zink

In der Tabelle 2.10 ist die Temperaturabhängigkeit der Löslichkeit der Schmelzen S_1 und S_2 angeführt.
Bei 798 °C ist die Zusammensetzung der Schmelze S_1 gleich der Zusammensetzung der Schmelze S_2 geworden. Oberhalb von 798 °C existiert nur noch eine einzige homogene Schmelze S.

Tabelle 2.10 Temperaturabhängigkeit der Löslichkeit der Schmelzen S_1 und S_2 von Blei-Zink-Legierungen

Temperatur [°C]	maximale Löslichkeit der Schmelze S_1	Schmelze S_2
500	98 % Zn + 2 % Pb	96 % Pb + 4 % Zn
600	95 % Zn + 5 % Pb	93 % Pb + 7 % Zn
700	85 % Zn + 15 % Pb	87 % Pb + 13 % Zn
750	75 % Zn + 25 % Pb	81 % Pb + 19 % Zn
798	45 % Zn + 55 % Pb	55 % Pb + 45 % Zn

Den Kurvenzug ABC bezeichnet man als *Mischungslücke* im flüssigen Zustand. Legierungen, deren Zustandspunkte innerhalb dieser Mischungslücke liegen, sind zweiphasig, d. h., sie bestehen aus den zwei verschiedenen Schmelzen S_1 (zinkreich) und S_2 (bleireich). Legierungen, deren Zustandspunkte oberhalb der Mischungslücke liegen, sind einphasig, d. h., sie bestehen aus einer einzigen Schmelze, entweder S_1 oder S_2, je nach der Konzentration der Legierung. Überschreitet der Zustandspunkt während einer Abkühlung den Kurvenzug ABC, so geht die Legierung vom einphasigen in den zweiphasigen Zustand über, und es findet eine Zustandsänderung statt.
Da das Blei bei seiner Schmelztemperatur eine geringe Menge ($\approx 0,5$ %) Zink auflöst, sich bei der Erstarrung aber in reiner Form aus der Lösung wieder ausscheidet, so wird der Schmelzpunkt des Bleis durch Zink von 327 auf 318 °C erniedrigt. Ähnlich liegen die Verhältnisse von Zink, dessen Schmelzpunkt durch Blei von 419 auf 418 °C erniedrigt wird. Diese Schmelzpunkterniedrigungen wurden in Abschn. 2.2.2. bereits mit Hilfe des RAOULTschen Gesetzes berechnet.
Erhitzt man eine Mischung mit beispielsweise 60 % Zn + 40 % Pb auf 600 °C, so befindet sich der Zustandspunkt innerhalb der Mischungslücke ABC. Die Legierung ist vollständig aufgeschmolzen und besteht aus der zinkreichen Schmelze S_1 und der bleireichen Schmelze S_2. Die Dichte von Blei ($\varrho = 11,34$ g/cm^3) unterscheidet sich erheblich von der Dichte des Zinks ($\varrho = 7,3$ g/cm^3). Infolgedessen entmischen sich die Schmelzen: Die bleireiche Schmelze S_2 sammelt sich am Boden des Tiegels an, und die zinkreiche Schmelze S_1 lagert sich darüber. Sobald während der Abkühlung die Temperatur von 418 °C erreicht ist, erstarrt die Schmelze S_1 zu festem Zink. Zwischen 418 und 318 °C besteht die Legierung also aus der noch flüssigen Schmelze S_2, die sich am Boden des Tiegels befindet, und dem darüber gelagerten festen Zink. Bei 318 °C schließlich kristallisiert auch die bleireiche Schmelze S_2, und die Legierung ist vollständig erstarrt. Der Regulus besteht aus 2 Schichten: Die obere Schicht ist festes Zink, die untere Schicht festes Blei. Die Erstarrungsverhältnisse im System Blei–Zink sind also sehr ähnlich wie beim System Eisen–Blei.

Bild 2.75 zeigt Längsschnitte durch 4 Blei-Zink-Legierungen verschiedener Konzentration. Die Schmelzen waren auf 500 °C erhitzt worden und kühlten daraufhin langsam im Ofen ab. Der untere, dunkle Teil eines jeden Regulus besteht aus Blei, der obere, helle Teil aus Zink. An den Trennungslinien ist eine gewisse Verzahnung der Blei- und Zinkabschnitte zu erkennen, teilweise auch Einschlüsse von Blei in Zink und Zink in Blei.
Je höher der Zinkgehalt der Legierung ist, um so geringer muß der Bleigehalt werden. Diese an sich selbstverständliche Tatsache verdeutlicht das Bild 2.75 sehr augenfällig. Zu

Bild 2.75. Blei-Zink-Schmelzen auf 500 °C erhitzt und langsam im Tiegel erstarrt. Infolge der Schwerkraftseigerung fast vollständige Entmischung der Schmelzen (ungeätzt) oberer Teil des Regulus: das leichtere Zink
(Dichte 7,1 g/cm^3)
unterer Teil des Regulus: das schwerere Blei
(Dichte 11,3 g/cm^3)
a) 20 % Pb + 80 % Zn, b) 40 % Pb + 60 % Zn,
c) 60 % Pb + 40 % Zn, d) 80 % Pb + 20 % Zn

beachten ist, daß bei einem derartigen Schliff nicht die Masse-, sondern jeweils die Volumenanteile der einzelnen Bestandteile in Erscheinung treten. Graphisch lassen sich die Blei- und Zinkmengen der Legierungen darstellen, indem man ein sog. *Gefügerechteck* aufzeichnet (Bild 2.76). Auf der horizontalen Konzentrationsachse trägt man links 100 % Zn, rechts 100 % Pb auf. Die linke Vertikale wird von oben nach unten mit 0 bis 100 % Zn beziffert, die rechte Vertikale von unten nach oben mit 0 bis 100 % Pb. Nun zieht man von der unteren linken Ecke bis zur oberen rechten Ecke die Diagonale. Die Strecken, gemessen von der unteren Horizontalen bis zur Diagonalen, geben den Bleigehalt der Legierungen an, während die Strecken von der Diagonalen bis zur oberen Horizontalen den Zinkgehalt kennzeichnen. Für die 4 Legierungen des Bilds 2.75 sind diese Strecken eingezeichnet. Trägt man auf den Ordinaten nicht die Masseprozente, sondern die Volumenprozente auf, so ergibt sich eine unmittelbare Übereinstimmung zwischen Gefügerechteck und Schliffen.
Eine Legierung, deren Zustandspunkt sich in einem Zweiphasenfeld befindet, besteht aus 2 Phasen mit unterschiedlicher Zusammensetzung, wobei das Mengenverhältnis der beiden Phasen durch die Lage des Zustandspunktes in bezug auf die Phasengrenzlinien gegeben ist: Betrachten wir eine Legierung mit 60 % Zn + 40 % Pb, die auf 600 °C erhitzt worden ist. Der Zustandspunkt P ist im Bild 2.77 eingetragen. Die Legierung besteht bei dieser Temperatur nach Aussage des Zustandsdiagramms aus den beiden Schmelzen S_1 (zinkreich) und S_2 (bleireich). Die Zusammensetzungen der miteinander im Gleichgewicht befindlichen Schmelzen erhält man wie folgt: Durch den Punkt P bei 60 % Zn und 600 °C zieht man eine horizontale Linie. Der Teil AB der Mischungslücke wird zum Punkt x, der Teil BC der Mischungslücke im Punkt y geschnitten. x hat die Konzentration 95 % Zn + 5 % Pb, y die Konzentration 7 % Zn + 93 % Pb. Bei 600 °C sind also die

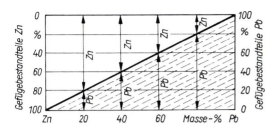

Bild 2.76. Gefügerechteck der Zink-Blei-Legierungen

zinkreiche Schmelze S_1 mit 5 % Pb + 95 % Zn und die bleireiche Schmelze S_2 mit 7 % Zn + 93 % Pb miteinander im Gleichgewicht.

Horizontale, d. h. isotherme Linien, die von einer Begrenzungslinie eines Zweiphasenfelds bis zur anderen verlaufen, bezeichnet man als *Konoden*. Konoden zeigen an, welche Phasen bei einer bestimmten Temperatur miteinander im Gleichgewicht sind. Außerdem ist es mit Hilfe der Konoden leicht möglich, die Mengenanteile der miteinander im Gleichgewicht stehenden Phasen zu errechnen.

Im vorliegenden Fall beträgt die Gesamtzusammensetzung der Legierung 40 % Pb + 60 % Zn. Bezeichnet man die Menge der bei 600 °C vorhandenen Schmelze S_1 mit m_{S_1}, die Menge der bei 600 °C vorhandenen Schmelze S_2 mit m_{S_2}, den Zinkgehalt der Schmelze S_1 (95 %) mit C_1, den Zinkgehalt der Schmelze S_2 (7 %) mit C_2 und den Zinkgehalt der Gesamtlegierung (60 %) mit C, so gilt, da ja die Gesamtzinkmenge des Gemischs $(S_1 + S_2)$ stets $C = 60\ \%$ Zn betragen muß, die Beziehung

$$\frac{m_{S_1}}{100} C_1 + \frac{m_{S_2}}{100} C_2 = C. \tag{2.20}$$

$\dfrac{m_{S_1}}{100} C_1$ ist dabei der Bruchteil des Zinks, der sich in der Schmelze S_1 befindet, während $\dfrac{m_{S_2}}{100} C_2$ der Bruchteil des Zinks ist, der sich in der Schmelze S_2 befindet. Die Summe der

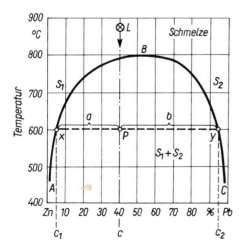

Bild 2.77. Zur Erläuterung des Hebelgesetzes

Menge von Schmelze S_1 (m_{S_1}) und von Schmelze S_2 (m_{S_2}) muß die Gesamtmenge der Legierung, gleich 100% gesetzt, ergeben:

$$m_{S_1} + m_{S_2} = 100\%. \tag{2.21}$$

Ersetzt man in Gl. (2.20) $\dfrac{m_{S_2}}{100}$ durch den Ausdruck $\left(1 - \dfrac{m_{S_1}}{100}\right)$ aus Gl. (2.21), so erhält man:

$$\frac{m_{S_1}}{100} C_1 + \left(1 - \frac{m_{S_1}}{100}\right) C_2 = C$$

oder durch Umformung:

$$m_{S_1} = \frac{C_2 - C}{C_2 - C_1} \cdot 100\%. \tag{2.22a}$$

Ganz entsprechend erhält man für die Menge an Schmelze S_2:

$$m_{S_2} = \frac{C - C_1}{C_2 - C_1} \cdot 100\%. \tag{2.22b}$$

Bezeichnet man gemäß Bild 2.77 das Konzentrationsintervall ($C_2 - C$) mit b und das Konzentrationsintervall ($C - C_1$) mit a, so ist ($C_2 - C_1$) gleich ($a + b$). Gl. (2.22a) geht dann über in

$$m_{S_1} = \frac{b}{a + b} \cdot 100\%, \tag{2.23a}$$

und Gl. (2.22b) geht über in

$$m_{S_2} = \frac{a}{a + b} \cdot 100\%. \tag{2.23b}$$

Im vorliegenden Beispiel ergeben sich mit $a = C - C_1 = 40 - 5 = 35$ und $b = C_2 - C = 93 - 40 = 53$ folgende Mengenanteile der beiden Schmelzen S_1 und S_2:

$$m_{S_1} = \frac{b}{a + b} \cdot 100\% = \frac{53}{35 + 53} \cdot 100\% = 60\% \text{ Schmelze } S_1$$

und

$$m_{S_2} = \frac{a}{a + b} \cdot 100\% = \frac{35}{35 + 53} \cdot 100\% = 40\% \text{ Schmelze } S_2.$$

Dividiert man Gl. (2.23a) durch Gl. (2.23b), so erhält man:

$$\frac{m_{S_1}}{m_{S_2}} = \frac{b}{a} \tag{2.24a}$$

oder

$$a m_{S_1} = b m_{S_2}. \tag{2.24b}$$

Betrachtet man die Menge an Schmelze S_1 ($= m_{S_1}$) als Last, a als den Lastarm, die Menge an Schmelze S_2 ($= m_{S_2}$) als Kraft und b als Kraftarm, so ergibt sich, falls als Unterstützungs- oder Drehpunkt die Gesamtzusammensetzung C der Legierung angenommen wird, eine Analogie zu dem bekannten Satz vom mechanischen Gleichgewicht am zweiarmigen Hebel (oder Waage):

Lastarm × Last = Kraftarm × Kraft

Dieses Gleichgewicht ist im Bild 2.78 anschaulich dargestellt. Wegen dieser äußeren Analogie mit dem zweiseitigen Hebel wird vorstehendes, die Mengenverhältnisse miteinander im Gleichgewicht befindlicher Phasen regelndes Gesetz auch als *Hebelgesetz* bezeichnet.

Aus Gl. (2.24) folgt, daß sich im Gleichgewicht die Phasenmengen umgekehrt wie die betreffenden Konodenabschnitte, die von der Gesamtzusammensetzung C bis zu den jeweiligen Phasengrenzlinien reichen, verhalten. Aus diesem Grunde nennt man das Hebelgesetz auch das »Gesetz von den reziproken Konodenabschnitten«.

Das Hebelgesetz gestattet es, die bei der Abkühlung einer Schmelze L (s. Bild 2.77) ablaufenden Vorgänge quantitativ zu verschreiben. Wir nehmen an, die Legierung L mit 60 % Zn + 40 % Pb sei auf 1 000 °C erhitzt worden und kühle nun langsam ab. Bei 1 000 °C besteht die Legierung aus einer einzigen, homogenen Schmelze, sie ist einphasig. Sobald bei etwa 780 °C die Mischungslücke durchschritten wird, scheiden sich aus der Schmelze Tröpfchen einer bleireicheren Schmelze S_2 aus. Dadurch verarmt die ursprüngliche Schmelze an Blei und wird infolgedessen zinkreicher (Schmelze S_1). Während bei 780 °C die Schmelze noch 40 % Blei enthielt, ist sie bei 750 °C bereits auf 25 % Pb verarmt. Dafür enthält aber die ausgeschiedene Schmelze S_2 81 % Pb. Aus dem Hebelgesetz ergibt sich für 750 °C mit $a = 40 - 25 = 15$ und $b = 81 - 40 = 41$:

$$m_{S_1} = \frac{41}{15 + 41} \cdot 100\% = 73\% \text{ Schmelze } S_1$$

und

$$m_{S_2} = \frac{15}{15 + 41} \cdot 100\% = 27\% \text{ Schmelze } S_2.$$

Sinkt die Temperatur von 750 °C weiter ab, so entfernen sich die Konzentrationen von S_1 und S_2 immer mehr voneinander. Dies geht so vonstatten, daß sich aus der Schmelze S_1 Tröpfchen der Schmelze S_2 und aus der Schmelze S_2 Tröpfchen der Schmelze S_1 ausscheiden. Die zinkreichere Schmelze steigt dann in die Höhe, während die bleireichere Schmelze zu Boden sinkt.

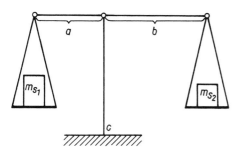

Bild 2.78. Zur Veranschaulichung des Hebelgesetzes a m_{S_1} = b m_{S_2}

2. Zustandsdiagramme der Metalle und Legierungen

In dem Maße, wie sich mit sinkender Temperatur die Konzentrationen verschieben, ändern sich auch die relativen Mengenverhältnisse von S_1 und S_2. Durch Anwendung des Hebelgesetzes für die einzelnen Temperaturen findet man folgende Mengenverhältnisse (Tabelle 2.11):

Tabelle 2.11. Veränderung der relativen Schmelzmengen bei einer Legierung aus 60 % Zn + 40 % Pb in Abhängigkeit von der Temperatur

Temperatur [°C]	Menge an Schmelze	
	m_{s_1} [%]	m_{s_2} [%]
900	100	0
800	100	0
750	73	27
700	65	35
600	60	40
500	59,5	40,5

Wie aus dieser Zusammenstellung hervorgeht, verändert sich das Mengenverhältnis der beiden Schmelzen im oberen Teil der Mischungslücke mit fallender Temperatur sehr erheblich, im unteren Teil hingegen nur noch recht geringfügig. Daraus ist ganz allgemein zu folgern, daß die sich in einem bestimmten Temperaturintervall ausscheidende Phasenmenge um so kleiner ist, je steiler die Phasengrenzlinie verläuft, und umgekehrt ist sie um so größer, je flacher die Phasengrenzlinie verläuft.

Bei 418 °C erstarrt die Schmelze S_1, die nur noch 0,5 % Blei enthält. Während der Kristallisation scheiden sich diese geringen Bleimengen noch aus dem Zink aus. Im festen Zink sind also noch 0,5 % Pb in Form gleichmäßig verteilter, feinster Kügelchen enthalten.

Nach der Erstarrung der Schmelze S_1 sind bei 418 °C noch 40,5 % Schmelze S_2 vorhanden mit einem Bleigehalt von 98 % und einem Zinkgehalt von 2 %. Kühlt die Legierung bis auf 318 °C ab, so verringert sich der Zinkgehalt auf 0,5 %. Dies bedeutet, daß sich aus der Schmelze festes Zink ausscheidet. Die Zinkkriställchen steigen wegen ihrer geringen Dichte in der Bleischmelze empor und setzen sich auf der unteren Seite der auf dem Blei lagernden Zinkschicht an. Auf diese Weise erklärt sich die Verzahnung zwischen dem Blei und dem Zink vom Bild 2.75.

Bei 318 °C kristallisiert die sehr bleireiche Restschmelze S_2, die nur noch 0,5 % Zink enthält. Während der Kristallisation wird das Zink aus dem Blei ausgeschieden. Man kann die Zinkkriställchen mikroskopisch im Blei erkennen.

Ähnlich wie die im vorstehenden beschriebene Legierung mit 60 % Zn + 40 % Pb kristallisieren alle Pb-Zn-Legierungen mit einem Zinkgehalt zwischen 0,5 und 99,5 %. Nur die Legierungen mit 0 bis 0,5 % Zn und die mit 99,5 % bis 100 % Zn kristallisieren nach einem anderen Reaktionsschema; doch darüber wird im nächsten Abschnitt berichtet.

Technische Blei-Zink-Legierungen gibt es nicht. Dagegen ist ein geringer Bleigehalt des Zinks für seine Weiterverwendung manchmal sehr unangenehm. In Zink-Aluminium-Legierungen führt die Anwesenheit von Blei zu schweren Korrosionsschäden. α-Messing, das mit bleihaltigem Zink hergestellt wurde, ist warmbrüchig. Deshalb darf für die Erschmelzung derartiger Legierungen nur Feinzink mit einem sehr geringen Pb-Gehalt verwendet werden. So ist für Zinklegierungen mit überwiegendem Al-Zusatz der maximale Pb-Gehalt auf 0,003 % beschränkt. Enthält das Zink neben Al noch Mg, so dürfen 0,006 %

Pb vorhanden sein, da das Magnesium einen Teil des Bleis kompensiert. Besteht das überwiegende Legierungselement aus Kupfer, so darf der maximale Bleigehalt des Zinks 0,020 % betragen.

Ob eine homogene Phase während der Abkühlung in ein heterogenes Gemenge zweier Phasen zerfällt, hängt von den Anziehungskräften bzw. von den Bindungsenergien zwischen den einzelnen Atomarten ab. Bezeichnet man die Anziehungskraft zwischen zwei A-Atomen mit K_{AA}, zwischen zwei B-Atomen mit K_{BB} und zwischen einem A- und einem B-Atom mit K_{AB}, so gibt die Differenz

$$\Delta = K_{AB} - \tfrac{1}{2}(K_{AA} + K_{BB}) \qquad (2.25)$$

an, ob eine homogene Phase oder ein heterogenes Gemenge existenzfähig ist. Ist $\Delta > 0$, d.h. $2K_{AB} > (K_{AA} + K_{BB})$, so sind die Anziehungskräfte zwischen ungleichartigen Atomen größer als die zwischen gleichartigen Atomen wirksamen Kräfte. Jedes A-Atom umgibt sich mit möglichst vielen B-Atomen und umgekehrt. Infolgedessen ist die homogene Phase, also die homogene Schmelze, beständig.

Ist dagegen $\Delta < 0$, d. h. $2K_{AB} < (K_{AA} + K_{BB})$, so überwiegen die Anziehungskräfte zwischen gleichartigen Atomen. Die A-Atome umgeben sich nach Möglichkeit mit A-Atomen und die B-Atome mit B-Atomen. Infolgedessen zerfällt die homogene Phase und wird heterogen. Es bilden sich zwei Schmelzen, von denen eine A-reich und eine B-reich ist (Mischungslücke im flüssigen Zustand).

Neben den Bindungskräften bzw. den daraus ableitbaren Bindungsenergien spielt die sog. *Entropie* noch eine große Rolle. Diese bewirkt, daß mit steigender Temperatur die Durchmischung verstärkt wird. Deswegen nimmt im allgemeinen mit steigender Temperatur die Löslichkeit zu, während mit sinkender Temperatur die Mischungslücken sich vergrößern.

2.2.3.3. Größere Mischbarkeit im flüssigen Zustand

Vergrößert sich die Löslichkeit der Komponenten im flüssigen Zustand weiter, so verbreitern sich die Einphasenfelder der homogenen Schmelzen, während die Ausdehnung der Mischungslücke abnimmt. Dies zeigt Bild 2.79 für die Legierungen zwischen Kupfer und Blei. Das Zweiphasengebiet (Schmelze S_1 + Schmelze S_2) ist bei 954 °C auf das Konzentrationsintervall von 36 bis 87 % Pb beschränkt. Bei geringeren Bleigehalten ist die kupferreiche homogene Schmelze S_1 beständig, bei höheren Bleigehalten die bleireiche homogene Schmelze S_2. Die Erstarrungstemperatur von Kupfer wird mit steigendem Bleizusatz fast linear von 1 083 °C (0 % Pb) bis auf 954 °C (36 % Pb) erniedrigt, während der Bleischmelzpunkt durch Kupfer nur um 1 K von 327 auf 326 °C gesenkt wird. Schichtenbildung durch Schwerkraftseigerung ist im System Cu–Pb nur bei Legierungen mit einem Bleigehalt zwischen 36 und 87 % zu erwarten, da nur in diesem Konzentrationsintervall zwei Schmelzen unterschiedlicher Zusammensetzung und Dichte miteinander im Gleichgewicht sind. Dies schließt aber nicht aus, daß auch in den anderen Cu-Pb-Legierungen Entmischungen auftreten können, die auf den Dichteunterschied zwischen ausgeschiedenen Kupferkristallen und bleireicher Restschmelze zurückzuführen sind.

Während die Erstarrung der Legierungen mit 36 bis 100 % Pb ähnlich wie die im vorigen Abschnitt beschriebene Erstarrung der Pb-Zn-Legierungen abläuft, treten bei der Erstar-

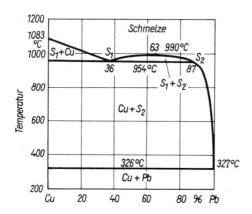

Bild 2.79. Zustandsschaubild Kupfer–Blei

rung der kupferreichen Cu-Pb-Legierungen einige Besonderheiten auf, die im folgenden beschrieben werden sollen.

Kühlt man eine Legierung mit 90 % Cu + 10 % Pb aus dem Gebiet der homogenen Schmelze S_1 ab (Legierung L im Bild 2.80), so scheiden sich, sobald die Liquiduslinie a_0b_5 bei 1 046 °C erreicht wird (Punkt b_1), reine Kupferkristalle a_1 aus der Schmelze S_1 aus. Die Schmelze verarmt dadurch an Kupfer bzw. reichert sich mit Blei an. Je weiter die Temperatur abnimmt, um so mehr Kupferkristalle scheiden sich aus, und die bereits vorhandenen Kristalle vergrößern sich. Bei 1 020 °C beispielsweise beträgt der Bleigehalt der Restschmelze, wie man durch Einzeichnung der Konode $a_2c_2b_2$ findet, bereits 18 %. Die Menge an ausgeschiedenem Kupfer ergibt sich aus dem Hebelgesetz mit $a = c_2 - a_2 = 10 - 0 = 10$ und $b = b_2 - c_2 = 18 - 10 = 8$ zu

$$m_{Cu} = \frac{b}{a+b} \cdot 100\% = \frac{8}{10+8} \cdot 100\% = 44{,}5\% \text{ Kupfer}$$

und die Menge an Restschmelze S_1 zu

$$m_{S_1} = \frac{a}{a+b} \cdot 100\% = \frac{10}{10+8} \cdot 100\% = 55{,}5\% \text{ Restschmelze } S_1.$$

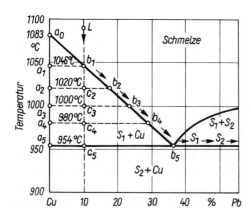

Bild 2.80. Ausscheidung von primären Kupferkristallen aus einer Schmelze mit 90 % Cu + 10 % Pb

2.2. Zweistofflegierungen

Mit weiter abnehmender Temperatur schreitet die Kupferausscheidung weiter fort, und die Restschmelze S_1 verändert ihre Zusammensetzung in Richtung der längs der Liquiduslinie a_0b_5 eingezeichneten Pfeile. Für die im Bild 2.80 eingezeichneten Temperaturen ergeben sich für die Legierung L mit 90 % Cu + 10 % Pb nachstehende Gleichgewichtsverhältnisse (Tabelle 2.12):

Tabelle 2.12. Gleichgewichtsbedingungen einer Legierung aus 90 % Cu + 10 % Pb während der Primärkristallisation von Kupfer

Temperatur	Zusammensetzung der Restschmelze	Menge an	
[°C]		festen Kupferkristallen [%]	Restschmelze [%]
1 090	90 % Cu + 10 % Pb	0	100
1 046	90 % Cu + 10 % Pb	0	100
1 020	82 % Cu + 18 % Pb	44,5	55,5
1 000	77 % Cu + 23 % Pb	56,5	43,5
980	71 % Cu + 29 % Pb	65,5	34,5
954	64 % Cu + 36 % Pb	72,2	27,8

Während der Abkühlung von 1 046 auf 954 °C haben sich demnach aus 100 g der Legierung 72,2 g Cu ausgeschieden, während 27,8 g Schmelze mit 64 % Cu + 36 % Pb übriggeblieben sind.
Entzieht man der Legierung nun noch mehr Wärme, so scheiden sich aus der Restschmelze S_1 mit 64 % Cu + 36 % Pb, diesmal aber bei der konstanten Temperatur von 954 °C, noch weitere Kupferkristalle aus. Die dadurch an Kupfer verarmende Restschmelze geht dabei diskontinuierlich in die bleireiche Schmelze S_2 der Zusammensetzung 87 % Pb + 13 % Cu über. Die Legierung besteht also während dieser Reaktion aus festen Kupferkristallen, Schmelze S_1 und Schmelze S_2. Dies ist ein Dreiphasengleichgewicht. Solange alle 3 Phasen vorhanden sind, kann die Temperatur nicht absinken.

Man bezeichnet die Umsetzung

$$S_1 \xrightarrow{T=954\,°C} S_2 + \text{Cu},$$

bei der sich eine Schmelze (S_1) unter Ausscheidung einer festen Kristallart (Cu) in eine Schmelze anderer Zusammensetzung (S_2) umwandelt, wobei die Ausgangs- und Endschmelze miteinander nicht mischbar sind, als *monotektische Reaktion*. Entsprechend wird ein derartiges System als monotektisches System, die Reaktionstemperatur als monotektische Temperatur oder Monotektikale und die Ausgangszusammensetzung der Schmelze S_1 (in diesem Falle also 64 % Cu + 36 % Pb) als monotektische Zusammensetzung bezeichnet.
Ist die monotektische Reaktion vollständig abgelaufen, so ist die Schmelze S_1 aufgebraucht, und die Legierung besteht aus einem breiigen Gemenge von festen Kupferkristallen und Schmelze S_2 mit 87 % Pb + 13 % Cu. Die Menge an Kupfer, die sich während dieser Reaktion bei konstanter Temperatur aus der Schmelze ausscheidet, berechnet sich

folgendermaßen. Die Anwendung des Hebelgesetzes auf den Punkt 87 % Pb + 13 % Cu ergibt für die Menge des gesamten Kupfers mit $a = 10 - 0 = 10$ und $b = 87 - 10 = 77$:

$$m_{Cu} = \frac{77}{10 + 77} \cdot 100\,\% = 88{,}5\,\% \text{ Gesamtkupfer}.$$

Durch die Primärkristallisation zwischen 1 046 und 954 °C waren aber bereits 72,2 % Kupfer ausgeschieden worden. Die Differenz, nämlich 88,5 − 72,2 = 16,3 %, ist die bei der monotektischen Reaktion ausgeschiedene Kupfermenge.
Bei weiterer Abkühlung der Legierung scheidet sich der Rest des Kupfers entsprechend der Löslichkeitslinie der Schmelze S_2 noch aus. Bei 326 °C, der Solidustemperatur, besteht die Schmelze S_2 schließlich aus praktisch reinem Blei und erstarrt bei konstanter Temperatur.
Bild 2.81 links zeigt einen Längsschliff durch den Schmelzregulus der Legierung mit 90 % Cu + 10 % Pb. Es hat keine Schichtenbildung durch Schwerkraftseigerung stattgefunden. Das Mikrogefüge (Bild 2.82) besteht aus der (hellen) Kupfergrundmasse, in die feine (dunkle) Bleitröpfchen in regelloser Verteilung eingelagert sind.
Ähnlich, wie bei der Legierung mit 90 % Cu + 10 % Pb geschildert, verläuft der Kristallisationsvorgang aller Legierungen zwischen 100 und 64 % Kupfer, Rest Blei. Nur das Men-

Bild 2.81. Schmelzen auf 1 150 °C erhitzt und langsam im Tiegel erstarrt. Schwerkraftseigerung infolge der unterschiedlichen Dichten (Cu 8,9 g/cm³, Pb 11,3 g/cm³). Ungeätzt
a) 10 % Pb + 90 % Cu
b) 36 % Pb = 64 % Cu
c) 50 % Pb + 50 % Cu
d) 80 % Pb + 20 % Cu

a)   *b)*   *c)*   *d)*

genverhältnis von primär ausgeschiedenem Kupfer und restlicher Schmelze verändert sich entsprechend der Gesamtzusammensetzung der Legierung.
Die Legierung mit 64 % Cu + 36 Pb scheidet keine primären Kupferkristalle aus, sondern die Erstarrung beginnt sofort mit der monotektischen Reaktion. Die sich bei der konstanten Temperatur von 954 °C ausscheidenden Kupfermengen betragen nach dem Hebelgesetz mit $a = 36 - 0 = 36$ und $b = 87 - 36 = 51$:

$$m_{Cu} = \frac{51}{36 + 51} \cdot 100\,\% = 58{,}6\,\% \text{ Kupfer}.$$

Es entstehen 100 − 58,6 = 41,4 % Schmelze S_2 der Zusammensetzung 87 % Pb + 13 % Cu. Nachdem die monotektische Reaktion abgelaufen ist, geht die Erstarrung wie bereits geschildert weiter. Die bei 326 °C kupferfreie Restschmelze S_2 erstarrt bei dieser Temperatur, und damit ist die Kristallisation der Gesamtlegierung beendet.
Im Schliffbild sind erhebliche Entmischungen, besonders im Innern des Regulus, sichtbar (Bild 2.81). Das Blei ist auch nicht mehr ausschließlich in Tröpfchenform vorhanden, sondern umhüllt die teilweise wohlausgebildeten Kupferdendriten (Bild 2.83).

2.2. Zweistofflegierungen

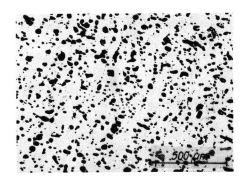

Bild 2.82. 90% Cu + 10% Pb. Primäre Kupferkristalle mit eingelagerten Bleitröpfchen (dunkel). Ungeätzt

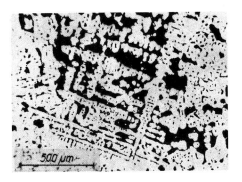

Bild 2.83. 64% Cu + 36% Pb. Kupferdendriten (hell) mit Blei (dunkel). Ungeätzt

Eine Legierung mit 50% Cu + 50% Pb besteht bei Temperaturen > 954 °C aus einem Gemenge der beiden Schmelzen S_1 und S_2. Bei der monotektischen Temperatur von 954 °C betragen die Mengenverhältnisse der beiden Schmelzen (mit $a = 50 - 36 = 14$ und $b = 87 - 50 = 37$):

$$m_{S_1} = \frac{37}{14 + 37} \cdot 100\% = 72{,}5\% \text{ Schmelze } S_1 \text{ (64\% Cu + 36\% Pb)},$$

$$m_{S_2} = \frac{14}{14 + 37} \cdot 100\% = 27{,}5\% \text{ Schmelze } S_2 \text{ (13\% Cu + 87\% Pb)}.$$

Die Schmelze S_1 wandelt sich nun unter Kupferausscheidung in die Schmelze S_2 um. Nachdem die gesamte Schmelze S_1 verschwunden ist, geht die Abkühlung weiter, indem nun die Schmelze S_2 mit fallender Temperatur kontinuierlich Kupfer ausscheidet. Bei 326 °C ist die Schmelze praktisch kupferfrei und erstarrt bei konstanter Temperatur.
Der Schmelzregulus zeigt nach der Erstarrung Schichtenbildung (Bild 2.81): Im unteren Teil befindet sich die erstarrte bleireiche Schmelze S_2, während der obere Teil vorwiegend aus Kupfer besteht. Im Bild 2.84 ist die Trennungslinie der beiden Schichten bei höherer Vergrößerung dargestellt. Man erkennt, wie im Kupfer noch Bleitröpfchen und im Blei noch Kupferdendriten vorhanden sind.
Der Abkühlungsverlauf einer Legierung mit 20% Cu + 80% Pb gleicht dem der Legierung 50% Cu + 50% Pb, nur daß die relativen Mengenanteile der beiden Schmelzen S_1 und S_2 andere sind. Bei 954 °C betragen die Konodenabschnitte $a = 80 - 36 = 44$ und $b = 87 - 80 = 7$, und damit ergibt sich:

$$m_{S_1} = \frac{7}{44 + 7} \cdot 100\% = 13{,}7\% \text{ Schmelze } S_1 \text{ (64\% Cu + 36\% Pb)},$$

$$m_{S_2} = \frac{44}{44 + 7} \cdot 100\% = 86{,}3\% \text{ Schmelze } S_2 \text{ (13\% Cu + 87\% Pb)}.$$

Die Makroaufnahme (Bild 2.81) zeigt diese Verschiebung der Mengenanteile sehr deutlich. Im Bild 2.85 ist das Gefüge der bleireichen unteren Schicht mit gut ausgebildeten Kupferdendriten dargestellt.

272   2. Zustandsdiagramme der Metalle und Legierungen

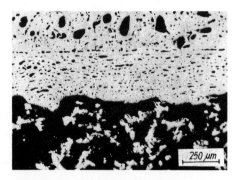

Bild 2.84. 50% Cu + 50% Pb. Trennfläche Kupfer–Blei. Ungeätzt
Oben: Kupfer mit Bleitröpfchen
Unten: Blei mit Kupferdendriten

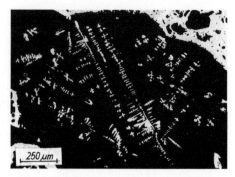

Bild 2.85. 20% Cu + 80% Pb. Kupferdendriten im Blei. Ungeätzt

Kühlt man schließlich eine Legierung mit mehr als 87% Pb ab, so ist bei höheren Temperaturen wiederum vollkommene Löslichkeit im flüssigen Zustand vorhanden. Während der Abkühlung scheidet sich erst festes Kupfer aus, wenn die Löslichkeitslinie der Schmelze S_2 überschritten wird. Bei 326 °C ist die Restschmelze wieder praktisch kupferfrei und erstarrt bei der konstanten Temperatur von 326 °C.

2.2.4. Legierungen mit vollständiger Mischbarkeit im festen Zustand

2.2.4.1. *Atomarer Aufbau der Mischkristalle*

Zahlreiche Metalle haben die Eigenschaft, andere Metallatome bzw. -ionen in ihren Gitterverband aufzunehmen. Es entsteht auf diese Weise eine äußerst feine Mischung der beiden Atomarten, ein *Mischkristall*, der den gleichen Gitteraufbau hat wie das Grundmetall. Es ist üblich, Mischkristalle mit griechischen Buchstaben α, β, γ, ... zu bezeichnen. Man spricht also von einem α-Mischkristall, einem β-Mischkristall usw.
Die Konzentration eines Mischkristalls ist makroskopisch stetig innerhalb bestimmter Grenzen veränderlich. Im Bild 2.86 ist schematisch die Bildung von Mischkristallen durch steigenden Zusatz von Fremdatomen bei einem kubischen Metall dargestellt. Im Bild 2.86a besteht das Gitter nur aus A-Atomen, im Bild 2.86b ist ein A-Atom der *Matrix* (Grundgitter) durch ein Fremdatom B ersetzt. Im Bild 2.86c sind 2 und im Bild 2.86d 3 A-Atome durch 3 Fremdatome B ersetzt (substituiert) worden. Man nennt diese am weitaus häufigsten vorkommende Art von Mischkristallen deshalb *Substitutionsmischkristalle*.
Der Ersatz von Matrixatomen A durch Fremdatome B geht natürlich nicht ohne gewisse Störungen des Gesamtgitters vonstatten, die in erster Linie von der unterschiedlichen Größe der A- und B-Atome herrühren. Sind die B-Atome größer als die A-Atome, so erfolgt eine Aufweitung des Gitters (Bild 2.87a), sind die B-Atome dagegen kleiner als die A-Atome, so wird das Gitter in der Umgebung des B-Atoms zusammengezogen (Bild 2.87b). In jedem Fall ergeben sich aber Gitterspannungen. Diese wachsen mit stei-

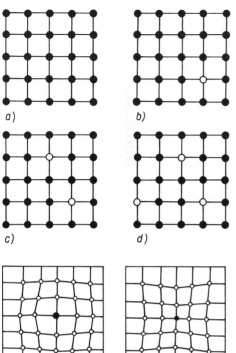

Bild 2.86. Bildung von Substitutionsmischkristallen
● Atome des Grundmetalls A
○ Atome des Zusatzelements B

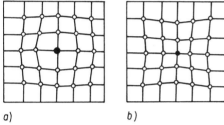

Bild 2.87. Entstehung von Gitterstörungen bei der Mischkristallbildung (schematisch)

gender Konzentration C_B des Mischkristalls an, und schließlich wird eine obere Grenzspannung erreicht, über die der Mischkristall nicht hinausgehen kann. Die zugehörige Konzentration an gelösten B-Atomen wird als Grenzkonzentration oder *Löslichkeit* bezeichnet.

Je größer der Unterschied zwischen den Durchmessern der A- und B-Atome ist, bei um so geringeren B-Konzentrationen wird dieser kritische Spannungszustand und damit die Löslichkeitsgrenze erreicht. Die Erfahrung hat gezeigt, daß bei kleineren Durchmesserunterschieden als ± 14 % ein günstiger Größenfaktor für Mischkristallbildung vorliegt, während stärkere Durchmesserunterschiede ungünstig sind und deshalb nur zu einer geringen Mischkristallbildung führen. Als Beispiel sei die Löslichkeit der 3 Metalle Beryllium, Zink und Magnesium in Kupfer angeführt. Kupfer hat einen Atomdurchmesser von 0,255 nm. Die zulässige Abweichung von ± 14 % ergibt ein günstiges Atomdurchmesserintervall von $\Delta = 0,219$ bis 0,292 nm. Beryllium mit einem Atomdurchmesser von 0,225 nm löst sich bis zu 16,6 %, Zink mit einem Atomdurchmesser von 0,275 nm löst sich bis zu 38,4 % und Magnesium mit einem Atomdurchmesser von 0,320 nm löst sich nur bis zu 6,5 % in Kupfer.

Erwähnt sei, daß nicht nur der geometrische Größenfaktor, sondern auch andere Einflüsse, die den Aufbau der äußeren Elektronenschalen der Atome betreffen, die maximale Löslichkeit beeinflussen. Im allgemeinen begünstigt eine gleiche Valenz die Löslichkeit. Das einwertige Kupfer vermag 38,4 % des zweiwertigen Zinks, 20,3 % des dreiwertigen

Galliums, 12,0 % des vierwertigen Germaniums und 6,9 % des fünfwertigen Arsens zu lösen. (Zn, Ga, Ge und As haben ungefähr den gleichen Atomdurchmesser.) Je größer der chemische Wertigkeitsunterschied zwischen Grundmetall und gelöstem Metall ist, um so geringer ist die Fähigkeit zur Mischkristallbildung.

Von den Substitutionsmischkristallen zu unterscheiden sind die *Einlagerungsmischkristalle*. Einige Elemente mit einem sehr kleinen Atomdurchmesser haben die Fähigkeit, sich in die Lücken des Grundgitters einzubauen (Bild 2.88). Derartige Elemente sind

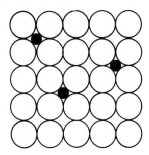

Bild 2.88. Einlagerungsmischkristall
○ Atome des Grundmetalls *A*
● Atome des Zusatzelements *B*

Wasserstoff, Stickstoff und Kohlenstoff. Die Einlagerungsmischkristalle von α- und γ-Eisen mit Kohlenstoff spielen bei der Stahlhärtung eine große Rolle, die von α-Eisen mit Stickstoff bei der Oberflächennitrierung von Stahl und die von α-Eisen mit Wasserstoff bei der Wasserstoffversprödung und Flockenbildung der Stähle. Da die eingelagerten Atome das Grundgitter sehr stark stören und verspannen, ist die maximale Löslichkeit der Einlagerungsmischkristalle relativ gering. α-Eisen löst z. B. bei Raumtemperatur im Gleichgewichtszustand nur $\approx 10^{-7}$ % C auf.

Ist in einem Grundgitter nur eine Art von Fremdatomen enthalten, so spricht man von einem binären Mischkristall. Durch Lösen von 2, 3 oder mehr Sorten von Fremdatomen erhält man ternäre, quaternäre und komplexe Mischkristalle. Es können dabei mehrfache Substitutionsmischkristalle, mehrfache Einlagerungsmischkristalle oder gemischte Substitutions-Einlagerungs-Mischkristalle entstehen (Bild 2.89). Im allgemeinen nimmt die Löslichkeit eines Metalls *A* für ein Zusatzelement *B* ab, sobald noch weitere Zusatzelemente *C*, *D*, ... gelöst sind. Dies ist ohne weiteres verständlich, da ja jedes gelöste Atom das Grundgitter verspannt und die Gitterstörungen sich überlagern.

Die Zusatzatome können weiterhin im Grundgitter in statistisch regelloser Verteilung

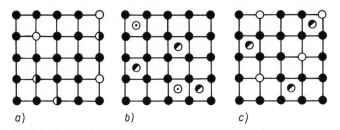

a)   b)   c)

Bild 2.89. Aufbau von ternären Mischkristallen
a) ternärer Substitutionsmischkristall
b) ternärer Einlagerungsmischkristall
c) ternärer Substitutions-Einlagerungsmischkristall

vorliegen (Bild 2.90a), eine bestimmte regelmäßige Anordnung einnehmen (Überstruktur, Bild 2.90b) oder sich auch zu örtlichen Anreicherungen zusammenfinden (Clusterbildung, Bild 2.90c). Welche Atomverteilung sich einstellt, hängt von der Art der Legierungselemente und von der mechanisch-thermischen Vorbehandlung ab.
Bei einer Überstruktur sind gewissermaßen zwei verschiedene Gitter ineinandergeschachtelt: Ein Gitter besteht nur aus A-Atomen, während das andere Gitter nur aus B-Atomen besteht.
Durch Wärmebehandlungen können geordnete Mischkristalle in ungeordnete überführt werden und umgekehrt. Dabei tritt eine Änderung zahlreicher Eigenschaften, z. B. der Härte, der Festigkeit, des Umformvermögens, der elektrischen Leitfähigkeit usw., ein.
Für die metallographische Untersuchung ist die Tatsache wichtig, daß wegen der außerordentlich feinen Vermischung der Elemente ein Mischkristall von einem reinen Metall mikroskopisch grundsätzlich nicht unterschieden werden kann. Dabei ist es gleichgültig, ob es sich um Substitutions- oder um Einlagerungsmischkristalle, um binäre, ternäre oder komplexe Mischkristalle, um geordnete oder ungeordnete Mischkristalle handelt. Stets liegt im Gefüge ein makro- und mikroskopisch einheitlicher (homogener) Gefügebestandteil vor.
Nur in einigen Ausnahmefällen lassen sich gewisse Anhaltspunkte gewinnen. So gibt manchmal die Farbe, wie bei Kupfer-Zink- (Messing) oder Kupfer-Nickel-Legierungen, einen Hinweis auf den Legierungsgehalt, oder die Mikrohärte oder eine durch Gleichgewichtsstörungen auftretende Kristallseigerung. Genauere Konzentrationsbestimmungen müssen mit chemischen und röntgenographischen Verfahren bzw. mit der Mikrosonde durchgeführt werden.

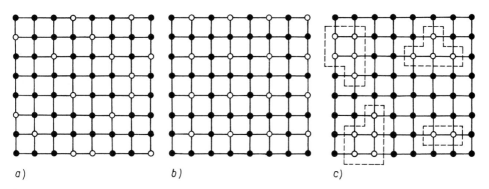

a) *b)* *c)*

Bild 2.90. Atomverteilung in Mischkristallen
a) regellose Atomverteilung
b) Überstruktur
c) Clusterbildung

2.2.4.2. *Grundgesetze der Diffusion*

Es ist eine seit langem bekannte Tatsache, daß die Atome in einem Metallgitter beweglich sind und meßbare Strecken zurücklegen können. Die treibende Kraft dieser als *Diffusion* bezeichneten Atomwanderung ist ein Konzentrationsunterschied zwischen benachbarten Kristallteilen. Betrachten wir den Mischkristall im Bild 2.91a. Der linke Kristallteil ent-

276 2. Zustandsdiagramme der Metalle und Legierungen

hält weniger B-Atome als der rechte Kristallteil. Man sagt, der Mischkristall ist *inhomogen* (uneinheitlich). Infolgedessen sind auch die inneren Störungen im Kristall nicht gleichmäßig verteilt. Unter dem Einfluß der Wärmeschwingungen wandern nun A-Atome von dem linken zum rechten Kristallteil und umgekehrt B-Atome von dem rechten zum linken Kristallteil. Dieser Transport der Atome dauert so lange, bis die A- und B-Atome gleichmäßig im Gitter verteilt sind. Der Kristall ist dann *homogen* (einheitlich) (Bild 2.91 b), und das Gitter weist überall den gleichen Verspannungsgrad auf.

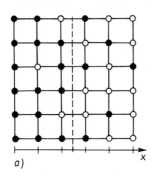
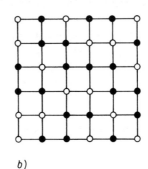

Bild 2.91. Inhomogener (*a*) und homogener (*b*) Mischkristall
● A-Atome
○ B-Atome
x Diffusionsrichtung der A-Atome

Zeichnet man vom Bild 2.91a die Konzentration C_A der A-Atome längs der Richtung x auf, so ergibt sich ein Konzentrationsverlauf gemäß Bild 2.92. Die Anzahl der A-Atome nimmt vom linken zum rechten Kristallteil hin ab. Der Konzentrationsunterschied ΔC_A [g/cm³] längs der kleinen zugehörigen Strecke Δx [cm] ist die treibende Kraft der Diffusion. Die Menge m_A [g] an A-Atomen, die während der Zeit t [s] durch einen Querschnitt F [cm²] unter dem Einfluß des Konzentrationsgefälles $\dfrac{\Delta C_A}{\Delta x}$ wandert, wird durch das *erste Ficksche Diffusionsgesetz* gegeben:

$$m_A = -D \frac{\Delta C_A}{\Delta x} Ft. \tag{2.26}$$

In dieser Formel bedeutet D [cm²/s] die für die betrachtete Legierung gültige Diffusionskonstante, die von der Art der die Legierung bildenden Atome und von der Temperatur abhängt. Das Minuszeichen in Gl.(2.26) besagt, daß die A-Atome stets von Stellen höhe-

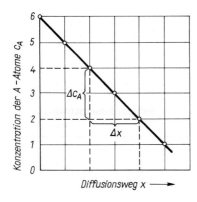

Bild 2.92. Konzentrationsverteilung der A-Atome im inhomogenen Kristall vom Bild 2.91a

rer zu Stellen niederer Konzentration wandern, in Bild 2.91a bzw. Bild 2.92 also von links nach rechts.
Die Diffusionskonstante D hängt nach folgender Beziehung sehr stark von der Temperatur T ab:

$$D = D_0\, e^{-\frac{Q}{RT}}. \tag{2.27}$$

Q (J/mol) ist die sog. Aktivierungsenergie der Diffusion, R die allgemeine Gaskonstante (8,2 J/K · mol) und D_0 eine Konstante. D_0 und Q sind die für Diffusionsvorgänge charakteristischen Größen. Die Temperatur T wird in K gemessen.
Die Temperaturabhängigkeit der Diffusionskonstanten D ist in Tabelle 2.13 für die technisch wichtige Diffusion von Kohlenstoff in α-Eisen dargestellt.
In Tabelle 2.14 sind für einige weitere Systeme die Diffusionskonstanten zusammengestellt.
Die aus Gl. (2.27) mit Hilfe der Konstanten D_0 und Q aus Tabelle 2.14 errechneten Werte für die Diffusionskonstanten D sind recht unanschauliche Größen. Eine bessere Vorstel-

Tabelle 2.13. Diffusionsgeschwindigkeit von C in α-Eisen in Abhängigkeit von der Temperatur (nach FAST und VERRIJP)

Temperatur [°C]	20	100	300	500
D [cm²/s]	$2,0 \cdot 10^{-17}$	$3,3 \cdot 10^{-14}$	$4,3 \cdot 10^{-10}$	$4,1 \cdot 10^{-8}$
Temperatur [°C]	700	900	950	950 [C in γ-Fe]
D [cm²/s]	$6,1 \cdot 10^{-7}$	$3,6 \cdot 10^{-6}$	$5,1 \cdot 10^{-6}$	$1,3 \cdot 10^{-7}$

Tabelle 2.14. Diffusionskonstanten

Diffusionspartner	D_0 [cm²/s]	Q [J/mol]	Mischkristalltyp
C in α-Eisen	$2,0 \cdot 10^{-2}$	84 200	Einlagerungsmischkristall
C in γ-Eisen	$7,0 \cdot 10^{-2}$	134 000	Einlagerungsmischkristall
N in α-Eisen	$6,6 \cdot 10^{-3}$	78 000	Einlagerungsmischkristall
N in γ-Eisen	$1,9 \cdot 10^{-2}$	118 500	Einlagerungsmischkristall
Cu in Al	$8,5 \cdot 10^{-2}$	136 500	Substitutionsmischkristall
Zn in Al	12	116 400	Substitutionsmischkristall
Si in Al	0,9	127 700	Substitutionsmischkristall
Mn in Al	$2 \cdot 10^6$	269 000	Substitutionsmischkristall
Mg in Al	1,2	117 200	Substitutionsmischkristall
Zn in Cu	$3 \cdot 10^{-6}$	83 900	Substitutionsmischkristall
Sn in Cu	$4,1 \cdot 10^{-3}$	130 000	Substitutionsmischkristall
Ni in Cu	$6,5 \cdot 10^{-5}$	125 600	Substitutionsmischkristall
Al in Cu	$7,2 \cdot 10^{-3}$	163 200	Substitutionsmischkristall
Cu in Ni	$1 \cdot 10^{-3}$	146 500	Substitutionsmischkristall
Sn in Pb	4,1	109 000	Substitutionsmischkristall
Mo in W	$6,2 \cdot 10^{-4}$	335 000	Substitutionsmischkristall

lung von der Bedeutung der Diffusionskonstanten erhält man durch folgende Beziehung:

$$\overline{X^2} = 2Dt = 2D_0\, e^{-\frac{Q}{RT}}\, t. \tag{2.28}$$

In dieser Gleichung bedeutet X den mittleren Diffusionsweg der Atome in cm, D die Diffusionskonstante in cm^2/s und t die Zeit in s. Der Gleichung kann entnommen werden, daß die von den Atomen zurückgelegten Wege stark zeit- und besonders temperaturabhängig sind. Je länger die Diffusionszeit und je höher die Temperatur ist, um so größere Strecken können die Atome durchwandern.

Beispiel: Welchen mittleren Weg legen die Kohlenstoffatome bei der Diffusion in α-Eisen zurück, wenn die Temperatur 900 °C und die Zeit 10 h beträgt? Aus Tabelle 2.13 entnimmt man $D = 3,6 \cdot 10^{-6}$ cm^2/s. Die Zeit beträgt $t = 10$ h $= 36\,000$ s. Diese Werte, in Gl. (2.28) eingesetzt, ergeben:

$$X = \sqrt{2Dt} = \sqrt{2 \cdot 3,6 \cdot 10^{-6} \cdot 36\,000}\ \text{cm} = 5,1\ \text{mm}.$$

Erniedrigt man die Temperatur auf 700 °C, so erhält man mit $D = 6,1 \cdot 10^{-7}$ cm^2/s und $t = 10$ h einen mittleren Weg von $X = 2,1$ mm. Glüht man statt 10 nur 5 h bei 900 °C, so wandern die C-Atome durchschnittlich nur $X = 3,6$ mm weit.

2.2.4.3. Legierungen mit vollständiger Mischkristallbildung

Damit zwei Metalle im festen Zustand eine ununterbrochene Reihe von Mischkristallen bilden können, sind bestimmte Voraussetzungen zu erfüllen:

1. Beide Metalle müssen sich im flüssigen Zustand vollständig miteinander mischen.
2. Beide Metalle müssen den gleichen Gittertyp aufweisen. Zwei Metalle bilden nur dann eine lückenlose Mischkristallreihe, wenn sie beide z. B. ein hexagonales oder ein kubisch-flächenzentriertes oder ein kubisch-raumzentriertes Gitter haben. Ein kubisch-flächenzentriertes Gitter kann durch Mischkristallbildung nicht kontinuierlich in ein kubisch-raumzentriertes Gitter übergehen.
3. Die Gitterkonstanten der beiden Metalle dürfen sich höchstens um $\approx 14\,\%$ unterscheiden.
4. Die beiden Metalle müssen eine gewisse chemische Ähnlichkeit haben. Daraus ergibt sich, daß z. B. das kubisch-raumzentrierte Natrium mit dem ebenfalls kubisch-raumzentrierten Wolfram keine vollständige Mischkristallreihe ergeben könnte, weil Natrium und Wolfram sich in ihrem chemischen Verhalten beträchtlich unterscheiden.

Mischen sich zwei Metalle in allen Verhältnissen im flüssigen und im festen Zustand miteinander, so erhält man im einfachsten Fall ein Zustandsdiagramm gemäß Bild 2.93, das die Phasengleichgewichte der Kupfer-Nickel-Legierungen wiedergibt. Für die beiden Metalle Kupfer und Nickel sind die vorstehenden vier Bedingungen für eine vollständige Mischkristallbildung erfüllt: Kupfer und Nickel sind im flüssigen Zustand vollständig miteinander mischbar, beide Metalle haben ein kubisch-flächenzentriertes Gitter, die Gitterkonstante des Kupfers ($a = 0,36152$ nm) unterscheidet sich nur um 2,5 % von der des Kupfers ($a = 0,35238$ nm), und das Kupfer mit der Ordnungszahl 29 ist dem Nickel

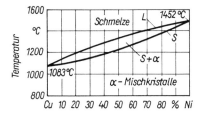

Bild 2.93. Zustandsschaubild Kupfer–Nickel

- mit der Ordnungszahl 28 im periodischen System der Elemente unmittelbar benachbart.

Da sich bei der Erstarrung aus der Schmelze keine reinen Metalle, sondern Mischkristalle ausscheiden, besitzt das RAOULTsche Gesetz für derartige Systeme keine Gültigkeit. Der Schmelzpunkt des Nickels (1 452 °C) wird durch Kupferzusatz zwar erniedrigt, der Schmelzpunkt des Kupfers (1 083 °C) durch Nickelzusatz jedoch erhöht.

Das Zustandsschaubild der Kupfer-Nickel-Legierungen besteht nur aus 3 Phasenfeldern: Bei hohen Temperaturen findet sich das Existenzgebiet der homogenen Schmelze, und bei niederen Temperaturen erstreckt sich das Einphasengebiet der homogenen Mischkristalle. Diese beiden Einphasenfelder werden durch das lanzettenförmige Zweiphasenfeld $(S + \alpha)$ voneinander getrennt.

Die obere Kurve L verbindet die Liquiduspunkte sämtlicher Cu-Ni-Legierungen (Liquiduskurve), und die Linie S verbindet die Soliduspunkte sämtlicher Cu-Ni-Legierungen miteinander (Soliduskurve). Oberhalb der Liquiduskurve sind sämtliche Legierungen flüssig, unterhalb der Soliduskurve sind sämtliche Legierungen vollständig erstarrt. Zwischen Solidus- und Liquiduskurve, also im Zweiphasengebiet $(S + \alpha)$, sind die Legierungen breiförmig. Liquidus- und Soliduskurve verbinden kontinuierlich die Schmelzpunkte der beiden Metalle.

Während reine Metalle bei einer genau definierten Temperatur erstarren bzw. schmelzen, gibt es bei Mischkristallen keine derartige ausgezeichnete Temperatur. Statt dessen weist jeder Mischkristall mit vorgegebener Zusammensetzung eine Temperatur auf, bei der das Schmelzen beginnt (Solidustemperatur), sowie eine zweite, höhere Temperatur, bei der der Schmelzprozeß beendet und der gesamte Mischkristall vollständig verflüssigt ist (Liquidustemperatur). Das Temperaturintervall zwischen Solidus- und Liquiduspunkt bezeichnet man als den *Schmelzbereich* bzw. bei der Abkühlung als den *Erstarrungsbereich* des Mischkristalls. Im Schmelz- bzw. Erstarrungsintervall ist die Zusammensetzung von Schmelze und Kristallen verschieden. Im allgemeinen ist die Schmelze an dem Element angereichert, das den tieferen Schmelzpunkt aufweist, während sich in den Kristallen mehr von dem Element mit dem höheren Schmelzpunkt befindet. Sowohl die Zusammensetzung der Schmelze wie auch die Zusammensetzung der Mischkristalle sind im Erstarrungsintervall von der Temperatur abhängig.

Die Erstarrungsverhältnisse bei Mischkristallen seien an einer Legierung mit 80 % Cu + 20 % Ni erläutert (Bild 2.94b). Sobald die homogene Schmelze auf $T_L = 1\,195$ °C abgekühlt ist, scheiden sich einige wenige feste Kristalle K_5 mit der Zusammensetzung 63 % Cu + 37 % Ni aus. Die Restschmelze verarmt dadurch an Nickel und wird kupferreicher. Bei $T_4 = 1\,183$ °C weist die Restschmelze S_4 eine Zusammensetzung von 82,5 % Cu + 17,5 % Ni auf, während sich die Zusammensetzung der Kristalle nach $K_4 = 66,5$ % Cu

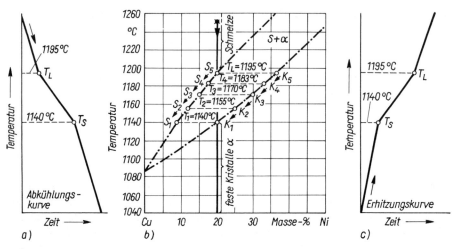

Bild 2.94. Erstarrung von Mischkristallen
a) Abkühlungskurve
b) Schmelzgleichgewicht
c) Erhitzungskurve

+ 33,5 % Ni verschoben hat. Bei der Erstarrung folgt die Zusammensetzung der Restschmelze, also der Liquiduskurve, und die Zusammensetzung der Kristalle der Soliduskurve. Mit sinkender Temperatur verändert sich die Zusammensetzung der Schmelze, aber auch die Zusammensetzung der ausgeschiedenen Mischkristalle vollständig kontinuierlich.

Je weiter die Temperatur absinkt, um so mehr nähert sich die Zusammensetzung der ausgeschiedenen Mischkristalle von K_5 über K_4, K_3 und K_2 der Zusammensetzung K_1 der Gesamtlegierung, und um so weiter entfernt sich die Zusammensetzung der Restschmelze ($S_5 \rightarrow S_4 \rightarrow S_3 \rightarrow S_2 \rightarrow S_1$) von der Zusammensetzung der Ausgangsschmelze. Dies zeigt Tabelle 2.15 für Schmelzen und Mischkristalle, die bei verschiedenen Temperaturen miteinander im Gleichgewicht sind.

Gleichzeitig nimmt mit sinkender Temperatur die Menge an ausgeschiedenen Kristallen zu und die Menge an Restschmelze ab, wie man leicht durch Anwendung des Hebelgesetzes findet (Tabelle 2.16).

Bei der Temperatur $T_3 = 1170\,°C$ sind 66,7 % Schmelze S_3 mit 85 % Cu + 15 % Ni und 33,3 % Kristalle K_3 mit 70 % Cu + 30 % Ni miteinander im Gleichgewicht. Ein derartiges

Tabelle 2.15. Konzentrationsänderungen bei der Erstarrung einer Legierung aus 80 % Cu + 20 % Ni

Temperatur [°C]	Zusammensetzung der Schmelze	Zusammensetzung der Kristalle
$T_L = 1195$	80 % Cu + 20 % Ni (S_5)	63 % Cu + 37 % Ni (K_5)
$T_4 = 1183$	82,5 % Cu + 17,5 % Ni (S_4)	66,5 % Cu + 33,5 % Ni (K_4)
$T_3 = 1170$	85 % Cu + 15 % Ni (S_3)	70 % Cu + 30 % Ni (K_3)
$T_2 = 1155$	88 % Cu + 12 % Ni (S_2)	75 % Cu + 25 % Ni (K_2)
$T_S = 1140$	91 % Cu + 9 % Ni (S_1)	80 % Cu + 20 % Ni (K_1)

Tabelle 2.16. Mengenänderung bei der Erstarrung einer Legierung aus 80 % Cu + 20 % Ni

Temperatur [°C]	Menge an Schmelze m_S [%]	Menge an Kristallen m_K [%]
$T_L = 1195$	100,0	0
$T_4 = 1183$	84,4	15,6
$T_3 = 1170$	66,7	33,3
$T_2 = 1155$	38,5	61,5
$T_S = 1140$	0	100,0

Gemisch kann bei dieser Temperatur unbeschränkt lange in gegenseitiger Berührung stehen, ohne daß sich an den Mengen- oder Konzentrationsverhältnissen etwas ändert. Dabei ist es ohne Belang, ob die Legierung, von höheren Temperaturen kommend, sich auf 1170 °C einstellt oder ob feste Mischkristalle mit 80 % Cu + 20 % Ni auf 1170 °C erhitzt werden. In jedem Fall stellt sich bei 1170 °C obiges Mengen- und Konzentrationsverhältnis ein, wenn die Legierung nur lange genug bei dieser Temperatur gehalten wird.
Dies ist der Begriff des in der Metallographie außerordentlich wichtigen *Gleichgewichts* zwischen zwei verschiedenen Phasen bei einer bestimmten konstanten Temperatur. Die einzelnen Phasen können dabei flüssig oder fest sein oder auch, wie in diesem Beispiel, aus einer flüssigen und einer festen Phase bestehen. Haben die beiden Phasen nicht die vom Gleichgewicht geforderten Konzentrationen und Mengen, so befinden sie sich nicht im Gleichgewicht. Das Gleichgewicht hat sich noch nicht eingestellt oder ist aus irgendwelchen Gründen gestört. Zustandsdiagramme sind immer Gleichgewichtsdiagramme. Gleichgewichtsstörungen kommen bei technischen Legierungen sehr häufig vor und beruhen meist auf zu schneller Abkühlung der Legierung, so daß die zur Gleichgewichtseinstellung erforderlichen Konzentrationsverschiebungen nicht ablaufen konnten. Schaubilder, die derartige Ungleichgewichte enthalten, bezeichnet man als *Realisationsdiagramme*.
Die Erstarrung der Legierung 80 % Cu + 20 % Ni geht nun so zu Ende, daß bei der Solidustemperatur von $T_s = 1140$ °C der letzte Rest der Schmelze erstarrt und die Legierung nun vollständig fest ist. Die unterschiedlichen Konzentrationen zwischen dem Kern und dem Rand der Kristalle werden durch Diffusion ausgeglichen, so daß das Endprodukt aus homogenen Kupfer-Nickel-Mischkristallen mit 80 % Cu + 20 % Ni besteht.
Sobald während der Abkühlung die Liquidustemperatur erreicht wird und sich die ersten festen Kristalle ausscheiden, wird die Kristallisationswärme frei, und die Abkühlung der Legierung verzögert sich. In der Abkühlungskurve entsteht bei $T_L = 1195$ °C ein Knickpunkt (Bild 2.94a). Die Abkühlungsverzögerung hält von T_L bis T_S an, weil die Abgabe der Kristallisationswärme proportional zu der Menge an ausgeschiedenen Kristallen ist. Erst wenn die gesamte Legierung bei T_S erstarrt ist, schreitet die Abkühlung wieder schneller fort. Demzufolge entsteht auch bei T_S ein Knickpunkt in der Abkühlungskurve. Der Knickpunkt bei T_L wird als oberer, bei der T_S als unterer Knickpunkt bezeichnet. Durch Aufnahme von Abkühlungskurven kann also das Schmelzintervall von Mischkristallen experimentell bestimmt werden.
Ähnlich wie die Erstarrung verläuft auch das Schmelzen der Mischkristalle. Sobald während der Erhitzung die Solidustemperatur $T_S = 1140$ °C erreicht wird, scheidet sich aus

den Kristallen K_1 die kupferreichere Schmelze S_1 aus. Mit steigender Temperatur werden Schmelze und Restkristalle nickelreicher, während immer mehr Kristalle in den flüssigen Zustand übergehen. Bei $T_L = 1195\,°C$ schließlich hat die Schmelze die Zusammensetzung S_5 erreicht, und die gesamte Legierung ist aufgeschmolzen. In der Erhitzungskurve (Bild 2.94 c) treten bei T_S und T_L Knickpunkte auf, die den Beginn und das Ende des Schmelzprozesses anzeigen. Die Erhitzungsverzögerung kommt dadurch zustande, daß Schmelzwärme aufgebraucht wird, um die festen Kristalle zum Schmelzen zu bringen.

Ähnlich wie bei der Legierung mit 80 % Cu + 20 % Ni beschrieben, verläuft die Kristallisation sämtlicher anderer Kupfer-Nickel-Legierungen. Der Erstarrungsvorgang beginnt stets bei der Liquidustemperatur (oberer Knickpunkt in der Abkühlungskurve) und endet bei der Solidustemperatur (unterer Knickpunkt in der Abkühlungskurve). Das Zustandsdiagramm stellt infolgedessen nichts anderes dar als eine Zusammenfassung der Liquidus- und Solidustemperaturen sämtlicher Cu-Ni-Legierungen.

Das Gefüge der Kupfer-Nickel-Legierungen ist einphasig und besteht aus polyedrischen, kubisch-flächenzentrierten α-Mischkristallen. Bild 2.95 zeigt das Gefüge von reinem Kupfer. Die Polyeder enthalten die für kubisch-flächenzentrierte Metalle charakteristischen Zwillingslamellen. Das Gefüge der Kupfer-Nickel-Legierungen mit 65 % Cu + 35 % Ni (Bild 2.96) bzw. mit 35 % Cu + 65 % Ni (Bild 2.97) ist davon nicht zu unterscheiden. Das Gefüge des reinen Nickels (Bild 2.98) besteht ebenfalls aus polyedrischen, zwillingsdurchsetzten Kristalliten. Aus dem Gefügebild heraus läßt sich die Zusammensetzung eines Mischkristalls also nicht angeben.

Die polyedrische Struktur der Mischkristalle erscheint im Gefüge nur dann, wenn die Erstarrung der Legierungen so langsam vonstatten ging, daß sich die bei der Kristallisation auftretenden Konzentrationsunterschiede durch Diffusion ausgleichen konnten. Andernfalls treten sog. *Kristallseigerungen* auf, die im Schliffbild an den zonenartig aufgebauten inhomogenen Dendriten erkannt werden können. Zwecks Homogenisierung werden mit Kristallseigerungen behaftete Legierungen dicht unterhalb der Solidustemperatur längere Zeit geglüht. Oftmals erfolgt der Konzentrationsausgleich bereits während der Warmverformung (Walzen, Schmieden, Pressen). Durch die Durchknetung und die damit parallel verlaufende Rekristallisation wird die Wanderung der Atome erleichtert, und die Homogenisierung verläuft wesentlich schneller, als wenn nur geglüht wird.

Bei einem System mit vollständiger Mischbarkeit im festen Zustand, wie bei dem hier be-

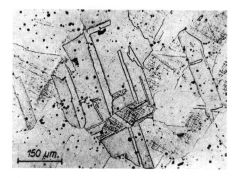

Bild 2.95. 100 % Cu. Kupferpolyeder mit Zwillingen

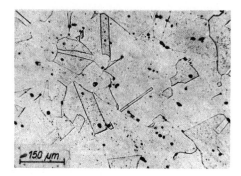

Bild 2.96. 65 % Cu + 35 % Ni. Homogene α-Mischkristalle

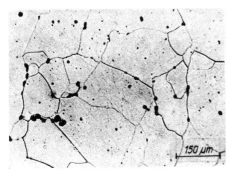
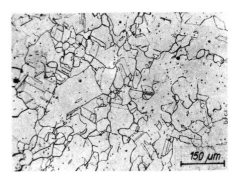

Bild 2.97. 35 % Cu + 65 % Ni. Homogene α-Mischkristalle

Bild 2.98. 100 % Ni. Nickelpolyeder mit Zwillingen

sprochenen System Kupfer–Nickel, geht das Gitter des Kupfers mit steigendem Nickelzusatz kontinuierlich in das Gitter des Nickels über. Im Bild 2.99 ist schematisch dargestellt, wie bei einem Ersatz der Kupferatome durch Nickelatome sich der Mischkristall stetig verändert, ohne daß mikroskopisch eine Veränderung der Kristallite zu bemerken wäre.

Es gibt Mischkristallsysteme, in denen die Liquidus- und Soliduskurve je ein Minimum haben. Beide Minima fallen zusammen, wie dies Bild 2.100 in schematischer Darstellung zeigt. Eine Schmelze *(L)* mit der Zusammensetzung des Minimums schmilzt wie ein reines Metall, d. h. bei konstanter Temperatur, und in der Abkühlungskurve tritt ein Haltepunkt auf. Legierungen, die links und rechts des Minimums liegen, erstarren normal. Legierungen, die auf der Seite des Metalls mit dem tieferen Schmelzpunkt liegen (in diesem Beispiel also auf der *A*-Seite), weisen während der Erstarrung eine Anreicherung des höherschmelzenden Metalls *(B)* in der Restschmelze auf.

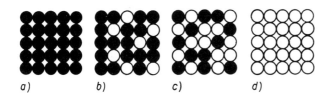

Bild 2.99. Kontinuierlicher Übergang des Kupfergitters in das Nickelgitter durch Bildung von α-Substitutionsmischkristallen (schematisch)
● Cu-Atome
○ Ni-Atome

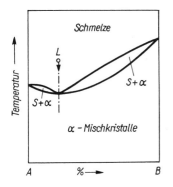

Bild 2.100. Liquidus- und Soliduslinie mit Minimum

2.2.4.4. Eigenschaften von Legierungen mit vollständiger Mischkristallbildung

Wie aus den vorstehenden Ausführungen hervorging, ändert sich die Zusammensetzung der Mischkristalle stetig. Infolgedessen verändern sich auch die Eigenschaften der Mischkristalle, die ja eine Funktion der Zusammensetzung sind, kontinuierlich. Man kann nicht sagen, der Mischkristall zwischen den beiden Metallen A und B hat diese oder jene Eigenschaft, sondern erforderlich dabei ist unbedingt die Angabe der Zusammensetzung des Mischkristalls. Ein Kupfermischkristall mit 10% Ni besitzt andere Eigenschaften als der mit 30 oder 50% Ni. Da aber im Gefüge der Mischkristall, unabhängig von seiner chemischen Zusammensetzung, stets als eine einzige Phase auftritt, so läßt sich eine Angabe der Eigenschaften für eine Legierung bei Anwesenheit von Mischkristallen allein aus dem Gefügebild nicht durchführen, auch wenn die Eigenschaften der den Mischkristall bildenden reinen Metalle bekannt sind.

Die Unterschiede in den Eigenschaften zwischen dem reinen Grundmetall und seinen Mischkristallen mit anderen Elementen werden durch zwei Faktoren bedingt:
1. Anwesenheit von zwei chemisch verschiedenen Atomsorten im Mischkristall
2. Gitterverzerrungen im Mischkristall wegen der unterschiedlichen Durchmesser der einzelnen Atomarten.

Die Folge davon ist, daß im allgemeinen die Eigenschaften von Mischkristallen nicht gleich sind der Eigenschaftssumme der einzelnen vorhandenen Atomarten. In der Regel ändern sich die Eigenschaften von Mischkristallen nicht proportional zum Legierungsgehalt, sondern folgen anderen Gesetzmäßigkeiten. Aus der schematischen Skizze von Bild 2.99 geht hervor, daß in einem System mit vollständiger Mischbarkeit im festen Zustand die größtmöglichen Gitterstörungen, verursacht durch die unterschiedliche Größe der Atomradien, bei einer Legierung von 50 Atom-% A und 50 Atom-% B vorhanden sein müssen. Infolgedessen werden bei derartigen mittleren Konzentrationen auch Höchst- bzw. Tiefstwerte der Eigenschaften zu erwarten sein.

Die Bilder 2.101 und 2.102 zeigen einige Eigenschaften von geglühten Kupfer-Nickel-Legierungen in Abhängigkeit von der Konzentration. Die Kurvenformen sind sog. Kettenlinien. Die Härte HB, die Zugfestigkeit R_m, die Fließgrenze R_e und die Wechselfestigkeit R_w sind bei den Mischkristallen stets größer als bei den reinen Metallen Kupfer und Nikkel. Auch wenn ein Grundmetall höherer Härte (Ni) mit einem Zusatzmetall geringerer Härte (Cu) legiert wird, so steigt die Härte des Grundmetalls noch infolge der Gitterstö-

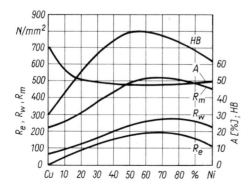

Bild 2.101. Mechanische Eigenschaften von Kupfer-Nickel-Legierungen

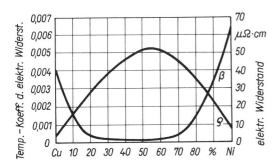

Bild 2.102. Elektrische Eigenschaften von Kupfer-Nickel-Legierungen

rungen an. Ähnliches gilt für die Festigkeitswerte. Die höchsten Härten und Festigkeitswerte haben Kupfer-Nickel-Legierungen mit 50 bis 70 % Ni.
Umgekehrt wie die Festigkeit verhält sich die Bruchdehnung A. Diese ist bei den Cu-Ni-Legierungen etwas geringer als bei den reinen Metallen. Oftmals sind jedoch Mischkristalle auch besser verformbar als die reinen Metalle, so z.B. die α-Mischkristalle zwischen Kupfer und Zink (Messing).
Die bei den Mischkristallen auftretenden Gitterstörungen und die gegenseitige Beeinflussung der Leitungselektronen verursachen eine starke Zunahme des elektrischen Widerstands ϱ sowie eine Herabsetzung des Temperaturkoeffizienten β des elektrischen Widerstandes. Wie aus Bild 2.102 hervorgeht, liegen die entsprechenden Maxima bzw. Minima ebenfalls bei mittleren Konzentrationen, d. h. bei 50 bis 60 % Ni. Obwohl Kupfer einen sehr geringen elektrischen Widerstand hat und als Leitmetall in der Elektroindustrie vielfach verwendet wird, können Kupfer-Nickel-Legierungen des mittleren Konzentrationsbereichs als elektrisches Widerstandsmaterial benutzt werden, z.B. das Konstantan.
Die Dichte der homogenen Mischkristalle ist nicht der Masse des Zusatzelements proportional. Wohl aber verläuft der reziproke Wert der Dichte, das spezifische Volumen, proportional zum Volumenprozentgehalt des Zusatzelements, wenn auch geringe Abweichungen bis $\approx 0{,}5\,\%$ manchmal vorkommen.
Von den Kristallseigerungen und dem Kornwachstum abgesehen, können Mischkristalle vom Kupfer-Nickel-Typ in keiner Weise durch eine Wärmebehandlung hinsichtlich ihrer Eigenschaften verändert werden. Lediglich durch Kaltumformung können Härte und Festigkeit gesteigert werden, wobei allerdings die Dehnung und die Einschnürung stark abfallen.

2.2.5. Legierungen mit einer Mischungslücke im festen Zustand

2.2.5.1. *Vollständige Unmischbarkeit im festen Zustand*

Wenn bei einem System mit einer Mischungslücke im flüssigen Zustand (s. Bild 2.79) die Löslichkeit einer Schmelze S_1 für die andere Komponente weiter zunimmt, so verkleinert sich die Mischungslücke, und die Zusammensetzung der Schmelze S_1 nähert sich immer der Zusammensetzung der Schmelze S_2. Dies zeigt in schematischer Darstellung Bild 2.103. Hierbei ist angenommen worden, daß sich das Lösungsvermögen der

Schmelze S_1 für die Komponente B vergrößert hat, während die Löslichkeit von S_2 für A gering ist. Die Punkte P_1 und P_2, die die Zusammensetzungen der Schmelzen S_1 und S_2 bei der monotektischen Temperatur T_m ergeben, liegen in diesem System schon sehr dicht beieinander.

Rücken die Punkte P_1 und P_2 einander noch näher, so fallen sie im Grenzfall zusammen. Dies bedeutet, daß die Schmelze S_1 die gleiche Zusammensetzung hat wie die Schmelze S_2. Es findet keine monotektische Reaktion mehr statt, und die Monotektikale verschwindet. Beide Metalle mischen sich in allen Verhältnissen im schmelzflüssigen Zustand, d. h., es bildet sich nur eine einzige homogene Schmelze. Während der Erstarrung erfolgt aber wiederum eine Entmischung der homogenen Schmelze in die reinen Metalle A und B.

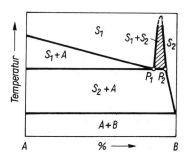

Bild 2.103. Schematische Darstellung eines Systems $A-B$, bei dem die Mischungslücke im flüssigen Zustand nur eine geringe Ausdehnung aufweist

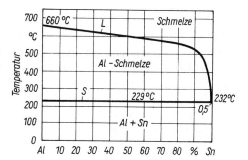

Bild 2.104. Zustandsschaubild Aluminium–Zinn

Man gelangt auf diese Weise zu einem Zustandsschaubild, wie es Bild 2.104 für die Aluminium-Zinn-Legierungen wiedergibt. Aluminium und Zinn sind im schmelzflüssigen Zustand vollständig ineinander löslich. Während der Abkühlung entmischt sich die Schmelze wieder, und die erstarrten Legierungen bestehen bei Temperaturen $<229\,°C$ aus einem heterogenen Gemenge von reinen Aluminium- und Zinnkristallen.

Eine Legierung mit beispielsweise 90% Al + 10% Sn scheidet während der Abkühlung, sobald die Liquidustemperatur von 650 °C unterschritten wird, reine Aluminiumkristalle aus. Diese zuerst aus der Schmelze ausgeschiedenen Kristalle bezeichnet man als *Primärkristalle*. Die Auskristallisation erfolgt mit abnehmender Temperatur zunächst sehr rasch, später langsamer, wie man mit Hilfe des Hebelgesetzes ausrechnen kann (Tabelle 2.17).

Die homogene Schmelze ist nicht allzu beständig, wie aus der schnellen Ausscheidung des Aluminiums hervorgeht, sondern es ist eine gewisse Entmischungstendenz vorhanden. Diese reicht aber nicht zur Ausbildung einer Mischungslücke im flüssigen Zustand aus.

In dem Maß, wie sich reine Aluminiumkristalle aus der Schmelze ausscheiden, reichert sich die Restschmelze naturgemäß mit Zinn an. Ist die Solidustemperatur von 229 °C erreicht, so erstarrt der Rest der homogenen Schmelze, der aus 99,5% Sn + 0,5% Al besteht. Da jedoch im festen Zustand zwischen Al und Sn keine Löslichkeit besteht, so entmischt sich die Restschmelze während der Erstarrung in ein heterogenes Gemenge aus festem Zinn und festem Aluminium.

2.2. Zweistofflegierungen

Tabelle 2.17. Gleichgewichtsbedingungen einer Legierung aus 90 % Al + 10 % Sn während der Erstarrung

Temperatur [°C]	Menge an primären Aluminiumkristallen [%]	Menge an Restschmelze [%]	Zusammensetzung der Restschmelze
650	0	100	90 % Al + 10 % Sn
600	80	20	50 % Al + 50 % Sn
500	89,3	10,7	7 % Al + 93 % Sn
400	89,7	10,3	3 % Al + 97 % Sn
300	89,9	10,1	1 % Al + 99 % Sn
229	89,99	10,01	0,5 % Al + 99,5 % Sn

Im Bild 2.105 ist das Gefüge der Legierung 90 % Al + 10 % Sn dargestellt. Es besteht aus (hellen) rundlichen, dendritenförmigen Aluminiumkristallen, an deren Korngrenzen sich dunkel geätztes Zinn befindet. Die beiden Metalle lassen sich also im Gegensatz zu Mischkristallen mikroskopisch deutlich voneinander unterscheiden.

Die Kristallisation aller anderen Aluminium-Zinn-Legierungen verläuft in ähnlicher Weise. Sobald die Liquiduskurve L unterschritten wird, scheidet sich reines festes Aluminium aus. Die Legierungen bestehen dann aus einem breiförmigen Gemenge aus festem Aluminium und zinnreicher Restschmelze. Bei der Solidustemperatur S von 229 °C hat die Restschmelze eine Zusammensetzung von 99,5 % Sn und 0,5 % Al und erstarrt bei konstanter Temperatur.

In den Bildern 2.106 bis 2.108 sind die Gefüge von Legierungen mit 70 % Al + 30 % Sn, 30 % Al + 70 % Sn und 10 % Al + 90 % Sn wiedergegeben. Die einzelnen Metalle heben sich schon im ungeätzten, lediglich polierten Schliff deutlich voneinander ab. Durch Ätzen mit 10 %iger Salpetersäure wird das Zinn dunkel gefärbt, und die Kontraste verstärken sich. Man erkennt, daß stets rundliche, z. T. dendritische Aluminiumkristalle in einer Zinngrundmasse eingelagert sind.

Bei der Betrachtung der Schliffbilder muß man allerdings berücksichtigen, daß unmittelbar nur die Flächen- (bzw. die damit proportionalen Volumen-) Anteile der einzelnen

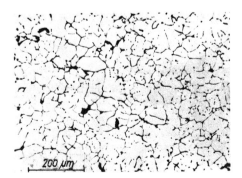

Bild 2.105. 90 % Al + 10 % Sn. Primäre Aluminiumkristalle, an den Korngrenzen (dunkel geätztes) Zinn. Geätzt mit 10 %iger HNO_3

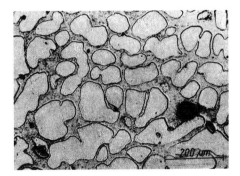

Bild 2.106. 70 % Al + 30 % Sn. Primäre Aluminiumkristalle, eingelagert in die Zinngrundmasse. Ungeätzt

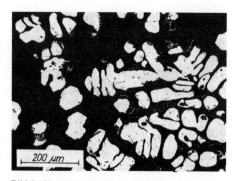
Bild 2.107. 30 % Al + 70 % Sn. Primäre Aluminiumkristalle, eingelagert in die Zinngrundmasse. Geätzt mit 10 %iger HNO_3

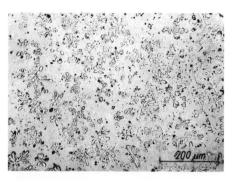
Bild 2.108. 10 % Al + 90 % Sn. Primäre Aluminiumkristalle, eingelagert in die Zinngrundmasse. Ungeätzt

Komponenten sichtbar sind, nicht aber die Masseanteile. Wegen der im Vergleich zu Zinn (Dichte = 7,3 g/cm³) viel geringeren Dichte des Aluminiums von 2,7 g/cm³ nehmen die Aluminiumkristalle ein wesentlich größeres Volumen ein, als aus den unter den Mikrophotographien stehenden Zusammensetzungen, die wie stets in Masseprozent angegeben sind, folgen würde.

In der Abkühlungskurve (Bild 2.109) macht sich das Überschreiten der Liquiduskurve durch einen Knickpunkt mit nachfolgender Abkühlungsverzögerung bemerkbar, während die Erstarrung der Restschmelze mit 99,5 % Sn + 0,5 % Al bei 229 °C einen Haltepunkt ergibt.

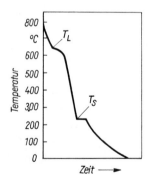
Bild 2.109. Abkühlungskurve einer Aluminium-Zinn-Legierung mit 90 % Al

Die eingangs erwähnten *Primärkristalle* des Aluminiums hatten eine rundliche, dendritische Form. Man findet meistens, daß weiche, zähe Metallkristalle, wie Aluminium, Blei, Zinn, Eisen, Kupfer, Nickel, Gold u. a., diesen dendritischen Habitus aufweisen, während spröde und harte Phasen, wie Wismut, Antimon, Silizium u. a., und vor allem die spröden Metallverbindungen, wie SbSn, Fe_3C, Cu_2Sb, Mg_2Si u. a., kristallographisch begrenzte, geschlossene, häufig auch skelettartige Kristallformen haben, falls sie als Primärkristalle vorliegen. Die mit kristallographischen Ebenen begrenzten Kristalle bezeichnet man als *idiomorphe Kristalle*. Der Habitus der idiomorphen Kristalle kann würfelförmig (SbSn), blättchenförmig (Si) oder nadelig (Al_3Fe, Fe_3C, Si) sein.

Die Ausbildungsform der Primärkristalle ist von erheblicher Bedeutung für die technologischen Eigenschaften einer Legierung. Ein verfilztes, dendritisches Gewebe plastischer Primärkristalle ist zäh, auch wenn noch größere Mengen einer spröden Korngrenzensubstanz vorhanden sind. Aber ein geringer Anteil an spröden Primärkristallen macht die ganze Legierung brüchig, z.B. im unveredelten Silumin. Erwähnt sei, daß durch geeignete Schmelz-, Gieß- und Abkühlungsbedingungen die Primärkristalle und in ihrer Größe beeinflußt werden können. Niedrige Schmelz- und Gießtemperaturen und hohe Abkühlungsgeschwindigkeiten verfeinern im allgemeinen die Primärkristalle, während hohe Schmelz- und Gießtemperaturen und geringe Abkühlungsgeschwindigkeiten den umgekehrten Effekt hervorrufen.

Eine weitere Möglichkeit zur Kornfeinung besteht darin, geringe Mengen bestimmter Fremdsubstanzen der Schmelze zuzugeben. So verfeinert ein Arsenzusatz die Antimon-Primärkristalle in Pb-Sb-Legierungen, und 0,1 % Na führt die groben, blättchen- oder nadelförmigen Siliziumkristalle in Al-Si-Legierungen in ein äußerst feines Korn über.

Die Primärkristalle sind, gleiche sonstige Erstarrungsbedingungen vorausgesetzt, um so größer, je ausgedehnter das Erstarrungsintervall, d. h. die Temperaturdifferenz zwischen Liquidus- und Soliduspunkt, ist. In einem großen Erstarrungsbereich steht den Primärkristallen nämlich mehr Zeit zum Wachsen zur Verfügung als in einem kleinen Erstarrungsbereich.

2.2.5.2. *Eutektische Entmischung*

Das im vorhergehenden Abschnitt behandelte Zweistoffsystem Aluminium–Zinn stellt nur den Grenzfall einer viel allgemeineren Art von Zustandsdiagrammen dar, die man als *eutektische Systeme* bezeichnet. Zur Ableitung der grundsätzlichen Form eines eutektischen Systems stelle man sich ein System mit vollständiger Mischkristallbildung vor, in dem die Liquidus- und Soliduskurve Minima haben, die sich in einem Punkt berühren. Der während der Kristallisation entstandene homogene α-Mischkristall soll aber bei weiterer Abkühlung nicht beständig sein, sondern in die beiden Mischkristalle α_1 und α_2 zerfallen, wobei α_1 eine andere Zusammensetzung hat als α_2. Innerhalb der im Bild 2.110a schraffiert gezeichneten Mischungslücke im festen Zustand sind demnach α_1- und α_2-Mischkristalle nebeneinander im Gleichgewicht. Die Mischungslücke im festen Zustand hat ganz allgemein dieselbe Bedeutung wie die im Abschn. 2.2.3. besprochene Mischungslücke im schmelzflüssigen Zustand. Anstelle der homogenen Schmelze S ist le-

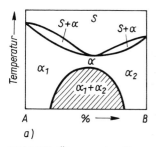
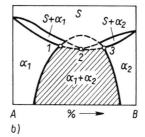
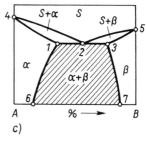

Bild 2.110. Übergang eines Systems mit vollständiger Mischbarkeit im festen Zustand in ein System mit eutektischer Entmischung

diglich der homogene Mischkristall α und anstelle der Schmelzen S_1 bzw. S_2 sind die Mischkristalle α_1 bzw. α_2 zu setzen. Die Ermittlung der Konzentration der bei einer bestimmten Temperatur miteinander im Gleichgewicht befindlichen Kristalle α_1 und α_2 erfolgt durch Einzeichnung der Konoden und die Bestimmung der relativen Mengenanteile mit Hilfe des Hebelgesetzes.

Erweitert sich die Mischungslücke im festen Zustand, so verschiebt sich auch das Maximum zu höheren Temperaturen hin, und die Mischungslücke kommt mit der Solidus- und Liquiduslinie zum Schnitt (Bild 2.110b). Legierungen, deren Konzentrationen innerhalb der beiden Schnittpunke *1* und *3* liegen, bestehen unmittelbar nach der Erstarrung nicht mehr aus einem homogenen α-Mischkristall, sondern sie zerfallen bereits während der Kristallisation in ein heterogenes Gemenge aus A-reichen α_1- und B-reichen α_2-Mischkristallen.

Der im Bild 2.110b gestrichelte obere Teil der Mischungslücke ist instabil, ebenso die innerhalb der Mischungslücke befindlichen Abschnitte der Solidus- und Liquiduskurven. Im Gleichgewichtsfall liegen die drei Punkte *1*, *2* und *3* auf einer geraden isothermen Linie, wie es im Bild 2.110c dargestellt ist. Da bei einem derartigen eutektischen System die einschränkende Bedingung, daß α_1 und α_2 den gleichen Gitteraufbau haben, wegfällt, so wurde der A-reiche Mischkristall mit α und der B-reiche Mischkristall mit β bezeichnet.

Die Liquiduskurve besteht in diesem allgemeinen eutektischen System aus dem gebrochenen Kurvenzug *4-2-5*, die Soliduskurve aus dem Kurvenzug *4-1-2-3-5*. Oberhalb der Liquiduskurve sind sämtliche Legierungen flüssig, unterhalb der Soliduskurve sind sämtliche Legierungen vollständig erstarrt. Längs der Linie *4-2* beginnt während der Erstarrung die Ausscheidung von primären α-Mischkristallen, längs der Linie *5-2* die Primärkristallisation der β-Mischkristalle.

Der Punkt *2* wird als *eutektischer Punkt* bezeichnet. Er liegt bei der eutektischen Temperatur und weist die eutektische Zusammensetzung auf. Eine Legierung mit der eutektischen Zusammensetzung hat den niedrigsten Schmelzpunkt aller zwischen A und B möglichen Legierungen. Im eutektischen Punkt fällt die Liquidus- mit der Solidustemperatur zusammen. Eine reineutektische Legierung hat demnach nur einen einzigen Schmelzpunkt und kein Schmelz- bzw. Erstarrungsintervall.

Die Isotherme *1-2-3* bezeichnet man als *Eutektikale*. Bei der eutektischen Temperatur zerfällt die homogene Schmelze, die im Gleichgewicht stets die eutektische Zusammensetzung hat, in ein heterogenes Gemenge aus den beiden Kristallarten α und β:

$$S \xrightarrow{T = \text{Konst.}} (\alpha + \beta).$$

Diese eutektische Reaktion ergibt als Endprodukt ein sehr feinkörniges, oftmals regelmäßig gebautes Gemenge, den sog. *eutektischen Gefügebestandteil*, der diesem System den Namen gegeben hat (Eutektikum = das Gutgebaute).

Der homogene α-Mischkristall ist im Phasenfeld *A-4-1-6*, der β-Mischkristall im Phasenfeld *B-5-3-7* beständig. Innerhalb der Mischungslücke *6-1-2-3-7* sind die Legierungen heterogen und bestehen aus einem Gemenge aus α- und β-Mischkristallen.

Je nach der Art der Komponenten A und B können die Phasenfelder der α- und β-Mischkristalle mehr oder weniger ausgedehnt sein. Es ist sogar möglich, daß die eine oder (und) die andere Komponente nur eine sehr geringe und praktisch nicht nachweisbare Löslichkeit aufweist. Dann bestehen die Legierungen nicht aus einem Gemenge aus α- und

β-Mischkristallen, sondern aus einem Gemenge aus α-Mischkristallen und reinen B-Kristallen oder aus einem Gemenge aus reinen A- und reinen B-Kristallen.
Legierungen, die in einem eutektischen System links der eutektischen Konzentration liegen, bezeichnet man als *untereutektisch*, solche, die rechts der eutektischen Konzentration liegen, als *übereutektisch*. Die Legierung mit der eutektischen Konzentration bezeichnet man als *eutektische Legierung*.
Die im vorstehenden gemachten Ausführungen über den allgemeinen Aufbau eines eutektischen Systems seien im folgenden anhand des Zustandsschaubildes der Blei-Antimon-Legierung weiter ergänzt.
Die Blei-Antimon-Legierungen bilden ein einfaches eutektisches System (Bild 2.111). Der eutektische Punkt befindet sich bei 88,9 % Pb + 11,1 % Sb und 252 °C. Der bleireiche α-Mischkristall nimmt bei der eutektischen Temperatur 3,5 % Sb in fester Lösung auf, bei 100 °C aber nur noch 0,44 % Sb. Der antimonreiche β-Mischkristall löst bei der eutektischen Temperatur $\approx 5\%$ Pb. Die Temperaturabhängigkeit der Löslichkeit der β-Mischkristalle ist noch nicht genau bekannt, weshalb die Löslichkeitslinie nur gestrichelt eingetragen ist. Der Schmelzpunkt von Blei wird durch Zusatz von Antimon und der Schmelzpunkt von Antimon wird durch Zusatz von Blei erniedrigt. Da sich nicht die reinen Metalle, sondern die α- und β-Mischkristalle primär aus der Schmelze bei der Abkühlung ausscheiden, gilt das RAOULTsche Gesetz nicht.

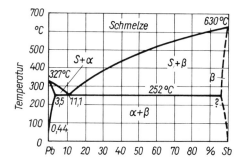

Bild 2.111. Zustandsschaubild Blei – Antimon

Bei der Erstarrung scheidet eine Legierung mit 95 % Pb + 5 % Sb, sobald die Liquiduskurve bei 300 °C erreicht wird, primäre bleireiche α-Mischkristalle aus. Diese enthalten $\approx 1,5\%$ Sb im Mischkristall gelöst. Die Restschmelze verarmt dadurch an Blei. Im Verlauf der weiteren Abkühlung scheiden sich noch mehr Bleikristalle aus, bzw. die schon vorhandenen wachsen an. Die Restschmelze verarmt immer mehr an Blei, während die primären Bleimischkristalle durch Diffusion aus der Schmelze noch etwas Antimon aufnehmen. Ist die eutektische Temperatur von 252 °C erreicht, so enthält der α-Mischkristall 3,5 % Sb und die Restschmelze 11,1 % Sb. Das Mengenverhältnis von α-Mischkristallen zu Restschmelze berechnet sich bei der Temperatur von 252 °C zufolge des Hebelgesetzes ($a = 5 - 3,5 = 1,5$ und $b = 11,1 - 5 = 6,1$) zu

$$m_\alpha = \frac{6,1}{1,5 + 6,1} \cdot 100\% = 80\% \text{ primäre } \alpha\text{-Mischkristalle } (3,5\% \text{ Sb}),$$

$$m_S = \frac{1,5}{1,5 + 6,1} \cdot 100\% = 20\% \text{ Restschmelze } (11,1\% \text{ Sb}).$$

Die 20 % Restschmelze mit 88,9 % Pb + 11,1 % Sb zerfallen nun bei der konstanten Temperatur von 252 °C zu einem feinen Gemenge aus α- und β-Mischkristallen, dem Eutektikum $(\alpha + \beta)$.

Bei weiterer Abkühlung verändert sich dann noch die Zusammensetzung der α- und β-Mischkristalle entsprechend dem Verlauf der Löslichkeitslinien: Aus den α-Mischkristallen, die bei 252 °C 3,5 % Sb lösen, scheiden sich β-Kristalle aus, da bei 100 °C die Lösungsfähigkeit von α für Antimon nur noch 0,44 % beträgt. Diesen Vorgang bezeichnet man als *Segregation* und die ausgeschiedenen β-Kristalle als Segregate. Die Segregation findet aber nur bei sehr langsamer Abkühlung statt. In einem späteren Abschnitt (s. Abschn. 2.2.7.1.) wird noch eingehend auf diese technisch sehr wichtige Erscheinung eingegangen werden. Bei der Besprechung des vorliegenden eutektischen Systems soll die Segregatbildung zunächst vernachlässigt werden.

Das Gefüge der Legierung mit 95 % P + 5 % Sb besteht nach der Erstarrung aus Gefügebestandteilen: Primäre bleireiche α-Mischkristalle sind in der eutektischen Grundmasse aus $(\alpha + \beta)$ eingebettet (Bild 2.112). Die α-Kristalle erscheinen als schwarze, homogene Dendriten, das $(\alpha + \beta)$-Eutektikum als feingemusterte heterogene Grundmasse.

Eine Legierung mit 90 % Pb + 10 % Sb erstarrt in gleicher Weise wie die im vorstehenden beschriebene Legierung mit 95 % Pb + 5 % Sb, nur das Mengenverhältnis von primären α-Mischkristallen zu Restschmelze verändert sich entsprechend dem höheren Antimongehalt. Bei der eutektischen Temperatur von 252 °C ergibt sich (mit $a = 10 - 3,5 = 6,5$ und $b = 11,1 - 10 = 1,1$):

$$m_\alpha = \frac{1,1}{6,5 + 1,1} \cdot 100\,\% = 14,5\,\% \; \alpha\text{-Mischkristalle}$$

und

$$m_S = \frac{6,5}{6,5 + 1,1} \cdot 100\,\% = 85,5\,\% \; \text{Restschmelze}.$$

Nach der Erstarrung sind also 14,5 % primäre α-Mischkristalle in 85,5 % des $(\alpha + \beta)$-Eutektikums eingelagert (Bild 2.113).

Die Kristallisation der eutektischen Schmelze mit 88,9 % + 11,1 % Sb beginnt unmittelbar mit der eutektischen Reaktion bei 252 °C:

$$S \rightarrow (\alpha + \beta).$$

Die Schmelze zerfällt bei konstanter Temperatur in das eutektische Gemenge der α- und β-Mischkristalle. Es findet keine Ausscheidung von Primärkristallen statt. Bild 2.114 zeigt bei höherer Vergrößerung die heterogene Struktur des Eutektikums. Da das Blei mit 88,9 % in großem Überschuß vorhanden ist, bildet es die Grundmasse des Eutektikums. Darin eingelagert sind die Antimonkriställchen in einer sehr feinen, filigranartigen, unregelmäßigen Struktur.

Eine Legierung mit 70 % Pb + 30 % Sb scheidet, sobald die Liquiduslinie bei 360 °C erreicht wird, primäre antimonreiche β-Kristalle aus. Die Restschmelze verarmt dadurch an Antimon und wird bleireicher. Bei 252 °C enthalten die β-Mischkristalle 5 % Pb, während die Restschmelze wieder die eutektische Zusammensetzung von 88,9 % Pb + 11,1 % Sb aufweist und in das Eutektikum $(\alpha + \beta)$ zerfällt. Die Mengenanteile von primären β-Mischkristallen und Eutektikum sind bei dieser Legierung (mit $a = 30 - 11{,}1 = 18{,}9$ und $b = 95 - 30 = 65$):

$$m_\beta = \frac{18{,}9}{18{,}9 + 65} \cdot 100\,\% = 23\,\% \;\beta\text{-Mischkristalle},$$

$$m_{\text{Eut}} = \frac{66}{18{,}9 + 65} \cdot 100\,\% = 77\,\% \;\text{Eutektikum}\;(\alpha + \beta).$$

Bild 2.115 zeigt das Gefüge der Legierung mit 70 % Pb + 30 % Sb. Die hellen primären β-Kristalle sind nur teilweise dendritisch, größtenteil aber idiomorph (von Kristallflächen begrenzt) ausgebildet. Der Feinbau der eutektischen Grundmasse tritt nur wenig in Erscheinung, da beim Polieren der Schliffe das bleireiche und deshalb weichere Eutektikum abgetragen wird und die harten β-Kristalle im Relief stehenbleiben.

Legierungen mit noch höherem Antimongehalt enthalten im Gefüge eine entsprechend größere Menge von primären β-Mischkristallen, während die Menge des Eutektikums mit steigendem Antimongehalt abnimmt. Dies zeigen die Bilder 2.116 und 2.117 für die Legierungen mit 50 % Pb + 50 % Sb und 20 % Pb + 80 % Sb. Das Hebelgesetz ergibt für die erstgenannte Legierung 54 % Eutektikum und 46 % Primärkristalle und für die letztere Legierung nur noch 18 % Eutektikum und 82 % primäre β-Kristalle.

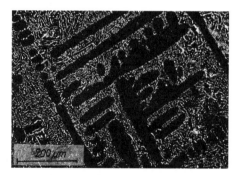

Bild 2.112. 95 % Pb + 5 % Sb. Primäre α-Dendriten im $(\alpha + \beta)$-Eutektikum.
Ungeätzt

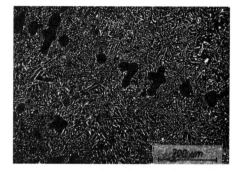

Bild 2.113. 90 % Pb + 10 % Sb. Primäre α-Dendriten im $(\alpha + \beta)$-Eutektikum

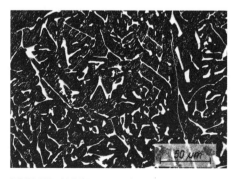

Bild 2.114. 88,9 % Pb + 11,1 % Sb. $(\alpha + \beta)$-Eutektikum

Bild 2.115. 70 % Pb + 30 % Sb. Primäre β-Kristalle im $(\alpha + \beta)$-Eutektikum

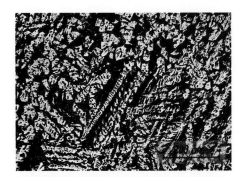 

Bild 2.116. 50 % Pb + 50 % Sb. Primäre β-Kristalle im ($\alpha + \beta$)-Eutektikum

Bild 2.117. 20 % Pb + 80 % Sb. Primäre β-Kristalle im ($\alpha + \beta$)-Eutektikum

Betrachten wir noch den Kristallisationsverlauf einer Legierung, die nur 2 % Sb enthält: Sobald die Liquiduslinie bei der Abkühlung erreicht ist, scheiden sich bleireiche α-Mischkristalle aus. Die Erstarrung geht aber zu Ende, bevor die eutektische Temperatur erreicht wird. Bei 252 °C besteht die gesamte Legierung aus homogenen α-Mischkristallen. Kühlt man sehr langsam weiter ab, so wird bei $\approx$ 200 °C die Löslichkeitslinie erreicht. Es setzt Segregatbildung von β-Kristallen ein, und bei 100 °C enthalten die α-Mischkristalle nur noch 0,44 % Antimon. Der Rest des Antimons ist in Form winziger Kriställchen in die α-Kristalle eingebettet. Alle Legierungen mit 0 bis 3,5 % Sb, Rest Pb, und ganz entsprechend alle Legierungen mit 5 bis 0 % Pb, Rest Sb, enthalten bei langsamer Abkühlung demnach kein Eutektikum.

Die Phasenbezeichnung »$\alpha + \beta$« in dem Feld unterhalb der Eutektikalen ist so zu lesen, daß links von 3,5 % Sb α-Mischkristalle mit β-Segregaten auftreten, von 3,5 bis 11,1 % Sb primäre α-Mischkristalle und das ($\alpha + \beta$)-Eutektikum, bei 11,1 % Sb nur das ($\alpha + \beta$)-Eutektikum, von 11,1 bis 95 % Sb primäre β-Mischkristalle und das ($\alpha + \beta$)-Eutektikum und von 95 bis 100 % Sb β-Mischkristalle mit α-Segregaten. Im Phasenfeld bedeutet die Angabe »$\alpha + \beta$« also nur die Art der tatsächlich auftretenden Kristallarten. Über deren Verteilung und Größe, also ob als Primärkristall, Eutektikum oder Segregat, und absolute Menge wird hingegen nichts ausgesagt. Das *Gefüge* muß aus dem Kristallisationsablauf der Legierung abgeleitet werden.

Über die Art und Menge der Gefügebestandteile in einem eutektischen System gibt das Gefügerechteck nach Bild 2.118 Auskunft. Daraus entnimmt man, daß im Gleichgewichtsfall eine Legierung mit beispielsweise 50 % Pb + 50 % Sb aus 54 % Eutektikum, 44 % primären β-Mischkristallen und 2 % α-Segregaten besteht.

In den Abkühlungskurven ergibt die Ausscheidung der Primärkristalle einen Knickpunkt, die bei konstanter Temperatur ablaufende Erstarrung der eutektischen Schmelze bzw. Restschmelze dagegen einen Haltepunkt. Bild 2.119 zeigt eine Auswahl verschiedener Abkühlungskurven aus dem System Blei–Antimon. Während reines Blei (Kurve *1*) und reines Antimon (Kurve *5*) je einen Haltepunkt bei der Schmelztemperatur von 327 bis 630 °C aufweisen, haben sämtliche untereutektischen Legierungen einen Knickpunkt, der die Primärausscheidung von α-Mischkristallen anzeigt (Kurve *2*), und sämtliche übereutektischen Legierungen haben einen Knickpunkt, der die Primärausscheidung von β-Mischkristallen anzeigt (Kurve *4*). Sämtliche Pb-Sb-Legierungen mit einem Sb-Gehalt

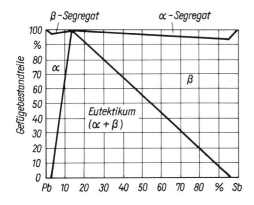

Bild 2.118. Gefügerechteck der Blei-Antimon-Legierungen

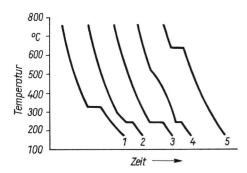

Bild 2.119. Abkühlungskurven von Blei-Antimon-Legierungen
1 100 % Pb
2 95 % Pb + 5 % Sb
3 89 % Pb + 11 % Sb
4 40 % Pb + 60 % Sb
5 100 % Sb

zwischen 3,5 und 95 % weisen bei der eutektischen Temperatur von 252 °C einen Haltepunkt auf, der durch die Erstarrung des Eutektikums verursacht wird (Kurven 2, 3 und 4). Die eutektische Schmelze liefert keinen Knickpunkt, sondern nur einen Haltepunkt (Kurve 3).

Die Länge des eutektischen Haltepunktes ist, gleiche Schmelzmasse vorausgesetzt, der Menge an erstarrendem Eutektikum proportional, also bei der eutektischen Legierung am größten.

Die gegenseitige Anordnung der in einem Eutektikum enthaltenen Phasen ist oft sehr regelmäßig. Meist sind kleine Kristalle der Phase A in die Grundmasse der im Überschuß vorhandenen Phase B eingelagert wie im vorliegenden Fall des (Pb + Sb)-Eutektikums. Doch oftmals liegen auch die einzelnen Phasen streifen-, platten- oder spiralförmig nebeneinander. In derartigen Fällen hat man manchmal den Nachweis führen können, daß die Lamellen der beiden Phasen kristallographisch geregelt miteinander verwachsen sind. So ist beim (Sn + Zn)-Eutektikum die (100)- und (010)-Fläche des tetragonalen Zinns auf die Basisfläche (001) des hexagonalen Zinks aufgewachsen.

Eutektika, bei denen die beiden Phasen orientiert zusammengewachsen sind und deren Lamellendicke konstant ist, bezeichnet man als *normale Eutektika*. Wenn die beiden Phasen jedoch regellos miteinander vermengt sind, spricht man von einem *anormalen Eutektikum*. Ein normales Eutektikum tritt in den Systemen Al–Zn, Zn–Zn_5Mg, Cd–Zn, Ni–NiSb, Al–Al_2Cu, Sn–Zn u. a. auf, während anormale Eutektika bei Fe–Graphit, Al–Si, Al–Al_3Fe, Pb–Ag, Zn–Zn_3Sb u. a. zu finden sind.

Die normalen Eutektika kristallisieren ähnlich wie reine Metalle von einem Keim in der Schmelze aus und besitzen eine einheitliche Kristallisationsfront. Es entstehen auf diese Weise *eutektische Körner*, die mit Korngrenzen aneinanderstoßen. An den Korngrenzen ist die eutektische Struktur meist gröber ausgebildet als im Innern eines eutektischen Kornes. Häufig wirken Primärkristalle der einen Phase des Eutektikums keimwirkend und erleichtern die Kristallisation des Eutektikums. Bild 2.120 zeigt, wie in einer Legierung mit 72 % Pb + 13 % Sb + 15 % Sn die primären eckigen Kristalle als Kristallisationszentren für das Eutektikum gewirkt haben. Die geschlossene Form der eutektischen Körner ist in dieser Photographie deutlich zu erkennen.

Sind Primärkristalle einer Phase A in das Eutektikum $(A + B)$ eingelagert, so kristallisiert häufig die A-Phase des Eutektikums an die primären A-Kristalle an. Um die primären A-Kristalle herum entsteht dann ein eutektikumfreier Hof aus B. Bild 2.121 zeigt dieses Verhalten an einer übereutektischen Kupfer-Kupferoxidul-Legierung. Die rundlichen, primären, großen Cu_2O-Kristalle sind von Höfen aus reinem Kupfer umgeben. Erst in einer gewissen Entfernung von den primären Cu_2O-Kristallen tritt das $(Cu + Cu_2O)$-Eutektikum in seiner feinen Verteilung auf.

Ist in einer Legierung nur wenig Eutektikum vorhanden, so kann diese *Entartung des Eutektikums* so weit gehen, daß die Phase A des $(A + B)$-Eutektikums vollständig an die im großen Überschuß vorhandenen primären A-Kristalle ankristallisiert. An den Korngrenzen von A bleibt anstelle des $(A + B)$-Eutektikums dann nur noch ein mehr oder weniger dicker Film von B zurück. Bild 2.122 zeigt ein derartiges entartetes Eutektikum an einer Nickel-Schwefel-Legierung. An den Korngrenzen der primären Nickelkristalle tritt nicht das $(Ni + Ni_3S_2)$-Eutektikum auf, sondern das zurückgebliebene Ni_3S_2 umgibt die Nickelkristalle in Form eines unzusammenhängenden Bandes. Die gleiche Erscheinung liegt im System Fe – FeS vor.

Die Lage des eutektischen Punkts hängt unter anderem besonders von der Höhe der Schmelzpunkte der beiden reinen Komponenten ab. Die eutektische Konzentration liegt im allgemeinen auf der Diagrammseite der niedriger schmelzenden Komponente, und die eutektische Temperatur liegt um so tiefer, je weiter die eutektische Konzentration von den reinen Komponenten entfernt ist. Umgekehrt ist die eutektische Temperatur um so höher, je näher der eutektische Punkt an eine der reinen Komponenten heranrückt. Im

Bild 2.120. 72 % Pb + 13 % Sb + 15 % Sn. Richtwirkung der primären Antimon-Zinn-Kristalle auf das (Blei + β)-Eutektikum

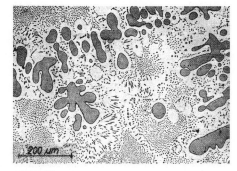

Bild 2.121. Primäre Cu_2O-Kristalle (dunkel) im $(Cu + Cu_2O)$-Eutektikum. Bildung von Höfen aus Kupfer um die primären Cu_2O-Kristalle. Ungeätzt

2.2. Zweistofflegierungen

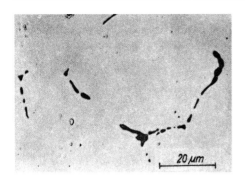

Bild 2.122. Hochnickelhaltiger Heizleiterdraht mit Ni_3S_2 an den Korngrenzen. Entartetes Eutektikum $(Ni + Ni_3S_2)$

Extremfall ist die eutektische Temperatur gleich der Schmelztemperatur der Komponente mit dem tieferen Schmelzpunkt. Ein derartiges Beispiel wurde bereits bei dem System Al–Sn besprochen. Die eutektische Konzentration lag in diesem System bei 99,5 % Sn + 0,5 % Al, also dicht bei der Komponente Zinn. Infolgedessen unterschied sich die eutektische Temperatur von 229 °C auch nur wenig von der Schmelztemperatur des reinen Zinns (232 °C). In Tabelle 2.18 ist die Lage des eutektischen Punktes für einige eutektische Systeme angeführt, wobei die eine Komponente stets Blei und die andere Komponente das in der 1. Spalte angeführte Metall X ist. Die besprochenen Regeln, die sich auch ohne weiteres qualitativ aus dem RAOULTschen Gesetz ableiten lassen, gehen aus dieser Aufstellung hervor, wenn es auch Ausnahmen gibt, wie z. B. bei dem System Pb–Cd.

Tabelle 2.18 Lage des eutektischen Punkts von eutektischen Bleilegierungen

Metall X	Schmelz-temperatur [°C]	Lage des eutektischen Punkts im System Pb–X	
		Konzentration	Temperatur [°C]
Germanium	936	0 Atom-% Ge	327
Arsen	817	7,9 Atom-% As	288
Antimon	630	17,5 Atom-% Sb	252
Kadmium	321	28,2 Atom-% Cd	248
Wismut	271	56,3 Atom-% Bi	125
Zinn	232	73,9 Atom-% Sn	183
Quecksilber	−38,9	0,4 Atom-% Hg	−37,6

2.2.5.3. Peritektische Entmischung

Neben der eutektischen Entmischung gibt es noch einen weiteren Reaktionsmechanismus, durch den eine homogene Schmelze während der Erstarrung in ein Gemenge zweier fester Kristallarten überführt werden kann, und zwar ist dies die peritektische Reaktion. Zur Ableitung der allgemeinen Form eines peritektischen Systems betrachte man zunächst das im Bild 2.123a dargestellte Zustandsschaubild. Die Komponenten A und B

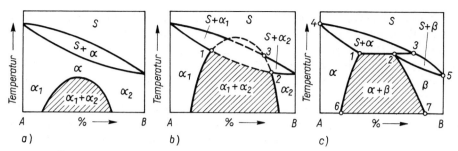

Bild 2.123. Übergang eines Systems mit vollständiger Mischbarkeit im festen Zustand in ein System mit peritektischer Entmischung

bilden bei höheren Temperaturen eine ununterbrochene Reihe von α-Mischkristallen. Liquidus- und Soliduslinie berühren sich nicht, sondern schließen das im Abschn. 2.2.4.3. besprochene lanzettenförmige Zweiphasengebiet ($S + \alpha$) ein. Bei tieferen Temperaturen zerfällt der homogene α-Mischkristall in ein heterogenes Gemenge aus zwei verschieden zusammengesetzten Mischkristallen α_1 und α_2. Es ist dies die gleiche Mischungslücke im festen Zustand, die im vorhergehenden Abschnitt behandelt wurde.

Es sei nun angenommen, die Mischungslücke erweitere sich zu höheren Temperaturen hin, so daß der obere Teil der Mischungslücke bis in das Schmelzgebiet hineinreicht (Bild 2.123b). Die sich überschneidenden und gestrichelt eingezeichneten Phasengrenzlinien sind nicht mehr stabil. Die Schnittpunkte *1, 2* und *3* liegen im stabilen Gleichgewichtsfall auf einer Isothermen, und es bildet sich unter diesen Voraussetzungen ein Zustandsschaubild nach Bild 2.123c aus. Dieser Diagrammtypus wird als *peritektisches System* oder kurz als *Peritektikum* bezeichnet.

Im Gegensatz zum eutektischen System gibt es bei einem peritektischen System keine durch ein Schmelzpunktminimum ausgezeichnete Legierung. Die Liquiduskurve wird durch den Linienzug *4-3-5*, die Soliduskurve durch den Linienzug *4-1-2-5* gebildet. Die horizontale Gerade *1-2-3* wird als *Peritektikale*, der Punkt *2* als *peritektischer Punkt* bezeichnet.

Oberhalb der Liquiduslinie *4-3-5* sind alle Legierungen vollständig flüssig, unterhalb der Soliduslinie *4-1-2-5* sind alle Legierungen vollständig erstarrt. In den einzelnen Zustandsfeldern befinden sich folgende Phasen: in *4-3-2-1-4*: Schmelze + α-Mischkristalle; in *5-2-3-5*: Schmelze + β-Mischkristalle; in *4-1-6-A-4*: α-Mischkristalle; in *5-B-7-2-5*: β-Mischkristalle und in *1-2-7-6-1*: Gemenge aus α- und β-Mischkristallen. Eine Legierung mit der peritektischen Konzentration (Punkt *2*) ist dadurch ausgezeichnet, daß sämtliche aus der Schmelze primär ausgeschiedenen α-Mischkristalle mit der Restschmelze bei der peritektischen Temperatur reagieren und dabei umgewandelt werden:

$$\alpha + S \xrightarrow{T = \text{Konst.}} \beta.$$

Diese peritektische Reaktion erfordert zu ihrem Ablauf erhebliche Konzentrationsverschiebungen innerhalb der festen α-Mischkristalle. Bei schneller Abkühlung verläuft die Reaktion oftmals nicht zu Ende, und der Kern der α-Mischkristalle, der am weitesten von den Reaktionsstellen entfernt ist, wird nicht in β-Mischkristalle umgewandelt. Im Gefüge erhält man dann inhomogene Kristalle, die im Kern noch aus der α-Phase, an den Rändern dagegen bereits aus der β-Phase bestehen. Diese im Schliffbild sichtbaren Gefügeinhomogenitäten haben der Reaktion und dem ganzen System den Namen gegeben (Peritektikum = das Herumgebaute).

Die in einem peritektischen System ablaufenden Kristallisationsvorgänge seien an dem Realschaubild der Platin-Silber-Legierungen behandelt (Bild 2.124). Platin schmilzt bei 1 773 °C, Silber bei 960 °C. Die peritektische Temperatur liegt bei 1 185 °C, der peritektische Punkt bei 55 % Pt + 45 % Ag. Der platinreiche α-Mischkristall löst bei 1 185 °C 12 % Silber, doch nimmt die Löslichkeit mit sinkender Temperatur erheblich ab und beträgt bei 600 °C nur etwa ≈ 2 % Ag. Der silberreiche β-Mischkristall nimmt bei 1 185 °C 55 % Pt in fester Lösung auf, bei 600 °C nur noch ≈ 38 % Pt.

Legierungen mit 100 bis 88 % Pt, Rest Ag, erstarren nach dem für homogene Mischkristalle charakteristischen Kristallisationsvorgang. Bei der Liquidustemperatur von 1 740 °C scheiden sich z. B. aus einer Legierung mit 90 % Pt + 10 % Ag platinreiche α-Mischkristalle aus, die sich im Verlauf der weiteren Abkühlung durch Diffusion aus der Schmelze mit Silber anreichern. Bei der Solidustemperatur von 1 350 °C ist die Konzentration der primären α-Mischkristalle identisch mit der Gesamtzusammensetzung der Legierung (90 % Pt + 10 % Ag), und die Erstarrung ist beendet. Sobald während der Abkühlung die Löslichkeitslinie bei 1 100 °C erreicht wird, findet Segregatbildung von silberreichen β-Mischkristallen statt. Diese Legierung besteht bei Raumtemperatur demnach aus einer Grundmasse aus α, in die β-Segregate eingebettet sind. In der Abkühlungskurve (Bild 2.125, Kurve 1) treten Liquidus- und Solidustemperatur als Knickpunkte in Erscheinung. Theoretisch müßte sich auch die Segregatbildung durch einen Knickpunkt zu erkennen geben, doch sind meist die dabei frei werdenden Wärmemengen zu klein, so daß beim praktischen Versuch dieser Knickpunkt nicht auftritt.

Bei den Legierungen mit 88 bis 55 % Pt, Rest Ag, scheiden sich ebenfalls zunächst primäre α-Mischkristalle aus der Schmelze aus. Bei einer Legierung mit beispielsweise 70 % Pt + 30 % Ag liegt der Liquiduspunkt bei 1 620 °C. Bei der peritektischen Temperatur von 1 185 °C besteht diese Legierung aus einem Brei von α-Mischkristallen mit 88 % Pt + 12 % Ag und Restschmelze mit 31 % Pt + 69 % Ag. Die Mengenanteile berechnen sich nach dem Hebelgesetz mit $a = 30 - 12 = 18$ und $b = 69 - 30 = 39$ zu

$$m_\alpha = \frac{39}{18 + 39} \cdot 100\,\% = 68{,}4\,\%\ \alpha\text{-Mischkristalle}$$

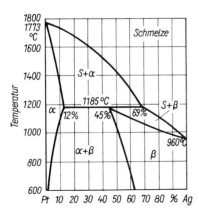

Bild 2.124. Zustandsschaubild Platin – Silber (vereinfacht)

2. Zustandsdiagramme der Metalle und Legierungen

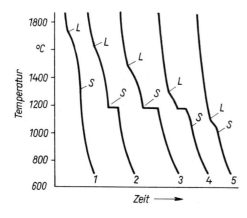

Bild 2.125. Abkühlungskurven von Platin-Silber-Legierungen
1 90 % Pt + 10 % Ag
2 70 % Pt + 30 % Ag
3 55 % Pt + 45 % Ag
4 40 % Pt + 60 % Ag
5 20 % Pt + 80 % Ag

und

$$m_S = \frac{18}{18 + 39} \cdot 100\,\% = 31{,}6\,\% \text{ Restschmelze}.$$

Die Restschmelze setzt sich nun peritektisch mit einem Teil der primären α-Mischkristalle zu β-Mischkristallen um:

$$S\,(31\,\%\,\text{Pt}) + \alpha\,(88\,\%\,\text{Pt}) \xrightarrow{1185\,°C} \beta\,(55\,\%\,\text{Pt}).$$

Wie man mit Hilfe des Hebelgesetzes ausrechnen kann, reicht die Restschmelze mengenmäßig nicht aus, um sämtliche α-Mischkristalle in β-Mischkristalle umzuwandeln. Soll die gesamte Menge von α in β umgesetzt werden, ohne daß α oder Schmelze übrigbleibt, so sind mit $a = 45 - 12 = 33$ und $b = 69 - 45 = 24$ folgende Mengen erforderlich:

$$m_\alpha = \frac{24}{33 + 24} \cdot 100\,\% = 42{,}1\,\% \text{ }\alpha\text{-Mischkristalle}$$

und

$$m_S = \frac{33}{33 + 24} \cdot 100\,\% = 57{,}9\,\% \text{ Restschmelze}.$$

Mit den tatsächlich bei der Legierung mit 70 % Pt + 30 % Ag nur vorhandenen 31,6 % Restschmelze lassen sich lediglich

$$x = \frac{31{,}6 \cdot 100}{57{,}9}\,\% = 54{,}5\,\%$$

der vorhandenen α-Mischkristalle in β-Mischkristalle umwandeln.
Nach Ablauf der peritektischen Reaktion besteht das Gefüge der Legierung also zu 54,5 % aus β-Mischkristallen und zu 45,5 % aus α-Mischkristallen. Diese Zahlen hätte man auch durch direkte Anwendung des Hebelgesetzes finden können. Mit $a = 30 - 12 = 18$ und $b = 45 - 30 = 15$ erhält man nämlich:

$$m_\alpha = \frac{15}{18 + 15} \cdot 100\,\% = 45{,}5\,\% \text{ }\alpha\text{-Mischkristalle}$$

und

$$m_\beta = \frac{18}{18 + 15} \cdot 100\,\% = 54{,}5\,\% \; \beta\text{-Mischkristalle}.$$

Bei der weiteren Abkühlung der nun vollständig erstarrten Legierung scheiden sich gemäß den Löslichkeitslinien aus den α-Mischkristallen β-Segregate und aus den β-Mischkristallen α-Segregate aus. In der Abkühlungskurve (Bild 2.125, Kurve 2) ergibt der Liquiduspunkt einen Knickpunkt, während der Soliduspunkt, der mit der peritektischen Umsetzung zusammenfällt, sich durch einen Haltepunkt auszeichnet.
Die Legierung mit 55 % Pt + 45 % Ag weist genau die Zusammensetzung auf, die erforderlich ist, damit die Restschmelze sämtliche bei der peritektischen Temperatur vorhandenen primären α-Mischkristalle in β-Mischkristalle umwandeln kann. Nach der peritektischen Reaktion besteht die vollständig erstarrte Legierung aus homogenen β-Kristallen, aus denen sich bei weiterer Abkühlung α-Segregate ausscheiden. Im Gegensatz zu einer Legierung mit genau eutektischer Konzentration findet bei dieser Legierung mit der peritektischen Konzentration eine Primärausscheidung statt, ehe die das System charakterisierende peritektische Reaktion abläuft. Dies kommt auch in der Abkühlungskurve 3 vom Bild 2.125 zum Ausdruck.
Die Erstarrungsvorgänge bei den Legierungen mit 55 bis 31 % Pt, Rest Ag, seien an einer Legierung mit 40 % Pt + 60 % Ag behandelt. Sobald die Liquidustemperatur bei 1 300 °C erreicht ist, scheiden sich primäre α-Mischkristalle aus der Schmelze aus. Bei der peritektischen Temperatur beträgt der Mengenanteil an α-Mischkristallen (mit 88 % Pt + 12 % Ag) und an Restschmelze (mit 31 % Pt + 69 % Ag) mit den Hebeln $a = 60 - 12 = 48$ und $b = 69 - 60 = 9$:

$$m_\alpha = \frac{9}{48 + 9} \cdot 100\,\% = 15{,}8\,\% \; \alpha\text{-Mischkristalle}$$

$$m_S = \frac{}{48 + 9} \,\% = 84{,}2\,\% \; \text{Restschmelze}.$$

Es ist also mehr Restschmelze vorhanden, als für die Umbildung der primären α-Mischkristalle in β-Mischkristalle erforderlich wäre. Hat sich das gesamte α peritektisch in β umgewandelt, so besteht die Legierung (mit $a = 60 - 45 = 15$ und $b = 69 - 60 = 9$) aus

$$m_\beta = \frac{9}{15 + 9} \cdot 100\,\% = 37{,}5\,\% \; \beta\text{-Mischkristallen}$$

und

$$m_S = \frac{15}{15 + 9} \cdot 100\,\% = 62{,}5\,\% \; \text{Restschmelze}.$$

Die Erstarrung ist also noch nicht beendet, sondern geht bei der Abkühlung weiter, indem sich nun aus der Restschmelze primäre β-Mischkristalle ausscheiden. Diese nehmen aus der Schmelze kontinuierlich durch Diffusion Silber auf. Bei der Solidustemperatur von 1 100 °C enthalten die β-Kristalle 40 % Pt + 60 % Ag, und die Legierung ist vollständig erstarrt. Nach Erreichung der Löslichkeitskurve bei 700 °C scheiden sich aus den β-Mischkristallen noch α-Segregate aus.

In der Abkühlungskurve dieser Legierung (Bild 2.125, Kurve *4*) machen sich die primäre α-Ausscheidung durch den oberen Knickpunkt, die peritektische Reaktion durch den Haltepunkt und das Ende der Erstarrung durch den unteren Knickpunkt bemerkbar.

Die Legierungen mit 31 bis 0 % Pt, Rest Ag, erstarren wieder, wie bei homogenen Mischkristallen üblich. Eine Legierung mit beispielsweise 20 % Pt + 80 % Ag scheidet ab 1 110 °C primäre β-Mischkristalle aus der Schmelze aus. Die Erstarrung ist bei der Solidustemperatur von 1 020 °C beendet, und die Legierung besteht aus homogenen β-Mischkristallen. In der Abkühlungskurve *5* vom Bild 2.125 sind nur die beiden Knickpunkte vorhanden.

Die in peritektischen Systemen auftretenden Gefüge bestehen aus α- und β-Mischkristallen. Über die Mengenanteile von α und β in den Pt-Ag-Legierungen gibt das im Bild 2.126 dargestellte Gefügerechteck Auskunft.

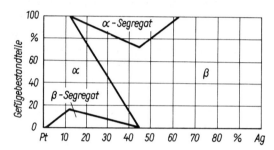

Bild 2.126. Gefügerechteck der Platin-Silber-Legierungen

Systeme, die ein Peritektikum enthalten, sind besonders empfindlich gegenüber einer schnellen Abkühlung. Die im Zustandsdiagramm angegebenen Gleichgewichte stellen sich nur nach sehr langsamen Abkühlungen ein. Manchmal sind außerdem noch langzeitige Homogenisierungsglühungen erforderlich, um den Gleichgewichtszustand einzustellen. Die primär ausgeschiedenen α-Kristalle werden sich, sobald die Peritektikale erreicht ist und die Reaktion mit der Schmelze beginnt, zuerst an der Oberfläche, die mit der Schmelze in unmittelbarer Berührung steht, in die β-Mischkristalle umwandeln. Von der Oberfläche aus müssen dabei die β-Atome aus der Schmelze in die festen α-Kristalle eindiffundieren. Zu einer bestimmten Zeit *t* bestehen die in der Schmelze schwimmenden Kristalle aus einem α-Kern, der von einer β-Schale umgeben ist. Unterbricht man die Reaktion zu diesem Zeitpunkt, indem man die breiige Legierung in Wasser abschreckt, so können diese *Schalenkristalle* auf Raumtemperatur unterkühlt werden. Bild 2.127 zeigt

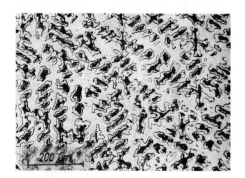

Bild 2.127. Primäre α-Mischkristalle (dunkel) mit peritektischen Höfen aus β

derartige α-Kristalle (dunkel), die von peritektisch entstandenen Höfen aus β (hell) umgeben sind. Oftmals ist es gar nicht erforderlich, die Legierung schroff in Wasser abzuschrecken, sondern es genügen die bei Kokillen- oder Sandguß herrschenden Abkühlungsgeschwindigkeiten, um die peritektische Reaktion zumindest teilweise zu unterdrücken.

2.2.5.4. Eigenschaften von Legierungen mit Kristallgemengen

Die physikalischen und technologischen Eigenschaften von Legierungen mit Kristallgemengen hängen im wesentlichen ab von den Eigenschaften der im Kristallgemenge enthaltenen Einzelphasen, von den Mengenanteilen der einzelnen Phasen, von der Korngröße, Verteilung, Form und gegenseitigen Anordnung der Phasen.
Betrachtet man die Abhängigkeit einer physikalischen oder technologischen Eigenschaft vom Legierungsgehalt, so muß man darauf achten, daß die betreffende Eigenschaft auf die gleiche Größe bezogen ist wie die Konzentration, also entweder auf das Gramm (= Masseprozent), auf die Atommasse (= Atomprozent) oder auf das Volumen (= Volumenprozent). Nur dann lassen sich eventuell vorhandene, einfache Gesetzmäßigkeiten aufdecken. Dies sei am Beispiel der Dichten von Blei-Antimon-Legierungen aufgezeigt.
Trägt man die Dichten (Dimension: g/cm³) der Blei-Antimon-Legierungen in Abhängigkeit vom Masseprozentgehalt auf, so erhält man nicht eine lineare, sondern eine stetig gekrümmte Kurve nach Bild 2.128. Die Dichte ändert sich also nicht proportional mit der Konzentration, wenn diese in Masseprozent angegeben ist. Trägt man jedoch den reziproken Wert der Dichte, das *spezifische Volumen* (Dimension: cm³/g), in Abhängigkeit vom Masseprozentgehalt der Legierung auf, so ergibt sich nach Bild 2.129 eine lineare Abhängigkeit, weil nun sowohl die Eigenschaft (das spezifische Volumen) als auch die Konzentrationsangabe (Masseprozent) auf die gleiche Größe, nämlich das Gramm, bezogen sind.
Aus der Gleichung dieser Geraden kann das spezifische Volumen einer aus einem Kristallgemenge bestehenden Legierung in Abhängigkeit vom Legierungsgehalt sehr genau

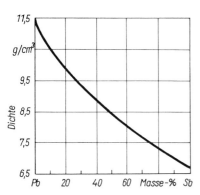

Bild 2.128. Dichte der Blei-Antimon-Legierungen

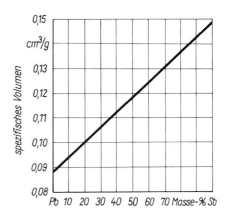

Bild 2.129. Spezifisches Volumen der Blei-Antimon-Legierungen

berechnet werden. Für die Blei-Antimon-Legierungen beispielsweise lautet die Gleichung der Geraden:

$V_s = 0{,}087\,91 + 0{,}000\,610\,6 \times [\%\ \text{Sb}]$.

Die *elektrische Leitfähigkeit* von Kristallgemengen ändert sich im allgemeinen proportional zum Volumenprozentgehalt der Legierung, wie dies Bild 2.130 für das eutektische System Kadmium–Zinn zeigt. Bilden die Komponenten in einem gewissen Bereich Mischkristalle, so ändert sich die Leitfähigkeit in diesem Konzentrationsgebiet entsprechend den für Mischkristalle gültigen Gesetzmäßigkeiten. Die elektrische Leitfähigkeit ist ähnlich wie die Dichte unabhängig von der Größe und Anordnung der Kristallite. Andere Eigenschaften, die sich linear mit der Konzentration ändern, sind der Wärmeinhalt und die thermische Ausdehnung. Das *elektrochemische Potential* eines Kristallgemenges wird praktisch über den gesamten Konzentrationsbereich durch das Potential der unedleren Phase bestimmt, vorausgesetzt, daß keine Komplikationen, wie Deckschichtenbildung oder dgl., auftreten.

Die *Gießbarkeit* von eutektischen Legierungen zeigt die im Bild. 2.131 für das System Blei–Antimon dargestellte Abhängigkeit vom Legierungsgehalt. Die Gießbarkeit ist bei den reinen Metallen und bei der eutektischen Legierung am besten, weil dort die Erstarrung bei konstanter Temperatur erfolgt. Primärausscheidungen von miteinander verzahnten Dendriten verschlechtern die Gießbarkeit bzw. erhöhen die Viskosität der Schmelze, während Primärausscheidungen von idiomorphen Kristallen die Gießbarkeit nur geringfügig beeinflussen.

Legieren vermindert normalerweise das *Verformungsvermögen* der Metalle. Dies geht jedoch nicht so weit, daß die Legierungen technisch nicht mehr verwendungsfähig wären. Von besonderer Gefährlichkeit sind aber spröde Korngrenzenfilme, die zur völligen Versprödung und damit zum Unbrauchbarwerden der Legierungen führen können. Dies ist besonders dann der Fall, wenn durch Verunreinigungen geringe Mengen intermetallische oder chemische Verbindungen mit relativ niederem Schmelzpunkt gebildet werden. 0,005 % Blei machen Gold spröde, weil sich die Metallverbindung Au_2Pb an den Korngrenzen der Goldkristalle bildet. 0,01 % Schwefel in Elektrolyteisen oder in Nickel erge-

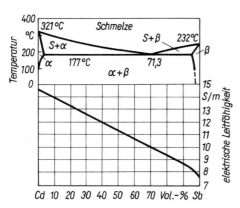

Bild 2.130. Elektrische Leitfähigkeit der Kadmium-Zinn-Legierungen

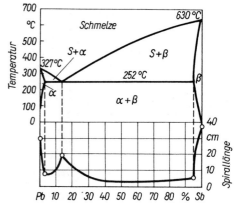

Bild 2.131. Gießbarkeit der Blei-Antimon-Legierungen

ben versprödende Korngrenzenfilme aus FeS bzw. Ni$_2$S$_3$. In gleicher Weise wirken Tertiärzementit (Fe$_3$C) an den Korngrenzen von Ferrit (Baustahl) und Sekundärzementit (Fe$_3$C) an den Korngrenzen von Perlit oder Martensit (Werkzeugstahl) versprödend.
Die *Härte* der heterogenen Legierungen ändert sich proportional mit dem Legierungsgehalt, wenn die einzelnen Phasen gleichmäßig verteilt sind. Die Härte einer heterogenen Legierung läßt sich dann aus den Härten der beteiligten Phasen nach der Mischungsregel berechnen. Bezeichnet man mit $HB(A+B)$ die gesuchte Härte des Kristallgemenges $A+B$, mit $HB(A)$ die Härte der Phase A und mit $HB(B)$ die Härte der Phase B, so errechnet sich die Härte einer Legierung mit V_A Volumenprozent A zu

$$HB(A+B) = \frac{V_A}{100} HB(A) + \frac{(100 - V_A)}{100} HB(B). \tag{2.29}$$

Die Anwendung der Mischungsregel setzt jedoch voraus, daß sich die Korngröße der Phasen in Abhängigkeit von der Konzentration nicht ändert. Bei eutektischen Legierungssystemen verschiebt sich mit dem Legierungsgehalt aber das Verhältnis von großen Primärkristallen zu feinkörnigem Eutektikum. Da allgemein die Härte eines Gemenges mit steigender Kornfeinheit zunimmt, so liegen bei Legierungen mit einem eutektischen Gefügebestandteil die Härten höher, als durch die Mischungsregel errechnet wird.
Im Bild 2.132 ist das eutektische System Blei–Antimon nochmals schematisch dargestellt. Blei hat eine Brinellhärte von $HB=5$, Antimon eine solche von $HB=25$. Die strichpunktierte gerade Verbindungslinie a gibt die nach der Mischungsregel berechneten Härten der Pb-Sb-Legierungen an. Die wirklich gemessenen Werte entsprechen aber der darüber befindlichen ausgezogenen Kurve b, die aus zwei geradlinigen Teilen besteht. Die Differenz zwischen beiden Härtekurven ergibt für jede Legierung die durch das feinkörnige Eutektikum verursachte zusätzliche Härtesteigerung. Diese ist offenbar bei der reineutektischen Legierung am größten, da dann das Gefüge nur aus dem eutektischen Gefügebestandteil besteht. In unter- und übereutektischen Legierungen nimmt die Menge an Eutektikum proportional mit der Entfernung vom eutektischen Punkt ab, und es treten im Gefüge in zunehmendem Maß primäre α- oder β-Kristalle auf. Damit nimmt entsprechend die Größe der zusätzlichen Härtesteigerung ab.
Ein besonderes Phänomen stellt die Möglichkeit der Härtesteigerung durch Abschrecken von Legierungen, die im Gefüge Eutektikum enthalten, dar. Bild 2.133 zeigt das eutekti-

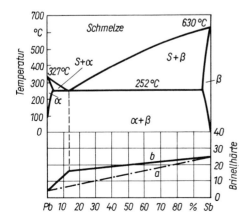

Bild 2.132. Härte der Blei-Antimon-Legierungen

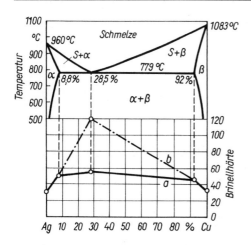

Bild 2.133. Härte der Silber-Kupfer-Legierungen
a) Härte nach langsamer Abkühlung
b) Härte nach Abschrecken von 750 °C

sche System Silber–Kupfer. Der eutektische Punkt liegt bei 28,5 % Cu und 779 °C. Sowohl Silber als auch Kupfer bilden bei höheren Temperaturen Mischkristalle, doch nimmt die gegenseitige Löslichkeit mit sinkender Temperatur ab.

Reines Kupfer hat eine Brinellhärte von 35 HB, reines Silber eine solche von 30 HB. Langsam abgekühlte Ag-Cu-Legierungen des mittleren Konzentrationsbereichs weisen Brinellhärte zwischen 50 und 55 HB auf (Kurve a). Schreckt man dagegen die Legierungen von 750 °C ab, so ist ein erheblicher Härteanstieg festzustellen (Kurve b). Die reineutektische Legierung erreicht dabei eine Brinellhärte von 120 HB. Je weniger Eutektikum in den Legierungen enthalten ist, um so geringer wird die durch das Abschrecken bewirkte Härtezunahme. Diese Härtesteigerung wird wahrscheinlich beim Abschrecken durch eine gewisse plastische Verformung der im Eutektikum enthaltenen feinen Kristallite infolge ihrer unterschiedlichen Temperaturausdehnung hervorgerufen.

2.2.6. Legierungen mit einer intermetallischen Verbindung

2.2.6.1. Atomarer Aufbau und Eigenschaften der intermetallischen Verbindungen

Aus der Chemie ist bekannt, daß sich elektronegative Elemente, wie Chlor, Sauerstoff, Schwefel, mit elektropositiven Elementen, wie Wasserstoff, Natrium, Kalzium, Eisen, zu chemischen Verbindungen vereinigen können. Derartige Verbindungen, wie beispielsweise NaCl (Steinsalz), H_2O (Wasser), CaO (Kalk) oder FeS (Eisensulfid), haben ganz andere Eigenschaften als die reinen Elemente, die die Verbindungen aufbauen. Das Steinsalz ist ein farbloser, durchsichtiger, harter Körper mit dem bekannten salzigen Geschmack, während Natrium ein sehr weiches, silberweißes, undurchsichtiges Metall und Chlor ein gelbgrünes, hochgiftiges Gas ist.

In einem NaCl-Kristall liegen die Na- und die Cl-Atome nicht als neutrale Atome, sondern als elektrisch geladene Ionen vor. Das isolierte Natriumatom hat ein äußeres Valenzelektron, das Chlor deren sieben (Bild 2.134a). Beim Zusammentritt von Natrium und

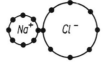

Natrium-Atom   Chlor-Atom   NaCl-Verbindung
(heteropolar)

a)   b)

Bild 2.134. Heteropolare Bindung

Chlor zu der Verbindung NaCl gibt das Natriumatom sein negatives Valenzelektron an das Chloratom ab. Dadurch geht das elektrisch neutrale Natriumatom in das einwertig positiv geladene Na^+-Ion über, während das neutrale Chlorion in das einwertig negativ geladene Cl^--Ion übergeht. Nach dem COULOMBschen Gesetz ziehen sich verschiedenartig geladene Körper an, und durch diese Kräfte werden im NaCl-Gitter die Natrium- und Chlorionen zusammengehalten (Bild 2.134b).
Man bezeichnet diese Art der Bindung als *heteropolare Bindung*. Für Verbindungen mit heteropolarer Bindung sind die DALTONschen Gesetze der konstanten und multiplen Proportionen charakteristisch, die besagen, daß sich zwei Elemente entsprechend ihrer chemischen Valenz miteinander verbinden. So bildet das einwertige Chlor mit dem zweiwertigen Eisen die Verbindung $FeCl_2$, mit dem dreiwertigen Eisen aber die Verbindung $FeCl_3$. Der Kristallaufbau der heteropolaren Verbindungen wird im wesentlichen dadurch bestimmt, daß sich die verschiedenartigen Ladungen möglichst vollständig absättigen können. Dies ist beim Steinsalz beispielsweise der Fall, in dessen kubischem Gitter ein Na^+-Ion von 6 Cl^--Ionen und ein Cl^--Ion von 6 Na^+-Ionen umgeben ist.
Die Gasmoleküle, wie H_2, Cl_2, O_2, Na_2, und die organischen Verbindungen, wie Methan (CH_4), Äthan (C_2H_6), Benzol (C_6H_6), werden durch sog. *homöopolare Bindungskräfte* zusammengehalten.

  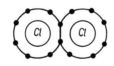

Cl-Atom   Cl-Atom Cl_2-Verbindung
(homöopolar)

a)   b)

Bild 2.135. Homöopolare Bindung

Bild 2.135a zeigt beispielsweise 2 isolierte Chloratome mit jeweils 7 Elektronen in der äußersten Schale. Treten die beiden Atome zu einem Cl_2-Molekül zusammen, so füllen sich die beiden Außenschalen zu einer sehr stabilen, edelgasähnlichen Achterschale auf (Bild 2.135b). Die beiden Brückenelektronen halten das Chlormolekül zusammen.
Bei der heteropolaren und homöopolaren Bindung sind im Gegensatz zur metallischen Bindung die Elektronen weitgehend an die Atome gebunden. Daraus ergeben sich die für Nichtmetalle typischen Eigenschaften, wie Sprödigkeit, Durchsichtigkeit, mangelndes elektrisches und Wärmeleitvermögen usw.
Zwei Metalle können ebenfalls zu einer Verbindung zusammentreten. Diese *intermetallischen Verbindungen* bezeichnet man als *Metallide* oder *intermediäre Phasen*. Die Bindungskräfte zwischen den Metallionen in einem Metallid sind nicht rein metallischer Natur. Je

nach der Art der die Metallverbindung aufbauenden Elemente kann sich der Charakter der Anziehungskräfte von der metallischen zur heteropolaren oder zur homöopolaren Bindungsart hin verschieben. Es besteht auch die Möglichkeit, daß in einem Metallidgitter sich verschiedenartige Bindungskräfte betätigen. Daraus folgt, daß die Eigenschaften der Metallide zwischen den Eigenschaften der Metalle und der Eigenschaften der Nichtmetalle liegen, wobei die Übergänge nicht scharf, sondern durchaus fließend sind.

Das DALTONSCHE Gesetz von den konstanten und multiplen Proportionen gilt für Metallide im allgemeinen nicht. Die normalen chemischen Wertigkeiten haben für die Verbindungen zwischen Metallen keine Gültigkeit. Es gibt beispielsweise intermediäre Phasen mit der Zusammensetzung Fe_5Zn_{21} oder Al_4Cu_9. Kupfer bildet mit Zinn Metallide der Form $Cu_{31}Sn_8$, Cu_3Sn und Cu_6Sn_5. Weiterhin können Metallide mit einem oder mit beiden der die Verbindung aufbauenden Metalle Mischkristalle bilden. In der Verbindung SbSn lassen sich 8 % Sn durch 8 % Sb oder auch 8 % Sb durch 8 % Sn ersetzen, ohne daß sich der Aufbau und der Charakter der Verbindung wesentlich ändert.

Im allgemeinen sind die Gitter der intermetallischen Verbindung anders, und zwar komplizierter aufgebaut als die Gitter der beteiligten reinen Metalle. Während Blei ein kubisch-flächenzentriertes und Magnesium ein hexagonales Gitter hat, kristallisiert die intermetallische Verbindung Mg_2Pb zwar auch kubisch, aber nach dem sog. Kalziumfluoridgitter (Bild 2.136a). In der stark aufgeweiteten kubisch-flächenzentrierten Elementarzelle des Bleis mit einer Gitterkonstanten von $a = 0{,}684$ nm (reines Blei hat eine Gitterkonstante von nur $a = 0{,}495$ nm) sind 8 Mg-Atome symmetrisch derart eingelagert, daß jeder der 8 Unterwürfel der großen Zelle durch ein Mg-Atom raumzentriert wird. Die 8 Mg-Atome bilden auf diese Weise im Inneren der Elementarzelle einen primitiven Würfel (im Bild 2.136a gestrichelt). Wie man leicht ausrechnen kann, befinden sich in der Elementarzelle 4 Pb-Atome und 8 Mg-Atome, also 4 Moleküle Mg_2Pb.

Das kubisch-flächenzentrierte Aluminium bildet mit dem rhomboedrischen Antimon die Verbindung AlSb. Wie aus Bild 2.136b zu ersehen ist, befinden sich 4 Sb-Atome symmetrisch in der auf $a = 0{,}610$ nm aufgeweiteten Elementarzelle des Aluminiums (die Gitterkonstante des reinen Al beträgt $a = 0{,}405$ nm). Die gestrichelten Verbindungslinien zwischen den Sb-Atomen ergeben ein kubisches Tetraeder (Zinkblendegitter). In der Elementarzelle befinden sich 4 Al-Atome und 4 Sb-Atome, also 4 AlSb-Moleküle.

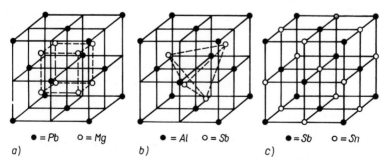

● = Pb ○ = Mg
a)
● = Al ○ = Sb
b)
● = Sb ○ = Sn
c)

Bild 2.136. Gitteraufbau intermetallischer Verbindungen
a) Mg_2Pb (Kalziumfluoridgitter)
b) AlSb (Zinkblendegitter)
c) SbSn (Steinsalzgitter)

Das tetragonale Zinn bildet mit dem rhomboedrischen Antimon die kubisch kristallisierende Verbindung SbSn (Bild 2.136c). In dieser Elementarzelle (Steinsalzgitter) werden die Ecken und Flächenmitten des (etwas rhombisch verzerrten) Würfels mit der Gitterkonstanten $a = 0{,}613$ nm von Antimonatomen besetzt, während die Kanten und das Zentrum des Würfels von Sn-Atomen eingenommen werden. Jedes Sn-Atom ist von 6 Sb-Atomen und jedes Sb-Atom von 6 Sn-Atomen symmetrisch umgeben. In der Elementarzelle befinden sich 4 Antimonatome und, da die Zähligkeit eines Atoms auf der Würfelkante $\frac{1}{4}$ beträgt, ebenfalls 4 Zinnatome, also insgesamt 4 SbSn-Moleküle.

Es gibt noch zahlreiche andere Metallide, die einen ähnlich relativ einfachen Gitteraufbau haben. Im allgemeinen ist jedoch die Gitterstruktur der intermetallischen Verbindungen im Vergleich zu den einfachen, dicht gepackten Strukturen der reinen Metalle wesentlich komplizierter und die Packungsdichte deshalb auch z. T. erheblich geringer. Es gibt Metallide, in deren Elementarzelle sich mehr als 50 Atome befinden.

Zwischen Mischkristallen und Metalliden bestehen gewisse Zusammenhänge. Mischkristalle mit einer Überstruktur können infolge ihrer geordneten Atomverteilung als Metallide angesehen werden. Das kubisch-flächenzentrierte Gold bildet beispielsweise mit dem ebenfalls kubisch-flächenzentrierten Kupfer bei höheren Temperaturen in allen Verhältnissen homogene Mischkristalle mit einer statistisch regellosen Atomverteilung, die natürlich ebenfalls kubisch-flächenzentriert aufgebaut sind. Bei langsamer Abkühlung bilden sich dagegen in bestimmten Konzentrationsbereichen zwei Überstrukturen mit definierten Zusammensetzungen aus: CuAu und Cu_3Au (Bild 2.137). In der Überstruktur AuCu wechseln sich Netzebenen aus Cu- bzw. Au-Atomen ab, während in der Elementarzelle der Überstruktur Cu_3Au die Flächenmitten von Cu-Atomen, die Würfelecken dagegen von Au-Atomen besetzt werden. Dadurch ändern sich auch die Gitterkonstanten, weil der Radius der Cu-Atome $0{,}1277$ nm und der Radius der Goldatome $0{,}1442$ nm beträgt. Die Überstruktur AuCu ist tetragonal-flächenzentriert mit den Gitterkonstanten $c = 0{,}398$ nm und $a = b = 0{,}365$ nm.

Der komplizierte Gitteraufbau, die geregelte Atomanordnung sowie das Auftreten von homöopolaren oder heteropolaren Bindungsanteilen sind die Ursachen für die besonderen Eigenschaften der Metallide. Sie stehen zwischen den typischen Metallen, wie Aluminium, Nickel, Eisen usw., einerseits und den typischen Nichtmetallen, wie Diamant, Steinsalz, Kalk usw., andererseits. Die Eigenschaften der Metallide hängen teilweise auch von der Art der die Verbindung aufbauenden Elemente ab, denn es gibt ja auch Elemente mit einer metallischen und nichtmetallischen Doppelnatur, wie Si und As. In Legierungen kommen Verbindungen zwischen typischen Metallen vor, wie Mg_2Pb, Al_2Cu

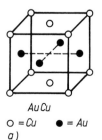
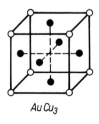

AuCu
○ = Cu ● = Au
a)

AuCu₃
b)

Bild 2.137. Überstrukturen von AuCu (*a*) und AuCu₃ (*b*)

und Cu_4Sn, aber auch Verbindungen zwischen Metallen und typischen Nichtmetallen, wie Fe_3C, Fe_4N und WC.
Die Eigenschaften der Metallide weichen um so mehr von den typischen metallischen Eigenschaften ab,

a) je komplizierter das Atomverhältnis und damit der Kristallaufbau ist,
b) je mehr die an der Verbindung beteiligten Atomarten sich in ihren Eigenschaften, etwa dem spez. Volumen oder dem elektrochemischen Potential, unterscheiden,
c) je mehr die metallischen Bindungskräfte durch homöopolare oder heteropolare Bindungsarten verdrängt werden.

Im allgemeinen zeichnen sich die Metallide durch hohe Härte und beträchtliche Sprödigkeit aus. Während beispielsweise sowohl reines Blei als auch reines Magnesium durch Schmieden gut plastisch verformt werden können, ist die Verbindung Mg_2Pb so spröde, daß sie sich im Mörser pulverisieren läßt. In Legierungen, die geschmiedet, gewalzt, gezogen, also plastisch verformt werden sollen, darf deshalb der Mengenanteil an Metalliden einen bestimmten Betrag nicht überschreiten, wenn die Plastizität erhalten bleiben soll. Andererseits ist die hohe Härte der sog. intermediären Phasen von großer technischer Bedeutung, beruht doch darauf z. B. die große Leistungsfähigkeit der Hartmetalle, die vorwiegend aus Verbindungen zwischen den Metallen Wolfram, Molybdän, Titan, Niob, Tantal und anderen mit den Nichtmetallen Kohlenstoff, Stickstoff, Bor u. a. bestehen. Die Härte derartiger Verbindungen bleibt auch bei relativ hohen Temperaturen erhalten. Demgegenüber sinkt das plastische Verformungsvermögen sehr stark ab, ebenfalls die elektrische Leitfähigkeit und die Wärmeleitfähigkeit, die ja kennzeichnend für die metallische Bindung sind.

2.2.6.2.   Legierungen mit einer kongruent schmelzenden Verbindung

In allen bisher behandelten Systemen traten als Phasen in den erstarrten Legierungen nur die reinen Metalle A und B oder ihre Mischkristalle α und β in Erscheinung. Bilden dagegen zwei Metalle eine intermediäre Phase der Zusammensetzung A_mB_n, die ohne vorhergehende Zersetzung schmilzt (kongruent schmelzendes Metallid), so ergibt sich im einfachsten Fall ein Zustandsschaubild, wie es Bild 2.138 für die Aluminium-Antimon-Legierungen zeigt.
Aluminium bildet mit Antimon die intermetallische Verbindung AlSb, die 82 Masse-% Sb und 18 Masse-% Al enthält. Rechnet man diese Angaben in Atomprozente um, so liegt die Konzentration des Metallids bei 50 Atom-% Sb und 50 Atom-% Al, d. h., auf 1 Atom Sb kommt genau 1 Atom Al, wie es die Formel der Verbindung AlSb ja auch verlangt. Man ersieht aus diesem Beispiel, daß für derartige Betrachtungen die Konzentrationsangabe in Atomprozent wesentlich aufschlußreicher ist als die Angabe in Masseprozent. Die Kristallstruktur von AlSb ist kubisch-flächenzentriert und wurde bereits im Abschn. 2.2.6.1. beschrieben (Bild 2.136b).
AlSb schmilzt bei 1070 °C und bildet mit den Randkomponenten Aluminium und Antimon je ein einfaches eutektisches System ohne Mischkristallbildung. Zur Deutung der Erstarrungsvorgänge kann man sich vorstellen, daß das Gesamtsystem Al–Sb durch einen vertikalen Schnitt bei 82 % Sb und 18 % Al in die beiden Teilsysteme Al–AlSb und

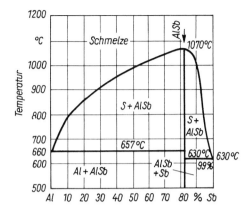

Bild 2.138. Zustandsschaubild Aluminium – Antimon

AlSb – Sb zerlegt wird. Jedes der beiden Teilsysteme entspricht dann den bereits besprochenen einfachen eutektischen Systemen Al – Sn oder Pb – Sb.
Der Schmelzpunkt von Al wird durch Zusatz von AlSb auf 657 °C, der von AlSb durch Zusatz von Al ebenfalls auf 657 °C erniedrigt. Der eutektische Punkt im Teilsystem Al – AlSb liegt bei 1,1 % Sb + 98,9 % Al. Andererseits wird der Schmelzpunkt von Sb durch Zusatz von AlSb auf 630 °C, der Schmelzpunkt von AlSb durch Zusatz von Sb ebenfalls auf 630 °C erniedrigt. Der eutektische Punkt im Teilsystem AlSb – Sb liegt bei 1 % Al + 99 % Sb.
Eine kongruent schmelzende Verbindung verhält sich genauso wie ein reines Metall: In der Abkühlungskurve ergibt sich ein einziger ausgeprägter Haltepunkt bei der Schmelztemperatur der Verbindung, während das Gefüge einphasig ist und lediglich aus Kristalliten der Verbindung besteht. Legierungen mit 0 bis 1,1 % Sb, Rest Al, erstarren unter Primärausscheidung von Al-Kristallen. Bei der eutektischen Temperatur von 657 °C kristallisiert des Eutektikum (Al + AlSb).
Eine Legierung mit 1,1 % Sb und 98,9 % Al erstarrt rein eutektisch. Das Aluminium ist in großem Überschuß vorhanden, so daß es zu keiner gleichmäßigen Verteilung der am Eutektikum beteiligten Phasen kommt. Das eutektische Gefüge ist entartet: An den Korngrenzen der Aluminiumkristalle befinden sich winzige Kristalle aus AlSb.
Legierungen mit 1,1 bis 82 % Sb, Rest Al, erstarren unter Primärausscheidung von länglichen, eckigen, skelettartigen AlSb-Kristallen (idiomorphe Kristalle). Die Restschmelze bildet das entartete Eutektikum. Die Bilder 2.139 und 2.140 zeigen die Gefüge der Legierungen mit 95 % Al + 5 % Sb und 80 % Al + 20 % Sb, die wohl keiner weiteren Erklärung mehr bedürfen.
Die Legierung mit 82 % Sb + 18 % Al erstarrt bei der konstanten Temperatur von 1 070 °C. Das Gefüge besteht aus polyedrischen AlSb-Kristalliten. Im Bild 2.141 ist das Gefüge einer Legierung mit 75 % Sb + 25 % Al dargestellt. Die graue Grundmasse besteht aus AlSb-Kristallen, in denen Risse zu erkennen sind. An den Korngrenzen der AlSb-Kristallite sind noch geringe Reste von (weißem) Aluminium vorhanden. Eutektikum tritt nicht mehr in Erscheinung, weil die AlSb-Kriställchen des Eutektikums an die in großem Überschuß vorhandenen primären AlSb-Kristalle angewachsen sind.
Legierungen mit 82 bis 99 % Sb, Rest Al, erstarren ebenfalls unter Primärausscheidung

von AlSb. Die Restschmelze wird nun aber Sb-reicher und besteht bei der eutektischen Temperatur von 630 °C aus 99% Sb + 1% Al. Bild 2.142 zeigt das Gefüge einer Legierung mit 90% Sb + 10% Al. Die dunkelgrauen, eckigen, skelettartigen AlSb-Primärkristalle sind in das (AlSb + Sb)-Eutektikum eingelagert.

Bild 2.139. 95% Al + 5% Sb. Primäre AlSb-Kristalle (dunkel) im (Al + AlSb)-Eutektikum. Ungeätzt

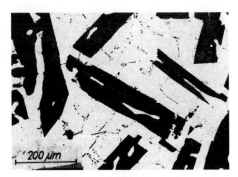

Bild 2.140. 80% Al + 20% Sb. AlSb-Kristalle (dunkel) im (Al + AlSb)-Eutektikum

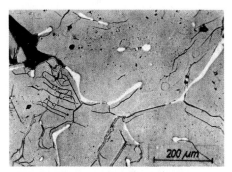

Bild 2.141. 25% Al + 75% Sb. Primäre AlSb-Kristalle, umgeben von (hellen) Aluminiumbändern

Bild 2.142. 10% Al + 90% Sb. Primäre AlSb-Kristalle, umgeben von Antimon. Ungeätzt

Die Legierung mit 99% Sb + 1% Al erstarrt theoretisch rein eutektisch, die Legierungen mit 99 bis 100% Sb, Rest Al, unter Primärausscheidung von Sb.

Die Bildung von AlSb im Schmelzfluß erfolgt außerordentlich träge. Kurzzeitiges Erhitzen oberhalb der Liquidustemperatur führt nur zu einem mechanischen Gemenge aus Antimon und Aluminium. Um das Gleichgewicht einzustellen, müssen die Schmelzen längere Zeit bei höheren Temperaturen gehalten werden. Die Herstellung der für die Gefügeaufnahmen benötigten Schmelzen erfolgte deshalb in der Weise, daß die Metalle in einem Graphittiegel erschmolzen und dann 5 h bei 1200 °C gehalten wurden, mit anschließender langsamer Ofenabkühlung.

Die Frage, wie sich eine intermetallische Verbindung im Schmelzfluß verhält, ist noch nicht restlos geklärt. Fest steht jedoch, daß die Verbindungen beim Schmelzen weitgehend in die Atome zerfallen (dissoziieren) AlSb → Al + Sb. Die Folge davon ist, daß die beiden Liquiduskurven beim Schmelzpunktmaximum keine Spitze bilden, sondern stetig ineinander übergehen und im Maximum selbst eine horizontale Tangente aufweisen.

2.2. Zweistofflegierungen

In dem betrachteten System Al–Sb treten keine Mischkristalle auf. Es besteht jedoch die Möglichkeit, daß im Gitter der Metallverbindung A-Atome durch B-Atome oder B-Atome durch A-Atome ersetzt werden. Dann weist die Metallverbindung einen *Homogenitätsbereich* auf. Die Fähigkeit zur Mischkristallbildung ist in gewisser Hinsicht abhängig von der chemischen Ähnlichkeit der beiden Metalle. Je größer die Ähnlichkeit der Metalle ist, um so stärker ist die Tendenz zur Mischkristallbildung ausgeprägt und umgekehrt. Demgegenüber ist die Stabilität eines Metallids um so größer, je geringer die chemische Ähnlichkeit der beiden Metalle ist, und damit steigt auch der Schmelzpunkt des Metallids an.

2.2.6.3. Legierungen mit einer inkongruent schmelzenden Verbindung

Eine kongruent schmelzende Verbindung ist durch einen definierten Schmelzpunkt ausgezeichnet. AlSb beispielsweise schmilzt bzw. erstarrt bei 1 070 °C. Oberhalb dieser Temperatur ist die Verbindung vollständig aufgeschmolzen, unterhalb dieser Temperatur ist die Verbindung dagegen vollständig erstarrt. In einem Zustandsschaubild weist eine kongruent schmelzende Verbindung, bezogen auf benachbarte Legierungen, ein Schmelzpunktmaximum auf *(Verbindung mit offenem Schmelzpunktmaximum)*.
Es gibt aber auch Metallide, die keine eindeutige Schmelztemperatur haben. Beim Erhitzen zersetzt sich die Verbindung bei einer charakteristischen, konstanten Temperatur in eine Schmelze und in Kristalle abweichender Zusammensetzung. Wird die Temperatur weiter erhöht, so lösen sich die entstandenen andersartigen Kristalle in zunehmendem Maß in der Schmelze auf, bis schließlich bei der Liquidustemperatur die gesamte Verbindung verflüssigt ist.
Wenn in einem Zweistoffsystem $A-B$ eine derartige *inkongruent schmelzende Verbindung V* auftritt, so ergibt sich ein schematisches Zustandsdiagramm nach Bild 2.143. Dabei wurde angenommen, daß sich die Verbindung V während der Erhitzung bei der konstanten Temperatur T' in die Schmelze S' und die Kristallart B' umsetzt:

$$V \xrightarrow[\text{Erhitzung}]{T' = \text{konst.}} S' + B'.$$

Oberhalb der Temperatur T' ist die Verbindung zwar noch existenzfähig, aber das Gemenge aus S' und B' ist thermodynamisch stabiler und tritt deshalb an die Stelle von V.

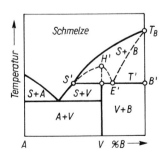

Bild 2.143. System $A-B$ einer inkongruent schmelzenden Verbindung V. Die Verbindung weist ein verdecktes Schmelzpunktmaximum auf

Die Phasengrenzlinien $SH'E'T_B$, die im Bild 2.143 gestrichelt eingezeichnet sind, sind instabil und werden beim stabilen System durch die Liquiduskurve ST_B ersetzt. Das Schmelzpunktmaximum H' der Verbindung V wird durch die Liquiduskurve verdeckt *(Verbindung mit verdecktem Schmelzpunktmaximum).*

Die bei der Erhitzung der inkongruent schmelzenden Verbindung V ablaufende Reaktion ist peritektischer Natur, denn eine feste Phase (V) bildet sich bei konstanter Temperatur T' um in ein Gemenge aus einer andersartigen festen Phase (B') und einer Schmelze (S). Umgekehrt reagiert bei der Abkühlung aus dem Schmelzfluß eine primär ausgeschiedene Phase (B') mit der Restschmelze (S) bei konstanter Temperatur T' unter Ausbildung einer neuen, andersartigen festen Kristallart (V):

$$B' + S' \xrightarrow[\text{Abkühlung}]{T' = \text{konst.}} V.$$

Bei der Kristallisation von Legierungen mit inkongruent schmelzenden Verbindungen sind also ähnliche Vorgänge zu erwarten wie bei der Kristallisation von peritektischen Legierungen.

Ein Realbeispiel ist im Bild 2.144 durch das Teilzustandsdiagramm Antimon–Eisen dargestellt. Die sich peritektisch bei der Temperatur $T' = 728\,°C$ bildende intermetallische

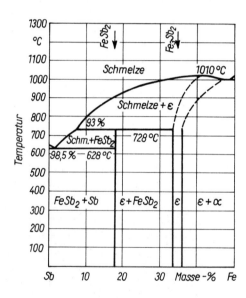

Bild 2.144. Teilzustandsschaubild Antimon–Eisen

Verbindung (V) hat die Zusammensetzung $FeSb_2$. Da alle Kristallisationsvorgänge fast wörtlich dem Abschn. 2.2.5.3. entnommen werden können, soll nur die Erstarrung einer Legierung mit 82% Sb + 18% Fe näher erläutert werden. Während der Abkühlung scheiden sich ab 900 °C aus der Schmelze primäre ε-Kristalle aus. Diese ε-Kristalle verändern ihre Konzentration durch Aufnahme von Antimon aus der Restschmelze während der Temperaturerniedrigung und enthalten bei der peritektischen Temperatur von 728 °C $\approx 66\%$ Sb + 34% Fe. Diese Zusammensetzung entspricht der intermetallischen Verbindung Fe_3Sb_2.

Die nun erfolgende Umsetzung von ε mit der Restschmelze, die 93 % Sb + 7 % Fe enthält, führt zur Bildung von $FeSb_2$:

$$S\,(93\,\%\,Sb) + \varepsilon\,(66\,\%\,Sb) \xrightarrow{728\,°C} FeSb_2\,(82\,\%\,Sb).$$

Nach der Reaktion besteht die Legierung aus homogenen $FeSb_2$-Kristallen, da sowohl Schmelze als auch ε vollständig durch die Reaktion aufgebraucht wurden.
Legierungen mit einem Eisengehalt zwischen 18 und 34 % enthalten nach der peritektischen Reaktion noch primäre ε-Kristalle, da zu wenig Schmelze vorhanden war, um das ε vollständig in $FeSb_2$ umzuwandeln. Diese Legierungen bestehen deshalb nach erfolgter Erstarrung aus einem heterogenen Gemenge aus ε und $FeSb_2$.
Bei Legierungen mit einem Eisengehalt zwischen 7 und 18 % ist nach der peritektischen Reaktion noch Restschmelze übrig, so daß die Erstarrung weitergeht unter Ausscheidung von primären $FeSb_2$-Kristallen. Bei der eutektischen Temperatur von 628 °C enthält die Restschmelze nur noch 1,5 % Eisen und zerfällt in ein (entartetes) Eutektikum (Sb + $FeSb_2$). Legierungen dieses Konzentrationsintervalls bestehen nach der Erstarrung also aus $FeSb_2$-Kristallen, die in eine sehr Sb-reiche Grundmasse eingelagert sind.
Bild 2.145 zeigt das Gefüge einer Legierung mit 88 % Sb + 12 % Fe, die von 1100 °C in eine Eisenkokille vergossen wurde. Zufolge der schnellen Abkühlung verlief die peritektische Reaktion nicht zu Ende, und es befinden sich noch nicht umgesetzte primäre ε-Kristalle (dunkelgraue Kerne) im Gefüge, die von peritektisch gebildeten (mittelgrauen) $FeSb_2$-Schalen umgeben sind. Die hellgraue Grundmasse besteht aus Antimon. Durch langzeitiges Glühen könnte dieses Ungleichgewichtsgefüge in ein Gleichgewichtsgefüge umgewandelt werden, indem aus der Sb-reichen Grundmasse Sb-Atome durch die $FeSb_2$-Schalen in die ε-Kerne einwandern. Im Gleichgewicht sind im Gefüge nur $FeSb_2$-Kristalle und Sb-Grundmasse vorhanden, ähnlich wie bei der im Bild 2.146 dargestellten Legierung aus 95 % Sb + 5 % Fe. Man beachte die kristallographisch begrenzten Formen der primär ausgeschiedenen $FeSb_2$-Kristalle.
Die ε-Phase des Systems Sb–Fe bietet ein schönes Beispiel für die Möglichkeit, daß eine intermetallische Verbindung nicht eine genau definierte Zusammensetzung zu besitzen braucht, sondern durch Mischkristallbildung einen größeren Konzentrationsbereich um-

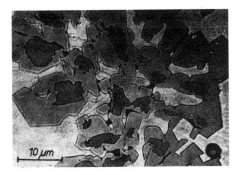

Bild 2.145. 88 % Sb + 12 % Fe. Legierung aus dem Schmelzfluß schnell abgekühlt. Primäre ε-Kristalle (dunkelgrau), umgeben von peritektischen Höfen aus $FeSb_2$ (mittelgrau).
Geätzt nach CZOCHRALSKI

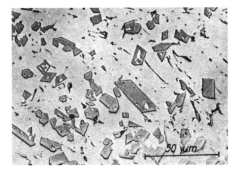

Bild 2.146. 95 % Sb + 5 % Fe. Primäre $FeSb_2$-Kristalle im (Sb + $FeSb_2$)-Eutektikum

fassen kann. Der Existenzbereich bei höheren Temperaturen kann bei ganz anderen Konzentrationen liegen als bei tieferen Temperaturen.
Auch eine inkongruent schmelzende Verbindung ist zur Mischkristallbildung mit den reinen Komponenten befähigt, wo es schematisch im Bild 2.147 dargestellt ist. Die Verbindung V ist in der Lage, sowohl A-Atome durch B-Atome als auch B-Atome durch A-Atome zu ersetzen, ohne daß das Gitter an Stabilität verliert. Zwischen die α- und β-Mischkristallbereiche schiebt sich der γ-Mischkristallbereich der Verbindung V ein.
Durch einen Vertikalschnitt bei der kongruent schmelzenden Verbindung $A_m B_n$ konnten wir das Zweistoffsystem $A - B$ in die beiden Teilsysteme $A - A_m B_n$ und $A_m B_n - B$ zerlegen (s. Abschn. 2.2.6.2.). Jedes der beiden Teilsysteme war einfach eutektisch. Durch einen Schnitt $a-a$ läßt sich das im Bild 2.147 gezeigte Zustandsschaubild mit der inkongruent schmelzenden Verbindung V ebenfalls in zwei einfache Teildiagramme zerlegen: Das Teilsystem $A - V$ ist einfach eutektisch, das Teilsystem $V - B$ dagegen einfach peritektisch. Im Prinzip sind also binäre Systeme, in denen eine mit oder ohne Zersetzung schmelzende Verbindung auftritt, schon nicht mehr einfacher, sondern zusammengesetzter Natur.

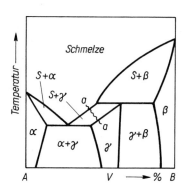

Bild 2.147. System mit einer inkongruent schmelzenden Verbindung V, die sowohl überschüssiges A als auch überschüssiges B in fester Lösung aufnimmt.

2.2.7. Legierungen mit Umwandlungen im festen Zustand

2.2.7.1. Löslichkeitsänderung der Mischkristalle (Aushärtung)

In der Regel nimmt die Fähigkeit eines Metalls zur Mischkristallbildung mit steigender Temperatur zu. Durch die bei höheren Temperaturen verstärkten Schwingungen der Atome um ihre Ruhelage wird das Gitter aufgelockert, so daß die durch den Einbau von Fremdatomen auftretenden Gitterstörungen vermindert werden. Die Temperaturabhängigkeit der Löslichkeit von Mischkristallen wird oftmals durch die VAN'T HOFFsche Gleichung wiedergegeben:

$$\log(X\%) = A - \frac{B}{T}. \qquad (2.30)$$

In dieser Gleichung bedeuten X den Gehalt der Mischkristalle an gelöstem Element in Atomprozent und T die absolute Temperatur in K. A und B sind empirische Konstanten, die in Tabelle 2.19 für einige Mischkristalle angegeben sind.

2.2. Zweistofflegierungen

Tabelle 2.19. Konstanten der Gleichung von VAN'T HOFF

Mischkristall	Mischkristalltyp	A	B
Cu in Al	Substitutionsmischkristall	2,846	1995
Cu in Co	Substitutionsmischkristall	2,343	2269
C in α-Fe	Einlagerungsmischkristall	0,50	2190
N in α-Fe	Einlagerungsmischkristall	0,70	1550

Bild 2.148 gibt den grundsätzlichen Verlauf einer Löslichkeitslinie $a-b$ im $T-c_B$ Schaubild entsprechend Gl. (2.30) wieder. In diesem konkreten Beispiel handelt es sich um einen Eisen-Chrom-Nickel-Molybdän-Mischkristall, der eine temperaturabhängige Löslichkeit für eine Metall-Kohlenstoff-Verbindung, ein sog. *Karbid*, aufweist. Der homogene Mischkristall, die γ-Phase, ist nur bei Temperaturen oberhalb der Löslichkeitslinie $a-b$ beständig. Im Gleichgewichtsfall sind bei Temperaturen unterhalb der Linie $a-b$ neben γ-Mischkristallen noch Karbidkristalle vorhanden. Die Legierungen sind dann heterogen.
Damit bei der Abkühlung der γ-Mischkristalle die Karbidkristalle gebildet und ausgeschieden werden können, müssen die Kohlenstoffatome, die im homogenen γ-Mischkristall gleichmäßig verteilt sind, innerhalb des Kristallgitters gewisse Strecken zurücklegen. Diese Wanderung der Atome erfolgt durch Diffusion, so daß Temperatur und Zeit bei der Ausscheidung gemäß Gl. (2.28) eine wichtige Rolle spielen.
Bild 2.149 zeigt das Gefüge einer Legierung mit 16% Cr, 25% Ni, 6% Mo, 0,1% C, Rest Eisen, die von 1200 °C sehr langsam abgekühlt worden ist. Die Grundmasse besteht aus Chrom-Nickel-Molybdän-Eisen-Mischkristallen. In diese γ-Mischkristalle sind die Karbide in Form von Stäbchen eingelagert. Derartige Ausscheidungen aus Mischkristallen bezeichnet man als *Segregate*. Die Karbidstäbchen bilden miteinander nur ganz bestimmte Winkel, ein Zeichen, daß die Karbidausscheidung bezüglich zum γ-Kristallgitter orientiert vonstatten ging. Die Ausscheidung läuft innerhalb eines γ-Korns gleichmäßig.
Bild 2.150 zeigt die regelmäßige Lage der Karbidsegregate nochmals bei höherer Vergrößerung.
Schreckt man die γ-Mischkristalle aus dem Phasenfeld der festen homogenen Lösung in Wasser ab, so ist die zur Verfügung stehende Diffusionszeit zu kurz, als daß die Atome

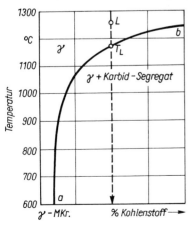

Bild 2.148. Verlauf der Löslichkeitslinie $a-b$ eines Mischkristalls

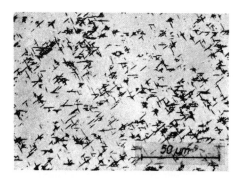

Bild 2.149. FeCrNiMoC-Legierung, von 1 200 °C sehr langsam abgekühlt. γ-Mischkristalle mit geregelt ausgeschiedenen Karbidsegregaten. Geätzt mit Orthonitrophenol

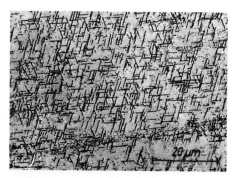

Bild 2.150. Wie Bild 2.149 mit höherer Vergrößerung

die für eine Entmischung erforderlichen Wege zurücklegen könnten. Der thermodynamisch nur bei Temperaturen oberhalb der Löslichkeitslinie $a-b$ beständige homogene γ-Mischkristall wird durch das Abschrecken bei Raumtemperatur im ebenfalls homogenen Zustand erhalten, und die Segregatbildung wird unterdrückt. Der gesamte Kohlenstoff bleibt in den γ-Mischkristallen gelöst.

Mischkristalle, die infolge zu schneller Abkühlung nicht im Gleichgewicht und die höher, als dem Gleichgewichtsfall entspricht, auflegiert sind, bezeichnet man als *übersättigt*. Die Wanderungsgeschwindigkeit der Atome ist bei Raumtemperatur nur sehr gering, und deshalb lassen sich übersättigte Mischkristalle bei entsprechend tiefen Temperaturen beliebig lange lagern, ohne daß eine Segregatbildung auftritt.

Bild 2.151 zeigt das Gefüge der Legierung vom Bild 2.149, die von 1 200 °C in Wasser abgeschreckt wurde. Das Gefüge besteht aus homogenen, übersättigten γ-Mischkristallen. Glüht man die Legierung 1 h bei 1 150 °C, d. h. dicht unterhalb der Löslichkeitsgrenze, so scheidet sich entsprechend dem Gleichgewichtszustand ein Teil der Karbide vorzugsweise an den Korngrenzen, aber auch im Korninneren aus. Schreckt man anschließend in Wasser ab, so wird dieser Zustand fixiert (Bild 2.152). Die ausgeschiedenen Karbide haben keine Stäbchenform mehr, sondern sind unter dem Einfluß der Oberflächenspannung zu

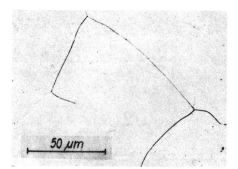

Bild 2.151. Wie Bild 2.149, aber von 1 200 °C in Wasser abgeschreckt. Homogene, übersättigte γ-Mischkristalle

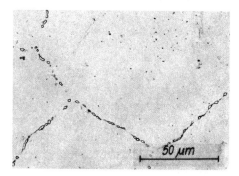

Bild 2.152. Wie Bild 2.149, aber von 1 150 °C in Wasser abgeschreckt. Karbidausscheidungen an den Korngrenzen und im Korninneren

2.2. Zweistofflegierungen

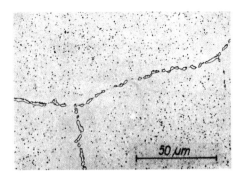
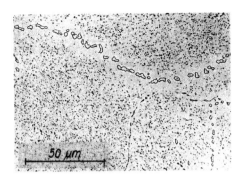

Bild 2.153. Wie Bild 2.149, aber von 1 100 °C in Wasser abgeschreckt. Karbidausscheidungen an den Korngrenzen und im Korninneren

Bild 2.154. Wie Bild 2.149, aber von 1 050 °C in Wasser abgeschreckt. Karbidausscheidungen an den Korngrenzen und im Korninneren

rundlichen Gebilden koaguliert. Einstündiges Glühen bei 1 100 bzw. 1 050 °C mit nachfolgendem Wasserabschrecken ergibt die Gefüge von Bild 2.153 und Bild 2.154. Entsprechend den tieferen Glühtemperaturen hat sich die Menge an Karbidsegregaten vergrößert.

In dem Maß, wie sich die Menge an ausgeschiedenen Karbiden vergrößerat, steigt auch die Härte der Legierung an. Die geringste Härte haben die homogenen γ-Mischkristalle mit $HB = 150$. Die von 1 150 °C abgeschreckte Legierung hat eine Brinellhärte von 163, die von 1 100 °C abgeschreckte Legierung eine solche von 180 und die von 1 050 °C abgeschreckte Legierung eine solche von 195 HB.

Glüht man abgeschreckte, übersättigte Mischkristalle bei höheren Temperaturen, so erfolgt wiederum Segregatbildung, sobald eine bestimmte, kritische Temperatur überschritten wird. Die Menge und Größe der Segregate hängt dabei von der Anlaßtemperatur und Anlaßzeit ab. Je höher die Anlaßtemperatur und je länger die Anlaßdauer ist, um so näher kommt die Legierung dem Gleichgewichtszustand, und um so größer fallen die Segregatkristalle an.

Bild 2.155 zeigt das Gefüge der Legierung mit 16 % Cr, 25 % Ni, 6 % Mo, 0,1 % C, Rest Eisen, die von 1 200 °C in Wasser abgeschreckt und anschließend 3 h bei 500 °C angelassen wurde. Die homogenen γ-Mischkristalle sind noch unverändert. Auch ein 3stündiges Anlassen bei 600 °C ergibt noch keine Karbidausscheidungen (Bild 2.156).

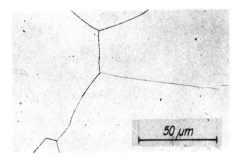
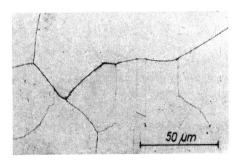

Bild 2.155. FeCrNiMoC-Legierung von 1 200 °C in Wasser abgeschreckt und 3 h bei 500 °C angelassen. Homogene, übersättigte γ-Mischkristalle

Bild 2.156. Wie Bild 2.155, aber 3 h bei 600 °C angelassen. Homogene, übersättigte γ-Mischkristalle

2. Zustandsdiagramme der Metalle und Legierungen

Wird die Anlaßtemperatur auf 700 °C gesteigert, so enthalten die γ-Mischkristalle zahlreiche feinste Karbidsegregate (Bild 2.157). Die Ausscheidungen sind in Gleitebenen in besonders starkem Maß vorhanden. Dadurch tritt die unterschiedliche Gitterstruktur der Zwillingslamellen besonders deutlich in Erscheinung. Erhöhung der Anlaßtemperatur auf 800 °C bewirkt eine Vergröberung der Karbidsegregate (Bild 2.158). Die bezüglich zu den γ-Mischkristallen orientierte Lage der Karbidstäbchen ist deutlich zu erkennen. Anlaßtemperaturen von 900 °C und 1 000 °C bewirken eine Koagulation der Karbidteilchen (Bilder 2.159 und 2.160). Entsprechend der zunehmenden Löslichkeit der γ-Mischkristalle für Kohlenstoff nimmt die Menge an Karbidausscheidungen aber wieder ab (die Legierung wurde nach dem Anlassen in Wasser abgeschreckt).

Bei Mischkristallen mit temperaturabhängiger Löslichkeit ist ganz allgemein der Gefügezustand von der Abkühlungsgeschwindigkeit und von einer nachfolgenden Anlaßglühung abhängig. Je größer die Abkühlungsgeschwindigkeit ist, um so weniger Segregate scheiden sich aus, und um so stärker ist die Übersättigung der Mischkristalle. Je höher die nachfolgende Anlaßtemperatur und je länger die Anlaßzeit ist, um so vollständiger stellt sich das Gleichgewicht ein.

Die Bildung und Ausscheidung von Segregaten aus übersättigten Mischkristallen läuft im allgemeinen nicht kontinuierlich, sondern in sehr komplizierter Weise über mehrere Zwi-

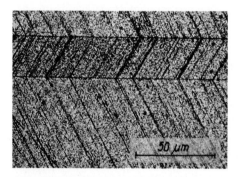

Bild 2.157. Wie Bild 2.155, aber 3 h bei 700 °C angelassen. Feine Karbidausscheidungen

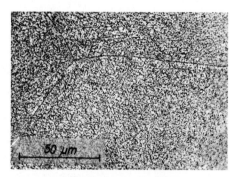

Bild 2.158. Wie Bild 2.155, aber 3 h bei 800 °C angelassen. Mittlere Karbidausscheidungen

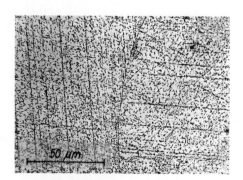

Bild 2.159. Wie Bild 2.155, aber 3 h bei 900 °C angelassen. Grobe Karbidausscheidungen

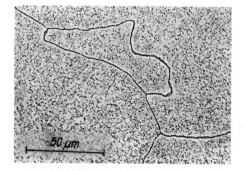

Bild 2.160. Wie Bild 2.155, aber 3 h bei 1 000 °C angelassen. Grobe Karbidausscheidungen

schenzustände und metastabile Phasen ab. In einer sehr vereinfachten Darstellung gestaltet sich der Entmischungsprozeß in seinen Hauptstadien wie folgt.

Bild 2.161a zeigt den atomaren Aufbau eines abgeschreckten, homogenen, aber übersättigten Mischkristalls. Die gelösten Atome (schwarze Kreise) sind im Matrixgitter (weiße Kreise) regellos verteilt. Die Temperatur soll so niedrig liegen, daß die Atome keine größeren Strecken zurücklegen können. Der an sich instabile Zustand ist eingefroren, und der übersättigte Mischkristall ist beliebig lange beständig.

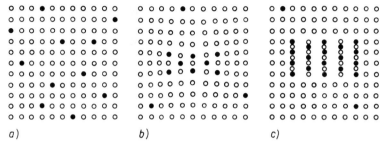

Bild 2.161. Schematische Darstellung der Segregatbildung
a) abgeschreckter und übersättigter homogener Mischkristall
b) Bildung einer lokalen Überstruktur (einphasige Entmischung)
c) Bildung der Ausscheidung (zweiphasige Entmischung)

Wird die Temperatur erhöht, so nimmt die Diffusionsgeschwindigkeit zu. Der Mischkristall verändert sich so in seinem Aufbau, daß er dem Gleichgewicht näherkommt. An bestimmten bevorzugten Stellen des Gitters sammeln sich die gelösten Atome an und ordnen sich im Laufe der Zeit zu einer Art lokalen Überstruktur an, wie es in Bild 2.161b schematisch dargestellt ist *(einphasige Entmischung)*. Der Aufbau dieses Zwischenzustandes ist bei den einzelnen Mischkristallen verschieden. Bei Al-Cu-Mischkristallen hat man beispielsweise zeigen können, daß sich die Kupferatome in den Würfelflächen des Aluminiumgitters zu Platten ansammeln. Die Abmessungen dieser Platten nehmen mit steigender Temperatur zu, weil immer mehr Cu-Atome aus dem Al-Cu-Mischkristall herandiffundieren. In diesem Vorstadium des Ausscheidungsprozesses sind die Platten noch mit dem umgebenden Matrixgitter verbunden.

Erst wenn eine bestimmte Grenztemperatur erreicht wird, trennt sich der inzwischen auf eine gewisse Größe angewachsene und in seinem Aufbau umgeformte Überstrukturbereich vom Matrixgitter los, und ein winziger Segregatkristall ist entstanden (Bild 2.161c). Mit weiter steigender Anlaßtemperatur vergrößern sich die ausgeschiedenen Kristalle und koagulieren unter dem Einfluß der Oberflächenspannung zu rundlichen Partikeln *(zweiphasige Entmischung)*.

Entsprechend dem Auflösungsvermögen der Mikroskope müssen die Segregate eine bestimmte Größe erreicht haben, um im Gefüge sichtbar zu werden. Vorher geben sich Ausscheidungen manchmal durch eine leichtere Ätzbarkeit oder Aufrauhung der mikroskopisch noch homogenen Mischkristalle zu erkennen.

Im Abschn. 2.2.4.4. über die Eigenschaften der Mischkristalle wurde ausgeführt, daß gelöste Atome eine Verspannung des Kristallgitters bewirken. In dem Maß, wie sich die mit der Matrix noch fest verbundenen Zwischenzustände ausbilden, nehmen auch die Gitterverspannungen zu. Sobald sich das Segregat vom Matrixgitter gelöst hat, sinkt die Gitterverspannung wieder ab. Da die Gitterverspannungen auf die Eigenschaften der Legierungen großen Einfluß haben, verändert der Ausscheidungsvorgang auch die Eigenschaften der Legierungen in charakteristischer Weise.

In der Tabelle 2.20 sind die Festigkeitswerte einer Legierung mit 16% Cr, 25% Ni, 6% Mo, 0,1% C, Rest Eisen, nach dem Abschrecken von 1 200 °C in Wasser und anschließendem Anlassen bei T zusammengestellt. Man erkennt, daß Zugfestigkeit, Streckgrenze und Härte bei einer Anlaßtemperatur von 800 °C ein Maximum haben. Dehnung, Einschnürung und Kerbschlagzähigkeit weisen bei der gleichen Temperatur relativ niedrige Werte auf.

Neben den Festigkeitswerten ändern sich bei der Entmischung von übersättigten Mischkristallen beim Anlassen zahlreiche andere physikalische und technologische Eigenschaften, wie beispielsweise das Volumen, die elektrische und Wärmeleitfähigkeit, die magnetische Suszeptibilität, die Korrosionsbeständigkeit, die Biege- und Verwindezahl u. a. Die Extremwerte der Anlaßkurven liegen für die verschiedenen Eigenschaften jedoch nicht bei der gleichen Temperatur, sondern sind je nach der Empfindlichkeit ihres Ansprechens auf Störungen des Matrixgitters und auf Größe und Form der Segregate gegeneinander verschoben.

Die bei der Entmischung von übersättigten Mischkristallen auftretenden Eigenschaftsänderungen bezeichnet man als *Aushärtung*. Die Aushärtungseffekte sind von erheblicher technischer Bedeutung, beruht doch darauf beispielsweise die Anwendbarkeit der Aluminiumlegierungen für Konstruktionszwecke. Damit Legierungen aushärtungsfähig sind, müssen folgende Voraussetzungen erfüllt sein:

– Bei höheren Temperaturen muß die Legierung zumindest teilweise aus homogenen Mischkristallen bestehen.
– Bei langsamer Abkühlung müssen die Mischkristalle Segregate ausscheiden.
– Die bei höheren Temperaturen beständigen homogenen Mischkristalle müssen durch Abschrecken auf tiefere Temperaturen in homogener, aber übersättigter Form erhalten werden können.

Die Wärmebehandlung für die Aushärtung einer Legierung, bei der diese Voraussetzungen gegeben sind, besteht dann aus drei Einzelvorgängen:

– Erwärmen der Legierung auf die Homogenisierungstemperatur und Halten daselbst, bis sich alle Segregate im Mischkristall aufgelöst haben.
– Abkühlen mit einer derartigen Geschwindigkeit, daß die homogenen Mischkristalle unterkühlt werden.
– Auslagerung bei Temperaturen, die für die einzelnen Legierungen charakteristisch sind.

Es gibt Legierungen, die nach dem Abschrecken schon bei Raumtemperatur aushärten, wie Al-Cu-Mg oder α-Fe-C *(kaltaushärtende Legierungen)*, während andere Legierungen, beispielsweise Al-Cu, Cu-Be oder α-Fe-Cu, bei höheren Temperaturen angelassen werden müssen *(warmaushärtende Legierungen)*.

Die Aushärtungseffekte sind um so ausgeprägter, je übersättigter der abgeschreckte Mischkristall ist. Um große Aushärtungsbeträge zu erzielen, geht man mit dem Legierungsgehalt möglichst dicht an die maximale Löslichkeit heran und schreckt möglichst

Tabelle 2.20. Aushärtung eines austenitischen Cr-Ni-Mo-Stahls (Abschrecktemperatur 1200 °C; Anlaßdauer 3 h)

Anlaßtemperatur [°C]	Härte [HB]	R_e [MPa]	R_m [MPa]	A_5 [%]	Z [%]	KC [J/cm^2]
300	150	320	610	55	66	230
400	150	320	610	54	61	230
500	150	320	610	53	58	210
600	160	340	630	52	57	180
700	215	400	690	36	41	110
800	235	500	810	20	22	40
900	210	420	720	25	22	40
1000	200	400	700	25	22	40

schroff aus dem Gebiet der festen Lösung ab. Geknetete Legierungen härten gleichmäßiger aus als gegossene Legierungen, weil der Ausgangszustand homogener ist. Der gleiche Aushärtungszustand läßt sich innerhalb gewisser Grenzen durch Anwendung einer höheren Auslagerungstemperatur und einer kürzeren Auslagerungszeit oder durch eine tiefere Auslagerungstemperatur und eine längere Auslagerungszeit einstellen. Bei manchen Legierungen, beispielsweise den Al-Cu-Legierungen, erzielt man bei niederen Auslagerungstemperaturen bei gegebener Festigkeit bessere Zähigkeitswerte. Wird bei der Warmauslagerung der Aushärtungsbestwert überschritten, so fallen Festigkeit und Streckgrenze wieder ab. Derartige Legierungen sind überhärtet oder *überaltert*. Aushärtbare Legierungen können beliebig oft weichgeglüht und wieder ausgehärtet werden.

2.2.7.2. *Komponenten mit allotropen Modifikationen*

In allen bisher betrachteten Zweistoffsystemen besaßen die Komponenten von den tiefsten Temperaturen bis zum Schmelzpunkt nur eine einzige Modifikation. Sie waren entweder kubisch-flächenzentriert, kubisch-raumzentriert, hexagonal oder rhomboedrisch. In Abschn. 2.1.3. hatten wir jedoch bei der Besprechung der reinen Metalle gesehen, daß einige der Metalle, darunter auch die technisch wichtigen Elemente Eisen, Titan und Kobalt, mehrere allotrope Modifikationen aufweisen. Die einzelnen Modifikationen wandeln sich bei genau definierten Temperaturen reversibel ineinander um. Es erhebt sich die Frage, wie die Umwandlungen bei der Legierungsbildung beeinflußt werden.
Im Bild 2.162 ist das Zweistoffsystem Kobalt–Nickel dargestellt. Das reine Kobalt hat von tiefen Temperaturen bis zu 420 °C ein hexagonales Gitter (α-Co), von 420 °C bis zum Schmelzpunkt dagegen ein kubisch-flächenzentriertes Gitter (β-Co). Nickel ist bei allen Temperaturen kubisch-flächenzentriert aufgebaut. Aus dem Diagramm erkennt man, daß durch Zusatz des kubisch-flächenzentrierten Nickels die ebenfalls kubisch-flächenzentrierte Hochtemperaturmodifikation des Kobalts in ihrem Existenzbereich erweitert, die hexagonale Tieftemperaturmodifikation α-Co dagegen verdrängt wird. Co-Ni-Legierungen mit >30 % Ni sind bei Raumtemperatur kubisch-flächenzentriert, und die hexagonale Phase ist verschwunden.
Durch Legieren wird das Existenzgebiet der Modifikation, die das gleiche Gitter hat wie das Legierungselement, im allgemeinen erweitert, während das Existenzgebiet der Modi-

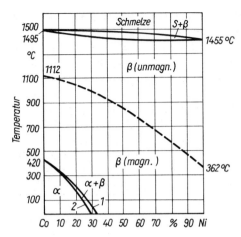

Bild 2.162. Zustandsschaubild Kobalt – Nickel

fikation, die einen vom Legierungselement abweichenden Gitteraufbau besitzt, eingeengt wird. Dabei besteht die Möglichkeit, daß bei entsprechend hohem Legierungszusatz die Modifikation mit der abweichenden Gitterstruktur überhaupt verschwindet, wie im vorliegenden Fall die hexagonale α-Phase.

Ähnlich wie die Schmelzpunkte werden auch die Umwandlungspunkte durch Legieren zu Umwandlungsintervallen aufgeweitet. Man unterscheidet bei den allotropen Umwandlungen von Legierungen die obere Umwandlungstemperatur (Kurve 1 im Bild 2.162) und die untere Umwandlungstemperatur (Kurve 2). Während der Abkühlung einer Legierung beginnt bei der oberen Umwandlungstemperatur die allotrope Umwandlung und ist bei der unteren Umwandlungstemperatur beendet. Im Gegensatz zu den reinen Metallen verläuft bei Legierungen der Umwandlungsprozeß innerhalb eines Temperaturintervalls. Innerhalb des durch die obere und untere Umwandlungslinie begrenzten Phasenfelds sind beide Modifikationen miteinander im Gleichgewicht.

Zwischen das α- und das β-Mischkristallfeld im Bild 2.162 schiebt sich das Zweiphasengebiet ($\alpha + \beta$) ein. Diese Tatsache läßt sich thermodynamisch begründen. Bei den heterogenen Gleichgewichten besagt das *Gesetz der wechselnden Phasenzahl*, daß in zwei benachbarten Phasenfeldern, die nicht durch eine Isotherme (Eutektikale, Peritektikale, Monotektikale, eutektoide Gerade) voneinander getrennt sind, die Anzahl der Phasen stets um eine differieren muß. Ein Einphasenfeld kann also nicht an ein anderes Einphasenfeld angrenzen, sondern nur an ein Zweiphasenfeld usw. Sieht man daraufhin die bisher behandelten binären Zustandsdiagramme durch, so findet man dieses Gesetz bestätigt.

In die Zustandsschaubilder der Eisen-, Nickel- und Kobaltlegierungen werden meistens noch die magnetischen Umwandlungslinien gestrichelt eingezeichnet, wie es auch im Bild 2.162 geschehen ist. Oberhalb der magnetischen Kurve sind die β-Kristalle paramagnetisch, unterhalb dagegen ferromagnetisch. β-unmagnetisch und β-magnetisch haben dabei den gleichen Gitteraufbau. Da es sich also nicht um verschiedene Phasen handelt, gehört die magnetische Umwandlungslinie an und für sich nicht in das Zustandsdiagramm. Wegen der besonderen Bedeutung des Ferromagnetismus und der davon abhängigen Eigenschaften trägt man die magnetische Umwandlungslinie aber doch ein, strichelt sie aber, um anzudeuten, daß es sich nicht um eine Phasengrenzlinie handelt. Infolgedessen gilt auch das Gesetz der wechselnden Phasenanzahl nicht, d. h., paramagnetische und ferromagnetische Phasen grenzen unmittelbar aneinander.

Wie man aus Bild 2.162 weiter entnehmen kann, sind die allotropen Umwandlungen von Legierungen mit Konzentrationsveränderungen verknüpft: Die während der Abkühlung sich aus den β-Mischkristallen ausscheidenden α-Mischkristalle haben nicht nur ein anderes Raumgitter, sondern auch eine andere Zusammensetzung als die Matrixkristalle. Da die Temperatur der Umwandlung relativ niedrig liegt, ist die Wanderungsgeschwindigkeit der Atome gering. Dies bedeutet, daß die Gleichgewichte sich nur nach sehr langsamer Abkühlung bzw. nach sehr langen nachträglichen Glühzeiten einstellen.

Oft stellt sich aber auch nach jahrelangen Glühungen das Gleichgewicht nicht ein. Man ist dann gezwungen, die bei der Erhitzung und bei der Abkühlung verlaufenden Umwandlungsvorgänge getrennt in das Legierungsschaubild einzuzeichnen, wie bei den sehr umwandlungsträgen Eisen-Nickel-Legierungen. Die Temperaturdifferenz zwischen der Umwandlung beim Erhitzen und bei der Abkühlung bezeichnet man als *Hysterese* (Zurückbleiben).

2.2.7.3. *Eutektoider Zerfall der Mischkristalle*

Die im Abschnitt 2.2.4.3. behandelten Kupfer-Nickel-Legierungen waren dadurch gekennzeichnet, daß die aus der Schmelze auskristallisierten homogenen Mischkristalle bei der Abkühlung auf Raumtemperatur keine Veränderungen ihres Gitteraufbaus oder ihres Gefüges erfuhren. Der Existenzbereich der homogenen Mischkristalle erstreckte sich von der Solidustemperatur bis zu den tiefsten Temperaturen hin. Es gibt nun aber auch zahlreiche Mischkristalle, die nur bei hohen Temperaturen beständig sind und die während der Abkühlung bei einer bestimmten Temperatur isotherm in zwei andersartige Kristallarten zerfallen (eutektoide Reaktion):

$$\gamma \xrightarrow{T = \text{Konst.}} (\alpha + \beta).$$

Diese Reaktion entspricht der eutektischen Reaktion, wenn anstelle der Schmelzphase S die Mischkristallphase γ gesetzt wird. Die bei der eutektoiden Reaktion entstandenen neuen Kristallarten α und β haben eine vom γ-Mischkristall unterschiedliche Zusammensetzung und Gitterstruktur und liegen in einem feinen, regelmäßig aufgebauten Gemenge vor, wobei zwischen α und β manchmal kristallographische Orientierungszusammenhänge bestehen. Die Gefügestruktur des Gemenges $(\alpha + \beta)$ ist dem eutektischen Gefüge sehr ähnlich. Man bezeichnet die Reaktion deshalb als *eutektoiden Mischkristallzerfall* und das entstandene Gefüge $(\alpha + \beta)$ als *Eutektoid* (Eutektoid = ähnlich einem Eutektikum).

Im Bild 2.163 ist als Realbeispiel der eutektoide Zerfall der γ-Mischkristallphase bei den Eisen-Kohlenstoff-Legierungen dargestellt. Die kubisch-flächenzentrierte Hochtemperaturmodifikation γ-Fe bildet mit dem Kohlenstoff Einlagerungsmischkristalle, wobei die maximale Löslichkeit bei 1 147 °C 2,06 % C beträgt (Punkt E). Zu tieferen Temperaturen hin wird das Existenzgebiet der γ-Mischkristalle durch den Linienzug *GSE* begrenzt. Die niedrigste Temperatur, bei der im Gleichgewichtsfall γ-Mischkristalle noch beständig sind, beträgt 723 °C (Punkt S). Bei dieser eutektoiden Temperatur löst das γ-Eisen

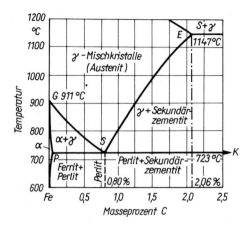

Bild 2.163. Eutektoider Zerfall der γ-Mischkristalle bei Stahl

0,80 % C auf. Bild 2.164 zeigt die Gefügestruktur der homogenen γ-Mischkristalle. Die Polyeder weisen eine charakteristische Zwillingslamellenbildung auf. Die Gefügeentwicklung dieser nur bei hohen Temperaturen beständigen Kristallphase wurde durch Glühen in gereinigtem Stickstoff durchgeführt (Heißätzung).

Bei der Abkühlung einer eutektoiden Fe-C-Legierung mit 0,80 % C findet bei der eutektoiden Temperatur von 723 °C die eutektoide Reaktion statt:

$$\gamma\text{-Mkr. } (0{,}80\,\%\,\text{C}) \xrightarrow{T=723\,°C} \alpha\text{-Mkr. } (0{,}02\,\%\,\text{C}) + \text{Fe}_3\text{C}\ (6{,}67\,\%\,\text{C}).$$

Die γ-Mischkristalle zerfallen in ein feines, geregelt aufgebautes Gemenge aus α-Mischkristallen und der Eisen-Kohlenstoff-Verbindung Fe_3C. Die α-Mischkristalle bestehen aus der kubisch-raumzentrierten, nur bei tieferen Temperaturen beständigen α-Modifikation des Eisens und enthalten nur sehr geringe Mengen an Kohlenstoff (0,02 %) in Form von Einlagerungsmischkristallen gelöst. Das Eisenkarbid Fe_3C kristallisiert rhombisch und weist entsprechend der Formel Fe_3C einen Kohlenstoffgehalt von 6,67 % C auf. Bild 2.165 zeigt das bei der eutektoiden Reaktion entstandene Gemenge aus ($\alpha + Fe_3C$), das als Gefügebestandteil den Namen *Perlit* führt. Im Perlit sind die beiden Phasen α und Fe_3C in Form von Platten miteinander verwachsen. Vermerkt sei, daß sich die eutektoide Um-

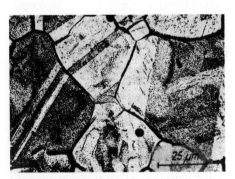

Bild 2.164. Gefügestruktur der γ-Mischkristalle. Heißätzung mit Stickstoff

Bild 2.165. Eisen mit 0,8 % C. Eutektoides Gemenge aus (α-Fe + Fe_3C). Perlit
Geätzt mit 1%iger HNO_3

wandlung der γ-Mischkristalle auf der Abkühlungskurve durch einen deutlich ausgeprägten Haltepunkt zu erkennen gibt.
Eisen-Kohlenstoff-Legierungen mit weniger als 0,80 % C scheiden während der Abkühlung, sobald die Linie GS überschritten wird, zunächst primäre, kohlenstoffarme α-Mischkristalle aus. Die restlichen γ-Mischkristalle reichern sich dadurch in jedem Fall bis auf 0,80 % C bei 723 °C an und zerfallen daraufhin wiederum in das Eutektoid Perlit. Wie man mit Hilfe des Hebelgesetzes leicht ausrechnet, besteht eine Fe-C-Legierung mit 0,7 % C nach der Abkühlung bei Raumtemperatur aus 12,5 % primären α-Mischkristallen und 87,5 % Perlit. Im Bild 2.166 erscheint die an den Korngrenzen der ehemaligen γ-Mischkristalle ausgeschiedene α-Phase weiß, während das Eutektoid an der charakteristischen Lamellenstruktur erkannt werden kann.
Eisen-Kohlenstoff-Legierungen mit einem C-Gehalt zwischen 0,80 und 2,06 % scheiden während der Abkühlung, sobald die Linie ES unterschritten wird, zunächst primäre, kohlenstoffreiche Fe_3C-Kristalle aus. Die übrigbleibenden γ-Mischkristalle verarmen dadurch an Kohlenstoff, enthalten in jedem Fall bei 723 °C nur noch 0,80 % C und zerfallen bei dieser Temperatur isotherm in das Eutektoid Perlit. Wie mit Hilfe des Hebelgesetzes ausgerechnet werden kann, besteht eine Fe-C-Legierung mit 1,3 % C nach der Abkühlung auf Raumtemperatur zu 8,5 % aus sekundären Fe_3C-Kristallen und zu 91,5 % aus Perlit. Das im Bild 2.167 dargestellte Gefüge zeigt, daß die Fe_3C-Kristalle sich wiederum an den Korngrenzen der ehemaligen γ-Mischkristalle befinden und die Perlitkörner bandförmig umgeben. Infolge ihrer hohen Härte stehen die Fe_3C-Kristalle etwas im Relief vor und unterscheiden sich dadurch deutlich von den α-Kristallen.
Die Analogien zwischen einem eutektischen und einem eutektoiden System sind also sehr weitgehend. Sie erstrecken sich nicht nur auf den Gefügeaufbau, sondern auch auf den Verlauf der Phasengrenzlinien, das Nacheinander von Primärkristallisation und eutektoider bzw. eutektischer Kristallisation, die Form der Abkühlungskurven (Knickpunkte bei der Ausscheidung von Primärkristallen, Haltepunkte bei der Kristallisation des Eutektoids bzw. des Eutektikums) und die Anwendungsart des Hebelgesetzes.
Der wesentlichste Unterschied zwischen dem eutektischen Zerfall einer Schmelze und dem eutektoiden Zerfall eines Mischkristalls besteht darin, daß bei der eutektoiden Reaktion die Phasenumbildungen durch Diffusion im festen Zustand vonstatten gehen, während bei der eutektischen Reaktion die Diffusion in der schmelzflüssigen Phase abläuft.

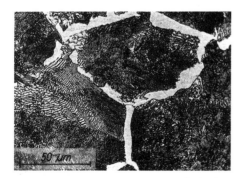

Bild 2.166. Eisen mit 0,7 % C. Untereutektoider Ferrit (α, weiß) und Perlit

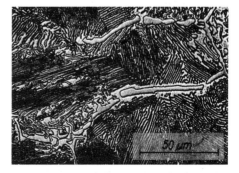

Bild 2.167. Eisen mit 1,3 % C. Übereutektoider Zementit (Fe_3C, weiß) und Perlit

Infolge der relativ viel geringeren Diffusionsgeschwindigkeit der Atome in festen Phasen sind eutektoide Reaktionen sehr unterkühlungsanfällig. Durch schnelle Abkühlung gelingt es oft, die Umwandlungstemperatur zu erniedrigen oder die eutektoide Reaktion vollständig zu unterbinden.

Bei dem voliegenden System Eisen–Kohlenstoff ist es allerdings nicht möglich, die γ-Mischkristalle durch schnelle Abkühlung vollständig unzersetzt auf Raumtemperatur zu unterkühlen. Auch bei schroffster Abschreckung wandelt sich stets ein Teil des Austenits in das α-Gitter um. Die Fe_3C-Bildung läßt sich dagegen leicht unterbinden. Auf diese sehr komplizierten, für die Wärmebehandlung der Stähle aber außerordentlich wichtigen Vorgänge wird später noch ausführlich eingegangen werden.

In Substitutionsmischkristallen ist die Diffusionsgeschwindigkeit erheblich geringer als in Einlagerungsmischkristallen, und deshalb ist es bei diesen Mischkristallen häufig möglich, die eutektoide Reaktion durch Abschrecken zu unterdrücken. Der an und für sich nur bei hohen Temperaturen beständige Mischkristall kann dann bei Raumtemperatur im unterkühlten, aber homogenen Zustand erhalten werden.

Im gleichen Verhältnis wie der eutektische Zerfall einer Schmelze zu dem eutektoiden Zerfall eines Mischkristalls steht auch die peritektische Umsetzung einer festen Kristallart mit der Restschmelze zu einer anderen festen Kristallart und die peritektoide Umsetzung einer festen Kristallart mit einer anderen festen Kristallart zu einer dritten festen Kristallart. Bild 2.168 zeigt schematisch, wie sich die unmittelbar aus der Schmelze aus-

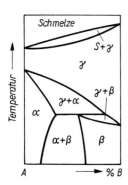

Bild 2.168. Peritektoider Zerfall von Mischkristallen (schematisch)

geschiedenen γ-Kristalle bei weiterer Abkühlung peritektoidisch in die α- und β-Kristalle umwandeln. Wenn in dem im Abschn. 2.2.5.3. besprochenen peritektischen System anstelle von Schmelze oder Restschmelze der Begriff γ-Mischkristall gesetzt wird, so können die Kristallisationsverhältnisse in dem vorliegenden *peritektoiden System* sinngemäß übernommen werden. Je nach dem Legierungsgehalt treten im Gefüge entweder α-Mischkristalle, β-Mischkristalle oder ein Gemenge aus $(\alpha + \beta)$-Mischkristallen auf. Weil bei der peritektoiden Reaktion

$$\gamma + \alpha \xrightarrow{T = \text{Konst.}} \beta$$

keine Schmelze mitwirkt, sind noch stärkere Gleichgewichtsstörungen als bei einem peritektischen System, d. h. peritektoidische Höfe aus β um die primären α-Mischkristalle herum, zu erwarten.

2.2.7.4. Überstrukturbildung der Mischkristalle

Es gibt Mischkristalle, die bei hohen Temperaturen eine normale, regellose Verteilung der Atome im Gitter aufweisen, während sich bei der Abkühlung eine regelmäßige Atomanordnung ausbildet. Eine derartige Überstruktur von der ungefähren Zusammensetzung CoPt tritt im System Platin – Kobalt auf. Wie Bild 2.169 zeigt, bestehen die Kobalt-Platin-Legierungen bei Temperaturen unterhalb der Soliduslinie aus einer ununterbrochenen Reihe von atomar ungeordneten kubisch-flächenzentrierten α-Mischkristallen. Legierungen, die 10 bis 30 % Co enthalten, unterliegen während der Abkühlung, sobald die Grenzkurve abc unterschritten wird, einem Ordnungsvorgang. Die sich ausbildende Überstruktur CoPt hat den gleichen Gitteraufbau wie die im Bild 2.137a dargestellte Überstruktur AuCu und ist ebenfalls tetragonal verzerrt. (Der Atomradius von Platin beträgt 0,1386 nm, der von Kobalt 0,1252 nm.) Dieser Ordnungsvorgang ist lichtmikroskopisch nicht zu erkennen, wohl aber röntgenographisch und elektronenmikroskopisch. Es ändern sich Härte, Festigkeit und elektrische Leitfähigkeit der Legierungen.

Da die Bildung der Überstruktur mit einer Umlagerung der Atome verbunden ist und diese nur durch Diffusion erfolgen kann, läßt sich der Ordnungsvorgang durch Abschrecken unterdrücken. Nachfolgendes Anlassen bei entsprechenden Temperaturen bewirkt dann wieder eine Atomumlagerung in Richtung des Gleichgewichtszustandes, und diese gibt zu Aushärtungserscheinungen Anlaß. Im allgemeinen liegt die Härte des abgeschreckten, ungeordneten Mischkristalls niedriger als die Härte des geordneten Mischkristalls. Umgekehrt ist der elektrische Widerstand der ungeordneten Phase höher als der Widerstand der Überstruktur.

Wird beispielsweise eine Legierung mit 78 % Pt + 22 % Co von 1 200 °C abgeschreckt und anschließend verschieden lange bei 700 °C, also im Existenzgebiet der Überstruktur, angelassen, so bildet sich im Lauf der Zeit durch Diffusion die Überstruktur aus. Die infolge des tetragonalen Gitters auftretenden Gitterverzerrungen ergeben eine bedeutende Härtesteigerung, wie aus Tabelle 2.21 hervorgeht.

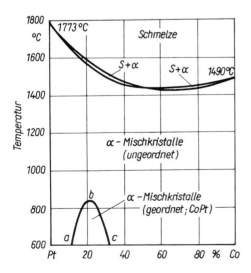

Bild 2.169. Zustandsschaubild Platin – Kobalt

Die Härte steigt nach einstündigem Anlassen bei 700 °C demnach von 175 auf 325, d. h. um 85 %, an. Nach Erreichung dieses Maximalwerts fällt die Härte mit zunehmender Anlaßdauer wieder ab.

Anlaßdauer [h]	0,01	0,1	1	10	1 000
Vickers-Härte [HV]	175	275	325	270	240

Tabelle 2.21. Härtesteigerung infolge Gitterverzerrungen nach Anlassen einer von 1 200 °C abgeschreckten Legierung mit 78 % Pt und 22 % Co bei 700 °C

Platin-Kobalt-Legierungen finden hauptsächlich für die Herstellung von Schmuckwaren Verwendung. Daneben haben sie Bedeutung als Dentallegierungen in der zahnärztlichen Praxis sowie als elektrische Kontaktwerkstoffe.

2.2.7.5. Bildung einer intermetallischen Verbindung aus einem Mischkristall

Der Ordnungsvorgang bei der Abkühlung eines ungeordneten Mischkristalls kann so weit gehen, daß sich nicht nur eine Überstruktur, sondern sogar eine intermetallische Verbindung A_mB_n aus dem Mischkristall bildet. Diese Umwandlung macht sich im Gegensatz zu der Überstrukturbildung im Gefüge durch das Auftreten einer neuen Phase bemerkbar. Sobald die Verbindung A_mB_n im Gefüge vorhanden ist, ist die Legierung technisch unbrauchbar, da das Auftreten der Verbindung mit einer starken Versprödung verbunden ist.

Bild 2.170 zeigt als Realbeispiel das Zustandsschaubild der Eisen-Vanadium-Legierungen. Diese bestehen unmittelbar nach der Erstarrung aus relativ zähen, polygonalen, kubisch-raumzentrierten α-Substitutionsmischkristallen. Bei sehr geringen Abkühlungsgeschwindigkeiten wandeln sich Eisen-Vanadium-Legierungen mit 29 bis 62 % V gemäß der Linie abc ganz oder teilweise in die Verbindung FeV um. Die FeV-Kristalle sind so spröde, daß sie bereits beim Polieren des Schliffs herausbröckeln. Das Maximum der Umwandlunglinie abc liegt bei 1 234 °C und 48 % V. Die Konzentration entspricht ziemlich genau der stöchiometrischen Zusammensetzung von FeV (47,7 % V). Die Gitterstruktur von FeV ist noch nicht aufgeklärt. FeV ist in der Lage, größere Mengen an Eisen oder Vanadium als Mischkristall aufzunehmen.

Durch Abschrecken der Legierungen von 1 300 bis 1 400 °C läßt sich die Bildung von FeV aus den α-Mischkristallen nicht ganz unterdrücken. Man erhält polygonale α-Kristalle mit feinen Ausscheidungen von FeV. Durch nachträgliches Anlassen bei höheren Temperaturen wird die α-Phase vollständig in FeV umgewandelt. Dabei tritt eine erhebliche Härtesteigerung und eine vollständige Versprödung der Legierungen ein.

Ähnlich wie hier für die Eisen-Vanadium-Legierungen beschrieben, bildet sich bei den Eisen-Chrom-Legierungen aus den α-Mischkristallen nach längerem Glühen die intermetallische Verbindung FeCr aus. Die Ausscheidung dieser σ-Phase ist bei den chromhaltigen hochwarmfesten Stählen von technischer Bedeutung, da sie zu einer starken Versprödung dieser Stähle führt.

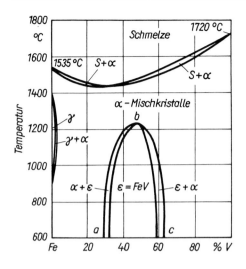

Bild 2.170. Zustandsschaubild Eisen–Vanadium

2.2.7.6. Zerfall eines Mischkristalls in zwei Mischkristalle von unterschiedlicher Zusammensetzung

Als letzter Umwandlungsmechanismus sei noch der bereits in den Abschn. 2.2.5.2. und 2.2.5.3. kurz angedeutete Zerfall eines Mischkristalls in zwei Mischkristalle unterschiedlicher Zusammensetzung, aber gleicher Gitterstruktur betrachtet. Bild 2.171 zeigt als Realbeispiel das Zustandsschaubild der Gold-Nickel-Legierungen.
Die Gold-Nickel-Legierungen sind nur dicht unterhalb der Soliduskurve einphasig. Bei der Abkühlung zerfallen die kubisch-flächenzentrierten α-Mischkristalle, sobald die Mischungslücke *abc* im festen Zustand erreicht wird, in zwei ebenfalls kubisch-flächenzentrierte α-Mischkristalle mit unterschiedlicher Zusammensetzung: Der α_1-Mischkristall ist goldreicher, der α_2-Mischkristall nickelreicher, als der Gesamtzusammensetzung der Legierung entspricht. Dieser Zerfall ist eine Folge der recht unterschiedlichen Gitterkon-

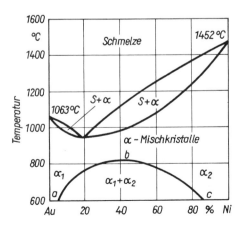

Bild 2.171. Zustandsschaubild Gold–Nickel

stanten von Gold ($a = 0{,}4070$ nm) und Nickel ($a = 0{,}3517$ nm). Die Differenz beträgt 13,6 % und liegt damit in der Nähe der zulässigen Grenze (s. Abschn. 2.2.4.1.).
Eine Legierung mit beispielsweise 80 % Au + 20 % Ni besteht von 950 bis 770 °C aus homogenen Gold-Nickel-Substitutionsmischkristallen. Sobald die Temperatur <770 °C sinkt, scheiden sich bei langsamer Abkühlung α_2-Mischkristalle aus. Die restlichen α-Mischkristalle verarmen dadurch an Nickel und gehen kontinuierlich in die α_1-Phase über. Bei 700 bzw. 600 °C besteht die Legierung mit 80 % Au + 20 % Ni aus folgenden Phasen:

770 °C: 100 % α-Mischkristalle (20 % Ni)
700 °C: 87 % α_1 (12 % Ni) + 13 % α_2 (74% Ni)
600 °C: 81 % α_1 (5 % Ni) + 19 % α_2 (85% Ni).

Der Zerfall von α in α_1 und α_2 beginnt an den Korngrenzen und schreitet von da aus weiter in das Korninnere hinein. Diese Art des Zerfalls bezeichnet man als heterogen oder diskontinuierlich, weil neben aufgespaltenen Mischkristallen auch noch unzerfallene Mischkristalle vorhanden sind. Es gibt auch Mischkristalle, wie Aluminium-Kupfer-Mischkristalle, bei denen der Zerfalls- oder Ausscheidungsvorgang im gesamten Kornvolumen gleichmäßig vonstatten geht. Diese Zerfallsart wird als homogen oder kontinuierlich bezeichnet.

Da die Bildung von α_1- und α_2-Mischkristallen aus der α-Phase mit erheblichen Konzentrationsänderungen verbunden ist, läßt sich der Zerfall durch schnelle Abkühlung der Legierungen aus dem Einphasengebiet unterdrücken, und die übersättigten, homogenen α-Mischkristalle werden auf Raumtemperatur unterkühlt. Durch nachfolgendes Anlassen bei 500 bis 600 °C stellt sich das Phasengleichgewicht im Laufe der Zeit wieder ein, womit wiederum Aushärtungserscheinungen verknüpft sind. Eine abgeschreckte und danach verschieden lange bei 500 °C angelassene Legierung mit 70 % Au + 30 % Ni ergab beispielsweise die in Tabelle 2.22 angeführten Änderungen von Brinellhärte HB und elektrischem Widerstand R.

Tabelle 2.22. Änderung von Brinell-Härte und elektrischem Widerstand beim Zerfall eines abgeschreckten und bei 500 °C ausgelagerten Au-Ni-Mischkristalls mit 70 % Au

Zeit [min]	1	2	6	15	30	60	150	600
HB	275	300	330	315	265	220	180	160
R [$\Omega \cdot \text{mm}^2/\text{m}$]	0,37	0,32	0,20	0,15	0,14	0,13	0,13	0,13

2.2.8. Ergänzungen zu den Zweistofflegierungen

2.2.8.1. Zusammengesetzte binäre Systeme

Es gibt zahlreiche technisch wichtige Zustandsdiagramme, die auf den ersten Blick sehr kompliziert aussehen, in Wirklichkeit aber nur Kombinationen der besprochenen einfachen Grundsysteme sind. Derartige zusammengesetzte Systeme bilden beispielsweise die

Eisen-Kohlenstoff-Legierungen (Stahl und Gußeisen), die Kupfer-Zink-Legierungen (Tombak und Messing), die Kupfer-Zinn-Legierungen (Bronze), die Kupfer-Aluminium-Legierungen (Aluminiumbronze und Duralumin) und viele andere mehr.

In einem binären System können grundsätzlich mehrere kongruent oder inkongruent schmelzende Metallide auftreten, desgleichen mehrere Eutektika, Peritektika, Eutektoide, geordnete und ungeordnete Mischkristalle. In dem Zweistoffsystem Eisen–Kohlenstoff sind beispielsweise enthalten: 1 Eutektikum, 1 Peritektikum, 1 Eutektoid, 1 Verbindung sowie 3 verschiedene Mischkristalle. Im System Kupfer–Zink befinden sich: 5 Peritektika, 1 Eutektoid, 2 verschiedene Mischkristalle sowie 4 inkongruent schmelzende Verbindungen, die ihrerseits ausgedehnte Mischkristallgebiete aufweisen. Von diesen 4 Verbindungen ist eine nur bei höheren Temperaturen beständig, während 2 intermediäre Phasen bei der Abkühlung Ordnungsvorgängen unterliegen.

Als Beispiel für ein zusammengesetztes Realsystem sei das Zustandsschaubild der Antimon-Zinn-Legierungen kurz besprochen (Bild 2.172). Antimon nimmt maximal

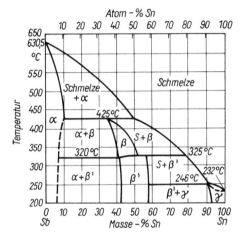

Bild 2.172. Zustandsschaubild Antimon–Zinn

≈11% Sn in fester Lösung auf. Ebenso löst Zinn max. ≈10% Sb, doch nimmt in beiden Fällen die Lösungsfähigkeit mit sinkender Temperatur ab. (Sind in einem Zustandsschaubild gestrichelte Phasengrenzlinien vorhanden, so bedeutet dies, daß diese Grenzen experimentell noch nicht sicher festgelegt werden konnten.[1]) Der antimonreiche α-Mischkristall scheidet sich primär aus der Schmelze aus, während der zinnreiche γ-Mischkristall zum Teil durch peritektische Umsetzung bei 246 °C gebildet wird.

Antimon und Zinn bilden eine inkongruent schmelzende Verbindung SbSn, die sowohl mit Sb als auch mit Sn Mischkristalle bilden kann. Diese Verbindung entsteht bei 425 °C durch peritektische Umsetzung zwischen primär ausgeschiedenen α-Mischkristallen und Schmelze. Das Kristallgitter von SbSn wurde bereits im Abschn. 2.2.6.1. besprochen. Beim Erhitzen oder Abkühlen erleidet das Metallid eine polymorphe Umwandlung, die aber im Gefüge nicht sichtbar ist.

---

[1] Manchmal werden auch die magnetischen Umwandlungspunkte im Diagramm gestrichelt. Im Eisen-Kohlenstoff-Diagramm ist fernerhin das stabile System Eisen–Graphit gestrichelt eingezeichnet.

2. Zustandsdiagramme der Metalle und Legierungen

In den Bildern 2.173 bis 2.176 sind die Gefüge einiger Antimon-Zinn-Legierungen wiedergegeben. In der Legierung aus 90 % Sb + 10 % Sn befinden sich primäre helle α-Mischkristalle, die in eine Grundmasse aus β' eingebettet sind (Bild 2.173). Die in den α-Kristallen befindlichen Gleitlinienscharen rühren davon her, daß Antimon sich bei der Erstarrung ausdehnt, und die dabei auftretenden Schubkräfte bewirken eine Verformung der Kristalle. Die Legierung mit 50 % Sb + 50 % Sn ist homogen und besteht aus polyedrischen β'-Kristallen (Bild 2.174). In der Legierung aus 70 % Sn + 30 % Sb befinden sich primär ausgeschiedene eckige β'-Kristalle, die in die dunkelgeätzte Grundmasse aus γ-Mischkristallen eingelagert sind (Bild 2.175). Eine Legierung mit 95 % Sn + 5 % Sb besteht im Gleichgewichtsfall aus homogenen polyedrischen γ-Kristallen. Bei schneller Erstarrung läuft dagegen der Konzentrationsausgleich zwischen den primär ausgeschiedenen Kristallen und der Restschmelze nicht zu Ende, und es treten Kristallseigerungen auf, wie es Bild 2.176 an den inhomogenen γ-Dendriten deutlich zeigt. Man erkennt auch wieder, daß sich das spröde Antimon und die ebenfalls spröde Verbindung SbSn in Form idiomorpher, d. h. kristallographisch begrenzter und deswegen eckiger Kristalle primär ausscheiden, während das weiche und plastische Zinn rundliche Dendriten bildet.

Von technischem Interesse sind meist nur Legierungen, die im wesentlichen aus zähen, plastisch verformbaren Mischkristallen bestehen. Harte und spröde Verbindungen sind

Bild 2.173. 90 % Sb + 10 % Sn. Primäre α-Mischkristalle eingelagert in β'

Bild 2.174. 50 % Sb + 50 % Sn. Homogene SbSn = β'-Kristalle

Bild 2.175. 30 % Sb + 70 % Sn. Primäre β'-Kristalle in γ eingelagert

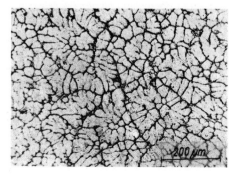

Bild 2.176. 5 % Sb + 95 % Sn. Inhomogene γ-Dendriten

nur in relativ geringer Menge zugelassen, da andernfalls die Legierung zu spröde wird und den technischen Anforderungen hinsichtlich Verformbarkeit, Zähigkeit, Verfestigung und des Verhaltens gegenüber stoß- oder schlagartiger Beanspruchung nicht genügt. Deshalb begnügt man sich häufig damit, nur den Teil des Zustandsdiagramms darzustellen, der die technisch brauchbaren Legierungen umfaßt. Die Diagrammbereiche, in denen die spröden Metalloide enthalten sind, sind nur von wissenschaftlichem Interesse, gegebenenfalls manchmal noch von einer gewissen Bedeutung für Vor- oder Zwischenlegierungen.

2.2.8.2. *Experimentelle Aufstellung von Zustandsdiagrammen*

Die experimentelle Aufstellung von binären Zustandsdiagrammen ist im Prinzip sehr einfach: Von einer genügenden Anzahl Schmelzen verschiedener Zusammensetzung werden mit Hilfe der thermischen Analyse die Abkühlungskurven aufgenommen und die gefundenen Knick- und Haltepunkte sinngemäß miteinander verbunden. Bei der praktischen Durchführung derartiger Versuche treten jedoch zahlreiche Komplikationen auf, die dazu geführt haben, außer der thermischen Analyse noch andere, meist physikalische Untersuchungsverfahren bei der Aufstellung der Zustandsschaubilder anzuwenden. Ein Hauptgrund für das Versagen der thermischen Analyse, besonders bei der Ermittlung von Umwandlungen im festen Zustand, liegt darin, daß sich die Gleichgewichte auch bei sehr langsamen, aber noch endlichen Abkühlungs- oder Erhitzungsgeschwindigkeiten nicht vollkommen einstellen. Zum anderen sind die bei Umwandlungen im festen Zustand auftretenden Änderungen des Wärmeinhalts oft so gering, daß sie in den Abkühlungskurven nur schwach oder gar nicht in Erscheinung treten. Anhand des schematischen binären Systems $A-B$ (Bild 2.177) seien einige für die experimentelle Festlegung der Phasengrenzlinien wesentliche Gesichtspunkte angedeutet.

Es sei die Aufgabe gegeben, das bisher unbekannte Zustandsschaubild der A-B-Legierungen aufzustellen. Aus reinsten Metallen A und B werden eine möglichst große Anzahl

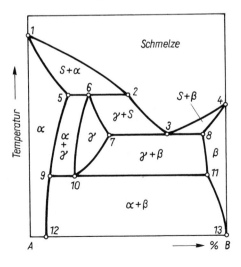

Bild 2.177. Experimentelle Aufstellung eines Zweistoffsystems $A-B$

verschiedener Schmelzen mit genau bekannten Zusammensetzungen hergestellt. Dabei ist Sorge zu tragen, daß weder die reinen Metalle noch die Legierungen mit dem Tiegelmaterial reagieren. Beim Schmelzen muß eine Oxidation oder Nitrierung der meist sehr reaktionsfähigen Schmelzen durch Abdecken mit neutralen Salzen, inerten Gasen oder durch Vakuumschmelzen vermieden werden. Besondere Schwierigkeiten ergeben sich, wenn die beiden Metalle einen sehr unterschiedlichen Schmelzpunkt haben, weil dabei die Gefahr der Verdampfung der niedriger schmelzenden Komponente groß ist. Durch Anwendung geschlossener Tiegel läßt sich oftmals die Verdampfung gering halten.

Sorgfältig aufgenommene Abkühlungs- und Erhitzungskurven bei möglichst langsamer Temperaturänderung ergeben die Lage der Liquidus- und Soliduslinie sowie der eutektischen, peritektischen und eutektoiden Geraden. Manchmal werden auch besonders bei höheren Temperaturen befindliche andere Phasengrenzlinien erfaßt. Die zur Gleichgewichtseinstellung erforderliche langsame Abkühlungsgeschwindigkeit vergrößert aber die Gefahr der Unterkühlung, d. h., infolge Kristallisationshemmungen verschiebt sich die Primärausscheidung der Kristalle zu tieferen Temperaturen hin. Durch Rühren mit dem Thermoelementschutzrohr, leichtes Schütteln des Schmelztiegels oder Impfen mit winzigen Kristallen läßt sich die Unterkühlung vermeiden.

In vorliegendem Beispiel ergibt die thermische Analyse, also die Lage der Liquiduskurve *1-2-3-4*, die Abschnitte *1-5-6-7* und *8-4* der Soliduskurve, die Temperatur der Peritektikalen *5-6-2*, der Eutektikalen *7-3-8* und der eutektoiden Geraden *9-10-11*. Die Länge der Haltezeiten liefert Hinweise für die Lage des peritektischen, eutektoiden und eutektischen Punkts.

Die genaue Lage der Soliduskurve *1-5-6-7-3-8-4* kann auch durch *Abschreckproben* ermittelt werden. Dazu werden erstarrte und geglühte Legierungen auf verschieden hohe Temperaturen erhitzt und in Wasser abgeschreckt. Legierungen, die sich bei der Versuchstemperatur innerhalb des Schmelzintervalls befanden, zeigen nach dem Abschrecken im Gefüge Anschmelzungen der Korngrenzen oder andersartige Schmelzerscheinungen, während Legierungen, die sich bei der Glühung noch unterhalb der Soliduslinie befanden, keine An- und Aufschmelzungen zeigen. Auf diese Weise läßt sich auch in komplizierten Fällen der Schmelzbeginn festlegen. Differential-Erhitzungskurven oder Dilatometerkurven zeigen ebenfalls die Temperatur des Schmelzbeginns an.

An die Untersuchung der Kristallisationsvorgänge schließt sich die Untersuchung der erstarrten Legierungen an. Man macht sich dabei die Tatsache zunutze, daß Änderungen in der Phasenanzahl oder Phasenmenge stets mit Änderungen der physikalischen Eigenschaften verbunden sind. Dabei wird entweder die Änderung einer Eigenschaft als Funktion der Temperatur bei konstanter Zusammensetzung verfolgt oder die Änderung einer Eigenschaft als Funktion der Zusammensetzung bei konstanter Temperatur. Folgende Eigenschaften werden im allgemeinen für die Festlegung von Phasengrenzlinien im festen Zustand herangezogen: Dichte, spezifisches Volumen, Wärmeinhalt, elektrische Leitfähigkeit, magnetische Suszeptibilität, Thermokraft, Härte, Mikrohärte. Außerdem werden metallographische und röntgenographische Verfahren in weitem Umfang angewendet.

Die Eigenschafts-Temperatur-Kurven setzen voraus, daß sich die Gleichgewichte relativ schnell einstellen. Dies ist jedoch sehr oft nicht der Fall. Genauere Ergebnisse erhält man bei der Aufstellung von Eigenschafts-Konzentrations-Kurven, weil hierbei mit der Temperaturänderung Null gearbeitet werden kann. In der Regel genügt es, die Proben 1 Tag bei Temperaturen >600 °C zu homogenisieren. Bei Temperaturen <600 °C muß die

Glühzeit mindestens 5 Tage betragen. Manchmal werden aber auch nach Glühzeiten von mehreren Monaten die Gleichgewichtszustände nicht erreicht. Da die für Homogenisierungsglühungen zulässigen Temperaturschwankungen in der Größenordnung ±1 K liegen, stellen derartige Versuche erhebliche apparative Anforderungen.

Die Bestimmung der Lage der Löslichkeitslinien *5–9–12* und *8–11–13* erfolgt meist röntgenographisch oder metallographisch. Das röntgenographische Verfahren beruht auf der Präzisionsbestimmung von Gitterkonstanten. Legierungen mit genau bekannten Konzentrationen werden bei möglichst hoher Temperatur homogenisiert und abgeschreckt. Die Gitterkonstanten der dadurch erhaltenen übersättigten Mischkristalle werden durch Präzisionsverfahren bestimmt und in Abhängigkeit vom Legierungsgehalt graphisch aufgetragen. Man erhält so die Eichkurve vom Bild 2.178.

Nun werden Proben mit höherer Legierungskonzentration, als der vermutlichen Löslichkeit entspricht, bei hohen Temperaturen homogenisiert, abgeschreckt und daraufhin möglichst lange bei verschiedenen Temperaturen $T_1, T_2, T_3, \ldots$ bis zur Gleichgewichtseinstellung angelassen. Der das Lösungsvermögen der Mischkristalle übersteigende Legierungsgehalt scheidet sich aus, und es stellt sich die dem effektiv gelösten Zusatzelement entsprechende Gitterkonstante ein. Durch graphische Interpolation kann man nunmehr aus der Eichkurve die Löslichkeitswerte der angelassenen Proben entnehmen und als Funktion der Temperatur auftragen (Bild 2.179).

Bei dem metallographischen Verfahren werden Proben mit verschiedenem Legierungsgehalt $L_1, L_2, L_3, \ldots$ bei verschiedenen Temperaturen bis zur Gleichgewichtseinstellung geglüht und dann abgeschreckt. Durch Schliffbildbeobachtung stellt man fest, ob die Proben einphasig oder heterogen sind, und kann dadurch die Temperaturabhängigkeit der Löslichkeitslinie festlegen (Bild 2.180). Das metallographische Verfahren gestattet, weniger als 1 % einer vorhandenen zweiten Kristallart festzustellen, ist also recht empfindlich. Auf diese Weise kann auch der Existenzbereich der Hochtemperaturmodifikation *6–10–7* bestimmt werden.

Die Lage und Begrenzung der eutektoiden Geraden *9–10–11* wird mittels Differential-

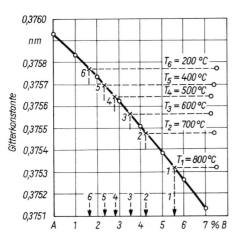

Bild 2.178. Röntgenographische Bestimmung des Verlaufs der Löslichkeitslinie. Eichkurve

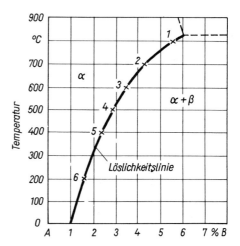

Bild 2.179. Röntgenographische Bestimmung des Verlaufs der Löslichkeitslinie

338 2. Zustandsdiagramme der Metalle und Legierungen

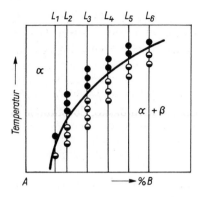

Bild 2.180. Metallographische Bestimmung des Verlaufs der Löslichkeitslinie
● Legierung nach dem Abschrecken homogen
◐ Legierung nach dem Abschrecken heterogen

Erhitzungs- und Abkühlungskurven aufgenommen. Damit der Einfluß der Temperaturänderungsgeschwindigkeit eliminiert wird, nimmt man diese Kurven mit verschiedenen bekannten und konstanten Erhitzungs- und Abkühlungsgeschwindigkeiten V auf und extrapoliert graphisch auf $V = 0$ (Bild 2.181). Die erhaltene Temperatur wird mit Hilfe der anderen genannten Verfahren kontrolliert.

Durch die metallographische Untersuchung wird nachgeprüft, aus welchen Gefügebestandteilen die verschiedenen Legierungen bestehen. Aus Größe, Form und Anordnung der Kristalle kann bestimmt werden, ob eutektische, peritektische oder eutektoide Reaktionen oder Segregatbildungen vorliegen. Das Hebelgesetz gestattet, die ungefähre Lage von peritektischen, eutektischen oder eutektoiden Konzentrationen abzuschätzen. Das Schliffbild gibt auch Auskunft, ob die Legierungen im Gleichgewicht sind. Kristallseigerungen und peritektische Höfe deuten auf ungenügende Homogenisierung hin.

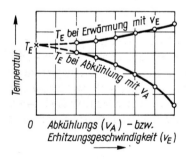

Bild 2.181. Bestimmung der Gleichgewichtstemperatur T_E einer Reaktion durch Extrapolation auf $v = 0$ K/s

Intermetallische Phasen können unter Umständen zum Zweck einer weiteren Untersuchung aus erstarrten Legierungen elektrolytisch oder chemisch herausgelöst und isoliert werden. Beispielsweise löst sich Eisen in 1%iger Salzsäure auf, während die Eisen-Kohlenstoff-Verbindung Fe_3C nicht angegriffen wird und als Rückstand verbleibt. Nach geeigneten, oft komplizierten Reinigungsoperationen können die Verbindungen dann analysiert werden. Der Gitteraufbau wird röntgenographisch und kristallographisch untersucht. Die hauptsächlichen Fehlerquellen dieser Verfahren bestehen darin, daß die Kristalle inhomogen sind (Kristallseigerungen, peritektische Höfe, Einschlüsse von Mutterlauge) oder bei der Isolierung doch teilweise angegriffen werden.

2.3. Einiges über Dreistofflegierungen

2.3.1. Graphische Darstellung der Zusammensetzung von Dreistofflegierungen

Durch geeignete Kombinationen der verschiedensten physikalischen, chemischen und metallkundlichen Untersuchungsverfahren gelingt es schließlich, die einzelnen Phasengrenzlinien in ihrer Lage festzulegen, die Natur der in den Legierungen bei hohen und tiefen Temperaturen auftretenden Phasen zu bestimmen und die bei der Abkühlung oder Erwärmung ablaufenden Phasenumsetzungen, die zu den speziellen Gefügeausbildungen führen, aufzuklären. Eine kritische Zusammenstellung aller bisher untersuchten metallischen Zweistoffsysteme ist in dem Werk von M. HANSEN und K. ANDERKO, Constitution of Binary Alloys (Aufbau der Zweistofflegierungen), vorgenommen worden.

Die nachfolgenden Ausführungen sollen nur einen ersten Einblick in die Lehre von den Dreistofflegierungen geben. Für ein eingehenderes Studium muß auf die Spezialliteratur, z. B. G. MASING: »Ternäre Systeme«, verwiesen werden.
Wie schon eingangs erwähnt, enthalten die meisten technischen Legierungen mehr als zwei Komponenten, und es erhebt sich die Frage, wie man die Kristallisationsvorgänge von Mehrstofflegierungen graphisch darstellen kann. Für die Aufzeichnung eines binären Zustandsdiagramms war ein ebenes Koordinatensystem erforderlich, auf dessen Abszisse die Konzentration C_B und auf dessen Ordinate die Temperatur T aufgetragen war. Für die Darstellung eines ternären Zustandsdiagramms benötigt man infolgedessen ein räumliches Koordinatensystem XYZ, wobei auf der X-Achse die Konzentration C_B des Legierungselementes B, auf der Y-Achse die Konzentration C_C des Legierungselements C und auf der Z-Achse die Temperatur T aufgetragen wird.
Zur graphischen Darstellung der Zusammensetzung von Dreistofflegierungen, bei denen die eine Komponente A mengenmäßig sehr überwiegt, während die anderen Komponenten B und C nur in relativ geringen Konzentrationen vorliegen, bedient man sich vorzugsweise der *Rechtwinkelkoordinaten* (Bild 2.182). Dem Hauptlegierungselement A kommen die Koordinaten *(0, 0)* zu, d.h. die linke untere Ecke. Auf der Achse AB sind die binären Legierungen zwischen A und B, auf der Achse AC die binären Legierungen zwischen A

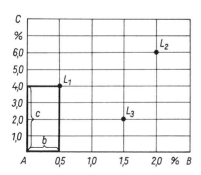

Bild 2.182. Darstellung ternärer Legierungen in Rechtwinkelkoordinaten
$L_1 = 4\% \, C + 0,5\% \, B + 95,5\% \, A$
$L_2 = 6\% \, C + 2\% \, B + 92\% \, A$
$L_3 = 2\% \, C + 1,5\% \, B + 96,5\% \, A$

und C aufgetragen. Je nach dem interessierenden Konzentrationsbereich sind die Maßstäbe auf den Konzentrationsachsen zu wählen.

Um die Zusammensetzung $95{,}5\,\% \,A + 0{,}5\,\% \,B + 4{,}0\,\% \,C$ in das Diagramm einzutragen, geht man vom Anfangspunkt A 0,5 Einheiten in Richtung der Achse AB (Strecke b) und von dort aus 4,0 Einheiten in Richtung der Achse AC (Strecke c). Man erhält den Punkt L_1. Dieser stellt die Legierung mit der angegebenen Konzentration dar.

In gleicher Weise ergibt sich für den Punkt L_2 die Zusammensetzung $92{,}0\,\% \,A + 2{,}0\,\% \,B + 6{,}0\,\% \,C$ und für den Punkt L_3 $96{,}5\,\% \,A + 1{,}5\,\% \,B + 2{,}0\,\% \,C$. Als Realbeispiel für diese Rechtwinkelkoordinaten sei auf das GUILLET-Diagramm und das MAURER-Diagramm verwiesen.

Sollen größere Konzentrationsbereiche oder das gesamte ternäre System beschrieben werden, so bedient man sich meist der *Dreieckskoordinaten* (Bild 2.183). Die Konzentrationsebene besteht aus einem gleichseitigen Dreieck ABC, dessen drei Seiten je in 100 Teile eingeteilt sind. Die Eckpunkte des Dreiecks werden von den reinen Elementen A, B und C gebildet, die drei Seiten des Dreiecks entsprechen den drei binären Randsystemen AB, BC und CA. Jeder Punkt im Innern der Dreiecksfläche stellt die Konzentration einer Dreistofflegierung dar, deren Zusammensetzungen man wie folgt ermittelt.

Zur Konzentrationsbestimmung des Punkts L_1 im Bild 2.183 zieht man durch ihn die Geraden I, II und III, die jeweils parallel zu einer Dreiecksseite verlaufen. Die Gerade I, parallel zur Dreiecksseite BC, schneidet die C_A-Achse im Abstand $a = 45\,\% \,A$. Die Gerade II, parallel zur Dreiecksseite CA, schneidet die C_B-Achse im Abstand $b = 15\,\% \,B$. Die Gerade III schließlich verläuft parallel zur Dreiecksseite AB und schneidet die C_C-Achse im Abstand $c = 40\,\% \,C$. Dem Punkt L_1 kommt demnach die Zusammensetzung $45\,\% \,A + 15\,\% \,B + 40\,\% \,C = 100\,\%$ Legierung zu.

Legierungen, deren Konzentrationspunkte auf einer zu einer Dreiecksseite parallelen geraden Linie liegen, haben stets den gleichen Gehalt der Komponente, die dieser Dreiecksseite gegenüberliegt. Die Legierungen L_2, L_3, L_4 und L_5 werden beispielsweise durch die Gerade YZ miteinander verbunden, die parallel zur Dreiecksseite AB verläuft. Also muß

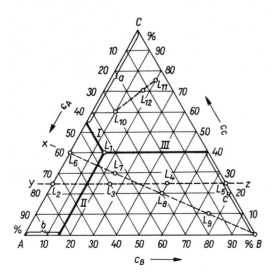

Bild 2.183. Darstellung ternärer Legierungen durch gleichseitige Dreieckskoordinaten

der C-Gehalt sämtlicher Legierungen der gleiche sein. Die Zusammensetzungen dieser Legierungen sind

L_2: 75 % A + $\qquad$ + 25 % C
L_3: 50 % A + 25 % B + 25 % C
L_4: 25 % A + 50 % B + 25 % C
L_5: $\qquad$ 75 % B + 25 % C.

Der C-Gehalt sämtlicher Legierungen ist also tatsächlich konstant und beträgt jeweils 25 %.
Legierungen, deren Konzentrationspunkte auf einer geraden Linie liegen, die durch einen Eckpunkt des Dreiecks geht, enthalten stets das gleiche konstante Verhältnis der beiden anderen Komponenten. Beispielsweise liegen die Legierungen L_6, L_7, L_8 und L_9 alle auf der Geraden XB, die durch die B-Ecke des Dreiecks geht. Also muß das Verhältnis von A zu C dieser Legierungen konstant sein. Die Zusammensetzungen dieser Legierungen sind

L_6: 60 % A + $\qquad$ + 40 % C
L_7: 45 % A + 25 % B + 30 % C
L_8: 30 % A + 50 % B + 20 % C
L_9: 15 % A + 75 % B + 10 % C.

Der B-Gehalt dieser Legierungen ist beliebig variierbar und von den Gehalten an A und C unabhängig. Dagegen steht der A- und C-Gehalt in einem bestimmten, konstanten Verhältnis zueinander:

$$\frac{60\,\%\,A}{40\,\%\,C} = \frac{45\,\%\,A}{30\,\%\,C} = \frac{30\,\%\,A}{20\,\%\,C} = \frac{15\,\%\,A}{10\,\%\,C} = \frac{3\,\%\,A}{2\,\%\,C}.$$

Stellt man aus zwei Mischungen oder Legierungen unterschiedlicher Zusammensetzung eine dritte Mischung oder Legierung her, so liegt deren resultierende Zusammensetzung stets auf der Verbindungsgeraden der Konzentrationspunkte der Ausgangsmischungen oder -legierungen. Schmilzt man beispielsweise 30 g einer Legierung L_{10} mit 30 % A + 10 % B + 60 % T mit 70 g einer Legierung L_{11} mit 5 % A + 20 % B + 75 % T zusammen, so liegt die Zusammensetzung der entstehenden Legierung L_{12} auf der geraden Linie, die L_{10} mit L_{11} verbindet, denn es ist $30 \cdot 0{,}30 + 70 \cdot 0{,}05 = 12{,}5 \,\%\, A$, $30 \cdot 0{,}10 + 70 \cdot 0{,}20 = 17\,\%\, B$ und $30 \cdot 0{,}60 + 70 \cdot 0{,}75 = 70{,}5\,\%\, C$. Man kann die Zusammensetzung der resultierenden Mischung oder Legierung auch graphisch bestimmen, denn L_{12} muß die Strecke L_{10}–L_{11} im umgekehrten Verhältnis der Mengenanteile von L_{10} zu L_{11}, d.h. im vorliegenden Beispiel im Verhältnis 70:30, teilen.
Die Umrechnung von Konzentrationsangaben bei Dreistofflegierungen von Masseprozent in Atom- und Volumenprozent läßt sich leicht durchführen. Enthält die Dreistofflegierung G_A Masseprozente der Komponente A von der Atommasse M_A, G_B Masseprozente der Komponente B von der Atommasse M_B und G_C Masseprozente der Komponente C von der Atommasse M_C, so errechnen sich die Atomprozentgehalte X_A, X_B und X_C der Komponenten A, B und C in der Legierung aus den Gleichungen:

$$X_A = \frac{100 \dfrac{G_A}{M_A}}{\dfrac{G_A}{M_A} + \dfrac{G_B}{M_B} + \dfrac{G_C}{M_C}} \quad \text{Atom-\% } A \qquad (2.31\text{a})$$

$$X_B = \frac{100 \dfrac{G_B}{M_B}}{\dfrac{G_A}{M_A} + \dfrac{G_B}{M_B} + \dfrac{G_C}{M_C}} \quad \text{Atom-\% } B \tag{2.31b}$$

$$X_C = \frac{100 \dfrac{G_C}{M_C}}{\dfrac{G_A}{M_A} + \dfrac{G_B}{M_B} + \dfrac{G_C}{M_C}} \quad \text{Atom-\% } C \tag{2.31c}$$

Enthält eine Dreistofflegierung G_A Masseprozente der Komponente A von der Dichte ϱ_A, G_B Masseprozente der Komponente B von der Dichte ϱ_B und G_C Masseprozente der Komponente T von der Dichte ϱ_C, so errechnen sich die Volumenprozentgehalte V_A, V_B und V_C der Komponenten A, B und C in der Legierung aus den Gleichungen:

$$V_A = \frac{100 \dfrac{G_A}{\varrho_A}}{\dfrac{G_A}{\varrho_A} + \dfrac{G_B}{\varrho_B} + \dfrac{G_C}{\varrho_C}} \quad \text{Vol.-\% } A \tag{2.32a}$$

$$V_B = \frac{100 \dfrac{G_B}{\varrho_B}}{\dfrac{G_A}{\varrho_A} + \dfrac{G_B}{\varrho_B} + \dfrac{G_C}{\varrho_C}} \quad \text{Vol.-\% } B \tag{2.32b}$$

$$V_C = \frac{100 \dfrac{G_C}{\varrho_C}}{\dfrac{G_A}{\varrho_A} + \dfrac{G_B}{\varrho_B} + \dfrac{G_C}{\varrho_C}} \quad \text{Vol.-\% } C \tag{2.32c}$$

Die Gln. (2.31) und (2.32) lassen sich auch durch sinngemäße Erweiterung auf Legierungen mit mehr als drei Bestandteilen anwenden.

2.3.2. Hebelgesetz bei ternären Legierungen

Das für Zweistofflegierungen abgeleitete Hebelgesetz behält auch bei Dreistofflegierungen in einer etwas abgeänderten Form seine Gültigkeit. Es sei angenommen, in einer Legierung L_0 mit 35 % A + 35 % B + 30 % C seien bei einer bestimmten konstanten Temperatur C_0 die 3 Phasen α mit 65 % A + 10 % B + 25 % C, β mit 15 % A + 75 % B + 10 % C und γ mit 5 % A + 30 % B + 65 % C miteinander im Gleichgewicht. Dann liegt der Konzentrationspunkt L_0 inmitten eines von den 3 Phasen α, β und γ gebildeten Dreiecks (Bild 2.184). Man muß sich nun entsprechend wie bei dem Hebel vom Bild 2.78 vorstellen, daß das Dreieck $\alpha\beta\gamma$ im Punkt L_0 unterstützt wird und die 3 Phasen α, β und γ als Gewichte an den 3 Ecken des Dreiecks aufgehängt sind. Bei geeigneter Wahl der Mengenanteile der 3 Phasen, wobei ihre Summe $m_\alpha + m_\beta + m_\gamma = 100\,\%$ betragen muß, ist das im Punkt L_0 unterstützte Dreieck im Gleichgewicht (Schwerpunktbeziehung).

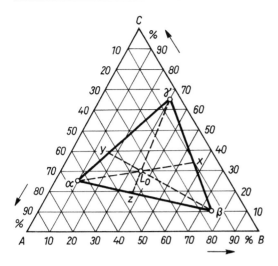

Bild 2.184. Hebelgesetz bei ternären Legierungen

Die entsprechenden Mengenanteile der 3 Phasen ergeben sich aus folgenden Beziehungen:

$$m_\alpha = \frac{L_0 X}{\alpha X} \cdot 100\,\% \tag{2.33a}$$

$$m_\beta = \frac{L_0 Y}{\beta Y} \cdot 100\,\% \tag{2.33b}$$

$$m_\gamma = \frac{L_0 Z}{\gamma Z} \cdot 100\,\% \tag{2.33c}$$

Wenn jede Seite des Konzentrationsdreiecks ABC 200 mm lang ist, so betragen im vorliegenden Beispiel die 6 Strecken der Gln. (2.33a bis c): $L_0 X = 45{,}2$ mm; $\alpha X = 102{,}0$ mm; $L_0 Y = 32{,}1$ mm; $\beta Y = 102{,}0$ mm; $L_0 Z = 21{,}0$ mm; $\gamma Z = 87{,}0$ mm. Damit ergeben sich die Mengenanteile der 3 Phasen zu

$$m_\alpha = \frac{45{,}2}{102{,}0} \cdot 100\,\% = 44{,}3\,\% \,\alpha,$$

$$m_\beta = \frac{32{,}1}{102{,}0} \cdot 100\,\% = 31{,}5\,\% \,\beta,$$

$$m_\alpha = \frac{21{,}0}{87{,}0} \cdot 100\,\% = 24{,}2\,\% \,\gamma,$$

$$m_\alpha + m_\beta + m_\gamma \quad = 100{,}0\,\%.$$

2.3.3. Ternäre Zustandsdiagramme

Zur Darstellung eines ternären Zustandsdiagramms wird senkrecht zur Konzentrationsebene die Temperatur aufgetragen, ähnlich wie man bei binären Zustandsdiagrammen die Temperatur senkrecht zur Konzentrationsachse aufzeichnet. Man erhält auf diese

Weise ein Raummodell, das in der Praxis entweder aus Draht (Bild 2.185) oder durchsichtigen Kunststoffen angefertigt wird.
Die drei binären Randsysteme *AB*, *BC* und *CA* des ternären Systems können nun vom gleichen Typ sein, also jedes entweder eutektisch, peritektisch, mit einer Metallverbindung, mit vollständiger Mischbarkeit im festen Zustand oder mit einer Mischungslücke im flüssigen Zustand. Im allgemeinen wird jedes der 3 Randsysteme aber einem anderen einfachen oder zusammengesetzten Diagrammtypus angehören, also z. B. das System *AB* ist einfach peritektisch, das System *BC* einfach eutektisch, und das System *CA* hat eine Mischungslücke im flüssigen Zustand. Daraus ergibt sich eine ungeheure Mannigfaltigkeit von Kombinationsmöglichkeiten, auf die näher einzugehen hier zu weit führen würde. Einige für ternäre Systeme charakteristische Besonderheiten sollen im folgenden an einem relativ einfachen Beispiel behandelt werden.
Das räumliche Drahtmodell vom Bild 2.185 stellt das ternär-eutektische System Wismut–Zinn–Blei dar. Links vorn ist die Wismutecke, rechts vorn die Zinnecke und hinten die Bleiecke. Auf der senkrechten Temperaturachse entsprechen einem schwarzen oder weißen Abschnitt jeweils 50 °C. Der Schmelzpunkt von Wismut beträgt 271 °C, der von Zinn 232 °C und der von Blei 327 °C.

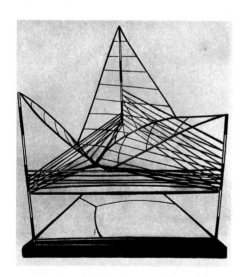

Bild 2.185. Räumliches Drahtmodell des Dreistoffsystems Wismut–Blei–Zinn. Linke Ecke: Wismut; rechte Ecke: Zinn; hintere Ecke: Blei (vereinfacht)

Die 3 Seiten des prismatischen Diagrammkörpers werden von den drei binären eutektischen Randsystemen Bi–Sn (vorn), Sn–Pb (rechts) und Pb–Bi (links) gebildet. Die eutektische Temperatur des Systems Bi–Sn liegt bei 139 °C, die eutektische Konzentration bei 42 % Sn. Die eutektische Temperatur des Systems Sn–Pb liegt bei 183 °C und die eutektische Konzentration bei 62 % Sn. Im System Pb–Bi schließlich liegt die eutektische Temperatur bei 125 °C und der eutektische Punkt bei 43,5 % Pb. Die Mischkristallgebiete der 3 Elemente wurden der Übersicht halber nicht berücksichtigt.
In dem Modell sind die von den reinen Metallen ins ternäre Gebiet abfallenden *Liquidusflächen* deutlich zu erkennen. Der von der hinteren Bleiecke abfallende Teil der Liquidusfläche schneidet längs gekrümmter Linien die von der Zinn- bzw. Wismutecke abfallen-

2.3. Dreistofflegierungen

den Teile der Liquidusfläche. Gleichermaßen kommt der von der Wismutecke abfallende Teil der Liquidusfläche mit dem von der Zinnecke abfallenden Teil der Liquidusfläche längs einer im Bild nicht genau erkennbaren gekrümmten Kurve zum Schnitt. Die 3 Schnittkurven der 3 Teile der Liquidusfläche bezeichnet man als *binär-eutektische Rinnen*. Diese fallen von den binären Systemen temperaturmäßig ins Ternäre hinein ab und schneiden sich in einem Punkt, dem *ternär-eutektischen Punkt*. Auf der Grundfläche des Dreistoffsystems sind die Projektionen der binär-eutektischen Rinnen sowie die Projektion des ternär-eutektischen Punktes nochmals eingezeichnet.

Durch Zusatz eines dritten Elements werden gemäß dem RAOULTschen Gesetz die Schmelzpunkte der binären Eutektika herabgesetzt. Gibt man beispielsweise zu den Pb-Sn-Legierungen steigende Mengen Wismut hinzu, so sinkt die Erstarrungstemperatur des binären (Pb + Sn)-Eutektikums kontinuierlich von 183 auf 96 °C ab. In gleicher Weise wird die Erstarrungstemperatur des binären (Bi + Sn)-Eutektikums durch Zusatz von Blei und die des binären (Pb + Bi)-Eutektikums durch Zusatz von Zinn bis auf 96 °C erniedrigt. Der Endpunkt der jeweiligen Temperaturerniedrigungen liegt bei der ternär-eutektischen Konzentration von 51,5 % Bi + 15,5 % Sn + 33 % Pb. Der ternär-eutektische Punkt spielt bei ternär-eutektischen Legierungen die gleiche Rolle wie der binär-eutektische Punkt bei binär-eutektischen Legierungen, d. h., die Restschmelze hat am Ende der Erstarrung bei allen Legierungen die Konzentration des ternär-eutektischen Punkts angenommen und kristallisiert gemäß der Reaktionsgleichung:

$$S_E \xrightarrow{96\,°C} (Bi + Pb + Sn)$$

bei konstanter Temperatur in das ternäre Eutektikum (Bi + Pb + Sn), wobei die 3 Bestandteile Bi, Pb und Sn ein sehr gleichmäßiges, feinverteiltes, aber heterogenes Gemenge bilden.

Ähnlich, wie hier für die Liquiduskurve und die binär-eutektischen Punkte beschrieben, werden auch die Dimensionen der anderen Bauelemente der binären Systeme beim Übergang zu den ternären Systemen um 1 erhöht. Es entsprechen sich:

im binären System	im ternären System
1-Phasen-*Feld* (Schmelze; Mischkristalle)	1-Phasen-*Raum* (Schmelze, Mischkristalle)
2-Phasen-*Feld* ($S + A$; $A + B$; $S_1 + S_2$)	2-Phasen-*Raum* ($S + A$; $A + B$; $S_1 + S_2$)
	3-Phasen-*Raum* ($S + A + B$; $A + B + C$)
eutektische *Gerade*	eutektische *Ebene*
eutektischer *Punkt* ($S \rightarrow A + B$)	eutektische *Kurve* ($S \rightarrow A + B$)
	eutektischer *Punkt* ($S \rightarrow A + B + C$)
Liquidus*kurve*	Liquidus*fläche*
Solidus*kurve*	Solidus*fläche*
beliebige Phasengrenz*linie*	beliebige Phasengrenz*fläche*

Aus Punkten, Linien und Flächen bei binären Systemen werden Linien, Flächen und Räume bei ternären Systemen.

Ein binäres System kann man sich aus den verschiedenen Phasenfeldern aufgebaut denken, wie dies Bild 2.186 für ein einfaches eutektisches System zeigt. Das Feld der homogenen Schmelze *I* (Einphasenfeld) wird nach unten durch das Zweiphasenfeld $S + A$ (*II*) und das Zweiphasenfeld $S + B$ *(III)* abgegrenzt. Die Felder *II* und *III* grenzen mit horizontalen Geraden an das Zweiphasenfeld $A + B$ *(IV)*. Das Feld *I* sitzt dagegen nur mit einem Punkt auf dem Feld *IV* auf.

Ähnlich läßt sich ein ternäres System aus verschiedenen Phasenräumen aufbauen. Das ternär-eutektische System Bi – Sn – Pb vom Bild 2.185 besteht aus folgenden 8 Phasenräumen:

1 Dreiphasenraum (Bi + Sn + Pb)	3 Zweiphasenräume $(S + Sn)$
3 Dreiphasenräume $(S + Bi + Sn)$	$(S + Pb)$
$(S + Bi + Pb)$	$(S + Bi)$
$(S + Sn + Pb)$	1 Einphasenraum (S).

Der das Fundament bildende Dreiphasenraum (Bi + Sn + Pb) hat die Gestalt eines Dreiecksprismas nach Bild 2.187. 96 °C oberhalb der Konzentrationsebene Sn – Bi – Pb befindet sich die ternär-eutektische Ebene *abc* mit dem ternär-eutektischen Punkt E_T bei 51,5 % Bi + 33 % Pb + 15,5 % Sn.

Durch die drei geraden Verbindungslinien $E_T a$, $E_T b$ und $E_T c$ wird die ternär-eutektische Ebene in 3 Dreiecke $E_T ab$, $E_T bc$ und $E_T ca$ aufgeteilt. Auf jedem dieser 3 Dreiecke sitzt ein Dreiphasenraum $(S + Bi + Sn)$, $(S + Bi + Pb)$ oder $(S + Sn + Pb)$ nach Bild 2.188 auf. Diese Dreikantröhren haben eine charakteristische Schneepflugform. Die binäre Eutektikale $dE_2 c$ geht mit sinkender Temperatur in das Dreieck $bE_T a$ über. Die Kurve $E_2 w E_T$, die Schneide des Schneepfluges, stellt die vom binären Eutektikum E_2 zum ternären Eutektikum E_T hin abfallende binär-eutektische Rinne dar. Innerhalb dieses Dreiphasenraumes ist die Restschmelze mit jeweils zwei festen Kristallarten im Gleichgewicht. Ein isothermer Schnitt $u-v-w$ durch diesen Dreiphasenraum hat stets die Gestalt eines Dreiecks. Die Ecken dieses Dreiecks geben die miteinander im Gleichgewicht befindlichen Phasen an. Dem Punkt w auf der binär-eutektischen Rinne entspricht die Zusammensetzung der Restschmelze, den Punkten v bzw. u die Zusammensetzungen der festen Kristallarten. Setzt man entsprechend der Buchstabenbezeichnung die Dreikantröhre auf das Prisma vom Bild 2.187, so erkennt man, daß die Schmelze w mit den reinen Metallen Bi und Sn im Gleichgewicht ist.

Die drei Zweiphasenräume $(S + Sn)$, $(S + Bi)$ und $(S + Pb)$ haben die im Bild 2.189 gezeigte Form. Dieser Raum der Primärkristallisation $(S + Sn)$ sitzt mit der unteren Kante $E_T a$ auf der Linie $E_T a$ des Grundprismas vom Bild 2.187 auf. Die hintere untere Begren-

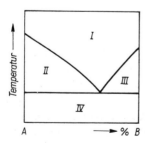

Bild 2.186. Aufbau eines binären Systems aus Phasenfeldern

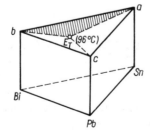

Bild 2.187. Dreiphasenraum (Bi + Sn + Pb). Raum der erstarrten Legierungen

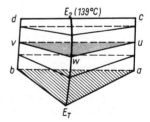

Bild 2.188. Dreiphasenraum $(S + Bi + Sn)$. Raum der binäreutektischen Kristallisation

zungsfläche $E_2E_TaBE_2$ liegt auf der rechten vorderen Seite $E_2E_TacE_2$ des Zweiphasenraums von Bild 2.188 auf, die vordere untere Seite $E_1E_TaAE_1$ mit der entsprechenden Seite der auf dem Teildreieck caE_T vom Bild 2.187 aufsitzenden Dreikantröhre. Die Seite SnE_2BSn des Primärkristallisationsraumes entspricht dem Phasenfeld $(S + Sn)$ des binären Systems (Sn–Bi), die Seite SnE_1ASn dem Phasenfeld $(S + Sn)$ des binären Systems (Sn–Pb). Die gekrümmte Fläche $SnE_2E_TE_1Sn$ ist ein Teil der Liquidusfläche des ternären Systems. Die Kurve E_2E_T ist die vom binären Eutektikum E_2 zum ternären Eutektikum E_T hin abfallende binär-eutektische Rinne, die Kurve E_1E_T die vom binären Eutektikum E_1 zum ternären Eutektikum E_T hin abfallende binär-eutektische Rinne. Isotherme Schnitte durch diesen Raum der Primärkristallisation haben die Form von Dreiecken, wobei zwei Seiten gerade Linien und eine Seite, nämlich die Schnittkurve mit der Liquidusfläche, gekrümmt sind. Drei isotherme Schnitte durch den Raum der Primärkristallisation sind im Bild 2.189 durch die schraffierten Dreiecke *feg*, *ihk* und *mnl* dargestellt.
Oberhalb der Liquidusflächen der drei Räume der Primärkristallisation befindet sich der Einphasenraum der homogenen Schmelze.

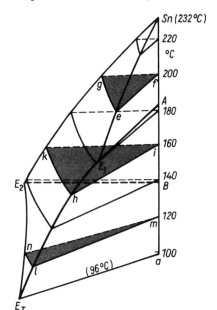

Bild 2.189. Zweiphasenraum $(S + Sn)$. Raum der Primärkristallisation

Um die Übersichtlichkeit der ternären Zustandsdiagramme zu verbessern, kann man wichtige Punkte und Linien des Raumdiagramms auf die Konzentrationsebene projizieren. Man erhält für das System Bi–Sn–Pb auf diese Weise das *Projektionsdiagramm* vom Bild 2.190. Die binären Randsysteme sind dabei ebenfalls in die Grundebene umgeklappt worden, um die Konstruktion des Projektionsdiagramms zu verdeutlichen. Die drei binären Eutektika E_1, E_2 und E_3 sind auf die zugehörigen Konzentrationsachsen gelotet und bilden dort die Fußpunkte E_1', E_2' und E_3'. Von dort aus laufen die drei binär-eutektischen Rinnen ins ternäre Gebiet, wobei die absinkende Temperatur durch Pfeile angedeutet ist, und schneiden sich in der Projektion des ternär-eutektischen Punkts E_T'.

2. Zustandsdiagramme der Metalle und Legierungen

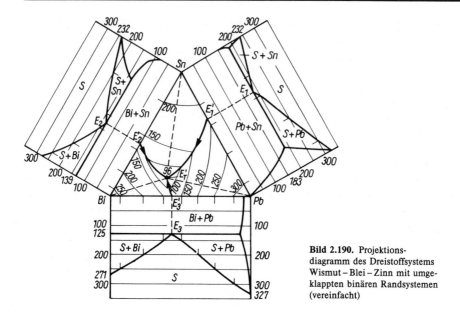

Bild 2.190. Projektionsdiagramm des Dreistoffsystems Wismut–Blei–Zinn mit umgeklappten binären Randsystemen (vereinfacht)

Des weiteren sind von 50 zu 50 K die Liquiduslinien der binären Systeme auf die Dreiecksseiten projiziert und durch entsprechende Isothermen miteinander verbunden. Der Abstand der Isothermen gibt einen Anhalt über die Form und die Steilheit, mit der die Liquidusflächen von den Ecken und Seiten des Dreiecks aus in das ternäre Gebiet hinein abfallen. Je größer dieser Abstand ist, um so flacher verläuft die betreffende Fläche und umgekehrt. Aus dem Projektionsdiagramm kann also der Liquiduspunkt einer beliebigen Legierung abgelesen werden, und zwar um so genauer, je kleiner die Temperaturdifferenzen benachbarter Isothermen sind. Der Soliduspunkt sämtlicher Legierungen beträgt für das vorliegende ternär-eutektische System Bi–Sn–Pb einheitlich 96 °C.

Zweckmäßigerweise werden auch noch die geraden Verbindungslinien vom ternären Punkt E'_T zu den Ecken des Dreiecks gestrichelt eingezeichnet. Diese drei Linien stellen die Projektionen der Grenzlinien der drei Dreikantröhren $(S + Sn + Bi)$, $(S + Sn + Pb)$ bzw. $(S + Bi + Pb)$ dar und liegen auf der ternären Ebene bei 96 °C. Gleichzeitig bilden diese Linien auch die Projektionen der unteren Kanten der 3 Zweiphasenräume $(S + Bi)$, $(S + Sn)$ bzw. $(S + Pb)$.

Mit Hilfe dieser Verbindungslinien, der drei binär-eutektischen Rinnen und des ternär-eutektischen Punkts läßt sich der Kristallisationsverlauf jeder Legierung aus dem Projektionsdiagramm ableiten.

2.3.4. Isotherme und Temperatur-Konzentrations-Schnitte

Isotherme Schnitte, d. h. Schnitte durch das Dreistoffsystem parallel zur Konzentrationsebene (Horizontalschnitte), lassen in übersichtlicher Weise die miteinander im Gleichgewicht befindlichen Phasen sowohl hinsichtlich ihrer Konzentration als auch ihrer Menge

2.3. Dreistofflegierungen

erkennen. Das Hebelgesetz ist also anwendbar. Außerdem kann der Kristallisationsvorgang einer Legierung verfolgt werden.

Bild 2.191a zeigt einen isothermen Schnitt bei 250 °C durch das Dreistoffsystem Wismut – Blei – Zinn. Die beiden Primärkristallisationsräume $(S + Bi)$ und $(S + Pb)$ werden geschnitten. Als Schnittformen ergeben sich die im Bild 2.189 angedeuteten Dreiecke *gfe*. Eine Legierung der Zusammensetzung L ist noch vollkommen flüssig. Bei 200 °C werden alle drei Räume der Primärkristallisation geschnitten (Bild 2.191b). Die Legierung L ist aber immer noch flüssig.

Sinkt die Temperatur weiter, so vergrößern sich die Felder der Primärkristallisation. Bei 183 °C treffen sich die Felder $(S + Sn)$ und $(S + Pb)$ im binär-eutektischen Punkt E_1. Bei tieferer Temperatur wird nun auch der Raum der binär-eutektischen Kristallisation $(S + Pb + Sn)$ in Form eines Dreiecks geschnitten, wie dies Bild 2.191c für einen Schnitt bei 150 °C zeigt. Die Legierung L fällt in das Feld $(S + Sn)$, d.h., es scheiden sich aus der Schmelze primäre Zinnkristalle aus.

Ab 139 °C wird auch der Raum $(S + Bi + Sn)$ und ab 125 °C noch der Raum $(S + Bi + Pb)$ geschnitten. Bei 100 °C (Bild 2.191d) werden alle drei Räume der Primärkristallisation $(S + Sn)$, $(S + Pb)$, $(S + Bi)$ und alle drei Räume der binär-eutektischen Kristallisation $(S + Sn + Pb)$, $(S + Sn + Bi)$ und $(S + Pb + Bi)$ in Form von Dreiecken geschnitten. Das Gebiet der Restschmelze ist auf ein kleines Dreieck um den ternär-eutektischen Punkt E_T herum zusammengeschrumpft. Die Legierung L liegt auf der Grenze zwischen dem

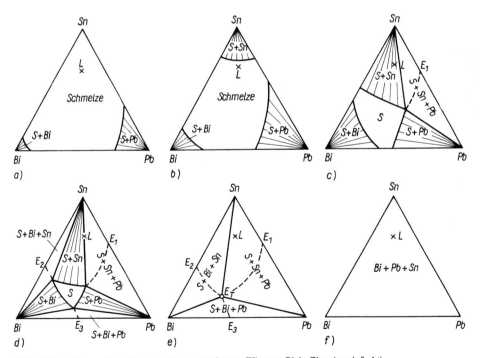

Bild 2.191. Isotherme Schnitte durch das ternäre System Wismut – Blei – Zinn (vereinfacht)
a) Schnitt bei 250 °C   d) Schnitt bei 100 °C
b) Schnitt bei 200 °C   e) Schnitt bei 96 °C
c) Schnitt bei 150 °C   f) Schnitt bei 95 °C

(S + Sn)- und (S + Sn + Pb)-Feld. Bei weiterer Abkühlung tritt der Punkt L nun in das Feld der binär-eutektischen Kristallisation ein, d. h., aus der Schmelze scheidet sich ab 100 °C das binäre (Sn + Pb)-Eutektikum aus.

Ein Schnitt bei der ternär-eutektischen Temperatur von 96 °C zeigt, daß die drei Räume der Primärkristallisation auf die Linien E_TSn, E_TPb und E_TBi zusammengeschrumpft sind (Bild 2.191e). Je zwei Räume der binär-eutektischen Kristallisation grenzen längs dieser Linien aneinander. Nur im Punkt E_T berühren sich alle drei Räume. Das Feld der Restschmelze S ist auf den Punkt E_T zusammengeschrumpft und hat die ternär-eutektische Zusammensetzung angenommen. Die Legierung L liegt nun mitten im (S + Sn + Pb)-Feld.

Bei einer Temperatur dicht unterhalb von 96 °C, also beispielsweise bei 95 °C, sind sämtliche Legierungen vollständig erstarrt, und der Dreiphasenraum (Sn + Bi + Pb) wird geschnitten (Bild 2.191f). Auch die Legierung L liegt nun in diesem Feld, d. h., sie beendet ihre Erstarrung mit der Kristallisation des ternären Eutektikums (Sn + Bi + Pb).

Der Erstarrungsvorgang der betrachteten Legierung L ergibt sich qualitativ aus diesen isothermen Schnitten wie folgt: Zuerst scheiden sich aus der Schmelze primäre Zinnkristalle aus, daran schließt sich die Kristallisation des binären (Sn + Pb)-Eutektikums an, und zum Schluß erstarrt die Restschmelze bei 96 °C in das ternäre Eutektikum (Sn + Bi + Pb). Bei Raumtemperatur besteht die Legierung aus drei Phasen: Zinn, Blei und Wismut, die drei verschiedene Gefügebestandteile bilden: Primärkristalle aus Sn, binäres Eutektikum aus (Sn + Pb) und ternäres Eutektikum aus (Sn + Bi + Pb).

Die Wismutphase tritt also nur im ternären Eutektikum auf, die Bleiphase im binären und im ternären Eutektikum, und die Zinnphase ist schließlich in allen drei Gefügebestandteilen vorhanden.

Anhand des Projektionsdiagramms lassen sich in einfacheren Fällen *Temperatur-Konzentrations-Schnitte* (Vertikalschnitte) durch das ternäre Raumsystem legen, wobei die Form und gegenseitige Lage der verschiedenen Phasenräume deutlich in Erscheinung treten. Die Vertikalschnitte haben Ähnlichkeit mit den binären Zustandsdiagrammen, doch können aus den Temperatur-Konzentrations-Schnitten wohl die Arten, aber nicht die Zusammensetzungen und Mengenanteile der miteinander im Gleichgewicht befindlichen Phasen abgelesen werden. Das Hebelgesetz läßt sich bei Vertikalschnitten nicht anwenden.

Bild 2.192 zeigt das Projektionsdiagramm der Wismut-Blei-Zinn-Legierungen. Die Schnitte $Sn-a$, $b-c$, $d-e$, $f-g$, $h-i$ und $k-l$ sind im Bild 2.193 dargestellt.

Bei der Konstruktion der Temperatur-Konzentrations-Schnitte sind folgende Regeln zu beachten. Schneidet der Vertikalschnitt eine binär-eutektische Rinne, so weist die Liquiduskurve an dieser Stelle einen Knickpunkt mit einem Schmelzpunktminimum auf (Punkte r, s, t, u). Die betreffende Legierung erstarrt ohne Primärkristallisation. Aus der Schmelze scheidet sich sofort ein binäres Eutektikum aus. Geht der Schnitt durch das ternäre Eutektikum hindurch, so weist die Liquiduskurve ebenfalls ein Minimum auf. Diese ternär-eutektische Legierung erstarrt ohne Primärkristallisation und ohne Ausscheidung eines binären Eutektikums. Die Erstarrung beginnt und endet mit der Kristallisation des ternären Eutektikums bei konstanter Temperatur. Die Solidustemperaturen sämtlicher Legierungen liegen, sofern keine Mischkristalle auftreten, bei der Temperatur der ternär-eutektischen Ebene.

Schneidet der Vertikalschnitt die Verbindungslinien E'_T-Bi, E'_T-Sn oder E'_T-Pb, so findet an diesen Punkten keine Kristallisation eines binären Eutektikums statt (Punkte x, y,

2.3. Dreistofflegierungen 351

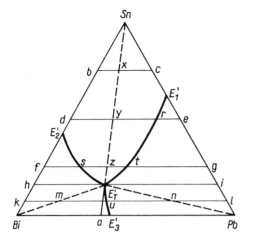

Bild 2.192. Projektionsdiagramm des Dreistoffsystems Wismut–Blei–Zinn mit den Temperatur-Konzentrations-Schnitten Sn–a, b–c, d–e, f–g, h–i, k–l

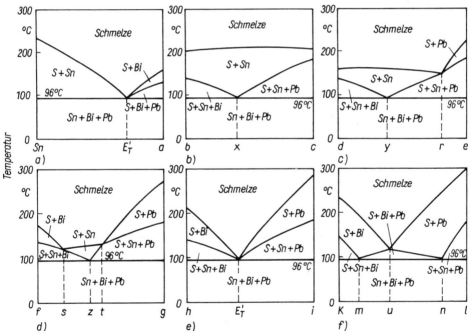

Bild 2.193. Temperatur-Konzentrations-Schnitte durch das ternäre System Wismut–Blei–Zinn (vereinfacht)
a) Schnitt Sn–a d) Schnitt f–g
b) Schnitt b–c e) Schnitt h–i
c) Schnitt d–e f) Schnitt k–l

z, m, n). An die Primärkristallisation schließt sich unmittelbar die ternär-eutektische Kristallisation an.

Die Temperaturlagen der verschiedenen charakteristischen Punkte sind aus den Isothermen des Projektionsdiagramms zu entnehmen.

Für ternäre Systeme bzw. für die Schnitte gilt das Gesetz der wechselnden Phasenanzahl (s. Abschn. 2.2.7.2.).

Hinsichtlich der Kristallisationsfolge gilt, daß sich mit sinkender Temperatur aus der Schmelze zuerst die Primärkristalle, dann das binäre Eutektikum und am Ende das ternäre Eutektikum ausscheiden. Die bei Raumtemperatur in den Legierungen auftretenden Gefüge sind in Abhängigkeit von der Lage des Konzentrationspunkts nochmals in Tabelle 2.23 zusammengefaßt.

Was hier speziell für die Wismut-Blei-Zinn-Legierungen ausgeführt wurde, gilt mit sinngemäßer Abänderung der Phasenbezeichnung auch für alle anderen ternär-eutektischen Systeme $A - B - C$.

Tabelle 2.23. Gefügeaufbau des ternären Systems Bi–Pb–Sn in Abhängigkeit von der Konzentration

Lage des Konzentrationspunkts	Gefügebestandteile bei Raumtemperatur
innerhalb von $BiE'_T E'_2$	Bi + (Bi + Sn) + (Bi + Sn + Pb)
innerhalb von $BiE'_T E'_3$	Bi + (Bi + Pb) + (Bi + Sn + Pb)
innerhalb von $PbE'_T E'_3$	Pb + (Bi + Pb) + (Bi + Sn + Pb)
innerhalb von $PbE'_T E'_1$	Pb + (Pb + Sn) + (Bi + Sn + Pb)
innerhalb von $SnE'_T E'_1$	Sn + (Pb + Sn) + (Bi + Sn + Pb)
innerhalb von $SnE'_T E'_2$	Sn + (Bi + Sn) + (Bi + Sn + Pb)
auf der Linie $E'_1 E'_T$	(Sn + Pb) + (Bi + Sn + Pb)
auf der Linie $E'_2 E'_T$	(Sn + Bi) + (Bi + Sn + Pb)
auf der Linie $E'_3 E'_T$	(Bi + Pb) + (Bi + Sn + Pb)
auf der Linie SnE'_T	Sn + + (Bi + Sn + Pb)
auf der Linie PbE'_T	Pb + + (Bi + Sn + Pb)
auf der Linie BiE'_T	Bi + + (Bi + Sn + Pb)
im Punkt E'_T	(Bi + Sn + Pb)

2.3.5. Erstarrungsablauf bei ternären Legierungen

Auch der Erstarrungsablauf einer Legierung läßt sich in übersichtlicher Weise im Projektionsdiagramm darstellen. Die Legierung L mit 55% Sn + 35% Bi + 10% Pb vom Bild 2.194 scheidet, sobald während der Abkühlung die Liquidustemperatur unterschritten wird, primäre Zinnkristalle aus. Die Restschmelze verarmt dadurch an Zinn, während das Verhältnis von Wismut zu Blei unverändert bleibt. Zieht man von der Zinnecke durch den Punkt L eine gerade Linie und verlängert diese über L hinaus, so bewegt sich die Zusammensetzung der Restschmelze während der Primärausscheidung von Zinn auf dieser Verlängerung und entfernt sich mit sinkender Temperatur immer weiter von der Zinnecke. Bei 160 °C hat die Restschmelze die Zusammensetzung von S_1 und bei 130 °C die von S_2.

Sobald die Schmelze die binär-eutektische Rinne $E'_2 E'_T$ erreicht hat (S_3), ist sie auch an Wismut gesättigt, und es scheidet sich das binäre (Sn + Bi)-Eutektikum aus. Der Zustandspunkt tritt damit in den (S + Sn + Bi)-Raum ein. Die Schmelze verändert ihre Zusammensetzung nun längs der binär-eutektischen Rinne $E'_2 E'_T$ von S_3 über S_4 und S_5 nach

E'_T. Die eingezeichneten Dreiecke SnSBi stellen isotherme Schnitte durch den $(S + Sn + Bi)$-Raum dar und geben die miteinander im Gleichgewicht befindlichen Phasen an.

Hat die Restschmelze den Punkt E'_T erreicht, kristallisiert sie bei der konstanten Temperatur von 96 °C, und es bildet sich das ternäre Eutektikum (Sn + Bi + Pb) aus. Durch Anwendung des Hebelgesetzes ergibt sich, daß in der erstarrten Legierung 40 % primäre Sn-Kristalle, 30 % binäres (Sn + Bi)-Eutektikum und 30 % ternäres (Sn + Bi + Pb)-Eutektikum enthalten sind.

In der Abkühlungskurve (Bild 2.195) macht sich die Primärausscheidung durch einen

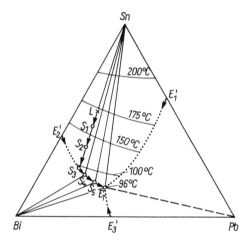

Bild 2.194. Darstellung des Erstarrungsablaufs der Legierung L mit 55 % Sn + 35 % Bi + 10 % Pb im Projektionsdiagramm

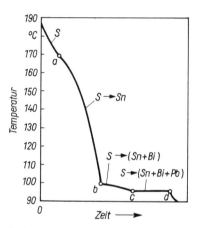

Bild 2.195. Abkühlungskurve der Legierung L mit 55 % Sn + 35 % Bi + 10 % Pb

Knickpunkt a mit nachfolgender Abkühlungsverzögerung, die Auskristallisation des binären Eutektikums ebenfalls durch einen Knickpunkt b mit nachfolgender Abkühlungsverzögerung und der Zerfall der Restschmelze im Punkt E_T in das ternäre Eutektikum durch einen Haltepunkt cd bemerkbar. Im Gegensatz zu einem Eutektikum bei binären Legierungen erstarrt ein binäres Eutektikum bei ternären Legierungen also nicht bei konstanter, sondern bei abfallender Temperatur.

Bild 2.196 zeigt eine Legierung mit 45 % Bi + 40 % Sn + 15 % Pb bei 100facher und Bild 2.197 die gleiche Legierung bei 1 000facher Vergrößerung. Die primären Zinndendriten (dunkel) enthalten helle Wismutsegregate, da die Löslichkeit von Zinn für Wismut mit sinkender Temperatur stark abnimmt, wie aus dem Randsystem Bi−Sn vom Bild 2.190 zu ersehen ist. Das binäre (Bi + Sn)-Eutektikum ist relativ grob ausgebildet und besteht aus einer hellen Wismutgrundmasse, in die eutektischen Zinnkriställchen tropfenförmig eingelagert sind. Das ternäre (Bi + Sn + Pb)-Eutektikum schließlich enthält die drei Bestandteile in einer außerordentlich feinen und gleichmäßigen Verteilung, so daß die einzelnen Phasen auch bei der 1 000fachen Vergrößerung nicht eindeutig voneinander zu unterscheiden sind, obwohl die Legierung sehr langsam aus dem Schmelzfluß abgekühlt wurde.

2. Zustandsdiagramme der Metalle und Legierungen

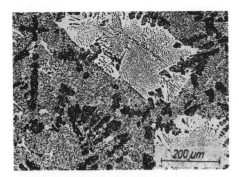
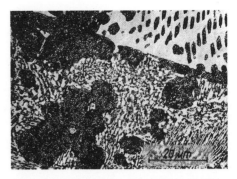

Bild 196. 45 % Bi + 40 % Sn + 15 % Pb. Primäre Zinndendriten (dunkel), binäres (Bi + Sn)-Eutektikum und ternäres (Bi + Sn + Pb)-Eutektikum

Bild 2.197. Wie Bild 2.196, 10fach höher vergrößert

Eine Legierung mit 57,5 % Bi + 27,5 % Sn + 15 % Pb liegt auf der binär-eutektischen Rinne $E'_2 E'_T$. Die Kristallisation beginnt mit der Ausscheidung des binären (Bi + Sn)-Eutektikums und endet mit der ternär-eutektischen Kristallisation. Da sich keine Primärkristalle ausscheiden, fehlt der Knickpunkt a in der Abkühlungskurve. Bild 2.198 zeigt das Gefüge dieser Legierung mit dem groben (Bi + Sn)-Eutektikum und dem sehr feinen (Bi + Sn + Pb)-Eutektikum.

Eine Legierung mit 40 % Bi + 35 % Sn + 25 % Pb liegt auf der Verbindungsgeraden SnE'_T. Es scheidet sich also kein binäres Eutektikum aus. In der Abkühlungskurve fehlt der Knickpunkt b. Die Kristallisation beginnt mit der Primärausscheidung von Zinndendriten und endet mit der ternär-eutektischen Kristallisation. Das im Bild 2.199 dargestellte Gefüge dieser Legierung besteht aus dunklen primären Zinnkristallen mit Wismutsegregaten und dem feinen ternären Eutektikum (Bi + Sn + Pb) als Grundmasse.

Eine Schmelze mit der Konzentration des ternär-eutektischen Punkts von 51,5 % Bi + 15,5 % Sn + 33 % Pb zerfällt ohne Ausscheidung von Primärkristallen oder von binären Eutektika sofort bei der ternär-eutektischen Temperatur von 96 °C in das ternäre Eutektikum (Bi + Sn + Pb). Bild 2.200 zeigt das Gefüge mit den eutektischen Körnern. Die

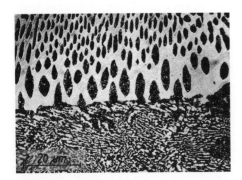
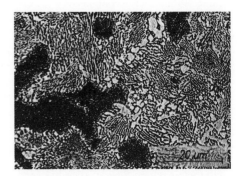

Bild 2.198. 57,5 % Bi + 27,5 % Sn + 15 % Pb. Grobes binäres (Bi + Sn)-Eutektikum und feines ternäres (Bi + Sn + Pb)-Eutektikum

Bild 2.199. 40 % Bi + 35 % Sn + 25 % Pb. Primäre Zinndendriten mit Wismutsegregaten, eingelagert in das ternäre (Bi + Sn + Pb)-Eutektikum

2.3. Dreistofflegierungen

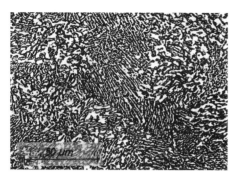

Bild 2.200. 51,5 % Bi + 15,5 % Sn + 33 % Pb. Ternäres (Bi + Sn + Pb)-Eutektikum

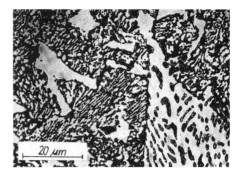

Bild 2.201. 67,5 % Bi + 17,5 % Sn + 15 % Pb. Primäre eckige Wismutkristalle (weiß), grobes binäres (Bi + Sn)-Eutektikum und feines ternäres (Bi + Sn + Pb)-Eutektikum

Knickpunkte a und b treten in der Abkühlungskurve nicht mehr in Erscheinung. Ein ausgeprägter Haltepunkt cd zeigt die Kristallisation des ternären Eutektikums an.

Eine Legierung mit 67,5 % Bi + 17,5 % Sn + 15 % Pb schließlich scheidet primäre eckige Wismutkristalle, dann das binäre (Bi + Sn)-Eutektikum und am Ende der Erstarrung das ternäre (Bi + Sn + Pb)-Eutektikum aus (Bild 2.201).

Aus dem Hebelgesetz folgt, daß Legierungen, die nahe einer Ecke des Konzentrationsdreiecks liegen, mehr primäre Kristalle und weniger Eutektikum enthalten. Legierungen, die nahe einer eutektischen Rinne liegen, enthalten weniger Primärkristalle. Legierungen in der Nähe des ternär-eutektischen Punkts enthalten entsprechend geringe Mengen an Primärkristallen und an binärem Eutektikum.

3. Einfluß der Verarbeitungsverfahren auf die Gefügeausbildung der Metalle und Legierungen

Die Formgebung der metallischen Werkstoffe erfolgt, wenn vom Sintern abgesehen wird, durch Gießen, spanlose (plastische) und spanabhebende Umformung sowie in gewissem Umfang auch durch Schweißen. Während sich die spanabhebenden Formgebungsverfahren, also Drehen, Hobeln, Fräsen, Bohren, Schleifen, in ihrer Wirkung auf eine relativ dünne Oberflächenschicht des Werkstücks begrenzen und im wesentlichen eine Kaltumformung derselben hervorrufen, üben die anderen genannten Formgebungsverfahren einen weitgehenden Einfluß auf die Ausbildung des Gefüges und mithin auch auf die Eigenschaften der Legierungen aus. Zum Verständnis der Gefügeausbildung technischer Legierungen ist es deshalb erforderlich, neben der durch die Zusammensetzung, d.h. also durch das Gleichgewichtsdiagramm, bedingten Gefügeausbildung noch die durch die spezielle Art des Formgebungsprozesses hervorgerufenen wichtigsten Gefügebesonderheiten kennenzulernen.

3.1. Gießen der Metalle

Der weitaus größte Teil der Metalle und Legierungen wird über den Prozeß der Erstarrung der schmelzflüssigen Phase hergestellt. Hierbei ist es am einfachsten möglich, das Metall zu reinigen, es durch Zugabe weiterer Komponenten zu legieren und ihm eine gewünschte Form zu geben. Der Erstarrungsvorgang bestimmt in starkem Maß die Gefügeausbildung. Er soll deshalb – ausgehend vom schmelzflüssigen Zustand – in seinen beiden Teilprozessen *Keimbildung* und *Kristallwachstum*, die allgemein für die Bildung neuer Phasen maßgebend sind, einleitend kurz qualitativ beschrieben werden.

3.1.1. Zustand metallischer Schmelzen

Der schmelzflüssige Zustand ist dadurch charakterisiert, daß die Bausteine nicht an feste Plätze gebunden sind. Sie führen Wärmeschwingungen aus, wobei sich die Lage der Schwingungsmittelpunkte ständig verändert. Wegen der relativ starken Bindungskräfte zwischen den Bausteinen ordnen sich diese fast so dicht gepackt und innerhalb kleiner

Bereiche, die man als Schwärme bezeichnet, ähnlich wie in Kristallen an. Diesen Ordnungszustand, der nur in unmittelbarer Nachbarschaft des Bezugsatoms besteht, bezeichnet man als *Nahordnung*. Die gitterähnlichen Bereiche werden durch die Wärmebewegung in der Schmelze ständig gebildet und wieder aufgelöst.

3.1.2. Erstarrungsprozeß

Die Erstarrung schmelzflüssiger Metalle verläuft in der Regel über den Weg der Kristallisation. Durch eine extrem rasche Abkühlung der Schmelze gelingt es jedoch auch bei metallischen Legierungen, die Kristallisation zu verhindern und die ungeordnete Flüssigkeitsstruktur einzufrieren. Solche »amorphe Metalle« oder »metallische Gläser« gewinnen aufgrund ihrer magnetischen, elektrischen und mechanischen Eigenschaften zunehmend an technischer Bedeutung.

Die Schmelze erstarrt während der Abkühlung nicht gleichmäßig, sondern die Kristallisation beginnt mit der Bildung von Keimen. Keime sind kleinste submikroskopische Kristallgebilde, die sich von der sie umgebenden Schmelze mit statistisch schwankender Atomanordnung durch die Fernordnung des Kristalls unterscheiden und so groß sind, daß durch Anlagerung weiterer Atome der Schmelze nach und nach makroskopisch sichtbare Kristalle heranwachsen können. Sind diese geordneten Bereiche von unterkritischer Größe, so werden sie als Embryonen bezeichnet. Sie können sowohl wieder schmelzen als auch durch Anlagerung weiterer Atome zu einem Keim anwachsen.

Erfolgt die Keimbildung in ideal einphasigen homogenen Schmelzen unmittelbar, so spricht man von *homogener Keimbildung*. Dagegen werden bei der *heterogenen Keimbildung* die Keime unter Mitwirkung von Tiegel- oder Formwänden oder von in der Schmelze bereits vorliegenden oder in ihr unmittelbar vor der eigentlichen Kristallisation entstehenden Phasen gebildet. Diese werden als *Fremdkeime* oder besser als *Kristallisatoren* bezeichnet. Sie erleichtern die Kristallisation der Schmelze, weil die sich auf ihnen als Substrat bildenden Keime schon bei geringerer Größe als der kritischen Keimgröße wachstumsfähig werden.

Für die Bildung geordneter Bereiche in der Schmelze ist der Aufbau einer Grenzfläche zwischen diesen geordneten Bereichen und der Schmelze erforderlich. Die dazu aufzubringende Grenzflächenenergie kann nur eine unterkühlte Schmelze wegen der unter diesen Umständen vorliegenden Differenz der freien Enthalpien von Schmelze und Kristall liefern. Die Unterkühlung $\Delta T = T_s - T_0$ (T_s Schmelztemperatur, T_0 wirkliche Erstarrungstemperatur) ist somit die Voraussetzung für die Keimbildung.

Die Größe der Unterkühlung beeinflußt in hohem Maß den Erstarrungsvorgang. Zur quantitativen Beschreibung dieser Verhältnisse hat man die Begriffe *lineare Kristallisationsgeschwindigkeit* (KG) und *Keimzahl* (KZ) eingeführt. Unter Kristallisationsgeschwindigkeit versteht man die Längenzunahme eines Kristalls in einer bestimmten Richtung je Zeiteinheit, gemessen in m/s. Die Keimzahl gibt die Anzahl der Kristallkeime an, die je Zeiteinheit pro m³ der Schmelze gebildet werden (Dimension $m^{-3} s^{-1}$). KG und KZ sind nicht unabhängig voneinander, da im Verlauf der Kristallisation das Volumen der Schmelze, in dem sich noch Keime bilden könnten, abnimmt. Am Schmelzpunkt selbst ($\Delta T = 0$) ist sowohl KZ wie auch KG gleich Null: Die bei der Keimbildung frei werdende Erstarrungswärme kann nicht abgeführt werden und wird infolgedessen zum Wiederaufschmelzen der gebildeten Keime verbraucht. Mit zunehmender Unterkühlung steigen KZ und KG an, und zwar in erster Näherung proportional zu ΔT. Die Art des Gußgefüges ist nun abhängig davon, wie die funktionellen Zusammenhänge zwischen ΔT einerseits und KG und KZ andererseits sind und bei welcher Unterkühlung die Erstarrung dann abläuft. Im Bild 3.1 sind zwei Möglichkeiten dargestellt. Im Beispiel *a)* ist KZ bei allen Unterkühlungen größer als KG, d. h., es entsteht ein feinkörniges Gußgefüge. Den umgekehrten Fall zeigt das Beispiel *b)*. Hier verläuft die KG-Kurve oberhalb der KZ-Kurve, und die Erstarrung geht vorzugsweise durch Anwachsen einer geringen Anzahl von Keimen vonstatten.

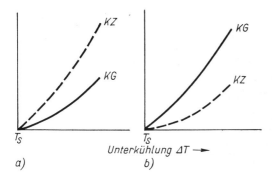

Bild 3.1. Einfluß der Geschwindigkeiten von Keimbildung (*KZ*) und Kristallwachstum (*KG*) auf die Korngröße des Gußgefüges (schematisch)
a) $KZ > KG$; feines Korn
b) $KZ < KG$; grobes Korn

3.1.3. Gußgefüge

Das Gefüge eines gegossenen Metalls besteht im allgemeinen nicht, wie man nach vorstehenden Ausführungen annehmen könnte, aus gleichgroßen Kristalliten, sondern wegen der sich ständig ändernden Erstarrungsbedingungen bildet sich eine besondere dreizonige *Gußstruktur* aus, wie dies Bild 3.2 schematisch und Bild 3.3 am Beispiel eines Gußblocks aus Hartmanganstahl zeigt. Sobald das schmelzflüssige Metall in die kalte Form gegossen wird, beginnt die Erstarrung an den kältesten Stellen, d. h. an den Formwänden. Da die Unterkühlung sehr groß ist, bilden sich zahlreiche Kristallkeime, die zu kleinen, polygonalen Kristalliten anwachsen (äußere feinkristalline Zone *I*). Die frei werdende Kristallisationswärme muß nach außen durch die bereits vorhandenen Kristallite abgeführt werden. Im Verlauf der weiteren Kristallisation wachsen die Kristalle, die zufällig mit der Richtung größter Kristallisationsgeschwindigkeit in Richtung des Wärmegefälles liegen, schneller an als andere, ungünstiger orientierte Kristallite. Letztere werden am Wachstum behindert, während die ersteren unbehindert in den Schmelzraum vorstoßen können. Auf diese Weise entsteht die Zone *II* des Gußgefüges, die *Transkristallisationszone*. Infolge der besonderen Kristallisationsverhältnisse, nämlich freie Wachstumsmöglichkeiten in Richtung der Schmelze, aber Wachstumsverhinderung in dazu senkrechten Richtungen, nehmen die Transkristallite ihre langgestreckte, stengelige Form an. Die Längsachse der Stengel verläuft parallel zum Wärmegefälle und steht deshalb senkrecht auf der Formwandung. Außerdem führt dieses Auswahlprinzip dazu, daß eine Vorzugsorientierung auftritt, wobei die großen Stengelachsen bei kubisch-flächenzentrierten Metallen, wie Al, Cu, Pb, α-Ms u. a., mit der Richtung [100], bei den hexagonalen Metallen Zn und Cd dagegen mit

3.1. Gießen der Metalle

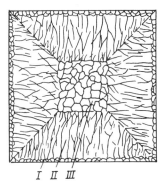

Bild 3.2. Dreizoniger Aufbau des Gußgefüges (schematisch)
I feinkristalline globulare äußere Zone
II Transkristallisationszone
III grobkristalline globulare innere Zone

Bild 3.3. Gefüge von Hartmanganstahlguß

der Richtung [0001] zusammenfallen. Bei Mg ist diese Richtung [1̄1̄20], bei β-Sn [110] und bei Bi [111]. Diese Gleichrichtung der Transkristallite wird als *Gußtextur* bezeichnet. Im allgemeinen erreichen die Transkristallite nur eine bestimmte Länge. Im Innern des Gußblocks befindet sich ein Bereich, der wiederum globulare Kristallite aufweist (Zone *III*). Die Entstehung der globularen Kernzone kann man sich so vorstellen, daß Verunreinigungen, die in jedem technischen Metall enthalten sind, von den Transkristalliten vor sich hergeschoben werden und sich infolgedessen im Kern anreichern. Diese Verunreinigungen wirken als Keime und führen zu der globulitischen ungeregelten Kristallisation. Diese Deutung wird besonders dadurch nahegelegt, daß die Länge der Transkristallite mit zunehmendem Reinheitsgrad der Metalle ansteigt. In gleicher Richtung wie die Verunreinigungen wirken Dendritenäste und andere Kristallsplitter, die durch die me-

3. Einfluß der Verarbeitungsverfahren auf die Gefügeausbildung

chanische Bewegung der Schmelze von den Transkristalliten abgebrochen werden und sich ebenfalls im Kern des Gusses ansammeln.

Die Ausbildung des Gußgefüges wird außer durch die Zusammensetzung der Legierung bzw. den Reinheitsgrad des Metalls in hohem Maße von den Schmelz-, Gieß- und Abkühlungsbedingungen beeinflußt. Von besonderer Bedeutung sind die Gießtemperatur und die Beschaffenheit der Form, also ob es sich um Sand- oder Kokillenguß handelt. Beim Kokillenguß spielen Größe, Wanddicke, Querschnitt und Temperatur der Kokille eine Rolle.

Die Bilder 3.4 und 3.5 zeigen das Gußgefüge von Al mit 0,2 % Fe und 0,3 % Si bei unterschiedlichen Gieß- und Abkühlungsverhältnissen. Das erste Bild gibt die Struktur bei Kokillenguß, das zweite die von Sandguß wieder. Die geringere Korngröße sowie die straffere

a)   *b)*   *c)*   *d)*

Bild 3.4. Gußgefüge von 99,5 %igem Aluminium, Kokillenguß. Geätzt mit dem Dreisäurengemisch ($HCl + HNO_3 + HF$)
Gießtemperaturen:
a) 680 °C   *c)* 850 °C
b) 750 °C   *d)* 950 °C

a)   *b)*   *c)*   *d)*

Bild 3.5. Gußgefüge von 99,5 %igem Aluminium, Sandguß. Geätzt mit dem Dreisäurengemisch ($HCl + HNO_3 + HF$)
Gießtemperaturen:
a) 680 °C   *c)* 850 °C
b) 750 °C   *d)* 950 °C

Kornausrichtung infolge der schnellen Wärmeabfuhr beim Kokillenguß sind deutlich erkennbar. Bei Sandguß wird die Wärme nicht so schnell dem Metall entzogen, so daß die Kristalle genügend Zeit zum Wachsen haben und infolgedessen größer werden. Die Kokillentemperatur betrug in vorliegendem Falle 20 °C. Wird die Kokillentemperatur erhöht, so verlangsamt sich die Kristallisation, weil die Unterkühlung der Schmelze abnimmt und

das Temperaturgefälle zwischen Schmelze und Kokille geringer wird, so daß die Abfuhr der Erstarrungswärme erschwert wird. Die Folge davon sind eine mit zunehmender Kokillentemperatur ansteigende Korngröße und eine Verringerung der Länge der Transkristallite.
Der große Einfluß der Überhitzung geht ebenfalls aus den Bildern 3.4 und 3.5 hervor. Reinaluminium schmilzt bei 660 °C. Der Schmelzpunkt des Aluminiums, mit den geringen Verunreinigungen an Fe und Si, liegt wenig tiefer. Erhitzt man auf 680 °C, so ist die Überhitzung $\Delta T = T_0 - T_S$ (T_0 = Temperatur der Schmelze, T_S = Erstarrungstemperatur) nur klein. In der Schmelze befinden sich noch zahlreiche, submikroskopisch kleine, zusammenhängende Gitterbereiche von Aluminium (arteigene Keime) oder von Verunreinigungen (artfremde Keime), die bei der nachfolgenden Abkühlung als Kristallisationszentren wirken und zu einer feinkörnigen Gußstruktur Veranlassung geben. Je stärker die Schmelze überhitzt, d. h. also über die Schmelztemperatur hinaus erwärmt wird, um so mehr werden noch zusammenhängende Kristallbereiche in die Einzelatome aufgespalten, und die Anzahl der Keime nimmt ab. Die auf 850 bzw. 950 °C erhitzten Schmelzen waren praktisch keimfrei. Infolgedessen mußten bei der Erstarrung erst neue Keime gebildet werden. Dies geschah an der Formwandung, da dort die Unterkühlung am größten war. Von diesen Keimen aus wuchsen dann die Kristallite in die Schmelze hinein.
Eine einmal überhitzte und keimfrei gemachte Schmelze kann nicht mehr durch Abkühlen dicht über die Schmelztemperatur regeneriert werden. Dazu muß das Metall erst von neuem ganz oder teilweise zur Erstarrung gebracht werden. Schmilzt man dann ein anderes Mal auf, so sind genügend neue Keime in der Schmelze enthalten, und der Guß wird wieder feinkörnig. Auch durch Einbringen von festem gleichartigem Metall, etwa in Form von Drähten, werden Keime gebildet. Es ist dabei aber darauf zu achten, daß das eingeführte Metall auch wirklich aufschmilzt und die Oxide aus dem Bad entfernt werden.
Eine überhitzte, d.h. keimfreie Schmelze läßt sich stärker unterkühlen als eine Schmelze, in der sich noch zahlreiche Keime befinden. Gelingt es, eine keimfreie Schmelze so stark zu unterkühlen, daß eine spontane Keimbildung im gesamten Schmelzvolumen eintritt, so erhält man besonders feine globulare Kristallite. Die Transkristallisation wird dann ganz oder teilweise unterdrückt.
Nicht nur die Kristalle der Grundmasse, sondern auch die in Legierungen auftretenden Primärkristalle folgen diesen allgemeinen Kristallisationsgesetzen. Dies zeigen die Bilder 3.6, 3.8 und 3.10 bei Kokillenguß und die Bilder 3.7, 3.9 und 3.11 bei Sandguß von Weißmetall, das aus 80% Sn, 10% Cu und 10% Sb besteht. In dieser Dreistofflegierung treten zwei verschiedene Primärkristallarten auf: würfelförmige SbSn-Kristalle und nadelige Cu_6Sn_5-Kristalle, die in eine Grundmasse aus zinnreichen Mischkristallen eingelagert sind.
Beim Kokillenguß werden die Primärkristalle um so feiner, je höher die Gießtemperatur liegt (330, 480 und 580 °C, Kokillentemperatur 20 °C). Durch steigende Überhitzung werden die Kristallkeime immer weitgehender aufgeschmolzen. Infolge der schnellen Abkühlung und der dadurch hervorgerufenen Unterkühlung entstehen dann um so mehr Keime bzw. Kristallite, je höher die Überhitzung vorher war. Auch wegen der kürzeren Erstarrungszeit können die Kristallite bei Kokillenguß nicht so groß werden wie bei Sandguß. Hier tritt der umgekehrte Vorgang ein; je größer die Überhitzung, um so gröbere, aber auch um so weniger Primärkristalle entstehen. Bei Sandguß ist die Unterkühlung nicht so groß, daß spontane Keimbildung einsetzt. Die wenigen noch vorhandenen Keime

3. Einfluß der Verarbeitungsverfahren auf die Gefügeausbildung

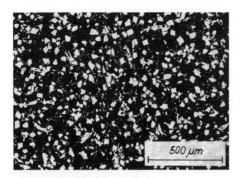

Bild 3.6. WM80F (80% Sn + 10% Cu + 10% Sb); 330°C, Kokillenguß

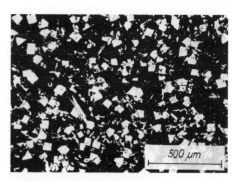

Bild 3.7. WM80F; 330°C, Sandguß

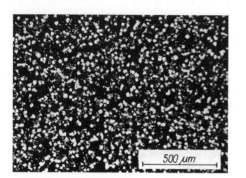

Bild 3.8. WM80F; 480°C, Kokillenguß

Bild 3.9. WM80F; 480°C, Sandguß

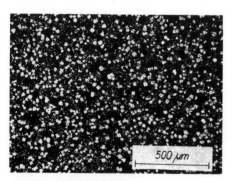

Bild 3.10. WM80F; 580°C, Kokillenguß

Bild 3.11. WM80F; 580°C, Sandguß

wachsen während der Abkühlung an, ohne daß es zu einer wesentlichen Keimneubildung kommt.

Neben den arteigenen Keimen üben die *artfremden Keime* einen bedeutenden Einfluß auf die Ausbildungsform des Gußgefüges sowie auf Größe und Gestalt der Primärkristalle aus. Charakteristisch für artfremde Keime ist ihre Eigenschaft, schon bei geringsten Gehalten relativ große Wirkungen auszuüben. Bild 3.12 zeigt das Gefüge von GAlSi13, einer Aluminiumlegierung mit 13% Silizium. In der Aluminiumgrundmasse befinden sich große Siliziumnadeln und -platten. Es handelt sich hierbei um ein entartetes Eutektikum, bei dem die eutektische Struktur durch besondere Kristallisationsbedingungen nicht in Erscheinung tritt. Ein Werkstoff mit derartigem Gefüge ist sehr spröde. Fügt man der Schmelze jedoch ≈0,1% Na hinzu, so ergibt sich ein Gefüge nach Bild 3.13. Die eutektische Struktur dieser Legierung ist nun klar ersichtlich. GAlSi13, das auf diese Weise mit Natrium gefeint worden ist, nennt man »veredelt«, da ein derartiges Gefüge wesentlich zäher ist.

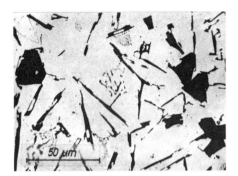

Bild 3.12. GAlSi13, unveredelt. Grobe Siliziumkristalle sind in der Aluminiumgrundmasse eingelagert.
Ungeätzt

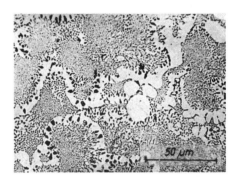

Bild 3.13. GAlSi13, veredelt. Feinkörniges (Al + Si)-Eutektikum.
Ungeätzt

In ähnlicher Weise lassen sich auch andere Gußgefüge durch Zusatz bestimmter Fremdstoffe modifizieren. So werden Reinstaluminium durch Zugabe von nur 0,03 % Titan, Magnesium durch Zirkon, Stahl durch Aluminium (das z. T. in Al_2O_3 übergeht), Gold durch Platin, Zink durch Kupfer oder Kadmium, Kupfer durch Eisen, Antimon in Pb-Sb-Legierungen durch Arsen sehr feinkörnig. Ein Magnesiumzusatz in Grauguß führt den blattförmigen Graphit in eine kugelige Form, sog. Sphärolithe, über. Von diesen Modifikatoren, die nicht als eigentliche Legierungselemente zu bezeichnen sind, macht man in der Technik vielfachen Gebrauch.

Kokillenguß weist im allgemeinen eine höhere Härte und Festigkeit auf als Sandguß. Dies ist nicht so sehr durch das feinere Korn bedingt als vielmehr durch die Tatsache, daß sich die Gleichgewichte nicht einstellen. Im besonderen besteht bei Kokillenguß die verstärkte Neigung zur Ausbildung übersättigter Mischkristalle, wodurch eine Festigkeits- und Härtesteigerung verursacht wird. Charakteristisch für gegossene Werkstoffe ist in vielen Fällen eine gegenüber plastisch verformten Werkstoffen geringere Streckgrenze und vor allem eine viel schlechtere Kerbschlagzähigkeit.

Neben der Grobkörnigkeit ist besonders eine ausgeprägte Transkristallisationszone in gegossenen Werkstoffen unerwünscht. Für die Weiterverarbeitung bzw. den Gebrauch erweist sich ein transkristallisiertes Gefüge oft als ungeeignet, weil sich zwischen den Stengelkristallen, besonders aber an den im Bild 3.2 gestrichelt eingezeichneten Diagonalen der Hauptteil der Verunreinigungen, die sich in jedem technischen Metall vorfinden, ansammelt sowie eine Anzahl kleinster Gasbläschen. Auf diese Weise wird der Zusammen-

hang zwischen den Metallkristallen unterbrochen, was sich bei Warmverformungen durch Aufreißen längs der Korngrenzen bemerkbar macht.
Wenn transkristallisierte Gußstücke auch durch vorsichtige Warmumformung bearbeitet werden können, so sorgt man doch schon beim Gießen dafür, daß diese Zone erst gar nicht auftritt. Geeignete Maßnahmen sind: Zugabe von Modifikatoren, niedrige Gießtemperatur, schnelle Abkühlung der Schmelze, Gießen und Erstarren unter Druck.

3.1.4. Seigerungen

Unter *Seigerungen* versteht man verschiedene Entmischungserscheinungen, die beim Erstarren von Schmelzen auftreten können und die zu Inhomogenitäten des Gefüges führen. Das Wort Seigerung kommt von seiger (oder saiger) und heißt soviel wie senkrecht. Dies deutet auf die zuerst erkannte Seigerungsart, die Schwerkraftseigerung mit der schichtenförmigen Überlagerung verschieden schwerer Schmelzen, hin, die bei gewissen metallurgischen Verfahren auftritt.
Die Seigerungserscheinungen kann man hinsichtlich des Bereiches, über dem die Konzentrationsunterschiede auftreten, und ihrer Ursachen unterteilen in

– *Kristallseigerung* (Mischkristallseigerung, Kornseigerung)
– *Block-* oder *Stückseigerung*
  Kraftseigerung
  · Schwerkraftseigerung
  · Schleuderkraftseigerung
  Wärmeflußseigerung
  · normale Blockseigerung
  · umgekehrte Blockseigerung.

Unter Kristallseigerung wird der inhomogene Aufbau von Mischkristallen verstanden. Ihre Entstehung soll nachfolgend ausführlich beschrieben werden.
Die im Abschn. 2.2. behandelten Zustandsschaubilder der Legierungen sind Gleichgewichtsdiagramme, d. h., sie geben den Gefügezustand unendlich langsam aus dem Schmelzfluß bis auf Raumtemperatur abgekühlter Legierungen an. Aus technisch-wirtschaftlichen Gründen können in der Praxis Schmelzen aber nicht mit einer Abkühlungsgeschwindigkeit von $v \approx 0$ K/s zur Erstarrung gebracht werden. Die Zustandsdiagramme haben bei $v \gg 0$ keine volle Gültigkeit mehr, und die dort angeführten Gleichgewichtslinien sind Verschiebungen unterworfen, die nur in den seltensten Fällen quantitativ berechnet oder experimentell bestimmt werden können. Im folgenden seien deshalb nur die Richtungen, in denen diese Verschiebungen von Gleichgewichtslinien bei endlichen Abkühlungsgeschwindigkeiten ablaufen, für einige wichtige Sonderfälle beschrieben.
Unter den Abkühlungsverhältnissen, wie sie bei einem technischen Guß vorliegen, entstehen praktisch nie homogene *Mischkristalle*. Die Erstarrung erfolgt so rasch, daß die zum Konzentrationsausgleich erforderliche Diffusionszeit nicht zur Verfügung steht und die Gleichgewichte sich nicht einstellen können. Die dadurch bedingten Abweichungen vom normalen Kristallisationsablauf seien im folgenden an einem Mischkristall aus 92 % Cu und 8 % Sn (α-Bronze) näher erläutert (Bild 3.14). Bei 1 100 °C besteht die Legierung aus einer homogenen Schmelze. Während einer sehr langsamen Abkühlung scheiden sich bei

der Liquidustemperatur $T_L = 1030\,°C$ die ersten primären kupferreichen Mischkristalle K_1 mit 1,5 % Sn und 98,5 % Cu aus. Die Restschmelze verarmt dadurch an Kupfer und wird zinnreicher. Ist die Temperatur auf $T_2 = 975\,°C$ abgesunken, so hat sich die Menge an ausgeschiedenen Kristallen vergrößert. Die Kristalle K_2 haben durch Diffusion Zinn aufgenommen und enthalten 3,5 % Sn und 96,5 % Cu, während die Schmelze S_2 eine Zusammensetzung von 13,5 % Sn und 86,5 % Cu aufweist. Sinkt die Temperatur sehr langsam weiter ab, so ändert sich die Kristallzusammensetzung stetig von K_2 nach K_3 und K_4, während sich die Konzentration der Schmelze von S_2 über S_3 und S_4 verschiebt. Bei der

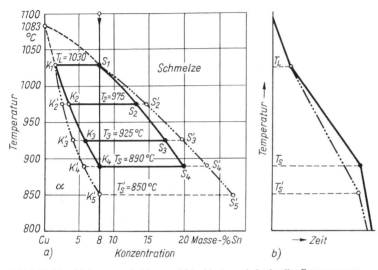

Bild 3.14. Verschiebung von Solidus- und Liquiduskurve bei schneller Erstarrung von Mischkristallen
a) Verschiebung der Solidus- und Liquiduslinie durch ungenügenden Konzentrationsausgleich zwischen Primärkristallen und Restschmelze
b) Veränderung der Abkühlungskurve

Solidustemperatur $T_s = 890\,°C$ ist schließlich die gesamte Legierung erstarrt und besteht im Gleichgewichtsfalle aus homogenen Cu-Mischkristallen mit 8 % Sn. Die Abkühlungskurve ist im Bild 3.14b dargestellt (ausgezogene Kurve).
Im Erstarrungsintervall $\Delta T = T_L - T_s = 1030 - 890 = 140\,K$ muß sich die Zinnkonzentration von $K_1 = 1,5$ % Sn nach $K_4 = 8$ % Sn verschieben und die Schmelzenzusammensetzung von $S_1 = 8$ % Sn nach $S_4 = 20$ % Sn. Während sich der Konzentrationsausgleich in der Schmelze durch Diffusion und Konvektion (mechanische Schmelzdurchmischung) schnell einstellt, geht der Materietransport in festen Kristallen lediglich durch Diffusion und deswegen nur sehr langsam vonstatten. So schnell, wie bei einem technischen Guß die Temperatur beispielsweise von 1030 °C nach 975 °C abfällt, kann der Konzentrationsausgleich der Kristalle von K_1 nach K_2 nicht ablaufen. Die zuerst ausgeschiedenen Primärkristalle K_1 nehmen deshalb im Mittel nicht so viel Zinn auf, daß die Konzentration K_2 erreicht wird, sondern weniger Sn, etwa bis K_2' (=2,5 % Sn statt im Gleichgewichtsfall 3,5 % Sn). Die Schmelze enthält entsprechend mehr Zinn und besitzt

bei $T_2 = 975\,°C$ nicht die Zusammensetzung S_2, sondern etwa S_2'. Bei der ursprünglichen Solidustemperatur $T_s = 890\,°C$ haben die Kristalle die mittlere Zusammensetzung K_4', und die Schmelze befindet sich mit ihrer Konzentration bei S_4. Wie aus dem Hebelgesetz folgt, ist bei dieser Temperatur die Legierung noch nicht vollständig erstarrt. Mit den Hebeln $a = K_4 - K_4' = 8 - 6 = 2$ und $b = S_4' - K_4 = 24 - 8 = 16$ ergibt sich für die Menge der Restschmelze:

$$m_s = \frac{a}{a+b} \cdot 100\,\% = \frac{2}{2+16} \cdot 100\,\% = 11,1\,\% \text{ Restschmelze.}$$

Die Erstarrung geht so lange weiter, bis die Kristalle K' eine mittlere Zusammensetzung von $K_5' = 8\,\%$ Sn und $92\,\%$ Cu erreicht haben. Dies ist im vorliegenden Beispiel erst bei $T_s' = 850\,°C$ der Fall. Die scheinbare Solidustemperatur von Mischkristallen, die infolge unausgeglichener Konzentration nicht nach den Gleichgewichtsbedingungen erstarren, liegt tiefer, als wenn die Kristallisation unter Gleichgewichtseinstellung abläuft. Diese Verlagerung des Soliduspunktes zu tieferen Temperaturen kommt auch in der Abkühlungskurve zum Ausdruck (Bild 3.14b, gestrichelte Kurve).

Mischkristalle, die nicht unter Gleichgewichtsbedingungen erstarrt sind, können im Gefüge durch ihren schichtartigen Aufbau erkannt werden. Die zuerst erstarrten Kristallkerne enthalten wenig von dem Zusatzelement, während die zuletzt kristallisierten Restfelder am stärksten auflegiert sind. Normalerweise haben die Kristallkerne die Zusammensetzung K_1 (Bild 3.14). Um diesen Kern sind nacheinander Schichten mit der Zusammensetzung K_2', K_3', K_4' und K_5' ankristallisiert. Natürlich sind diese Zonen nicht scharf voneinander getrennt, sondern gehen kontinuierlich ineinander über. Beim Ätzen werden die einzelnen Schichten je nach ihrem Legierungsgehalt stärker oder schwächer angegriffen und auf diese Weise sichtbar gemacht (Bild 3.15).

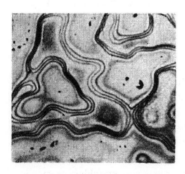

Bild 3.15. Geschichteter Aufbau inhomogener Mischkristalle (Kristallseigerung)

Bei sehr ungünstigen Diffusionsverhältnissen kann auch der Fall eintreten, daß die Kristallkerne eine mittlere Zusammensetzung von K_1 oder K_2 haben, während in den Restfeldern die mit Legierungselementen stark angereicherte Restschmelze für sich erstarrt und nicht durch Diffusion in den schon vorhandenen Primärkristallen verteilt wird.

Bild 3.16 zeigt das Gefüge der oben ausführlich besprochenen Zinnbronze mit $92\,\%$ Cu und $8\,\%$ Sn. Die Legierung wurde von $1\,100\,°C$ in eine dickwandige Eisenkokille vergossen, um eine möglichst schnelle Abkühlung zu erzwingen. Die weichen, d. h. zinnarmen

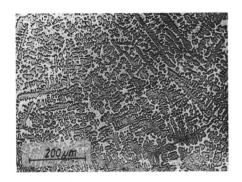

Bild 3.16. 92 % Cu + 8 % Sn, gegossen. Inhomogene α-Mischkristalle; Kristallseigerung

Stämme und Äste der Dendriten sind deutlich von den härteren, weil zinnreicheren Restfeldern zu unterscheiden.
Das Ausmaß der Kristallseigerungen ist von mehreren Faktoren abhängig:
– der Abkühlungsgeschwindigkeit
– der Diffusionsgeschwindigkeit der die Legierung aufbauenden Elemente
– der Größe des Erstarrungsintervalls.

Mischkristalle seigern um so mehr, je größer die Abkühlungsgeschwindigkeit, je kleiner die Diffusionsgeschwindigkeit und je ausgedehnter das Erstarrungsintervall ist.
Da fast alle technischen Legierungen ganz oder zu einem erheblichen Teil aus Mischkristallen bestehen, hat man bei gegossenen Metallen und Legierungen häufig mit mehr oder weniger ausgeprägten Kristallseigerungen zu rechnen. Da aber in einer Legierung stets ein möglichst gleichmäßiges Gefüge erwünscht ist, ist man bestrebt, diese Kristallseigerungen zu beseitigen. Dies geschieht durch das *Homogenisierungsglühen*. Die inhomogene, geseigerte Legierung wird bei möglichst hohen Temperaturen so lange geglüht, bis sich durch Diffusion die Konzentrationsunterschiede zwischen Kristallrand und -kern ausgeglichen haben. Manchmal, so z.B. bei Phosphorseigerungen in Stahl, sind die Diffusionsgeschwindigkeiten der betreffenden Elemente so gering, daß die Seigerungen in praktisch anwendbaren Glühzeiten nicht ausgeglichen werden können. Mit der Veränderung des Gefüges ist eine mehr oder weniger ausgeprägte Änderung der technischen Eigenschaften verbunden.
In den Bildern 3.17 bis 3.21 ist die Wirkung von verschiedenen Glühtemperaturen auf die Beseitigung der Kristallseigerungen der Bronze aus Bild 3.16 dargestellt. Glühen 5 h bei 500 °C bewirkt schon einen gewissen Konzentrationsausgleich, wie aus Bild 3.17 zu ersehen ist. Die Gestalt der Dendriten und ihre Abgrenzungen von den Restfeldern sind noch vorhanden, aber die Kontraste haben sich vermindert. Nach einer Glühung von 5 h bei 550 °C sind die Dendriten nur noch andeutungsweise vorhanden (Bild 3.18). Die Korngrenzen der Mischkristalle treten schon deutlich in Erscheinung. Man erkennt auch, daß die Orientierung der Dendriten innerhalb eines Korns stets gleich, von Korn zu Korn dagegen verschieden ist. Erhöht man die Glühtemperatur auf 600 °C, dann sind die Dendriten vollständig verschwunden (Bild 3.19). An ihre Stelle sind zahlreiche kleine polygonale (= vieleckige) Kristallite getreten, die teilweise im Innern Zwillingsbildung aufweisen. Eine weitere Steigerung der Glühtemperatur auf 650 bzw. 800 °C ergibt noch eine Korn-

vergrößerung, ohne daß der weitere Konzentrationsausgleich, der auch bei diesen Temperaturen noch vonstatten geht, im Gefüge sichtbar wäre (Bilder 3.20 und 3.21). Die bei der Erstarrung von Mischkristallen auftretende Entmischungserscheinung führt unter gewissen Umständen in eutektischen Systemen zu weiteren Gleichgewichtsstörungen. Die Legierung L_1 in dem im Bild 3.22 dargestellten eutektischen System sollte nach beendeter Erstarrung nur aus polyedrischen α-Mischkristallen bestehen. Erfolgt die Abkühlung der Schmelze aber so schnell, daß sich die Gleichgewichte nicht einstellen können, dann nehmen die primär ausgeschiedenen α-Mischkristalle im Schmelzintervall weniger B auf, als

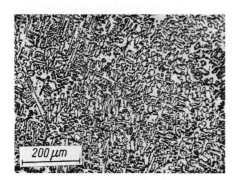

Bild 3.17. 92 % Cu + 8 % Sn, gegossen und 5 h bei 500 °C geglüht

Bild 3.18. 92 % Cu + 8 % Sn, gegossen und 5 h bei 550 °C geglüht

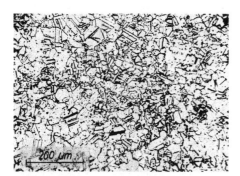

Bild 3.19. 92 % Cu + 8 % Sn, gegossen und 5 h bei 600 °C geglüht

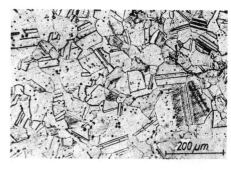

Bild 3.20. 92 % Cu + 8 % Sn, gegossen und 5 h bei 650 °C geglüht

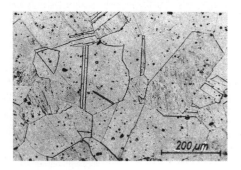

Bild 3.21. 92 % Cu + 8 % Sn, gegossen und 5 h bei 800 °C geglüht

dem Gleichgewichtszustand entspricht. Bei der durch das Zustandsschaubild gegebenen Solidustemperatur T_1, beträgt die mittlere Zusammensetzung von α nicht C_0, sondern etwa C_1. Es ist also noch Restschmelze vorhanden, und die Erstarrung geht mit sinkender Temperatur weiter. Bei der eutektischen Temperatur T_E haben die Mischkristalle tatsächlich etwa die mittlere Zusammensetzung C_2. Die Restschmelze erstarrt nun unter Ausbildung des Eutektikums. Das Gefüge besteht nach der Erstarrung also aus primären α-Mischkristallen der Konzentration C_2 und dem Eutektikum zwischen α-Mischkristallen der Konzentration C_2 und B. Durch nachträgliches Diffusionsglühen kann das Gleichgewicht eingestellt und das Eutektikum wieder entfernt werden.

Manchmal bestehen bei der primären Erstarrung einer Phase Kristallisationshemmungen, die zu Unterkühlungserscheinungen Veranlassung geben. Die Folge davon ist, daß zwei verschiedene Primärkristalle in einer Legierung auftreten. Die Legierung L_1 (Bild 3.23)

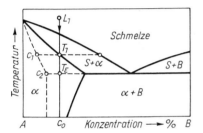

Bild 3.22. Ungleichgewicht in einem eutektischen System

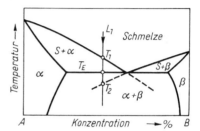

Bild 3.23. Auftreten von zwei primären Kristallarten in einem binäreutektischen System

sollte bei der Liquidustemperatur T_1 primäre α-Mischkristalle ausscheiden. Tritt infolge irgendwelcher Hemmungen diese Primärkristallisation jedoch nicht ein, so wird die Schmelze bis zur Temperatur T_2 unterkühlt, wobei $T_2 < T_E$ ist. Bei der Temperatur T_2 wird die an sich unterhalb der eutektischen Temperatur T_E instabile Liquiduskurve der β-Kristallart erreicht, und es scheidet sich eine bestimmte Menge an β primär aus. Durch die von den β-Kristallen ausgehende Impfwirkung wird die Unterkühlung der α-Phase aufgehoben, und es scheiden sich nun (unter Temperaturanstieg bis T_E) primäre α-Mischkristalle aus. Hat die Restschmelze die eutektische Zusammensetzung erreicht, so zerfällt sie in das eutektische Gemenge aus ($\alpha + \beta$).

Diese Erscheinung tritt häufig bei Aluminium-Silizium-Legierungen auf, deren Zusammensetzung in der Nähe des Eutektikums (88,3 % Al + 11,7 % Si) liegt. Im Gefüge erscheinen dann primäre dendritische Al-Mischkristalle, primäre idiomorphe Si-Kristalle sowie das (Al + Si)-Eutektikum.

Bei peritektischen Systemen führt die bei Mischkristallen auftretende Kristallseigerung ebenfalls zu Ungleichgewichten und Verschiebungen von Gleichgewichtslinien, die im Bild 3.24 gestrichelt eingezeichnet wurden. Durch die bei schneller Abkühlung auftretende Kristallseigerung von α wird der Teil ab der Soliduskurve nach ab' verlagert. Eine Legierung L_1, die im Gleichgewichtsfall nicht an der peritektischen Reaktion teilnimmt und bei Raumtemperatur aus homogenen α-Mischkristallen besteht, kann auf diese Weise bei genügend schneller Abkühlung peritektisch entstandene β-Kristalle enthalten und infolgedessen heterogen sein. Eine Legierung, die konzentrationsmäßig zwischen den Punkten b und c liegt, enthält im Ungleichgewichtsfall mehr Restschmelze, als man mit Hilfe des Hebelgesetzes nachweisen kann.

Die Soliduskurve ce der β-Mischkristalle wird bei schneller Abkühlung ebenfalls lagemäßig verschoben (gestrichelte Kurve ce). Die dabei auftretenden Ungleichgewichte liegen aber unterhalb der Peritektikalen und bewirken deshalb nur eine normale Kristallseigerung. Die im Bild 3.24 eingetragene Legierung L_2 besteht nach schneller Kristallisation demnach aus Zonenkristallen, deren Kerne A-reicher sind als die Restfelder und deren Solidustemperatur tiefer liegt, als dem Gleichgewicht entsprechen würde. Auch können u. U. noch α-Mischkristalle vorhanden sein.

In Legierungen mit mehreren Komponenten nehmen alle mit dem Grundmetall Mischkristalle bildenden Elemente an der Kristallseigerung teil, und zwar seigern die einzelnen Elemente um so stärker, je geringer die Diffusionsgeschwindigkeit ist. Bild 3.25 zeigt das Gußgefüge eines Stahls mit 0,22 % C, 3 % Mn und 0,31 % Cr (22Mn12). Die dunkel angeätzten Seigerungsbereiche zwischen den hellen, rundlichen Primärkristallen enthalten überdurchschnittlich viel Mangan und Kohlenstoff. Mikrohärtemessungen in den Seigerungszonen und in den legierungsärmeren Primärkristallen ergaben für letztere eine Härte von $H_m = 180$, für erstere dagegen $H_m = 240$. Die Makro-Vickershärte lag mit $HV = 219$ genau zwischen diesen beiden Werten.

Schwerkraftseigerungen haben wir schon bei Systemen mit einer Mischungslücke im flüssigen Zustand kennengelernt, beispielsweise bei Fe–Pb, Pb–Zn und Cu–Pb (s. Abschn. 2.2.3.). Schwerkraftseigerung tritt nun nicht nur bei Systemen mit einer Mischungslücke im flüssigen Zustand auf, sondern auch bei all den Legierungen, die einen merklichen Dichteunterschied zwischen Primärkristallen und Restschmelze aufweisen. Je größer dieser Dichteunterschied ist, desto eher kommt es zum Absetzen bzw. Hochsteigen der schweren bzw. leichteren Kristalle. Begünstigt wird die Entmischung durch eine kompakte Kristallform und durch langsame und ruhige Erstarrung, Bild 3.26 zeigt einen Längsschliff durch einen sehr langsam abgekühlten Gußblock aus 85 % Pb und 15 % Sb. Blei und Antimon bilden ein einfaches eutektisches System mit dem eutektischen Punkt bei 11,1 % Sb (s. Abschn. 2.5.2.). Vorstehende Legierung ist also schwach übereutektisch,

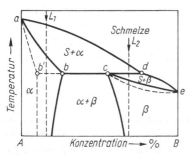

Bild 3.24. Ungleichgewichte in einem peritektischen System

Bild 3.25. Kristallseigerung von Kohlenstoff und Mangan in einem Vergütungsstahl mit 0,22 % C und 3 % Mn.
Geätzt mit 1 %iger HNO_3

und es scheiden sich primäre Antimonkristalle (Dichte ≈ 6,7 g/cm³) aus. Diese sind viel leichter als die bleireiche Restschmelze (Dichte von Blei ≈ 11,3 g/cm³) und steigen infolgedessen an die Oberfläche der Schmelze. Die Entmischung geht in diesem Fall sehr weit, wie man an dem 3-Zonen-Aufbau des Regulus erkennt: Im oberen Drittel sind die Antimonkristalle stark angereichert, im mittleren Drittel befindet sich das (Pb + Sb)-Eutektikum, und im unteren Drittel haben sich infolge der Verarmung an Antimon sogar primäre Bleikristalle ausgeschieden. Bild 3.27 zeigt bei höherer Vergrößerung den Über-

Bild 3.26. Schwerkraftseigerung in einer langsam erstarrten Legierung aus 85 % Pb + 15 % Sb

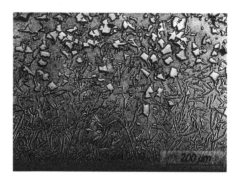

Bild 3.27. Ausschnitt aus Bild 3.26. Übergang von der obersten antimonangereicherten Schicht zur mittleren, eutektischen Zone

gang von der oberen, antimonangereicherten Schicht zur mittleren, eutektischen Zone. Diese Erscheinung macht sich außer bei den Pb-Sb-Legierungen auch bei den Lagerweißmetallen, die neben Blei und Antimon noch Zinn enthalten, unangenehm bemerkbar.
In übereutektischen Eisen-Kohlenstoff-Legierungen (Grauguß) steigt der primäre Graphit ebenfalls an die Oberfläche der Eisenschmelze und kann dort abgeschöpft werden (Garschaumgraphit).
Wegen der räumlichen Trennung der einzelnen Gefügebestandteile ist eine Beseitigung oder Verringerung der Schwerkraftseigerung durch Wärmebehandlung der erstarrten Legierungen nicht möglich. Sie läßt sich bei den betreffenden anfälligen Legierungen nur durch besondere Schmelz- und Gießmaßnahmen, beispielsweise schnelles Vergießen, vermeiden.
Eine besonders bei unberuhigten Stählen häufig auftretende Entmischungserscheinung ist die (direkte) *Blockseigerung*. Diese entsteht dadurch, daß die Eisentranskristallite die in Eisenlegierungen stets enthaltenen Verunreinigungen, wie Schwefel, Phosphor und Kohlenstoff, vor sich herschieben und diese sich dadurch im Blockinnern anreichern. Die Abkühlungsbedingungen üben ebenfalls einen beachtlichen Einfluß aus, was daraus hervorgeht, daß die Stärke der Seigerung mit steigendem Blockquerschnitt zunimmt. Schwefel kann sich dabei im Kern um 300 bis 400 %, Phosphor um 200 bis 300 %, Kohlenstoff um 100 bis 200 % und Mangan um etwa 50 % anreichern. Bei unberuhigtem Stahl erfolgt die Seigerung im gesamten Block, während sie bei beruhigtem Stahl im wesentlichen auf den Blockkopf, das ist etwa das obere Blockdrittel, beschränkt ist.
Der Nachweis von P- und S-Seigerungen bei Stahl kann auf verschiedene Art und Weise

erfolgen. Es genügt, die überdrehte, gehobelte oder grobgeschliffene Probe mit dem HEYN-schen Ätzmittel zu behandeln:

9 g kristallisiertes Kupferammonchlorid ($CuCl_2 \cdot 2NH_4Cl \cdot 2H_2O$),
100 cm³ Wasser.

Der auf der Probe befindliche Kupferniederschlag wird mit einem Wattebausch oder einem Stück Kork unter fließendem Wasser abgerieben. Die Phosphor- und Schwefelseigerungen färben sich dabei dunkelbraun, während das reine Eisen nicht angegriffen wird (Bild 3.28).

Die feineren Einzelheiten der Seigerungen gibt das OBERHOFFERsche Ätzmittel besser wieder, dafür muß die Schlifffläche aber auch poliert werden:

500 cm³ destilliertes Wasser,
500 cm³ Äthylalkohol (C_2H_5OH),
 50 cm³ konzentrierte Salzsäure (HCl),
 30 g   Eisenchlorid ($FeCl_3$),
  1 g   Kupferchlorid ($CuCl_2$),
  0,5 g Zinnchlorid ($SnCl_2$).

Bei diesem Ätzverfahren erscheinen die seigerungsfreien Stellen dunkel, d.h. angegriffen, während die Seigerungen nicht angegriffen werden (Bild 3.29). Nach HEYN bzw. OBERHOFFER geätzte Schliffe verhalten sich etwa wie Positiv und Negativ zueinander.

Bild 3.28. Phosphorseigerung in einem Stahlbolzen. HEYNsches Ätzmittel

Bild 3.29. Phosphorseigerung in einem Stahlbolzen. OBERHOFFERsches Ätzmittel

Mit Hilfe des *BAUMANN- oder Schwefelabdrucks* (Bild 3.30) können Schwefelseigerungen sofort auf photographischem Papier festgehalten werden. Bromsilberpapier wird mit 5 %iger Schwefelsäure (bei Tageslicht) getränkt und der Schliff je nach dem Schwefelgehalt 1 bis 5 min lang aufgedrückt. Das Papier wird dann normal fixiert und gewässert. Die Seigerungen erscheinen schwarzbraun.

Der Vorgang verläuft so, daß die Schwefelsäure in Berührung mit Eisen- oder Mangansulfid (FeS bzw. MnS) Schwefelwasserstoff bildet:

$$FeS + H_2SO_4 \rightarrow FeSO_4 + H_2S.$$

Bild 3.30. Blockseigerung in einem Knüppel aus unberuhigtem Stahl. Schwefelabdruck nach BAUMANN

Dieser reagiert mit dem Silberbromid AgBr des Photopapiers zufolge der Gleichung:

$H_2S + 2AgBr \rightarrow Ag_2S + 2HBr$

unter Bildung von schwarzbraunem Silbersulfid Ag_2S.

Zur Herstellung eines *Phosphorabdruckes* wird die Probe bis Papier 3/0 geschliffen, gründlich gewaschen und getrocknet. Photo- oder Filterpapier wird mit Ammonium-Molybdat-Lösung (5 g je 100 cm³ dest. Wasser), zu der 35 cm³ Salpetersäure zugegeben sind, getränkt, abgetrocknet und dann 5 min auf die Metalloberfläche gedrückt. Die Entwicklung des Papiers erfolgt in einer wäßrigen 35%igen Salzsäurelösung, zu der ein wenig Alaun und 5 cm³ einer gesättigten Lösung von Zinnchlorid ($SnCl_2$) beigegeben worden sind. Die Farbe geht dabei von Gelbbraun in ein charakteristisches Blau über. Aus der Intensität der Blaufärbung kann mit einiger Übung der Phosphorgehalt abgeschätzt werden.

Ein *Oxidabdruck* nach NIESSNER kann bei Vorhandensein größerer Oxidmengen hergestellt werden, indem man die Schlifffläche 5 min auf Photopapier drückt, welches vorher mit einer wäßrigen 5%igen Salzsäurelösung getränkt wurde. Anschließend wird mit einer 2%igen Ferrozyankaliumlösung nachbehandelt, unter fließendem Wasser gewaschen und getrocknet. Die Oxideinschlüsse ergeben eine örtliche Blaufärbung. Die Deutung des erhaltenen Abdrucks erfordert aber einige Erfahrungen.

Ein *Bleiabdruck* wird nach VOLK so durchgeführt, daß ausfixiertes Bromsilberpapier mit konzentrierter Essigsäure 3 min getränkt und die geschliffene oder besser noch polierte Probe je nach Bleigehalt 1 bis 5 min aufgepreßt wird. Anschließend wird 2 bis 3 min in Schwefelwasserstoffwasser entwickelt. Eventuell gebildetes Eisenazetat wird durch kurzes Eintauchen des Papiers in 20%ige Salzsäure wieder in Lösung gebracht. Bleihaltige Stellen ergeben auf dem Abzug braune Flecken von Bleisulfid PbS. Bleieinschlüsse machen sich bis zu einer Teilchengröße von 0,05 mm noch bemerkbar.

Außer durch die oben angeführten Ätzungen läßt sich die Blockseigerung der Stähle auch durch Beizen mit mittelkonzentrierten Mineralsäuren, wie HCl, H_2SO_4, feststellen. Bild 3.31 zeigte eine derartige *Tiefätzung* bei einem ungenügend beruhigten Stahl 20MnCr5. Die Kernzone ist chemisch unedler als die relativ sauberen Randzonen und wird deshalb viel schneller von der Säure angegriffen und herausgelöst. Der Beizvorgang kann durch Erwärmung der Säure auf 60 bis 80 °C beschleunigt werden. Zur Vermeidung des lästigen Nachrostens empfiehlt es sich, die gebeizte Probe mit Kalkmilch zu behandeln.

Bild 3.31. Blockseigerung bei einem ungenügend beruhigten Stahl. Die Seigerungszone (unten) ist wesentlich stärker angegriffen. Tiefätzung mit HCl

Die Blockseigerungen können im Gegensatz zu den Kristallseigerungen durch Homogenisierungsglühungen nicht ausgeglichen werden, weil der räumliche Abstand zwischen dem sauberen Rand und dem an Verunreinigungen angereicherten Kern zu groß ist.

Blockseigerungen führen bei der Verarbeitung der Stähle zu mancherlei Schwierigkeiten. Beim Schweißen muß darauf geachtet werden, daß die Schweißnaht nicht in die Seigerungszone hineinreicht, weil sonst keine einwandfreie Bindung der zu verschweißenden Teile garantiert werden kann. Durch die plastischen Formgebungsverfahren wird die Seigerungszone mit deformiert. Allerdings ist darauf zu achten, daß der stärker legierte Kern einen höheren Formänderungswiderstand aufweist als die schwächer legierte Randschicht. Unter Umständen reißt bei unvorsichtigem Schmieden oder Walzen die Seigerungszone auf. Bei Profilen muß die Formgebung so erfolgen, daß die Seigerungszone allseitig von gesundem Stahl umgeben ist, weil andernfalls während der Formgebung selbst oder später bei der Beanspruchung Anrisse in der freiliegenden Seigerung auftreten können. Stärker geseigerte dünne Bleche neigen beim Beizen zur Beizblasenbildung. Mit der äußeren Atmosphäre in Berührung stehende Seigerungsstellen korrodieren infolge ihres hohen Gehalts an Verunreinigungen schneller als die sauberen Randschichten. Auch dadurch kann es im Laufe der Zeit zu Oberflächenrissen kommen.

Das Gegenstück zur direkten Blockseigerung, die hauptsächlich bei unberuhigten Stählen auftritt, ist die *umgekehrte Blockseigerung*, die besonders bei Kupfer- und Aluminiumlegierungen zu beobachten ist. Durch verschiedene Ursachen, wie beispielsweise Kapillarkräfte zwischen den Dendriten, Druck der erstarrten Außenhaut auf die Schmelze, Druck der im Innern der Schmelze frei werdenden Gase und zu starkes anfängliches Dendritenwachstum, wird ein Teil der verunreinigten Restschmelze aus dem Blockinnern an die Blockoberfläche gepreßt bzw. gesogen. Bei der umgekehrten Blockseigerung ist also der Kern legierungsärmer als die äußere Randschicht.

Eine Abart der umgekehrten Blockseigerung ist die *Gasblasenseigerung*. Während der Erstarrung werden vorher gelöste Gase (CO, N_2, H_2) frei, die sich in Form sog. Gasblasen ansammeln. Bei der weiteren Abkühlung nimmt der Druck der Gase innerhalb der Blasen ab, und der entstehende Unterdruck saugt verunreinigte Restschmelze aus dem noch flüssigen Kern nach, sofern Kapillaren einen Schmelztransport zulassen. Derartige Gasblasenseigerungen führen besonders bei Stahl leicht zu Oberflächenfehlern, da das in den Blasen vorhandene verunreinigte Material nur schlecht bei der Warmumformung mit dem sauberen Stahl verschweißt und infolgedessen zu Rissen Veranlassung gibt. Bild 3.32 zeigt eine aufgeplatzte oberflächennahe Gasblasenseigerung in Stahl. Die in Phosphor an-

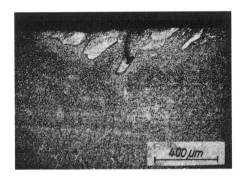

Bild 3.32. Aufgeplatzte randnahe Gasblasenseigerung.
OBERHOFFERsches Ätzmittel

gereicherte ehemalige Restschmelze ist durch das OBERHOFFER-Ätzmittel nicht angegriffen und erscheint deswegen hell, während die saubere Grundmasse dunkel geätzt wurde.

3.1.5. Lunker

Bei der Abkühlung eines flüssigen Metalls bis auf Raumtemperaturen finden im allgemeinen drei verschiedene, einander folgende Volumenkontraktionen statt, wie dies Bild 3.33 am Beispiel von Kupfer zeigt:

1. Eine stetig verlaufende Schwindung, die durch die Abkühlung des flüssigen Metalls von der Gießtemperatur T_G bis zur Erstarrungstemperatur T_E bedingt ist (Flüssigkeitskontraktion; Bereich a);
2. eine sprunghafte Schwindung bei der Erstarrungstemperatur T_E, die durch den Volumenunterschied zwischen Schmelze und festem Metall verursacht wird (Erstarrungskontraktion; Bereich b) und die eine Folge der unterschiedlichen atomaren Packungsdichte zwischen festem und flüssigem Metall ist;
3. eine stetige Schrumpfung des kristallisierten Metalls von der Erstarrungstemperatur T_E bis auf Raumtemperatur (Festkörperkontraktion; Bereich c).

Die beiden Schwindungen der Bereiche a und b verursachen bei der Erstarrung die sog. *Lunkerbildung* (Hohlraumbildung). Es seien zum besseren Verständnis die Volumenverhältnisse bei der Erstarrung von 1 kg Kupfer betrachtet unter Berücksichtigung der im Bild 3.33 eingetragenen Werte.
1 kg Kupfer nimmt bei der angenommenen Gießtemperatur von $T_G = 1250\,°C$ ein Volumen von $V = 1000\,V_s = 128\,cm^3$ ein (V_s = spez. Volumen). Bei der langsamen Abkühlung bis zum Erstarrungspunkt $T_E = 1083\,°C$ nimmt das Volumen der Kupferschmelze um 3 cm³ ab und beträgt nur noch 125 cm³. Gleichmäßige Abkühlung nach allen Seiten hin vorausgesetzt, bildet sich nun an den Oberflächen der Schmelze eine dünne Erstarrungsschicht, die das Volumen der Schmelze von 125 cm³ umschließt. Die Erstarrung geht weiter, indem an die äußere feste Schicht sich neue Schichten ankristallisieren, bis die gesamte Schmelze in den festen Zustand übergegangen ist. Bei der Erstarrung hat sich das Volumen von 125 auf 120 cm³ verringert. Dies ist unter den beschriebenen Verhältnissen nur möglich, wenn sich im Innern des Gußblocks ein Hohlraum von 5 cm³ gebildet hat.

3. Einfluß der Verarbeitungsverfahren auf die Gefügeausbildung

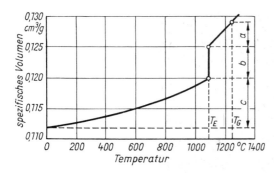

Bild 3.33. Abhängigkeit des spezifischen Volumens von Kupfer von der Temperatur (nach SAUERWALD)

Das ist der *Blocklunker*. Eine schematische Darstellung dieser Hohlraumbildung ist im Bild 3.34 gegeben. In Wirklichkeit sind die einzelnen Erstarrungsschichten natürlich nicht voneinander getrennt, sondern gehen kontinuierlich ineinander über. In Tabelle 3.1 sind die bei der Erstarrung auftretenden prozentualen Volumenveränderungen (Bereich *b*) einiger Metalle angeführt. Wie daraus hervorgeht, ist die Erstarrung im allgemeinen mit einer Volumenabnahme verbunden. Nur bei einigen Elementen mit geringer Packungsdichte des Kristallgitters findet bei der Erstarrung eine Volumenzunahme statt, so z. B. bei Wismut und Antimon.

In der Praxis verläuft die Abkühlung eines Gußstücks nun durchaus nicht nach allen Seiten gleichmäßig. Beim Kokillenguß kühlen Blöcke an den Kokillenwänden wesentlich schneller ab als an der oberen Kopffläche. Die Folge davon ist, daß der Lunker vom Mittelteil des Blocks zur Kopfseite hin verdrängt wird und etwa die Form eines auf die Spitze gestellten Kegels einnimmt. Bild 3.35 zeigt einen Längsschnitt durch einen Stahlblock, der einen Blocklunker enthält. Die obere Verschlußplatte des Lunkers, der Deckel, schließt den Lunker nur unvollkommen gegenüber der oxidierenden Luft ab, so daß die Lunkerwände meist stark oxidiert sind. Aus diesem Grund ist ein einwandfreies Verschweißen des Lunkers durch nachträgliche Warmumformung nicht möglich. Man ist deshalb gezwungen, den Blockteil, der den Lunker enthält, abzutrennen (Schopfen des

Tabelle 3.1. Volumenänderung einiger Metalle beim Erstarren

Metall	Kristallgitter	Volumenänderung [%]
Aluminium	kubisch-flächenzentriert	−6,3
Kupfer	kubisch-flächenzentriert	−4,2
Blei	kubisch-flächenzentriert	−3,4
Silber	kubisch-flächenzentriert	−5,0
Eisen	kubisch-raumzentriert	−4,0
Zink	hexagonal	−6,5
Magnesium	hexagonal	−3,8
Zinn	tetragonal	−2,9
Wismut	rhomboedrisch	+3,3
Antimon	rhomboedrisch	+1,0
Silizium	Diamantgitter	+10

3.1. Gießen der Metalle 377

Bild 3.34. Schematische Darstellung der Lunkerbildung in einem nach allen Seiten gleichmäßig abkühlenden Metallguß

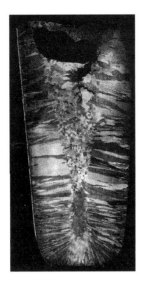

Bild 3.35. Blocklunker in einem Stahlblock

verlorenen Kopfs), wodurch natürlich ein erheblicher Materialverlust entsteht. Gießtechnische Maßnahmen, die das Lunkervolumen herabsetzen bzw. die Lunkerform günstig beeinflussen, sind: niedrige Gießtemperatur, langsames Gießen, Flüssighalten des Kopfs durch Hauben aus keramischen Massen mit geringer Wärmeleitfähigkeit oder durch Zugabe von wärmeentwickelnden Lunkerpulvern, geeignete Kokillenkonstruktion, Abschrecken des Blockkopfs, mechanisches Pressen des Gußblocks während der Erstarrung.
Bei ungünstigen Erstarrungsverhältnissen, besonders wenn das Verhältnis von Blockquerschnitt zu Blockhöhe klein ist, kann sich der Lunker in Form einer dünnen Röhre bis zum Fuß des Blocks erstrecken. Diese sog. *Fadenlunker* sind sehr gefährlich, da sie u. U. nicht rechtzeitig bemerkt werden und bei der Weiterverarbeitung zu Schwierigkeiten und Materialausschuß führen. Bild 3.36 zeigt den Querschnitt eines vergüteten und oberflä-

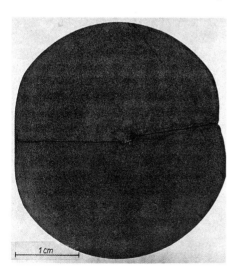

Bild 3.36. Fadenlunker als Ursache des Aufreißens eines vergüteten und oberflächengehärteten Bolzens (Stahl 38Cr4)

chengehärteten Bolzens aus Stahl 38Cr4, in dem sich in der Mitte noch der Überrest eines Fadenlunkers befindet. Bei der Flammhärtung der Oberfläche riß der Bolzen längs auf, wobei die Risse von dem Lunker ausgingen. Gleichzeitig wurden große Stücke der gehärteten Oberfläche durch die Rißbildungen abgesprengt.
Zusammengewalzte Rest- und Fadenlunker sind auch die Ursachen der gefürchteten *Dopplungen*, die bei Kesselblechen und anderen Blechen manchmal auftreten und die eine Aufspaltung der Bleche in einer Ebene parallel zur Walzebene herbeiführen. Die Erstarrungsschwindung der Metalle und Legierungen führt nicht nur zur Bildung von Blocklunkern, sondern ist auch die Ursache für die Entstehung der *Mikrolunker*. Diese entstehen vorzugsweise zwischen verfilzten Dendriten, weil die Restschmelze durch die im Verlauf der Erstarrung immer enger werdenden Verbindungskanäle nicht mehr durchfließen kann und das zwischen den Dendriten entstehende kleine Schwindungsloch von der Restschmelze abgeschnitten wird. Bild 3.37 zeigt derartige Mikrolunker in einem Rotguß und Bild 3.38 Mikrolunker in Stahlguß. Die Mikrolunker machen eine Legierung porös, und diese Porosität setzt naturgemäß die Größe des Blocklunkers herab. Manchmal ist es vorteilhaft, einen porösen Block mit einem nur kleinen Lunker zu erhalten als umgekehrt, und zwar besonders dann, wenn durch plastische Formgebung, wie Schmieden oder Walzen, die Mikrolunker mit Sicherheit zusammengeschweißt werden können. In Formgußteilen sind Mikrolunker aber sehr gefährlich, da sie meist als scharfkantige innere Kerben wirken und den Bruch des Werkstücks herbeiführen können.

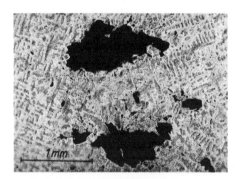

Bild 3.37. Mikrolunker im Inneren einer Lagerschale aus Rotguß

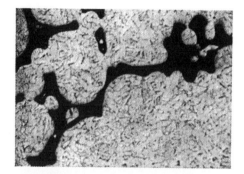

Bild 3.38. Mikrolunker an der Lauffläche einer Lagerschale

3.1.6. Gasblasen

Jede Metallschmelze nimmt nicht unerhebliche Gasmengen auf. So löst beispielsweise 1 kg Eisen bei 1700 °C unter Atmosphärendruck $\approx 340\ cm^3$ Wasserstoff. Für Nickel beträgt dieser Wert für 1600 °C $\approx 450\ cm^3$. Andere gelöste Gase sind Sauerstoff und Stickstoff. Diese Gase stammen teilweise aus der Luft (O_2, N_2) und teilweise aus den Verbrennungsgasen der Ofenfeuerung (H_2, N_2). Unter Umständen entstehen innerhalb der Metallschmelze durch Reaktionen gasförmige Endprodukte, wie es beispielsweise bei Stahl der Fall ist ($FeO + C \rightarrow Fe + CO$). Die Menge des gelösten Gases hängt vom

Druck und von der Temperatur ab. Bei konstanter Temperatur gilt für zweiatomige Gase das *Sievertssche Druckgesetz*, das besagt, daß die im Metall gelöste Gasmenge proportional zur Quadratwurzel des Partialdrucks des betreffenden Gases über dem festen oder flüssigen Metall ist.

$$C_{(\text{Gas im Metall})} = \text{konst.} \cdot \sqrt{P_{(\text{Gas im Metall})}}$$

Dies ist ein Beweis dafür, daß diese Gase von den Metallen in atomarer Form gelöst werden und nicht in Form von Molekülen.

Bei den technischen Metallen, wie Eisen, Nickel, Aluminium, Kupfer, steigt die Löslichkeit für Gase mit der Temperatur an. Flüssige Metalle nehmen wesentlich mehr Gase auf als feste Metalle, wobei am Schmelzpunkt selbst ein Löslichkeitssprung auftritt (Bild 3.39). Kommt ein Metall in mehreren Modifikationen vor, so hat jede Modifikation entsprechend ihrem Kristallgitteraufbau ein besonderes Lösungsvermögen.

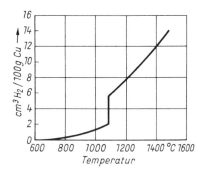

Bild 3.39. Löslichkeit von Wasserstoff in Kupfer (nach Carpenter und Robertson)

Eine Metallschmelze, die längere Zeit im flüssigen Zustand verweilt, absorbiert entsprechend den Partialdrücken eine gewisse Menge von verschiedenen Gasen. Bei der Erstarrung nimmt das Lösungsvermögen des Metalls für die Gase sprunghaft ab. Die ausgeschiedenen Gase vereinigen sich zu *Gasblasen*, und diese steigen in dem noch teilweise flüssigen Metall auf. Die Schmelze »kocht«, sie erstarrt unruhig. Bei Stahl tritt noch zusätzlich der Sonderfall auf, daß sich infolge der Blockseigerung sowohl Kohlenstoff als auch gelöste Eisenoxide im Kern anreichern und dort unter CO-Bildung miteinander reagieren.

In den meisten Fällen gelangen nicht alle Gasblasen bis an die Blockoberfläche, sondern ein Teil bleibt zwischen den Transkristalliten oder Dendriten stecken. Dann enthält der erstarrte Guß mehr oder weniger viele und große Gasblasen, wie dies Bild 3.40 am Beispiel eines unruhig erstarrten Blocks aus weichem Siemens-Martin-Stahl zeigt. Enthalten die Gasblasen reduzierende Gase, z. B. H_2, so lassen sie sich bei der nachfolgenden Warmumformung anstandslos verschweißen, falls die Umformtemperatur und der Umformdruck hoch genug sind. Enthalten die Gasblasen dagegen oxidierende Bestandteile, so oxidieren die Blasenwände, und eine einwandfreie Verschweißung ist nicht mehr möglich. Besonders groß ist diese Gefahr, wenn sich die Gasblasen dicht unter der Oberfläche des Gußstücks befinden. Dann besteht die Möglichkeit, daß durch Verzunderung oder durch Verformung Kanäle geschaffen werden, die die Gasblasen mit der äußeren At-

380 3. Einfluß der Verarbeitungsverfahren auf die Gefügeausbildung

mosphäre verbinden. Die Gasblasenwände oxidieren dann sehr stark, und eine Verschweißung ist nicht mehr möglich. Bild 3.41 zeigt eine beim Walzen aufgeplatzte und verzunderte Gasblase an der Oberfläche eines Profils aus beruhigtem Kohlenstoffstahl. Durch den in die Gasblase eingedrungenen Luftsauerstoff ist die Umgebung der entstehenden Risse stark entkohlt, wie dies aus den beim Ätzen mit Salpetersäure hell bleibenden Stellen hervorgeht.

In gegossenen Metallen haben die Gasblasen eine rundliche bis elliptische Form und unterscheiden sich dadurch von den eckig begrenzten Mikrolunkern. Randnahe Gasblasen in verformten Legierungen besitzen oft charakteristische Verzweigungen, wie dies vorste-

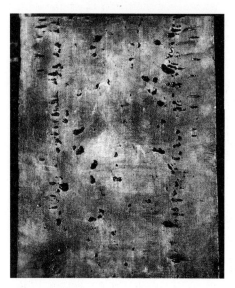

Bild 3.40. Gasblasen in einem Block aus unberuhigtem Stahl

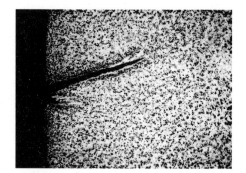

Bild 3.41. Aufgeplatzte und verzunderte randnahe Gasblase in einem Kohlenstoffstahl

hendes Bild zeigt, durch die sie von Überwalzungen, Überschmiedungen oder Spannungsrissen unterschieden werden können.

Ähnlich wie die Mikrolunker tragen auch die Gasblasen zur *Porosität* des Gusses bei und verkleinern auf diese Weise den Blocklunker. Übersteigt das Gesamtvolumen der Gasblasen das Volumen des Blocklunkers, so kann es sogar zu einer Vergrößerung des Gußstücks kommen. Man sagt, der Block »steigt« in der Kokille.

Auf die Anzahl, Größe und Verteilung der Gasblasen sind von Einfluß die Gießtemperatur, die Zusammensetzung der Schmelze, die Zusammensetzung der Ofenatmosphäre sowie die Erstarrungsbedingungen. Je höher die Gießtemperatur ist, um so mehr Gase werden von der Schmelze gelöst, und um so größer ist die Gefahr der Gasblasenbildung. Die Zusammensetzung der Schmelze ist für ihre Viskosität maßgeblich. Je dünnflüssiger die Schmelze ist, um so besser können die Gasblasen aufsteigen und das Bad verlassen. Reine Metalle sind im gegossenen Zustand stark blasenhaltig, wie beispielsweise Eisen,

Kupfer, Nickel. Legierungen sind meist dünnflüssiger und können deshalb besser, d. h. porenfreier, vergossen werden. Die Zusammensetzung der Ofenatmosphäre ist in erster Linie von Bedeutung für die Menge und Art der gelösten Gase. Die Erstarrungsbedingungen, wie Kokillengröße, -format, -wanddicke und -temperatur, üben insofern einen Einfluß aus, als bei schneller Abkühlung die Gasblasen nur wenig Zeit zum Aufsteigen an die Blockoberfläche haben und in der schnell dickflüssiger werdenden, erstarrenden Metallmasse steckenbleiben.

Technische Maßnahmen zur Verhinderung von Gasblasen sind folgende: Schmelzen und Gießen im Vakuum, niedrige Gießtemperatur, langsame Erstarrung, geeignete Schmelzzusammensetzung, Ausspülen der Schmelze mit inerten (reaktionsträgen) Gasen, Zugabe von Desoxidationsmitteln. Eine sehr wirksame Maßnahme besteht auch darin, das Metall erstarren zu lassen, kurzzeitig wieder aufzuschmelzen und dann erst endgültig zu vergießen. Aus technischen Gründen läßt sich dieses Verfahren aber nur in begrenztem Umfang anwenden.

Von besonderer praktischer Bedeutung ist die Gasblasenbildung bei Stahl. In unberuhigt vergossenen Stählen befinden sich drei deutlich voneinander unterscheidbare, blasenhaltige Bereiche: der äußere Blasenkranz, der im unteren Blockdrittel oberflächennah angeordnet ist und der aus Gasblasen besteht, die zwischen den Transkristalliten steckengeblieben sind, der innere Blasenkranz, der sich etwas weiter von der Oberfläche entfernt am Ende der Transkristallite vom Fuß bis zum Kopf des Blocks erstreckt und der sich erst nach der Deckelbildung entwickelt, und schließlich im Blockinnern regellos verteilte Gasblasen. Je höher die Gießtemperatur war, um so weiter rückt der äußere Blasenkranz an die Blockoberfläche heran. Die Gasblasenbildung bei einem unberuhigt vergossenen Stahl ist in erster Linie, wie bereits erwähnt, darauf zurückzuführen, daß durch die Blockseigerung sowohl Kohlenstoff wie auch Eisenoxid im Blockkern angereichert werden. Das in der Schmelze vordem vorhanden gewesene chemische Gleichgewicht wird dadurch gestört, und es kommt erneut zur Reaktion unter Bildung von Kohlenmonoxid CO. Durch Zusatz von starken Oxidbildnern, wie Mangan, Silizium, Aluminium oder Kalzium, sorgt man dafür, daß der Sauerstoff im Stahl nicht vom Eisen als FeO, sondern als MnO, SiO_2, Al_2O_3 oder CaO abgebunden wird. Diese Oxide können unter den vorliegenden Bedingungen nicht mehr vom Kohlenstoff reduziert werden, und infolgedessen bleibt die CO-Bildung bei derartigen »beruhigten« Stählen aus. Bei dieser sog. Desoxidation wird der Sauerstoff also nicht aus dem Bad entfernt (wie es der Name eigentlich besagt), sondern die Desoxidationsprodukte verbleiben zu einem großen Teil als Suspension in der Schmelze.

Außer durch das Fehlen der Gasblasen ist ein *beruhigter Stahl* durch eine geringe bzw. fehlende Blockseigerung gekennzeichnet. Dafür ist aber ein Blocklunker vorhanden. Weiterhin bilden sich dicht unterhalb der Oberfläche u. U. aus noch nicht ganz geklärten Gründen kleine Randbläschen aus, die eine unsaubere Oberfläche des Blocks und weiterhin auch der Walzprodukte ergeben.

Der *unberuhigte Stahl* ist umgekehrt durch Gasblasen und Blockseigerung gekennzeichnet. Der fehlende bzw. nur kleine Lunker erhöht das Ausbringen. Außerdem ist die Oberflächengüte des unberuhigten Stahls besser als die des beruhigten Stahls.

Je nach den gestellten Anforderungen verwendet man beruhigten oder unberuhigten Stahl. Jeder hat seine Vorteile, jeder hat auch seine Nachteile. Qualitätsstähle sind stets beruhigt.

3.1.7. Fremdeinschlüsse

Während des Schmelz- und Gießprozesses besteht die Möglichkeit, daß Fremdsubstanzen in das flüssige Metall gelangen, die beim Erstarren nicht wieder ausgeschieden werden und nachher in der festen Legierung als schädliche Fremdkörper eingebettet sind. Die Herkunft und Zusammensetzung dieser Fremdeinschlüsse, die von außen her in die Schmelze gelangen und deshalb als »exogene« Einschlüsse bezeichnet werden (im Gegensatz zu den »endogenen« Einschlüssen, die durch metallurgische Reaktionen innerhalb der flüssigen Legierung entstehen), sind außerordentlich verschieden und richten sich nach der speziellen Form des Schmelz- bzw. Gießverfahrens und unterliegen allen Zufälligkeiten des Betriebsablaufs. Bei der Beurteilung der Gefüge technischer Legierungen sind derartige exogene Einschlüsse mit zu berücksichtigen, da sie infolge ihres relativ zu den endogenen Einschlüssen größeren Volumens, des fehlenden oder nur mangelhaften Zusammenhangs mit der metallischen Grundmasse sowie ihrer vom Grundmetall meist sehr verschiedenen Härte und Verformbarkeit oft die Ursache für Werkstoffehler sind.

In Sand gegossene Legierungen können bei zu hoher Strömungsgeschwindigkeit der Schmelze oder bei unsachgemäß zubereiteter Gußform beispielsweise Einschwemmungen von Formsand enthalten, wie dies Bild 3.42 an einer gegossenen Lagerschale aus Messing zeigt.

Durch Unachtsamkeit der Schmelzer und Gießer gelangen machmal grobe Fremdmetalleinschlüsse in die flüssige Legierung. Bild 3.43 zeigt beispielsweise einen Ausschnitt aus der Wange einer großen Kurbelwelle für einen Schiffsdieselmotor aus Stahl Ck35, die aus einem 30-t-Block abgeschmiedet wurde. Aufgrund von aufgetretenen Fehlerechos bei der Ultraschallprüfung wurde die Wange an der verdächtigen Stelle mit Kupferammonchlorid geätzt. Es ergab sich, daß die Fehlerechos durch eine beim Gießen eingeschwemmte, aber mit dem übrigen Stahl schlecht verschweißte Rührstange aus weichem Stahl verursacht worden waren.

Ein ähnlicher Fall ist in den Bildern 3.44 und 3.45 dargestellt. Auf der Oberfläche einer Turbinenschaufel aus Stahl X20Cr13 wurden bei der Magnetpulverprüfung ausgeprägte Flutanzeigen festgestellt. Bei der metallographischen Untersuchung eines Schaufelquer-

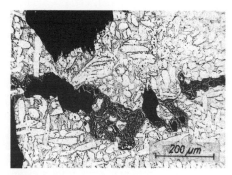

Bild 3.42. Einschwemmungen von Formsand in einer gegossenen Messinglagerschale

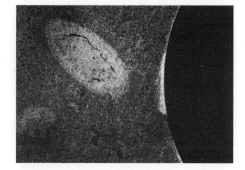

Bild 3.43. Fremdmetalleinschluß (Rührstange) in der Wange einer großen Kurbelwelle. Geätzt mit Kupferammonchlorid

3.1. Gießen der Metalle

schliffs ergab sich nach Ätzen mit Königswasser an der Stelle der Flutanzeige das Gefüge von Bild 3.44. Eine rechteckige Fläche wurde nicht angeätzt. Nach erneutem Abpolieren und Ätzen mit 1%iger Salpetersäure zeigte sich an der früheren Stelle des weißen Flecks das kristalline Gefüge von reinem Eisen (Bild 3.45). Offenbar ist dieser Fehler dadurch entstanden, daß beim oder nach dem Gießen ein Stück Eisen in die Schmelze fiel, nicht vollständig aufgelöst und später zu einem dünnen Streifen ausgewalzt wurde.
Erfolgt der Zusatz der Legierungselemente in zu großen Stücken, bei zu niedriger Temperatur oder erst kurz vor dem Vergießen, so besteht die Gefahr, daß sich die in die Schmelze eingetauchten Legierungselemente oder Vorlegierungen nicht vollständig auflösen und später als Fremdmetalleinschlüsse im Gefüge auftreten, die Weiterverarbeitung des Vormaterials erschweren oder die Gebrauchseigenschaften des fertigen Werkstücks verschlechtern. Bild 3.46 zeigt als Beispiel den Längsschliff durch einen Stahldraht aus 100Cr6, der noch Reste von nichtaufgeschmolzenem Ferrochrom enthält und deshalb beim Ziehen spröde gerissen ist. Bild 3.47 zeigt einen Ferrochromeinschluß in einem Stab aus Stahl 100Cr6, der zwar mit der Grundmasse gut verschweißt, beim Walzen aber gerissen ist und später bei der Härtung sehr wahrscheinlich zu Härterissen führen würde.

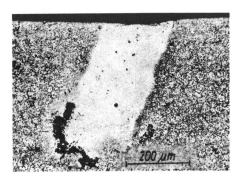

Bild 3.44. Turbinenschaufel aus X20Cr13. Geätzt mit Königswasser

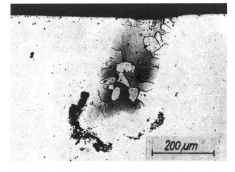

Bild 3.45. Gleiche Stelle wie Bild 3.44, aber nach Abpolieren mit 1%iger HNO_3 geätzt. Einschluß von reinem Eisen

Bild 3.46. Unaufgelöstes Ferrochrom in einem chromlegierten Stahldraht. Geätzt mit HNO_3

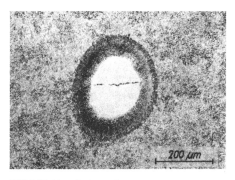

Bild 3.47. Unaufgelöstes Ferrochrom in einem chromlegierten Stabstahl. Geätzt mit HNO_3

3.2. Plastische Formgebung der Metalle

3.2.1. Kaltumformung

Im Abschn. 2.1.2. wurde aufgezeigt, daß die Sonderstellung der Metalle im Konstruktions- und Maschinenbau durch folgende typische metallische Eigenschaften, die man zusammenfassend als mechanisches Verhalten bezeichnet, bedingt ist: Elastizität, Plastizität, Festigkeit und Härte, Verfestigung.

Der Begriff Kaltumformung weist darauf hin, daß die Umformtemperatur im Bereich $< 0{,}5\, T_s$ (also der halben absoluten Schmelztemperatur) liegt.

3.2.1.1. Zerreißdiagramm

Eine für viele technische Zwecke ausreichende Übersicht über das elastische und plastische Verhalten eines Werkstoffs vermittelt das *Zerreißdiagramm*, wie es schematisch für weichen Flußstahl im Bild 3.48 dargestellt ist. Diese Zerreißkurve wird an glatten Prüfstäben ermittelt. In einer Zerreißmaschine wird der Probestab steigenden Belastungen unter-

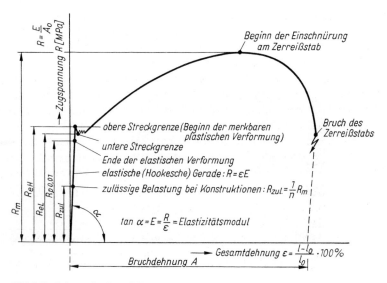

Bild 3.48. Schema des Zerreißdiagramms von weichem Flußstahl

worfen und die jeder Belastung entsprechende Verlängerung gemessen. Die durch entsprechende Umrechnung erhaltenen, einander zugeordneten Wertepaare von Spannung und Dehnung werden in ein rechtwinkliges Koordinatensystem eingetragen und durch einen glatten Linienzug miteinander verbunden. In den meisten Fällen zeichnet die Zerreißmaschine das Kraft-Verlängerungs-Diagramm selbsttätig auf.
Unter Elastizität oder elastischem Formänderungsvermögen versteht man die Eigenschaft, daß sich Metalle unter dem Einfluß einer (relativ geringen) angreifenden Kraft verformen können, aber nach Wegnahme der Kraft wieder in den Ausgangszustand zurückkehren. Bei einer Zugbeanspruchung besteht zwischen der angreifenden Kraft F und der elastischen Verlängerung Δl das nachstehende HOOKEsche Gesetz:

$$\Delta l = \frac{l}{E A} F \tag{3.1}$$

l Ausgangslänge des Probestabs
A Stabquerschnitt
E Werkstoffkonstante *(Elastizitätsmodul)*

Ein Stahldraht von 5 mm Dmr. und 1 000 mm Länge würde sich also unter dem Einfluß einer Belastung von 1 000 N um

$$\Delta l = \frac{1\,000}{210\,700 \cdot 20} \cdot 1\,000 = 0{,}24 \text{ mm}$$

elastisch dehnen. Entlastet man den Draht, so geht die elastische Dehnung von 0,24 mm wieder zurück.
Nach Überschreitung einer Grenzbelastung, die für jedes Metall und jede Legierung verschieden ist und die außer von der chemischen Zusammensetzung weitgehend von der Vorbehandlung der Legierung abhängig ist, tritt neben der elastischen Verformung auch eine nach der Entlastung nicht wieder zurückgehende Verformung auf. Dies ist die bleibende oder *plastische Verformung*. Die Grenzspannung wird als *Elastizitätsgrenze* (bleibende Verformung nach Entlastung 0,01 %, $R_{p0,01}$) oder *Fließgrenze* (bleibende Verformung nach Entlastung 0,2 %, $R_{p0,2}$) bezeichnet; die Eigenschaft der Metalle, sich unter der Einwirkung größerer Kräfte bleibend zu verformen, als *Plastizität*. Ist ein Metall durch eine Belastung F_1 oberhalb der Fließgrenze plastisch verformt worden, so ist eine größere Last $F_2 > F_1$ erforderlich, um eine weitere plastische Verformung zu erzwingen. Diese für Metalle ebenfalls typische Erscheinung bezeichnet man als *Verfestigung*. Durch die Verfestigung wird eine weitere plastische Verformung erschwert.
Nach Überschreitung einer zweiten Grenzspannung, der *Zugfestigkeit* R_m, tritt dann allerdings im weiteren Verlauf der plastischen Beanspruchung die Zerstörung des Metalls ein: Der Stab schnürt sich an einer Stelle ein und reißt. Die prozentuale, auf die Ausgangslänge l_0 bezogene Gesamtverlängerung $\Delta l = l - l_0$ ist die *Bruchdehnung* (l Länge des Stabs nach dem Zerreißen): $A = \frac{l - l_0}{l_0} \cdot 100\,\%$, die prozentuale, auf den Ausgangsquerschnitt A_0 bezogene Querschnittsabnahme an der Einschnürstelle $\Delta A = A_0 - A$ ist die *Einschnürung* (A kleinster Stabquerschnitt nach dem Zerreißen): $Z = \frac{A_0 - A}{A_0} \cdot 100\,\%$.
Die elastische Verformung einer Legierung macht sich im Gefüge nicht bemerkbar. Le-

diglich das Kristallgitter erfährt sehr geringfügige Änderungen in seinen Abmessungen und in seiner Form, die röntgenographisch ermittelt werden können.
Die plastische Verformung einer Legierung verläuft nach ganz bestimmten Gesetzmäßigkeiten, die eine Folge des geregelten atomaren Aufbaus der Metallkristalle sind. Es können bleibende Verformungen durch Abgleiten und durch Zwillingsbildung erfolgen, die sich auch auf die Gefügeausbildung auswirken.

3.2.1.2. Verformung durch Abgleitung

Bei der Gleitverformung verschieben sich Kristallteile ähnlich wie die Karten eines Kartenspiels oder die Münzen einer Münzrolle gegeneinander, jedoch nur auf festgelegten Kristallebenen und in bestimmten Richtungen, die im allgemeinen dichteste Atompakkungen aufweisen. In Tabelle 3.2 sind diese sog. Gleitsysteme für die wichtigsten Metallgitter angeführt. Für die kfz. Gitter zeigt Bild 3.49 als Beispiel die Gleitebene (111) mit den in ihr liegenden Gleitrichtungen, Bild 3.50 für das krz. Gitter die Gleitebene (110) mit den möglichen Gleitrichtungen und Bild 3.51 für das hex. Gitter die je nach Größe

Tabelle 3.2. Gleitsysteme einiger Metalle

Metall	Gittertyp	Gleitebene	Gleitrichtung	dichtest mit Atomen belegte	
				Netzebene	Gitterrichtung
Al, Cu, Pb, Au, Ag, γ-Fe	kfz.	{111}	$\langle 110 \rangle$	{111}	$\langle 110 \rangle$
α-Fe, Cr, W	krz.	{110}, {112}, {123}	$\langle 111 \rangle$	{110}	$\langle 111 \rangle$
Mg, Zn, Cd	hex. $c/a > \sqrt{3}$	(0001)	$\langle 11\bar{2}0 \rangle$	(0001)	$\langle 11\bar{2}0 \rangle$
Be, Ti, Zr	$c/a < \sqrt{3}$	{10$\bar{1}$0}	$\langle 11\bar{2}0 \rangle$	{10$\bar{1}$0}	$\langle 11\bar{2}0 \rangle$

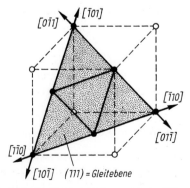

Bild 3.49. Kubisch-flächenzentriertes Gitter (111) mit $\langle 110 \rangle$

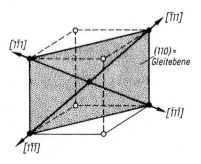

Bild 3.50. Kubisch-raumzentriertes Gitter (110) mit $\langle 111 \rangle$

3.2. Plastische Formgebung der Metalle 387

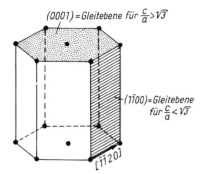

Bild 3.51. Hexagonales Gitter
$c/a > \sqrt{3}$: (0001) mit $\langle 11\bar{2}0 \rangle$
$c/a < \sqrt{3}$: $\{10\bar{1}0\}$ mit $\langle 11\bar{2}0 \rangle$

des Achsenverhältnisses c/a als Gleitebene in Erscheinung tretende Basisebene (0001) und Prismenebene 1. Art $\{10\bar{1}0\}$ mit der gleichen Gleitrichtung $\langle 11\bar{2}0 \rangle$. Berücksichtigt man außerdem die möglichen räumlichen Lagen kristallographisch gleichwertiger Gleitebenen und die verschiedenen Kombinationsmöglichkeiten von Gleitebenen und Gleitrichtungen, so ergeben sich für kfz. Strukturen 12 Oktaeder-Gleitsysteme. Diese Vielzahl von Gleitmöglichkeiten erklärt die bekannte gute Verformbarkeit der Metalle Aluminium, Kupfer, Gold oder Blei. Bei den krz. Kristallen führen entsprechende Betrachtungen sogar auf 48 Gleitsysteme, aber wegen des nicht dichtest gepackten Gitters sind die Gleitverhältnisse in bezug auf die tatsächlich aktivierte Ebene nicht eindeutig; die verschiedenen möglichen Gleitebenen können während der Verformung sogar im Wechsel betätigt werden, was in unregelmäßigen und gewellten Gleitbändern zum Ausdruck kommt. Die hex. Kristalle besitzen im wesentlichen nur drei Basisgleitsysteme bzw. drei Prismengleitsysteme, deren Bedeutung für die Verformung in erster Linie vom Achsenverhältnis abhängt. Für die Abschätzung der Verformbarkeit der Metalle kann die mögliche maximale Zahl der Gleitsysteme jedoch nur einen ersten Anhaltspunkt darstellen, denn es spielen für die Auswahl und Wirksamkeit der Gleitsysteme auch noch weitere Faktoren eine Rolle, beispielsweise die Aufspaltung der Versetzungen.
Im Bild 3.52 ist das Abgleiten der Kristalle in den Gleitebenen schematisch dargestellt. Durch diesen Mechanismus bilden sich auf den Kristalloberflächen treppenförmige Stufen aus, die mikroskopisch beobachtet werden können, vor allem bei schräger Beleuchtung (Bild 3.53). Nach dem Abschleifen bzw. Abpolieren sind diese Gleitstufen jedoch

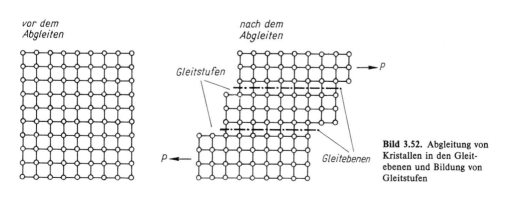

Bild 3.52. Abgleitung von Kristallen in den Gleitebenen und Bildung von Gleitstufen

3. Einfluß der Verarbeitungsverfahren auf die Gefügeausbildung

nicht mehr sichtbar, da gemäß Bild 3.52 das Kristallgitter nach dem Abgleiten wieder regelmäßig aufgebaut ist.

Die Abgleitung der Kristallite auf den Gleitebenen erfolgt nun nicht so, daß sich die kompakten Kristallteile auf einmal gegenseitig verschieben. Metallphysikalische Untersuchungen haben ergeben, daß bestimmte Kristallbaufehler, die sog. *Versetzungen*, unter der Einwirkung äußerer Spannungen auf den Gleitflächen entstehen und wandern können.

Unter Versetzungen versteht man eindimensionale oder linienförmige Gitterfehler, deren innerer Aufbau eine Unterscheidung von zwei Grenzfällen, die Stufenversetzung und die Schraubenversetzung, möglich macht. Zur zeichnerischen Darstellung der Versetzungen beschränken wir uns der Übersichtlichkeit wegen auf das primitive kubische Gitter aus einer Art von Atomen, obwohl das in der Natur kaum vorkommt.

Bild 3.54 (a u. b) läßt erkennen, daß die *Stufenversetzung* als Kante einer zusätzlich in den Kristall eingeschobenen oder herausgenommenen halben Gitterebene beschrieben werden kann. Die Versetzungslinie trennt den verformten (schraffiert) vom nichtverformten Teil des betrachteten Kristalls. In ihrer Umgebung ist deshalb das Gitter verzerrt. Als Maß für Richtung und Größe dieser Verzerrung wurde der sog. Burgers-Vektor *b* eingeführt. Für die Stufenversetzung ist nun charakteristisch, daß der Burgers-Vektor senkrecht auf der Versetzungslinie steht.

Eine *Schraubenversetzung* (Bild 3.55a u. b) erhält man, indem man den Kristall längs der Gleitebene bis zur Versetzungslinie aufschneidet und die beiden Seiten in der Richtung der Versetzungslinie um eine Gitterkonstante gegeneinander verschiebt. Dadurch werden

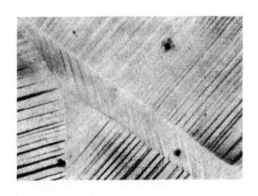

Bild 3.53. Gleitstufen auf der polierten Oberfläche von umgeformtem Hartmanganstahl (schräge Beleuchtung)

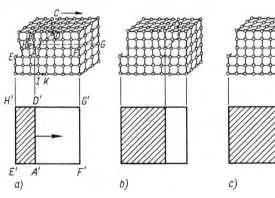

Bild 3.54. Stufenversetzung
ABCD eingeschobene Halbebene
EFGH Gleitebene
AD Versetzungslinie
IK Burgers-Vektor *b*

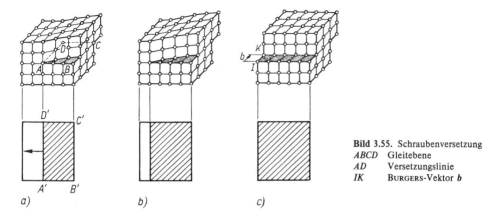

Bild 3.55. Schraubenversetzung
ABCD Gleitebene
AD   Versetzungslinie
IK   BURGERS-Vektor **b**

die Netzebenen so aneinandergesetzt, daß sie sich wie eine Wendeltreppe um die Versetzungslinie hochschrauben. Der Burgers-Vektor der Schraubenversetzung ist damit parallel zu der Versetzungslinie.

Bei einer allgemeinen Versetzung (sog. α-Versetzung) liegt der Burgers-Vektor unter einem beliebigen Winkel α zur Versetzungslinie. Er kann in einen Stufenanteil und einen Schraubenanteil zerlegt werden. Dieses Verhältnis bestimmt den Charakter der Versetzung.

In den Bildern 3.54 und 3.55 wurden die Versetzungslinienstücke als Geraden gezeichnet. Im Realkristall verläuft jedoch die Versetzungslinie aus energetischen Gründen meistens gekrümmt, d.h. also, ihr Charakter ändert sich ständig.

Unter der Wirkung einer genügend hohen Schubspannung kann sich eine Versetzungslinie bewegen. Vollzieht sich diese Bewegung auf einer bestimmten Ebene *(Gleitebene)*, so spricht man von einem Gleitvorgang. Je drei Phasen dieses Abgleitvorgangs, wie er durch die Bewegung von Stufenversetzungen bzw. Schraubenversetzungen realisiert wird, sind in den Bildern 3.54 und 3.55 dargestellt. Sowohl der noch nicht geglittene als auch der bereits abgeglittene Bereich (schraffierte Fläche in den unteren Bildreihen) enthält die Atome in ihrer regulären Anordnung. Die Grenze beider Bereiche ist die Versetzungslinie. Rückt sie jeweils eine Gitterposition weiter, so wird der obere gegenüber dem unteren Gitterblock stufenweise um den Burgers-Vektor verschoben. *Versetzungsgleiten* bedeutet also, daß nur die Anordnung der Atome ohne Materialtransport weitergegeben wird. Sehr anschaulich lassen sich diese Verhältnisse mit dem Verschieben eines Teppichs vergleichen, indem zunächst eine Falte erzeugt wird und diese dann von einer Teppichkante zur gegenüberliegenden wie eine Welle durchläuft.

Das Gleiten der Versetzungen kann nur in den Ebenen vonstatten gehen, in denen ihr Burgers-Vektor liegt. Diese Ebenen sind die in Tabelle 3.3 für die wichtigsten Metalle zusammengestellten Gleitebenen, und die Richtung des Burgers-Vektors ist die dort aufgeführte Gleitrichtung. Dadurch sind alle Versetzungen, bei denen der Winkel zwischen Versetzungslinie und Burgers-Vektor von Null verschieden ist, in ihrer Bewegung an eine bestimmte Gleitebene gebunden, während reine Schraubenversetzungen in allen Ebenen, die die Versetzungslinie und damit auch den Burgers-Vektor enthalten, gleiten können. Demzufolge können Schraubenversetzungen auch während des Abgleitvorgangs ihre Gleitebene wechseln. Diesen Vorgang bezeichnet man als *Quergleitung*.

Tabelle 3.3. Zwillingssysteme einiger Metalle

Metall	Gittertyp	Zwillingsebene	Zwillingsrichtung
Cu	kfz.	$\{111\}$	$\langle 112 \rangle$
α-Fe, Cr, Na	krz.	$\{112\}$	$\langle 111 \rangle$
Mg, Zn, Cd	hex.	$\{10\bar{1}2\}$ * $\{112n\}$ **	$\langle 10\bar{1}1 \rangle$

* Pyramidenebene 1. Art und 2. Ordnung (normale Zwillingsbildung)
** Pyramidenebene 2. Art und n. Ordnung (anomale Zwillingsbildung)

In einem geglühten Metall beträgt die Länge der Versetzungslinien etwa 10^6 cm/cm³ (Versetzungsdichte $\varrho_v = 10^6$ cm^{-2}), ist also außerordentlich groß. Durch Kaltverformung nimmt die Versetzungsdichte noch beträchtlich zu (bis $\approx 10^{12}$ cm^{-2}). Im allgemeinen lassen sich die Versetzungen wegen ihrer geringen Ausdehnung nur elektronenmikroskopisch nachweisen. Unter günstigen Umständen können die Austrittsstellen von Versetzungslinien in Kristallflächen durch Ätzgrübchen entdeckt werden. Bild 3.56 zeigt als Beispiel aufgestaute Versetzungsgruppen in 10% kalt gestauchtem α-Messing, die auf zwei sich schneidenden Oktaederflächen des Grundgitters vorhanden sind.

Bild 3.56. Aufgestaute Versetzungen in zwei sich schneidenden Oktaederflächen in gestauchtem (Umformgrad = 10%) α-Messing. Geätzt mit Kupferammonchlorid

3.2.1.3. Verformung durch Zwillingsbildung

Einige Metalle, wie Zinn, Zink, Magnesium, Wismut und Antimon, werden außer durch Abgleitung auch durch *Zwillingsbildung* verformt. Bei diesem Verformungsmechanismus klappt unter der Wirkung von Schubspannungen ein Kristallteil längs einer Zwillingsebene spiegelsymmetrisch zu dem restlichen Kristall um. Der umgeklappte Kristallteil wird als Zwilling oder *Zwillingslamelle* bezeichnet.
Wie das Bild 3.57 schematisch zeigt, werden dabei die Netzebenen eines der Kristallbereiche um einen vorgegebenen, zum Abstand der Trennungslinie (Spur der Zwillingsebene) zwischen verformtem und unverformtem Gitter proportionalen Betrag in Zwillingsrichtung verschoben. In Tabelle 3.3 sind die Zwillingsebenen und die Zwillingsrichtungen für einige wichtige Metalle zusammengestellt.
Durch Zwillingsbildung erreichbare Verformungsbeträge sind wesentlich geringer als bei der Abgleitung. Dieser Mechanismus wird erst dann bedeutungsvoll, wenn nur wenige Gleitmöglichkeiten vorhanden sind (hexagonales Gitter) oder für Abgleitung ungünstige

3.2. Plastische Formgebung der Metalle

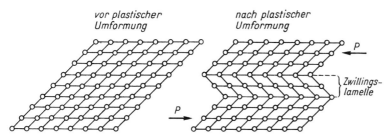

Bild 3.57. Zwillingsbildung durch plastische Verformung von Kristallen

Beanspruchungsverhältnisse, wie tiefe Umformtemperaturen oder hohe Umformgeschwindigkeiten (Hochgeschwindigkeitsumformung), vorliegen. Die Bedeutung der Zwillingsbildung liegt dann für einige hexagonale Metalle darin, daß durch sie neue Orientierungen entstehen, welche das Abgleiten erleichtern. Beide Verformungsmechanismen können unter diesen Umständen abwechselnd wirken und so gemeinsam relativ große Umformgrade ermöglichen.

Bei der Zwillingsbildung setzt ein sprungartiger Abfall der Spannung ein. Dabei ist ein ganz charakteristisches Knistern zu hören, das man als »Zwillingsgeschrei« bezeichnet.

Der Zwilling weist infolge seiner andersartigen kristallographischen Orientierung ein andersartiges Ätzverhalten auf. Im Bild 3.58 ist die unterschiedliche Kristallorientierung in Zwillingslamellen bei tiefgeätztem, plastisch verformtem Zink erkennbar. Zwillingsbildung tritt nicht nur beim Umformen, sondern auch beim Glühen bestimmter, besonders kfz. Metalle auf, wie Austenit, Kupfer, α-Messing, α-Bronze, Nickel, Kupfer-Nickel-Legierungen, Silber, Gold, Blei, nicht aber bei Aluminium. Diese *Glühzwillinge* entstehen wahrscheinlich durch das Anwachsen verzwillingter Kristallkeime.

In langsam verformtem α-Eisen sind nur Gleitlinien, nicht aber Zwillingslamellen vorhanden. Wurde das Eisen dagegen schlagartig bei niederen Temperaturen verformt, wie es beispielsweise beim Kerbschlagversuch der Fall ist, so treten als *NEUMANNsche Bänder* bezeichnete Zwillingslamellen auch im α-Eisen auf (Bild 3.59). Das Vorhandensein dieser Streifen ist ein sicheres Zeichen für eine stoß- oder schlagartige Beanspruchung des Eisens.

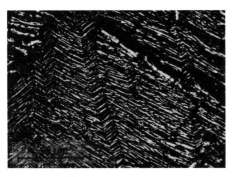

Bild 3.58. Änderung der Kristallorientierung an Zwillingslamellen in Reinzink. Tiefätzung

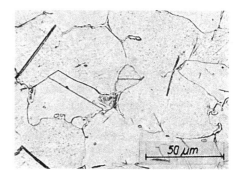

Bild 3.59. NEUMANNsche Bänder in schlagartig bei niedrigen Temperaturen umgeformtem α-Eisen

3.2.1.4. Kornstreckung und Verformungstextur

Neben Gleitlinien- und Zwillingslamellenbildung findet bei höheren plastischen Umformgraden eine Streckung der einzelnen Gefügebestandteile statt. Die Formänderung der einzelnen Kristallite richtet sich dabei nach dem Umformprozeß bzw. nach der Formänderung des Werkstücks. Beim Walzen unterliegen die Kristallite anderen Kräften als beim Ziehen, Stauchen, Dehnen oder Tordieren. Plastisch formbare und zähe Kristalle folgen den angreifenden Kräften, während spröde Gefügebestandteile zertrümmert werden und die Bruchstücke dann dem Materialfluß folgen.
Die Bilder 3.60 bis 3.65 zeigen die Gefügeänderungen, die beim Kaltziehen von weichem Stahl mit 0,1 % C auftreten. Dabei versteht man unter Ziehgrad den Ausdruck

$$\varphi = \frac{A_0 - A}{A_0} \cdot 100\%$$

A_0 Ausgangs-, A Endquerschnitt des Drahts

Das Gefüge des geglühten Stahldrahts (Bild 3.60) besteht aus hellen, zähen Ferritkristallen mit eingelagerten spröden Perlitinseln. Der Korndurchmesser der Ferritkristallite ist in allen Richtungen gleichgroß. Schon bei einem Abzug von $\varphi = 10\%$ ist die *Kornstreckung* in Richtung der Drahtachse zu erkennen (Bild 3.61). Mit weiter zunehmendem Ziehgrad wird die Kornstreckung immer ausgeprägter (Bilder 3.62 bis 3.64), bis nach 80%igem Abzug die einzelnen Kristallite nicht mehr deutlich voneinander abgegrenzt werden können (Bild 3.65) und das Gefüge eine ausgesprochen faserige Struktur angenommen hat. Bei gleicher Ätzung nimmt die Schärfe der Korngrenzen mit steigendem Umformgrad ab. Dies ist eine unmittelbare Folge der sich einstellenden Ziehtextur. Die Kristallite drehen sich beim Ziehen mit bestimmten Kristallrichtungen (bei Eisen ist dies die [110]-Richtung) in die Drahtachse, so daß die gegenseitigen Orientierungsunterschiede und demzufolge auch die Verschiedenheiten gegenüber einem Ätzangriff verringert werden.
Ganz allgemein bezeichnet man die durch eine plastische Formgebung hervorgerufene kristallographische Vorzugsorientierung der einzelnen Körner als *Umformtextur* und unterscheidet je nach Umformprozeß zwischen Ziehtexturen, Walztexturen usw. In Tabelle 3.4 sind solche Umformtexturen für die wichtigsten Metalle aufgeführt.

Bild 3.60. Stahl mit 0,1 % C; normalisiert (Längsschliff)

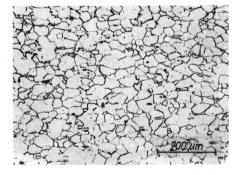

Bild 3.61. Stahl mit 0,1 % C; gezogen 10 % (Längsschliff)

3.2. Plastische Formgebung der Metalle

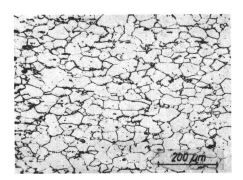

Bild 3.62. Stahl mit 0,1 % C; gezogen 20 %
(Längsschliff)

Bild 3.63. Stahl mit 0,1 % C; gezogen 50 %
(Längsschliff)

Bild 3.64. Stahl mit 0,1 % C; gezogen 65 %
(Längsschliff)

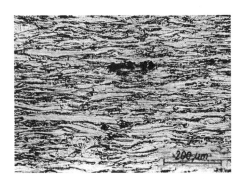

Bild 3.65. Stahl mit 0,1 % C; gezogen 80 %
(Längsschliff)

Tabelle 3.4. Verformungstexturen (Ideallagen, stark vereinfacht)

Metall	Gittertyp	Ziehtextur	Walztextur	
		kristallographische Richtungen parallel zur Ziehrichtung	kristallographische Ebene parallel zur Walzebene	kristallographische Richtungen parallel zur Walzrichtung
Al, Cu, Ni Pb, Ag, Au, Pt, γ-Fe	kfz.	[111] + [100] (doppelte Fasertextur)	(011) (112)	[21$\bar{1}$] [11$\bar{1}$]
α-Fe, W, Mo Nb, Ta, V, Cr	krz.	[110]	(011) (001)	[110] [$\bar{1}$10]
Ti, Zr, Hf $\left(c/a < \sqrt{3} \right)$	hex.	[10$\bar{1}$0]	(0001)	[10$\bar{1}$0]
Zn, Cd, Mg $\left(c/a > \sqrt{3} \right)$		Ringfasertextur	(0001)	[11$\bar{2}$0]

Parallel zur Streckung der zähen Ferritkristalle verläuft eine Zertrümmerung der spröderen Zementlamellen des Perlits sowie auch der in jedem Stahl enthaltenen spröden oxidischen und silikatischen Schlackeneinschlüsse. Zahlreiche kleine Zementitkörnchen und Schlackenkörner sind in Zeilenform in den gestreckten Ferritkristallen angeordnet – Bruchstücke von ehemals größeren Kristalliten.

Bei der plastischen Verformung von zähen Kristalliten ändert sich im Gegensatz zu den spröden Kristallarten nur die Form, nicht aber das Volumen. Deshalb läßt sich die Korngestaltsänderung im Verlauf eines beliebigen Kaltumformprozesses näherungsweise berechnen, und umgekehrt lassen sich aus der Form der verformten Kristallite Rückschlüsse auf Art und Stärke der plastischen Formgebung ziehen.

Gebogene Bleche weisen beispielsweise in der Zugzone gedehnte, in der Druckzone gequetschte Kristallite auf. In einer Richtung kaltgewalzte Bleche enthalten Kristallite, die in Walzrichtung gestreckt, in Richtung der Blechnormalen gequetscht und in Querrichtung nur wenig verbreitert sind. Gezogene Drähte weisen in Richtung der Drahtachse längsgestreckte Kristalle auf, während senkrecht dazu die Kristallite gequetscht sind.

3.2.1.5. Eigenschaftsänderungen

Die im Schliffbild sichtbaren Veränderungen der Gefügestruktur sind von einer Veränderung praktisch aller chemischen, physikalischen und technischen Eigenschaften begleitet, was für die praktische Anwendung von großer Bedeutung ist.

In Tabelle 3.5 und im Bild 3.66 sind die Änderungen der Festigkeitseigenschaften eines Stahls mit 0,1 % C beim Kaltziehen dargestellt. Zugfestigkeit, Elastizitätsgrenze und Härte nehmen mit steigendem Umformgrad zu, während Bruchdehnung und Brucheinschnürung abfallen.

Unter einem weichen Werkstoff versteht man einen gut ausgeglühten Werkstoff. Ein halbharter Werkstoff ist durch Kaltumformung auf ≈ 1,2, ein harter Werkstoff auf ≈ 1,4 und ein federharter Werkstoff auf ≈ 1,8 der Zugfestigkeit des weichen Zustands gebracht.

Mit steigendem Umformgrad nehmen weiterhin die Kerbschlagzähigkeit, der Elastizitätsmodul und die Dichte ab, während die Streckgrenze, der elektrische Widerstand, bei ferromagnetischen Legierungen die Koerzitivfeldstärke und die Hystereseverluste ansteigen. Da die innere Energie der Kristalle durch die plastische Formgebung ebenfalls erhöht

Tabelle 3.5. Abhängigkeit der Festigkeitseigenschaften von Stahl vom Umformgrad

Querschnitts- abnahme [%]	Zugfestigkeit [MPa]	E-Grenze [MPa]	Bruch- dehnung [%]	Ein- schnürung [%]	Härte [HV]
0	380	270	30	80	108
10	480	340	15	62	135
20	540	380	10	51	155
30	580	410	6	41	167
40	610	430	5	33	175
50	630	440	4	27	180
60	650	450	4	20	185

wird, ätzen sich verformte Kristalle schneller an als unverformte und sind auch sonst chemisch unedler. Eine weitere Folge der durch die plastische Formgebung erhöhten Kristallenergie ist die bevorzugte Ausscheidung von Segregaten innerhalb verformter Kristalle. Alle genannten Erscheinungen treten aber nur auf, wenn die Temperatur, bei der die Umformung erfolgt, $< 0,5\ T_s$ (T_s Schmelztemperatur) liegt. In diesem Fall spricht man von

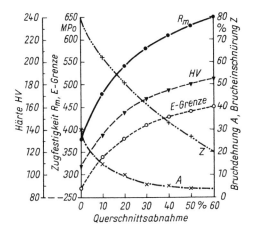

Bild 3.66. Änderungen der Festigkeitseigenschaften eines Stahls in Abhängigkeit vom Umformgrad

einer *Kalt-*, anderenfalls von einer *Warmformgebung*. Kaltumgeformte Werkstoffe sind durch eine gute Oberflächenbeschaffenheit und Maßtoleranz sowie eine gleichmäßige Struktur ausgezeichnet. Dabei muß aber eine mögliche Kristalltextur berücksichtigt werden.
Durch die Texturbildung kommt es zu einer dem Einkristallverhalten ähnlichen Anisotropie der Eigenschaften. Deshalb sind Texturen im allgemeinen unerwünscht, beispielsweise wegen der Zipfelbildung beim Tiefziehen. Sollen jedoch bestimmte Eigenschaften eines Materials in einer Richtung hervorgehoben werden, so wird die Texturbildung absichtlich herbeigeführt, z. B. bei Trafoblechen und Federn.

3.2.2. Entfestigungsvorgänge

Der Zwangszustand, unter dem ein kaltumgeformtes Metall steht und der seinen Ausdruck u. a. in der erhöhten Härte, Streckgrenze und Festigkeit bei verringerter Dehnung, Einschnürung und Kerbschlagzähigkeit findet, wird mit steigender Temperatur vermindert und schließlich ganz aufgehoben. Der Abbau der Verformungsspannungen und die Ausheilung der Gitterstörungen verlaufen nicht stetig mit steigender Temperatur, sondern es lassen sich im allgemeinen vier verschiedene Temperaturbereiche unterscheiden. Bild 3.67 zeigt das Verhalten der Härte bei 65 % kaltgezogenem weichem Stahl in Abhängigkeit von der Glühtemperatur.
Von Raumtemperatur bis zu $\approx 400\ °C$ ändert sich die Härte praktisch nicht (Bereich *I*).

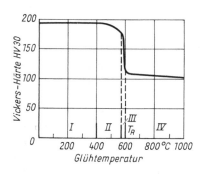

Bild 3.67. Härte-Glühtemperatur-Kurve von Stahl mit 0,1% C, 65% kaltgezogen

3.2.2.1. Kristallerholung

Anlaßtemperaturen zwischen 400 und 580 °C bewirken einen merkbaren kontinuierlichen Härteabfall (Bereich *II*). Dies ist das Temperaturintervall der *Kristallerholung*. Sie ist dadurch gekennzeichnet, daß nulldimensionale Gitterfehler ausheilen und Versetzungen sich umordnen. Im Gefüge treten deshalb keine Änderungen ein. Diese Vorgänge lassen sich am besten durch Messung des elektrischen Widerstands untersuchen. Mit steigender Glühtemperatur fällt der elektrische Widerstand in mehreren Stufen, die durch die Ausheilung unterschiedlicher Gitterfehlerarten, z. B. der Leerstellen oder der Zwischengitteratome, bzw. durch bestimmte Bewegungsvorgänge der Versetzungen verursacht werden.

Diese Erholungsvorgänge treten außer nach einer Umformung auch noch nach dem Abschrecken von erhöhten Temperaturen und nach der Bestrahlung mit energiereichen Teilchen auf.

Führt die Umverteilung der Versetzungen durch thermisch aktiviertes Quergleiten von Schraubenversetzungen und durch Klettern von Stufenversetzungen zur Ausbildung vertikaler Versetzungswände (Kleinwinkelkorngrenzen) mit dazwischenliegenden verzerrungsärmeren Subkörnern, so spricht man von *Polygonisation*. Das Endstadium der Polygonisation mit seinen vorwiegend durch Subkornkoaleszenz (Subkornverschmelzung) stark vergrößerten Subkörnern mit bis in den Bereich von Großwinkelkorngrenzen angewachsenem Orientierungsunterschied bezeichnet man als »Rekristallisation in situ«.

3.2.2.2. Primärrekristallisation

Bei 600 °C fällt die Härte sprunghaft auf einen niederen Wert ab (Bereich *III*). Dieses eng begrenzte Temperaturintervall bezeichnet man als das Gebiet der *primären Rekristallisation*. Es ist gekennzeichnet durch einen vollständigen Neubau des gestörten Kristallgitters. Im Gefüge verschwinden bei der Rekristallisation die gestreckten bzw. verformten Kristallite, und es bilden sich neue, ungestörte, polygonale Kristallite.

Der Rekristallisationsvorgang setzt sich aus Keimbildungs- und -wachstumsprozeß zusammen. Nach CAHN-BURGERS bilden sich die Keime durch Vergrößerung der bei der Polygonisation entstandenen Subkörner, z. B. durch Subkornkoaleszenz. Sie sind wachstumsfähig, wenn sie eine bestimmte Größe und Orientierungsdifferenz zur verformten Matrix erreichen. Diese Keime wachsen dann ähnlich wie bei der Kristallisation, bis sie sich gegenseitig berühren.

3.2.2.3. Kornwachstum

Der Bereich *IV* schließlich erstreckt sich oberhalb der Rekristallisationstemperatur und ist gekennzeichnet durch einen allmählichen, aber nur geringen Abfall der Härte. Dies ist das Gebiet des Kornwachstums: Die bei der primären Rekristallisation gebildeten neuen kleinen Kristallite werden im Mittel größer, weil damit eine Verringerung der Korngrenzfläche verbunden ist. Man unterscheidet stetiges Kornwachstum (kontinuierliche Kornvergrößerung, auch *Sammelrekristallisation* genannt) und unstetiges Kornwachstum (diskontinuierliche Kornvergrößerung, die auch als *sekundäre Rekristallisation* bezeichnet wird). Die sekundäre Rekristallisation ist dadurch gekennzeichnet, daß nur einige wenige Körner stark wachsen, während die übrigen unverändert bleiben. Das wird entweder dadurch möglich, daß die durch Teilchen hervorgerufene Kornwachstumshemmung durch deren Koagulation oder Auflösung lokal aufgehoben wird (*verunreinigungskontrollierte* oder *inhibitionsbedingte* sekundäre *Rekristallisation*) oder daß einzelne, stark von einer ausgeprägten Textur abweichend orientierte Kristallite wachsen (*texturbedingte* sekundäre *Rekristallisation*).

Die Bilder 3.68 bis 3.73 geben die beim Glühen von 65 % kaltgezogenem Stahl auftretenden Gefügeänderungen wieder. Bis zu Glühtemperaturen von 550 °C bleibt das zeilenför-

Bild 3.68. Stahl mit 0,1 % C, 65 % kaltgezogen (Längsschliff)

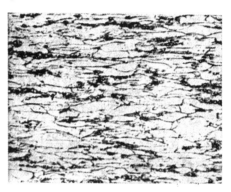

Bild 3.69. Stahl mit 0,1 % C, 65 % kaltgezogen und 1 h bei 250 °C geglüht (Längsschliff)

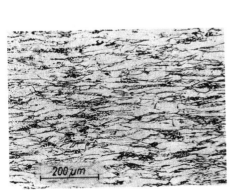

Bild 3.70. Stahl mit 0,1 % C, 65 % kaltgezogen und 1 h bei 500 °C geglüht (Längsschliff)

Bild 3.71. Stahl mit 0,1 % C, 65 % kaltgezogen und 1 h bei 600 °C geglüht (Längsschliff)

3. Einfluß der Verarbeitungsverfahren auf die Gefügeausbildung

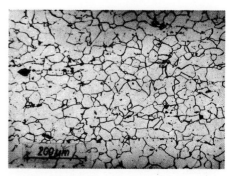

Bild 3.72. Stahl mit 0,1 % C, 65 % kaltgezogen und 1 h bei 750 °C geglüht (Längsschliff)

Bild 3.73. Stahl mit 0,1 % C, 65 % kaltgezogen und 1 h bei 1 000 °C geglüht (Längsschliff)

mige Umformgefüge erhalten. Gegenüber dem Gefüge eines kaltumgeformten Stahls ist keine Änderung festzustellen, obwohl die Härte von 195 auf ≈ 180 abgefallen ist. Bei einer Glühtemperatur von 600 °C (Steilabfall im Bild 3.67) sind die gestreckten Kristalle jedoch verschwunden, und es haben sich neue polygonale Kristallite gebildet (Bild 3.71). Dies ist das Kennzeichen der Rekristallisation. Die Erhöhung der Glühtemperatur auf 750 und 1 000 °C führt zur Sammelrekristallisation, d. h. zur Kornvergrößerung (Bilder 3.72 u. 3.73).

Bei dem hier dargestellten Stahl mit 0,1 % C tritt die Besonderheit auf, daß die durch die Kaltumformung zertrümmerten Zementitlamellen sich nach Überschreiten des A_{c_3}-Punkts, der in diesem Fall bei 870 °C liegt, neu bilden und als Perlitinseln (dunkle Gefügebestandteile in den Bildern 3.72 u. 3.73) auftreten.

Die Glühtemperatur, bei der erstmals im Gefüge eines kaltumgeformten Metalls neue, polygonale Kristallite entstehen, bezeichnet man als *Rekristallisationstemperatur* T_R. Die Lage von T_R ist in erster Linie vom Schmelzpunkt des Metalls (T_s) abhängig. Für technisch reine Metalle und nach hinreichend starker Kaltumformung gilt angenähert die Beziehung (BOČVAR-TAMMANNsche Regel): $T_R \approx 0{,}42\, T_s$. Für Aluminium mit einer Schmelztemperatur $T_s = 660\,°C = 933\,K$ ergibt sich aus dieser Faustregel eine Rekristallisationstemperatur $T_R = 0{,}42 \cdot 933 = 391\,K = 118\,°C$.

Die versuchsmäßig ermittelte Rekristallisationstemperatur (150 °C) liegt allerdings etwas oberhalb des errechneten Werts. In Tabelle 3.6 sind die Rekristallisationstemperaturen einiger stark kaltumgeformter Metalle zusammengestellt.

Von Bedeutung ist die Abhängigkeit von T_R vom vorangegangenen Umformgrad. Dabei gilt die Gesetzmäßigkeit, daß die Rekristallisationstemperatur um so tiefer liegt, je stärker die Umformung war (Bild 3.74). Dies ist auch verständlich, denn das verformte, d. h. in seinem Kristallaufbau gestörte Metall wird um so eher dem ungestörten, d. h. rekristallisierten Zustand zustreben, je größer diese Störung ist.

Tabelle 3.6. Rekristallisationstemperaturen einiger Metalle

Metall	Pb	Cd	Sn	Zn	Al	Ag	Au	Cu	Fe	Ni	Mo	W
T_R [°C]	0	10	0…30	10…80	150	200	200	200	400	550	900	1 200
T_S [°C]	327	321	232	419	660	960	1 063	1 083	1 530	1 452	2 600	3 380

3.2. Plastische Formgebung der Metalle

Aus dem gleichen gitterenergetischen Grund ist das durch Rekristallisation entstehende Korn um so feiner, je größer der Umformgrad war, und umgekehrt: Die durch Rekristallisation entstehenden neuen Körner sind um so größer, je kleiner der Umformgrad war (Bild 3.75).

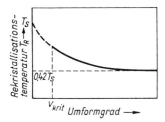

Bild 3.74. Abhängigkeit der Rekristallisationstemperatur T_R vom vorangegangenen Umformgrad (V_{krit} kritischer Umformgrad)

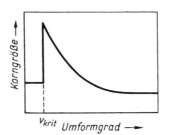

Bild 3.75. Abhängigkeit der Korngröße vom Umformgrad (V_{krit} kritischer Umformgrad)

Der geringste Umformgrad, der bei nachfolgender Glühung noch zur Rekristallisation führt, wird als kritischer Umformgrad V_{krit} bezeichnet.
Bei einem geringen Umformgrad sind im Metall nur wenige stark gestörte Stellen vorhanden, die zur Rekristallisation befähigt sind. Die sich bei der Glühung an diesen Stellen bildenden neuen Kristallite wachsen, ohne sich gegenseitig wesentlich zu behindern, und erreichen infolgedessen oftmals erhebliche Größen. In einem stark umgeformten Metall dagegen sind viel mehr stark gestörte Gitterbereiche vorhanden. Deshalb entstehen bei der Rekristallisation zahlreiche Keime, die zu Kristalliten anwachsen, sich gegenseitig aber im Wachstum behindern, da sie zu nahe benachbart sind. Infolgedessen entsteht in diesem Fall ein feinkörniges Rekristallisationsgefüge.
Bild 3.76 zeigt diese Verhältnisse am Beispiel von Reinaluminium mit 99,9 % Al. Aluminiumzerreißstäbe mit einem feinen Ausgangskorn wurden in einer Zerreißmaschine 1, 2, 5, 7,5, 10, 15 und 25 % gedehnt, langsam auf 550 °C erwärmt, 48 h bei dieser Temperatur gehalten und langsam wieder abgekühlt. Die Ätzung der Stäbe erfolgte mit dem 3-Säure-Gemisch $HCl + HNO_2 + HF$. Aufgrund der geringen Umformgrade von 1 bzw. 2 % sind nach dem Glühen außerordentlich große Kristalle von einigen Quadratzentimetern Oberfläche entstanden. Mittlere Umformgrade von 5 bis 10 % ergaben ein abgestuftes Grobkorn. Erst ab einer Dehnung von 15 % ist das Aluminium nach der Glühung wieder feinkörnig, d. h. technisch verwendbar geworden. Trägt man die metallographisch meßbare Rekristallisationskorngröße in Abhängigkeit vom Umformgrad auf, so erhält man eine hyperbelartige Kurve entsprechend der schematischen Darstellung im Bild 3.75.
Außer vom Umformgrad ist die Größe des durch Rekristallisation entstehenden Korns von der Höhe der Glühtemperatur (Bild 3.77), der Zeitdauer der Glühung (Bild 3.78) und der Abkühlungsgeschwindigkeit nach dem Glühen abhängig. Die mit steigender Temperatur zunehmende Korngröße (Sammelrekristallisation) wurde bereits besprochen. Da das Rekristallisationskorn ähnlich wie das Gußkorn über den Weg der Keimbildung und Anwachsen der Keime zu mikro- oder makroskopischen Kristalliten entsteht, so gelten für beide Arten von Kristallbildungen ähnliche Gesetze. Die Bilder 3.79 bis 3.81 zeigen, wie

3. Einfluß der Verarbeitungsverfahren auf die Gefügeausbildung

Bild 3.76. Abhängigkeit der Rekristallisationskorngröße vom Kaltumformgrad. Je höher der Umformgrad, um so kleiner ist das Korn (99,9%iges Aluminium) Umformgrade (von oben): 1, 2, 5, 7,5, 10, 15 und 25%

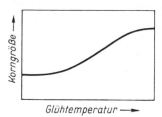

Bild 3.77. Abhängigkeit der Korngröße von der Glühtemperatur

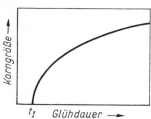

Bild 3.78. Abhängigkeit der Korngröße von der Glühdauer (t_I Inkubationszeit der Rekristallisationskeimbildung)

3.2. Plastische Formgebung der Metalle

beim Glühen von 90 % kaltgewalztem weichem Stahl mit 0,1 % C die Rekristallisationskörner im Lauf der Zeit entstehen. Nach einer Glühzeit von 10 min bei 550 °C sind auch bei 2 000facher mikroskopischer Vergrößerung keine polygonalen Kristallite nachweisbar (Bild 3.79) (Inkubationsperiode). Eine Verlängerung der Glühzeit auf 60 min führt bei der gleichen Temperatur jedoch zur Bildung zahlreicher winziger Rekristallisationskörner (Bild 3.80). Diese wachsen weiter an und haben nach einer Glühzeit von 300 min schon eine beträchtliche Größe erreicht (Bild 3.81). Daraus ergibt sich, daß das Rekristallisationskorn um so gröber ist, je länger die Glühzeit gewählt wird. Eine dem Glühen nachfolgende langsame Abkühlung wirkt ähnlich wie eine verlängerte Glühzeit und führt deshalb zu gröberem Korn als eine schnelle Abkühlung.

Im allgemeinen ist das bei der Rekristallisation entstehende Korn um so feiner, je mehr Verunreinigungen bzw. heterogen eingelagerte Fremdstoffe in dem Metall enthalten sind. Diese behindern das Kristallwachstum. Während beispielsweise reines Eisen und Stahl mit 0,1 % C sehr grobkörnig nach kritischer Behandlung rekristallisieren, sind Stähle mit einem Kohlenstoffgehalt > 0,3 % ziemlich unempfindlich gegenüber einer Kornvergröberung. In diesem Fall verhindert der Perlit als »Fremdkörper« die Grobkornbildung.

Den funktionellen Zusammenhang zwischen Umformgrad, Glühtemperatur und Korngröße stellt man graphisch in sog. *Rekristallisationsdiagrammen* dar (Bild 3.82). Für jeden Umformgrad und für jede Glühtemperatur kann die entstehende Korngröße abgelesen werden. Allerdings ist beim Gebrauch derartiger Diagramme darauf zu achten, daß diese

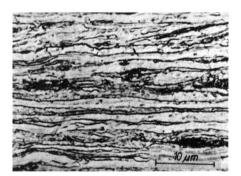

Bild 3.79. Stahl mit 0,1 % C, 90 % kaltgewalzt und 10 min bei 550 °C geglüht. Keine Rekristallisationskörner

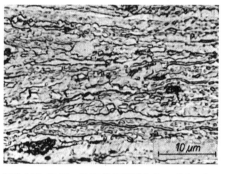

Bild 3.80. Stahl mit 0,1 % C, 90 % kaltgewalzt und 1 h bei 550 °C geglüht. Erstes Auftreten von winzigen Rekristallisationskörnern

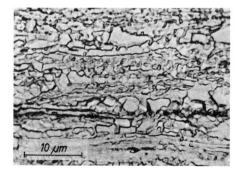

Bild 3.81. Stahl mit 0,1 % C, 90 % kaltgewalzt und 5 h bei 550 °C geglüht. Fortgeschrittene Rekristallisation

402   3. Einfluß der Verarbeitungsverfahren auf die Gefügeausbildung

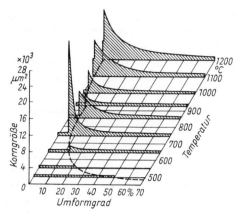

Bild 3.82. Rekristallisationsdiagramm von Weicheisen (nach HANEMANN)

nur volle Gültigkeit für das Material und für die Versuchsbedingungen besitzen, die für die Aufstellung des Diagramms verwendet werden. Abweichungen davon haben quantitative oder sogar manchmal auch qualitative Abänderungen der Rekristallisationsdiagramme zur Folge.

Rekristallisation bzw. Grobkornbildung findet nicht nur statt, wenn das gesamte Werkstück vorher plastisch umgeformt worden ist. Es genügen inhomogene oder örtliche Verformungen, wie sie beim Biegen, Drücken, Prägen, Ziehen, Stanzen, Lochen, Abscheren oder Abgraten oft auftreten und praktisch unvermeidbar sind, um beim nachfolgenden Glühen lokal Grobkorn zu erhalten.

Bild 3.83 zeigt das Gefüge einer warmgezogenen Aluminiumstange im Querschliff. Im Stangenkern befindet sich ein sehr feines Korn, während der Rand außerordentlich grobkörnig ist. Dieses eigenartige Gefüge ist dadurch entstanden, daß der Ziehgrad sehr gering

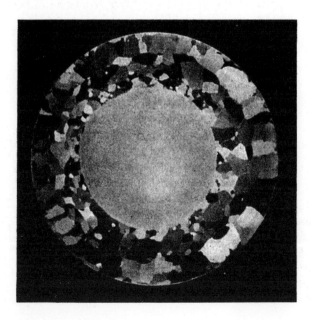

Bild 3.83. Warmgezogene Aluminiumstange. Durch kritische Umformung der Oberflächenschichten Grobkornbildung

war und sich auf die oberflächennahen Bereiche beschränkte. Infolgedessen blieb der Stangenkern unverformt und rekristallisierte nicht, während in der Nähe der Oberfläche Grobkornbildung eintrat. Durch Änderung der Ziehbedingungen (stärkere Querschnittsabnahme im Zug) konnte dieser Fehler behoben werden. Nach Möglichkeit sind derartige örtliche oder inhomogene Verformungen zu vermeiden, wenn das Werkstück später noch geglüht werden soll.

Die gleichen Gesetzmäßigkeiten, wie hier für Stahl und Aluminium aufgezeigt, gelten auch für alle anderen Metalle und Legierungen, wenn auch das Kornwachstumsbestreben im einzelnen unterschiedlich ist.

Das nach geringen Umformgraden beim Glühen entstehende sehr grobe Korn ist bei technischen Werkstücken meist schädlich und führt zur Versprödung. Mittels geeigneter Maßnahmen sucht man deshalb die Grobkornbildung zu vermeiden. Dies geschieht am einfachsten dadurch, daß vor der Glühung eine möglichst große Umformung aufgebracht wird. Dies ist auch die einzige Möglichkeit, grobkörnige Legierungen, die nicht wie die unlegierten oder niedriglegierten Stähle normalisiert werden können, wieder feinkörnig zu machen. Dieser Weg ist natürlich nur gangbar, wenn das Werkstück eine einfache Form hat, also bei Blechen, Drähten, Profilen. Bei Fertigteilen läßt sich diese Methode nicht durchführen. Legierungen, die eine Umwandlung im festen Zustand (Modifikationsänderung) erfahren, können durch Erhitzen über diesen Umwandlungspunkt und Wiederabkühlen ein feines Korn zurückerhalten.

3.2.3. Warmumformung

Die *Warmumformung* der Metalle wird bei Temperaturen $> 0,5\ T_s$ durchgeführt. Die durch die plastische Formgebung bewirkte Verfestigung und Streckung der Kristallite ist deshalb nicht beständig und wird durch gleichzeitig ablaufende diffusionsgesteuerte Entfestigungsprozesse teilweise wieder aufgehoben. Solche noch während der Umformung ablaufende Vorgänge bezeichnet man als *dynamische Entfestigungsprozesse* und unterscheidet *dynamische Erholung* und *dynamische Rekristallisation*. Die Anteile dieser beiden Prozesse am Entfestigungsgeschehen werden sowohl von umformtechnologischen Parametern (neben der Temperatur vor allem von der Umformgeschwindigkeit) als auch von Werkstoffkenngrößen (hauptsächlich Stapelfehlerenergie) bestimmt.

Technologisch ist der Warmumformprozeß durch große Formänderungen und hohe Umformgeschwindigkeiten charakterisiert. Das Metall befindet sich in einem Zustand größter Bildsamkeit und läßt sich durch entsprechende Arbeitsverfahren in beliebige Formen bringen. Die hauptsächlichen Warmformgebungsverfahren sind Walzen, Freiformschmieden, Gesenkschmieden, Pressen und Strangpressen. Damit werden Halbzeuge, Bleche, Bänder, Rohre, Drähte und Profile sowie Fertigfabrikate hergestellt.

Bei der Warmumformung wird das Gefüge erheblich verändert. Ein gekneteter Werkstoff unterscheidet sich deshalb grundsätzlich von einem gegossenen Werkstoff. Zunächst tritt durch die Warmumformung eine *Verdichtung* des Materials ein, in dem Sinn, daß vom Gießen herrührende Poren, wie Gasblasen und Mikrolunker, durch die hohen Drücke und Temperaturen verschweißt werden. Dies ist aber nur dann der Fall, wenn die Porenwände metallisch blank und nicht oxidiert sind. Andernfalls werden die Poren nur zusammengedrückt und nicht oder nur unvollkommen verschweißt. Bei der Anwendung geringer Drücke, beispielsweise beim Schmieden großer Stücke mit einem kleinen Hammer, oder bei zu niedriger Umformtemperatur werden Poren mit metallisch blanken Wänden ebenfalls nicht einwandfrei verschweißt.

Durch den bei der Warmumformung stattfindenden Wechsel zwischen plastischer Verformung der Kristallite und nachfolgender Rekristallisation werden die vom Guß herrührenden Transkristallite zerstört und die grobe Gußstruktur in einen feinkristallinen Zustand übergeführt. Warmumgeformte Werkstoffe sind deshalb wesentlich feinkörniger als gegossene Werkstoffe. Die dabei vorliegenden Verhältnisse sind im Bild 3.84 schematisch dargestellt: Der auf die Walzanfangstemperatur T_A gebrachte Gußblock möge eine mittlere Korngröße K_A haben. Beim 1. Walzstich wird das Korn zertrümmert und gefeint. Die Korngröße ist kleiner geworden und liegt etwa bei a. Durch sog. metadynamische (oder nachdynamische) und statische Rekristallisation wächst das Korn zwischen dem 1. und dem 2. Walzstich infolge der relativ hohen Temperatur schnell an und liegt zu Beginn des 2. Walzstichs etwa bei b. Gleichzeitig ist die Temperatur auf T_1 abgesunken. Beim 2. Walzstich findet eine Kornzertrümmerung $b \rightarrow c$ statt. Zwischen dem 2. und 3. Walzstich rekristallisiert das verformte Gefüge. Die sich einstellende Korngröße d ist aber wegen der tieferen Rekristallisationstemperatur geringer, es ist $d < b$. Im Verlauf der Walzung sinkt die Temperatur weiter ab, und die Korngröße nimmt über f nach h ab, bis schließlich bei der Umformendtemperatur T_E die Endkorngröße K_E erreicht ist.

Der hier für das Walzen beschriebene Kornfeinungsmechanismus gilt in gleicher oder ähnlicher Art für alle anderen Warmformgebungsverfahren. Aus der Darstellung von Bild 3.84 folgt, daß die Endkorngröße K_E von der Umformendtemperatur abhängt. Je tiefer dieselbe ist, um so kleiner ist auch das Korn und umgekehrt. Würde nämlich die letzte Umformung in diesem Beispiel nicht bei T_E sondern bei T_3 liegen, so würde sich die Korngröße h einstellen, wobei $h > K_E$ wäre.

Die Bilder 3.85 bis 3.87 zeigen den Einfluß der *Umformendtemperatur* auf die Korngröße von stranggepreßtem α/β-Messing mit 58% Cu + 42% Zn. Das Gefüge besteht aus einer (dunkelgeätzten) Grundmasse aus zinkreichen β-Kristallen, in die (hellgeätzte) kupferrei-

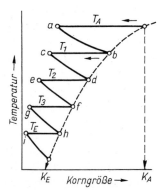

Bild 3.84. Schematische Darstellung des Kornfeinungsmechanismus bei Warmumformung (K_A Anfangskorngröße, K_E Endkorngröße)

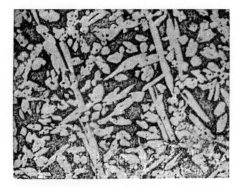

Bild 3.85. Ms58, gepreßt. Anfang der Preßstange mit grobnadeligen (hellen) α-Kristallen. Hohe Umformendtemperatur

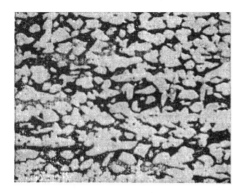

Bild 3.86. Ms58, gepreßt. Mitte der Preßstange mit zeilenförmig gestreckten groben α-Kristallen. Mittlere Umformendtemperatur

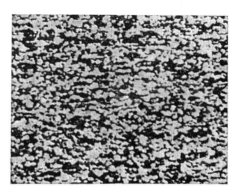

Bild 3.87. Ms58, gepreßt. Ende der Preßstange mit zeilenförmig gestreckten feinen α-Kristallen. Niedrige Umformendtemperatur

che α-Kristallite eingelagert sind. Der Stangenanfang wurde bei der Herstellung zuerst aus dem Rezipienten der Strangpresse herausgedrückt und befand sich noch auf höheren Temperaturen. Die nach der Umformung rekristallisierten β-Kristalle waren sehr grob, und bei der Abkühlung schieden sich große α-Nadeln aus (Bild 3.85). Während des weiteren Verpressens sank die Temperatur $< 700\,°C$, weswegen die Segregatbildung von α schon im Rezipienten erfolgte. Die α-Nadeln wurden durch die plastische Formgebung in kleinere Körnchen zerteilt und rekristallisierten zu rundlichen Kristallen (Bild 3.86). Am Ende des Preßvorgangs war die Temperatur schon so weit abgefallen, daß nur noch eine geringe Rekristallisation stattfand. Die α-Kristallite im Ende der Preßstange sind sehr feinkörnig und in Zeilen angeordnet (Bild 3.87). Dieses feinkörnige Gefüge ist teilweise schon kaltumgeformt und verfestigt und weist eine höhere Härte und Festigkeit sowie ein geringeres Umformvermögen auf als das grobe Gefüge vom Stangenanfang.

Wegen der mit abnehmender Umformendtemperatur eintretenden Verfestigung, die mit einer Erhöhung der Härte, Streckgrenze, Festigkeit und einem Abfall der Dehnung, Einschnürung und Kerbschlagzähigkeit verbunden ist, kann die Umformendtemperatur nicht beliebig niedrig gewählt werden. Unlegierte Stähle werden beispielsweise 100 bis 150 °C oberhalb des oberen Umwandlungspunktes A_{c_3} fertiggewalzt oder -geschmiedet. Man vermeidet wegen der eintretenden Verfestigung nach Möglichkeit, mit der Umformendtemperatur unter den A_{c_3}-Punkt in das $(\alpha + \gamma)$-Phasenfeld zu kommen. Im Gegensatz dazu werden aber übereutektoide Stähle, d. h. Eisen-Kohlenstoff-Legierungen mit 0,80 bis 2,06 % C, zwischen A_{c_1} und A_{c_m} verarbeitet, um das spröde Zementitnetz zu zerstören und die Zementitsegregate in die globulare Form überzuführen. Die Höhe der Umformendtemperatur richtet sich also nach den gewünschten Werkstoffeigenschaften.

Andererseits muß die *Umformanfangstemperatur* mit Sicherheit unterhalb des Schmelzpunkts der Legierung liegen. Da in fast jeder technischen Legierung niedrig schmelzende Eutektika, gebildet durch die unvermeidlichen Verunreinigungen, enthalten sind, darf die Anfangstemperatur nicht auf den theoretischen, d. h. durch das Zustandsdiagramm gegebenen Soliduspunkt bezogen werden. Es muß immer noch ein gewisser durch die Erfahrung bedingter Temperaturabschlag angesetzt werden. Andernfalls kommt es zum Aufschmelzen der Korngrenzen und zur Zerstörung des Werkstücks. Im übrigen spielen für die Lage der Umformanfangstemperatur auch noch die Umformendtemperatur, die Art des Formgebungsverfahrens und andere Faktoren eine Rolle.

Bei der Warmumformung werden die Legierungen mit einer Faser versehen. Die Faserrichtung fällt mit der Hauptstreckungsrichtung zusammen. Ähnlich wie bei Holz sind auch bei warmumgeformten metallischen Werkstoffen die Eigenschaften längs und quer zur Faserrichtung unterschiedlich, so daß die Bestimmung und Beurteilung des Faserverlaufs bei Fertigstücken von großem praktischem Interesse ist.

Zur Entwicklung des Faserverlaufs warmumgeformter Legierungen wendet man im allgemeinen die Tiefätzungen an, d. h., man beizt die plangeschliffenen Werkstücke mit mittelkonzentrierten Mineralsäuren, wie Salzsäure, Schwefelsäure, Flußsäure oder ähnlichen. Es kann bei Raumtemperatur, aber auch bei erhöhten Temperaturen von 50 bis 80 °C gebeizt werden. Die Einwirkungsdauer geht bis 24 h. Bei Stahl sind auch die üblichen Makroätzverfahren, besonders die Ätzung nach OBERHOFFER, zur Entwicklung des Faserverlaufs geeignet.

Bild 3.88 zeigt einen auf Faser tiefgeätzten, im Gesenk geschmiedeten Radblock aus Chrom-Nickel-Stahl mit gutem Faserverlauf. Die einzelnen Fasern verlassen außer an den unbeanspruchten Stirnflächen nirgends das Werkstück und folgen genau der seitlichen äußeren Form. Außerdem sind keine Faserknickungen vorhanden.

Die Faser kommt in metallischen Werkstücken dadurch zustande, daß Gefügebestandteile bei der Warmumformung zwar gestreckt, durch Rekristallisation aber nicht mehr in polygonale Kristallite mit regelloser Verteilung zurückverwandelt werden können.

Dies geht am deutlichsten aus dem Verhalten der Schlackeneinschlüsse bei der Warmumformung hervor. Plastische Schlacken werden bei der Verformung zu langen Zeilen gestreckt (Bild 3.89), während spröde Schlacken zertrümmert und die Bruchstücke zu Zeilen gestreckt werden (Bild 3.90). Bei der Rekristallisation verändert sich nur das metallische Grundgefüge, nicht aber die Form und Verteilung der Schlackeneinschlüsse. Die einzelnen Metallfasern werden also durch Schlackenzeilen voneinander getrennt.

Nicht nur Schlackeneinschlüsse, sondern auch andere Gefügebestandteile werden bei der Warmumformumg gestreckt und verbleiben nach der Rekristallisation in der zeiligen Anordnung. Bild 3.91 zeigt bei der Warmumformung entstandene Karbidzeilen in einem ledeburitischen, weichgeglühten Chromstahl mit 2 % C und 12 % Cr. Diese Karbidzeilen können durch eine technische Wärmebehandlung nicht mehr zum Verschwinden gebracht werden. Ein anderes Beispiel ist im Bild 3.92 bei einem halbferritischen Chromstahl mit 0,2 % C, 17 % Cr und 2 % Ni dargestellt. Die Ferritkristalle wurden bei der Warmwalzung gestreckt und sind auch rekristallisiert, erkennbar an der Quaderstruktur, haben sich aber nicht in eine isolierte, polygonale Form zurückverwandelt.

Die Homogenisierung von *Kristallseigerungen* wird durch den Wechsel zwischen Verformung und Rekristallisation bei der Warmumformung begünstigt. Ist die Diffusionsgeschwindigkeit aber sehr gering, so bleiben die Seigerungen erhalten und werden zu Zeilen gestreckt. Dadurch ergeben sich Fasern aus legierungsarmen und legierungsreichen Kristallen. Im Bild 3.93 ist ein nach OBERHOFFER geätzter Längsschliff durch ein Stahlblech mit 0,08 % C, 0,075 % Pb und 0,072 % S dargestellt. Die hellen, gestreckten Phosphorseigerungen liegen neben dunklen, phosphorarmen Stahlfasern.

Bei Stählen bewirken die gestreckten Schlackeneinschlüsse und Phosphorseigerungen eine gleichermaßen zeilige Entmischung des bei der Abkühlung entstehenden perlitisch-ferritischen Sekundärgefüges (Bild 3.94). Der voreutektoide Ferrit kristallisiert an die als

Bild 3.88. Faserverlauf eines im Gesenk geschmiedeten Radblocks aus Chrom-Nickel-Stahl. Bei 75 °C 2 h in einer Lösung aus 50 cm³ H_2O + 10 cm³ HCl + 10 cm³ H_2SO_4 tiefgeätzt

Keime wirkenden Schlackeneinschlüsse an bzw. scheidet sich bevorzugt in den phosphorreichen Zeilen aus. Der in die Restfelder gedrängte Austenit wandelt sich dann zu Perlitzeilen um. Aus diesem Bild ist weiterhin zu ersehen, wie die Fasern aus Ferrit und Perlit sich der Form der Oberfläche anpassen.
Die Warmumformung führt zu einer *gleichmäßigeren Verteilung der einzelnen Kristallarten* im Gefüge. Dies ist von besonderer technischer Bedeutung bei den ledeburitischen Stählen. Derartige Stähle enthalten im Gußzustand ein Eutektikum, den Ledeburit

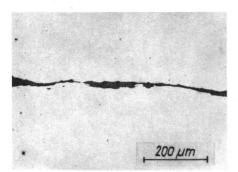
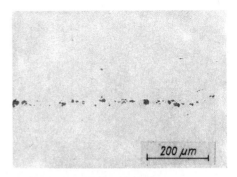

Bild 3.89. Bei der Warmumformung gestreckte Schlacke in einem Stahl mit 0,2 % C und 13 % Cr

Bild 3.90. Bei der Warmumformung spröde zerbröckelte und zu Zeilen angeordnete Schlacke in einem Stahl mit 0,2 % C und 13 % Cr

Bild 3.91. Bei der Warmumformung zu Zeilen gestreckte Karbide in einem Stahl mit 2 % C und 12 % Cr

Bild 3.92. Bei der Warmumformung zu Zeilen gestreckte Ferritkristalle in einem Stahl mit 0,2 % C, 17 % Cr und 2 % Ni

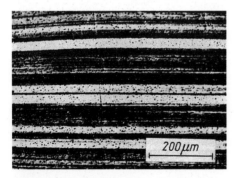
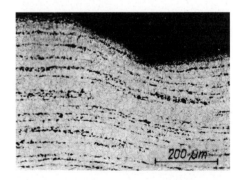

Bild 3.93. Bei der Warmumformung zu Zeilen gestreckte Phosphorseigerungen in einem Stahl mit 0,08 % C, 0,075 % P und 0,072 % S (primäre Zeilenstruktur)

Bild 3.94. Ferritisch-perlitisches Zeilengefüge in einem warmgewalzten Grobblech aus Kohlenstoffstahl (sekundäre Zeilenstruktur)

(Bild 3.95). Die Größe des Ledeburitnetzwerks ist in hohem Maß von den Schmelz- und Gießbedingungen abhängig, so von der Höhe der Gießtemperatur, der Kokillengröße, der Kokillentemperatur und anderen Faktoren. Aber auch innerhalb ein und desselben Blocks ist die Korn- bzw. Netzwerkgröße sehr unterschiedlich. An der Oberfläche ist das

Korn feiner als im Blockinneren, im Blockfuß ist das Korn ebenfalls kleiner als im Blockkopf. Bei der Warmumformung werden die Lamellen des Ledeburiteutektikums zertrümmert und die Bruchstücke in gleichmäßiger Verteilung in die Grundmasse eingelagert. Die Gleichmäßigkeit der Verteilung ist um so besser, je kleiner das Netzwerk im Gußblock und je stärker der Umformgrad war. Im allgemeinen genügt eine 10fache Verschmiedung, um das Netzwerk bzw. die Zeiligkeit zu zerstören. Je feiner dabei das Karbidkorn und je gleichmäßiger die Verteilung der einzelnen Karbidkörnchen ist, um so besser ist die Haltbarkeit der aus dem Stahl hergestellten Werkzeuge. Bei feinschneidigen Werkzeugen bröckeln sonst u. U. gröbere Karbidkörner heraus und führen so eine Zerstörung der Schneidflächen herbei. Hinzu kommt, daß die Gefahr der Härterißbildung in Stählen mit stärkeren Karbidanhäufungen vergrößert wird.

Die Bilder 3.96 bis 3.100 zeigen einige für Schnellarbeitsstahl kennzeichnende Ausbildungsformen der Karbidnetzstruktur bzw. Karbidzeiligkeit. Während die Anhäufungen in den Bildern 3.96 und 3.97 sehr stark sind und noch eine Netzstruktur aufweisen, ist die Netzstruktur im Bild 3.98 wohl noch ausgeprägt, die Stärke der Anhäufungen aber wesentlich geringer. Karbide in Zeilen-, nicht aber in Netzform sind im Bild 3.99 dargestellt. Gut durchgekneteter Schnellarbeitsstahl soll höchstens Karbide in schwach ausgeprägter Zeilenstruktur aufweisen. Im Idealfall sind die Karbide ganz gleichmäßig verteilt

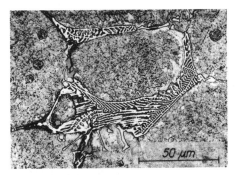

Bild 3.95. Gegossener Schnellarbeitsstahl mit 0,85 % C, 12 % W, 4,5 % Cr und 2,5 % V. Ledeburiteutektikum an den Korngrenzen

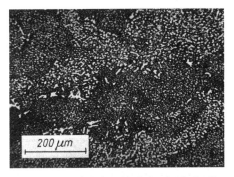

Bild 3.96. Schnellarbeitsstahl. Guß zuwenig durchgeknetet. Karbide in grober netzförmiger Anordnung

Bild 3.97. Schnellarbeitsstahl. Grobes Karbidnetz in einem Werkzeug mit großen Abmessungen

Bild 3.98. Schnellarbeitsstahl. Feines Karbidnetz in einem Werkzeug mit geringen Abmessungen

Bild 3.99. Schnellarbeitsstahl mit feinen Karbidzeilen

Bild 3.100. Schnellarbeitsstahl mit gleichmäßiger Verteilung der Karbide

(Bild 3.100). Dieser Idealfall wird besonders bei größeren Abmessungen, bei denen der Umformgrad zwangsläufig nicht so hoch sein kann, selten erreicht, und man muß dann eine gewisse Karbidzeiligkeit, die besonders bei größeren Werkzeugen auch kaum schädliche Auswirkungen zeitigt, mit in Kauf nehmen. In den letzten Jahren wurden sogar gegossene Schnellarbeitsstahl-Werkzeuge hergestellt, die trotz Lederburiteutektika gute Standzeitergebnisse aufwiesen.

Die besonders in unberuhigten Stählen stark ausgeprägte *Blockseigerung* wird gleichfalls mitumgeformt. Dabei verändert sich das Verhältnis vom Querschnitt der Seigerungszone zum Gesamtquerschnitt nicht. Ist die Form des Endprodukts geometrisch dem Ausgangsquerschnitt ähnlich, so hat die Seigerungszone die gleiche Form wie das Werkstück. Ein Knüppel mit Quadratformat, hergestellt aus einem Block mit quadratischem Querschnitt, weist dementsprechend eine ebenfalls quadratische Seigerungszone auf. Hat das Endprodukt aber ein anderes Querschnittsformat als das Ausgangsmaterial, so decken sich die Formen von Seigerungszonen und Endprodukt nicht mehr.

An der Form der Seigerungszone, die ja leicht durch Ätzen oder durch einen BAUMANN-Abdruck bestimmt werden kann, läßt sich unter Umständen die Art des Herstellungsgangs des betreffenden Werkstücks ermitteln. Bild 3.101 zeigt den Längsschliff eines

Bild 3.101. Längsschliff durch einen Niet aus unberuhigtem Stahl. Die Blockseigerung ist dunkel gefärbt.
Geätzt mit Kupferammonchlorid

Niets aus unberuhigtem Stahl mit 0,08 % C, 0,01 % Si, 0,38 % Mn, 0,04 % P und 0,05 % S, der mit Kupferammonchlorid geätzt wurde. Dem Bild kann entnommen werden, daß von einer Rundstange zuerst ein Stück abgeschnitten und an dieses dann der Kopf angestaucht wurde.

Wie bereits erwähnt, sind die Längs- und Quereigenschaften warmumgeformter Werkstücke verschieden. Je größer der Umformgrad war, um so ausgeprägter sind die Differenzen. Besonders empfindlich reagiert die Kerbschlagzähigkeit. Man muß damit rechnen, daß bei 8- bis 10facher Verschmiedung die Querkerbschlagzähigkeit günstigstenfalls 60 % der Längskerbschlagzähigkeit beträgt. Meistens beträgt dieser Wert $\approx 40\%$, kann aber auch auf 30 bis 25 % absinken. Im Innern von großen Schmiedestücken, wo die Verschmiedung nur gering ist, sind Quer- und Längskerbschlagzähigkeit dagegen praktisch gleich.

Die hauptsächlichen Oberflächenfehler, die bei warmumgeformten Werkstücken auftreten, sind die *Überlappungen*. Dabei wird ein vorstehender Teil des Materials umgelegt und auf die benachbarte, meist verzunderte Oberfläche aufgequetscht. Da eine durchgehende Berührung zwischen der Überlappung und der Grundmasse nicht besteht, erfolgt keine einwandfreie Verschweißung mehr, und die Überlappung reißt bei einer nachfolgenden Beanspruchung auf. Die Bilder 3.102 und 3.103 zeigen die charakteristische Form einer

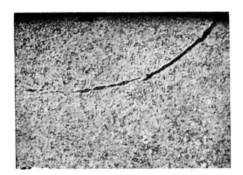

Bild 3.102. Ausbildungsform einer Überwalzung bei Stabstahl

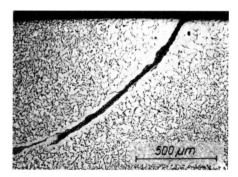

Bild 3.103. Entkohlungswirkung einer Überwalzung in Kohlenstoffstahl

beim Walzen von Stabstahl entstandenen Überlappung *(Überwalzung)*. Die Trennfuge ist mit Zunder gefüllt, und dieser hat bewirkt, daß die Rißumgebung stark entkohlt worden ist. Im Bild 3.104 ist das Ende einer Überlappung in einem ungenügend geschälten Stahlknüppel gezeigt. Es ist deutlich zu erkennen, daß aus dem den Riß erfüllenden Zunder Sauerstoff in den Stahl eindiffundiert ist, was einer örtlichen Verbrennung gleichkommt. Aus Bild 3.105 ist zu ersehen, daß eine derartige stark oxidierte Überlappung keine einwandfreie Verschweißung mehr zuläßt.

Die Härte der Legierungen ist bei der Warmumformtemperatur nur gering. Es ist deshalb darauf zu achten, daß keine Fremdstoffe in die Werkstückoberfläche mit eingeformt werden. Es ergeben sich sonst *narbige Oberflächen*, wie dies Bild 3.106 für ein Blech aus MSt3b zeigt.

Alle Teile einer Warmformgebungsmaschine, mit denen das umzuformende Werkstück in

3. Einfluß der Verarbeitungsverfahren auf die Gefügeausbildung

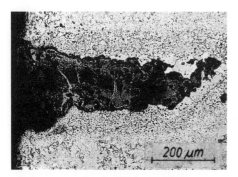
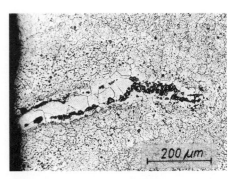

Bild 3.104. Zundereinschlüsse in einer Überwalzung auf der Oberfläche eines Stahlknüppels

Bild 3.105. Schlecht verschweißte Überwalzung auf der Oberfläche eines Stahlknüppels

Berührung kommt, müssen eine absolut glatte Oberfläche haben. Jede Aufrauhung oder Beschädigung von beispielsweise Abstreifmeißeln oder seitlichen Führungen bei Walzgerüsten ergibt auf dem vorbeistreifenden Walzgut Kratzer und Riefen, die bei der Weiterverarbeitung aufreißen können. Im Bild 3.107 ist ein Spannungsriß bei einem Profil aus Stahl 40Cr4 dargestellt, der beim Abkühlen nach dem Walzen entstand und von einer derartigen feinen Oberflächenriefe ausging.

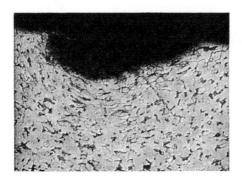
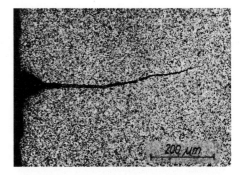

Bild 3.106. Narbige Oberfläche eines Stahlblechs aus MSt3b infolge eingewalzten Zunders

Bild 3.107. Spannungsriß in einem Profil aus Stahl 40Cr4, der von einer Oberflächenriefe ausgeht

Zusammenfassend läßt sich feststellen, daß ein warmumgeformter Werkstoff gegenüber einem Gußwerkstoff folgende Unterschiede aufweist:

– feineres Korn
– Faserstruktur
– gleichmäßigeres Gefüge
– größere Dichte
– bessere Festigkeitseigenschaften
– Richtungsabhängigkeit der Eigenschaften (in Faserrichtung bessere, quer zur Faserrichtung dagegen manchmal schlechtere mechanische Eigenschaften).

3.3. Löten und Schweißen der Metalle

Es ist manchmal vorteilhafter, ein kompliziertes Werkstück statt durch Gießen oder Umformen durch Zusammenheften einfach geformter Einzelteile herzustellen. Metallische Werkstoffe lassen sich durch Weichlöten, Hartlöten und Schweißen fest miteinander verbinden, ohne daß im allgemeinen eine nachträgliche Öffnung der Verbindung, wie etwa bei einer Schraubverbindung, möglich wäre.

3.3.1. Löten

3.3.1.1. Weichlöten

Unter *Weichlöten* versteht man eine Verbindung von Metallteilen mit Hilfe eines anderen Metalls, wobei das Zusatzmetall einen Schmelzpunkt (Liquidustemperatur) unterhalb von ≈500 bis 450 °C hat, auf jeden Fall aber niedriger schmilzt als die zu verbindenden Metallteile. Die weich zu lötenden Teile werden an der Oberfläche gut gesäubert (meist überlappt), zusammengepaßt und dann mit dem flüssigen Lot versehen. Es findet nur in den alleräußersten Schichten der Werkstücke eine Legierungsbildung statt, die metallographisch kaum erfaßt werden kann (Bild 3.108). Die Lötnaht selbst besteht aus dem Löt-

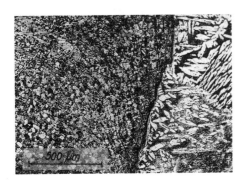

Bild 3.108. Stahl- und Messingblech durch Weichlöten miteinander verbunden. (Das Stahlblech wurde mit einer Schere abgeschnitten.) Messing (rechts) geätzt mit ammoniakalischem Kupferammonchlorid; Eisen (links) geätzt mit Ammoniumpersulfat

werkstoff im Gußzustand. Als Weichlote finden zur Verbindung von Schwermetallen und deren Legierungen in der Hauptsache Blei-Zinn-Legierungen Verwendung. Sie enthalten 8 bis 90% Sn, 0,5 bis 3,3% Sb, Rest Pb. Die Normabkürzung LSn30 bedeutet beispielsweise ein Lötzinn mit 30% Sn, 2% Sb und 68% Pb. Die oberen und unteren Haltepunkte der Lote, d. h. das Erstarrungsintervall, sind dem Zustandsdiagramm Pb–Sn zu entnehmen.

Mit Lötzinn lassen sich alle Stahl- und Kupferwerkstoffe weich löten. Das Hauptanwendungsgebiet ist die Blech- und Drahtindustrie. Liegt der Zinngehalt <35%, so können auch Zinkwerkstoffe mit <1% Al gelötet werden. Reinaluminium kann mit LSn60Zn (60% Sn + 40% Zn), LZn60Sn (60% Zn + 40% Sn) oder LZnAl15 (85% Zn + 15% Al) weich gelötet werden. Für Leichtmetallguß ist das Weichlot LZnCd mit 56% Zn + 4% Al + 40% Cd genormt worden.

3.3.1.2. Hartlöten

Unter *Hartlöten* versteht man eine Verbindung von Metallteilen mit Hilfe eines anderen Metalls, wobei das Zusatzmetall einen Schmelzpunkt (Liquidustemperatur) oberhalb von ≈450 bis 500 °C hat, aber ebenfalls niedriger schmilzt als die zu verbindenden Metallteile. Bei den Hartloten unterscheidet man im wesentlichen 3 Typen: Legierungen auf Kupferbasis (z. B. LMs85 mit 85 % Cu + 14,5 % Zn + 0,5 % Si), Legierungen mit Silber (z.B. LAg8 mit 8 % Ag, 55 % Cu und 37 % Zn) und Legierungen auf Aluminiumbasis (z.B. LAlSi13 mit 87 % Al + 13 % Si). Ähnlich wie beim Weichlöten wird die Oberfläche der hart zu lötenden Teile zunächst von anhaftenden Oxiden und anderen Verunreinigungen gesäubert. Dies geschieht durch Bürsten, Schmirgeln oder während des Lötens durch Zugabe von Flußmitteln (Borax, Borsäure, Alkalifluoride). Letztere müssen nach dem Löten wieder sorgfältig entfernt werden, weil andernfalls die Lötstelle korrodiert. Nun wird das flüssige Hartlot auf die gut zusammengepaßten Werkstückteile gebracht. Infolge der höheren Temperatur findet beim Hartlöten zwischen dem Lot und den Oberflächenschichten des Werkstücks eine Legierungsbildung statt. Das flüssige Lot diffundiert etwas in den Grundwerkstoff ein, und es bildet sich auf diese Weise eine gute Verbindung aus (Bild 3.109). Das Gefüge der Lötnaht selbst besteht aus dem reinen Lotwerkstoff im Guß-

Bild 3.109. Aluminiumbronze mit Silberlot hart gelötet. Diffusionsschichten zwischen Grundmetall und Lot. Dendritische Gußstruktur des Lots. Geätzt mit Kupferammonchlorid

zustand. Für eine einwandfreie Lötverbindung sind demnach die Legierungsmöglichkeit zwischen Lot- und Grundwerkstoff, die Höhe der Löttemperatur und die Lötzeit von Einfluß. Die Diffusionsschicht ist im Schliffbild meist gut zu erkennen. Die Festigkeit von Hartlotverbindungen ist wesentlich größer als die von Weichlotverbindungen. Erwähnt sei noch, daß gesinterte Hartmetallplättchen mittels Kupfers auf Stahlwerkzeuge aufgelötet werden.

Wird unter Zugspannung stehender Stahl hart gelötet, so dringt das Lot interkristallin ein, und es kommt zur *Lötrissigkeit*. Auch Zinn dringt bei einer Erhitzung des Stahls >1 000 °C interkristallin ein *(Lötbrüchigkeit)*.

3.3.2. Schweißen

Das *Schweißen* unterscheidet sich vom Weich- und Hartlöten dadurch, daß die zu verschweißenden Teile entweder oberhalb der Rekristallisationstemperatur erwärmt und dann unter Anwendung von Druck miteinander verbunden werden *(Preßschweißen)* oder aber auf Temperaturen oberhalb der Schmelztemperatur erhitzt und dann mit oder ohne Zusatzwerkstoff miteinander verschmolzen werden *(Schmelzschweißen)*.

3.3.2.1. Preßschweißen

Für das Gefüge einer Preßschweißnaht gelten im wesentlichen die Gesetze der Warmumformung. Je nach dem Preßdruck und der Preßtemperatur stellt sich die Korngröße ein. Von Bedeutung für eine einwandfreie Verbindung ist eine saubere Oberfläche. Die zu verschweißenden Teile müssen deshalb vorher sorgfältig gesäubert werden. Das Preßschweißen selbst erfolgt unter einer Schutzgasatmosphäre, wie sie sich z. B. beim Wassergasschweißen einstellt. Oxidbildung kann auch durch Zugabe von Schlackenbildnern (Sand) verhindert werden. Die leichtflüssige Schlacke wird beim Zusammenpressen der Teile dann mehr oder weniger vollständig herausgequetscht.

3.3.2.2. Schmelzschweißen

Für das Gefüge einer Schmelzschweißnaht gelten im wesentlichen die Gesetze des Schmelzens und Erstarrens der Metalle. Die im Abschn. 3.1. beschriebenen besonderen Gefügemerkmale gegossener Werkstoffe lassen sich auf derartige Nähte übertragen, wobei aber die spezifischen Schmelz- und Erstarrungsbedingungen einer Schweiße, wie kleine Schmelzmenge, hohe Temperatur und schnelle Abkühlung, sowie die unterschiedlichen Verhältnisse bei den einzelnen Schweißverfahren berücksichtigt werden müssen.
Bei einer Schmelzschweißverbindung lassen sich grundsätzlich drei Zonen voneinander unterscheiden: die eigentliche *Schmelzzone* in der Naht selbst, die durch die Temperaturerhöhung beim Schweißen hinsichtlich ihres Gefüges und/oder ihrer Eigenschaften veränderte *Wärmeeinflußzone* des an die Schweiße angrenzenden Grundwerkstoffs und schließlich der von der Schweiße weiter entfernt liegende, durch die Schweißwärme völlig unbeeinflußte *Grundwerkstoff*.
Das Gefüge der Schweiße hängt von der Zusammensetzung des Grundwerkstoffs und der verwendeten Schweißelektrode, dem Mischungsverhältnis beider sowie den Schweißbedingungen ab. Im einfachsten und häufigsten Fall wird angestrebt, der Schweiße die gleiche Zusammensetzung wie dem Grundwerkstoff zu geben, damit die Schweißverbindung etwa die gleichen Festigkeits-, Zähigkeits- und Korrosionseigenschaften aufweist wie der Grundwerkstoff. Bild 3.110 zeigt als Beispiel die Naht von Aluminiumblechen, die mit einer Elektrode aus Reinaluminium unter Schutzgas zur Vermeidung einer Gasaufnahme geschweißt wurde. Das wesentlich gröbere Gußkorn der Schweiße sowie die Transkristallisation sind zu erkennen und heben die Schweiße deutlich von dem feinkörnigen Grundwerkstoff ab.
Bedingt durch das gröbere Korn und das Gußgefüge ist trotz gleicher chemischer Zusammensetzung die Schweiße in der Regel gröber als das warmumgeformte und häufig wärmebehandelte Grundmetall. Um diese Unterschiede zu mildern, werden verschiedene Wege eingeschlagen. Bei Werkstoffen, die keine Umwandlung erfahren, kann durch Spannungsfreiglühen oder durch Hämmern oberhalb der Rekristallisationstemperatur die Zä-

higkeit verbessert werden. Bei Werkstoffen mit einer Umwandlung, z. B. den unlegierten und niedrig- bis mittellegierten Stählen, läßt sich das grobkörnige Gußgefüge der Schweiße durch Normalglühen feinen. Eine andere Möglichkeit besteht darin, der Schweißelektrode oder der Umhüllung kornverfeinernde Legierungselemente zuzusetzen, so z. B. dem Aluminium 0,1 bis 0,2 % Ti.

Bei Schweißverbindungen von Legierungen treten in der Schweiße außer Grobkorn und Transkristallisation noch Kristallseigerungen sowie die anderen für den Gußzustand typischen Gefügeausbildungen auf. Bild 3.111 zeigt einen Querschliff durch die V-Naht von geschweißtem, korrosionsbeständigem Stahl mit 0,1 % C, 18 % Cr, 10 % Ni und 1,5 % Nb + Ta. Der Schliff wurde mit dem CURRAN-Ätzmittel (30 cm³ konz. Salzsäure, 10 g Eisenchlorid, 120 cm³ dest. Wasser) behandelt. Dadurch werden die Makrostruktur, die verschiedenen Schweißlagen, das grobe Korn und die Ausbildung der Transkristallisation entwickelt. Das Feingefüge des wärmebeeinflußten Grundwerkstoffs (warmgewalztes Blech) ist im Bild 3.112 dargestellt. Es besteht aus einer austenitischen Grundmasse, in die langgestreckte Zeilen aus δ-Ferrit sowie eckige Kriställchen aus Niob- bzw. Tantalkarbiden eingelagert sind. Die Schweiße wies praktisch die gleiche chemische Zusammensetzung wie das Blech auf, zeigte jedoch rundliche, geseigerte primäre Austenitmischkristalle und den δ-Ferrit in der typischen Restfeldgestalt in den Kornzwickeln (Bild 3.113).

Manchmal weicht die Zusammensetzung der Schweiße grundsätzlich von der Zusammensetzung des Grundwerkstoffs ab. Dies ist beispielsweise der Fall beim Schweißen plattierter Werkstoffe oder bei Auftragsschweißungen mit dem Ziel, die Oberfläche des Werkstücks korrosionsbeständig oder verschleißfest zu machen. Die dabei in der Schweiße auftretenden Gefüge richten sich dann nach der chemischen Zusammensetzung von Grundwerkstoff und Elektrode, nach dem Verhältnis von aufgeschmolzenem Grundwerkstoff und Elektrodenmaterial sowie nach der Vollständigkeit der Durchmischung.

Der Grundwerkstoff in der Nähe der Schweiße ist Temperaturen ausgesetzt, die zwischen der Temperatur der schmelzflüssigen Schweiße und Raumtemperaturen liegen. Die Höhe der Temperatur nimmt dabei von der Schweiße zum Grundwerkstoff ab. Als Wärmeeinflußzone bezeichnet man dabei den Bereich des Grundwerkstoffs, der durch die Schweiß-

Bild 3.110. Naht einer Aluminiumschweißverbindung. Grobes Gußgefüge der Schweiße. Geätzt mit NaOH

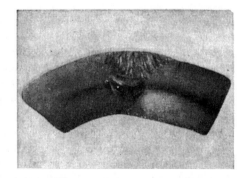

Bild 3.111. Schweißnaht bei einem korrosionsbeständigen austenitischen Chrom-Nickel-Stahl. Geätzt nach CURRAN

wärme nachweisbare Veränderungen, beispielsweise hinsichtlich Gefügeausbildung, Festigkeitseigenschaften oder Korrosionsbeständigkeit, erfahren hat. Die Gefügeveränderungen in der Wärmeeinflußzone können mannigfaltiger Art sein und hängen im einzelnen von der chemischen Zusammensetzung und dem Vorbehandlungszustand des Grundwerkstoffs, von der Höhe der Temperatur und der Einwirkungsdauer ab. Charakteristische Veränderungen sind: Grobkornbildung durch Überhitzung, Feinkornbildung durch Normalglühen (bei umwandlungsfähigen Stählen), Härteverminderung durch Anlassen vergüteter, kaltumgeformter oder ausgehärteter Legierungen, Härtesteigerung durch Martensit- oder Bainitbildung in höher kohlenstoffhaltigen oder legierten Stählen, Versprödung durch Ausscheidung von Segregaten, Anfälligkeit gegenüber interkristalliner Korrosion bei unstabilisierten austenitischen Chrom-Nickel-Stählen und vieles andere mehr.

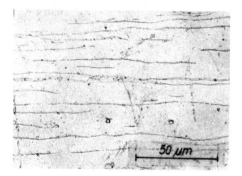

Bild 3.112. Gefügeausbildung des Grundwerkstoffs vom Bild 3.111. Warmgewalztes Blech mit langgestreckten δ-Ferritzeilen in der austenitischen Grundmasse

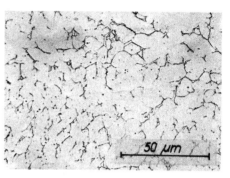

Bild 3.113. Gefügeausbildung der Schweiße vom Bild 3.111. Gußgefüge mit Kristallseigerungen. δ-Ferrit in Restfeldform an den Korngrenzen der Austenitmischkristalle

Bild 3.114 gibt die typische Wärmeeinflußzone von geschweißtem Massenbaustahl mit ≈ 0,2 % C wieder. An die Transkristallisationszone der Schweiße (oben) schließt sich ein grobkörniges Überhitzungsgefüge mit WIDMANNSTÄTTENscher Gefügestruktur an. Daran grenzt ein feinkörniger Bereich, der der Normalglühzone entspricht. Dann kommt ein Bereich unvollständiger Umkristallisation, in dem der Werkstoff zwischen A_{c_3} und A_{c_1} erhitzt wurde, und schließlich in einer Entfernung von ≈ 2 mm von der Schweiße liegt der gefügemäßig unveränderte Grundwerkstoff vor. Das Gefüge in der Übergangszone ist also außerordentlich verschieden, und entsprechend verhalten sich auch die mechanischen Eigenschaften, wie Härte, Kerbschlagzähigkeit usw.

Zur Behebung derartig ungleichmäßiger Gefügeausbildungen, zum Abbau der beim Schweißen stets auftretenden Eigenspannungen und zur Verbesserung der mechanischen und chemischen Eigenschaften werden Schweißverbindungen deshalb häufig nach dem Schweißen wärmebehandelt. In Betracht kommen vorzugsweise Spannungsfreiglühen, Weichglühen, Normalglühen und Vergüten, wobei die beiden letzteren Verfahren sich auf Stähle beschränken. Läßt sich das gesamte Werkstück nicht wärmebehandeln, so werden gegebenenfalls nur die Schweißnaht und ihre Umgebung mittels geeigneter Vorrichtungen auf die erforderlichen Temperaturen gebracht.

418   **3.** *Einfluß der Verarbeitungsverfahren auf die Gefügeausbildung*

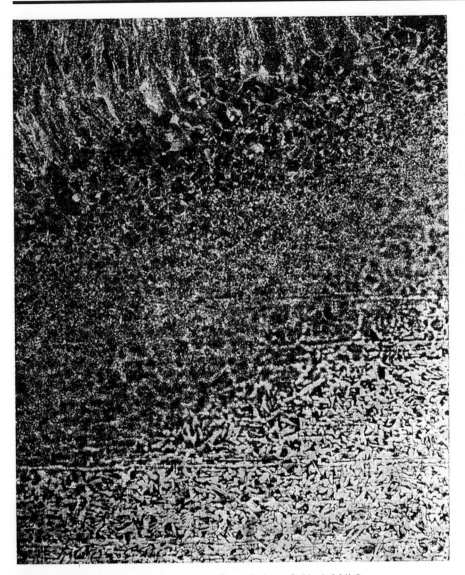

Bild 3.114. Gefügeausbildung bei einem geschweißten unlegierten Stahl mit 0,2 % C.
Oben: Schweiße
Mitte: Wärmeeinflußzone
Unten: Grundwerkstoff
Geätzt mit 3 %iger HNO$_3$

Bei unlegierten und niedrig- bis mittellegierten Stählen lassen sich die Übergangszonen und die einzelnen Schweißzonen für Makrountersuchungen besonders deutlich mit dem ADLER-Ätzmittel (25 cm^3 dest. Wasser, 3 g Kupferammonchlorid, 50 cm^3 konz. Salzsäure, 15 g Eisenchlorid. Zweckmäßigerweise löst man zuerst das Kupferammonchlorid in Wasser auf und gibt dann erst die Salzsäure und das Eisenchlorid hinzu.) entwickeln (Bild 3.115). Aus einer derartigen Makroätzung lassen sich noch weitere, für die Beurteilung der Güte der Schweißverbindung wichtige Angaben gewinnen: Querschnittsform der Schweißnaht, Anzahl der Schweißlagen, Einbrandverhältnisse, Korngröße und -form,

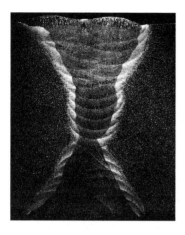

Bild 3.115. 60-mm-Stahlblech mit X-Naht geschweißt. ADLER-Ätzung

Schweißfehler (z. B. Einbrandkerben, Kaltschweißen, Nahtflanken- und Wurzelfehler, Poren, Schlackeeinschlüsse, Spannungsrisse). Da die Beschaffenheit der Schweißnähte maßgeblich die Güte einer Konstruktion bestimmt, beschränkt man sich bei der Beurteilung von Schweißverbindungen allerdings nicht nur auf metallographische Makro- und Mikrountersuchungen (die ja oftmals gar nicht durchführbar sind, und wenn doch, naturgemäß nur einen sehr kleinen Teil der Naht erfassen), sondern wendet im weiten Umfang zerstörungsfreie Prüfverfahren, wie Röntgen- und γ-Strahlen-Durchleuchtung, Ultraschallprüfung, magnetische Prüfverfahren u. a. m., an.

4. Gefüge der technischen Eisenlegierungen

4.1. Herstellung und Einteilung der Eisenlegierungen

4.1.1. Herstellung der Eisenlegierungen

Eisenlegierungen sind Legierungen, die mindestens 50 % Fe enthalten. Gediegenes Eisen kommt auf der Erde nur in sehr geringen Mengen als Meteoreisen vor. Die technischen Eisenlegierungen werden ausnahmslos aus *Eisenerzen* hergestellt. Diese bestehen aus chemischen Verbindungen des Eisens (Fe_3O_4, Fe_2O_3, $FeCO_3$, FeS_2), die je nach der Lagerstätte größere oder kleinere Mengen an Gangart (SiO_2, Al_2O_3, CaO, MgO, P_2O_5) enthalten. Der Eisengehalt der Erze ist sehr unterschiedlich und liegt zwischen 70 und 20 % Fe. Durch besondere Aufbereitungsverfahren (Rösten) werden die Sulfid- und Karbonaterze in Oxide übergeführt, wobei gleichzeitig das Kristallwasser und die Feuchtigkeit mit ausgetrieben werden. Außerdem werden die armen Erze an Eisen angereichert, indem ein Teil des tauben Gesteins entfernt wird.

Die so vorbereiteten Erze werden mit Koks, Kalk und anderen Zuschlägen gemischt und in den *Hochofen* eingesetzt. Dabei hat der Koks mehrere Aufgaben zu erfüllen. Er liefert den Kohlenstoff zur Reduktion der Eisenoxide und die erforderliche Wärme sowohl für die metallurgischen Reaktionen als auch zum Schmelzen des Eisens und der Schlacke. Der Kohlenstoff kann sich unmittelbar mit den Eisenoxiden umsetzen oder mittelbar. Im letzteren Fall bildet sich zunächst Kohlenmonoxid CO, und dieses reagiert erst mit den Eisenoxiden.

In Wirklichkeit sind die im Hochofen ablaufenden einzelnen chemischen Reaktionen sehr viel komplizierter.

Die *Zuschläge* haben die Aufgabe, zusammen mit der Gangart der Erze eine für den gesamten Hochofenbetrieb günstige, niedrig schmelzende Schlacke zu bilden. Diese nimmt die im Eisen unerwünschten Bestandteile auf, hat also wichtige metallurgische Funktionen zu erfüllen. Schlacke und Roheisen entmischen sich am Ende des Hochofenprozesses infolge Schwerkraftseigerung und werden getrennt abgestochen.

Durch die Zusammensetzung der Erze, die Möllerung und den Reduktionsverlauf bedingt, ist das Eisen, das den Hochofen im schmelzflüssigen Zustand verläßt, nicht sehr sauber, sondern enthält verschiedene Begleitelemente.

Der *Kohlenstoff* in Form von Koks befindet sich im Hochofen in enger Berührung mit dem flüssigen Eisen und wird teilweise von diesem aufgelöst. *Silizium* wird in Anwesenheit von Eisen durch Kohlenstoff aus der Gangart bzw. Schlacke reduziert:

$$SiO_2 + 2\,C \rightarrow Si + 2\,CO$$

und vom schmelzflüssigen Eisen aufgenommen. *Mangan* ist ein dem Eisen chemisch ähnliches Metall und befindet sich bereits in den Eisenerzen als Mn_3O_4. Der Kohlenstoff reduziert das Manganoxid zu Manganmetall, und dieses wird von der Eisenschmelze aufgelöst. Fast der gesamte *Phosphor*gehalt der Möllerung, der in Form von Phosphat bzw. Phosphorpentoxid P_2O_5 vorliegt, geht in das Roheisen über, nachdem das Oxid reduziert worden ist:

$$P_2O_5 + 5\,C \rightarrow 2\,P + 5\,CO.$$

Der *Schwefel* befindet sich sowohl im Möller als auch im Koks und geht nur zum Teil in das Roheisen über, wo er in Form von MnS oder, wenn der Mangangehalt nur gering ist, in Form von FeS vorliegt. Da Schwefel fast immer ein unerwünschter Eisenbegleiter ist, versucht man, durch entsprechende Kalkzugabe den Schwefel nach Möglichkeit schon im Hochofen aus dem Roheisen zu entfernen:

$$CaO + FeS + C \rightarrow Fe + CaS + CO.$$

Das Kalziumsulfid CaS geht dabei in die Schlacke.
Das im Hochofen gewonnene *Roheisen* ist wegen der hohen Gehalte an Kohlenstoff, Phosphor und Schwefel sehr spröde und wird deshalb nur zu einem geringen Teil direkt zu mechanisch nicht hoch beanspruchten Gegenständen vergossen, z. B. Herdplatten (Gußeisen 1. Schmelzung).
Ein größerer Teil des Roheisens wird in den Gießereien in besonderen Öfen, den Kupolöfen, nochmals umgeschmolzen, wobei durch Zugabe von Schlackenbildnern der Reinheitsgrad verbessert und durch geeignete Gattierungen die Zusammensetzung innerhalb bestimmter Grenzen festgelegt wird. Dieses »Gußeisen 2. Schmelzung« oder einfach *Gußeisen* mit 2 bis 4 % C hat infolge seines niedrigen Preises und seiner verschiedenen guten mechanischen, physikalischen und chemischen Eigenschaften ein ausgedehntes Verwendungsgebiet gefunden (s. Abschn. 4.7.).
Der größte Teil des Roheisens wird im Stahlwerk jedoch auf schmiedbaren *Stahl* mit 0,04 bis 1,5 % C verarbeitet. Je nach der Art des vorliegenden Roheisens und der Qualität des gewünschten Stahls wendet man verschiedene Stahlerzeugungsverfahren an. Die wichtigsten Verfahren sind das Thomas-, das Siemens-Martin-, das Elektroschmelz- und die Sauerstoffblasverfahren.
Mit dem *Thomasverfahren* (Windfrischverfahren) werden phosphorreiche Roheisensorten verarbeitet. In einer mit Dolomit ausgekleideten Birne, dem Konverter, wird das eingesetzte flüssige Roheisen durch Einblasen von Luft weitgehend von seinen Verunreinigungen befreit. Der Luftsauerstoff verbrennt die im Roheisen enthaltenen Bestandteile Kohlenstoff (zu CO), Silizium (zu SiO_2), Mangan (zu MnO) und Phosphor (zu P_2O_5). Das Kohlenoxidgas entweicht aus der Schmelze, während die anderen Oxide von dem vorher zugegebenen Kalk aufgenommen und abgebunden werden. Durch die Verbrennungswärme, besonders des Phosphors, wird die Temperatur des eingesetzten Roheisens

($\approx 1250\,°C$) bis auf $>1600\,°C$ gesteigert. Dies ist notwendig, denn der kohlenstoffärmere Stahl besitzt einen wesentlich höheren Schmelzpunkt ($\approx 1500\,°C$) als das kohlenstofffreiche Roheisen ($\approx 1150\,°C$).

Nach dem Blasen, das etwa 20 Minuten dauert, wird die Schlacke entfernt und Ferromangan zugegeben, damit der noch in der Schmelze befindliche Sauerstoff zum Teil abgebunden wird. Nach dem Abschlacken und Desoxidieren wird der Stahl auf das gewünschte Maß aufgekohlt und vergossen. Soll beruhigter Thomasstahl, z. B. Schienenstahl, hergestellt werden, so wird der Stahl in der Pfanne mit Ferrosilizium und z. T. auch mit Aluminium beruhigt.

Roheisen, das viel Silizium, aber wenig Phosphor und Schwefel enthält, läßt sich in sauer ausgekleideten Birnen verblasen *(Bessemerverfahren)*. Der Stahl wird dann als Bessemerstahl bezeichnet.

Beim *Siemens-Martin-Verfahren*, abgekürzt SM-Verfahren, wird in einem Herdofen Roheisen zusammen mit Schrott und teilweise auch mit Erzzusatz eingeschmolzen. Die erforderliche Wärme wird durch Verbrennung von Gasen (Generator-, Koksofen- oder Gichtgas), Rohöl oder Teeröl über dem Einsatz erzeugt. Der Herd ist entweder basisch mit Dolomit oder sauer mit Quarzsand ausgekleidet. Während der Kochperiode reagieren die in der Schmelze enthaltenen Verunreinigungselemente (aus Schrott und Roheisen stammend) mit dem vorhandenen Sauerstoff, der sowohl aus den Verbrennungsgasen im Ofenraum als auch aus den mit Erz und Schrott eingebrachten Eisenoxiden stammt. Die entstehenden gasförmigen Reaktionsprodukte (CO) entweichen und bewirken das Kochen des Bades, während die festen oder flüssigen Reaktionsprodukte (MnO, SiO_2, P_2O_5) in der Schmelze aufsteigen und verschlackt werden. Durch Zugabe von Kalk wird die Schlackenarbeit begünstigt. Die Zugabe von Legierungselementen kann ebenso wie die Desoxidation entweder bereits im Ofen oder erst nach dem Abstich in der Pfanne erfolgen.

Hochwertige Stähle werden nach dem *Elektrostahlverfahren*, abgekürzt E-Verfahren, hergestellt. Hierbei wird der Einsatz durch Lichtbogenbeheizung geschmolzen. Wegen der hohen und gut regelbaren Temperatur ist das Frischen und Feinen des Bads wesentlich schneller und sicherer durchzuführen als bei den anderen Verfahren. Das Feinen des im meist basisch ausgekleideten Elektroofen aufgeschmolzenen Einsatzes erfolgt in der Hauptsache durch Kalk, wobei auch eine weitgehende Entschwefelung möglich ist. Durch Abziehen der Schlacke und Neuzugabe von Kalk läßt sich der Phosphor- und Schwefelgehalt auf sehr niedere Werte bringen. Die Legierungselemente werden der gefeinten Stahlschmelze direkt im Ofen zugegeben, wobei nur ein relativ geringer Abbrand eintritt. Hoch legierte Stähle, wie beispielsweise die Schnellarbeitsstähle, werden nur im Elektroofen hergestellt.

Bei den *Sauerstoffaufblasverfahren* wird reiner Sauerstoff durch ein wassergekühltes Rohr auf die Oberfläche des flüssigen Roheisens geblasen, das sich in einem konverterähnlichen Gefäß befindet. Bei phosphorreichem Roheisen wird gleichzeitig Kalk durch die Lanze eingeblasen, um diesen Stahlschädling zu verschlacken. Qualitativ ist der Sauerstoffaufblasstahl dem Siemens-Martin-Stahl gleichwertig. Selbst die Erzeugung hochlegierter Stähle ist heute möglich.

4.1.2. Einteilung und Bezeichnung der Eisenlegierungen

Die *Einteilung der Stähle* war früher sehr vielgestaltig und unübersichtlich. Heute hat sich jedoch das Bestreben durchgesetzt, die Stähle nur nach ihrem Legierungsgehalt zu kennzeichnen. Man spricht also von unlegierten (= Kohlenstoff-) Stählen und legierten Stählen. Bei letzteren unterscheidet man die einfach legierten Stähle (Silizium-, Mangan-, Chrom-, Nickel-, Kupferstähle u. a.), die zweifach legierten Stähle (Silizium-Mangan-Stähle, Chrom-Nickel-Stähle u. a.) und die mehrfach legierten Stähle (Chrom-Molybdän-Vanadin-Stähle, Mangan-Chrom-Vanadin-Stähle u. a.).

Als unlegiert wird ein Stahl bezeichnet, der weniger als 0,5 % Si, 0,8 % Mn, 0,1 % Al oder Ti, 0,25 % Cu enthält. In niedrig legierten Stählen sind weniger als 5 % an Legierungselementen vorhanden, während Stähle mit mehr als 5 % Legierungsbestandteilen hoch legiert sind.

Die *Bezeichnung der Stähle* erfolgt durch Angabe der chemischen Symbole der enthaltenen Legierungselemente sowie durch Zahlen, die den Gehalten der Legierungselemente entsprechen.

Allgemeine *Baustähle* (Massenstähle) werden meist vom Verbraucher nicht weiter wärmebehandelt. Es ist die vom Stahlwerk angegebene Festigkeit maßgebend. Die Bezeichnung erfolgt deshalb durch die gewährleistete Mindestzugfestigkeit in 0,1 MPa, einen Buchstaben und eine Zahl. Die Angabe St 38 u-2 bedeutet z. B. einen Stahl (St) mit mindestens 380 MPa Zugfestigkeit. Daß es sich um einen unberuhigten Stahl handelt, wird durch das u kenntlich gemacht. Die 2 bezeichnet die Gütegruppe. Näheres über Stahlbezeichnungen siehe auch TGL 7960.

Unlegierte *Einsatz- und Vergütungsstähle* (Qualitäts- und Edelstähle) werden meist vom Verbraucher weiter wärmebehandelt (aufgekohlt und gehärtet bzw. vergütet). Maßgebend sind nicht die Festigkeitswerte des angelieferten, nicht wärmebehandelten Stahls, sondern die des wärmebehandelten Stahls. Die Bezeichnung erfolgt durch den Buchstaben C (= Kohlenstoff) und den 100fachen mittleren Kohlenstoffgehalt. Die Angabe C 45 bedeutet also einen Kohlenstoffstahl mit 0,45 % C.

Liegt der Stahl in einem besonderen Behandlungszustand vor, so wird dies durch große angehängte lateinische Buchstaben vermerkt. Es bedeuten: z. B.: G = weich**g**eglüht, K = **k**altverformt, N = **n**ormalgeglüht, V = **v**ergütet. Kesselbaustähle erhalten entsprechend der Erschmelzungsart folgende zusätzliche Buchstaben: A = **a**lterungsbeständig, L = Beständigkeit gegen interkristalline Spannungsrißkorrosion.

Niedrig legierte Stähle werden durch drei einander folgende Kennwerte beschrieben. Die ersten Zahlen bedeuten den 100fachen mittleren Kohlenstoffgehalt, dann werden die Legierungselemente nach ihrem fallenden Gehalt durch ihre chemischen Symbole angeführt, und die letzten Zahlengruppen geben die Legierungsgehalte, mit einer bestimmten Zahl multipliziert, an. Diese Multiplikatoren sind für Cr, Co, Mn, Ni, Si, W = 4, für Al, Cu, Mo, Ti, V = 10 und für P, S, N, C = 100.

Die Angabe 40Cr4 kennzeichnet also einen Stahl mit 40/100 = 0,40 % C und 4/4 = 1 % Cr. 9SMn28 bedeutet einen Stahl mit 9/100 = 0,09 % C, 28/100 = 0,28 % S und 1,1 % Mn. 100Cr6 ist ein Stahl mit 100/100 = 1,00 % C und 6/4 = 1,50 % Cr. Die Kurzbezeichnung 13CrMoV4.4 kennzeichnet einen Stahl mit 13/100 = 0,13 % C, 4/4 = 1 % Cr und 4/10 = 0,4 % Mo. Die Legierungsgehalte stellen Mittelwerte dar.

Die *hoch legierten Stähle* sind durch ein vorgestelltes X gekennzeichnet. Dann folgen der

100fache C-Gehalt, anschließend die enthaltenen Legierungselemente und zum Schluß die wahren mittleren Legierungsgehalte ohne Verwendung eines Multiplikators. X20Cr13 ist ein hoch legierter Stahl (X) mit 20/100 = 0,20 % C und 13 % Cr. X10CrNi18.9 ist ein hoch legierter Stahl (X) mit 10/100 = 0,10 % C, 18 % Cr und 9 % Ni.
Gußwerkstoffe werden durch ein vorgestelltes G bezeichnet. GS bedeutet Stahlguß, GG – Gußeisen und GT – Temperguß. An diese Symbole wird die Mindestzugfestigkeit angehangen: GGL-20 bedeutet unlegiertes Gußeisen mit Lamellengraphit und mind. 200 MPa Zugfestigkeit, GGG-4012 bezeichnet ein unlegiertes Gußeisen mit Kugelgraphit und mind. 400 MPa Zugfestigkeit bei mind. 12 % Bruchdehnung. Bei unlegiertem Stahlguß mit besonderen Eigenschaftsforderungen steht anstelle der Zugfestigkeit der 100fache Kohlenstoffgehalt mit einem vorgestellten C, z. B. GS-C25.
Legierte Stahlgußsorten werden genau wie die niedrig legierten Stähle bezeichnet, aber mit Vorsatz des Kurzzeichens GS, z. B. GS-2SCrMo4.
Außer nach dem *Herstellungsverfahren* (Th-, SM-, Elektro-Stahl), der *Gütegruppe* (Massenstahl, Qualitätsstahl, Edelstahl), den *Gebrauchseigenschaften* (Baustahl, Einsatzstahl, Vergütungsstahl, Werkzeugstahl, Sonderstähle) und den *Legierungsgruppen* (Kohlenstoffstahl, Manganstahl, Chromstahl) werden besonders die hoch legierten Stähle oft durch ihren *Gefügezustand* gekennzeichnet (ferritischer, austenitischer, perlitischer, ledeburitischer, martensitischer Stahl).

4.2. Reineisen

Das Eisen ist das Grundmetall für die wichtigsten technischen Legierungen, die Stähle. Sehr reines Eisen wird durch Elektrolyse von Eisensalzen *(Elektrolyteisen)*, durch thermische Zersetzung von Eisenpentacarbonyl $Fe(CO)_5$ *(Carbonyleisen)* oder durch langzeitiges Glühen von Weicheisen im Wasserstoffstrom bei 1 000 bis 1 400 °C gewonnen. Technisch reines Eisen enthält immer noch Spuren (je 0,01 bis 0,001 %) der Elemente C, Mn, Si, P, S, Cu und Ni. Ein Eisen mit 99,9 % Fe ist schon als sehr rein anzusprechen.
Eisen ist sehr weich ($HB = 60$), hat eine nur geringe Streckgrenze und Zugfestigkeit ($R_e = 100$ MPa, $R_m = 200$ MPa), dagegen eine hohe Dehnung ($A = 50$ %), Einschnürung ($Z = 80$ %) und Kerbschlagzähigkeit ($KC = 250$ J/cm^2). Wegen der hohen magnetischen Permeabilität und niedrigen Koerzitivkraft finden Reineisensorten in der Elektrotechnik weitgehende Verwendung.
Nimmt man von reinem Eisen eine genaue Abkühlungskurve auf, stellt man mehrere Haltepunkte fest (Bild 4.1). Ein ausgeprägter Haltepunkt erscheint bei 1 536 °C, dem Schmelzpunkt des Eisens[1]. Hier wird die Kristallisationswärme von 270 J/g Fe frei. Wenn die Temperatur weiter sinkt, ist das gesamte Eisen erstarrt und kristallisiert, aber bei 1 392 °C tritt ein zweiter Haltepunkt auf, der durch eine Umgitterung der Eisenatome verursacht wird und der mit einer Wärmeabgabe von 10,5 J/g Fe verbunden ist. Läßt man

---

[1] Je nach dem Reinheitsgrad wird der Schmelzpunkt des Eisens mit 1 528 bis 1 541 °C angegeben.

4.2. Reineisen

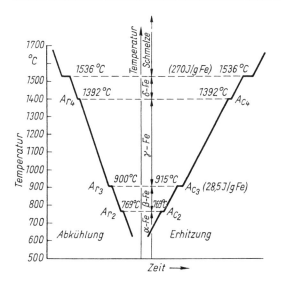

Bild 4.1. Schematische Abkühlungs- und Erhitzungskurve von reinem Eisen

weiter abkühlen, so findet man bei 900 °C einen dritten Haltepunkt. Wiederum wandelt sich das Atomgitter des Eisens unter Abgabe von 28,5 J/g Fe in ein anderes um.

Ein vierter Haltepunkt auf der Abkühlungskurve liegt bei 769 °C, der aber nur recht gering ist, ein Zeichen, daß auch die frei werdende Wärme nicht allzu erheblich ist. Prüft man an einem Stück Eisen mit Hilfe eines Magneten bei 750 und 800 °C die magnetische Anziehung, so stellt man fest, daß bei 750 °C das Eisenstück vom Magneten noch angezogen wird, bei 800 °C aber nicht mehr. Die Grenztemperatur zwischen dem ferromagnetischen und paramagnetischen Zustand liegt bei 769 °C und wird als *Curiepunkt* bezeichnet.

War das verwendete Eisen im besonderen hinsichtlich des Kohlenstoffgehalts sehr rein (C < 0,02 %), so ergeben sich < 769 °C keine Unstetigkeiten im Abkühlungsverlauf mehr.

Eine Erhitzungskurve von reinem Eisen liefert im wesentlichen dieselben Umwandlungstemperaturen, nur der 900-°C-Haltepunkt wird beim Erhitzen auf 915 °C heraufgesetzt.

Die Haltepunkte des reinen Eisens bezeichnet man, von niederen zu höheren Temperaturen ansteigend, mit A_2, A_3 und A_4. A ist die Abkürzung des franz. Worts *Arrêt* = Haltepunkt. Ermittelt man die Haltepunkte durch Abkühlungskurven, so erhält A noch einen Index r, der die Abkürzung des franz. Wortes *refroidissement* = Abkühlung ist. Im Falle der Bestimmung mittels Erhitzungskurven fügt man als Index ein c hinzu, das vom franz. Wort *chauffage* = Erwärmung kommt. A_{r2} bzw. A_{c2} bedeuten demnach bei Eisen (und auch bei Eisenlegierungen) die Lage der magnetischen Umwandlungstemperatur bei der Abkühlung bzw. bei der Erhitzung. Die thermodynamischen Gleichgewichtstemperaturen zwischen 2 Phasen bezeichnet man mit A_e (e = franz. *equilibre* = Gleichgewicht).

Die einzelnen Phasen des reinen Eisens (allotrope Modifikationen) tragen die in Tabelle 4.1 zusammengestellten Bezeichnungen.

Man kann diese komplizierten Phasenumwandlungen so auffassen, als ob das Eisen ein kubisch-raumzentriertes Gitter besitzt (α- und δ-Fe), daß aber zwischen 911 und 1 392 °C das kubisch-flächenzentrierte γ-Eisen stabiler ist und deshalb die kubisch-raumzentrierte

Tabelle 4.1. Phasen des reinen Eisens

Existenzbereich [°C]	Bezeichnung	Kristallsystem	Gitterkonstante [nm]	bei Temp. [°C]
... 769	α-Fe	kubisch-raumzentriert	0,286	20
769... 911	β-Fe	kubisch-raumzentriert	0,290	800
911...1 392	γ-Fe	kubisch-flächenzentriert	0,364	1 100
1 392...1 536	δ-Fe	kubisch-raumzentriert	0,293	1 425

Phase verdrängt. Alle physikalischen Eigenschaften zeigen Übereinstimmung von α- und δ-Eisen, wenn man vom Magnetismus und den davon abhängigen Eigenschaften absieht, so z. B. die Dichte, die Gitterkonstante, die thermoelektrische Spannung, die thermische Ausdehnung, die Gaslöslichkeit u. a. Tatsächlich gelingt es auch, durch Zusatz bestimmter Legierungselemente, wie Silizium und Chrom, das δ-Gebiet mit dem α-Gebiet zu vereinigen und das γ-Gebiet abzuschnüren.
Als abkürzende Bezeichnungen für die Umwandlungspunkte des reinen Eisens ergeben sich so:

Umwandlung im Gleichgewichtsfall	Umwandlung bei der Abkühlung	Umwandlung bei der Erhitzung
$\delta \rightleftharpoons \gamma: A_{e4}$ (1 392 °C)	$\delta \rightarrow \gamma: A_{r4}$	$\gamma \rightarrow \delta: A_{c4}$
$\gamma \rightleftharpoons \beta: A_{e3}$ (911 °C)	$\gamma \rightarrow \beta: A_{r3}$	$\beta \rightarrow \gamma: A_{c3}$
$\beta \rightleftharpoons \alpha: A_{e2}$ (769 °C)	$\beta \rightarrow \alpha: A_{r2}$	$\alpha \rightarrow \beta: A_{c2}$

Diese strenge Unterscheidung zwischen der Lage der Umwandlungspunkte beim Erhitzen und beim Abkühlen ist notwendig, weil die einzelnen Umwandlungstemperaturen besonders in legiertem Eisen in hohem Maß von der Größe der Abkühlungs- bzw. Erhitzungsgeschwindigkeit abhängig sind. Den Unterschied zwischen dem A_c-Punkt und dem A_r-Punkt bezeichnet man als *Hysterese*. Im Fall des besprochenen reinen Eisens würde die Hysteresis des A_3-Punkts $\Delta T = A_{c3} - A_{r3} = 915 - 900\,°C = 15\,°C$ betragen.
Verläuft die γ/α-Umwandlung des Eisens unter einem höheren hydrostatischen Druck, wird die A_3-Temperatur erniedrigt und somit der Existenzbereich der dichter gepackten kubisch-flächenzentrierten γ-Phase auf Kosten der weniger dicht gepackten kubisch-raumzentrierten α-Phase erweitert. Bei einem allseitigen Druck von $p = 11\,GPa$ liegt A_3 nur noch bei $T = 490\,°C$. Wirken noch höhere Drücke auf das Eisen ein, so wandelt sich der Austenit während der Abkühlung in eine hexagonale Phase (ε-Fe) um, die noch dichter gepackt ist als der Austenit (Bild 4.2). Während der Abkühlung wandelt sich das ε-Fe in α-Fe um, wenn der Druck zwischen 10 und 13 GPa liegt. Oberhalb von 13 GPa bleibt das ε-Fe bei Raumtemperatur aber stabil erhalten. Diese 3 verschiedenen Gittertypen des reinen Eisens treten auch bei den legierten Stählen auf (s. Abschn. 4.6.).
Eisen weist bei Raumtemperatur das für kubisch-raumzentrierte Phasen typische polyedrische, zwillingsfreie Gefüge, den *Ferrit* (von lat. Ferrum = Eisen), auf (Bild 4.3). Übersteigt der Kohlenstoffgehalt jedoch 0,02 %, wie es bei den technischen Weicheisensorten oft der Fall ist, so sind im Gefüge neben den Ferritpolyedern in zunehmendem Maße noch dunkel angeätzte Inseln eines zweiten Bestandteils, des *Perlits*, vorhanden.

4.2. Reineisen

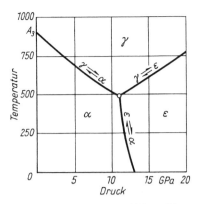

Bild 4.2. Umwandlungsschaubild von Eisen bei höheren Drücken (nach F. P. Bundy)

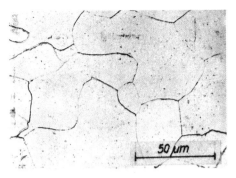

Bild 4.3. Gefüge von α-Eisen mit 0,02 % C, 0,01 % Si, 0,08 % Mn, 0,007 % P und 0,026 % S. Ferrit
Geätzt mit 1 %iger HNO_3

Eine Abart des reinen Eisens ist das *Schweißeisen*, wie aus der Analyse hervorgeht (Tabelle 4.2).
Schweißeisen ist demnach ein inniges Gemenge aus ziemlich reinem Eisen und Schlacken. Bild 4.4 zeigt einen Längsschliff durch einen Rundstab aus Schweißeisen bei höherer Vergrößerung. Die Schlacken haben folgende angenäherte Zusammensetzung: 50 bis 65 % FeO; 5 bis 15 % Fe_2O_3; 15 bis 20 % SiO_2; 2 bis 8 % MnO; 4 bis 7 % CaO + MgO; 1 bis 3 % Al_2O_3 und 2 bis 5 % P_2O_5. Schweißeisen ist sehr duktil, beständig gegenüber Rostangriff und läßt sich ausgezeichnet schmieden und schweißen. Die Festigkeit in Faserrichtung beträgt ≈ 350 MPa, quer zur Faserrichtung dagegen nur ≈ 250 MPa. Schweißeisen wird heute hauptsächlich zu Kettengliedern und im Kunstschmiedehandwerk verarbeitet.

Tabelle 4.2. Chemische Zusammensetzung von Schweißeisen

C [%]	Si [%]	Mn [%]	P [%]	S [%]	Schlacken [%]
0,02	0,15	0,03	0,12	0,02	3,00

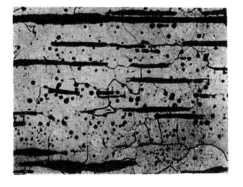

Bild 4.4. Oxidische und silikatische Einschlüsse in Schweißeisen. Längsschliff

4.3. Eisen-Kohlenstoff-Diagramm

Das weitaus wichtigste Legierungselement des Eisens ist der *Kohlenstoff*. Schon relativ geringe Mengen genügen, um den Charakter und die Eigenschaften des Eisens weitgehend zu verändern. Die ohne weitere Nachbehandlung schmiedbaren *Stähle* enthalten 0 bis 2,06 % C. Stähle bis zu 0,35 % C sind praktisch nicht härtbar, während die Stähle bei höheren C-Gehalten durch Abschrecken glashart werden. Legierungen mit mehr als 2,06 % C sind normalerweise nicht schmiedbar, sondern spröde. Deshalb werden sie hauptsächlich im Gußzustand benutzt, und man bezeichnet derartige hochkohlenstoffhaltige Legierungen als *Gußeisen*. Der bedeutende Einfluß des Kohlenstoffs auf die Eigenschaften des Eisens geht auch daraus hervor, daß die Zugfestigkeit der Stähle im Walzzustand je 0,1 % C um etwa 90 MPa und die Streckgrenze um 40 bis 50 MPa zunehmen. Vergleichsweise sind für ähnliche Festigkeitssteigerungen 1 % Mn, Si oder Cr erforderlich. Kohlenstoff wirkt also etwa 10mal stärker als diese Legierungselemente.

Kohlenstoff kann in zwei verschiedenen Formen im Eisen vorliegen, entweder als elementarer Kohlenstoff *(Graphit, Temperkohle)* oder in chemischer Verbindung mit Eisen als Fe_3C *(Eisenkarbid, Zementit)*. Dementsprechend werden die Kristallisationsverhältnisse in den Eisen-Kohlenstoff-Legierungen durch zwei verschiedene Zustandsschaubilder beschrieben, durch das System Eisen–Eisenkarbid ($Fe-Fe_3C$) und durch das System Eisen–Graphit ($Fe-C$).

Die reinen Eisen-Kohlenstoff-Legierungen kristallisieren praktisch stets nach dem System $Fe-Fe_3C$. Bei sehr langsamer Abkühlung, mehrfachem Aufschmelzen und Wiedererstarren, längerem Glühen bei erhöhten Temperaturen und bei Anwesenheit von Silizium zerfällt das Eisenkarbid Fe_3C besonders in kohlenstoffreichen Legierungen in seine Bestandteile Fe und C (Temperkohle). Weil sich Legierungen beim Glühen stets in Richtung des thermodynamischen Gleichgewichtes verändern, bezeichnet man die Legierungen bzw. das System $Fe-Fe_3C$ als *metastabil*, die Legierungen bzw. das System $Fe-C$ als *stabil*. In der vom Verein Deutscher Eisenhüttenleute, Düsseldorf, bearbeiteten Form hat das Eisen-Kohlenstoff-Diagramm die Gestalt vom Bild 4.5. Die dick ausgezogenen Linien beziehen sich dabei auf das metastabile System $Fe-Fe_3C$, die gestrichelten Linien auf das stabile System $Fe-C$.

In den folgenden Ausführungen wird im wesentlichen das metastabile System behandelt, während im Abschn. 4.7. auf das stabile System eingegangen wird.

In der im Bild 4.5 dargestellten Form bildet reines Eisen die linke, das Eisenkarbid Fe_3C die rechte Begrenzung des Zustandsschaubildes. Das Eisenkarbid Fe_3C enthält 6,67 % C und wird metallographisch als *Zementit* bezeichnet. Seine Gitterstruktur ist sehr kompliziert. In der rhombischen Elementarzelle (a = 0,451 7 nm, b = 0,507 9 nm, c = 0,673 nm) befinden sich 4 Moleküle Fe_3C, also 12 Eisen- und 4 Kohlenstoffatome. Je 4 Fe-Atome umgeben in Form eines Tetraeders ein C-Atom. Die einzelnen Tetraeder sind wechselweise längs einer Kante oder einer Ecke miteinander verbunden. Der Zementit ist außerordentlich hart ($HV = 800$), hat eine geringere Dichte als Eisen ($\varrho_{Fe} = 7,86$ g/cm^2, $\varrho_{Fe_3C} = 7,4$ g/cm^3) und ist bei Raumtemperatur magnetisch. Beim Erhitzen geht der Magnetismus bei 215 °C verloren. Bei höheren Temperaturen zerfällt der Zementit in Eisen und Kohlenstoff. Aus diesem Grunde ist der Schmelzpunkt von Fe_3C nicht genau bekannt. Im Eisen-Kohlenstoff-Diagramm ist er mit 1 330 °C angenommen, doch liegt der Schmelzpunkt wahrscheinlich höher.

4.3. Eisen-Kohlenstoff-Diagramm

Legierungen mit einem Gehalt >6,67 % C sind technisch ohne Interesse. Höhere Gehalte kommen nur in einigen Vorlegierungen vor, so z. B. in 50%igem Ferromangan (6 bis 8 % C).

Das im Bild 4.5 dick ausgezogene metastabile Zustandsdiagramm Fe – Fe₃C ist im Prinzip analog dem eutektischen System Blei – Antimon aufgebaut. Die Komplikationen auf der Eisenseite werden durch die verschiedenen allotropen Modifikationen des Eisens und

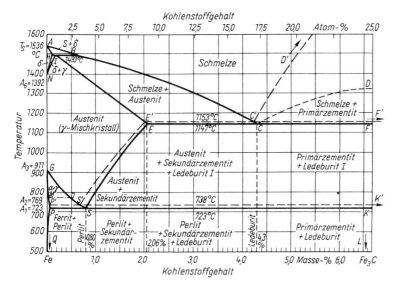

Bild 4.5. Eisen-Kohlenstoff-Diagramm

deren unterschiedliches Lösungsvermögen für Kohlenstoff hervorgerufen. In den Eisen-Kohlenstoff-Legierungen treten folgende Eisen-Kohlenstoff-Mischkristalle auf:

Bezeichnung	maximaler Gehalt an C	metallographische Bezeichnung
δ-Mischkristall	1 493 °C: 0,10 %	δ-Ferrit
γ-Mischkristall	1 147 °C: 2,06 %	Austenit
α-Mischkristall	723 °C: 0,02 %	Ferrit

Demnach ist die Löslichkeit des kubisch-flächenzentrierten γ-Mischkristalls für Kohlenstoff wesentlich größer als die der kubisch-raumzentrierten α- oder δ-Mischkristalle. Der Kohlenstoff befindet sich im α-, γ- und δ-Eisen in den Gitterlücken zwischen den Eisenatomen (Einlagerungsmischkristalle). Diese Tatsache ist von außerordentlicher Bedeutung für die Eigenschaften der Stähle, beruht doch darauf ihre hohe Härte und Festigkeit im abgeschreckten, gehärteten Zustand.

Von den homogenen *Kristallarten* (Phasen), die in Eisen-Kohlenstoff-Legierungen auftreten (α-Fe, γ-Fe, δ-Fe, Fe₃C), sind die *Gefügebestandteile* zu unterscheiden, die zusammengesetzter (heterogener) Natur sind. Es sind dies:

Bezeichnung	zusammengesetzt aus	Beständigkeitsgebiet
Perlit	88 % Ferrit + 12 % Zementit	$T \leq 723\,°C$; 0,02 bis 6,67 % C
Ledeburit I	52,4 % Austenit + 48,6 % Zementit	$T \leq 1\,147$ bis $723\,°C$ 2,06 bis 6,67 % C
Ledeburit II	51,4 % Perlit + 48,6 % Zementit	$T \leq 723\,°C$; 2,06 bis 6,67 % C

Der *Perlit* ist ein eutektoides Gemenge zwischen Ferrit und Zementit und entsteht durch Zerfall von γ-Mischkristallen mit 0,80 % C beim Abkühlen. Der *Ledeburit I* ist ein eutektisches Gemenge zwischen Austenit und Zementit und entsteht durch Erstarrung einer 4,3 % C enthaltenden Fe-C-Legierung bei der eutektischen Temperatur von 1 147 °C. Der *Ledeburit II* entsteht beim Abkühlen aus dem Ledeburit I durch eutektoiden Zerfall der darin enthaltenen 51,4 % Austenit in Perlit bei 723 °C.
Der *Zementit* tritt als selbständiger Gefügebestandteil in drei verschiedenen Ausbildungsformen, aber gleicher chemischer Zusammensetzung auf:

Bezeichnung	entsteht durch
Primärzementit	primäre Kristallisation aus der Schmelze (Linie *CD*)
Sekundärzementit	Segregation aus dem Austenit (Linie *ES*)
Tertiärzementit	Segregation aus dem Ferrit (Linie *PQ*)

In Legierungen mit einem Gehalt zwischen 4,3 und 6,67 % C scheidet sich der *Primärzementit* in Form langer, spießiger Nadeln aus der Schmelze primär längs der Diagrammlinie *CD* aus. Die in Legierungen mit einem C-Gehalt von 0,8 bis 6,67 % enthaltenen primären oder eutektischen γ-Mischkristalle verändern beim Abkühlen ihre C-Löslichkeit von 2,06 % bei 1 147 °C auf 0,80 % bei 723 °C (Linie *ES*). Der ausgeschiedene Kohlenstoff liegt als Zementit Fe₃C vor und wird als *Sekundärzementit* bezeichnet. Der *Tertiärzementit* schließlich scheidet sich aus den α-Mischkristallen längs der Linie *PQ* aus. Die Löslichkeit des Ferrits für Kohlenstoff nimmt mit fallender Temperatur von 0,02 % bei 723 °C auf etwa 10^{-5} % bei Raumtemperatur ab.
Die *Liquiduslinie* der Eisen-Kohlenstoff-Legierungen wird von dem mehrfach gebrochenen Linienzug *ABCD* gebildet, die *Soliduskurve* von dem Linienzug *AHIECF*. Oberhalb der Liquiduslinie sind alle Legierungen vollständig flüssig, unterhalb der Soliduslinie sind sämtliche Fe-C-Legierungen vollständig kristallisiert und fest. Zwischen Liquidus- und Soliduskurve sind die Legierungen breiförmig und bestehen aus heterogenen Gemengen aus Schmelze und festen Kristallen (δ-Fe, γ-Fe, Fe₃C) unterschiedlicher Zusammensetzung und in wechselnden Mengenverhältnissen.
Während der Erstarrung bzw. der Abkühlung finden in den Eisen-Kohlenstoff-Legierungen drei *isotherme Umsetzungsreaktionen* statt, und zwar eine peritektische, eine eutektische und eine eutektoide Reaktion.
Schmelzen mit 0,10 bis 0,51 % C scheiden während der Abkühlung längs der Linie *AB* primäre δ-Mischkristalle aus. Bei 1 493 °C setzen sich die 0,10 % C enthaltenden δ-Mischkri-

stalle peritektisch mit der Restschmelze von 0,51 % C zu γ-Mischkristallen mit 0,16 % C um gemäß der *peritektischen Reaktionsgleichung*:

δ-Mischkristalle H + Restschmelze B $\xrightarrow{1493\,°C}$ γ-Mischkristalle *I*.

Es ist dies ein ganz normales Peritektikum und entspricht vollständig dem besprochenen System Silber–Platin (s. Abschn. 2.2.5.3.). Peritektische Höfe bzw. Kristallseigerungen treten in vorliegendem Fall aber nicht auf, weil die Diffusionsgeschwindigkeit des Kohlenstoffs bei der hohen Temperatur außerordentlich groß ist und Konzentrationsunterschiede augenblicklich ausgeglichen werden.
Schmelzen mit 2,06 bis 6,67 % C scheiden im Verlauf der Abkühlung längs der Linie *BC* primäre γ-Mischkristalle bzw. längs der Linie *CD* primäre Fe_3C-Kristalle aus. Die Restschmelze erhöht bzw. erniedrigt dadurch ihren Kohlenstoffgehalt. Bei der eutektischen Temperatur von 1 147 °C zerfällt die 4,3 % C enthaltende Restschmelze eutektisch zu γ-Mischkristallen mit 2,06 % C und Zementit mit 6,67 % C entsprechend der *eutektischen Reaktionsgleichung*:

Schmelze C $\xrightarrow{1147\,°C}$ (γ-Mischkristalle E + Eisenkarbid F).

Es ist dies ein ganz normales Eutektikum, wie es im Abschn. 2.2.5.2. an dem System Blei–Antimon besprochen wurde. Das während der Erstarrung sich ausbildende, feinverteilte (eutektische) und charakteristische Gemenge wird als *Ledeburit* nach dem deutschen Eisenhüttenmann LEDEBUR bezeichnet.
Bereits erstarrte Legierungen mit bis zu 6,67 % C enthalten γ-Mischkristalle. Diese scheiden während der weiteren Abkühlung im festen Zustand C-arme α-Eisenmischkristalle längs der Linie *GOS* bzw. C-reiche Fe_3C-Kristalle längs der Linie *ES* aus. Die restlichen γ-Mischkristalle erhöhen bzw. erniedrigen dadurch ihren C-Gehalt. Bei der eutektoiden Temperatur von 723 °C zerfallen die 0,80 % C enthaltenden γ-Mischkristalle eutektoidisch zu α-Mischkristallen mit 0,02 % C und Zementit Fe_3C mit 6,67 % C infolge der *eutektoiden Reaktionsgleichung*

γ-Mischkristalle S $\xrightarrow{723\,°C}$ (α-Mischkristalle P + Eisenkarbid K).

Das bei langsamer Abkühlung aus dem Austenit durch die eutektoide Umsetzung entstehende, feinverteilte heterogene und charakteristische Gemenge wird als *Perlit* bezeichnet (s. Abschn. 2.2.7.3.). Die γ-Mischkristalle der Eisen-Kohlenstoff-Legierungen lassen sich auch durch noch so schroffes Abschrecken nicht vollständig unterkühlen und bei Raumtemperatur beständig erhalten. Stets wandelt sich der größere Teil des Austenits beim Abschrecken in einen metastabilen Zwischenzustand, den *Martensit*, um. Nur ein relativ kleiner Teil des Austenits läßt sich beim Abschrecken unzersetzt und damit umgewandelt bei Raumtemperatur erhalten. Auf diese für die Stahlhärtung außerordentlich wichtigen Vorgänge wird im Abschn. 4.5. noch näher eingegangen werden.
Durch die Lage zum eutektischen Punkt *C* bzw. zum eutektoiden Punkt *S* bedingt, teilt man die Eisen-Kohlenstoff-Legierungen wie in Tabelle 4.3 dargestellt ein.
Wie aus dem Eisen-Kohlenstoff-Diagramm hervorgeht, wird die Lage der Umwandlungspunkte der Eisenmodifikationen durch Kohlenstoff verändert. Der A_4-Punkt, d. h. die δ/γ-Umwandlung, wird durch 0,10 % C von 1 392 °C (Punkt N) auf 1 493 °C (Punkt H)

Tabelle 4.3
Einteilung der Eisen-Kohlenstoff-Legierungen

Bezeichnung	Kohlenstoffgehalt [%]
untereutektoide Stähle	0 ...<0,80
eutektoider Stahl	0,80
übereutektoide Stähle	>0,80... 2,06
untereutektisches Gußeisen	2,06...<4,3
eutektisches Gußeisen	4,3
übereutektisches Gußeisen	>4,3 ...<6,67

gehoben. Der A_3-Punkt dagegen wird durch 0,80 % C von 911 °C (Punkt G) auf 723 °C (Punkt S) gesenkt. Nur der Curiepunkt A_2 (Punkt M) bleibt praktisch unverändert.

Da der Ferrit ferromagnetisch, der Austenit aber paramagnetisch ist, nimmt die Intensität der Magnetisierung im ($\alpha + \gamma$)-Phasenfeld GOSPM proportional mit wachsendem Austenitgehalt ab und erreicht im Punkt O den Wert Null. Die Curielinie senkt sich dann nach S ab und verläuft isotherm weiter bis zum Punkt K.

Der Kohlenstoff erweitert das Existenzgebiet der γ-Phase und verringert das der α-Phase. Später werden auch Legierungselemente beschrieben, die das γ-Gebiet nicht erweitern, sondern verengen oder sogar vollständig abschnüren.

In kohlenstoffhaltigem Eisen treten in Abkühlungs- bzw. Erhitzungskurven außer den A_4-, A_3- und A_2-Punkten noch weitere Unstetigkeiten auf, die auf die Austenit/Perlit-Umwandlung bei PSK bzw. auf die Löslichkeitsveränderung der γ-Mischkristalle längs ES beim Abkühlen oder beim Erhitzen zurückzuführen sind. Entsprechend den früher angewendeten Bezeichnungen ergeben sich die Abkürzungen für diese Umwandlungen (Tabelle 4.4).

Tabelle 4.4. Abkürzungen der einzelnen Umwandlungen

Umwandlung im Gleichgewichtsfall	Umwandlung bei der Abkühlung	Umwandlung bei der Erhitzung
Austenit ⇌ Perlit (723 °C) A_{e_1}	Austenit → Perlit A_{r_1}	Perlit → Austenit A_{c_1}
Austenit ⇌ Austenit + Fe$_3$C (SE) $A_{e_{cm}}$	Austenit → Austenit + Fe$_3$C $A_{r_{cm}}$	Austenit + Fe$_3$C → Austenit $A_{c_{cm}}$

Der Index »cm« ist die Abkürzung für Cementit. Bemerkt sei, daß bei der praktischen thermischen Analyse die A_{cm}-Punkte nicht in Erscheinung treten, da die Wärmedifferenzen nur sehr geringfügig sind. Dagegen macht sich der A_{cm}-Punkt in Dilatometerkurven bemerkbar.

Im folgenden werden die Erstarrungs- und Umwandlungsvorgänge einiger Eisen-Kohlenstoff-Legierungen näher erläutert und die entstehenden Gefügestrukturen beschrieben.

Stahl mit 0,05 % C. Sobald die Liquiduslinie zwischen A und B erreicht wird, scheiden sich primäre δ-Mischkristalle aus. Nach Unterschreiten der Soliduslinie AH bei etwa 1 510 °C ist die gesamte Legierung erstarrt und besteht aus δ-Mischkristallen.

Bei ≈1 440 °C (Linie *NH*) beginnen sich die δ-Mischkristalle in γ-Mischkristalle umzuwandeln. Dieser Umwandlungsvorgang ist bei ≈1 420 °C beendet, und der Stahl besteht daraufhin aus Austenitkristallen.

Sobald die Linie *GOS* bei ≈900 °C erreicht wird, scheiden sich aus den γ-Mischkristallen C-ärmere α-Mischkristalle aus. Der restliche Austenit reichert sich infolgedessen mit Kohlenstoff an. Bei 723 °C enthalten die Austenitkristalle 0,80 % C und zerfallen eutektoidisch zu Perlit. Wie sich leicht mit Hilfe des Hebelgesetzes ausrechnen läßt, ist die relative Menge des entstandenen Perlits aber nur sehr gering. Vorher, bei 769 °C, ist der ausgeschiedene Ferrit vom paramagnetischen in den ferromagnetischen Zustand übergegangen.

Bei weiterer Abkühlung unterhalb von 723 °C nimmt die Löslichkeit von α-Fe für Kohlenstoff ab. Der ausgeschiedene Kohlenstoff lagert sich in Form von Zementit an den Ferritkorngrenzen ab (Tertiärzementit).

Bild 4.6 zeigt das bei Raumtemperatur beständige Gefüge des Stahls mit 0,05 % C. Neben den hellen, polygonalen, zwillingsfreien Ferritkristallen sind dunkle Flecken sichtbar. Ein Teil derselben besteht aus Perlit, der bei dieser geringen mikroskopischen Vergrößerung noch nicht in seine Strukturelemente, Zementit- und Ferritlamellen, aufgelöst wird, sondern als einheitlicher dunkler Gefügebestandteil erscheint und sich an den Korngrenzen der Ferritkristalle angesammelt hat. Die anderen, mehr im Innern der Ferritkörner befindlichen dunklen Flecke bestehen aus den in jedem technischen Stahl enthaltenen Schlacken.

Stahl mit 0,15 % C. Bei ≈1 525 °C scheiden sich primäre δ-Mischkristalle aus der Schmelze aus. Die bei 1 493 °C verlaufende peritektische Reaktion wandelt den größten Teil derselben jedoch in γ-Mischkristalle um. Die übrigen δ-Kristalle wandeln sich mit fallender Temperatur ebenfalls in γ-Kristalle um. Bei ≈1 475 °C wird die Linie *IN* erreicht, und der Stahl besteht nur noch aus γ-Mischkristallen mit 0,15 % C.

Sobald die Temperatur auf ≈860 °C gefallen ist (Linie *GOS*), scheiden sich aus den γ-Mischkristallen C-arme α-Kristalle aus, wodurch der C-Gehalt der übrigbleibenden γ-Kristalle ansteigt. Letztere enthalten bei 723 °C 0,80 % C und zerfallen eutektoidisch zu Perlit. Das auf diese Weise entstandene Gefüge aus Ferrit (hell) und Perlit (dunkel) ist im Bild 4.7 dargestellt.

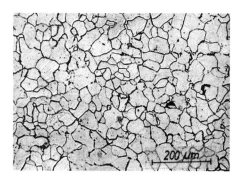

Bild 4.6. Fe + 0,05 % C (Weicheisen). Ferrit

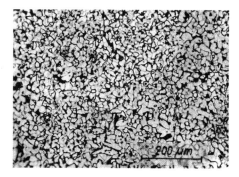

Bild 4.7. Fe + 0,15 % C (Einsatzstahl). Ferrit (hell) und Perlit (dunkel)

Stahl mit 0,25 % C. Aus dieser Schmelze scheiden sich bei ≈1 520 °C primäre δ-Mischkristalle aus. Diese werden bei 1 493 °C peritektisch zu γ-Mischkristallen umgesetzt. Da die Restschmelze bei dieser Reaktion nicht vollständig verbraucht wird, geht die Erstarrung weiter, indem sich nun längs der Linie *IE* primäre γ-Mischkristalle ausscheiden. Bei ≈1 475 °C ist die gesamte Legierung erstarrt und besteht aus Austenitkristallen mit 0,25 % C.
Sobald die Linie *GOS* erreicht wird, beginnt wieder die Ausscheidung der C-armen α-Kristalle. Bei 723 °C zerfallen die nun 0,80 % C enthaltenden γ-Mischkristalle in Perlit. Das ferritisch-perlitische Gefüge des Stahls mit 0,25 % C ist im Bild 4.8 dargestellt.
Stahl mit 0,40 % C. Bei der Erstarrung scheiden sich zunächst δ-, dann γ-Mischkristalle aus. Die Kristallisation ist bei ≈1 450 °C beendet (Linie *IE*), und die Legierung besteht aus γ-Mischkristallen. Die Sekundärkristallisation beginnt an der Linie *GOS* mit der Ausscheidung von voreutektoidem Ferrit und endet mit dem eutektoiden Zerfall der 0,80 % C enthaltenden Austenitkristalle in Perlit bei 723 °C. Bild 4.9 zeigt das Gefüge dieses Stahls.
Stahl mit 0,60 % C. Primär scheiden sich zwischen 1 490 und 1 410 °C γ-Mischkristalle aus. Die Sekundärkristallisation verläuft entsprechend wie bei dem Stahl mit 0,40 % C, nur daß sich zufolge des höheren C-Gehaltes der Perlitanteil gegenüber dem Ferrit vergrößert hat (Bild 4.10).

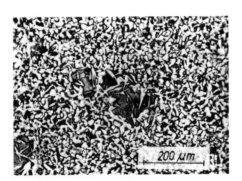

Bild 4.8. Fe + 0,25 % C (Baustahl). Ferrit und Perlit

Bild 4.9. Fe + 0,4 % C (Vergütungsstahl). Ferrit und Perlit

Stahl mit 0,80 % C. Die Primärkristallisation dieses Stahles verläuft genauso wie bei dem Stahl mit 0,60 % C. Die Sekundärkristallisation aber ist dadurch ausgezeichnet, daß sich kein voreutektoider Ferrit aus dem Austenit ausscheidet, da letzterer von vornherein 0,80 % C enthält und infolgedessen unmittelbar zu Perlit zerfällt. Die A_3- und A_1-Punkte fallen zusammen, auf der Abkühlungskurve tritt kein Knickpunkt (Ar_3), sondern nur noch der Haltepunkt auf (Ar_1). Bild 4.11 zeigt das reinperlitische Gefüge des eutektoiden Stahls mit 0,8 % C.
Gemäß dem Eisen-Kohlenstoff-Diagramm zerfällt eine Legierung mit 0,8 % C bei 723 °C, sehr langsame Abkühlung vorausgesetzt, eutektoidisch in die zwei Bestandteile Ferrit und Zementit. Da wesentlich mehr Ferrit vorhanden ist (88 %) als Zementit (12 %), bildet ersterer die Grundmasse, in die der Zementit plattenförmig eingelagert ist *(lamellarer Perlit)*.

Die Zementitplatten können eben oder gekrümmt, auch unterbrochen sein. Innerhalb eines Pakets ist ihre Lage ziemlich einheitlich, von »Perlitkorn« zu Perlitkorn aber unterschiedlich. In den Bildern 4.12 bis 4.15 ist der Feinbau des Eutektoids Perlit bei verschiedenen Vergrößerungen dargestellt.

Die Lamellenform des Zementits ist durch den kristallographisch geregelten Ausscheidungsvorgang aus dem Austenit bedingt, jedoch stellen die Lamellen noch nicht den end-

Bild 4.10. Fe + 0,6 % C (Vergütungs- bzw. Werkzeugstahl). Ferrit und Perlit

Bild 4.11. Fe + 0,8 % C (Werkzeugstahl). Perlit

Bild 4.12. Feinlamellarer Perlit

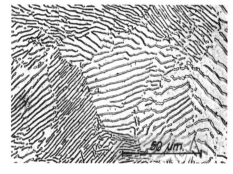

Bild 4.13. Groblamellarer Perlit

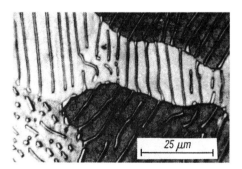

Bild 4.14. Groblamellarer Perlit; der Ferrit ist etwas stärker herausgeätzt

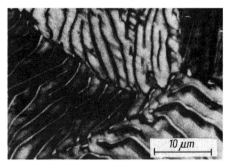

Bild 4.15. Groblamellarer Perlit. Der Ferrit ist sehr stark herausgeätzt

gültigen Gleichgewichtszustand zwischen Ferrit und Zementit dar. Durch außerordentlich langsame Abkühlung aus dem γ-Gebiet oder durch mehrstündiges Glühen des lamellaren Perlits bei $\approx 700\,°\text{C}$ gelingt es, die Zementitlamellen einzuformen. Unter dem Einfluß der Oberflächenspannung teilen sich die Zementitlamellen in kleinere Partikeln auf, und diese koagulieren zu rundlichen, kugeligen Körnchen. Bild 4.16 zeigt das Gefüge eines Stahls mit 0,9 % C, der 10 h bei 700 °C geglüht worden ist. Deutlich ist zu erkennen, wie sich die Zementitlamellen zu Kügelchen umgeformt haben. Durch Ätzen mit heißer alkalischer Natriumpikratlösung wird der Zementit dunkel gefärbt und hebt sich deutlicher von der hellen, ferritischen Grundmasse ab (Bild 4.17). Im Gegensatz zum lamella-

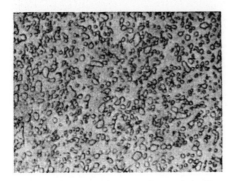

Bild 4.16. Globularer Perlit. Der Zementit des Perlits bildet kleine unregelmäßig geformte Kügelchen. Geätzt mit 1 %iger HNO_3

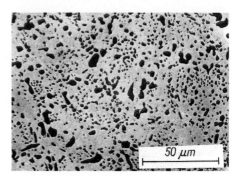

Bild 4.17. Globularer Perlit. Der körnige Zementit wird dunkel gefärbt.
Geätzt mit heißer alkalischer Natriumpikratlösung

ren Perlit bezeichnet man diesen Perlit als *körnigen* oder *globularen Perlit* (obwohl nur der Zementit körnig geworden ist). Das Glühverfahren zur Erzielung von körnigem Perlit bezeichnet man als *Weichglühen*, weil körniger Perlit eine geringere Härte ($HB \approx 160$ bis 180) aufweist als lamellarer Perlit ($HB = 240$ bis 260).
Der durch Lichtinterferenzen an den Lamellen des *Perlits*, die wie optische Strichgitter wirken, entstehende verschiedenfarbige *Perl*mutterglanz hat diesem geregelt aufgebauten Eutektoid den Namen gegeben.
Der im Schliff sichtbare *Lamellenabstand des Perlits* ist abhängig von dem Winkel, unter dem das Ferrit-Zementit-Lamellenpaket von der Schlifffläche geschnitten wird (Bild 4.18). Der wirkliche Lamellenabstand δ ist nur bei solchen Perlitkörnern sichtbar, deren Lamellen zufällig senkrecht zur Schliffebene liegen. Ist der Winkel zwischen den Plattennormalen und der Schlifffläche dagegen $\alpha > 0°$, so ist der scheinbar größere Lamellenabstand δ_α gegeben durch die Gleichung

$$\delta_\alpha = \frac{\delta}{\cos \alpha}.$$

Der scheinbare Lamellenabstand δ_α wird um so breiter, je größer der Schnittwinkel α ist. Bei $\alpha = 0°$ wird $\cos \alpha = 1$, d. h. $\delta_\alpha = \delta$. Ab etwa $\alpha = 80°$ wächst δ_α sehr stark an, und zwar ist $\delta_{80°} = 5\delta$; $\delta_{84°} = 10\delta$; $\delta_{87°} = 20\delta$.

Auf diese Weise erklärt sich der unterschiedliche Lamellenabstand beispielsweise im Bild 4.13.
Die Eigenfarbe von Ferrit und Zementit ist weiß. Also muß auch der Perlit als Gemenge zweier weißer Kristallarten ebenfalls weiß sein. Wenn im allgemeinen bei geringen Vergrößerungen der Perlit dunkel erscheint (s. z. B. Bild 4.11), so ist dies auf besondere Schattenwirkungen des einfallenden Lichtes zurückzuführen und nicht etwa auf eine Färbung des Eutektoids. Beim Ätzen mit Salpetersäure oder Pikrinsäure wird der Ferrit besonders stark angegriffen und herausgelöst, während der Zementit erhaben im Relief stehenbleibt (s. z. B. Bild 4.15). Das meist schräg zur Schlifffläche einfallende Licht wirft hinter den erhöhten Zementitplatten Schatten, so daß bei der Betrachtung des Schliffes ein Hell-Dunkel-Effekt auftritt (Bild 4.19). Je stärker der Perlit geätzt wird, um so tiefer wird der Ferrit herausgelöst und die Schattenwirkung verstärkt, der Schliff ist überätzt.

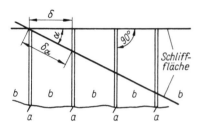

Bild 4.18. Wirklicher (δ) und scheinbarer (δ_α) Lamellenabstand bei Perlit.
a = Zementit, b = Ferrit

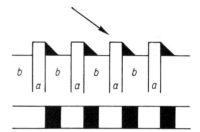

Bild 4.19. Schematische Darstellung eines Schnitts durch Perlit. Das einfallende Licht bildet hinter den erhaben vorstehenden Zementitlamellen einen Schlagschatten.
a = Zementit, b = Ferrit

Stahl mit 1,15 % C. Die Schmelze erstarrt unter Primärausscheidung von γ-Mischkristallen. Nach beendeter Kristallisation besteht der Stahl im Temperaturbereich von etwa 1 320 bis 850 °C aus Austenit. Sobald aber während der weiteren Abkühlung die Löslichkeitslinie des Austenits für Kohlenstoff *(SE)* erreicht wird, scheidet sich der überschüssige Kohlenstoff in Form von Sekundär-, Schalen- oder Korngrenzenzementit an den Korngrenzen der γ-Mischkristalle aus. Je tiefer die Temperatur sinkt, um so mehr Eisenkarbid kristallisiert aus, und die Schalen werden dicker. Bei 723 °C enthalten die γ-Mischkristalle nur noch 0,80 % C und zerfallen eutektoidisch zu Perlit.
Durch stärkeres Ätzen mit Salpetersäure wird der Perlit, der die Hauptmasse bildet, dunkel bis schwarz erhalten, während der Korngrenzenzementit nicht angegriffen wird und weiß bleibt (Bild 4.20). Umgekehrt ätzt alkalische Natriumpikratlösung den Sekundärzementit dunkel an, während der feinlamellare Perlit hell bleibt und nur die gröberen Zementitlamellen im Perlit ebenfalls gefärbt werden (Bild 4.21).
Je größer der Kohlenstoffgehalt des Stahls ist, um so breiter werden auch die Zementitschalen. Bild 4.22 zeigt dies an einem übereutektoiden Stahl mit 1,61 % C.
Die Korngrenzenausscheidung des Sekundärzementits erfolgt nur bei verhältnismäßig langsamer Abkühlung. Geht die Abkühlung schneller vonstatten, so hat der Kohlenstoff keine Zeit, aus dem Innern der γ-Kristalle bis an die Korngrenzen zu wandern. Die Folge davon ist, daß sich der Sekundärzementit ganz oder teilweise im Innern der Austenitkri-

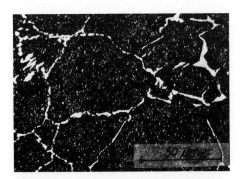 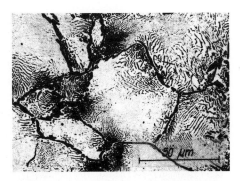

Bild 4.20. Fe + 1,15 % C (Werkzeugstahl). Dunkel geätzter Perlit mit hellem Sekundärzementit an den Korngrenzen.
Geätzt mit 1 %iger HNO₃

Bild 4.21. Fe + 1,15 % C (Werkzeugstahl). Der grobe Zementit wird durch eine alkalische Natriumpikratlösung dunkel gefärbt

stalle in Form langspießiger Nadeln ausscheidet (Bild 4.23). Verläuft die Abkühlung noch schneller, so wird die Segregatbildung überhaupt unterdrückt, und es kristallisiert ein an Kohlenstoff übersättigter dichtstreifiger Perlit aus.

Im allgemeinen ist der Perlit an der Grenzfläche zum Sekundärzementit normal ausgebildet, d. h., die Zementitlamellen des Perlits verlaufen bis dicht an die breiten Streifen des Sekundärzementits heran. In den sog. anomalen Stählen sind die Sekundärzementitstrei-

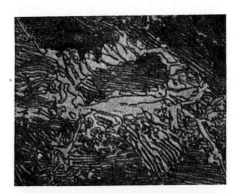 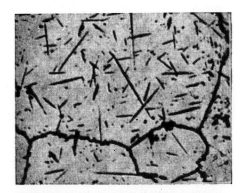

Bild 4.22. Fe + 1,61 % C. Perlit mit breiten Sekundärzementitbändern an den Korngrenzen.
Geätzt mit 1 %iger HNO₃

Bild 4.23. Fe + 1,31 % C. Der Sekundärzementit ist teilweise an den Korngrenzen, teilweise in Nadelform im Inneren der ehemaligen Austenitkristalle ausgeschieden.
Geätzt mit alkalischer Natriumpikratlösung

fen dagegen von mehr oder weniger breiten Ferrithöfen umgeben. Der Zementit des Perlits ist an den Sekundärzementit ankristallisiert unter Zurücklassen des Ferrits. Man sagt, das Eutektoid bzw. der Perlit ist entartet (Bild 4.24). Ein derartiges entartetes Eutektoid findet man des öfteren in zementierten Stählen.

Die schalige oder nadelige Ausbildungsform des Sekundärzementits ist unerwünscht, weil dadurch der Zusammenhang der zäheren Perlitkörner durch einen äußerst spröden Be-

4.3. Eisen-Kohlenstoff-Diagramm

standteil unterbrochen wird. Infolgedessen ist der Stahl im naturharten, d. h. relativ langsam abgekühlten Zustand sehr spröde und besonders schlagempfindlich, außerdem auch nur schwierig spanabhebend zu verarbeiten. Beim Härten derartiger Stähle bilden sich längs der Korngrenzen leicht Härterisse aus. Deshalb überführt man in übereutektoiden Stählen den Sekundärzementit (und gleichzeitig auch die Zementitlamellen des Perlits) durch Weichglühen in die bearbeitungs- und härtetechnisch günstigere globulare Form (Bild 4.25). Dabei entstehen aus den Sekundärzementitschalen größere, aus den Zemen-

Bild 4.24. Fe + 1,5 % C. Entarteter Perlit. Ferrithöfe in der Umgebung des Sekundärzementits

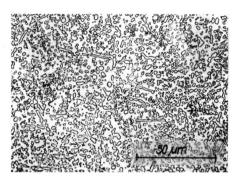

Bild 4.25. Fe + 1,3 % C, weichgeglüht. Kugliger Zementit

titlamellen des Perlits entsprechend feinere Körnchen. Sollen die Globulite gleichmäßig fein sein, so muß der Stahl vorher durch relativ schnelle Abkühlung von Temperaturen oberhalb der Linie *SE* in einen feinperlitischen Zustand gebracht und dann erst weichgeglüht werden.

Übersteigt der Kohlenstoffgehalt der Legierung 2,06 % C, so tritt als neuer Gefügebestandteil das Eutektikum *Ledeburit* auf. Die Legierungen sind praktisch nicht mehr schmiedbar und werden als (weißes) Gußeisen bezeichnet.

Gußeisen mit 2,15 % C. Aus der Schmelze scheiden sich ab 1 380 °C primäre C-arme γ-Mischkristalle aus. Die Restschmelze reichert sich dadurch an Kohlenstoff an. Bei 1 147 °C enthalten die Austenitmischkristalle 2,06 % C (Punkt *E*) und die Restschmelze, von der allerdings nur noch wenig vorhanden ist, 4,3 % C (Punkt *C*). Letztere erstarrt nun eutektisch zu Ledeburit.

Nach erfolgter Erstarrung spielen sich bei fallender Temperatur noch weitere Vorgänge in der Legierung ab. Sowohl die primären Austenitkristalle als auch die Austenitkriställchen des Ledeburits scheiden stetig Sekundärzementit aus, bis sie bei 723 °C nur noch 0,80 % C enthalten und eutektoidisch zu Perlit zerfallen. Das Gefüge besteht demnach bei Raumtemperatur aus in Perlit zerfallenen primären γ-Mischkristallen, Ledeburit und Sekundärzementit (Bild 4.26).

Gußeisen mit 2,5 % C. Während der Abkühlung scheiden sich primäre γ-Mischkristalle ab 1 350 °C (Linie *BC*) aus. Die Restschmelze enthält bei 1 147 °C 4,3 % C und zerfällt eutektisch zu Ledeburit. Bei weiterer Abkühlung scheiden sich aus den Austenitkristallen Zementitsegregate aus, die teilweise mit der karbidischen Grundmasse des Ledeburits verwachsen und nicht als gesonderte Gefügebestandteile auftreten. Die bis auf 0,80 % C entkohlten γ-Mischkristalle zerfallen bei 723 °C eutektoidisch zu Perlit.

Das Gefüge besteht bei Raumtemperatur demnach aus in Perlit umgewandelten, primären, dendritischen γ-Mischkristallen und Ledeburit (Bild 4.27).

Gußeisen mit 4,3 % C. Die eutektische Schmelze mit 4,3 % C erstarrt ohne Primärausscheidung bei 1 147 °C (Punkt C) zu Ledeburit. Das charakteristische Gefüge des Ledeburits ist in den Bildern 4.28 u. 4.29 dargestellt.

Gußeisen mit 5,5 % C. Die übereutektische Schmelze scheidet primäre, nadelige Zementitkristalle aus, sobald die Liquiduslinie CD bei der Abkühlung erreicht wird. Dadurch wird die Restschmelze C-ärmer, enthält bei 1 147 °C nur noch 4,3 % C und erstarrt eutektisch zu Ledeburit. Das Gefüge besteht bei Raumtemperatur aus langspießigen primären Zementitkristallen, die in das ledeburitische Eutektikum eingebettet sind (Bilder 4.30 u. 4.31).

Zu beachten ist, daß auch die γ-Mischkristalle des Ledeburits bei 723 °C zu Perlit zerfallen. Die äußere Form der γ-Mischkristalle bleibt erhalten und läßt bei niederer Vergröße-

Bild 4.26. Fe + 2,15 % C. Perlit mit Ledeburit und Sekundärzementit an den Korngrenzen

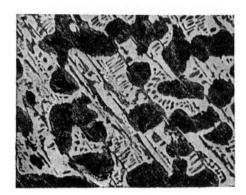

Bild 4.27. Fe + 2,5 % C. In Perlit zerfallene γ-Mischkristalle (dunkel) und Ledeburit (untereutektisches Roheisen)

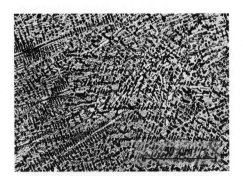

Bild 4.28. Fe + 4,3 % C. Ledeburit. Die γ-Kriställchen des Ledeburits sind dendritisch ausgebildet (eutektisches Roheisen)

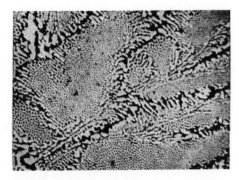

Bild 4.29. Fe + 4,3 % C. Ledeburit. Die γ-Kriställchen des Ledeburits sind globular ausgebildet (eutektisches Roheisen)

Bild 4.30. Fe + 5,5 % C. Nadlige Primärzementitkristalle im Ledeburit (übereutektisches Roheisen)

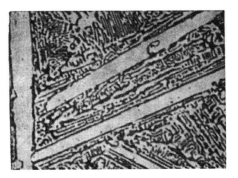

Bild 4.31. Fe + 5,5 % C. Nadlige Primärzementitkristalle im Ledeburit (übereutektisches Roheisen)

rung die dendritische Gestalt erkennen. Bei höherer Vergrößerung kann aber die perlitische Struktur der primären und eutektischen Austenitkristalle festgestellt werden.

Aus den vorangegangenen Ausführungen war zu entnehmen, daß sämtliche nach dem metastabilen System kristallisierten Eisen-Kohlenstoff-Legierungen nur aus den beiden Phasen α-Eisen = Ferrit und Fe_3C = Zementit bestehen, wenn auch die Form und gegenseitige Anordnung dieser beiden Kristallarten entsprechend den primären und sekundären Kristallisationsverhältnissen sehr unterschiedlich sind. Für die Eigenschaften der Stähle und Gußeisensorten ist aber neben dem absoluten Gehalt an Ferrit bzw. Zementit auch der Mengenanteil der verschiedenen Gefügebestandteile, die in den Feldern des Eisen-Kohlenstoff-Diagramms eingetragen sind, von Bedeutung.

Ist der Kohlenstoffgehalt einer Legierung gegeben, so läßt sich der Gesamtanteil des Zementits leicht durch einen Dreisatz ausrechnen. Ein Gußeisen mit beispielsweise 2,5 % C enthält $\frac{2,5}{6,67} \cdot 100\% = 37,5\%$ Zementit, und der Rest von 62,5 % ist Ferrit. Da das Eisenkarbid mehr als 10mal so hart ist wie der Ferrit, ist es verständlich, wenn mit zunehmendem Kohlenstoffgehalt auch Härte und Festigkeit der Legierungen ansteigen. Allerdings erfolgt dieser Härteanstieg nicht proportional zum C-Gehalt, da die Feinheit der Verteilung des Karbids noch eine wichtige Rolle spielt.

Schwieriger wird die Rechnung, wenn es gilt, nicht die Mengen der Phasen, sondern die Mengen der einzelnen Gefügebestandteile in einer vorgegebenen Eisen-Kohlenstoff-Legierung zu bestimmen. Die Anwendung des Hebelgesetzes erleichtert diese Rechnungen außerordentlich und soll im folgenden für die verschiedenen Gefügebestandteile gezeigt werden.

Beispiel 1:
Wieviel Prozent Zementit und Ferrit enthält das Eutektoid Perlit?

Die Hebel sind: $a = 0,8 - 0,0 = 0,8$;

$$b = 6,7 - 0,8 = 5,9.$$

$$m_Z = \frac{0,8}{5,9 + 0,8} \cdot 100\% = 12\% \text{ Zementit}$$

und
$$m_F = 100 - 12 = 88\,\% \text{ Ferrit.}$$

Beispiel 2:
Wieviel Prozent zerfallene γ-Mischkristalle und Zementit enthält das Eutektikum Ledeburit?

Die Hebel sind: $a = 4{,}3 - 2{,}06 = 2{,}24$;

$$b = 6{,}67 - 4{,}3 = 2{,}37.$$

$$m_Z = \frac{2{,}24}{2{,}24 + 2{,}37} \cdot 100\,\% = 48{,}6\,\% \text{ Zementit}$$

und

$$m_P = 100 - 48{,}6 = 51{,}4\,\% \text{ zerfallene } \gamma\text{-Mischkristalle (Perlit).}$$

Beispiel 3:
Wieviel Prozent Ferrit und Perlit enthält ein Stahl mit 0,25 % C?

Die Hebel sind: $a = 0{,}25 - 0{,}0 = 0{,}25$;

$$b = 0{,}8 - 0{,}25 = 0{,}55.$$

$$m_F = \frac{0{,}55}{0{,}55 + 0{,}25} \cdot 100\,\% = 69\,\% \text{ Ferrit}$$

und

$$m_P = 100 - 69 = 31\,\% \text{ Perlit.}$$

Beispiel 4:
Wieviel Prozent Sekundärzementit und Perlit enthält ein Stahl mit 1,5 % C?

Die Hebel sind: $a = 1{,}5 - 0{,}8 = 0{,}7$;

$$b = 6{,}7 - 1{,}5 = 5{,}2.$$

$$m_P = \frac{5{,}2}{0{,}7 + 5{,}2} \cdot 100\,\% = 88\,\% \text{ Perlit}$$

und

$$m_Z = 100 - 88 = 12\,\% \text{ Sekundärzementit.}$$

Beispiel 5:
Wieviel Prozent zerfallene γ-Mischkristalle, Sekundärzementit und Ledeburit enthält ein Gußeisen mit 2,5 % C?
Bei 1 147 °C sind nur γ-Mischkristalle und Ledeburit vorhanden. Die Mengenanteile sind mit den Hebeln

$$a = 2{,}5 - 2{,}06 = 0{,}44 \quad \text{und} \quad b = 4{,}3 - 2{,}5 = 1{,}8:$$

$$m_A = \frac{1{,}8}{0{,}44 + 1{,}8} \cdot 100\,\% = 80{,}5\,\% \text{ Austenit}$$

und
$$m_L = 100 - 80{,}5 = 19{,}5\,\% \text{ Ledeburit.}$$

4.3. Eisen-Kohlenstoff-Diagramm

Wenn die Ausscheidung von Sekundärzementit aus dem Ledeburit außer acht gelassen wird, kristallisiert der Korngrenzenzementit nur aus den 80,5 % Primäraustenitkristallen aus. 100 % Austenit ergeben 21,5 % Sekundärzementit, wie man leicht nach Beispiel 4 ausrechnet. Also ergeben 80,5 % Austenit

$$\frac{80,5}{100} \cdot 21,5 = 17,3 \% \text{ Sekundärzementit.}$$

Die restlichen 80,5 − 17,3 = 63,2 % Austenit zerfallen bei 723 °C in Perlit. Das Gußeisen mit 2,5 % C enthält bei Raumtemperatur also 19,5 % Ledeburit, 63,2 % in Perlit zerfallene γ-Mischkristalle und 17,3 % Sekundärzementit.

Beispiel 6:
Wieviel Prozent Primärzementit und Ledeburit enthält ein Gußeisen mit 5,0 % C?

Die Hebel sind: $a = 5,0 - 4,3 = 0,7$;

$$b = 6,7 - 5,0 = 1,7.$$

und

$$m_Z = \frac{0,7}{0,7 + 1,7} \cdot 100 \% = 29,2 \% \text{ Primärzementit}$$

$$m_L = 100 - 29,2 = 70,8 \% \text{ Ledeburit.}$$

Damit ist das Hebelgesetz auf alle bei Raumtemperatur und nach langsamer Abkühlung möglichen Gefügekombinationen angewandt worden. Die Berechnung der bei höheren Temperaturen existierenden Strukturen läßt sich ganz analog durchführen. Es empfiehlt sich, die Zusammensetzung auch anderer Legierungen mit Hilfe des Hebelgesetzes zu ermitteln, weil man dadurch einen genauen Überblick über das Eisen-Kohlenstoff-Diagramm erhält.

Das Hebelgesetz läßt sich in Form des *Gefügerechtecks* auch graphisch darstellen (Bild 4.32). Auf der Ordinate sind die Prozentgehalte der verschiedenen Gefügebestandteile, auf der Abszisse die Kohlenstoffkonzentration der Eisen-Kohlenstoff-Legierungen aufgetragen. Man kann aus dem Diagramm unmittelbar ablesen, daß beispielsweise ein Gußeisen mit 2,5 % C zu ≈ 17 % aus Sekundärzementit, zu 63 % aus Perlit in Form zerfallener primärer γ-Mischkristalle und zu 20 % aus Ledeburit besteht, wobei in letzterem noch ≈ 2 % Sekundärzementit, herrührend von den γ-Kristallchen des Eutektikums, enthalten sind.

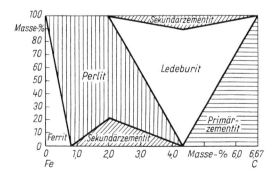

Bild 4.32. Gefügerechteck der Eisen-Kohlenstoff-Legierungen

Ein Diagramm für den praktischen Gebrauch, an dessen Ordinaten man ebenfalls, aber genauer, die Prozentanteile der einzelnen Gefügebestandteile ablesen kann, ist das von UHLITZSCH verbesserte *SAUVEURsche Schaubild* (Bild 4.33). Zur Aufstellung dieses Diagramms ist es nur notwendig, die Punkte S_1, S_2, E_1 und C_1 mittels Hebelgesetzes zu berechnen und dieselben dann sinngemäß mit den 4 Ecken des Schaubilds zu verbinden.

Für ein Gußeisen mit 2,5 % C liest man folgende Mengenanteile ab:

Strecke UV = 8,5 % = im Eutektoid Perlit enthaltener Zementit;
Strecke UW = 19,0 % = Sekundärzementit aus den γ-Mischkristallen;
Strecke UX = 9,5 % = im Eutektikum Ledeburit enthaltener Zementit;
Strecke UY = 37,0 % = 8,5 + 19,0 + 9,5 % = Gesamtzementitgehalt und
Strecke UZ = 63,0 % = im Eutektoid Perlit enthaltener Ferrit.

Eine Legierung mit 4,3 % C, die also rein eutektisch erstarrt, enthält ganz entsprechend 4,5 % eutektoides Eisenkarbid, 11 % Sekundärzementit und 48,5 % Zementit im Ledeburit. Der Gesamtzementitgehalt, nämlich 4,5 + 11,0 + 48,5 = 64,0 %, ist ebenfalls eingetragen. Der Anteil an eutektoidem Ferrit beträgt 36,0 %.
Ein Stahl mit 0,80 % C enthält schließlich 12 % eutektoides Eisenkarbid und 88 % eutektoiden Ferrit.
Das Arbeiten mit diesem Diagramm ist also sehr einfach, sicher und zeitsparend, verglichen mit den manchmal komplizierten Rechnungen.
Der bei höheren Kohlenstoffgehalten auftretende Zementit ist, wie bereits erwähnt, nicht stabil und zerfällt, sehr langsame Abkühlung vorausgesetzt, gemäß der Reaktionsgleichung

$$Fe_3C \rightarrow 3Fe + C$$

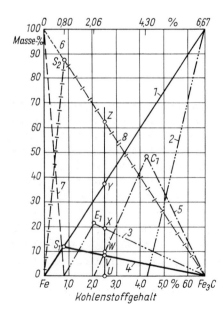

Bild 4.33. SAUVEURsches Schaubild zur unmittelbaren Ablesung der prozentualen Menge der einzelnen Gefügebestandteile.
1 ——————— Gesamtzementit
2 — … — Primärzementit
3 — ·· — Sekundärzementit
4 ▬▬▬▬▬ eutektoider Zementit
5 — · — eutektischer Zementit
6 - - - - - - Gesamtferrit
7 — — — Primärferrit
8 — : — eutektoider Ferrit
S_1 = 12 % eutektoider Zementit, S_2 = 88 % eutektoider Ferrit, E_1 = 21,5 % Sekundärzementit, C_1 = 48,6 % eutektischer Zementit

in seine Bestandteile Eisen und elementaren Kohlenstoff (Graphit). Den sich längs der Linie $C'D'$ ausscheidenden Kohlenstoff bezeichnet man als *Garschaumgraphit*, weil er infolge seiner relativ zum Eisen geringen Dichte seigert (Schwerkraftseigerung) und an der Oberfläche der Schmelze eine schaumige Masse bildet. Im Gefüge ist der primäre Graphit deswegen selten zu finden. Der Graphit bildet mit den γ-Mischkristallen ein bei 4,25 % C und 1 153 °C liegendes Graphit-Austenit-Eutektikum. Die Löslichkeitslinie IE der γ-Mischkristalle wird deswegen von der Eutektikalen nicht bei 2,06 % C geschnitten, sondern bereits bei 2,03 % C im Punkte E'. Die Linie ES wird zu niederen C-Gehalten nach $E'S'$ hin verschoben und die Linie PSK zu den höheren Temperaturen $P'S'K'$ (739 °C).

Legierungen, die nach dem stabilen gestrichelten Eisen-Kohlenstoff-Diagramm erstarren, enthalten im Gefüge das Ferrit-Graphit-Eutektikum oder primäre Ferritkristalle (die aus dem Austenit entstanden sind) bzw. Graphitkristalle, die in das Ferrit-Graphit-Eutektikum eingelagert sind.

Durch Glühen können die nach dem metastabilen System Fe–Fe$_3$C erstarrten Legierungen in solche des stabilen Systems Fe–C umgewandelt werden, und zwar beginnt der Zementitzerfall bereits bei ≈ 500 °C. Dies kann gelegentlich zu Schwierigkeiten bei der Verwendung von Gußeisen bei höheren Temperaturen führen, da das entstehende Gemenge aus Eisen und Kohlenstoff ein größeres Volumen einnimmt als der ursprüngliche Zementit. Dieser mit »Wachsen des Gußeisens« bezeichnete Vorgang (zusammen mit einer parallel laufenden Oxidation des Eisens im Werkstoffinnern) ist besonders unangenehm bei Kolbenringen aus Gußeisen.

Andererseits nutzt man den Zementitzerfall bei höheren Temperaturen technisch aus, um aus dem leicht vergießbaren, aber spröden Gußeisen ein zähes Material, den Temperguß, herzustellen. Allerdings stützt man sich dabei nicht nur auf die Einstellung des stabilen Gleichgewichts, sondern beschleunigt den Temperprozeß durch Zulegieren geeigneter Elemente, beispielsweise von Silizium.

4.4. Eisenbegleiter

Die Kohlenstoffstähle enthalten, durch die metallurgischen Herstellungsverfahren bedingt, neben Kohlenstoff als beabsichtigt zugesetztem Legierungselement noch zahlreiche andere Bestandteile. Es sind dies im besonderen die Elemente Silizium, Mangan, Phosphor, Schwefel, Stickstoff und nichtmetallische Einschlüsse sulfidischer, oxidischer und silikatischer Natur, außerdem aber auch geringe Mengen an Kupfer, Nickel, Chrom (bis zu je ≈ 0,2 %), Sauerstoff, Aluminium, Wasserstoff u. a. Erst wenn alle diese Bestandteile zusammensetzungs-, mengen- und verteilungsmäßig erfaßt sind, ist man in der Lage, eine qualitätsmäßige Bewertung eines Stahles durchzuführen. Man faßt die Gesamtheit dieser Verunreinigungen zusammen unter dem Namen »the body of the steel«. Dieser ist dafür verantwortlich, daß sich zwei Stähle gleicher Zusammensetzung, aber nach verschiedenen Verfahren erschmolzen, beim Härten, Vergüten, Altern u. dgl. sehr unterschiedlich verhalten können.

Je nach der metallurgischen Erschmelzungsart ist der Gehalt eines Stahles an den aufgezählten *Eisenbegleitern* Si, Mn, P, S und N und den anderen Verunreinigungen verschieden hoch. Während durch metallographische Verfahren, beispielsweise mittels Schlackenanalysen, Thomas-, Siemens-Martin- und Elektrostahl nur unter großen Schwierigkeiten und nicht immer eindeutig unterschieden werden können, ist dies mit Hilfe der chemischen Zusammensetzung meist ohne weiteres möglich. Thomasstahl ist durch erhöhten Phosphor- (0,040 bis 0,100 %) und Stickstoffgehalt (0,010 bis 0,030 %) charakterisiert, SM-Stahl durch niedrigeren Stickstoff- (0,001 bis 0,008 %), Schwefel- und Phosphorgehalt, während E-Stahl einen höheren Stickstoff- (0,008 bis 0,025 %), dafür aber einen sehr geringen Phosphor- und Schwefelgehalt (weniger als je 0,03 bis 0,02 %) aufweist. Außerdem ist der Gehalt an nichtmetallischen, mikroskopisch kleinen Schlackeneinschlüssen in Elektrostahl meist wesentlich geringer als in Thomas- oder Siemens-Martin-Stahl.

Diese unterschiedliche Zusammensetzung wirkt sich naturgemäß auch auf die Eigenschaften der Stähle aus. Im besonderen haben unlegierte Thomasstähle infolge ihres erhöhten P- und N-Gehalts gegenüber gleichgekohlten SM-Stählen eine etwas höhere Festigkeit bzw. bei gleicher Festigkeit eine höhere Dehnung und Einschnürung. Bei einer Kaltverformung verfestigen sich Thomasstähle schneller und sind deshalb verschleißfester (Thomasstahl für Schienen!) und erhalten bei der Bearbeitung eine bessere Oberfläche als SM-Stähle. Bleche aus Thomasstahl lassen sich mit glatter Oberfläche walzen und kleben weniger als SM-Bleche. Dafür sind Thomasstähle aber weniger korrosionsbeständig. Liegt der Cu-Gehalt jedoch oberhalb von 0,15 %, so ist wegen der höheren P-Konzentration die Korrosionsbeständigkeit von Thomasstahl besser als die von gleichgekupfertem SM-Stahl.

Neben diesen Vorteilen weist Thomasstahl aber auch schwerwiegende Nachteile auf, die seine Verwendbarkeit auf Konstruktionen mit rein statischer oder höchstens schwellender, nicht aber wechselnder (schwingender) mechanischer Beanspruchung beschränken. Diese Nachteile sind: ungleichmäßiges Reagieren auf jede Wärmebehandlung, hohe innere Spannungen, sehr ausgeprägte Alterungsneigung und Kaltsprödigkeit. Daraus hat sich die merkwürdige Erfahrung ergeben, daß ein Konstruktionselement aus SM-Stahl ohne vorherige eingehende Erprobung nicht gegen Thomasstahl ausgetauscht werden kann und umgekehrt. Die Entscheidung des Konstrukteurs, ob für ein bestimmtes Bauteil Thomasstahl oder SM-Stahl geeigneter oder wirtschaftlicher ist, ob der Stahl im beruhigten oder unberuhigten Zustand verwendet werden kann, ist nicht immer leicht, und nur bei großer einschlägiger Erfahrung und eingehender Prüfung ist ein sicheres Urteil zu fällen.

In Tabelle 4.5 sind die kennzeichnenden Gehalte der Stahlbegleiter P, S, N, O und Al für einige Stähle zusammenfassend dargestellt sowie ihre Auswirkungen auf einige Eigenschaften.

4.4.1. Kohlenstoff

In niedrig gekohlten Stählen und besonders in den Weich- und Reineisensorten macht sich die temperaturabhängige Löslichkeit von α-Eisen für Kohlenstoff bemerkbar. α-Fe besitzt für Kohlenstoff bei 723 °C ein maximales Lösungsvermögen von $\approx 0,02\%$ (Bild 4.34). Zu niedrigeren Temperaturen hin nimmt die Löslichkeit aber erheblich ab und beträgt bei Raumtemperatur nur noch 10^{-5} bis $10^{-6}\%$. Die C-Atome lagern sich im

4.4. Eisenbegleiter

Tabelle 4.5. Kennzeichnende Gehalte wichtiger Stahlbegleiter (nach KÜNTSCHER, KILGER und BIEGLER)

%				
0,30	Preßmuttereisen	Automatenstahl	zur Kornfeinung hochchromhaltiger Stähle u. Stabilisierung von Austenit	
0,20				
0,10	Automatenstahl			
0,09	Kaltsprödigkeit	Rotbrüchigkeit		
0,08	obere Grenze für Altostähle			
0,07				
0,06	obere Grenze für Massenstähle sowie für PN-Stählen, wenn N_2 ≤ 0,012 %	obere Grenze für Massenstähle		
0,05	≈ obere Grenze für weiche leg. Kesselbaustoffe obere Grenze für PN-Stählen, wenn N_2 ≤ 0,016 % für St C-Stähle		in guten Lichtbogenschweißungen	
0,04		obere Grenze für St C-Stähle		
0,03	Grenze für Schweißdrähte	Grenze für Schweißdrähte	Thomasstahl	Sauerstoff in gesundem Stahl
0,02	nachweisbare Zunahme der Anlaßversprödung nachweisbare Zunahme der Neigung zu Rißbildung beim Schweißen		Altostähle · Höchster P-Gehalt in PN-Stahl 0,012/0,016 Elektrostahl 0,008...0,016 SM-Stahl Tiegelstahl	Mindestgehalt an metallischem Aluminium in Jzett- u. Altostählen
0,01				
	Phosphor	Schwefel	Stickstoff	Sauerstoff u. Aluminium

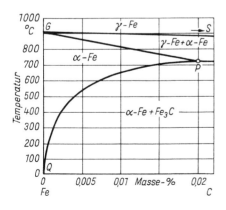

Bild 4.34. Löslichkeit von α-Eisen für Kohlenstoff

Gitter zwischen den Eisenatomen ein. Bei schneller Abkühlung von Temperaturen >700 °C stellt sich das Gleichgewicht nicht ein, und es bleiben 0,02 % C im Ferrit gelöst. Das Gefüge besteht aus übersättigten homogenen Ferritkristallen (Bild 4.35).

Wird Eisen mit ≈0,02 % C dagegen sehr langsam bis auf Raumtemperatur abgekühlt, so scheidet sich gemäß der Löslichkeitslinie *PQ* der überschüssige Kohlenstoff als Fe_3C aus und lagert sich bevorzugt in die Korngrenzen und Kornzwickel der Ferritkristallite ein (Bild 4.36). Dieser Segregatzementit wird als *Tertiärzementit* bezeichnet und führt zu einer Versprödung des Stahls.

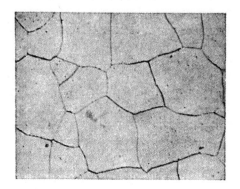
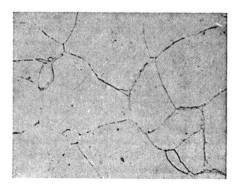

Bild 4.35. Armco-Eisen mit 0,02 % C, von 700 °C in Wasser abgeschreckt. Homogener Ferrit

Bild 4.36. Armco-Eisen mit 0,02 % C, von 700 °C sehr langsam im Ofen abgekühlt. Ferrit mit Tertiärzementit an den Korngrenzen

Liegt der C-Gehalt des Stahls >0,02 %, so sind im Gefüge außerdem noch Perlitinseln vorhanden. Der Tertiärzementit hat das Bestreben, an die Zementitlamellen des Perlits anzukristallisieren, so daß er ab ≈0,20 % C nicht mehr als besonderer Gefügebestandteil im Stahl erscheint.

Die Form der Löslichkeitslinie *PQ* ist typisch für aushärtende Legierungen. Schreckt man einen Stahl mit 0,02 % C von 700 °C in Wasser ab und läßt ihn bei Raumtemperatur auslagern, so steigen Härte, Zugfestigkeit und Streckgrenze im Laufe der Zeit an, während Dehnung, Einschnürung, Biegezahl und Kerbschlagzähigkeit abfallen (Tabelle 4.6).

Diese Änderungen der Festigkeitswerte werden dadurch hervorgerufen, daß der abgeschreckte und übersättigte Ferrit, der sich nicht im Strukturgleichgewicht, sondern in

Tabelle 4.6. Aushärtung von α-Eisen mit 0,02 % C (von 700 °C in Wasser abgeschreckt und bei Raumtemperatur ausgelagert)

Kennwert	sofort geprüft	nach 2 h geprüft	nach 8 h geprüft	nach 15 h geprüft	nach langsamer Abkühlung geprüft
R_m [MPa]	480	550	610	650	450
R_e [MPa]	350	400	450	480	300
A [%]	24	15	15	15	30

einem Zwangszustand befindet, das Bestreben hat, den Gleichgewichtszustand herzustellen. Die Kohlenstoffatome, die schon bei Raumtemperatur eine gewisse Beweglichkeit im Eisengitter haben, wandern in die Versetzungen ein. Der sofort nach dem Abschrecken homogene Ferrit entmischt sich dabei in atomarem Maßstab, ohne daß jedoch eine mikroskopisch feststellbare Ausscheidung eintreten würde. Infolge dieser Umlagerung der C-Atome entstehen innere Spannungen in den Eisenkristallen, die zu den beschriebenen Festigkeitssteigerungen und Zähigkeitserniedrigungen führen.

Die Wanderung der Kohlenstoffatome läßt sich durch Temperaturerhöhung beschleunigen. Lagert das abgeschreckte und übersättigte Ferrit bei 50 bis 150 °C aus, so benötigen die Festigkeits- bzw. Dehnungsänderungen nur eine geringere Zeit. Nach dem Erreichen eines Maximal- bzw. Minimalwertes fallen bzw. steigen die Eigenschaftswerte wieder. Oberhalb von etwa 200 °C sind im Ferrit die ersten Zementitkriställchen nachweisbar.

Die Änderungen der Eigenschaften von abgeschrecktem oder schnell abgekühltem weichem Stahl im Lauf der Zeit bezeichnet man als *Abschreckalterung*. Wird die Auslagerung bei Raumtemperatur durchgeführt, so spricht man von natürlicher Alterung, erfolgt die Auslagerung bei höheren Temperaturen (50 bis 200 °C), von künstlicher Alterung. Die Alterung eines Stahles ist technisch unerwünscht, da durch sie die Legierungseigenschaften in unkontrollierbarer Weise verändert werden. Neben den Festigkeitswerten werden nämlich auch die magnetischen Eigenschaften in Mitleidenschaft gezogen, was sich beispielsweise bei Meßinstrumenten unangenehm auswirkt.

In Stählen mit einem Gehalt zwischen 0,02 und 0,3 % C besteht die Möglichkeit, daß nach sehr langsamer Abkühlung, besonders aber auch nach vielmaligem Pendeln um den A_1-Punkt, der Perlit entartet. Die Ferritlamellen des Perlits kristallisieren an die im Überschuß vorhandenen primären Ferritkristalle an, und der Zementit des Perlits lagert sich in Bandform in die Korngrenzen des Ferrits (Bild 4.37). Dadurch wird der Stahl versprödet, denn die zähen Ferritkristalle sind nun durch spröde Zementitschalen voneinander getrennt.

Der Kohlenstoff vermag bei höheren Temperaturen infolge seiner großen Diffusionsgeschwindigkeit in relativ kurzen Zeiten beträchtliche Wege im Eisen zurückzulegen. Bei Vorliegen einer geeigneten äußeren Gasatmosphäre besteht sogar die Möglichkeit, daß der Kohlenstoff den Stahl verläßt. Diese Erscheinung bezeichnet man als *Entkohlung*. Oftmals wird, besonders bei kohlenstoffreichen Stählen, im Verlauf der verschiedenen Wärmebehandlungen (Weichglühen, Härten, Schmieden) die Werkstückoberfläche unbeabsichtigt und unerwünscht entkohlt, und zwar dann, wenn in den Feuerungsgasen oder in der Ofenatmosphäre ein Überschuß von oxidierenden Gasen, wie Sauerstoff, Kohlendioxid oder Wasserdampf, enthalten ist. Der Zementit, der sich an der Werkstückoberfläche befindet, wird zersetzt und der Kohlenstoff zu CO oder CO_2 oxidiert. Die entstandenen Gase entweichen in die äußere Atmosphäre. Aus dem Stahlinneren wandern neue Kohlenstoffatome an die Stahloberfläche nach, werden dort wieder oxidiert usw. Auf diese Weise wird nach und nach die Werkstückoberfläche entkohlt. Bild 4.38 zeigt dies an einem Stahl mit 0,60 % C, der einige Stunden bei 800 °C an der Luft geglüht worden war.

Bei großem Sauerstoffüberschuß ist die Entkohlungsgefahr nicht so groß, weil der Sauerstoff den Ferrit wegoxidiert und die Zundergeschwindigkeit dann größer ist als die Entkohlungsgeschwindigkeit. Gefährlich sind besonders schwach sauerstoffhaltige Gase, weil dann mit der Entkohlung, sofern die Glühtemperatur im Bereich der α/γ-Umwandlung

450   **4.** *Gefüge der technischen Eisenlegierungen*

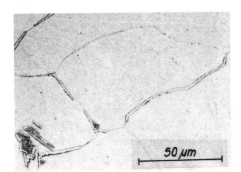

Bild 4.37. Weicheisen mit 0,04 % C. Entarteter Perlit

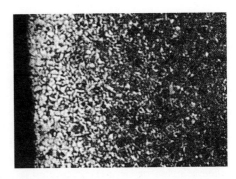

Bild 4.38. Stahl C60, 3 h bei 800 °C an Luft geglüht. Randentkohlung

liegt, ein grobes Oberflächenkorn verbunden ist. Begünstigt wird das Wachstum der groben Ferritkristalle durch eine geringere plastische Vorverformung von 3 bis 5 %.
Wasserstoff übt ebenfalls eine stark entkohlende Wirkung aus. Der Kohlenstoff wird dabei zu Kohlenwasserstoffen, beispielsweise zu Methan CH_4, abgebunden. Die dabei an der Stahloberfläche entstehenden Ferritkristalle haben, falls die Glühtemperatur zwischen A_1 und A_3 liegt, oftmals ein stengeliges Aussehen (Bild 4.39).
Schwache Randentkohlung beim Weichglühen der Werkzeugstähle verursacht die Ausbildung einer Randzone aus lamellarem Perlit, wodurch die Zähigkeit des Stahles, besonders was die Einschnürung und die Stauchbarkeit anbelangt, sowie die Ziehbarkeit beeinträchtigt werden.
Infolge des verringerten Kohlenstoffgehalts nehmen oberflächenentkohlte Stähle nicht mehr die Härte beim Abschrecken an. Der Stahl hat eine *Weichhaut* und ist für Schneidzwecke u. dgl. nicht mehr zu verwenden. Bild 4.40 zeigt den Querschliff durch eine Feile, die beim Härten an der Oberfläche entkohlte und deshalb schon nach kurzer Zeit stumpf wurde. Im Bild 4.41 ist ein Querschliff durch eine Kugel aus Stahl 100Cr6 dargestellt, die ebenfalls randentkohlt ist. Die Kugel wurde aus einem randentkohlten Stangenabschnitt geschlagen und war nach dem Härten weichfleckig.

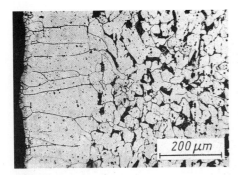

Bild 4.39. Stahl mit 0,25 % C. Durch Glühen bei 800 °C in Wasserstoff randentkohlt. Stengelkornbildung

Bild 4.40. Feilenzahn. Werkzeugstahl mit Randentkohlung

Von den entkohlten ferritreichen Randzonen gehen bevorzugt Dauerbruchanrisse aus, wie es Bild 4.42 an einem gebrochenen Druckluftmeißel zeigt. Der Ferrit hat eine geringere Wechselfestigkeit als der Perlit. Außerdem wird während des Betriebs die weiche Ferrithaut leicht beschädigt bzw. angekerbt, und von derartigen Stellen nehmen die Dauerbruchanrisse oftmals ihren Ausgang. Bild 4.43 zeigt einen Dauerbruch an einem Ventil-Kipphebel aus vergütetem Stahl C60 mit einer Zugfestigkeit von 830 MPa. Die glatte und mit Rastlinien versehene Dauerbruchfläche beträgt 66 % des Gesamtquerschnitts, die Fläche des kristallinen Gewaltbruchs 34 %. Dies ist ein Beweis dafür, daß die Gesamtbeanspruchung des Kipphebels nicht allzu hoch gewesen ist. Auch bei diesem Beispiel war die Ursache für den Dauerbruch eine ferritische Randentkohlungszone von 0,1 mm Tiefe, die beim Schmieden und Vergüten entstand und die eine Festigkeit von nur 300 MPa aufwies. Außerdem enthielt die »Weichhaut« mechanische Verletzungen, die bei der Montage entstanden waren.

Die fast stets schädliche Randentkohlung wird durch Einstellung einer neutralen Ofenat-

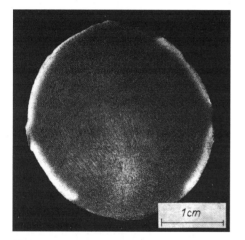

Bild 4.41. Querschliff durch einen Kugelrohling. Die helle symmetrische Entkohlungszone wurde durch Ätzen mit 5 %iger HNO$_3$ sichtbar gemacht

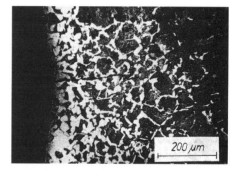

Bild 4.42. Werkzeugstahl mit 0,9 % C (Druckluftmeißel). Dauerbruchanriß, der von der entkohlten Oberfläche ausgeht

Bild 4.43. Durch Randentkohlung und mechanische Oberflächenfehler entstandener Dauerbruch an einem Ventil-Kipphebel aus vergütetem Stahl C60 ($R_m = 830$ MPa)

mosphäre, Einpacken des Glühguts in Graugußspäne, Erwärmungen in Salzbädern oder durch Abzundern möglichst gering gehalten.

Bei Weicheisensorten wird die Entkohlung in wasserstoffhaltigen Gasen in technischem Maß manchmal zur Entfernung der letzten Kohlenstoffreste aus dem Eisen angewendet. Dies hat u. a. eine besondere Bedeutung für Magnetwerkstoffe. Über Aufkohlung (Zementieren) s. Abschn. 4.5.6.

4.4.2. Silizium

Fast stets wird Silizium bei der Erschmelzung saurer Stähle aus der Ofenausmauerung und aus der Schlacke durch Reduktion der darin enthaltenen Kieselsäure in geringen Mengen frei gemacht und vom flüssigen Stahl aufgenommen. Fernerhin gibt man den beruhigten Stählen Silizium in Form von Ferrosilizium zum Abbinden des Sauerstoffs bzw. zur Reduktion des im Stahl vom Frischen herrührenden Eisenoxiduls FeO hinzu. Stähle mit etwa 0,2 bis 0,3 % Si sind als vollberuhigt, Stähle mit 0,1 % Si als halbberuhigt und Stähle mit weniger als 0,02 % Si als unberuhigt anzusprechen (sofern die Desoxydation nicht mit einem anderen Mittel, etwa Aluminium oder Titan, erfolgte).

Die Lösungsfähigkeit des α-Eisens für Silizium ist sehr groß und beträgt bei Raumtemperatur etwa 14 %. Aus diesem Grund bilden die in unlegierten Stählen enthaltenen geringen Siliziummengen ($\leq 0,5$ %) keine besonderen Phasen im Stahlgefüge, sondern werden restlos vom Eisen als Mischkristall gelöst (Silicoferrit). In C-haltigen Stählen geht ein Teil des Siliziums auch in die Karbide. Der Siliziumgehalt eines Stahles läßt sich demnach im Gegensatz zum Kohlenstoff aus dem Gefüge nicht bestimmen.

Silizium hat eine hohe Affinität zum Sauerstoff. Die bei der Reaktion entstandene Kieselsäure SiO_2 bildet mit anderen Oxiden leicht Silikate: $(FeO)_2 \cdot SiO_2$; $(MnO)_2 \cdot SiO_2$; $MnO \cdot SiO_2$; $(MnO)_2 \cdot FeO \cdot SiO_2$; $3Al_2O_3 \cdot 2SiO_2$. Diese Silikate werden bei der plastischen Verformung zu Zeilen gestreckt und sind die Ursache für die Faserung der siliziumhaltigen Stähle.

Weitere Angaben über Silizium im Stahl sind im Abschn. 4.6.2. enthalten.

4.4.3. Mangan

In unlegierten Kohlenstoffstählen können bis zu 0,8 % Mangan enthalten sein, die zum Zweck der Desoxidation und vor allem zur Abbindung des Schwefels in das Stahlbad eingebracht werden. α-Eisen löst bei Raumtemperatur ≈ 10 % Mn als Mischkristall auf, so daß die in unlegierten Stählen vorhandenen geringen Manganmengen ebenfalls keine besondere Phase im Stahlgefüge bilden (wenn man vom Mangansulfid absieht). Der Mangangehalt eines Stahls läßt sich demnach nicht aus dem Schliffbild bestimmen.

Ein Teil des Mangans löst sich im Zementit und bildet das Eisen-Mangan-Karbid $(Fe, Mn)_3C$. Dieses geht beim Erwärmen sehr schnell im Austenit in Lösung. Die γ-Mischkristalle können deswegen unbehindert anwachsen. Stähle mit höherem Mangangehalt sind also überhitzungsempfindlich und neigen zur Grobkörnigkeit.

Typisch für Stähle mit höherem Mangangehalt sind die Längsfaserung und der dadurch bedingte erhebliche Abfall der Querkerbschlagzähigkeit. Das Verhältnis von Längs- und

Querkerbschlagzähigkeit kann sich wie 5:1 verhalten. Die Faserung entsteht dadurch, daß das sehr reaktionsfähige Mangan zahlreiche nichtmetallische Einschlüsse, wie MnO, MnS, MnO · SiO$_2$, (MnO)$_2$ · SiO$_2$, bildet, die bei der Verformung zu Zeilen gestreckt werden.
Wegen der Abbindung des Schwefels zu dem hoch schmelzenden Mangansulfid MnS sind Stähle mit höherem Mangangehalt nicht rotbruchempfindlich. Nach PIGOTT richtet sich der dazu erforderliche Mangangehalt (C_{Mn}) nach dem Schwefelgehalt (C_S):

$C_{Mn} = 0,3 + 1,72 \cdot C_S$.

Ein Stahl mit 0,06 % S ist demnach bei Anwesenheit von 0,4 % Mn nicht mehr rotbrüchig.
Weitere Angaben über Mangan im Stahl sind im Abschn. 4.6.3. enthalten.

4.4.4. Phosphor

Das Zustandsschaubild der Eisen-Phosphor-Legierungen ist im Bild 4.44 dargestellt. Eisen bildet mit Phosphor die beiden Phosphide Fe$_3$P und Fe$_2$P. Zwischen Fe$_3$P und dem α-Eisenmischkristall besteht ein Eutektikum bei 10,5 % P und 1 050 °C. Die Legierungen erstarren aber nur nach diesem stabilen System, wenn die Schmelze schnell abgekühlt wird. Bei geringeren Abkühlungsgeschwindigkeiten, etwa unterhalb von 50 K/min, findet infolge von Kristallisationshemmungen nicht die Ausscheidung von Fe$_3$P, sondern von Fe$_2$P statt. Der eutektische Punkt des instabilen Systems Fe – Fe$_2$P liegt bei 945 °C und 12,5 % P.
Phosphor gehört zu den Elementen, die das γ-Gebiet des Eisens abschnüren. Schon ab 0,6 % Phosphor sind C-freie Fe-P-Legierungen rein ferritisch.
In Kohlenstoffstählen sind normalerweise bis zu 0,04 % P enthalten. Nur in einigen Sonderstählen können höhere P-Gehalte, bis zu 0,3 %, vorhanden sein. Da bei Raumtemperatur $\approx 0,6$ % P vom α-Eisen in fester Lösung aufgenommen werden, bildet der in den Stählen enthaltene Phosphor keine besondere Phase. Im besonderen tritt die Fe$_3$P-Kristallart im Stahl nicht auf (wohl aber im Gußeisen).
Bedingt durch die große Temperaturdifferenz zwischen Liquidus- und Soliduslinie sowie durch die geringe Diffusionsgeschwindigkeit des Phosphors im Eisen, neigen phosphorhaltige Austenitmischkristalle außerordentlich stark zur *Kristallseigerung*. Die sich primär aus der Schmelze ausscheidenden γ-Mischkristalldendriten sind erheblich P-ärmer als die zuletzt erstarrte Restschmelze in den Restfeldern zwischen den Dendritenästen und -stämmen.
Die Phosphorseigerung der primären γ-Mischkristalle gleicht sich auch bei der Abkühlung auf Raumtemperatur, bei der Warmverformung oder bei Wärmebehandlungen des Stahles nicht aus. Auch die Sekundärkristallisation bei der Ferrit- bzw. Zementitausscheidung oder bei der Perlitbildung ändert an der ungleichmäßigen Phosphorverteilung praktisch nichts. Lange Glühzeiten dicht unterhalb der Solidustemperatur sind erforderlich, um die Konzentrationsunterschiede an Phosphor innerhalb der γ-Mischkristalle auszugleichen *(Diffusionsglühen)*. Da die Diffusionsglühung in technisch tragbaren Zeiten nicht zum gewünschten Erfolg führt, wird sie in der Praxis meist nicht durchgeführt. Man ist

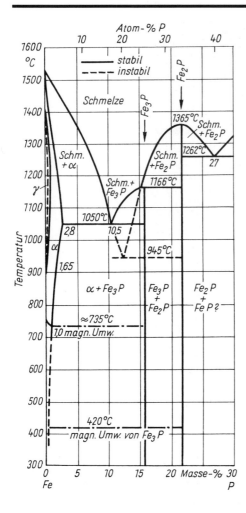

Bild 4.44. Zustandsdiagramm Eisen–Phosphor

statt dessen bestrebt, den Phosphorgehalt im Stahl so niedrig wie möglich zu halten, um die Kristallseigerungen auf ein Mindestmaß herabzudrücken.

Jeder technische Stahl weist also gewissermaßen zwei Gefüge auf: das normale, durch Ätzen mit Salpetersäure oder Pikrinsäure entwickelbare *Sekundärgefüge*, bestehend aus Ferrit, Perlit, Sekundärzementit, und, diesem überlagert, das *Primärgefüge*, gekennzeichnet durch die Phosphorseigerung und entwickelbar durch das Ätzmittel nach OBERHOFFER (s. Abschn. 3.1.3.).

Bild 4.45 zeigt ein Schliffbild von Stahlguß mit 0,25 % C, und zwar mit einer Doppelätzung. Die obere Hälfte wurde mit 1%iger Salpetersäure geätzt (Sekundärätzung) und zeigt das für ungeglühten Stahlguß charakteristische WIDMANNSTÄTTENsche Gefüge, gekennzeichnet durch ein außerordentlich grobes Korn, erkennbar an den Ferritbändern an den ehemaligen Austenitkorngrenzen und den sich unter bestimmten Winkeln schneidenden groben Ferritnadeln, die in die perlitische Grundmasse eingebettet sind (Bild 4.46). Die untere Hälfte des Schliffs von Bild 4.45 wurde nach OBERHOFFER geätzt (Primärätzung)

4.4. Eisenbegleiter

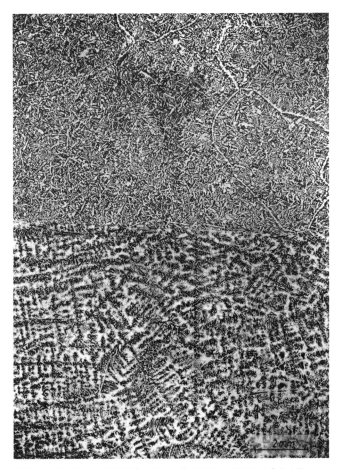

Bild 4.45. Stahlguß mit 0,25 % C. Oben: ferritisch-perlitisches Sekundärgefüge (WIDMANNSTÄTTENsches Gefüge), geätzt mit Salpetersäure.
Unten: durch OBERHOFFER-Ätzung entwickelte (helle) Phosphorseigerungen (Primärgefüge)

und zeigt die in den Restfeldern der primären Dendriten vorhandenen (hellen) Phosphorseigerungen. Die Dendritenstämme und -äste sind dagegen phosphorarm und erscheinen dunkel. Erwähnt sei, daß bei schräger Beleuchtung eine Helligkeitsumkehrung erfolgt, d. h. die phosphorreichen Stellen dunkel und die phosphorarmen Stellen hell im Bild erscheinen (Bild 4.47).
Die durch Phosphorseigerungen gekennzeichnete Primärstruktur des Stahls wird, wie bereits erwähnt, nur durch die plastische Formgebung beeinflußt, und zwar insofern, als die Dendriten je nach dem Verformungsgrad mehr oder weniger gestreckt und parallel gerichtet werden. Der im Bild 4.48 dargestellte Längsschliff stammt aus einem Schmiedestück, das 14fach verschmiedet worden war. Die Phosphorseigerungen *(primäres Zeilengefüge)* sind zu langgestreckten Streifen auseinandergezogen worden. In Querschliffen ist die Verformung der Dendriten bzw. der Seigerungen jedoch kaum zu erkennen.

456   4. Gefüge der technischen Eisenlegierungen

Bild 4.46. Stahlguß mit WIDMANNSTÄTTENschem Gefüge (Sekundärgefüge)

Bild 4.47. Ungeglühter Stahlformguß mit Dendriten (Primärgefüge). Geätzt nach OBERHOFFER, schräge Beleuchtung

Die in stärker verformten Stahlstücken vorhandenen gestreckten Phosphorseigerungen ermöglichen es, den Fließvorgang des Stahls während der Verformung zu verfolgen. Im Bild 4.49 ist der Verlauf der Seigerungslinien um einen Schmiederiß herum sichtbar gemacht. Die typische Knickung der Faser an der Wurzel des Risses gestattet es, diese Fehlerart von Rissen anderer Herkunft, beispielsweise Härte- oder Spannungsrissen, zu unterscheiden.

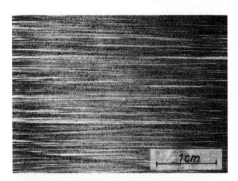

Bild 4.48. Verschmiedeter Stahl, Umformgrad = 14 %. Primäres Zeilengefüge; Phosphorseigerungen erscheinen hell.
Ätzung nach OBERHOFFER

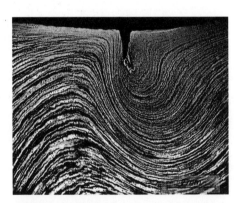

Bild 4.49. Faserverlauf um eine Überschmiedung bei einer Kurbelwelle.
Ätzung nach OBERHOFFER

Neben dieser primären Phosphorseigerung besteht auch, wie aus dem Zustandsschaubild Fe−P hervorgeht, die Möglichkeit einer *sekundären Phosphorseigerung*, da bei der Abkühlung der sich aus dem Austenit ausscheidende Ferrit eine größere Löslichkeit für Phosphor aufweist als der Austenit. Infolge der relativ niederen Temperatur und der sehr geringen Diffusionsgeschwindigkeit des Phosphors lassen sich derartige sekundäre Phosphorseigerungen nicht vermeiden. Im Gefüge liegen dann Ferritkristalle mit unterschiedlichem Phosphorgehalt vor.

Die primären Phosphorseigerungen beeinflussen auch die Ausbildung des sekundären Ferrit-Perlit-Gefüges. Die Löslichkeit des Kohlenstoffs im Austenit wird durch Phosphor erniedrigt. Enthalten die γ-Mischkristalle Phosphorseigerungen, so wird der Kohlenstoff in die phosphorarmen Kristallbereiche abgedrängt. Es findet also bereits im Austenit bei hohen Temperaturen eine Kohlenstoffentmischung statt. Bei der Abkühlung scheidet sich der Ferrit bevorzugt an den C-armen, d. h. P-reichen Stellen aus und der zeitlich später auskristallisierende Perlit an den C-reichen, d. h. P-armen Stellen. Die Folgen davon sind beispielsweise bei geglühtem Stahlguß grobe Ferrit-Perlit-Entmischungen (Bild 4.50) und bei Walz- oder Schmiedestahl zeilenförmige Ferrit-Perlit-Entmischungen, sog. *sekundäres Zeilengefüge* (Bild 4.51). Vermerkt sei, daß mit steigender Normalisierungstemperatur und mit zunehmender Abkühlungsgeschwindigkeit die durch Phosphorseigerungen verursachten Entmischungserscheinungen abgeschwächt bzw. zum Verschwinden gebracht werden können.

Eine besondere Gefahrenquelle für Werkstücke aus Stahl bilden die sog. *Gasblasenseigerungen*. Bei der Erstarrung von flüssigem Stahl werden Gase frei (s. Abschn. 3.1.4.). Diese steigen in Form von Blasen im Block hoch. Ist im Verlauf der Erstarrung die Temperatur aber abgesunken, so bleiben die Gasblasen in der zähflüssig gewordenen Schmelze stekken. Mit sinkender Temperatur nimmt auch der Gasdruck in den Blasen ab. Durch den Unterdruck wird an Phosphor (und Schwefel) angereicherte Restschmelze angesaugt, und diese erfüllt mehr oder weniger vollständig den Blasenraum. Es entsteht eine örtliche Seigerungsstelle, eine Gasblasenseigerung. Bild 4.52 zeigt im oberen Teilbild eine Gasblase

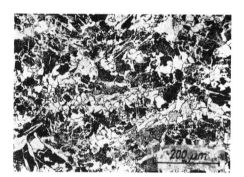

Bild 4.50. Geglühter Stahlguß. Grobe Ferrit-Perlit-Entmischungen als Folge von primären Phosphorseigerungen.
Geätzt mit 1%iger HNO$_3$

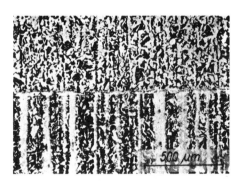

Bild 4.51. Gewalztes Stahlblech. Sekundäres Zeilengefüge als Folge von langgestreckten Phosphorseigerungsstreifen.
Oben: Ätzung mit HNO$_3$ (sekundäres Zeilengefüge)
Unten: Ätzung nach OBERHOFFER (primäres Zeilengefüge)

in Stahlguß. Der Schliff war nur poliert worden. Nach der OBERHOFFER-Ätzung ist deutlich zu erkennen, daß ein Teil der Gasblase mit phosphorreicher Restschmelze ausgefüllt ist (unteres Teilbild von Bild 4.52).

Bei der Warmumformung werden die eigentlichen Blasen verschweißt. Zurück bleiben die örtlichen Seigerungsstellen, die sich durch ihre Größe eindeutig von der üblichen Phosphor-Kristallseigerung abheben (Bild 4.53).

In Zusammenhang mit Gasblasenseigerungen stehen die *Schattenstreifen*. Derartige in der

4. Gefüge der technischen Eisenlegierungen

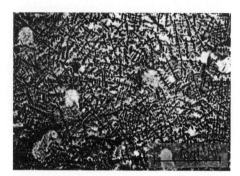

Bild 4.52. Gasblase in einem Lagerkörper aus Stahlguß.
Oben: polierter Schliff
Unten: geätzt nach OBERHOFFER (Phosphorseigerungen erscheinen hell)

Bild 4.53. Gasblasenseigerungen in einem Schmiedestück (Stahl 40Mn5).
OBERHOFFER-Ätzung

Blocklängsachse sich erstreckende Seigerungsstreifen treten besonders in großen, beruhigt vergossenen Gußblöcken auf und entstehen dadurch, daß während der Erstarrung von der Kristallisationsfront aufsteigende Gasblasen ihren Weg durch Ansaugen von Restschmelze im Stahlgefüge abzeichnen. Im Längsschnitt des Blockes verlaufen die Schattenstreifen von unten-außen nach oben-innen. Im Blockquerschnitt treten sie als rundliche Seigerungsflecke in Erscheinung. Bild 4.54 zeigt derartige quer angeschnittene Schattenstreifen im Kopfteil einer Kurbelwelle aus einem Stahl Ck mit 0,45 % C, die aus einem 25-t-Block abgeschmiedet wurde.

Werden Gasblasenseigerungen bei der spanabhebenden Bearbeitung angeschnitten, so heben sie sich dunkel auf der Oberfläche ab (daher der Name Schattenstreifen). Waren die Blasen bei der Warmverformung schlecht verschweißt worden, so ergeben sich Oberflächenrisse, wie das Bild 4.55 bei einer Eisenbahnachse aus Stahl C30 zeigt. Charakteristisch für Gasblasenrisse sind die nach der OBERHOFFER-Ätzung sichtbar werdenden phosphorreichen Schwänze, die es ermöglichen, auf metallographischem Weg diese Fehler eindeutig von anderen Oberflächenfehlern, wie Walz- oder Schmiederisse, Spannungsrisse, Härterisse u. dgl., zu unterscheiden.

Außer an der Kristallseigerung und der Gasblasenseigerung nimmt Phosphor auch an der *Blockseigerung* teil. Der Blockkern ist phosphorreicher als der Blockrand und der Blockkopf reicher als der Blockfuß. Die Blockseigerung nimmt mit steigender Blockgröße zu und läßt sich ebenfalls nicht vermeiden.

Phosphorseigerungen sind in technischen Stählen unerwünscht, weil sie schädliche Gefügeinhomogenitäten darstellen. Gefügebereiche mit unterschiedlichem Phosphorgehalt haben auch eine unterschiedliche Härte, Festigkeit und Zähigkeit. So betrug beispielsweise in einem Falle die Vickers-Härte der phosphorreichen Restfelder von primären Dendriten 270 und mehr, während die phosphorarmen Dendritenstämme und -äste eine Vickers-Härte von 252 und weniger aufweisen. Durch die unterschiedlichen Festigkeits- und Zä-

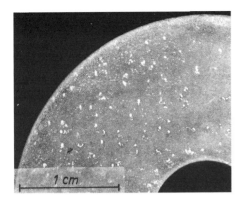

Bild 4.54. Quer angeschnittene Schattenstreifen in einer Kurbelwelle, die aus einem 25-t-Block abgeschmiedet wurde (Stahl Ck45).
OBERHOFFER-Ätzung

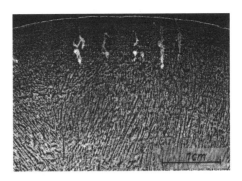

Bild 4.55. Beim Schmieden zusammengequetschte und wieder aufgerissene Gasblasen in einer Eisenbahnachse (Stahl C30).
OBERHOFFER-Ätzung

higkeitseigenschaften werden zwischen den Gefügebestandteilen innere Spannungen hervorgerufen, die zum Aufreißen des Stahles führen können *(Seigerungsrisse)*.

Enthält ein Stahl größere Mengen an Wasserstoff, so besteht die Gefahr, daß sich bei der Abkühlung im Temperaturbereich um 200 °C kleine Spannungsrisse, sog. *Flocken*, ausbilden (s. Abschn. 4.4.7.). Sind im Stahl zusätzlich Seigerungen vorhanden, so wird dadurch die Wahrscheinlichkeit der Flockenbildung erhöht, da sich die durch Wasserstoff und Seigerungen bewirkten inneren Spannungen überlagern. Bild 4.56 zeigt Flockenrisse in einer Kurbelwelle, die ausschließlich in Seigerungsflecken verlaufen. In seigerungsfreien Gebieten traten keine Flocken auf. Bei der Blaubruchprobe einer Querscheibe heben sich die Seigerungen als hellere Streifen von der dunkel angelaufenen übrigen Bruchfläche ab. Die weißen, rundlichen Flocken liegen sämtlich in den Seigerungsstreifen (Bild 4.57).

Infolge ihres geringen Formänderungsvermögens reißen gröbere Seigerungen manchmal auch ohne Mitwirkung von Wasserstoff bereits bei der Warmformgebung oder später beim

Bild 4.56. In Seigerungsstellen verlaufende Flockenrisse.
OBERHOFFER-Ätzung

Bild 4.57. Blaubruchproben des Stahls vom Bild 4.56. Die weißen, rundlichen Flocken liegen in den hellen Seigerungsstreifen

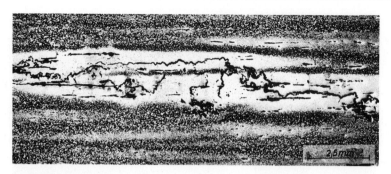

Bild 4.58. Beim Schmieden aufgerissene grobe Seigerungsstelle in einem Schmiedestück (Stahl 37MnSi5).
OBERHOFFER-Ätzung

Härten und Vergüten auf. Derartige grobe Seigerungsrisse sind im Bild 4.58 dargestellt und wurden im Inneren eines geschmiedeten Turbinenlaufrads aus Stahl 37MnSi5 in großer Anzahl gefunden.

Phosphor verursacht des weiteren die *Kaltversprödung* des Stahls, die durch Zunahme der Festigkeitswerte und durch Abnahme der Kerbschlagzähigkeit gekennzeichnet ist, wie aus Tabelle 4.7 hervorgeht.

Tabelle 4.7. Kaltversprödung von Stahl in Abhängigkeit vom Phosphorgehalt

Phosphorgehalt [%]	R_e [MPa]	R_m [MPa]	Härte [HB]	A [%]	KC [J/cm^2]
0	280	340	100	30	340
0,2	360	410	125	30	200
0,4	440	480	155	25	0

Mit der Kaltversprödung ist oftmals eine Grobkörnigkeit verbunden. Höhere Phosphorgehalte dürften auch mit für die Anlaßsprödigkeit legierter Vergütungsstähle verantwortlich sein. Neben Schwefel führt Phosphor zur Schweißrissigkeit, die besonders bei unberuhigtem, d.h. stark blockgeseigertem Stahl auftritt.

Aus diesen Gründen beschränkt man den Phosphorgehalt der Stähle, wie weiter vorn angeführt. Nur in Sonderfällen läßt man höhere P-Gehalte zu. So enthält Warmpreßmuttereisen 0,2 bis 0,3 % P, in Sonderfällen sogar bis zu 0,6 % P, weil hierdurch die Fließeigenschaften der Stähle besonders bei Temperaturen >1 000 °C außerordentlich verbessert werden. In Automatenstählen sind bis zu 0,15 % P enthalten, damit das Werkstück eine glatte, glänzende Oberfläche erhält. Etwas erhöhte P-Gehalte (Thomasstahl) bei gleichzeitiger Anwesenheit von Kupfer steigern die Rostbeständigkeit von Stahl an Luft auf das 2- bis 3fache. Auch die bessere Verschleißfestigkeit von Thomasstahl gegenüber SM-Stahl ist teilweise auf den höheren P-Gehalt des ersteren zurückzuführen.

Angaben über Phosphor in Gußeisen sind im Abschn. 4.7. enthalten.

4.4.5. Schwefel

Das Zustandsschaubild Eisen – Schwefel ist im Bild 4.59 wiedergegeben. Eisen bildet mit Schwefel die Verbindung FeS, Eisensulfid. Zwischen Eisensulfid und Eisen besteht ein Eutektikum bei 30,5 % S und 985 °C. Nach neueren Untersuchungen löst das δ-Eisen bei 1365 °C ≈0,17 % S und das γ-Eisen ≈0,07 % S. Dagegen ist es fraglich, ob α-Eisen Schwefel in fester Lösung aufzunehmen vermag. Sicher ist, daß die Löslichkeit von α-Fe für S sehr gering ist und praktisch vernachlässigt werden kann.

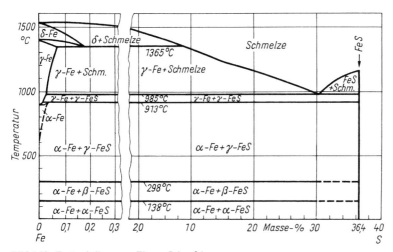

Bild 4.59. Zustandsdiagramm Eisen – Schwefel

Infolgedessen bildet Schwefel im Gegensatz zu den anderen Eisenbegleitern Silizium, Mangan und Phosphor schon bei geringsten Konzentrationen eine besondere, charakteristische Phase im Eisengefüge, nämlich das Eisensulfid FeS. Dieses ist von schmutziggelber Farbe und als nichtmetallischer Einschluß bereits im polierten, ungeätzten Schliff zu erkennen. Gemäß dem Zustandsdiagramm sollte man schon bei sehr geringen S-Gehalten das Auftreten des niedrig schmelzenden (Fe + FeS)-Eutektikums an den Korngrenzen der Eisenkristalle erwarten. Dies ist jedoch nicht der Fall. Statt dessen ist das Eutektikum entartet: Das im Eutektikum enthaltene Eisen kristallisiert an die in großem Überschuß vorhandenen primären Eisenkristalle an, und das zurückbleibende Eisensulfid bildet an den Korngrenzen eine mehr oder weniger dicke Schale (Bild 4.60).

Legierungen, die niedrig schmelzende Phasen an den Korngrenzen aufweisen, sind in der Schmiedehitze brüchig und bröckelig, weil die Korngrenzensubstanz aufschmilzt und zwischen den Metallkristallen kein fester Zusammenhalt mehr besteht.

Die meisten Stähle enthalten aber sehr wenig Schwefel, höchstens bis zu 0,04 % (wenn man von den Automatenstählen absieht). Obwohl also das bei 985 °C schmelzende (Fe + FeS)-Eutektikum nicht auftreten kann, besteht bei Schmiedetemperaturen die Gefahr der Brüchigkeit, falls der Mangangehalt ebenfalls sehr niedrig ist.

Man unterscheidet dabei das *Rotbruchgebiet* zwischen 800 und 1000 °C, wo der Stahl infolge geringer Plastizität des an den Korngrenzen befindlichen FeS brüchig wird, und das *Heißbruchgebiet* bei Temperaturen >1 200 °C, wo das eigentliche Aufschmelzen der Korngrenzen beginnt. Zwischen 1 000 und 1 200 °C lassen sich die Stähle meist gut verformen. Entweder sind in diesem Temperaturbereich die Sulfide plastischer oder, was wahrscheinlicher ist, sie gehen infolge erhöhter Diffusionsgeschwindigkeit teilweise in Lösung. Bild 4.61 zeigt die Oberfläche eines Kesselblechs, die beim Kümpeln zufolge Rotbruchs aufgerissen ist.

Damit der Schwefel unschädlich und die Rotbruchgefahr ausgeschaltet wird, erhöht man den Mangangehalt der Eisenlegierungen. Mangan bildet mit Schwefel das erst bei 1 610 °C schmelzende Mangansulfid MnS, das sich als primäre Kristallart schon aus der flüssigen Schmelze ausscheidet, und zwar in Form graublauer idiomorpher Kristalle mit kristallographischen Begrenzungen (Bild 4.62). Diese Form ist typisch für primär ausgeschiedene Kristallverbindungen, denn die Kristallflächen konnten sich in der flüssigen Umgebung ungehindert ausbilden. In den meisten Fällen sind die Mangansulfidkristalle jedoch unter dem Einfluß der Oberflächenspannung zu rundlichen Tröpfchen koaguliert, die bei der Verformung dann mehr oder weniger stark zu ellipsenähnlichen Gebilden deformiert werden (Bild 4.63). Aus dem letzten Bild ist noch zu ersehen, daß die MnS-Einschlüsse als Kristallisationszentren für den voreutektoiden Ferrit dienen.

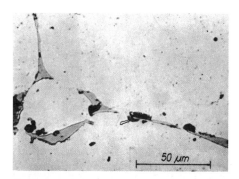

Bild 4.60. Eisensulfid (FeS) an den Korngrenzen der Eisenkristalle. Ungeätzt

Bild 4.61. Rotbrüchige Oberfläche eines Kesselblechs

Bild 4.62. Mangansulfid (MnS) in Stahlformguß

Bild 4.63. Mangansulfid (MnS) in geschmiedetem Stahl

Die Mangansulfideinschlüsse sind als Primärkristalle vollkommen regellos im Stahl- (und auch im Gußeisen-) Gefüge verteilt. Ist der gesamte Schwefel an Mangan gebunden, so kann ein Brüchigwerden oder Aufschmelzen der Korngrenzen natürlich nicht mehr erfolgen, und der Stahl ist gegen Rotbruch gesichert.

Die im Stahl enthaltenen Sulfide lassen sich von anderen Einschlüssen durch die KÜNKELE-Ätzung unterscheiden und identifizieren. Dieses Ätzmittel greift nur das Grundgefüge an, während um die Sulfideinschlüsse helle, ungeätzte Höfe stehenbleiben (Bilder 4.64 und 4.65). Zur Ausführung läßt man 5 g Gelatine 30 min in 20 cm^3 destilliertem Wasser quellen, löst sie durch gelindes Erwärmen auf dem Wasserbad, fügt 20 cm^3 reines Glyzerin und 2 cm^3 Salpetersäure hinzu. Nachdem gut durchgerührt ist, werden 0,8 g Silbernitrat, gelöst in einigen Tropfen Wasser, hinzugefügt und alles gut durchgemischt.

Der polierte Schliff wird nun auf 20 bis 25 °C, das Ätzmittel auf 27 bis 28 °C erwärmt. In letzterem muß sich etwas Flüssigkeit gebildet haben, und das Ganze muß wie Honig fließen. Nun werden 1 bis 2 Tropfen mit einem Glasstab auf der Schliffebene gleichmäßig verrieben. Es entsteht sofort ein schwarzer Schleier. Ist dies jedoch nicht der Fall, so läßt sich der Vorgang durch Reiben der Schlifffläche mit dem Glasstab beschleunigen. Wenn die gesamte Schlifffläche schwarz ist, warte man noch einige Sekunden und spüle den Schliff mit Leitungswasser ab. Die aufgebrachte Lösung soll dabei noch flüssig sein. Der schwarze Silberniederschlag wird mit Watte abgewischt und der Schliff mit Alkohol getrocknet. Die Beobachtung erfolgt unter dem Mikroskop.

Das MnS kommt als solches nicht in reiner Form vor, sondern enthält stets noch größere Mengen Eisen. Dies beruht darauf, daß MnS einen erheblichen Teil von FeS in fester Lösung aufzunehmen vermag. Bild 4.66 zeigt das Zustandsschaubild des Systems FeS–MnS. Der eutektische Punkt liegt bei 94 % FeS und 1 170 °C. Die Lösungsfähigkeit von FeS für MnS ist nur sehr gering. MnS nimmt aber bei 1 170 °C 73 % FeS im Mischkristall auf. Die Löslichkeit nimmt allerdings mit der Temperatur erheblich ab und beträgt bei Raumtemperatur nur noch ≈25 % FeS.

Im Gegensatz zu anderen nichtmetallischen Einschlüssen, wie beispielsweise viele Silikate und Tonerde, sind die Sulfide sowohl in der Kälte wie auch in der Wärme relativ gut plastisch umformbar. Durch die plastische Verformung werden die Sulfideinschlüsse deshalb nicht zertrümmert, sondern lediglich zu Zeilen oder Platten gestreckt. Bild 4.67 zeigt die unterschiedliche Plastizität der Einschlußarten an einer Sulfid-Silikat-Mischschlacke.

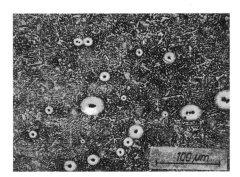

Bild 4.64. Sulfideinschlüsse in gewalztem Stahl. Geätzt nach KÜNKELE

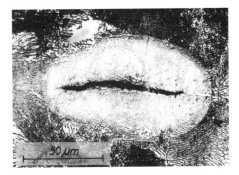

Bild 4.65. Sulfideinschlüsse in gewalztem Stahl. Geätzt nach KÜNKELE

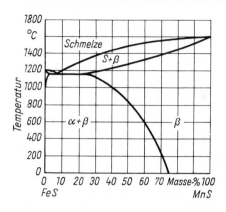

Bild 4.66. Zustandsdiagramm Eisensulfid – Mangansulfid

Während die eckigen Silikateinschlüsse an der Verformung nicht teilgenommen haben, sind die dazwischenliegenden Sulfide stark gestreckt worden.

Die Ausstreckung der Sulfide während der spanlosen Formgebungsverfahren hat zur Folge, daß nach langsamer Abkühlung von der Walz- oder Schmiedetemperatur bei untereutektoiden Stählen der voreutektoide Ferrit an die Sulfide ankristallisiert (s. Bild 4.63) und sich infolgedessen auch in Zeilen ausscheidet. Der Austenit wird in die zeilenförmigen Zwischenräume abgedrängt und wandelt sich dort am Ar_1-Punkt zu Perlit um. Eine Folge der Sulfidstreckung ist demnach die zeilenförmige Ferrit-Perlit-Entmischung, das sog. *sekundäre Zeilengefüge* (Bild 4.68). Durch schnelle Abkühlung aus dem

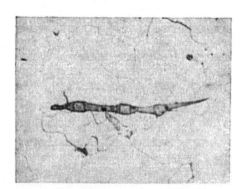

Bild 4.67. Sulfidschlacke mit Silikateinschlüssen in einem gewalzten Stahlblech

Bild 4.68. Sekundäres Zeilengefüge eines warmgewalzten Stahls mit 0,2 % C als Folge von gestreckten MnS-Einschlüssen

Austenitgebiet oder durch Normalisieren läßt sich das sekundäre Zeilengefüge verwischen und bei geringen Wanddicken sogar vollständig beseitigen.

Schwefel neigt ähnlich wie Phosphor in hohem Maße zur Blockseigerung und zur Gasblasenseigerung, falls der Stahl bei der metallurgischen Herstellung nicht beruhigt worden ist. Bild 4.69 zeigt den Längsschliff, Bild 4.70 den Querschliff einer Sechskantstange aus unberuhigtem Thomas-Automatenstahl 9S20 mit 0,08 % C, 0,22 % S und 0,8 Mn. Die Blockseigerung sowie die dunkleren, an S und P (und C) stark angereicherten Gasblasen-

4.4. Eisenbegleiter

seigerungen sind deutlich zu erkennen. Als metallographisches Nachweismittel für Blockseigerungen und Schwefelanreicherungen wurde der BAUMANN-Abdruck bereits erwähnt.

Ist der Schwefel also im allgemeinen ebenso wie der Phosphor ein unerwünschter, weil schädlicher Eisenbegleiter, so sind doch Schwefelgehalte von 0,15 bis 0,25 % in Automatenstählen enthalten bei gleichzeitig erhöhtem Mangangehalt (0,5 bis 0,9 %). Die Mangansulfide, die eine nur geringe Festigkeit haben, bewirken, daß bei der spanabhebenden Bearbeitung, also beim Drehen, Fräsen, Bohren, der Span kurzbrüchig anfällt. MnS wirkt als Spanbrecher. Gleichzeitig wird die Haltbarkeit der Werkzeuge erhöht, das bearbeitete Werkstück erhält eine glatte, saubere Oberfläche, und die Schnittgeschwindigkeit kann sehr heraufgesetzt werden.

Die Bilder 4.71 und 4.72 zeigen einen Längsschliff durch die oben erwähnte Sechskantstange aus 9S20. Die die metallische Grundmasse unterbrechenden gestreckten Mangansulfideinschlüsse sind deutlich zu erkennen. MnS ist als nichtmetallischer Einschluß schon auf der polierten, ungeätzten Schlifffläche sichtbar.

Bild 4.69. Blockseigerung von MnS in einem unberuhigten Automatenstahl 9S20 (Längsschliff). Geätzt nach HEYN

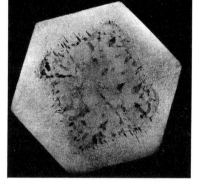

Bild 4.70. Blockseigerung von MnS in einem unberuhigten Automatenstahl 9S20 (Querschliff). Geätzt nach HEYN

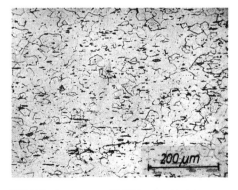

Bild 4.71. Automatenstahl 9S20 mit zahlreichen gestreckten MnS-Einschlüssen (Längsschliff)

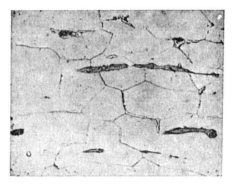

Bild 4.72. Automatenstahl 9S20 mit zahlreichen gestreckten MnS-Einschlüssen (Längsschliff)

War der Automatenstahl bei seiner Erschmelzung beruhigt worden, dann sind die Einschlüsse meist fein ausgebildet und gleichmäßig verteilt, da keine Block- oder Gasblasenseigerung auftritt. Aber infolge des Siliziumsgehalts des beruhigten Stahls steigen Streckgrenze und Zugfestigkeit an, womit ein schnellerer Verschleiß der Werkzeuge verbunden ist sowie eine geringere Oberflächengüte, da die Schnittgeschwindigkeit herabgesetzt werden muß.

In unberuhigten Automatenstählen sind in der geseigerten Kernzone die MnS-Einschlüsse wesentlich gröber. Dieser Stahl erlaubt deshalb eine höhere Schnittgeschwindigkeit, und damit verbessert sich auch die Oberflächengüte. Streckgrenze und Festigkeit des unberuhigten Automatenstahles sind wegen des fehlenden Siliziums geringer, und damit nimmt auch der Werkzeugverschleiß ab. Allerdings befinden sich in der geseigerten Kernzone neben feinen Sulfiden auch gröbere, die von Gasblasenseigerungen herrühren. Derartige grobe Sulfideinschlüsse gestatten eine bessere Bearbeitbarkeit. Sie wirken aber störend, wenn es auf eine hohe Oberflächengüte des Werkstücks ankommt, und führen zu Haarrissen.

Eine dem Rotbruch ähnliche Erscheinung ist die *Lötbrüchigkeit*. Kommt Stahl, der unter Zugspannungen steht, bei Temperaturen oberhalb von 1 100 °C in Berührung mit kupferhaltigen Legierungen, wie Messing, Bronze oder Bleibronze, so dringt das Kupfer in ganz kurzer Zeit längs der Korngrenzen in den Stahl ein und führt zur Zerstörung des Werkstücks. Bild 4.73 zeigt die Oberfläche einer Lagerschale aus Stahl C10, die mit Bleibronze PbBz25 bei 1 150 °C ausgegossen worden ist. Infolge ungleichmäßiger Erwärmung traten Wärmespannungen auf, die sich beim Aufgießen der Bleibronze auslösten und zu Rißbildungen Veranlassung gaben.

Bild 4.74 zeigt das Feingefüge der Rißumgebung mit den Kupfereinlagerungen und dem interkristallinen Rißverlauf.

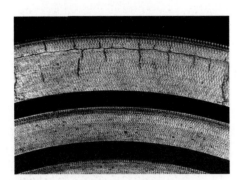

Bild 4.73. Lagerschale aus Stahlguß mit Lötrissigkeit

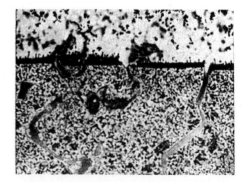

Bild 4.74. Interkristalliner Rißverlauf mit Kupfereinlagerungen an den Korngrenzen

4.4.6. Stickstoff

Jedes technisch erschmolzene Eisen ist im Verlauf seiner metallurgischen Herstellung mit Luft in Berührung gekommen und enthält deshalb stets eine gewisse Menge Stickstoff. Während im Siemens-Martin-Stahl im allgemeinen nur wenig Stickstoff enthalten

ist (<0,010%), weisen Elektrostahl und Thomasstahl höhere Stickstoffgehalte auf (bis zu 0,30% und mehr).
Das Lösungsvermögen von α-Eisen für Stickstoff ist nur gering und beträgt bei 590 °C maximal 0,10%. Mit fallender Temperatur nimmt die Löslichkeit aber erheblich ab und ist bei Raumtemperatur auf etwa 10^{-5}% gesunken (Bild 4.75). Durch schnelle Abkühlung

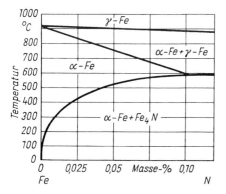

Bild 4.75. Löslichkeit von α-Eisen für Stickstoff

von Temperaturen >590 °C wird der Stickstoff vom Eisenmischkristall in übersättigter Lösung gehalten, während sehr langsame Abkühlung oder mehrstündiges Anlassen bei Temperaturen oberhalb von 200 bis 250 °C eine Ausscheidung der charakteristischen Fe_4N-Nadeln bewirken.
Bild 4.76 zeigt das Gefüge von im Elektroofen erschmolzenem Armco-Eisen, das von 1 000 °C mit einer Abkühlungsgeschwindigkeit von 2 K/min abgekühlt worden war. Die kurzen dunklen Nadeln bestehen aus Eisennitrid Fe_4N. Bemerkenswert ist die nach den Kristallflächen des Eisens orientierte Nadellage. Bild 4.77 zeigt das Feingefüge eines vergüteten Stahls mit 0,25% C und 2% Mn. Diesem wurde 0,1% Vanadium hinzulegiert, um Feinkörnigkeit und bessere mechanische Eigenschaften zu erzielen. Da Vanadium eine sehr hohe Affinität zu Stickstoff hat, bindet es diesen zu kubischem Vanadiumnitrid ab.

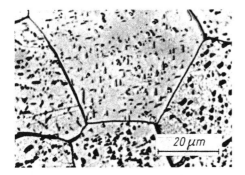

Bild 4.76. Stickstoffhaltiger Ferrit, langsam von 1 000 °C abgekühlt. Ausscheidung von Nitridnadeln

Bild 4.77. Vergüteter Stahl mit kubischem Vanadinnitrid (heller Würfel).
Geätzt mit 3%iger HNO_3

In ähnlicher Weise wirkt sich auch Titan aus. Dadurch werden diese Stähle wesentlich alterungsbeständiger.

Ähnlich wie kohlenstoffhaltiges Eisen ist auch stickstoffhaltiges Eisen aushärtbar und alterungsanfällig. Diese durch Stickstoff hervorgerufene Alterung führt zu einer erheblichen *Versprödung* des Stahls, die sich hauptsächlich in einer Zunahme der Stoß- und Schlagempfindlichkeit bzw. in einem Abfall der Kerbschlagzähigkeit äußert. Gleichzeitig nehmen auch Härte und Festigkeit zu, und das Formänderungsvermögen sinkt. Die Versprödung besonders von stickstoffreichem Thomasstahl kann so weit gehen, daß dickwandige Profile beim Hinfallen auf einen Steinfußboden zersplittern.

Prüft man die mechanischen Eigenschaften von Flußstahl bei höheren Temperaturen, so findet man nicht, wie bei Kupfer, Nickel, Bronze, Aluminium und anderen Metallen und Legierungen, einen stetigen Abfall der Härte und Festigkeit und einen stetigen Anstieg der Dehnung und Einschnürung. Bei weichen Stählen fallen Härte und Festigkeit zwar bei etwas erhöhten Temperaturen ab, steigen dann aber zwischen 200 und 300 °C, dem Gebiet der blauen Anlaßfarbe, wieder an, und erst nach Durchlaufen eines Maximums zwischen 250 und 300 °C fallen die Werte normal ab. So betrug beispielsweise bei einem Stahl die Zugfestigkeit bei 20 °C $R_m = 420$ MPa, bei 250 °C hingegen $R_m = 620$ MPa. Dehnung und Einschnürung weisen entsprechend bei dem Maximum von Zugfestigkeit und Härte ein Minimum auf, während die Kerbschlagzähigkeit erst bei höheren Temperaturen, zwischen 400 und 500 °C, ein Minimum durchläuft. Das Temperaturintervall zwischen 200 und 300 °C bezeichnet man deshalb als den Bereich der *Blausprödigkeit*. Stahl, der in diesem Gebiet gebrochen ist, zeigt auf der Bruchfläche eine blaue Anlauffarbe.

Eine ähnliche Versprödung weist ein Stahl auf, der bei 200 bis 300 °C verformt und nach dem Abkühlen bei Raumtemperatur geprüft bzw. beansprucht wird. Auch wenn der Stahl bei Raumtemperatur umgeformt und dann bei Raumtemperatur (natürliche Alterung) oder etwas erhöhten Temperaturen (künstliche Alterung) ausgelagert wird, tritt diese Versprödung ein. Stets sind erhöhte Härte und Festigkeit, aber verminderte Dehnung, Einschnürung und vor allen Dingen eine stark herabgesetzte Kerbschlagzähigkeit die Folge.

Alterungsanfällige Stähle neigen auch zur Ausbildung der LÜDERSschen Linien. Diese Linien entstehen bei einer geringen Verformung und sind Bereiche, die unter der Auswirkung von Spannungen ein örtliches Abgleiten erfahren haben.

Bild 4.78 zeigt die Oberfläche eines emaillierten Stahlrohrs aus C10. Das Rohr war nach dem Emaillieren durch Druckbeanspruchung von außen schwach deformiert worden. Dabei hatten sich an der Druckstelle die schräg verlaufenden LÜDERSschen Linien gebildet und die Emaille örtlich abgesprengt. Derartige Linien sind besonders bei Tiefziehblechen gefürchtet, da sie eine Aufrauhung der Oberfläche des Werkstücks ergeben, weswegen die Bleche nur schlecht poliert, lackiert oder emailliert werden können.

Innerhalb des Stahls selbst lassen sich die LÜDERSschen Linien durch das FRYsche Ätzmittel entwickeln. Zunächst wird das Werkstück 30 min auf 200 bis 400 °C angelassen und dann erst geschliffen und poliert. Geätzt wird mit folgender Lösung:

1. *FRYsches Ätzmittel für makroskopische Untersuchung*

    100 cm³ dest. Wasser,
    120 cm³ konz. Salzsäure,
      90 g   krist. Kupferchlorid.

2. FRYsches Ätzmittel für mikroskopische Untersuchung

30 cm³ dest. Wasser,
40 cm³ konz. Salzsäure,
25 cm³ Äthylalkohol,
 5 g   krist. Kupferchlorid.

War der untersuchte Stahl nicht mit Aluminium überdesoxidiert, vorher aber über die Streckgrenze hinaus umgeformt worden, so erscheinen die FRYschen Kraftwirkungsfiguren als gerade oder gebogene, dunkle Bänder auf dem helleren Untergrund, aus deren Verlauf Rückschlüsse über Größe und Art der Verformung gezogen werden können. Die Dunkelfärbung der Kraftwirkungsfiguren beim Ätzen ist wahrscheinlich auf die Ausscheidung von feinsten Eisennitriden innerhalb der Gleitzonen zurückzuführen. Bild 4.79 zeigt ein schwach gebogenes Kesselblech mit FRYschen Kraftwirkungsfiguren.
Eine besonders bei Kesselblechen auftretende Nebenerscheinung der Alterung ist die *interkristalline Spannungsrißkorrosion*, die eintritt, wenn unter Zugspannung stehender alterungsanfälliger Stahl dem Angriff heißer, schwach saurer oder alkalischer Lösungen ausgesetzt ist, wie z. B. Kesselbleche oder Konstruktionselemente in der chemischen Industrie. Der Korrosionsangriff schreitet längs der Korngrenzen fort und führt nach und nach zum Aufreißen des Stahls (Bilder 4.80 und 4.81). Die labormäßige Prüfung auf Laugensprödigkeit erfolgt durch Kochen des unter Zugspannung gebrachten Stahls in einer Lösung aus 60 % $Ca(NO_3)_2$ + 4 % NH_4NO_3.
Es wird heute als sicher angesehen, daß Stickstoff alle die genannten Alterungserscheinungen verursacht.
Zur sicheren Behebung der Alterungsanfälligkeit wird der Stahl bei seiner Erschmelzung stark mit Aluminium überdesoxidiert, wodurch der Stickstoff zu AlN, Aluminiumnitrid, abgebunden wird. Der Gehalt an metallischem Aluminium im Stahl ist dann größer als etwa 0,03 %. Derartig metallurgisch besonders behandelte Stähle bezeichnete man früher als *Izett-Stähle* (*Immer-zäh*).
Der Unterschied im Alterungsverhalten sei an drei typischen Stählen aufgezeigt (Tabelle 4.8).
Wie ersichtlich, ist der Thomasstahl durch hohen Phosphor- und Stickstoffgehalt, der Izett-Stahl durch einen höheren Aluminiumgehalt gekennzeichnet.

Bild 4.78. Emailliertes Stahlrohr aus Stahl C10 mit LÜDERschen Linien

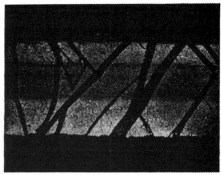

Bild 4.79. Kraftwirkungsfiguren in einem schwach gebogenen Kesselblech.
Geätzt nach FRY

4. Gefüge der technischen Eisenlegierungen

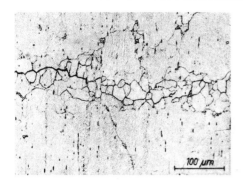

Bild 4.80. Durch Laugensprödigkeit zerstörtes Kesselblech. Interkristalline Korrosion

Bild 4.81. Kesselblech mit interkristallinen Rissen, verursacht durch Laugensprödigkeit (Nietlochrisse)

Tabelle 4.8. Zusammensetzung von drei weichen Stählen mit unterschiedlichen Alterungsverhalten

Stahl	C [%]	Si [%]	Mn [%]	P [%]	S [%]	N [%]	Al [%]
Thomasstahl (*I*)	0,13	0,01	0,47	0,066	0,037	0,013	0,003
SM-Stahl (*II*)	0,13	0,15	0,46	0,016	0,019	0,004	0,008
Izett-Stahl (*III*)	0,14	0,07	0,43	0,015	0,017	0,005	0,050

Im normalisierten Zustand (950 °C/Luftabkühlung) betrug die Kerbschlagzähigkeit a_K der 3 Stähle bei 20 °C: $I = 140$; $II = 180$ und $III = 200$ J/cm², im gealterten Zustand (10 % gereckt, 30 min 250 °C/Luftabkühlung) dagegen: $I = 20$; $II = 120$ und $III = 180$ J/cm². Noch deutlicher wird die Überlegenheit des Izett-Stahls, wenn die Kerbschlagzähigkeit bei 0 °C geprüft wird. Nach dem Normalisieren beträgt a_K dann: $I = 100$; $II = 170$ und $III = 190$ J/cm², nach dem Altern dagegen: $I = 5$; $II = 40$ und $III = 170$ J/cm².
Das Beispiel des Stickstoffes zeigt sehr deutlich, wie groß der Einfluß der Spurenelemente, auch wenn ihre Konzentration nur wenige hundertstel oder tausendstel Prozent beträgt, auf die mechanischen, physikalischen oder chemischen Eigenschaften eines Stahles sein kann.
Über Aufstickung (Nitrieren) von Stahl s. Abschn. 4.5.6.

4.4.7. Wasserstoff

Zu den kleinen Beimengungen des Stahls gehört auch der Wasserstoff, obwohl dieser im Gefüge nicht unmittelbar in Erscheinung tritt, sondern sich nur an seinen schädlichen Wirkungen nachweisen läßt. Wasserstoff gelangt meist durch H_2O-haltige Zuschläge (Ferrosilizium, Kalk) oder durch schlecht getrocknete Ofen- und Pfannenausmauerungen bei der Erschmelzung in den Stahl. Auch im festen Zustand nehmen Eisen und Stahl Wasserstoff auf, entweder aus den Ofengasen beim Glühen oder beim Beizen in Säuren.
Eisen vermag bei Raumtemperatur 0,1 cm³ H_2 je 100 g Fe aufzunehmen. Die Absorption

nimmt mit steigender Temperatur schnell zu. Bei 1 500 °C sind schon (bei einem Wasserstoffpartialdruck von 0,1 MPa) ≈12 cm^3 H$_2$/100 g Fe gelöst, und am Schmelzpunkt steigt die aufgenommene Menge sprunghaft auf das Doppelte, d. h. auf ≈25 cm^3 H$_2$/100 g Fe, an. Ein ähnlicher, wenn auch kleinerer Löslichkeitssprung ist bei der δ/γ- und auch bei der γ/α-Umwandlung vorhanden (Bild 4.82).

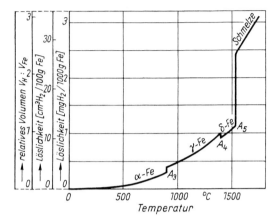

Bild 4.82. Wasserstoffaufnahme von Eisen in Abhängigkeit von der Temperatur (gültig für $p_{H_2} = 0,1$ MPa)

Im allgemeinen liegt der Wasserstoff im Eisen in atomarer Form vor und bildet mit dem Eisen Einlagerungsmischkristalle, ähnlich wie die Elemente Kohlenstoff und Stickstoff. Infolgedessen ist die Diffusionsgeschwindigkeit des Wasserstoffs im Eisen außerordentlich hoch, und atomarer Wasserstoff kann Eisen schon bei Raumtemperatur oder wenig erhöhten Temperaturen (100 bis 200 °C) verlassen.
An Gitterstörstellen, wie beispielsweise Gleitlinien und Korngrenzen, oder auch an Schlackeneinschlüssen vereinigen sich die Wasserstoffatome zu Molekülen gemäß der Reaktionsgleichung H → H$_2$.
Dieser molekulare Wasserstoff ist praktisch diffusionsunfähig und bleibt am Bildungsort eingeschlossen. Der Wasserstoffdruck vermag an derartigen Stellen außerordentlich hohe Werte zu erreichen, die die Streckgrenze und Zugfestigkeit des Stahls überschreiten können, d. h., der Stahl wird plastisch verformt oder reißt auf.
Durch Wasserstoff verursachte Spannungsrisse bezeichnet man als *Flocken*. Sie bilden sich meist beim Abkühlen nach dem Schmieden oder Walzen im Temperaturbereich um 200 °C. Die Gefahr der Flockenrißbildung ist besonders dann vorhanden, wenn größere Schmiedestücke zu schnell abgekühlt werden, so daß der Wasserstoff aus zeitlichen und räumlichen Gründen nicht entweichen kann. Begünstigt wird die Flockenbildung durch Spannungen (Abkühl-, Umwandlungs-, Verformungsspannungen), Seigerungen und Schlacken. Gefährlich ist auch eine niedrige γ/α-Umwandlungstemperatur, weil die durch den plötzlich freiwerdenden Wasserstoff entstehenden Spannungen nicht mehr plastisch abgebaut werden können.
Flocken geben sich im Bruch als helle, mattglänzende, meist kreisrunde oder elliptische Stellen zu erkennen (Bild 4.83). Flockenrisse gehen durch die Kristalle hindurch, ergeben einen verformungslosen, örtlichen Trennungsbruch, besitzen ein körniges, unzerriebenes, glitzerndes Bruchkorn und sind in der Verformungsrichtung nicht gestreckt. Zur besseren

Bild 4.83. Blaubruchprobe von Stahl 42MnV7 mit Flocken. Stahl vor dem Brechen von 850 °C gehärtet und bei 350 °C angelassen, um ein feinkörniges Bruchgefüge zu erhalten, von dem sich die grobkristallinen und metallisch glänzenden rundlichen Flocken deutlich abheben

Erkennbarkeit wird die zu untersuchende Probe vor dem Brechen gehärtet oder vergütet. Die kristallinen Flocken heben sich dann deutlicher von dem glatten Grundgefüge ab. Das Brechen kann auch im Blaubruchgebiet erfolgen. Die Flocken laufen dabei nicht so schnell an wie die restliche Bruchfläche.
In Schliffen senkrecht zur Verformungsrichtung treten die Flocken nach dem Beizen in Salzsäure als einige Millimeter oder Zentimeter lange, glatte oder gewinkelte Risse in Erscheinung (Bild 4.84).

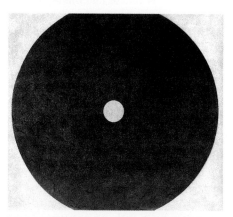

Bild 4.84. Beizscheibe von Stahl 42MnV7 mit Flocken.
Die feingeschliffene Scheibe wurde 2 h in einer Lösung aus 1 Teil konz. HCl + 4 Teilen H_2O bei 60 °C gebeizt

Flocken werden vermieden durch sorgfältiges Fernhalten von Feuchtigkeit von der Stahlschmelze (gut getrockneter Kalk, getrocknete Ofen- und Pfannenausmauerung, geeigneter Kokillenlack), durch langsames Abkühlen der gegossenen, gewalzten oder geschmiedeten Teile bis auf Raumtemperatur (Kühlgruben) oder durch Vakuumguß. Einmal entstandene Flocken lassen sich unter Umständen durch Schmieden oder Walzen bei hohen Temperaturen wieder zuschweißen, da die Rißwände metallisch blank und nicht oxidiert sind.
Der im Stahl vorhandene Wasserstoff verursacht u. U. eine erhebliche *Versprödung* desselben. Die Festigkeit wird etwas erhöht, die Zähigkeit, besonders die Biegezahl und die Einschnürung, aber auch die Dehnung herabgesetzt. Bild 4.85 zeigt das Bruchaussehen eines

4.4. Eisenbegleiter

2 mm dicken, normalgeglühten Stahldrahts, der 28 Biegungen bis zum Bruch aushielt. Der dunkle Verformungsbruch und die Einschnürung an der Bruchstelle sind deutlich zu erkennen. Nachdem der Eisendraht elektrolytisch bei Raumtemperatur (Elektrolyt: Schwefelsäure mit As_2O_3-Zusatz) stark mit Wasserstoff beladen worden war (etwa 120 cm³ H_2/100 g Fe), hielt er nur noch zwei Biegungen um 180° aus und brach dann spröde. Bild 4.86 zeigt den hellen Sprödbruch und die fehlende Einschnürung. Derartige Versprödungen treten besonders häufig bei gebeizten Automatenstählen auf, weil die Sulfideinschlüsse das Eindringen des Wasserstoffes erleichtern.

Bild 4.85. Bruchfläche eines wasserstofffreien 2-mm-Stahldrahts

Bild 4.86. Bruchfläche eines wasserstoffbeladenen 2-mm-Stahldrahts

Der beim Beizen in den Stahl eintretende Wasserstoff führt zur *Beizblasenbildung*. Dies ist besonders dann der Fall, wenn der Stahl kaltverformt ist, Schlackenzeilen oder unvollkommen verschweißte Gasblasen enthält. An geeigneten Fehlstellen rekombinieren die Wasserstoffatome zu Molekülen. Der Wasserstoffdruck steigt im Laufe der Zeit an und drückt die Stahloberfläche örtlich nach außen. Bild 4.87 zeigt die blasige Oberfläche eines gebeizten, kaltverformten Bleches, Bild 4.88 einen Querschliff durch eine derartige Blase. Das übermäßige Eindringen des Wasserstoffs und damit die Beizblasenbildung läßt sich durch Zugabe von Sparbeize zur Beizflüssigkeit verhindern.

Bild 4.87. Stahlblech aus St33 mit Beizblasen (Aufsicht)

Bild 4.88. Stahlblech aus St33 mit Beizblase (Querschliff)

4.4.8. Sauerstoff

Das Eisen bildet mit Sauerstoff drei Oxide: das rhomboedrische Fe_2O_3 (Eisenoxid), das kubische Fe_3O_4 (Eisenoxiduloxid) und das kubische FeO (Eisenoxidul). FeO ist als stöchiometrisch zusammengesetzte Verbindung nicht beständig, sondern enthält immer noch überschüssige Sauerstoffatome im Kristallgitter gelöst. Lediglich dieses eisenreichste Oxid ist manchmal im Stahl vorhanden und führt als Gefügebestandteil den Namen *Wüstit*. Je nach dem Sauerstoffgehalt liegt der Schmelzpunkt des Wüstits zwischen 1370 und 1430 °C.

Wüstit kommt besonders in kohlenstoffarmen Stählen vor, wie beispielsweise in Weicheisen und Armco-Eisen. Je höher der Kohlenstoffgehalt des Stahls ist, um so geringer ist der Sauerstoffgehalt. Während im Armco-Eisen mit 0,02 % C etwa 0,1 % Sauerstoff vorhanden sein können, beträgt der Sauerstoffgehalt eines Werkzeugstahls mit 1 % C nur ≈ 0,002 %.

Ähnlich wie das Eisensulfid FeS macht ein höherer FeO-Gehalt, wie er beispielsweise in Armco-Eisen vorkommt, den Stahl *rotbrüchig*. Besonders starke Rotbrucherscheinungen zeigt ein Stahl, der bei geringem Mangangehalt höhere Sauerstoff- und Schwefelkonzentrationen aufweist. FeO bildet nämlich mit FeS ein Eutektikum bei 58 % FeS, das bereits bei 930 °C schmilzt (Bild 4.89). Durch ausreichenden Manganzusatz wird sowohl der

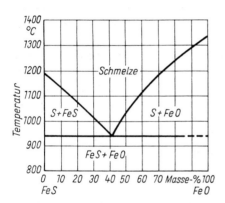

Bild 4.89. Zustandsdiagramm Eisensulfid – Eisenoxidul

Schwefel zu MnS als auch der Sauerstoff zu MnO abgebunden, so daß beide rotbrucherzeugenden Elemente in eine unschädliche Form übergeführt werden.

Der Wüstit liegt im Stahlgefüge in Form winziger Kügelchen vor, die entweder regellos verteilt (Bild 4.90) oder längs der Korngrenzen der primären Austenitkristalle angeordnet sind. Bei der Verteilung längs der Korngrenzen besteht die Gefahr von interkristallinen Rissen und Brüchen während der Warmumformung.

Sauerstoff tritt nicht nur während der Erschmelzung in den Stahl ein, sondern diffundiert auch bei höheren Temperaturen besonders längs der Korngrenzen in den bereits erstarrten Stahl ein. Bild 4.91 zeigt das austenitische Gefüge eines Heizleiterdrahts mit 60 % Ni, 15 % Cr und 25 % Fe. Der Draht war durch elektrische Beheizung lange Zeit Temperaturen von 1100 bis 1200 °C ausgesetzt worden. Aus der gebildeten Oberflächenzunderschicht war Sauerstoff in den Austenit und in besonders starkem Maß in die Korngrenzen

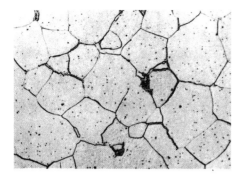

Bild 4.90. Punktförmige Wüstiteinschlüsse in Armco-Eisen

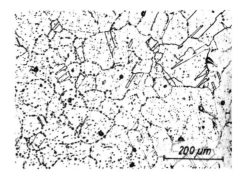

Bild 4.91. Heizleiterdraht mit 60% Ni, 15% Cr und 25% Fe. Austenit mit punktförmigen Oxideinschlüssen

eingewandert und hatte punktförmige Oxide gebildet. Durch die dabei erfolgte Versprödung war der Draht beim Biegen zu Bruch gegangen.

Stahl, der bei der Verarbeitung so hoch und so langzeitig erhitzt worden war, daß Sauerstoff in die Oberflächenschichten eindiffundiert ist, wird als verbrannt bezeichnet. *Verbrannter Stahl* erweist sich als spröde, bricht bei der Umformung auseinander und muß deshalb verschrottet werden. Bild 4.92 zeigt die rissige Oberfläche eines verbrannten Kettenglieds, und im Bild 4.93 ist die Ansammlung von Eisenoxid an den Korngrenzen der ehemaligen γ-Kristalle dargestellt.

Eisen- und Manganoxide lassen sich im Stahl durch Glühen des polierten Schliffs in Wasserstoff nachweisen. Bild 4.94 zeigt einen gestreckten (Fe, Mn)O-Einschluß vor dem Glühen, Bild 4.95 die gleiche Stelle nach 2stündigem Glühen in Wasserstoff von 1 100 °C. Das Oxid wurde durch Wasserstoff reduziert und entfernt. Al_2O_3, SiO_2 und die Silikate werden demgegenüber von Wasserstoff nicht angegriffen.

Während der Erschmelzung stellt sich ein thermodynamisches Gleichgewicht zwischen dem Sauerstoff- und Kohlenstoffgehalt des Stahls ein:

$$FeO + C \rightleftharpoons Fe + CO.$$

Bild 4.92. Verbranntes und beim Biegen aufgerissenes Kettenglied

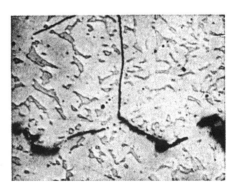

Bild 4.93. Oxideinwanderungen an den Korngrenzen bei dem verbrannten Kettenstahl vom Bild 4.92

4. Gefüge der technischen Eisenlegierungen

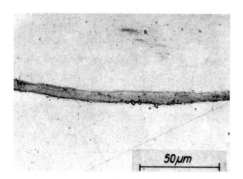
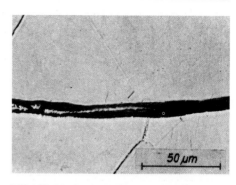

Bild 4.94. Mischoxid (Fe,Mn)O.
Ungeätzt

Bild 4.95. Mischoxid (Fe,Mn)O wird durch 2 h Glühen in Wasserstoff bei 1 100 °C reduziert und entfernt

Beim Vergießen des Stahls wird das Gleichgewicht gestört. Einmal sinkt die Temperatur ab, und zum anderen findet während der Erstarrung eine Anreicherung von FeO und C im Kern statt (Blockseigerung). Als Folge davon bildet sich erneut CO. Das Kohlenmonoxid steigt in Form von Gasblasen in der Schmelze hoch, der Stahl erstarrt »unruhig«.

Zur Vermeidung der Gasentwicklung, zur »Beruhigung«, gibt man in den flüssigen Stahl Zusätze, sog. Desoxidationsmittel, die eine größere Affinität zum Sauerstoff haben als das Eisen und deren Oxide vom Kohlenstoff nicht reduziert werden können. Als Desoxidationsmittel wird meist Silizium in Form von Ferrosilizium angewendet. Silizium setzt sich mit Eisenoxid um gemäß der Gleichung

$$2\,FeO + Si \rightarrow 2\,Fe + SiO_2\,.$$

Das gebildete SiO_2, die *Kieselsäure*, reagiert nicht mehr mit dem Kohlenstoff. In gegossenem Stahl sind manchmal runde, harte, glasige Einschlüsse vorhanden (Bild 4.96), die bei der mikroskopischen Betrachtung unter gekreuzten Nicols ein Auslöschungskreuz zeigen (Bild 4.97). Dreht man aber den Einschluß um 360 °C, so wandert weder das Auslöschungskreuz mit, noch erhält man eine Dunkelstellung. Das Auslöschungskreuz ist lediglich spannungsoptisch bedingt.

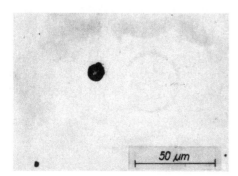
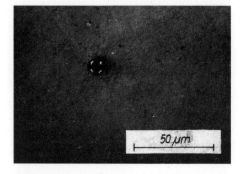

Bild 4.96. Glasiger SiO_2-Einschluß in Stahlguß (parallele Nicols).
Ungeätzt

Bild 4.97. Glasiger SiO_2-Einschluß in Stahlguß (gekreuzte Nicols).
Ungeätzt

4.4. Eisenbegleiter

In den meisten Fällen kommt aber die Kieselsäure nicht als selbständiger Einschluß im Stahl vor, sondern sie verbindet sich mit anderen Oxiden (FeO, MnO, Al_2O_3, CaO, MgO) zu kompliziert zusammengesetzten Verbindungen, den sog. *Silikaten*. Je nach der Stahlmarke, der Erschmelzungsart und dem Desoxidationsverfahren können die Silikate eine sehr verschiedene Zusammensetzung haben, wie es Tabelle 4.9 für einige elektrolytisch isolierte Silikateinschlüsse wiedergibt.

Tabelle 4.9. Zusammensetzung einiger Silikateinschlüsse in Stahl (nach LUKASCHEWITSCH-DUWANOWA)

Erschmelzungsart	Zusammensetzung
fast in allen Stählen	98,0 SiO_2 + FeO
saurer SM-Stahl	80…90 % SiO_2; 20…10 % MnO
saurer und basischer SM-Stahl	75 % SiO_2; 22 % MnO; 2 % FeO
saurer SM-Stahl	60 % SiO_2; 18 % MnO; 15 % FeO; 1 % CaO
basischer SM-Stahl } Thomasstahl	35 % SiO_2; 25 % MnO; 20 % FeO; 12 % CaO; 6 % MgO
Puddeleisen	34 % SiO_2; 63 % FeO; 3 % MnO
saurer SM-Stahl	15 % SiO_2; 84 % MnO
Puddeleisen	8 % SiO_2; 92 % FeO

Entsprechend der unterschiedlichen Zusammensetzung ist auch das Feingefüge der Silikate sehr verschieden. Man findet sowohl praktisch homogene Einschlüsse (Bild 4.98) wie auch sehr heterogene Strukturen (Bild 4.99). Den Feinbau einer sehr groben Schlacke zeigt Bild 4.100; die Primärkristalle bestehen in der Hauptsache aus Fayalit 2 FeO · SiO_2 und die Grundmasse aus dem Eutektikum (FeO + 2 FeO · SiO_2). Die Zusammensetzung dieses Einschlusses ist etwa: 5 % SiO_2; 63 % FeO; 14 % Fe_2O_3; 7 % MnO und 4 % P_2O_5.

Die Silikateinschlüsse sind meist hart und spröde. Durch eine spitze, gehärtete Stahlnadel werden sie nicht geritzt (Bild 4.101). Bei der Umformung werden die Silikateinschlüsse zerbrochen und die Bruchstücke zu Zeilen auseinandergezogen. Besonders in Silizium- und in Silizium-Mangan-Stählen besteht die Gefahr, daß sich eine größere

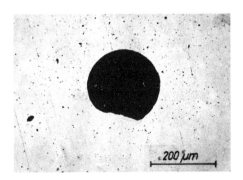

Bild 4.98. Grober, fast homogener Silikateinschluß in Stahlguß.
Ungeätzt

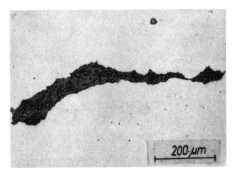

Bild 4.99. Grober, heterogener Silikateinschluß in Stahlguß.
Ungeätzt

4. Gefüge der technischen Eisenlegierungen

Bild 4.100. Feingefüge einer Silikatschlacke. Primäre Fayalit-Kristalle aus $2\,FeO \cdot SiO_2$ im $(FeO + 2\,FeO \cdot SiO_2)$-Eutektikum. Ungeätzt

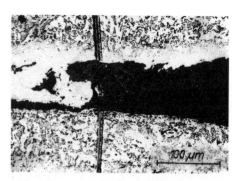

Bild 4.101. Eine Silikatschlacke wird durch eine gehärtete Stahlnadel nicht geritzt

Menge von Silikaten bildet. Auch durch Einschwemmungen von feuerfestem Material gelangen Silikateinschlüsse oftmals in den Stahl.

Häufig werden Stähle auch ganz oder teilweise mit Aluminium bzw. Kalziumaluminium beruhigt, vor allen Dingen, wenn die Stähle alterungsunempfindlich, laugenrißbeständig oder als Feinkornstähle erschmolzen werden. Aluminium verbindet sich mit Sauerstoff zu *Tonerde* Al_2O_3. Al_2O_3 bildet außerordentlich harte, kleine Kriställchen von sehr hohem Schmelzpunkt (2050 °C). In gegossenen Stählen sind vielfach nesterförmige Anhäufungen oder schleierartige Häutchen zu finden (Bild 4.102). Die Tonerdekriställchen werden bei der plastischen Verformung infolge ihrer außerordentlich hohen Härte nicht zertrümmert, sondern die einzelnen Partikeln ordnen sich nur zu ganz charakteristischen Zeilen an (Bild 4.103). Die Al_2O_3-Teilchen haben keine Bindung mit der Eisengrundmasse und bröckeln deshalb teilweise bereits bei der Schliffherstellung heraus. Ist ein Stahl stärker mit Tonerde verseucht, wie es z. B. manchmal bei alterungsbeständigen Kesselblechen der Fall ist, so ergeben sich typische terrassenartige oder blättrige Brucherscheinungen (Bilder 4.104 und 4.105).

Auch Dopplungen und andere Materialtrennungen werden durch Tonerde verursacht. Diese können besonders bei Blechen zu Oberflächenblasen oder Aufreißungen führen.

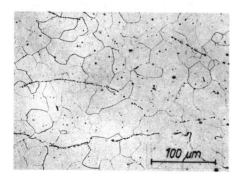

Bild 4.102. Tonerdehäutchen in Armco-Eisen mit 0,3 % Al

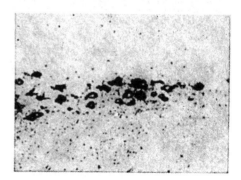

Bild 4.103. Tonerdeeinschlüsse in einem Blech aus alterungsbeständigem Stahl. Ungeätzt

Bild 4.104. Bruchbild eines stark mit Tonerde verseuchten Stahls

Bild 4.105. Innenansicht einer durch Tonerde verursachten Blechdopplung

Bild 4.106 zeigt als Beispiel die blasige Oberfläche eines 2,5-mm-Feinblechs mit 0,10 % C, 0,09 % Si und 0,02 % Al. Aus dem Mikroschliff (Bild 4.107) geht hervor, daß die Blasen von langen Tonerdezeilen ihren Ausgang nehmen. Wie sich herausstellte, war das Blech gebeizt worden, der eindiffundierende Wasserstoff hatte sich in den Tonerdezeilen gesammelt und schließlich die Blasenbildung bewirkt.

Kieselsäure und Tonerde bilden eine bei 1 810 °C unter Zersetzung schmelzende Verbindung $3\,Al_2O_3 \cdot 2\,SiO_2$ mit etwa 71 % Al_2O_3 und diese mit der Kieselsäure ein Eutektikum bei 94 % SiO_2 und 1 550 °C. Verbindungen zwischen Aluminiumoxid Al_2O_3 und Metalloxiden bezeichnet man als *Spinelle*. So gibt es beispielsweise im Stahl den Eisenspinell FeO $\times\, Al_2O_3$ und, falls Chrom vorhanden ist, den Chromspinell $Cr_2O_3 \cdot Al_2O_3$.

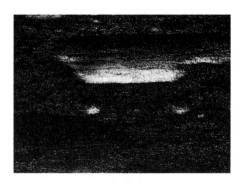
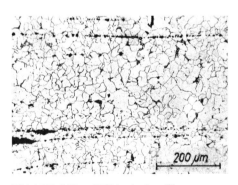

Bild 4.106. Blasige Oberfläche eines gebeizten, stark tonerdehaltigen Blechs

Bild 4.107. Mikroschliff durch einen Blasenausläufer vom Bild 4.106

4.4.9. Nichtmetallische Einschlüsse

In jedem Stahl befindet sich eine mehr oder minder große Menge von nichtmetallischen Einschlüssen, sog. *Schlacken*. Einen Stahl ohne derartige Einschlüsse gibt es nicht. Die

Menge, Zusammensetzung und Verteilung der Schlacken ist durch zahlreiche Einflußgrößen bedingt, so durch die Stahlzusammensetzung, das Schmelzverfahren, die Desoxidation, die Gießtechnik, die Formgebung u. a. Eine genaue qualitative und quantitative Bestimmung der nichtmetallischen Einschlüsse im Stahl allein mit Hilfe metallographischer Methoden ist nicht möglich. Zu diesem Zweck muß man auf die *rückstandsanalytischen Verfahren* zurückgreifen. Dazu wird die metallische Grundmasse der zu untersuchenden Probe durch geeignete Säuren, durch Chlor oder durch Elektrolyse aufgelöst. Die im Rückstand befindlichen Karbide werden durch Oxidation zerstört, und die zurückbleibenden nichtmetallischen Einschlüsse werden nach den Methoden der qualitativen und quantitativen Mikroanalyse untersucht.

Dabei hat sich ergeben, daß die Zusammensetzung der im Stahl enthaltenen Schlackeneinschlüsse meist sehr komplex und uneinheitlich ist. Reine chemische Verbindungen, wie MnS, MnO, Al_2O_3, SiO_2, gibt es praktisch nicht. Fast stets handelt es sich um Mischkristalle (FeO-MnO), Eutektika [FeS + FeO ; FeS + MnS ; FeO + $(FeO)_2 \cdot SiO_2$] oder um komplizierte Verbindungen der Kieselsäure SiO_2 (Silikate), der Tonerde Al_2O_3 (Spinelle), des Chromoxids Cr_2O_3 (Chromite) u. a. (s. auch Tabelle 4.9).

Die Herkunft der Schlacken im Stahl kann sehr verschieden sein. Teils handelt es sich um Verbindungen der bei der Desoxydation entstandenen Oxide SiO_2, Al_2O_3, CaO mit anderen Oxiden, wie FeO, MnO, teils um mitgerissene Ofenschlacke, die ja während des Schmelzprozesses das Stahlbad abdeckt und die im Stahl unerwünschten Bestandteile aufnimmt, und teils sind es abgeschmolzene oder abgeriebene Teilchen der Ofen- und Pfannenausmauerung, oder sie stammen aus dem Gießtrichter oder von den Kanalsteinen oder aus dem Lunkerpulver.

Die metallographische Untersuchung der nichtmetallischen Einschlüsse ist sehr schwierig und nur dem Geübten bis zu einem gewissen Grad möglich.

Aus der *Größe* der Einschlüsse läßt sich meist entscheiden, ob es sich um exogene oder endogene Einschlüsse handelt: Erstere sind weit größer als letztere.

Die *Form* der Einschlüsse gibt manche wertvollen Hinweise über ihre Natur. Wüstiteinschlüsse haben eine kugelige Gestalt, Titannitride ein drei- oder viereckiges Aussehen, Fe_4N ist nadelig.

Die *Farbe* der Einschlüsse ist manchmal ein wichtiges Erkennungsmerkmal: MnS ist graublau, FeS schmutzig-gelbbraun, Titannitrid rötlich, Zirkonnitrid gelb, Cr_2O_3 violettglänzend, Quarz glasig.

Auch an der *Härte* lassen sich manche Einschlüsse unterscheiden: Silikate und Spinelle sind meist sehr hart und spröde, Sulfide und MnO relativ weich.

In Zusammenhang mit der Härte steht die *Plastizität*. In umgeformten Stählen sind die weichen Schlacken zu kontinuierlichen Zeilen auseinandergezogen, während die spröden Schlacken zerbröckelt sind.

Auf die Möglichkeit, *polarisiertes Licht* zur Identifizierung von Schlackeneinschlüssen zu verwenden, wurde bereits im Abschn. 1.2.3.4. hingewiesen.

Beim *Glühen* eines *polierten* Schliffs in gereinigtem Wasserstoff bei 1 000 bis 1 100 °C werden z. B. Eisen- und Manganoxide reduziert, während Al_2O_3, SiO_2 und deren Verbindungen nicht angegriffen werden (s. Abschn. 4.4.7.).

Oxidationsfähige Schlackeneinschlüsse in Stählen reagieren mit dem Kohlenstoff der umgebenden Stahlgrundmasse und rufen eine *Entkohlung* derselben hervor. So lassen sich beispielsweise eingewalzte Zundereinschlüsse von Silikateinschlüssen unterscheiden.

4.4. Eisenbegleiter

Durch die KÜNKELE-*Ätzung* (s. Abschn. 4.4.5.) gelingt es, Sulfide von andersartigen Einschlüssen zu unterscheiden.

Von CAMPBELL und COMSTOCK wurde eine *Ätzanalyse* entwickelt, die es gestattet, einige der wichtigeren und einfacheren Einschlußarten zu bestimmen. Der zu untersuchende Stahl wird poliert. Dann kommen nacheinander die in Tabelle 4.10 angeführten Ätzmittel

Tabelle 4.10. Identifizierungsätzung von nichtmetallischen Einschlüssen in Eisen und Stahl (nach CAMPBELL und COMSTOCK)

	Der sorgfältig polierte Schliff wird mikroskopisch mit weißem Licht ohne Farbfilter untersucht	
A. Braune, gelbe, rote oder purpurne Einschlüsse	10 min ätzen mit starker, kochender Kalilauge	
angegriffen: **Eisensulfid**	wenn nicht angegriffen: leicht zu polierende, purpurgraue Einschlüsse: **Chromoxid**	
	rosa Einschlüsse von eckiger Form, schwierig ohne Löcher zu polieren: **Titancarbonitrid**	
	gelbe Kristalle von kubischer Form: **Zirkonnitrid**	
B. Graue oder schwarze Einschlüsse:	10 s ätzen mit 10 %iger alkoholischer HNO_3	
angegriffen: **Kalk**	wenn nicht angegriffen: 5 min ätzen mit 10 %iger wäßriger Chromsäure	
angegriffen: **Mangansulfid**	wenn nicht angegriffen: 5 min ätzen mit kochender, alkalischer Na-Pikratlösung	
angegriffen: **Manganoxid**	wenn nicht angegriffen: 10 min ätzen mit starker, kochender KOH	
angegriffen: **Mangansilikat**	wenn nicht angegriffen: 10 min ätzen mit gesättigter, alkoholischer Zinnchloridlösung	
angegriffen: **Eisenoxid**	wenn nicht angegriffen: 10 min ätzen mit 20 %iger Flußsäurelösung	
angegriffen: **Eisensilikat**	wenn nicht angegriffen: Neu abpolieren, Farbe und Form untersuchen	
feine Teilchen von dunkler Farbe, schwierig ohne Löcher zu polieren, durch Verformung nicht gestreckt: **Tonerde**	wenn Farbe nicht sehr dunkel, leicht ohne Löcher glatt zu polieren:	
	ziemlich grobe, kantige Teilchen mit glänzenden Flecken: **Sandkörner (im Stahlguß)**	kleine kantige Teilchen von bläulicher Farbe: **wahrscheinlich Titanoxid in Ti-haltigen Stählen**

482   **4.** *Gefüge der technischen Eisenlegierungen*

zur Einwirkung, und mit dem Mikroskop wird bei entsprechender Vergrößerung der Angriff der einzelnen Ätzmittel auf die verschiedenen Einschlußarten beobachtet.
Trotz all dieser Untersuchungs- und Prüfverfahren bleibt die metallographische Identifizierung der Schlackeneinschlüsse doch ein sehr schwieriges, unsicheres und zeitraubendes Unterfangen. Im allgemeinen begnügt man sich deshalb damit, Menge und Gestalt der in einem Stahl enthaltenen Einschlüsse durch empirische *Richtreihen* festzulegen (s. Abschn. 1.4.3.).
Im allgemeinen soll der Schlackengehalt eines Stahls möglichst gering sein, denn jeder nichtmetallische Einschluß stellt in gewissem Sinn einen Riß oder ein Loch im Stahl dar, unterbricht den metallischen Zusammenhang der Grundmasse und wirkt als innere Kerbe. Spannungen werden durch nichtmetallische Einschlüsse nur in geringem Umfang übertragen, da einerseits die Festigkeit der Einschlüsse nur niedrig ist, zum anderen eine Bindung zwischen Einschluß und Metall kaum besteht.
Diese Eigenschaft macht man sich in einigen Fällen zunutze, beispielsweise bei den Automatenstählen (MnS als Spanbrecher) oder wenn eine ausgeprägte Faserstruktur erwünscht ist (Konstruktionselemente mit erhöhter Anbruchsicherheit). Bei den weitaus meisten Stählen wird jedoch eine möglichst weitgehende Freiheit von Schlackeneinschlüssen verlangt, so beispielsweise bei Wälzlager-, Turbinenschaufel- und Transformatorenstählen. Eine gute Qualität der feuerfesten Ausmauerung von Schmelzofen und Gießpfanne ist dafür unerläßliche Vorbedingung. Aber auch durch geeignete Schmelz-, Desoxidations- und Gießverfahren lassen sich die Menge, Art und Verteilung der Schlackeneinschlüsse beeinflussen. Die Stahlherstellung muß so geführt werden, daß zum richtigen Zeitpunkt die geeigneten Einschlüsse entstehen, die ihre metallurgische Funktion ausüben und dann entweder entfernt oder in eine entsprechend dem Verwendungszweck des Stahles unschädliche Form überführt werden.
Unerwünscht, weil schädlich, sind einmal große, exogene Schlacken. Diese werden bei der Verformung zu Platten gestreckt und führen zu einer Schichtstruktur des Stahles. Die Folge eines zu hohen Schlackengehaltes ist der *Faulbruch* (Bilder 4.108 und 4.109). In ähnlicher Weise wirken auch kleine, aber sehr zahlreiche und harte Kristalle. Ein typisches Beispiel sind die terrassenförmigen Brucherscheinungen bei stark tonerdehaltigem

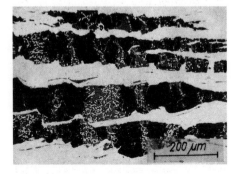

Bild 4.108. Faulbruch von Schweißeisen infolge zu hohen Schlackengehalts

Bild 4.109. Feingefüge des Schweißeisens vom Bild 4.108 (Längsschliff).
Ungeätzt

4.4. Eisenbegleiter

Stahl (Bilder 4.103 u. 4.104). Sind die Schlackeneinschlüsse nicht in Platten, sondern in Zeilen ausgestreckt, so ergibt sich ein allgemeiner oder örtlicher *Holzfaserbruch* (Bilder 4.110 u. 4.111). Anzustreben sind deshalb bei der Stahlherstellung koagulationsfähige Schlacken in möglichst regelloser Verteilung. Ungünstig sind Schlacken, die sich örtlich zu Nestern zusammenschließen, die Schleier bilden oder die nicht koagulieren.

Bild 4.110. Holzfaserbruch eines Stahls infolge starker Zeiligkeit von nichtmetallischen Einschlüssen

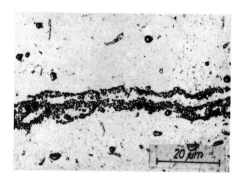

Bild 4.111. Feingefüge des Stahls vom Bild 4.110 (Längsschliff). Zeilen aus winzigsten nichtmetallischen Einschlüssen. Ungeätzt

Einige Schlackenarten sind bei sehr hohen Temperaturen im Austenit löslich und scheiden sich bei der Abkühlung wie andere Kristallarten auch an den Korngrenzen der Austenitkristalle wieder ab. Die dadurch geschwächten Korngrenzen reißen bei einer mechanischen Beanspruchung auf und führen zum *Austenitkorngrenzenbruch*. Bild 4.112 zeigt das Bruchaussehen einer Pleuelstange aus einem Vergütungsstahl mit 0,37 C, 1,25 % Mn und 1 % Si. Die Pleuelstange war im Steg überhitzt geschmiedet worden. Bei der Abkühlung »schwitzte« der Stahl an den Austenitkorngrenzen Schlacken aus (Bild 4.113), die beim späteren Richten zum Bruch des Stegs führten.

Bild 4.112. Austenitkorngrenzenbruch einer zu heiß geschmiedeten Pleuelstange aus Stahl 37MnSi5

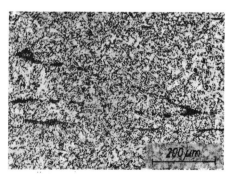

Bild 4.113. Feingefüge des Stahls vom Bild 4.112 an der Bruchstelle (Längsschliff). Ausscheidungen von nichtmetallischen Einschlüssen an den ehemaligen Austenitkorngrenzen

4.5. Wärmebehandlung der Stähle

Die überragende technische Bedeutung der Stähle beruht vor allem auf der Tatsache, daß deren Eigenschaften bei festgelegter chemischer Zusammensetzung durch Wärmebehandlungen im festen Zustand in weiten Grenzen veränderbar sind. Dies wird vor allem durch die allotrope γ/α-Umwandlung des Eisens ermöglicht. Stähle ohne γ/α-Umwandlung, wie die austenitischen oder ferritischen Stähle, können deshalb weder normalgeglüht noch gehärtet noch vergütet werden.

Jede Wärmebehandlung besteht aus drei Teilvorgängen (Bild 4.114): Von Raumtemperatur ausgehend wird das Werkstück mit einer bestimmten Geschwindigkeit auf die Halte-

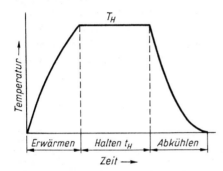

Bild 4.114. Temperaturverlauf bei einer Wärmebehandlung T_H Haltetemperatur, t_H Haltezeit

temperatur T_H erwärmt, dort eine gewisse, dem Zweck angepaßte Zeit t_H gehalten und nachfolgend mit einer vorgeschriebenen Geschwindigkeit wieder bis auf Raumtemperatur abgekühlt. Das Erwärmen und Abkühlen kann kontinuierlich oder stufenweise erfolgen. In den Wärmebehandlungsvorschriften sind meistens die Haltetemperatur T_H und die Art der Abkühlung, z. B. Abkühlung an ruhender Luft oder Abschrecken in Wasser, vorgeschrieben.

4.5.1. Umwandlungen des Austenits beim Abkühlen

Das im Abschnitt 4.3. besprochene Eisen-Kohlenstoff-Diagramm gibt als Zustandsdiagramm die Umwandlungen und Gefügeausbildungen an, die sich im Gleichgewichtsfall einstellen. Dies entspricht einer unendlich langsamen Abkühlung oder umgekehrt der Abkühlungsgeschwindigkeit $v = 0$. Bei schnelleren Abkühlungen bzw. höheren Abkühlungsgeschwindigkeiten verändern sich die Umwandlungstemperaturen, kennzeichnenden Kohlenstoffkonzentrationen sowie Gefügeausbildungen des Eisen-Kohlenstoff-Schaubildes, und es treten u. U. neue Gefügebestandteile mit anderen Eigenschaften auf.

Eine übersichtliche Darstellung der Austenitumwandlung bei verschiedenen Abkühlungsgeschwindigkeiten gibt das *Unterkühlungsschaubild* von F. WEVER u. A. ROSE wieder. Bild 4.115 zeigt einen Schnitt durch dieses Diagramm für einen Stahl mit 0,45 % C. Auf

4.5. Wärmebehandlung der Stähle

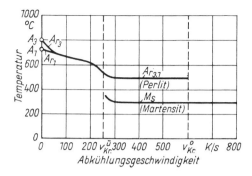

Bild 4.115. Veränderung der Umwandlungstemperaturen eines Stahls mit 0,45 % C durch steigende Abkühlungsgeschwindigkeit (nach WEVER und ROSE)
$v_{kr.}^u$ untere kritische Abkühlungsgeschwindigkeit
$v_{kr.}^o$ obere kritische Abkühlungsgeschwindigkeit

der Ordinate sind die Umwandlungstemperaturen, auf der Abszisse die Abkühlungsgeschwindigkeiten aufgetragen. Bei geringen Abkühlungsgeschwindigkeiten (bis ≈ 50 K/s) treten der A_{r3}- und der A_{r1}-Punkt auf, und zwar deutlich voneinander getrennt. Der voreutektoide Ferrit scheidet sich ab A_{r3} aus, und bei A_{r1} wandelt sich der restliche Austenit in Perlit um. In diesen Diagrammbereich fallen die technischen Wärmebehandlungen: 830 °C/Ofenabkühlung, wonach sich ein ferritisch-perlitisches Gefüge nach Bild 4.116 ergibt, und 830 °C/Luftabkühlung (Normalglühen), wonach sich ein ferritisch-perlitisches Gefüge nach Bild 4.117 ergibt. Mit zunehmender Abkühlungsgeschwindigkeit in diesem

Bild 4.116. Stahl mit 0,45 % C, 830 °C/Ofenabkühlung. Ferrit und Perlit. $HV = 175$

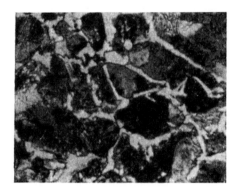

Bild 4.117. Stahl mit 0,45 % C, 830 °C/Luftabkühlung. Ferrit und Perlit. $HV = 210$

Bereich scheidet sich weniger Ferrit aus, wobei dessen Form von der körnigen zur bandartigen in Korngrenzenlage übergeht. Bei einer Abkühlungsgeschwindigkeit von ≈ 50 K/s fällt der A_{r3}- mit dem A_{r1}-Punkt zusammen. Es scheidet sich kein voreutektoider Ferrit mehr aus. Das Gefüge ist feinlamellar-perlitisch. Mit zunehmender Abkühlungsgeschwindigkeit wird der A_{r1}-Punkt erniedrigt. Bei einer Abkühlungsgeschwindigkeit von ≈ 250 K/s erfolgt ein plötzlicher Wechsel im auftretenden Gefüge. Neben Perlit mit einer Bildungstemperatur bei 500 °C tritt gleichzeitig zum ersten Mal Martensit, gebildet ab ≈ 300 °C (M_s), auf. Diese Abkühlungsgeschwindigkeit, bei der zum ersten Mal Martensit erscheint, bezeichnet man als *untere kritische Abkühlungsgeschwindigkeit*. Bei der Abkühlung beginnt

4. Gefüge der technischen Eisenlegierungen

die Austenitumwandlung zwar auch in der Perlitstufe, ohne daß die Umwandlung in dieser Stufe vollständig bis zum Ende abläuft. Der restliche Austenit ist relativ beständig und klappt erst nach Überschreitung des Martensitpunkts M_s zu Martensit um. Wird die Abkühlungsgeschwindigkeit erhöht, so verändert sich lediglich das Mengenverhältnis zwischen Perlit und Martensit, wobei die Höhe der Umwandlungstemperaturen von 500 und 300 °C erhalten bleibt. In diesen Abkühlungsbereich fällt die technische Wärmebehandlung: 830 °C/Ölabschreckung (Ölhärten), wobei sich ein perlitisch-martensitisches Gefüge nach Bild 4.118 ergibt.

Bei einer Abkühlungsgeschwindigkeit von ≈ 600 K/s ist kein Perlit mehr vorhanden, und das Gefüge ist vollständig martensitisch. Diese Abkühlungsgeschwindigkeit wird als *obere kritische Abkühlungsgeschwindigkeit* bezeichnet. Liegt die Abkühlungsgeschwindigkeit höher, so ändert sich an der Lage des M_s-Punkts und am Gefüge nichts mehr. In diesen Diagrammbereich fällt die technische Wärmbehandlung: 830 °C/Wasserabschreckung (Wasserhärten), wonach sich ein rein martensitisches Gefüge nach Bild 4.119 ergibt.

Bild 4.118. Stahl mit 0,45 % C, 830 °C/Ölabschreckung. Martensit und Perlit. $HV = 420$

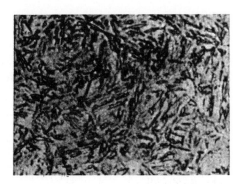

Bild 4.119. Stahl mit 0,45 % C, 830 °C/Wasserabschreckung. Martensit. $HV = 750$

Wie aus den Bildern 4.116 bis 4.119 hervorgeht, steigt die Härte des Stahls in dem Maß an, wie die Abkühlungsgeschwindigkeit von der Austenitisierungstemperatur zunimmt:

830 °C/Ofenabkühlung $\quad HV = 175$
830 °C/Luftabkühlung $\quad HV = 210$
830 °C/Ölabschreckung $\quad HV = 420$
830 °C/Wasserabschreckung $\quad HV = 750$

Dies läßt sich aus dem Unterkühlungsschaubild nicht ablesen. Weitere Nachteile dieses Diagramms sind, daß die Abkühlungsgeschwindigkeit eine mehr theoretische als praktische Bedeutung hat, da sie von der Temperatur abhängt, die Diagrammlinien nur den Beginn, aber nicht das Ende einer Umwandlung kennzeichnen und die Mengenanteile der auftretenden Gefügebestandteile nicht abgelesen werden können. Man ist deshalb für die Praxis von diesen Schaubildern abgegangen.

Da die Umwandlung des Austenits in die verschiedenen sekundären Gefügearten die Grundlage für alle Arten der Wärmebehandlung von Stahl bildet, soll sie im folgenden etwas eingehender erörtert werden.

4.5.1.1. Perlitbildung

Perlit entsteht bei relativ langsamen Abkühlungen und bei höheren Temperaturen, ≈ 700 bis 450 °C, durch eine eutektoide Reaktion aus dem Austenit: Der homogene γ-Mischkristall (Austenit) mit 0,80 % C zerfällt in ein heterogenes Gemenge aus den beiden Phasen α-Mischkristall (Ferrit) mit nur 0,02 % C und Eisenkarbid Fe_3C (Zementit) mit 6,67 % C. Es findet also eine beträchtliche Umverteilung des Kohlenstoffs durch Diffusion statt. Infolgedessen ist die Perlitbildung sowohl temperatur- als auch zeitabhängig.

Die Perlitbildung erfolgt durch Keimbildung und Kristallwachstum. Als Keim dient vermutlich ein plattenförmiger Zementitkristall, der wegen der verminderten Grenzflächenenergie ganz vorzugsweise in einer Austenitkorngrenze gebildet wird (Bild 4.120a). In der

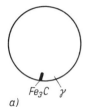
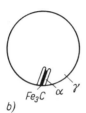
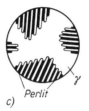

Bild 4.120. Schematische Darstellung der Austenit→ Perlit-Umwandlung

unmittelbaren Umgebung der Zementitplatte verarmt der Austenit dadurch an Kohlenstoff und wandelt in Ferrit um (Bild 4.120b). Dieser stößt überschüssigen Kohlenstoff in den seitlich angrenzenden Austenit aus, der dadurch übersättigt wird. Dadurch wird die Kristallisation neuer Zementitplatten begünstigt (Bild 4.120c). Eine entsprechende Kohlenstoffdiffusion erfolgt an den Enden der Zementit- bzw. Ferritplatten im Austenit, und die beiden neuen Phasen wachsen mit einer gemeinsamen Wachstumsfront von der Korngrenze weg in das Austenitkorn hinein. Durch dieses gleichzeitige Breiten- und Längenwachstum nimmt eine Perlitkolonie eine annähernde Kugelform an (Bild 4.121).

Sowohl Zementit- als auch Ferritkristalle im Perlit weisen infolge ihres Bildungsmechanismus einen platten- (bzw. auf der Schliffoberfläche lamellen-) förmigen Habitus auf (*lamellarer Perlit*, Bild 4.122). Beide Kristallarten sind kristallographisch geregelt miteinan-

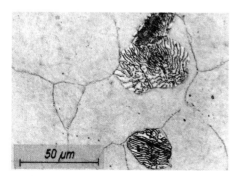

Bild 4.121. Stahl mit 0,98 % C, 900 °C/5 min 700 °C/Wasser. Beginn der Austenit→Perlit-Umwandlung

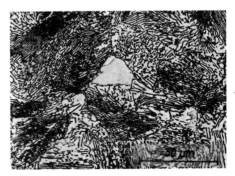

Bild 4.122. Stahl mit 0,98 % C, 900 °C/15 min 700 °C/Wasser. Ende der Perlitbildung

der verwachsen. Der Platten- bzw. Lamellenabstand ist bei gegebener Umwandlungstemperatur konstant und hängt von der Diffusionsgeschwindigkeit des Kohlenstoffs ab. Da dieser mit sinkender Temperatur abnimmt, wird auch der Lamellenabstand kleiner: Bei ≈700 °C entsteht groblamellarer, bei ≈600 °C feinlamellarer und bei ≈500 °C feinstlamellarer Perlit. Wegen der mit sinkender Bildungstemperatur feiner werdenden Verteilung der beiden Phasen Ferrit und Zementit nehmen Härte und Festigkeit entsprechend zu (Perlit: $HRC = 15$ bei 700 °C bis $HRC = 45$ bei 500 °C Umwandlungstemperatur).

In Stählen mit etwa 0,02 bis 0,06 % C ist der Perlitgehalt nur gering, und es wird häufig eine sog. *Entartung des Perlits* beobachtet: Der Ferrit des Perlits kristallisiert an den in großem Überschuß vorhandenen voreutektoiden Ferrit an, und der Zementit des Perlits scheidet sich in den Korngrenzen des Ferrits aus.

Nach den vorstehenden Ausführungen ist die Diffusion des Kohlenstoffs im Austenit der entscheidende Vorgang, der die Geschwindigkeit der Bildung einer Perlitkolonie bestimmt. Kühlt ein Stahl so schnell ab, daß die zur Perlitbildung erforderliche Zeit nicht zur Verfügung steht, findet diese Umwandlung nicht statt. Der Austenit kühlt unzersetzt weiter ab, bis bei einer tieferen Temperatur ein anderer Umwandlungsmechanismus betätigt wird, für dessen Realisierung keine Diffusion und damit auch keine Zeit benötigt wird, nämlich die Austenit → Martensitumwandlung.

4.5.1.2. Martensitbildung

Gemäß dem Unterkühlungsschaubild (Bild 4.115) entsteht aus dem Austenit neben dem Perlit ein neuer Gefügebestandteil im Stahl, der *Martensit* (benannt nach A. MARTENS), wenn die untere kritische Abkühlungsgeschwindigkeit erreicht wird. Bei Überschreitung der oberen kritischen Abkühlungsgeschwindigkeit findet überhaupt keine Perlitbildung mehr statt, sondern das Gefüge besteht nur noch aus Martensit. Bei Kohlenstoffstählen mit geringem Querschnitt ist hierzu eine Abschreckung in Wasser erforderlich, bei legierten Stählen genügt meist ein Abschrecken in Öl.

Enthält der Stahl mehr als ≈0,4 % C, ist der Martensit äußerst hart und entsprechend spröde, und man bezeichnet ihn deshalb in der Praxis häufig als *Härtungsgefüge* (früher: Hardenit), da er das kennzeichnende Gefüge des gehärteten Stahls darstellt. Bei geringeren Kohlenstoffkonzentrationen, etwa 0,1 bis 0,2 %, ist der Martensit aber relativ weich und zäh. Der Martensit in einem von der richtigen Härtetemperatur, 20 bis 40 K oberhalb von $A_{c1,3}$, abgeschreckten Stahl bildet wegen seiner Feinkörnigkeit eine gleichmäßige, wenig strukturierte Masse ohne deutlich erkennbare Korngrenzen (Bild 4.123). Das ehemalige Austenitkorn, aus dem der Martensit entstanden ist, läßt sich aber nachweisen. Dazu wird der Schliff mit Eisenchlorid oder Pikrinsäure geätzt. Die besten Kontraste ergeben sich, wenn der Stahl vor dem Ätzen 15 min bei 200 bis 250 °C angelassen wurde. Bild 4.124 zeigt das Gefüge eines von 800 °C in Öl gehärteten Wälzlagerstahls mit 1,05 % C und 1,25 % Cr, das durch Ätzen mit Salzpikrinsäure entwickelt wurde. Obwohl das Gefüge rein martensitisch ist, werden die Flächen der ehemaligen Austenitkörner verschieden stark angegriffen. Damit kann eine Korngrößenmessung des Austenits auch bei gehärtetem Stahl durchgeführt werden.

Wird die Abschrecktemperatur wesentlich erhöht, vergrößert sich das Austenitkorn. In Stählen mit >0,4 % C entstehen daraus ebenfalls grobe, speerspitzenförmige Martensitkri-

4.5. Wärmebehandlung der Stähle

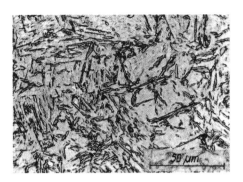

Bild 4.123. Stahl mit 0,45% C, von 900°C in Wasser abgeschreckt. Martensit

Bild 4.124. Wälzlagerstahl 105Cr5, von 800°C in Öl gehärtet. Im martensitischen Grundgefüge wird das Austenitkorn sichtbar. Geätzt mit Salzpikrinsäure

stalle, die in noch nicht umgewandelten Austenit, den sog. *Restaustenit*, eingelagert sind (Bild 4.125). Eine nähere Untersuchung zeigt jedoch, daß diese Martensitkristalle diskusförmige Platten sind (Bild 4.126) und sich die Speerspitzen- oder Lanzettenform nur durch die zufällige Lage der Schlifffläche in bezug auf die Martensitplatte ergibt. Bei Kohlenstoffgehalten <0,4% entstehen jedoch Martensitkristalle mit einer wirklichen Lattenform (Bild 4.127), die sich parallel zur Ebene $(111)_\gamma$ zu Schichten anhäufen, wobei viele Schichten zu massiven Blöcken zusammenwachsen (Bild 4.128). Sowohl in den unlegierten als auch in den legierten Stählen bilden sich diese beiden Martensitformen aus, der *Plattenmartensit* und der *Lattenmartensit*. Ersterer entsteht vorzugsweise bei niedriger, letzterer bei höherer M_s-Temperatur. Die Bildungszeit für einen ganzen Martensitkristall ist äußerst kurz, $<10^{-7}$ s. Dies entspricht einer Kristallisationsgeschwindigkeit von >1000 m/s. Deshalb spricht man bei der Martensitbildung auch von einem *Umklappmechanismus*.
Beim Abkühlen bildet sich gemäß Bild 4.129 aus dem Austenit der erste Martensitkristall

Bild 4.125. Stahl mit 1,5% C, von 1 100°C in Eiswasser abgeschreckt. Martensitnadeln und Restaustenit

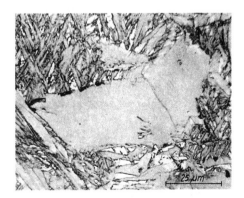

Bild 4.126. Stahl mit 1,8%, 1 100°C/Wasser. Plattenmartensit

490   **4.** *Gefüge der technischen Eisenlegierungen*

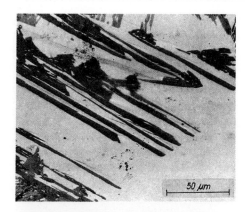

Bild 4.127. Eisenlegierung mit 15% Ni und 7% Mn, 1000°C/Luft. Lattenmartensit

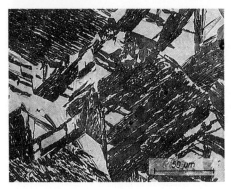

Bild 4.128. Eisenlegierung mit 15% Ni und 7% Mn, 1000°C/Luft. Lattenmartensit

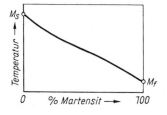

Bild 4.129. Athermische Martensitbildung
M_s Temperatur des Beginns der Martensitumwandlung
M_f Temperatur des Endes der Martensitumwandlung

bei der M_s-Temperatur (M = Martensit, s = engl. start = Anfang). Um eine weitere Austenit → Martensit-Umwandlung zu erreichen, ist eine Temperaturerniedrigung erforderlich. Erst bei der M_f-Temperatur (f = engl. finish = Ende) besteht der Stahl vollständig aus Martensit, und der Austenit ist verschwunden. M_s und M_f hängen nur wenig von der Abkühlungsgeschwindigkeit ab, wohl aber erheblich vom Kohlenstoff- und sonstigen Legierungsgehalt. Tabelle 4.11 gibt für einige Kohlenstoffstähle die Lage von M_s und M_f an.

Im vorliegenden Fall spricht man von einer athermischen Martensitbildung. Beim Erwärmen beginnt die Rückbildung des Austenits aus dem Martensit bei der A_s-Temperatur (A = Austenit, s = start) und ist erst bei der höheren Temperatur A_f (f = finish) beendet. Die gemittelte Temperatur $T_0 = 1/2\,(M_s + A_s)$ bezeichnet man als Gleichgewichtstemperatur der Austenit ↔ Martensit-Umwandlung. Im allgemeinen Fall und speziell bei den Stählen gelten die Beziehungen $M_f < M_s < T_0 < A_s < A_f$. Während bei der krz. Elementar-

4.5. Wärmebehandlung der Stähle

Tabelle 4.11. Verschiebung von M_s und M_f durch Kohlenstoff

% C	0,2	0,4	0,6	0,8	1,0	1,2	1,4	1,6
M_s [°C]	+410	+330	+280	+230	+190	+160	+130	+100
M_f [°C]	+300	+160	+40	−60	−100	−130	−160	−180

zelle des α-Eisens alle drei Kanten a, b und c gleich lang sind (Bild 4.130a), ist die Struktur des kohlenstoffhaltigen Martensits tetragonal-raumzentriert (Bild 4.130b). Die c-Kante ist länger als die beiden gleichlangen Kanten a und b. Diese Verzerrung wird durch die eingelagerten Kohlenstoffatome bewirkt. Das Verhältnis c/a wächst linear mit dem Kohlenstoffgehalt an. Bei 0% C ist $c/a = 1$ *(kubischer Martensit)*, bei C > 0% ist $c/a > 1$ *(tetragonaler Martensit)* und beträgt für einen Stahl mit 1,5% C etwa $c/a = 1,07$.

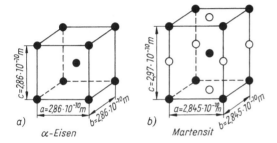

Bild 4.130. Elementarzellen von α-Eisen (a) und Martensit mit 0,9% C (b)
● Lage der Fe-Atome
○ mögliche Lage der C-Atome

Die Bilder 4.125 und 4.131 machen deutlich, daß Martensitkristalle in kristallographisch geregelter Weise ausgeschieden werden. Im Jahre 1930 fanden G. V. Kurdjumow und G. Sachs folgenden Orientierungszusammenhang zwischen kfz. γ-Gitter und dem trz. α-Gitter: $(111)_\gamma \parallel (011)_\alpha$; $[10\bar{1}]_\gamma \parallel [1\bar{1}1]_\alpha$.
Dieser ist schematisch im Bild 4.132 dargestellt. Sowohl die Oktaederebene $(111)_\gamma$ des Austenits als auch die daraus entstehende Dodekaederebene $(011)_\alpha$ des Martensits sind dicht mit Atomen erfüllt und weisen ein ähnliches Baumuster auf. Beides gilt auch für die beiden parallelen Gitterrichtungen $[101]_\gamma$ und $[111]_\alpha$. Dieser sog. K.-S.-Orientierungszusammenhang tritt am häufigsten bei martensitischen Umwandlungen in Stählen auf,

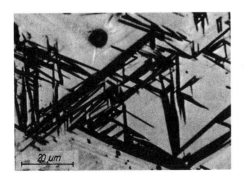

Bild 4.131. Eisenlegierung mit 14% Mn. 1150°C/Luft. 6 krz. α-Martensitvarianten mit verschiedener, doch kristallographisch gleichwertiger Lage in einer Grundmasse aus hex. ε-Phase

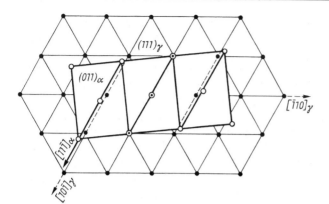

Bild 4.132. Orientierungszusammenhang nach KURDJUMOW und SACHS $(111)_\gamma \parallel (011)_\alpha$; $[10\bar{1}]_\gamma \parallel [1\bar{1}1]_\alpha$

wobei geringe Abweichungen vorkommen können. Daneben gibt es aber auch noch andere Verwachsungsmöglichkeiten.

Später hat sich herausgestellt, daß auch die Plattenebene des Martensitkristalls, die sog. *Habitusebene*, im Austenitkristall eine bestimmte, regelmäßige und definierte Lage einnimmt. Diese Lage hängt allerdings vom Kohlenstoff- und sonstigen Legierungsgehalt ab. Bei Stählen mit C < 0,4 % ist die Habitusebene $(111)_\gamma$, bei solchen mit höherem C-Gehalt $(225)_\gamma$ und bei solchen mit C > 1,4 % etwa $(3.10.15)_\gamma$. In der Regel weisen die Habitusebenen irrationale Indizes auf, und die vorstehenden Angaben stellen lediglich Näherungswerte dar. Deshalb können aus einem einzigen Austenitkristall wegen der hohen kubischen Symmetrie insgesamt 24 verschieden orientierte Martensitkristalle entstehen (Martensitvarianten).

Wird die Oberfläche eines Stahls, der nur Austenit enthält, geschliffen und poliert, und erzeugt man nachfolgend durch Abkühlung Martensit, so bildet sich infolge der martensitischen Umwandlung auf der Probenoberfläche ein Relief (Bild 4.133). Dieses *Oberflächenrelief* ist kennzeichnend für die Martensitbildung. Es beweist, daß ein Martensitkristall durch eine örtliche plastische Deformation aus dem Austenit gebildet wird.

Elektronenmikroskopische Untersuchungen haben des weiteren ergeben, daß Martensitkristalle entweder Kristallbaufehler in Form von Versetzungen enthalten oder innerlich verzwillingt sind. Diese bleibenden Deformationen werden dadurch hervorgerufen, daß sich ein Martensitkristall dem zur Verfügung stehenden Raum im Austenit anpassen muß.

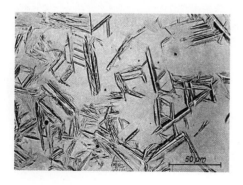

Bild 4.133. Eisenlegierung mit 15 % Cr und 9 % Ni, 1 100 °C/−85 °C. Oberflächenrelief durch Martensitbildung

Alle bekannten Tatsachen werden durch die Theorie erklärt, daß jeder Martensitkristall durch eine *Scherdeformation* aus dem Austenit gebildet wird (Bild 4.134). Bezeichnet das Rechteck $a-b-c-d$ einen Bereich im Innern des Ausgangskristalls = Austenit und der Bereich $a'-b'-c'-d'$ den zugehörigen Bereich im Innern des Martensitkristalls, so verändern die Atome in der Habitusebene H ihre Lage bei der Umwandlung nicht. Oberhalb der Ebene H werden die Atome geregelt in Richtung von w verschoben, unterhalb der Ebene H hingegen in Richtung von $-w$. Die Atome wechseln demnach ihre Plätze nicht, sie werden nur kollektiv um einen konstanten Betrag relativ zueinander verschoben, der kleiner als eine Gitterkonstante ist. Es findet also keine Diffusion statt. Dies folgt auch daraus, daß Martensit bei den tiefsten Temperaturen, bis 0 K hinab, und in kürzesten Zeiten, etwa mit Schallgeschwindigkeit, entsteht. Die Deformation läßt sich durch eine Scherung mit dem Scherwinkel φ beschreiben. Dies ist der Winkel zwischen der ursprünglichen Kante $a-d$ des Austenits und der Endkante $a'-d'$ des Martensits. Bei Stählen beträgt $\varphi \approx 10°$.

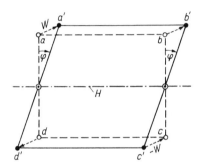

Bild 4.134. Martensitbildung durch Scherung (schematisch)
$a-b-c-d$ Zelle im Ausgangsgitter
$a'-b'-c'-d'$ Zelle im Martensitgitter
φ Scherwinkel, w Scherrichtung, H Habitusebene = Plattenebene des Martensitkristalls

Die Kräfte, die diese kristallographisch geregelten, kooperativen Atomverschiebungen bewirken, sind thermodynamischer Natur und stammen aus dem Unterschied der freien Enthalpien zwischen Austenit und Martensit. Unter bestimmten Bedingungen können sie auch teilweise durch äußere mechanische Zug- oder Druckkräfte ersetzt werden. Dann spricht man von *spannungsinduziertem Martensit*.
Bei der Deformation des Austenits in einen Martensitkristall findet im allgemeinen sowohl eine Form- als auch eine Volumenänderung statt. Dadurch entstehen in beiden Phasen gerichtete Eigenspannungen, sog. *Umwandlungsspannungen*. Je nach der Größe des Scherwinkels und des Volumenunterschieds und je nach der Höhe der Fließgrenze und der Umwandlungstemperatur kommt es dadurch zu örtlichen elastischen bzw. plastischen Deformationen oder sogar zu Rissen und Brüchen.
Nach den heutigen Vorstellungen ist eine martensitische Umwandlung durch folgende Merkmale gekennzeichnet:

a) Ausgangs- und Martensitkristall weisen die gleiche chemische Zusammensetzung, aber unterschiedliche Gitterstrukturen auf.

b) Zwischen Ausgangs- und Martensitkristall besteht ein definierter Orientierungszusammenhang.

c) Ein Ausgangskristall wandelt in mehrere kristallographisch gleichwertige Martensitvarianten um. Die Höchstzahl der Varianten beträgt 24.

d) Die Martensitbildung erfolgt durch eine örtliche Scherdeformation des Ausgangsgitters, die zu einem Oberflächenrelief führt.

e) Bei der Bildung eines Martensitkristalls entstehen gerichtete Eigenspannungen, die zu elastischen oder plastischen lokalen Deformationen oder sogar zum Bruch führen können. Die Eigenspannungen versuchen stets die Martensitbildung rückgängig zu machen.

Martensitische Umwandlungen treten nicht nur in Eisenlegierungen auf, sondern auch in zahlreichen Nichteisen-Metallegierungen, in Metallverbindungen, sogar in keramischen und hochpolymeren Werkstoffen, sofern sie kristallin sind.

4.5.1.3. *Bainitbildung*

Bei höheren Temperaturen bildet sich aus dem Austenit durch eine diffusionsgesteuerte eutektoidische Reaktion der Perlit, bei tieferen Temperaturen diffusionslos durch einen Umklappvorgang der Martensit. Im Jahr 1930 fand E.C. BAIN, daß zwischen diesen beiden Umwandlungsstufen noch eine weitere, besondere Umwandlung abläuft. Diese neue Umwandlung wurde deshalb Zwischenstufen-Umwandlung, das hierbei entstehende neue Gefüge *Zwischenstufengefüge*, auch *Bainit*, genannt.

Die Umwandlung des Austenits in Bainit ist recht kompliziert und hängt sowohl vom Kohlenstoff- und sonstigen Legierungsgehalt ab, fernerhin von der Abkühlungsgeschwindigkeit und Bildungstemperatur. Als Grund hierfür ist anzusehen, daß sowohl Umklapp- als auch Diffusionsvorgänge nebeneinander und miteinander gekoppelt ablaufen, so daß verschiedene Umwandlungsmechanismen ermöglicht werden. Bainit besteht zwar ähnlich wie der Perlit aus einem Gemenge aus Ferrit und Karbiden, aber Größe, Form und Verteilung dieser beiden Phasen können erheblich wechseln. So stellt der Bainit kein einheitliches, definiertes Gefüge dar, sondern es treten mehrere unterschiedliche bainitische Gefügearten auf.

Stark schematisiert verläuft die Umwandlung von Austenit in Bainit etwa folgendermaßen: Durch eine langsame Umklappung entsteht aus dem Austenit, von den Korngrenzen oder anderen Gitterstörstellen im Korninnern ausgehend, ein an Kohlenstoff stark übersättigter Ferritkristall (Bild 4.135a). Da die Diffusionsgeschwindigkeit des Kohlenstoffs im krz. α-Gitter wesentlich größer ist als im kfz. γ-Gitter, kann sich der Kohlenstoff in Form von kugeligen oder ellipsoidförmigen Zementitkristallen orientiert im Ferrit ausscheiden (Bild 4.135b) oder auch in die angrenzenden Austenitzonen eindiffundieren und dort Karbide bilden. Die allmähliche Umklappung des Austenits in Ferrit geht weiter, und die Ferritkristalle wachsen proportional zur Zeit an (Bild 4.135c). Der Umklapp-

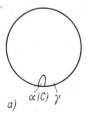
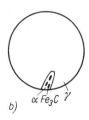

Bild 4.135. Schematische Darstellung der Austenit → Bainit-Umwandlung

mechanismus bei der $\gamma \rightarrow \alpha$-Umwandlung ist martensitischer Natur, denn es entsteht ein Oberflächenrelief, und beide Kristallarten sind orientiert miteinander verwachsen. Die Karbidausscheidung im Ferrit und die Wanderung des Kohlenstoffs an die Korngrenzen erfolgen jedoch durch Diffusion.

Bei den höchsten Bildungstemperaturen ähnelt der Bainit dem WIDMANNSTÄTTENschen Gefüge. Bei höheren Bildungstemperaturen entsteht der sog. *obere* oder *körnige Bainit* (Bild 4.136). Hier sind die Ferritkristalle lattenförmig ausgebildet ähnlich dem Lattenmartensit. Mittlere bis tiefe Bildungstemperaturen hingegen führen zum *unteren* und *nadeligen Bainit* (Bild 4.137) mit plattenförmigem Ferrit analog zu Plattenmartensit.

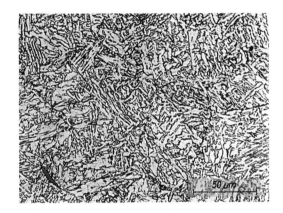

Bild 4.136. Stahl mit 0,15 % C und 1,5 % Mn. Oberer Bainit

Bild 4.137. Stahl mit 0,15 % C und 1,5 % Mn. Unterer Bainit

Bei Temperaturen oberhalb $\approx 300\,°C$ bestehen die Karbide aus rhombischem Zementit Fe_3C, bei tieferen Temperaturen aus hexagonalem ε-Karbid. Legierte Karbide oder Sonderkarbide scheiden sich wegen der relativ niedrigen Temperaturen nicht aus. Je tiefer die Bildungstemperatur des Bainits liegt, um so geringer ist die Diffusionsgeschwindigkeit des Kohlenstoffs, um so feiner werden die Karbidkörner, und um so höher wird die Härte. Die in der obersten Bainitstufe gebildeten Karbide sind gröber als die in der unteren Perlitstufe entstandenen. Infolgedessen kann der obere Bainit weicher sein als der untere Perlit, obwohl er sich bei tieferer Temperatur gebildet hat.

4.5.1.4. Zeit-Temperatur-Umwandlungs-Diagramme

Eine qualitative und quantitative Übersicht über die Umwandlungscharakteristik des Austenits eines Stahls vorgegebener chemischer Zusammensetzung wird durch die Zeit-Temperatur-Umwandlungs-Schaubilder, kürzer ZTU-Schaubilder, vermittelt. Man unterscheidet dabei zwei Arten der Umwandlung, die isothermische Umwandlung sowie die Umwandlung bei kontinuierlicher Abkühlung. Dementsprechend gibt es auch zwei Arten von ZTU-Diagrammen.

Zur Aufstellung eines *isothermischen ZTU-Diagramms* werden kleine Stahlproben mit einer Wanddicke von ≈1 mm von der gewählten Austenitisierungstemperatur in Metall- oder Salzbädern von Temperaturen unterhalb der A_1-Temperatur abgeschreckt und bei dieser konstanten Temperatur längere Zeit belassen. Die Zerfallskurve des Austenits, also die Menge an umgewandeltem Austenit bei der Haltetemperatur in Abhängigkeit von der Haltezeit, läßt sich auf verschiedene Weise bestimmen, beispielsweise dilatometrisch, magnetisch oder durch Messung des elektrischen Widerstands.

Bild 4.138 zeigt als Beispiel die Umwandlungskurve eines Stahls mit 0,98 % C (Stahl C100), der 5 min bei 900 °C austenitisiert und dann in einem Bleibad von 700 °C abge-

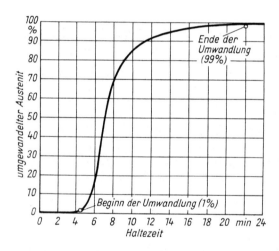

Bild 4.138. Kinetik der isothermen Austenit → Perlit-Umwandlung bei 700 °C bei einem Stahl mit 0,98 % C

schreckt wurde. Wie aus der Kurve hervorgeht, ist der Austenit bei 700 °C etwa 4 min lang beständig. Dann setzt der Zerfall ein, erst langsam, dann schneller und klingt danach allmählich wieder ab. Aus meßtechnischen Gründen definiert man als Beginn der Umwandlung den Zeitpunkt, zu dem 1 % des Austenits umgewandelt ist, und als Ende der Umwandlung, wenn 99 % des Austenits umgewandelt sind. Aus der vorstehenden Umwandlungs-Zeit-Kurve bei 700 °C ergeben sich hierfür 4,2 bzw. 22 min.

Der Umwandlungsvorgang kann auch metallographisch verfolgt werden. Unterbricht man nämlich die Umwandlung nach verschiedenen Haltezeiten und schreckt die Proben in Wasser ab, so verändert sich durch das Abschrecken das Umwandlungsgefüge nicht. Lediglich der noch nicht umgewandelte Austenit wird in Martensit transformiert. Nach dem Abschrecken entspricht also die Menge an metallographisch nachweisbarem Martensit der Menge an Austenit, die bei der betreffenden Versuchstemperatur noch nicht zerfallen

4.5. Wärmebehandlung der Stähle

war. Im Bild 4.139 ist das Gefüge des Stahls C100 nach der Behandlung 4 min 700 °C/Wasserabschreckung dargestellt. Es besteht vollständig aus Martensit, d. h., die Austenitumwandlung hatte noch nicht begonnen. Nach der Behandlung 8 min 700 °C/Wasserabschreckung sind jedoch 70 % Perlit und 30 % Martensit vorhanden (Bild 4.140), und die Umwandlung ist schon recht weit fortgeschritten, aber noch nicht beendet, was in Übereinstimmung mit der Zerfallskurve vom Bild 4.138 steht. In den folgenden Bildern werden die für den Kohlenstoffstahl C100 bei den verschiedenen Haltetemperaturen auftretenden Gefügearten dargestellt.

Bei 700 °C beginnt nach 4,2 min die Bildung von groblamellarem Perlit, die nach 6 min schon weit fortgeschritten ist (Bild 4.141). Das Ende der Umwandlung ist nach 22 min erreicht (Bild 4.142). Die Zementit- und Ferritlamellen können mit dem Lichtmikroskop deutlich voneinander unterschieden werden.

Bei 600 °C entsteht nach ganz kurzer Inkubationszeit ein feinlamellarer Perlit. In den flächenhaften Kristallen läßt sich nur bei sehr hohen Vergrößerungen manchmal die Lamellenstruktur erkennen. Bild 4.143 zeigt, daß nach 3 s Haltezeit die Umwandlung bereits weit fortgeschritten und nach 15 s vollständig abgelaufen ist (Bild 4.144).

Bei 500 °C ist der Perlit noch sehr viel feiner ausgebildet als bei 600 °C.

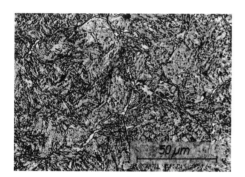

Bild 4.139. Stahl mit 0,98 % C, 900 °C/4 min 700 °C/Wasser. Martensit und Sekundärzementit

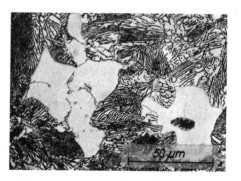

Bild 4.140. Stahl mit 0,98 % C, 900 °C/8 min 700 °C/Wasser. Fortgeschrittene Perlitbildung

Bild 4.141. Stahl mit 0,98 % C, 900 °C/6 min 700 °C/Wasser. Fortgeschrittene Perlitbildung

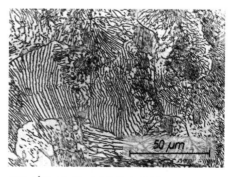

Bild 4.142. Stahl mit 0,98 % C, 900 °C/30 min 700 °C/Wasser. Umwandlungsgefüge bei 700 °C; groblamellarer Perlit

498   4. Gefüge der technischen Eisenlegierungen

Bild 4.145 zeigt das Umwandlungsgefüge nach 2 s Haltezeit und Bild 4.146 die beendete Umwandlung nach 15 s Haltezeit bei 500 °C.
Die Perlitstruktur kann nur unter besonders günstigen Umständen und bei sehr hohen Vergrößerungen (Elektronenmikroskop) nachgewiesen werden.
Bei 400 °C entsteht aus dem Austenit ein Mischgefüge. Neben dem dunklen, rosettenförmigen Perlit treten ebenfalls dunkelgeätzte Nadeln aus Bainit auf. Bainit (oder Zwischenstufengefüge) besteht nicht aus lamellarem Perlit, sondern in der Ferritgrundmasse sind die Zementitkristalle in Form von winzigen Kügelchen eingelagert. Bild 4.147 zeigt das Mischgefüge nach 15 s Haltezeit, Bild 4.148 das Ende der Umwandlung nach 4 min Haltezeit bei 400 °C.
Bei 300 °C tritt kein Perlit mehr auf, sondern nur noch nadeliger Bainit. Die Umwandlung verschiebt sich aber zu längeren Zeiten hin und verläuft nur träge. Bild 4.149 zeigt die Menge an Bainitnadeln nach 4 min Haltezeit bei 300 °C, und im Bild 4.150 ist das Gefüge nach beendeter Umwandlung dargestellt.
Bei 200 °C verläuft die Umwandlung noch wesentlich träger als bei 300 °C. Es entsteht ein langnadeliger Bainit. Bild 4.151 zeigt den Fortschritt der Umwandlung nach 2 h Haltezeit

Bild 4.143. Stahl mit 0,98 % C, 900 °C/3 s 600 °C/Wasser. Fortgeschrittene Austenit → Perlit-Umwandlung

Bild 4.144. Stahl mit 0,98 % C, 900 °C/15 s 600 °C/Wasser. Umwandlungsgefüge bei 600 °C; feinlamellarer Perlit

Bild 4.145. Stahl mit 0,98 % C, 900 °C/2 s 500 °C/Wasser. Fortgeschrittene Austenit → Perlit-Umwandlung

Bild 4.146. Stahl mit 0,98 % C, 900 °C/15 s 500 °C/Wasser. Umwandlungsgefüge bei 500 °C; feinstlamellarer Perlit

4.5. Wärmebehandlung der Stähle

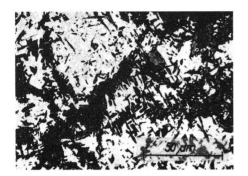

Bild 4.147. Stahl mit 0,98 % C, 900 °C/15 s 400 °C/Wasser. Fortgeschrittene Austenitumwandlung

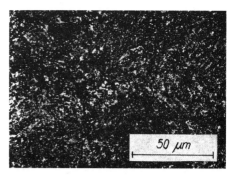

Bild 4.148. Stahl mit 0,98 % C, 900 °C/4 min 400 °C/Wasser. Umwandlungsgefüge bei 400 °C; Perlit und Bainit

Bild 4.149. Stahl mit 0,98 % C, 900 °C/4 min 300 °C/Wasser. Fortgeschrittene Austenit → Bainit-Umwandlung

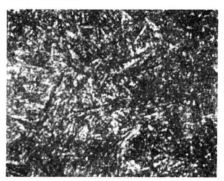

Bild 4.150. Stahl mit 0,98 % C, 900 °C/30 min 300 °C/Wasser. Umwandlungsgefüge bei 300 °C; Bainit

bei 200 °C. Auch nach 8 h ist die Umwandlung noch nicht ganz abgelaufen. Die geringen Martensitreste sind im Schliff aber nicht mehr nachweisbar (Bild 4.152).
Für diesen Stahl liegt die Martensittemperatur bei 180 °C. Bei tieferen Temperaturen, beispielsweise 150 °C, wandelt sich der größte Teil des Austenits in Martensit um. Der restliche Austenit wandelt sich aber nach entsprechend langer Haltezeit noch in Bainit um.
Der Vollständigkeit halber sei noch erwähnt, daß auch die Ausscheidung des Sekundärzementits aus dem übersättigten und unterkühlten Austenit Zeit benötigt. Bild 4.153 zeigt, daß nach 1 min Haltezeit bei 700 °C sich nur an einigen Stellen etwas Sekundärzementit gebildet, nach 4 min Haltezeit sich aber der Sekundärzementit praktisch vollständig an den Korngrenzen abgeschieden hat (Bild 4.154). Die Schliffe wurden nach dem Abschrecken mit heißer alkalischer Natriumpikratlösung geätzt, wodurch der Martensit nicht angegriffen, der freie Zementit jedoch schwarz geätzt wurde.
In Tabelle 4.12 sind Anfang und Ende der Austenitumwandlung für die einzelnen Umwandlungstemperaturen sowie Art und Rockwell-Härten der entstandenen Gefüge zusammengestellt.
Trägt man den Anfang und das Ende der Austenitumwandlung für die einzelnen Tempe-

4. Gefüge der technischen Eisenlegierungen

Bild 4.151. Stahl mit 0,98 % C, 900 °C/2 h 200 °C/Wasser. Fortgeschrittene Austenit→Bainit-Umwandlung

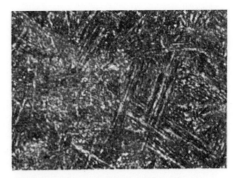

Bild 4.152. Stahl mit 0,98 % C, 900 °C/8 h 200 °C/Wasser. Umwandlungsgefüge bei 200°C; Bainit

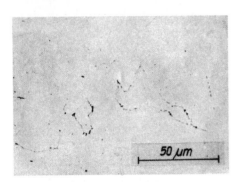

Bild 4.153. Stahl mit 0,98 % C, 900 °C/1 min 700 °C/Wasser. Beginn der Sekundärzementitausscheidung.
Geätzt mit alkalischer Natriumpikratlösung

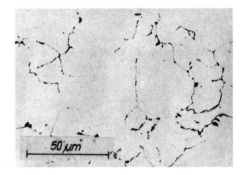

Bild 4.154. Stahl mit 0,98 % C, 900 °C/4 min 700 °C/Wasser. Ende der Sekundärzementitausscheidung.
Geätzt mit alkalischer Natriumpikratlösung

Tabelle 4.12. Isotherme Umwandlung des Austenits (Stahl mit 1 % C; 5 min bei 900 °C austenitisiert)

Temperatur [°C]	Umwandlungs- Beginn	Ende	entstandenes Gefüge	Härte des End- gefüges [HRC]
700	4,2 min	22 min	Perlit	15
600	1 s	10 s	Perlit	40
500	1 s	10 s	Perlit	44
400	4 s	2 min	Bainit (+ Perlit)	43
300	1 min	30 min	Bainit	53
200	15 min	15 h	Bainit	60
100	–	–	Martensit	64
20	–	–	Martensit	66

raturen in ein Diagramm ein, auf dessen Ordinate die Umwandlungstemperatur und auf dessen Abszisse die Umwandlungszeit logarithmisch aufgetragen sind, so erhält man das ZTU-Diagramm des Stahls nach Bild 4.155. Die obere Begrenzung des Schaubilds wird durch den A_1-Punkt von 720 °C, die untere Begrenzung durch den Martensitpunkt M_s

= 180 °C gegeben. Die Anfangszeiten der Austenitumwandlung liefert die linke Kurve, das Ende der Austenitumwandlung die rechte Kurve. Links von der linken Kurve liegt das Existenzgebiet des Austenits, rechts von der rechten Kurve sind die bei der Umwandlung entstehenden Gefüge eingetragen. Innerhalb des schraffierten Bereichs ist der Austenit in der Umwandlung begriffen. Auf der rechten Ordinate ist die Rockwellhärte der bei der Umwandlung entstandenen Gefügearten aufgetragen. Der Vollständigkeit halber ist noch die Kurve der beginnenden Sekundärzementitausscheidung mit in das Diagramm eingezeichnet. Die eigenartige Form der Umwandlungskurve des unterkühlten und deshalb instabilen Austenits unterhalb von A_1 ist durch zwei in ihrer Wirkung gegenläufige Faktoren bedingt. Mit steigender Unterkühlung wächst das Umwandlungsbestreben des Austenits, und damit verschiebt sich die Umwandlung zu kürzeren Zeiten hin (oberer Teil der Kurve vom Bild 4.155). Mit sinkender Temperatur nimmt aber auch die Diffu-

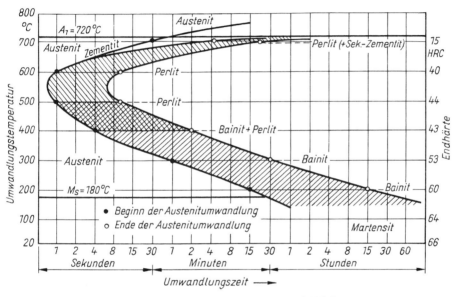

Bild 4.155. Zeit-Temperatur-Umwandlungs-Diagramm eines Stahls mit 0,98 % C

sionsgeschwindigkeit des Kohlenstoffs im Eisen ab. Die für die Ausscheidungsvorgänge erforderlichen Atomumgruppierungen im Gitter nehmen längere Zeiten in Anspruch, und infolgedessen verzögern sich die Ausscheidungsvorgänge bei niedrigeren Temperaturen (unterer Teil der Kurve vom Bild 4.155). Dadurch kommt es bei Kohlenstoffstählen zu einem Maximum der Umwandlungsgeschwindigkeit bei ≈ 550 °C, der sog. Nase der Umwandlungskurve.

Bei den Kohlenstoffstählen gehen die Linien für den Anfang und das Ende der Perlit- und Bainitbildung stetig ineinander über. Viele legierte Stähle weisen jedoch deutlich getrennte Perlit- und Bainitstufen auf. Es ist sogar möglich, daß beide Stufen durch ein Temperaturgebiet vollständiger Austenitstabilität voneinander getrennt sind, wie dies Bild 4.156 für einen Stahl mit 0,25 % C, 3 % Cr und 0,4 % Mo zeigt. Zwischen 500 und

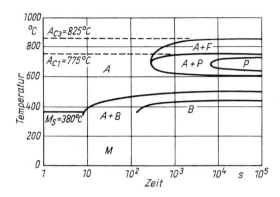

Bild 4.156. Isothermisches Zeit-Temperatur-Umwandlungs-Diagramm eines Stahls mit 0,25 % C, 3 % Cr und 0,4 % Mo

600 °C ist der Austenit beliebig lange stabil: Für die Perlitbildung ist die Temperatur zu niedrig, für die Bainitbildung zu hoch.

Zur Aufstellung eines Zeit-Temperatur-Umwandlungs-Schaubilds für kontinuierliche Abkühlung werden in einem Dilatometer stäbchenförmige Proben des zu untersuchenden Stahls auf Austenitisierungstemperatur gebracht, dort während einer bestimmten Zeit gehalten und anschließend wieder abgekühlt. Die Abkühlungsgeschwindigkeit wird von Probe zu Probe variiert und liegt etwa zwischen Wasserabschreckung einerseits und 0,1 K/min andererseits. Für die Aufstellung eines einzigen Diagramms sind je nach Stahlart und Diagrammtyp 10 bis 20 Proben bzw. Dilatometerversuche mit unterschiedlicher Abkühlungsgeschwindigkeit erforderlich. In ein Schaubild, auf dessen gleichmäßig geteilter Ordinate die Temperatur und auf dessen logarithmisch geteilter Abszisse die Zeit aufgetragen ist, werden nun die einzelnen Abkühlungskurven der Dilatometerproben eingezeichnet. Auf jeder Abkühlungskurve werden die aus der zugehörigen Dilatometerkurve ermittelten Umwandlungspunkte vermerkt. Die einander entsprechenden Umwandlungspunkte auf den verschiedenen Abkühlungskurven, z. B. alle A_{r3}-Punkte, werden durch glatte Kurvenzüge miteinander verbunden. Zur Vervollständigung wird noch die Härte der Dilatometerproben gemessen und eine metallographische Gefügeuntersuchung durchgeführt. Die Härte des Stahls und die prozentualen Mengenanteile der einzelnen Gefügebestandteile werden im Diagramm eingetragen.

Auf diese Weise ergibt sich ein Schaubild, das die Umwandlung des unterkühlten Austenits bei kontinuierlicher Abkühlung von der Austenitisierungstemperatur erschöpfend wiedergibt. Ein derartiges Diagramm wird nicht von links nach rechts gelesen, wie es bei den isothermen ZTU-Schaubildern erforderlich ist, sondern längs der miteingezeichneten Abkühlungskurven.

Vorstehende Ausführungen sollen an einem Beispiel erläutert werden, und zwar an einem Stahl der Zusammensetzung 0,25 % C, 1,4 % Cr, 0,5 % Mo und 0,25 % V:

Bild 4.157 zeigt zunächst eine Dilatometerkurve dieses Stahls, bei der die Erhitzungs- und Abkühlungsgeschwindigkeiten 4 K/min betrugen. Aus den Knickpunkten ergeben sich folgende Umwandlungstemperaturen:

$A_{c1} = 770$ °C $A_{r1}^{a} = 695$ °C (Anfang der Perlitbildung)
$A_{c3} = 825$ °C $A_{r1}^{e} = 625$ °C (Ende der Perlitbildung)
$A_{r3} = 770$ °C $A_{rz} = 455$ °C (Anfang der Bainitbildung).

4.5. Wärmebehandlung der Stähle

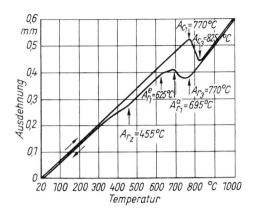

Bild 4.157. Dilatometerkurve eines niedriglegierten Stahls mit 0,25 % C, 1,4 % Cr, 0,5 % Mo und 0,25 % V. Erhitzungs- und Abkühlungsgeschwindigkeit 4 K/min

Nach der Abkühlung auf +20 °C hatte der Stahl eine Brinell-Härte von $HB = 218$. Metallographisch wurden in der Dilatometerprobe 55 % Ferrit, 15 % Perlit und 30 % Bainit (mit Resten von Martensit) gefunden.

Die Abkühlungskurve dieser Dilatometerprobe, in ein Temperatur-Zeit-Diagramm eingetragen, zeigt Bild 4.158. (Die Kurve geht nicht von 1 000 °C, der Austenitisierungstemperatur, aus, sondern ist auf die A_{c3}-Temperatur von 825 °C normiert worden.) Auf der Kurve sind die Umwandlungspunkte, entnommen aus der Dilatometerkurve, aufgetragen, die metallographisch ermittelten 55 % Ferrit und 15 % Perlit (der Rest bis 100 % ist stets Bainit mit Martensit) sowie die gemessene Brinell-Härte von $HB = 218$. Diese Kurve liefert also bereits eine Übersicht über die qualitativen und quantitativen Verhältnisse, die bei der Umwandlung des auf 1 000 °C erhitzten Stahls während der Abkühlung mit 4 K/min auftreten.

Diese und elf weitere Abkühlungskurven zusammengefaßt ergeben das vollständige ZTU-Diagramm für die kontinuierliche Abkühlung, wie es im Bild 4.159 dargestellt ist. Die Probe *1* von 1 000 °C in Wasser abgeschreckt, zeigt nur den Martensitumwandlungspunkt bei $M_s = 370$ °C. Das Gefüge besteht zu 100 % aus nadeligem Martensit (Bild 4.160) mit einer Härte von $HB = 506$. Auch die druckluftgekühlte Probe *2* wandelte sich vollständig in Martensit um (Bild 4.161). Die Härte lag aber mit $HB = 414$ wesentlich niedriger. Die Proben *3* und *4* wurden verschieden schnell an der Luft abgekühlt. Es entstand ein bainitisches Gefüge mit unterschiedlichem Martensitgehalt (Bilder 4.162 u. 4.163). Die Härte fiel auf $HB = 367$ bzw. 305 ab.

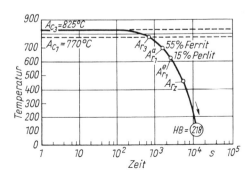

Bild 4.158. Temperatur-Zeit-Kurve der Dilatometerprobe vom Bild 4.157 mit eingezeichneten Umwandlungspunkten, Gefügebestandteilen und Brinell-Härte

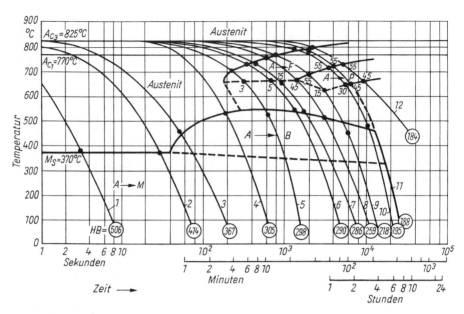

Bild 4.159. Zeit-Temperatur-Umwandlungs-Diagramm für die kontinuierliche Abkühlung eines Stahls mit 0,25 % C, 1,4 % Cr, 0,5 % Mo und 0,25 % V

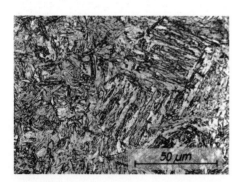

Bild 4.160. Stahl mit 0,25 % C, 1,4 % Cr, 0,5 % Mo und 0,25 % V, 1 000 °C/Wasser. Martensit. $HB = 506$

Bild 4.161. Stahl wie Bild 4.160, 1 000 °C/Druckluft. Martensit, $HB = 414$

Die Proben *5* bis *8* wurden verschieden schnell im Ofen abgekühlt. Dabei kristallisierte in steigendem Maß (3, 5, 15 bzw. 45 %) voreutektoider Ferrit aus (Bilder 4.164 bis 4.167). Der restliche Austenit wandelte sich bei ≈ 550 °C in Bainit um. Mit steigendem Ferritgehalt nahm auch die Härte ab: $HB = 298, 290, 286$ bzw. 259.

Die Proben *9* bis *12* wurden mittels Temperaturprogrammreglers abgekühlt, und zwar mit Abkühlungsgeschwindigkeiten von 4, 2, 1,5 bzw. 1 K/min. Bei der 4-K/min-Abkühlung bildete sich erstmalig Perlit (15 %) aus, und zwar vorzugsweise an den Grenzflächen Ferrit–Austenit (Bild 4.168). Bei der 2-K/min-Abkühlung war der Perlitanteil bereits auf 30 % gestiegen (Bild 4.169), und die mit 1,5 K/min abgekühlte Probe bestand vollständig

4.5. Wärmebehandlung der Stähle

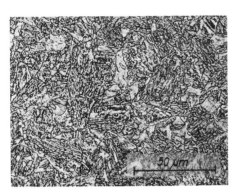

Bild 4.162. Stahl wie Bild 4.160, 1000 °C/Luft. Martensit und Bainit. *HB* = 367

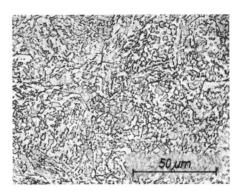

Bild 4.163. Stahl wie Bild 4.160, 1000 °C/Luft. Bainit und Martensit. *HB* = 305

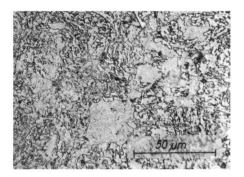

Bild 4.164. Stahl wie Bild 4.160, 1000 °C/Ofenabkühlung. 3 % Ferrit sowie Bainit und Martensit. *HB* = 298

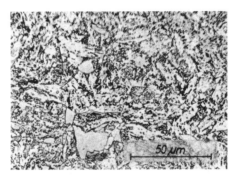

Bild 4.165. Stahl wie Bild 4.160, 1000 °C/Ofenabkühlung. 5 % Ferrit sowie Bainit und Martensit. *HB* = 290

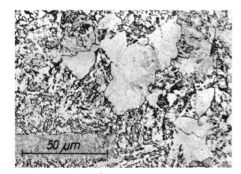

Bild 4.166. Stahl wie Bild 4.160, 1000 °C/Ofenabkühlung. 15 % Ferrit sowie Bainit und Martensit. *HB* = 286

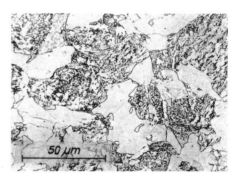

Bild 4.167. Stahl wie Bild 4.160, 1000 °C/Ofenabkühlung. 45 % Ferrit sowie Bainit und Martensit. *HB* = 259

4. Gefüge der technischen Eisenlegierungen

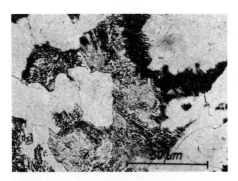

Bild 4.168. Stahl wie Bild 4.160, 1000 °C/Abkühlungsvariante *I*. 55 % Ferrit, 15 % Perlit sowie Bainit und Martensit. $HB = 218$

Bild 4.169. Stahl wie Bild 4.160, 1000 °C/Abkühlungsvariante *II*. 55 % Ferrit, 30 % Perlit sowie Bainit und Martensit. $HB = 195$

Bild 4.170. Stahl wie Bild 4.160, 1000 °C/Abkühlungsvariante *III*. 55 % Ferrit und 45 % Perlit. $HB = 188$

Bild 4.171. Stahl wie Bild 4.160, 1000 °C/Abkühlungsvariante *IV*. 55 % Ferrit und 45 % Perlit. $HB = 184$

aus Ferrit (55 %) und Perlit (45 %). Der Bainit war gänzlich verschwunden (Bild 4.170). Die mit 1 K/min abgeheizte Probe wies das gleiche Ferrit-Perlit-Verhältnis auf, wobei der Perlit jedoch geringfügig globuliert war (Bild 4.171). Wie dem Diagramm zu entnehmen ist, sank die Härte in diesem Abkühlungsbereich weiter ab, und zwar von $HB = 218$ über 195 und 188 nach 184.

Durch diesen Abkühlungsbereich, nämlich Wasserabschreckung bis 1 K/min, wurden sämtliche Gefüge erfaßt, und man kann bei einem beliebig abkühlenden Werkstück, falls dessen Abkühlungsverlauf an den interessierenden Stellen gemessen oder berechnet wird, das auftretende Gefüge, die sich einstellende Härte und Festigkeit sowie die Lage der Umwandlungspunkte voraussagen. Vermerkt sei, daß ein derartiges Schaubild nur strenge Gültigkeit für die Austenitisierungstemperatur und -zeit besitzt, mit denen es aufgestellt worden ist. Werden diese beiden Faktoren abgeändert, so verändert sich auch das Schaubild mehr oder weniger stark.

Die Umwandlung der unterkühlten Austenitmischkristalle beginnt vorzugsweise an den Gitterstörstellen. Es ist deshalb eine Abhängigkeit der umgewandelten Austenitmenge von der Austenitgröße in dem Sinn zu erwarten, daß sich bei einem groben Korn nach einer bestimmten Haltezeit weniger Austenit umgewandelt hat als bei einem feinen Korn.

Dies ist in der Tat auch der Fall. Bei einem groben Korn ist nach einer gewissen Zeit die Umwandlung eine bestimmte Strecke in das Korn eingedrungen, und der Kern besteht noch aus Austenit (Bild 4.172 a). Bei einem feinen Korn hat nach gleicher Zeit die Umwandlung dagegen schon das gesamte Kornvolumen erfaßt (Bild 4.172 b).

Mit steigender Austenitisierungstemperatur und -zeit wächst nicht nur das Austenitkorn an, sondern es findet gleichzeitig auch eine Homogenisierung des Austenits statt. Karbide, Nitride und andere Bestandteile gehen in Lösung, und die gelösten Atome verteilen sich gleichmäßig im Austenit, der dadurch stabilisiert wird. Bei der nachfolgenden Abkühlung ist die Zahl der Keime, die die Austenitumwandlung einleiten, stark verringert. Es müssen erst neue Keime gebildet werden, wozu eine gewisse Zeit erforderlich ist, d.h., die S-Kurve verschiebt sich auch aus diesem Grund nach rechts zu längeren Zeiten hin.

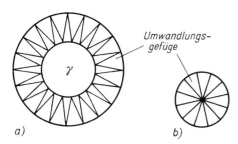

Bild 4.172. Schematische Darstellung der Austenitumwandlung bei einem grobkörnigen (*a*) und feinkörnigen (*b*) Austenit bei gleicher Umwandlungsdauer

Die Bilder 4.173 bis 4.178 zeigen diesen Einfluß der Austenitisierungstemperatur auf die Umwandlung an einem Stahl mit 1% C und 1,5% Cr. Nach 30minütigem Glühen bei 900 °C mit nachfolgender Luftabkühlung ist das Korn sehr fein, und das Gefüge besteht aus Perlit. Eine Erhöhung der Austenitisierungstemperatur auf 1 000, 1 100 und 1 200 °C bewirkt eine starke Kornvergrößerung (Bilder 4.173, 4.175 u. 4.177), erkennbar an dem durch alkalische Natriumpikratlösung dunkel geätzten Netzwerk aus Korngrenzenzementit. Das Gefüge besteht aus Perlit, Bainit und Martensit (mit Restaustenit), wobei der Perlit und Bainit sich an den Korngrenzen und der Martensit sich im Korninneren befindet (Bilder 4.174, 4.176 u. 4.178). Es ist deutlich zu erkennen, wie mit steigender Austeniti-

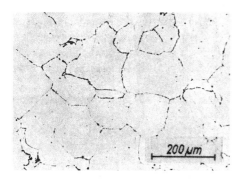

Bild 4.173. Stahl mit 1% C und 1,5% Cr, 30 min 1 000 °C/Ofenabkühlung. Feines Korn. Geätzt mit alkalischer Natriumpikratlösung

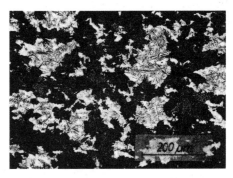

Bild 4.174. Stahl mit 1% C und 1,5% Cr, 30 min 1 000 °C/Luftabkühlung. Martensit (hell) und Perlit. Geätzt mit HNO_3

4. Gefüge der technischen Eisenlegierungen

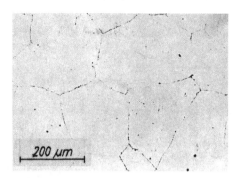

Bild 4.175. Stahl mit 1% C und 1,5% Cr, 30 min 1 100 °C/Ofenabkühlung. Mittleres Korn. Geätzt mit alkalischer Natriumpikratlösung

Bild 4.176. Stahl mit 1% C und 1,5% Cr, 30 min 1 100 °C/Luftabkühlung. Martensit (hell) und Perlit. Geätzt mit HNO$_3$

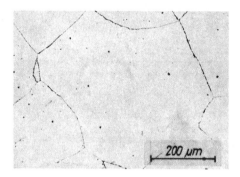

Bild 4.177. Stahl mit 1% C und 1,5% Cr, 30 min 1 200 °C/Ofenabkühlung. Grobes Korn. Geätzt mit alkalischer Natriumpikratlösung

Bild 4.178. Stahl mit 1% C und 1,5% Cr, 30 min 1 200 °C/Luftabkühlung. Martensit (hell) und Perlit. Geätzt mit HNO$_3$

sierungstemperatur bzw. Korngröße die Umwandlung in der Perlit- und Bainitstufe zurückgedrängt wird und die Menge an Martensit zunimmt.

Veränderungen ergeben sich auch bei verschiedenen Chargen des gleichen Stahls, und die metallurgische Beschaffenheit sowie die mechanisch-thermische Vorbehandlung, wie Verschmiedungsgrad, Blockmasse, Seigerungen, Ausgangsgefüge u.dgl., haben einen Einfluß auf den Umwandlungsverlauf. Derartige Diagramme geben das Umwandlungsverhalten eines Stahls immer nur mit einer gewissen Annäherung wieder. Darüber muß man sich bei der Anwendung stets im klaren sein.

Um diese Einflüsse schnell zu erfassen und darüber hinaus das *Einhärteverhalten* eines Stahls zu ermitteln, wurde die *Stirnabschreckprobe* entwickelt. Ein Stahlzylinder von 100 mm Länge und 25 mm Dmr. wird auf die Härtetemperatur erwärmt und dann an einer Stirnfläche mit einem Wasserstrahl abgeschreckt (Bild 4.179a). Die Versuchsbedingungen sind genormt. Durch diese Abschreckungsart nimmt die Abkühlungsgeschwindigkeit in Richtung der Zylinderachse stetig ab, und man erhält diejenigen Abkühlungsverhältnisse, wie sie im ZTU-Diagramm für kontinuierliche Abkühlung auch erfaßt werden. Man könnte die unterschiedlichen Gefügeausbildungen untersuchen. Für praktische

4.5. Wärmebehandlung der Stähle

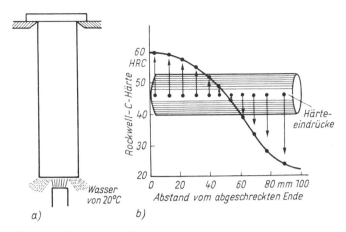

Bild 4.179. Stirn-Abschreck-Versuch.
a) Durchführung des Versuchs
b) Härteverlauf längs des abgeschreckten Stabs (Einhärtung)

Zwecke begnügt man sich in der Regel mit dem Härteverlauf. Zu diesem Zweck schleift man nach dem Erkalten auf der Mantelfläche des Zylinders eine ebene Fläche von ≈ 10 mm Breite an und bestimmt darauf die Rockwell-C-Härte oder die Vickers-Härte in Abhängigkeit von der Entfernung zur abgeschreckten Stirnfläche (Bild 4.179b). Das unterschiedliche Einhärteverhalten von drei Stählen ist im Bild 4.180 gezeigt. Während bei dem Kohlenstoffstahl a die Härte zum Innern hin steil abfällt, verändert sie sich bei den legierten Stählen b und c nur wenig bzw. überhaupt nicht.

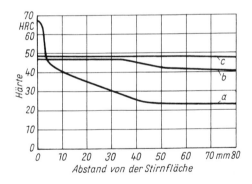

Bild 4.180. Stirnabschreckprobe nach JOMINY.
a Kohlenstoffstahl mit 1,0 % C, 800 °C
b legierter Stahl mit 0,22 % C, 3 % Cr und 0,4 % Mo, 900 °C
c legierter Stahl mit 0,22 % C, 17 % Cr und 2 % Ni, 1 100 °C

4.5.2. Normalglühen

Unter *Normalglühen* versteht man ein Erwärmen des Stahls auf Temperaturen, die 30 bis 50 K oberhalb des A_{c3}-Punkts liegen (Bild 4.181). Dort wird das Werkstück nur so lange belassen, bis es mit Sicherheit vollständig durchgewärmt ist. Hierauf wird es an ruhiger Luft abgekühlt. Durch die dabei erfolgte zweimalige Durchschreitung der α/γ-Umwandlung wird der Stahl in einen feinkörnigen gleichmäßigen Zustand überführt, der als »nor-

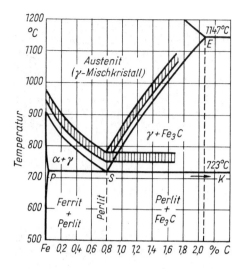

Bild 4.181. Normalisierungstemperaturen der Kohlenstoffstähle

mal« bezeichnet wird und der für einen bestimmten Stahl oder für eine bestimmte Schmelze charakteristisch ist. Alle durch Härten, Vergüten, Überhitzen, Schweißen, Kalt- und Warmumformung bewirkten Gefüge- und Eigenschaftsänderungen werden nur durch Normalglühen rückgängig gemacht, sofern sie nicht den Charakter dauernder Materialschädigungen tragen, wie z. B. Verbrennungen, Härterisse, Überwalzungen u. dgl. Bei der Abkühlung an ruhiger Luft ist die Unterkühlung bei Kohlenstoffstählen so gering, daß der Austenitzerfall in der Perlitstufe vollständig zu Ende verläuft. Untereutektoide Stähle ergeben nach dem Normalisieren ein ferritisch-perlitisches Gefüge, eutektoide Stähle ein perlitisches Gefüge.

Hochwertiger Stahlguß muß immer normalgeglüht werden, da er ein sehr grobes Korn aufweist und deshalb relativ spröde ist, Bild 4.182 zeigt das ferritisch-perlitische Gefüge eines Stahlgusses mit 0,25 % C. Eine derartige Struktur bezeichnet man als WIDMANNSTÄTTENsches Gefüge. Es entsteht dadurch, daß sich während der Abkühlung beim Durchschreiten von A_{r3} innerhalb der außerordentlich großen Austenitkörner der voreutektoide Ferrit, kristallographisch zum γ-Gitter orientiert, in Form von Nadeln und Platten ausscheidet und nicht, wie es bei feinem Austenitkorn der Fall ist, an den Korngrenzen. Das WIDMANNSTÄTTENsche Gefüge entsteht immer dann, wenn aus irgendeinem Grund das Austenitkorn zu groß oder eine beschleunigte Abkühlung von zu hohen Temperaturen durchgeführt worden ist. Dies ist bei Stahlguß und bei Schweißnähten der Fall, aber auch, wenn der Stahl bei zu hohen Temperaturen und zu lange geglüht worden ist. Das Ferritnetzwerk an den Korngrenzen gibt dabei die Austenitkorngröße an, aus dem das Sekundärgefüge entstanden ist.

Durch Normalglühen wird das WIDMANNSTÄTTENsche Gefüge bzw. das Überhitzungsgefüge beseitigt. Bild 4.183 zeigt den Stahlguß nach $\frac{1}{2}$stündigem Glühen bei 720 °C. Der Perlit ist schon etwas aufgelockert, ohne daß aber die WIDMANNSTÄTTENsche Struktur grundsätzlich verändert wäre. Nach dem Glühen bei 800 °C ist eine weitgehende Umkörnung erfolgt (Bild 4.184). Die groben Ferritbänder sind aber noch deutlich zu erkennen. Glühen bei 860 °C, also oberhalb von A_{c3}, ergibt ein gleichmäßiges, kleines Ferrit-Perlit-Korn (Bild 4.185). Das Korn läßt sich durch ein zweites Normalglühen noch weiter verfei-

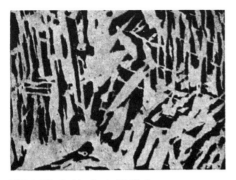

Bild 4.182. Stahlguß mit 0,25 % C.
WIDMANNSTÄTTENsches Gefüge

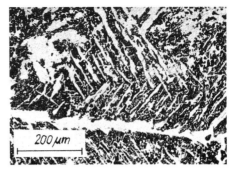

Bild 4.183. Stahlguß mit 0,25 % C, 30 min
720 °C/Luftabkühlung

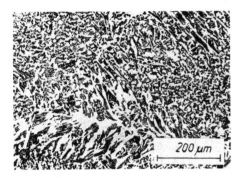

Bild 4.184. Stahlguß mit 0,25 % C, 30 min
800 °C/Luftabkühlung

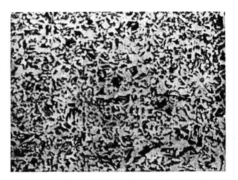

Bild 4.185. Stahlguß mit 0,25 % C, 30 min
860 °C/Luftabkühlung

nern. Zu höheren Temperaturen hin wird das Korn wieder gröber, und der Stahl wird überhitzt. Bild 4.186 zeigt das aus grobem und feinem Korn bestehende Mischgefüge nach dem Glühen bei 950 °C, und Bild 4.187 zeigt das einheitlich grobe Korn nach dem Glühen bei 1050 °C.

Eine derartige *Überhitzung* wird beim *Grobkornglühen* absichtlich durchgeführt. Wegen der geringen Zähigkeit läßt sich ein grobkörniger Stahl besser spanabhebend bearbeiten als ein feinkörniger Stahl. Beim Drehen, Fräsen, Hobeln, Bohren usw. entsteht ein bröckelnder und deshalb wenig kaltverfestigter Span, wodurch sich die Schneidhaltigkeit der Werkzeuge erhöht.

Durch das Normalisieren werden die mechanischen Eigenschaften des Stahlgusses, wie Streckgrenze, Festigkeit, Dehnung, Einschnürung und Kerbschlagzähigkeit, erheblich verbessert, wie aus Tabelle 4.13 zu ersehen ist.

Das beim Normalglühen entstehende Gefüge ist um so feiner und gleichmäßiger, je rascher die Erhitzung erfolgt, je niedriger die Glühtemperatur oberhalb von A_{c3} liegt, je kürzer die Haltezeit bei dieser Temperatur ist und je schneller die Abkühlung vonstatten geht.

Bild 4.188 gibt das Gefüge eines 15 min bei 950 °C geglühten Weicheisens mit 0,04 % C

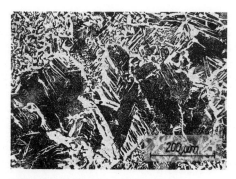

Bild 4.186. Stahlguß mit 0,25 % C, 30 min
950 °C/Luftabkühlung

Bild 4.187. Stahlguß mit 0,25 % C, 30 min
1 050 °C/Luftabkühlung

Tabelle 4.13. Veränderung der mechanischen Eigenschaften von Stahlguß mit unterschiedlichem Kohlenstoffgehalt durch Normalglühen

Stahlguß	C [%]	R_e [MPa]	R_m [MPa]	A [%]	Z [%]	KC [J/cm²]
ungeglüht	0,11	180	410	26	30	40
bei 900 °C geglüht	0,11	260	420	30	59	170
ungeglüht	0,26	230	430	13	14	30
bei 850 °C geglüht	0,26	290	480	24	41	90
ungeglüht	0,53	250	620	7	4	13
bei 820 °C geglüht	0,53	350	700	16	18	35
ungeglüht	0,85	300	620	1	0,4	14
bei 720 °C geglüht	0,85	320	720	9	7	20

wieder, Bild 4.189 das gleiche Eisen, aber nach 5stündiger Glühung bei 950 °C. Die infolge zu langen Haltens bei der Normalisierungstemperatur bewirkte Kornvergröberung ist deutlich erkennbar. Man bezeichnet diese Erscheinung als *Überzeiten*.

Bei gewalzten Blechen, Bändern, Drähten und Profilen sowie bei Schmiedestücken mit stärkerem Verschmiedungsgrad erfolgt nach dem Normalglühen, sofern die Abkühlung langsam vonstatten geht (Abkühlung im Stapel!), die Ausbildung des sekundären Zeilengefüges (Bild 4.190). Der Ferrit und der Perlit werden durch die gestreckten Phosphorseigerungen und nichtmetallischen Schlackeneinschlüsse in Schichten nebeneinander angeordnet. Dadurch ergeben sich Unterschiede der mechanischen Eigenschaften in der Längs- und Querrichtung. Durch entsprechend schnelle Luftabkühlung nach dem Normalisieren kann das Zeilengefüge jedoch zum Verschwinden gebracht werden (Bild 4.191). Bei Werkstücken mit größerem Querschnitt verläuft die Abkühlung in den äußeren Zonen schneller als im Kern. Deshalb ist bei derartigen Teilen das Randgefüge oftmals feinkörniger als das Kerngefüge, das zeilenförmig und grobkörnig ausgebildet ist.

4.5. Wärmebehandlung der Stähle

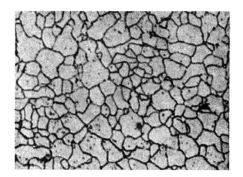

Bild 4.188. Weicheisen mit 0,04 % C, 15 min 950 °C/Luftabkühlung. Feines Korn

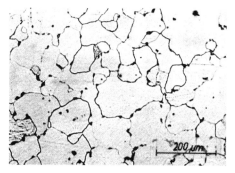

Bild 4.189. Weicheisen mit 0,04 % C, 5 h 950 °C/Luftabkühlung. Grobes Korn

Bild 4.190. Stahl mit 0,35 % C, 30 min 900 °C/Ofenabkühlung. Grobes Korn und sekundäres Zeilengefüge

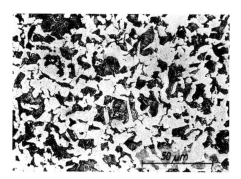

Bild 4.191. Stahl mit 0,35 % C, 30 min 900 °C/Luftabkühlung. Feineres Korn und gleichmäßigere Ferrit-Perlit-Verteilung

Beim Normalglühen wird der Stahl rasch an der Luft abgekühlt. Läßt man ihn dagegen im Ofen sehr langsam erkalten, so scheiden sich die in jedem Stahl enthaltenen Verunreinigungen an den Korngrenzen und im Korninneren aus, wodurch eine erhebliche Versprödung eintreten kann. Diesen Glühprozeß bezeichnet man als *Vollständigglühen*.
Werden übereutektoide Stähle 30 bis 50 K über den A_{c1}-Punkt erwärmt und anschließend an Luft abgekühlt, so wird lediglich die perlitische Grundmasse umgekörnt, während der Sekundärzementit kaum beeinflußt wird. Zur Auflösung eines vorhandenen Zementitnetzes oder sehr grober Karbidteilchen müssen die Stähle dagegen bis dicht über den A_{ccm}-Punkt erwärmt und nachfolgend schnell an Luft abgekühlt werden. Dadurch wird die Ausscheidung des Sekundärzementits unterdrückt und ein gleichmäßiges, feinlamellares, perlitisches Gefüge erhalten, das einmal zäher ist und zum anderen sich leichter und schneller auf körnigen Zementit hin weichglühen läßt. Bild 4.192 zeigt als Beispiel das Gefüge eines von 1 100 °C langsam im Ofen erkalteten Stahles mit 1,4 % C, Bild 4.193 den gleichen Stahl nach der Behandlung 1 000 °C/Luftabkühlung. Der beträchtliche Gefügeunterschied ist ohne weiteres zu erkennen.
Die Auswirkungen unterschiedlicher Temperaturen auf das Stahlgefüge lassen sich an un-

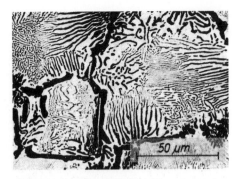 

Bild 4.192. Stahl mit 1,4% C, nach dem Schmieden auf 1 100 °C erwärmt und sehr langsam im Ofen abgekühlt. Perlit und Sekundärzementit

Bild 4.193. Stahl mit 1,4% C, von 1 000 °C an Luft abgekühlt. Perlit ohne Korngrenzenzementit

geglühten Schweißnähten nebeneinander beobachten. Bild 4.194 zeigt die Makroaufnahme eines Querschliffs durch eine Schweißverbindung. Die Schweiße hebt sich nach dem Ätzen deutlich vom Grundwerkstoff ab. Längs der Transkristallite der Schweiße und im Inneren des Blechs, also in der Seigerungszone, befinden sich Risse (Spannungsrisse). Die Schweiße selbst war flüssig und ist schnell abgekühlt. Sie muß also die WIDMANNSTÄTTENsche Struktur von Stahlguß aufweisen (Bild 4.195). Der Grundwerkstoff in der Nähe der Schweiße zeigt ein grobes Überhitzungsgefüge (Bild 4.196). Weiter von der Schweiße entfernt im Blechinneren war die Temperatur nicht mehr so hoch. Der Grundwerkstoff wurde normalisiert und weist ein gleichmäßiges, sehr feinkörniges Gefüge auf (Bild 4.197). Der Grundwerkstoff selbst ist mit einer sekundären Zeilenstruktur behaftet (Bild 4.198).

Wird die gesamte Schweißnaht normalgeglüht, so verfeinert sich sowohl die Gußstruktur der Schweiße als auch das Überhitzungsgefüge des Grundwerkstoffs in Schweißnahtnähe. Eine nicht normalgeglühte Schweißnaht weist alle Eigenschaften eines Gußgefüges auf, wie verringerte Streckgrenze, Festigkeit, Dehnung und vor allem eine sehr verschlechterte Kerbschlagzähigkeit.

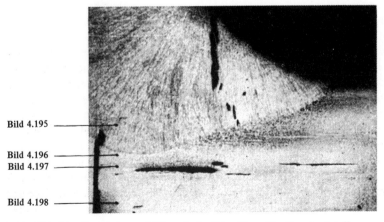

Bild 4.194. Schweißverbindung mit Rissen in der Schweiße und im Grundwerkstoff. Geätzt mit 1 %iger HNO$_3$

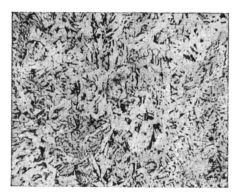

Bild 4.195. Gußgefüge der Schweiße (WIDMANNSTÄTTENsches Gefüge)

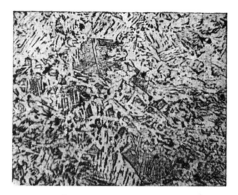

Bild 4.196. Überhitzungsgefüge an der Grenze Schweiße – Grundwerkstoff

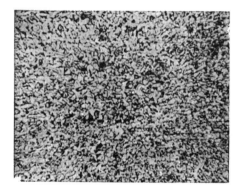

Bild 4.197. Durch die Schweißwärme normalisierte Zone im Grundwerkstoff

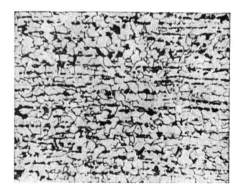

Bild 4.198. Vom Schweißvorgang unbeeinflußter Grundwerkstoff. Sekundäres Zeilengefüge

4.5.3. Weichglühen

Unter *Weichglühen* versteht man ein langzeitiges Erwärmen des Stahls auf Temperaturen dicht beim A_1-Punkt mit nachfolgender langsamer Abkühlung (≈ 10 K/h). Bei Kohlenstoffstählen ist dies der Bereich zwischen 650 und 750 °C (Bild 4.199). Der Zweck des Weichglühens besteht darin, dem Stahl ein für die Härtung geeignetes Gefüge zu geben und den Stahl in einen weichen, gut bearbeitbaren Zustand zu überführen. Nach dem Schmieden oder Normalglühen ist das Gefüge, besonders der kohlenstoffreicheren Stähle, vorwiegend perlitisch. Derartige Stähle lassen sich nur schwierig spanabhebend bearbeiten, denn an den sehr harten Zementitlamellen nutzen sich die Schneiden der Werkzeuge bald ab und werden stumpf. Werkstücke, die größere Mengen an lamellarem Perlit aufweisen, lassen sich auch nur sehr schlecht biegen, drücken, börden, pressen und verwinden, da bei der plastischen Kaltverformung die Zementitlamellen zerbrechen und infolgedessen der Stahl bald aufreißt.

Durch langzeitiges Halten dicht unter dem A_1-Punkt formen sich die Zementitlamellen

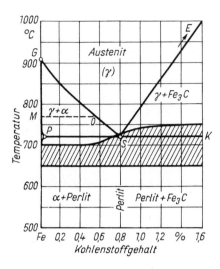

Bild 4.199. Weichglühtemperaturen der Kohlenstoffstähle

unter dem Einfluß der Oberflächenspannung allmählich zu Körnern und Kugeln um. Aus dem lamellaren Perlit entsteht der *körnige Zementit*. Bei letzterem liegen in der ferritischen Grundmasse die Zementitkörnchen regellos verteilt vor. Die spanabhebende Bearbeitung ist nun wesentlich erleichtert, da die Werkzeugschneide nur noch den Ferrit zu schneiden braucht. Die Zementitkörnchen werden bei der Zerspanung zur Seite gedrückt oder herausgerissen, aber nicht vom Werkzeug zertrennt. Der weichgeglühte Stahl läßt sich auch wesentlich besser kalt verformen, da der Werkstoffluß von der weichen, zähen, ferritischen Grundmasse übernommen wird und die kleinen Karbidkörnchen das Fließen kaum noch behindern.

Bild 4.200 zeigt das lamellar-perlitische Gefüge eines normalgeglühten Stahls mit 0,9 % C. Eine Rundstange aus diesem Stahl ließ sich nur bis zu einem Winkel von etwa 30° biegen und zerbrach dann. Nach 10stündiger Glühung bei 700 °C waren die Zementitlamellen vollkommen eingeformt (Bild 4.201). Die Stahlstange ließ sich nun ohne Anriß bis 180° biegen.

Die mechanischen Eigenschaften eines Stahls mit 0,9 % C, einmal im lamellar-perliti-

Bild 4.200. Stahl mit 0,9 % C, normalisiert. Lamellarer Perlit

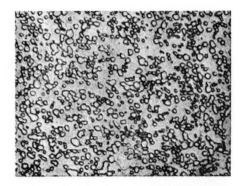

Bild 4.201. Stahl mit 0,9 % C, normalisiert und 10 h bei 700 °C geglüht. Körniger Perlit

schen Zustand und zum anderen im weichgeglühten Zustand, gehen aus Tabelle 4.14 hervor.

Bei übereutektoiden Stählen geht die Einformung der Zementitlamellen wesentlich schneller vonstatten, wenn die Temperatur einige Mal um den A_1-Punkt pendelt *(Pendelglühung)*. Im Phasenfeld »γ + Fe$_3$C« (s. Bild 4.199) sind neben den γ-Mischkristallen noch Zementitkristalle beständig. Kühlt man den Stahl von Temperaturen dicht über A_1 langsam ab, so kristallisiert am A_{r1}-Punkt das sich ausscheidende Karbid direkt in Kugelform an diese bereits vorhandenen Zementitkriställchen an. Die lamellare Perlitbildung wird dadurch umgangen.

Gefügeform	R_e [MPa]	R_m [MPa]	A [%]	Z [%]	HB	
lamellarer Perlit	600	1050	8	15	300	Tabelle 4.14 Festigkeitseigenschaften von Stahl mit lamellarem und globularem Perlit
globularer Perlit	280	550	25	60	155	

Übereutektoide Stähle, die weichgeglüht werden sollen, werden zweckmäßigerweise vorher normalisiert, um ein gleichmäßiges perlitisches Gefüge zu erhalten. Die Einformung der groben Sekundärzementitschalen an den Korngrenzen verläuft nämlich nur träge und führt zu einer ungleichmäßigen Größe der Zementitkörner. Bild 4.202 zeigt das Gefüge eines nach dem Schmieden langsam abgekühlten Stahles mit 1,2 % C. Es besteht aus einer perlitischen Grundmasse und Korngrenzenzementit. Nach dem Weichglühen ergibt sich ein Gefüge nach Bild 4.203: In der ferritischen Grundmasse sind grobe Karbide, herrührend von Korngrenzenzementit, und feine Karbide, herrührend von den Zementitlamellen des Perlits, eingelagert. Oftmals wird der Korngrenzenzementit jedoch nicht vollständig eingeformt, sondern verbleibt in Form von Stäbchen (Bild 4.204) oder als mehr oder weniger geschlossenes Korngrenzennetzwerk im Gefüge (Bild 4.205). Derartige Reste von Korngrenzenzementit ergeben im gehärteten Stahl ein grobes Bruchgefüge und führen zu einer Versprödung auch des richtig gehärteten Stahls, da die relativ zähe, feinmartensitische Grundmasse von den spröden Zementitadern unterbrochen wird.
Beim Weichglühen wird eine gleichmäßige mittlere Größe der Karbide angestrebt. Sind

Bild 4.202. Stahl mit 1,2 % C. Perlit und Korngrenzenzementit

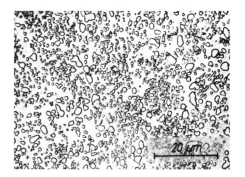

Bild 4.203. Stahl mit 1,2 % C, weichgeglüht. Ungleichmäßig große Karbidkörner

518 4. Gefüge der technischen Eisenlegierungen

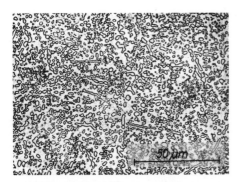 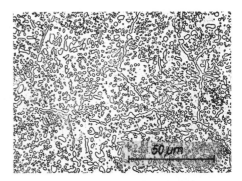

Bild 4.204. Stahl mit 1,2 % C, weichgeglüht. Reste von stäbchenförmigem Sekundärzementit

Bild 4.205. Stahl mit 1,2 % C, weichgeglüht. Reste des Korngrenzenzementit-Netzwerks

die Karbide sehr fein, so steigt die Härte des Stahls, und die Bearbeitbarkeit wird schlechter. Andererseits wird der Stahl bei groben Karbidkörnern zu weich und schmiert beim Zerspanen, d. h., die Oberflächengüte des Werkstückes nimmt ab. Feine Karbide gehen beim Härten schnell in Lösung. Es sind nur kurze Haltezeiten erforderlich, und der Martensit wird sehr feinkörnig. Grobe Karbide benötigen zur Auflösung im Austenit längere Zeit. Dabei wächst das Austenitkorn infolge der Überzeitung an, der Martensit wird gröber, und die Menge an Restaustenit nimmt zu. Während also sehr feine Karbide das für die Härtung geeignete Gefüge bilden, sind gröbere Karbide für die Zerspanung günstiger.

Weitere Fehler, die beim Weichglühen auftreten können, bestehen hauptsächlich in einer unvollkommenen Koagulation der Zementitlamellen und in Oberflächenentkohlungen. Ist die Glühzeit zu kurz, die Abkühlung zu schnell oder wird die für den betreffenden Stahl günstigste Weichglühtemperatur nicht eingehalten, so besteht das Gefüge des Stahles nach dem Weichglühen aus einem Gemenge von Zementitkörnern und Zementitlamellen. Dadurch wird die für die Zerspanung günstigste Brinellhärte von etwa 200 überschritten. Bild 4.206 zeigt das Mischgefüge eines eutektoiden Stahls, der nur 5 h bei 700 °C geglüht worden war. Die noch nicht koagulierten Zementitlamellen sind deutlich zu erkennen. Die Brinellhärte betrug $HB = 220$. Auch durch Seigerungen wird die Globulierung manchmal erschwert. Bild 4.207 zeigt einen Längsschliff durch eine Walzstange von 20 mm Dmr., die nach dem Weichglühen infolge Seigerungsstreifen nebeneinanderliegende Zeilen von globularem Zementit und lamellarem Perlit enthielt.

Durch die langen Glühzeiten beim Weichglühen bedingt, tritt, sofern keine Gegenmaßnahmen getroffen werden, eine Entkohlung an der Oberfläche der Werkstücke ein. Bei stärkeren Entkohlungen wird der Rand ferritisch (Bild 4.208). Dies führt beim nachfolgenden Härten zur *Weichfleckigkeit*, d. h., die Oberfläche nimmt infolge des niederen C-Gehalts keine Glashärte mehr an. Übereutektoide Stähle, die oberhalb des A_1-Punktes weichgeglüht und dabei schwach randentkohlt sind, weisen nach der Abkühlung eine lamellar-perlitische Randzone auf (Bild 4.209). Durch die Entkohlung wurde der Stahl vom übereutektoiden in den eutektoiden oder sogar in den untereutektoiden Zustand überführt. Dabei werden die Karbidkeime vernichtet, und bei der Abkühlung wandelt sich diese Zone am A_{r1}-Punkt in den normalen lamellaren Perlit um. Weichgeglühte Stähle

4.5. Wärmebehandlung der Stähle

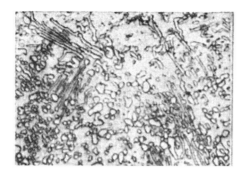

Bild 4.206. Stahl mit 0,9 % C, 5 h bei 700 °C geglüht. Reste von lamellarem Zementit

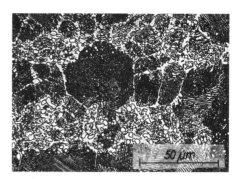

Bild 4.207. Stahl mit 1,05 % C, weichgeglüht. In Folge von Seigerungsstreifen treten Zeilen mit lamellarem Perlit und Zeilen von körnigem Zementit nebeneinander auf

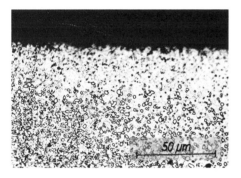

Bild 4.208. Stahl mit 1,02 % C, beim Weichglühen stark randentkohlt. Ferritbildung

Bild 4.209. Stahl mit 1,05 % C, beim Weichglühen schwach randentkohlt. Bildung von lamellarem Perlit an der Oberfläche

mit einem derartigen Perlitrand weisen eine geringe Kaltverformbarkeit auf, weil der spröde Perlit an der Oberfläche bricht und zu Oberflächenrissen Veranlassung geben kann. Je nach dem Grad der Entkohlung wird auch der Widerstand gegenüber Abnutzung herabgesetzt, da in der gehärteten Grundmasse die harten Sekundärzementitkristalle fehlen.

Sehr leicht und schnell erfolgt die Bildung von kugeligem Zementit, wenn man nicht vom lamellaren Perlit, sondern von einem nadeligen Gefüge, also von Martensit oder Bainit, ausgeht. Stähle mit einem derartigen Gefüge brauchen nur relativ kurzzeitig dicht unter dem A_1-Punkt angelassen zu werden, damit sich kugeliger Zementit ausscheidet. Dieses Verfahren wird hauptsächlich bei legierten Stählen angewendet, die nach dem Walzen, Schmieden oder Normalisieren sich nicht in der Perlitstufe, sondern in der Bainit- oder sogar teilweise in der Martensitstufe umwandeln und infolgedessen für die Weiterverarbeitung zu hart anfallen.

Bild 4.210 zeigt das Gefüge eines Stahls mit 0,22 C, 3 % Cr und 0,4 % Mo im Schmiedezustand. Es besteht aus Bainit. Die Brinellhärte betrug $HB = 378$. Nach 4stündiger Glühung bei 700 °C mit nachfolgender langsamer Ofenabkühlung war das im Bild 4.211 dargestellte Weichglühgefüge entstanden. Die Brinellhärte betrug nur noch $HB = 172$.

Die Einformung des lamellaren Perlits läßt sich auch so durchführen, daß zunächst durch eine Kaltumformung die Zementitlamellen zerbrochen werden und anschließend der Stahl bei einer Temperatur unterhalb des A_1-Punkts rekristallisierend geglüht wird. Bei der Rekristallisationsglühung wird nur die Ferritgrundmasse umgekörnt, während die Zementitkörnchen unbeeinflußt bleiben. Erst nach Überschreiten des A_{c1}-Punkts formt sich bei der Abkühlung der globulare Zementit wieder in den lamellaren Perlit um.

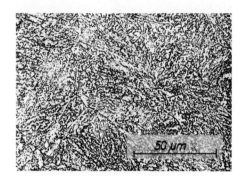 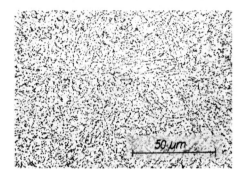

Bild 4.210. Stahl mit 0,22 % C, 3 % Cr und 0,4 % Mo, Schmiedezustand. Bainitisches Gefüge mit Martensitresten. $HB = 378$

Bild 4.211. Stahl mit 0,22 % C, 3 % Cr und 0,4 % Mo, nach dem Schmieden 4 h bei 700 °C geglüht und im Ofen abgekühlt. Körniger Zementit. $HB = 172$

4.5.4. Rekristallisationsglühen

Durch eine plastische Kaltumformung wird, wie im Abschn. 3.2.1. ausgeführt, Eisen und Stahl härter und fester, während Dehnung, Einschnürung und Biegezahl absinken. Bei kaltgewalzten Blechen und Bändern sowie bei gezogenen Drähten nutzt man die durch die Verfestigung bewirkte Erhöhung von Streckgrenze und Zugfestigkeit technisch aus. Im Gefüge macht sich die Kaltumformung durch das Auftreten von Gleitlinien, Kornstreckung und Zertrümmerung von spröden Kristallarten (Zementitlamellen des Perlits, Schlackeneinschlüsse) bemerkbar.

Durch Glühen oberhalb der Rekristallisationstemperatur wird der Zwangszustand, unter dem der verfestigte Werkstoff steht, unter Bildung neuer, ungestörter Kristallite aufgehoben, und der Stahl erhält seine Bildsamkeit und Zähigkeit wieder zurück. Die Rekristallisationstemperatur T_R ist keine Materialkonstante, sondern hängt von zahlreichen Faktoren ab. Die wichtigsten Einflußgrößen sind der Legierungsgehalt und die Stärke der vorangegangenen Verformung, wie aus der Tabelle 4.15 hervorgeht. Die Rekristallisationstemperatur nimmt ab mit steigendem Umformgrad und mit zunehmendem Reinheitsgrad des Eisens bzw. Stahls. Bei unlegierten Stählen liegt T_R im allgemeinen zwischen 450 und 600 °C, bei mittel- bis hochlegierten Stählen zwischen 600 und 800 °C.

Die Bilder 4.212 bis 4.217 geben die beim Anlassen eines unlegierten Stahls mit 0,09 % C, der vorher 90 % kaltgewalzt worden war, auftretenden Gefügeveränderungen wieder. Bis

4.5. Wärmebehandlung der Stähle

Umformgrad [%]	10	20	40	70
Elektrolyteisen	490	450	425	420
Weicheisen mit 0,04 % C	700	590	510	470

Tabelle 4.15. Verschiebung von T_R (in °C) durch unterschiedlich starke Kaltumformung

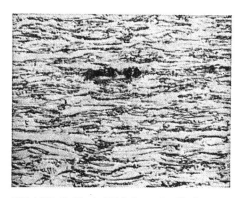

Bild 4.212. Stahl mit 0,09 % C, gewalzt (Umformgrad 90 %) und 1 h bei 550 °C angelassen. Umformgefüge

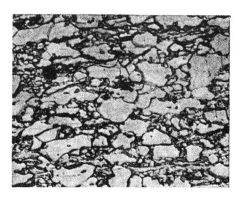

Bild 4.213. Stahl mit 0,09 % C, gewalzt (Umformgrad 90 %) und 1 h bei 600 °C angelassen. Teilweise rekristallisiert

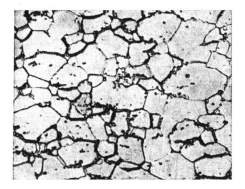

Bild 4.214. Stahl mit 0,09 % C, gewalzt (Umformgrad 90 %) und 1 h bei 650 °C angelassen. Vollständig rekristallisiert

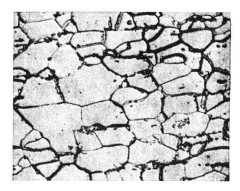

Bild 4.215. Stahl mit 0,09 % C, gewalzt (Umformgrad 90 %) und 1 h bei 700 °C angelassen. Ferrit und körniger Zementit

zu Anlaßtemperaturen von 550 °C bleibt das langgestreckte, zeilenförmige Verformungsgefüge erhalten (Bild 4.212). Bei einer Anlaßtemperatur von 600 °C sind innerhalb der gestreckten Ferritkristalle jedoch zahlreiche größere und kleinere neugebildete polygonale Kristallite vorhanden (Bild 4.213). Dies ist das Kennzeichen für die eingetretene Rekristallisation. Nach dem Anlassen auf 650 °C ist das gesamte Verformungsgefüge von den neugebildeten Kristallen aufgezehrt, und die eigentliche Verformungskristallisation ist nun beendet (Bild 4.214). Das Gefüge besteht aus Ferritpolyedern, in die der Zementit in globularer Form eingelagert ist. Eine Erhöhung der Anlaßtemperatur auf 700 °C ergibt nur

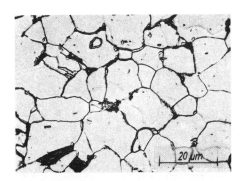
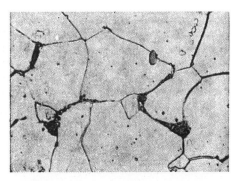

Bild 4.216. Stahl mit 0,09 % C, gewalzt (Umformgrad 90 %) und 1 h bei 900 °C angelassen. Bildung von lamellarem Perlit

Bild 4.217. Stahl mit 0,09 % C, gewalzt (Umformgrad 90 %) und 1 h bei 950 °C angelassen. Kornvergröberung

eine geringe Kornvergröberung (Bild 4.215), wobei der Zementit, da die Anlaßtemperatur noch unterhalb des A_{c1}-Punkts liegt, in seiner globularen Ausbildung verbleibt. Erhöht man die Glühtemperatur auf 750 und 800 °C, so vergröbert sich das Ferritkorn noch weiter, und der körnige Zementit formt sich zu lamellarem Perlit um. Nach dem Anlassen bei 900 °C ist der A_{c3}-Punkt überschritten, und der gesamte Zementit liegt als Perlit vor (Bild 4.216). Ein Glühen bei 950 °C schließlich ergibt ein sehr grobes Ferritkorn, während sich an der Perlitverteilung nichts mehr ändert (Bild 4.217).

Durch Glühen von kaltumgeformtem Stahl im Temperaturbereich zwischen T_R und A_{c1} erhält man körnigen Zementit, eingelagert in polygonalen Ferrit. Der Stahl ist also weichgeglüht. Temperaturerhöhungen über den A_{c1}-Punkt vergröbern in zunehmendem Maß das Ferritkorn infolge der Sammelrekristallisation und führen den körnigen Zementit in den lamellaren Perlit über. Nach Überschreiten von A_{c3} und Wiederabkühlen liegt dann der gesamte Zementit als normaler Perlit vor.

Die mechanischen Eigenschaften des kaltumgeformten und verschieden hoch angelassenen Stahls verändern sich nicht kontinuierlich mit dem Anlaßgrad, sondern bei der Rekristallisationstemperatur erfolgen ein steiler Abfall von Härte und Zugfestigkeit sowie ein steiler Anstieg der Dehnung, wie aus Tabelle 4.16 hervorgeht.

Tabelle 4.16. Rekristallisation von 90 % kaltgewalztem Stahl mit 0,09 % C

Anlaßtemperatur [°C]	20	400	550	600	650	750	875	950
Korngröße [µm]	–	–	–	–	4,7	6,2	10,6	21
Brinell-Härte [*HB*]	250	248	212	190	119	112	105	101
Zugfestigkeit [MPa]	860	850	760	640	420	390	370	360
Dehnung [%]	5	9	13	22	28	31	32	32

4.5. Wärmebehandlung der Stähle

Während bei den Nichteisenmetallen das Rekristallisationskorn um so gröber ist, je geringer die vorangegangene plastische Umformung war, tritt bei Eisen, Kohlenstoffstählen und niedrig legierten Stählen die Besonderheit auf, daß nach sehr geringen Umformungen überhaupt keine Kornneubildung stattfindet. Die Grenzumformung, der sog. *kritische Reckgrad* φ_{krit}, oberhalb derer also Rekristallisation eintritt, liegt bei etwa 8 bis 12 %. Ist der Umformungsgrad kleiner, so erfolgt nach einer Glühung keine Rekristallisation. Bei höherem als dem kritischen Umformgrad tritt jedoch normale Rekristallisation ein. Umformungen, die in der Nähe des kritischen Reckgrads liegen, erzeugen nach einer Glühung ein sehr ausgeprägtes Grobkorn und sind deshalb zu vermeiden. Bild 4.218 zeigt in schematischer Darstellung die Rekristallisationskorngröße in Abhängigkeit vom Kaltumformgrad für weichen Flußstahl, wenn die nachfolgende Glühung bei Temperaturen oberhalb von T_R stattfindet. Man faßt die beiden Begriffe kritische Umformung und kritische, d. h. rekristallisierende Glühung zusammen unter dem Sammelbegriff *»kritische Behandlung«* von Stahl.

Hochlegierte, im besonderen austenitische und ferritische Stähle scheinen keinen kritischen Reckgrad zu besitzen. Mit steigendem Kohlenstoffgehalt nimmt der Korngrößensprung am kritischen Reckgrad ab, so daß bei Stählen mit einem Gehalt >0,3 % C kaum noch die Gefahr der Grobkornbildung durch kritische Behandlung besteht.

Gorbkornbildung bei Eisen und Stahl findet nicht nur statt, wenn das gesamte Werkstück vor dem Glühen kritisch verformt worden ist. Es genügen örtliche Verformungen, wie sie beim Biegen, Prägen, Stanzen, Lochen, Abscheren oder Abgraten oft auftreten und praktisch unvermeidbar sind, um beim nachfolgenden Glühen Grobkorn zu erhalten. Der Umformgrad ist dabei an der Arbeitsstelle am größten und fällt zum unbearbeiteten Werkstück hin ab. In einer gewissen Entfernung von der Arbeitsstelle ist dann der Stahl kritisch verformt, und es bildet sich bei einer nachfolgenden Glühbehandlung eine grobkörnige Zone.

Bild 4.219 zeigt einen Querschliff durch eine Armco-Eisen-Probe, die durch einen Brinellkugeleindruck lokal plastisch verformt und anschließend 4 h bei 720 °C rekristallisierend geglüht worden war. In der Kalotte des Kugeleindrucks war das Eisen am stärksten verformt worden. An dieser Stelle ist durch die Glühung ein sehr feines Korn entstanden. In einiger Entfernung vom Kugeleindruck war der kritische Reckgrad erreicht, und die Folge war eine augeprägte Grobkornbildung. Das im Bild 4.219 eingezeichnete weiße Rechteck ist im Bild 4.220 vergrößert dargestellt und läßt die besprochenen Einzelheiten

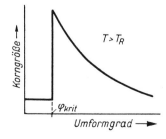

Bild 4.218. Abhängigkeit der Rekristallisationskorngröße vom Umformgrad bei weichem unlegiertem Stahl

4. Gefüge der technischen Eisenlegierungen

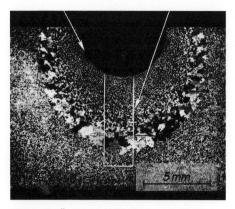

Bild 4.219. Örtliche Grobkornbildung durch Rekristallisation in der Umgebung eines Kugeleindrucks bei Armco-Eisen.
Geätzt mit Ammoniumpersulfat

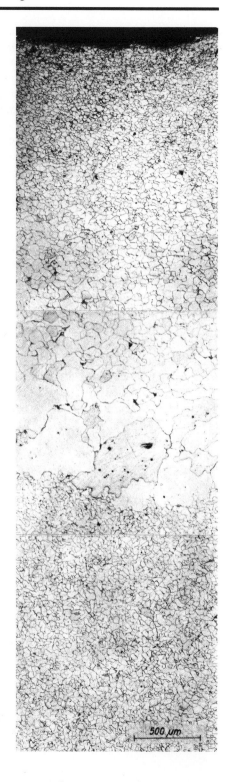

Bild 4.220. Vergrößerter Ausschnitt vom Bild 4.219.
Geätzt mit 2%iger HNO$_3$

noch besser erkennen. Man sieht deutlich, wie, vom Kugeleindruck ausgehend, die Korngröße kontinuierlich zunimmt. Das Grobkorn grenzt aber übergangslos an das unterkritisch verformte und infolgedessen nicht rekristallisierte Grundgefüge an, entsprechend dem Steilabfall der Korngrößenkurve bei φ_{krit} im Bild 4.218.
In diesem Zusammenhang sei noch erwähnt, daß eine Kaltumformung mit nachfolgender Glühung praktisch dieselbe Korngröße ergibt wie eine gleich starke Verformung bei der Glühtemperatur selbst. Auch der kritische Reckgrad behält bei Warmumformungen seine Bedeutung. Mit steigender Umformtemperatur verschiebt er sich aber zu geringen Umformgraden hin und ist ab 1 100 °C nicht mehr nachweisbar.

4.5.5. Härten

Unter *Härten* versteht man das Erwärmen eines Stahls auf Temperaturen, die 30 bis 50 K oberhalb des Linienzugs *GPSK* des Eisen-Kohlenstoff-Diagramms bzw. der $A_{3,1}$-Temperatur liegen (Bild 4.221). Dort wird das Werkstück durchgewärmt. Anschließend erfolgt eine schnelle Abkühlung mit dem Ziel, ein martensitisches Gefüge zu erhalten. Der Zweck des Härtens besteht darin, dem Stahl eine höhere Härte und damit Verschleißfestigkeit zu verleihen oder ihm ein für das Vergüten erforderliches Ausgangsgefüge zu geben.

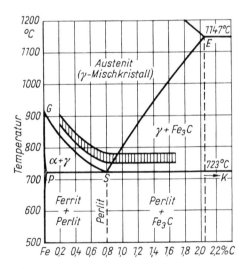

Bild 4.221. Härtetemperaturen der Kohlenstoffstähle

Die *Härte* des gehärteten Stahls hängt vom Kohlenstoffgehalt ab. Im Bild 4.222 ist einmal die Härte kohlenstoffhaltigen Eisens nach der Behandlung ›sehr langsame Abkühlung‹ von der richtigen Härtetemperatur dargestellt. Das Gefüge besteht dann aus einer ferritischen Grundmasse, in die harte Zementitkügelchen eingelagert sind. Proportional zum Kohlenstoff- und damit Zementitgehalt steigt die Härte von etwa $HV = 60$ annähernd linear auf $HV = 220$ an. Werden die gleichen Stähle jedoch von der Härtetemperatur in Wasser abgeschreckt, liegt die Härte sehr viel höher und erreicht Werte von etwa $HV = 720$. Das Gefüge besteht dann aus Martensit.

526 4. *Gefüge der technischen Eisenlegierungen*

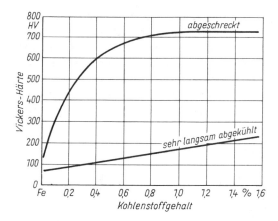

Bild 4.222. Härte der Kohlenstoffstähle nach sehr langsamer Abkühlung bzw. nach Abschrecken in Wasser

Wie dem Diagramm zu entnehmen ist, sind Stähle mit Martensit, der bis zu 0,2 % C enthält, relativ weich und auch zäh. Erst bei einem Gehalt von ≈ 0,4 % C wird eine Härte von $HV = 600$ erreicht. Oberhalb von 0,8 % C ist die Härte des Martensits nur noch wenig vom Kohlenstoffgehalt abhängig. Diese Zusammenhänge sind für technische Anwendungen äußerst wichtig.

Die günstigste *Härtetemperatur* für Kohlenstoffstähle ist durch den im Bild 4.221 eingezeichneten Bereich gegeben. Untereutektoide Stähle werden aus dem Austenitgebiet gehärtet. Das Gefüge besteht danach vollständig aus feinstnadeligem, fast strukturlosem Martensit (Bild 4.223). Übereutektoide Stähle hingegen werden aus dem Gebiet ›Austenit + Sekundärzementit‹ abgeschreckt. Der Zementit muß vorher durch Weichglühen aber in die globulare Form überführt worden sein, weil der Stahl sonst durch die Ausscheidung des Zementits an den Korngrenzen versprödet. Da Zementit und Martensit annähernd die gleiche Härte haben, tritt durch die Anwesenheit des Zementits im Martensit keine Härteminderung, sondern vielmehr eine geringe Härtesteigerung auf. Im Bild 4.224 ist das Gefüge eines gehärteten übereutektoiden Stahls mit 1,2 % C dargestellt. Es besteht aus einer martensitischen Grundmasse, in die kugelige Karbidteilchen eingebettet sind. Er-

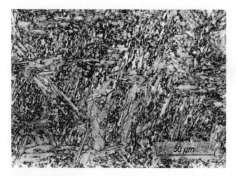

Bild 4.223. Stahl mit 0,8 % C, richtig gehärtet von 780 °C in Wasser. Strukturloser Martensit

Bild 4.224. Stahl mit 1,2 % C, weichgeglüht und von 760 °C gehärtet. Martensit und kuglige Karbide

wähnt sei, daß der Bruch eines richtig gehärteten Stahls ein äußerst feinkörniges, graues, samtartiges Aussehen aufweist. Härtet man den Stahl von Temperaturen, die höher als die vorgeschriebenen liegen, so wachsen die Austenitkörner an, und die beim Abschrecken entstehenden Martensitkristalle werden entsprechend gröber und spröder. Wie Bild 4.225 erkennen läßt, nimmt auch der Gehalt an Restaustenit zu, und in den Martensitkristallen treten feinste Risse auf (Bild 4.226), die zu Ausgangspunkten von größeren Härterissen werden. Man spricht von einer *Überhitzung* oder *Überhärtung*. Von einer *Unter-*

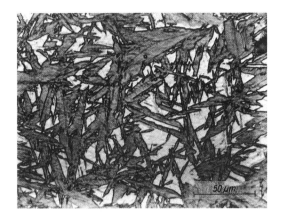

Bild 4.225. Stahl mit 0,8 % C, stark überhitzt gehärtet von 1 100 °C in Wasser. Grobnadliger Martensit mit Restaustenit (helle Grundmasse)

härtung spricht man, wenn der Stahl bei einer zu niedrigen Härtetemperatur abgeschreckt wird. Einerseits geht hierbei zu wenig Kohlenstoff in den Austenit bzw. Martensit, andererseits kann bei untereutektoiden Stählen neben Martensit noch weicher Ferrit auftreten. Dies zeigt Bild 4.227 an einem Stahl mit 0,30 % C, der von 740 °C, also aus dem Phasenfeld ($\gamma + \alpha$) des Eisen-Kohlenstoff-Diagramms, abgeschreckt wurde. Der härtere, dunkel angeätzte, nadelige Martensit ist von dem weicheren, hellen Ferrit deutlich zu unterscheiden, erkennbar auch an der unterschiedlichen Größe der Mikrohärte-Eindrücke, die mit gleicher Belastung aufgebracht wurden. Dieses heterogene Gefüge ist in der Regel unerwünscht, da es die Dauerfestigkeit herabsetzt. In höher legierten Stählen wird es jedoch manchmal gezielt erzeugt (Stähle mit Dualgefüge). Den Verlauf der Härte für einen Stahl

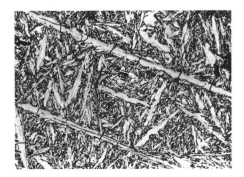

Bild 4.226. Mikrorisse in groben Martensitnadeln

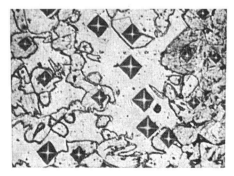

Bild 4.227. Stahl mit 0,3 % C, von 740 °C in Wasser abgeschreckt. Ferrit und Martensit

mit 0,6 % C in Abhängigkeit von der Abschrecktemperatur zeigt Bild 4.228. Unterhalb der A_1-Temperatur ändert sich die Härte nicht. Zwischen der A_1- und der A_3-Temperatur steigt die Härte nach dem Abschrecken etwa linear an, da in zunehmendem Maß Martensit auftritt. Das Härtemaximum wird bei $\approx 850\,°C$ Abschrecktemperatur erreicht, weil hier hinreichende Mengen an Kohlenstoff in den Austenit eindiffundiert sind. Noch höhere Härtetemperaturen bewirken jedoch wieder einen Abfall der Härte, da in zunehmendem Maß weicher Restaustenit im Gefüge vorhanden ist. Daraus ist ersichtlich, daß die vorgeschriebene Härtetemperatur eines Stahls genau eingehalten werden muß, andernfalls wird er zu weich oder zu spröde. Gehärtete Stähle mit größerem Restaustenitgehalt neigen auch zu Maßänderungen, da der Austenit isothermisch in Martensit umwandeln kann. Gegebenenfalls müssen derartige Stähle vor der Fertigbearbeitung einer Tiefkühlung auf etwa $-60\,°C$ unterzogen werden.

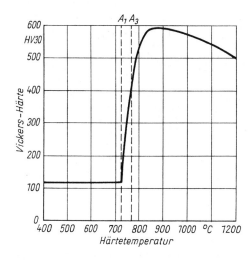

Bild 4.228. Einfluß der Abschrecktemperatur auf die Härte eines Stahls mit 0,6 % C

Die *Haltezeit* bei der Härtetemperatur muß so bemessen sein, daß das Werkstück vollständig durchwärmt und eine genügende Menge Karbid im Austenit aufgelöst wird. Nur der im Austenit gelöste Kohlenstoff trägt zur Härtung bei, nicht aber derjenige Kohlenstoff, der in Form von Karbiden in den Austenitkörnern eingebettet ist. Beim Erwärmen eines eutektoiden Stahls auf 740 °C ist die Karbidauflösung erst nach $\approx 5\,h$ beendet, bei 760 °C erst nach 15 min, bei 780 °C nach 5 min und bei 820 °C nach 1 min, ohne daß aber der Kohlenstoff dann gleichmäßig im Austenit verteilt ist (inhomogener Austenit).
Eine zu kurze Haltezeit bei der Härtetemperatur bedingt also eine unvollständige Auflösung der Karbide. Damit wird die Umwandlung in der Perlitstufe begünstigt, der Martensit selbst nimmt keine volle Härte an, der Stahl ist unterhärtet. In dem Maß, wie sich die Karbide im Austenit auflösen, vergröbert sich das Austenitkorn, und der Austenit wird stabilisiert. Beim Abschrecken bilden sich dann grobe und spröde Martensitkristalle sowie eine erhöhte Menge an Restaustenit, der Stahl ist überzeitet.
Die *Abkühlung* von der Härtetemperatur muß so schnell verlaufen, daß die obere kritische Abkühlungsgeschwindigkeit erreicht bzw. überschritten wird und volle Martensitbildung eintritt. Bei Kohlenstoffstählen ist dazu meist Wasserabschreckung erforderlich. Man be-

zeichnet diese Stähle als *Wasserhärter*. Legierte Stähle härten bereits bei einer Abschreckung in Öl *(Ölhärter)* und einige höher legierte Stähle bereits bei normaler Luftabkühlung *(Lufthärter)*. Zur Vermeidung von schädlichen inneren Spannungen soll die Abschreckung so milde wie möglich erfolgen, gerade daß die kritische Abkühlungsgeschwindigkeit noch überschritten wird. Gebräuchliche Abschreckmittel sind, in der Reihenfolge zunehmender Abschreckwirkung: Luft – Wasser von 80 °C – Druckluft – Öl – Wasser von 20 °C – Eiswasser – verdünnte Salzlösungen.

Beim Abschrecken eines Stahls mit größerer Dicke nimmt die Abkühlungsgeschwindigkeit von der Oberfläche zum Werkstückinneren hin stetig ab. Dies hat zur Folge, daß die kritische Abkühlungsgeschwindigkeit in einem bestimmten Abstand von der Oberfläche erreicht wird. Dieser hängt im wesentlichen von der chemischen Zusammensetzung des Stahls und von der Abschrecktemperatur ab. Nur in diesem Bereich findet eine vollständige Martensitbildung und damit Härtung statt. Weiter zum Werkstückinnern hin treten Bainit, Perlit und gegebenenfalls Ferrit auf, und damit sinkt die Härte ab. Man bezeichnet diese Tatsache als *Einhärtung*. Bild 4.229 zeigt als Beispiel einen Querschliff durch

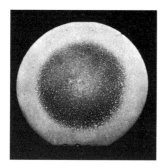

Bild 4.229. Stahl mit 0,9 % C.
Schliff durch eine gehärtete Rundstange von 20 mm Dmr.
Geätzt mit 5 %iger HNO$_3$

eine von 800 °C in Wasser gehärtete Rundstange von 20 mm Dmr. aus einem Stahl mit 0,9 % C. Der helle, martensitische Rand mit einer Vickers-Härte $HV = 800$ ist von der dunkel geätzten, perlithaltigen Kernzone mit einer Vickers-Härte $HV = 350$ deutlich zu unterscheiden. Im Bild 4.230 ist das rein martensitische Gefüge des Rands, im Bild 4.231 das perlitisch-martensitische Mischgefüge des Kerns dargestellt.

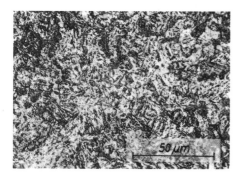

Bild 4.230. Martensitisches Randgefüge der gehärteten Rundstange vom Bild 4.229

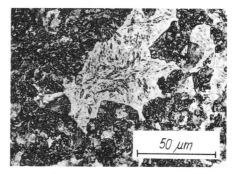

Bild 4.231. Martensitisch-perlitischer Kern der gehärteten Rundstange vom Bild 4.229

Der Einfluß der Legierungselemente auf die Einhärtung besteht darin, die Diffusionsgeschwindigkeit des Kohlenstoffs im Eisen zu verringern. Die Folge ist eine Erschwerung der Perlit- und Bainitbildung und eine verstärkte Martensitbildung. In umgekehrter Richtung wirken ungelöste Karbide, Nitride und manche nichtmetallische Einschlüsse. Diese dienen als Keime für den Ferrit, Perlit oder Bainit, so daß deren Entstehung begünstigt und die Härtbarkeit herabgesetzt wird.

Die Einflußgrößen auf die technisch wichtige Einhärtung können schnell mit der Stirnabschreckprobe ermittelt werden (s. Abschn. 2.5.1.4.). Im Bild 4.232 sind als Beispiel die

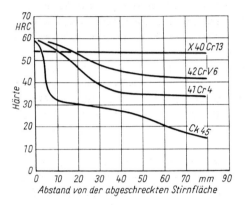

Bild 4.232. Einfluß von Chrom auf die Einhärtung eines Stahls mit $\approx 0{,}4\%$ C

Einhärteverläufe von vier Stählen mit 0,4 % C und unterschiedlichen Gehalten an Chrom dargestellt. Der unlegierte Stahl Ck45 (DIN) härtet nur ≈ 3 bis 4 mm tief ein. Mit steigendem Chromgehalt ändert sich die Maximalhärte an der abgeschreckten Stirnfläche nur wenig, aber die Kernhärte und damit die Kernfestigkeit steigen erheblich an. Bei dem hochlegierten Stahl X40Cr13 ($\triangleq$X38Cr13 nach DIN) mit 13 % Cr erfolgt überhaupt kein Härteabfall mehr, d.h., bei allen erfaßten Abkühlungsgeschwindigkeiten bildet sich Martensit.

Das Härten stellt für den Stahl eine außerordentlich hohe mechanische Beanspruchung dar. Es treten dabei erhebliche *innere Spannungen* auf, die zu bleibenden Deformationen *(Härteverzug)* oder sogar zum Bruch *(Härterisse)* führen können. Hierfür gibt es mehrere Ursachen. Bild 4.233 zeigt die Dilatometerkurve eines Stahls mit 0,9 % C, der von 870 °C in Wasser abgeschreckt wurde. Der Austenit wandelt ab der M_s-Temperatur von 210 °C in

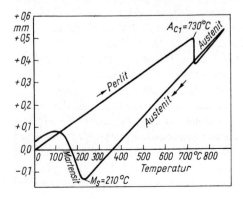

Bild 4.233. Dilatometerkurve eines Stahls mit 0,9 % C. Erwärmungsgeschwindigkeit = 2 K/min, Abkühlungsgeschwindigkeit: Wasserabschreckung von 870 °C

Martensit um. Da das kfz. γ-Gitter viel dichter gepackt ist als das trz. α-Gitter, findet hierbei eine Volumenvergrößerung statt. Das Gefüge kann wegen der niedrigen Umwandlungstemperatur diese Deformationen nicht durch plastisches Fließen abbauen, sondern wird elastisch verzerrt. Dadurch entstehen die sog. *Umwandlungsspannungen.* Diese sind um so größer, je niedriger die M_s-Temperatur liegt. *Kristallgitterspannungen* werden durch den im Martensit in großem Überschuß zwangsweise gelösten Kohlenstoff hervorgerufen, der zur tetragonalen Verzerrung des krz. Martensitgitters führt, und bedingen die hohe Martensithärte. Da die Martensitkristalle aber in verschiedenen, kristallographisch gleichwertigen Orientierungen vorkommen, heben diese Spannungen sich gegenseitig auf.
Entstehen beim Härten neben dem Martensit noch andere Gefügearten, die ein anderes spezifisches Volumen und einen anderen thermischen Ausdehnungskoeffizienten aufweisen, so kommt es an den Grenzflächen zu *Gefügespannungen.*
Schrumpfspannungen bilden sich dadurch aus, daß der Rand eines Werkstücks beim Abschrecken viel schneller abkühlt als der Kernbereich. Der Randbereich zieht sich stärker zusammen als der Kernbereich. Ersterer steht dadurch unter Zug-, letzterer unter Druckspannungen. Bei der weiteren Abkühlung tritt eine Spannungsumkehr ein. In einem erkalteten, durchgehärteten Stahl steht die Oberflächenschicht unter Druck- und der Kernbereich unter Zugeigenspannungen.
Bei Werkstücken mit schroffen Querschnittsübergängen, Kanten und Ecken bilden sich an diesen Stellen Spannungsspitzen aus. Diese *Formspannungen* kommen dadurch zustande, daß an einer ebenen Fläche nur nach einer Richtung senkrecht zu dieser Fläche die Wärme abgeführt werden kann, an einer Kante jedoch nach zwei Richtungen und an einer Ecke sogar nach drei Richtungen. Die Abkühlungsgeschwindigkeit und mithin die Schrumpfung sind an Fläche, Kante und Ecke unterschiedlich groß.
Diese vorgenannten Spannungen können sich gegenseitig örtlich verstärken oder schwächen. Die Spannungsverteilung in einem gehärteten Stahl ist demzufolge meist sehr inhomogen. Ist die Spannungsverteilung bei einfacher geformten Werkstücken relativ gleichmäßig, dann kommt es lediglich zu *Maßänderungen im Härten,* weil das spezifische Volumen des Martensits größer ist als das des Perlits. Ist bei komplizierter geformten Werkstücken dagegen die Spannungsverteilung sehr unsymmetrisch, dann kommt es zum *Härteverzug.* Übersteigen die inneren Spannungen die Kohäsionsfestigkeit des Stahls, so bilden sich *Härterisse* aus.
Härterisse bei überhitzt gehärtetem Stahl zeichnen sich meist durch ihren gezackten, interkristallinen Verlauf aus. Bild 4.234 zeigt eine Anzahl derartiger Härterisse in einem stark überhitzten Werkzeugstahl. Bei höheren Vergrößerungen ist der Verlauf an den ehemaligen Austenitkorngrenzen deutlich zu erkennen (Bild 4.235). Im Bruch werden dann die Polygonflächen der ehemaligen Austenitkörner sichtbar (Bild 4.236).
Gefügeinhomogenitäten wie Karbidanhäufungen u. dgl. führen zu einer zusätzlichen örtlichen Spannungserhöhung und begünstigen deshalb die Härterißbildung. Bild 4.237 zeigt einen Härteriß, der innerhalb eines Karbidstreifens verläuft.
Wird beim Härten die Solidustemperatur überschritten, so kommt es zu mehr oder weniger großen Anschmelzungen, und die Härterisse nehmen von diesen geschwächten Stellen ihren Ausgang. Bild 4.238 zeigt das Gefüge eines Schnellarbeitsstahls, der beim Härten örtlich an Stellen mit Karbidseigerungen angeschmolzen wurde. Von den Mikrolunkern der wiedererstarrten Schmelze ausgehend, hatten sich Härterisse gebildet, Bild 4.239 zeigt das Gefüge eines beim Härten stärker angeschmolzenen Schnellarbeits-

4. Gefüge der technischen Eisenlegierungen

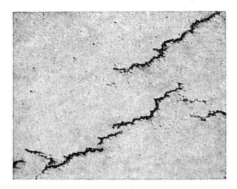

Bild 4.234. Härterisse in einem gehärteten Werkzeug

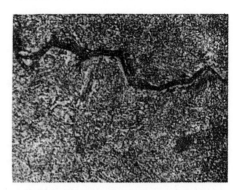

Bild 4.235. Interkristalliner Verlauf von Härterissen

Bild 4.236. Steinbruch bei einem gehärteten übereutektoiden Stahl, der noch Korngrenzenzementit enthielt

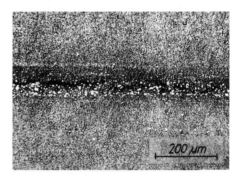

Bild 4.237. Härteriß in einem gehärteten Werkzeug aus Schnellarbeitsstahl, der längs einer Karbidseigerung verläuft

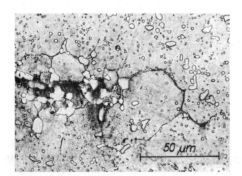

Bild 4.238. Örtliche Anschmelzung als Ausgangspunkt für einen Härteriß in einem schwach überhitzt gehärteten Schnellarbeitsstahl

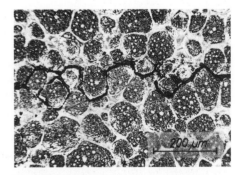

Bild 4.239. Härterißverlauf durch Ledeburiteutektikum bei einem stark überhitzt gehärteten Schnellarbeitsstahl

stahles. Der Härteriß verläuft durch das Ledeburiteutektikum an den Korngrenzen der ehemaligen γ-Mischkristalle.

Die Härterisse brauchen sich nicht unmittelbar während oder kurz nach dem Härten auszubilden. Manchmal treten Risse erst nach Tagen oder Wochen auf. Aus diesem Grund läßt man den gehärteten Stahl unmittelbar nach dem Abschrecken oder auch bereits während des eigentlichen Abschreckens auf Temperaturen von $\approx$ 100 bis 150 °C an, um die Abschreckspannungen zu mildern. Dadurch tritt kein Härteabfall ein. Die Gefahr der späteren Rißbildung wird dadurch aber bedeutend herabgesetzt.

Ein gehärteter Stahl ist sehr empfindlich gegenüber zusätzlichen Spannungen. Wärmespannungen, wie sie etwa bei schnellem Erhitzen oder beim Schleifen auftreten können, vermögen eine Rißbildung herbeizuführen *(Schleifrisse)*. Beim Beizen gehärteter Stähle können *Beizrisse* durch den eindiffundierenden Wasserstoff gebildet werden. Gehärtete bzw. schnell abgekühlte Stähle sind auch besonders empfindlich hinsichtlich Flockenbildung.

Bei der *gebrochenen Härtung* wird der Stahl zunächst in Wasser abgeschreckt, bis die Rotglut verschwunden ist, und dann wird in einem milderen Mittel (z. B. Öl) zu Ende gehärtet. Die Wasserabschreckung hat den Zweck, die Perlit- bzw. Bainitbildung zu verhindern. Wenn diese Stufen einmal unterdrückt sind, kann die weitere Abkühlung langsamer verlaufen, da die Martensitbildung selbst und damit die erreichbare Härte unabhängig von der Abkühlungsgeschwindigkeit ist.

Sicherer erreicht man dieses Ziel durch die *Warmbadhärtung*. Der Stahl wird von Härtetemperatur in ein Metall- oder Salzbad abgeschreckt, dessen Temperatur dicht oberhalb des Martensitpunkts, also im Beständigkeitsgebiet des Austenits, liegt. Der Stahl wird bei dieser Temperatur bis zum Temperaturausgleich gehalten, damit die Schrumpfspannungen abgebaut werden. Die Haltezeit darf allerdings nicht so lang sein, daß die Umwandlung in Bainit einsetzt. Anschließend wird das Werkstück aus dem Warmbad herausgenommen und in Öl abgeschreckt oder an der Luft abgekühlt.

Bei der Verwendung von legierten Stählen anstelle von Kohlenstoffstählen läßt sich die Wasserhärtung durch die wesentlich mildere Ölhärtung ersetzen. Auch dadurch lassen sich unnötige Härtespannungen vermeiden.

Außer den bereits genannten Härtefehlern ist besonders noch die Weichfleckigkeit von gehärteten Werkstücken zu nennen. Diese Fehlerart tritt auf, wenn der Stahl an der Oberfläche ganz oder teilweise entkohlt ist. Die Entkohlung kann von einer vorhergehenden Wärmebehandlung (Schmieden, Normalglühen, Weichglühen) oder von der Erhitzung auf Härtetemperatur selbst herrühren. Auch bei ungleichmäßiger Abkühlung des Werkstücks tritt Weichfleckigkeit auf. Örtliche weiche Stellen werden meist durch Dampfblasen oder von nicht entferntem Zunder verursacht.

4.5.6. Oberflächenhärten

Bei der normalen Härtung wird angestrebt, den Stahl durch Abschrecken von der Härtetemperatur in den martensitischen Zustand zu überführen. Zahlreiche Konstruktionselemente werden aber nur an der Oberfläche auf Verschleiß beansprucht, so z. B. Kurbelwellen, Zahnräder, Nockenwellen u. a. Diese Bauteile brauchen also nur an der Oberfläche hart zu sein, während der Kern möglichst zäh sein soll. Wie im vorhergehenden Abschnitt dargelegt wurde, wird diese Forderung, harter Rand und weicher Kern, im Prinzip bereits von jedem normal gehärteten Stahl bis zu einem gewissen Grade erfüllt, denn beim Härten nimmt beispielsweise bei Kohlenstoffstählen nur eine Oberflächenschicht von ganz bestimmter Dicke die volle Glashärte an, während der Kern je nach dem Durchmesser der Probe noch andere, weichere Gefügebestandteile enthält. Die Dicke der harten Randzone läßt sich durch Wahl der Härtetemperatur in engeren Grenzen, durch Zusatz von Legierungselementen aber in weiten Grenzen einstellen.

Eine andere Möglichkeit, dem Stahl eine harte, verschleißfeste Oberfläche und einen weichen, zähen Kern zu verleihen, besteht darin, das Werkstück so zu erwärmen, daß nur die Oberfläche auf Härtetemperatur kommt, der Kern aber eine geringere Temperatur hat. Beim nachfolgenden Abschrecken wird dann nur die Oberfläche gehärtet, während der Kern in seinem bisherigen normalisierten oder zähvergüteten Zustand verbleibt. Technisch wird die Erwärmung der Oberfläche vorwiegend durch kurzzeitiges Eintauchen des Stahles in hocherhitzte Metallbäder *(Tauchhärtung)*, mittels Gasflammen *(Flammhärtung)* oder mittels hochfrequenter elektrischer Ströme *(Induktionshärtung)* durchgeführt. Die nachträgliche Abschreckung erfolgt meist durch Abbrausen.

Bild 2.240 zeigt einen Querschliff durch die Lagerstelle einer flammengehärteten Kurbelwelle aus Stahl 40Cr4 (≙ 41Cr4 nach DIN). Der gehärtete Rand hebt sich nach der Salpetersäureätzung deutlich von dem vergüteten Kern ab.

Konstruktionselemente, die eine sehr harte Oberfläche, aber auch einen sehr weichen bzw. zähen Kern haben müssen, lassen sich allein durch Wärmebehandlungen nicht herstellen. Um beim Abschrecken an der Oberfläche Glashärte zu erzielen, muß der Kohlenstoffgehalt des Stahls mindestens 0,4 bis 0,5 % betragen. Damit lassen sich im Kern aber keine sehr hohen Zähigkeiten mehr erreichen. Derartige Konstruktionsteile werden über den Weg der Einsatzhärtung und der Nitrierhärtung erhalten.

Bei der *Einsatzhärtung* werden Stähle mit einem geringen Kohlenstoffgehalt von 0,05 bis 0,20 % (Einsatzstähle), die also praktisch nicht härtbar sind, in kohlenstoffabgebenden festen, flüssigen oder gasförmigen Mitteln bei Temperaturen zwischen 850 bis 1 000 °C geglüht. Der Kohlenstoff diffundiert dabei in die Randschichten des eingesetzten Werkstücks ein. Bei diesem ersten Teilprozeß der Einsatzhärtung, dem *Aufkohlen*, erhält man

Bild 4.240. Flammengehärtete Lagerstelle einer Kurbelwelle aus dem Stahl 40Cr4.
Geätzt mit 5 %iger HNO₃

4.5. Wärmebehandlung der Stähle

eine Art Verbundwerkstoff, der aus einem Kern mit niederem und aus einem Rand mit hohem Kohlenstoffgehalt besteht.

Die Einsatzmittel (feste, flüssige oder gasförmige Reaktionsmedien) müssen dem einzusetzenden Werkstoff genau angepaßt sein. Die Dicke der aufgekohlten Schicht läßt sich durch geeignete Wahl der Einsatztemperatur und -zeit einstellen. Da es sich beim Einsetzen um einen Diffusionsvorgang handelt, nimmt die Dicke der aufgekohlten Schicht entsprechend den allgemeinen Diffusionsgesetzen mit der Temperatur und der Zeit zu. Für feste Einsatzmittel, beispielsweise Holzkohle mit Bariumkarbonatzusatz, erhält man etwa nachstehende Einsatztiefen bei Kohlenstoffstählen (Tabelle 4.17).

Tabelle 4.17. Abhängigkeit der Einsatztiefe von der Einsatzzeit und -temperatur bei einem unlegierten Stahl

Einsatzdauer [h]	1	5	10	30	60
$T = 850\,°C$	0,4 mm	0,8 mm	1,2 mm	1,5 mm	2,5 mm
$T = 900\,°C$	0,6 mm	1,2 mm	1,5 mm	2,5 mm	4,5 mm

Einsatztemperatur und Einsatzzeit sind demnach in gewissem Sinn miteinander austauschbar. Um eine Aufkohlungsschicht von 1,5 mm Dicke zu erhalten, kann entweder 30 h bei 850 °C oder 10 h bei 900 °C eingesetzt werden. Diesem Temperatur-Zeit-Austausch sind aber Grenzen hinsichtlich der Güte der aufgekohlten Schicht gesetzt, denn mit steigender Temperatur findet eine unerwünschte Kornvergrößerung sowie eine verstärkte Kohlenstoffaufnahme der Randzone infolge zunehmender Kohlenstofflöslichkeit des Austenits statt.

Das Härten des eingesetzten Stahls kann auf verschiedene Weise durchgeführt werden. Beim Härten aus dem Einsatz werden die Teile unmittelbar von der Einsatztemperatur abgeschreckt. Der aufgekohlte Rand mit $\approx 0,9\,\%$ C wird dabei überhitzt gehärtet. Da das Austenitkorn wegen der langen Haltezeit bei der hohen Einsatztemperatur sehr grob geworden ist, ist der Stahl nach dem Härten relativ spröde. Dieses einfachste und billigste Verfahren findet deshalb nur bei mechanisch gering beanspruchten Werkstücken Anwendung.

Meistens läßt man das Werkstück langsam von der Einsatztemperatur bis auf Raumtemperatur abkühlen und härtet dann von einer Temperatur, die dem Randkohlenstoffgehalt angepaßt ist, also von 780 bis 800 °C. Der Rand ist dabei richtig gehärtet, der Kern aber noch grobkörnig. Bei sehr hochwertigen und stark beanspruchten Werkstücken wird der Stahl nach dem Abkühlen deshalb zunächst zwecks Kornverfeinerung normalisiert. Anschließend härtet man von einer dem Kernkohlenstoffgehalt angepaßten höheren Temperatur, um einen zähen Kern zu erhalten, und zum Schluß härtet man von einer Temperatur, die dem Randkohlenstoffgehalt angepaßt ist. Dabei wird der gehärtete Kern angelassen und in seinen Zähigkeitswerten noch weiter verbessert.

Angestrebt werden beim Aufkohlen ein Randkohlenstoffgehalt von 0,8 % und ein allmählicher Übergang der Kohlenstoffkonzentration vom Rand zum Kern. Bild 4.242 zeigt die richtig eingesetzte und gehärtete Randzone des im Bild 4.241 dargestellten Zahnrads. Das Gefüge ist feinkörnig, der Rand martensitisch, der Kern weist ein Vergütungsgefüge auf, und der Übergang vom Rand zum Kern verläuft ganz kontinuierlich. Bild 4.243 zeigt im

4. *Gefüge der technischen Eisenlegierungen*

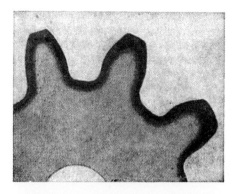

Bild 4.241. Einsatzgehärtetes Zahnrad. Gehärtet mit 10%iger HNO$_3$

Bild 4.242. Einsatzgehärtete Oberfläche des Zahnrads vom Bild 4.241

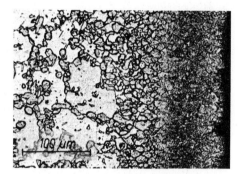

Bild 4.243. Falsch eingesetzter Stahl C10. Zu schroffer Übergang von der aufgekohlten Randschicht zum kohlenstoffarmen Kern

Gegensatz dazu die falsch zementierte und gehärtete Oberfläche einer Laufrolle aus Stahl C10 ($\triangleq$ Ck10 nach DIN). Die kohlenstoffreiche Randzone grenzt schroff und übergangslos an den kohlenstoffarmen Kern an. Im Grundgefüge liegen Ferrit- und Martensitkristalle scharf begrenzt nebeneinander. Derartig scharf begrenzte Aufkohlungsschichten treten auf, wenn die Einsatztemperatur zu niedrig ist und der Kohlenstoff nicht genügend weit in den Stahl eindiffundieren kann, oder auch bei Anwendung eines zu scharf wirkenden Aufkohlungsmittels. Schroffe Übergänge führen oft zu einem Abplatzen der Einsatzschicht beim Härten.

Einer der hauptsächlichen Fehler bei aufgekohlten Stählen ist die *Überkohlung*. Durch zu hohe Einsatztemperaturen und durch zu starke, dem eingesetzten Stahl nicht angepaßte Aufkohlungsmittel überschreitet der Kohlenstoffgehalt an der Oberfläche die optimale eutektoide Konzentration, und es scheidet sich Sekundärzementit schalenförmig an den Korngrenzen der Austenitkristalle ab. Bild 4.244 zeigt eine derartige überkohlte Einsatzschicht. Parallel mit der Überkohlung verläuft eine Kornvergröberung, die die Sprödigkeit der Einsatzschicht noch weiter erhöht. Beim Härten treten erhebliche Spannungen innerhalb der Einsatzschicht auf, die zu Härterissen Veranlassung geben. Bild 4.245 zeigt Härterisse in einer Welle, die durch Überkohlung und Grobkornbildung verursacht worden sind. Aus dem geätzten Querschliff der Welle vom Bild 4.246 geht hervor, daß die

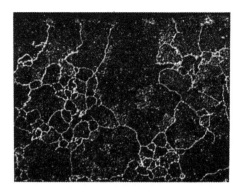

Bild 2.244. Überkohlte Einsatzschicht eines Cr-Ni-Stahls. Geätzt mit 10%iger HNO$_3$

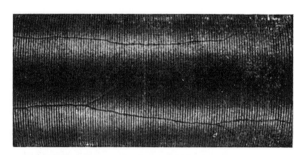

Bild 4.245. Härterisse in einer einsatzgehärteten Welle aus Cr-Ni-Stahl, verursacht durch Überkohlung

Bild 4.246. Querschliff durch die Welle vom Bild 4.245. Die Härterisse haben die gleiche Tiefe wie die Einsatzschicht. Geätzt mit 5%iger HNO$_3$

Risse die gleiche Tiefe aufweisen wie die Einsatzschicht. Eine überkohlte Randschicht läßt sich wieder verwendungsfähig machen, wenn der Stahl mehrere Stunden bei höheren Temperaturen geglüht wird. Der Korngrenzenzementit kann durch Normalisieren $A_{c\,cm}$ beseitigt werden.

Bei der Härtung eingesetzter Stähle sind die gleichen Gesichtspunkte zu beachten wie bei der normalen Härtung. Überhitzen, Überzeiten, Unterhärten und ungleichmäßiges oder zu schroffes Abschrecken führen hier wie dort zu denselben Fehlern.

4. Gefüge der technischen Eisenlegierungen

Bei der *Nitrierung* erhitzt man das Werkstück bei 500 bis 600 °C 30 bis 60 h lang in ammoniakhaltigen Gasen, die teilweise in Wasserstoff und Stickstoff dissoziieren. Der Stickstoff im statu nascendi diffundiert in die Stahloberfläche ein. Die Abkühlung von der Nitriertemperatur erfolgt im Ofen, so daß im Stahl keine Schrumpfspannungen entstehen. Die Erzeugung nitridhaltiger Randschichten kann auch durch andere Verfahren (z. B. Salzbäder, Glimmentladung) realisiert werden. Ein nitrierter Stahl hat im Gegensatz zu einem einsatzgehärteten Stahl eine naturharte Oberfläche, die ihre hohe Härte winzigen, harten Metallnitriden verdankt. Die hohe Härte der Nitrierschicht bei legierten Stählen bleibt auch noch beim Erhitzen auf 600 bis 650 °C erhalten. Durch Nitrieren werden die Verschleißfestigkeit, die Wechselfestigkeit und die Korrosionsbeständigkeit der Stähle wesentlich verbessert.

In seiner Wirkung auf Eisen verhält sich Stickstoff ähnlich wie Kohlenstoff (Bild 4.247). Das γ-Gebiet wird erweitert und der Austenit stabilisiert. Der A_3-Punkt sinkt mit steigendem Stickstoffgehalt erheblich ab. Bei 590 °C und 2,3 % Stickstoff zerfällt der Austenit zu einem eutektoiden Gemenge aus Ferrit und Eisennitrid Fe_4N. Dieses Eutektoid wird *Braunit* genannt. Schreckt man den γ-Mischkristall ab, so entsteht ähnlich wie bei Kohlenstoffstählen ein martensitähnliches Gefüge, der Stickstoffmartensit, mit einer Härte von $HV = 650$.

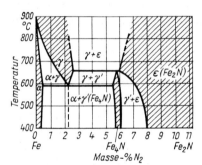

Bild 4.247. Zustandsdiagramm Eisen – Stickstoff

Das Eisennitrid Fe_4N ($= \gamma'$) ist kubisch und hat eine Gitterkonstante von $3,8 \cdot 10^{-10}$ m. Die Stickstoffatome befinden sich in der Zellenmitte. γ' enthält 5,5 bis 5,95 % Stickstoff und ist bei höheren Temperaturen nicht sehr beständig. Ab 650 °C beginnt bereits die Dissoziation in die Elemente. Die hexagonale ε-Phase ist eine chemische Verbindung mit kontinuierlich veränderlicher Zusammensetzung. Der Stickstoffgehalt schwankt zwischen 8 und 11,2 %. Bei 11,2 % N_2 entspricht die ε-Phase der Verbindung Fe_2N. Diese Verbindung dissoziiert bereits ab 500 °C.

Die Nitrierschicht der technischen Stähle ist sehr dünn und beträgt meist nur einige zehntel Millimeter. Durch Erhöhung der Temperatur >600 °C läßt sich die Nitriertiefe zwar vergrößern, aber gleichzeitig bildet sich dann im vermehrten Umfange die spröde ε-Phase, die die Schicht zum Abplatzen bringen kann. Es ist deshalb im allgemeinen üblich, die *Nitriertiefe* lediglich mit der Nitrierdauer einzustellen (Tabelle 4.18).

Die Härte der Nitrierschicht, gemessen als HV 1, beträgt etwa 1 100. Die Mikrohärte liegt noch wesentlich höher.

Der Gefügeaufbau der Nitrierschichten ist sehr unterschiedlich und hängt sowohl von den

Nitrierdauer [h]	6	12	18	24	30
Stahl mit 0,06 % C	0,48	0,70	0,81	0,91	1,0
Stahl mit 0,54 % C	0,20	0,40	0,52	0,65	0,72
Stahl mit 0,82 % C	0,13	0,25	0,32	0,40	0,46

Tabelle 4.18 Abhängigkeit der Dicke der Nitrierschicht (in mm) von der Nitrierzeit bei 550 °C

Nitrierbedingungen (Temperatur, Zeit) wie auch besonders von der Stahlzusammensetzung ab. Je nach Art und Menge der Legierungszusätze können sich neben den Eisennitriden Fe_4N und Fe_2N noch *Sondernitride* bilden: AlN mit 34,1 % N; CrN mit 21,2 % N; Cr_2N mit 11,8 % N; TiN mit 22,6 % N; VN mit 21,6 % N; MoN mit 12,7 % N u.a.
Bei der Nitrierung von Weicheisen und unlegierten Stählen diffundiert der Stickstoff zwar in die Oberfläche ein, es kommt dabei aber nicht zur Ausbildung einer Randschicht mit hoher Härte, da sich im Ferrit grobe Nitridnadeln bilden, die zu keiner genügenden Gitterverspannung führen. Bild 4.248 zeigt das Randgefüge von 72 h bei 530 °C in Ammoniak nitriertem Weicheisen mit den ausgeschiedenen groben Nitridnadeln Fe_4N. Die Härte betrug nur $HV1 = 160$.
Die gebräuchlichsten Nitrierstähle enthalten neben 0,1 bis 0,5 % C noch 1 bis 2 % Cr; bis 2,5 % Ni; bis 0,5 % Mo und ≈ 1 % Al. Sie werden vor dem Nitrieren auf die erforderliche Kernfestigkeit vergütet. Der beim Nitrieren in die Oberfläche eindiffundierende Stickstoff bildet mit den Legierungselementen Cr und Al die vorerwähnten Sondernitride, die sich in winziger, submikroskopischer Form ausscheiden und hohe Gitterverspannungen, d. h. hohe Oberflächenhärten, bewirken.
Das Gefüge einer derartigen Nitrierschicht unterscheidet sich von dem stickstofffreien Grundgefüge lediglich durch eine leichtere Anätzbarkeit. Bild 4.249 gibt die Feingefügestruktur eines nitrierten Cr-Al-Stahls, Bild 4.250 die Makrostruktur wieder. Im Bruch gibt die Nitrierschicht sich durch ein sehr feines Bruchkorn zu erkennen, ähnlich wie bei einem einsatzgehärteten Stahl. Bild 4.251 zeigt den Verlauf der Mikrohärte in der Nitrierschicht. Die Härte der Nitrierschicht beläuft sich auf $H_m = 2000$, während für den vergüteten Grundwerkstoff $H_m = 320$ gemessen wurde.
Beim Nitrieren muß darauf geachtet werden, daß die Oberfläche des zu nitrierenden

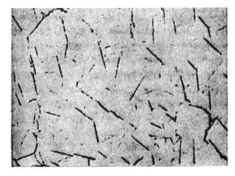

Bild 4.248. Nitriertes Weicheisen. Grobnadlige Ausbildung von Eisennitrid (Fe_4N)

Bild 4.249. Nitrierter und vergüteter Cr-Al-Stahl. Submikroskopisch feine Nitridausscheidungen

Bild 4.250. Makrostruktur eines nitrierten Werkstücks.
Geätzt mit 5 %iger HNO$_3$

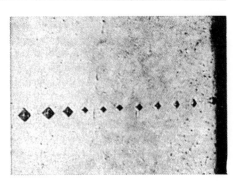

Bild 4.251. Mikrohärteverlauf in einer Nitrierschicht.
HM der Nitrierschicht = 2 000
HM des Grundwerkstoffs = 320

Werkstücks keine Randentkohlung aufweist. Andernfalls scheiden sich in den groben, randnahen Ferritkristallen ebenfalls grobe Nitridnadeln oder -kristalle aus, wodurch es zum Abplatzen der Oberflächenschicht kommen kann. Bild 4.252 zeigt die blasige Oberfläche eines nitrierten, aber randentkohlten Rohres aus Cr-Al-Stahl. Wie aus dem Schliff durch die abgesprengte Schicht vom Bild 4.253 hervorgeht, haben sich vorzugsweise an den Korngrenzen der quaderförmigen Ferritkristalle grobe Nitride gebildet. Infolge der damit verbundenen Versprödung der Korngrenzen konnte der Stahl die beim Nitrieren auftretende Volumenvergrößerung nicht mehr aufnehmen, und die Randschicht wurde abgesprengt.

Beim *Karbonitrieren* werden das Aufkohlen und Nitrieren vereinigt. Der Stahl wird bei 800 °C bis 950 °C in gasförmigen, flüssigen oder festen Mitteln eingesetzt, die gleichzeitig aufkohlend und nitrierend wirken. Ein Karbonitrierungsbad enthält beispielsweise 25 % NaCN, 60 % NaCl und 15 % Na$_2$CO$_3$. Beim nachfolgenden Abschrecken entsteht ein Martensit, der sowohl Kohlenstoff als auch Stickstoff enthält. Durch Karbonitrieren werden die Oberflächenhärte und Verschleißfestigkeit der Konstruktionsstähle ähnlich verbessert wie durch Einsatzhärtung oder Nitrieren.

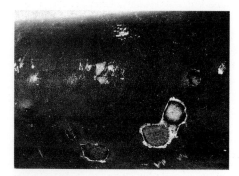

Bild 4.252. Nitriertes Rohr aus einem Cr-Al-Stahl mit aufgebeulten und abgeplatzten Stellen

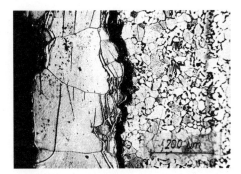

Bild 4.253. Querschliff durch die Nitrierschicht vom Bild 4.252. Durch grobe Nitridausscheidungen abgesprengte entkohlte Ferritzone

4.5.7. Vergüten

Unter *Vergüten* versteht man das Erwärmen eines gehärteten Stahls auf Temperaturen unterhalb des A_{c1}-Punkts mit nachfolgendem schnellem Abkühlen an Luft oder Abschrecken in Öl. Der Zweck des Vergütens besteht darin, dem Stahl bei hohen Festigkeitswerten eine hohe Zähigkeit zu verleihen. Vergütet werden unlegierte und legierte Baustähle mit einem Kohlenstoffgehalt zwischen 0,2 und 0,6 %. Je nach der Intensität des vorangegangenen Abschreckens unterscheidet man zwischen Wasser-, Öl- und Luftvergütung.
Beim *Anlassen* eines gehärteten Stahls spielen sich mehrere Vorgänge ab, die anhand der Dilatometerkurve von Bild 4.254 erläutert werden sollen. Der für diesen Versuch benutzte

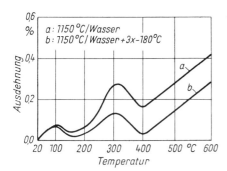

Bild 4.254. Anlaß-Dilatometerkurve eines von 1 150 °C in Wasser abgeschreckten Stahls mit 1,3 % C (Aufheizgeschwindigkeit = 2 K/min)

Kohlenstoffstahl mit 1,3 % C war zuvor von 1 150 °C in Wasser gehärtet worden und wurde anschließend mit einer Aufheizgeschwindigkeit von 2 K/min angelassen. Nach dem Abschrecken besteht das Gefüge dieses Stahls aus sehr groben Martensitnadeln und ≈ 50 % Restaustenit. Da sowohl der Martensit als auch der Austenit beim Ätzen hell bleiben, lassen sich die beiden Gefügebestandteile nur schwierig abgrenzen (Bild 4.255).
Bis zu 80 °C dehnt sich der Stahl beim Erwärmen gleichmäßig aus. Zwischen 80 und 150 °C tritt jedoch eine starke Verkürzung der Probe ein (1. Anlaßstufe). Diese wird dadurch hervorgerufen, daß die im tetragonalen Martensitgitter eingefrorenen Kohlenstoffatome eine größere Beweglichkeit erhalten und auf Zwischengitterplätze diffundieren, die ein größeres Leervolumen haben. Die tetragonale Verzerrung des Martensits verringert sich stetig mit der Anlaßtemperatur und -zeit, und es bildet sich allmählich der *kubische Martensit* aus. Man muß annehmen, daß bereits in diesem Anlaßstadium winzigste submikroskopische Eisenkarbidkriställchen ausgeschieden werden, denn der Martensit ätzt sich nach einstündigem Anlassen bei 100 °C etwas an und läßt sich gut von dem hellen Restaustenit unterscheiden (Bild 4.256).
Ab 150 °C dehnt sich der Stahl wieder bis ≈ 290 °C (2. Anlaßstufe). Die Umlagerung der Kohlenstoffatome im Kristallgitter, die den tetragonalen in den kubischen Martensit überführte, ist beendet, und das Gemenge aus kubischem Martensit und Restaustenit vergrößert entsprechend der Temperatursteigerung sein Volumen. Dieser normalen Temperaturausdehnung überlagert sich ein 2. Vorgang, der ebenfalls zu einer Volumenzunahme führt: die Umwandlung des Restaustenits in kubischen Martensit. Infolge der zunehmenden Beweglichkeit der C-Atome scheiden sich feinste Karbide aus. Dadurch wird die Stabilisierung des Austenits aufgehoben, und der γ-Mischkristall klappt in das α-Gitter des

4. Gefüge der technischen Eisenlegierungen

Bild 4.255. Stahl mit 1,3 % C, 1150 °C/Wasser. Sehr grobe Martensitnadeln und Restaustenit (weiß = tetragonaler Martensit)

Bild 4.256. Stahl mit 1,3 % C, 1150 °C/Wasser/1 h 100 °C. Kubischer Martensit (schwarz) und Restaustenit (weiß)

kubischen Martensits um. Durch γ/α-Umwandlung tritt eine Volumenvergrößerung und damit eine Verlängerung der stabförmigen Dilatometerprobe ein. Bild 4.257 zeigt das Gefüge des 1 h bei 200 °C angelassenen Stahls. Der Martensit hat sich ganz schwarz gefärbt infolge der zahlreichen winzigen Karbidausscheidungen. Der Restaustenit erscheint weiß und ist noch vorhanden. Nach einstündigem Anlassen bei 300 °C ergibt sich jedoch das Gefüge vom Bild 4.258. Der Restaustenit ist verschwunden, und das Gefüge besteht aus dunkel angeätzten kubischen Martensitkristallen.

Zwischen 290 und 400 °C findet wiederum eine erhebliche Kontraktion der Dilatometerprobe statt (3. Anlaßstufe). In diesem Temperaturbereich scheidet sich praktisch der gesamte Kohlenstoff aus dem kubischen Martensit aus und bildet Eisenkarbide. Das kubische Gitter des Martensits mit einer Gitterkonstanten von a = 0,29 nm geht kontinuierlich in das kubische Gitter des kohlenstofffreien Ferrits mit der Gitterkonstanten von a = 0,286 nm über.

Oberhalb von ≈400 °C besteht der angelassene Stahl dann aus Ferrit mit eingelagerten feinsten Karbidkörnchen. Mit weiter steigender Temperatur vergröbern sich die Karbidausscheidungen und werden mikroskopisch sichtbar. Dieser Koagulationsprozeß wirkt sich aber in der Dilatometerkurve nicht mehr aus. Die Nadelstruktur des aus dem Mar-

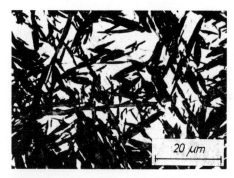

Bild 4.257. Stahl mit 1,3 % C, 1150 °C/Wasser/1 h 200 °C. Kubischer Martensit (dunkel) und Restaustenit (weiß)

Bild 4.258. Stahl mit 1,3 % C, 1150 °C/Wasser/1 h 300 °C. Kubischer Martensit

tensit entstandenen Ferrits bleibt noch bei den höchsten Anlaßtemperaturen wegen der orientierten Ausscheidung der Karbide erhalten und wird erst durch Erhitzen auf Temperaturen oberhalb des A_{c1}-Punkts beseitigt. Bild 4.259 zeigt das Gefüge des bei 400 °C angelassenen Stahls. Die Nadelform des Ferrits ist deutlich zu erkennen. Es sind auch bereits winzige Karbidkriställchen vorhanden. Nach dem Anlassen bei 700 °C, d. h. dicht unterhalb des A_1-Punkts, sind die Karbide zu größeren Partikeln koaguliert, verschiedene martensitähnliche Nadeln aber noch erhalten (Bild 4.260).

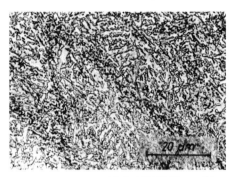

Bild 4.259. Stahl mit 1,3 % C, 1 150 °C/Wasser/1 h 400 °C. In Ferrit und Zementit zerfallener Martensit

Bild 4.260. Stahl mit 1,3 % C, 1 150 °C/Wasser/1 h 700 °C. Ferrit und globularer Zementit

Die drei Anlaßstufen sind nicht scharf voneinander getrennt, sondern überlagern sich, wie ja auch aus den Gefügebildern und der Dilatometerkurve unmittelbar hervorgeht. Die Härte des Stahls nimmt >150 °C mit der Anlaßtemperatur stetig ab, wie Tabelle 4.19 für den Stahl mit 1,3 % C zeigt. Werkzeugstähle aus Kohlenstoffstahl dürfen also nach dem Härten nicht >150 °C angelassen werden, wenn sie ihre hohe Martensithärte behalten sollen.

Tabelle 4.19. Abhängigkeit der Rockwell-Härte eines Stahls mit 1,3 % C von der Anlaßtemperatur (in °C)

T_A	20	100	200	300	400	500	600	700
HRC	63	63	59	55	48	41	34	25

Bei Stählen, die von der richtigen Härtetemperatur abgeschreckt worden sind, lassen sich die einzelnen Anlaßstadien nicht so deutlich voneinander abgrenzen. Je geringer außerdem der Kohlenstoffgehalt ist, um so schwächer prägen sich die Anlaßvorgänge in der Dilatometerkurve aus, da die Tetragonalität des Martensits, der Gehalt an Restaustenit und die Anzahl der ausgeschiedenen Karbide mit sinkendem Kohlenstoffgehalt ebenfalls abnehmen.
Bild 4.261 gibt die mit einer Aufheizgeschwindigkeit von 2 K/min aufgenommene Dilatometerkurve eines von 900 °C in Wasser abgeschreckten Vergütungsstahls mit 0,45 % C

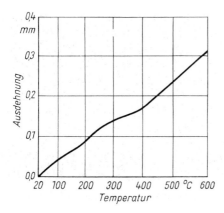

Bild 4.261. Anlaß-Dilatometerkurve eines von 900 °C in Wasser gehärteten Stahls mit 0,45 % C (Aufheizgeschwindigkeit 2 K/min)

wieder. Die bei dem stark überhitzt gehärteten Stahl mit dem hohen Kohlenstoffgehalt beschriebenen Anlaßstufen können auch bei diesem Stahl, allerdings wesentlich schwächer, bemerkt werden. Die Ausscheidungsvorgänge sind ebenfalls bei 400 °C beendet. Bei höheren Temperaturen findet dann nur noch die Koagulation der Karbide statt.

Im Feingefüge (Anlaßgefüge) lassen sich die einzelnen Anlaßstufen noch weniger deutlich unterscheiden. Ausgehend vom weißen tetragonalen Martensit des von 990 °C abgeschreckten Stahls mit 0,45 % C (Bild 4.262), ätzt sich mit steigender Anlaßtemperatur das Gefüge zunächst immer dunkler an. Ein Maximum der Anätzbarkeit wird bei einer Anlaßtemperatur von etwa 300 bis 350 °C erreicht (Bild 4.263). Bei höheren Anlaßtemperaturen tritt dann allmählich wieder eine Aufhellung des Gefüges ein, wobei die Nadelform des Martensits erhalten bleibt und die Karbide immer deutlicher in Erscheinung treten (Bilder 4.264 bis 4.267).

Die mehr oder weniger starke Anätzbarkeit des angelassenen Martensits wird durch die ausgeschiedenen Karbide verursacht. Dabei erfolgt um so leichtere Anätzung, je größer die Zahl der ausgeschiedenen Karbide und je kleiner deren Größe ist. Das Maximum der Anätzbarkeit bei ≈300 bis 350 °C fällt temperaturmäßig mit der 3. Anlaßstufe zusammen.

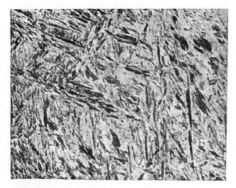

Bild 4.262. Stahl mit 0,45 % C, 900 °C/Wasser. Tetragonaler Martensit

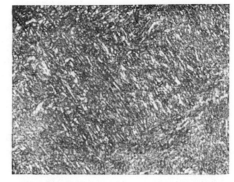

Bild 4.263. Stahl mit 0,45 % C, 900 °C/Wasser/1 h 300 °C. Anlaßgefüge

4.5. Wärmebehandlung der Stähle

Bild 4.264. Stahl mit 0,45 % C, 900 °C/Wasser/1 h
400 °C. Anlaßgefüge

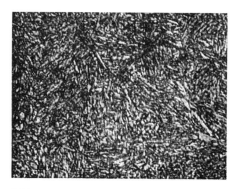

Bild 4.265. Stahl mit 0,45 % C, 900 °C/Wasser/1 h
500 °C. Anlaßgefüge

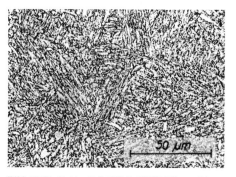

Bild 4.266. Stahl mit 0,45 % C, 900 °C/Wasser/1 h
600 °C. Anlaßgefüge

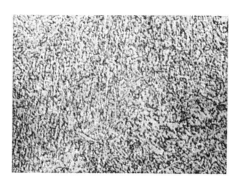

Bild 4.267. Stahl mit 0,45 % C, 900 °C/Wasser/1 h
700 °C. Anlaßgefüge

Härte, Zugfestigkeit und Streckgrenze eines gehärteten Stahls nehmen beim Anlassen ab, während Dehnung, Einschnürung, Kerbschlagzähigkeit und Biegezahl zunehmen. In Tabelle 4.20 sind die beim Anlassen eines von 850 °C in Wasser gehärteten Stahls mit 0,45 % C und 0,8 % Mn auftretenden Änderungen der Festigkeitseigenschaften angeführt.

Bei gleicher Festigkeit liegen Streckgrenze, Dehnung und Einschnürung eines vergüteten Stahls wesentlich höher als bei einem gewalzten oder normalisierten Stahl. Dies geht aus Tabelle 4.21 für einen Kohlenstoffstahl mit 0,60 % C hervor.

Die Verbesserung der mechanischen Werte ist eine unmittelbare Folge der durch das Ver-

Tabelle 4.20 Vergüten eines Stahls mit 0,45 % C

Anlaßtemperatur [°C]	300	400	500	600	700
Brinell-Härte [HB]	320	285	250	220	200
Zugfestigkeit [MPa]	1050	1000	900	800	700
Streckgrenze [MPa]	750	700	620	520	430
Dehnung [%]	10	15	20	25	30
Einschnürung [%]	30	40	50	55	60

Tabelle 4.21. Festigkeitswerte von Stahl C60 im Walzzustand und nach dem Vergüten (bei gleicher Zugfestigkeit)

Behandlungszustand	R_m [MPa]	R_e [MPa]	A [%]	Z [%]
gewalzt	850	520	5	10
vergütet	850	620	15	40

güten erzielten außerordentlich starken Kornverfeinerung und gleichmäßigen Verteilung der Gefügebestandteile.

Da beim Anlassen die Diffusion des Kohlenstoffs eine ausschlaggebende Rolle spielt, läßt sich die Anlaßtemperatur im begrenzten Umfang mit der Anlaßzeit vertauschen. Man erreicht den gleichen Vergütungszustand durch kurzes Halten bei höherer Temperatur oder durch längeres Halten bei tieferer Temperatur. Im allgemeinen wird man jedoch so hoch wie möglich anlassen, um die inneren Spannungen des gehärteten Stahls abzubauen.

Gefüge- und festigkeitsmäßig gleicht sich in nicht vollständig durchgehärteten Werkstücken der martensitische Rand immer mehr dem martensitisch-perlitischen oder perlitischen Kern an. Diese Egalisierung macht sich auch im Bruchaussehen bemerkbar. Die Bilder 4.268 bis 4.270 zeigen die Bruchflächen eines von 750 °C in Wasser abgeschreckten und bei verschiedenen Temperaturen angelassenen Stahles mit 0,9 % C. Nach dem Anlassen bei 200 °C ist der martensitische Rand vom martensitisch-perlitischen Kern noch scharf abgegrenzt (Bild 4.268). Erhöhung der Anlaßtemperatur auf 300 bis 400 °C ergibt einen zähen Verformungsbruch über den gesamten Querschnitt und eine deutlich sichtbare Angleichung von Rand und Kern (Bilder 4.269 u. 4.270).

Für die *Durchvergütung* eines Querschnitts ist es also nicht unbedingt erforderlich, daß beim Abschrecken im gesamten Werkstückinneren die obere kritische Abkühlungsgeschwindigkeit überschritten wird, d. h. der Stahl vollständig durchhärtet, weil sich beim nachfolgenden Anlassen mit steigender Anlaßtemperatur und -dauer die Unterschiede zwischen der gehärteten Randzone und dem nicht voll gehärteten Kern immer mehr ver-

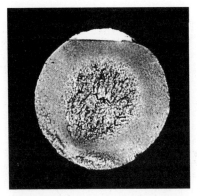

Bild 4.268. Bruchaussehen eines Stahls mit 0,9 % C, der von 750 °C in Wasser gehärtet und 1 h bei 200 °C angelassen wurde

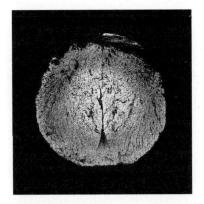

Bild 4.269. Bruchaussehen eines Stahls mit 0,9 % C, der von 750 °C in Wasser gehärtet und 1 h bei 300 °C angelassen wurde

4.5. Wärmebehandlung der Stähle

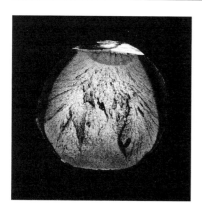

Bild 4.270. Bruchaussehen eines Stahls mit 0,9 % C, der von 750 °C in Wasser gehärtet und 1 h bei 400 °C angelassen wurde

wischen. Nach Möglichkeit soll aber kein voreutektoider Ferrit in einem vergüteten Stahl vorhanden sein.

Einige legierte Stähle, besonders Chrom-, Mangan- und Chrom-Nickel-Baustähle, weisen nach dem Vergüten eine bedeutend herabgesetzte Kerbschlagzähigkeit auf, sofern die Abkühlung nach dem Anlassen sehr langsam, z. B. im Ofen, erfolgte. Diese Erscheinung bezeichnet man als *Anlaßsprödigkeit*. Die Ursache dieser Versprödung, die sich nur in der Kerbschlagzähigkeit, nicht aber in der Härte und den Festigkeitseigenschaften auswirkt, ist noch nicht mit Sicherheit bekannt. Wahrscheinlich handelt es sich um Ausscheidungsvorgänge.

Das Feingefüge eines anlaßspröden Stahls unterscheidet sich nicht merklich von dem eines anlaßzähen Stahls. Bild 4.271 zeigt das normal mit 1%iger alkoholischer Salpetersäure geätzten Gefüges eines Stahls mit 0,27 % C, 1,15 % Mn und 0,75 % Cr, der nach dem Härten von 860 °C in Öl 1 h bei 650 °C angelassen und anschließend in Öl abgeschreckt wurde. Der Stahl hatte eine Kerbschlagzähigkeit von $KC = 210 \, J/cm^2$ und war anlaßzäh. Bild 4.272 zeigt im Vergleich dazu das Gefüge des Stahls im anlaßspröden Zustand. Dieser Zustand wurde dadurch erzielt, daß der Stahl nach dem Anlassen bei 650 °C langsam im Ofen abkühlte. Die Kerbschlagzähigkeit betrug danach nur $KC = 70 \, J/cm^2$. Ein Unterschied zwischen den gleich geätzten Gefügen ist nicht vorhanden.

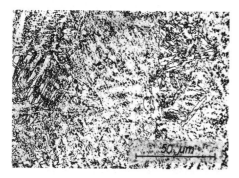

Bild 4.271. Stahl mit 0,27 % C, 1,15 % Mn und 0,75 % Cr, 860 °C/Öl/1 h 650 °C/Öl. Anlaßzäher Zustand.
Geätzt mit 1 %iger HNO_3

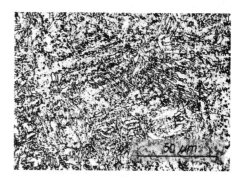

Bild 4.272. Stahl mit 0,27 % C, 1,15 % Mn und 0,75 % Cr, 860 °C/Öl/1 h 650 °C/Ofen. Anlaßspröder Zustand.
Geätzt mit 1 %iger HNO_3

4. Gefüge der technischen Eisenlegierungen

In neuerer Zeit ist es gelungen, durch Anwendung besonderer Ätzmittel anlaßzähe und anlaßspröde Stähle zu unterscheiden. Nach G. RIEDRICH lassen anlaßspröde Stähle nach dem Ätzen mit Kaliumpermanganat-Kaliumhydroxid-Lösung bei Dunkelfeldbeleuchtung perlschnurartige, helle Korngrenzenausscheidungen erkennen, die bei anlaßzähen Stählen nicht vorhanden sind. T. D. COHEN, A. HURLICH und M. JACOBSEN ätzten die Schliffe mit Zepiranchlorid (Zephirol). Die anlaßspröden Stähle zeigten ein ausgeprägtes dunkles Korngrenzennetzwerk, nicht aber die anlaßzähen Stähle. Nach R. WERNER und L. BERNHARD ist eine Xylol-Pikrinsäure-Lösung mit 10 % Äthylalkohol ebenfalls als Nachweismittel für anlaßspröde Stähle geeignet. Das Ätzmittel wird durch Auflösen von 50 g Pikrinsäure in 500 cm^3 Xylol hergestellt. Unmittelbar vor dem Ätzen fügt man 50 cm^3 Äthylalkohol hinzu. Die Probe wird mit der Schlifffläche nach unten 10 bis 60 min in die Ätzlösung eingetaucht. Anschließend wird die Probe mit Alkohol gewaschen und 1 bis 3 min lang abpoliert. Ein anlaßspröder Stahl zeigt danach ein ausgeprägtes dunkles Polygonnetzwerk, wohingegen dies bei einem anlaßzähen Stahl nach normaler Vergütung fehlt.

Die Bilder 4.273 und 4.274 zeigen die nach dieser letzten Ätzmethode erhaltenen Gefüge des Mangan-Chrom-Vergütungsstahls der Bilder 4.271 und 4.272. Die anlaßzähe Probe von Bild 4.273 weist keine betonten Korngrenzen auf, während die anlaßspröde Probe von Bild 4.274 ein dunkles Korngrenzennetzwerk zeigt. Durch das Xylol-Pikrinsäure-Ätzmittel ist es also möglich, bei normalvergüteten Stählen den anlaßzähen vom anlaßspröden Zustand zu unterscheiden.

Anlaßsprödigkeit tritt ferner auf, wenn der Stahl nach dem Anlassen langsam erkaltet und anschließend nochmals bei der gleichen Temperatur angelassen und dann in Öl abgeschreckt wird. Bild 4.275 zeigt das Gefüge des Mangan-Chrom-Stahls, der von 860 °C in Öl gehärtet, dann 1 h bei 650 °C angelassen, im Ofen abgekühlt, nochmals 1 h bei 650 °C angelassen und dann in Öl abgeschreckt wurde. Das dunkle Korngrenzennetzwerk zeigt den anlaßspröden Zustand an. Die Kerbschlagzähigkeit betrug nach dieser Wärmebehandlung $KC = 80$ J/cm^2 (anlaßzäher Zustand: $KC = 210$ J/cm^2).

Die Anlaßsprödigkeit läßt sich durch Zulegieren von 0,2 % Mo vermeiden. Stähle, die von Haus aus zur Anlaßsprödigkeit neigen, können nach dem Anlassen im Ofen abgekühlt werden, wenn die Anlaßzeit vergrößert wird. Durch die verlängerte Anlaßzeit erfolgt wahrscheinlich eine Koagulation der die Versprödung bewirkenden Ausscheidungen, womit

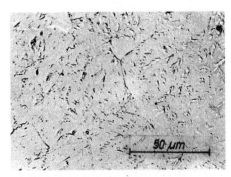

Bild 4.273. Stahl und Wärmebehandlung wie Bild 4.271. Anlaßzäher Zustand. Geätzt mit Xylol-Pikrinsäure

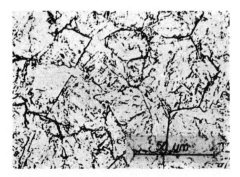

Bild 4.274. Stahl und Wärmebehandlung wie Bild 4.272. Anlaßspröder Zustand. Geätzt mit Xylol-Pikrinsäure

eine Zähigkeitszunahme verbunden ist. Bild 4.276 zeigt das mit Xylol-Pikrinsäure geätzte Gefüge des bereits erwähnten Mangan-Chrom-Baustahls, der von 860 °C in Öl gehärtet, 40 h bei 650 °C angelassen und anschließend im Ofen abgekühlt wurde. Obwohl das dunkle Korngrenzennetzwerk, das den anlaßspröden Zustand anzeigt, vorhanden ist, beträgt die Kerbschlagzähigkeit des Stahles $KC = 180 \text{ J/cm}^2$. Der Stahl ist also durchaus anlaßzäh, trotz der Ätzerscheinung. Mit absoluter Sicherheit lassen sich also aus dem Ätzbefund keine Rückschlüsse auf die Kerbschlagzähigkeit ziehen.

Die normale Vergütung eines Stahles besteht aus Härten mit nachfolgendem Anlassen. Das Abschrecken von hohen Temperaturen bedeutet aber, wie weiter vorn ausgeführt wurde, eine außerordentlich starke Beanspruchung für den Stahl. Verzug und Härterisse sind oftmals die Folgen. In den letzten Jahren ist man deshalb mehr und mehr dazu übergegangen, die mechanischen Eigenschaften eines Stahls durch *Zwischenstufenvergütung* zu verbessern. Dazu wird, wie im Abschn. 4.5.5. eingehend beschrieben, der Stahl auf Härtetemperatur gebracht und anschließend in einem Salz- oder Metallbad, das sich auf höherer Temperatur befindet, abgeschreckt.

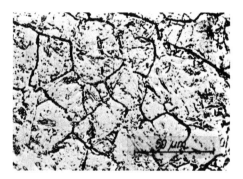

Bild 4.275. Stahl mit 0,27 % C, 1,15 % Mn und 0,75 % Cr, 860 °C/Öl/1 h 650 °C/Ofen/1 h 650 °C/Öl. Anlaßspröder Zustand.
Geätzt mit Xylol-Pikrinsäure

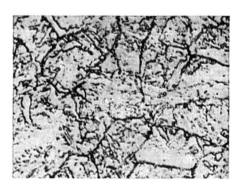

Bild 4.276. Stahl mit 0,27 % C, 1,15 % Mn und 0,75 % Cr, 860 °C/Öl/40 h 650 °C/Ofenabkühlung. Anlaßzäher Zustand.
Geätzt mit Xylol-Pikrinsäure

Die Temperatur des Abschreckbads richtet sich nach der gewünschten Härte bzw. Festigkeit. Der unterkühlte Austenit wandelt sich bei konstanter Temperatur in Bainit (Zwischenstufengefüge) um. Nach beendetem Austenitzerfall wird der Stahl auf Raumtemperatur abgekühlt. Bei der Zwischenstufenvergütung wird also das Härten und Anlassen gewissermaßen in einem Arbeitsgang vereinigt, ohne daß der Stahl den gefährlichen Umwandlungsspannungen, die bei der Martensitbildung entstehen, ausgesetzt wird. Außerdem hat ein zwischenstufenvergüteter Stahl bei etwa gleicher Härte und Festigkeit oftmals eine wesentlich bessere Zähigkeit als ein normalvergüteter Stahl. In der folgenden Zusammenstellung ist dies für einen Kohlenstoffstahl mit 0,75 % C gezeigt. Bei der Zwischenstufenvergütung wurden Proben von 5 mm Dmr. von 800 °C in einem Metallbad von 300 °C abgeschreckt. Die Umwandlung war nach 15 min beendet, und die Proben wurden in Wasser abgeschreckt. Danach hatte der Stahl eine Härte von $HRC = 50$. Die normale Vergütung auf gleiche Härte erfolgte durch Abschrecken von 800 °C in Öl von 30 °C mit anschließendem ½stündigem Anlassen bei 320 °C. Die verschieden vergüteten Stähle wiesen die Festigkeitseigenschaften von Tabelle 4.22 auf.

Die Anwendungsmöglichkeit der Zwischenstufenvergütung hängt besonders stark vom Charakter des *ZTU*-Schaubilds des betreffenden Stahls ab, von der Größe und Form des zu behandelnden Werkstücks und von der gewünschten Endhärte. Bei etwas höher legierten Stählen benötigt die Umwandlung in Bainit manchmal außerordentlich lange Zeiten, und es ist dann wirtschaftlicher, den Stahl normal zu vergüten.

Tabelle 4.22. Festigkeitswerte eines normal- und zwischenstufenvergüteten Stahls mit 0,75 % C (bei gleicher Härte)

Behandlungszustand	HRC	R_m [MPa]	R_e [MPa]	A [%]	Z [%]
normalvergütet	50	1 720	850	0,5	1
zwischenstufenvergütet	50	1 950	1 050	2	35

Eine Abart der Zwischenstufenvergütung ist das bei Drähten mit 0,50 bis 0,90 % C angewandte *Patentieren*. Hierbei wird der Draht von Temperaturen oberhalb des A_{C3}-Punkts schnell in einem Blei- oder Salzbad von 400 bis 550 °C abgeschreckt und isotherm umgewandelt. Je nach der Umwandlungstemperatur ist das entstehende Gefüge feinlamellar perlitisch oder bainitisch. Voreutektoider Ferrit soll nach Möglichkeit nicht auftreten. Der patentierte Draht läßt sich durch Kaltziehen auf Festigkeiten von 1 400 bis 2 200 MPa bringen und wird auf Drahtseile verarbeitet. Federdrähte und Klaviersaitendrähte werden nach dem Patentieren bis auf eine Festigkeit von 3 600 MPa kaltgezogen.

Bild 4.277 zeigt das grobe perlitisch-ferritische Gefüge eines Walzdrahts mit 0,60 % C. Nach dem Bleipatentieren ist ein sehr feinlamellarer, gleichmäßiger Perlit entstanden (Bild 4.278). Kaltziehen um 70 % ergibt in der Längsrichtung des Drahts ein ausgeprägtes Zeilengefüge (Bild 4.279), während im Querschliff eine Verformung nicht festzustellen ist (Bild 4.280). Bei unsachgemäßem Patentieren (zu langsamer Abkühlung oder zu hoher Umwandlungstemperatur) tritt neben dem Perlit noch Ferrit auf (Bilder 4.281 und 4.282), wodurch die Wechselfestigkeit des Drahtes verringert wird. Seildrähte müssen eine sehr

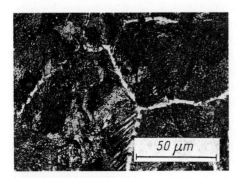

Bild 4.277. Walzdraht aus Stahl C60. Perlit und Ferrit

Bild 4.278. Stahl C60, bei 500 °C patentiert. Perlit

4.5. Wärmebehandlung der Stähle

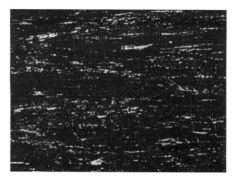

Bild 4.279. Stahl C60, bei 500 °C patentiert und kaltgezogen (Umformgrad = 70 %), Längsschliff

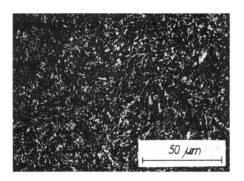

Bild 4.280. Wie Bild 4.279, Querschliff

Bild 4.281. Stahl mit 0,55 % C, falsch patentiert. Zuviel Ferrit (hell) vorhanden. Längsschliff

Bild 4.282. Wie Bild 4.281, Querschliff

gute Oberflächenbeschaffenheit haben. Riefen, Überwalzungen, Randblasen, grobe Schlackeneinschlüsse oder mechanische Oberflächenverletzungen setzen die Wechselfestigkeit der Drähte stark herab.

Faßt man die für Stähle üblichen Wärmebehandlungen zusammen und bezieht sie auf das isotherme *ZTU*-Schaubild, so erhält man eine Darstellung nach Bild 4.283. In dieser graphischen Darstellung ist schematisch das isotherme *ZTU*-Diagramm eines untereutektoiden Stahls aufgezeichnet. Der Umwandlungsbereich des Austenits ist schraffiert. Die Linie der beginnenden Ausscheidung von voreutektoidem Ferrit unterhalb des A_3-Punkts wurde mit eingetragen.

Beim *Normalglühen* verläuft die Abkühlung relativ langsam (Abkühlungskurve *1*). Die Austenitumwandlung beginnt mit der Ferritausscheidung und endet mit der Perlitbildung. Beim *Härten* (Abkühlungskurve *2*) ist die Unterkühlung sehr stark. Die Austenitumwandlung beginnt erst in der Martensitstufe und geht dort auch mehr oder weniger vollständig zu Ende. Es bleibt häufig eine gewisse Menge Restaustenit übrig. Bei der *gebrochenen Härtung* (Abkühlungskurve *3*) wird erst schroff in Wasser, dann milder in Öl abgeschreckt. Bei der *Warmbadhärtung* (Abkühlungskurve *4*) schreckt man schroff auf eine Temperatur kurz oberhalb des Martensitpunkts ab und hält dort den Stahl möglichst lange, um die Temperaturunterschiede und damit die inneren Spannungen zwischen

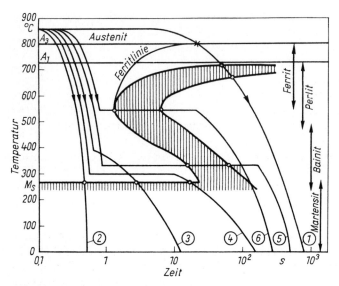

Bild 4.283. Schematisches ZTU-Diagramm eines Stahls mit eingetragenen Wärmebehandlungsverfahren.
Kurven: *1* Normalglühen, *2* Härten, *3* gebrochene Härtung, *4* Warmbadhärtung, *5* Zwischenstufenvergütung, *6* Patentieren.
x Beginn der voreutektoiden Ferritausscheidung
o Ende der Austenitumwandlung
• Beginn der Austenitumwandlung im Perlit, Bainit oder Martensit

Rand und Kern des Werkstücks zu verringern. Ehe jedoch die Austenit-Bainit-Umwandlung einsetzt, kühlt man milde weiter ab, und der Austenit wandelt sich in Martensit um. Bei der *Zwischenstufenvergütung* (Abkühlungskurve *5*) verfährt man ähnlich wie bei der Warmbadhärtung, nur daß jetzt die Haltezeit so gewählt wird, daß sich der Austenit restlos in Bainit umwandelt. Beim *Patentieren* schließlich schreckt man den Stahl ebenfalls in einem Warmbad ab (Abkühlungskurve *6*), doch liegt die isotherme Umwandlungstemperatur im allgemeinen höher als beim Zwischenstufenvergüten, aber nach Möglichkeit unterhalb der Ferritlinie.

4.6. Legierte Stähle

4.6.1. Allgemeine Wirkung der Legierungselemente

Stähle, die außer Kohlenstoff noch ein weiteres, absichtlich hinzugesetztes Element enthalten, bezeichnet man als legiert. Je nach der Höhe des Legierungsgehaltes unterscheidet man zwischen niedrig legierten Stählen (Summe der Legierungselemente höchstens 5 %) und hoch legierten Stählen. Die Einteilung und Bezeichnung der legierten Stähle wurde bereits im Abschn. 4.1.2. behandelt.

Niedriglegierte Stähle haben im Prinzip ähnliche Eigenschaften wie die unlegierten Kohlenstoffstähle, nur daß je nach Art und Höhe des Legierungszusatzes bestimmte erwünschte Eigenschaften verbessert oder andere, unerwünschte Eigenschaften abgeschwächt werden. Die Hauptvorteile der legierten Stähle bestehen in einer besseren Härtbarkeit bei milderer Abschreckung und in einer höheren Anlaßbeständigkeit des gehärteten Werkstückes. Die Folge davon sind verstärkte Durchhärtung, geringerer Verzug und verminderte Härterißneigung, bessere Zähigkeit bei hoher Festigkeit, höhere Streckgrenze bei vorgegebener Härte oder Festigkeit, heraufgesetzte Elastizitätsgrenze und damit gesteigerte Wechselfestigkeit sowie eine bessere Warmfestigkeit.

Hochlegierte Stähle haben häufig Sondereigenschaften, die den nicht oder niedrig legierten Stählen fehlen, so beispielsweise Korrosionsbeständigkeit gegenüber bestimmten Chemikalien, Zunderbeständigkeit bei hohen Temperaturen, Schneidfähigkeit bei Rotglut, Unmagnetisierbarkeit, besondere elektrische, magnetische oder Ausdehnungseigenschaften u. a. m.

In legierten Stählen treten, von Ausnahmen abgesehen, die gleichen Gefügebestandteile auf wie bei den Eisen-Kohlenstoff-Legierungen, also Ferrit, Austenit, δ-Mischkristall, Karbid, Perlit, Bainit, Martensit und Ledeburit. Unterschiede bestehen nur darin, daß die Mischkristalle und das Eisenkarbid Fe_3C noch gewisse Mengen des Legierungselementes in fester Lösung aufnehmen und daß bestimmte Legierungselemente mit dem Kohlenstoff *Sonderkarbide* bilden. Außerdem wird die Löslichkeit der Eisenmodifikationen für Kohlenstoff durch Zusatz von Legierungselementen verändert, wodurch sich die Gleichgewichtslinien und -punkte im Eisen-Kohlenstoff-Diagramm verschieben. Neue Phasen werden nur durch wenige der gebräuchlichen Legierungselemente gebildet, so beispielsweise von Blei, das im Ferrit praktisch unlöslich ist, von Kupfer, wenn dessen Konzentration die Löslichkeitsgrenze von Ferrit (0,8 % Cu) überschreitet, und von einigen Elementen, die mit dem Eisen intermetallische Verbindungen (z. B. FeCr) bilden.

Alle Legierungselemente sind in mehr oder minder großem Umfang sowohl im α-Eisen, im γ-Eisen als auch in δ-Eisen löslich. Dadurch wird eine Beeinflussung der α/γ- und γ/δ-Umwandlungstemperaturen des reinen Eisens hervorgerufen. Je nach der Art der Beeinflussung lassen sich zwei Gruppen von Legierungselementen unterscheiden.

Legierungselemente, wie Silizium, Chrom, Wolfram, Molybdän, Titan, Vanadin und Aluminium, verschieben den α/γ-Umwandlungspunkt des Eisens zu höheren und den γ/δ-Umwandlungspunkt zu niederen Temperaturen hin (Bild 4.284). Die Folge ist, daß

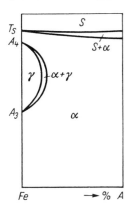

Bild 4.284. Zustandsdiagramm mit abgeschnürtem γ-Gebiet (schematisch). Tritt auf bei Fe-Si, Fe-Cr, Fe-W, Fe-Mo, Fe-Ti, Fe-V, Fe-Al, Fe-P

das Existenzgebiet des Austenits eingeengt wird. Bei einer bestimmten, für jedes Legierungselement charakteristischen Grenzkonzentration fällt der A_3- mit dem A_4-Punkt zusammen, und das γ-Gebiet ist abgeschnürt; die α-Phase geht dabei kontinuierlich in die δ-Phase über.

Legierungen mit höheren Konzentrationen sind dann von tiefen Temperaturen bis zum Schmelzpunkt rein ferritisch. Vermerkt sei, daß die Grenzkonzentration im allgemeinen stark vom Kohlenstoffgehalt abhängig ist. So sind z. B. binäre Eisen-Chrom-Legierungen ab $\approx 15\%$ Cr ferritisch, während Gehalte von 0,25 bzw. 0,40 % C die Chrom-Grenzkonzentration nach 24 bzw. 29 % verlagern.

Da bei diesen *ferritischen Stählen* die α/γ-Umwandlung fehlt, können sie weder normalisiert noch gehärtet noch vergütet werden. Eine Umkörnung ist nur durch plastische Verformung mit nachfolgender Rekristallisationsglühung möglich, was natürlich nur bei einfach geformten Werkstücken durchgeführt werden kann. Deshalb ist bei ferritischen Stählen oftmals ein grobes Korn vorhanden. Ein bekannter Vertreter der ferritischen Stähle ist der Transformatorenstahl mit etwa 0,05 % C, 3 bis 4 % Si. Bild 4.285 zeigt das Gefüge eines Transformatorenblechs, bestehend aus sehr groben Polyedern von Ferrit.

Bei den *halbferritischen Stählen* besteht nur ein Teil des Gefüges aus nichtumwandlungsfähigem Ferrit, der zum Unterschied von dem umwandlungsfähigen Ferrit auch oft als δ-Ferrit bezeichnet wird, während der Rest des Gefüges bei höheren Temperaturen aus Austenit, nach der Abkühlung auf Raumtemperatur aber aus Perlit, Martensit oder auch aus Austenit besteht.

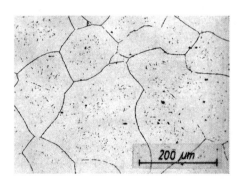

Bild 4.285. Transformatorenstahl mit 0,05 % C und 3,8 % Si. Ferritischer Stahl

Ein Stahl mit beispielsweise 0,22 % C, 17 % Cr und 1,7 % Ni ist halbferritisch. Bei hohen Temperaturen ist neben Austenit noch δ-Ferrit vorhanden. Wird der Stahl von 1 100 °C sehr langsam abgekühlt, so wandelt sich der Austenit in körnigen Perlit um, während der δ-Ferrit sich nicht verändert. Nach dem Abschrecken von 1 100 °C in Öl besteht das Gefüge aus Martensit mit eingelagerten δ-Ferritkristallen (Bild 4.286). Derartige Stähle sind also härtbar und vergütbar.

Bei anderen halbferritischen Stählen wandelt sich der Austenit bei langsamer Abkühlung nicht in Perlit, bei schneller Abkühlung nicht in Martensit um. Das Gefüge dieser Stähle besteht bei allen Temperaturen aus einem Gemenge aus δ-Ferrit mit Austenit. Im Bild 4.287 ist ein Beispiel für einen derartigen nichthärtbaren und nichtvergütbaren halbferritischen Stahl dargestellt, der trotz Wasserabschreckung von 1 250 °C aus δ-Ferrit und Austenit besteht.

4.6. Legierte Stähle

Bild 4.286. Korrosionsbeständiger Vergütungsstahl mit 0,22 % C, 17 % Cr und 1,7 % Ni, 1 100 °C/Öl. Halbferritischer Stahl, Martensit und δ-Ferrit (hell)

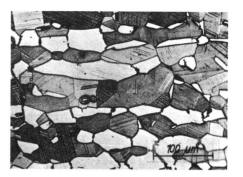

Bild 4.287. Stahl mit 0,1 % C, 1,7 % Si, 15,4 % Mn, 10,8 % Cr und 1,0 % Ti, 1 250 °C/Wasser. Halbferritischer Stahl, Austenit und δ-Ferrit (hell)

Legierungselemente, wie Mangan und Nickel, verschieben ähnlich wie Kohlenstoff und Stickstoff den α/γ-Umwandlungspunkt des Eisens zu niederen und den γ/δ-Umwandlungspunkt zu höheren Temperaturen hin (Bild 4.288). Dadurch wird das Existenzgebiet des Austenits erweitert, das des α- und δ-Eisens aber eingeengt. Bei einer Grenzkonzentration, die für jedes Legierungselement charakteristisch ist, wird der A_3-Punkt auf Raumtemperatur erniedrigt, und der Stahl ist von Raumtemperatur bis zum Schmelzpunkt austenitisch.

Bei derartigen *austenitischen Stählen* fehlt ebenso wie bei den ferritischen Stählen die α/γ-Umwandlung, und diese Stähle lassen sich infolgedessen weder normalisieren noch härten noch vergüten. Eine Kornverfeinerung ist nur durch plastische Verformung mit nachfolgender Rekristallisationsglühung möglich. Die Gefahr der Grobkornbildung ist bei austenitischen Stählen aber wesentlich geringer als bei ferritischen Stählen, da die Rekristallisationstemperatur des Austenits höher liegt als die des Ferrits. Austenitische Stähle zeichnen sich im allgemeinen durch eine niedere Streckgrenze und ein hohes Verfestigungsvermögen bei Kaltumformung aus.

Werden dem Stahl sowohl Elemente der 1. wie auch der 2. Gruppe zulegiert, so lassen sich

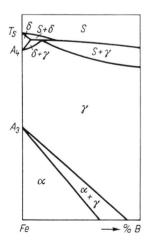

Bild 4.288. Zustandsdiagramm mit geöffnetem γ-Gebiet (schematisch). Tritt auf bei Fe-C, Fe-N, Fe-Mn, Fe-Ni

keine Angaben über den Typ der Legierung machen. Die Wirkungen der verschiedenen Legierungselemente überlagern sich nicht einfach, sondern die einzelnen Bestandteile beeinflussen sich gegenseitig in ihrer Wirkung auf das Eisen. So ist beispielsweise ein Stahl mit 0,1 % C + 8 % Ni ferritisch-perlitisch. Enthält der Stahl aber noch zusätzlich 18 % Cr, das ja an und für sich in Richtung einer Ferritbildung wirkt, so wird der Stahl austenitisch. Bild 4.289 zeigt das austenitische Gefüge eines unmagnetischen Stahls mit 0,25 % C, 5 % Mn, 9 % Ni und 12 % Cr, der von 1 100 °C in Wasser abgeschreckt wurde.

Bei höheren Konzentrationen bilden manche Legierungselemente mit dem Eisen intermetallische Verbindungen, so z. B. FeCr, FeV, Fe_3W_2, Fe_3Mo_2, Fe_3Si_2, Fe_3Ti u. a. In technischen Stählen kommen diese Metalloide aber kaum vor, weil andernfalls die Stähle zu spröde werden. Nur das sich bei längerem Glühen bei Temperaturen zwischen 700 und 950 °C in hochchromhaltigen Stählen aus dem Ferrit bildende Metallid FeCr, die sog. σ-Phase, tritt manchmal im Gefüge auf.

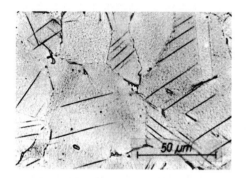

Bild 4.289. Unmagnetischer Stahl mit 0,25 % Mn, 9 % Ni und 12 % Cr, 1 100 °C/Wasser. Austenitischer Stahl

Die Mischkristallbildung des Eisens mit den verschiedenen Legierungselementen bedingt eine Zunahme der Härte und Festigkeit des Ferrits mit steigender Legierungskonzentration. Tabelle 4.23 gibt einige Anhaltswerte für die Härtesteigerung kohlenstofffreier binärer Eisenlegierungen im weichgeglühten Zustand. Danach wirken Silizium und Mangan am stärksten härtend, während der Einfluß der anderen Legierungselemente schwächer ist.

Enthalten die Legierungen neben Eisen und dem Legierungselement noch Kohlenstoff, so finden außer den Umsetzungen zwischen Eisen und dem Zusatzelement noch Reaktionen zwischen Zementit und dem Zusatzelement bzw. zwischen Kohlenstoff und dem Zusatzelement statt. Je nach der Menge und Art des Legierungselements können sich verschiedene Typen von Karbiden bilden.

Tabelle 4.23
Brinell-Härte binärer α-Eisen-Mischkristalle

%-Legierungselement im α-Eisen	0	2	4	5	10	20
Silizium	60	150	220	–	–	–
Mangan	60	120	170	210	–	–
Nickel	60	100	120	140	170	230
Molybdän	60	90	105	120	145	200
Wolfram	60	80	90	100	115	150
Chrom	60	75	85	95	110	135

4.6. Legierte Stähle

Bei geringer Konzentration eines schwachen Karbidbildners wird das Legierungselement vom Zementit Fe$_3$C als Mischkristall aufgenommen. Es entsteht ein *Mischkarbid* von der allgemeinen Formel (Fe, X)$_3$C. Beispiele hierfür sind die Mischkarbide (Fe, Mn)$_3$C, (Fe, Cr)$_3$C und (Fe, Si)$_3$C.

Bei höheren Konzentrationen eines schwächeren Karbidbildners oder bei geringeren Konzentrationen eines starken Karbidbildners bilden sich *Sonderkarbide* mit einer vom Zementit abweichenden Gitterstruktur und Zusammensetzung. Beispiele hierfür sind das in Stählen mit mehr als 5 % Cr auftretende trigonale Chromsonderkarbid Cr$_7$C$_3$, das kubischflächenzentrierte Cr$_4$C, weiterhin Mo$_2$C, W$_2$C, TiC und V$_4$C$_3$. In den meisten Fällen nehmen die Sonderkarbide noch Eisen in fester Lösung auf, so etwa (Cr, Fe)$_7$C$_3$ und (Cr, Fe)$_4$C.

Manchmal scheinen sich auch *Doppelkarbide* zu bilden, wie etwa das Eisen-Wolfram-Doppelkarbid Fe$_3$W$_3$C.

Die Neigung zur Karbidbildung ist bei den einzelnen Legierungselementen sehr unterschiedlich und nimmt in nachstehender Reihe von links nach rechts zu:

Mn → Cr → W → Mo → V → Ti.

Titan und Vanadin sind sehr starke Karbidbildner, Mangan und Chrom relativ schwache.

Bei den Legierungselementen in kohlenstoffhaltigen Stählen muß man also unterscheiden zwischen solchen, die vorzugsweise in die Grundmasse gehen, wie Silizium, Nickel, Kobalt, Kupfer, Aluminium (und z. T. Mangan), und solchen, die vorzugsweise zur Karbidbildung neigen, wie Chrom, Wolfram, Molybdän, Vanadin, Titan (und z. T. Mangan). Dementsprechend ist auch die Legierungswirkung unterschiedlich.

Je nach dem Kohlenstoffgehalt ändert sich die Verteilung der Legierungselemente zwischen Grundmasse und eingelagerten Karbiden. Bei niederem C-Gehalt werden weniger Karbide gebildet als bei hohem C-Gehalt. Im ersteren Fall wird die Grundmasse legierungsreicher, im letzteren Fall dagegen legierungsärmer.

Auch durch Wärmebehandlungen läßt sich die Verteilung der Legierungselemente zwischen Grundmasse und Karbiden weitgehend beeinflussen. Mit steigender Temperatur nimmt im allgemeinen die Löslichkeit der Grundmasse für Kohlenstoff bzw. Karbide zu. Bei schneller Abkühlung von hohen Temperaturen entsteht deshalb eine legierungsreiche Grundmasse, bei langsamer Abkühlung oder beim Anlassen aber scheiden sich die Karbide aus, und es entsteht eine legierungsärmere Grundmasse.

Die metallographische Identifizierung der einzelnen Karbidphasen ist sehr schwierig und nur bedingt durch Anwendung verschiedener Ätzmittel möglich. So zeigt Bild 4.290 einen Schnellarbeitsstahl mit Wolfram, Chrom und Vanadin, in dem durch Ätzen mit alkalischem Ferrizyankalium nur die Wolfram- und Chromkarbide dunkel gefärbt, während der Zementit und das Vanadinkarbid nicht angegriffen wurden. Zur genauen Bestimmung von Art und Zusammensetzung der einzelnen Karbide sind jedoch im allgemeinen die Methoden der Rückstandsisolierung erforderlich.

Durch die unterschiedliche Wirkung der Legierungselemente auf die Umwandlungspunkte und durch die verschiedenen Karbidphasen bedingt, verändert sich mit steigendem Legierungszusatz die Form des Eisen-Kohlenstoff-Diagramms. Durch Mangan und Nickel werden die A_3- und A_1-Punkte zu tieferen, durch Silizium, Chrom, Wolfram, Molybdän, Titan, Vanadin und Aluminium zu höheren Temperaturen hin verschoben. Auch

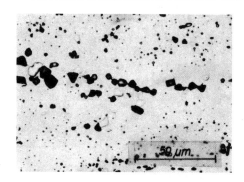

Bild 4.290. Schnellarbeitsstahl. Wolfram- und Chromkarbide dunkel gefärbt; Eisen- und Vanadiumkarbide hell.
Geätzt mit alkalischer Ferrizyankalilösung

die eutektische Temperatur verändert sich. Der eutektoide Punkt S wird zu geringeren C-Gehalten hin verschoben. In Tabelle 4.24 ist die eutektoide Konzentration für einige legierte Stähle aufgezeigt. Ein Stahl mit 0,4 % C und 13 % Cr ist demnach bereits übereutektoidisch und enthält neben Perlit noch Sekundärzementit. Bild 4.291 zeigt einen derartigen *karbidischen Stahl* im weichgeglühten Zustand. Die Korngrenzenkarbide sind deutlich zu erkennen.

Tabelle 4.24
Eutektoider Kohlenstoffgehalt legierter Stähle

Legierungs-element	2 %	4 %	6 %	10 %	15 %
Nickel	0,75	0,68	0,60	0,45	0,20
Mangan	0,65	0,53	0,45	0,32	0,25
Chrom	0,60	0,53	0,47	0,40	0,35
Silizium	0,55	0,45	0,37	0,30	–
Wolfram	0,34	0,20	0,20	0,27	–
Molybdän	0,23	0,17	0,21	–	–

Der Punkt E des Eisen-Kohlenstoff-Diagramms, der das erstmalige Auftreten von Ledeburit anzeigt, wird mit steigender Legierungskonzentration ebenfalls nach links zu niederen Kohlenstoffgehalten hin verschoben.
Ein Stahl mit 1 % C und 15 % Cr enthält also bereits im Gefüge Ledeburit. Der Ledeburit ist aber in diesem Falle ein ternäres Eutektikum und besteht bei seiner Kristallisation aus den drei Bestandteilen $\gamma + (Fe, Cr)_3C + (Cr, Fe)_7C_3$. Die γ-Mischkristalle zerfallen bei langsamer Abkühlung zu Ferrit + Karbid. Derartige Stähle bezeichnet man als *ledeburitische Stähle*. Während bei Kohlenstoffstählen die Schmiedbarkeit mit dem Auftreten von Ledeburit praktisch verlorengeht, ist dies bei legierten ledeburitischen Stählen nicht der Fall. Durch den Schmiedevorgang wird das Ledeburitnetzwerk zertrümmert, und die Karbidteilchen verteilen sich mehr oder weniger gleichmäßig im Stahl. Durch den hohen Karbidgehalt bedingt, zeichnen sich die ledeburitischen Stähle durch einen hohen Verschleißwiderstand aus.
Bild 4.292 zeigt das Gefüge eines ledeburitischen Chromstahls mit 2 % C + 12 % Cr, der aus dem Schmelzfluß schnell abgekühlt worden ist. Die primären Austenitmischkristalle sind von einem Netzwerk des ternären Ledeburiteutektikums umgeben. Bild 4.293 zeigt

4.6. Legierte Stähle

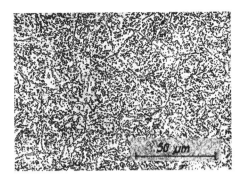

Bild 4.291. Korrosionsbeständiger härtbarer Stahl mit 0,4 % C und 13 % Cr, weichgeglüht. Karbidischer Stahl

Bild 4.292. Warmfester Werkzeugstahl mit 2 % C und 12 % Cr, gegossen. Ledeburitischer Stahl

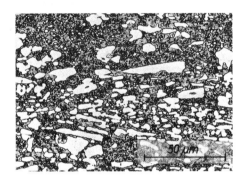

Bild 4.293. Warmfester Werkzeugstahl mit 2 % C und 12 % Cr, geschmiedet. Ledeburitischer Stahl

den gleichen Stahl, aber nach dem Schmieden und Weichglühen. Die groben Karbide sind aus dem Ledeburit entstanden, während die feinen Karbide im wesentlichen aus den zerfallenen γ-Mischkristallen stammen.

Der in seiner Auswirkung für die technische Verwendung der Stähle wohl bedeutungsvollste Einfluß der Legierungselemente besteht darin, die Diffusionsgeschwindigkeit des Kohlenstoffs im α- und γ-Eisenmischkristall herabzusetzen. Phasenänderungen, die mit einer Wanderung der Kohlenstoffatome verbunden sind, verlaufen in legierten Stählen langsamer als in unlegierten Stählen. Dies hat zur Folge, daß in legierten Stählen diejenigen Umwandlungsvorgänge bevorzugt ablaufen, für die keine oder kurze Diffusionswege des Kohlenstoffs erforderlich sind, d. h., die Umwandlung des Austenits auch bei relativ langsamer Abkühlung erfolgt nicht, wie bei den Kohlenstoffstählen, bevorzugt in der Perlitstufe, sondern erst in der Bainit- oder gar Martensitstufe. Durch den Legierungsgehalt ist der Austenit stabiler geworden, und erst stärkere Unterkühlungen sind erforderlich, um den Zerfall zu bewirken.

Der Einfluß der Legierungselemente auf die Umwandlung des unterkühlten Austenits wird besonders aus Zeit-Temperatur-Umwandlungs-Schaubildern ersichtlich, die ja das Umwandlungsverhalten des Austenits beschreiben.

Die bei legierten Stählen auftretenden Besonderheiten im Umwandlungsverhalten sollen im folgenden anhand des isothermen *ZTU*-Schaubilds des mehrfach legierten Stahls mit

0,30 % C, 2,5 % Ni, 1 % Cr und 0,4 % Mo (Stahl für schwere Schmiedestücke, wie Turbinenläufer u. dgl.) erläutert werden.

Im Bild 4.294 ist das isotherme ZTU-Schaubild dieses Stahls dargestellt. Der A_{C1}-Punkt liegt bei 730 °C, der M_S-Punkt bei 350 °C. Bei schneller kontinuierlicher Abkühlung haben sich bei 310 °C 50 % und bei 260 °C 90 % des Austenits in Martensit umgewandelt.

Zunächst fällt auf, daß die Umwandlungskurve des Austenits aus zwei getrennten Ästen besteht. Zwischen 700 und 600 °C liegt das Gebiet der Austenit→Perlit-Umwandlung und zwischen 500 und 350 °C das der Austenit→Bainit-Umwandlung. Im Temperaturgebiet zwischen 600 und 500 °C findet keine Umwandlung statt, und der Austenit ist praktisch beständig. Für die Perlitbildung ist die Unterkühlung bereits zu stark, und für die Bainitumwandlung reicht die Unterkühlung noch nicht aus.

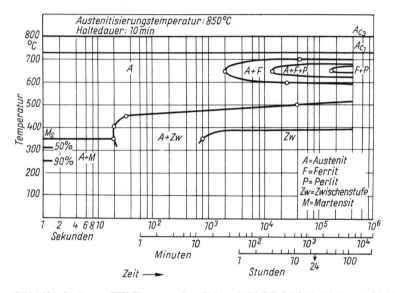

Bild 4.294. Isothermes ZTU-Diagramm eines Stahls mit 0,3 % C, 2,5 % Ni, 1 % Cr und 0,4 % Mo

Eine weitere Besonderheit dieses Stahls liegt darin, daß die Austenitumwandlung nur in zwei engbegrenzten Temperaturbereichen zu Ende verläuft, auch wenn die isotherme Haltezeit auf 50 oder mehr Stunden ausgedehnt wird. Vollständige Perlitbildung findet nur zwischen etwa 670 und 630 °C, also bei 650 ± 20 °C statt und vollständige Bainitbildung nur zwischen 350 und 390 °C. Bei allen anderen Temperaturen bleibt auch noch nach sehr langen Haltezeiten ein mehr oder weniger großer Teil des Austenits erhalten.

Beim Vergleich dieser Umwandlungskurve mit dem isothermen ZTU-Diagramm des unlegierten Kohlenstoffstahls vom Bild 4.155 ist fernerhin festzustellen, daß bei dem legierten Stahl

a) die Perlitumwandlungskurve nach rechts zu längeren Zeiten hin verschoben ist, d. h., die Umwandlung setzt später ein, dauert länger und geht erst nach sehr langer Haltezeit zu Ende,

b) die Bainitumwandlungskurve nach links zu kürzeren Haltezeiten hin verschoben ist, d. h., die Umwandlung des Austenits in Bainit beginnt im Vergleich zur Perlitbildung relativ früh, dauert aber dann ebenfalls sehr lange und geht nur im unteren Temperaturbereich zu Ende.

Für kontinuierlich abkühlenden Stahl vorstehender Zusammensetzung ist das *ZTU-Diagramm* im Bild 4.295 dargestellt. Wie daraus zu ersehen ist, wandelt dieser Stahl auch bei langsamen Abkühlungen von 900 °C nicht in der Perlitstufe, sondern erst in der Bainit- und Martensitstufe um. Auch nach der langsamsten eingezeichneten Abkühlung bildet sich noch kein Perlit, sondern es scheiden sich lediglich 10 % Ferrit aus, der Rest des Gefüges besteht aus Bainit mit Martensit.

Kleine abkühlende Querschnitte werden bei Luftabkühlung bereits voll martensitisch, während größere Querschnitte gefügemäßig im wesentlichen aus Bainit bestehen, so beispielsweise ein Zylinder von 1 000 mm Dmr., der von 900 °C an Luft erkaltet. Bei großen Schmiedestücken treten deshalb beim Vergüten auch relativ hohe Festigkeiten und Streckgrenzen auf, wobei die Unterschiede zwischen Rand und Kern nicht sehr groß sind und eine weitgehende Gleichmäßigkeit über den Querschnitt mit derartigen Stählen erzielt werden kann.

Ganz allgemein läßt sich aus vorstehendem der Legierungseinfluß auf die Austenitumwandlung dahingehend zusammenfassen, daß mit steigendem Legierungszusatz der Beginn und das Ende der Austenitumwandlung zu längeren Zeiten hin verschoben und die Dauer der Umwandlung selbst heraufgesetzt wird. Die Form der Umwandlungskurve hängt dabei vom Kohlenstoffgehalt, von der Anzahl, Art, Menge und Kombination der Legierungselemente ab.

Eine unmittelbare Folge der Verlangsamung der Austenitumwandlung ist die Herabsetzung der kritischen Abkühlungsgeschwindigkeit legierter Stähle. In Tabelle 4.25 sind ei-

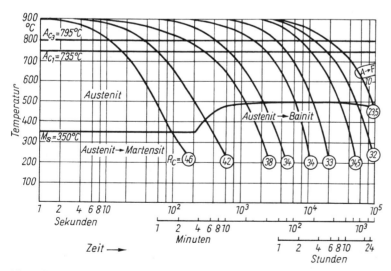

Bild 4.295. ZTU-Diagramm für die kontinuierliche Abkühlung eines Stahls mit 0,3 % C, 2,5 % Ni, 1 % Cr und 0,4 % Mo

Tabelle 4.25. Kritische Abkühlungsgeschwindigkeit v legierter Stähle (nach Werkstoffhandbuch Stahl und Eisen)

C in %	Legierungselement	v in K/s zwischen 800 und 700 °C
0,40	–	600
0,42	0,55 % Mn	550
0,40	1,60 % Mn	50
0,35	2,20 % Mn	8
0,42	1,12 % Ni	450
0,52	3,12 % Ni	180
0,40	4,80 % Ni	85
0,55	0,56 % Cr	400
0,48	1,11 % Cr	100
0,52	1,96 % Cr	22
0,38	2,64 % Cr	10

(Die Abschrecktemperatur betrug in allen Fällen 950 °C.)

nige Anhaltswerte für die hauptsächlichen Legierungselemente Mangan, Chrom und Nikkel angeführt. Der Kohlenstoffgehalt dieser Stähle entspricht den bei Vergütungsstählen üblichen Werten.

Da durch Legierungselemente die kritische Abkühlungsgeschwindigkeit gesenkt wird, nehmen legierte Stähle mit entsprechendem Kohlenstoffgehalt auch schon bei der milderen Ölabschreckung die volle Martensithärte an *(Ölhärter)*, was bei Kohlenstoffstählen nicht oder doch nur sehr bedingt der Fall ist *(Wasserhärter)*. Bei höherem Kohlenstoff- und Legierungsgehalt tritt sogar schon bei Luft- oder gar Ofenabkühlung Martensitbildung ein *(Lufthärter)*. Diese Stähle müssen, falls sie spanabhebend bearbeitet werden sollen, vorher perlitisiert oder weichgeglüht werden.

Eine weitere Folge der Absenkung der kritischen Abkühlungsgeschwindigkeit besteht darin, daß die *Einhärtung* der legierten Stähle größer ist als die der Kohlenstoffstähle. Volle Martensitbildung erfolgt, vom Rand des Werkstücks aus gerechnet, bis zu dem Punkt im Stahlinneren, der bei der Abkühlung gerade die kritische Abkühlungsgeschwindigkeit hatte. Je geringer also die kritische Abkühlungsgeschwindigkeit ist, um so tiefer härtet der betreffende Stahl ein.

Die Härteannahme eines Stahls beim Abschrecken läßt sich näherungsweise berechnen, wird heute allgemein aber praktisch mittels der Stirnabschreckprobe festgestellt (s. Abschn. 4.5.1.4.). Die Härtbarkeit ist außer von der Zusammensetzung des Stahls noch von anderen Einflußgrößen abhängig, so z. B. von der Erschmelzungsart (basisch-sauer, SM- oder Elektrostahl), der Desoxidation, der Korngröße, den nichtmetallischen Einschlüssen, der Austenitisierungstemperatur und -zeit, der Größe und Form des Werkstücks u. a. Auch die Beurteilung des Bruchaussehens hat für diesen Zweck noch ihre alte Bedeutung beibehalten. Der gehärtete Rand hebt sich durch seine feine, samtartige Struktur von dem zäheren, nicht gehärteten Kern deutlich ab.

Die Legierungselemente beeinflussen die Härtbarkeit aber nur, wenn sie beim Austenitisieren in Lösung gebracht worden sind. Legierungselemente, die sich in Form von Sonderkarbiden ungelöst im Austenit befinden, üben einen nur geringen Einfluß auf die Härtbarkeit aus. Bei Überschreitung der α/γ-Umwandlungstemperatur gehen zunächst der Zementit und die legierungsärmeren Karbide in Lösung, während es zur Auflösung

4.6. Legierte Stähle

der hoch legierten Sonderkarbide einer höheren Temperatur bedarf. Durch Sonderkarbide, im besonderen durch Vanadinkarbid, läßt sich die Härteannahme eines Stahls beeinflussen. Bei niederen Härtetemperaturen sind die Sonderkarbide noch ungelöst, und der Stahl weist eine nur geringe Einhärtung auf. Bei hohen Härtetemperaturen gehen die Sonderkarbide aber in Lösung, und der Stahl härtet beim Abschrecken entsprechend dem Legierungszusatz stärker ein.

Sonderkarbidhaltiger Stahl ist unempfindlich gegenüber Überhitzungen, da die zahlreichen eingelagerten Karbidteilchen das Kornwachstum des Austenits stark vermindern. Erst wenn die Temperatur so hoch ist, daß die Sonderkarbide in Lösung gebracht werden, findet auch ein merkliches Anwachsen des Austenitkornes statt, und es treten Überhitzungserscheinungen auf.

Bild 4.296 zeigt den Härteverlauf über dem Probenquerschnitt eines von 850 °C in Wasser

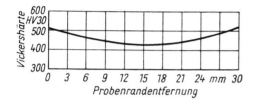

Bild 4.296. Härteverlauf über den Durchmesser eines von 850 °C in Wasser abgeschreckten Stahls mit 0,24 % C, 1,29 % Si, 1,27 % Mn, 0,31 % V, 0,25 % Cr und 0,11 % Mo (Probengröße (20×30) mm)

abgeschreckten Stahls mit 0,24 % C, 1,29 % Si, 1,27 % Mn, 0,31 % V, 0,25 % Cr und 0,11 % Mo. Die Härte am Rand beträgt $HV = 500$ und fällt zum Kern hin nur relativ geringfügig auf $HV = 420$ ab. Das Bruchaussehen des von 850 °C gehärteten Stahls (Bild 4.297) unterscheidet sich praktisch nicht von dem des von 1 200 °C in Wasser abgeschreckten Stahls (Bild 4.298). Die Durchhärtung wird bei diesem Stahl hauptsächlich durch die Elemente Silizium, Mangan und Chrom verbessert, während die Überhitzungsunempfindlichkeit eine Folge des Vanadins ist. Die relativ geringe Absoluthärte des Stahles nach dem Abschrecken rührt von dem niederen C-Gehalt her. Eine Erhöhung des Kohlenstoffgehalts auf ≈ 0,4 % würde auch eine Steigerung der Absoluthärte mit sich bringen.

Bei höheren Kohlenstoff- und Legierungsgehalten wird der Austenit so weitgehend stabilisiert, daß nach dem Abschrecken neben Martensit noch größere Mengen an Restaustenit erhalten bleiben und die Gefahr der Überhärtung besteht. Je höher die Härtetempera-

Bild 4.298. Bruchaussehen des von 1 200 °C in Wasser abgeschreckten Stahls vom Bild 4.296

Bild 4.297. Bruchaussehen des von 850 °C in Wasser abgeschreckten Stahls vom Bild 4.296

tur liegt, um so mehr Sonderkarbide gehen in Lösung, um so stabiler wird der Austenit, und um so weniger Martensit bildet sich. Dies soll an einem ledeburitischen Chromstahl mit 2 % C und 12 % Cr gezeigt werden.

In dem Diagramm vom Bild 4.299 ist die Härte HRC dieses Stahles nach dem Abschrecken von Temperaturen zwischen 900 und 1270 °C dargestellt sowie der Gehalt an Restaustenit. Nach dem Abschrecken von 1000 °C wird eine Höchsthärte von $HRC = 65$ erzielt, die durch aufgelöstes Karbid $(Fe, Cr)_3C$ bewirkt. Das Chromsonderkarbid $(Cr, Fe)_7C_3$ ist noch nicht merklich in Lösung gegangen. Der Gehalt an Restaustenit beträgt 20 %. Je weiter die Härtetemperatur gesteigert wird, um so größer wird der Anteil an Restaustenit, bis schließlich bei Härtetemperaturen um 1200 °C kein Martensit mehr gebildet wird, sondern der Stahl nach dem Abschrecken aus Austenit mit Chromsonderkarbiden $(Cr, Fe)_7C_3$ besteht und demzufolge unmagnetisch ist. Die Härte ist dabei auf $HRC = 35$ bis 40 abgesunken.

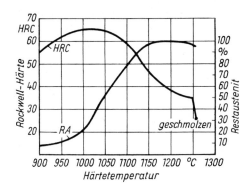

Bild 4.299. Härte-Abschrecktemperatur-Kurve eines Stahls mit 2 % C und 12 % Cr

Bild 4.300 zeigt das Gefüge des Stahls nach dem Abschrecken von 1050 °C in Öl. In die vorwiegend martensitische Grundmasse sind Chromkarbide $(Cr, Fe)_7C_3$ eingebettet. Durch die Salpetersäureätzung wurde infolge des hohen Chromgehaltes die Grundmasse nicht angegriffen. Eine derartige Ätzung wird durchgeführt, wenn man die Korngröße des Austenits und die Verteilung der Karbide beurteilen will. Soll die Martensitstruktur der Grundmasse entwickelt werden, so empfiehlt sich eine Ätzung mit Königswasser in Glyzerin (s. dazu die Bilder 4.306 bis 4.311).

Nach dem Abschrecken von 1150 °C hat die Korngröße des Austenits zugenommen, und die Zahl der Karbide hat sich verringert, d. h., ein Teil der Karbide wurde vom Austenit aufgelöst (Bild 4.301). Ein von 1250 °C abgeschreckter Stahl läßt die Austenitkorngrenzen deutlich erkennen (Bild 4.302). Die Hauptmasse der größeren Karbide befindet sich in den Korngrenzen, und die kleineren Karbidteilchen sind fast restlos in Lösung gegangen. Erhitzen auf 1270 °C bewirkte ein Aufschmelzen des Stahls, erkennbar an der Ledeburitbildung an den Korngrenzen (Bild 4.303).

Die Lage des Martensitpunkts eines Stahls hängt neben dem Kohlenstoffgehalt auch vom Legierungsgehalt ab. Je höher die Legierungskonzentration ist, um so tiefer liegt die M_S-Temperatur. Es gibt empirische Formeln, die es gestatten, die ungefähre Lage des M_S-

4.6. Legierte Stähle

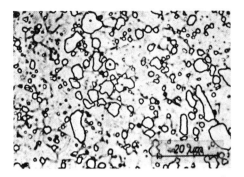

Bild 4.300. Stahl mit 2% C und 12% Cr, 1050°C/Öl

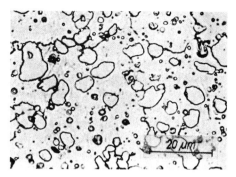

Bild 4.301. Stahl mit 2% C und 12% Cr, 1150°C/Öl

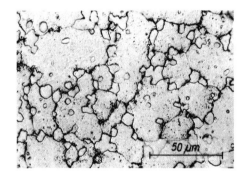

Bild 4.302. Stahl mit 2% C und 12% Cr, 1250°C/Öl
Geätzt mit HNO$_3$

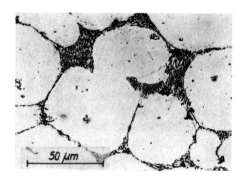

Bild 4.303. Stahl mit 2% C und 12% Cr, 1270°C/Öl
Geätzt mit HNO$_3$

Punkts aus der Stahlanalyse zu berechnen. Für niedrig legierte Stähle mit 0,2 bis 0,8 % C gilt nach A. A. Popow die Beziehung:

$$M_S = 520 - 320 \cdot a\,\% \,C - 50 \cdot b\,\% \,Mn - 30 \cdot c\,\% \,Cr$$
$$- 20 \cdot (d\,\% \,Ni + e\,\% \,Mo) - 5 \cdot (f\,\% \,Cu + g\,\% \,Si).$$

Für einen Stahl mit $a = 0,30\,\%\,C$; $c = 1\,\%\,Cr$; $d = 2,5\,\%\,Ni$ und $e = 0,4\,\%\,Mo$ errechnet sich beispielsweise die Martensittemperatur zu

$$M_S = 520 - 96 - 30 - 58 = 336\,°C.$$

Experimentell wurden 350 °C bestimmt (s. Bild 4.294).
Aus dieser Gesetzmäßigkeit geht aber auch hervor, daß die Martensittemperatur eines sonderkarbidhaltigen Stahls von der Härtetemperatur abhängt. Bei einer niederen Abschrecktemperatur sind die Sonderkarbide noch ungelöst, der Austenit ist relativ legierungsarm, und der M_S-Punkt liegt hoch. Bei einer hohen Abschrecktemperatur hingegen sind die Sonderkarbide gelöst, der Austenit ist relativ legierungsreich, und der M_S-Punkt liegt entsprechend tiefer. Auf diese Weise ist es möglich, daß, wie im vorliegenden Beispiel des Stahls X210Cr12 ($\triangleq$ 210Cr46 nach TGL), bei normaler Härtung der Stahl martensitisch wird, während bei stark überhitztem Härten der M_S-Punkt unter Raumtemperatur absinkt und das Gefüge bei Raumtemperatur austenitisch wird.

Beim Anlassen gehärteter legierter Stähle spielen sich im wesentlichen die gleichen Vorgänge ab wie beim Anlassen der gehärteten Kohlenstoffstähle (s. Abschn. 4.5.7.), nur daß infolge der geringeren Diffusionsgeschwindigkeit der legierten Karbide die Anlaßvorgänge träger ablaufen. In niedrig legierten Stählen, die nur Mischkarbide (Fe, X)$_3$C enthalten, werden die Anlaßstufen zu etwas höheren Temperaturen hin verschoben. Diese Stähle sind darum etwas anlaßbeständiger als die unlegierten Kohlenstoffstähle, d. h., die Härte und Festigkeit des gehärteten legierten Stahls nimmt mit steigender Anlaßtemperatur weniger rasch ab als die Härte und Festigkeit des Kohlenstoffstahls. Dies hat zur Folge, daß die legierten Stähle beim Vergüten zwecks Erreichung einer bestimmten Festigkeit höher angelassen werden müssen als die Kohlenstoffstähle und somit bessere Zähigkeits- und Kerbschlagwerte erreichen. Mit der höheren Anlaßtemperatur ist gleichzeitig ein weitergehender Abbau der Härtespannungen verbunden. Auch die höhere Elastizitäts- und Streckgrenze eines legierten Stahls bei vorgegebener Härte oder Zugfestigkeit im Vergleich zu einem Kohlenstoffstahl ist eine unmittelbare Folge der gesteigerten Anlaßbeständigkeit.

Über die *Anlaßsprödigkeit* legierter Vergütungsstähle wurde bereits im Abschn. 4.5.7. berichtet.

Stähle, die außer Mischkarbiden noch Sonderkarbide enthalten, zeigen beim Anlassen aushärtungsähnliche Erscheinungen, auf die noch kurz eingegangen werden soll.

Ein Stahl wie der X210Cr12 besteht gefügemäßig bei Raumtemperatur im Gleichgewichtsfall aus α-Mischkristallen, in die Mischkarbide (Fe, Cr)$_3$C und Sonderkarbide (Cr, Fe)$_7$C$_3$ eingelagert sind. Beim Glühen bei 1 200 °C gehen die Mischkarbide und ein Teil der Sonderkarbide in Lösung, und der Stahl ist nach dem Abschrecken austenitisch (s. Bild 4.302).

Nimmt man von diesem abgeschreckten Stahl eine Dilatometerkurve mit einer Aufheizgeschwindigkeit von 2 K/min auf, so erhält man eine Anlaßkurve nach Bild 4.304. Bis zu einer Temperatur von ≈ 450 °C dehnt sich der Austenit gleichmäßig aus, d. h., der Austenit ist in diesem Temperaturbereich verhältnismäßig stabil. Oberhalb von 450 °C findet eine Kontraktion statt, die auf Ausscheidungen von (Cr, Fe)$_7$C$_3$-Karbiden zurückzuführen ist. Der ab 550 °C eintretende Wiederanstieg der Kurve wird durch die Umwandlung des legierungsärmer und deswegen instabiler gewordenen Austenits in Ferrit verursacht.

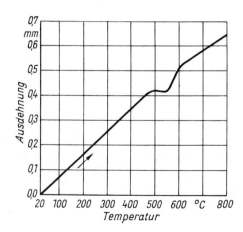

Bild 4.304. Anlaß-Dilatometerkurve eines von 1 200 °C in Öl abgeschreckten Stahls mit 2 % C und 12 % Cr (Aufheizgeschwindigkeit 2 K/min)

4.6. Legierte Stähle

Vergleicht man diese Anlaßkurve mit der Dilatometerkurve des gehärteten Kohlenstoffstahls vom Bild 4.254, so erhält man eine unmittelbare Anschauung über das unterschiedliche Anlaßverhalten von Stählen mit und ohne Sonderkarbide. Während ein gehärteter Kohlenstoffstahl bereits bei Anlaßtemperaturen zwischen 100 und 150 °C tiefgreifende Umwandlungen im Kristallgitter erfährt, ist ein von hohen Temperaturen abgeschreckter sonderkarbidhaltiger Stahl wesentlich beständiger und zeigt erst ab 450 bis 500 °C Anlaßerscheinungen. Diese bewirken zunächst aber keinen Abfall, sondern durch Ausscheidungshärtung ein Gleichbleiben oder sogar einen Anstieg der Härte und Festigkeit. Erst in einem späteren Stadium der Anlaßbehandlung findet der Härteabfall statt.

Läßt man den von 1 200 °C abgeschreckten Stahl X210Cr12 an, so ändert sich bis zu 450 °C hinauf weder das Gefüge noch die Härte (Bild 4.305, Kurve *1*). Ab 450 °C steigt infolge der Ausscheidung des Sonderkarbids $(Cr, Fe)_7C_3$ die Härte an und erreicht bei 560 °C ein Maximum von $HRC = 60$. Bei höheren Anlaßtemperaturen fällt die Härte dann schnell wieder ab. Im ungefähr gleichen Temperaturintervall fällt der Gehalt an Austenit stetig von ursprünglich 100 % auf 0 % ab (Bild 4.305, Kurve *2*).

Wird der Chromstahl nicht von 1 200 °C, sondern normal von 950 °C in Öl abgeschreckt, so besteht das Gefüge zu 90 % aus Martensit und zu 10 % aus Restaustenit. Die Abschreckhärte, die sog. *Primärhärte*, beläuft sich auf $HRC = 60$. Beim Anlassen findet zunächst ein geringer Härteabfall auf $HRC = 58$ statt (Bild 4.305, Kurve *3*), dem dann aber bei 450 bis 500 °C ein Wiederanstieg auf $HRC = 60$ folgt. Entsprechend der geringeren Menge an Restaustenit, der im gleichen Temperaturintervall zerfällt (Bild 4.305, Kurve *4*), ist auch der Wiederanstieg der Härte geringer.

Das beim Anlassen gehärteter sonderkarbidhaltiger Stähle zwischen 450 und 600 °C auftretende Härtemaximum bezeichnet man im Gegensatz zur Primärhärte als *Sekundärhärte*. Diese spielt bei Schnellarbeitsstählen eine Rolle, da sie für die Schneidhaltigkeit der Werkzeuge bei Arbeitstemperaturen zwischen 500 und 600 °C verantwortlich ist.

Ein gehärteter Kohlenstoffstahl verhält sich beim Anlassen wesentlich anders (Bild 4.305, Kurve *5*). Bei Anlaßtemperaturen oberhalb von 100 bis 150 °C fällt die Härte monoton ab. Eine Härtesteigerung bei höheren Temperaturen findet nicht statt. Ein Kohlenstoffstahl zeigt also die Erscheinung der Sekundärhärte nicht.

Im Gefüge findet man bei dem von 1 200 °C abgeschreckten und dann auf Temperaturen >450 °C angelassenen Stahl X210Cr12 nach dem Erkalten Martensit, und zwar ist die

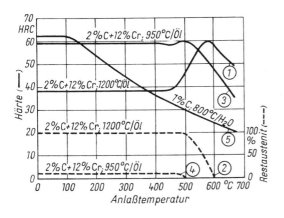

Bild 4.305. Anlaßkurven eines von 950 °C bzw. 1 200 °C in Öl abgeschreckten Stahls mit 2 % C und 12 % Cr, 1 h angelassen (nach RAPATZ)

568 4. Gefüge der technischen Eisenlegierungen

Martensitmenge um so größer, je höher die vorangegangene Anlaßtemperatur war. Bild 4.306 zeigt das Gefüge nach dem Anlassen auf 400 °C. Es besteht aus Austenitpolyedern, erkennbar an den Zwillingslamellen, mit eingelagerten, beim Härten ungelösten Chromsonderkarbiden $(Cr, Fe)_7C_3$. Nach dem Anlassen auf 500, 550 und 600 °C hat sich in zunehmendem Maß Martensit gebildet (Bilder 4.307, 4.308 u. 4.309), und zwar durch Zerfall des an Legierungselementen bei 450 bis 600 °C verarmten Austenits beim Abkühlen.

Der normal von 950 bis 1 000 °C gehärtete Chromstahl zeigt nach dem Anlassen auf Temperaturen zwischen 400 und 600 °C praktisch keine Gefügeänderungen, da die Menge an umwandlungsfähigem Austenit zu gering ist und im Gefüge nicht in Erscheinung tritt. Die Bilder 4.310 und 4.311 zeigen dies an von 950 °C gehärteten und anschließend bei 400 bzw. 600 °C angelassenen Proben.

Im folgenden werden einige Stahlgruppen auszugsweise besprochen, wobei infolge der großen Anzahl der modernen legierten Stähle nur einige wenige, metallographisch charakteristische berücksichtigt werden konnten.

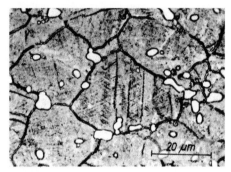
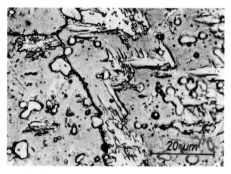

Bild 4.306. Stahl mit 2 % C und 12 % Cr, 1 200 °C/Öl/1 h 400 °C. Austenit mit Sonderkarbiden $(Cr, Fe)_7C_3$.
Geätzt mit Königswasser + Glyzerin

Bild 4.307. Stahl mit 2 % C und 12 % Cr, 1 200 °C/Öl/1 h 500 °C. Austenit + $(Cr, Fe)_7C_3$ + Martensit

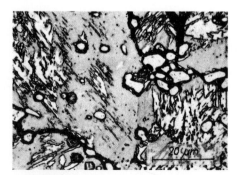

Bild 4.308. Stahl mit 2 % C und 12 % Cr, 1 200 °C/Öl/1 h 550 °C. Austenit + $(Cr, Fe)_7C_3$ + Martensit

Bild 4.309. Stahl mit 2 % C und 12 % Cr, 1 200 °C/Öl/1 h 600 °C. Austenit + $(Cr, Fe)_7C_3$ + Martensit

4.6. Legierte Stähle

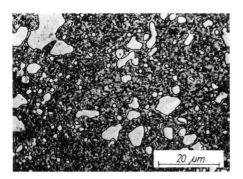

Bild 4.310. Stahl mit 2 % C und 12 % Cr, 950 °C/Öl/1 h 400 °C. Martensit + Sonderkarbide $(Cr, Fe)_7C_3$. Geätzt mit HCl + Chromsäure

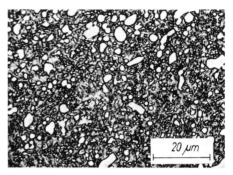

Bild 4.311. Stahl mit 2 % C und 12 % Cr, 950 °C/Öl/1 h 600 °C. Martensit + Sonderkarbide $(Cr, Fe)_7C_3$

4.6.2. Siliziumstähle

Technische Siliziumstähle enthalten zwischen 0,5 und 4,5 % Si.

Bild 4.312 gibt die Eisenecke des Zweistoffsystems Eisen – Silizium wieder. Durch Silizium wird der Schmelzpunkt des Eisens stark erniedrigt. Das Temperaturintervall zwischen Liquidus- und Soliduslinie ist nur gering, so daß Siliziumseigerungen kaum auftreten. Dafür neigen aber Legierungen mit >2 % Si stark zur Ausbildung einer ausgeprägten Transkristallisationszone im Gußblock.

Auf der Eisenseite bilden sich die drei Eisensilizide FeSi, Fe_3Si_2 und Fe_3Si. Das Metallid FeSi kristallisiert unmittelbar aus der Schmelze aus und bildet mit dem α-Eisen-Mischkristall ein Eutektikum bei 1195 °C und 20 % Si. Die η-Phase Fe_3Si_2 mit 25 % Si bildet sich bei 1030 °C aus den Kristallarten α und ε = FeSi im festen Zustand.

Silizium gehört zu den Elementen, die das γ-Gebiet des Eisens abschnüren. In C-freien

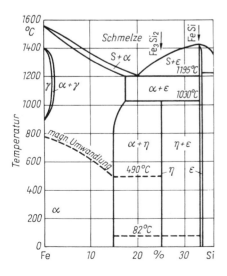

Bild 4.312. Zustandsdiagramm Eisen – Silizium

Legierungen liegt die Grenzkonzentration, bei der der A_3- mit dem A_4-Punkt zusammenfällt, bei 1,8 % Si. Durch 0,1 % C verschiebt sich die Grenzkonzentration aber bereits auf 3,5 % Si. Legierungen, die diese Siliziumkonzentrationen überschreiten, sind vom Schmelzpunkt bis zu den niedrigsten Temperaturen rein ferritisch.

Wegen der Abschnürung des γ-Felds verlagern sich die Umwandlungspunkte zu höheren Temperaturen hin, und zwar bewirkt 1 % Si eine Erhöhung um 50 K. Dadurch wird die Bildung eines groben Kornes beim Glühen, Rekristallisieren und Härten begünstigt.

Die Lösungsfähigkeit des α-Eisens für Silizium ist sehr groß und beträgt bei Raumtemperatur 14 %. Aus diesem Grund bilden die in legierten Stählen enthaltenen Si-Gehalte keine besonderen Phasen im Stahlgefüge, sondern werden vom α-Eisen aufgelöst.

Der kubisch-raumzentrierte Ferrit weist bis $\approx$ 6,5 % Si eine statistisch regellose Atomverteilung auf. Bei höheren Si-Gehalten nehmen die Atome im Kristallgitter eine geregelte Verteilung ein, und es bildet sich eine Überstruktur mit verbindungsähnlichem Charakter aus. Der Ordnungsvorgang ist mit einer Erhöhung der elektrischen Leitfähigkeit und einer starken Versprödung verbunden. Eisen-Silizium-Legierungen sind nur bis zu 3 % Si kalt- und ab 7 % Si nur noch sehr schlecht warmverformbar. Ab 10 % Si hört die spanlose Verformbarkeit praktisch auf.

Die Gefügeausbildung der ternären Eisen-Kohlenstoff-Silizium-Legierungen ist in Bild 4.313 dargestellt. Durch Silizium wird sowohl der eutektoide Punkt S als auch der Punkt E des Eisen-Kohlenstoff-Diagramms zu geringeren C-Gehalten hin verschoben. Von technischem Interesse ist das Feld der untereutektoiden Stähle (Vergütungs- und Federstähle) sowie das der ferritischen Stähle (Transformatorenstähle).

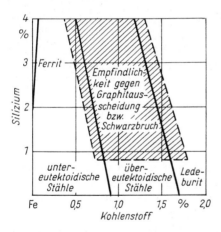

Bild 4.313. Gefügeausbildung der Siliziumstähle (nach Werkstoffhandbuch Stahl und Eisen)

Silizium wird mit großer Energie vom Eisen im Mischkristall gebunden. In C-haltigen Stählen sind nur bis zu $\approx$ 5 % des Siliziums im Zementit als Mischkarbid (Fe, Si)$_3$C gelöst. Durch Silizium werden die Löslichkeit des Ferrits für Kohlenstoff und die Stabilität des Eisenkarbids verringert. Eine Folge davon ist, daß bei höheren Si-Gehalten der Zementit beim Glühen in Eisen und Graphit zerfällt. Ein Stahl mit 0,8 % C und 2 % Si kann bereits bei längerem Glühen Temperkohle enthalten und die Erscheinung des *Schwarzbruches* zeigen. Si-Stähle neigen beim Glühen auch zur Randentkohlung.

4.6. Legierte Stähle

Durch Silizium wird die Zugfestigkeit und Streckgrenze der Stähle um etwa 100 MPa je 1 % Si erhöht, wobei sich die Dehnung bis zu 2,2 % Si nur wenig verringert. Die Einhärtung bzw. Durchhärtung der Stähle erfährt durch Silizium eine Verbesserung, ebenfalls der Verschleißwiderstand. Falls der Stahl noch Chrom und Aluminium enthält, wirkt ein Siliziumzusatz in Richtung einer höheren Zunderbeständigkeit.

Silizium verringert beim Anlassen infolge der Behinderung der Kohlenstoffdiffusion das Ausscheidungs- und Koagulationsvermögen des Zementits aus dem Martensit und verbessert dadurch die Anlaßbeständigkeit. Bei vorgegebener Härte oder Festigkeit liegen die Elastizitäts- und Streckgrenze wesentlich höher als bei Kohlenstoffstählen. Deshalb finden siliziumlegierte Stähle als Federstähle ein weites Anwendungsgebiet.

Bild 4.314 zeigt das Weichglühgefüge eines untereutektoiden Siliziumfederstahls mit 0,45 % C und 1,5 % Si. Durch Wasserhärtung von 820 °C mit nachfolgendem Anlassen bei 400 °C werden eine Zugfestigkeit von 1 350 MPa und eine Dehnung von 6 % erreicht. Dieser Stahl findet Anwendung für Trag- und Spiralfedern. Das Vergütungsgefüge des Siliziumfederstahles 65SiMn7 ist im Bild 4.315 dargestellt. Nach dem Ölhärten von 830 °C und Anlassen bei 400 °C hat der Stahl eine Festigkeit von 1 600 MPa und eine Dehnung von 5 %.

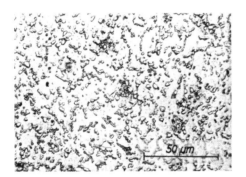

Bild 4.314. Siliziumfederstahl mit 0,45 % C und 1,5 % Si, weichgeglüht

Bild 4.315. Vergütungsgefüge des Federstahls 65SiMn7

Ein technisch wichtiger Einfluß des Siliziums besteht darin, den spezifischen elektrischen Widerstand des Eisens stark zu erhöhen. Während unlegiertes Eisen einen spezifischen elektrischen Widerstand von 0,1 Ω mm^2 m^{-1} hat, weist eine Eisen-Silizium-Legierung mit 4 % Si einen solchen von 0,6 Ω mm^2 m^{-1} auf. Die bei der Ummagnetisierung, z. B. in Transformatoren, auftretenden Energieverluste durch Wirbelströme werden dadurch erheblich verringert, so daß legierte Stähle mit bis zu 4 % Si als Dynamo- und Transformatorenbleche Verwendung finden. Bild 4.316 zeigt einen Querschliff durch ein Trafoblech von 0,30 mm Dicke. Das Gefüge besteht aus homogenen, sehr groben Ferritkristallen. Es läßt sich durch Normalisieren nicht mehr umkörnen, weil der Stahl mit 0,04 % C und 4,34 % Si rein ferritisch ist. Im übrigen sind bei Trafo- und Dynamoblechen große Kristalle erwünscht, da Korngrenzen als Kristallbaufehler die Wattverluste bei der Ummagnetisierung heraufsetzen.

Zur Erzielung niedrigster Wattverluste (< 1 W/kg) muß der Gehalt an Kohlenstoff und an-

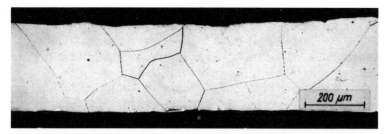

Bild 4.316. Querschliff durch ein Transformatorblech (Stahl mit 0,04 % C, 4,34 % Si, 0,11 % Mn, 0,015 % P, 0,07 % Cr, 0,006 % S, 0,08 % Ni, 0,16 % Cu, 0,001 % Al, 0,009 % N) von 0,3 mm Dicke. Grobe Ferritkristalle. Geätzt mit HNO_3

deren Verunreinigungen möglichst gering gehalten werden. Im Feingefüge der Trafobleche sind deshalb im allgemeinen nur wenige Ausscheidungen vorhanden.

Stähle mit einem Gehalt von 4 % Si sind schon recht spröde und neigen bei der Verformung zu interkristallinen Rissen. Die Bleche werden deshalb nicht bei Raumtemperatur, sondern bei 200 bis 300 °C gewalzt. In diesem Temperaturbereich sind Trafobleche gut plastisch umformbar.

Mit weiter zunehmendem Siliziumgehalt werden die Stähle so spröde, daß ihre Formgebung nur noch durch Gießen möglich ist, weshalb man derartige Legierungen trotz des niederen C-Gehalts meist zu den Gußeisensorten rechnet. Eine Legierung mit hohem Siliziumgehalt ist das korrosionsfeste und gegen Säuren sehr beständige Thermisilid mit 0,6 % C und 15 % Si (Bild 4.317), dessen Gefüge aus Ferrit und feinen Graphitlamellen besteht. An der Oberfläche entsteht bei der Korrosion eine Schutzschicht aus SiO_2, die den Stahl wirksam gegen den Angriff von HNO_3, HPO_3, verdünnter H_2SO_4 und HCl sowie organischer Säuren schützt.

Durch Erhitzen von Eisen und Stahl in dampfförmigem $SiCl_4$ oder in Gemischen aus pulverisiertem Ferrosilizium + Sand + $FeCl_3$ bei Temperaturen zwischen 800 und 1000 °C gelingt es, die Oberfläche des Stahls mit Silizium anzureichern und auf diese Weise das Werkstück korrosionsbeständig zu machen. Die Eisen-Silizium-Mischkristalle weisen dabei ein stengelförmiges Aussehen auf (Bild 4.318). Je nach der Höhe der Glühtemperatur

Bild 4.317. Thermisilid mit 0,6 % C und 15 % Si, säurebeständiger Guß. Ferrit und feiner Graphit

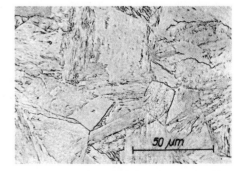

Bild 4.318. Silizierte Oberfläche eines Stahls mit Quaderkristallen aus Ferrit

und -dauer besteht die Diffusionsschicht aus homogenen Ferritkristallen oder auch aus Ferrit mit eingelagerten Siliziden. In letzterem Fall wird die Schicht spröde und platzt leicht ab.

4.6.3. Manganstähle

Das Zustandsschaubild der Eisen-Mangan-Legierungen ist im Bild 4.319 dargestellt. Mangan öffnet das γ-Feld des Eisens in gleicher Weise wie Nickel. Der A_3-Punkt wird mit steigendem Mangangehalt zu tieferen Temperaturen hin verschoben, so daß Legierungen mit mehr als 35 % Mn vom Schmelzpunkt bis zur Raumtemperatur rein austenitisch sind. Der Stabilitätsbereich der α-Phase verkleinert sich mit steigendem Mangangehalt. Das γ- und α-Phasenfeld werden durch das ($\gamma + \alpha$)-Phasenfeld voneinander getrennt.

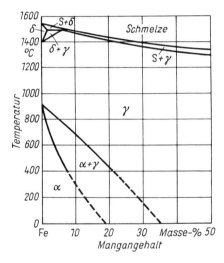

Bild 4.319. Zustandsdiagramm Eisen – Mangan

Wie aus dem Zustandsdiagramm vom Bild 4.319 hervorgeht, ist die γ/α-Phasenumwandlung der Eisen-Mangan-Legierungen mit einer erheblichen Konzentrationsänderung verbunden. Da mit steigendem Mangangehalt die γ/α-Umwandlung zu tieferen Temperaturen hin verschoben wird, wird die Diffusion bei der Umwandlung in zunehmendem Maße erschwert und hört schließlich ganz auf. In Eisen-Mangan-Legierungen mit >5 % Mn wandelt sich der Austenit bei üblicher Abkühlung nicht unter Konzentrationsausgleich in Ferrit um, sondern es erfolgt eine diffusionslose Schiebungsumwandlung in kubischen Martensit. Diese Austenit → Martensit-Umwandlung der Eisen-Mangan-Legierungen erfolgt in ähnlicher Weise wie die Martensitbildung beim Abschrecken von Kohlenstoffstählen, nur daß keine Kohlenstoffatome in die Elementarzellen des Martensits eingelagert werden, weshalb der Martensit nicht in tetragonaler, sondern in kubischer Form auftritt. Dieser Martensit weist die gleiche Zusammensetzung auf wie der Austenit, aus dem er entsteht, und ist deshalb ein übersättigter, metastabiler Mischkristall, der sich bei Raumtemperatur nicht verändert.

Zur Aufstellung der Gleichgewichtslinien $\alpha/(\alpha + \gamma)$ und $(\alpha + \gamma)/\gamma$ waren außerordentlich lange, z. T. mehrjährige Glühungen erforderlich. Unterhalb von ≈ 400 °C stellen sich überhaupt keine Gleichgewichtsverhältnisse mehr ein (gestrichelte Linien im Bild 4.319). Für betriebs- oder laboratoriumsmäßig abgekühlte oder angelassene Stähle sagt das Zustandsdiagramm in bezug auf die γ/α-Umwandlung deshalb nur wenig aus.

Den praktischen Belangen besser angepaßt ist das Realdiagramm der Eisen-Mangan-Legierungen vom Bild 4.320. In kohlenstoffarmen Stählen mit bis zu 10 % Mangan beginnt

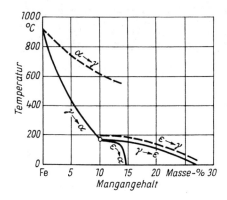

Bild 4.320. Umwandlungsdiagramm der Eisen-Mangan-Legierungen bei technischen Abkühlungsgeschwindigkeiten

die Umwandlung von Austenit in α-Martensit, sobald die $\gamma \rightarrow \alpha$-Linie erreicht wird, und erstreckt sich über ein größeres Temperaturintervall. Das sich hierbei ergebende martensitische Gefüge ist im Bild 4.321 für einen Stahl mit 9 % Mn wiedergegeben. Während einer nachfolgenden Erwärmung beginnt die Rückumwandlung, sobald die bei wesentlich höheren Temperaturen liegende $\alpha \rightarrow \gamma$-Linie erreicht wird.
Zwischen diesen beiden Linien gibt es ein Temperaturintervall, in dem Eisen-Mangan-Legierungen in zwei verschiedenen Phasenausbildungen unbeschränkt lange beständig sind: Wird die Legierung von höheren Temperaturen kommend in diesen Temperaturbereich abgekühlt, so besteht sie zu 100 % aus Austenit, und der ist bei dieser Temperatur beständig. Wird die Legierung dagegen von Raumtemperatur aus in diesen Temperaturbereich gebracht, so besteht sie zu 100 % aus α-Martensit, und der ist dann bei dieser Temperatur beständig. Diese Erscheinung bezeichnet man als *Irreversibilität* und die Eisen-Mangan-Legierungen mit etwa 5 bis 10 % Mangan als *irreversible Legierungen*.
Zwischen 10 und 14,5 % Mangan entsteht während der Abkühlung aus dem Austenit ebenfalls ohne Diffusion zunächst hexagonaler ε-Martensit, der bei weiterer Abkühlung mehr oder weniger vollständig in α-Martensit umwandelt. Diese doppelte Martensitbildung zeigt Bild 4.322 für einen Stahl mit 13,8 % Mangan. Der ε-Martensit entsteht durch einen Schiebungsvorgang und scheidet sich in Form von Platten in den Oktaederflächen des Austenits aus. Es ergibt sich ein kennzeichnendes WIDMANNSTÄTTENsches Gefüge. Der α-Martensit bildet lanzenspitzenähnliche Nadeln, deren Längsachse innerhalb der ε-Martensitplatten liegt und deren Breite durch die Dicke der ε-Martensitplatten begrenzt wird. Beim Wiedererwärmen wandelt sich der ε-Martensit bereits zwischen 200 und 300 °C, der α-Martensit aber erst zwischen etwa 550 und 650 °C in Austenit zurück.
In Legierungen mit 14,5 bis 27 % Mn erfolgt während der Abkühlung nur die $\gamma \rightarrow \varepsilon$-Martensitumwandlung, die aber unvollständig ist, so daß stets hohe Restaustenitmengen von

4.6. Legierte Stähle

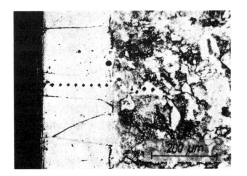

Bild 4.321. Eisen mit 9% Mn, 1000°C/Luftabkühlung. α-Martensit. Geätzt mit HNO₃

Bild 4.322. Eisen mit 13,8% Mn, 1000°C/Luftabkühlung. Austenit (graue Grundmasse), ε-Martensit (weiße Platten) und α-Martensit (schwarze Nadeln). Geätzt mit Natriumthiosulfat + Kaliummetabisulfit

50% und mehr zurückbleiben (Bild 4.323). Beim Wiedererwärmen beginnt die $\varepsilon \rightarrow \gamma$-Rückwandlung bei nur wenig höheren Temperaturen.

Stähle mit mehr als 27% Mangan wandeln beim Abkühlen nicht mehr um, sondern bleiben rein austenitisch (Bild 4.324).

Ein Vergleich von Bild 4.320 mit Bild 4.2 zeigt, daß das Umwandlungsschaubild der Eisen-Mangan-Legierungen eine weitgehende Ähnlichkeit mit dem Druck-Temperatur-

Bild 4.323. Eisen mit 14,5% Mn, 1000°C/Luftabkühlung. Austenit (dunkel) und ε-Martensit (hell). Geätzt mit Natriumthiosulfat + Kaliummetabisulfit

Bild 4.324. Stahl mit 31% Mn. Austenit. Geätzt mit Natriumthiosulfat + Kaliummetabisulfit

Diagramm des reinen Eisens aufweist, d.h., das Legierungselement Mangan wirkt sich in ganz ähnlicher Weise auf die Eisenumwandlungen aus wie hohe hydrostatische Drücke.

Mangan geht z.T. in die Grundmasse und z.T. in das Eisenkarbid. Mangansonderkarbide existieren in Stählen nicht.

Eine Übersicht über die Gefügeausbildung der ternären Eisen-Mangan-Kohlenstoff-Le-

4. Gefüge der technischen Eisenlegierungen

gierungen gibt das GUILLET-Diagramm von Bild 4.325. Danach lassen sich im wesentlichen 3 Gruppen unter den Manganstählen unterscheiden: die perlitischen Stähle bei niederem Mangangehalt, die martensitischen Stähle bei mittlerem Mangangehalt und die austenitischen Stähle bei hohem Mangangehalt. Das GUILLET-Diagramm gibt die wirklichen Verhältnisse nur in grober Annäherung wieder, was z. B. daraus hervorgeht, daß ein Stahl mit 1 % Mangan und 1,5 % C nicht rein austenitisch ist, sondern auch nach schroffster Abschreckung noch immer einen gewissen Anteil an Martensit enthält. Trotzdem leistet dieses Diagramm zur ersten Orientierung gute Dienste. Technische Bedeutung haben nur die ferritisch-perlitische bzw. perlitische und die austenitische Gruppe erlangt. Stähle mit 2 bis 10 % Mn finden wegen ihrer Sprödigkeit keine Verwendung.

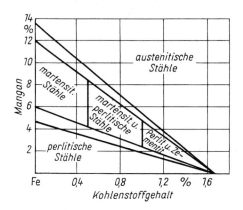

Bild 4.325. Gefügeausbildung der Manganstähle (nach GUILLET)

Durch Mangan wird die Zugfestigkeit und Streckgrenze des Stahls um 100 MPa je 1 % Mn erhöht, wobei die Dehnung nur wenig abfällt. Durch Mangan werden die Perlitbildung erschwert und die Bainitumwandlung begünstigt. Stähle mit 2 bis 3 % Mn weisen nach dem Normalisieren bereits Bainit auf. Die wichtigste Eigenschaft des Mangans ist die Herabsetzung der kritischen Abkühlungsgeschwindigkeit und die damit verbundene Erhöhung der Einhärtung. In dünnen Abmessungen ist ein Stahl mit 2 % Mn schon lufthärtend. Die Verbesserung der Durchhärtung wirkt sich auch dahingehend aus, daß ein Manganstahl im gewalzten oder normalisierten Zustand gute Festigkeitseigenschaften bei guten Zähigkeitswerten aufweist. Besonders im vergüteten Zustand haben Manganbaustähle eine bessere Zugfestigkeit, Streckgrenze und Kerbschlagzähigkeit als Kohlenstoffstähle. Allerdings sind Manganstähle überhitzungsempfindlich, weil sich die Mischkarbide $(Fe, Mn)_3C$ schneller im Austenit lösen als das Eisenkarbid Fe_3C und zur Anlaßsprödigkeit neigen. Typisch für Manganstähle ist auch der faserige Bruch (Längsfaserung) und der dadurch bedingte erhebliche Abfall der Kerbschlagzähigkeit in der Querrichtung. Diese Faserung entsteht dadurch, daß das sehr reaktionsfähige Mangan zahlreiche nichtmetallische Verbindungen, wie z. B. MnS, MnO, $MnO \cdot SiO_2$ und $2MnO \cdot SiO_2$, bildet, die bei der Warmumformung zu Zeilen gestreckt werden.

Bild 4.326 zeigt das ferritisch-perlitische Gefüge des schweißbaren Feinkornbaustahls St355 mit 0,20 % C, 0,55 % Si, 1,75 % Mn, ≤ 0,030 % P und ≤ 0,035 % S. Dieser niedriglegierte Baustahl hat eine Zugfestigkeit von 490 bis 630 MPa, eine Streckgrenze von

4.6. Legierte Stähle

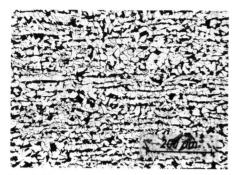

Bild 4.326. Schweißbarer Feinkornstahl St355 mit 0,20% C, 1,75% Mn und 0,55% Si, normalgeglüht. Sekundäres Zeilengefüge

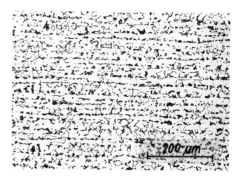

Bild 4.327. Schweißbarer Feinkornbaustahl St355E mit 0,15% C, 0,025% P und 0,015% S, normalgeglüht. Sekundäres Zeilengefüge

355 MPa und eine Bruchdehnung $A_5 = 22\%$. Der Stahl wird normalgeglüht ausgeliefert. Als extra kaltzähe Güte wird der Kohlenstoff-, Phosphor- und Schwefelgehalt abgesenkt. Diese Qualität zeichnet sich durch eine verbesserte Schweißbarkeit und Sprödbruchunempfindlichkeit aus (Bild 4.327).

Bild 4.328 zeigt das Normalisierungsgefüge eines Vergütungsstahls mit 0,25% C, 2,1% Mn und 0,12% V. Dieser Stahl hat im vergüteten Zustand eine Zugfestigkeit von 900 MPa, eine Streckgrenze von 700 MPa, eine Dehnung von 20%, eine Einschnürung von 60% und eine Kerbschlagzähigkeit von 100 J/cm² (Bild 4.329).

Der noch zusätzlich mit Chrom legierte Einsatzstahl 20MnCr5 mit 0,20% C, 1,25% Mn und 1,25% Cr hat nach der Einsatzhärtung im Kern eine Streckgrenze von 700 MPa, eine Zugfestigkeit von 1 200 MPa und eine Dehnung von 10%. Die Bilder 4.330 und 4.331 zeigen das Bainitgefüge nach dem Normalisieren bei 900 °C.

Der wichtigste Manganstahl der austenitischen Gruppe ist der Hartmanganstahl mit 1,2 bis 1,4% C und 12 bis 14% Mn, wobei das Verhältnis Mn : C = 10 : 1 sein soll. Seine Sondereigenschaften sind hohes Verfestigungsvermögen und damit hoher Verschleißwiderstand, geringe Härte, niedrige Streckgrenze und, eine sauber bearbeitete Probenoberflä-

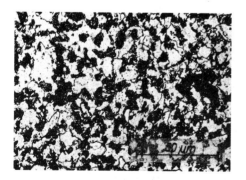

Bild 4.328. Vergütungsstahl mit 0,25% C, 2,1% Mn und 0,12% V, normalgeglüht. Durch Vanadin feinkörnig

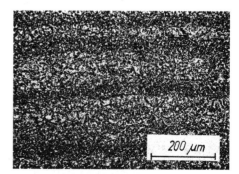

Bild 4.329. Vergütungsstahl vom Bild 4.328, vergütet

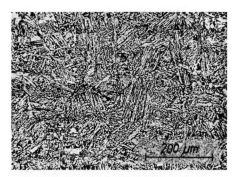 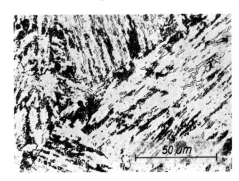

Bild 4.330. Einsatzstahl 20MnCr5 mit 0,2 % C, 1,25 % Mn und 1,25 % Cr, normalisiert. Bainit

Bild 4.331. Wie Bild 4.330

che vorausgesetzt, eine Dehnung von 80 %. Die Bearbeitung ist spanabhebend nur mit Hartmetallen oder durch Schleifen möglich. Die Formgebung erfolgt deshalb durch Gießen. Wenn die Oberfläche durch mechanische Beanspruchung plastisch verformt wird, steigt die Brinell-Härte von 200 auf 500 HB an. Wie die meisten austenitischen Stähle ist auch der Hartmanganstahl unmagnetisch.

Bild 4.332 zeigt das grobkörnige Gußgefüge des Hartmanganstahles mit den primären inhomogenen Austenitdendriten.

Infolge der hohen Verschleißfestigkeit werden hochbeanspruchte Teile von Baggern, Zerkleinerungsmaschinen, Herzstücke von Schienenkreuzungen u. dgl. aus Hartmanganstahl hergestellt. Häufig bringt man auf die Verschleißteile mittels Auftragsschweißung eine Oberflächenschicht aus Hartmanganstahl auf. Wegen der unterschiedlichen thermischen Ausdehnungskoeffizienten von ferritischen und austenitischen Stählen kommt es dabei manchmal zu interkristallinen Spannungsrissen (Bild 4.333). Auftragsschweißungen aus Hartmanganstahl müssen deshalb nach dem Schweißen zum Spannungsabbau langsam abgekühlt werden.

Wird geschmiedeter Hartmanganstahl langsam von hohen Temperaturen abgekühlt, so scheiden sich Mischkarbide $(Fe, Mn)_3C$ an den Korngrenzen ab (Bild 4.334). Manchmal

 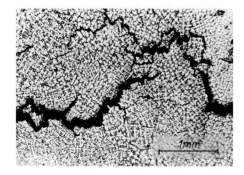

Bild 4.332. Verschleißfester Hartmanganstahl mit 1,2 % C und 12 % Mn, gegossen

Bild 4.333. Auftragsschweißung von Hartmanganstahl mit Primärkorngrenzenrissen

erfolgt die Karbidausscheidung, besonders bei sehr langsamer Abkühlung, auch in Nadelform im Korninneren (Bild 4.335).

Der Hartmanganstahl hat die Eigenschaft, nach dem Abschrecken weich und zäh und erst beim Anlassen hart zu werden. Dies beruht darauf, daß beim Abschrecken von etwa 1050 °C an Kohlenstoff übersättigter, homogener Austenit gebildet wird. Bild 4.336 zeigt das rein austenitische Gefüge des von 1050 °C in Wasser abgeschreckten Stahls. Die Härte beträgt in diesem Zustand $HB = 190$, die Festigkeit 1000 MPa und die Dehnung

Bild 4.334. Hartmanganstahl, von 1000 °C an Luft abgekühlt. Karbidausscheidung $(Fe,Mn)_3C$ an den Korngrenzen

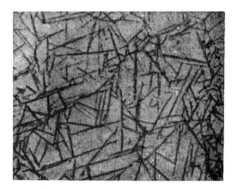

Bild 4.335. Hartmanganstahl, von 1000 °C im Ofen abgekühlt. Nadelförmige Karbidausscheidungen im Korninneren

50 %. Nach 10stündigem Anlassen bei 550 °C hat sich aus dem Austenit feinlamellarer Perlit gebildet sowie Martensit (Bild 4.337). Der Stahl ist infolgedessen magnetisch geworden und hat eine Härtesteigerung auf 400 HB erfahren.

Plastisch kaltverformter Hartmanganstahl weist zahlreiche Gleitlinien auf, in denen sich Stapelfehler, ε-Martensit und geringe Mengen an α-Martensit befinden, die die Ursache der hohen Verfestigung sind.

Bild 4.336. Hartmanganstahl, von 1050 °C in Wasser abgeschreckt. Homogener Austenit

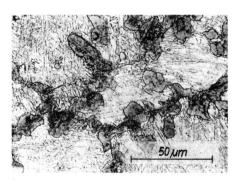

Bild 4.337. Hartmanganstahl, 1050 °C/Wasser/10 h 550 °C. Austenit, Karbide und Perlit

4.6.4. Nickelstähle

Das Zustandsschaubild der Eisen-Nickel-Legierungen ist im Bild 4.338 dargestellt. Das kubisch-flächenzentrierte Nickel erweitert bzw. öffnet das γ-Feld des Eisens, so daß bei höheren Temperaturen zwischen Eisen und Nickel vollständige Mischbarkeit im festen Zustand besteht. Ähnlich wie im Abschn. 2.2.7.2. beschrieben, geht der bei 911 °C liegende γ/α-Umwandlungspunkt des reinen Eisens in ein Zweiphasenfeld ($\alpha + \gamma$) bei den nickelhaltigen Eisenlegierungen über, wobei das Zustandsfeld der α-Phase eingeengt bzw. abgeschnürt wird. Bei etwa 75 % Ni bildet sich aus dem Austenit bei langsamer Abkühlung unterhalb von 560 °C eine Überstruktur Ni$_3$Fe aus (s. Abschn. 2.2.7.4.). Die gestrichelte Linie gibt die Lage der Curietemperatur an. Zu beachten ist, daß der Eisen-Nickel-Austenit bei Raumtemperatur ferromagnetisch ist.

Da mit steigendem Nickelgehalt die chemischen Zusammensetzungen der α- und γ-Phasen sich immer weiter voneinander entfernen, gleichzeitig die Umwandlungstemperaturen aber beträchtlich abfallen, können sich die Gleichgewichtskonzentrationen nur immer unvollständiger einstellen. In Legierungen mit mehr als etwa 6 bis 7 % Ni wandelt

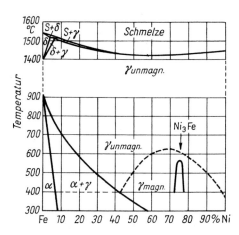

Bild 4.338. Zustandsdiagramm Eisen–Nickel

sich der Austenit auch bei langsamen Abkühlungen nicht mehr durch Diffusion in Ferrit um, sondern es erfolgt eine diffusionslose Schiebungsumwandlung in kubischen Martensit, der die gleiche Zusammensetzung hat wie der Austenit, aus dem er entsteht. Diese Austenit → Martensit-Umwandlung der Eisen-Nickel-Legierungen geht in gleicher Weise wie beim Abschrecken von Kohlenstoffstählen vonstatten, nur daß keine Kohlenstoffatome in die Elementarzellen des Martensits eingelagert werden, weshalb dieser Martensit nicht in tetragonaler, sondern in kubischer Form erscheint und auch eine weit geringere Härte hat. Er ist deshalb als ein übersättigter, metastabiler Mischkristall anzusprechen, der sich bei Raumtemperatur aber in seiner Struktur nicht verändert. Erst während des Anlassens bei Temperaturen oberhalb von etwa 400 °C sind Diffusionsvorgänge wieder möglich.

Zur Aufstellung der Gleichgewichtslinien $\alpha/(\alpha + \gamma)$ und $(\alpha + \gamma)/\gamma$ waren außerordentlich lange Glühzeiten, z.T. mehrere Jahre, erforderlich. Für praktische Verhältnisse, d.h. technisch übliche Abkühlungsgeschwindigkeiten und Glühzeiten, sagt das Zustandsschaubild in bezug auf die Austenit/Ferrit-Umwandlung deshalb nur wenig aus. Den praktischen Belangen besser angepaßt ist das Realdiagramm der Eisen-Nickel-Legierungen vom Bild 4.339.

Wie aus diesem Diagramm hervorgeht, nimmt der Temperaturunterschied zwischen den Umwandlungsbereichen beim Abkühlen und beim Erwärmen, d. h. die Hysterese, mit steigendem Nickelgehalt schnell zu. Bis zu $\approx 6\%$ Ni wandeln die Legierungen wie übliche Stähle um, d. h., es ergibt sich ein ferritisches Gefüge und, falls Kohlenstoff vorhanden ist, Perlit. Dies zeigt Bild 4.340 für einen kaltzähen 5%igen Nickelstahl mit 0,12% C, der nach dem Ölvergüten bei einer Temperatur von $-183\,°C$ (flüssiger Sauerstoff) noch eine DVM-Kerbschlagzähigkeit von $50\,J/cm^2$ besitzt.

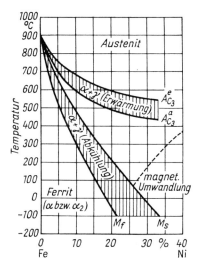

Bild 4.339. Realdiagramm Eisen–Nickel

Legierungen mit etwa 6 bis 30% Ni bezeichnet man als *irreversible Legierungen*, weil die beträchtliche Hysterese zwischen den Hin- und Rückumwandlungstemperaturen es ermöglicht, einen Stahl bei ein und derselben Temperatur innerhalb des Hysteresebereichs in zwei verschiedenen Gefügezuständen zu erhalten: Wird diese Temperatur von oben, d. h. von höheren Temperaturen durch Abkühlen erreicht, ist der Stahl austenitisch, wird diese Temperatur aber von unten, d. h. von Raumtemperatur durch Erwärmen erreicht, ist der Stahl martensitisch. Da weiter einerseits bei Temperaturen oberhalb von etwa 400 bis 500 °C Diffusionsvorgänge möglich sind und sich infolgedessen Ferrit bilden kann, andererseits in Legierungen mit mehr als $\approx 17\%$ Ni der M_f-Punkt unterhalb von Raumtemperatur liegt, so daß durch Tiefkühlen eine weitere Martensitbildung erfolgen kann, so ist der Gefügeaufbau dieser Legierungsgruppe recht kompliziert.

Bild 4.341 zeigt als Beispiel das Gefüge eines Stahls mit 13% Ni nach dem Luftabkühlen von 850 °C. Es besteht aus Martensit, der sich beim Abkühlen zwischen 300 und 100 °C gebildet hat. Die Härte beträgt $HB = 341$. Beim Erwärmen verläuft die $\alpha \rightarrow \gamma$-Umwandlung im Temperaturbereich zwischen 575 und 660 °C, wenn die Erhitzungsgeschwindigkeit $\approx 3\,K/min$ beträgt. Bei einer Temperatur von 400 °C würde der Stahl beim Abkühlen von 850 °C demnach aus Austenit bestehen, denn die M_s-Temperatur wäre ja noch nicht

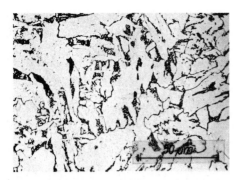

Bild 4.340. Ferritisch-perlitischer Nickelstahl mit 0,12 % C und 5 % Ni, Schmiedezustand. WIDMANNSTÄTTENsches Gefüge

Bild 4.341. Eisen mit 13 % Ni, 850 °C/Luftabkühlung. α-Martensit. $HB = 341$

erreicht. Beim Erwärmen von Raumtemperatur aus wäre aber die krz. Martensitphase bei 400 °C stabil, denn die A_{C3}-Temperatur wäre noch nicht erreicht. Wird dieser Stahl jedoch im Temperaturbereich zwischen 500 und 575 °C hinreichend lange angelassen, so findet Diffusion statt, und es bilden sich Ni-armer Ferrit und Ni-reicher Austenit. Letzterer wandelt sich beim Abkühlen entsprechend seinem Nickelgehalt entweder oberhalb oder unterhalb von Raumtemperatur wieder teilweise in Martensit um (Bild 4.342). Die Härte sinkt dabei auf $HB = 278$ ab.

Liegt die M_s-Temperatur oberhalb, die M_f-Temperatur aber unterhalb von 20 °C, dann entsteht beim Abkühlen auf Raumtemperatur ein Gemenge aus Martensit und Restaustenit, wie dies im Bild 4.343 für einen Stahl mit 25 % Ni dargestellt ist. Ein Stahl mit 28 % Ni bleibt nach dem Abkühlen auf Raumtemperatur rein austenitisch (Bild 4.344), denn die M_s-Temperatur liegt bei ≈ 0 °C. Wird der Stahl jedoch tiefgekühlt, wandelt sich der Austenit weitgehend in Martensit um (Bild 4.345). Erst ein Stahl mit >34 % Ni wandelt auch beim Tiefkühlen nicht mehr um (Bild 4.346).

Einen ersten Anhalt über die Gefügeausbildung der kohlenstoffhaltigen Nickelstähle gibt das GUILLET-Diagramm vom Bild 4.347. An das Gebiet der ferritischen, ferritisch-perlitischen und perlitischen Stähle schließt sich das Gebiet der martensitischen und daran das

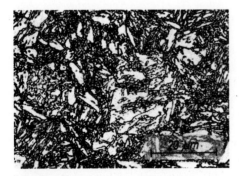

Bild 4.342. Eisen mit 13 % Ni, 850 °C/Luft/24 h 550 °C. α-Martensit, Ferrit (hell) und Austenit. $HB = 278$

Bild 4.343. Stahl mit 25 % Ni, 1 050 °C/Wasser. Martensit mit Restaustenit (hell). Geätzt mit Natriumthiosulfat

4.6. Legierte Stähle

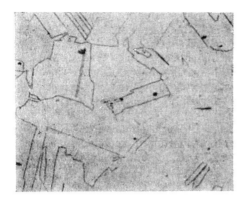

Bild 4.344. Stahl mit 28 % Ni, 1050 °C/Wasser. Austenit. Geätzt mit Eisessig

Bild 4.345. Stahl mit 28 % Ni, 1050 °C/Wasser/2 h −196 °C unterkühlt. Martensit mit Restaustenit (hell). Geätzt mit Natriumthiosulfat

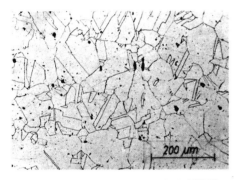

Bild 4.346. Austenitischer Nickelstahl mit 36 % Ni. Invar-Stahl mit besonders kleiner Wärmeausdehnung. Ferromagnetischer Austenit

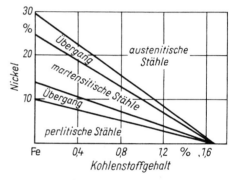

Bild 4.347. Gefügeausbildung der Nickelstähle (nach GUILLET)

der austenitischen Stähle an. Kohlenstoff verstärkt demnach die austenitstabilisierende Wirkung des Nickels ganz erheblich.

In kohlenstoffhaltigen Stählen geht Nickel vorzugsweise in die Grundmasse. Ein Teil des Nickels wird auch vom Eisenkarbid als $(Fe, Ni)_3C$ aufgenommen, setzt aber dessen Stabilität herab, so daß sich bei höheren Nickelkonzentrationen beim Glühen leicht Graphit bilden kann. Ein besonderes Nickelkarbid bildet sich in Stählen nicht.

Nickel erhöht besonders die Zähigkeit, auch bei tiefen Temperaturen, und die Einhärtung, verringert die Überhitzungsneigung und behindert das Kornwachstum. Nickelstähle sind nicht anlaßspröde und zeichnen sich auch durch Alterungsbeständigkeit aus.

Wegen der allgemeinen Nickelknappheit werden reine Nickelstähle nur noch für Sonderzwecke verwendet, wo die spezifische Legierungswirkung durch keine andere Elementkombination ersetzt werden kann. Die früher vielfach verwendeten niedrig legierten Nickelbaustähle wurden ausgetauscht, und zwar durch Stähle mit Chrom, Mangan, Silizium,

Molybdän und Vanadium. Für mechanisch höchstbeanspruchte Werkstücke werden aber noch die Chrom-Nickel-Molybdän-Stähle verwendet.

Als Werkstoffe mit besonderen physikalischen Eigenschaften sind die Eisen-Nickel-Legierungen unentbehrlich und durch andere Werkstoffe bisher nicht zu ersetzen. Der Grund hierfür liegt in dem charakteristischen magnetischen Verhalten und dem Verlauf der Curietemperatur (Bilder 4.338 und 4.339, gestrichelte Kurven) im Bereich der austenitischen Mischkristalle. Im Konzentrationsintervall zwischen 20 und 60 % Ni lassen sich Legierungen herstellen, deren thermischer Ausdehnungskoeffizient zwischen etwa 0 und $20 \cdot 10^{-6} \, K^{-1}$ liegt. Einschmelz- und Verbindungslegierungen für Glas und Keramik enthalten zwischen 28 und 54 % Ni, eventuell mit Zugaben an Co, Cr, Mo oder Mn, zur Verbesserung der Bearbeitbarkeit oder anderer Kenngrößen. Eine Legierung mit 28 % Ni und 23 % Co hat einen Ausdehnungskoeffizienten von $7,4 \cdot 10^{-6} \, K^{-1}$ zwischen 20 und 400 °C und eignet sich für Metall-Keramik-Verbindungen. Eine Legierung mit 42 % Ni und 6 % Cr weist einen Ausdehnungskoeffizienten wie Bleiglas auf. Besonders bekannt ist Invar, eine Eisen-Nickel-Legierung mit 36 % Ni (Bild 4.346), die zwischen 0 und 100 °C einen Ausdehnungskoeffizienten von nur $1,3 \cdot 10^{-6} \, K^{-1}$ hat und für Meßgeräte, Präzisionsmeßbänder, Ausdehnungsregler und Thermobimetalle vielseitig verwendet wird.

Eisen-Nickel-Legierungen bilden gleichfalls die Grundlage für magnetisch weiche und magnetisch harte Legierungen. Erstere sollen eine möglichst geringe Koerzitivfeldstärke und eine möglichst hohe Anfangs- und Maximalpermeabilität besitzen. Diese Forderungen werden von austenitischen Werkstoffen mit 70 bis 80 % Ni und weiteren geringen Zusätzen erfüllt (Permalloy). Hartmagnetische Werkstoffe sollen eine möglichst hohe Koerzitivfeldstärke und Remanenz haben. Dies erreicht man mit 20- bis 30 %igen Nickelstählen, die außerdem stets noch weitere Legierungselemente, wie Al, Co, Cu, V, enthalten, damit eine Aushärtungsbehandlung durchgeführt werden kann.

In neuerer Zeit wurden aushärtbare Eisen-Nickel-Legierungen entwickelt, die neben 18 bis 30 % Ni noch Al, Ti, Co, Nb u. a. enthalten und nach entsprechender Wärmebehandlung Rockwellhärten bis zu $HRC = 68$ und Zugfestigkeiten bis zu 3 000 MPa erreichen.

4.6.5. Chromstähle

Chromstähle enthalten 0,3 bis ≈ 30 % Cr.

Im Bild 4.348 ist das Gleichgewichtsdiagramm Eisen–Chrom dargestellt. Eisen und Chrom bilden bei hohen Temperaturen eine ununterbrochene Reihe von kubisch-raumzentrierten α-Mischkristallen. Liquidus- und Soliduskurve weisen bei $\approx 1\,400$ °C und 15 % Cr ein Schmelzpunktminimum auf. Der A_4-Punkt des Eisens wird durch Chrom erheblich erniedrigt. Der A_3-Punkt fällt bei geringen Cr-Konzentrationen zunächst ab, um bei Legierungen mit mehr als 8 % Cr wiederum anzusteigen. In kohlenstofffreien Fe-Cr-Legierungen wird durch 15 % Cr das γ-Gebiet des Eisens abgeschnürt, und Legierungen mit >15 % Cr sind von tiefen Temperaturen bis zum Schmelzpunkt ferritisch.

Eisen-Chrom-Legierungen im mittleren Konzentrationsbereich sind nach schneller Abkühlung ebenfalls ferritisch (Bild 4.349). Kühlt man die Legierungen von Temperaturen $>1\,000$ °C aber sehr langsam ab oder glüht man sie längere Zeit bei 600 bis 800 °C, so tritt ein neuer, harter und spröder Gefügebestandteil auf, die intermetallische Verbindung

4.6. Legierte Stähle

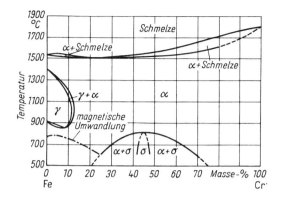

Bild 4.348. Zustandsdiagramm Eisen–Chrom

FeCr (σ-Phase). Mit dem Erscheinen von FeCr versprödet die Legierung und wird technisch unbrauchbar. Einmal ausgeschiedenes FeCr läßt sich durch Glühen bei 1 200 °C wieder in Lösung bringen, und nach schneller Abkühlung ist das Gefüge ferritisch.
Bild 4.350 zeigt eine Legierung mit 60 % Fe und 40 % Cr, die nach der Erschmelzung 1 h bei 1 100 °C geglüht und in Wasser abgeschreckt wurde. Anschließend wurde die Probe 20 h bei 650 bis 700 °C geglüht und langsam im Ofen abgekühlt. In der Grundmasse aus α-Mischkristallen sind die Kristalle der spröden σ-Phase ausgeschieden.

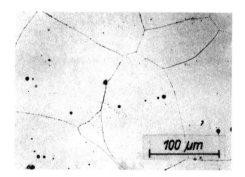

Bild 4.349. Legierung mit 50 % Cr und 50 % Fe, 1 100 °C/Wasser. Übersättigte α-Mischkristalle

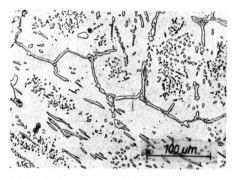

Bild 4.350. Legierung mit 60 % Fe und 40 % Cr. Grundmasse aus α-Mischkristallen. Segregate aus σ-Phase.
Geätzt mit Königswasser

Die Gefügeausbildung der ternären Eisen-Chrom-Kohlenstoff-Legierungen ist in Bild 4.351 dargestellt. Sowohl der eutektoide Punkt S als auch der Punkt E des Eisen-Kohlenstoff-Schaubildes werden durch Chrom beträchtlich zu niederen C-Gehalten hin verschoben. Dies führt dazu, daß bei höheren Chromkonzentrationen schon bei relativ geringen C-Gehalten eine erhebliche Perlit- bzw. Karbidmenge im Gefüge auftritt.
Bild 4.352 zeigt das Gefüge eines Stahls mit 14,5 % Cr und 0,04 % C. Der Perlit befindet sich vorzugsweise an den Korngrenzen des Ferrits, da Korngrenzen ganz allgemein infolge der gestörten Gitterstruktur die Ausscheidung von Kristallen begünstigen. Ein Stahl

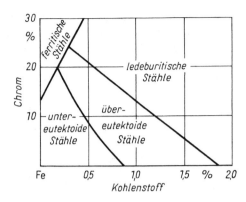

Bild 4.351. Gefügeausbildung der Chromstähle (nach HOUDREMONT)

mit 15,1 % Cr und nur 0,11 % C besteht schon zu ≈ 80 % aus Perlit. Ein Stahl mit 0,25 % C und 14,1 % Cr weist bereits ein eutektoides Gefüge auf.

Das in diesen Stählen auftretende Karbid ist das Chrom-Sonderkarbid Cr_7C_3, das noch bis zu 55 % Fe aufnehmen kann. Wie andere Sonderkarbide auch zeichnet sich das Chrom-Sonderkarbid $(Cr, Fe)_7C_3$ durch eine geringe Diffusionsgeschwindigkeit aus, d. h., es geht beim Austenitisieren nur langsam in Lösung und scheidet sich bei der Abkühlung nur langsam wieder aus. Auch beim Anlassen der gehärteten Stähle ist die Segregationsgeschwindigkeit aus dem Martensit geringer als bei reinen C-Stählen, worauf ja die bessere Anlaßbeständigkeit sonderkarbidhaltiger Stähle beruht.

Übereutektoide Stähle enthalten neben Perlit noch Sekundärzementit, wie dies Bild 4.353

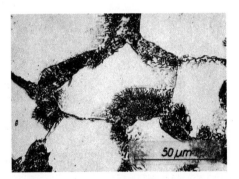

Bild 4.352. Untereutektoider Chromstahl mit 0,04 % C und 14,5 % Cr. Ferrit und Perlit

Bild 4.353. Übereutektoider Chromstahl mit 1 % C und 1,5 % Cr. Perlit mit Sekundärzementit an den Korngrenzen

an einem Wälzlagerstahl mit 1 % C und 1,5 % Cr zeigt. Das Karbid in diesem niedrig legierten Stahl ist das Eisen-Chrom-Mischkarbid $(Fe, Cr)_3C$, das bis zu 15 % Cr enthalten kann. Der korrosionsbeständige Stahl von Bild 4.291 mit 0,4 % C + 13 % Cr rechnet ebenfalls zu den übereutektoiden Chromstählen.

Bei höherem Cr- und C-Gehalt werden die Stähle ledeburitisch, d. h., es tritt das ternäre Eutektikum [zerfallene γ-Mischkristalle + $(Fe, Cr)_3C$ + $(Cr, Fe)_7C_3$] auf. Bild 4.354 zeigt

4.6. Legierte Stähle

einen schnell abgekühlten Guß aus Alferon, einem hitze- und feuerbeständigen Chromstahl mit 0,62 % C und 21 % Cr. Durch die schnelle Abkühlung wurde der Austenitzerfall unterdrückt, und das Gefüge besteht aus primären γ-Kristallen mit Ledeburit an den Korngrenzen. Beim Glühen bzw. langsamer Abkühlung zerfällt der Austenit in Ferrit und Karbid, wobei sich erhebliche Mengen an Karbiden ausscheiden (s. a. Bilder 4.292 u. 4.293).

Bei niederen Kohlenstoff- und hohen Chromgehalten bestehen die Stähle aus Chromferrit und Karbiden. Bild 4.355 zeigt das Gefüge des ferritischen Stahles mit 0,4 % C und 32 %

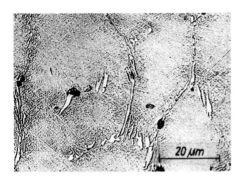

Bild 4.354. Ledeburitischer Chromstahl mit 0,62 % C und 21 % Cr, Gußzustand. Ledeburit an den primären Korngrenzen

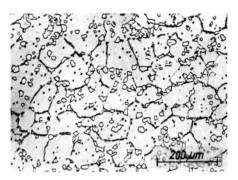

Bild 4.355. Ferritischer Chromstahl mit 0,4 % C und 32 % Cr. Ferrit mit Karbiden $(Cr,Fe)_7C_3$

Cr, der von 1 000 °C luftgekühlt worden ist. Dieser Stahl läßt sich nicht normalisieren oder härten. Die Karbide bestehen aus $(Cr, Fe)_7C_3$.

Durch 1 % Cr wird die Zugfestigkeit des Stahls um 80 bis 100 MPa erhöht, während die Dehnung nur um 1,5 % abnimmt. Die kritische Abkühlungsgeschwindigkeit wird durch Chrom stark herabgesetzt und damit die Härtbarkeit bedeutend gesteigert. Bei höheren Cr-Gehalten wird die Warmfestigkeit bzw. Anlaßbeständigkeit stark heraufgesetzt. Zusammen mit Silizium und Aluminium erhöht Chrom die Zunderbeständigkeit der Stähle. Infolge der Verschiebung der Umwandlungspunkte zu höheren Temperaturen hin lassen sich Chromstähle gut weichglühen. Allerdings müssen die Stähle deshalb auch von höheren Temperaturen gehärtet werden. Chromstähle sind aber anlaßspröde und neigen zur Flockenbildung. Bei >12 % Cr tritt, niedere C-Gehalte vorausgesetzt, eine plötzliche Steigerung der Korrosionsbeständigkeit gegenüber Wasser, verschiedenen Säuren und heißen Gasen auf. Hierauf beruht die Bedeutung der höheren Cr-Gehalte in korrosionsbeständigen Legierungen.

Wegen ihrer vorzüglichen Härtbarkeit und Vergütbarkeit haben Chromstähle eine weite Verbreitung z. B. als Einsatz- und Vergütungsstähle sowie als Werkzeugstähle gefunden. Bild 4.356 zeigt das ferritisch-perlitische Gefüge des geschmiedeten und langsam abgekühlten Vergütungsstahls 40Cr4 mit 0,40 % C und 1 % Cr. Die Brinellhärte beträgt $HB = 200$. Wird der Stahl dagegen nach dem Schmieden schnell an Luft abgekühlt, so bildet sich ein ausgeprägtes Bainitgefüge aus (Bild 4.357). Die Härte beträgt in diesem Zustand $HB = 280$. Nach dem Härten von 840 °C in Öl und Anlassen bei 600 °C wird eine Festig-

Bild 4.356. Vergütungsstahl 40Cr4 mit 0,4 % C und 1 % Cr, nach dem Schmieden sehr langsam abgekühlt. Perlit und Ferrit

Bild 4.357. Vergütungsstahl 40Cr4, nach dem Schmieden an Luft abgekühlt. Bainit

keit von 950 MPa, eine Streckgrenze von 700 MPa, eine Dehnung von 20 % und eine Einschnürung von 65 % erreicht. Dieser Stahl eignet sich zur Herstellung von Kurbelwellen und läßt sich auch gut oberflächen-flammhärten.

Wegen der ausgezeichneten Korrosionsbeständigkeit werden höher legierte Chromvergütungsstähle mit beispielsweise 0,20 % C und 13 % Cr zur Herstellung von Turbinenschaufeln, Kolben- und Pleuelstangen, Pumpenteilen u. dgl. verwendet. Bild 4.358 zeigt das Gefüge dieses Stahls im weichgeglühten Zustand. Es besteht aus Ferrit mit eingelagerten Chromsonderkarbiden $(Cr, Fe)_7C_3$. Nach dem Vergüten (920 °C/Öl/2 h bei 700 °C angelassen) sind die Karbide in Lösung gegangen (Bild 4.359). Die Festigkeit beträgt 750 MPa, die Streckgrenze 600 MPa, die Dehnung 25 %, die Einschnürung 65 % und die Kerbschlagzähigkeit 80 J/cm². Durch Zusatz von 1 % Mo wird die Warmfestigkeit noch bedeutend gesteigert.

Zur Vermeidung der Anlaßsprödigkeit gibt man den Chromstählen oft noch 0,15 bis 0,30 % Mo hinzu. Dadurch werden außerdem die Härtbarkeit, Zähigkeit und Anlaßbeständigkeit der Chromstähle noch verbessert. Die beständigen Molybdänkarbide steigern auch die Kriechbeständigkeit bei höheren Temperaturen.

Bild 4.360 zeigt das Gefüge eines warmfesten Stahls mit 0,15 % C, 1,55 % Cr und 0,48 %

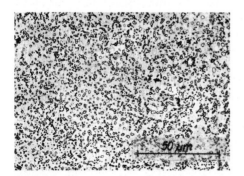 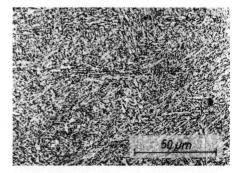

Bild 4.358. Korrosionsbeständiger Vergütungsstahl mit 0,2 % C und 13 % Cr, weichgeglüht. Geätzt mit Königswasser

Bild 4.359. Korrosionsbeständiger Vergütungsstahl X20Cr13, vergütet

Mo nach dem Walzen. Es besteht aus Bainit. Molybdän drängt noch stärker als Chrom die Perlitstufe zurück und verlagert die Austenitumwandlung in die Bainitstufe. Deshalb wurde früher das vorliegende (Bainit-) Gefüge als *Molybdängefüge* bezeichnet. Nach der Luftvergütung (880 °C/Luftabkühlung/angelassen bei 660 °C) hat sich voreutektoider Ferrit ausgeschieden. Der restliche Austenit ist aber wieder in Bainit zerfallen (Bild 4.361). Dieser Stahl wird für Temperaturbeanspruchungen bis etwa 530 °C im Kesselbau verwendet. Vanadin verbessert ähnlich wie Molybdän die Eigenschaften der Chromstähle, behindert das Kornwachstum und macht die Stähle überhitzungsunempfindlich. Außerdem erhöht Vanadium die Wechselfestigkeit, die Ermüdungsfestigkeit und die Kriechbeständigkeit. Ein Chrom-Vanadin-Stahl mit 0,5 % C, 1 % Cr und 0,2 % V weist eine hohe Elastizitätsgrenze auf und ist sehr kriechbeständig, so daß daraus warmfeste Federn hergestellt werden.

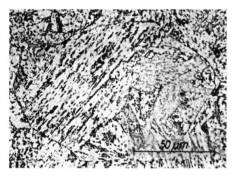
Bild 4.360. Warmfester Stahl mit 0,15 % C, 1,55 % Cr und 0,48 % Mo, Walzzustand. Bainit

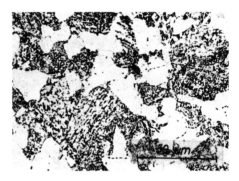
Bild 4.361. Warmfester Stahl wie Bild 4.360, luftvergütet. Ferrit und angelassener Bainit

Der wichtigste chromlegierte Baustahl ist der Wälzlagerstahl 100Cr6 mit 1 % C und 1,5 % Cr. Dieser Stahl hat im gehärteten Zustand eine hohe Härte ($HRC = 65$), Verschleißfestigkeit und Elastizität.
Bild 4.362 zeigt das Gefüge des Stahls im Walzzustand. Es besteht aus feinkörnigem Perlit, falls die Walzendtemperatur niedrig lag und die Abkühlung nach dem Walzen rasch erfolgte. Sind diese Voraussetzungen nicht erfüllt, d. h., wurde die Schlußwalzung bei hohen Temperaturen und die Abkühlung langsam durchgeführt, so besteht das Gefüge aus mehr oder weniger breitstreifigem Perlit mit Korngrenzenzementit (Bild 4.363).
Dieses Gefüge ist für die Weiterverarbeitung ungünstig, da es beim Weichglühen nur schlecht koaguliert. Bild 4.364 zeigt das Weichglühgefüge eines Wälzlagerstahls, dessen Ausgangsgefüge perlitisch war. In der ferritischen Grundmasse sind die rundlichen Karbidkörner gleichmäßig verteilt. Im Bild 4.365 dagegen ist das Weichglühgefüge eines Stahles dargestellt, dessen Ausgangsgefüge aus groblamellarem Perlit und Korngrenzenzementit bestand. Der Sekundärzementit ist nur stellenweise koaguliert. Er bildet langgestreckte Bänder, die die Korngrenzen deutlich markieren. Die Zementitlamellen des Perlits haben sich zu sehr verschieden großen Körnern zusammengeballt. Ein Stahl mit einem derartigen Weichglühgefüge weist auch im richtig gehärteten Zustand ein grobes Bruchkorn auf, ist relativ spröde und neigt zu Ausplatzungen. Es ist deshalb erforderlich,

4. Gefüge der technischen Eisenlegierungen

Bild 4.362. Wälzlagerstahl 100Cr6 mit 1 % C und 1,5 % Cr, Walzzustand. Perlit

Bild 4.363. Wälzlagerstahl 100Cr6. Gefüge nach zu hoher Walzendtemperatur und langsamer Abkühlung. Perlit und Sekundärzementit

Bild 4.364. Wälzlagerstahl 100Cr6. Gutes Weichglühgefüge

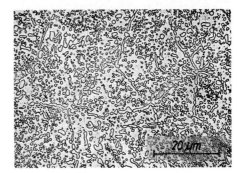

Bild 4.365. Wälzlagerstahl 100Cr6. Schlechtes Weichglühgefüge, da noch Reste von Korngrenzenzementit vorhanden sind

einen Wälzlagerstahl mit Korngrenzenzementit vor dem Weichglühen zu normalisieren. Dies geschieht durch Erhitzen über den Zementitpunkt (A_{cm} für 100Cr6 liegt bei 850 °C), also auf etwa 880 bis 900 °C, und nachfolgende Abkühlung an ruhiger Luft. Bei größeren Querschnitten ist ein Anblasen mit Luft erforderlich, um die Wiederausscheidung des Korngrenzenzementits mit Sicherheit zu verhindern.

Anschließend wird der Stahl 6 h bei 760 °C weichgeglüht bei einer Abkühlungsgeschwindigkeit von ≈20 K/h bis 650 °C. Ein einwandfrei weichgeglühter Wälzlagerstahl hat das Aussehen von Bild 4.364. Es sollen nach Möglichkeit keine Perlitreste vorhanden sein. Sind die Zementitkugeln zu klein, so steigt die Härte an. Sind die Zementitkugeln zu groß, fällt die Härte ab. In beiden Fällen wird die Bearbeitung auf den Automaten erschwert: Bei zu hoher Härte ist der Werkzeugverschleiß groß, bei zu geringer Härte schmiert der Stahl und erhält eine unsaubere Oberfläche. Die günstigste Härte beträgt HB = 180 bis 200.

Das Härten des Wälzlagerstahls 100Cr6 erfolgt je nach den Abmessungen von 820 bis 850 °C in Wasser oder Öl. Das Gefüge besteht danach aus feinnadeligem Martensit mit gleichmäßig verteilten Karbiden (Bild 4.366). Bei überhitztem Härten gehen die Karbide vollständig in Lösung. Man erhält grobnadeligen Martensit mit Restaustenit, wie es Bild 4.367 für einen von 1000 °C gehärteten Stahl zeigt. Die Rockwellhärte, die bei einem richtig gehärteten Stahl $HRC = 63$ bis 65 beträgt, ist bei einem überhitzt gehärteten Stahl infolge des Vorhandenseins von weichem Restaustenit geringer und beträgt beispielsweise für den Stahl von Bild 4.367 nur noch $HRC = 58$. Der Stahl ist überhärtet und die Verschleißfestigkeit nur gering. Dies beruht einmal auf der geringeren Härte und zum anderen auf dem Fehlen der harten Tragkarbide.

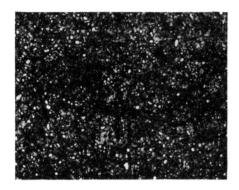

Bild 4.366. Wälzlagerstahl 100Cr6, von 840 °C in Öl gehärtet. Martensit mit gleichmäßig verteilten kugligen Karbiden

Die hohe Korrosionsbeständigkeit der Eisen-Chrom-Legierungen mit >12 % Cr hat dazu geführt, Eisenteile an der Oberfläche mit Chrom zu legieren und so korrosionsbeständig zu machen. Zu diesem Zweck wird der zu inchromierende Eisengegenstand mit festen (metallisches Chrom, Ferrochrom, Fe-Cr-Si-Legierungen) oder gasförmigen ($CrCl_2$) chromabgebenden Mitteln bei Temperaturen zwischen 900 und 1200 °C behandelt. Das Chrom diffundiert von der Oberfläche aus in das Eisen ein und bildet kubisch-raumzentrierte Substitutionsmischkristalle. Die Dicke und Chromkonzentration der Diffusionsschicht hängt im wesentlichen von dem chromabgebenden Mittel, von der Einsatztemperatur und -zeit ab.
Bild 4.368 zeigt einen mit Salpetersäure geätzten Querschliff durch eine zweiseitig inchromierte Rohrwand aus Weicheisen. Der Chromgehalt an der Oberfläche beträgt 36 %

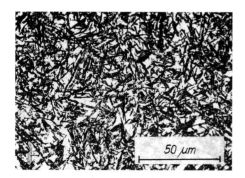

Bild 4.367. Wälzlagerstahl 100Cr6, überhitzt von 1000 °C in Öl gehärtet. Grobnadliger Martensit und Restaustenit (hell)

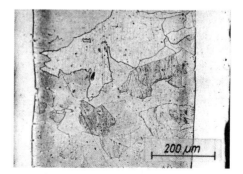

Bild 4.368. Inchromiertes Rohr aus Weicheisen. Geätzt mit 3%iger HNO_3, die die chromangereicherten Oberflächen nicht angreift

und fällt kontinuierlich zum Rohrinnern hin ab. Die scharfe Grenze zum Grundgefüge ist nicht mit der Eindringtiefe des Chromes identisch, sondern stellt die Resistenzgrenze bei ≈12 bis 14% Cr dar. Die Oberflächenschicht mit 12 bis 36% Chromgehalt ist korrosionsbeständig und wurde beim Ätzen von der Salpetersäure nicht angegriffen. Das Gefüge dieser Schicht läßt sich durch Königswasser entwickeln und besteht aus Stengelkristallen ähnlich wie bei der silizierten Schicht vom Bild 4.318. Das grobe Ferritkorn in der Wandmitte ist eine Folge der hohen Inchromierungstemperatur und läßt sich gegebenenfalls durch Normalisieren rückfeinen.

4.6.6. Chrom-Nickel-Stähle

Chrom-Nickel-Stähle enthalten neben Eisen Kohlenstoff, Chrom und Nickel in den verschiedensten Verhältnissen. Bild 4.369 zeigt das erweiterte MAURER-Diagramm, welches eine angenäherte Übersicht über die Gefügeausbildung der Chrom-Nickel-Stähle mit ≈0,2% C im von 1050 °C in Wasser abgelöschten Zustand gibt. Nach langsamer Abkühlung verschieben sich die Grenzlinien zu höheren Nickelgehalten hin.

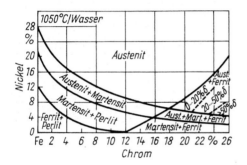

Bild 4.369. Gefügeausbildung der Chrom-Nickel-Stähle (erweitertes MAURER-Diagramm)

Bei niederen Chrom- und Nickelgehalten sind die Stähle ferritisch-perlitisch. Bei niederem bis mittlerem Chromgehalt werden die Stähle mit steigendem Nickelanteil zunächst martensitisch-perlitisch, dann martensitisch-austenitisch und schließlich rein austenitisch. Bei höheren Chromgehalten enthalten die Legierungen in zunehmendem Maß δ-Ferrit. Das Gefüge besteht dann nach dem Abschrecken aus Martensit + δ-Ferrit, aus Austenit + Martensit + δ-Ferrit oder aus Austenit + δ-Ferrit. Bei konstantem Chromgehalt nimmt der Anteil an δ-Ferrit mit steigendem Nickelgehalt ab.

Bei den ferritisch-perlitischen Stählen werden die Festigkeitseigenschaften und die Härtbarkeit bei gleichzeitigem Vorhandensein von Chrom und Nickel in stärkerem Maß verbessert als beim Vorhandensein nur eines der Legierungselemente. Beispielsweise härtet ein Stahl mit 0,4% C und 1,0% Cr *oder* 3,0% Ni ≈30 mm tief ein. Ein Stahl mit 0,4% C, 1,0% Cr *und* 3,0% Ni ergibt aber eine Einhärtung von ≈150 mm. Chrom erhöht dabei die Festigkeit und verfeinert das Korn, während Nickel den Stahl zäher macht. Chrom-Nikkel-Stähle sind aber flockenrißempfindlich und anlaßspröde. Zur Vermeidung der Anlaßsprödigkeit gibt man den Stählen noch 0,15 bis 0,30% Mo hinzu, wodurch gleichzeitig die Zähigkeit und Anlaßbeständigkeit noch weiter erhöht werden.

Am gebräuchlichsten sind die ferritisch-perlitischen Einsatz- und Vergütungsstähle mit einem C-Gehalt von 0,1 bis 0,4 %, einem Cr-Gehalt von 0,5 bis 4,0 % und einem Nickelgehalt von 0,5 bis 4,0 %. Bild 4.370 zeigt das Weichglühgefüge eines hochwertigen Vergütungsstahls mit 0,3 % C, 1,8 % Cr, 2,1 % Ni und 0,4 % Mo. Der Stahl wurde bei 880 °C normalgeglüht und anschließend 8 h bei 670 °C weichgeglüht. In der ferritischen Grundmasse liegen die Karbide in feinster Verteilung vor. Die Brinell-Härte beträgt $HB = 240$. Nach dem Härten von 850 °C in Öl und anschließendem Anlassen bei 600 °C wies der äußerst feinkörnige Stahl (Bild 4.371) eine Zugfestigkeit von 1 200 MPa, eine Streckgrenze von 900 MPa, eine Dehnung von 15 % und eine Einschnürung von 56 % auf. Dieser Stahl wird für Werkstücke mit großem Vergütungsquerschnitt verwendet. Aus den Bildern 4.294 und 4.295 vom Abschn. 4.6.1. ist zu entnehmen, in welch starkem Maß Nickel und Chrom zusammen das Umwandlungsverhalten des Austenits beeinflussen und daß bei einer kontinuierlichen Abkühlung im allgemeinen Zwischenstufengefüge mit Martensit zu erwarten ist.

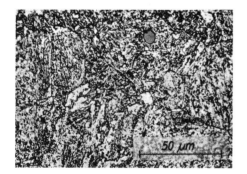

Bild 4.370. Ferritisch-perlitischer Vergütungsstahl 30CrNiMo8 (DIN), normal- und weichgeglüht

Bild 4.371. Vergütungsstahl vom Bild 4.370, vergütet

Rostfreie Chrom-Nickel-Stähle höchster Festigkeit enthalten ≈0,22 % C, 17 % Cr und 1,5 % Ni. Ein derartiger Stahl besteht nach dem Weichglühen aus globularen Karbiden, eingelagert in eine ferritische Grundmasse, und aus δ-Ferrit (Bild 4.372). Nach dem Vergüten (1 000 °C/Öl + Anlassen bei 700 °C) enthält das Gefüge neben angelassenem Martensit Inseln von δ-Ferrit (Bild 4.373). Der Stahl hat in diesem Zustand eine Zugfestigkeit von 900 MPa, eine Streckgrenze von 650 MPa, eine Dehnung von 18 % und eine Einschnürung von 50 %.

Die guten mechanisch-technologischen Eigenschaften der klassischen austenitischen Standardstähle des Typs CrNi (z. B. X10CrNi18.9, X8CrNiTi18.10) und des Typs CrNiMo (z. B. X8CrNiMoTi18.11) sowie ihre gute Korrosionsbeständigkeit, Schweißbarkeit und Kaltumformbarkeit führten zum dominierenden Einsatz dieser Stähle in allen Ländern. Die Metallographie dieser wichtigen Stahlgruppe ist recht kompliziert, für die technische Anwendung aber sehr wesentlich. Im folgenden soll deshalb anhand des Stahls X10CrNi18.9 mit ≤ 0,12 % C, 17 bis 19 % Cr und 8 bis 10 % Ni hierauf etwas näher eingegangen werden.

Nach der üblichen Wärmebehandlung, Abschrecken von 1 050 °C in Wasser oder Luft, be-

4. Gefüge der technischen Eisenlegierungen

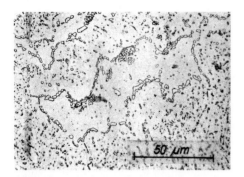

Bild 4.372. Martensitisch-ferritischer rostbeständiger Chrom-Nickel-Vergütungsstahl X22CrNi17, weichgeglüht. Globularer Ferrit mit δ-Ferrit. Geätzt mit Königswasser

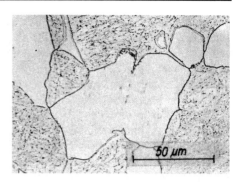

Bild 4.373. Vergütungsstahl X22CrNi17, vergütet. Angelassener Martensit mit δ-Ferrit.

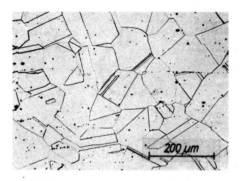

Bild 4.374. Austenitischer rostbeständiger Chrom-Nickel-Stahl X10CrNi18.9, 1 050 °C/Wasserabschreckung. Homogener Austenit. Geätzt mit V2A-Beize

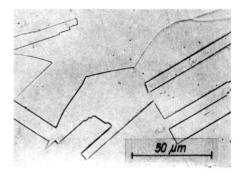

Bild 4.375. Wie Bild 4.374 (höhere Vergrößerung)

steht das Gefüge dieses Stahls aus homogenen Austenitpolyedern (Bilder 4.374 u. 4.375). Dieser homogene Austenit ist jedoch nicht stabil, sondern metastabil. Er ist zwar bei Raumtemperatur unbeschränkt lange beständig, jedoch nicht bei höheren Temperaturen. Im Gleichgewichtsfall besteht der Stahl bei Raumtemperatur aus den drei Gefügebestandteilen Austenit, δ-Ferrit und Karbiden $(Cr, Fe)_4C$. Außerdem kann unter gewissen Umständen eine weitere Phase, die intermetallische Verbindung FeCr (σ-Phase), auftreten. Welche Gefügebestandteile vorhanden sind, hängt ab von der chemischen Zusammensetzung, von der Wärmebehandlung, von der Verweilzeit bei höheren Temperaturen und von einer stattgefundenen Kaltumformung. Durch die Gefügeausbildung werden die Eigenschaften des Stahls in maßgeblicher Weise beeinflußt.

Im Bild 4.376 ist die Löslichkeit einer Legierung mit 18% Cr und 8% Ni, Rest Fe, für Kohlenstoff dargestellt. Daraus ist zu entnehmen, daß ein Stahl mit 0,1% C erst oberhalb $\approx 1\,100$ °C rein austenitisch ist. Unterhalb der Löslichkeitslinie treten Karbide auf, sofern der Stahl langsam abgekühlt bzw. nach dem Abschrecken angelassen wird (s. Abschn.2.2.7.1.). Bild 4.377 zeigt den gleichen Stahl wie im Bild 4.375, aber von 1 050 °C

4.6. Legierte Stähle

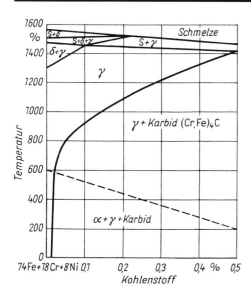

Bild 4.376. Löslichkeit einer Legierung aus 18 % Cr, 8 % Ni, Rest Fe, für Kohlenstoff

langsam im Ofen bis auf Raumtemperatur abgekühlt. Karbidausscheidungen, durch elektrolytisches Ätzen mit wäßriger 10 %iger Chromsäure sichtbar gemacht, treten sowohl an den Korngrenzen als auch längs der Zwillingslamellen auf. Bild 4.378 zeigt grobe Karbidausscheidungen in einem rostbeständigen 18.8-Chrom-Nickel-Stahl mit 0,18 % C, der nach dem Abschrecken von 1050 °C in Wasser punktgeschweißt wurde. In den Bildern 4.379 bis 4.382 sind die verschiedenen Ausscheidungsformen der Karbidsegregate dargestellt, falls der Stahl nach dem Austenitisieren jeweils 50 h im kritischen Temperaturbereich, d. i. von 500 bis 800 °C, erwärmt wurde. Bei 500 und 600 °C treten die Karbide bandartig, bei 700 und 800 °C dagegen mehr perlschnurartig auf. Mit steigender Temperatur findet also eine Koagulation der Segregate statt.

Mit *Karbidbändern an den Korngrenzen der Austenitkristalle ist der Stahl* X10CrNi18.9 *nicht mehr korrosionsbeständig.* Über die Ursache dafür gibt es zwei verschiedene Anschauun-

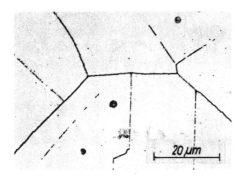

Bild 4.377. Stahl X10CrNi18.9, 1050 °C/Ofenabkühlung. Karbidausscheidungen an den Korngrenzen und Zwillingslamellen. Elektrolytisch geätzt mit Chromsäure

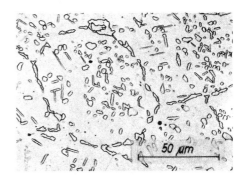

Bild 4.378. Geschweißter Stahl X10CrNi18.9. Ausscheidung von groben Karbiden in der Nähe der Schweißzone

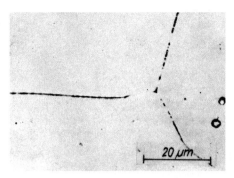

Bild 4.379. Stahl X10CrNi18.9, 1050°C/Wasser/50 h 500°C. Karbidausscheidungen an den Korngrenzen

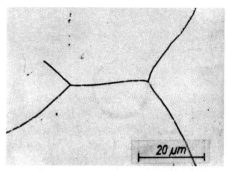

Bild 4.380. Stahl X10CrNi18.9, 1050°C/Wasser/50 h 600°C. Zusammenhängendes Karbidnetz an den Korngrenzen

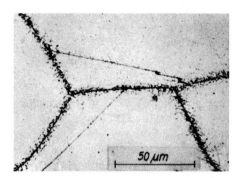

Bild 4.381. Stahl X10CrNi18.9, 1050°C/Wasser/50 h 700°C. Beginnende Karbidkoagulation

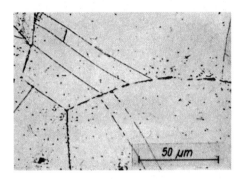

Bild 4.382. Stahl X10CrNi18.9, 1050°C/Wasser/50 h 800°C. Koagulation der Karbide an den Korngrenzen

gen. Nach der einen Theorie sind die bei niederen Temperaturen ausgeschiedenen Karbide korrosionsempfindlich: Bei einer Korrosion wird der Karbidfilm an den Korngrenzen herausgelöst. Nach der 2. Theorie sind die ausgeschiedenen Karbide sehr chromreich. Der angrenzenden Grundmasse wird dadurch sehr viel Chrom entzogen, so daß dort der Cr-Gehalt unter die Resistenzgrenze von 12 bis 14 % abfällt und bei Einwirkung von Korrosionsmitteln ebenfalls interkristalline Korrosion, auch *Kornzerfall* genannt, eintritt: Die metallische Substanz dicht neben dem Karbidfilm wird herausgelöst, der Zusammenhalt zwischen den einzelnen Kristalliten wird gelockert, der Stahl wird brüchig und fällt schließlich zu einem feinen Pulver auseinander. Bild 4.383 zeigt, welches Ausmaß der Kornzerfall beim Stahl X10CrNi18.9 annehmen kann. Die interkristalline Korrosion wird durch äußere Spannungen noch gefördert.

Der Nachweis der Anfälligkeit von rostbeständigen Chrom-Nickel-Stählen gegenüber Kornzerfall wird durch die *Strauß-Probe* geführt. In einem mit Rückflußkühler versehenen Kolben wird die betreffende Stahlprobe 144 h lang in eine kochende schwefelsaure Kupfersulfatlösung (10 %ige Schwefelsäure + 10 % Kupfersulfat) getaucht. Die Prüfung erfolgt metallographisch oder durch Biegen der Probe.

Der Kornzerfall läßt sich durch verschiedene Verfahren vermeiden. Durch schnelle Ab-

4.6. Legierte Stähle

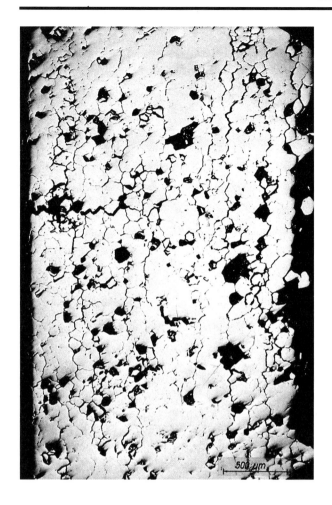

Bild 4.383. Stahl X10CrNi18.9. Interkristalline Korrosion (Kornzerfall). Ungeätzt

kühlung von 1050 °C wird homogener Austenit erhalten. Bei einem C-Gehalt <0,05 % tritt keine interkristalline Korrosion mehr auf (Stahl X5CrNi18.10). Durch langzeitiges Glühen bei Temperaturen zwischen 730 und 850 °C koagulieren die Karbide, so daß keine interkristalline Korrosion, die einen zusammenhängenden Karbidfilm voraussetzt, mehr eintreten kann. Durch Zulegieren starker Karbidbildner, wie Titan (Stahl X8CrNiTi18.10 mit einem Ti:C-Verhältnis von mind. 5) und Niob (Stahl X10CrNiNb18.9 mit einem Nb:C-Verhältnis von mind. 10), wird der Kohlenstoff abgebunden, so daß auch bei Anwesenheit von Karbiden die Resistenzgrenze nicht unterschritten wird. Schließlich schützt auch die Anwesenheit größerer δ-Ferritmengen ($\approx 20\%$) vor interkristalliner Korrosion.

Durch Karbidausscheidungen an den Korngrenzen wird auch die Zähigkeit, vor allem die Kerbschlagzähigkeit, herabgesetzt, wie dies Tabelle 4.26 zeigt.

Es wurde bereits darauf hingewiesen, daß der Stahl X10CrNi18.9 im Gleichgewichtsfall bei Raumtemperatur auch δ-Ferrit enthält, wie dies auch im Bild 4.376 angedeutet ist. Hat der Stahl eine Zusammensetzung, die der eingangs angeführten Richtanalyse ent-

Tabelle 4.26. Beeinflussung der mechanischen Kennwerte durch Karbidausscheidungen an den Korngrenzen

Behandlung	R_e [MPa]	R_m [MPa]	A_5 [%]	KC [J/cm²]
1050 °C/Wasser	280	650	60	250
1050 °C/Wasser + 50 h 700 °C	330	680	57	200
1050 °C/Wasser + 50 h 800 °C	350	700	50	100

spricht, so tritt nach der üblichen Wärmebehandlung, Abschrecken von 1050 °C, kein δ-Ferrit auf. Liegt der Stahl im Nickel- und Kohlenstoffgehalt etwas niedriger, im Chrom- und Siliziumgehalt aber etwas höher, so kann bei längerem Glühen im mittleren Temperaturbereich aber δ-Ferrit auftreten, der dann ein martensitisches, d. h. nadeliges Aussehen hat.

Im Bild 4.384 sind in Abhängigkeit vom Chrom-Nickel-Verhältnis die Gleichgewichtslinien dargestellt. Wie diesem Diagramm zu entnehmen ist, tritt nicht nur bei niederen,

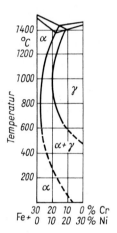

Bild 4.384. Verlauf der Phasengrenzlinien γ/α + γ und α + γ/α bei Eisen-Chrom-Nickel-Legierungen mit wechselndem Chrom-Nickel-Verhältnis

sondern auch bei höheren Temperaturen δ-Ferrit in verstärktem Umfange auf, da die Phasengrenzlinie γ/γ + α rückläufig ist. Bild 4.385 zeigt einen Stahl, der von 1300 °C in Wasser abgeschreckt wurde. Er enthält ≈0,5 % δ-Ferrit. Bei einer Abschrecktemperatur von 1350 °C sind bereits 10 % δ-Ferrit vorhanden (Bild 4.386). Bedingt durch Kristallseigerungen treten in gegossenen oder geschweißten Stählen Anteile an δ-Ferrit auf, die beim Homogenisieren oder Warmverformen aber wieder verschwinden.

Mit steigendem Gehalt an Elementen, die das γ-Gebiet des Eisens abschnüren, wie besonders Titan, Niob und Molybdän, nimmt auch die Menge an δ-Ferrit zu, wie dies Bild 4.387 für einen nioblegierten Stahl zeigt. Durch diese Elemente werden auch Kohlenstoff und Stickstoff abgebunden, so daß die austenitische Grundmasse noch weiter entstabilisiert wird. Bei Anwesenheit von δ-Ferrit wird der Stahl etwas ferromagnetisch, die Fließgrenze und Zugfestigkeit steigen etwas an, während die Verformbarkeit abnimmt. Andererseits verhindert δ-Ferrit den Kornzerfall sowie die Entstehung von Warmrissen in Gußstücken und Schweißnähten.

4.6. Legierte Stähle

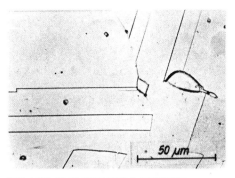

Bild 4.385. Stahl X10CrNi18.9, 1 300 °C/Wasser. Beginn der δ-Ferritbildung (0,5 % δ). Geätzt mit V2A-Beize

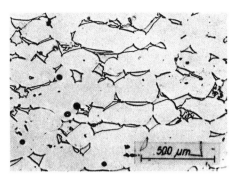

Bild 4.386. Stahl X10CrNi18.9, 1 350 °C/Wasser. Fortgeschrittene δ-Ferritbildung (10 % δ)

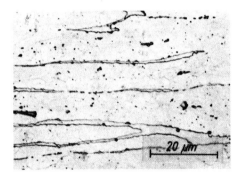

Bild 4.387. δ-Ferritzeilen in einem gewalzten, niobhaltigen 18.8-CrNi-Stahl (4 % δ). Verhältnis Nb + Ta/C = 15

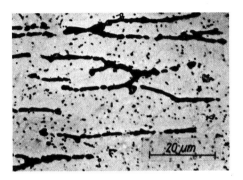

Bild 4.388. Stahl X10CrNiNb18.10 (DIN), gewalzt und 50 h bei 800 °C geglüht. Umwandlung von δ-Ferrit in σ-Phase (dunkel). Feine Karbide werden ebenfalls angeätzt.
Elektrolytisch mit Chromsäure geätzt

Bei Chromgehalten > 18 % und langen Glühzeiten bei Temperaturen zwischen 565 und 925 °C kann der δ-Ferrit, der chromreicher und nickelärmer als die austenitische Grundmasse ist, in die spröde σ-Phase = FeCr übergehen (Bild 4.388). Begünstigt wird die σ-Phasenbildung durch die Elemente Mo, Si, Nb und Ti. Durch die σ-Phase werden Härte und Festigkeit erhöht, während Dehnung, Einschnürung und Kerbschlagzähigkeit abfallen. Die Korrosionsbeständigkeit ändert sich nur wenig. Durch Glühen bei 1 050 °C mit nachfolgender Abschreckung wird die σ-Phase wieder zum Verschwinden gebracht und die Versprödung aufgehoben.

Bei sehr geringen C- und N-Gehalten bzw. bei Abbindung dieser Elemente durch Ti oder Nb ist die Stabilität des Austenits stark herabgesetzt. Bereits beim Abkühlen oder bei einer plastischen Verformung wandelt sich der Austenit in krz. α-Martensit (Bild 4.389) oder erst in hexagonalen ε-Martensit um, wobei letzterer weiter in α-Martensit umwandelt (Bild 4.390). Ähnlich wie die Fe-Mn-Legierungen können die Fe-Cr-Ni-Legierungen je nach der chemischen Zusammensetzung auf zwei verschiedenen Wegen martensitisch umwandeln:

Austenit → α-Martensit; Austenit → ε-Martensit → α-Martensit.

Bild 4.389. Stahl X8CrNiTi18.10. Bei der Schliffherstellung entstandener α-Martensit.
Geätzt mit V2A-Beize

Bild 4.390. Stahl mit 0,02 % C, 18 % Cr und 10 % Ni, bei −196 °C 2 % gedehnt. Austenit (hellgraue Grundmasse) und ε-Martensit (dunkelgraue Streifen); schwarze Querbalken im ε-Martensit = α-Martensit.
Geätzt mit alkoholischer Salzsäure

Außer durch ihre Korrosionsbeständigkeit zeichnen sich die austenitischen Chrom-Nickel-Stähle auch durch eine sehr hohe Festigkeit, Zähigkeit und Kerbschlagzähigkeit bei tiefsten Temperaturen aus, wie aus der Gegenüberstellung in Tabelle 4.27 für einen schweißbaren Stahl X8CrNiTi18.10 hervorgeht.

Tabelle 4.27 Mechanische Kennwerte austenitischer Chrom-Nickel-Stähle

Prüftemperatur [°C]	R_e [MPa]	R_m [MPa]	A_5 [%]	Z [%]	KC [J/cm^2]
+ 20	280	550	56	75	240
−183	350	1 560	34	51	180

Die 18.8-Cr-Ni-Stähle sind also ausgesprochen *kaltzähe Stähle*.
Die austenitischen Stähle sind allgemein gekennzeichnet durch eine niedrige Streckgrenze und eine sehr gute Kaltumformbarkeit. Ähnlich wie der Hartmanganstahl zeigen die Chrom-Nickel-Stähle bei einer plastischen Kaltumformung eine stärkere Verfestigung als die ferritischen bzw. ferritisch-perlitischen Stähle. Dies ist auf die Bildung von Martensit aus dem metastabilen Austenit zurückzuführen. Die Festigkeit dieser Stähle läßt sich deshalb durch Kaltumformung ganz erheblich steigern, wie aus der Aufstellung für einen Stahl mit 0,05 % C, 18 % Cr und 8 % Ni zu ersehen ist (Tabelle 4.28).

Tabelle 4.28. Festigkeitssteigerung von Chrom-Nickel-Stählen durch Kaltumformung

Kaltumformung [%]	0	10	20	30	40	50	60
R_m [MPa]	700	850	950	1 060	1 180	1 260	1 360
A_5 [%]	65	50	37	23	12	6	2

4.6. *Legierte Stähle* 601

Die *Zunderbeständigkeit* austenitischer Chrom-Nickel-Stähle ist ebenfalls sehr erheblich. Ein Stahl mit 0,12 % C, 25 % Cr und 20 % Ni ist beispielsweise bis 1 200 °C hitzebeständig.

In Verbindung mit starken Karbidbildnern, wie Titan, Niob, Molybdän und Wolfram, bilden die hochlegierten Chrom-Nickel-Stähle (manchmal zusammen mit 10 bis 20 % Kobalt) auch die Grundlage für die *warmfesten austenitischen und austenitisch-ferritischen Stähle*. Während niedriglegierte, vergütbare Stähle auf der Legierungsbasis Chrom-Molybdän-Vanadin im allgemeinen nur bis zu Temperaturen von 550 bis 600 °C eingesetzt werden können, weisen die hochlegierten Chrom-Nickel-Stähle auch noch bei Temperaturen von 650 bis 700 °C dank ihrer höher liegenden Rekristallisationstemperatur ausreichende Dauerstandfestigkeiten auf. Tabelle 4.29 gibt einige Anhaltswerte über den Einfluß wichtiger Legierungselemente in Chrom-Nickel-Stählen auf diejenige Spannung, die einen Bruch nach 1 000 h Belastung bei 650 °C bewirkt ($R_{m/1000/650°C}$).

Das Gefüge der gewalzten oder geschmiedeten warmfesten austenitischen Stähle besteht aus einer austenitischen Grundmasse mit zahlreichen eingelagerten gröberen und feineren Sonderkarbiden, wie dies Bild 4.391 für einen Stahl mit 0,10 % C, 17,1 % Cr, 16,8 % Ni, 1,5 % W, 1,0 % V und 1,32 % Nb + Ta und Bild 4.392 für einen kobalthaltigen Stahl mit

Tabelle 4.29. Zugfestigkeitswerte $R_{m/1000/650°C}$ einiger Chrom-Nickel-Stähle

Zusammensetzung [%]				$R_{m/1000/650°C}$
C	Cr	Ni	Sonstige	[MPa]
0,08	19,0	9,5	–	105
0,08	18,9	10,5	1,0 Nb	120
0,08	18,0	9,5	0,5 Ti	123
0,10	18,0	12,0	2,5 Mo	175
0,15	21,0	20,0	2,0 Co, 3,0 Mo, 2,0 W, 1,0 Nb, 0,15 N	323
0,25	19,0	9,0	1,25 Mo, 1,2 W, 0,3 Nb, 0,2 Ti	350

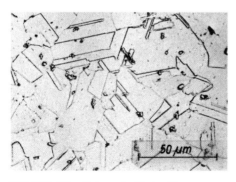

Bild 4.391. Warmfester austenitischer Chrom-Nickel-Stahl mit 0,1 % C, 17,1 % Cr, 16,8 % Ni, 1,5 % W, 1,0 % V und 1,32 % Nb + Ta. Geätzt mit V2A-Beize

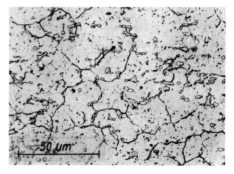

Bild 4.392. Warmfester austenitischer Chrom-Nickel-Stahl mit 0,38 % C, 18,2 % Cr, 17,5 % Ni, 9,3 % Co, 2,9 % W, 1,9 % Mo, 0,3 % V und 1,93 % Nb + Ta. Geätzt mit Königswasser

0,38% C, 18,2% Cr, 17,5% Ni, 9,3% Co, 2,9% W, 1,9% Mo, 0,3% V und 1,93% Nb + Ta zeigen. Die Gefügeausbildung eines weiteren warmfesten austenitischen Stahls mit 0,1% C, 16% Cr, 25% Ni und 6% Mo in Abhängigkeit von der Wärmebehandlung wurde im Abschn. 2.2.7.1. bereits behandelt. Die verschiedenen in die Grundmasse eingelagerten Sonderkarbide wirken als Gleitblockierungen und erschweren eine plastische Verformung bei der Betriebstemperatur.

Der in den austenitisch-ferritischen Stählen auftretende δ-Ferrit ist häufig nicht stabil und zerfällt bereits bei höheren Anlaßtemperaturen oder auch beim Halten auf Betriebstemperatur. Aus Bild 4.393 ist zu ersehen, daß nach 10stündigem Anlassen eines von

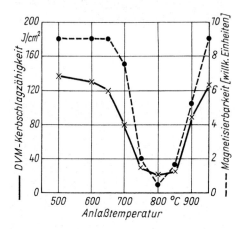

Bild 4.393. Verlauf der DVM-Kerbschlagzähigkeit und Magnetisierbarkeit eines von 1100°C abgeschreckten austenitisch-ferritischen Chrom-Nickel-Stahls mit 0,11% C, 19,0% Cr, 11,2% Ni, 1,7% W, 1,0% V und 1,64% Nb + Ta beim Anlassen (Anlaßzeit 10 h)

1100°C abgeschreckten austenitisch-ferritischen Stahls mit 0,11% C, 19,0% Cr, 11,2% Ni, 1,7% W, 1,0% V und 1,64 Nb + Ta ein starker Zähigkeitsabfall erfolgt mit einem Minimum bei 800°C. Die gleichzeitig eingezeichnete Magnetisierungskurve hat genau den gleichen Verlauf wie die Kerbschlagzähigkeitskurve. Daraus ist zu entnehmen, daß der Zähigkeitsverlust des Stahles unmittelbar mit einer Umwandlung der ferromagnetischen Phase, nämlich des δ-Ferrits, in neue unmagnetische Phasen zusammenhängt.

Der Umwandlungsmechanismus des δ-Ferrits in diesem warmfesten Chrom-Nickel-Stahl ist sehr kompliziert und in seinen einzelnen Stadien in den Bildern 4.394 bis 4.397 dargestellt. Zur Sichtbarmachung der vorhandenen und neu entstehenden Gefügebestandteile war eine Mehrfachätzung erforderlich. Durch Ätzen mit Königswasser wurden zunächst die Umrisse der einzelnen Kristalle entwickelt. Anschließendes elektrolytisches Ätzen mit wäßriger 10%iger Chromsäure färbte ausgeschiedene feine Karbide dunkel bis schwarz, während die σ-Phase herausgelöst wurde und die entstandenen Löcher ebenfalls dunkel bis schwarz, aber großflächiger sichtbar wurden. Schließlich wurden die Schliffe 5 min bei etwa 500°C an Luft oxidiert, wodurch der Austenit braunrot gefärbt wurde, der restliche δ-Ferrit aber weiß blieb.

Nach dem Abschrecken von 1100°C besteht der Stahl, abgesehen von groben, nicht aufgelösten Sonderkarbiden, aus einer austenitischen Grundmasse mit $\approx 20\%$ eingelagerten δ-Ferritkristallen. Bereits nach einer Anlaßzeit von 2 min bei 750°C haben sich im δ-Ferrit kleine Austenitkriställchen ausgeschieden (Bild 4.394). Nach längeren Anlaßzeiten

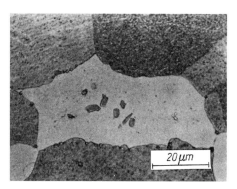

Bild 4.394. Stahl mit 0,1 % C, 20 % Cr, 10 % Ni sowie geringen Gehalten an W, V und Nb, 1 100 °C/Wasser/2 min 750 °C/Luft. Ausscheidungen von Austenit (dunkel) aus δ-Ferrit (hell)

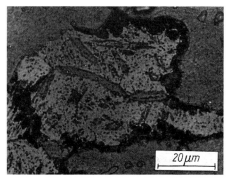

Bild 4.395. Stahl wie Bild 4.394, 1 100 °C/Wasser/1 h 750°C/Luft. Ausscheidung von Austenit (dunkelgrau), Karbiden (dunkle Punkte) und σ-Phase (dunkle Flächen) aus δ-Ferrit (weiß)

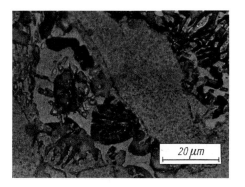

Bild 4.396. Stahl wie Bild 4.394, 1 100 °C/Wasser/5 h 750 °C/Luft. Rosetten eines eutektoiden Gemenges aus Austenit und σ-Phase

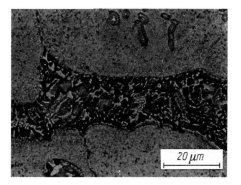

Bild 4.397. Stahl wie Bild 4.394 1 100 °C/Wasser/10 h 750 °C/Luft. Praktisch abgeschlossener Zerfall von δ-Ferrit in Austenit, Karbiden und σ-Phase. Ausscheidungen von Karbiden in der austenitischen Grundmasse und an den Korngrenzen

scheiden sich weiterhin feinverteilte Karbide (dunkle Punkte) sowie hauptsächlich an den Korngrenzen zwischen Austenit und δ-Ferrit größere Mengen der außerordentlich harten und spröden σ-Phase aus. Bild 4.395 zeigt das Voranschreiten der Umwandlung nach 1 h Haltezeit bei 750 °C. Nach einer gewissen Zeit kommt es zu einer Art eutektoiden Reaktion, bei der sich aus dem δ-Ferrit gleichzeitig und nebeneinander Austenit und σ-Phase in Form eines feinen Gemenges ausscheiden. Bild 4.396 zeigt dieses Stadium des δ-Ferrit-Zerfalls, in dem sich teilweise Rosetten aus ($\gamma + \sigma$) gebildet haben. Nach Ablauf der Ausscheidungsvorgänge bleibt im allgemeinen noch etwas δ-Ferrit erhalten. Das Endstadium der Umwandlung ist im Bild 4.397 dargestellt: Aus dem homogenen δ-Ferrit ist nach 10stündigem Anlassen bei 750 °C ein inniges Gemenge aus den unmagnetischen Bestandteilen Austenit, σ-Phase und Karbiden sowie Resten der ferromagnetischen Phase δ-Ferrit entstanden.

Eine Versprödung von austenitischen oder austenitisch-ferritischen Chrom-Nickel-Stählen bei höheren Temperaturen braucht aber nicht immer auf σ-Phasenbildung zu beruhen. Karbidausscheidungen an den Korngrenzen, Zerfall von metastabilem Austenit in Martensit, Eindiffusion von Sauerstoff und Schwefel sowie Grobkornbildung können ebenfalls in Richtung einer Versprödung wirken.

4.6.7. Schnellarbeitsstähle

Ein besonderes Verwendungsgebiet der Stähle sind die Werkzeuge. Diese dienen allgemein der Formgebung, Trennung und Zerkleinerung der verschiedensten Stoffe bei Raumtemperatur oder höheren Temperaturen. Man unterscheidet bei den Werkzeugstählen vier große Gruppen: die unlegierten Kohlenstoffstähle mit einem Gehalt zwischen $\approx 0{,}6$ und $1{,}5\%$ C, Stähle mit niederen Legierungszusätzen an Chrom, Wolfram, Molybdän, Vanadin u. a., höher legierte Stähle (Schnellarbeitsstähle) und schließlich die gegossenen und gesinterten Karbidhartmetalle. Die Schnittleistung der Werkzeuge nimmt in der angegebenen Reihenfolge zu. Sie beträgt bei einem Kohlenstoffstahl nur ≈ 5 m/min, bei einem niedrig legierten Stahl 10 m/min, bei einem Schnellarbeitsstahl 40 bis 50 m/min und bei einem gesinterten Karbidhartmetall 100 bis 500 m/min.

Die Gefüge der ersten beiden Werkzeugstahlgruppen wurden bereits eingehend besprochen. Im gehärteten Zustand besteht das Grundgefüge aus Martensit, in das je nach dem Kohlenstoff- und sonstigen Legierungsgehalt noch Zementit- oder Sonderkarbidkristalle in möglichst gleichmäßiger Verteilung eingelagert sind. Die erforderliche Härte wird durch Abschrecken des Werkzeugs von Temperaturen dicht oberhalb des A_{c3}- oder A_{c1}-Punkts in Wasser oder Öl erzielt. Ein anschließendes Anlassen bei $\approx 100\,°C$ hat den Zweck, Abschreckspannungen zu beseitigen. Soll die Zähigkeit des Werkzeugs verbessert werden, so kann auch eine höhere Anlaßtemperatur gewählt werden. Eine Steigerung der Zähigkeit ist aber dann stets mit einem entsprechenden Abfall der Härte verbunden. Die relativ geringe Schnittleistung der Werkzeuge aus unlegierten oder niedrig legierten Stählen beruht auf der ungenügenden Anlaßbeständigkeit des beim Abschrecken gebildeten metastabilen Martensits. Arbeitstemperaturen von 200 bis 300 °C an der Schnittkante bewirken bereits einen merkbaren Härteabfall und damit ein schnelles Stumpfwerden der Schneide (s. Abschn. 4.5.7.).

Schnellarbeitsstähle sind demgegenüber bis $\approx 600\,°C$ anlaßbeständig, d. h., auch bei Dunkelrotglut verliert die Schneide ihre Härte nicht. Infolgedessen lassen sich mit diesen Stählen hohe Schnittgeschwindigkeiten bzw. Schnittleistungen erzielen.

Hauptlegierungselemente der Schnellarbeitsstähle sind Wolfram und Molybdän, die untereinander weitgehend austauschbar sind. Außerdem enthalten diese Stähle noch Vanadin, Chrom und bei Hochleistungs-Schnellarbeitsstählen noch Kobalt.

Bild 4.398 zeigt die Gefügeausbildung der Wolfram-Kohlenstoff-Stähle. Bei einem Gehalt von $0{,}85\%$ C liegt ein $12{,}5\%$iger Wolframstahl bereits im Gebiet der ledeburitischen Stähle. Der Mengenanteil an Ledeburit wird durch die anderen Karbidbildner Chrom, Vanadin und Molybdän noch vergrößert. Die zahlreichen Ledeburitkarbide mit ihrer hohen Naturhärte sind die Ursache für die vorzügliche Schneidfähigkeit der Schnellarbeitsstähle. Bild 4.399 zeigt das Gefüge eines aus dem Schmelzfluß abgeschreckten Stahls mit $0{,}9\%$ C, $10{,}1\%$ W und $2{,}8\%$ Cr. Die primären Austenitmischkristalle enthalten große,

4.6. Legierte Stähle

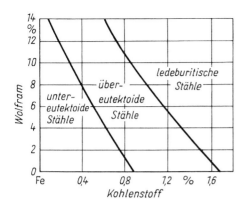

Bild 4.398. Gefügeausbildung der Wolframstähle (nach OBERHOFFER, DAEVES und RAPATZ)

langnadelige Martensitkristalle und sind von einem dicken Ledeburitnetzwerk umgeben. Nach langsamer Abkühlung sind im Gefüge weder Austenit noch Martensit vorhanden, sondern der Austenit zerfällt in Ferrit und Karbide.
Die Verteilung der Legierungselemente zwischen Grundmasse und Karbiden ist nicht gleichmäßig. Im allgemeinen befinden sich 0,3 bis 0,4 % C in der Grundmasse, der Rest in den Karbiden. Eisen, Kobalt und Nickel sind wie üblich hauptsächlich in der Grundmasse, Wolfram, Molybdän und Vanadin in den Karbiden, und Chrom verteilt sich gleichmäßig auf beide Gefügebestandteile. Nur die Elemente in der Grundmasse beeinflussen die Härtbarkeit und die Warmhärte. Mit steigendem Gehalt von Wolfram, Molybdän und Vanadin nimmt aber die Härte der Karbide und, was von besonderer Wichtigkeit ist, die Anlaßbeständigkeit zu. Bei zu hohem Legierungsgehalt verlieren die Stähle ihre charakteristischen Schnellarbeitsstahl-Eigenschaften wieder, da sie nicht mehr genügend härten und außerdem nicht mehr schmiedbar sind.
Zur Formgebung und zur Zerstörung des spröden Ledeburitnetzwerks wird der Schnellarbeitsstahl-Gußblock bei 1 100 bis 900 °C gewalzt oder geschmiedet. Angestrebt wird dabei eine möglichst gleichmäßige Verteilung der Karbidteilchen im gesamten Stahlvolumen. Die Gleichmäßigkeit der Karbidverteilung wird in erster Linie beeinflußt durch die Gußkorngröße und den Umformgrad. Je feiner das Gußkorn und je größer der Umformgrad ist, um so gleichmäßiger ist die Karbidverteilung. Besonders bei größeren Endabmessungen, bei welchen der Verschmiedungsgrad naturgemäß nicht sehr hoch sein kann, bleiben oftmals im Gefüge Karbidstreifen oder mehr oder weniger geöffnete Karbidnetze zurück. Dabei ist diese sog. Karbidseigerung im Kern wesentlich stärker ausgeprägt als am Rand des Werkstücks. Durch kräftiges Ätzen mit 5- bis 10 %iger Salpetersäure heben sich die Karbidanreicherungen hell vom dunkel geätzten Untergrund ab, wie dies Bild 4.400 für einen 5fach gestreckten Schnellarbeitsstahl zeigt. Grobe Karbidanreicherungen führen zu erhöhten Härtespannungen. Außerdem besteht besonders bei feinschneidigen Werkzeugen die Gefahr der Ausbröckelung an den Schneiden. Wenn deshalb die Karbidverteilung möglichst gleichmäßig sein soll, so ist doch bei der Beurteilung von Karbidstreifen oder -netzen die Größe, Form und Arbeitsweise des aus dem Stahl hergestellten Werkzeugs zu berücksichtigen. Beispielsweise darf Schnellarbeitsstahl, aus dem Spiralbohrer oder Reibahlen hergestellt werden, keine Karbidstreifen aufweisen, da die Arbeitsschneiden sehr fein sind. Andererseits sind bei großen Fräsern, Zahnradstoßmessern oder Sägeblattzäh-

4. Gefüge der technischen Eisenlegierungen

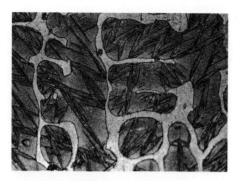

Bild 4.399. Schnellarbeitsstahl mit 0,9% C, 10,1% W und 2,8% Cr, Gußzustand. Ledeburit, Martensit und Austenit

Bild 4.400. Schnellarbeitsstahl, 5fach verschmiedet. Schwach angedeutetes Karbidnetz. Geätzt mit 10%iger HNO$_3$

nen Karbidstreifen bis zu einem gewissen Grade ohne Einfluß auf die Standzeit der Werkzeuge.

Anschließend an die plastische Verformung wird der Schnellarbeitsstahl bei 800 °C weichgeglüht und dann zu dem betreffenden Werkzeug spanabhebend verarbeitet. Das Gefüge besteht im weichgeglühten Zustand aus der ferritischen Grundmasse mit zahlreichen Karbiden unterschiedlicher Größe (Bild 4.401).

Die Härtetemperatur der Schnellarbeitsstähle liegt je nach der Zusammensetzung zwischen 1190 und 1265 °C, d. h. dicht unterhalb der Solidustemperatur. Wie bei dem ledeburitischen Stahl mit 2% C und 12% Cr bereits eingehend beschrieben (s. Abschn. 4.6.1.), gehen bei dieser hohen Härtetemperatur die niedrig legierten und ein Teil der Sonderkarbide in Lösung, während die Ledeburitkarbide sich nicht auflösen, im Austenit ausgeschieden bleiben und so eine allzu starke Vergröberung des Austenitkorns verhindern. Schnellarbeitsstähle sind also weitgehend überhitzungsunempfindlich.

Nach dem Abschrecken in Öl oder Druckluft besteht das Gefüge des Schnellarbeitsstahls aus Martensit, Restaustenit und ungelösten Karbiden. Bild 4.402 zeigt das mit Salpetersäure geätzte Gefüge eines von 1240 °C in Öl gehärteten Stahls mit 0,85% C, 12,5% W,

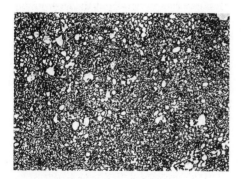

Bild 4.401. Schnellarbeitsstahl, geschmiedet und weichgeglüht. Ferrit mit zahlreichen kugligen Karbiden

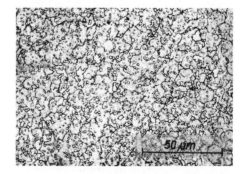

Bild 4.402. Schnellarbeitsstahl, richtig gehärtet. Feines Polyedergefüge mit Karbiden. Geätzt mit 1%iger HNO$_3$

4,5 % Cr, 2,5 % V und 1 % Mo. Die Anzahl der Karbide hat gegenüber dem weichgeglühten Zustand vom Bild 4.401 erheblich abgenommen. Das Korngrenzennetzwerk, das sog. Polyedergefüge, ist charakteristisch für gehärteten Schnellarbeitsstahl und tritt erst bei Härtetemperaturen >1 200 °C auf. In den weißen Polyedern ist weder der Martensit noch der Restaustenit zu erkennen. Diese Struktur läßt sich aber durch Ätzen mit Salzsäure entwickeln. Um einen Überblick über die Polyedergröße und die Zahl und Verteilung der ungelösten Karbide zu erhalten, wird meist die HNO_3-Ätzung bevorzugt.

Der Schnellarbeitsstahl wird von möglichst hohen Härtetemperaturen abgeschreckt, da mit steigender Härtetemperatur die Anlaßbeständigkeit und damit die Standzeit bzw. Schnittleistung der Werkzeuge zunimmt. Eine obere Grenze wird aber durch die dicht unterhalb der Solidustemperatur auftretende Kornvergröberung bzw. durch ein Anschmelzen bei Überschreiten des Soliduspunktes gegeben. Bild 4.403 zeigt das Gefüge des oben erwähnten Stahls, diesmal aber von 1 280 °C gehärtet. Die erhebliche Kornvergröberung und die geringe Zahl der ungelösten Karbide stellen ein Kennzeichen der Überhitzung dar. Treten an den Polyederkorngrenzen Karbidstreifen oder gar Ledeburit auf, so hat eine Überschreitung des Soliduspunktes stattgefunden. Die Haltezeit muß der Härtetemperatur und der Größe des Werkstücks genau angepaßt werden, da durch Überzeiten ähnliche Erscheinungen wie durch Überhitzen auftreten können.

Die Primärhärte des Schnellarbeitsstahls beträgt nach dem Abschrecken zwischen 60 und 65 Rockwelleinheiten. Beim Anlassen auf 400 bis 500 °C nimmt die Härte zunächst etwas ab, steigt dann aber wieder zur vollen Glashärte an, falls die Anlaßtemperatur auf 500 bis 600 °C erhöht wird. Diese Sekundärhärte des Schnellarbeitsstahls beruht auf Aushärtungserscheinungen und ist die Ursache für die hohe Anlaßbeständigkeit der Schnellarbeitsstähle. Um die Anlaßwirkung zu verstärken, werden Schnellarbeitsstähle meist zwei- oder dreimal angelassen. Einen richtig gehärteten und angelassenen Schnellarbeitsstahl zeigt das Gefüge vom Bild 4.404. Das Polyedernetzwerk ist verschwunden, Ledeburit tritt nicht auf, und die Karbide sind gleichmäßig in der feinnadeligen, fast strukturlosen Grundmasse verteilt.

Wolframhaltige Stähle können durch falsche Glühbehandlung nach zwei Richtungen hin verdorben werden. Das normalerweise auftretende Eisen-Wolfram-Doppelkarbid Fe_3W_3C

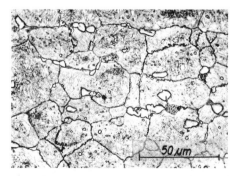

Bild 4.403. Schnellarbeitsstahl, überhitzt gehärtet. Grobes Polyedergefüge. Geätzt mit 1 %iger HNO_3

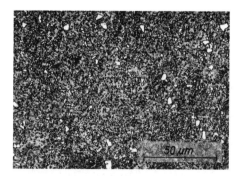

Bild 4.404. Schnellarbeitsstahl, gehärtet und zweimal bei 650 °C angelassen. Feinnadliger Martensit (dunkel) ohne Korngrenzen mit gleichmäßig verteilten feinen Karbiden

kann bei langzeitigem Glühen teilweise in das Wolframkarbid WC übergehen. Dieses bindet entsprechende Mengen an Kohlenstoff ab, geht beim Härten aber nicht in Lösung und verringert deshalb die Härtbarkeit. Man spricht von einem *Totglühen* oder *Verglühen* des Stahls. Ein Schliff läßt sich infolge der ausgeschiedenen Karbide nicht mehr auf Hochglanz polieren, sondern erscheint milchig-trübe. Die beiden Karbide lassen sich durch Ätzen mit alkalischer Ferricyanid-Lösung voneinander unterscheiden. Das Doppelkarbid wird dunkel geätzt, während das Wolframkarbid nicht angefärbt wird.

Bei längerem Glühen im Bereich von 700 bis 800 °C, bei langsamer Abkühlung innerhalb dieses Temperaturintervalls oder beim Schmieden bei tieferen Temperaturen kann ein Teil der Karbide in seine elementaren Bestandteile zerfallen, und es bildet sich Temperkohle aus, wodurch die Härtbarkeit ebenfalls herabgesetzt wird, da die Menge an Härtungskohle abnimmt. Der üblicherweise helle Bruch erscheint an derartigen Stellen dunkel, und man spricht deshalb von *Schwarzbruch*. Bild 4.405 zeigt die Ausbildung des

Bild 4.405. Schwarzbruch von gegossenem und geglühtem wolframhaltigem Stahl

Bruchs bei einem gegossenen und geglühten Stahl mit 1,4 % C, 0,75 % Si, 9,47 % Mn, 12,3 % Cr, 8,6 % W, 2,2 % V, 0,9 % Mo und 0,3 % Ti. Die dunkle, schwarzbrüchige Randzone hebt sich deutlich von dem normalen, hellen Kern ab. Aus dem Feingefüge ist zu ersehen, daß sich die an den Korngrenzen befindlichen Karbide teilweise (Bild 4.406) oder ganz (Bild 4.407) in Graphit umgewandelt haben. Durch Si, W, Ni und Co wird die Ausbildung von Schwarzbruch begünstigt, während durch Cr, Mn, Ti, V und Nb die Graphitbildung unterdrückt wird. Durch Erhitzen oder Schmieden bei hohen Temperaturen kann in leichteren Fällen der Graphit wieder in Lösung gebracht werden, wodurch auch der Schwarzbruch verschwindet und die Härtbarkeit wiederhergestellt wird.

Die Schnellarbeitsstähle werden in der Warmhärte nur noch von den *Hartmetallen* übertroffen. Im Gegensatz zu den Stählen, auch den Schnellarbeitsstählen, verdanken die Hartmetalle ihre hohe Härte nicht dem beim Abschrecken entstandenen metastabilen Martensit, der beim Anlassen ja stets in die stabilen Phasen Ferrit und Karbid zerfällt und dabei erweicht, sondern sie sind aus naturharten, stabilen Phasen (meist Karbiden) aufgebaut, die ihre hohe Härte beim Erwärmen praktisch nicht oder doch nur sehr allmählich verlieren.

Die Stellite und ähnliche Legierungen sind geschmolzene Kobalt-Chrom-Wolfram-Legierungen und bestehen aus 2 bis 3 % C, 35 bis 55 % Co, 25 bis 35 % Cr, 10 bis 25 % W und 0 bis 10 % Fe. Kobalt kann z. T. durch Ni, Wolfram teilweise durch Mo, V, Ti und Ta ersetzt werden. Im Feingefüge liegen mehr oder weniger grobe Karbidnadeln in einer eutekti-

4.6. Legierte Stähle

schen Grundmasse eingebettet (Bild 4.408). Die Härte der Stellite beträgt bei Raumtemperatur etwa $HRC = 63$, bei 1100 °C noch etwa $HRC = 43$. Diese Legierungen sind sehr verschleißfest, außerdem korrosions- und zunderbeständig. Stellite werden weniger für Schneidwerkzeuge als für dem Verschleiß ausgesetzte Teile verwendet, wie beispielsweise Tastflächen von Lehren, Ventilkegel, Erdbohrmeißel, Arbeitsflächen von Matrizen u. dgl. Stellite lassen sich auf den Trägerstahl auftropfen.

Die gegossenen Karbidhartmetalle bestehen im wesentlichen aus Wolfram- und Molybdänkarbiden (W_2C und Mo_2C). Ein Teil des Wolframs und Molybdäns kann dabei durch Cr, Ti, Ta und Zr ersetzt werden. Zur Erhöhung der Zähigkeit können bis zu 20 % Fe, Ni und Co enthalten sein. Im Feingefüge befinden sich Karbide, in einer eutektischen Grundmasse eingelagert. Die Härte beläuft sich bei Raumtemperatur auf $HRC = 75$ bis

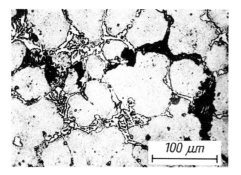

Bild 4.406. Teilweiser Zerfall der Karbide beim Stahl vom Bild 4.405

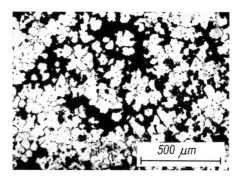

Bild 4.407. Vollständiger Zerfall der Karbide in Graphit beim Stahl vom Bild 4.405

80, bei 1000 °C auf $HRC = 60$ bis 65. Den Vorteilen der hohen Warmhärte, Verschleißfestigkeit und Korrosionsbeständigkeit stehen die Nachteile der großen Sprödigkeit und geringen Zunderbeständigkeit gegenüber. Diese Legierungen werden vorzugsweise für Ziehsteine, Lagersteine für Uhren und Meßgeräte, Sandstrahldüsen u. dgl. verwendet. Die Hartmetallteile werden dabei mit Kupfer auf den Trägerstahl aufgelötet.

Bei den gesinterten Hartmetallen unterscheidet man Hartmetalle, die aus Wolframkarbid (81 bis 89 % W, 5,2 bis 6 % C) und Kobalt (5 bis 13 % Co) zusammengesetzt sind, und Hartmetalle, bei denen ein Teil des Wolframkarbids WC durch Titankarbid ersetzt ist. Außerdem können diese Hartmetalle noch größere Mengen an Molybdän, Tantal und anderen Elementen enthalten. Das Feingefüge besteht aus Karbiden, die in eine zähe, kobaltreiche Mischkristallgrundmasse eingelagert sind (Bild 4.409). Das Schleifen und Polieren dieser Hartmetalle muß mit Diamantstaub erfolgen. Die Härte der gesinterten Karbidhartmetalle beträgt bei Raumtemperatur $HRC = 80$, bei 1000 °C noch $HRC = 65$. Sie besitzen eine hohe Verschleißfestigkeit und gute Zähigkeit, dagegen keine besondere Zunder- und Korrosionsbeständigkeit. Sinterhartmetalle mit hohem Titangehalt sind dagegen korrosionsbeständig. Diese Hartmetalle eignen sich zur Zerspanung der härtesten und weichsten Werkstoffe, wie Hartguß, gehärteter oder vergüteter Stahl, Glas, Keramik, Kohle, Kunststoffe, Hartgummi usw. Das Hartmetall wird dabei in Form kleiner Plättchen hergestellt, und diese werden mit Kupfer auf den Trägerstahl aufgelötet.

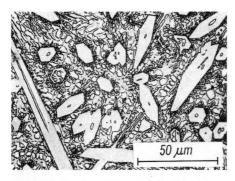
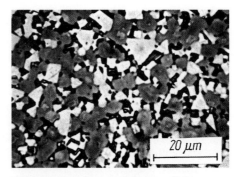

Bild 4.408. Gegossenes Hartmetall (Stellit) mit 2,2 % C, 29 % Cr, 11 % W, 44 % Co, Rest Fe

Bild 4.409. Gesintertes Karbidhartmetall mit 14 % TiC, 78 % WC und 8 % Co. WC (weiße eckige Kristalle), Mischkarbid aus WC und TiC (graue rundliche Kristalle) sowie kobaltreicher Mischkristall (schwarz).
Schliffherstellung mit Diamantpaste; Anlaßätzung 70 min bei 400 °C

4.7. Gußeisen und Temperguß

Unter Gußeisen versteht man Eisen-Kohlenstoff-Legierungen mit mehr als 2 % C, meist mit 2 bis 4 % C, die durch gute Gießbarkeit und verhältnismäßig hohe Sprödigkeit gekennzeichnet sind und deren Formgebung deshalb meist durch Gießen und spanabhebende Bearbeitung, nicht aber durch plastische Verformung erfolgt. Im allgemeinen liegt der Siliziumgehalt mit bis zu 3 % und der Phosphorgehalt mit bis zu 2 % wesentlich höher als bei den Stählen.
Nach der Farbe des Bruchs unterscheidet man zwischen *weißem Gußeisen* (Hartguß), das gefügemäßig aus Perlit und Ledeburit besteht, *meliertem Gußeisen*, das neben Perlit und Ledeburit noch einen Anteil an elementarem Kohlenstoff in Form von Graphitblättern enthält, und *grauem Gußeisen* (Grauguß), das aus einer perlitischen oder ferritisch-perlitischen Grundmasse mit eingelagertem Graphit besteht.
Die Art des Gußeisens ist von der chemischen Zusammensetzung (Kohlenstoff- und Siliziumgehalt) sowie von der Abkühlungsgeschwindigkeit abhängig. Eine hohe Abkühlungsgeschwindigkeit begünstigt die Entstehung von weißem Gußeisen, eine geringe Abkühlungsgeschwindigkeit die von grauem Gußeisen. Bild 4.410 zeigt am Bruch eines sog. *Schalenhartgusses* die drei Gußeisenarten nebeneinander: Das linke Ende der Probe wurde durch die Kokillenwand schnell abgekühlt und erstarrte weiß (ledeburitisch), während das rechte Ende, das sich weiter zum Kern hin befand, langsam, d. h. grau erstarrte. Dazwischen befindet sich eine Zone aus meliertem Gußeisen.
Reine Eisen-Kohlenstoff-Legierungen mit den für Gußeisen charakteristischen Kohlenstoffgehalten erstarren bei normaler Abkühlung nach dem metastabilen System Eisen–Eisenkarbid (Bild 4.5) und weisen die in den Bildern 4.26 bis 4.31 dargestellten Gefügeausbildungen auf. Untereutektisches weißes Gußeisen besteht bei Raumtemperatur aus

Bild 4.410. Bruch von Schalenhartguß

Ledeburit, Perlit und Sekundärzementit, eutektisches weißes Gußeisen aus Ledeburit und übereutektisches weißes Gußeisen aus Primärzementit und Ledeburit.

Bei außerordentlich geringen Abkühlungsgeschwindigkeiten oder bei höheren Siliziumgehalten zerfällt das nicht sehr stabile Eisenkarbid Fe_3C bei höheren Temperaturen gemäß der Reaktionsgleichung

$$Fe_3C \rightarrow 3\,Fe + C$$

in seine elementaren Bestandteile Eisen und Kohlenstoff (indirekte Graphitbildung). Wahrscheinlich kristallisiert auch ein gewisser Teil des Graphits direkt aus der Schmelze aus (direkte Graphitbildung).

Unter diesen Bedingungen, also sehr geringer Abkühlungsgeschwindigkeit oder höherem Siliziumgehalt, verläuft die Kristallisation des Gußeisens nicht mehr vollständig nach dem metastabilen System, sondern zum Teil nach dem im Bild 4.5 gestrichelt eingezeichneten stabilen System Eisen–Graphit.

Die Krisallisation der Eisen-Kohlenstoff-Legierungen im Gleichgewichtsfall nach dem stabilen System Eisen–Graphit verläuft ähnlich wie die Erstarrung der Legierungen nach dem metastabilen System Eisen–Eisenkarbid, nur daß anstelle der Zementitphase die Graphitphase auftritt und sich die Gleichgewichtstemperaturen und -konzentrationen geringfügig verschieben. Im stabilen System Eisen–Graphit liegt die eutektische Temperatur bei 1 153 °C, die eutektoide Temperatur bei 738 °C, der eutektische Punkt C' bei 4,25 % C, der eutektoide Punkt S' bei 0,7 % C und der Punkt E' bei 2,03 % C. Entsprechend den Gefügebestandteilen im metastabilen System treten im stabilen System folgende neue Gefügebestandteile auf:

metastabiles System ($Fe-Fe_3C$)	stabiles System ($Fe-C$)
Ledeburit (Austenit + Zementit)	Graphiteutektikum (Austenit + Graphit)
Perlit (Ferrit + Zementit)	Graphiteutektoid (Ferrit + Graphit)
Primärzementit (längs Linie CD)	primärer Graphit (längs Linie $C'D'$)
Sekundärzementit (längs Linie SE)	Segregatgraphit (längs Linie $S'E'$)

Die Kristallisation einer Eisen-Kohlenstoff-Legierung mit beispielsweise 3 % C würde also nach dem stabilen System theoretisch folgendermaßen ablaufen. Sobald während der Abkühlung die Liquiduskurve BD' erreicht wird, scheiden sich primäre γ-Mischkristalle aus der Schmelze aus. Die Restschmelze reichert sich dadurch an Kohlenstoff an. Bei

1 153 °C (Linie $E'F'$) enthalten die γ-Mischkristalle 2,03 % C (Punkt E'), die Restschmelze 4,25 % C (Punkt C'). Letztere zerfällt daraufhin in das (Austenit + Graphit)-Eutektikum. Bei weiterer Abkühlung scheiden sich aus den γ-Mischkristallen längs der Linie $E'\ S'$ Segregate von Graphit aus. Sobald die eutektoide Temperatur von 738 °C (Linie $P'\ S'\ K'$) erreicht ist, zerfallen die nur noch 0,7 % C enthaltenden γ-Mischkristalle (Punkt S') in das (Ferrit + Graphit)-Eutektoid. Das Gefüge bestände bei Raumtemperatur also aus dem Graphiteutektikum, dem Ferrit-Graphit-Eutektoid und Graphitsegregaten.

In Wirklichkeit verläuft die Kristallisation von grauem Gußeisen wesentlich anders, und auch die auftretenden Gefügebestandteile lassen sich nicht so einfach abgrenzen wie bei den weißen Gußeisensorten. Das hat mehrere Gründe. Durch Unterkühlung scheidet sich zumindest ein Teil des Kohlenstoffs in Form von Eisenkarbid aus, das erst im Verlauf der weiteren Abkühlung in Eisen und Graphit zerfällt. Des weiteren ist die Graphitbildung in hohem Maß von bereits vorhandenen Graphitkeimen abhängig. Graphit neigt außerdem stark zur Ankristallisation. Dies kann dazu führen, daß die Herkunft der einzelnen Graphitblättchen, also z. B. aus dem Eutektikum oder durch Segregation entstanden, oftmals am Schliff nicht mehr einwandfrei festgestellt werden kann. Je geringer die Abkühlungsgeschwindigkeit ist, um so mehr wachsen die Graphitkristalle zusammen, d. h., mit abnehmender Abkühlungsgeschwindigkeit tritt eine zunehmende Graphitvergröberung ein. Das Graphiteutektikum z. B. kann nur bei hohem Siliziumgehalt (etwa 4 %) und bei schneller Abkühlung (Kokillenguß) in seiner feinen Ausbildung erhalten werden. Bei langsamer Abkühlung wachsen die Graphitkriställchen zu gröberen Teilchen, zum sog. Korngrenzengraphit, zusammen.

Die Graphitausbildung ist auch von der Schmelzvorbehandlung sowie von der Anwesenheit anderer Elemente abhängig. Durch längeres Halten bei Temperaturen weit oberhalb der Liquidustemperatur tritt, wahrscheinlich durch Keimtötung, eine erhebliche Verfeinerung des Graphits ein. In Gußeisen mit höherem Phosphorgehalt (etwa 1,5 %) tritt der Graphit häufig zu Nestern zusammen. Die Ausbildung dieses Nestergraphits ist wahrscheinlich auf Phosphorseigerungen zurückzuführen. Durch Magnesium- oder Zerzusatz zur Schmelze kann der Graphit in eine sphärolithische Form übergeführt werden (Kugelgraphit).

Im Abschnitt 1.4.3. wurde über die Ausmessung der Graphitlamellen berichtet.

Die Bilder 4.411 bis 4.416 geben einen Überblick über die wichtigsten Ausbildungsformen des Graphits. Im Bild 4.411 ist zunächst ein ledeburitisches Gußeisen dargestellt, das 50 h bei 1 000 °C in neutraler Atmosphäre geglüht und dann langsam abgekühlt worden ist. Der Ledeburit ist zerfallen, und der Kohlenstoff hat sich zu knollenartigen, charakteristischen Gebilden, der sog. *Temperkohle*, zusammengeballt. Außerdem ist ein Teil des Zementits vom Perlit zerfallen, was aus den Ferrithöfen rings um die Temperkohle hervorgeht. Bild 4.412 zeigt an einer untereutektischen Legierung das Auftreten von primären Eisenmischkristallen in Dendritenform mit dem feinen Graphiteutektikum, wie es nach schneller Abkühlung erhalten wird. Nach langsamer Abkühlung sind die eutektischen Graphitkriställchen zu den gröberen Blättern des Korngrenzengraphits vom Bild 4.413 zusammengewachsen. Die normale, mehr oder weniger grobe Graphitausbildung des Gußeisen mit Lamellengraphit zeigt Bild 4.414. Der Nestergraphit von phosphorreichem Gußeisen (Kunstguß) ist im Bild 4.415 dargestellt, und Bild 4.416 schließlich gibt die kugelförmige Ausbildung des Graphits in mit Magnesium behandeltem Gußeisen wieder.

4.7. Gußeisen und Temperguß

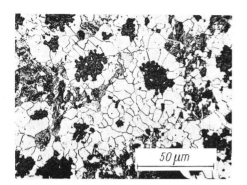

Bild 4.411. Temperkohle. Durch Zementitzerfall beim Glühen entstanden.
Geätzt mit HNO$_4$

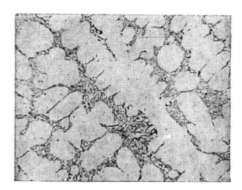

Bild 4.412. Graphiteutektikum in siliziumreichem Gußeisen.
Ungeätzt

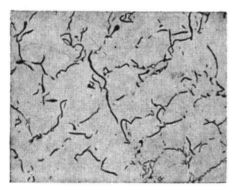

Bild 4.413. Korngrenzengraphit.
Ungeätzt

Bild 4.414. Grobe Graphitlamellen im normalen Gußeisen.
Ungeätzt

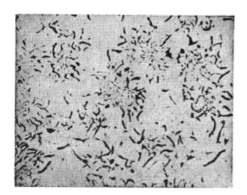

Bild 4.415. Nestergraphit in phosphorreichem Gußeisen.
Ungeätzt

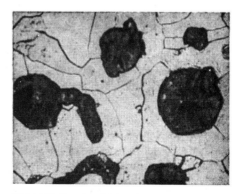

Bild 4.416. Kugelgraphit in mit Magnesium behandeltem Gußeisen (sphärolithischer Graphit)

Die Kristallisation des handelsüblichen, 2 bis 4 % C enthaltenden Gußeisen mit Lamellengraphit läßt sich nach dem Gesagten etwas schematisiert wie folgt beschreiben. Aus der Schmelze, die wahrscheinlich bereits Graphitkeime enthält, scheiden sich primäre γ-Mischkristalle aus. Der Rest der Schmelze erstarrt bei der eutektischen Temperatur teilweise zu Ledeburit und teilweise zu Graphit. Bei weiterer Abkühlung zerfällt der Zementit des Ledeburits zu Austenit und Graphit. Der gesamte in der Legierung enthaltene Austenit scheidet längs der Linie $E'S'$ Segregatgraphit aus. Dieser durch Zerfall entstandene sekundäre Graphit lagert sich an die primären Graphitkristalle an, die infolgedessen anwachsen. Im 3. Stadium der Abkühlung zerfällt der Austenit bei der eutektoiden Temperatur zu Perlit. Die Zementitlamellen des Perlits bilden sich bei Temperaturen dicht unterhalb von 720 °C zu Ferrit + Graphit um, wobei der Graphit wiederum an die bereits vorhandenen Graphitblätter ankristallisiert. Der zurückbleibende Ferrit umgibt die Graphitadern in Form der Ferritsäume.

Je nach der Zusammensetzung und Abkühlungsgeschwindigkeit kann der Perlitzerfall mehr oder weniger weit fortschreiten. Bei sehr langsamer Abkühlung oder bei nachträglichem Glühen zerfällt der Perlit vollständig, und das Gefüge besteht aus grobem Graphit und Ferrit. Bei schnellerer Abkühlung zerfällt der Perlit nur in der Umgebung der Graphitblätter. Diese sind dann von Ferritsäumen umgeben, die ihrerseits an restlichen Perlit angrenzen. Bei noch schnellerer Abkühlung schließlich wird der Perlitzerfall vollständig unterdrückt, und das Gefüge besteht aus einer perlitischen Grundmasse mit eingelagertem Graphit. Je nach dem Grundgefüge unterscheidet man demnach bei Gußeisen zwischen ferritischem, ferritisch-perlitischem und perlitischem Gußeisen.

Bei übereutektischem Gußeisen mit Lamellengraphit kristallisiert primärer Graphit längs der Linie $C'D'$ aus der Schmelze aus. Infolge ihrer geringen Dichte steigen die groben Graphitkristalle an die Oberfläche der Schmelze und bilden eine Art Schaum. Dieser durch Schwerkraftseigerung ausgeschiedene Graphit wird als Garschaumgraphit bezeichnet. Übereutektisches Gußeisen enthält deshalb selten mehr als etwa 4,5 % C.

Als weiteres wichtiges Legierungselement enthält Gußeisen noch *Silizium*, und zwar bis zu $\approx 3 \%$. Dieses verschiebt die eutektische Konzentration zu geringeren Kohlenstoffgehalten hin, wie nachstehende Zusammenstellung zeigt:

Siliziumgehalt [%]	0,03	0,93	1,74	2,73	4,68	6,99
Lage der eutektischen Konzentration [% C]	4,24	3,90	3,70	3,38	2,79	2,25

Neben der Konzentration des Eutektikums verringert ein Zusatz von Silizium auch die Lösungsfähigkeit der γ-Mischkristalle für Kohlenstoff sowie die Kohlenstoffkonzentration des eutektoiden Punktes, während die Temperatur der Eutektikalen ECF und der eutektoiden Geraden PSK erhöht wird.

Von besonderer Bedeutung für die Art des Gußeisengefüges ist der Einfluß des Siliziums auf das Eisenkarbid, das bei Vorhandensein höherer Siliziumgehalte leicht in seine Bestandteile Eisen und Kohlenstoff zerfällt. Diese Wirkung läßt sich so deuten, als ob der Kohlenstoff im Zementit durch Silizium verdrängt wird:

$Fe_3C + Si \rightarrow Fe_3Si + C$.

Ein erhöhter Siliziumgehalt wirkt also ähnlich wie ein gesteigerter Kohlenstoffgehalt und wie eine verlangsamte Abkühlungsgeschwindigkeit in Richtung einer Begünstigung des stabilen Eisen–Graphit-Systems gegenüber dem metastabilen Eisen–Eisenkarbid-System.

Dieser Einfluß des Siliziums auf den Karbidzerfall kommt besonders klar in dem *Gußeisen-Diagramm* nach E. MAURER zum Ausdruck (Bild 4.417). Das Diagramm stellt die Gußeisenarten dar, die bei den verschiedenen Kohlenstoff- und Siliziumgehalten auftreten, und es gilt für ganz bestimmte Abkühlungsbedingungen (Guß von 30-mm-Dmr.-Probestäben in lufttrockene Formen). Bei anderen Abkühlungsverhältnissen verschieben sich die Grenzlinien.

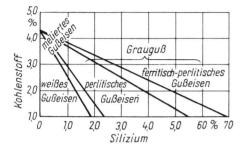

Bild 4.417. Gußeisen-Diagramm (nach MAURER)

Niedrige Kohlenstoff- und Siliziumgehalte bedingen eine weiße Erstarrung, d. h., es tritt ein ledeburitisches Gefüge auf (Bild 4.418). Ein erhöhter Siliziumgehalt führt zu dem hochwertigen perlitischen Gußeisen, dessen Gefüge aus einer rein perlitischen Grundmasse mit eingelagerten Graphitlamellen besteht (Bild 4.419). Steigert man den Siliziumgehalt noch weiter, so erhält man das normale ferritisch-perlitische Gußeisen (Bild 4.420), das gefügemäßig aus Ferrit, Perlit und Graphit besteht. Bei niederem Silizium- und höherem Kohlenstoffgehalt kommt man zu dem melierten Gußeisen (Bild 4.421), dessen Gefüge teils aus Ledeburit und Perlit, teils aus Graphit besteht.

Wie aus den bisherigen Ausführungen hervorgeht, läßt sich die Ausbildungsform des Gußeisengefüges in weiten Grenzen sowohl durch den Silizium- (und sonstigen Legierungs-) Gehalt wie auch durch die Abkühlungsgeschwindigkeit einstellen. Da man in der Praxis aber durch die Konstruktion (Wanddicke) und durch die Gießart (Sandguß, Kokil-

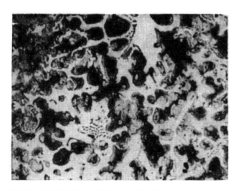

Bild 4.418. Weißes Gußeisen. Ledeburit und Perlit

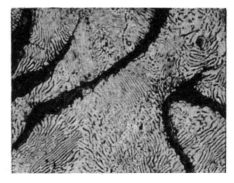

Bild 4.419. Perlitisches Gußeisen. Perlit und Graphit

Bild 4.420. Ferritisch-perlitisches Gußeisen. Perlit, Ferrit und Graphit (+ Steadit)

Bild 4.421. Meliertes Gußeisen. Ledeburit, Perlit und Graphit

lenguß) mit der Abkühlungsgeschwindigkeit festgelegt ist, stellt man das gewünschte Gefüge meist durch einen entsprechenden Kohlenstoff- und Siliziumgehalt ein. Es besteht aber beispielsweise bei in Sandformen vergossenem Gußeisen die Möglichkeit, durch Anbringen von eisernen Schreckplatten örtlich ein weißes Gefüge mit hoher Härte an der Oberfläche zu erzielen. Der Einfluß der Abkühlungsgeschwindigkeit auf das Gefüge verursacht auch die »Wanddickenempfindlichkeit« des Gußeisens. Darunter versteht man die Eigenart des Gußeisens, bei gegebener Zusammensetzung und Gießart um so weicher zu werden, je dicker das Gußstück ist. Je größer nämlich die Wanddicke ist, um so langsamer kühlt der Guß ab, um so mehr Ferrit tritt im Gefüge auf, und um so weicher wird infolgedessen das Gußeisen. Bei dünnwandigem, schnell abkühlendem Guß ist mehr Perlit vorhanden, und die Härte liegt entsprechend höher.

Während Silizium die Stabilität des Eisenkarbids herabsetzt, erhöht *Mangan*, das in Mengen von 0,3 bis 1,2 % im Gußeisen vorhanden ist, die Beständigkeit des Karbids, indem es in den Zementit als Mischkarbid $(Fe, Mn)_3C$ eintritt. Der Perlit im Gußeisen wird bei höheren Mangangehalten sehr feinlamellar infolge der Erniedrigung der γ/α-Umwandlung. Noch höhere Mangankonzentrationen führen ähnlich wie bei Stahl erst ein martensitisches und dann auch ein austenitisches Gefüge herbei.

Der *Schwefelgehalt* hat bei Gußeisen (bis zu 0,12 %) nicht die große Bedeutung wie bei Stahl, da stets genügend Mangan vorhanden ist, um den gesamten Schwefel als unschädliche Mangansulfideinschlüsse MnS abzubinden.

Der *Phosphorgehalt* des normalen Gußeisens liegt zwischen 0,1 und 0,6 %. Phosphor erhöht die Dünnflüssigkeit der Schmelze und steigert die Verschleißfestigkeit. Gußeisen, bei dem es besonders auf diese Eigenschaften ankommt (Radiatorenguß, Kunstguß, verschleißfester Guß), enthält deshalb 0,6 bis 1,8 % P.

Bei Kohlenstoff- und Phosphorgehalten, wie sie in Gußeisen vorkommen, wird von den Phasen Fe_3C, Fe_3P und γ-Mischkristall ein bei 950 °C schmelzendes ternäres Eutektikum gebildet, das als charakteristischer Gefügebestandteil des Gußeisens den Namen Phosphideutektikum oder *Steadit* führt und 2,4 % C und 6,89 % P enthält.

Die Erstarrungsvorgänge sind aus dem ternären System $Fe - Fe_3P - Fe_3C$ vom Bild 4.422 ersichtlich. Das bei 1 050 °C schmelzende binäre $(\alpha\text{-Fe} + Fe_3P)$-Eutektikum wird mit steigendem Kohlenstoffgehalt zu tieferen Temperaturen hin verschoben (binär-eutektische

4.7. Gußeisen und Temperguß

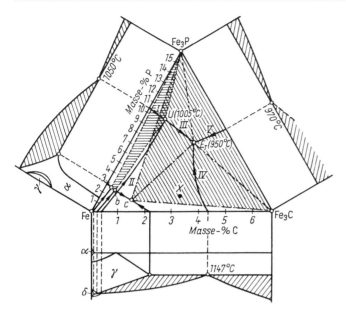

Bild 4.422. Erstarrungsvorgänge im Dreistoffsystem Eisen – Eisenkarbid – Eisenphosphid

Rinne I). Im binären Randsystem Fe–Fe$_3$C wird durch Zusatz von Phosphor die peritektische Reaktion Schmelze + δ-Fe → γ-Fe, die bei 0 % P bei 1 493 °C abläuft, ebenfalls zu niederen Temperaturen hin verschoben (Rinne II). Rinne I und Rinne II treffen sich im Punkte U bei 0,8 % C + 9,2 % P und 1 005 °C. Die α- (=δ-) Eisenmischkristalle nehmen Kohlenstoff bzw. Phosphor zusätzlich auf, so daß bei 1 005 °C die Konzentration des ternären α-Mischkristalls 0,3 % C + 2,2 % P + 97,5 % Fe beträgt (Punkt a). In gleicher Weise nimmt der ternäre γ-Eisenmischkristall noch Phosphor auf, so daß sich bei 1 005 °C die Zusammensetzung des ternären γ-Mischkristalles auf 0,5 % C + 2,0 % P + 97,5 % Fe beläuft (Punkt b).

Bei 1 005 °C sind vier Phasen miteinander im Gleichgewicht: das Eisenphosphid Fe$_3$P, der ternäre α-Mischkristall a, der ternäre γ-Mischkristall b und die Schmelze der Zusammensetzung U. Auf dieser sog. Übergangsebene Fe$_3$P-a-b-U findet nun bei 1 005 °C eine ternäre peritektische Reaktion statt, indem der α-Mischkristall a mit der Schmelze U reagiert unter Bildung von γ-Mischkristallen b und Fe$_3$P:

α-Fe(C, P)$_a$ + Schmelze$_U$ → γ-Fe(C, P)$_b$ + Fe$_3$P.

Nach beendigter Umsetzung ist die α-Phase verschwunden. Die Restschmelze ändert nun unter weiterem Temperaturabfall ihre Zusammensetzung von U nach E_T, indem γ-Mischkristalle mit Fe$_3$P als binäres Eutektikum zusammen auskristallisieren (binär-eutektische Rinne III). Gleichzeitig verschiebt sich die Zusammensetzung der γ-Mischkristalle kontinuierlich von b nach c. Aus dem Randsystem Fe–Fe$_3$C fällt die binär-eutektische Rinne IV ab, längs der das binäre Eutektikum (γ-Fe + Fe$_3$C) auskristallisiert. Auf der Rinne V schließlich kristallisiert das binäre (Fe$_3$P + Fe$_3$C)-Eutektikum aus.

Die drei binär-eutektischen Rinnen III, IV und V treffen sich im Punkt E_T, dem ternär-eutektischen Punkt, der bei 950 °C und 2,4 % + 6,89 % P + 90,71 % Fe liegt. Dort kristallisiert die Restschmelze bei konstanter Temperatur, indem sich die drei Phasen Fe_3C, Fe_3P und der ternäre γ-Mischkristall der Zusammensetzung c nebeneinander ausscheiden. Dies ist das ternäre Phosphideutektikum. Es enthält etwa 41 % Fe_3P, 30 % Fe_3C und 29 % γ-Mischkristalle.

Die Abkühlung eines weißen Gußeisens mit beispielsweise 3,0 % C und 1,5 % P (Punkt X im Bild 4.422) geht nun wie folgt vonstatten. Zuerst scheiden sich primäre γ-Mischkristalle mit relativ wenig Kohlenstoff aus. Die Restschmelze reichert sich dadurch so lange an Kohlenstoff an, bis sie die binär-eutektische Rinne IV trifft. Danach kristallisieren die γ-Mischkristalle gemeinsam mit Zementit als Ledeburit aus. Zu beachten ist, daß die Erstarrung des Ledeburits nicht bei 1 147 °C wie im $Fe-Fe_3C$-Diagramm erfolgt, sondern bei tieferen Temperaturen. Der Unterschied ist um so größer, je höher der Phosphorgehalt ist. Die Restschmelze wird dadurch phosphorreicher und folgt in ihrer Zusammensetzung der Rinne IV. Bei 950 °C ist der ternäre Punkt E_T erreicht. Gleichzeitig haben die γ-Mischkristalle die Konzentration des Punktes c angenommen, sich also mit Phosphor angereichert. Bei der konstanten Temperatur von 950 °C kristallisiert die gesamte Restschmelze als ternäres Eutektikum ($Fe_3C + Fe_3P + \gamma$-Fe). Das Gußeisen ist damit vollständig erstarrt.

Im Verlauf der weiteren Abkühlung verändert sich noch die Zusammensetzung der γ-Mischkristalle. Bei 950 °C beträgt sie 1,2 % C + 1,1 % P (Punkt c), bei 745 °C dagegen nur noch 0,8 % C + 1,0 % P. Sowohl der Kohlenstoff- wie auch der Phosphorgehalt werden mit sinkender Temperatur kleiner. Der ausgeschiedene Phosphor und Kohlenstoff bilden Fe_3C- bzw. Fe_3P-Segregate. Bei 745 °C schließlich zerfallen diese ternären γ-Mischkristalle zu Perlit, der aus Zementit und dem α-Eisenmischkristall mit 0,1 % C und 1,5 % P besteht.

Bei langsamer Abkühlung und ausreichendem Siliziumgehalt (>2 % Si) scheidet sich bei etwa 950 °C das stabile ternäre (γ-Fe + Fe_3P + Graphit)-Eutektikum aus. Der Graphit lagert sich bei sehr langsam erstarrtem Gußeisen oder bei geglühtem Gußeisen bevorzugt an schon vorhandene Graphitlamellen an, so daß ein binäres (α-Fe + Fe_3P)-Eutektikum vorgetäuscht wird. In Wirklichkeit handelt es sich dabei aber stets um das entartete ternäre Eutektikum (pseudobinäres Eutektikum).

Wenn man sich über den Phosphorgehalt im Gußeisen und dessen Verteilung orientieren will, ätzt man den Schliff mit 10- bis 20 %iger wäßriger Salpetersäure. Hierdurch wird die metallische Grundmasse dunkel bis schwarz gefärbt, während der Steadit deutlich als heller Gefügebestandteil an den Korngrenzen in Erscheinung tritt. Bild 4.423 zeigt die Phosphidmenge und -verteilung in einem Gußeisen mit Lamellengraphit mit 0,4 % P. Ein punktförmiges offenes Korngrenzennetz ist angedeutet. Bild 4.424 zeigt einen Querschnitt durch einen gußeisernen Kolbenring mit 1,0 % P. Der Steadit bildet ein gleichmäßiges, engmaschiges Netzwerk, das mit einer sehr guten Verschleißfestigkeit verbunden ist und deshalb angestrebt wird. Ungünstig ist ein grobes oder offenes Netzwerk.

Bei höherer Vergrößerung sind der heterogene Aufbau und die für Eutektika typische Restfeldgestalt des Phosphideutektikums deutlich zu erkennen. Bild 4.425 zeigt einen feinkörnigen, Bild 4.426 dagegen einen grobkörnigen Steadit. In beiden Abbildungen ist das Grundgefüge rein perlitisch.

Durch heiße alkalische Natriumpikratlösung wird nur der Zementit dunkel gefärbt, während der Ferrit und das Eisenphosphid nicht angegriffen werden und hell bleiben

4.7. Gußeisen und Temperguß

Bild 4.423. Verteilung des ternären Phosphideutektikums Steadit in Gußeisen mit Lamellengraphit mit 0,4 % P.
Geätzt mit 20 %iger HNO$_3$

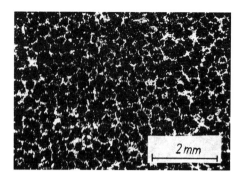

Bild 4.424. Verteilung des ternären Phosphideutektikums Steadit in Gußeisen mit Lamellengraphit mit 1 % P.
Geätzt mit 20 %iger HNO$_3$

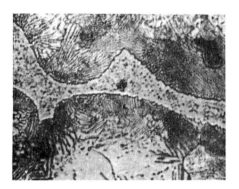

Bild 4.425. Ternäres Phosphideutektikum Steadit in Perlitguß.
Geätzt mit 1 %iger HNO$_3$

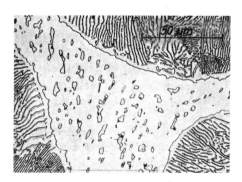

Bild 4.426. Steadit in Gußeisen; grobe Ausbildung.
Geätzt mit 1 %iger HNO$_3$

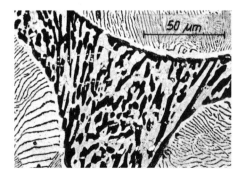

Bild 4.427. Wie Bild 4.426.
Geätzt mit heißer alkalischer Natriumpikratlösung (Fe$_3$C wird dunkel gefärbt)

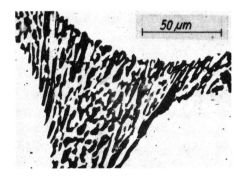

Bild 4.428. Wie Bild 4.426.
Geätzt mit Ferrizyanidlösung (Fe$_3$P wird dunkel gefärbt)

(Bild 4.427). Durch eine Ätzung mit frisch angesetzter Ferrizyanidlösung wird hingegen nur das Eisenphosphid dunkel gefärbt, während der Zementit und der Ferrit hell bleiben (Bild 4.428).

Durch Legieren lassen sich die Eigenschaften des Gußeisens in ähnlicher Weise wie bei Stahl verbessern. Ein Gußeisen mit 14 bis 18 % Silizium besitzt eine vorzügliche Beständigkeit gegen viele Säuren, vor allem gegen heiße, hochkonzentrierte Salpetersäure und gegen heiße Schwefelsäure. Ebenfalls säurebeständig ist ein Gußeisen mit 5 bis 35 % Ni, 2 bis 8 % Cr, 2 bis 16 % Cu, 3 bis 10 % Mn und eventuell bis zu 3 % Al. Erhöhte Zunderbeständigkeit erhält man durch 5 % Si, 18 % Ni, 2 % C und 1 % Mn.

Die mechanischen Eigenschaften des Gußeisens sind abhängig von der Beschaffenheit des Grundgefüges und von der Größe, Form und Verteilung des Graphits. Die im Zerreißversuch ermittelte Dehnung ist nur sehr gering und übersteigt 0,5 bis 1 % nicht. Die Druckfestigkeit des Gußeisens ist viermal so groß wie die Zugfestigkeit, so daß Gußeisen zweckmäßigerweise auf Druck zu beanspruchen ist.

Die Härte des Gußeisens ist um so größer, je höher der Ledeburit- oder Perlit-, d. h. je höher der Zementitanteil im Gefüge ist. Der niedrigen Härte des Graphits steht die Härte des Ferrits mit etwa $HB = 100$, die des Perlits mit $HB = 250$ bis 350 und die des Zementits und Steadits mit $HB = 700$ bis 800 gegenüber. Da die Graphitmenge nur in relativ engen Grenzen variiert, so ist die Härte des Gußeisens im wesentlichen durch die Zusammensetzung der Grundmasse gegeben. Die Härte des Gußeisens nimmt mit steigendem Ferritgehalt ab und mit steigendem Zementit- und Phosphidgehalt zu. Die Härte der Grundmasse läßt sich zwar durch Härten oder Vergüten erhöhen, doch macht man von dieser Maßnahme wenig Gebrauch.

Die Festigkeitseigenschaften des Gußeisens mit Lamellengraphit werden entscheidend durch die Ausbildungsform der Graphitkristalle beeinflußt. Der spezifische Einfluß der Graphiteinlagerungen setzt sich aus zwei verschiedenen Faktoren zusammen, nämlich aus einer Verminderung des tragenden Querschnitts der metallischen Grundmasse und aus einer Kerbwirkung.

Der weiche Graphit vermag keine nennenswerten Zugspannungen zu übertragen. Die bei der mechanischen Beanspruchung durch das Metall verlaufenden Spannungslinien müssen deshalb um die Graphitblättchen herumgehen, wodurch sich ihr Weg verlängert bzw. der tragende Querschnitt um 50 % und mehr abnimmt. Außerdem bilden sich an den Enden der Graphitblätter in der angrenzenden metallischen Grundmasse infolge der Umbiegungen und Zusammendrängung der Kraftlinien hohe örtliche Spannungsspitzen, sog. Kerbspannungen, aus, die die geringe Dehnung und Schlagfestigkeit des Gußeisens verursachen. Aus diesen Wirkungen der Graphiteinlagerungen folgt, daß für die Festigkeitseigenschaften des Graugusses kurze, gedrungene oder rundliche, sphärolithische Graphitformen wesentlich günstiger sind als großflächige Graphitblätter. Durch sehr grobe Graphitausbildung kann beispielsweise die Zugfestigkeit von normalem Maschinenguß, die üblicherweise bei 200 MPa liegt, auf 60 bis 70 MPa erniedrigt werden. Die besten mechanischen Eigenschaften besitzt deshalb ein Gußeisen mit perlitischer Grundmasse, in die der Graphit in feinster Verteilung eingelagert ist. Durch Schmelzüberhitzung und schnelle Abkühlung läßt sich ein derartiger hochwertiger Perlitguß bei entsprechendem Kohlenstoff- und Siliziumgehalt herstellen.

Die beste Verschleißfestigkeit besitzt dagegen ein Gußeisen mit perlitischer Grundmasse, höherem Phosphorgehalt ($\approx 1\%$ P) und groben Graphitlamellen. Derartiges verschleißbe-

4.7. Gußeisen und Temperguß

ständiges Gußeisen wird für Lagerschalen, Gleitbahnen, Bremsbacken u. dgl. verwendet.
Grobe Graphitlamellen bewirken aber ein Undichtwerden des Gußeisens für Gase, da die Gasmoleküle durch den Graphit hindurchwandern können. Ist Sauerstoff zugegen, so kann dabei eine Oxidation des Eisens in der Umgebung der Graphitblätter erfolgen, wodurch der Werkstoff zerstört wird. Bild 4.429 zeigt das Gefüge des Gußeisens eines Dampfturbinengehäuses, das nach 30jähriger Betriebszeit Zerstörungen infolge »innerer Oxidation« aufwies. Wie aus dem Bild hervorgeht, sind sämtliche Graphitlamellen durch eingedrungenen Wasserdampf von einer FeO-Schicht umgeben.

Bild 4.429. Gefüge eines durch Heißdampf zerstörten gußeisernen Dampfturbinengehäuses. Die Graphitlamellen sind von einer dicken Schicht aus Eisenoxid umgeben. Geätzt mit HNO_3

In ganz ähnlicher Weise kann Gußeisen auch bereits bei Raumtemperatur durch örtliche Korrosion zerstört werden. Diese Erscheinung wird als *Spongiose* oder *Eisenschwamm* bezeichnet und tritt vor allem bei in Erdböden verlegten gußeisernen Rohren auf. Von Bedeutung ist hierbei ein geringer Gehalt des Erdbodens an Säuren oder Chlor, wie er z.B. in sumpfigen Gegenden, in Meeresnähe oder in der Nähe von chemischen Betrieben vorkommt. Die Eisengrundmasse des Gußeisens wird hierbei vorzugsweise in Eisenoxidul FeO überführt. Graphit und das Phosphideutektikum werden wenig oder gar nicht angegriffen. Das Gußeisen wird durch die Spongiose so weich, daß es sich mit dem Messer schneiden läßt. Wird die Rostschicht des Rohres an der Oberfläche abgearbeitet, so erkennt man den Eisenschwamm an dunklen Flecken (Bild 4.430), die lochfraßähnlichen Charakter haben. Die Feingefügeausbildung von spongiosebehaftetem Gußeisen ist im Bild 4.431 dargestellt. Die dunkelgraue Grundmasse besteht vorwiegend aus FeO; eingelagert sind das Phosphideutektikum (helles Netz) und der schwarze Graphit.
Der Elastizitätsmodul des Gußeisens ist von der Spannung abhängig und beträgt beispielsweise für normalen Maschinenguß 40000 bis 70000 MPa. Im Gegensatz dazu ist der E-Modul bei Stahl von der Spannung unabhängig und liegt mit 210000 MPa auch wesentlich höher. Die Kerbempfindlichkeit von Gußeisen mit Lamellengraphit ist sehr gering. Dies ist bei wechselbeanspruchten Konstruktionen von Vorteil.
Eine weitere für Gußeisen mit Lamellengraphit spezifische Eigenschaft ist seine gute Dämpfungsfähigkeit. Darunter versteht man die Umwandlung mechanischer Schwingun-

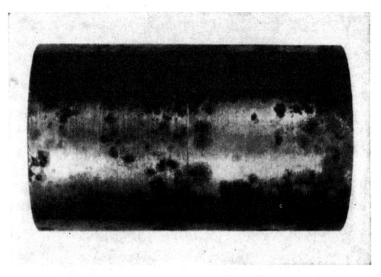

Bild 4.430. Abgedrehte Oberfläche eines mit Spongiose behafteten Rohrs aus Gußeisen mit Lamellengraphit

gen in Wärme. Schlägt man beispielsweise eine frei hängende Eisenstange mit einem Hammer an, so klingt der erzeugte Ton noch lange nach, während angeschlagener Grauguß nur einige wenige Schwingungen macht und alsbald zur Ruhe kommt. Die Herabminderung schädlicher Schwingungen in periodisch beanspruchten Konstruktionen durch die Werkstoffdämpfung ist bei Grauguß in besonderem Maß ausgeprägt. Darauf muß der ruhige Gang vieler Kraft- und Arbeitsmaschinen zurückgeführt werden, weshalb man etwa Drehmaschinenbetten u. dgl. fast stets aus Gußeisen mit Lamellengraphit herstellt.

Die wichtigste Eigenschaft des Gußeisens aber ist seine gute Vergießbarkeit, die auf der niederen Schmelztemperatur des Eutektikums bei $\approx 1150\,°C$ beruht. Mit steigendem Kohlenstoffgehalt nimmt die Dünnflüssigkeit der Schmelze bis zur eutektischen Konzentration zu. Durch Phosphor wird die Viskosität der Schmelze noch weiter herabgesetzt, da der Schmelzpunkt des ternären Phosphideutektikums bei nur $950\,°C$ liegt.

Schalenhartguß, d. h. Gußeisen mit grauem Kern und weißer Oberfläche, wird vielfach zur Herstellung von Walzen verwendet. Dabei wird ein Gußeisen mit 1,7 bis 4% C, 0,3 bis 1,5% Si und 0,15 bis 15% Mn in Kokillen vergossen. Durch die Abschreckung erstarrt die Oberfläche weiß, der Kern grau. Dabei soll der Übergang vom Kern zum Rand möglichst allmählich erfolgen, weil sonst Abplatzungen auftreten.

Während in den normalen Gußeisensorten der Graphit schon z.T. aus der Schmelze, z.T. während der Abkühlung aus dem Zementit abgeschieden wird, bringt man beim *Temperguß* das Eisenkarbid erst nachträglich durch eine besondere Langzeitglühung zum Zerfall. Der entstehende Graphit sammelt sich zu charakteristischen Knöllchen an und führt den Namen *Temperkohle*. Man unterscheidet dabei nach dem Bruchaussehen den weißen und schwarzen Temperguß und den Schwarzkernguß.

Der *schwarze Temperguß* (GTS) hat einen dunklen Bruch und besteht gefügemäßig aus Ferrit und Temperkohle (Bild 4.432). Er wird hergestellt, indem weiß erstarrtes Gußeisen

4.7. Gußeisen und Temperguß

Bild 4.431. Gefügeausbildung von durch Spongiose zerstörtem Gußeisen mit Lamellengraphit. FeO (dunkelgrau), Steadit (weiß) und Graphit (schwarz)

mit ≈2,2 bis 2,8 % C, 1,4 bis 0,9 % Si und 0,20 bis 0,50 % Mn in neutralen Mitteln, wie Schlacken, Sand u. dgl., 20 h bei 920 °C und 20 h bei 800 bis 700 °C geglüht wird. Das Gußeisen wird wegen der neutralen Atmosphäre nicht entkohlt, sondern der Zementit zerfällt infolge des erhöhten C- und Si-Gehalts vollständig in Ferrit und Temperkohle. Dieser Vorgang ist unabhängig von der Wanddicke und liefert deshalb auch bei dicken Stücken einen gleichmäßigen Werkstoff. Unter Umständen bleibt ein Perlitrest erhalten.

Der *weiße Temperguß* (GTW) weist ein helles Bruchaussehen auf. Das Gefüge besteht im Kern aus Perlit und Temperkohle (Bild 4.433), in den Randzonen aber aus reinem Ferrit.

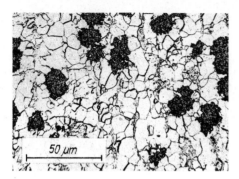

Bild 4.432. Schwarzer Temperguß. Ferrit und Temperkohle

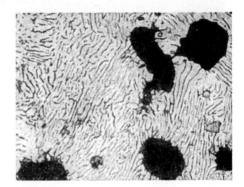

Bild 4.433. Weißer Temperguß. Perlit und Temperkohle

Dazwischen befindet sich eine ferritisch-perlitische Übergangsschicht, die noch Temperkohle enthalten kann. Der weiße Temperguß wird so hergestellt, daß weiß erstarrtes Gußeisen mit ≈2,4 bis 3,8 % C, 0,8 bis 0,4 % Si und 0,20 bis 0,50 % Mn in einem sauerstoffabgebenden Mittel, meistens einer Mischung der Eisenoxide Hammerschlag und Roteisenstein, 60 bis 120 h bei 1 000 °C geglüht wird, wodurch der Kohlenstoff je nach der Wanddicke und der Intensität der Glühung mehr oder weniger stark entfernt wird. Deshalb liefern meist nur Stücke von 2 bis 3 mm Dicke einen gleichmäßig entkohlten Werkstoff. Dickere Stücke ergeben ein ungleichmäßiges Gefüge, in dem die ferritischen Randzonen weich und zäh, der perlitische Kern dagegen hart und fest, dafür aber auch weniger zäh ist.

Beim *Schwarzkernguß* erhält das Gußeisen die für Schwarzguß übliche chemische Zusammensetzung und wird ähnlich wie weißer Temperguß geglüht. Dadurch wird ein Kern aus Ferrit und Temperkohle gebildet, der Rand jedoch stark entkohlt. Auch tritt zwischen der Randzone und dem Kern eine dünne perlitische Schicht auf (Bild 4.434).

Der Temperguß vereinigt einige Vorteile des Gußeisens, wie niedrige Gießtemperatur und leichte Vergießbarkeit, mit den Vorteilen des Stahls, wie erhöhte Festigkeit und Zähigkeit. Der sog. weiße Temperguß, z. B. GT-3504E, besitzt eine Mindestzugfestigkeit von 340 MPa und eine Mindestbruchdehnung von 4 %, während der sog. schwarze Temperguß GT-3514 bei einer Mindestzugfestigkeit von 350 MPa eine Mindestbruchdehnung von 14 % aufweist.

Temperguß ist in geringem Umfang spanlos umformbar und findet Verwendung für

4.7. Gußeisen und Temperguß   625

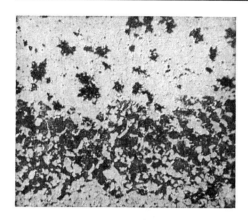

Bild 4.434. Schwarzkernguß.
oben: Kern aus Ferrit und Temperkohle
Mitte: perlitische Zone
unten: ferritischer Rand

kleine Abgüsse, deren Herstellungskosten als Stahlformguß zu hoch sind, während die Oberfläche im Gegensatz zum Stahlguß glatt und sauber ist. Aus Temperguß werden hergestellt: Schalthebel, Rohrfittings, Schlüssel, Räder, Naben, Getriebegehäuse, Kupplungsscheiben u. dgl.

5. Gefüge der technischen Nichteisenmetalle und ihrer Legierungen

5.1. Kupfer und seine Legierungen

5.1.1. Reinkupfer

Kupfer kommt im geringen Umfang gediegen, in der Hauptsache aber als sulfidisches Erz, das mit Eisen, Blei, Antimon, Arsen oder Nickel verschwistert ist, vor. Das wichtigste Kupfermineral ist der Kupferkies ($CuFeS_2$) mit $\approx 34\%$ Cu. Andere Minerale sind der Kupferglanz (Cu_2S), der Bournonit ($CuPbSbS_3$) und der Malachit [$CuCO_3 \cdot Cu(OH)_2$]. Da die Kupfererze relativ arm sind (meist $<10\%$), werden sie vor der Verhüttung durch besondere Verfahren auf 20- bis 25%ige Kupferkonzentrate aufbereitet.

Das sulfidische Erz wird zuerst teilweise geröstet und dann im Erzflammofen zu Kupferstein mit ≈ 30 bis 40% Cu, 25 bis 35% Fe und 25 bis 35% S verschmolzen. Anschließend erfolgt das Verblasen des Kupfersteins in einem Konverter. Die durch den Stein geblasene Luft oxidiert das Kupfer- und Eisensulfid zu den entsprechenden Oxiden. Das gebildete Kupferoxidul setzt sich mit dem Kupfersulfid unter Ausbildung von metallischem Kupfer um:

$$2Cu_2O + Cu_2S \rightarrow 6Cu + SO_2.$$

Das Eisenoxidul wird mit Kieselsäure verschlackt. Das auf diese Weise erhaltene Konverterkupfer enthält 97 bis 99,5% Cu, Rest Pb, Sb, Fe, S, Ni, O. Die Raffination erfolgt im Flammofen durch oxidierende Behandlung (Raffinadekupfer) und durch Elektrolyse (Elektrolytkupfer).

Beim Umschmelzen der Katoden erhält man entsprechend dem angewandten Umschmelzverfahren sauerstoffhaltiges (E-Cu) oder sauerstofffreies Kupfer (SE-Cu). Die einzelnen Kupfersorten enthalten je nach Reinheitsgrad 99,0 bis 99,97% Cu.

Bei einer Grobeinordnung der Einflüsse von Beimengungen ist festzustellen, daß Schwefel, Blei, Wismut, Antimon, Selen und Tellur die Warm- und Kaltverarbeitung von Kupfer ungünstig beeinflussen und daher unerwünscht sind. Bezogen auf besondere Anwendungsfälle lassen sich die technologischen und mechanischen Eigenschaften von Kupfer durch geringe Beimengungen, z. B. Arsen, Phosphor, Nickel oder Silber, verbessern. Die elektrische Leitfähigkeit wird aber durch alle Verunreinigungen herabgesetzt. Besonders negativ wirken sich Phosphor, Silizium, Arsen, Eisen und Antimon aus. Für die Beurteilung des E-Kupfers ist die elektrische Leitfähigkeit maßgebend.

Die hohe elektrische und thermische Leitfähigkeit des Kupfers, die nur von der des Silbers übertroffen wird, erschließt ihm eine breite Anwendung in der Elektrotechnik und im Anlagenbau. Der industrielle Bedarf ist so groß, daß Kupfer eines der wenigen Gebrauchsmetalle ist, das zum überwiegenden Teil unlegiert verwendet wird. Reines geglühtes Kupfer hat eine 0,2-Dehngrenze von ≈ 50 MPa, eine Zugfestigkeit von 200 bis 250 MPa, eine Brinell-Härte von 40 bis 50 HB, eine Bruchdehnung von 40 bis 50 % und eine Einschnürung von $>50\%$.

Das Gefüge des kfz. Kupfers besteht aus polyedrischen Kristalliten, die stark verzwillingt sind. Infolge des hohen Schmelzpunkts (1 083 °C) ist die Legierbarkeit des Kupfers mit anderen Metallen sehr gut. Die Hauptlegierungselemente des Kupfers sind Zink, Zinn, Nickel, Aluminium, Beryllium, Silizium, Mangan und Silber.

5.1.2. Kupfer – Schwefel

Schwefel bildet mit Kupfer die Verbindung Kupfersulfid (Cu_2S). Zwischen Kupfer und Kupfersulfid besteht eine ausgesprochene Mischungslücke (Bild 5.1). Durch 0,77 % S wird der Schmelzpunkt des Kupfers von 1 083 auf 1 067 °C erniedrigt. Bild 5.2 zeigt das ungeätzte Gefüge von Kupfer mit 5 % S. In die eutektische Grundmasse sind rundliche Einschlüsse eingelagert, die aus Cu_2S bestehen. Durch Ätzen mit verdünnter Flußsäure lassen sich die Cu_2S- von den Cu_2O-Kristallen unterscheiden: Cu_2O wird dunkel angefärbt, Cu_2S dagegen nicht angegriffen.

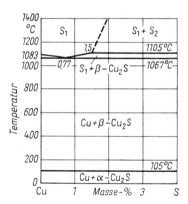

Bild 5.1. Zustandsschaubild Kupfer – Schwefel

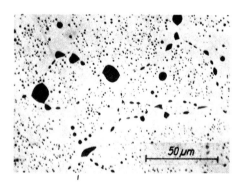

Bild 5.2. Kupfer mit 5 % S. Rundliche Einschlüsse von Cu_2S in der Kupfergrundmasse. Ungeätzt

5.1.3. Kupfer – Sauerstoff

Im nicht desoxidierten Hüttenkupfer befindet sich stets noch Sauerstoff. Dieser bildet mit Kupfer die Verbindung Cu_2O (Kupferoxidul). Cu_2O ist von hohen Temperaturen bis hinab zu 375 °C beständig und verbindet sich dann mit Kupfer zu CuO, Kupferoxid

(Bild 5.3). Diese Reaktion verläuft sehr langsam und hat keine praktische Bedeutung. Zwischen Cu und Cu_2O besteht im flüssigen Zustand eine ausgedehnte Mischungslücke. Durch 0,39 % O bzw. 3,5 % Cu_2O wird der Schmelzpunkt des Kupfers von 1 083 auf 1 065 °C erniedrigt. Eine eutektische Legierung mit 0,39 % O besteht aus einer Kupfergrundmasse, in die Cu_2O-Kristalle in Tröpfchenform gleichmäßig eingelagert sind. Enthält das Kupfer weniger Sauerstoff, so besteht das Gefüge aus primären Kupferkristallen, die in das $(Cu + Cu_2O)$-Eutektikum eingelagert sind (Bild 5.4).

Dieses Gußgefüge verändert aber sein Aussehen, wenn nachträglich eine Warm- oder Kaltumformung stattfindet. Bei geringeren Umformgraden wird das Netz aus dem Eutektikum zunächst parallel zur Hauptumformrichtung langgestreckt (Bild 5.5). Mit weiter steigendem Umformgrad findet eine Aufteilung des Netzwerks statt, bis schließlich in dünnen Blechen oder Drähten die Cu_2O-Einschlüsse ziemlich gleichmäßig in der Kupfergrundmasse verteilt vorliegen (Bild 5.6). Übereutektische Kupfer-Sauerstoff-Legierungen scheiden zufolge des Zustandsdiagramms primäre Dendriten aus Cu_2O aus, die in die eutektische Grundmasse eingelagert sind (Bild 5.7).

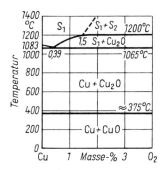

Bild 5.3. Zustandsschaubild Kupfer – Sauerstoff

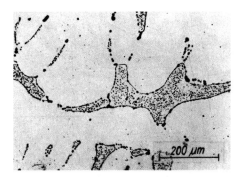

Bild 5.4. Kupfer mit 0,8 % Cu_2O = 0,09 % O_2. Primäre Kupferkristalle mit dem $(Cu + Cu_2O)$-Eutektikum. Ungeätzt

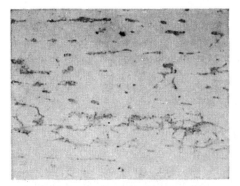

Bild 5.5. Untereutektische Kupfer-Sauerstoff-Legierung, 5fach umgeformt. Langstreckung des Eutektikums. Ungeätzt

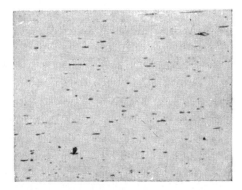

Bild 5.6. Untereutektische Kupfer-Sauerstoff-Legierung, Umformgrad 100 %. Zerteilung des eutektischen Gefügebestandteils

5.1. Kupfer und seine Legierungen

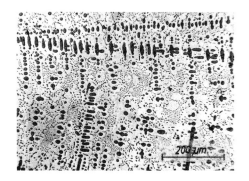

Bild 5.7. Kupfer mit 6% Cu$_2$O. Primäre Kupferoxiduldendriten mit dem (Cu + Cu$_2$O)-Eutektikum. Ungeätzt

Der Sauerstoffgehalt von arsenfreiem, gegossenem Kupfer läßt sich metallographisch mit großer Genauigkeit bestimmen. Bei 3,5 Masse-% Cu$_2$O = 0,39 Masse-% O$_2$ besteht das Gefüge zu 100% aus dem Eutektikum (Cu + Cu$_2$O). Nimmt das Eutektikum im Schliffbild X Flächenprozent ein, so sind

$$Y = \frac{X}{100} \cdot 0,39 \text{ Masse-\% O}_2$$

im Kupfer vorhanden. Die Größe von X läßt sich mit Hilfe moderner Verfahren der quantitativen Bildanalyse bzw. durch Ausplanimetrieren oder Auswiegen aus der photographischen Aufnahme ermitteln. Im Bild 5.4 wurden beispielsweise durch Ausplanimetrieren $X = 23,4$ Flächenprozent Eutektikum (Cu + Cu$_2$O) gefunden. Dem entsprechen also

$$Y = \frac{23,4}{100} \cdot 0,39 = 0,09 \text{ Masse-\% O}_2.$$

Die Kupferoxidulkristalle erscheinen bei der normalen Hellfeldbeleuchtung in blauer Farbe. Die granatrote Eigenfarbe kommt aber bei der Betrachtung im polarisierten Licht oder bei der Dunkelfeldbeleuchtung zum Vorschein.

Die elektrische Leitfähigkeit, Festigkeit und Härte von Kupfer werden durch Cu$_2$O praktisch nicht beeinflußt. Erheblich werden aber Dehnung, Einschnürung, Biege- und Verwindezahl verschlechtert. Gleichfalls nimmt die Porosität zu. Der obere Gehalt an Cu$_2$O soll deshalb bei 0,9 bis 1,0% liegen. Kupfer, das geschweißt werden soll, darf kein Cu$_2$O enthalten. Für derartige Zwecke ist desoxidiertes Kupfer zu verwenden.

Wird Cu$_2$O-haltiges Kupfer in einer wasserstoffhaltigen Atmosphäre geglüht, so diffundiert Wasserstoff in das Kupfer ein und reagiert mit dem Cu$_2$O gemäß der Gleichung

$$Cu_2O + H_2 \rightarrow Cu + H_2O$$

unter der Bildung von Wasser. Infolge der hohen Temperatur ist das Wasser dampfförmig und steht unter hohem Druck, weil die Wassermoleküle im Kupfer nicht diffundieren können. Als Folge können bevorzugt an den Korngrenzen Porenbildungen auftreten bzw. bei höherer Intensität des Schädigungsvorgangs feine bis sehr ausgeprägte interkristalline Rißbildungen. Bei gegebenen Verarbeitungsbedingungen des Lötens mit einer Wasserstoffflamme führte z.B. der falsche Einsatz von sauerstoffhaltigem Kupfer an einem untersuchten Schadstück zu starker Porenbildung an den Korngrenzen und stellenweise zum Herausplatzen oberflächennaher Gefügebezirke (Bilder 5.8 und 5.9). Diese Erscheinung wird als Wasserstoffversprödung (Wasserstoffkrankheit) bezeichnet.

Bild 5.8. Wasserstoffversprödung an sauerstoffhaltigem Kupfer (Wasserstoffkrankheit). Schädigung der Korngrenzen durch Porenbildung

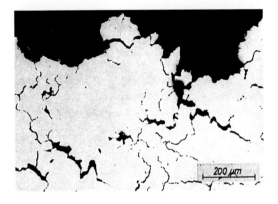

Bild 5.9. Wie Bild 5.8. Durch Heraussprengen ganzer Gefügebezirke besonders stark geschädigter Bereich

5.1.4. Kupfer – Zink (Messing)

Unter den Kupferlegierungen kommt den Kupfer-Zink-Legierungen (Messing) die größte technische Bedeutung zu. Ihre hohe Korrosionsbeständigkeit, gute Verarbeitbarkeit und relativ hohe Festigkeit sichern ihnen breite Anwendungsmöglichkeiten. Die technisch angewendeten Kupfer-Zink-Legierungen liegen im Kupfergehalt >54 % und werden entsprechend den im Zustandsschaubild (Bild 5.10) vorhandenen Phasenräumen in drei Gruppen, α-, $\alpha + \beta\,(\alpha/\beta)$- und β-Messinge, eingeteilt. Der α-Mischkristall weist ein kfz. Gitter auf, der β-Mischkristall ein krz. Die β-Phase, die eine statistisch regellose Verteilung der Kupfer- und Zinkatome aufweist, erfährt bei Temperaturen zwischen 454 und 468 °C eine Umwandlung in die β'-Phase mit geordneter atomarer Verteilung, in der das Zinkatom stets in der raumzentrierenden Atomlage angeordnet ist.

Der α-Mischkristall läßt sich sehr gut kaltumformen, erreicht aber andererseits nicht die gute Warmumformbarkeit des β-Mischkristalls, der seinerseits für eine Umformung bei Raumtemperatur weniger geeignet ist. Die Potentialdifferenz des β-Mischkristalls zum Kupfer ist größer als die des α-Mischkristalls, der deshalb die größere Korrosionsbeständigkeit besitzt.

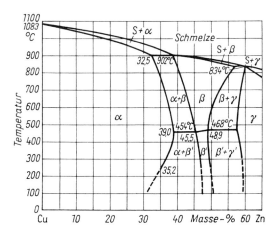

Bild 5.10. Zustandsschaubild Kupfer–Zink

Schließlich führen die β-Anteile im α/β-Gefüge im Zusammenwirken mit spanbrechenden feinen Bleiausscheidungen zu sehr guten Zerspanungseigenschaften.

Die mit sinkender Temperatur auftretenden Änderungen im Verlauf der Phasengrenzen bedingen, daß bei der gezielten Einstellung bestimmter Werkstoffeigenschaften den Phasenumwandlungen und damit der Temperaturführung bei der Erstarrung des Gusses, bei seiner Weiterverarbeitung zu Halbzeug und bei der Durchführung von Wärmebehandlungen neben der chemischen Zusammensetzung die Hauptaufmerksamkeit zu widmen ist. Wie das Zustandsschaubild zeigt, beträgt bei der peritektischen Temperatur von 902 °C die Löslichkeit von Zink in Kupfer 32,5 %. Sie nimmt bis zu Temperaturen von 400 bis 450 °C auf 39 % zu und geht bei weiterer Abkühlung wieder zurück. Um das Gleichgewicht von α-Legierungen mit hohen Zinkgehalten bei niederen Temperaturen einzustellen, sind erhebliche Kaltumformungen und lange Glühzeiten erforderlich.

Bei den im homogenen Phasengebiet liegenden α-Messingen mit Gehalten > 62,5 % Cu nimmt mit steigendem Kupfergehalt, d. h. bei den bekanntesten Legierungen in der Reihenfolge CuZn37, CuZn30, CuZn28, CuZn20 und CuZn15, die Korrosionsbeständigkeit, besonders gegenüber Spannungsrißkorrosion, zu. Die Kaltformänderungsfähigkeit nimmt mit steigendem Zinkgehalt zu und erreicht etwa zwischen 30 und 35 % ein Maximum, so daß diesbezüglich an die Legierungen CuZn30 und CuZn28 besonders hohe Anforderungen gestellt werden können.

Die für die Verarbeitung durch Tiefziehen, Streckziehen recht bedeutende Legierung CuZn37 liegt aufgrund ihrer Zusammensetzung im Grenzbereich zwischen dem α- und dem α/β-Gebiet und verlangt deshalb im Hinblick auf die Gefügeausbildung und damit auf die gewünschten Eigenschaften besondere Aufmerksamkeit bei der Temperaturführung in den Herstellungs- und Verarbeitungsprozessen. Bei schneller Abkühlung nach der Erstarrung oder bei Überschreitung der Temperatur von $\approx$ 650 °C beim Glühen und anschließender schneller Abkühlung verläuft die β/α-Umwandlung nicht vollständig und ist Ursache für das Auftreten von unterkühlten β-Kristallen im Gefüge, die bei dieser Legierung in den meisten Fällen unerwünscht sind. Die entsprechend dem Zustandsschaubild für einen α-Mischkristall mit 63 % Cu < 300 °C zu erwartende Ausscheidung von β'-Phase wird unter den Glühbedingungen der Praxis nicht beobachtet.

Die im Zweiphasengebiet liegenden α/β-Messinge zeichnen sich infolge ihres β-Anteils durch hohe Warmumformbarkeit und in Verbindung mit Bleizusätzen bis 3 % durch gute Zerspanungseigenschaften aus. Die alte Bezeichnung Schmiedemessing für die Legierung CuZn40 symbolisiert bereits ihre besonderen Anwendungen, z. B. für Gesenkschmiedestücke, Warmpreßteile, Kondensatorböden und im Behälterbau. Durch Bleizusätze läßt sich diese Legierung modifizieren (CuZn38Pb1) und auch für spangebende Bearbeitungen einsetzen. Als Hauptlegierungen für diese Verarbeitungsansprüche gelten die Legierungen CuZn40Pb2 und CuZn40Pb3. Sie liegen im Kupfergehalt zwischen 56 und 60 %, demzufolge im Bereich der Phasengrenze zwischen dem $(\alpha + \beta)$- und dem β-Gebiet. Sie sind, wie auf der anderen Seite der Legierung CuZn37, in ihren Eigenschaften von der Wärmebehandlung abhängig. Das reine β-Messing erreicht nicht die technische Bedeutung wie das α-Messing und das α/β-Messing. Zu nennen ist die technische Anwendung der Legierung CuZn44Pb2 für dünnwandige Preßprofile, die nicht mehr kalt umgeformt werden.

Als Kupfer-Zink-Gußlegierungen werden sowohl α- als auch α/β-Legierungen eingesetzt, z. B. solche vom Typ CuZn33Pb für Formgußteile und vom Typ CuZn40Pb für Kokillen- und Druckguß. Unter den hergestellten Gußerzeugnissen nehmen Armaturen, Gehäuse und Beschlagteile einen breiten Raum ein.

Die rote Farbe des Kupfers geht durch Zusatz von Zink ins Rötliche über, wird dann gelbrötlich bis grünlichgelb. Sobald aber die rötlichen β-Kristalle hinzukommen, wird die Farbskala in umgekehrter Reihenfolge durchlaufen. Legierungen mit 54 % Cu und 46 % Zn sind wieder rötlich. Darauf Bezug nehmend, lassen sich am Bruchaussehen α- und α/β-Messing unterscheiden.

Nachfolgend soll die Gefügeausbildung der Kupfer-Zink-Legierungen in Abhängigkeit von der Legierungszusammensetzung, den Abkühlungs- und Wärmebehandlungsbedingungen anhand des Zustandsschaubilds durch Beispiele erläutert werden. Die Wechselbeziehungen zwischen Gefügeausbildung und mechanischen Eigenschaften werden dabei kurz angedeutet.

Bei der Erstarrung einer Legierung mit 72 % Cu + 28 % Zn scheiden sich bei 970 °C primäre α-Mischkristalle mit 24 % Zn in dendritischer Form aus. Die Konzentration der Restschmelze an Zink nimmt dadurch zu. Im Verlauf der weiteren Abkühlung reichern sich die α-Mischkristalle an Zink an. Die Menge der Restschmelze nimmt ab, ihr Zinkgehalt wird aber größer. Bei der Solidustemperatur von 930 °C ist die gesamte Legierung erstarrt. Die Restschmelze enthält am Ende der Kristallisation 33 % Zn. Nach Abkühlung auf Raumtemperatur besteht das Gefüge aus α-Mischkristallen.

Das Gußgefüge dieser Legierung zeigt nach einer unter technischen Bedingungen schnell verlaufenden Erstarrung die für Mischkristalle typische dendritische Ausbildung (Bild 5.11). Durch eine sehr langsame Abkühlung oder eine nachträgliche Wärmebehandlung ist es möglich, ein polyedrisches Gefüge einzustellen, in dem meistens auch Zwillingslamellen auftreten (Bild 5.12).

Eine Legierung mit 65 % Cu + 35 % Zn enthält nach langsamer Abkühlung bei Raumtemperatur ebenfalls nur die α-Phase, aber der Abkühlungsverlauf ist wesentlich verschieden von dem des beschriebenen CuZn30. Zunächst scheiden sich während der Abkühlung bei 930 °C primäre α-Mischkristalle aus, die sich dann aber z.T. bei 902 °C peritektisch mit der Restschmelze zu krz. zinkreicheren β-Kristallen umsetzen: α-Mischkristalle (67,5 % Cu) + Restschmelze (61,5 % Cu) $\rightarrow \beta$-Mischkristalle (63,0 % Cu).

5.1. *Kupfer und seine Legierungen*   633

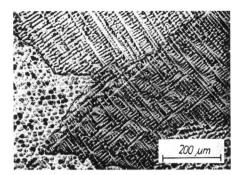

Bild 5.11. Messing mit 72% Cu + 28% Zn, gegossen. Inhomogene α-Mischkristalldendriten. Geätzt mit Kupferammonchlorid

Bild 5.12. Messing mit 72% Cu + 28% Zn, Guß. 5 h bei 800 °C geglüht. Polygonkristalle mit Zwillingen. Geätzt mit Kupferammonchlorid

Dicht unterhalb der Peritektikalen von 902 °C besteht die Legierung demnach aus einem heterogenen Gemenge aus α- und β-Mischkristallen. Im Verlauf einer nachfolgenden langsamen Abkühlung wandeln sich die β-Kristalle in α-Kristalle um, bis schließlich bei ≈ 785 °C die ganze Legierung nur noch aus α-Mischkristallen besteht. Im Schliffbild unterscheiden sich demnach die Gefüge nicht, sofern beide Legierungen genügend langsam abgekühlt werden. Kühlt man dagegen CuZn35 sehr schnell von ≈ 900 °C ab, so wird die α/β-Umwandlung unterkühlt, und das Gefüge besteht nach dem Abschrecken aus einem Gemenge von α- und β-Mischkristallen.

Eine Legierung mit 62% Cu + 38% Zn scheidet bei 920 °C primäre α-Kristalle aus, die sich bei 902 °C vollständig zu β-Kristallen peritektisch umsetzen. Die Restschmelze wird bei dieser Reaktion nicht ganz verbraucht, und es scheiden sich bei der weiteren Abkühlung primäre β-Mischkristalle aus. Bei 895 °C ist die gesamte Legierung erstarrt und besteht aus homogenen β-Kristallen. Sinkt die Temperatur weiter, so beginnt bei 840 °C die Ausscheidung von α-Kristallen. Letztere nehmen an Menge immer mehr zu, bis schließlich bei 540 °C, hinreichend langsame Abkühlung vorausgesetzt, die gesamte Legierung nur noch aus α-Mischkristallen besteht. Die β-Kristalle sind vollständig verschwunden.

Aus einer Legierung mit 58% Cu + 42% Zn scheiden sich ab 895 °C primäre β-Kristalle aus. Sobald die Legierung bei 885 °C vollständig erstarrt ist, besteht sie aus homogenen β-Mischkristallen. Ab 680 °C erfolgt Segregatbildung von α. Bei Raumtemperatur besteht die Legierung aus einem heterogenen Gemenge von α- und β-Mischkristallen (Bild 5.13). In dieser Aufnahme sind die helleren α-Kristalle in der dunkleren Grundmasse aus β-Kristallen eingelagert.

Legierungen mit einem Kupfergehalt zwischen 54 und 50% scheiden primäre β-Kristalle aus, die sich gefügemäßig bei der Abkühlung bis auf Raumtemperatur nicht mehr verändern. Bild 5.14 zeigt eine Legierung mit 52,5% Cu + 47,5% Zn, die gegossen wurde und eine Transkristallisationsstruktur von β-Kristallen aufweist.

Bei einem Zinkgehalt zwischen 50 und 59% besteht das Gefüge aus β- und γ-Mischkristallen.

Bild 5.15 zeigt das Gefüge einer Legierung mit 48% Cu + 52% Zn und Bild 5.16 das Gefüge einer Legierung mit 45% Cu + 55% Zn. In beiden Fällen wird die dunkel angeätzte

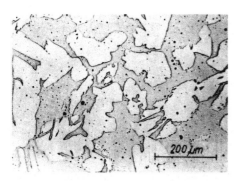

Bild 5.13. Messing mit 58% Cu, 40% Zn + 2% Pb, langsam abgekühlt. Helle α-Mischkristalle in der dunklen Grundmasse aus β-Mischkristallen

Bild 5.14. Messing mit 52,5% Cu + 47,5% Zn, gegossen. β-Messing

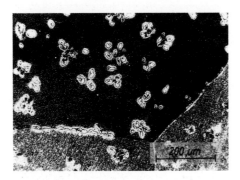

Bild 5.15. Messing mit 48% Cu + 52% Zn. α-Mischkristalle in der Grundmasse aus β-Mischkristallen

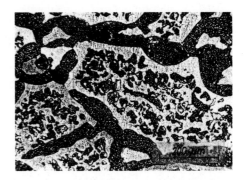

Bild 5.16. Messing mit 45% Cu + 55% Zn. Helle α-Mischkristalle in der Grundmasse aus β-Mischkristallen

Grundmasse von β-Mischkristallen gebildet, in die die hellen γ-Mischkristalle eingelagert sind.

Der Gitteraufbau der γ-Phase ist sehr kompliziert. In einer kubischen Riesenzelle sind 52 Atome enthalten, und zwar 20 Cu-Atome und 32 Zn-Atome. Dies entspricht etwa der intermetallischen Verbindung Cu_5Zn_8. Als intermediäre Phase mit kompliziertem Gitteraufbau ist die γ-Phase sehr spröde, und wenn sie in größerem Anteil auftritt, versprödet die ganze Legierung, läßt sich nicht mehr umformen und wird brüchig. Legierungen, die γ-Kristalle enthalten, werden manchmal für Lagerschalen verwendet.

Wie bereits angedeutet, ist technisch gesehen die Gefügeausbildung der Messingsorten mit einem Kupfergehalt zwischen 67,5 und 54% stark von der vorangegangenen Wärmebehandlung abhängig. Dies soll am Beispiel der Legierung CuZn40Pb2 im folgenden gezeigt werden.

Kühlt man sehr langsam von 800 °C ab, so besteht das Gefüge im Gleichgewichtsfall aus ≈60% α- und 40% β-Mischkristallen (Bild 5.13). Glüht man die Legierung 1 h bei 400 °C und schreckt zwecks Fixierung des Hochtemperaturgefügeaufbaus in Wasser ab, so ändert sich die Phasenverteilung nicht, weil die Phasengrenzlinien zwischen dem α- und

5.1. *Kupfer und seine Legierungen* 635

$(\alpha + \beta')$-Gebiet bzw. zwischen dem $(\alpha + \beta')$- und dem β'-Gebiet von 20 bis 400 °C temperaturunabhängig sind und senkrecht verlaufen. Etwa 60 % α-Kristalle sind in einer β-Grundmasse eingelagert (Bild 5.17). Der strukturelle Unterschied zwischen der β- und β'-Phase läßt sich gefügemäßig nicht nachweisen. Daher wird allgemein meist die Bezeichnung »β« benutzt. Die dunklen runden Einschlüsse in diesem und den folgenden Bildern bestehen aus metallischem Blei, das man dem Messing zwecks Verbesserung der Zerspanbarkeit zusetzt.

Anlassen auf 500 °C und nachfolgendes Abschrecken bewirkt eine Abnahme der Menge an α-Kristallen (Bild 5.18), weil nun die Phasengrenzlinien zu höheren Kupfergehalten hin abbiegen. Eine weitere Erhöhung der Glühtemperatur auf 600 °C (Bild 5.19), 700 °C (Bild 5.20) und 750 °C (Bild 5.21) zieht eine weitere Abnahme der α-Phase nach sich, bis schließlich nach dem Glühen bei 800 °C und nachfolgender Wasserabschreckung die gesamte Legierung bei Raumtemperatur nur noch aus β-Mischkristallen besteht (Bild 5.22). Der Mengenanteil an α- bzw. β-Mischkristallen bei den einzelnen Glühtemperaturen läßt sich durch Bestimmung der Flächenteile beider Phasen im Schliffbild oder durch Anwendung des Hebelgesetzes im $(\alpha + \beta)$-Feld des Zustandsdiagramms quantitativ ermitteln.

Läßt man derartig abgeschrecktes, d. h. nicht im Phasengleichgewicht befindliches Mes-

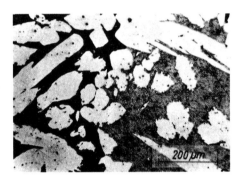

Bild 5.17. CuZn40Pb2, 1 h bei 400 °C geglüht und in Wasser abgeschreckt. Helle α-Mischkristalle und dunkle Grundmasse aus β-Mischkristallen

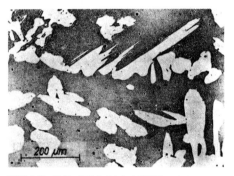

Bild 5.18. CuZn40Pb2, 1 h bei 500 °C geglüht und in Wasser abgeschreckt

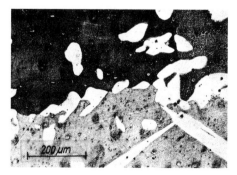

Bild 5.19. CuZn40Pb2, 1 h bei 600 °C geglüht und in Wasser abgeschreckt

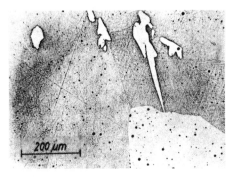

Bild 5.20. CuZn40Pb2, 1 h bei 700 °C geglüht und in Wasser abgeschreckt

 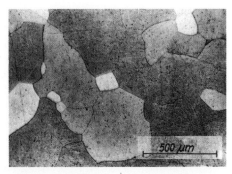

Bild 5.21. CuZn40Pb2, 1 h bei 750 °C geglüht und in Wasser abgeschreckt

Bild 5.22. CuZn40Pb2, 1 h bei 800 °C geglüht und in Wasser abgeschreckt. Homogene β-Mischkristalle

sing bei niederen Temperaturen an, so scheiden sich wiederum α-Mischkristalle aus den übersättigten β-Mischkristallen aus, und das Verteilungsgleichgewicht zwischen α und β stellt sich ein. Die im nachfolgenden beschriebenen Wärmebehandlungen wurden an Proben durchgeführt, die von 800 °C in Wasser abgeschreckt worden waren und demzufolge nach Bild 5.22 aus homogenen β-Kristallen bestanden. Schon ein einstündiges Anlassen bei 250 °C bringt die α-Phase teilweise zur nadelförmigen Ausscheidung (Bild 5.23). Die Segregate befinden sich innerhalb der β-Körner, besonders zahlreich aber an den Korngrenzen.

Eine Erhöhung der Anlaßtemperatur auf 400 °C ergibt eine vollständige Segregation (Bilder 5.24 und 5.25). Dabei läßt sich die bezüglich zu den β-Kristalliten orientierte Ausscheidung von α besonders bei dem höher vergrößerten Bild erkennen.

Der Ausscheidungsprozeß ist bei dieser Anlaßtemperatur beendet. Bei weiterer Temperatursteigerung laufen zwei andere Vorgänge parallel: einmal die zunehmende Löslichkeit von β für α, die zu einer Abnahme der Menge an α-Kristallen führt, und zum anderen eine immer stärkere Koagulation der nadeligen, kleinen α-Kristalle zu größeren, rundlichen Kristalliten.

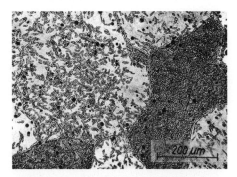 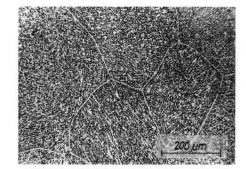

Bild 5.23. CuZn40Pb2, 800 °C/Wasser/1 h 250 °C/Wasser. Grundmasse aus β-Mischkristallen mit Segregaten von α-Mischkristallen. Die dunklen Punkte sind metallisches Blei

Bild 5.24. CuZn40Pb2, 800 °C/Wasser/1 h 400 °C/Wasser

Anlassen auf 500 °C erzeugt schon eine Anzahl von rundlichen, größeren α-Kristallen, wobei noch zahlreiche α-Nadeln zurückbleiben (Bild 5.26). Der Koagulationsprozeß ist bei einer auf 550 °C angelassenen Probe bereits weiter fortgeschritten, und nach dem Glühen bei 600 °C sind alle α-Nadeln verschwunden (Bild 5.27). Rundliche α-Kristalle liegen bevorzugt im Innern der β-Kristalle, während sich die α-Phase an den Korngrenzen von β bereits zu bandartigen Kristalliten zusammengeschlossen hat.

Durch eine Erhöhung der Anlaßtemperatur auf 650 °C werden die im Innern der β-Kristallite befindlichen α-Kristalle aufgelöst, und die an den Korngrenzen lagernden Bänder werden schmaler und lückenhaft (Bild 5.28). Eine weitere Temperatursteigerung auf 700 °C ergibt polygonale β-Kristallite mit nur noch sehr wenig α an den Korngrenzen. Erhöht man die Anlaßtemperatur auf 750 oder 800 °C und schreckt ab, so erhält man wieder homogene, aber übersättigte β-Mischkristalle wie im Bild 5.22. Läßt man die Legierung dagegen nach dem Anlassen auf 800 °C sehr langsam abkühlen, so erhält man wieder ein heterogenes Gemenge aus 60 % α und 40 % β wie im Bild 5.13.

Die Ausscheidung von α-Segregaten aus abgeschreckten β-Kristallen ist mit Aushärtungserscheinungen verknüpft. Bei Untersuchung dieser Zusammenhänge am Beispiel einer Legierung CuZn40 wurde folgender Härteverlauf gemessen. Nach dem Abschrecken von 820 °C in Wasser betrug die Brinell-Härte 115 *HB*. Sie stieg nach fünfstündigem An-

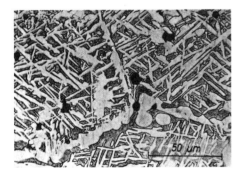

Bild 5.25. Wie Bild 5.24, 5fach stärker vergrößert

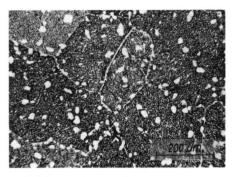

Bild 5.26. CuZn40Pb2, 800 °C/Wasser/1 h
500 °C/Wasser. Koagulation der α-Mischkristalle

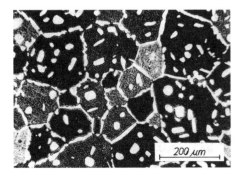

Bild 5.27. CuZn40Pb2, 800 °C/Wasser/1 h
600 °C/Wasser

Bild 5.28. CuZn40Pb2, 800 °C/Wasser/1 h
650 °C/Wasser

lassen bei 200 °C auf 175 *HB* und nach Verlängerung der Anlaßbehandlung bis zu 15 h auf 210 *HB* an. Dies ist der Maximalwert, denn eine Verlängerung der Anlaßzeit auf 30 h läßt die Härte wieder auf *HB* = 200 etwas absinken. Technisch nutzt man diesen Effekt kaum aus, dagegen verursacht er manchmal Verarbeitungsschwierigkeiten bei Halbzeug, da unter ungünstigen Umständen der Härteanstieg immerhin fast 100 % erreicht.

Die rote Farbe des Kupfers geht durch Zusatz von Zink ins Rötliche über, wird dann gelbrötlich bis grünlichgelb. Sobald aber die rötlichen β-Kristalle hinzukommen, wird die Farbskala in umgekehrter Reihenfolge durchlaufen. Legierungen mit 54 % Cu + 46 % Zn sind wieder rötlich. Auf diese Weise lassen sich am Bruchaussehen α- und α/β-Messing unterscheiden.

Die Dehnung von Kupfer-Zink-Legierungen steigt mit wachsendem Zinkgehalt bis zu ≈ 30 % Zn an (Bild 5.29), um daraufhin wieder abzufallen. Die Zugfestigkeit der α-Messinge wird durch Zinkzusatz nur geringfügig gesteigert. Sobald die β-Phase im Gefüge vorhanden ist, steigt die Festigkeit sehr stark an. Die höchste Härte besitzt die γ-Phase mit >300 *HB*.

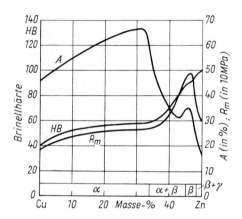

Bild 5.29. Härte, Zugfestigkeit und Dehnung der Kupfer-Zink-Legierungen (nach CARPENTER und ROBERTSON)

Abschließend soll an einigen Beispielen darauf aufmerksam gemacht werden, wie sich Verarbeitungsfehler und Korrosionsschädigungen im Gefüge von Kupfer-Zink-Legierungen widerspiegeln.

Die Verdampfungstemperatur des Zinks von 906 °C hat zur Folge, daß beim Glühen von Messing, besonders in reduzierender oder neutraler Ofenatmosphäre, Zink aus der Oberfläche verdampft und so der Legierung entzogen wird. Diese Entzinkung des Messings ist bei den α-Messingen wegen des homogenen Gefüges nicht ohne weiteres feststellbar. Bei β-Messing oder den α/β-Messingen ist die Entzinkung jedoch im Gefüge sichtbar, da mit abnehmendem Zinkgehalt sich die Menge an α-Mischkristallen schnell erhöht. Bild 5.30 zeigt das Kerngefüge einer 6 h bei 800 °C an der Luft geglühten Stange aus CuZn40Pb2. Es besteht aus groben β-Mischkristallen mit verhältnismäßig wenig (hellen) α-Nadeln. Am Rand der Stange (Bild 5.31) ist der Anteil an α-Mischkristallen als Folge der Verarmung an Zink bedeutend höher. Da die β-Phase wesentlich härter ist als die α-Phase, kann die Entzinkung besonders bei dünnen Blechen, Drähten usw. zu einem merkbaren Festigkeitsverlust sowie zu einem unerwünschten Farbwechsel führen. Bei stärkerem

5.1. Kupfer und seine Legierungen

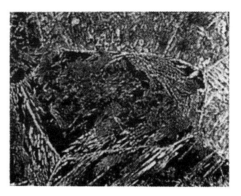

Bild 5.30. CuZn40Pb2, 6 h bei 800 °C an Luft geglüht. Kerngefüge: β-Grundmasse mit wenig α. Geätzt mit Kupferammonchlorid

Bild 5.31. Wie Bild 5.30, jedoch Randgefüge: β-Grundmasse mit viel α. Durch Zinkverdampfung Anreicherung von Kupfer am Rand

Zinkverlust kann auf der Oberfläche von α/β-Messing oder von β-Messing eine mehr oder weniger geschlossene Schicht aus α-Mischkristallen entstehen. Dadurch wird die Korrosionsbeständigkeit erhöht. In krassen Fällen führt die Zinkverdampfung zu einer Porenbildung in den Oberflächenbereichen. Das Messing ist dann verbrannt.

Eine Entzinkung von Messing kann auch durch Korrosion erfolgen. Dabei scheidet sich das zunächst mit dem Zink gemeinsam in Lösung gegangene Kupfer auf dem Messing meist als schwammiger Niederschlag wieder ab, der vor weiterer Korrosion keinen Schutz bietet. Die Entzinkung kann sowohl flächenförmig als auch örtlich begrenzt und in die Tiefe gehend auftreten. Diese Pfropfenbildung ist gefährlich, weil sie schnell fortschreitet und zu Wanddurchbrüchen führt. Da die elektro-chemischen Potentiale von Kupfer und Zink sehr verschieden sind, ist es verständlich, daß mit zunehmendem Zinkgehalt die Korrosionsbeständigkeit von Messing im allgemeinen und die Beständigkeit gegen Entzinkung im besonderen abnimmt. Diese Tendenz verstärkt sich, wenn die zinkreiche β-Phase im Gefüge auftritt. Einmal hat der β-Bestandteil ein verhältnismäßig unedles elektrochemisches Potential, so daß er bevorzugt angegriffen werden kann (selektive Korrosion), und zum anderen bilden sich zwischen den α- und β-Kristallen im α/β-Messing bei Anwesenheit eines Korrosionsmittels Lokalelemente aus, die die Auflösung der β-Kristalle ebenfalls begünstigen. Unter dem Einfluß ungünstiger Abkühlungs-, Umform- und Wärmebehandlungsbedingungen auftretende β-Anteile können auch bei α-Messing-Legierungen, die nahe dem α/β-Bereich liegen, noch zu selektiver Korrosion führen. Je nach den vorliegenden Korrosionsbedingungen sind die auftretenden Schädigungen von sehr mannigfaltiger Art und spielen bei Kondensator-, Kühler- und Leitungsrohren eine große Rolle. Bild 5.32 zeigt die Gefügeausbildung eines Kondensatorrohrs aus CuZn29Al im Bereich einer Korrosionsstelle. Im Korrosionsprodukt sind ebenso wie an den oberflächennahen Korngrenzen des α-Gefüges durch Entzinkung entstandene Abscheidungen von metallischem Kupfer festzustellen. Auch Bild 5.33 zeigt die Merkmale einer Entzinkung, die an einem stark korrosionsgeschädigten Kühlerrohr als Pfropfenbildung festgestellt wurden.

Messing mit Kupfergehalten >75 % ist im allgemeinen unempfindlich gegen korrosions-

Bild 5.32. Entzinkung mit metallischem Kupfer im Korrosionsprodukt und an den Korngrenzen eines Kondensatorrohrs aus CuZn29Al

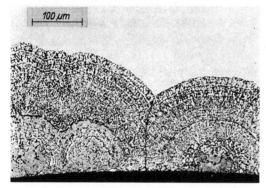

Bild 5.33. Aufbau des Entzinkungsgefüges an einem unter Kupferpfropfenbildung stark korrodierten Kühlerrohr aus CuZn30

bedingte Entzinkung. Hochbeanspruchte Kondensatorrohre werden nicht aus binären Messinglegierungen, sondern aus *Sondermessing*, z. B. CuZn21Al2, hergestellt. Diese Legierungen enthalten meistens noch geringe Zusätze an Arsen und Phosphor, die auf die Entzinkung inhibierend wirken.

Unter der gleichzeitigen Einwirkung von inneren oder äußeren mechanischen Zugspannungen und bestimmten Korrosionsmedien ist Messing anfällig gegen Spannungsrißkorrosion. Als Schadensbild ist ein meistens verformungsloses Aufreißen mit inter- oder transkristallinem Rißverlauf festzustellen. Dabei sind oft keine Veränderungen an der Oberfläche des geschädigten Teils erkennbar, die auf eine Korrosionswirkung hinweisen. Für Legierungen im α-Bereich ist die interkristalline Schädigung typisch. Als Korrosionsmedien wirken besonders Ammoniak und seine Verbindungen, aber auch Quecksilbersalze, Schwefeldioxid, Amine, Pyridine u. a. organische und anorganische Verbindungen sind in Betracht zu ziehen. Allein die Einwirkung feuchter warmer Luft kann in Verbindung mit Zugspannungen zur Spannungsrißkorrosion führen (season-cracking). Die Rißbildungen treten unter den genannten Schadensbedingungen bereits nach sehr kurzen Zeiten auf. Die Neigung zur Spannungsrißkorrosion nimmt mit wachsender Mischkristallsättigung zu. Sie ist also bei den kupferärmeren Legierungen am größten. Bei CuZn20 und bei Legierungen mit noch höheren Kupfergehalten wird Spannungsrißkorrosion nur in wenigen Ausnahmefällen festgestellt. Kaltverfestigtes Halbzeug weist Eigenspannungen auf und ist demzufolge, wenn es aus anderen, zinkreicheren Legierungen hergestellt wurde, empfindlich gegen Spannungsrißkorrosion. Die Ausbildung der Spannungsrißkorrosion läßt sich, soweit es die ursächliche Wirkung innerer Spannungen im Halbzeug betrifft, durch eine Entspannungsglühung bei 200 bis 300 °C vermeiden. Bild 5.34 zeigt das Aussehen eines Netzes aus Draht aus α-Messing, das in Berührung mit ammoniakhaltiger Luft einer Kühlanlage nach wenigen Tagen vollständig durch Spannungsrißkorrosion zerstört worden ist. Dieselbe an einem Kältemittelverdampferrohr festgestellte Schadensart gibt Bild 5.35 wieder. Sie zeigt sich ohne weitere gefügemäßige Besonderheiten als überwiegend transkristalline Rißbildung.

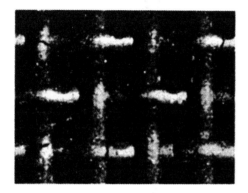

Bild 5.34. Korrosionsschäden an einem Drahtnetz aus α-Messing durch ammoniumhydroxidhaltige Luft (season-cracking). Querrisse in den einzelnen Drähten

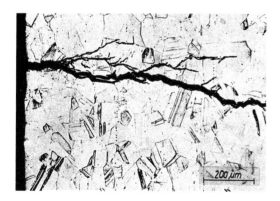

Bild 5.35. Rißbildung an einem Verdampferrohr aus CuZn30 infolge Spannungsrißkorrosion

Die Prüfung auf Neigung zum Aufreißen von Messing erfolgt in einer wäßrigen Lösung aus 100 g $HgNO_3$ und 13 cm³ HNO_3 auf 1 l Wasser. Wenn die Proben nach 15 min Eintauchen nicht gerissen sind, werden sie als nicht empfindlich angesehen.

Ähnlich wie Mangansulfid in Automatenstählen wirkt Blei in Messingen als Spanbrecherelement. Außerdem wirkt sich Blei günstig auf das Gleitverhalten aus. Bild 5.36 zeigt das Gefüge von bleihaltigem Messing. Das Blei liegt in Form feiner und gleichmäßig verteilter Tröpfchen vor. Schmilzt man aber bleihaltiges Messing unsachgemäß um, dann sammelt sich das niedrig schmelzende Blei bandförmig an den Korngrenzen (Bild 5.37). Bei einer nachfolgenden Warmumformung wird das Blei aufgeschmolzen, und es besteht die Gefahr der Bildung interkristalliner Warmrisse. In Tabelle 5.1 sind einige gebräuchliche Messingsorten und ihre hauptsächliche Verwendung angeführt.

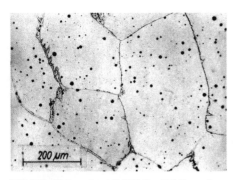

Bild 5.36. Bleimessing mit 58 % Cu, 40 % Zn und 2 % Pb. Die dunklen Punkte bestehen aus metallischem Blei

Bild 5.37. Bleimessing, gegossen. Das Blei ist zusammengelaufen und liegt bandartig an den Korngrenzen der β-Mischkristalle. Helle Gefügebestandteile an den Korngrenzen = α-Mischkristall

Tabelle 5.1. Übersicht zur Anwendung wichtiger Kupfer-Zink-Knetlegierungen

Legierung	Legierungs-bestandteile in Masse %	Eigenschaften und Anwendung
CuZn10	89,0 bis 91,0 Cu Rest Zn	hohe Korrosionsbeständigkeit auch unter Einwirkung mechanischer Spannungen. Sehr gute Kaltumformbarkeit. Installationsteile E-Technik, Schlauchrohre, Faltenbälge, Federkörper, Schmuckwaren.
CuZn15	84,0 bis 86,0 Cu Rest Zn	
CuZn20	79 bis 81 Cu Rest Zn	
CuZn30	69,0 bis 71,0 Cu Rest Zn	gute Korrosionsbeständigkeit, sehr gute Kaltumformbarkeit, Wärmeübertragerrohre, Tiefzieh- und Federteile.
CuZn37	62,0 bis 64,0 Cu Rest Zn	Hauptlegierung zum spanlosen Umformen durch Tiefziehen, Streckziehen, Drücken, Gewinderollen. Mit Bleianteil zerspanbar. Hohlwaren, Schrauben, Reißverschlüsse, Feingetriebeteile.
CuZn36Pb1	62,0 bis 64,0 Cu 0,5 bis 2,0 Pb Rest Zn	
CuZn40	59,0 bis 62,0 Cu Rest Zn	warm- und kaltumformbar durch Biegen, Nieten, Stauchen, Prägen. Mit Bleianteil zerspanbar. Rohrböden für Wärmeaustauscher, Gesenkschmiedestücke, Beschlagteile.
CuZn38Pb1	59,5 bis 61,5 Cu 0,5 bis 2,0 Pb Rest Zn	
CuZn38Pb2	59,5 bis 61,5 Cu 1,5 bis 2,3 Pb Rest Zn	Legierungen für spangebende Bearbeitungen. Gut warmumformbar, im weichen Zustand für leichte Kaltumformungen geeignet. Drehteile aller Art, Stanzteile, Gesenkschmiedeteile, Profile
CuZn40Pb2	57,5 bis 59,0 Cu 1,5 bis 2,5 Pb Rest Zn	
CuZn40Pb3	56,0 bis 58,0 Cu 2,5 bis 3,3 Pb Rest Zn	

5.1.5. Sondermessing

Unter *Sondermessing* versteht man Kupfer-Zink-Legierungen, denen man zwecks Verbesserung bestimmter Eigenschaften, wie Erhöhung der Härte und Festigkeit, Korrosionsbeständigkeit oder Verschleißfestigkeit, geringe Mengen anderer Metalle, wie Nickel, Mangan, Eisen, Aluminium, Silizium, Blei, zulegiert hat, ohne daß die Legierung ihren Messingcharakter verliert. Gefügemäßig handelt es sich meist um α/β-Messinge.
Ersetzt man einen Teil des Zinks durch ein anderes Legierungselement, so verschiebt sich das Mengenverhältnis von α- zu β-Mischkristall, obwohl der Kupfergehalt der gleiche geblieben ist. Es kann entweder mehr oder weniger α-Mischkristall auftreten, je nach der Art des zugesetzten Metalls.
Diese Wirkung der Zusatzelemente kennzeichnet man annähernd nach GUILLET durch den Gleichwertigkeitskoeffizienten t, wenn 1 % dieses Elements den gleichen Gefügeaufbau hervorruft wie 1 % Zink, wobei die Gesamtlegierung gleich 100 % gesetzt wird. Tabelle 5.2 gibt für die wichtigsten in Frage kommenden Elemente den Gleichwertigkeitskoeffizienten wieder.

Element	Ni	Mn	Fe	Pb	Sn	Al	Si
t	−1,3	0,5	0,9	1	2	6	10

Tabelle 5.2. Gleichwertigkeitskoeffizienten (nach GUILLET)

Bedeuten A den analytisch feststellbaren wirklichen Kupfergehalt der Legierung, a die Menge des hinzugefügten Elements mit dem Gleichwertigkeitskoeffizienten t, so ergibt sich der scheinbare, aus dem Schliffbild abschätzbare Kupfergehalt X aus der Formel

$$X = \frac{100\,A}{100 + a(t-1)} \quad [\% \text{ Cu}]. \tag{5.1}$$

Enthält beispielsweise eine Legierung $A = 61\%$ Cu, 37 % Zn und 2 % Al, so sollte das Gefüge dem Kupfergehalt nach nur aus α-Mischkristallen bestehen. Infolge der Verschiebung durch das Aluminium ergibt sich aber ein scheinbarer Kupfergehalt von nur

$$X = \frac{100 \cdot 61}{100 + 2(6-1)} = 55,5\% \text{ Cu}. \tag{5.2}$$

Das Gefüge des Messings besteht also zum größten Teil (72 %) aus β-Mischkristallen. Blei mit dem Gleichwertigkeitskoeffizienten $t = 1$ wird nicht als Legierungselement im eigentlichen Sinn betrachtet, da es im Messing praktisch nicht löslich ist.
Nickel mit dem Gleichwertigkeitskoeffizienten $t = -1,3$ geht in die feste Lösung ein und ersetzt im Messing nicht das Zink, sondern das Kupfer. Die Härte der α-Kristalle wird durch Nickel nur unbedeutend, die der β-Kristalle jedoch sehr stark erhöht. Nickel ist in Sondermessing bis zu 3 % enthalten, erhöht die Bruchdehnung, Kerbschlagzähigkeit, Warmfestigkeit sowie Korrosionsbeständigkeit und findet deshalb als Legierungselement bevorzugt für Konstruktionswerkstoffe des allgemeinen Maschinen- und des Schiffsbaus Verwendung. Bewährte Legierungen sind CuZn40Ni und CuZn35Ni, die außer 1 bis 3 % Ni ≈ 0,8 % Mn bzw. 1 % Al und 2 % Mn als Legierungselemente enthalten.

Mangan wirkt etwas weniger stark als Nickel, verbessert aber besonders im Verein mit anderen Zusätzen die Streckgrenze, Bruchdehnung und besonders die Korrosionsbeständigkeit gegenüber Seewasser, Chloriden und überhitztem Dampf. In $(\alpha + \beta)$-Legierungen wird der Gehalt auf max. 3 % Mn begrenzt und liegt meist zwischen 1 und 2 %. Bei gleichzeitiger Anwesenheit von Aluminium oder Silizium beobachtet man intermetallische Verbindungen, die durch die Gefügeheterogenisierung die Gleiteigenschaften günstig beeinflussen.

Eisen verfeinert das Korn, erhöht die Rekristallisationstemperatur und steigert die Zähigkeit. In Sondermessingen ist Eisen meist in Gehalten bis zu 1,5 % enthalten. In nicht magnetischen Sondermessinglegierungen ist Eisen in diesen Gehalten unerwünscht. Auch korrosionsbeanspruchte Sondermessinge sollen <0,5 % Fe enthalten. Ab 0,4 % Fe bildet sich ein neuer Gefügebestandteil, $FeZn_7$. Dieser ist eckig und wird durch Ätzen mit Eisenchlorid tiefschwarz. $FeZn_7$ bewirkt eine Kornverfeinerung und wirkt als Spanbrecherbestandteil. Eisenhaltiges Sondermessing ist aushärtbar. Durch Abschrecken von 800 °C und nachträgliches Anlassen bei 450 bis 500 °C lassen sich Härtesteigerungen von 30 bis 40 % erzielen.

Bild 5.38 zeigt das kennzeichnende Gefüge eines mehrfach legierten Sondermessings mit 59,9 % Cu, 34 % Zn, 2,14 % Fe, 2,0 % Mn, 0,6 % Sn, 0,73 % Al und 0,5 % Ni. Trotz des geringen Zinkgehalts besteht es aus 52 % α- und 48 % β-Mischkristallen mit den oben erwähnten kleinen eckigen Kristallen aus der Verbindung $FeZn_7$. Die Elemente Zn, Mn, Sn, Al und Ni werden also vom Kupfer in fester Lösung aufgenommen und bilden deshalb keine besonderen Gefügebestandteile. Die Härte beträgt 120 *HB*.

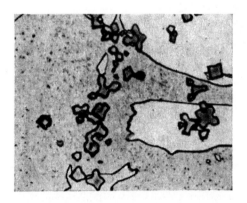

Bild 5.38. Sondermessing mit 59,9 % Cu, 34,0 % Zn, 2,14 % Fe, 2,0 % Mn, 0,6 % Sn, 0,7 % Al und 0,5 % Ni. α/β-Messing mit Einlagerungen von $FeZn_7$

Zinn wird zwecks Verbesserung der Korrosionsbeständigkeit zulegiert. Eine bekannte Legierung ist CuZn28Sn, die neben 0,9 bis 1,3 % Sn noch einen sehr kleinen Zusatz von Arsen enthält. Sie wird für den Bau von Dampfkondensatoren, Wärmetauschern und Kühlern verwendet.

Aluminium wirkt von allen Legierungszusätzen am stärksten. Gehalte bis zu 3,5 % Al erhöhen die Härte, 0,2-Dehngrenze und Zugfestigkeit, ohne daß die Zähigkeitswerte absinken. Infolge des hohen Gleichwertigkeitskoeffizienten wird die α-Phase durch Aluminium stark zurückgedrängt. In einer Legierung aus 58 % Cu, 38,5 % Zn und 3,5 % Al tritt bereits die spröde γ-Phase auf. Bei Aluminiumgehalten >3,5 % werden die Festigkeitswerte zwar weiter erhöht, dafür fallen aber die Zähigkeitswerte stark ab. Die Korrosions- und Oxidationsbeständigkeit werden durch Aluminium verbessert. Andererseits stört eine sich an der Oberfläche ausbildende Oxidhaut beim Löten. Lötfähige Sondermessinge werden deshalb im Aluminiumgehalt auf max. 0,1 % beschränkt. Sondermessinge mit höheren Aluminiumgehalten sind nur bei Einhaltung besonderer Vorsichtsmaßnahmen löt- und schweißbar.

Typische Sondermessinglegierungen mit Aluminium als Hauptlegierungszusatz sind CuZn40Al1 und CuZn40Al2, die bevorzugt als Gleitwerkstoffe mit mittlerem bzw. hohem Verschleißwiderstand eingesetzt werden.

Die Einsatzmöglichkeiten der Sondermessinge bei erhöhten Temperaturen sind eingeschränkt, weil die meisten Legierungen im Bereich von 150 bis 400 °C mehr oder weniger zur Warmversprödung neigen.

Genau wie die einfachen zinkreichen Messinge neigen auch die Sondermessinge zur Spannungskorrosion bzw. zum Aufreißen, wenn die zwei Vorbedingungen, nämlich Zugspannungen, auch in Form von Eigenspannungen, und korrosive Beanspruchung, vorliegen. Bild 5.39 zeigt typische spannungskorrosionsbedingte Kreuzrisse in einem Kühlerrohr aus Sondermessing. Diese Risse verlaufen in einem Winkel von $\approx 45°$ zur Rohrachse, d. h. parallel zur Richtung der maximalen Schubspannung.

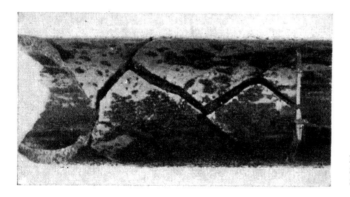

Bild 5.39. Kühlerrohr aus Sondermessing mit Kreuzrissen. Spannungskorrosion

Messinge werden auch als Hartlote verwendet. Um die Zinkausdampfung während des Lötens und damit die Gefahr poröser Lötstellen zu verringern, werden den Lot-Messingen 0,1 bis 0,3 % Si zulegiert, und es sollte mit leicht oxidierender Flamme gearbeitet werden. Vorzugsweise wird L-CuZn40 eingesetzt (Schmelzbereich ≈ 895 bis 900 °C).

Als Flußmittel kommen entwässerter Borax oder handelsübliche Flußmittel mit Wirktemperaturen ab ≈ 800 °C in Frage. Hauptanwendungsgebiete sind der Maschinen-, Apparate- und Werkzeugbau.

5.1.6. Kupfer – Zinn (Bronze)

Legierungen des Kupfers mit Zinn bezeichnet man als Zinnbronze oder kurz als Bronze. Im Bild 5.40 ist die technisch wichtige Kupferseite der Kupfer-Zinn-Legierungen dargestellt. Infolge der geringen Diffusionsgeschwindigkeit des Zinns im Kupfer und der ver-

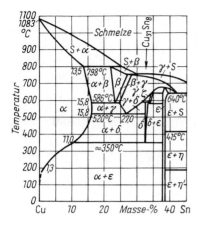

Bild 5.40. Zustandsdiagramm Kupfer–Zinn

hältnismäßig tiefen Temperatur, bei der sich einige Reaktionen abspielen, stellen sich in den Legierungen bei technischen Wärmebehandlungen die Gleichgewichte zufolge des Zustandsdiagramms nicht oder nur unvollständig ein. So wird die angeführte Löslichkeit der α-Mischkristalle für Zinn <520 °C nur nach sehr langen Glühzeiten bei stark kalt umgeformten Proben erhalten. Bei den technisch üblichen kürzeren Glühzeiten ergibt sich <520 °C eine Löslichkeit der α-Mischkristalle für Zinn, die etwa im Bereich von 14 bis 16 % liegt. Auch der eutektoide Zerfall der Verbindung $Cu_{31}Sn_8 = \delta$-Phase bei $\approx$350 °C in α-Mischkristalle und die ε-Phase erfolgt außerordentlich träge. Für technische Belange kann die δ-Phase als stabil bis Raumtemperatur betrachtet werden.

Kupfer bildet mit Zinn Substitutionsmischkristalle. Der kfz. α-Mischkristall löst bei Temperaturen zwischen 586 und 520 °C max. 15,8 % Sn. Zu tieferen Temperaturen hin nimmt die Löslichkeit im Gleichgewichtsfall stark ab und beträgt bei Raumtemperatur wahrscheinlich 0 %. Eine Bronze mit beispielsweise 10 % Sn erstarrt zwischen 1 000 und 850 °C. Danach sollten homogene α-Mischkristalle vorhanden sein. Infolge des beträchtlichen Erstarrungsbereichs von 150 °C und der geringen Diffusionsgeschwindigkeit des Zinns treten in Gußbronzen aber stets erhebliche Kristallseigerungen auf (Bild 5.41). Zinnärmere und infolgedessen weichere Dendriten liegen in einer zinnreicheren und härteren Grundmasse eingebettet. Durch längeres Glühen bei Temperaturen >550 °C wird aber auch hier ein homogenes, polyedrisches, mit Zwillingen durchsetztes Gefüge erzielt (Bild 5.42). Die nach dem Zustandsdiagramm zu erwartende Segregatbildung von ε-Kristallen unterhalb $\approx$345 °C wird auch bei sehr langsamen Abkühlungen nicht erhalten.

Der nur >586 °C beständige β-Mischkristall hat ähnlich wie das β-Messing ein kfz. Gitter. Beim Abkühlen wandelt sich die β-Phase eutektoidisch in die ebenfalls kfz. γ-Phase um. Es wird angenommen, daß β und γ kristallographisch sehr ähnlich sind. Bei der weiteren Abkühlung zerfallen die γ-Mischkristalle eutektoidisch bei 520 °C in α-Mischkristalle und in die δ-Phase. Der δ-Phase kommt die chemische Zusammensetzung $Cu_{31}Sn_8$ zu. Sie kristallisiert in einer komplizierten kfz. Riesenelementarzelle mit einer Gitterkonstanten von $17,9 \cdot 10^{-10}$ m, wobei sich $8 \times 52 = 416$ Atome in der Elementarzelle befinden. Die δ-Phase ist außerordentlich hart und der eigentliche härtende Gefügebestandteil der höher zinnhaltigen Bronzen. Wie bereits angeführt, zerfällt δ im Gleichgewicht bei $\approx$350 °C wiederum eutektoidisch in α-Mischkristalle und in die ε-Phase. ε enthält

5.1. Kupfer und seine Legierungen

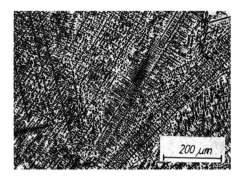

Bild 5.41. Bronze mit 90% Cu und 10% Sn, gegossen. Inhomogene α-Mischkristalle (Dendriten)

Bild 5.42. Bronze mit 90% Cu und 10% Sn, geglüht. Homogene α-Mischkristalle (Polyeder)

≈38,4% Sn und entspricht in etwa der Verbindung Cu₃Sn. ε besitzt eine orthorhombische Elementarzelle, wobei sich 64 Atome in der Elementarzelle befinden. Dieser Zerfall tritt bei den technischen Wärmebehandlungen aber nicht ein, so daß im Gefüge die δ-Phase sowie das (α + δ)-Eutektoid vorhanden sind. Die Erstarrungsverhältnisse der Kupfer-Zinn-Legierungen mit 15 bis 40% Sn sind also außerordentlich kompliziert und noch nicht restlos geklärt.

Eine Kupfer-Zinn-Legierung mit 17% Sn besteht nach der Erstarrung aus stark geseigerten Dendriten (Bild 5.43). Nach dem Glühen, z. T. auch schon im Gußgefüge, tritt das sehr harte (α + δ)-Eutektoid auf (Bild 5.44). Die Gleichgewichtsstörungen sind bei den Zinnbronzen so stark, daß schon bei Gußlegierungen mit ≈10% Sn dieses (α + δ)-Eutektoid auftreten kann, wodurch die Legierungen relativ spröde werden. Ausgesprochene Kupfer-Zinn-Knetlegierungen enthalten deshalb nur bis zu max. 9% Sn. Eine geglühte Gußlegierung mit 20% Sn besteht bereits zum überwiegenden Teil aus dem Eutektoid (Bild 5.45). Die Struktur einer Bronze mit der eutektoiden Zusammensetzung ist im Bild 5.46 gezeigt. Deutlich ist zu erkennen, wie die δ-Phase die Grundmasse bildet, in die die α-Mischkristalle in rundlicher oder langgestreckter Form eingelagert sind. Eine übereutektoide Legierung mit 30% Sn besteht aus rundlichen primären δ-Mischkristallen, die in das (α + δ)-Eutektoid eingelagert sind (Bild 5.47).

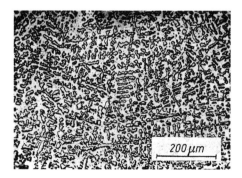

Bild 5.43. Bronze mit 83% Cu und 17% Sn, gegossen. Inhomogene α-Mischkristalle

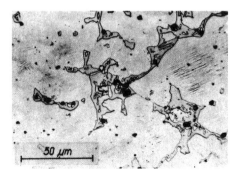

Bild 5.44. Bronze mit 83% Cu und 17% Sn, gegossen. α-Mischkristalle mit (α + δ)-Eutektoid

 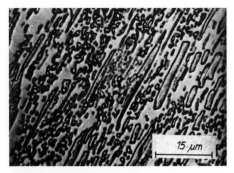

Bild 5.45. Bronze mit 80% Cu und 20% Sn, geglüht. α-Mischkristalle mit (α + δ)-Eutektoid

Bild 5.46. Bronze mit 72,3% Cu und 26,8% Sn, geglüht. (α + δ)-Eutektoid

Weder die β- noch die γ-Phase können durch Abschrecken bei Raumtemperatur erhalten werden. Es bilden sich metastabile Übergangszustände, die manchmal martensitische Gefügestrukturen aufweisen. So ergibt eine Bronze mit 20% Sn, von 550 °C also aus dem ($\alpha + \gamma$)-Gebiet, in Wasser abgeschreckt, ein Gefüge nach Bild 5.48. Der eutektoide Zerfall der γ-Mischkristalle in das ($\alpha + \delta$)-Eutektoid wird unterdrückt, und es treten neben voreutektoiden α-Mischkristallen Kristalle mit der Übergangsstruktur auf. Diese eigentümlich gezackte, den Martensitnadeln des gehärteten Stahls ähnliche Zeichnung scheint für derartige abgeschreckte Phasen charakteristisch zu sein, und man bezeichnet sie deshalb ganz allgemein als „Martensitstruktur".

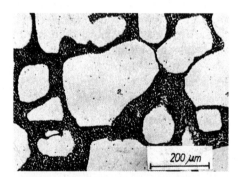 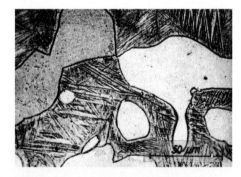

Bild 5.47. Bronze mit 70% Cu und 30% Sn, geglüht. δ-Mischkristalle mit (α + δ)-Eutektoid

Bild 5.48. Bronze mit 80% Cu und 20% Sn, von 550 °C in Wasser abgeschreckt. Helle α-Mischkristalle in einer martensitischen Grundmasse

Eine Bronze mit 30% Sn besteht bei 700 °C aus homogenen γ-Mischkristallen. Nach dem Abschrecken in Wasser ergeben sich große, zwillingsfreie Polyeder der Übergangsstruktur (Bild 5.49). Durch nachträgliches Anlassen >520 °C mit anschließender langsamer Abkühlung werden diese Kristalle wieder umgewandelt, und es entsteht neben übereutektoiden δ-Mischkristallen das ($\alpha + \delta$)-Eutektoid (Bild 5.50).
Am Beispiel einer Kupfer-Zinn-Legierung mit 17% Sn soll der Erstarrungsverlauf noch

5.1. Kupfer und seine Legierungen

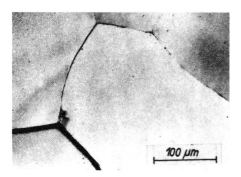

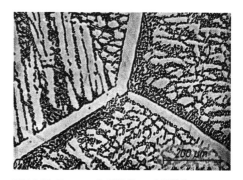

Bild 5.49. Bronze mit 70% Cu und 30% Sn, von 700 °C in Wasser abgeschreckt. Metastabile Mischkristalle

Bild 5.50. Bronze mit 70% Cu und 30% Sn, 700 °C/Wasser/1 h 550 °C/langsame Abkühlung. Helle δ-Mischkristalle und ($\alpha + \delta$)-Eutektoid

einmal ausführlich dargestellt werden. Die Legierung scheidet während der Abkühlung ab 900 °C primäre α-Mischkristalle in Dendritenform aus. Bei 798 °C setzen sich diese teilweise mit der Restschmelze peritektisch zu β-Mischkristallen um. Nach der Erstarrung besteht die Legierung also aus einem Gemenge aus α- und β-Kristallen.
Bei weiterer Abkühlung werden beide Phasen zinnreicher, während gleichzeitig die Menge an β abnimmt. Bei 586 °C wandeln sich die β-Kristalle in die im Gitteraufbau ähnlichen γ-Mischkristalle um, und diese zerfallen bei 520 °C in das eutektoide Gemenge aus weichen α-Mischkristallen und der harten δ-Verbindung. Da nur sehr geringe Mengen an γ-Mischkristallen vorhanden sind, wie sich durch Anwendung des Hebelgesetzes ergibt, ist auch der Gehalt an Eutektoid $\alpha + \gamma$ klein.
Im Schliffbild findet man im allgemeinen nur zinnärmere Dendriten in einer zinnreicheren Grundmasse eingebettet (Bild 5.43). Bei höheren Vergrößerungen ist das Eutektoid jedoch sichtbar (Bild 5.44). Ähnlich wie bei den Systemen Fe–Mn und Fe–Ni gibt das Zustandsdiagramm CuSn die bei technisch üblichen Abkühlungsgeschwindigkeiten auftretenden Gefügestrukturen nur unvollständig wieder. Dies gilt auch für das Auftreten des Eutektoids.
Die α- und β-Mischkristalle sind relativ weich und plastisch formbar, während die δ-Kristalle und das ($\alpha + \delta$)-Eutektoid sehr hart und spröde sind und bei plastischen Umformungen zerbrechen. Je nach der Wärmevorbehandlung kann also eine Bronze weich oder hart sein.
Ähnlich wie die α/β-Messinge zeigen die abgeschreckten α/β- und auch die abgeschreckten β-Bronzen beim Anlassen Härtesteigerungen, die den Ausscheidungsvorgängen zuzuschreiben sind. Schreckt man z. B. eine Bronze mit 78% Cu und 22% Sn von 650 °C in Wasser ab, so erhält man im Gefüge ein Gemenge aus α- und β-Mischkristallen. Die Brinell-Härte beträgt ≈ 160 *HB*. Läßt man diese Legierung auf 200 bis 300 °C an, so tritt eine Härtesteigerung auf ≈ 280 *HB* ein. Höhere Anlaßtemperaturen bewirken eine Vergröberung der ausgeschiedenen Kristallite und damit eine Wiedererweichung. So beträgt die Härte nach dem Anlassen auf 500 °C nur noch 220 *HB*. Durch Zinn werden Härte und Festigkeit des Kupfers gesteigert, während die Dehnung zuerst wenig, ab 5% Sn aber stärker abfällt (Bild 5.51). Die Festigkeit erreicht bei 15% Sn einen Höhepunkt, um nach Auftreten der spröden δ-Kristallart wieder abzufallen. Dagegen nimmt die Härte kontinuierlich zu.

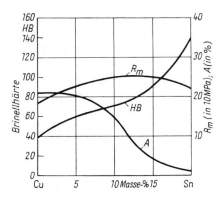

Bild 5.51. Härte, Zugfestigkeit und Dehnung der Kupfer-Zinn-Legierungen (nach CARPENTER und ROBERTSON)

Bleche und Bänder für die allgemeine Verwendung aus der Legierung CuSn6 erreichen im kaltgewalzten Zustand Mindestzugfestigkeiten bis zu 650 MPa bei einer Mindestbruchdehnung von 5 % (Festigkeitszustand »federhart«).

Zinnbronzen werden wegen ihrer ausgezeichneten Korrosionsbeständigkeit, hohen Härte und Festigkeit sowie wegen ihrer großen Beständigkeit gegenüber mechanischem Verschleiß im allgemeinen Maschinenbau vielseitig verwendet. Die hohe Härte des $(\alpha + \delta)$-Eutektoids macht die höher legierten Zinnbronzen im gegossenen Zustand für Lagerzwecke geeignet. Tabelle 5.3 gibt Anhaltspunkte für die Zusammensetzung und Verwendung einiger Zinnbronzen.

Tabelle 5.3. Zusammensetzung und Verwendung von Zinnbronzen

		Zusammensetzung	Verwendung
Zinnbronze 2	CuSn2	Cu mit 1...2 % Sn und 0,1 % Pb	Schrauben, stromführende Federn, Metallschläuche, Wärmetauscherrohre
Zinnbronze 4	CuSn4	Cu mit 3...5 % Sn und 0,4 % P	Schrauben, Teile für die chemische Industrie, Steckverbindungen
Zinnbronze 6	CuSn6	Cu mit 5...7 % Sn und 0,4 % P	Federn aller Art, Membranen, Gleitelemente, Teile für den Maschinen- und Apparatebau
Zinnbronze 8	CuSn8	Cu mit 7,5...9 % Sn und 0,4 % P	Federn aller Art, Teile für die Chemische Industrie, Motoren- und Getriebebau, Gleitelemente
Guß-Zinnbronze 10	G-CuSn10	Cu mit 10 % Sn	Armaturen, Räder, Gehäuse für Pumpen und Turbinen
Guß-Zinnbronze 14	G-CuSn14	Cu mit 14 % Sn	Lagerschalen, Schieberspiegel, Schneckenkränze

5.1.7. Sonderbronzen und andere Kupferlegierungen

Legierungen mit mindestens 78 % Cu und wesentlichen Zusätzen an Al, Pb, Ni, Mn, Fe, Si, Be, wobei diese Legierungszusätze allein oder zusammen mit Zinn verwendet werden, heißen *Sonderbronzen*. Sie werden oft nach dem Hauptlegierungselement bezeichnet, also

5.1. Kupfer und seine Legierungen

Aluminiumbronze, Bleibronze usw. Die Sonderbronzen weisen ganz allgemein eine hohe Korrosionsbeständigkeit, ein gutes Gleitverhalten, hohe elektrische Leitfähigkeit und teilweise auch gute Festigkeitseigenschaften auf. Das Schmelzen der Bronzen muß sehr sorgfältig erfolgen. Eine große Gefahrenquelle bilden beim Schmelzen oder Gießen aufgenommene Gase, besonders der Luftsauerstoff. Dieser verbindet sich mit Zinn zu Zinndioxid SnO_2, das äußerst harte und scharfkantige Kristallskelette bildet (Bild 5.52). Befinden sich derartige Zinnsäureeinschlüsse in der Lauffläche einer Lagerschale, so wird die rotierende Stahlwelle angegriffen und durch örtlichen Verschleiß bald unbrauchbar. Je nach den vorhandenen Legierungselementen können sich auch andere Oxide bilden, so in Aluminiumbronze Al_2O_3 und in Siliziumbronze SiO_2.
Durch Desoxidation der Bronzen mit Phosphor wird der gelöste Sauerstoff restlos zu P_2O_5 abgebunden. Der überschüssige Phosphor bildet eine Verbindung Cu_3P und dieses mit dem Kupfer ein Eutektikum bei 707 °C und 8,25 % P. Derartige mit Phosphor desoxidierte, nicht legierte Bronzen enthalten bis 0,4 % P. Durch Phosphorzusätze wird die Heterogenität des Gefüges erhöht, so daß als Gleitlagerwerkstoffe auch phosphorlegierte Zinnbronzen mit 0,5 bis 1,5 % P verwendet werden. Bild 5.53 zeigt das Gefüge einer Phosphorbronze mit 87 % Cu, 12 % Sn und 1 % P, die für Gleitelemente Verwendung findet.

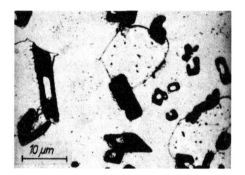

Bild 5.52. Verbrannte Bronze mit Einschlüssen von harten Zinnsäurekristallen SnO_2

Bild 5.53. Phosphorbronze mit 87 % Cu, 12 % Sn und 1 % P. Gleitbronze

Die *Aluminiumbronzen* enthalten bis zu ≈ 15 % Al. Sie verbinden gute, stahlähnliche Festigkeitseigenschaften mit einer hohen Korrosionsbeständigkeit gegen Seewasser, Fettsäure, verdünnte Salzsäure, kalte konzentrierte Schwefelsäure sowie andere Chemikalien und werden sowohl als Knet- als auch besonders als Gußlegierungen hergestellt.
Das Zustandsschaubild der kupferreichen Kupfer-Aluminium-Legierungen ähnelt sehr dem der Kupfer-Zinn-Legierungen (Bild 5.54). Kupfer löst bei 1 035 °C 7,4 % Al, und die Löslichkeit des kfz. α-Mischkristalls nimmt mit fallender Temperatur zu. Sie erreicht bei 565 °C einen Maximalwert von 9,4 % Al und nimmt bei tieferen Temperaturen geringfügig ab. Mit steigendem Aluminiumgehalt erhöhen sich Härte, Zugfestigkeit und Dehnung des α-Mischkristalls erheblich (Bild 5.55). Aluminiumbronzen aus homogenem α-Gefüge lassen sich deshalb gut warm- und auch kaltumformen. Wegen der geringen Temperaturdifferenz zwischen Liquidus- und Soliduslinie treten Seigerungen kaum auf.
Sobald die krz. β-Kristalle mit > 7,4 % Al bei Temperaturen > 565 °C gebildet werden,

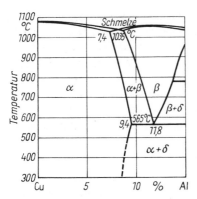

Bild 5.54. Zustandsdiagramm Kupfer–Aluminium (Aluminiumbronze)

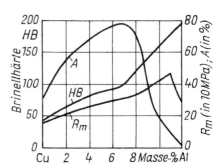

Bild 5.55. Härte, Zugfestigkeit und Dehnung der Kupfer-Aluminium-Legierungen (nach CARPENTER und ROBERTSON)

steigen Härte und Festigkeit stärker an, während die Dehnung aber beträchtlich abnimmt. Die Legierungen sind dann nur noch warmumformbar. Ähnlich wie bei den Zinnbronzen zerfällt nach langsamer Abkühlung (unter ≈ 1 K/min) der β-Mischkristall, dem etwa die Formel Cu_2Al zugeordnet werden kann, eutektoidisch bei 565 °C zu dem sehr spröden $(\alpha + \delta)$-Eutektoid. Das Auftreten dieses Eutektoids wird technisch entweder durch entsprechend schnelle Abkühlung (Kokillenguß) oder durch Zulegieren von Eisen (bis zu 4 %), das den eutektoiden β-Zerfall stark verzögert, verhindert. Schnell abgekühlter Guß mit beispielsweise 10 % Al zeigt demnach ein Gefüge, das etwa zur Hälfte aus α- und zur Hälfte aus β'-Mischkristallen besteht (Bild 5.56). Durch noch schnellere Abkühlung, also

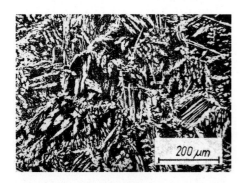

Bild 5.56. Aluminiumbronze mit 90 % Cu und 10 % Al. Helle α-Mischkristalle in der dunklen Grundmasse aus β-Mischkristallen. Ungeätzt

z. B. Abschrecken im Wasser, läßt sich auch die Ausscheidung der α-Mischkristalle unterdrücken. Wie aus dem Zustandsdiagramm hervorgeht, enthält die Legierung nach dem Abschrecken um so weniger α, je höher die Abschrecktemperatur war.
Kompliziert liegen die Verhältnisse während des Abschreckens bei der β-Phase. Diese läßt sich durch Abschrecken nicht, ohne daß sie umgewandelt wird, auf Raumtemperatur unterkühlen. Statt dessen entsteht während der schnellen Abkühlung aus der ungeordneten krz. β-Phase zunächst eine geordnete krz. β_1-Phase, die dann bei tieferen Temperatu-

5.1. Kupfer und seine Legierungen

ren in eine nadel- bzw. lanzettenförmige β'-Struktur mit hexagonal dichtester Packung übergeht (s. Bild 5.48). Damit verhält sich die β-Phase bei den Cu-Al-Legierungen sehr ähnlich dem Austenit der normalen Vergütungsstähle, und Cu-Al-Legierungen mit ≈ 9 bis 11% Al können sowohl gehärtet als auch vergütet werden. Beim Anlassen zerfällt nämlich β' oberhalb $\approx 300\,°C$ in zunehmendem Maß. Anlassen auf Temperaturen um 650 °C schließlich führt zu einer sehr feinkörnigen Ausscheidung der α-Mischkristalle, wodurch sich gute Festigkeits- und Zähigkeitseigenschaften ergeben. In welch hohem Maß die mechanischen Eigenschaften einer 10%igen Cu-Al-Legierung durch Wärmebehandlung beeinflußt werden, geht aus Tabelle 5.4 hervor.

Tabelle 5.4
Beeinflussung mechanischer Eigenschaften einer 10%igen Cu-Al-Legierung durch eine Wärmebehandlung

Zustand	$R_{p0,2}$ [MPa]	R_m [MPa]	A [%]	Gefüge
gegossen	200	500	20	$\alpha + \beta'$
700 °C/Ofenabkühlung	250	400	0	$\alpha + \delta$
1 000 °C/Wasser	550	850	2	β'

Durch Zusätze von Fe, Ni, Mn, Si und Sn in verschiedenen Kombinationen, zusammen bis zu $\approx 15\%$, ergeben sich die *Aluminiummehrstoffbronzen* mit günstigen Eigenschaftskombinationen für spezielle Verwendungszwecke des Schiffbaus, der chemischen Industrie und der Lebensmittelindustrie.

Bleibronzen bestehen aus Kupfer und Blei, enthalten oftmals noch festigkeitssteigernde Zusätze, besonders an Zinn, und sind ausgesprochene Gleitlagerbronzen. Das Blei ist in elementarer Form in die Kupfergrundmasse eingelagert. Erwünscht ist eine möglichst gleichmäßige Bleiverteilung. Bild 5.57 zeigt das Feingefüge einer Bleibronze mit 6% Pb; Bild 5.58 das Gefüge einer mehrfach legierten Sonderbleibronze mit 65% Cu, 25% Pb, 6% Ni, 2% Sn und 2% Zn. Verbreitete technische Anwendung finden Legierungen vom Typ G-CuPb25 mit 75% Cu und 25% Pb, G-CuSn10Pb10 mit je 10% Pb und Sn, G-CuSn7Pb15 mit 15% Pb und 7% Sn sowie G-CuSn5Pb22 mit 22% Pb und 5% Sn. Die Zweistoffbronze G-CuPb25 wird überwiegend für hochbeanspruchte Gleitlager und

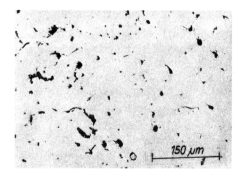

Bild 5.57. Bleibronze mit 6% Pb.
Ungeätzt

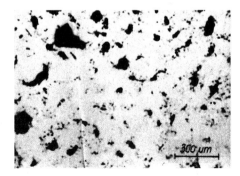

Bild 5.58. Sonderbleibronze mit 25% Pb, 65% Cu, 6% Ni, 2% Sn und 2% Zn.
Ungeätzt

für Pleuellager in Verbrennungsmotoren verwendet. Da ihre Zugfestigkeit nur ≈ 50 bis 80 MPa und ihre Brinell-Härte 27 bis 30 *HB* beträgt, wird die Bleibronze in Stützschalen aus weichem Stahl eingegossen. Wegen der Schwerkraftseigerung der Bleibronzen erfordert die Herstellung von Verbundgußlagern große Sorgfalt. Um eine feine, gleichmäßige Bleiverteilung zu erzielen, muß die Abkühlung möglichst schnell vonstatten gehen. Soll die Bindung des Ausgusses mit der Stützschale dagegen einwandfrei sein, muß die Schmelze längere Zeit bei 900 bis 700 °C gehalten werden. In der Praxis schlägt man deshalb einen Mittelweg ein. Im allgemeinen ist die Belastungsfähigkeit eines Bleibronze-Ausgußlagers um so größer, je höher die Reinheit der Legierung und je feiner und gleichmäßiger die Bleiverteilung ist. Die Seigerungsneigung der Bleibronzen wird durch Verunreinigungen an Sb, As, P, Zn und S verstärkt.

Die Zinn-Blei-Bronzen haben eine höhere Festigkeit (200 bis 250 MPa) und Härte (55 bis 85 *HB*) und finden als Lager mit oder ohne Stützschalen bei Vorliegen hoher Flächendrücke, schlagender Beanspruchung oder Kantenpressungen Anwendung, z. B. in Dieselmotoren, Flugzeuglaufrädern, Wasserpumpen, Lagern für Kaltwalzwerke, Mahlwerke u. dgl. Außerdem werden aus den Zinn-Blei-Bronzen säurebeständige Armaturen und Gußstücke hergestellt.

Eine verhältnismäßig breite technische Anwendung finden die aushärtbaren *Berylliumbronzen*. Legierungen mit Gehalten von 0,3 bis 0,7 % Be, denen man in der Regel noch 1,5 bis 2,5 % Co zulegiert, werden eingesetzt, wenn eine sehr hohe elektrische Leitfähigkeit erreicht werden muß. Im praktischen Einsatz überwiegen jedoch die hochfesten Legierungen mit Gehalten von 1,5 bis 2,5 % Be und geringen Zusätzen an Kobalt oder Nickel. Vorzugslegierungen sind CuBe1,7 und CuBe2.

Am größten ist die Anwendungsbreite der hochfesten Berylliumbronzen als Federwerkstoffe. Sie ist begründet durch ihre hohe Elastizitätsgrenze und Relaxationsbeständigkeit und teilweise durch die gleichzeitig gegebene gute Korrosionsbeständigkeit und das nichtferromagnetische Verhalten. Zieht man noch die gute elektrische und Wärmeleitfähigkeit in Betracht, so wird die besondere Eignung dieser Werkstoffe für elektrische Kontaktfederelemente deutlich.

Das nichtpyrophore Verhalten erklärt die spezielle Anwendung von Berylliumbronze für funkensichere Werkzeuge zur Durchführung von Arbeiten unter Explosionsschutzbedingungen. Aufgrund der guten Festigkeits- und Gleiteigenschaften ergeben sich auch Anwendungen warmausgehärteter Kupfer-Beryllium-Legierungen für Zahnräder, Getriebeteile, Gleitlager und unmagnetische Kugellager.

Bild 5.59 zeigt die Kupferseite des Zweistoffsystems Cu – Be, die Ähnlichkeit mit den Systemen Cu – Sn und Cu – Al aufweist. Auch bei den Kupfer-Beryllium-Legierungen gibt es eine nur bei höheren Temperaturen beständige Mischkristallphase β, die während der Abkühlung bei 605 °C in das Eutektoid ($\alpha + \beta'$) zerfällt. Der β'-Phase kommt etwa die Formel CuBe zu. Die Löslichkeit von Kupfer für Beryllium nimmt mit sinkender Temperatur ab und beträgt bei 605 °C 1,55 % Be, bei Raumtemperatur dagegen weniger als 0,01 % Be. Für die Praxis ist lediglich die Warmaushärtung von Bedeutung.

Schreckt man eine Legierung mit 2,5 % Be nach Lösungsglühen bei 800 °C in Wasser ab, so erhält man ein Gemenge aus α- und unterkühlten β-Mischkristallen. Die Brinell-Härte beträgt dann 130 *HB*. Glüht man die abgeschreckte Legierung 30 min bei 300 °C, so steigt die Härte auf 300 HB (Bild 5.60). Erhöht man die Glühdauer auf 10 h, so erhält man eine Maximalhärte von ≈ 425 *HB*.

5.1. Kupfer und seine Legierungen

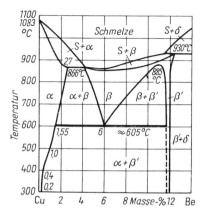

Bild 5.59. Zustandsdiagramm Kupfer–Beryllium

Einstündiges Glühen bei 400 °C führt zur Ausscheidung von CuBe an den Korngrenzen (Bild 5.61), wobei gleichzeitig ein Härteabfall auf 300 HB zu verzeichnen ist. In diesem Bild erscheinen die α-Kristalle grau, die β-Kristalle weiß und die CuBe-Ausscheidungen schwarz.

Eine Glühbehandlung von 1 h bei 500 °C ergibt zahlreiche punktförmige Ausscheidungen (Bild 5.62). Dabei ist besonders die unterschiedliche Segregatmenge von CuBe in α und in β bemerkenswert. Die Härte ist auf 215 HB abgesunken.

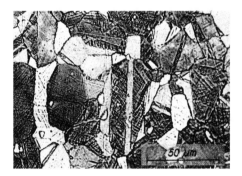

Bild 5.60. Berylliumbronze mit 2,5 % Be, 800 °C/Wasser/30 min 300 °C. α-Mischkristalle (grau) und β-Mischkristalle (weiß)

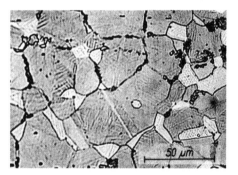

Bild 5.61. Berylliumbronze mit 2,5 % Be, 800 °C/Wasser/1 h 400 °C. α-Mischkristalle (grau), β-Mischkristalle (weiß) und CuBe (schwarz)

Erhöht man die Glühtemperatur auf 620 °C, so wird die eutektoide Temperatur von 605 °C überschritten, und nach erfolgter Luftabkühlung sind keine β-Kristalle mehr vorhanden, sondern diese sind entsprechend dem Zustandsdiagramm in das $(\alpha + \beta')$-Eutektoid zerfallen (Bild 5.63). Das Gefüge besteht nach langsamer Abkühlung also aus primären α-Mischkristallen, die in das $(\alpha + \beta')$-Eutektoid eingelagert sind. Die Brinell-Härte beträgt in diesem Zustand 150 HB.

Die Wärmebehandlung der Berylliumbronzen besteht demnach aus einem Abschrecken aus dem Temperaturbereich von 750 bis 800 °C mit nachfolgendem Anlassen auf 300 bis

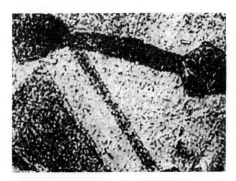 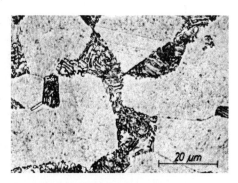

Bild 5.62. Berylliumbronze mit 2,5% Be, 800°C/Wasser/1 h 500°C. CuBe-Segregate in den α- und β-Mischkristallen

Bild 5.63. Berylliumbronze mit 2,5% Be, 800°C/Wasser/1 h 620°C. α-Mischkristalle (hell) und das $(\alpha + \beta')$-Eutektoid

325°C, wobei die Legierung vor dem Anlassen noch kalt umgeformt werden kann. Es werden dann (s. Tabelle 5.5) Härten und Festigkeiten wie bei Stahl erreicht, wobei die chemischen Eigenschaften etwa denen des Kupfers entsprechen.

Kupfer-Beryllium-Legierungen werden für Sonderlager, dem Verschleiß ausgesetzte Teile, für korrosionsbeständige Spiralfedern, für harte, auf Verschleiß beanspruchte Blattfedern, für unmagnetische Uhrteile und schließlich besonders auch für funkenfreie Werkzeuge, wie sie z. B. in chemischen Betrieben benötigt werden, eingesetzt.

Tabelle 5.5 Mechanische Eigenschaften einer Berylliumbronze mit 2% Be, 0,2% Co, Rest Cu

Zustand	R_m^* [MPa]	A_{10} [%]	Vickers-Härte [HV]
geglüht (weich)	400	>25	90...120
kaltumgeformt (halbhart)	600	> 3	150...210
kaltumgeformt	700	> 1,5	220
lösungsgeglüht und ausgehärtet	1 100	< 3	320...400
warm ausgehärtet mit Kaltumformung nach dem Lösungsglühen	1 200	< 3	350...400

* Mindestwerte

Der Gefügeaufbau der *Kupfer-Nickel-Legierungen* wurde bereits in Abschn. 2.2.4.3. eingehend beschrieben. Kupfer und Nickel bilden danach in allen Legierungsverhältnissen homogene Mischkristalle. Da durch den Nickelzusatz die hohe elektrische Leitfähigkeit des Kupfers stark herabgesetzt wird und ein sehr gutes plastisches Umformvermögen sowie beachtliche Festigkeit und Härte erhalten bleiben, finden Cu-Ni-Legierungen, z. B. *Konstantan* (Bild 5.64) mit 60% Cu und 40% Ni, als elektrisches Widerstandsmaterial Verwendung. Konstantan wird häufig auch in Verbindung mit Silber oder Kupfer zu Thermoelementen verarbeitet.

5.1. Kupfer und seine Legierungen

Legierungen mit ≈ 67 bis 70 % Ni, zuweilen mit geringen Beimengungen anderer Elemente, verdanken ihren Ursprung einer direkt aus den Erzen erschmolzenen Naturlegierung, dem *Monelmetall* (Bild 5.65). Dieses besteht aus 65 bis 70 % Ni, 25 bis 30 % Cu, Rest Fe + Si + Mn + C + P + S, die teilweise in Form von Schlacken im Metall enthalten sind. NiCu33 hat im weichgeglühten Zustand eine Zugfestigkeit von 450 bis 550 MPa und eine Bruchdehnung von 35 bis 40 %; im kaltverfestigten Zustand dagegen eine Zugfestigkeit von 700 bis 800 MPa bei einer Bruchdehnung von 5 %. Aluminiumhaltiges K-Monel ist aushärtbar und erreicht eine Zugfestigkeit von 950 MPa bei einer Bruchdehnung von 30 %. Monelmetall wird wegen seiner ausgezeichneten Festigkeitseigenschaften und Korrosionsbeständigkeit vielseitig in der chemischen Industrie verwendet.

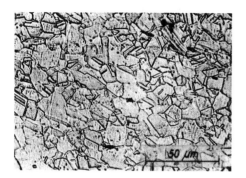
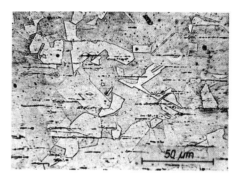

Bild 5.64. Legierung mit 60 % Cu und 40 % Ni. Konstantan. Homogene α-Mischkristalle

Bild 5.65. Legierung mit 65 % Ni und 30 % Cu, Rest Fe, Mn, Si, C, P und S. Monelmetall. Gewalzt und geglüht. Homogene α-Mischkristalle und Schlackenzeilen

Ökonomisch für breitere Anwendungen vertretbare Kupfer-Nickel-Legierungen mit 10 bis 30 % Ni werden wegen ihrer guten Korrosions- und Warmfestigkeitseigenschaften für Chemieanlagen oder als Rohre für hochbeanspruchte Wärmetauscher und Kondensatoren eingesetzt.

Manganbronzen mit ≈ 25 % Mn haben keine Kupferfarbe mehr, da Mangan stark entfärbend wirkt. Sie zeichnen sich durch eine hohe Warmfestigkeit und einen hohen elektrischen Widerstand aus. Da Kupfer bis zu 30 % Mn in fester Lösung aufnimmt, bestehen diese Legierungen aus homogenen α-Mischkristallen.

Kupfer und Silber bilden ein eutektisches System bei 28,1 % Cu und 779 °C. Das gegenseitige Lösungsvermögen beider Metalle füreinander beträgt bei der eutektischen Temperatur ≈ 8 %, fällt aber bei Raumtemperatur bis auf 0 % ab. Bild 5.66 zeigt das Gefüge einer Legierung mit 50 % Cu und 50 % Ag. Primäre, dunkelgeätzte Kupferkristalle sind im (Ag + Cu)-Eutektikum eingelagert. Ag-Cu-Legierungen werden in der Schmuckwarenindustrie und in der Elektrotechnik verwendet.

Wird der Zinnbronze noch Zink zulegiert, so erhält man die verschiedenen *Rotguß*-Sorten, die gleichfalls für Armaturen und Lagerschalen verwendet werden. G-CuSn10Zn4 enthält neben Kupfer noch 10 % Sn und 4 % Zn, G-CuSn5Zn7Pb noch 5 % Sn, 7 % Zn und 3 % Pb und G-CuSn4Zn2Pb noch 4 % Sn, 2 % Zn und 1 % Pb. Die Bilder 5.67 und 5.68 zeigen das Gefüge eines Rotgusses mit 8 % Sn, 7 % Zn und 3 % Pb, Rest Cu, im Gußzustand.

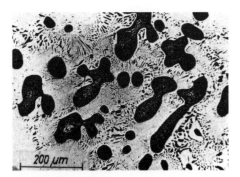 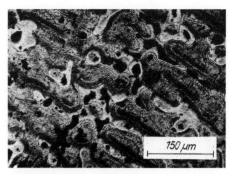

Bild 5.66. Legierung mit 50 % Ag und 50 % Cu. Primäre Kupfermischkristalle im (Ag + Cu)-Eutektikum

Bild 5.67. Rotguß mit 82 % Cu, 8 % Sn, 7 % Zn und 3 % Pb. Inhomogene α-Mischkristalle mit dunklen Bleieinschlüssen

Inhomogene α-Mischkristalle sind in das $(\alpha + \delta)$-Eutektoid eingelagert. Außerdem findet sich noch elementares Blei in Form schwarzer Tröpfchen.

Neusilber enthält 47 bis 65 % Cu, 12 bis 25 % Ni, Rest Zn. Manchmal gibt man zur Verbesserung der Zerspanbarkeit noch bis zu 2,5 % Pb hinzu. Die Legierungen bestehen im Gußzustand aus ternären, stark geseigerten α-Dendriten (Bild 5.69). Im geglühten und homogenisierten Zustand ergeben sich homogene α-Mischkristalle. Die Festigkeit beträgt dann 400 MPa bei 40 % Dehnung. Durch Kaltumformung läßt sich erstere auf 700 MPa bringen,

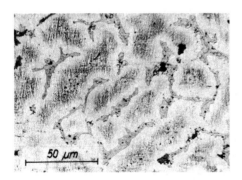 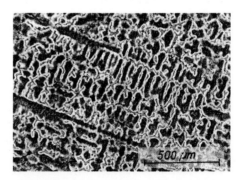

Bild 5.68. Rotguß. Inhomogene α-Mischkristalle und $(\alpha + \delta)$-Eutektoid

Bild 5.69. Neusilber mit 60 % Cu, 18 % Ni und 22 % Zn, gegossen. Inhomogene α-Mischkristalle

während letztere auf 7 % abfällt. Die Färbung dieser Legierungen, die besonders bei Gehalten um 20 % Ni der des Silbers sehr nahe kommt, erklärt ihren Namen. Aus Neusilber stellt man zahlreiche Geräte und Einzelteile für die Elektrotechnik, Optik und Medizintechnik sowie Bestecke und Tafelgeschirr her. Das anlauf- und recht korrosionsbeständige Neusilber kann für bestimmte Anwendungsbereiche als ein verbesserter Austauschwerkstoff für Messing und korrosionsbeständigen Stahl verwendet werden.

5.2. Zink und seine Legierungen

5.2.1. Reinzink

Das wichtigste Zinkrohmaterial ist die Zinkblende ZnS mit 67,1 % Zn und 32,9 % S. Das Zinkerz enthält aber stets noch Beimengungen an Blei, Eisen, Kupfer und Kadmium. Andere für die Verhüttung in Betracht kommende Erze sind das Zinkkarbonat $ZnCO_3$ (Galmei), das Zinksilikat ($2ZnO \cdot SiO_2$) und der Zinkferrit $ZnO \cdot Fe_2O_3$.
Die Zinkgewinnung aus dem Erz erfolgt entweder durch Destillation oder durch Elektrolyse. Im ersteren Fall werden zinkreichere sulfidische Erze an Luft geröstet, um das Zinksulfid in das Zinkoxid zu überführen. Das gewonnene Zinkoxid wird zusammen mit Kohlenstoff in geschlossenen Muffeln auf 1 300 bis 1 400 °C erhitzt und zu metallischem Zink reduziert: $ZnO + C \rightarrow Zn + CO$.
Das Zink ist bei dieser Temperatur dampfförmig ($T_V = 907$ °C). In besonderen, kälteren Behältern schlägt sich der Metalldampf in Form von oxidhaltigem Zinkstaub nieder, der noch ≈ 4 % Pb, bis zu 0,3 % Cd und bis zu 0,2 % Fe enthält. Durch Umschmelzen oder fraktionierte Destillation wird das durch die Reduktion gewonnene Zink zu Hütten- oder Feinzink raffiniert.
Bei der (bedeutenderen) naßmetallurgischen Zinkgewinnung durch Elektrolyse werden in Oxide übergeführte Zinkerze mit Schwefelsäure ausgelaugt und die Lauge von Verunreinigungen chemisch befreit. Die gereinigte neutrale Lauge wird elektrolysiert und das Katodenzink in elektrischen Öfen umgeschmolzen.
Feinzink ist in 4 Reinheitsgruppen eingeteilt und enthält 99,9 bis 99,995 % Zink. Es wird für Bleche, Bänder, Drähte, für Tiefziehmessing und Tiefziehneusilber verwendet. Das Hüttenzink liegt ebenfalls in 4 Reinheitsgraden mit einem Zinkgehalt zwischen 97,5 % und 99,5 % vor. Die wesentlichsten Verunreinigungen sind Blei und Kadmium, außerdem Zinn und Eisen. Beide Sorten werden für die Herstellung von Halbzeug, Gußlegierungen und als Legierungsmetall für Messing und Neusilber verwendet. Für die Rotgußherstellung und für Zinküberzüge wird vornehmlich Hüttenzink eingesetzt. In geringerem Umfang wird Zink zu Halbzeug verarbeitet, etwa 10 % des Aufkommens. Die Verarbeitung zu Gußlegierungen beansprucht etwa die doppelte Menge, während der Anteil für die Verzinkung zum Korrosionsschutz von Stahlteilen mit 30 bis 35 % am größten ist. Als Legierungsmetall werden ≈ 20 % des produzierten Zinks verwendet.
Reines gewalztes und geglühtes Zink hat eine Streckgrenze von 80 bis 100 MPa, eine Zugfestigkeit von 120 bis 160 MPa, eine Brinellhärte von 30 bis 35 *HB* und eine Bruchdehnung von 35 bis 45 %.
Zink weist gegen chemischen Angriff nur eine geringe Beständigkeit auf. Seine Eigenschaft, unter der Einwirkung der Atmosphäre und belüfteter Wässer dichte Schutzschichten aus basischem Zinkkarbonat zu bilden, begründet die ausgedehnte Anwendung von Zinküberzügen zum Korrosionsschutz von Stahlteilen. Dabei ist die auf dem stark negativen Potential beruhende Fernschutzwirkung des Zinks mit in Betracht zu ziehen. Von den Verzinkungsverfahren erreicht die Feuerverzinkung den größten Anwendungsumfang. Der Gefügeaufbau einer durch Feuerverzinkung gebildeten Schicht ist wie folgt zu charakterisieren (Bild 5.70):

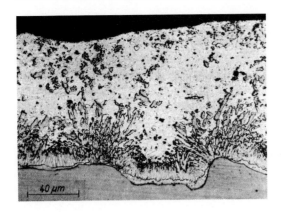

Bild 5.70. Feuerzinkschicht auf Stahl mit Legierungsschichten aus γ-δ_1- und ξ-Phase und in das reine Zink abschwimmenden ξ-Kristallen

Entsprechend dem Eisen-Zink-Zustandsschaubild bildet sich stahlseitig als erste Legierungsschicht eine dem α-Mischkristall entsprechende Legierungszone mit $\approx 6\%$ Zn. Sie ist sehr dünn und lichtmikroskopisch kaum nachzuweisen. Die folgende, aus der γ-Phase gebildete Zone mit 72 bis 79% Zn ist auch verhältnismäßig schmal und bildet sich erst nach längeren Tauchzeiten aus. Die dritte Zone wird von der δ_1-Phase mit 88,5 bis 93% Zn gebildet. Sie tritt stahlseitig kompakt und zinkseitig pallisadenförmig auf. Zwischen der δ_1-Phase und der reinen Zinkschicht tritt die ξ-Phase mit 93,8 bis 94% Zn auf. Sie ist stengelförmig, teilweise buschig und weniger kompakt als die palisadenartige δ_1-Schicht aufgebaut. Einzelne ξ-Kristalle lösen sich leicht von der Schicht und schwimmen ins flüssige Zink ab.

Das Gefüge des hexagonalen Zinks besteht nach dem Walzen und Glühen aus Polyedern, die je nach der Glühtemperatur mehr oder weniger stark verzwillingt sind. Außer diesen Glühzwillingen treten bei plastischen Umformungen sehr leicht auch Verformungszwillinge auf. Wegen seiner hexagonalen Gitterstruktur kann ein Zinkkristall nur auf einer einzigen Gleitebene, der Basisfläche (0001), abgleiten. Dies verursacht bei technischem, d. h. polykristallinem Zink eine gewisse Kaltsprödigkeit, weil die regellos orientierten Kristallite sich gegenseitig bei der Abgleitung behindern. Zink und viele seiner Legierungen lassen sich deshalb nur bei höheren Temperaturen (zwischen 100 und 200 °C) plastisch umformen. Erleichtert wird der Materialfluß durch Umklappen geeigneter Kristallbereiche in die Zwillingsstellung, weshalb in umgeformtem Zink stets zahlreiche Zwillingslamellen vorhanden sind (Bild 5.71). Auch wegen der schon bei Raumtemperatur einsetzenden Rekristallisation verhält sich Zink während der plastischen Umformung wesentlich anders als die kubischen Metalle und besitzt nur geringe Warm- und Zeitstandfestigkeit.

Beim Warmwalzen werden zunächst zwei Stiche mit 5 bis 10% Dickenabnahme aufgebracht, an die sich dann kräftigere Stiche mit bis zu 25% Stichabnahme anschließen. Das Material wird dabei mit 160 bis 180 °C in die Walze geschickt und hält sich infolge der Reibungswärme von selbst auf Temperatur. Beim Kaltwalzen werden die mechanischen Eigenschaften von vorgewalzten Blechen ganz anders beeinflußt, als man es von den sich verfestigenden, d. h. härter werdenden kubischen Metallen, wie Eisen, Kupfer, Aluminium usw., gewohnt ist. Je nach der Legierungsgattung nehmen Festigkeit und Härte nicht zu, sondern bleiben praktisch konstant oder nehmen gar ab. Das Formänderungsvermögen, also Dehnung und Einschnürung, nimmt mit steigendem Umformgrad stets zu. Bei Feinzink nimmt die Festigkeit mit steigendem Umforgrad zu, um aber während des Lagerns durch Rekristallisation wieder abzufallen. Ähnlich verhalten sich auch viele Zinklegierungen. Es gelingt also nicht, etwa wie bei Stahl, Messing oder Bronze, durch Kaltumformung federharte Bleche oder Drähte herzustellen.

Erhitzt man geschmolzenes Zink in Eisentiegeln, so wird Eisen aufgelöst und bildet eine intermetallische Verbindung $FeZn_{10}$, die bei niederen Temperaturen noch größere Mengen Zink aufnehmen kann. $FeZn_{10}$ bildet scharfkantige und sehr charakteristische Kristalle oder auch Kristallskelette (Bild 5.72). Enthält das Zink jedoch Aluminium, so wird der Angriff auf das Eisen abgeschwächt. Zum Schmelzen aluminiumhaltiger Zinklegierungen lassen sich deshalb Graugußtiegel verwenden.

Die Hauptlegierungselemente des Zinks sind Aluminium und Kupfer. Magnesium wird fast stets in Mengen von 0,02 bis 0,05 % hinzugegeben zwecks Verhinderung der durch Verunreinigungen, wie Blei, Kadmium, Wismut und Zinn, hervorgerufenen selektiven Korrosion.

Bild 5.71. Plastisch umgeformtes Feinzink mit Zwillingen

Bild 5.72. Feinzink, 8 h in einem Eisentiegel bei 500°C erhitzt. $FeZn_{10}$-Kristalle in der Zinkgrundmasse

5.2.2. Zink – Aluminium

Das Zweistoffsystem Zink – Aluminium ist im Bild 5.73 dargestellt. Der Grundtyp ist der eines einfachen eutektischen Systems mit dem eutektischen Punkt bei 5 % Al und 382 °C. Der zinkreiche α-Mischkristall löst bei höheren Temperaturen mehr Aluminium als bei niederen.

Löslichkeit von Zink für Aluminium:
382 °C = 1,0 % Al
300 °C = 0,7 % Al
200 °C = 0,35 % Al
100 °C = 0,2 % Al
 20 °C = 0,05 % Al.

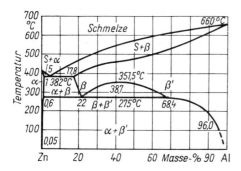

Bild 5.73. Zustandsdiagramm Zink – Aluminium

Der aluminiumreiche kfz. β-Mischkristall mit 22 % Al spaltet sich eutektoidisch bei 275 °C in den hexagonalen zinkreichen α-Mischkristall mit 0,6 % Al und den kfz- β'-Mischkristall mit 68,4 % Al auf. Diese eutektoide Umsetzung ist bei der Abkühlung mit einer linearen Schrumpfung von $\approx 0,2$ % verbunden.

Kühlt man eine Legierung mit 98,5 % Zn und 1,5 % Al aus dem Schmelzfluß ab, so kristallisieren ab 415 °C primäre α-Mischkristalle aus. Die Restschmelze hat sich bei 382 °C auf 5 % Al angereichert und kristallisiert eutektisch zu α- und β-Mischkristallen. β wandelt sich nach weiterer Abkühlung bei 275 °C in das aluminiumreichere β' und das zinkreichere α um. Die Legierung besteht bei Raumtemperatur aus primären rundlichen α-Mischkristallen mit Zwillingslamellen und aus dem $(\alpha + \beta)$-Eutektikum (Bild 5.74). Ähnlich verläuft der Kristallisationsprozeß einer Legierung mit 96 % Zn und 4 % Al, nur daß im Gefüge die Menge an α-Mischkristallen sich verrringert hat und hauptsächlich Eutektikum vorhanden ist (Bild 5.75).

Eine Legierung mit 85 % Zn und 15 % Al scheidet bei 450 °C primäre β-Mischkristalle mit 55 % Al aus. Bei der eutektischen Temperatur hat sich die Aluminiumkonzentration von β auf 17,5 % verringert. Die Restschmelze zerfällt eutektisch zu α und β. Im Verlauf der weiteren Abkühlung bis 275 °C wird das Lösungsvermögen von β für Zink größer und beträgt bei 275 °C 20 % Zn. Mit dieser Konzentration zerfällt β schließlich wieder eutektoidisch zu α und β'. Wegen der erheblichen Konzentrationsverschiebung der primären β-Mischkristalle während des Durchgangs durch das $(\beta + \text{Schmelze})$-Zweiphasengebiet

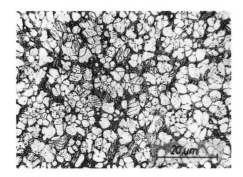

Bild 5.74. Zink-Aluminium-Legierung mit 1,5 % Al. Primäre α-Mischkristalle im $(\alpha + \beta)$-Eutektikum

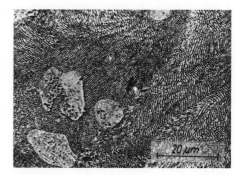

Bild 5.75. Zink-Aluminium-Legierung mit 4 % Al. Primäre α-Mischkristalle im $(\alpha + \beta)$-Eutektikum

treten stärker Kristallseigerungen auf. Bild 5.76 zeigt das Gefüge von ZnAl15. Inhomogene β-Mischkristalle liegen im globular ausgebildeten (α + β)-Eutektikum.
Schreckt man eine Legierung aus dem (α + β)-Gebiet in Wasser ab, so wird der eutektoide Zerfall der β-Phase zunächst unterbunden, die β-Phase wird unterkühlt und bei Raumtemperatur erhalten. Nach ganz kurzer Lagerzeit beginnt aber schon die Gleichgewichtseinstellung. Der Zerfall von β ist mit einer erheblichen Volumenverringerung, Wär-

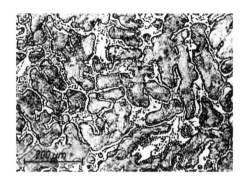

Bild 5.76. Zink-Aluminium-Legierung mit 15% Al. Primäre inhomogene β-Mischkristalle im (α + β)-Eutektikum

metönung und Härteänderung verbunden. Bild 5.77 zeigt die dilatometrisch gewonnene Schrumpfungs-Zeit-Kurve einer Legierung mit 20% Al + 80% Zn. Dieselbe wurde in einer eisernen Kokille zu Stäbchen von 4 mm Dmr. und 50 mm Länge vergossen. Kurve *1* gibt die Längenschrumpfung wieder, nachdem die Legierung nach dem Vergießen 2 h bei 350 °C geglüht und dann in Wasser abgeschreckt wurde. Die Kurve *2* entstand nach 24stündiger Homogenisierungsglühung bei 350 °C mit anschließender Wasserabschreckung. Im ersten Fall geht die Schrumpfung anfangs langsamer vonstatten als im zweiten. Nach 90 min Lagerdauer bei 15 °C haben sich aber beide Kurven vereinigt, und es schließt sich eine langsamer wachsende Kontraktion an. Die frei werdende Umwandlungswärme erhitzt die Legierung innerhalb von 5 min auf 50 °C. Die Brinellhärte beträgt sofort nach dem Abschrecken 50 *HB*, ist nach 5 min auf 70 *HB* und nach 10 min auf 90 HB angestiegen. Daraufhin fällt sie wieder ab und beträgt nach 20 min 70 *HB*, nach 30 min 60 *HB* und nach 200 min nur noch ≈ 45 *HB*. Durch Röntgenaufnahmen und metallographische Schliffbilder kann man nachweisen, daß die Legierungen sofort nach dem Abschrecken große β-Kristalle enthalten, die während des Lagerns jedoch in ein feinkörniges Gemenge aus α und β' zerfallen. Durch Magnesiumzusatz wird der eutektoide Zerfall verzögert, durch Kupfer dagegen beschleunigt. Der eutektoide Zerfall der β-Phase ist

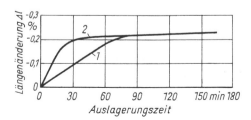

Bild 5.77. Längenänderung einer Legierung mit 80% Zn + 20% Al, die von 350 °C in Wasser abgeschreckt und bei 20 °C ausgelagert wurde.
Kurve *1* Guß, 2 h homogenisiert
Kurve *2* Guß, 24 h homogenisiert

weder durch Legierungszusätze noch durch Wärmebehandlungen zu unterdrücken. Durch künstliche Alterung der Legierung bei 100 °C kann diese Schrumpfung zu Ende geführt werden, wenn die Lagerzeit 100 h übersteigt.

Eine zweite Maßänderung erfahren die Zink-Aluminium-Legierungen durch die Ausscheidung der aluminiumreichen β'-Phase aus dem α-Mischkristall. Dieser Vorgang geht in Zeiträumen von Monaten und Jahren vor sich und ist deshalb für die Praxis wesentlich gefährlicher als die schnell verlaufende Schrumpfung infolge des eutektoiden β-Zerfalls. Lagert man Zink-Aluminium-Legierungen in wasserdampfhaltiger Atmosphäre, so erfolgt eine sog. *selektive Korrosion*, weil die Feuchtigkeit bevorzugt das an den Korngrenzen befindliche Eutektikum herauslöst und so längs der Korngrenzen tief in das Werkstückinnere eindringen kann, ähnlich wie bei der interkristallinen Korrosion. Verunreinigungen an Blei, Zinn und Cadmium erhöhen die Korrosionsanfälligkeit ganz erheblich. Dieser Gefahr ist jedoch durch die Verwendung von sehr reinem Feinzink und einem Legierungszusatz von 0,02 bis 0,05 Mg wirkungsvoll zu begegnen.

Wenn Korrosion auftritt, ist sie ebenfalls mit Volumenänderungen verbunden. Zuerst verkürzen sich die Proben. Sind größere Mengen Blei vorhanden, so kann wiederum eine Verlängerung eintreten.

Die ausgezeichnete Gießbarkeit und das sehr gute Formfüllungsvermögen sind Vorzüge der Zinklegierungen, die bei einer genauen Herstellung komplizierter Kleinteile (Eingießen von kleinen Bohrungen, Gewinden etc.) im Druckgußverfahren genutzt werden. Hinzu kommt, daß beim Zink-Druckguß große Lebensdauern der Druckgußformen erreicht werden. Die bekanntesten Feinzink-Druckguß-Legierungen sind GD-ZnAl4 und GD-ZnAl4Cu1 mit Zugfestigkeiten von 250 bzw. 270 MPa bei Bruchdehnungen von 1,5 und 2 %.

Während die Anwendung von Zink-Knetlegierungen im allgemeinen von geringerer Bedeutung ist, soll auf einen Sonderfall aufmerksam gemacht werden. Zu den Legierungen, an denen die Erscheinungen der Superplastizität zuerst untersucht worden sind, gehören Zink-Aluminiumlegierungen eutektoider Zusammensetzung (22 % Al). Die Entwicklung hat bis zu einzelnen praktischen Anwendungen bei der Blechumformung geführt.

5.2.3. Zink – Aluminium – Kupfer

Die Metalle Zink, Aluminium und Kupfer bilden in der Zinkecke (Bild 5.78) ein ternäres Eutektikum bei 372 °C mit der Zusammensetzung 89,1 % Zn + 7,05 % Al + 3,85 % Cu. Die Bestandteile des Eutektikums sind die drei ternären Mischkristalle η, β und ε. An primären Kristallarten sind, je nach der Lage der Legierungen zum ternären Punkt, der zinkreiche Mischkristall η, die im System Zn–Cu sich peritektisch bildende ε-Phase und der zinkreiche Al-Mischkristall β vorhanden. Auf den drei binär-eutektischen Rinnen, die sich im ternären Punkt schneiden, bestehen folgende Gleichgewichte: $S_1 = \eta + \beta$ (eutektische Rinne vom System Zn–Al herkommend), $S_2 + \varepsilon = \eta$ (Peritektikum vom System Zn–Cu herkommend) und $S_3 = \beta + \varepsilon$ (eutektische Rinne, aus dem nicht näher erforschten Innern des ternären Systems kommend). Das Gleichgewichtsdreieck der drei festen Phasen erweitert sich mit sinkender Temperatur. Die Dreiecksspitzen haben die in Tabelle 5.6 angegebenen Zusammensetzungen. Aus dieser Zusammenstellung ist zu ersehen, daß auch ternäre Mischkristalle eine von der Temperatur abhängige Lösungsfähig-

5.2. Zink und seine Legierungen

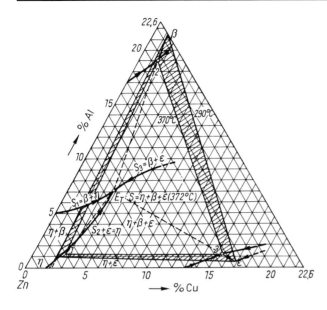

Bild 5.78. Zinkecke des Dreistoffsystems Zn–Al–Cu.
η zinkreicher ZnAlCu-Mischkristall
β aluminiumreicher AlZnCu-Mischkristall
ε kupferreicher CuZnAl-Mischkristall

Tabelle 5.6 Zusammensetzung in den Spitzen des Gleichgewichtsdreiecks Zn–Al–Cu

Phasen	360 °C			290 °C		
	% Zn	% Al	% Cu	% Zn	% Al	% Cu
η	96,0	1,25	2,75	96,75	1,0	2,25
β	78,1	20,4	1,5	76,2	22,6	1,2
ε	83,3	1,2	15,5	82,6	0,6	16,8

keit für die verschiedenen Komponenten haben und daß im allgemeinen die Konzentrationen der Zusatzelemente mit sinkender Temperatur abnehmen. Die ternären aluminiumreichen β-Mischkristalle sind bei Raumtemperatur nicht stabil und zerfallen bei 274 °C: $\beta + \varepsilon \rightleftharpoons \eta + \beta'$.
Infolge der verschiedenen Ausscheidungs- bzw. Zerfallsvorgänge treten auch in den ternären Zn-Cu-Al-Legierungen Volumenänderungen auf.
ZnAl4Cu1 ist, wie im Abschnitt 5.2.2. erwähnt, eine typische Druckgußlegierung, wird aber ebenso wie ZnAl6Cu1 auch als Kokillen- oder Sandgußlegierung verarbeitet. Die Legierungen haben einen eng begrenzten Bereich der optimalen Gießtemperatur. Der Schmelzbereich für GD-ZnAl4 und GDZnAl4Cu1 liegt etwa zwischen 380 und 390 °C. Die Anwendung einer nur 20 K höher liegenden Gießtemperatur führt zu den besten Kennwerten für die mechanischen Eigenschaften. Liegt die Gießtemperatur höher oder niedriger, dann fallen sowohl Zugfestigkeit als auch Schlagbiegefestigkeit rasch ab. Die Kokillentemperatur soll ≈250 °C betragen. Liegt sie niedriger, so ergibt dies keine Zunahme der Festigkeit, aber einen starken Abfall der Schlagbiegezahl. Höhere Kokillentemperaturen führen wohl zu einer erhöhten Schlagbiegefestigkeit, aber auch zu einem schnellen Abfall der Dehnung.

Bild 5.79 zeigt das Gefüge von GZnAl4Cu1 nach dem Vergießen von 550 °C in eine auf 300 °C angewärmte Kokille. Während der durch die hohe Kokillentemperatur bedingten langsamen Abkühlung erfolgt eine erhebliche Kupferausscheidung, die beim Ätzen eine Schwärzung der η-Kristalle verursacht. Im Bild 5.80 ist das Gefügebild eines unter extremen Bedingungen gegossenen Kokillengusses dargestellt, und zwar betrug die Gießtemperatur 550 °C und die Kokillentemperatur 20 °C. Durch die zu niedrige Kokillentemperatur bilden sich infolge des schnellen Wärmeentzugs große, scharfkantige, helle, sternförmige Dendriten von primären η-Mischkristallen.

Das strahlige Aussehen der Primärkristalle deutet immer auf eine zu kalte Kokille hin und ist ein Beweis für falsche Gießbedingungen. Derartige Güsse sind zu verwerfen, da sie sehr spröde sind und schon bei geringen Stoß- und Schlagbeanspruchungen brechen können. Bei zu kalten Kokillen wird auch die Oberfläche der Gußstücke blumig. Das angestrebte Gußgefüge zeigt Bild 5.81 am Beispiel von GD-ZnAl4Cu1. Abgerundete η-Mischkristalle liegen in dem feinkörnigen Eutektikum. Als Sand- und Kokillengußlegierungen erreichen die Feinzinklegierungen nicht die Anwendungsbreite von Druckgußlegierungen, als deren Hauptvertreter GD-ZnAl4 und GD-ZnAl4Cu1 gelten. Sie werden bevorzugt für kleine und mittelgroße Teile u. a. im Kraftfahrzeugbau (z. B. Vergaser- und Lenksäulengehäuse oder Teile von Getriebe- und Lüftergehäusen) oder im Gerätebau eingesetzt. Die Legierung ZnAl4Cu1 läßt sich auch pressen, walzen und ziehen.

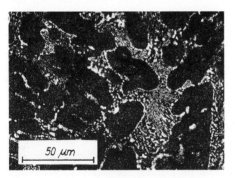

Bild 5.79. GK-ZnAl4Cu1, von 550 °C in eine auf 300 °C vorgewärmte Kokille vergossen. Die primären η-Mischkristalle werden infolge der Kupferausscheidungen beim Ätzen dunkel gefärbt

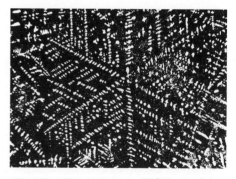

Bild 5.80. GK-ZnAl4Cu1, von 550 °C in eine kalte Kokille vergossen. Primäre hexagonale η-Mischkristalle

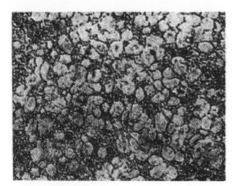

Bild 5.81. GD-ZnAl4Cu1, Druckgußgefüge. Helle rundliche η-Mischkristalle im globularen Eutektikum

5.3. Blei und seine Legierungen

5.3.1. Reinblei

Das wichtigste Bleimineral ist der Bleiglanz (PbS) mit 86,6 % Bleigehalt. Der Bleiglanz ist fast stets silberhaltig und oft auch zink-, eisen- und kupferhaltig. Weitere Begleitmetalle sind Zinn, Arsen und Antimon. Andere Bleiminerale, wie Cerrusit ($PbCO_3$), Anglesit ($PbSO_4$) und Wulfenit ($PbMoO_4$), kommen wegen ihrer geringen Häufigkeit für die Verhüttung kaum in Betracht.

Die Gewinnung des Bleis aus den Erzen wird meist über den Weg des Röst-Reduktions-Verfahrens durchgeführt. Die sulfidischen Erze werden zunächst bis zur vollständigen Entfernung des Schwefels geröstet, wobei das Bleisulfid PbS in das Bleioxid PbO übergeführt wird. Das gebildete Bleioxid wird mit Koks und anderen Zuschlägen im Schachtofen verschmolzen, wobei das mit Cu, Sb, As, Zn, Sn, Bi, S und Edelmetallen verunreinigte *Werkblei* entsteht. Dieses wird durch metallurgische Behandlungen gereinigt. Die gewonnenen Nebenprodukte werden auf die entsprechenden Metalle verarbeitet. Von besonderer Bedeutung ist bei der Bleiraffination der Anfall an Silber. Durch elektrolytische Raffination kann ein *Elektrolytblei* hoher Reinheit hergestellt werden.

Feinblei enthält 99,99 bzw. 99,985 % Pb. Es wird zur Herstellung von Akkumulatoren, chemischen Apparaten, optischen Gläsern, Bleifarben und als Legierungsmetall verwendet. *Hüttenblei* (Pb99,75; 99,9 und 99,94) findet Anwendung für säurefeste Auskleidungen, Kabelmäntel und auch für die Herstellung von Legierungen. Blei ist ein sehr weiches, duktiles Metall und läßt sich leicht mit dem Messer schneiden.

Die Brinell-Härte beträgt nur 4 *HB*, die 0,2-Dehngrenze 5 bis 8 MPa, die Zugfestigkeit 10 bis 20 MPa, die Brucheinschnürung 100 % und die Bruchdehnung 50 bis 70 %. Das Gefüge besteht wie bei anderen kfz. Metallen auch aus Polyedern und Zwillingslamellen (Bild 5.82). Infolge des niedrigen Schmelzpunkts von 327 °C tritt die Rekristallisation nach vorangegangener Kaltumformung bereits bei Raumtemperatur ein und führt bei so niedriger Temperatur bei Umformgraden im kritischen Bereich zu Grobkornbildung. Darauf ist besonders zu achten, weil die Festigkeitseigenschaften erheblich von der Korngröße abhängen. Eine Verfestigung des Bleis durch Kaltumformung ist nicht möglich. Legierungselemente, die mit Blei intermetallische Verbindungen bilden (z. B. Lithium, Natrium, Kalzium, Tellur), sollen die Rekristallisationstemperatur erheblich erhöhen.

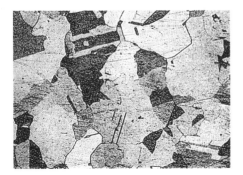

Bild 5.82. Gefüge von gegossenem und rekristallisiertem Reinblei. Polyeder mit Zwillingslamellen

Technisch wird in breitem Umfang die besonders stark rekristallisationshemmende Wirkung größerer Legierungszusätze von Antimon genutzt, die sich im Fall der Aushärtung der Blei-Antimon-Legierungen erhöht.

Reines Blei ist gegen zahlreiche Chemikalien, wie hartes Trinkwasser, Schwefelsäure, Phosphorsäure, Flußsäure, Ammoniak, Chlor, Soda, Zyankali, beständig. Die Hauptlegierungselemente des Bleis sind Zinn und Antimon.

5.3.2. Blei – Zinn

Die Blei-Zinn-Legierungen bilden ein einfaches eutektisches System (Bild 5.83). Der eutektische Punkt befindet sich bei 61,9 % Sn und 38,1 % Pb und 183 °C. Der bleireiche α-Mischkristall nimmt bei der eutektischen Temperatur 19 % Sn in fester Lösung auf, bei 100 °C aber nur noch 4 % Sn. Der zinnreiche β-Mischkristall löst bei 183 °C 2,5 % Pb, doch nimmt die Löslichkeit mit sinkender Temperatur schnell ab und beträgt bei Raumtemperatur praktisch 0 % Pb.

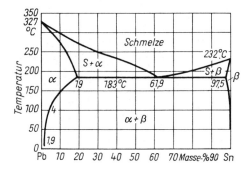

Bild 5.83. Zustandsdiagramm Blei – Zinn

Legierungen mit einem Zinngehalt zwischen 0 und 19 % erstarren wie folgt: Sobald die Liquiduslinie erreicht wird, scheiden sich aus der Schmelze bleireiche α-Mischkristalle aus. Die Restschmelze reichert sich dadurch an Zinn an. Sobald die Solidustemperatur erreicht wird, ist die Erstarrung beendet, und die Legierungen bestehen aus homogenen α-Mischkristallen. Bei weiterer Abkühlung bzw. längerem Halten bei Temperaturen unterhalb der Löslichkeitslinie scheiden sich Zinnsegregate aus. Bild 5.84 zeigt das Gefüge

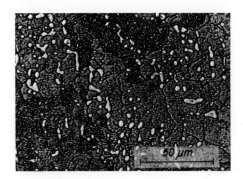

Bild 5.84. Legierung mit 90 % Pb und 10 % Sn. Bleireiche α-Mischkristalle mit β-Segregaten

einer Blei-Zinn-Legierung mit 90 % Pb und 10 % Sn im gegossenen Zustand. In der dunkel geätzten Grundmasse aus Bleipolyedern befinden sich helle Kristalle aus Zinnsegregat.

Legierungen mit einem Gehalt zwischen 19 und 61,9 % Sn weisen einen ganz anderen Erstarrungsverlauf auf. Sobald die Liquiduslinie erreicht wird, scheiden sich primäre α-Mischkristalle aus. Die Restschmelze reichert sich infolgedessen mit Zinn an. Bei 183 °C beträgt die Zusammensetzung der Restschmelze 61,9 % Sn und 38,1 % Pb, die der α-Mischkristalle 19 % Sn und 81 % Pb. Die Restschmelze zerfällt daraufhin bei konstanter Temperatur in das (Pb + Sn)-Eutektikum. In diesem Eutektikum bildet Zinn die Grundmasse, in die die bleireichen α-Mischkristalle, die ihrerseits wieder Zinnsegregate enthalten, eingelagert sind. Die Legierungen dieses Konzentrationsintervalls bestehen gefügemäßig bei Raumtemperatur also aus primären bleireichen α-Mischkristallen, die in das (Pb + Sn)-Eutektikum eingelagert sind. Die Bilder 5.85 und 5.86 zeigen die Gefüge von

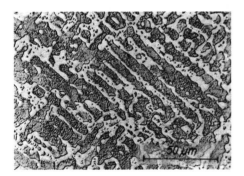
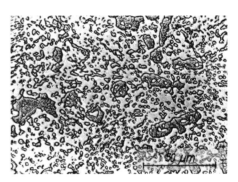

Bild 5.85. Legierung mit 70 % Pb und 30 % Sn. Primäre α-Mischkristalle im (α + β)-Eutektikum

Bild 5.86. Legierung mit 40 % Pb und 60 % Sn. Primäre α-Mischkristalle im (α + β)-Eutektikum

Legierungen mit 30 und 60 % Sn. Während in dem erstgenannten primär ausgeschiedene α-Mischkristalle noch zahlreich und verhältnismäßig gleichmäßig verteilt auftreten, sind sie in der nahezu eutektischen Legierung nur noch vereinzelt festzustellen. Die Legierung mit der eutektischen Zusammensetzung von 61,9 % Sn und 38,1 % Pb scheidet keine Primärkristalle aus. Die Erstarrung beginnt sofort mit der Ausbildung des (α + β)-Eutektikums und verläuft bei konstanter Temperatur, bis die gesamte Legierung fest ist. Bei weiterer Abkühlung findet Segregatbildung statt.

Legierungen mit einem Zinngehalt zwischen 61,9 und 97,5 % Sn erstarren unter Primärausscheidung von β-Kristallen und nachfolgender Kristallisation des Eutektikums. In den Bildern 5.87 und 5.88 ist der Gefügeaufbau der übereutektischen Blei-Zinn-Legierungen mit 70 und 90 % Sn dargestellt. Auch hierbei ist zu sehen, daß die Menge an primären zinnreichen β-Mischkristallen abnimmt, je mehr sich der Zinngehalt der eutektischen Konzentration nähert.

Die dendritische Form der β-Kristalle deutet sich bei der hohen Vergrößerung nur an. Die Abgrenzung dieser primären β-Kristalle gegenüber dem Eutektikum ist nicht scharf und klar, weil die Zinngrundmasse des Eutektikums an die primär ausgeschiedenen Zinndendriten ankristallisiert ist. Bei der 500fachen Vergrößerung der Gefügebilder entsteht

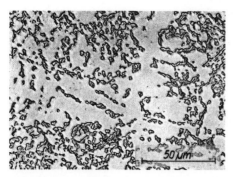 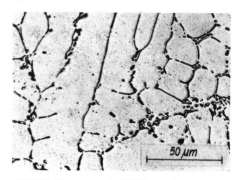

Bild 5.87. Legierung mit 30% Pb und 70% Sn. Primäre α-Mischkristalle im (α + β)-Eutektikum

Bild 5.88. Legierung mit 10% Pb und 90% Sn. Primäre α-Mischkristalle im (α + β)-Eutektikum

der Eindruck, als ob die kleinen rundlichen Bleikriställchen mehr oder weniger regellos in eine einheitliche Zinngrundmasse eingelagert wären.

Legierungen mit 97,5 bis 100% Sn erstarren wiederum, wie bei Mischkristallen üblich. Das Gefüge besteht bei Raumtemperatur aus polyedrischen Zinnkristallen, in die α-Segregate eingelagert sind. Das Eutektikum tritt bei diesen Legierungen nicht mehr auf.

Die technischen Blei-Zinn-Legierungen werden als antimonfreie, antimonarme (0,12 bis 0,50% Sb) oder antimonhaltige (0,50 bis 2,00% Sb) Zinnlote eingesetzt, mit denen sich Stahl und Kupferwerkstoffe weich löten lassen. Wenn der Zinngehalt <35% liegt, können auch Zinkwerkstoffe mit <1% Al weichgelötet werden.

Die Blei-Zinn-Legierungen bilden zusammen mit Antimon, Kupfer und anderen Metallen die Grundlage für die Lagerweißmetalle und die Schrift- und Letternmetalle.

5.3.3. Blei – Antimon

Der Gefügeaufbau der Blei-Antimon-Legierungen wurde bereits eingehend im Abschn. 2.2.5.2. besprochen. Infolge der mit sinkender Temperatur abnehmenden Löslichkeit der α-Mischkristalle sind Pb-Sb-Legierungen aushärtbar. Blei mit 2% Sb härtet im Lauf der Zeit bei Raumtemperaturlagerung aus, falls es vorher von 240 °C abgeschreckt wurde:

Lagerdauer [d]	0	12	25	50	100
Brinell-Härte *[HB]*	5,5	11	12,5	13	13

Das Maximum der durch Aushärtung zu erreichenden Härtesteigerung weist die Legierung mit 97% Pb + 3% Sb auf. Sofort nach dem Abschrecken beträgt deren Härte ≈6 *HB*, um nach entsprechend langer Lagerzeit auf 25 *HB* anzusteigen.

Die Blei-Antimon-Legierungen stellen neben Blei-Zinn die wichtigsten binären Bleilegierungen dar. Schon seit langer Zeit fügt man dem Blei Antimon hinzu, um es härter und widerstandsfähiger zu machen *(Hartblei)*. Für Kabelmäntel, die ständigen starken Erschütterungen ausgesetzt sind, z.B. bei der Montage an Brücken, an der Bahn oder bei Freileitungen, nimmt man Kabelhartblei KPbSb mit 0,5 bis 0,6% Sb, Rest Pb. Ein ausgedehntes

Anwendungsgebiet haben die Pb-Sb-Legierungen in der chemischen Industrie gefunden. So werden Armaturen zum Absperren in Bleileitungen, Teile von Kreiselpumpen, Rohrleitungen u. dgl. aus Hartblei hergestellt: PbSb1 mit 0,5 bis 2 % Sb, PbSb4 mit 3 bis 5 % Sb und PbSb5 mit 5 bis 6 % Sb.
Blei-Antimon-Legierungen mit Gehalten von 2,5 bis 8 % Sb und geringen Beimengungen von Arsen und Selen werden als Gußwerkstoffe für die Herstellung von Akkumulatorengittern verwendet.
Auch Blei-Kalzium-Zinn-Legierungen mit 0,07 bis 0,10 % Ca und 0,2 bis 1 % Sn finden sowohl als Guß- als auch als Knetwerkstoff für die Herstellung von Akkumulatorengittern Anwendung. Als Anoden für Chrombäder benutzt man PbSb10 mit 9 bis 10 % Sb.

5.3.4. Blei – Zinn – Antimon

Die Blei-Zinn-Antimon-Legierungen bilden zusammen mit Kupfer, Arsen, Nickel, Kadmium und anderen Elementen die wichtige Gruppe der *Lagerweißmetalle* und der *Schriftmetalle*.
Fast alle Lagermetalle besitzen harte sog. *Trägerkristalle*, die den Achsdruck aufnehmen. Das Grundgefüge der Lagerweißmetalle ist in der Regel eutektisch und bestimmt maßgeblich die Einlauf- und Notlaufeigenschaften des Lagers. In Bronze und Rotguß werden die *Trägerkristalle* von dem harten $(\alpha + \delta)$-Eutektoid gebildet, das in die weichere Mischkristallgrundmasse eingelagert ist. In Lagerweißmetallen sind es harte SnSb- und Cu_6Sn_5-Kristalle, in Aluminiumlegierungen Siliziumkristalle und in Grauguß Zementit sowie das ternäre Phosphideutektikum Steadit.
Die hier zu besprechenden Lagerweißmetalle sind auf der Legierungsbasis Blei-Zinn-Antimon aufgebaut. Im Bild 5.89 ist das Projektionsdiagramm dieser ternären Legierungen dargestellt. Die drei binären Randsysteme Pb–Sb, Sb–Sn und Pb–Sn wurden in den Abschnitten 2.2.5.2., 2.2.8.1. und 5.3.2. bereits eingehend besprochen. Pb–Sb bildet ein einfaches eutektisches System ohne größere Mischkristallbereiche. Der bei 11,1 % Sb und 252 °C liegende eutektische Punkt ist im ternären Pb-Sn-Sb-Diagramm durch den Projektionspunkt E_2 gegeben. Das Eutektikum der Blei-Zinn-Legierungen bei 61,9 % Sn und

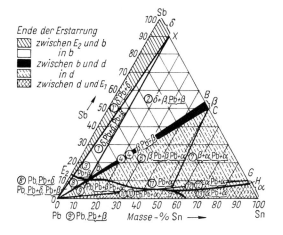

Bild 5.89. Gefügeaufbau der Blei-Zinn-Antimon-Legierungen bei Raumtemperatur

813 °C wird im System Pb – Sn – Sb durch den Punkt E_1 dargestellt. Da das ternäre System den Gefügeaufbau bei Raumtemperatur wiedergibt, wird die bei niederen Temperaturen nur geringe Löslichkeit des Bleis für Zinn vernachlässigt. Im System Sn – Sb dagegen ist der Konzentrationsbereich der antimonreichen δ-Mischkristalle sowie der der zinnreichen α-Mischkristalle mit je 10 % Sn bzw. 10 % Sb angeführt. Auch die intermetallische Verbindung SbSn, bezeichnet mit β, weist einen gewissen Mischkristallbereich auf.
Es liegt also hier der Fall vor, daß zwei eutektische Systeme (Pb – Sb bzw. Pb – Sn) über das ternäre Gebiet hinweg sich mit einem binären System, das eine inkongruent schmelzende Verbindung und ein Peritektikum enthält (Sb – Sn), vereinigen müssen. Dies führt zu außerordentlich komplizierten Kristallisationsabläufen. Für den praktischen Gebrauch begnügt man sich deshalb damit, die nach langsamer Abkühlung bei Raumtemperatur auftretenden Gefügebestandteile sowie die den Gefügeaufbau in erster Linie bestimmenden Grenzlinien in das Diagramm einzutragen.
In Tabelle 5.7 sind die Konzentrationen und Schmelzpunkte der auftretenden Phasen sowie einiger wichtiger Diagrammpunkte zusammengestellt.

Tabelle 5.7. Konzentrationen und Schmelzpunkte der im ternären System Pb – Sn – Sb auftretenden Phasen und besonderen Diagrammpunkten

Bezeichnung	Zusammensetzung	Schmelzpunkt [°C]
α-Phase	Sn mit (0…10 %) Sb	246…232
β-Phase	SbSn mit (47…50 %) Sn	425
δ-Phase	Sb mit (0…10 %) Sn	630…600
Pb-Phase	Pb mit (0…19,5 %) Sn	327…280
E_1	61,9 % Sn + 38,1 % Pb	183
E_2	87,0 % Pb + 13,0 % Sb	247
b	10 % Sn + 10 % Sb + 80 % Pb	242
d	53,5 % Sn + 4 % Sb + 42,5 % Pb	184

Die Punkte b und d sind ternäre Übergangspunkte. Ein ternäres Eutektikum tritt in diesem Dreistoffsystem nicht auf, wohl aber die drei binären Eutektika (Pb + α), (Pb + b) und (Pb + δ). Das ternäre System Pb – Sn – Sb wird durch die gerade Verbindungslinie von der Bleiecke zur intermetallischen Verbindung β = SbSn in zwei Teildreiecke Pb–β–Sb und Pb–Sn–β zerlegt. Legierungen, deren Konzentrationspunkte auf dieser Verbindungslinie Pb–β liegen, weisen das Gefüge von binären Legierungen zwischen Pb und β auf. Bild 5.90 zeigt das eutektische Gefüge der Legierungen mit 80 % Pb + 10 % Sn + 10 % Sb (Punkt b). In einer bleireichen Grundmasse sind β-Kristalle in eutektischer Anordnung eingelagert. Die im Bild 5.91 dargestellte quasibinäre Legierung mit 40 % Pb + 30 % Sb + 30 % Sn enthält nur primäre, eckige β-Kristalle, die in das (Pb + β)-Eutektikum eingebettet sind. Der Konzentrationspunkt dieser Legierung befindet sich ebenfalls auf der Verbindungslinie Pb–β (Feld 4 im Bild 5.89). Legierungen mit >20 % Sb sind recht spröde und kommen als Lagermetalle nicht in Betracht.
In dem für die Lagerweißmetalle wichtigeren Teildreieck Pb–Sn–β tritt neben dem (Pb + β)-Eutektikum noch das (Pb + α)-Eutektikum auf.
Bei hohen Zinn- und niederen Antimonkonzentrationen treten als Primärkristalle die

5.3. Blei und seine Legierungen

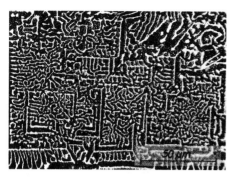

Bild 5.90. Legierung mit 80% Pb, 10% Sn und 10% Sb. (Pb + β)-Eutektikum

Bild 5.91. Legierung mit 40% Pb, 30% Sn und 30% Sb. Primäre β-Kristalle im (Pb + β)-Eutektikum

zinnreichen α-Mischkristalle in dendritischer Gestalt auf. Bild 5.92 zeigt dies am Gefüge einer Legierung mit 80% Sn + 12% Pb + 8% Sb.
Ist der Zinngehalt niedriger, der Antimongehalt aber höher, so sind in das (Pb + α)-Eutektikum primäre, würfelförmige β-Kristalle eingelagert. Das Gefüge von Bild 5.93 stammt von einer Legierung mit 55% Pb + 32% Sn + 13% Sb, die sehr langsam aus dem Schmelzfluß abgekühlt und infolgedessen geseigert war. Neben den primären β-Kristallen und dem (Pb + α)-Eutektikum sind deshalb noch dendritische bzw. rundliche, dunkel geätzte Bleikristalle vorhanden.
Bei höherem Zinn- und Antimongehalt treten neben primären β-Kristallen und dem (Pb + α)-Eutektikum noch sekundäre α-Mischkristalle auf. Das Gefüge einer entsprechenden Legierung mit 62% Sn + 20% Sb + 18% Pb ist im Bild 5.94 dargestellt. Deutlich ist zu erkennen, daß sich die eckigen β-Kristalle zuerst ausgeschieden haben. An diese haben sich die sekundär ausgeschiedenen α-Mischkristalle angelagert, und in den Restfeldern ist das (Pb + α)-Eutektikum erstarrt. Ein derartiges Gefüge erhält man aber nur nach langsamer Abkühlung. Ein Weißmetall mit 60% Pb + 25% Sb + 15% Sn enthält primäre δ- und β-Kristalle im (Pb + β)-Eutektikum (Bild 5.95).
Die Primärkristalle lassen sich im Schliffbild wegen ihrer charakteristischen Form meist

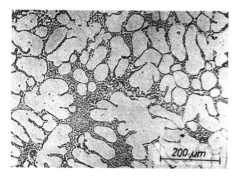

Bild 5.92. Legierung mit 12% Pb, 80% Sn und 8% Sb. Primäre α-Mischkristalle im (α + Pb)-Eutektikum

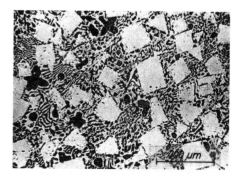

Bild 5.93. Legierung mit 55% Pb, 32% Sn und 13% Sb. Primäre eckige (helle) β-Kristalle im (Pb + α)-Eutektikum. Außerdem sind noch geringe Mengen von (dunklen) Bleikristallen vorhanden

Bild 5.94. Legierung mit 18 % Pb, 62 % Sn und 20 % Sb. Primäre eckige β-Kristalle, sekundäre dendritische α-Kristalle und das (Pb + α)-Eutektikum

Bild 5.95. Legierung mit 60 % Pb, 15 % Sn und 25 % Sb. Primäre δ- und β-Kristalle im (Pb + β)-Eutektikum

recht gut unterscheiden, wenn auch die Farbe und Helligkeit der δ- und β-Kristalle nicht allzu verschieden sind. β ist die hellere, δ die etwas grauere Kristallart. β kristallisiert in mehr oder weniger regelmäßig ausgebildeten Würfeln, während die Form der primären δ-Kristalle ziemlich regellos ist. Enthält das Lagermetall aber noch Arsen, so wird die kubische Form von SbSn zerstört, und die Kristalle werden kleiner. Schwierigkeiten bereitet hauptsächlich die mikroskopische Identifizierung der einzelnen Eutektika, besonders wenn die Legierung durch schnelle Erstarrung sehr feinkörnig angefallen ist. In derartigen Fällen ergibt sich nach dem Ätzen oft nur ein dunkel gefärbter Untergrund.

Die ternären Pb-Sn-Sb-Legierungen besitzen eine ausgesprochene Neigung zur Schwerkraftseigerung, besonders wenn ihre Zusammensetzung in den Feldern 6 und 7 vom Bild 5.89 liegt. Bild 5.96 zeigt die Übergangszone einer sehr langsam aus dem Schmelzfluß erstarrten Legierung mit 50 % Sn + 30 % Pb + 20 % Sb. Die primär ausgeschiedenen β-Kristalle sind infolge ihrer geringen Dichte und ihrer kompakten, würfelförmigen Gestalt an die Oberfläche der Schmelze gestiegen, eine blei-zinn-reiche Restschmelze am Boden zurücklassend. Es ist deshalb beim Vergießen von Lagerweißmetallen notwendig, das Erstarrungsintervall möglichst schnell zu durchschreiten, um einer Entmischung vorzubeugen. Damit ist gleichzeitig eine Verfeinerung der β-Kristalle verbunden, wodurch die Härte erhöht wird. Weißmetalle mit grobem Korn neigen außerdem zu starkem Verschleiß und Festfressen. Aus all diesen Gründen soll die Gießtemperatur maximal 50 K oberhalb des Liquiduspunkts liegen, und es ist durch geeignete Kühlvorrichtungen für eine schnelle Wärmeabfuhr zu sorgen. Die Erstarrungsgeschwindigkeit darf allerdings auch nicht zu groß sein, weil sonst die Bindung der Weißmetallschicht mit der Stützschale nicht einwandfrei wird.

Über den Einfluß der Gießbedingungen auf die Gefügeausbildung von Weißmetallen wurde bereits im Abschn. 3.1.2. berichtet.

Zur Vermeidung der Schwerkraftseigerung und zur Steigerung der Härte gibt man den technischen Lagerweißmetallen bis zu 5 % Cu hinzu. Kupfer bildet mit Zinn die intermetallische Verbindung $Cu_6Sn_5(\gamma)$, die in Form langspießiger Kristalle auftritt. Je nach Zusammensetzung des technischen Weißmetalls kristallisiert Cu_6Sn_5 bei 400 bis 350 °C aus, SbSn aber erst bei 280 bis 260 °C. Als nächstes erstarrt das (Pb + β)-Eutektikum bei ≈240 °C und (Pb + α)-Eutektikum bei 180 °C. In kupferhaltigen Weißmetallen kristalli-

5.3. Blei und seine Legierungen

siert also zuerst die γ-Phase aus. Diese bilden ein verfilztes Netzwerk. Scheiden sich dann sekundär die würfelförmigen β-Kristalle aus, so wird deren Schwerkraftseigerung stark behindert, da sie in dem Nadelnetz der Cu_6Sn_5-Kristalle eingelagert sind. Zuletzt erstarrt dann die restliche Schmelze zu den Eutektika. Bei zinnreicheren Weißmetallen kommt vor der eutektischen Erstarrung noch die Auskristallisation der α-Mischkristalle. Weißmetalle mit Kupferzusatz dürfen nicht zu lange im schmelzflüssigen Zustand gehalten werden, weil sich sonst kupferreiche Kristalle am Boden absetzen.

Die Zusammensetzung der Lagerweißmetalle ist weiterhin dadurch festgelegt, daß die Legierungen weder zu weich noch zu spröde sein dürfen. Deshalb scheiden einerseits antimonarme Legierungen, bei denen sich weiche primäre Blei- oder α-Mischkristalle bilden, für Lagerzwecke aus. Damit genügend viel β- oder δ-Kristalle vorhanden sind, muß der Antimongehalt mindestens 10 % betragen. Liegt dieser andererseits >15 %, werden die Weißmetalle spröde und verlieren ihre guten Laufeigenschaften.

Umfangreiche technische Anwendung haben die Lagerweißmetalle WM10 und WM80 gefunden, die in der Zusammensetzung 10 % Sn; 1 % Cu; 15,5 % Sb; Rest Pb (LgPbSn10) bzw. 80 % Sn; 6 % Cu; 12 % Sb; 2 % Pb (LgPbSn80) eingesetzt werden. Als Modifikationen werden diese Legierungen auch kupferfrei oder mit Zusätzen von Kadmium und Arsen verwendet. Für Lager, die mit ammoniakhaltigen Medien in Berührung kommen, werden kupferfreie Legierungen bevorzugt. Kadmium und Arsen in Gehalten bis ≈ 1 % werden zur Steigerung von Festigkeit und Härte des Grundgefüges bzw. zur Kornfeinung und Verminderung der Seigerung zugesetzt. Die dazwischen liegenden Legierungen mit 20, 42, 50 und 70 % Sn haben sich in der Praxis kaum durchgesetzt, weil sie keine wesentlichen Verbesserungen gegenüber WM10 ergaben.

Die Schwächen der Lagerweißmetalle liegen in ihrem niedrigen Schmelzpunkt und ihrer geringen Härte, weshalb sie für Lager mit hoher spezifischer Belastung nicht geeignet sind.

WM5 oder LgPbSn5 ist gegenüber dem WM10 bei höheren Anforderungen an Wärmeabfuhr und Stoßbelastung der Vorzug zu geben. Die Legierung läßt sich ebenso wie WM10 und WM80 durch Gießen, Löten oder Metallspritzen auf Stützschalen aus Stahl oder Rotguß auftragen. Bild 5.97 zeigt das Feingefüge von WM5: Langspießige Primärkristalle aus

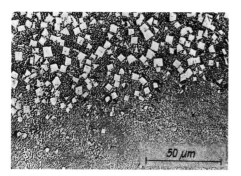

Bild 5.96. Legierung mit 30 % Pb, 50 % Sn und 20 % Sb. Schwerkraftseigerung infolge langsamer Erstarrung.
oben: weiße, eckige β-Kristalle
unten: (Pb + α)-Eutektikum

Bild 5.97. WM5. Langspießige Cu_6Sn_5-Kristalle und würfelförmige SbSn-Kristalle liegen in einer eutektischen bleireichen Grundmasse

Cu_6Sn_5 und würfelförmige sekundär ausgeschiedene SbSn-Kristalle sind in der dunkel geätzten eutektischen Grundmasse eingelagert.

Das Weißmetall 10 (WM10 oder LgPbSn10) hat ähnliche Eigenschaften wie WM5.

Für hohe Beanspruchungen, starke Stoß- und Schlagbeanspruchungen sowie gute Notlaufeigenschaften und gute Lötbarkeit ist als Lagerwerkstoff das Weißmetall 80 geeignet. Bild 5.98 zeigt das Gefüge von langsam erstarrtem WM80: In der dunkel geätzten Grundmasse befinden sich primäre Cu_6Sn_5-Nadeln und sekundäre SbSn-Würfel.

Ebenfalls auf der Legierungsbasis Pb-Sn-Sb sind die Schrift-, Lettern- oder Stereotypmetalle aufgebaut. Je nach geforderter Lebensdauer (Anzahl der Drucke) werden Legierungen verschiedener Zusammensetzung mit unterschiedlicher Härte (Verschlingfestigkeit) verwendet, die sich in jedem Fall durch gute Gießeigenschaften auszeichnen und für mehrmaliges Umschmelzen geeignet sein müssen. Mit zunehmender Anwendung moderner Offsetdruckverfahren verlieren die Lettermetalle an Bedeutung. Ein Letternmetall mit 81 % Pb + 15,5 % Sn (Stereometall PbSb15-Sn3) für Flachstereoplatten zeigt einen sehr feingliederigen, quasi-eutektischen Aufbau (Bild 5.99). In der bleireichen Grundmasse befinden sich wenige primäre β-Kristalle und zahlreiche stäbchenförmige, eutektische β-Kristalle.

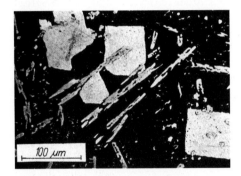

Bild 5.98. WM80. Nadlige Cu_6Sn_5-Kristalle und würfelförmige SbSn-Kristalle liegen in einer zinnreichen Grundmasse

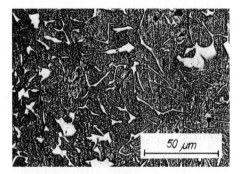

Bild 5.99. Stereometall PbSb15Sn3. β-Kristalle in der bleireichen Grundmasse

5.4. Aluminium und seine Legierungen

5.4.1. Reinaluminium

Aluminium ist mit 7,5 % das häufigste Metall in der Erdrinde. Wegen der geringen Dichte von 2,7 g/cm³ wird es als *Leichtmetall* bezeichnet. Als Ausgangsmaterial für die Aluminiumgewinnung dient überwiegend der Bauxit, der Aluminium in Form der Hydroxide $Al(OH)_3$ und $AlO(OH)$ enthält. Der Aluminiumgehalt, ausgedrückt im Anteil Al_2O_3, liegt zwischen 40 und 55 %. Weitere Bestandteile des Bauxits sind Eisenoxide, Silikate (Kaolin, Ton, Quarz), Titanoxid und 12 bis 30 % Kristallwasser. Der Bauxit wird zunächst in feingemahlenem Zustand mit Natronlauge in Autoklaven bei $\approx 0{,}5$ MPa Druck sowie

Temperaturen von 100 bis 270 °C aufgeschlossen. Dabei bildet sich wasserlösliches Natriumaluminat: $Al_2O_3 + 2NaOH \rightarrow 2NaAlO_2 + H_2O$.
Die Lauge wird in Filterpressen von den Verunreinigungen ($Fe(OH)_3$, SiO_2, TiO_2) befreit und das Tonerdehydrat $Al_2O_3 \cdot 3H_2O$ durch eine besondere Behandlung aus der klaren Lauge ausgefällt.
Die fast chemisch reine Tonerde wird zusammen mit Kryolith (Na_3AlF_6) auf 900 bis 1 000 °C erhitzt, wobei sich das eutektische Gemenge verflüssigt. Die Abscheidung des metallischen Aluminiums erfolgt durch Schmelzflußelektrolyse.
Das flüssige Aluminium sammelt sich am Boden der Wanne an, wird abgestochen und zu Rohmassen vergossen. Nach dem Umschmelzen in Graphittiegeln wird es zu Barren und Masseln vergossen und verläßt als *Hüttenaluminium* mit 99 bis 99,8 % Al die Hütte. Die Hauptverunreinigungen des Hüttenaluminiums sind Silizium und Eisen, daneben in geringerem Maß Titan, Kupfer und Zink.
Als technisches Raffinationsverfahren zur Gewinnung von *Reinstaluminium* (99,99 % Al) hat sich die sog. Dreischichten-Raffinationselektrolye seit langem bewährt.
Für spezielle Anwendungen in der Elektronikindustrie werden noch höhere Metallreinheiten gefordert. Hierzu wurde ein Raffinationselektrolyseverfahren entwickelt, das aluminiumorganische Elektrolyte verwendet und ein Metall der Reinheit 99,999 % Al liefert.
Halbzeug aus Reinstaluminium enthält max. 0,020 %, Halbzeug aus Reinaluminium je nach Reinheitsgrad (Al99,9 bis Al99,0) max. 0,100 bis 1 % an zulässigen Beimengungen. Die Eigenschaften von Reinaluminium werden durch Art und Menge der Beimengungen wesentlich beeinflußt. Mit zunehmendem Beimengungsgehalt nimmt die Festigkeit deutlich zu. Gleichzeitig geht die elektrische Leitfähigkeit zurück; je nachdem, ob die Beimengung in gelöster oder ausgeschiedener Form vorliegt, mehr oder weniger stark. Diese gegensätzliche Wirkung verlangt bei der Auswahl geeigneter Leiterwerkstoffe für die Elektrotechnik den Kompromiß, nur auf die unbedingt notwendige Festigkeit hinzuzielen, um eine möglichst hohe Leitfähigkeit zu erhalten. Im Fall der Reinaluminiumwerkstoffe bedeutet das, die Gehalte an Beimengungen, wie Chrom, Mangan, Vanadin, Titan, die stark leitfähigkeitssenkend wirken, so weit wie möglich einzuschränken und die notwendige Festigkeit über eng begrenzte Gehalte solcher Beimengungen, wie Eisen und Silizium, zu schaffen, die nur eine schwächere Verminderung der Leitfähigkeit nach sich ziehen. In diesem Sinn ist das als Leitaluminium in breitem Umfang angewendete Reinaluminium Al99,5 in der Sonderqualität E-Al zu beurteilen. Wenn dessen mechanische Eigenschaften auch in den höheren Festigkeitsstufen (F10; F13) nicht mehr ausreichen, finden auch leicht legierte, aushärtbare Aluminiumleiterwerkstoffe, wie E-AlMgSi0,5, Anwendung.
Neuere Entwicklungen von Aluminium-Leitwerkstoffen, an die sowohl festigkeitsmäßig als auch anwendungstechnologisch hohe Anforderungen gestellt werden, haben zu einem neuen Legierungstyp mit erhöhten Eisengehalten geführt, bei dem das Eisen durch Dispersionsverfestigung in Form hinreichend kleiner Partikeln möglichst gleichmäßig in der Matrix ausgeschieden wird.
Gewalztes und weichgeglühtes Aluminium hat eine 0,2-Dehngrenze von 20 bis 30 MPa, eine Zugfestigkeit von 70 bis 100 MPa, eine Brinell-Härte von 15 bis 25 *HB*, eine Bruchdehnung von 30 bis 50 % und eine Einschnürung von 80 bis 95 %.
Im Aluminium-Mikrogefüge treten im Gegensatz zu anderen kfz. Metallen keine Zwillingsbildungen auf (Bild 5.100). Sie entstehen auch nicht durch plastische Formgebungen

oder Glühungen. Beim Umformen, z.B. beim Biegen oder Tiefziehen von Blechen, treten mit zunehmender Korngröße des Gefüges häufig Oberflächenunebenheiten in Form von Gleitlinien oder Gleitstufen in Erscheinung. Wie bei anderen Metallen auch, hängt die Korngröße bei gegebener Vorbehandlung stark von der Menge vorhandener Beimengungen ab.

Dies verdeutlichen die Bilder 5.100 und 5.101. Mit steigendem Reinheitsgrad nimmt die Korngröße erheblich zu. Aus sehr reinem Aluminium lassen sich durch Kaltumformung

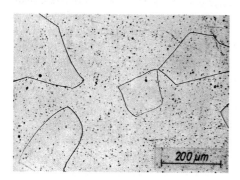 

Bild 5.100. Reinaluminium mit 99,92 % Al. Zwillingsfreie Polyeder

Bild 5.101. Hüttenaluminium mit 99,1 % Al

im kritischen Bereich und nachfolgendes Glühen bei 600 °C bis zu dezimetergroße Kristalle herstellen. Der technisch unerwünschten Grobkornbildung läßt sich u. a. durch Zusatz von Kornfeinungsmittel, wie Titan und Bor, sicher entgegenwirken. Bild 5.102 zeigt einen bei der Kornfeinung in der Schmelze von Aluminiumgießband (Al99,5) nicht aufgelösten Titan-Bor-Einschluß. Daneben sind im Gefüge typische Eisen-Silizium-Ausscheidungen zu erkennen.

Aluminium ist ein sehr korrosionsbeständiges Metall. Diesen Schutz verdankt es einer dünnen, aber äußerst dichten, festen und harten Haut aus Aluminiumoxid Al_2O_3. Die Schutzwirkung der Oxidhaut ist um so wirkungsvoller, je weniger Fehlstellen sie aufweist. Diese können durch eingepreßte Fremdmetallflitter, mechanische Verletzungen, wie Kratzer, Schleifriefen u. dgl., entstehen oder auch durch in der Oberfläche sitzende Parti-

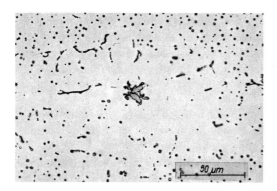

Bild 5.102. Titanborideinschluß neben Eisen-Silizium-Ausscheidungen in Al99,5-Gußband

keln heterogen ausgeschiedener Beimengungen. Deshalb nimmt die Korrosionsbeständigkeit des Aluminiums mit dem Reinheitsgrad zu.
Die Oxidschicht läßt sich durch chemische und elektrochemische Verfahren verstärken. Durch die chemische Behandlung werden unter Anwendung saurer, chromat- oder phosphathaltiger Lösungen Schutzschichten bis zur 100fachen Dicke der natürlichen Oxidhaut aufgebaut. Über die Einlagerung von Chromaten und Phosphaten in der Oxidschicht läßt sich diese gelb bis grünlich färben. Elektrochemisch lassen sich auf dem Weg der anodischen Oxidation Deckschichten mit Dicken bis üblicherweise 20 µm sowie mannigfaltigen Färbungs- und Glanzeffekten herstellen. In besonderen Fällen ist es auch möglich, noch dickere Schichten zu erzeugen, z. B. beim Hartanodisieren. Eloxal ist der Begriff für elektrochemisch oxidiertes Aluminium.
Reinaluminium wird wegen seiner ausgezeichneten Korrosionsbeständigkeit u. a. im Behälter- und Gerätebau für die chemische und die Lebensmittelindustrie, als Verpackungsfolie und als Plattierwerkstoff für feste, aber weniger korrosionsbeständige Legierungen verwendet.
Bei der Herstellung von Reinaluminium und Knetlegierungen bestimmen die Schmelz-, Gieß- und Abkühlungsbedingungen im Zusammenhang mit den vorhandenen Beimengungen und Legierungselementen wesentlich die Ausbildung des Gußgefüges, das seinerseits Einfluß auf die Verarbeitungseigenschaften des Halbzeugs haben kann. Die Gußkörner unterteilen sich in eine größere Anzahl von Zellen, die innerhalb eines Korns nur geringe Orientierungsunterschiede aufweisen. Die Zellen sind aus einem Keim gewachsene Dendritenarme, in denen Kornseigerungen auftreten. Die Zellgrenzen sind Bereiche der Restschmelzenerstarrung. Sie weisen ein Maximum in der Konzentration an Fremdatomen auf und sind meistens stark mit Ausscheidungen belegt. Ein typisches Zellgefüge im ungeätzten Zustand und nach einer anodischen Ätzung zeigen die Bilder 5.103 und 5.104 am Beispiel von stranggegossenem Al99,5. Zell- und Korngrenzen markieren sich als Restschmelzenbereiche und sind mit heterogenen Ausscheidungen belegt.
Die Zellgröße nimmt mit steigender Abkühlungsgeschwindigkeit ab, wie auch die Ausscheidungen analog feiner werden. Um Seigerungen innerhalb der Körner und Zellen durch eine Homogenisierungsglühung schnell und weitgehend ausgleichen zu können, ist bei Knetlegierungen im Gußzustand ein feinzelliges Gefüge erwünscht.
Als besondere Gefügeerscheinungen, die vor allem im Strangguß auftreten können und dann unter Umständen die Halbzeugverarbeitung stören, ist auf die Ausbildung von

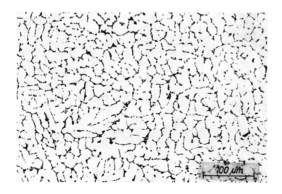

Bild 5.103. Al99,5-Strangguß. Fein ausgebildete Zellstruktur

680   5. Gefüge der technischen Nichteisenmetalle und ihrer Legierungen

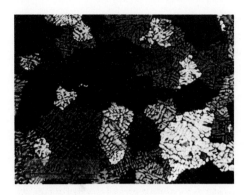

Bild 5.104. Al99,5-Strangguß, anodisch oxidiert. Korn- und Zellgefüge

Schwebe- und *Fiederkristallen* aufmerksam zu machen. In der Schmelze können einzelne Körner frei schwebend und losgelöst von der Erstarrungsfront erstarren. Ihre Erstarrungsgeschwindigkeit ist aufgrund fehlender Wärmeableitung über die Erstarrungsfront gering und führt zu grobzelliger Gefügeausbildung, wie Bild 5.105 zeigt.

Typisch für die Gefügeausbildung des Fiederkristalls ist eine lamellenartige Anordnung von Zellbereichen, die entlang sog. Zwillingsebenen erfolgt (Bild 5.106).

Moderne, verfeinerte Stranggießverfahren sind darauf ausgerichtet, grobes Gußkorn, grobzellige Gefüge und starke Zellgrößenschwankungen zu vermeiden, weil andernfalls damit zu rechnen ist, daß die lokalen Anreicherungen von Ausscheidungen mit den nachfolgen-

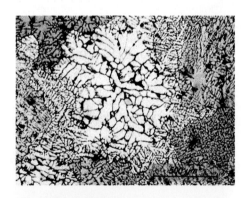

Bild 5.105. Al99,5-Strangguß, anodisch oxidiert. Schwebekristall mit grob ausgebildeten Zellen

Bild 5.106. Durch »Zwillingsebenen« lamellenförmig aufgeteilte Zellbereiche eines Fiederkristallgefüges, anodisch oxidiert

den Umformungen des gegossenen Strangs nicht mehr hinreichend verteilt werden und daß besonders bei Blechen Streifenbildung auftritt, die sich nach dem Beizen, Polieren oder Anodisieren an der Oberfläche besonders deutlich markiert.

Das Bestreben, neben anderen Eigenschaften besonders das sehr günstige Festigkeits-Dichte-Verhältnis auszunutzen, hat zu einer breiten Anwendung des Aluminiums und besonders seiner Legierungen in der Fahrzeug- und Luftfahrtindustrie, im Bauwesen sowie im Schiffs- und Anlagenbau geführt.

In Aluminium-Zweistoff- und -Mehrstoff-Legierungen treten meist spröde und harte intermetallische Verbindungen auf, die den Gefügeaufbau bestimmen. Die Hauptlegierungselemente des Aluminiums sind Silizium, Kupfer, Magnesium, Zink und Mangan, daneben Eisen, Titan, Nickel und Chrom.

Jahrzehntelange Untersuchungen zur Entwicklung von Aluminium-Verbundwerkstoffen haben gezeigt, daß auf diesem Weg gegenüber den schmelzmetallurgisch hergestellten Legierungen noch beachtliche Verbesserungen der mechanischen Eigenschaften möglich sind. In der praktischen Anwendung konnte ein entscheidender Durchbruch noch nicht erreicht werden.

5.4.2. Aluminium – Silizium

Silizium ist, wenn nicht als Legierungselement in Gehalten bis 1,5 %, als Beimengung in Gehalten bis 0,4 (0,6) % in allen Knetlegierungen enthalten. In Aluminium-Silizium-Gußlegierungen erstreckt sich der Siliziumgehalt bis >20 %, günstige Gußeigenschaften werden ab 5 % Si erreicht. Das System Al – Si ist die Basis für weitere wichtige Legierungsgruppen vom Typ G-AlSiMg und G-AlSiCu und für Kolbenlegierungen, bei denen übereutektische Zusätze bis 25 % Si in Betracht kommen (s. Abschnitt. 5.4.7.).

Aluminium und Silizium bilden ein einfaches eutektisches System (Bild 5.107). Der eutektische Punkt liegt bei 12,5 % Si und 577 °C. Aluminium löst im festen Zustand geringe Mengen Silizium, wobei die Löslichkeit der α-Mischkristalle für Silizium mit fallender Temperatur stark abnimmt.

Löslichkeit von Al für Si:
577 °C: 1,65 % Si
500 °C: 0,8 % Si
400 °C: 0,3 % Si
300 °C: 0,1 % Si
250 °C: 0,05 % Si.

Binäre Aluminium-Silizium-Legierungen sind praktisch nicht aushärtbar. Die erzielbaren Härte- und Festigkeitssteigerungen sind so gering, daß sie keine technische Anwendung gefunden haben. Die günstigen Gießeigenschaften der Aluminium-Silizium-Gußlegierungen sind auf das bei 12,5 % Si liegende Eutektikum zurückzuführen.

Eine sehr bekannte Gußlegierung ist daher auch das G-AlSi12 mit einem Gehalt von 11,0 bis 13,5 % Si. Aufgrund auftretender Entartung bildet sich in unveredeltem Zustand bei langsamer Abkühlung (Sandguß) nicht das gewünschte fein ausgebildete und gleichmäßig verteilte Eutektikum aus. Das Gefüge ist vielmehr durch größere platten- und nadelför-

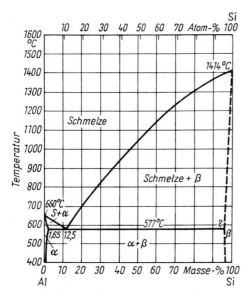

Bild 5.107. Zustandsdiagramm Aluminium–Silizium

mige Siliziumkristalle charakterisiert, die versprödend wirken und nicht zu der gewünschten Festigkeitssteigerung führen. Im Bruchgefüge sind die groben glitzernden Silizium-Kristalle mit freiem Auge sichtbar (Bild 5.108).

Durch die Veredlung, d. h. einen metallurgischen Verfahrensschritt, der die Zugabe geringer Zusätze von Natrium oder Strontium beinhaltet, wird in eutektischen und untereutektischen Legierungen die gewünschte feine Ausbildung des Eutektikums erreicht. Der Zusatz von Natrium oder Strontium erfolgt bei 720 bis 780 °C zur Schmelze. Er bewirkt eine Unterkühlung und eine Verschiebung der eutektischen Konzentration zu höheren Siliziumgehalten. Aufgrund der Behinderung der Diffusion der Siliziumatome in der Schmelze und des Kristallwachstums bilden sich sehr feine, mehr oder weniger abgerundete Kristalle aus. Das Gefüge entspricht dem einer sehr schnell abgekühlten Schmelze und führt zu einer wesentlichen Erhöhung von Festigkeit und Dehnung. Das Bruchbild zeigt entsprechend ein sehr feinkörniges, samtartiges, für einen zähen Bruch typisches Aussehen (Bild 5.109).

Bild 5.108. Bruchaussehen einer unveredelten Aluminium-Silizium-Gußlegierung mit 13 % Si

Bild 5.109. Bruchaussehen einer veredelten Aluminium-Silizium-Gußlegierung mit 13 % Si

Bild 5.110 zeigt am Beispiel einer in Sand vergossenen Legierung mit 13 % Si die Ausbildung des entarteten (Al + Si)-Eutektikums, das aus groben plattenförmigen und nadeligen Silizium-Kristallen, eingelagert in der Aluminiumgrundmasse, besteht. Die Zugfestigkeit einer solchen Legierung beträgt nur 100 bis 120 MPa, die Dehnung 3 bis 5 %. Nach der Natriumveredlung sind in einer derartigen Sandgußlegierung primäre Aluminiumdendriten und das äußerst feinkörnige Eutektikum vorhanden (Bild 5.111), so daß es den Anschein hat, als ob es sich um eine untereutektische Legierung handelt, obwohl der Siliziumgehalt nach wie vor 13 % beträgt. Die Festigkeit ist auf 240 bis 280 MPa und die Dehnung auf 10 bis 15 % gestiegen.

In Kokillen vergossen zeigt die Legierung mit 13 % Si von vornherein ein feineutektisches Gefüge, in dem nur vereinzelte primäre Siliziumkristalle und infolge von Gleichgewichtsstörungen auch primäre Aluminiumkristalle vorhanden sind (Bild 5.112). Dies ist eine Folge der Abschreckwirkung der Kokille, die infolge Unterkühlung eine weitergehende Entartung des Eutektikums verhindert. Durch Veredlung wird das Kokillengußgefüge nicht sehr viel feiner (Bild 5.113), so daß man bei Kokillenguß teilweise auf die Vered-

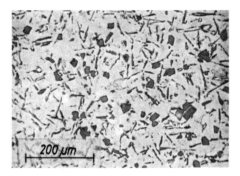

Bild 5.110. Aluminium-Silizium-Legierung mit 13 % Si, unveredelter Sandguß. Entartetes (Al + Si)-Eutektikum. Ungeätzt

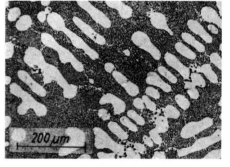

Bild 5.111. Aluminium-Silizium-Legierung mit 13 % Si, natriumveredelter Sandguß. Primäre Aluminiumkristalle im feinkörnigen (Al + Si)-Eutektikum

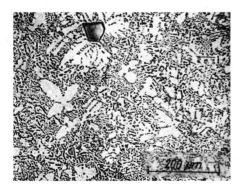

Bild 5.112. Aluminium-Silizium-Legierung mit 13 % Si, unveredelter Kokillenguß. Primäre Aluminium- und Siliziumkristalle im feinkörnigen (Al + Si)-Eutektikum

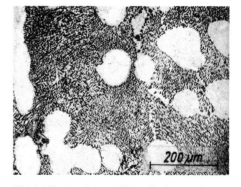

Bild 5.113. Aluminium-Silizium-Legierung mit 13 % Si, natriumveredelter Kokillenguß. Primäre Aluminiumkristalle im feinkörnigen (Al + Si)-Eutektikum

lungsbehandlung mit Natrium verzichten kann. Die Zugfestigkeit von GAlSi12-Kokillenguß liegt bei 180 bis 240 MPa und die Dehnung bei 6 bis 10 %. Durch 3stündiges Lösungsglühen bei 530 °C mit nachfolgender Wasserabschreckung werden die gegossenen Legierungen gleichmäßiger, was sich besonders in einer Erhöhung der Dehnung bemerkbar macht.

Der einmal als günstig ermittelte Natriumgehalt muß genauestens eingehalten werden. Gibt man der Schmelze zu wenig Natrium zu, so wird wohl ein Teil der primären Siliziumkristalle gefeint, aber es bleiben je nach dem Natriumgehalt mehr oder weniger grobe Siliziumplatten und -nadeln zurück. Die Legierung ist unvollkommen veredelt. Bei zu hohem Natriumgehalt wird das Gefüge überveredelt, d. h., das Silizium ballt sich wieder zu gröberen Teilchen zusammen (Bild 5.114), was eine neuerliche Qualitätsminde-

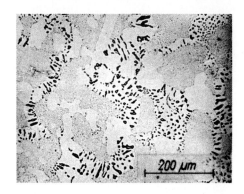

Bild 5.114. Aluminium-Silizium-Legierung mit 13 % Si, mit Natrium überveredelter Kokillenguß. Die eutektischen Siliziumkristalle sind teilweise zu größeren Partikeln koaguliert

rung zur Folge hat. Durch Natriumzusatz wird kein Dauerveredlungseffekt erreicht. Natriumhaltiges Sekundärmaterial muß beim Wiedereinschmelzen erneut veredelt werden. Eine Veredlung mit Strontium bietet in der Schmelz- und Gießtechnologie mehr Spielraum und wirkt als längeranhaltende Veredlung. Sie hat deshalb zunehmend an Bedeutung gewonnen. Bild 5.115 zeigt das ungeätzte Gefüge von unveredeltem Sandguß der Legierung G-AlSi7Cu1 mit grobnadeligen, in die Aluminiummatrix eingelagerten Siliziumausscheidungen. Nach der Veredlung mit Strontium besteht das Gefüge derselben Legierung aus primären Aluminiumdendriten und feinkörnigem Eutektikum (Bild 5.116).

An Verunreinigungen sind in den Aluminium-Silizium-Legierungen hauptsächlich noch

Bild 5.115. GAlSi7Cu1, unveredelter Sandguß. Nadlige Siliziumkristalle des entarteten (Al + Si)-Eutektikums. Ungeätzt

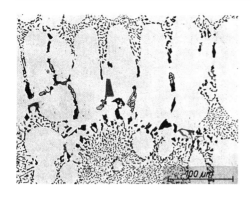

Bild 5.116. GAlSi7Cu1, mit Strontium veredelter Sandguß. Primäre Aluminiumdendriten mit feinkörnigem (Al + Si)-Eutektikum

Mangan und Eisen vorhanden. Diese bilden zusammen mit Al und Si besondere Gefügebestandteile, wie Al_3Fe (Nadeln), Al_6Mn (hellgraue Kristalle) oder AlSiFe (Bild 5.117). Aluminium-Silizium-Gußlegierungen lassen sich nach dem WIG- und dem MIG-Verfahren gut schmelzschweißen. Sie sind unempfindlich gegenüber Warmrißbildung und besitzen wegen der Ausbildung einer Oberflächenschutzschicht aus $SiO_2 \cdot xH_2O$ eine bessere

Bild 5.117. Aluminium-Silizium-Legierung mit 13 % Si und 2,5 % Fe. Nadeln von AlSiFe durch Ätzen mit 20 %iger H_2SO_4 herausgelöst

Korrosionsbeständigkeit als Reinaluminium. Aluminium-Silizium-Gußlegierungen werden vielfach anstelle von Grau- oder Stahlguß und für Gußstücke mit komplizierten Querschnitten verwendet.

Für Knetlegierungen wird Silizium als Legierungselement nur in Drei- und Vierstofflegierungen zusammen mit Magnesium, Kupfer oder Mangan verwendet. Eine Sonderstellung nimmt das auf Reinstaluminium-Basis hergestellte AlSi1 ein, das für feinste Drähte (Bonddrähte) in mikroelektronischen Bauelementen Verwendung findet.

5.4.3. Aluminium – Kupfer

Bild 5.118 gibt die Aluminiumseite des Zustandsschaubilds Aluminium – Kupfer wieder. Aluminium bildet mit der intermetallischen Verbindung Al_2Cu ein Eutektikum bei 33 % Cu und 548 °C. Die Löslichkeit des Aluminiums für Kupfer nimmt mit sinkender Temperatur rasch ab.

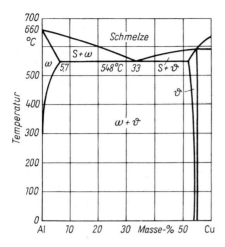

Bild 5.118. Zustandsdiagramm Aluminium–Kupfer

Löslichkeit von Al für Cu:
548 °C: 5,7 % Cu
500 °C: 4,4 % Cu
400 °C: 1,6 % Cu
300 °C: 0,6 % Cu
200 °C: 0,2 % Cu.

Ein Aluminiumguß mit 5 % Cu zeigt dementsprechend inhomogene ω-Dendriten ohne Eutektikum (Bild 5.119). In den untereutektischen Legierungen mit 5,7 bis 33 % Cu, Rest Al befinden sich im ($\omega + \vartheta$)-Eutektikum primäre Aluminiumdendriten eingelagert. Dies zeigt Bild 5.120 an einer Legierung mit 15 % Cu, Rest Aluminium.

Binäre Aluminium-Kupfer-Legierungen, die sich durch Auslagerung bei erhöhten Temperaturen aushärten lassen, haben technisch keine Bedeutung erlangt. Durch Zusatz von Magnesium oder Silizium erweiterte Legierungssysteme sind auch bei Raumtemperatur aushärtbar und liegen den wichtigsten höher- und hochfesten Aluminium-Knetwerkstoffen zugrunde (s. Abschn. 5.4.7.).

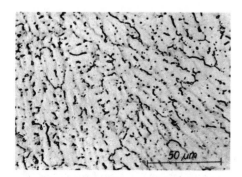

Bild 5.119. Legierung mit 95 % Al und 5 % Cu, gegossen. Inhomogene ω-Mischkristalle. Geätzt mit 1 %iger NaOH

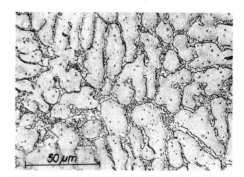

Bild 5.120. Legierung mit 85 % Al und 15 % Cu, gegossen. Inhomogene ω-Mischkristalle mit dem ($\omega + \vartheta$)-Eutektikum

Für Formguß werden Aluminium-Kupfer-Legierungen mit 1 bis 5 % Cu verwendet. Sie sind ebenso wie die Knetlegierungen aushärtbar. G-AlCu4Ti und G-AlCu4TiMg erreichen im ausgehärteten Zustand von allen Aluminium-Gußlegierungen die höchste Festigkeit. Sie gehören aber auch zu den gießtechnisch sehr anspruchsvollen Gußlegierungen. In Aluminiumkolbengußlegierungen werden Zusätze von jeweils ≈ 1 % Cu und Ni zur Warmfestigkeitssteigerung verwendet.

5.4.4. Aluminium – Magnesium

In technischen Aluminium-Magnesium-Legierungen ist bis zu 10 % Magnesium enthalten. Bild 5.121 zeigt die Aluminiumecke des Zweistoffsystems Al–Mg. Danach bildet Aluminium mit der intermetallischen Verbindung Al_8Mg_5 ein Eutektikum bei 34,5 % Mg

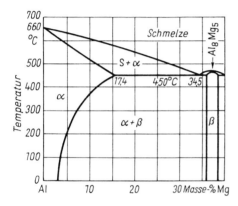

Bild 5.121. Zustandsdiagramm Aluminium – Magnesium

und 451 °C. Die Lösungsfähigkeit von Aluminium für Magnesium ist erheblich, nimmt aber mit sinkender Temperatur schnell ab.

Löslichkeit von Al für Mg:
450 °C: 17,4 % Mg
400 °C: 11,5 % Mg
300 °C: 6,5 % Mg
200 °C: 3,5 % Mg
150 °C: 2,95 % Mg.

Aluminium-Magnesium-Legierungen mit 1, 2, 3 und 5 % Mg finden als Knetwerkstoffe im Schiffsbau, Behälterbau, Waggonbau und Apparatebau eine breite Anwendung. Sie sind praktisch nicht aushärtbar, erreichen dennoch durch Mischkristallverfestigung eine relativ hohe Zugfestigkeit, die im geglühten Zustand, auch beim Schweißen, nicht verlorengeht. Hervorzuheben ist die hohe Korrosionsbeständigkeit der Al-Mg-Legierungen besonders gegenüber Seewasser und schwach alkalischen Lösungen. Um diese Vorzugseigenschaften werkstofftechnisch zu nutzen, muß den Besonderheiten, die bei Legierungen mit Gehalten > 3 % Mg durch Ausscheidungen von β-Phase entstehen, hinreichend Beachtung geschenkt werden.

Wenn größere Teile des Magnesiums in übersättigter Lösung vorliegen, beginnt nach längerer Auslagerung bei Raumtemperatur die Ausscheidung der β-Phase Al_8Mg_5. Unter der Einwirkung von Temperaturen um 100 °C tritt der Vorgang der Segregatbildung bereits nach einigen Stunden oder Tagen auf. Bild 5.122 zeigt am Beispiel des Gefüges eines AlMg5-Blechs die Ausscheidungen von β-Phase. Nach langsamer Abkühlung von Temperaturen >400 °C oder bei der Wahl zu hoher Anlaßtemperaturen bilden die Al_8Mg_5-Segregate zusammenhängende Bänder an den Korngrenzen der α-Mischkristalle. Sie bewirken

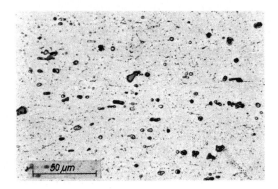

Bild 5.122. AlMg5-Blech mit Ausscheidungen von β-Segregaten

hohe Anfälligkeit gegen Spannungsrißkorrosion und interkristalline Korrosion, da das unedle Al_8Mg_5 vom Korrosionsmedium leicht aufgelöst wird und ihm ungehindertes Eindringen in den Werkstoff ermöglicht. Diese Gesichtspunkte gelten auch für die Erklärung der Korrosionsschädigung im Bild 5.123. Dort ist zu erkennen, wie der Korrosionsangriff zu einem AlMg5-Blech schichtförmig den zeilenförmig angeordneten β-Ausscheidungen folgt. Eine sich von einer Lochfraßbildung im Übergangsgefüge einer Schweißnaht fortsetzende interkristalline Schädigung an einem korrodierten AlMg5-Blech zeigt Bild 5.124. Durch vorherige Kaltverfestigung werden die Ausscheidungsvorgänge beschleunigt. Kaltumgeformte Aluminium-Magnesium-Legierungen neigen daher schon bei Raumtemperatur oder leicht erhöhter Temperatur nach längerer Zeit zu einer merklichen Entfestigung.

Bei der Einordnung der Aluminium-Magnesium-Legierungen als korrosionsbeständige Aluminium-Knetwerkstoffe mit sehr guter Seewasserbeständigkeit sind folgende Gesichtspunkte berücksichtigt.

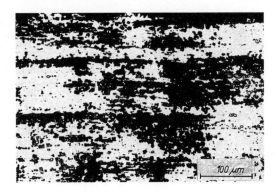

Bild 5.123. AlMg5-Blech. Schichtförmiger Korrosionsangriff entlang der zeilenförmig angereicherten β-Segregate

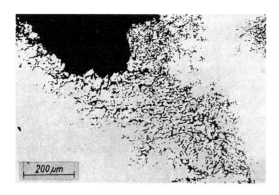

Bild 5.124. AlMg5-Blech. Von einer Lochfraßstelle im Schweißnahtübergang ausgehende interkristalline Korrosion

Knetlegierungen mit Gehalten bis ≈3,3 % Mg sind weder im weichen noch im halbharten Zustand korrosionsempfindlich. Die Legierungen mit >5 % Mg, die auch spannungsrißkorrosionsempfindlich sind, werden als Knetlegierungen kaum noch hergestellt. Schließlich ist man in der Lage, bei den Legierungen mit 3 bis 5 % Mg durch gezielte Wärmebehandlungsverfahren einen korrosionsunempfindlichen heterogenen Gefügezustand einzustellen und übersättigt gelöstes Magnesium gezielt auszuscheiden. Dabei entstehen an den Korngrenzen keine dichten zusammenhängenden Bänder, sondern perlschnurartig angeordnete Al_5Mg_8-Ausscheidungen. Die zwischen den Al_5Mg_8-Kristallen liegenden chemisch widerstandsfähigen α-Mischkristallbereiche unterbrechen im Fall der Einwirkung von Korrosionsmitteln die Auflösung der Ausscheidungen, stabilisieren so die Korngrenzen gegen Korrosionsangriffe. Am Beispiel der veralteten Legierung AlMg9 wird im Bild 5.125 das Perlschnurgefüge als der korrosionsbeständige Zustand gezeigt.

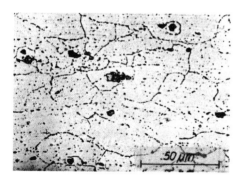

Bild 5.125. AlMg9, von 530 °C in Wasser abgeschreckt und 48 h bei 80 °C angelassen. β in Perlschnurform an den Korngrenzen ausgeschieden. Korrosionsbeständiger Zustand

Im Gegensatz zu den Knetlegierungen werden als Gußwerkstoffe neben G-AlMg3 und G-AlMg5 auch noch Legierungen mit hohen Magnesiumgehalten eingesetzt, z. B. die Druckgußlegierungen GD-AlMg9. Bild 5.126 zeigt das Gußgefüge von GK-AlMg5. Bei den bevorzugt an den Zellgrenzen auftretenden Ausscheidungen handelt es sich nicht um β-Segregate, sondern um Eutektikum, das auf die Verunreinigungen an Eisen, Silizium und Mangan zurückzuführen ist (Bild 5.127). Für Sandguß G-AlMg5 werden für die 0,2-Dehngrenze und die Zugfestigkeit Werte >80 bzw. 130 MPa bei einer Mindestbruch-

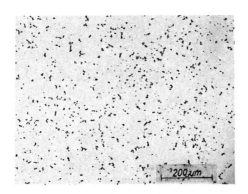

Bild 5.126. G-AlMg5, Gußzustand. Eutektikum an den Zellgrenzen

dehnung von 2 % erreicht. Bei Kokillenguß liegen die entsprechenden Werte mit 85 und 150 MPa sowie 3 % etwas höher.

Die Festigkeit der Aluminium-Magnesium-Legierungen steigt ganz allgemein mit zunehmendem Magnesiumgehalt an, die Umformbarkeit und Schweißbarkeit nehmen dagegen ab.

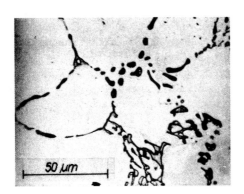

Bild 5.127. G-AlMg3 mit 0,3 % Ti. An den Zellgrenzen AlMnSi (nicht angegriffen, hellgrau) und Mg_2Si (herausgelöst, dunkel). Geätzt mit Mischlösung

5.4.5. Aluminium – Mangan

Fast alle Aluminiumlegierungen enthalten bis zu 1,5 % Mn. Dieses wirkt verfestigend, verbessert die Korrosionsbeständigkeit und erhöht die Rekristallisationstemperatur. AlMn mit 1,0 bis 1,5 % Mn, Rest Al, wird in zunehmendem Maß anstelle von Reinaluminium genommen, wo etwas erhöhte Festigkeit bei gleichzeitig verbesserter Korrosionsbeständigkeit gefordert wird. Bei kleinen Eisengehalten verhindert Mangan die Ausbildung der langspießigen, spröden Al_2Fe-Nadeln, indem das Eisen von den günstiger geformten Al_6Mn-Kristallen aufgenommen wird bzw. indem bei Anwesenheit von Silizium eine globulitisch ausgebildete Vierstoffphase entsteht.

Im Bild 5.128 ist die Aluminiumseite des Systems Aluminium – Mangan wiedergegeben. Die Verbindung Al_6Mn bildet sich peritektisch bei 710 °C aus Al_4Mn und der Restschmelze. Zwischen Aluminium und Al_6Mn besteht ein Eutektikum mit 1,95 % Mn bei 658 °C.

5.4. Aluminium und seine Legierungen

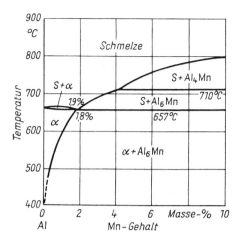

Bild 5.128. Zustandsdiagramm Aluminium – Mangan

Löslichkeit von Al für Mn:
658 °C: 1,82 % Mn
626 °C: 1,35 % Mn
570 °C: 0,78 % Mn
500 °C: 0,36 % Mn.

Infolge des nur kleinen Konzentrationsintervalls zwischen dem eutektischen Punkt bei 1,95 % Mn und der maximalen Löslichkeit der α-Mischkristalle bei der eutektischen Temperatur von 1,82 % Mn gelingt es nur schwer, rein eutektische Legierungen herzustellen. Bild 5.129 zeigt das Gefüge einer Gußlegierung aus Aluminium mit 1,9 % Mn. Obwohl es sich fast um eine eutektische Legierung handelt, sind primäre α-Mischkristalle und Eutektikum ($\alpha + Al_6Mn$) vorhanden. Wird der eutektische Punkt überschritten, dann scheiden sich primäre, balkenförmige, spröde Al_6Mn-Kristalle aus, die in das quasieutektische Grundgefüge eingebettet sind (Bild 5.130). Aus diesem Grund sind in technischen Legierungen höchstens 2 % Mn vorhanden.

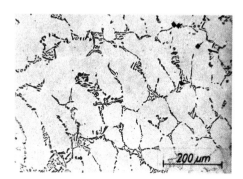

Bild 5.129. Aluminium mit 1,9 % Mn, gegossen. Primäre α-Mischkristalle mit dem ($\alpha + Al_6Mn$)-Eutektikum an den Korngrenzen

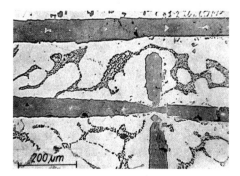

Bild 5.130. Aluminium mit 4 % Mn. Primäre Al_6Mn-Kristalle, umgeben von Höfen aus α-Mischkristallen und wenig Eutektikum

5.4.6. Aluminium – Eisen

Eisen ist stets in geringen Mengen in Aluminium und seinen Legierungen vorhanden und wirkt nicht störend. Ab 0,5 % Fe findet man spröde, sperrige und deshalb unerwünschte Al_3Fe-Nadeln im Gefüge vor. Lediglich mit Kupfer und Nickel legierten Aluminiumlegierungen setzt man bis zu 1,3 % Fe zu, um die Warmschmiedbarkeit zu erhöhen.

Bild 5.131 zeigt die Aluminiumseite des Systems Aluminium – Eisen, Aluminium bildet mit Eisen die intermetallische Verbindung Al_3Fe. Diese entsteht bei 1 160 °C peritektisch aus der Verbindung Al_5Fe_2 und der Schmelze. Zwischen Aluminium und Al_3Fe besteht ein Eutektikum bei 1,9 % Fe und 655 °C. Die Löslichkeit von Aluminium für Eisen ist sehr gering ($\approx$ 0,04 %) und kann praktisch vernachlässigt werden.

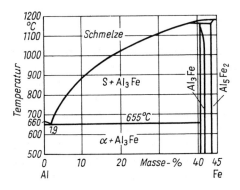

Bild 5.131. Zustandsdiagramm Aluminium – Eisen

Das Eutektikum $(Al + Al_3Fe)$ ist ähnlich wie das $(Al + Si)$-Eutektikum entartet, d. h., lange wellige oder gerade Nadeln aus Al_3Fe liegen in der Aluminiumgrundmasse eingebettet (Bild 5.132).

Bei höheren Eisengehalten, bei denen sich primäre Al_3Fe-Kristalle aus der Schmelze ausgeschieden haben, kristallisieren die eutektischen Al_3Fe-Nadeln an die primären Al_3Fe-Kristalle an, wodurch eine Art Blumenmuster entsteht (Bild 5.133). Ist die Eisenkonzentration noch höher, so scheiden sich ähnlich wie bei den Aluminium-Mangan-Legierungen sehr lange primäre Al_3Fe-Nadeln aus.

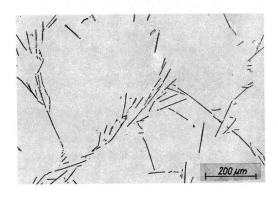

Bild 5.132. Aluminium mit 0,60 % Fe und 0,04 % Si. Al_3Fe-Nadeln, bevorzugt an den Zellgrenzen

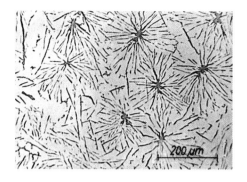

Bild 5.133. Aluminium mit 3,5 % Fe. Primäre Al₃Fe-Kristalle, an die die eutektischen Al₃Fe-Nadeln sternförmig ankristallisiert sind

5.4.7. Aluminium-Mehrstoff-Legierungen

Die meisten Aluminiumlegierungen enthalten neben den üblichen Verunreinigungen an Eisen und Silizium zwei oder mehr absichtlich hinzugefügte Legierungselemente zwecks Verbesserung der Festigkeitswerte oder der Korrosionsbeständigkeit oder zwecks Herbeiführung bestimmter Eigenschaften, die den nur einfach legierten Werkstoffen auf Aluminiumbasis fehlen. Aus diesem Grund können die technischen Aluminiumlegierungen weder als Zweistoff- noch als Dreistofflegierungen angesprochen werden, sondern ähnlich wie bei den Stählen handelt es sich um Vielstoffsysteme. Beispielsweise kann die Aluminium-Gußlegierung GAlMg3 als Legierungselemente 2 bis 4 % Mg, 0,1 bis 0,5 % Mn, 0,05 bis 0,20 % Ti, als zulässige Beimengungen 0,5 % Fe, 0,5 % Si, 0,1 % Zn und in der Summe 0,15 % weitere Elemente enthalten.
Neben dem in der Bezeichnung GAlMg3 angeführten Hauptlegierungselement Magnesium können im Extremfall also noch ≈2 % andere Elemente vorhanden sein.
Die Gefüge der Aluminium-Mehrstoff-Legierungen bestehen im Gußzustand meist aus Primärkristallen, die in eine vielfach-eutektische Grundmasse eingelagert sind. In Knetlegierungen sind die spröden Kristalle der Eutektika oder die peritektisch entstandenen Kristallarten zertrümmert und in einer Grundmasse aus vielfach legiertem Aluminium-Mischkristall eingelagert. Häufig ist es auch dem geübten Metallographen nicht möglich, durch Ätzmethoden die verschiedenen Kristallarten zu identifizieren. Dies liegt einmal daran, daß die Erstarrungsverhältnisse bzw. die in den Aluminium-Vielstoff-Legierungen auftretenden Kristallarten noch nicht bekannt sind, und zum anderen sind sich die möglicherweise ternären oder quaternären Aluminide in ihrem Ätzverhalten häufig sehr ähnlich.
Normalerweise lassen sich durch Ätzen nur die aus zwei Bestandteilen bestehenden Kristallarten voneinander unterscheiden. An der Form und Farbe können einige Kristallarten bereits im ungeätzten Zustand erkannt werden: Silizium bildet graue Würfel oder Nadeln, Al₂Cu ist schwach rosa, Al₃Fe nadelförmig und etwas heller grau als Silizium, Al₈Mg₅ ist weiß. Daraufhin ätzt man den Schliff mit einem der in Tabelle 5.8 angeführten Ätzmittel, betrachtet das geätzte Gefüge wiederum im Mikroskop, ätzt mit einer anderen Lösung usf., bis die zu bestimmende Kristallart eindeutig nachgewiesen wurde.
Ein derartiges Beispiel wurde bereits im Bild 5.117 vorgestellt. Dort sind Nadeln, die aus einer Aluminium-Silizium-Eisen-Verbindung bestehen, durch Ätzen mit 20%iger Schwe-

Tabelle 5.8. Identifizierungsätzungen einiger einfacher intermetallischer Verbindungen des Aluminiums (nach SCHRADER)

Kristallart	Eigenfarbe im polierten, ungeätzten Zustand	Salpetersäure 25 cm³ HNO₃ 75 cm³ H₂O 40 s 70 °C	Schwefelsäure 20 cm³ H₂SO₄ 80 cm³ H₂O 30 s 70 °C	Natronlauge 1 g NaOH 100 cm³ H₂O 15 s 50 °C	Natronlauge 10 g NaOH 100 cm³ H₂O 5 s 20 °C	Flußsäure 0,5 cm³ HF 100 cm³ H₂O 15 s 20 °C	Mischlösung 0,5 cm³ HF; 1,5 cm³ HCl 2,5 cm³ HNO₃; 95,5 cm³ H₂O 15 s 20 °C
Si	grau	–	–	–	–	etwas angegriffen, Farbe unverändert	–
Mg₂Si	dunkelblau, läuft meist bunt an	herausgelöst	herausgelöst	–	–	–	herausgelöst
Al₂Cu	weiß bis schwach rosa	kupferrot gefärbt	–	–	gefärbt, dunkel	–	–
Al₃Fe	grau, aber heller als Silizium	–	herausgelöst	–	dunkel bräunl. gefärbt	–	–
Al₃Mg₂	weiß bis gelblich meist etwas gerauht	herausgelöst	herausgelöst	–	–	leicht angeätzt	leicht angeätzt nicht gefärbt
Al₅Mn	hellgrau	–	–	erst hellbraun dann hellblau kräftige Braunfärbung	dunkel bräunl. gefärbt	leicht angeätzt	–
Al₄Mn	hellgrau, etwas dunkler als Al₆Mn	–	–	–	starker ungleichmäßiger Angriff mit Dunkelfärbung	–	–
Al₃Ni	hellgrau	–	–	bräunlich gefärbt schwache Färbung	dunkel gefärbt bräunlich-blau	dunkel gefärbt	intensive Färbung
Al₇Cr	hellgrau	–	–	–	blau	–	–
Al₁₁Cr₂	hellgrau, nur wenig dunkler als Al₇Cr	–	–	–	sehr stark, aber unregelmäßig angegriffen	–	leicht angeätzt nicht gefärbt
AlSb	hellgrau, färbt sich an der Luft schwärzlich	angeätzt u. dunkel gef.	–	etwas aufgerauht u. dunkel	sehr stark angegriffen	dunkel gefärbt	–
Al₃Ti	hellgrau	–	–	–	–	–	–

(– nicht angegriffen)

5.4. Aluminium und seine Legierungen

felsäure herausgelöst worden und erscheinen deshalb schwarz. Die Siliziumplatten und -nadeln wurden von der Schwefelsäure nicht angegriffen und erscheinen nach dem Ätzen in ihrer grauen Eigenfarbe.

In den Bildern 5.134 bis 5.139 sind weitere Beispiele für die Ätzanalyse von intermediären Phasen in Aluminiumlegierungen dargestellt. Bild 5.134 zeigt die Verbindung Mg_2Si, die in charakteristisch-verzweigter Form auftritt (»Chinesenschrift«) und im polierten Zustand hellblau ist, oft aber dunkelblau oder bunt anläuft. Durch Ätzen mit Flußsäure wird Mg_2Si schwach angegriffen bzw. angefärbt (Bild 5.135), durch Ätzen mit Schwefelsäure dagegen vollständig herausgelöst (Bild 5.136). Al_2Cu wird im Gegensatz zu Mg_2Si durch Flußsäure nicht angegriffen und läßt sich so von diesem unterscheiden (Bild 5.137).

Die in Tabelle 5.8 angeführte Mischlösung ätzt weder Al_2Cu noch Al_6Mn an, löst aber Mg_2Si heraus. Das weiß-rosa Al_2Cu, das graue Al_6Mn und das Mg_2Si lassen sich also durch Mischlösung voneinander unterscheiden (Bild 5.138). Demgegenüber wird Al_2Cu durch starke Salpetersäure kupferrot gefärbt, Al_6Mn aber nicht angegriffen. Al_2Cu und Al_6Mn können deshalb durch Salpetersäure identifiziert werden (Bild 5.139). Immer mehr werden derartige aufwendige Untersuchungsmethoden zur Gefügeanalyse durch die Anwendung moderner und sicherer Untersuchungsverfahren, wie das der Röntgenstrahlmikroanalyse, ersetzt.

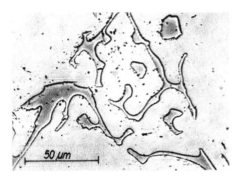

Bild 5.134. Mg_2Si, ungeätzt hellblau, läuft beim Polieren dunkelblau oder bunt an (»Chinesenschrift«)

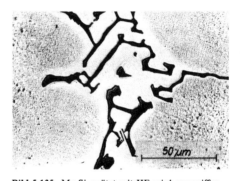

Bild 5.135. Mg_2Si, geätzt mit HF, wird angegriffen

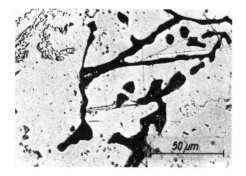

Bild 5.136. Mg_2Si, geätzt mit H_2SO_4, wird herausgelöst

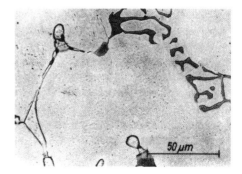

Bild 5.137. Mg_2Si und Al_2Cu, geätzt mit HF. Mg_2Si wird etwas angegriffen, Al_2Cu wird nicht angegriffen

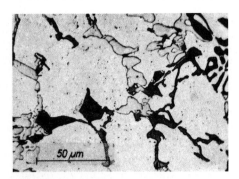 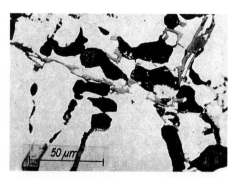

Bild 5.138. $Al_2Cu + Mg_2Si + Al_6Mn$, geätzt mit Mischlösung. Al_2Cu (weiß) wird nicht angegriffen, Al_6Mn (grau) ebenfalls nicht. Mg_2Si (schwarz) ist herausgelöst

Bild 5.139. $Al_2Cu + Al_6Mn$, geätzt mit HNO_3. Al_2Cu (dunkel) wird kupferrot bis braun, Al_6Mn (hell) wird nicht angegriffen

Die binären Aluminium-Silizium-Legierungen sind nicht aushärtbar. Legiert man aber Magnesium hinzu, so wird die Aushärtung möglich. Die mittelfesten Aluminium-Magnesium-Silizium-Legierungen haben ein breites Anwendungsgebiet. Bei ihrer Verarbeitung wird ebenso wie bei den hochfesten Aluminium-Kupfer-Magnesium- und Aluminium-Zink-Magnesium-Kupfer-Legierungen die Aushärtung technisch genutzt.

Im quasibinären System Aluminium – Mg_2Si (Bild 5.140) werden die besten Aushärtungseigenschaften im Bereich der Zusammensetzung erreicht, die der stöchiometrischen Zusammensetzung Mg_2Si entspricht, wenn also der Magnesiumgehalt (in Masse %) zum Siliziumgehalt im Verhältnis 1,7:1 steht. Wie bei anderen aushärtbaren Systemen handelt es sich auch hier bei den Aushärtungsvorgängen um die Einstellung metastabiler Zwischenzustände des vom System angestrebten Phasengleichgewichts. Bei höheren Anlaßtemperaturen (300 °C) bilden sich plattenförmige Ausscheidungen mit Mg_2Si-Struktur.

Beim Strangpressen der Legierung AlMgSi0,5 ergeben sich aufgrund ihrer außerordentlich guten Warmumformbarkeit besonders günstige Bedingungen für die technologische Einordnung der Aushärtung. Es wird die für die Lösungsglühung ausreichende Umform-

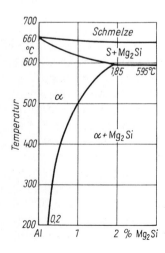

Bild 5.140. Zustandsdiagramm Aluminium – Mg_2Si

wärme ausgenutzt, das ausgepreßte Profil hinter der Strangpresse beschleunigt abgekühlt und damit der übersättigte Mischkristallzustand eingestellt. Die Legierungen AlMg1Si1 und AlMg1Si1Mn sind an Legierungselementen soweit übersättigt, daß eine intensive, direkte Abkühlung des ausgepreßten Profils nicht mehr ausreicht, um den homogenen Mischkristall auf Raumtemperatur zu unterkühlen. Eine gesonderte Aushärtungsbehandlung wird damit erforderlich.

Als mittelfeste aushärtbare Legierungen haben auch AlZn5Mg1 und AlZn4Mg2 besondere Beachtung gefunden, weil sie nur niedrige Lösungsglühungstemperaturen und langsame Abkühlung erfordern und deshalb nach dem Schweißen in und neben der Schweißnaht selbsttätig aushärten.

Aluminium-Magnesium-Legierungen mit >3,5 % Mg können in gewissem Ausmaß, ebenso wie AlZnMg- und AlZnMgCu-Legierungen, spannungsrißkorrosionsempfindlich sein. Das entsprechende Schadensbild ist bei Aluminiumlegierungen gefügemäßig dadurch charakterisiert, daß die Rißbildung interkristallin verläuft (Bild 5.141). Es gibt aber auch Legierungen und Werkstoffzustände, die unter ungünstigen Korrosionsbedingungen zur interkristallinen Korrosion neigen und nicht zur Spannungsrißkorrosion, z. B. AlMgSi.

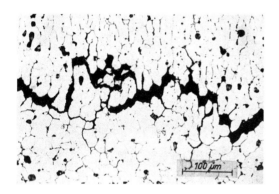

Bild 5.141. AlZn3Mg2-Blech. Spannungskorrosionsriß in Nähe des Rißauslaufs im Übergangsbereich einer Schweißnaht

Höchste Festigkeitswerte ($R_m > 400$ MPa) werden von Aluminium-Kupfer-Magnesium-Legierungen und Aluminium-Zink-Magnesium-Kupfer-Legierungen erreicht. Während bei binären Aluminium-Kupfer-Legierungen nur durch Warmauslagerung Festigkeitssteigerungen zu erreichen sind, wird durch Zusatz von Magnesium auch eine Aushärtung bei Raumtemperatur möglich. Bei Erwärmungen >150 °C bauen sich die Aushärtungseigenschaften wieder ab. Legierungen, wie AlCu4Mg1 und AlCu4Mg2, setzen für ihre Aushärtbarkeit eine gute Durchknetung voraus, im Gußzustand ist keine nennenswerte Aushärtung möglich. Eine Kaltumformung an diesen Werkstoffen erfordert ein vorheriges Weichglühen bei 300 bis 350 °C mit anschließender langsamer Abkühlung. Wegen ihres hohen Kupfergehalts sind die Legierungen nicht korrosionsbeständig, so daß sie mitunter auch mit Reinaluminium plattiert werden.

Die Forderung des Flugzeugbaus nach einem Werkstoff mit niedriger Dichte und sehr hoher Festigkeit führte zur Entwicklung der *Aluminium-Zink-Magnesium-Kupfer-Legierungen*. Sie enthalten 5 bis 7,5 % Zn, 2 bis 3 % Mg, 1 bis 2,5 % Cu und 0,2 bis 0,4 % Cr und erreichen Streckgrenzen von 450 bis 600 MPa, Zugfestigkeiten von 500 bis 750 MPa bei 3 bis 15 % Dehnung.

Die Gußwerkstoffe vom AlSiMg-Typ liegen in dem Legierungsbereich von 4,5 bis 11 % Si, 0,2 bis 0,6 % Mg und 0,2 bis 0,5 % Mn. Bei schnell abgekühltem Guß genügt schon ein Anlassen, um eine Festigkeitssteigerung zu erzielen. Langsamer abkühlender Sandguß aus diesen Legierungen wird in Abhängigkeit von der Zusammensetzung 3 bis 6 h bei 520 bis 540 °C lösungsgeglüht, in Wasser abgeschreckt und 5 bis 15 h bei 150 bis 175 °C ausgelagert.

In langsam abgekühlten Legierungen sind neben den Aluminium-Mischkristallen noch zahlreiche andere intermediäre Kristallarten enthalten, z. B. Mg_2Si und Al_6Mn (Bild 5.142), wobei das Mg_2Si in den nichtausgehärteten Legierungen in Form eines charakteristisch verzweigten Netzes erscheint. Infolge der Glühprozesse bei der Aushärtungsbehandlung koaguliert Mg_2Si jedoch und ballt sich zu getrennten, rundlichen Kriställchen zusammen (Bild 5.143).

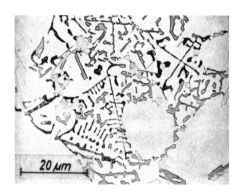

Bild 5.142. AlSiMg-Gußlegierung, nicht ausgehärtet. Chinesenschrift = Mg_2Si, dunkelgraue Kristalle = Al_6Mn.
Geätzt mit 1 %iger NaOH

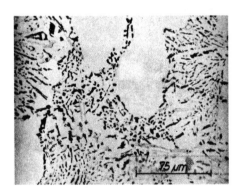

Bild 5.143. AlSiMg-Gußlegierung, 12 h bei 150 °C geglüht. Die Chinesenschrift $MgSi_2$ ist koaguliert

Die verschiedenen Gußlegierungen vom Typ AlSiCu sind im Siliziumgehalt in dem Bereich von 4 bis 12 %, im Kupfergehalt von 1 bis 4 % abgestuft und enthalten meistens noch ≈ 0,3 % Mn. Sie zeigen ein gutes Gießverhalten, sind kalt- und warmaushärtbar, erreichen eine mittlere Festigkeit (auch Warmfestigkeit) und sind weniger korrosionsbeständig als die Aluminium-Silizium-Magnesium-Legierungen. Sie werden für Gußstücke aller Art verwendet und sind auch für Motorenguß geeignet.

Im Bild 5.144 ist das Gefüge einer AlSiCu-Gußlegierung mit 13 % Si, 1 % Cu und 0,3 % Mn wiedergegeben. In den Aluminiummischkristall sind hauptsächlich primäre Siliziumkristalle eingelagert, daneben noch eine skelettartige Al-, Si- und Cu-haltige Phase, der sog. »P«-Bestandteil.

Ein wichtiges Verwendungsgebiet hauptsächlich der hochsiliziumhaltigen Aluminiumlegierungen sind die Kolben in Verbrennungskraftmaschinen. Mit zunehmendem Siliziumgehalt nimmt die Wärmeausdehnung der Aluminium-Silizium-Legierungen ab und kommt bei höheren Siliziumgehalten derjenigen der für Zylinder und Zylinderlaufbuchsen verwendeten Eisenwerkstoffe recht nahe, so daß für die Werkstoffpaarung bei Überschreitung der Arbeitstemperatur des Motors die Gefahr des Fressens relativ gering ist. Gleichzeitig steigt der Verschleißwiderstand mit zunehmendem Siliziumgehalt an. Aus diesen Gründen liegen die meisten Aluminium-Silizium-Kolbenlegierungen im Siliziumgehalt im eutektischen bzw. übereutektischen Bereich. Zusätze von Kupfer, Nickel und Kobalt, meist in Gehalten von 0,8 bis 1,5 %, dienen der Erhöhung der Warmfestigkeit. Zur Vermeidung der Ausbildung grober Siliziumplatten werden übereutektische Legierungen durch Zusätze von Phosphorsalzen zur Schmelze »korngefeint«. Die sich dabei bildenden Aluminiumphosphide dienen als artfremde Keime für die Primärkristallisation der Siliziumkristalle. Den speziellen Einsatzbedingungen angepaßt, können die Kolbenlegierungen zur Erhöhung der Festigkeit, Abbau innerer Spannungen oder zur Verbesserung der Volumenstabilität speziellen Wärmebehandlungen unterzogen werden.

Die Auswahl an Kolbenlegierungen ist groß; Bild 5.145 zeigt als Beispiel das Gefüge einer übereutektischen Legierung mit 22 % Si, 1,5 % Ni, 1,5 % Cu, 1,2 % Co, 0,7 % Fe, 0,7 % Mn

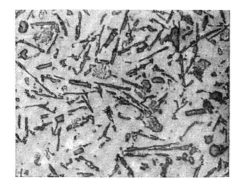
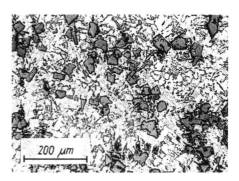

Bild 5.144. AlSiCu-Gußlegierung. Primäre Siliziumkristalle und »P«-Bestandteile. Ungeätzt

Bild 5.145. Aluminium-Kolbenlegierung mit 22 % Si, 1,5 % Ni, 1,5 % Cu, 1,2 % Co, 0,7 % Fe, 0,7 % Mn und 0,5 % Mg

und 0,5 % Mg. Die großen harten Siliziumkristalle bedingen die erforderliche hohe Härte und Verschleißfestigkeit, ähnlich wie bei den Lagerweißmetallen die SbSn-Kristalle. Bild 5.146 zeigt das veredelte Gefüge der eutektischen Kolbenlegierung G-AlSi12CuNi mit 11,9 % Si, 1,38 % Cu, 0,98 % Mg, 0,53 % Fe, 0,28 % Ni, 0,28 % Mn und 0,08 % Ti nach dem Homogenisieren bei 495 °C. Abschrecken und Auslagern bei 205 °C. Die Zugfestigkeit beträgt danach 240 bis 280 MPa, die Härte 90 bis 120 HB und die Dehnung $A_5 = 0,5$ %. In großen Abgüssen treten aber stellenweise beträchtliche Gefügeentmischungen auf (Bild 5.147), die teils auf eine unvollkommene Veredlung, teils durch die gießtechnologisch bedingte langsame Abkühlung in der Nähe der Steiger bedingt sind. Das feinkörnige Eutektikum ist dabei durch breite Bänder aus Aluminium zerteilt.

Langzeitig gelaufene Kolben zeigen am Kolbenboden und in der Nähe der Kolbenkrone häufig zahlreiche feine, oftmals aber auch recht grobe Risse. Nach dem Aufbrechen der Risse sind unter günstigen Umständen auf der Bruchfläche deutlich Rastlinien zu erkennen (Bild 5.148), die die Risse als Daueranrisse kenntlich machen. Es handelt sich hierbei um sog. *thermische Ermüdungsrisse*. Während des Betriebs ist der Kolben wechselnden

700   5. *Gefüge der technischen Nichteisenmetalle und ihrer Legierungen*

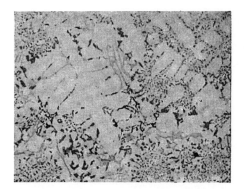

Bild 5.146. Gefüge von veredeltem G-AlSi12CuNi

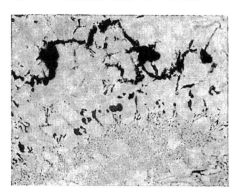

Bild 5.147. Entmischungsgefüge von G-AlSi12CuNi

Temperaturen ausgesetzt, besonders stark der Kolbenteil in der Nähe des Verbrennungsraums. Im gleichen Sinn, wie sich die Temperatur im Werkstück ungleichmäßig ändert, ändert sich auch wegen der thermischen Ausdehnung das Volumen des Werkstoffs verschieden, und es bilden sich örtlich und zeitlich wechselnde Eigenspannungen aus. Diese bewirken sowohl wechselnde elastische als auch plastische Deformationen, und es kommt zur Ausbildung eines Dauerbruchs. Begünstigt wird dieser Vorgang durch die verhältnismäßig geringe Festigkeit des Werkstoffs bei den hohen Temperaturen am Kolbenboden sowie durch den Festigkeitsabfall, der im Lauf der Zeit infolge Überalterung auftritt.

Bild 5.148. Thermischer Ermüdungsriß im Kolbenboden eines 8 000 h gelaufenen Kolbens aus G-AlSi12CuNi

Bei der Verarbeitung von Aluminiumwerkstoffen entfallen etwa zwei Drittel der Produktion auf die Halbzeugherstellung und ein Drittel auf die Formgußherstellung. Für den Formguß werden vorwiegend Aluminium-Silizium-Legierungen mit Zusätzen an Magnesium, Kupfer und anderen Elementen verwendet. In geringerem Umfang finden Aluminium-Magnesium-Legierungen Anwendung.

5.5. Magnesium und seine Legierungen

5.5.1. Reinmagnesium

Die hauptsächlichen Rohstoffe für die Gewinnung von Magnesium sind Meerwasser, Solen, Magnesit ($MgCO_3$) und Dolomit ($MgCO_3 \cdot CaCO_3$). Nach deren Verarbeitung zu wasserfreiem Chlorid wird daraus das Magnesium durch Schmelzflußelektrolyse hergestellt. Neben der elektrolytischen Gewinnung werden in geringerem Umfang auch thermische Verfahren zur Reduktion des Magnesiums aus seinem leicht herstellbaren Oxid angewendet.

Die in der Hütte erzeugten Reinmagnesiumsorten reichen im allgemeinen bis zur Reinheit Mg99,95 %.

Magnesium und seine Legierungen erreichen nicht die Bedeutung des Aluminiums und der Aluminiumlegierungen. Ihre Anwendungsmöglichkeiten werden technisch noch nicht voll ausgeschöpft. Ein wesentlicher Grund besteht darin, daß die Gewinnung des Magnesiums mit einem sehr großen Energieverbrauch verbunden und damit relativ teuer ist. Ein zweiter, wenn auch nicht so schwerwiegender Grund ist mit der hohen Affinität des Magnesiums zum Sauerstoff gegeben, die beim Gießen und bei spangebenden Bearbeitungen besondere Schutzmaßnahmen gegenüber Oxidation und Selbstentzündung verlangt.

Nur ≈ 25 bis 30 % des produzierten Magnesiums werden zu Konstruktionswerkstoffen verarbeitet, ≈ 50 % finden als Legierungsmetall für Aluminium-Magnesium-Legierungen Anwendung, der Rest wird hauptsächlich in der Metallurgie (Desoxidations- und Raffinationsprozesse) und in der Chemieindustrie eingesetzt.

Im hexagonal kristallisierenden Magnesium kann bei niederen Temperaturen nur die Basisfläche (0001) als Gleitebene wirken, so daß die Kaltumformbarkeit im polykristallinen Zustand erheblich eingeschränkt ist. Erst oberhalb einer scharf ausgeprägten Temperaturgrenze bei $\approx 200\,°C$ wird das plastische Verhalten des Magnesiums wesentlich besser.

Die plastische Verformung ist ebenso wie beim Zink mit der Bildung von Zwillingslamellen verbunden. Bild 5.149 zeigt das polygonale, zwillingsfreie Mikrogefüge von geglühtem Magnesium. Bild 5.150 gibt denselben Schliff wieder, nachdem er im Schraubstock etwas zusammengepreßt wurde. Die gekrümmten Zwillingslamellen sind deutlich zu erkennen.

Reines Magnesium (Mg99,8) erreicht nur eine geringe Zugfestigkeit (≈ 80 bis 120 MPa im gegossenen und 170 bis 200 MPa im gepreßten Zustand, bei Bruchdehnungen von 4 bis 6 bzw. 7 bis 9 %). Da es wegen seines elektrochemisch unedlen Charakters auch sehr korrosionsanfällig ist, wird es für konstruktive Zwecke nicht eingesetzt.

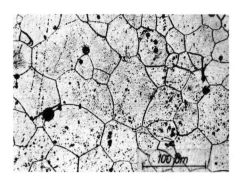 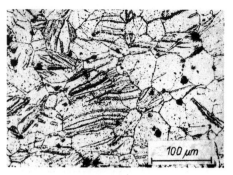

Bild 5.149. Magnesium, geglüht. Zwillingsfreie Polyeder

Bild 5.150. Magnesium, geglüht und mit geringem Preßdruck plastisch umgeformt. Zwillingsbildung

5.5.2. Magnesiumlegierungen

Magnesium wird als Konstruktionswerkstoff ausschließlich in Form seiner Legierungen eingesetzt. Aufgrund der Umformeigenschaften und ihrer Auswirkungen auf die Herstellung und Verarbeitung ist die Produktion von Halbzeug gegenüber der Gußproduktion gering. Die Blechherstellung ist durch häufige notwendige Zwischenglühungen aufwendig und wird nur in geringerem Umfang durchgeführt. Dagegen lassen sich Strangpreßerzeugnisse und Gesenkschmiedestücke, die ihre Form durch eine Warmformgebung erhalten, relativ leicht herstellen.

Magnesiumlegierungen lassen sich gut gießen und zerspanen. Diese Eigenschaften nutzt man zur Herstellung kompliziert geformter und auch großer Druckgußstücke, zumal der Formenverschleiß aufgrund der geringen Löslichkeit des Eisens im Magnesium gering ist und hohe Abgußzahlen ermöglicht. Die Anwendung von Magnesiumlegierungen wird neben technologischen Gesichtspunkten ganz wesentlich von dem Ziel der Verwirklichung besonders niedriger Konstruktionsgewichte (Dichte des Magnesiums = 1,74 g/cm^3) bestimmt.

Magnesium und eine Anzahl seiner Legierungen sind recht korrosionsanfällig. Sie werden von natürlichen Wässern, Mineral- und Seewasser angegriffen, von destilliertem Wasser nicht. Es erweist sich als günstig, Witterungseinflüssen durch einen Oberflächenschutz vorzubeugen. Einfacheren Ansprüchen genügt in dieser Hinsicht das Aufbringen chemischer Schutzschichten, z. B. durch Beizen in einer Bichromat-Salpetersäure-Lösung. Magnesiumwerkstoffe sind nicht beständig gegenüber Säuren aller Konzentrationen, mit Ausnahme der Flußsäure. Gegen alkalische Laugen sind die Magnesiumlegierungen, besonders MgMn2, in bestimmten Konzentrationsbereichen verhältnismäßig gut beständig.

Als Hauptlegierungselemente des Magnesiums werden bis 10% Al, 4% Zn, 2% Mn verwendet. Aluminium und Zink erhöhen vor allem die Festigkeit, während Mangan auch die Korrosionsbeständigkeit verbessert. Silizium, Kupfer und Eisen, die in den Legierungen meistens als Beimengungen enthalten sind, verschlechtern das Korrosionsverhalten, teilweise auch die mechanischen Eigenschaften. Das als Mg$_2$Si auftretende Silizium ist an seiner blauen Farbe schon im ungeätzten Schliff leicht zu erkennen. Die sehr spröden

Mg$_2$Si-Kristalle treten in langsam erstarrten technischen Schmelzen im Schliffbild oft als gerade begrenzte, im Inneren teilweise durchlöcherte Flächen auf.

Reine Magnesium-Mangan-Legierungen (AlMn1,5 oder MgMn2) für allgemeine Verwendungszwecke mit weniger hohen Festigkeitsansprüchen sind weniger verbreitet als Magnesium-Aluminium-Zink-Legierungen. Dagegen enthalten die meisten technischen Magnesiumwerkstoffe zur Verbesserung der Korrosionsbeständigkeit Zusätze bis 0,5 % Mn. Für die Luftfahrtindustrie, besonders für den Strahltriebwerksbau (z. B. Gehäuse in der Verdichterstufe), wurden Sonderlegierungen entwickelt, die neben Zink weitere Legierungszusätze wie ≈0,5 bis 1,0 % Zr, bis 4 % Th, bis 4 % seltene Erdmetalle (Zer, Lanthan, Neodym) und bis 3 % Ag enthalten. Das Zirkon bewirkt bei Abwesenheit von Aluminium und Mangan eine beachtliche Kornfeinung des Gußgefüges, während die anderen Zusätze vor allem die Warmfestigkeit und Warmhärte erhöhen. Einer breiteren Anwendung dieser Legierungen steht ihr hoher Preis entgegen.

5.5.2.1. Magnesium – Aluminium

Bild 5.151 zeigt die Magnesiumseite des Zweistoffsystems Mg–Al. Danach bildet der Magnesium-Mischkristall δ mit der intermediären Phase $\gamma = Al_8Mg_5$ ein Eutektikum bei 436 °C und 32 % Al. Die Lösungsfähigkeit des Magnesiums für Aluminium ist bei der eutektischen Temperatur sehr groß, nimmt aber mit sinkender Temperatur schnell ab.

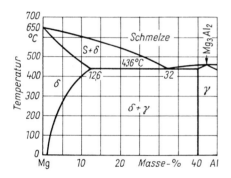

Bild 5.151. Zustandsdiagramm Magnesium – Aluminium

Löslichkeit von Mg für Al:
436 °C: 12,6 % Al
400 °C: 9,7 % Al
300 °C: 5,3 % Al
200 °C: 3,1 % Al
100 °C: 2,3 % Al.

Die technischen Magnesiumlegierungen enthalten max. 10 % Al. Nach dem Zustandsschaubild dürften die Legierungen gefügemäßig nur aus primären magnesiumreichen δ-Mischkristallen mit γ-Segregaten bestehen. Infolge geringer Diffusionsgeschwindigkeit treten jedoch starke Gleichgewichtsstörungen auf, so daß auch bei Legierungen mit <12,6 % Al das Eutektikum ($\delta + \gamma$) in Erscheinung tritt. Dieses Eutektikum ist stets entartet, d. h., die δ-Bestandteile haben sich an die primären δ-Mischkristalle ankristallisiert, so daß die γ-Phase isoliert in kompakter Form an den Korngrenzen der primären δ-Mischkristalle zurückbleibt.

Al$_8$Mg$_5$ ist härter als die δ-Phase und läßt sich durch Reliefpolieren und schräge mikroskopische Beleuchtung schon im nur polierten Schliff sichtbar machen. Es ist von rein weißer Farbe und scharf begrenzt, da es durch die üblichen Ätzmittel nicht angegriffen wird.

Bei langsamer Abkühlung beginnt nach der Unterschreitung der Löslichkeitslinie bei allen Magnesiumlegierungen mit >6 % Al die Segregation unter Bildung von punktförmigen Al$_8$Mg$_5$-Kristallen, die dann zu charakteristischen Lamellen zusammenwachsen. Es entstehen Gefügebereiche, die ähnlich dem Perliteutektoid im Stahl ausgebildet sind und mit scharfen, glatten Grenzen von den Korngrenzen der δ-Phase oder dem entarteten, eutektischen γ-Bestandteil aus in den Magnesium-Mischkristall hineinwachsen. Dieses eutektoidähnliche Gefüge kann auch schon bei geringeren Aluminiumkonzentrationen auftreten. Es bildet sich bei höheren Temperaturen schneller und mit gröberen Lamellen aus. Zu tieferen Temperaturen hin wird die lamellare Ausscheidung von Al$_8$Mg$_5$ infolge Verringerung der Diffusionsgeschwindigkeit erschwert, die Lamellen bilden sich in dichterer Anordnung und feinerer Form aus. Die »Eutektoidbildung« findet selbst bei 100 °C noch statt, allerdings erst nach vielstündigem Glühen.

Durch Glühbehandlungen im Homogenitätsgebiet der δ-Phase, im Temperaturbereich von 400 bis 450 °C lassen sich das entartete Eutektikum sowie die »eutektoiden« Ausscheidungen in Lösung bringen und die Konzentrationsunterschiede an Aluminium zwischen den Korngrenzen und dem Korninneren der primären δ-Mischkristalle ausgleichen. Um einer gewissen Gefahr des Auftretens von örtlichen Anschmelzungen zu entgehen, werden Glühtemperaturen nahe 400 °C bevorzugt. Zur Auflösung der großen globularen Al$_8$Mg$_5$-Kristalle bedarf es dann Glühdauern von mindestens 24 h. Die Homogenisierung des »Eutektoidgefüges« ist dagegen in sehr kurzer Zeit zu erreichen. Bei einer Glühbehandlung gehen die Lamellen so in Lösung, daß sie sich zuerst in kleine Stäbchen und dann zu Kügelchen zerteilen. Diese globulare Form entsteht weder beim Guß noch allein bei Warmumformprozessen und ist deshalb ein sicheres Zeichen für eine unvollständige Homogenisierungsglühung.

Die Bilder 5.152 bis 5.155 zeigen an MgAl-Legierungen mit 3,6 und 9 % Al neben den

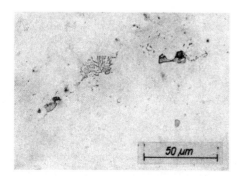

Bild 5.152. G-AlMg2Zn, Sandguß. δ-Mischkristalle, entartetes Eutektikum (γ) und lamellare Ausscheidungen von γ.
Geätzt mit 0,5 %iger HNO$_3$

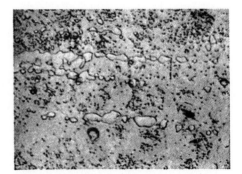

Bild 5.153. MgAl6, gepreßt. Zeilenförmig gestreckte γ-Kristalle in den δ-Mischkristallen

5.5. Magnesium und seine Legierungen

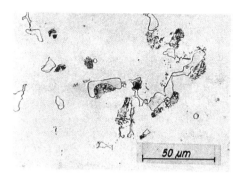

Bild 5.154. G-MgAl9, Sandguß. δ-Mischkristalle, entartetes Eutektikum (γ) und lamellare Ausscheidungen von γ

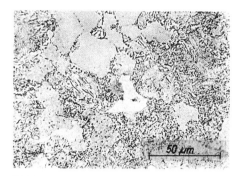

Bild 5.155. MgAl9, geschmiedet. δ-Mischkristalle mit globularen und lamellaren Ausscheidungen von γ

δ-Mischkristallen das Auftreten der kompakten γ-Phase des entarteten (δ + γ)-Eutektikums und der lamellaren γ-Phase der eutektoidähnlichen sekundären Ausscheidungen. Aluminium ist das wichtigste Legierungselement des Magnesiums. Bei niederen Gehalten tritt Härtung infolge Mischkristallbildung ein. Höhere Aluminiumkonzentrationen steigern die Härte wegen des Auftretens der harten γ-Phase noch mehr, allerdings werden die Legierungen dadurch auch spröde, was durch einen Abfall der Zugfestigkeit und der Dehnung zum Ausdruck kommt (Bild 5.156). Im Gußzustand werden die besten mechanischen Eigenschaften schon durch 6% Al erreicht. Legierungen mit 6 bis 11% Al lassen sich durch Lösungsglühen mechanisch erheblich verbessern.

Die besten mechanischen Eigenschaften werden bei den Knetlegierungen von vornherein bei einem Gehalt von ≈9 bis 10% Al erreicht, da durch die Wärme vor und bei der Umformung eine zumindest teilweise Homogenisierung erfolgt (Bild 5.157). Eine Erhöhung des Aluminiumgehalts auf >7% bringt jedoch stets Verarbeitungsschwierigkeiten mit sich. Eine Anlaßbehandlung homogenisierter Legierungen dicht unterhalb der Löslichkeitslinie ergibt noch eine weitere Steigerung der Zugfestigkeit, die allerdings auf Kosten der Dehnung geht (gestrichelte Kurven im Bild 5.157).

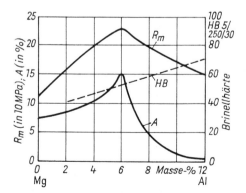

Bild 5.156. Einfluß von Aluminium auf die Festigkeitseigenschaften von Magnesium (Sandguß; nach Spitaler)

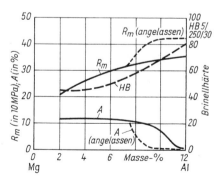

Bild 5.157. Einfluß von Aluminium auf die Festigkeitseigenschaften von Magnesium (stranggepreßt; nach Spitaler)

5.5.2.2. Magnesium – Zink

Magnesium bildet peritektisch bei 354 °C mit Zink die Verbindung MgZn (Bild 5.158). Das Eutektikum zwischen Magnesium und MgZn liegt bei 340 °C und 53,5 % Zn. Magnesium vermag größere Mengen Zink als Mischkristall zu lösen.

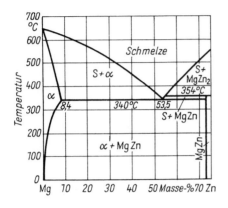

Bild 5.158. Zustandsdiagramm Magnesium – Zink (vereinfacht)

Löslichkeit von Mg für Zn:
340 °C: 8,4 % Zn
300 °C: 6,0 % Zn
200 °C: 2,0 % Zn
100 °C: 1,6 % Zn.

Wegen der beträchtlichen Löslichkeit auch bei niederen Temperaturen erscheint MgZn erst bei höheren Zinkgehalten als besondere Kristallart. Ein Zinkzusatz bis zu 3 % erhöht die Bruchfestigkeit. Durch Anlassen kann sie infolge Aushärtung noch um 30 bis 40 % gesteigert werden.

Reine Magnesium-Zink-Legierungen werden kaum noch verwendet. Dagegen enthalten fast alle aluminiumhaltigen Magnesiumlegierungen bis zu 3 % Zn. Die Löslichkeit des Zinks im ternären System Magnesium – Aluminium – Zink wird verschieden angegeben. Offensichtlich ist sie jedoch so groß, daß in den üblichen technischen Legierungen keine gesonderte Magnesium-Zink-Phase im Schliffbild beobachtet wird. Bild 5.159 zeigt das

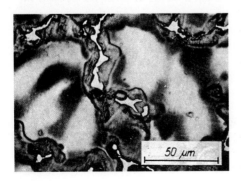

Bild 5.159. MgAl4Zn3, Sandguß. Weiße γ-Kristalle an den Korngrenzen der stark geseigerten δ-Mischkristalle

stark geseigerte Gefüge einer in Sand vergossenen Legierung MgAl4Zn3 mit weiß erscheinenden Al$_8$Mg$_5$-Kristallen an den Korngrenzen. Bild 5.160 zeigt am Beispiel der Kokillengußlegierung GK-MgAl6Zn3 ebenfalls die Ausbildung der Al$_8$Mg$_5$-Kristalle an den Korngrenzen der Magnesiummischkristalle. Diese Legierung erreicht mindestens eine 0,2-Dehngrenze von 80 MPa und eine Zugfestigkeit von 160 MPa und eine Bruchdehnung von 3 %.

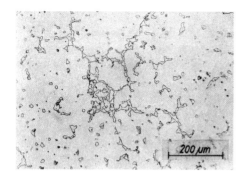

Bild 5.160. G-AlMg6Zn3, Kokillenguß. Weiße γ-Kristalle an den Korngrenzen der δ-Mischkristalle

5.6. Titan und seine Legierungen

Titan kommt in der Natur vorwiegend als Rutil (TiO$_2$) und als Ilmenit (FeTiO$_3$) vor. Seine industrielle Gewinnung erfolgt hauptsächlich über eine Chlorierung und anschließende Reduktion des dabei gebildeten TiCl$_4$ durch Magnesium (KROLL-Verfahren). Titan höherer Reinheit wird durch thermische Zersetzung des vorher erzeugten Titanjodids hergestellt (VAN-ARKEL-Prozeß). Da die Reaktionen unterhalb des Schmelzpunkts (1 668 °C) des Titans ablaufen, fällt dieses nicht in völlig kompakter, sondern in poröser Form als sog. *Titanschwamm* an.

Seine Weiterverarbeitung erfolgt nach Durchlaufen eines Reinigungsprozesses durch Verpressen zu Elektroden, die im Lichtbogen- oder Elektronenstrahlofen unter Vakuum, möglicherweise unter Zugabe von Legierungselementen, zu Blöcken abgeschmolzen werden. Um bei Legierungen eine ausreichende Homogenität zu erzielen, sind u. U. mehrere Umschmelzungen erforderlich. Anschließend lassen sich dann die Blöcke durch Walzen, Strangpressen oder Schmieden zu Halbzeug verarbeiten.

Die technologischen Eigenschaften des Titans und seiner Legierungen werden durch die Gehalte an Beimengungen erheblich beeinflußt. Sauerstoff, Stickstoff, Kohlenstoff und Wasserstoff sind im Titan löslich und bilden mit ihm Einlagerungsmischkristalle, die die chemischen und mechanischen Eigenschaften des Titans merklich verändern. Von diesen Elementen haben Sauerstoff und Stickstoff die größte Löslichkeit und wirken am stärksten bzgl. der Erhöhung der Zugfestigkeit und Verminderung des Formänderungsvermögens. Deshalb ist bei der Verarbeitung von Titan und Titanlegierungen, vor allem bei Glühbehandlungen und Schmelzschweißungen, einer Verhinderung oder Begrenzung der

Aufnahme von gasförmigen Fremdelementen technologisch besondere Beachtung zu schenken.

Unter gezielter Ausnutzung der Beimengungen werden im Bereich der technischen Reinheit von 99,5 bis 99,8 % verschiedene Titansorten hergestellt, die einen Zugfestigkeitsbereich von ≈300 bis 700 MPa bei 0,2-Dehngrenzenwerten >180 bis >400 MPa überdekken. Die unterschiedlichen Festigkeiten werden unter sehr enger Festlegung der einzelnen Beimengungsgehalte, vornehmlich über die Veränderung des Sauerstoffgehalts, eingestellt. Die für Titansorten technischer Reinheit festgelegten Gehalte liegen etwa zwischen 0,10 und 0,30 % O bei einem maximalen Stickstoffgehalt von 0,05 bis 0,07 %. In diesem Bereich steigt die Zugfestigkeit mit zunehmendem Gehalt der Beimengungen näherungsweise linear an. Zusätze von 0,15 bis 0,20 % Pd, die einigen Titansorten zur Verbesserung der Korrosionsbeständigkeit zugesetzt werden, haben keinen nennenswerten Einfluß auf die Festigkeitseigenschaften.

Titan technischer Reinheit wird bevorzugt dort angewendet, wo die Korrosionsbeständigkeit in oxidierenden, chloridhaltigen Medien und gegenüber organischen Substanzen als dominierende Werkstoffkenngröße zu berücksichtigen ist. Die ausgezeichnete Korrosionsbeständigkeit des Titans ist vornehmlich auf die Bildung passivierender oxidischer Deckschichten zurückzuführen. Hervorzuhebende Einsatzmöglichkeiten liegen z.B. beim Bau von Anlagen und Geräten für die Gewinnung und Verarbeitung von schwefel- und salzhaltigen Erdölen, Chlorkalzium und Flüssigchlor, für die Galvanotechnik und die Medizintechnik.

Titan gehört zu den polymorphen Metallen. Bis 882 °C ist die α-Modifikation mit hexagonalem Gitter dichtester Kugelpackung beständig und wandelt sich bei dieser Temperatur in die β-Modifikation mit kfz. Gitter um. Die β/α-Umwandlung läßt sich auch durch hohe Abschreckgeschwindigkeiten nicht unterdrücken und erfolgt diffusionslos über einen Umklappvorgang.

Da beim Titan im Gegensatz zu Stahl mit dem Überschreiten des Umwandlungspunkts keine Kornneubildung auftritt, lassen sich durch eine Umwandlungsglühung grobe Gefüge nicht kornfeinen und Texturen nicht beseitigen. Eine der dafür verantwortlichen Ursachen wird darin gesehen, daß die bei der β/α-Umwandlung auftretenden inneren Spannungen im Vergleich zur γ/α-Umwandlung des Eisens nur sehr gering sind. Titan und seine Legierungen lassen sich gut warmumformen; die Kaltumformbarkeit ist durch die hexagonale Gitterstruktur eingeschränkt.

Im Gegensatz zur kfz. β-Phase ist die α-Phase aufgrund ihrer hexagonalen Struktur optisch anisotrop und kann daher schon im ungeätzten Zustand mit polarisiertem Licht erkannt werden (Bild 5.161). Das gleiche Gefüge eines rekristallisierten Blechs aus Ti99,8 zeigt Bild 5.162 im geätzten Zustand und bei Hellfeldbeleuchtung. Im rekristallisierten Gefüge der α-Phase machen sich unterschiedliche Beimengungsgehalte nicht bemerkbar; anders dagegen im Zustand nach dem Abschrecken aus dem β-Gebiet. Bild 5.163 zeigt das Umwandlungsgefüge des gleichen technisch reinen Titans wie im Bild 5.162 nach einer derartigen Abschreckbehandlung. Typisch ist die sägezahnartige Ausbildung der Korngrenzen. Bei höheren Gehalten an Sauerstoff, die auch bei zu langen Glühungen bei hohen Temperaturen und ohne Schutzmaßnahmen in den Randzonen des Glühguts auftreten können, nimmt das Abschreckgefüge einen grobnadligen Charakter an (Bild 5.164).

Im Bild 5.165 ist das Gefüge des Materials eines Tauchbrennermantels für Soleeindicker

5.6. Titan und seine Legierungen

Bild 5.161. Technisch reines Titan (Ti99,8), rekristallisiert. Polarisiertes Licht

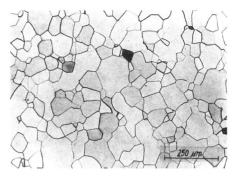

Bild 5.162. Technisch reines Titan, rekristallisiert. Geätzt und Hellfeldbeleuchtung

Bild 5.163. Technisch reines Titan (Ti99,8), 30 min 1 000 °C/Wasser

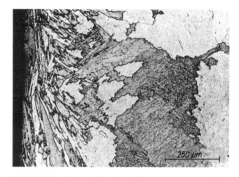

Bild 5.164. Technisch reines Titan, wie Bild 5.163. Randgefüge

Bild 5.165. Titanblech (Ti99,7). Polyedrisches Gefüge mit Zwillingsbildung. Passivierungsschicht am Rand

wiedergegeben, der aus Titanblech der Reinheit 99,7 mit Palladiumzusatz hergestellt wurde. Hiermit soll auf die unter Betriebsbedingungen gebildete dichte Passivschicht und die in dem folgenden randnahen Bereich auftretende Zwillingsbildung, die auf fertigungsbedingte Verformungen zurückgehen, aufmerksam gemacht werden.

Die Luftfahrt-, Raumfahrt- und Rüstungsindustrie, die zusammen ≈80% der produzierten Titanwerkstoffe verbrauchen, haben in dem Bestreben, das günstige Dichte/Festigkeits-Verhältnis des Titans zu nutzen, maßgeblichen Anteil an der Entwicklung der Titanlegierungen. Die Eigenschaften der Titanlegierungen werden durch die Auswahl von Legierungselementen, die entweder in der α- oder in der β-Phase löslich sind und auf die β/α-Umwandlung einwirken, im wesentlichen in zwei Richtungen beeinflußt. Durch die Anwendung von Zusätzen, die, wie Aluminium, die β/α-Umwandlung zu höheren Temperaturen verschieben und die α-Phase stabilisieren, ergeben sich neben der Mischkristallverfestigung keine wesentlichen Ansatzpunkte für eine Beeinflussung der technologischen Eigenschaften durch den Umwandlungsprozeß. Durch die Anwendung von Zusätzen, die, wie Vanadin, Chrom oder Molybdän, die β-Phase stabilisieren, wird die β/α-Umwandlung zu tieferen Temperaturen verschoben (Bild 5.166). Damit verzögert sich die Umwandlungsgeschwindigkeit, und es können bei entsprechenden Glüh- und Abkühlungsbedingungen im Gefüge Zwischen- und Ausscheidungszustände auftreten bzw. gezielt eingestellt werden, die gravierenden Einfluß auf die mechanischen Eigenschaften haben.

Von den beim Übergang aus der β-Phase in den $(\alpha + \beta)$-Gleichgewichtszustand auftretenden Zwischenzuständen ist lichtmikroskopisch meist nur die Ausbildung von Martensit (α') gut zu erkennen. Der Martensit stellt einen übersättigten α-Mischkristall dar, der sich durch einen Umklappvorgang aus dem β-Mischkristall bildet. Die Martensitbildung ist im Gegensatz zu Stahl mit keiner bedeutenden Härtesteigerung verbunden. Die Martensittemperatur, bei der der Umklappvorgang einsetzt, wird durch β-stabilisierende Zusätze gesenkt. Ab einer bestimmten Legierungskonzentration wird eine Grenze erreicht, oberhalb der beim Abschrecken keine Bildung des übersättigten α-Mischkristalls aus der β-Phase mehr stattfindet. Die annähernde Lage dieser Grenze ist im Bild 5.166 gestrichelt eingezeichnet.

Durch gleichzeitiges Zulegieren von α- und β-stabilisierenden Elementen gelangt man zu den sog. $(\alpha + \beta)$-Legierungen, die sowohl durch Mischkristallhärtung der α-Phase als auch der β-Phase eine Festigkeitssteigerung erfahren. Darüber hinaus wird bei einigen dieser Legierungen zur weiteren Festigkeitssteigerung vom Warmaushärten technisch Gebrauch gemacht. Es erfolgt meist über ein Lösungsglühen im $(\alpha + \beta)$-Gebiet, Abschrek-

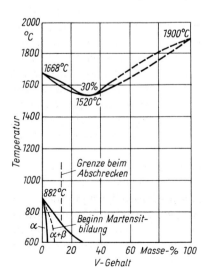

Bild 5.166. Zustandsdiagramm Titan – Vanadin

ken und anschließende Auslagerung, die je nach Legierung im Temperaturbereich von ≈450 bis 600 °C bei unterschiedlichen Haltezeiten vorgenommen wird. Auf ein Abschrecken aus dem β-Gebiet wird weitgehend verzichtet, um der Versprödungsgefahr auszuweichen. Der Aushärtung liegen im wesentlichen Ausscheidungsvorgänge aus dem durch schnelles Abkühlen in einem instabilen, übersättigten Zustand erhalten gebliebenen β-Mischkristall oder dem Martensit (α') zugrunde.

Die Einteilung der Titanlegierungen in α-, ($\alpha + \beta$)- und β-Legierungen erfolgt im allgemeinen nach dem Gefüge, das nach den üblichen Umform- und Wärmebehandlungen im überwiegenden Anteil vorliegt.

Die α-Legierungen zeichnen sich durch verhältnismäßig gute Warmfestigkeit und Kriechbeständigkeit sowie durch hohe Zähigkeit bei tiefen Temperaturen aus, sind schweißbar und in bestimmten Legierungsbereichen auch bei Langzeittemperaturbeanspruchung thermisch stabil. Sie lassen sich mit wenigen Ausnahmen nicht aushärten und sind schwerer kaltumformbar als reines Titan und β-Legierungen. Mit den α-Legierungen wird bei Raumtemperatur ein Zugfestigkeitsbereich von 850 bis 1 050 MPa (0,2-Dehngrenze = 800 bis 950 MPa) abgedeckt.

Einige bekannte Vertreter dieser Legierungsgruppe sind TiAl5Sn2,5, TiAl7Zr12 und TiAl8Mo1V1.

Die β-Legierungen sind aufgrund ihres kubischen Gitters leichter kaltumformbar als die α- und ($\alpha + \beta$)-Legierungen. Ihre Schweißbarkeit ist abhängig von der Stabilität des β-Mischkristalls und vom Schweißverfahren. In der technischen Anwendung überwiegen metastabile β-Legierungen, die sich auch aushärten lassen und so eine Zugfestigkeit bis ≈1 500 MPa erreichen. Warmfestigkeit und thermische Stabilität liegen aber unter denen der α-Legierungen. Typische β-Legierungen sind z. B. TiAl3Cr11V13, TiAl3,5Cr11Mo7,5 und TiAl1Fe5V8.

Die ($\alpha + \beta$)-Legierungen, zu denen TiAl6V4, TiAl6V6Sn2, TiAl4Mo3V1 und TiAl7Mo4 gehören, haben von den drei Legierungsgruppen die breiteste industrielle Anwendung gefunden. Dabei nimmt die Legierung TiAl6V4 aufgrund ihrer vielseitigen Verwendbarkeit eine Sonderstellung ein. Sie besitzt gute Verarbeitungseigenschaften, erreicht im wärmebehandelten Zustand eine 0,2-Dehngrenze von ≈1 100 MPa und eine Zugfestigkeit bis ≈1 200 MPa, weist eine sehr hohe thermische Stabilität auf (450 °C), ist im Gegensatz zu anderen ($\alpha + \beta$)-Legierungen guß schweißbar und damit für hochfeste geschweißte Bauteile einsetzbar. Bild 5.167 zeigt einen Schnitt durch das ternäre System Ti–Al–V bei 6 % Al. In diesem ist schematisch der Raum für das Auftreten einer Ordnungsphase α_2 mit eingezeichnet, die in der technischen Legierung metallographisch kaum nachweisbar ist und keinen gravierenden Einfluß auf die mechanischen Eigenschaften hat. Wärmebehandlungsvorschläge für die Legierung TiAl6V4 sehen 5 bis 60 min Lösungsglühen bei 820 bis 950 °C, Abschrecken in Wasser und 4 bis 8 h Auslagerung bei 480 bis 550 °C mit anschließender Abkühlung an Luft vor.

Bild 5.168 zeigt das martensitische Umwandlungsgefüge einer im β-Gebiet geglühten und anschließend in Wasser abgeschreckten Probe aus einem TiAl6V4-Grobblech. Nach einer entsprechenden Behandlung dicht unterhalb der $\beta/(\alpha + \beta)$-Umwandlungsgrenzlinie stellt sich ein Gefüge ein, das aus teilweise martensitisch umgewandelten β-Mischkristallen und einem geringen Anteil nicht umgewandelter körniger α-Mischkristalle besteht (Bild 5.169). Eine anschließende Anlaßbehandlung führt zu einem weitgehenden Zerfall der β-Mischkristalle (Bild 5.170).

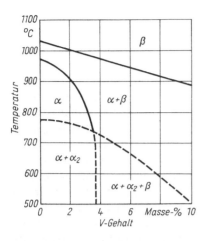

Bild 5.167. Schnitt durch das System Ti–Al–V bei 6% Al

Bei der Durchführung von Warmumformungen und Wärmebehandlungen der ($\alpha + \beta$)-Legierungen ist zu beachten, daß unterschiedliche Glühtemperaturen im ($\alpha + \beta$)-Gebiet die Legierungskonzentration der Phasenanteile, insbesondere der β-Phase, verändern, dadurch die Umwandlungsvorgänge der β-Phase bei der Abkühlung stark beeinflussen und damit auch einen Variationsbereich für die Gestaltung der mechanischen Eigenschaften darstellen (s. Bild 5.167).

Bild 5.168. TiAl6V4, 30 min 1050°C/Wasser. Martensitartig umgewandelte β-Mischkristalle

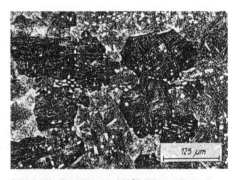

Bild 5.169. TiAl6V4, 1 h 950°C/Wasser. Teilweise martensitartig umgewandelte β-Mischkristalle und nicht umgewandelte kleine α-Mischkristalle

Bild 5.170. TiAl6V4, 1 h 950°C/Wasser + 8 h 540°C/Luft. α-Mischkristalle in einem Grundgefüge aus zerfallenen β-Mischkristallen

5.7. Edelmetalle

5.7.1. Übersicht

Gold, Silber und Platin sind bis in das 17. Jahrhundert hinein nur als Werkstoffe für Schmuck, Prunkgegenstände und Münzen verwendet worden. Die fünf Platinbegleitmetalle Palladium, Rhodium, Iridium, Osmium und Ruthenium wurden im Zusammenhang mit der Entwicklung der chemischen Analyseverfahren im 19. Jahrhundert entdeckt und beschrieben. Fast alle nachfolgend zu betrachtenden modernen technischen Anwendungen von Gold, Platin, Palladium, Silber und ihren Legierungen für Geräte und Bauteile verbinden sich mit dem Ziel, neben den sehr guten elektrischen Eigenschaften dieser Metalle vor allem ihre weitgehende chemische Beständigkeit und ihre in den meisten Fällen geringe Oxidationsneigung zu nutzen. Silber, Gold, Platin und ihre Legierungen haben dabei vorrangige Bedeutung. Palladium ist nicht zuletzt wegen seines geringen spezifischen Gewichts das preisgünstigste aller Platinmetalle und spielt deshalb eine besondere Rolle als Substitutionsmetall für Platin und Gold. Die übrigen Platinbegleitmetalle werden, abgesehen von einigen Sonderanwendungsfällen, hauptsächlich als Legierungsmetalle eingesetzt.

5.7.2. Silber und seine Legierungen

5.7.2.1. Reines Silber

Die Hauptmenge des Silbers fällt als Nebenprodukt bei der Verhüttung von Blei- und Kupfererzen an, in gediegener Form kommt es nur noch in geringerem Umfang vor. Im ersten Fall beginnt die Silbergewinnung in der Verarbeitungsstufe der Bleiraffination. Nach Zugabe von Zink zur Bleischmelze scheidet sich das Silber an der Bleibadoberfläche als Silber-Zink-Blei-Legierung aus. Diesem sog. Reichschaum wird durch Destillation das Zink entzogen. Die verbleibende Blei-Silber-Legierung wird im Treibeprozeß weiterverarbeitet, wo durch oxidierendes Schmelzen das flüssige Bleioxid vom *Rohsilber* abgetrennt wird.
Das im Kupfererz enthaltene Silber tritt in der Verarbeitungsstufe der Kupferelektrolyse in den Anodenschlamm, der analog dem Reichschaum im Treibeofen oder nach anderen Verfahren aufgearbeitet wird und Rohsilber liefert. Die Silberraffination erfolgt vorwiegend auf elektrolytischem Weg. Die Wiedergewinnung des Silbers als Reinmetall aus Rücklaufmaterialien und Schrotten hat ebenso wie die Rückgewinnung der übrigen Edelmetalle eine große, weiter zunehmende volkswirtschaftliche Bedeutung. Sie erfolgt, je nach Art des anfallenden Sekundärmaterials, nach unterschiedlichen schmelz- oder naßmetallurgischen Verfahren. Unter den Hauptbedarfsträgern für Silber und Silberwerkstoffe, der Elektrotechnik und Elektronik, der Schmuck- und Metallwarenindustrie, dem Maschinen- und Apparatebau, ist die Fotoindustrie mit einem Anteil von $\approx 30\%$ der größte.
Feinsilber soll 99,96 % Ag und darf ≤ 200 ppm Cu, ≤ 100 ppm Pd und ≤ 100 ppm sonstige Metalle, davon Pb ≤ 30 ppm, Bi ≤ 20 ppm und Zn ≤ 20 ppm, enthalten. Das in der Elek-

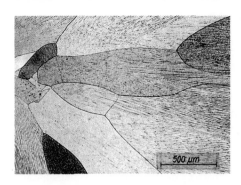

Bild 5.171. Feinsilber, Gußzustand

trotechnik als Leit- und Kontaktwerkstoff verwendete Silber mit >99,9 % Ag ist dem Feinsilber noch zurechenbar und wird als »*E-Silber*« bezeichnet.

Das durch die hohe Metallreinheit bedingte Fehlen artfremder Keime sowie Unterkühlung der Schmelze in der Kokille führen zu verhältnismäßig gleichmäßiger globulitischer Ausbildung des Gußgefüges (s. Bild 5.171). Analog wie bei reinem Gold und Platin werden Transkristallisation und dendritische Erstarrung weitestgehend unterdrückt.

Feinsilber läßt sich sehr leicht umformen, Kaltumformgrade >90 % sind ohne Zwischenglühung möglich. Seine Rekristallisationstemperatur ist niedrig und liegt je nach Reinheitsgrad und vorausgegangener Verformung zwischen 110 und 130 °C. Im weichgeglühten Zustand liegt seine 0,2-Dehngrenze zwischen 20 und 30 MPa, die Zugfestigkeit erreicht Werte um 140 MPa, die Bruchdehnung liegt >40 % und die Brinell-Härte zwischen 25 und 28 *HB*. Zur Herstellung von Behältern, Gefäßen und Leitungen für aggressive chemische Prozesse wird in breiterem Umfang reines Silber eingesetzt. Feinsilber ist mit allen üblichen Trägerwerkstoffen, wie Kupfer, Bronze und Messing, gut plattierfähig. Häufig genügt es, die Innen- oder Außenfläche eines Bauteils durch die Verarbeitung von plattiertem Halbzeug gegen Korrosionsangriffe zu schützen. Der Plattierschichtdicke sind dabei weite Grenzen gesetzt. Teilweise ist auch ein loses Auskleiden von Behältern mit Silberblech möglich. Verbindungsarbeiten lassen sich mit Schmelzschweißverfahren durchführen.

Während Silber gegenüber Ammoniaklösungen, einfachen Salzlösungen, Alkalihydroxidlösungen und verdünnten Lösungen nichtoxidierender Säuren gut beständig ist, wird es von Schwefel, Halogenen, sauren Schmelzen, konzentrierten Lösungen oxidierender Säuren, Alkalicyanidlösungen und komplexbildenden Lösungen in stärkerem Maß angegriffen. Gegenüber allen anderen metallischen Werkstoffen besitzt das Feinsilber die höchste elektrische und thermische Leitfähigkeit. Es findet als preisgünstigster Edelmetall-Kontaktwerkstoff mit niedrigem Kontaktwiderstand sowohl in der Schwach- als auch in der Starkstromtechnik ein breites Anwendungsgebiet. Seine Anwendungsgrenzen ergeben sich in der Schwachstromtechnik durch seine geringe Beständigkeit gegen Feinwanderung und durch Verschlechterung des Kontaktwiderstands infolge Deckschichtbildung, insbesondere durch den Einfluß schwefelhaltiger Verbindungen der Atmosphäre. In der Starkstromtechnik eignet sich Feinsilber nicht mehr als Kontaktwerkstoff, wenn hohe Schaltleistungen zu realisieren sind. Aufgrund seiner geringen Festigkeit und Härte, seiner niedrigen Rekristallisations- und Schmelztemperatur sind seine mechanische Abriebfestigkeit und seine Abbrandbeständigkeit begrenzt. Hinzu kommen die Schweißneigung

des reinen Silbers und seine Neigung zur Materialwanderung beim Schalten von Gleichstrom.
Gegenüber Feinsilber lassen sich die Festigkeitseigenschaften, die Beständigkeit gegen Abbrand und Verschweißen durch Legierungsbildung, Dispersionsverfestigung und durch metallische oder nichtmetallische Einlagerungen, die zu Verbundwerkstoffen führen, verbessern. Zweifellos haben dabei die im Abschnitt 5.7.2.4. zu besprechenden Silber-Kadmiumoxid-Verbundwerkstoffe aufgrund ihres hervorragenden Schweiß- und Abbrandverhaltens eine besonders hohe Anwendungsbreite erlangt.

5.7.2.2. Silber-Nickel

Silber und Nickel sind im festen Zustand ineinander nahezu unlöslich und weisen auch im flüssigen Zustand eine ausgedehnte Mischungslücke auf (Bild 5.172). *Feinkornsilber* ist eine Silber-Nickel-Legierung, die mit einem Gehalt von 0,15 % Ni den Bereich der maximalen Löslichkeitsbereiche im festen Zustand ausschöpft und auf dem Schmelzweg noch herstellbar ist. Bei der Erstarrung der Legierung scheidet sich etwas Nickel in sehr feiner Form aus, das jedoch in der normalen Gefügedarstellung nicht nachweisbar ist. In den Bildern 5.173 und 5.174 ist das Gefüge von rekristallisiertem Feinsilber und Feinkornsil-

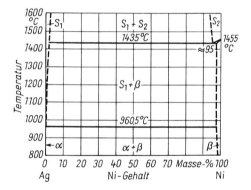

Bild 5.172. Zustandsdiagramm Silber-Nickel

ber im wärmebehandelten Zustand gegenübergestellt. Hinzuweisen ist auf die unterschiedliche Korngröße und die typische Zwillingsbildung.
Feinkornsilber ist sehr gut umformbar und zeichnet sich gegenüber dem Feinsilber durch höhere Festigkeit und Rekristallisationstemperatur sowie geringeres Kornwachstum bei nahezu gleicher chemischer Beständigkeit und nur geringfügig verminderter elektrischer Leitfähigkeit aus. Als Kontaktwerkstoff genügt es gegenüber dem Feinsilber höheren Ansprüchen bezüglich der Abbrandbeständigkeit sowie der Abriebfestigkeit, der Kleb- und Schweißneigung bei höheren Betriebstemperaturen.
Silber-Nickel-Kontaktwerkstoffe mit 10 bis 30 % Ni besitzen wesentlich höhere Härte und Festigkeit, geringere Schweißneigung und Materialwanderung sowie bessere Abbrandbeständigkeit als das Silber. Sie eignen sich zum Schalten von Nennströmen bis 25 A und werden für Hilfsstromschalter (Relais, Kleinschütze etc.) und Haushaltgeräteschalter verwendet. Da sie sich schmelzmetallurgisch entsprechend dem Zustandsdiagramm nicht

herstellen lassen, werden sie pulvermetallurgisch als Pseudolegierungen produziert. Bei Anwendung der Einzelpreßtechnik zur direkten Herstellung des Schaltstücks läuft die Fertigung über die Verfahrensstufen Pulverherstellung, Mischen (gegebenenfalls zusammengefaßt als Mischfällung), Pressen, Sintern und Kalibrieren. Im Fall der Strangpreßtechnik folgen dem Blocksintern das Strangpressen und die Verarbeitung des Halbzeugs.

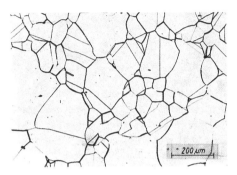

Bild 5.173. Feinsilber, gewalzt und bei 600 °C 30 min geglüht. Rekristallisationsgefüge

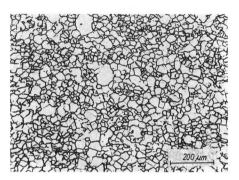

Bild 5.174. Feinkornsilber, gewalzt und bei 600 °C 30 min geglüht. Feinkörniges Rekristallisationsgefüge

Bild 5.175 zeigt das Gefüge von stranggepreßtem AgNi10, für das die faserförmig gestreckten Nickeleinlagerungen typisch sind.

Silber-Nickel-Kontaktwerkstoffe lassen sich auch als kontinuierliche Faserverbundwerkstoffe herstellen. Das erfolgt durch Bündeln und gemeinsames Umformen von Manteldrähten mit Nickelkern und Silbermantel. Der Vorteil der Anwendung dieses Verfahrens liegt in der Herstellbarkeit höher nickelhaltiger Werkstoffe (z.B. AgNi40), in der Erreichbarkeit sehr gleichmäßiger Nickelverteilungen und der beliebigen Einstellbarkeit der Faserdurchmesser. Bild 5.176 zeigt einen Silber-Nickel-Faserverbundwerkstoff mit 20 % Ni. Derartige Faserverbunddrähte lassen sich gut zu kompakten oder plattierten Kontaktnieten verarbeiten.

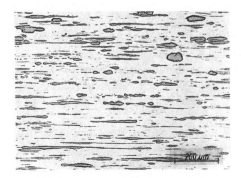

Bild 5.175. AgNi10, pulvermetallurgisch hergestellt, stranggepreßt. Faserstruktur

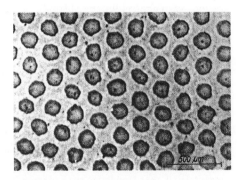

Bild 5.176. Silber-Nickel-Faserverbundwerkstoff entsprechend der Legierung AgNi20

5.7.2.3. Silber – Kupfer

Die *Silber-Kupfer-Legierungen* bilden ein einfaches eutektisches System (Bild 5.177). Der silberreiche α-Mischkristall nimmt bei der eutektischen Temperatur 8,8 % Cu in fester Lösung auf, bei 400 °C aber nur noch $\approx 1,3$ % Cu, so daß sich die Silber-Kupfer-Legierungen

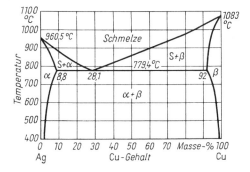

Bild 5.177. Zustandsdiagramm Silber – Kupfer

aushärten lassen. Als Kontaktwerkstoffe haben sie gegenüber dem Feinsilber den Vorzug höherer Härte und Festigkeit, geringerer Schweißneigung und besseren Abbrandverhaltens. Als Nachteil ist darauf zu verweisen, daß mit steigendem Kupfergehalt die elektrische Leitfähigkeit und die chemische Beständigkeit zurückgehen. Die Legierungen mit niedrigeren Kupfergehalten, sog. *Hartsilber* (AgCu3, AgCu4), erreichen die chemische Resistenz des Feinsilbers noch annähernd und finden Anwendungsgebiete in der Schwachstromtechnik. Höher legierte Silber-Kupfer-Werkstoffe, wie AgCu8 und AgCu10, sind anfälliger gegen Oxidbildungen auf der Kontaktoberfläche und unterliegen somit einer Erhöhung des Übergangswiderstands. Sie finden ihr bevorzugtes Anwendungsgebiet bei der Schaltung mittlerer Leistungen in der Starkstromtechnik.
Für die Herstellung von Metallwaren, Schmuck und Münzen werden die Legierungen AgCu20 und AgCu17, die als 800er und 835er Silber bekannt sind, bevorzugt angewendet. Die Legierung AgCu28 (LAg72) wird als Lotwerkstoff häufig eingesetzt.
Im technischen Verarbeitungszustand weisen die Kupfer-Silber-Legierungen meist heterogene Gefügeausbildungen auf. Bild 5.178 zeigt das Gußgefüge von AgCu4 mit α-Mischkristallen und heterogenen Ausscheidungen, die durch eine Homogenisierungsglühung bei 750 °C mit nachfolgender schneller Abkühlung in Lösung gebracht wurden (Bild 5.179). Umgeformtes und rekristallisationsgeglühtes Halbzeug weist oft heterogene Ausscheidungen auf, wie z. B. das Zeilengefüge eines AgCu4-Blechs zeigt (Bild 5.180). Die Gefügeausbildung einer eutektischen Legierung AgCu28 im gegossenen Zustand ist im Bild 5.181 dargestellt.
Silber-Kupfer-Legierungen neigen bei Temperaturen >300 °C zur inneren Oxidation, was bei Glühbehandlungen im Verarbeitungsprozeß zu beachten ist. In geringerem Umfang wird dieses Werkstoffverhalten auch gezielt ausgenutzt, indem Legierungen im Bereich von ≈ 3 bis 10 % Cu im inneroxidierten Zustand als Kontaktwerkstoffe eingesetzt werden.
Ein Beispiel für ein durch innere Oxidation geschädigtes Teil aus AgCu20 zeigt

718 5. *Gefüge der technischen Nichteisenmetalle und ihrer Legierungen*

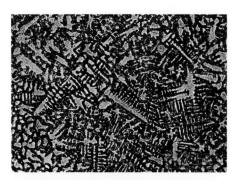 

Bild 5.178. AgCu4. Gußgefüge mit primären α-Mischkristallen und heterogenem α/β-Gefüge im Bereich der Restschmelzeadern

Bild 5.179. AgCu4, gegossen und geglüht, 750 °C 2 h/Wasser. Homogene α-Mischkristalle

 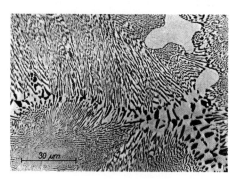

Bild 5.180. AgCu4-Blech, gewalzt und rekristallisiert. Zeilige Anordnung des heterogenen α/β-Gefügeanteils

Bild 5.181. AgCu28 (LAg72). Eutektisches Gußgefüge mit vereinzelten α-Mischkristallen

Bild 5.182. Infolge einer Wärmebehandlung bei hoher Temperatur und ohne Schutzgas hat sich ein mit Kupfer angereichertes und oxidiertes Randgefüge eingestellt. Ihm folgt eine an Kupfer verarmte Zone, und im Kerngefüge zeigt sich eine Einformung der β-Kristalle des ursprünglichen Eutektikums.

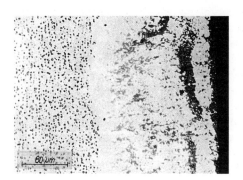

Bild 5.182. AgCu20. Durch falsche Wärmebehandlung geschädigtes Gefüge. Mit Kupfer angereichertes und oxidiertes Randgefüge, kupferverarmte Übergangszone und eingeformte β-Kristalle des ursprünglichen Eutektikums im Kern

5.7.2.4. Silber – Kadmium

Die hier interessierende Silberseite des Silber-Kadmium-Zustandschaubilds zeigt Bild 5.183. Die technisch am meisten genutzten Legierungen enthalten 5 bis 15 % Cd und liegen ausschließlich im Bereich des α-Mischkristalls. Silber-Kadmium-Legierungen wer-

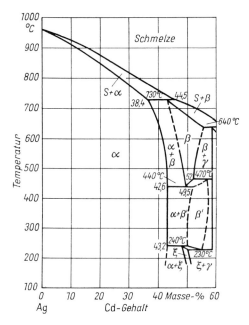

Bild 5.183. Silberseite des Zustandsdiagramms Silber – Kadmium

den als Gerätewerkstoff (AgCd5), im geringeren Umfang auch als Kontaktwerkstoffe (AgCd5, AgCd8, AgCd15) eingesetzt. Beim Schalten mittlerer und hoher Energien reichen die Eigenschaften des reinen Silbers bzw. der Silberlegierungen nicht aus, und es treten Verbundwerkstoffe des Silbers mit metallischen oder nichtmetallischen Einlagerungen an ihre Stelle. Silber-Kadmiumoxid-Verbundwerkstoffe mit 6 bis 15 % Kadmiumoxid sind neben E-Silber die am häufigsten verwendeten Kontaktwerkstoffe der Niederspannungs-Starkstromtechnik. Ihre große Anwendungsbreite ergibt sich sowohl aus technischer als auch aus ökonomischer Sicht.

Besonderheiten des Silber-Kadmiumoxid-Verbundwerkstoffs, die zu seinen guten Kontakteigenschaften wesentlich beitragen, sind darin zu sehen, daß das Kadmiumoxid >1 200 °C sublimiert und damit unter dem Lichtbogeneinfluß ein Selbstreinigungseffekt an der Kontaktoberfläche entsteht. Durch das AgCdO wird die Abbrandbeständigkeit ganz wesentlich erhöht. Seit einiger Zeit werden tiefgreifendere Grundlagenuntersuchungen zum Schaltverhalten der Silber-Kadmiumoxid-Verbundwerkstoffe, die empirisch gefunden wurden, nachgeholt. Die Bemühungen, das Kadmium aus Umweltschutzgründen zu substituieren, die bis jetzt zu keinem entscheidenden Durchbruch geführt haben, sind der tiefere Grund für diese Grundlagenforschung.

Eine weitere Vorzugseigenschaft der AgCdO-Werkstoffe, ihre geringe Schweißneigung, ist ein Nachteil beim Verbinden des Trägerwerkstoffs mit dem Kontaktwerkstoff und verlangt sowohl bei der direkten Schaltstück- als auch bei der Herstellung von Halbzeug für die Schaltstückfertigung Sondervorkehrungen (z. B. Anpressen oder Aufplattieren einer lötfähigen Silberschicht oder einseitige Abdeckung bei der Oxidationsbehandlung).

Für die Herstellung inneroxidierter Silber-Kadmium-Verbundwerkstoffe eignen sich sowohl pulvermetallurgische Verfahren als auch die innere Oxidation von Halbzeug aus Silber-Kadmium-Legierungen. Bei der Oxidationsbehandlung, die an Luft oder Sauerstoff mit erhöhten Drücken erfolgt, werden Sauerstoffatome im Silber gelöst, diffundieren in das Innere der Legierung und reagieren dort mit dem unedlen Kadmium unter Bildung von fein verteiltem Kadmiumoxid.

Bild 5.184 zeigt das rekristallisierte, angeätzte Gefüge einer nicht durchoxidierten AgCd8,5-Probe beiderseits der Oxidationsfront, das unbeeinflußte homogene und das durch die Ausbildung feiner Kadmiumoxidpartikeln heterogene Oxidationsgefüge. Die Gefügeausbildung an der Oxidationsfront im ungeätzten Zustand ist im Bild 5.185 wiedergegeben. Da das Wachstum der sich ausbildenden Oxidpartikeln von der Diffusion des Sauerstoffs und des Kadmiums bestimmt wird, stellt sich vom Rand zum Inneren des oxidierten Werkstoffs ein Gradient der Teilchenzahl und -größe ein (Bild 5.186). Bei einem pulvermetallurgisch hergestellten Silber-Kadmiumoxid-Verbundwerkstoff ist die Größe der Oxidpartikeln vom Rand zum Kern gleichmäßiger als bei dem inneroxidierten. Das Randgefüge einer AgCdO10-Schaltstückauflage, die pulvermetallurgisch hergestellt wurde, zeigt Bild 5.187. Form, Größe und Verteilung der AgCdO-Partikeln lassen sich über die Glühbedingungen bei der inneren Oxidation sowie durch Zusatz dritter Legie-

Bild 5.184. Oxidationsfront einer inneroxidierten Legierung AgCd8,5 (AgCdO10). Geätzt

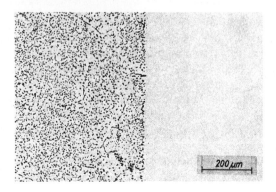

Bild 5.185. Oxidationsfront einer inneroxidierten Legierung AgCd8,5. Ungeätzt

5.7. Edelmetalle

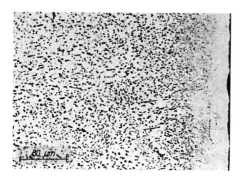

Bild 5.186. Randgefüge einer inneroxidierten Legierung AgCd8,5

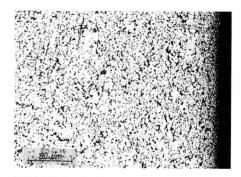

Bild 5.187. Randgefüge eines pulvermetallurgisch hergestellten AgCdO10-Schaltstücks

rungselemente beeinflussen. Als Beispiel hierfür zeigt Bild 5.188 das Oxidationsgefüge der Legierung AgCd8Sn1, das unter gleichen Oxidationsbedingungen wie das Gefüge im Bild 5.186 eingestellt worden ist. Im Bild 5.189 sind die oberflächennahen Gefügebereiche eines Schaltstücks nach $1,3 \cdot 10^6$ Schaltungen im Prüffeld wiedergegeben. Sie sind charakterisiert durch helle, AgCdO-arme Gefügeinseln sowie durch dunkle Gefügebereiche, die aus Nickeloxid bestehen und über Materialwanderungen entstanden sind.

Die im Bild 5.190 gezeigten Rißbildungen wurden an einem AgCdO10-Schaltstück nach

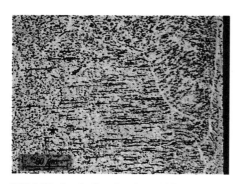

Bild 5.188. Randgefüge einer inneroxidierten Legierung AgCd8Sn1 (AgCdO9SnO$_2$1)

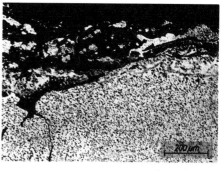

Bild 5.189. Randgefüge eines Schaltstücks aus inneroxidiertem AgCd8,5 nach $1,3 \cdot 10^6$ Schaltungen

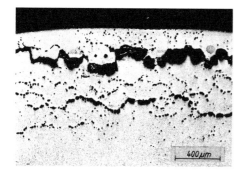

Bild 5.190. Schaltstück aus AgCd8,5, das Wasserstoff aufgenommen hatte und bei der Oxidationsglühung, analog der Wasserstoffkrankheit beim Kupfer, durch Rißbildungen geschädigt wurde

der Oxidationsglühung festgestellt. Im Gefüge der Edelmetalle eingelagerte Unedelmetalloxide können bei höheren Temperaturen reduziert werden. Ähnlich wie bei der Wasserstoffkrankheit des Kupfers hatte im vorliegenden Fall die Silber-Kadmium-Legierung Wasserstoff aufgenommen, der im Verlauf der Oxidationsbehandlung zur Reduzierung des AgCdO führte. Der sich bildende und unter hohem Druck stehende Wasserdampf hatte die Rißbildung zur Folge.

5.7.2.5. Silber – Palladium

Abgesehen von den schmalen Existenzbereichen der im Gleichgewicht auftretenden Phasen Ag_2Pd_3 und AgPd, die von den in Europa üblichen technischen Legierungen nicht berührt werden, bildet Silber mit dem Palladium ein System mit durchgehender Mischkristallbildung (Bild 5.191). Von technischem Interesse sind sowohl die Legierungen auf der

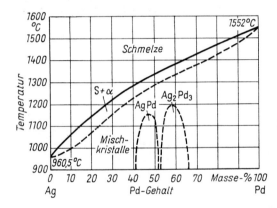

Bild 5.191. Zustandsdiagramm Silber – Palladium

Silberseite wie auch auf der Palladiumseite. Bild 5.192 zeigt am Beispiel eines rekristallisierten Blechs das homogene, polyedrisch geformte Gefüge mit Zwillingsbildungen von AgPd30, das als eine Standardlegierung für solche Kontakte gilt, die einen möglichst gleichbleibenden Kontaktwiderstand aufweisen müssen.

Legierungen mit kleineren Palladiumgehalten sind weniger üblich, da sie unter der Resistenzgrenze gegenüber der Einwirkung von Schwefel liegen. Da sich der elektrische Wi-

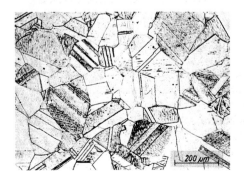

Bild 5.192. Gefüge eines AgPd30-Blechs, 0,5 h bei 1 000 °C geglüht

derstand durch Palladiumzusatz stark erhöht und die Umform- sowie Plattierbarkeit abnehmen, beschränkt sich der Einsatz von höher palladiumhaltigen Legierungen (AgPd40) auf einzelne Anwendungsfälle.

Die hohe Löslichkeit und Diffusionsgeschwindigkeit für Wasserstoff in Palladium liegt der Anwendung von Palladium und Palladium-Silber-Legierungen (PdAg23) für Diffusionszellen zur Wasserstoffgewinnung aus Spaltgasen zugrunde.

5.7.2.6. *Dispersionsgehärtete Silberlegierungen*

Während Verfestigungen durch Kaltumformung oder Aushärtungsvorgänge bei höheren Temperaturen wieder abgebaut werden, bleiben die mechanischen Eigenschaften von dispersionsgehärteten Legierungen, auch bei den inneroxidierten AgCdO-Verbundwerkstoffen, bis zu hohen Temperaturen erhalten. Dieser Effekt der Festigkeitssteigerung ist bei Silberlegierungen u. a. durch Einlagerung von stabilen Oxiden, wie Magnesiumoxid, Manganoxid oder Aluminiumoxiden, zu nutzen (Bild 5.193). Die Dispersionsverfestigung

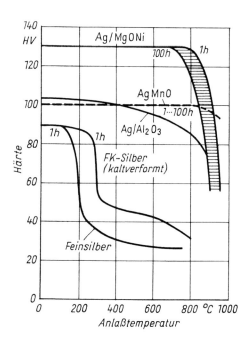

Bild 5.193. Abhängigkeit der Härte verschiedener Silberwerkstoffe von der Anlaßtemperatur (nach RAUB)

erfolgt durch innere Oxidation homogener Legierungen mit Zusätzen von zusammen 0,3 bis 0,5% Mg und Ni bzw. 0,5 bis 1,5% Mn und Ni. Als oxidierbare Komponente kann auch Aluminium verwendet werden. Die dispersionsverfestigten Silberlegierungen haben neben guter elektrischer und thermischer Leitfähigkeit eine dem Feinsilber vergleichbare chemische Beständigkeit. Ihre Federeigenschaften und Warmfestigkeit werden von keinem anderen technisch einsetzbaren Kontaktwerkstoff auf Silberbasis erreicht und bestimmen ihre Anwendungsfälle.

5.7.3. Gold und seine Legierungen

5.7.3.1. Reines Gold

Die Lagerstätten enthalten das Gold überwiegend als Metall. Es tritt legiert mit einigen Prozenten Silber oder Kupfer auf. In primären Lagerstätten enthält das Gestein nur 5 bis 15 g/t Gold, während die Konzentration in sekundären Lagerstätten (Seifen) wesentlich höher ist.

Die Goldgewinnung erfolgt über eine Naßaufbereitung des gebrochenen und gemahlenen Gesteins der Primärlagerstätten bzw. der Sande aus den Seifen und anschließende Auflösung des Golds in verdünnter Natriumcyanidlösung. Es bildet sich wasserlösliches Na[Au(CN)$_2$]; das metallische Gold wird mittels Zink ausgefällt (Cyanidlaugerei). Die Raffination des Minengolds erfolgt schmelzmetallurgisch. Durch Einleiten von Chlorgas in die Rohgoldschmelze wird die Abtrennung der Unedelmetalle als Chloride erreicht.

Gold besitzt im Vergleich zu den anderen Edelmetallen neben einer recht guten elektrischen Leitfähigkeit die beste Beständigkeit gegen Korrosion jeder Art und damit auch die geringste Neigung zur Bildung störender Deckschichten. Das für allgemeine technische Anwendungen eingesetzte Feingold hat eine Reinheit >99,96% Au. Es ist sehr weich, sehr duktil und erreicht im weichgeglühten Zustand eine 0,2-Grenze von ≈20 bis 30 MPa, eine Zugfestigkeit von 120 bis 140 MPa, eine Bruchdehnung von 40 bis 50% und eine Brinell-Härte von 18 bis 20 *HB*. Sein Gefüge ist polyedrisch und weist wie das vieler Edelmetalle im rekristallisierten Zustand Zwillingsbildungen auf (Bild 5.194).

Feingold wird aufgrund seiner geringen Festigkeit, Härte und Abriebfestigkeit sowie seines hohen Preises in kompakter Form wenig eingesetzt. Ein Anwendungsbeispiel sind Goldmikrodrähte, die im Durchmesserbereich von 7,5 bis 50 µm in der Halbleitertechnik als Leiterverbindungen zwischen Chip und Trägerstreifen verwendet werden. Die Drahtkontaktierung erfolgt über einen als Bonden bezeichneten Preßschweißvorgang unter Einwirkung von Temperatur oder Ultraschall bzw. von beiden. Bild 5.195 zeigt das Gefüge zweier Gold-Mikrodrähte mit einem Durchmesser von 30 µm. Das teilweise rekristallisierte Gefüge wurde in einer Schlußglühung eingestellt.

Eine breitere Anwendung findet Feingold in Form dünner galvanischer Schichten bei der Herstellung von Metallwaren und von Bauelementen für die Elektrotechnik und Elektro-

Bild 5.194. Feingold, gewalztes Blech, rekristallisationsgeglüht

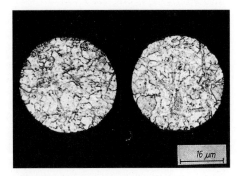

Bild 5.195. Teilweise rekristallisiertes Gefüge zweier 30-µm-Goldmikrodrähte

nik. Die Bilder 5.196 und 5.197 zeigen den unterschiedlichen Aufbau (schicht- bzw. stengelförmig) zweier galvanisch abgeschiedener 5 µm dicker Goldschichten, der auf Veränderungen in den Abscheidungsbedingungen zurückzuführen ist. Die technische Anwendung der Feingoldschichten wird im wesentlichen durch ihre chemischen Eigenschaften und durch ihre Korrosionsbeständigkeit bestimmt. Bei höheren Anforderungen an das Verschleißverhalten werden sog. Hartgoldschichten abgeschieden. Sie enthalten >98 % Au sowie geringe Zusätze an Nickel, Kobalt oder Arsen.

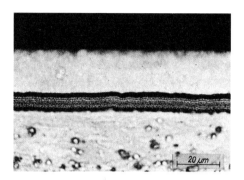 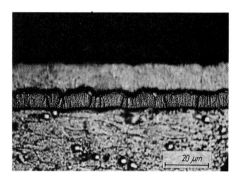

Bild 5.196. Galvanisch aufgetragene, 5 µm dicke Goldschicht. Lagenförmiger Schichtaufbau. Mit KCN elektrochemisch geätzt

Bild 5.197. Wie Bild 5.196. Stengelförmiger Schichtaufbau infolge veränderter Abscheidungsbedingungen

5.7.3.2.   Gold – Nickel

Die lückenlose Mischkristallbildung der Gold-Nickel-Legierungen und der Mischkristallzerfall in zwei Mischkristalle unterschiedlicher Zusammensetzung bei tieferen Temperaturen wurde anhand des Zustandsschaubilds im Abschn. 2.2.7.6. erläutert. Bei den technisch angewandten Legierungen mit 2 bis 5 % Ni (Standardlegierung AuNi5) wird der Mischkristallzerfall durch die technologisch bedingten hohen Abkühlungsgeschwindigkeiten meistens unterdrückt, und es stellen sich homogene Gefüge ein (Bild 5.198). Die Legierungen kommen besonders für solche Schaltstücke zum Einsatz, die sehr korrosionsbeständig sein müssen und das Auftreten von Materialwanderungen weitgehend ausschließen.

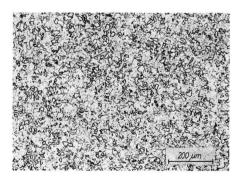

Bild 5.198. AuNi5. Rekristallisationsgefüge

5.7.3.3. Gold – Silber

Gold und Silber bilden eine lückenlose Mischkristallreihe und sind im flüssigen wie im festen Zustand vollständig ineinander löslich, so daß die im Bereich von 10 bis 40 % Ag technisch genutzten Legierungen ein homogenes Gefüge aufweisen. Ihre chemische Resistenz ist gegenüber der von reinem Gold nicht wesentlich vermindert. Deshalb werden sie auf dem Schwachstromsektor für Schaltstücke verwendet, die mit geringen Kontaktlasten arbeiten und sehr kleine sowie konstante Kontaktübergangswiderstände aufweisen müssen.

Die Härte und Verschleißfestigkeit, das Schweiß- und Abbrandverhalten von Gold-Silber-Legierungen läßt sich durch Zusatz von 3 bis 5 % Ni weiter verbessern. Die Gold-Silber-Nickel-Legierungen lassen sich dort einsetzen, wo die an sich schon geringe Schweißneigung von Gold-Silber noch zu verändern ist. Eine typische Legierung ist AuAg17Ni3. Sie hat ein heterogenes Gefüge (Bild 5.199), da Silber die Löslichkeit von Nickel in Gold bei niedrigen Temperaturen weiter verringert.

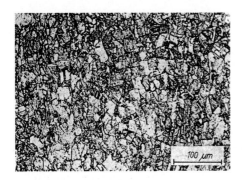

Bild 5.199. AuAg17Ni3-Draht. Rekristallisationsgefüge

Gold-Silber-Kupfer-Legierungen sind bevorzugte Goldwerkstoffe für die Schmuckherstellung, die hauptsächlich als 18-, 14- und 8karätige Legierungen verarbeitet werden. Mit dem Qualitätsmaß Karat wird der Goldgehalt bestimmt (reines Gold erhält die Bewertung 24 Karat). Innerhalb der genannten drei Legierungsgruppen werden bei Beibehaltung der jeweiligen Goldgehalte von 75, 58,5 und 33,3 % Au die zulegierten Anteile Silber und Kupfer variiert. Dadurch lassen sich nicht nur die mechanischen und chemischen Eigenschaften, sondern auch die Farbe der Legierungen verändern. Mit zunehmendem Silberzusatz wechselt sie von rot über rötlich nach gelb bis hellgelb, blaßgelb und grüngelb.

Die Mischungslücke des eutektischen Randsystems Silber – Kupfer (Bild 5.177) nimmt im verhältnismäßig einfach aufgebauten Dreistoffsystem Gold – Silber – Kupfer breiten Raum ein und ergibt vor allem für die 14- bis 18karätigen Legierungen Möglichkeiten, das Gefüge und die mechanischen Eigenschaften durch Wärmebehandlungen einzustellen. Bild 5.200 gibt anhand des Schnitts des Dreistoffsystems Ag – Au – Cu parallel zur Ag – Cu-Seite für 14karätige Legierungen den Verlauf der Mischungslücke wieder. Legierungen, die bei langsamer Abkühlung aushärten würden, können durch Abschrecken in einem weichen, gut verarbeitbaren Zustand erhalten werden. Hohes und langes Anlassen ermöglicht es, über den Mischkristallzerfall die Härte bis unter die des homogenen Gold-

5.7. Edelmetalle

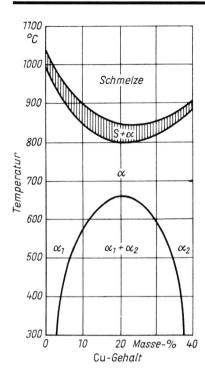

Bild 5.200. Dreistoffsystem Ag–Au–Cu bei einem Goldgehalt von 58,5 %. Geschnitten parallel zur Ag-Cu-Seite

Silber-Kupfer-Mischkristalls zu senken. Mit zunehmender Entmischung verringert sich die Korrosionsbeständigkeit (Anlaufbeständigkeit). Bild 5.201 zeigt das rekristallisierte Gefüge einer 14karätigen Goldlegierung, die 1 h bei 700 °C geglüht und anschließend abgeschreckt wurde. Es liegt eine homogene Mischkristallausbildung vor. Demgegenüber zeigt Bild 5.202, wie an einer nach dem Homogenisieren angelassenen (3 h bei 350 °C) 14karätigen Goldlegierung in kleinen Körnern und an den Korngrenzen der Mischkristallzerfall einsetzt. Entsprechend dem Anteil der ausgeschiedenen Gold-Kupfer-Mischkristalle ist darauf zu schließen, daß das Maximum der Aushärtung überschritten worden ist.

Bild 5.201. Rekristallisierte 14karätige Goldlegierung, 1 h 700 °C/Wasser. Homogene Mischkristalle

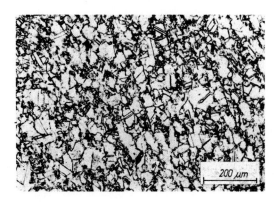

Bild 5.202. Rekristallisierte 14karätige Goldlegierung, 1 h 700 °C/Wasser/3 h 350 °C

5.7.3.4. Gold – Silizium

Die Gefügeausbildung von Gold-Silizium-Legierungen folgt einem einfachen eutektischen System (Bild 5.203). Legierungen mit Gehalten von 0,5, 1 und 2 % Si finden in der Halbleitertechnik als Lotwerkstoffe für die Chipkontaktierung Verwendung. Mit der Auswahl der Legierungen kann verschiedenen Abstufungen in der Arbeitstemperatur und im Fließverhalten der Lotwerkstoffe entsprochen werden. Weitere einschlägige Lotwerkstoffe sind Legierungen aus Gold-Antimon, Gold-Gallium und Gold-Germanium.
Bild 5.204 zeigt das Gußgefüge von AuSi0,5, das dendritisch erstarrt ist und zwischen den Dendritenarmen der Goldkristalle als Restschmelze erstarrtes (Au + Si)-Eutektikum aufweist. Die Weiterverarbeitung dieses Gußwerkstoffs zu Lotfolie verlangt eine gute Kaltumformbarkeit, die durch gleichmäßige Verteilung und Einformung der Siliziumphase des Eutektikums bei einer Glühung unterhalb der eutektischen Temperatur eingestellt wird (Bild 5.205). Das Gußgefüge der im vorliegenden Fall verwendeten Gold-Silizium-Vorlegierung mit 6,3 % Si läßt primär ausgeschiedene Siliziumkristalle in fein ausgebildetem Eutektikum erkennen (Bild 5.206).
Zur Ausbildung des Gold-Silizium-Eutektikums kommt es auch bei der Dotierung von

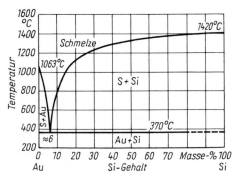

Bild 5.203. Zustandsdiagramm Gold – Silizium

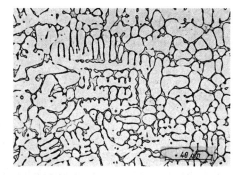

Bild 5.204. AuSi0,5, Gußzustand. Zwischen den Dendritenarmen der Goldkristalle (Au + Si)-Eutektikum

5.7. Edelmetalle

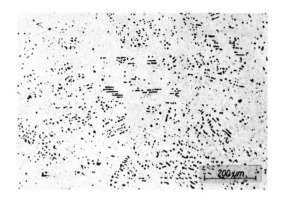

Bild 5.205. AuSi0,5, gegossen, 8 h bei 350 °C geglüht. Einformung der Siliziumphase

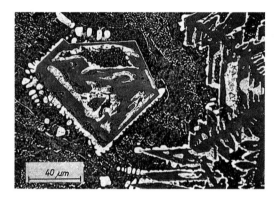

Bild 5.206. Goldlegierung mit 6,3 % Si. Primäre Siliziumkristalle in eutektischer Grundmasse

reinen Siliziumhalbleitern, wenn sie über Goldlegierungen mit wenigen Prozenten des jeweiligen Dotiermetalls (z. B. Sb, Ga, B) erfolgt. Dabei werden die zu Folie oder Draht verarbeiteten Goldlegierungen den zu dotierenden Einkristallflächen zugeführt und erwärmt, so daß sich das Gold mit dem Silizium eutektisch legiert und sich das Dotiermetall in einer berechenbar dicken Schicht des Halbleitergitters löst und sie dotiert.

5.7.4. Platin und seine Legierungen

5.7.4.1. Reines Platin

Platin tritt vergesellschaftet mit den Platinmetallen Palladium, Iridium, Rhodium, Osmium und Ruthenium in primären Lagerstätten und Seifen meist in metallischer Form auf, aber nie rein. In den Nickelerzen von Sudbury (Kanada) kommen Platin und Palladium auch als Sulfid vor. Die Metalle der Platingruppe werden meist gemeinsam gewonnen. Das durch verschiedene Aufbereitungsstufen angereicherte Konzentrat wird auf einen Nickel-Kupferstein verblasen, der anschließend mit Natriumsulfat reduzierend geschmolzen wird. Dadurch lassen sich Nickelsulfid und Kupfersulfid trennen. Die Platinmetalle bleiben im Nickel, bis sie in der späteren Verarbeitungsstufe der Elektrolyse in den Anodenschlamm übergehen und aus ihm gewonnen werden. Ihre Raffination erfolgt nach naßchemischen Verfahren.

Platin wird als physikalisch reines Platin mit $\geq 99{,}99\,\%$ Pt für Thermoelemente verwendet. Als Geräteplatin werden Pt99,9 und Pt99,95 verarbeitet. Platin hat einen hohen Schmelzpunkt (1769 °C) und rekristallisiert im Temperaturbereich von 500 bis 550 °C. Besonders daraus eröffnet sich ihm gegenüber Gold, bei annähernd gleicher Korrosionsbeständigkeit, ein größerer technischer Anwendungsbereich. Je nach Reinheitsgrad und erreichtem Rekristallisationszustand liegt die 0,2-Grenze für Geräteplatin zwischen 40 und 60 MPa, die Zugfestigkeit zwischen 120 und 150 MPa, die Bruchdehnung zwischen 30 und 50 % und die Brinell-Härte bei $\approx 150\,HB$. Die Rekristallisation von Geräteplatin führt zu polyedrischem Gefüge ohne Zwillingsbildung (Bild 5.207).

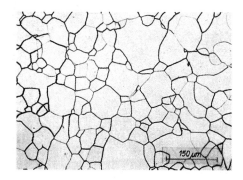

Bild 5.207. Geräteplatin, gewalztes Blech, 1 h 800 °C. Rekristallisationsgefüge

Aus Geräteplatin werden Elektroden für die Elektrochemie und Laborgeräte hergestellt. Bezogen auf die Einsatzmasse wird es jedoch in wesentlich größerem Umfang für die Fertigung von Schmelztiegeln, Rührern, Wannenauskleidungen, Speiserelementen, Heizelektroden und Thermoelementschutzrohren eingesetzt, die für die Herstellung optischer und anderer Spezialgläser notwendig sind. Die Anforderungen, die bei der Verwendung von Geräteplatin für Glasschmelzgeräte an den Werkstoff gestellt werden, laufen im wesentlichen darauf hinaus, daß er von den zu schmelzenden unterschiedlichen Glassorten nicht aufgelöst wird und zunderbeständig ist, um endogene sowie exogene Verunreinigungen besonders der hochreinen optischen und Spezialgläser zu vermeiden. Gleichzeitig soll der Werkstoff selbst korrosionsbeständig gegenüber vielfältig zusammengesetzten unterschiedlichen Glasschmelzen sein und eine möglichst hohe Formbeständigkeit bei mechanischen Beanspruchungen unter hohen Einsatztemperaturen haben, um möglichst große Gerätelebensdauern zu erreichen. Da die Einsatztemperaturen der Geräte zeitweise $0{,}8\,T_s$ Platin noch überschreiten können, wird deutlich, wie hoch diese Werkstoffbeanspruchung ist und dem Anwender bei der Konstruktion von Geräten bei der relativ geringen Festigkeit des Platins Grenzen setzt. Unerwünschte Färbungseffekte durch Rhodium und Iridium stehen dem festigkeitssteigernden Einsatz von Legierungen für Geräte zur Herstellung optischer Gläser entgegen.

Platin reagiert bei höheren Temperaturen sehr leicht mit Halbmetallen und Metallen, besonders den niedrigschmelzenden. So treten in der Praxis vor allem Arsen, Antimon, Bor,

Silizium, Phosphor, Zinn, Blei, Zink und Aluminium als Platinschädlinge auf, wenn sie unter reduzierenden Bedingungen aus ihren Verbindungen freigesetzt werden. Das Platin nimmt sie bevorzugt an den Korngrenzen auf und bildet mit ihnen niedrigschmelzende Verbindungen und Eutektika, die weit unter 1000 °C schmelzen. Auch wenn die Aufnahme von Fremdelementen noch nicht zu örtlichen Aufschmelzungen führt, ist sie doch mit Versprödungen der betroffenen Korngrenzenbereiche, mit einem Rückgang der Warmfestigkeit sowie der Zeitstandfestigkeit verbunden und führt zu interkristallinen Rißbildungen. Bei intensiver Wirkung der Platinschädlinge können Lochfraßerscheinungen auftreten.

Die Bilder 5.208 und 5.209 sind Beispiele für sehr ausgeprägte Gefügebeschädigungen an Geräteplatin, die auf die Einwirkung von Fremdelementen zurückzuführen sind. In der

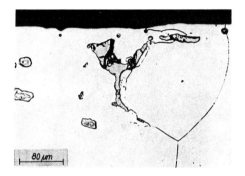
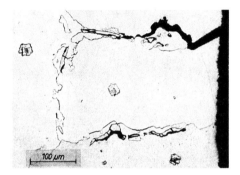

Bild 5.208. Durch Fremdelementaufnahme hervorgerufen, teilweise aufgeschmolzene Einschlüsse an Geräteplatin eines Glasschmelztiegels

Bild 5.209. Wie Bild 5.208

Nähe von Lochfraß- und Rißbildungen, die zum Ausfall eines Glasschmelztiegels führten, wurden im Randgefüge der Gefäßinnenwand teilweise aufgeschmolzene Einschlüsse fremder Phasen gefunden, die bevorzugt an den Korngrenzen liegen. Mit der Elektronenstrahlmikrosonde war in den Einschlüssen vorwiegend Blei festzustellen. Dieser Befund und das Schadensbild, das einen interkristallinen Schädigungsverlauf vom Rand zum Kern erkennen läßt, machen deutlich, daß die Schadensursache durch eine Bleiaufnahme aus der Glasschmelze bestimmt ist. Im Zusammenhang ist noch darauf hinzuweisen, daß die Mikrohärte in der Nähe der Einschlüsse noch doppelt so hoch und im Einschluß selbst etwa achtmal so hoch wie im Grundwerkstoff lag. Entsprechend längerzeitigem Einsatz des Gerätes bei 1350 bis 1400 °C ist das Gefüge sehr grobkörnig geworden (vgl. Bild 5.207).

Ein zweites Beispiel für eine korrosive Schädigung von Platin ist einer in einer Glasschmelzwanne eingesetzten Heizelektrode aus dispersionsverfestigtem Platin zuzuordnen. Das Bauelement war bis zum Eintritt eines durch Korrosion hervorgerufenen Wanddurchbruchs bei einer Betriebstemperatur von 1530 bis 1540 °C im Einsatz. Im Schadbereich wurden mit dem Rasterelektronenmikroskop an der Elektrodenoberfläche Einschlüsse untersucht und Natrium, Magnesium, Aluminium, Silizium und Kalzium als deren Hauptbestandteile festgestellt. Für die metallographische Untersuchung wurde die

Umgebung eines Lochs gewählt. Wie Bild 5.210 zeigt, hat sich eine Platin-Unedelmetalllegierung gebildet, die geschmolzen, von der unteren Lochkante (u.K.) an der Elektrodenoberfläche herabgelaufen und infolge Änderung der Schmelzenzusammensetzung wieder erstarrt ist. Ein Vergleich mit dem vorangegangenen Schadensfall läßt erkennen, daß beim dispersionsverfestigten Platin trotz der hohen Temperaturbeanspruchung keine Grobkornbildung und keine interkristalline Rißbildung festzustellen sind. Das verdeutlicht vom grundsätzlichen her, daß beim stabilisierten feinkörnigen Gefüge des disper-

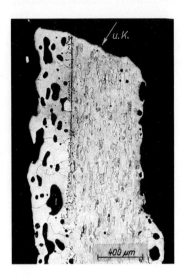

Bild 5.210. Gefüge am Rand einer durch Fremdelementaufnahme hervorgerufenen Lochfraßstelle an einer Heizelektrode aus DVS-Platin. Untere Lochkante »u. K.«

sionsverfestigten Platins die Diffusion der Fremdelemente in das Werkstoffinnere und damit die interkristalline Schädigung bei weitem nicht so schnell fortschreiten kann, wie beim grobkörnigen Gefüge des Geräteplatins. Das Hauptziel der Entwicklung von dispersionsverfestigtem Platin war jedoch die Verbesserung der Zeitstandfestigkeit und der Kriechbeständigkeit bei hohen Temperaturen (Bild 5.211).

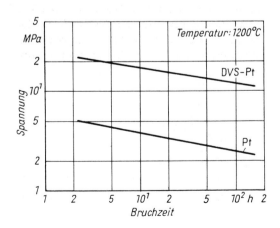

Bild 5.211. Zeitbruchlinien für Pt99,9 und DVS-Pt bei 1200 und 1500 °C

Die Dispersionsverfestigung wird über die innere Oxidation eines geringen Unedelmetallzusatzes, z. B. von 0,35 bis 0,45 % Zr, vorgenommen. Um bei der geringen Sauerstofflöslichkeit und -diffusibilität im Platin längere Glühzeiten bei hohen Temperaturen zu vermeiden, weil sie zu unerwünschtem Kornwachstum und zu bevorzugter Korngrenzenoxidation führen, wird die innere Oxidation technisch so angelegt, daß das zu oxidierende Metall in Form kleiner Teilchen mit großer Oberfläche (Metallpulver, -späne, -folie) vorliegt und so eine schnelle Durchoxidation ermöglicht. Ein über die Oxidation von Folie mit anschließendem Warmpreßpaketieren und Walzen hergestelltes dispersionsverfestigtes Mehrschichtblech (DVS-Platin) mit einem ZrO_2-Gehalt von 0,56 Masse-% weist im rekristallisierten Zustand ein feinkörniges Gefüge mit Oxidpartikeln an den Korngrenzen und in der Matrix auf (Bild 5.212). Neben den erkennbaren liegen noch feinere ZrO_2-Ausscheidungen vor, die sich lichtoptisch nicht mehr auflösen lassen.

Bild 5.212. DVS-Pt-Blech, rekristallisiert, 1 h 1200 °C. Leicht faserförmiges Gefüge mit Oxidpartikeln in der Matrix und an den Korngrenzen

5.7.4.2. Platin – Rhodium und Platin – Iridium

Die Platin-Rhodium-Legierungen mit 5 bis 40 % Rh und die Platin-Iridium-Legierungen mit 5 bis 20 % Ir sind die gebräuchlichsten Platinlegierungen mit breiteren Anwendungsmöglichkeiten.
Platin und Rhodium bilden ein System lückenloser Mischkristalle (Bild 5.213). Die Solidus- und die Liquiduslinie des Zustandsdiagramms liegen sehr nahe beieinander. Ähnlich bildet das System Platin – Iridium eine lückenlose Mischkristallreihe mit schmalem Erstarrungsintervall sowie monoton vom Platinschmelzpunkt zum Iridiumschmelzpunkt ansteigenden Solidus- und Liquiduslinien.

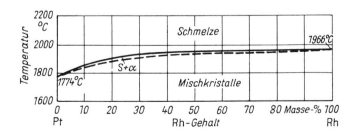

Bild 5.213. Zustandsdiagramm Platin – Rhodium

Platin-Rhodium-Legierungen haben gegenüber schmelzflüssigem Glas einen größeren Benetzungswiderstand als reines Platin. Deshalb und aus Festigkeitsgründen gelten PtRh10 und PtRh20 als Vorzugswerkstoffe für Düsenwannen zur Herstellung von Glasfasern. Durch Rhodiumgehalte >20 % und auch durch den Zusatz dritter Legierungselemente läßt sich die Hochtemperaturfestigkeit von Platin-Rhodium-Legierungen nicht mehr wesentlich verbessern. So wird heute die Dispersionsverfestigung mit Hilfe der inneren Oxidation von Zirkonzusätzen auch bei PtRh10 angewendet und damit die Zeitstandfestigkeit sowie die Kriechbeständigkeit von PtRh20 bei $\geq 1\,200\,°C$ wesentlich übertroffen. Bild 5.214 zeigt das Gefüge vom Boden einer ausgemusterten Glasfaserdüsenwanne aus

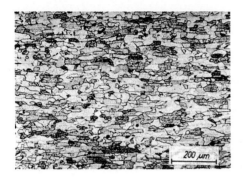

Bild 5.214. Gefügeausschnitt aus dem Boden einer Glasfaserdüsenwanne aus DVS-PtRh10 nach 300 d Betriebseinsatz bei 1 250 °C

DVS-PtRh10, das nach 300 Tagen Betriebsbeanspruchung bei 1 250 °C noch relativ feinkörnig ist.

Ein breites Anwendungsgebiet finden Platin und Platinlegierungen als Katalysatorenwerkstoffe. Recht erheblich ist z.B. die Menge der Legierungen PtRh5 und PtRh10, die zu Katalysatorennetzen für die katalytische Oxidation von Ammoniak zu Salpetersäure und zur Gewinnung von Blausäure verarbeitet werden.

Von den Platin-Iridium-Legierungen wird PtIr5 sowohl als Gerätewerkstoff wie auch als Kontaktwerkstoff eingesetzt. Legierungen mit höheren Iridiumgehalten werden lediglich zur Herstellung von elektrischen Kontakten, Thermoelementen, speziellen Stromleitern und Widerständen verwendet. Die Anwendung als Kontaktwerkstoff ist eingeschränkt auf Sonderfälle, wo bei hohen Schaltfrequenzen und sehr hoher mechanischer Beanspruchung eine große Kontaktsicherheit gefordert wird.

Anhang

Numerische Lösungen der Integralgleichungen (1.65) und (1.66)

In der Literatur gibt es eine Vielzahl numerischer Lösungen der Integralgleichungen (1.65) und (1.66), wovon hier eine angegeben werden soll.

Aus einer beschränkten Anzahl gemessener Schnittkreise oder Sehnenlängen können die Verteilungsfunktionen F_A und F_L nur angenähert werden. Meist wird ein Histogramm der Schnittkreisdurchmesser bzw. der Sehnenlängen erstellt. Davon ausgehend kann ein Histogramm der Kugeldurchmesser berechnet werden.

Bei der Flächenanalyse wird die mittlere Anzahl der Schnittkreise je Flächeneinheit des Meßfelds $N_A^{(i)}$ bestimmt, deren Durchmesser in den Intervallgrenzen d_{i-1} und d_i liegen. Bei der Linearanalyse wird die mittlere Anzahl der Sehnen je Längeneinheit der Testlinie bestimmt, deren Längen im Intervall $[d_{i-1}, d_i]$ liegen ($i = 1\ldots k$).

Ausgehend von den $N_A^{(i)}$ oder $N_L^{(i)}$ kann die mittlere Anzahl der Kugeln je Volumeneinheit $N_V^{(i)}$ berechnet werden, deren Durchmesser im Intervall $[d_{i-1}, d_i]$ liegen ($i = 1\ldots k$).

Die linearen Gleichungssysteme

$$C \cdot N_A = N_V \tag{A1}$$
$$C^2 \cdot N_L = N_V \tag{A2}$$

sind diskrete Versionen der Integralgleichungen (1.65) bzw. (1.66). Dabei ist

$$N_A = (N_A^{(1)}, N_A^{(2)}, \ldots, (N_A^{(k)})'$$
$$N_L = (N_L^{(1)}, N_L^{(2)}, \ldots, (N_L^{(k)})'$$
$$N_V = (N_V^{(1)}, N_V^{(2)}, \ldots, (N_V^{(k)})'$$

Die Koeffizienten der Matrix $C = ((c_{ij}))$ des Gleichungssystems (A1) sind gegeben durch

$$c_{ij} = \begin{cases} \dfrac{2}{\pi} \cdot \left(\dfrac{1}{\sqrt{d_j^2 - d_{i-1}^2}} - \dfrac{1}{\sqrt{d_j^2 - d_i^2}} \right) & \text{für } i < j \\[2ex] \dfrac{2}{\pi \sqrt{d_j^2 - d_{i-1}^2}} & \text{für } i = j \\[2ex] 0 & \text{für } i < j \end{cases}$$

Dieses Verfahren wurde von SERRA vorgeschlagen. Wesentlicher Vorteil ist, daß im Gegensatz zu anderen Verfahren die Lösung der Gleichungssysteme explizit angegeben wird.

Die Koeffizientenmatrix C^2 des Gleichungssystems (A2) berechnet sich aus dem Produkt $C^2 = C \cdot C$.

In Abhängigkeit von der Anzahl der gemessenen Schnittkreise oder Sehnen ist die Einteilung der Intervallklassen geeignet zu wählen. Eine grobe Klasseneinteilung erhöht systematische Fehler. Eine zu feine Klasseneinteilung bei einer zu geringen Anzahl gemessener Schnittkreise oder Sehnen erhöht den statistischen Fehler. Vor allem ist zu gewährleisten, daß $d_0 = 0$ und d_k etwa so groß wie der größte Schnittkreisdurchmesser oder die größte Sehne ist. In der Metallografie werden meist $k = 10$ bis zu 15 Klassen gleicher Breite gewählt, wobei im allgemeinen etwa 500 Schnittkreise oder mehr als 1 000 Sehnen gemessen werden.

Ansetzen von prozentualen Lösungen

1. Um eine 5%ige wäßrige Natronlauge herzustellen, werden 5 g wasserfreies und chemisch reines Natriumhydroxid abgewogen und in 95 g destilliertem Wasser vorsichtig gelöst, so daß die fertige Lösung insgesamt 100 g wiegt.
2. Um aus zwei verschieden konzentrierten Lösungen, von denen die eine auch aus reinem Lösungsmittel bestehen kann, eine Lösung von dazwischenliegender Konzentration herzustellen, bedient man sich des *Andreaskreuzes*. Es soll z. B. aus 10%iger alkoholischer Salpetersäure durch Zusatz von 1%iger alkoholischer Salpetersäure eine 5%ige alkoholische Salpetersäure hergestellt werden:

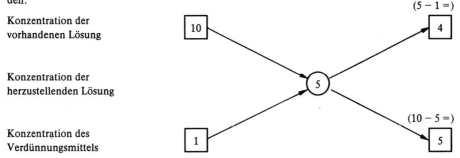

Die durch Subtraktion gefundenen Zahlen auf der rechten Seite geben das Mischungsverhältnis der konzentrierten Lösung zur verdünnteren Lösung an: 4 Teile der 10%igen alkoholischen HNO_3 sind mit 5 Teilen der 1%igen alkoholischen HNO_3 zu vermischen. Verdünnt man mit dem reinen Verdünnungsmittel, so ist für dessen Konzentration die Zahl »0« einzusetzen. »Teile« bedeuten hierbei Masseteile, wenn der Gehalt der Lösungen in Masseprozenten, dagegen Raumteile, wenn er in Volumenprozenten angegeben ist.
3. Schwefelsäure von der Dichte 1,455 g/cm³ ist durch Wasserzusatz zu einer Schwefelsäure mit der Dichte von 1,255 g/cm³ zu verdünnen:

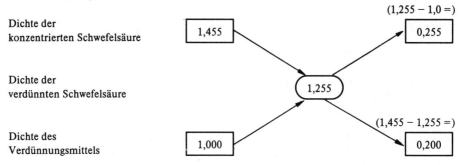

Das Mischungsverhältnis von konzentrierter Schwefelsäure zu Wasser beträgt demnach 0,255:0,200.

Ätzmittel

A. *Eisen, unlegierte bis mittellegierte Stähle, Gußeisen*

Nr.	Verwendungszweck	Bezeichnung	Zusammensetzung	Bemerkung
1	Entwicklung des Primärgefüges (Stahlguß, warm verformte Stähle)	OBERHOFFERsches Ätzmittel (Makroätzung)	30 g Eisenchlorid 1,0 g Kupferchlorid 0,5 g Zinnchlorür 50 cm³ Salzsäure 500 cm³ Äthylalkohol 500 cm³ Wasser	Polierte Stahlfläche erforderlich
2	Entwicklung der Kornstruktur bei weichen Stählen	a) HEYNsches Ätzmittel (Makroätzung)	90 g Kupferammonchlorid 1 000 cm³ Wasser	Geschliffene Fläche (Kornflächenätzung)
		b) Ammoniumpersulfat (Makroätzung)	10 g Ammoniumpersulfat 100 cm³ Wasser	Polierte Fläche. Vor Gebrauch frisch ansetzen. (Kornflächenätzung.) Auch für 2...4%iges Siliziumeisen
		c) Salpetersäure (Makroätzung)	100...250 cm³ Salpetersäure 900...750 cm³ Wasser	Geschliffene Fläche (Kornflächenätzung)
3	Entwicklung des Feingefüges (nach allen Wärmebehandlungen)	a) Nital (alkoholische Salpetersäure)	1...5 m³ Salpetersäure 100 cm³ Äthylalkohol	Mehrfaches Ätzen und Polieren vorteilhaft
		b) Pikral (alkoholische Pikrinsäure)	4 g Pikrinsäure (krist.) 100 cm³ Äthylalkohol	Wirkt gebraucht stärker
		c) Anlaßätzung	Polierter Schliff wird auf Heizplatte oder Sandbad auf 250...350 °C einige Minuten angelassen. Anschließend durch Aufsetzen auf einen feuchten Lappen abkühlen	Perlit nimmt zuerst eine bestimmte Farbe an, dann Ferrit, dann Zementit und dann erst Eisenphosphid

A. Eisen, unlegierte bis mittellegierte Stähle, Gußeisen (Fortsetzung)

Nr.	Verwendungszweck	Bezeichnung	Zusammensetzung	Bemerkung
4	Entwicklung der Austenitkorngröße von abgeschreckten und vergüteten Stählen	a) Prikrinsalzsäure	5 cm³ Salzsäure 1 g Pikrinsäure (krist.) 100 cm³ Äthylalkohol	Beste Ergebnisse bei Martensit, der 15 min bei 200 bis 250 °C angelassen wurde
		b) Eisenchlorid	20 g Eisenchlorid 60 cm³ Äthylalkohol 40 cm³ Wasser	
5	Entwicklung der Austenitkorngröße bei höheren Temperaturen	a) H_2-Ätzung	Polierter Schliff wird bei 800...1200 °C in reinem Wasserstoffgas erhitzt	Korngrenzenätzung (Anwendung siehe S. 109 ff.)
		b) N_2-Ätzung	Polierter Schliff wird bei 1100...1300 °C in reinem Stickstoffgas erhitzt	Kornflächenätzung (Anwendung siehe S. 109 ff.)
6	Entwicklung der Gefügestruktur und Wärmeeinflußzone bei Schweißnähten	ADLER-Ätzung (Makroätzung)	15 g Eisenchlorid 3 g Kupferammonchlorid 50 cm³ Salzsäure 25 cm³ Wasser	Geschliffene Fläche
7	Nachweis von Kraftwirkungsfiguren (Unterscheidung von alterungsbeständigen und alterungsunbeständigen Stählen)	Frysche Ätzung a) Makroätzung	90 g Kupferchlorid 120 cm³ Salzsäure 100 cm³ Wasser	Werkstück wird zunächst 30 min auf 20...300 °C angelassen, dann erst geschliffen und poliert
		b) Mikroätzung	5 g Kupferchlorid 40 cm³ Salzsäure 30 cm³ Wasser 25 cm³ Äthylalkohol	

A. *Eisen, unlegierte bis mittellegierte Stähle, Gußeisen* (Fortsetzung)

Nr.	Verwendungszweck	Bezeichnung	Zusammensetzung	Bemerkung
8	Nachweis der Anlaßprödigkeit	Xylol-Pikrinsäure	50 g Pikrinsäure 500 cm³ Xylol 50 cm³ Äthylalkohol (unmittelbar vor dem Ätzen zugeben)	30 min ätzen, dann 1 min nachpolieren (Durchführung siehe S. 548)
9	Bestimmung der Tiefe von Einhärtungsschichten und Einsatzschichten	a) Salpetersäure	5 cm³ Salpetersäure 95 cm³ Äthylalkohol	Geschliffene Fläche
		b) Salzsäure	50 cm³ Salzsäure 50 cm³ Wasser	Geschliffene Fläche 2...5 min heiß ätzen
10	Bestimmung der Tiefe von Nitrierschichten	a) MARBLES-Ätzung (Makroätzung)	4 g Kupfersulfat 20 cm³ Salzsäure 20 cm³ Wasser	Geschliffene Fläche
		b)	1,25 g Kupfersulfat 2,50 g Kupferchlorid 10,0 g Magnesiumchlorid 2 cm³ Salzsäure 100 cm³ Wasser Lösung mit 95%igem Äthylalkohol auf 1 000 cm³ auffüllen	Entwickelt außer der Gesamttiefe auch die verschiedenen Schichten. Zusammensetzung genau einhalten
11	Anordnung von Karbidstreifen in Kugellagerstahl und Schnellarbeitsstahl	Salpetersäure (Makroätzung)	5 cm³ Salpetersäure 95 cm³ Äthylalkohol	Geschliffene Fläche
12	Anordnung von Steadit in Grauguß	Salpetersäure (Makroätzung)	25 cm³ Salpetersäure 75 cm³ Äthylalkohol	Geschliffene Fläche

A. Eisen, unlegierte bis mittellegierte Stähle, Gußeisen (Fortsetzung)

Nr.	Verwendungszweck	Bezeichnung	Zusammensetzung	Bemerkung
13	Entwicklung der Faserstruktur in warm verformten Stählen	a) Salzsäure (Makrobeizung)	s. unter 9	15...60 min bei 60...80 °C beizen. Gehobelte oder geschliffene Fläche (Anwendung siehe S. 406)
		b) OBERHOFFER-Ätzung (Makroätzung)	s. unter 1	(Anwendung siehe S. 406)
14	Nachweis von Flocken, Rissen u.a. Ungänzen sowie von groben Schlacken, Poren und Lunkern	Salzsäure (Makrobeizung)	s. unter 9	15...60 min bei 60...80 °C beizen. Gehobelte oder geschliffene Fläche
15	Identifizierung von Schlackeneinschlüssen	Ätzanalyse von CAMPBELL und COMSTOCK		s. Tabelle 4.10, Seite 481
16	Nachweis von Zementit (und Eisennitrid)	Alkalische Natriumpikratlösung	25 g Natriumhydroxid 75 cm³ Wasser Zu 100 cm³ dieser Lösung: 2 g Pikrinsäure 30 min auf dem Wasserbad digerieren	Vor Gebrauch frisch ansetzen. Ätzung 30 s bei 90 °C. Zementit: gefärbt, Eisennitrid: schwach gefärbt, Eisenphosphid: nicht gefärbt
17	Nachweis von Eisenphosphid (in Gußeisen)	Ferrizyanidlösung	10 g Kaliumferrizyanid 10 g Kaliumhydroxid 100 cm³ Wasser	Vor Gebrauch frisch ansetzen. Ätzung 20 min bei 20 °C. Eisenphosphid: gefärbt, Zementit: nicht gefärbt (Anwendung siehe S. 618)

A. Eisen, unlegierte bis mittellegierte Stähle, Gußeisen (Fortsetzung)

Nr.	Verwendungszweck	Bezeichnung	Zusammensetzung	Bemerkung
18	Nachweis von Eisensulfid	a) KÜNKELE-Ätzung (Mikroätzung)	5 g Gelatine 20 cm³ Wasser 20 cm³ Glyzerin 2 cm³ Schwefelsäure 0,8 g Silbernitrat	Durchführung siehe S. 463. Sulfide haben einen hellen Hof
		b) BAUMANN-Abdruck (Makroätzung)	Bromsilberpapier 5%ige Schwefelsäure Fixierbad	Durchführung siehe S. 372. Sulfide erscheinen braun
19	Nachweis von Phosphorseigerungen	a) HEYNSCHE Ätzung (Makroätzung)	s. unter 2	Geschliffene Fläche. P-reiche Stellen bleiben hell (Anwendung siehe S. 372)
		b) OBERHOFFERSCHE Ätzung (Makroätzung)	s. unter 1	Polierte Fläche. P-reiche Stellen bleiben hell (Anwendung siehe S. 372)
		c) Salzsäure (Makrobeizung)	s. unter 9	Gehobelte oder geschliffene Fläche
20	Nachweis von Bleieinschlüssen	Bleiabdruck nach VOLK (Makroätzung)	Bromsilberpapier Essigsäure Schwefelwasserstoffwasser	Durchführung siehe S. 373. Geschliffene oder polierte Fläche. Bleieinschlüsse erscheinen braun
21	Nachweis von Oxideinschlüssen	Oxidabdruck nach NIESSNER (Makroätzung)	Bromsilberpapier 5%ige Salzsäure 2%ige Ferrozyankaliumlösung	Durchführung siehe S. 373. Geschliffene Fläche. Oxide erscheinen blau

B. *Hochlegierte Stähle* (Fortsetzung)

Nr.	Verwendungszweck	Bezeichnung	Zusammensetzung	Bemerkung
22	Schnellarbeitsstähle	a) Salpetersäure	5...10 cm³ Salpetersäure 95...90 cm³ Äthylalkohol	Allgemeine Gefügestruktur
		b) Salz-Salpetersäure	10 cm³ Salzsäure 3 cm³ Salpetersäure 100 cm³ Methylalkohol	Entwicklung der Korngrenzen bei gehärtetem oder angelassenem Stahl. Ätzzeit 2...10 min
		c) Ferrizyanid	10 g Kaliumferrizyanid 10 g Kaliumhydroxid 100 cm³ Wasser	Vor Gebrauch frisch ansetzen. Ätzung 30 s bei 20 °C. $(Cr, Fe)_7C_3$: bräunlich gefärbt, $(Cr, Fe)_4C$: gefärbt; Fe_3W_3C: gefärbt, Fe_3C: nicht gefärbt, WC: nicht gefärbt
23	Siliziumstähle	Salpetersäure mit Flußsäure	20 cm³ Flußsäure 10 cm³ Salpetersäure 20...40 cm³ Glyzerin	Ätzangriff variiert mit dem Glyzeringehalt
24	Mangangstähle	Salpetersäure	5 cm³ Salpetersäure 95 cm³ Äthylalkohol	
25	Nickelstähle	Salzsäure	50 cm³ Salzsäure 5 g Eisenchlorid 100 cm³ Wasser	
26	Nichtrostende Stähle (Chrom-, Chrom-Nickel- und Chrom-Mangan-Nickel-Stähle)	a) V2A-Beize	100 cm³ Salzsäure 10 cm³ Salpetersäure 0,3 cm³ Sparbeize 100 cm³ Wasser	Entwicklung des Feingefüges. Ätztemperatur: 40 °C
		b) Königswasser in Glyzerin	20...30 cm³ Salzsäure 10 cm³ Salpetersäure 30...20 cm³ Glyzerin	Mehrfaches Ätzen und Polieren vorteilhaft

Ätzmittel 743

B. Hochlegierte Stähle (Fortsetzung)

Nr.	Verwendungszweck	Bezeichnung	Zusammensetzung	Bemerkung
		c) Orthonitrophenol	2 Teile 15%ige wäßrige Lösung von $(NH_4)_2S_2O_8$ 2 Teile 50%ige alkoholische Lösung von HCl 1 Teil gesättigte Lösung von Orthonitrophenol	Austenit stark angegriffen, Ferrit, Karbide und σ-Phase nicht angegriffen
		d) GROESBECK-Ätzung	4 g Kaliumpermanganat 4 g Natriumhydroxid 100 cm³ Wasser	Ätzung 1...5 min bei 70 °C. Austenit: nicht angegriffen, Ferrit: schwach angegriffen, Karbide: stark angegriffen, σ-Phase: mäßig angegriffen
		e) Anlaßätzung	5 min bei 500...650 °C an Luft erhitzen	Austenit läuft beim Anlassen voran
		f) Oxalsäure (elektrolytisch)	10 g Oxalsäure 100 cm³ Wasser (Entwicklung der Karbide: 2 Volt, Entwicklung der Struktur: 6 Volt)	Austenit: stark angeätzt, Ferrit: mäßig angeätzt, Karbide: nicht angeätzt, σ-Phase: nicht angeätzt
		g) Kaliumferrizyanid	30 g Kaliumferrizyanid 30 g Kaliumhydroxid 60 cm³ Wasser	Lösung frisch ansetzen und kochen verwenden. σ-Phase: hellblau, Ferrit: gelb
		h) Chromsäure (elektrolytisch)	10 g Chromsäure CrO_3 100 cm³ Wasser (30...90 s elektrolytisch ätzen bei 6 Volt)	Karbide werden schnell, Austenit weniger schnell, Ferrit sehr langsam angegriffen, σ-Phase herausgelöst
27	Nachweis von interkristalliner Korrosionsanfälligkeit	Kupfersulfatlösung	100 g Kupfersulfat 100 cm³ Schwefelsäure + Wasser bis 1 000 cm³	3 Tage mit Rückflußkühler kochen

C. *Kupfer und Kupferlegierungen* (Fortsetzung)

Nr.	Verwendungszweck	Bezeichnung	Zusammensetzung	Bemerkung
28	Entwicklung der Makrostruktur	a) Kupferammonchlorid	10 g Kupferammonchlorid 120 cm³ Wasser	So viel Ammoniak hinzugeben, bis Niederschlag wieder aufgelöst und in Farbe tiefblau wird
		b) Eisenchlorid	20 g Eisenchlorid 6 cm³ Salzsäure 100 cm³ Wasser	Für Kupfer, Messing, Bronze, Aluminiumbronze. Die β-Phase wird dunkel gefärbt
		c) Salpetersäure	40 cm³ Salpetersäure 60 cm³ Wasser	
29	Allgemeines Ätzmittel zur Entwicklung des Feingefüges	a) Ammoniumhydroxid mit Wasserstoffperoxid	50 cm³ Ammoniumhydroxid 20…50 cm³ Wasserstoffperoxid 50 cm³ Wasser	Korngrenzenätzung (wenig H_2O_2) Kornflächenätzung (viel H_2O_2)
		b) Ammoniumpersulfat	10 g Ammoniumpersulfat 90 cm³ Wasser	Vor Gebrauch frisch ansetzen. Kann kalt oder heiß verwendet werden. β nicht angegriffen
30	Entwicklung des Feingefüges von Aluminiumbronze	a) Säuregemisch	50 cm³ Salpetersäure 20 g Chromsäure 30 cm³ Wasser	Polierfilm mit 10%iger Flußsäure entfernen
		b) Chromsäure	1 g Chromsäure 100 cm³ Wasser	Elektrolytisch ätzen bei 6 Volt 3…6 s; Al-Katode. Auch für Berylliumbronze
31	Nachweis von inneren Spannungen in Messing	Quecksilbernitrat	a) 1 g Quecksilbernitrat 100 cm³ Wasser b) 1 cm³ Salpetersäure 100 cm³ Wasser 1 Teil a) mit 1 Teil b) mischen	Mit Spannungen behaftetes Messing reißt nach einiger Zeit auf

Ätzmittel 745

D. Zink und Zinklegierungen (Fortsetzung)

Nr.	Verwendungszweck	Bezeichnung	Zusammensetzung	Bemerkung
32	Entwicklung der Makrostruktur	a) Salzsäure	Konzentrierte Salzsäure	Für reines Zink
		b) PALMERTON-Ätzmittel	20 g Chromsäure 1,5 g Natriumsulfat 100 cm³ Wasser	Mit 0,75 g Natriumsulfat für kupferhaltige Legierungen
		c) SCHRAMM-Ätzmittel	122 g Kaliumhydroxid 75 g Kaliumzyanid 6,5 g Zitronensäure 60 cm³ gesättigte Lösung von Kupfernitrat 900 cm³ Wasser	Die zinkreiche Phase wird dunkel geätzt Sehr giftig! Unfallschutzvorschriften beachten
33	Entwicklung des Feingefüges	a) Salzsäure	5 cm³ Salzsäure 95 cm³ Äthylalkohol	
		b) Salpetersäure	1 cm³ Salpetersäure 100 cm³ Äthylalkohol	
		c) PALMERTON-Ätzmittel	wie 32b), aber mit 300 cm³ Wasser	
		d) SCHRAMM-Ätzmittel	wie 32c)	
34	Entwicklung der Legierungsschichten bei verzinktem Eisen und Stahl	Verdünnte Salpetersäure	3 Tropfen Salpetersäure 50 cm³ Amylalkohol	Lösung innerhalb einer Stunde verwenden

(Fortsetzung)

E. *Blei und Bleilegierungen*

Nr.	Verwendungszweck	Bezeichnung	Zusammensetzung	Bemerkung
35	Entfernung von Bearbeitungsschichten	Ammoniummolybdat	100 g Molybdänsäure 140 cm³ Ammoniumhydroxid 240 cm³ Wasser Filtrieren und hinzufügen: 60 cm³ Salpetersäure	Abwechselnd Ätzwaschen mit Watte und unter fließendem Wasser abspülen
36	Entwicklung der Makrostruktur	a) Salpetersäure	Konzentrierte Salpetersäure	Abwechselnd ätzen und unter fließendem Wasser abwaschen
		b) Salpetersäure	50 cm³ Salpetersäure 50 cm³ Wasser	5 min in kochender Lösung ätzen. Auch für Schweißnähte geeignet
37	Entwicklung des Feingefüges	a) Salpetersäure	1…10 cm³ Salpetersäure 100 cm³ Äthylalkohol	Auch als Makroätzmittel geeignet
		b) Salzsäure	1…10 cm³ Salzsäure 100 cm³ Äthylalkohol	
		c) VILLELA-Ätzmittel	8 cm³ Salpetersäure 8 cm³ Eisessig 84 cm³ Äthylalkohol	Frische Lösung verwenden. Der Eisessiggehalt kann erhöht werden
		d) Eisessig-Wasserstoffperoxid	30 cm³ Eisessig 10 cm³ 9%iges Wasserstoffperoxid	Ätzzeit 10…30 min. Für Pb-Sb-Legierungen mit <2% Sb
		e) Eisessig-Wasserstoffperoxid	20 cm³ Eisessig 10 cm³ 30%iges Wasserstoffperoxid	Ätzzeit 8…15 s. Für reines Blei und Pb-Ca-Legierungen

F. *Aluminium und Aluminiumlegierungen* (Fortsetzung)

Nr.	Verwendungszweck	Bezeichnung	Zusammensetzung	Bemerkung
38	Entwicklung der Makrostruktur	a) TUCKER-Ätzmittel	15 cm^3 Flußsäure 45 cm^3 Salzsäure 15 cm^3 Salpetersäure 25 cm^3 Wasser	Flußsäurehaltige Ätzmittel in Paraffin-, Blei-, Platin- oder Hartgummigefäßen verwenden
		b) FLICK-Ätzmittel	10 cm^3 Flußsäure 15 cm^3 Salzsäure 90 cm^3 Wasser	10…20 s ätzen, anschließend in warmes Wasser tauchen und in konz. Salpetersäure tauchen
		c) KELLER-Ätzmittel	10 cm^3 Flußsäure 15 cm^3 Salzsäure 25 cm^3 Salpetersäure 50 cm^3 Wasser	
39	Entwicklung des Feingefüges	a) Flußsäure	0,5 cm^3 40%ige Flußsäure 100 cm^3 Wasser	Allgemeines Ätzmittel
		b) Natronlauge	1 g Natriumhydroxid 100 cm^3 Wasser	Vor Gebrauch frisch ansetzen
		c) VILLELA-Ätzmittel	20 cm^3 Flußsäure (40%ig) 10 cm^3 Salpetersäure 30 cm^3 Glyzerin	
		d) DIX- und KELLER-Ätzmittel	10 cm^3 Flußsäure 15 cm^3 Salzsäure 25 cm^3 Salpetersäure 950 cm^3 Wasser	Kornflächenätzung bei Al-Cu-Mg-Legierungen
		e) Phosphorsäure	9 g Phosphorsäure (krist.) 100 cm^3 Wasser	Ätzzeit 30 min. Zur Sichtbarmachung von Al$_3$Mg$_2$ bei Al-Mg-Legierungen
		f) SCHULZ-WASSERMANN-Ätzmittel	3 cm^3 40%ige Flußsäure 12 cm^3 Salzsäure 120 cm^3 Salpetersäure 300 cm^3 10%ige Bichromatlösung 500 cm^3 Wasser	Für Al-Zn-Mg-Legierungen

G. *Magnesium und Magnesiumlegierungen* (Fortsetzung)

Nr.	Verwendungszweck	Bezeichnung	Zusammensetzung	Bemerkung
40	Abbeizen von Oxiden u. dgl.	Salpetersäure	Konzentrierte Salpetersäure	
41	Entwicklung der Makrostruktur	a) Ammonchlorid	Gesättigte Lösung	
		b) Essigsäure	5...10 cm³ Eisessig 95...90 cm³ Wasser	½...3 min Ätzwaschen mit Watte
		c) Essig-, Pikrinsäure	10 cm³ Eisessig 5 cm³ Pikrinsäure 95 cm³ Äthylalkohol	Zur Korngrößenbestimmung in wärmebehandelten Gußstücken
		d) Weinsäure	10 g Weinsäure 90 cm³ Wasser	Entwicklung von Fließlinien; Korngrößenbestimmung in Gußstücken
42	Entwicklung des Feingefüges	a) Salpetersäure	2...5 cm³ Salpetersäure 100 cm³ Wasser	Für Mg-Mn-Legierungen
		b) Oxalsäure	2 g Oxalsäure (krist.) 100 cm³ Wasser	Für Rein-Mg und Mg-Mn-Legierungen; 2...5 s Ätzwaschen mit Watte
		c) Weinsäure	2 g Weinsäure 100 cm³ Wasser	Für Mg-Mn- und Mg-Al-Mn-Zn-Legierungen
		d) Phosphor-, Pikrinsäure	0,7 cm³ Orthophosphorsäure 4 g Pikrinsäure 100 cm³ Äthylalkohol	Ergibt starken Kontrast zwischen Grundmasse und Metalliden

Ätzmittel 749

H. *Sonstige Metalle und Legierungen* (Fortsetzung)

Nr.	Verwendungszweck	Bezeichnung	Zusammensetzung	Bemerkung
43	Antimon	CZOCHRALSKI-Ätzmittel	50 cm^3 16 %ige Natriumsulfatlösung 15 cm^3 Salzsäure 3 cm^3 10 %ige Chromsäure 30 cm^3 Wasser	Chromsäure erst kurz vor dem Gebrauch hinzufügen
44	Beryllium	Schwefelsäure	5 cm^3 Schwefelsäure 95 cm^3 Wasser	Korngrenzenätzung
45	Gold	a) Zyanid	50 cm^3 10 %ige Kaliumzyanidlösung 50 cm^3 10 %ige Ammonpersulfatlösung	Frisch ansetzen. Ätzzeit ½…3 min Sehr giftig! Unfallschutzvorschriften beachten
		b) Königswasser	100 cm^3 Salzsäure 10 cm^3 Salpetersäure	
46	Iridium	Salzsäure	5…10 cm^3 Salzsäure 95…90 cm^3 Wasser	Elektrolytisch 30 min…3 h ätzen bei 0,1 A/cm^2
47	Nickel	a) Salzsäure	10 cm^3 Salzsäure 100 cm^3 Wasser	
		b) Mischsäure	65 cm^3 Salpetersäure 18 cm^3 Eisessig 17 cm^3 Wasser	
		c) Königswasser	20 cm^3 2 %ige alkohol. Salpetersäure 30 cm^3 2 %ige alkohol. Salzsäure	
48	Palladium	Salpetersäure	Konzentrierte Salpetersäure	Heißätzung

H. *Sonstige Metalle und Legierungen* (Fortsetzung)

Nr.	Verwendungszweck	Bezeichnung	Zusammensetzung	Bemerkung
49	Platin	a) Königswasser	100 cm³ Salzsäure 10 cm³ Salpetersäure 50 cm³ Wasser	5 min in warmer Lösung ätzen
		b) Salzsäure	20 cm³ Salzsäure 80 cm³ Wasser Lösung mit NaCl sättigen	Elektrolytisch 5 min bei 0,1 A/cm² ätzen. Kohlenstoff- oder Platinkatode. Korngrenzenätzung
50	Silber	a) Zyanid-Persulfat	50 cm³ 5 %ige Kaliumzyanidlösung 50 cm³ 5 %ige Ammonpersulfatlösung	1...2 min ätzen Sehr giftig! Unfallschutzvorschriften beachten
		b) Bichromat	100 cm³ gesättigte Kaliumbichromatlösung 2 cm³ gesättigte Natriumchloridlösung 900 cm³ Wasser	Ätzwaschen mit Watte
51	Titan	a) Kalilauge-Wasserstoffperoxid	12 cm³ 10 %ige Kaliumhydroxidlösung 15 cm³ 30 %iges Wasserstoffperoxid 78 cm³ Wasser	
		b) Fluß-, Salpetersäure	25 cm³ Salpetersäure 25 cm³ Flußsäure 50 cm³ Glyzerin	
52	Tantal	Flußsäure	50 cm³ 60 %ige Flußsäure 50 cm³ 20 %ige Lösung von NH₄F	

Ätzmittel 751

H. *Sonstige Metalle und Legierungen* (Fortsetzung)

Nr.	Verwendungszweck	Bezeichnung	Zusammensetzung	Bemerkung
53	Wolfram	a) Wasserstoffperoxid	3 %ige Lösung von Wasserstoffperoxid	Entwicklung des Feingefüges
		b) Ferrizyanid	10 g Kaliumferrizyanid 10 g Kaliumhydroxid 100 cm^3 Wasser	Frisch ansetzen. Ätzzeit einige Sek. Auch für Karbidhartmetalle: 1...5 min in kochender Lösung ätzen. Karbide werden gefärbt
54	Zinn	a) Essig-, Salpetersäure	20 cm^3 Salpetersäure 60 cm^3 Eisessig 100 cm^3 Glyzerin	Für reines Zinn. Ätzzeit 1...10 min bei 40 °C
		b) Salpetersäure	5 cm^3 Salpetersäure 95 cm^3 absoluter Äthylalkohol	Für reines Zinn
		c) Säuregemisch	10 cm^3 Salpetersäure 10 cm^3 Eisessig 80 cm^3 Glyzerin	Für Zinn-Blei-Legierungen. 1...10 min bei 40 °C ätzen
		d) Eisenchlorid	10 g Eisenchlorid 2 cm^3 Salzsäure 95 cm^3 Wasser	1...5 min bei 20 °C ätzen
		e) Ammoniumpersulfat, Weinsäure	10 g Ammoniumpersulfat 10 g Weinsäure 150 cm^3 Wasser	
55	Zinnschichten auf Eisen und Stahl	Ammoniumpersulfat	5 cm^3 Ammoniumpersulfat 95 cm^3 Wasser	

Anmerkung: Alle chemischen Ätzmittel sind giftig! Beim Arbeiten Unfallschutzvorschriften beachten!

Atomare Konstanten technisch wichtiger Metalle und Metalloide

Element	Symbol	relative Atommasse	Atomdurchmesser [nm]	Raumgitter	Gitterparameter a	b	c oder α	Dichte [g/cm³]
Aluminium	Al	26,982	0,286 4	kfz.	4,049 7			2,698 4
Antimon	Sb	121,75	0,290	rh.	4,506 9		57,12°	6,69
Arsen	As	74,922	0,249	rh.	4,131 5		54,17°	5,73
Barium	Ba	137,34	0,434 7	krz.	5,019 3			3,58
Beryllium	Be	9,012	0,222 6	hxg.	2,285 7		3,583 4	1,85
Blei	Pb	207,19	0,350 0	kfz.	4,950 4			11,35
Bor	B	10,811	0,158 9	rh.	5,057		58,06°	2,46
Chrom	Cr	51,996	0,249 8	krz.	2,884 7			7,21
Eisen	Fe	55,847	0,248 3	krz.	2,866 6			7,86
Gallium	Ga	69,72	0,244 2	orth.	4,520 0	7,660 6	4,526 0	5,91
Gold	Au	196,967	0,288 4	kfz.	4,078 7			19,30
Iridium	Ir	192,2	0,271 5	kfz.	3,839 1			22,4
Kadmium	Cd	112,40	0,297 9	hxg.	2,978 9		5,617 0	8,637
Kalium	K	39,102	0,462 8	krz.	5,344			0,862
Kalzium	Ca	40,08	0,394 7	kfz.	5,582			1,56
Kobalt	Co	58,933	0,250 7	hxg.	2,507 5		4,070 1	8,90
Kohlenstoff	C							
Graphit		12,011	0,246 1	hxg.	2,461 3		6,708 2	2,266 7
Diamant			0,154 5	kfz.	3,566 9			3,514 2
Kupfer	Cu	63,546	0,255 6	kfz.	3,614 8			8,94
Lithium	Li	6,939	0,304 0	krz.	3,510 2			0,533
Magnesium	Mg	24,312	0,320 9	hxg.	3,209 5		5,210 7	1,739
Mangan	Mn	54,938	0,273 1	kub.	8,914 2			7,21
Molybdaen	Mo	95,94	0,272 5	krz.	3,147 0			10,217
Natrium	Na	22,990	0,371 6	krz.	4,290 8			0,9660
Nickel	Ni	58,71	0,249 2	kfz.	3,523 8			8,90
Osmium	Os	190,2	0,267 5	hxg.	2,735 4		4,319 3	22,61
Palladium	Pa	106,4	0,275 1	kfz.	3,890 9			12,03
Phosphor	P	30,974	0,218	orth.	3,317	4,389	10,522	2,69
Platin	Pt	195,09	0,277 5	kfz.	3,924 1			21,477
Quecksilber	Hg	200,59	0,300 5	rh.	3,005		70,53°	14,24
Rhenium	Re	186,2	0,741	hxg.	2,762		4,457	21,04
Rhodium	Rh	102,905	0,269 01	kfz.	3,804 5			12,41
Schwefel	S	32,064	0,188 7	orth.	10,437	12,846	24,370	2,085
Silber	Ag	107,868	0,288 9	kfz.	4,086 3			10,494
Silizium	Si	28,086	0,235 2	kfz.		5,430 8		2,328 3
Strontium	Sr	87,62	0,430 3	kfz.	6,085 1			2,578
Tantal	Ta	180,948	0,286 0	krz.	3,302 8			16,655
Titan	Ti	47,90	0,289 6	hxg.	2,950 5		4,683 5	4,5
Uran	U	238,03	0,277	orth.	2,857	5,877	4,955	18,9
Vanadium	V	50,942	0,262 8	krz.	3,034 4			6,015
Wismut	Bi	208,980	0,309	rh.	4,746 2		57,24°	9,798
Wolfram	W	183,85	0,274 1	krz.	3,164 9			19,26
Zink	Zn	65,37	0,266 5	hxg.	2,665 0		4,947 0	7,130
Zinn	Sn	118,69	0,302 2	tetr.	5,831 7		3,181 5	7,31
Zirkon	Zr	91,22	0,317 9	hxg.	3,231 3		5,147 9	6,406

Physikalische Eigenschaften technisch wichtiger Metalle und Metalloide

Element	Schmelzpunkt [°C]	Siedepunkt bei 0,1 MPa [°C]	Dichte [g/cm³]	Spez. Wärme bei 0°C [J/g]	Schmelzwärme [J/g]	Lin. Wärmeausdehnungskoeffizient bei 0°C [K^{-1}]	Wärmeleitfähigkeit [W/cm·K]	Elektr. Leitfähigkeit [$10^{-6} \cdot \Omega/mm$]	E-Modul [GPa]
Aluminium	660	2441	2,70	0,900	399	24	2,37	37,67	69
Antimon	630	1750	6,69	0,209	165	9,5	0,185	2,56	78
Arsen	815	613	5,73	0,331	223	4,7	–	3,0	–
Barium	725	1630	3,58	0,192	56	16	–	–	–
Beryllium	1285	2475	1,85	1,825	1356	12	2,18	25,0	290
Blei	327,5	1750	11,35	0,129	23	29	0,352	4,84	13,8
Bor	2300	2550	2,46	1,026	1472	2	–	56×10^{-12}	441
Chrom	1860	2670	7,21	0,460	282	6	0,91	7,8	248
Eisen	1536	2870	7,87	0,452	289	12	0,803	10,29	197
Gallium	29,8	2300	5,91	0,373	80	18	0,34	5,7	–
Gold	1063	2857	19,32	0,129	64	14	3,15	42,55	74,5
Iridium	2450	4390	22,42	0,129	144	6,5	1,47	18,9	517
Kadmium	321	767	8,64	0,230	54	30	0,92	14,64	55
Kalium	63,3	760	0,86	0,754	60	83	0,99	16,26	–
Kalzium	840	1485	1,56	–	230	23	1,3	25,57	24,8
Kobalt	1495	2870	8,90	0,419	263	12	0,69	16,03	207
Kohlenstoff									
Diamant	> 3800		3,51	0,519	–	–	1,5	–	–
Graphit	> 3500	4827	2,27	0,712	–	–	0,24	–	4,8
Kupfer	1084	4200	8,96	0,385	205	16,5	3,98	59,77	117
Lithium	180	2575	0,53	3,517	416	50	0,71	11,70	–
Magnesium	650	1342	1,74	1,017	379	25	1,56	22,47	44,1
Mangan	1244	1090	7,21	0,477	267	23	–	0,54	159
Molybdaen	2620	2060	10,22	0,251	253	5	1,38	19,2	276
Natrium	97,83	4651	0,97	1,226	115	70	1,34	23,8	–
Nickel	1453	884	8,90	0,444	300	13	0,905	14,62	214
Osmium	3025	2914	22,61	0,129	141	5	0,61	10,5	552
Palladium	1550	4225	12,02	0,243	157	12	0,71	9,2	117
Phosphor	44,1	2927	1,82	0,754	81	125	–	1×10^{-15}	–
Platin	1770	280	21,47	0,134	112	8,9	0,73	9,4	147
Quecksilber	–38,86	3825	13,55	0,138	292	–	0,0839	1,0	–
Rhenium	3180	356,5	21,04	0,138	178	7	0,71	5,2	460
Rhodium	1965	5650	12,41	0,243	212	8,3	1,50	22,17	290
Schwefel	113	3700	1,96...2,07	0,733	38	63	$26,4 \times 10^{-4}$	5×10^{-22}	–
Silber	961	445	10,50	0,239	111	19	4,27	62,89	72,4
Silizium	1411	2212	2,33	0,712	1655	2,5	0,835	10,0	110
Strontium	770	3280	2,58	0,301	105	–	–	4,3	–
Tantal	2980	1375	16,66	0,142	174	6,6	0,575	8,03	186
Titan	1670	5365	4,54	0,523	402	8,6	0,22	2,4	110
Uran	1232	3290	18,8	0,117	53	13,5	0,25	3,3	165
Vanadium	1900	4140	6,01	0,485	329	8	0,60	3,9	131
Wismut	271,4	3400	9,78	0,125	53	13	0,084	0,9	31,7
Wolfram	3400	1560	19,26	0,134	192	4,4	1,78	17,70	345
Zink	419,5	5550	7,13	0,389	102	30	1,21	16,90	83
Zinn	232	910	7,31	0,226	60	21	0,67	9,1	41
Zirkon	1852	2600	6,53	0,280	225	5,5	0,227	2,5	94,5

Literaturverzeichnis

ALTENPOHL, D.: Aluminium und Aluminiumlegierungen. Springer-Verlag, Berlin/Göttingen/Heidelberg/New York 1965
ALTENPOHL, D.: Aluminium von innen betrachtet. Aluminium-Verlag Düsseldorf 1979
BECKERT, M., u. H. KLEMM: Handbuch der metallographischen Ätzverfahren. VEB Deutscher Verlag f. Grundstoffindustrie, Leipzig 1985
BERGNER, J., u. a.: Praktische Mikrofotografie. VEB Fotokino-Verlag, Leipzig 1973
BEYER, B.: Werkstoffkunde NE-Metalle. VEB Deutscher Verlag f. Grundstoffindustrie, Leipzig 1971
BEYER, H., u. H. RIESENBERG (Hrsg.): Handbuch der Mikroskopie. VEB Verlag Technik, Berlin 1988
BRÜMMER, O. (Hrsg.): Mikroanalyse mit Elektronen- und Ionensonden. VEB Deutscher Verlag f. Grundstoffindustrie, Leipzig 1980
BRÜMMER, O., u. a. (Hrsg.): Festkörperanalyse mit Elektronen, Ionen und Röntgenstrahlen. VEB Deutscher Verlag d. Wissenschaften, Berlin 1980
BRUNHUBER, E.: Legierungshandbuch NE-Metalle. Fachverlag Schiele und Schön GmbH, Berlin 1960
BÜHLER, H.-E., u. H. P. HOUGARDY: Atlas der Interferenzschichten-Metallographie. Deutsche Gesellschaft für Metallkunde, Oberursel 1979
Mc CALL, J. L., u. W. M. MUELLER: Metallographic Specimen Preparation. Plenum Press, New York/London 1974
DIES, K.: Kupfer und Kupferlegierungen in der Technik. Springer-Verlag, Berlin/Heidelberg/New York 1967
ECKSTEIN, H.-J.: Wärmebehandlung von Stahl. VEB Deutscher Verlag f. Grundstoffindustrie, Leipzig 1973
ECKSTEIN, H.-J. (Hrsg.): Technologie der Wärmebehandlung von Stahl. VEB Deutscher Verlag f. Grundstoffindustrie, Leipzig 1988
EXNER, H. E., in: Qualitative and Quantitative Surface Microscopy (Hrsg.: CAHN, R. W., u. P. HAASEN). Physical Metallurgy, Teil II, Kap. 10 A, S. 581–712. North-Holland Physics Publishing, Amsterdam/Oxford/New York/Tokyo 1983
EXNER, H. E., u. H. P. HOUGARDY: Einführung in die quantitative Gefügeanalyse. DGM Informationsgesellschaft, Oberursel 1986
EXNER, H. E., u. H. P. HOUGARDY: Quantitative Image Analysis of Microstructure. DGM Informationsgesellschaft, Oberursel 1990
FREUND, H. (Hrsg.): Handbuch der Mikroskopie in der Technik. Umschau-Verlag, Frankfurt a. M. 1968/69
GRIMSEHL, H.: Lehrbuch der Physik, Bd. 3. BSB B. G. Teubner Verlagsgesellschaft, Leipzig 1980

HAASEN, P.: Physikalische Metallkunde. Akademie-Verlag, Berlin 1985
HAFERKORN, H. (Hrsg.): BI-Lexikon Optik. VEB Bibliographisches Institut, Leipzig 1988
HANSEN, M., u. K. ANDERKO: Constitution of Binary Alloys. Mc Graw Hill Book Comp., London/Toronto/New York 1958
HUNGER, H.-J. (Hrsg.): Ausgewählte Untersuchungsverfahren in der Metallkunde. VEB Deutscher Verlag f. Grundstoffindustrie, Leipzig 1987
IHME, R.: Lehrbuch der Reproduktionstechnik. VEB Fachbuchverlag, Leipzig 1982
JOST, K.-H.: Röntgenbeugung an Kristallen. Akademie-Verlag, Berlin 1975
KIRSCHNER, H.: Einführung in die Röntgenfeinstrukturanalyse. Verlag H. Viehweg, Braunschweig 1974
KLEMM, H.: Die Gefüge des Eisen-Kohlenstoff-Systems. VEB Deutscher Verlag f. Grundstoffindustrie, Leipzig 1987
LOZINSKI, M. G.: High Temperature Metallography. Pergamon Press, Oxford 1961
MASING, G.: Ternäre Systeme. Akademische Verlagsgesellschaft Geest & Portig KG, Leipzig 1949
MATHERON, G.: Random Sets and Integral Geometry. J. Wiley & Sons, New York/London/Sydney/Toronto 1972
MEYER, K.: Physikalisch-chemische Kristallographie. VEB Deutscher Verlag f. Grundstoffindustrie, Leipzig 1968
MICHEL, K.: Die Grundzüge der Theorie des Mikroskops in elementarer Darstellung. Wiss. Verlagsgesellschaft, Stuttgart 1964
MOTT, B. W., u. K. F. FRANK: Die Mikrohärteprüfung. Verlag Berliner Union, Stuttgart 1956
OETTEL, W.: Grundlagen der Metallmikroskopie. Akademische Verlagsgesellschaft Geest & Portig KG, Leipzig 1959
OHSER, J., u. H. TSCHERNY: Freiberger Forschungsheft B 264 (1988)
PETZOW, G.: Metallographisches Ätzen. Gebr. Bornträger, Berlin/Stuttgart 1976
RAUB, E.: Die Edelmetalle und ihre Legierungen. Springer-Verlag, Berlin 1940
RHINES, F. N.: Mikrostruktologie; Gefüge und Werkstoffverhalten. Dr. Riederer-Verlag, Stuttgart 1986
ROBINSON, W. H.: Dislocation Etch Pit Techniques. Interscience Publ. John Wiley & Sons, New York/London/Sydney 1968
SALTYKOW, S. A.: Stereometrische Metallographie. VEB Deutscher Verlag f. Grundstoffindustrie, Leipzig 1974
SCHATT, W. (Hrsg.): Einführung in die Werkstoffwissenschaft. VEB Deutscher Verlag f. Grundstoffindustrie, Leipzig 1987
SCHMIDT, K., u. a.: Gefügeanalyse metallischer Werkstoffe – Interferenzschichtenmetallographie und automatische Bildanalyse. Carl-Hanser-Verlag, München/Wien 1985
SCHULTZE, D.: Differentialthermoanalyse. VEB Deutscher Verlag d. Wissenschaften, Berlin 1971
SCHULZE, G. E. R.: Metallphysik. Akademie-Verlag, Berlin 1974
SERRA, J.: Image Analysis and Mathematical Morphology. Academic Press, London 1982
STOYAN, D., u. J. MECKE: Stochastic geometry and its application. Akademie-Verlag, Berlin 1987
TEICHER, G.: Handbuch der Fototechnik. VEB Fotokinoverlag, Leipzig 1983
Mc TEGART, W. J.: The Electrolytic and Chemical Polishing of Metals in Research and Industry. Pergamon Press, London 1956
VLADIMIROV, V. I.: Einführung in die physikalische Theorie der Plastizität und Festigkeit. VEB Deutscher Verlag f. Grundstoffindustrie, Leipzig 1976
WALTHER, W.: Fotografische Verfahren mit Silberhalogeniden; Einführung in ihre Grundlagen. VEB Fotokinoverlag, Leipzig 1983
WASCHULL, H.: Präparative Metallographie. VEB Deutscher Verlag f. Grundstoffindustrie, Leipzig 1984
WEIBEL, E.: Stereological methods. Academic Press, London 1980

ZIMMERMANN, R., u. K. GÜNTHER: Metallurgie und Werkstofftechnik – ein Wissensspeicher. VEB Deutscher Verlag f. Grundstoffindustrie, Leipzig 1989
ZWICKER, U.: Titan und Titanlegierungen. Springer-Verlag, Berlin 1974
–: Werkstoff-Handbuch Nichteisenmetalle. VDI-Verlag, Düsseldorf 1960
–: Grundlagen des Festigkeitsverhalten von Metallen, Akademie-Verlag, Berlin 1965
–: Rekristallisation metallischer Werkstoffe. VEB Deutscher Verlag f. Grundstoffindustrie, Leipzig 1966
–: Die Kristallisation von Metallen aus dem Schmelzfluß, der Gasphase und durch elektrolytische Abscheidung. VEB Deutscher Verlag f. Grundstoffindustrie. Leipzig 1969
–: Edelmetall-Taschenbuch. Degussa, Frankfurt a. M. 1967
–: De ferri metallographia
  · Bd. I: Grundlagen der Metallografie, Presses Acad. Europ. S. C., Bruxelles 1966
  · Bd. II: Gefüge der Stähle. Verlag Stahleisen mbH, Düsseldorf 1966
  · Bd. III: Erstarrung und Verformung der Stähle. Editions Berger-Levrault, Paris/Nancy 1967
  · Bd. IV: Teil I; Die neuesten metallographischen Untersuchungsverfahren. Teil II; Metallografie der Schweißverbindungen. Verlag Stahleisen mbH, Düsseldorf 1983
–: Zink-Taschenbuch, Metall-Verlag GmbH, Berlin/Heidelberg 1981
–: Zinn-Taschenbuch, Metall-Verlag GmbH, Berlin 1981
–: Aluminium-Taschenbuch, Aluminiumzentrale Düsseldorf. Aluminium-Verlag, Düsseldorf 1983
–: Werkstoffkunde Stahl, Bd. I u. II. Verlag Stahleisen mbH, Düsseldorf 1984/85

Sachwörterverzeichnis

A

Abbildungsmaßstab 28, 54
–, tatsächlicher 61
Abdruckverfahren 166
Abgleitung 386
Abkühlkurve 234 ff.
 – binärer Legierungen 257 ff.
 – reiner Metalle 235 ff.
 – ternärer Legierungen 353
Abkühlung 528
Abkühlungsgeschwindigkeit, kritische 485
Abkühlungskurve 503
Abrasivstoff 84
Abschreckalterung 449
Abschreckprobe 336
Absorption 23, 50
Absorptionsfilter 33
Absorptionskoeffizient 23
Abtragsrate 84
Abtragsverfahren 84
Achromate 39
Achsenwinkel 209
ADLER-Ätzmittel 418
Aggregatzustand 228
Aktivierungsenergie 277
Allotropie 226, 244, 323
Aluminium 676
Aluminiumbronze 651
Aluminium – Eisen 692
Aluminium-Kolbenlegierung 699
Aluminium – Kupfer 685
Aluminium-Leiterwerkstoffe 677

Aluminium – Magnesium 687
Aluminium – Mangan 690
Aluminium-Mehrstoff-Legierungen 693
Aluminium – Silizium 681
Amplitude 17
Amplitudenobjekt 40
Analysator 45
Anisotropie 214 f.
Anlaßätzen 113
Anlassen 541, 566
Anlaßsprödigkeit 547 f., 566
Anlaßstufen 541
Anodenschicht 101
anodische Teilreaktion 108, 119
Anschliff 75
Ansetzkamerasystem 57
Apertur 31
–, numerische 36
Aperturblende 32
Apochromate 39
Arbeitspotential 119
Astigmatismus 39
ASTM-Norm 136
Atomprozent 258 f., 341 f.
Atomradius 207
Ätzanalyse 695
 – von Schlacken 481
Ätzgrube 202
Ätzlösung 113
Ätzmittel 737
Aufdampfen (von Interferenzschichten) 122
Aufkohlen 534
Auflichtmikroskopie 31 ff.

Auflösungsgrenze 36 f.
Aufnahmeformat 55
Aufnahmematerial 62
Aushärtung 316, 322 f., 696, 711
Ausscheidung 217 ff., 321
Austenit 325, 430, 484
austenitischer Stahl 555, 593
Austenitisierungstemperatur 507
Austenitkorngrenzenbruch 483
Automatenstahl 466
Autoradiographie 124

B

Bainit 494
–, oberer 495
–, unterer 495
Balgenkamerasystem 57
BAUMANN-Abdruck 372, 410, 465
Baustahl 423
Bearbeitungsschicht 82
Beizblasen 473
Beizrisse 533
Beleuchtungseinrichtung nach KÖHLER 32
Belichten 63
Belichtungsautomatik 61
Belichtungsreihe 62
BEREK-Prisma 32
beruhigter Stahl 381
Berylliumbronze 654
Beugung 25 ff.

Beugungsbild 35
Beugungskonstante 165
Beugungsnetzebenenabstand 148
Bild
–, reelles 28
–, virtuelles 29
Bildfeldwölbung 39
Bildverarbeitungsgerät 145
Bildweite 28
Bildwiedergabeverfahren 52
binäreutektische Rinne 345
Blausprödigkeit 468
Blechtextur 160
Blei 667
Blei – Antimon 670
Bleibronze 653
Blei – Zinn 668
Blei – Zinn – Antimon 671
Blocklunker 376
Blockseigerung 371, 410, 458
BOČVAR-TAMMANNsche Regel 398
BRAGGsche Gleichung 147 ff.
Brechung 19 ff.
Brechungsgesetz 20
Bremsspektrum 154
Bremsstrahlung 170
Brennweite 27
BREWSTER-Winkel 22
Bronze 645
Bruchdehnung 385
BURGERS-Vektor 389

C

charakteristisches Spektrum 155, 170
chemisches Ätzen 107, 112
chemisches Polieren 100
chemisch-mechanisches Polieren 100
Chrom-Nickel-Stähle 592
Chromstähle 584
CLAUSIUS-CLAPEYRONsche Gleichung 231 f.
Cluster 275
CURIE-Punkt 248 f.

D

DALTONsches Gesetz 307 f.
Dampfdruck 231, 253
DEBYE-SCHERRER-Diagramm 151
DEBYE-SCHERRER-Verfahren 150
Deckschicht 102
Deformationszone 83
Dendriten 215 ff., 288, 292, 367, 379
Desoxidation 476, 651
Diamantpaste 89
Diamant-Polieren 89
Dichroismus 24
dichteste Packung 214
Diffraktometer 152
Diffusion 275 ff., 299
Diffusionsgeschwindigkeit 277
Diffusionskoeffizient 277
Diffusionskonstanten 277
Digitalbild 145
Dilatometerkurve
–, Fe 245
–, Stahl 245 f.
–, Grauguß 248
Dilatometrie 242 ff.
Dispersion 21
dispersionsgehärtete Silberlegierungen 723
Dispersionsverfestigung von Platin 733
Dispersität 129
Doppelätzung 115
Doppelbrechung 24, 45
Doppelkarbide 557
Dopplungen 378
Dreieckskoordinaten 340
Dreiphasenraum 346
Dreistoffsysteme 339 ff.
Dunkelfeldabbildung 43
–, elektronenmikroskopische 168
Durchvergütung 546
dynamische Entfestigungsprozesse 403
dynamische Erholung 403
dynamische Rekristallisation 403

E

Edelmetalle 713
Einbetten 81
Eindringtiefe 177
Eindruckdiagonale 177
Einfassen 80
Einhärtung 508, 529, 562
Einkristallhärte 176
Einlagerungsmischkristall 157, 274
Einsatzhärtung 534
Einsatzstahl 423
Einsatztemperatur 535
Einsatztiefe 535
Einsatzzeit 535
Einschnürung 385
Einspannen 81
Eisen 424
Eisenbegleiter 421, 445
Eisen-Kohlenstoff-Diagramm 428
Elastizität 385
Elastizitätsgrenze 385
Elastizitätsmodul 385
elektrochemische Spannungsreihe 108
Elektrolytblei 667
elektrolytisches Ätzen 117
elektrolytisches Polieren 100
Elektrolytkupfer 626
Elektronenbeugung 164
Elektronenstrahlmikrosonde 170
Elektrostahlverfahren 422
Elektrowischpolieren 104
Elementarzelle 209 f.
Embryonen 357
Empfindlichkeit 67
Empfindlichkeitskennzahl 67
Entartung des Perlits 488
Entfestigungsvorgänge 395
Entkohlung 449
Entmischung
–, einphasige 321
–, eutektische 289 f.
–, peritektische 297
–, zweiphasige 321

Entwickeln 64
Entzinkung 638 f.
Epitaxie 217
Erhitzungskurve 234
Erstarrung 356 f.
Erstarrungstemperatur 228
Erstarrungswärme 228
Eutektikum 290 ff., 369
–, anomales 295
–, entartetes 311
–, normales 295
eutektischer Punkt 290
eutektisches System 289 f.
eutektische Temperatur 290
Eutektoid 325 ff.
eutektoide Temperatur 325
eutektoide Umwandlung 325 ff.
Extraktionsabdruck 166

F

Fadenlunker 377
Fasertextur, gewöhnliche 159
Faulbruch 482
Feinbereichsbeugung 164
Feinblei 667
Feingold 724
Feinkornsilber 715
Feinschleifen 94
Feinsilber 714
Feinzink 659
Feldstärke, elektrische 17
Ferrit 326, 426, 430
–, δ- 598, 602
ferritischer Stahl 554
Feuerzinkschicht 660
FICKsche Gesetze 276
Fiederkristall 680
Filter 33
FITZERsches Ätzmittel 114
Fixieren 65
Flächenanalyse 173
Flächenanteil 131
Fließgrenze 385
Flocken 471
förderliches Abbildungsmaß 57
Formspannungen 531

Fotopapier 72
fototechnisches Material 63
Fremdkeime 357
Frequenz 17
FRYsche Kraftwirkungsfiguren 469
FRYsches Ätzmittel 468

G

galvanische Goldschichten 725
Garschaumgraphit 371
Gasblasen 379
Gasblasenseigerung 374, 457
Gasionenätzen 123
gebrochene Härtung 533, 551
Gefügehärte 175
Gefügerechteck 443
–, Pb – Sb 294 f.
–, Pb – Zn 262
–, Pt – Ag 302
Gefügerelief 84
Gefügespannungen 531
Gegenstandsweite 28
Geräteplatin 730
Gesetz der wechselnden Phasenzahl 324
GIBBSsche Phasenregel 252
Gießbarkeit 304
Gießen 356
Gitterbaufehler 220
Gitterebene 211 f.
Gitterfehler 169
Gitterkonstante 208, 211
–, röntgenografische Bestimmung 337
Gitterpunkt 211
Gitterrichtung 208, 211
Glanzwinkel 148
Gleichgewicht 251, 262
Gleichgewichtskoeffizient nach GUILLET 643
Gleitebene 386
Gleitrichtung 386
Gleitstufen 387
Gleitsystem 386

Gold 724
GOLDBERG-Bedingung 72
Gold – Nickel 725
Gold – Silber 726
Gold – Silizium 728
Goldwerkstoffe für die Schmuckherstellung 726
Gradation 70
Graphit 445
Grauguß 371
Grobkorn 225
GUILLET-Diagramm 576, 583
Gußeisen 439, 610
–, Diagramm 615
– mit Lammellengraphit 614
Gußstruktur 358
Gußtextur 359
Gußwerkstoffe 424

H

Habitusebene 492
halbferritischer Stahl 554
Haltepunkt 237 ff., 294
– des Eisens 425
Haltezeit 528
Harzblei 670
Härtegrade 183
Härten 525, 551
Härterisse 530
Härtetemperatur 526
Härteverzug 530
Hartlote 645
Hartlöten 414
Hartmanganstahl 577
Hartmetall 608
Hartsilber 717
Hebelgesetz 441
– im binären System 262 ff., 280, 286, 291, 299 ff., 338
– im ternären System 342 f.
Heißätzen 121
Heißbruch 462
Heizkammer 188
Hellfeldabbildung 41 ff.
–, elektronenmikroskopische 167
heterogene Keimbildung 357
heteropolare Bindung 307
HEUSLERsche Legierung 248

Sachwörterverzeichnis 759

Hexaeder 213
Hexaisoktaeder 213
HEYNsches Ätzmittel 372
Histogramm 140
hochlegierte Stähle 553
Hochofen 420
Hochtemperaturmikroskopie 185
Holzfaserbruch 483
homogene Keimbildung 357
Homogenisierungsglühen 367
Homogenitätsbereich 313
homöopolare Bindung 307
HOOKEsches Gesetz 385
Horizontalschnitt 348 f.
Hüttenaluminium 677
Hüttenblei 667
Hüttenzink 659
Hysterese 244 f., 325

I

Idealkristall 220
Identifizierungsätzungen 694
ideomorpher Kristall 288
Immersion 37
Inchromieren 591
inkongruent schmelzende Verbindung 313 ff.
Integralintensität 153
Integrationstisch 144
Intensitätsverteilung
–, azimutal 154
–, radial 152
Interferenz 24, 147
Interferenzdiagramm 153
Interferenzfilter 51
Interferenzkegel 150
Interferenzkontrast, differentieller 47
Interferenzmikroskopie 46 ff.
Interferenzordnung 26, 148
Interferenzreflexion 147
Interferenzschichtenmikroskopie 49
interkristalline Korrosion 689
interkristalline Spannungsrißkorrosion 469
intermediäre Phase 307

intermetallische Verbindung 306 ff., 330
Invar 584
inversible Fe-Mn-Legierungen 574
Ionenätzen 121
irreversible Legierungen, Fe – Ni 581
isothermer Schnitt 348 f.
Izett-Stahl 469

K

Kaltformgebung 395
Kaltumformung 151, 384
Kaltversprödung 460
kaltzäher Stahl 600
Kalziumfluoridgitter 308
Kameraansatz 63
Kameramikroskop 62
karbidischer Stahl 558
Karbidseigerung 605
Karbonitrieren 540
katodische Teilreaktion 108, 119
Katodolumineszenz 170
Keim 357
Keimzahl (KZ) 357 f.
Kieselsäure 476
Kleinwinkelkorngrenze 223
KLEMMsches Ätzmittel 114
Knickpunkt 238 f., 294
KNOOP-Härte 177
Koagulation 320
Kokillenguß 360 f.
Koma 38
Komponente 251
Kondensationstemperatur 227
Kondensationswärme 227
kondensiertes System 253
kongruent schmelzende Verbindung 310 ff.
Konode 263
Konstanten 656
Kontrastierung 42, 106
Kontrastierungsmethoden 107
Konturenschärfe 74
Konzentration 252
Konzentrationsdreieck 340
Kornfeinung 289

Kornfeinungsmittel 678
Kornflächenätzung 109, 215
Korngrenze 221 ff.
Korngrenzenätzung 109
Korngrenzenzementit 437, 517
Korngröße 130, 135
Korngrößenbestimmung, rötgenografisch 158
Korngrößennummer 136
Körnigkeit 73
Kornstreckung 392
Kornzerfall 596
Kristall 207
Kristallerholung 396
Kristallfigurenätzung 109, 111, 200
Kristallgemenge, Eigenschaften 303 ff.
Kristallgitter 208
Kristallgitterspannungen 531
Kristallisation 357
Kristallisationswärme 237
Kristallisatoren 357
Kristallit 207, 211
Kristallseigerung 364, 406, 453
Kristallsysteme 209
kritischer Umformgrad 399
KÜNKELE-Ätzung 463, 481
Kupfer 626
Kupfer – Aluminium 652
Kupfer – Beryllium 655
Kupfer – Nickel 656
Kupferoxid 627
Kupfer – Sauerstoff 627
Kupfer – Schwefel 627
Kupfer – Silber 657
Kupfer – Sulfid 627
Kupfer – Zinn 645
Kupfer – Zink 630

L

Lagermetall 671
Lagerweißmetall 671
Lamellenabstand des Perlits 436
Lamellendicke 135, 137
Längsschliff 134

Sachwörterverzeichnis 761

Läppen 93
Lattenmartensit 489
LAUE-Methode 149
Ledeburit 430, 439
ledeburitischer Stahl 558
Ledeburitnetzwerk 605
legierte Stähle 423, 552
Leitfähigkeit, elektrische 304
Letternmetall 676
Leuchtfeldblende 32
Licht, weißes 18
Lichthof 74
Lichtquellen 32
Linearanalysator 144
Linearanalyse 133
lineare Kristallisationsgeschwindigkeit (KG) 357f.
linearer Ausdehnungskoeffizient 242
Linienanalyse 173
Linienbreite 153
Linienlänge, spezifische 131
Linsen 26ff.
Liquidusfläche 344
Liquiduslinie 279
Liquidustemperatur 279
Lochfraßkorrosion 688
Löslichkeit 273
Löslichkeitslinie 317
Lötbrüchigkeit 466
Löten 413
LÜDERSsche Linien 468
Lufthärter 562
Lunker 375

M

Magnesium 701
Magnesium – Aluminium 703
Magnesiumlegierungen 702
Magnesium – Zink 706
magnetische Analyse 248ff.
magnetische Umwandlung 324
Makroätzung 419
Makrofotografie 54
Manganbronze 657
Manganstahl 573
Mangansulfid 462
Martensit 217, 431, 488

–, ε- 574
–, kubischer 491, 541, 573, 580
–, spannungsinduzierter 493
–, tetragonaler 491
Martensittemperatur 490, 565
Maßänderung 531
Masseprozent 258f., 341f.
Materiewelle 147
MAURER-Diagramm 592
mechanisches Polieren 83
Mehrfachschätzung 116
Messing 630
Meßschraubenokular 182
metadynamische Rekristallisation 404
Metallauflösung 101
Metallbindung 206
Metalloid 307ff.
MEYER-Gerade 183
Mikroeindruck-Härtemessung 175
Mikrofotografie 53
Mikrofotografiereinrichtung 60
Mikrohärte 175
–, absolute 182
–, relative 184
Mikrohärteprüfgerät 181
Mikrofinegrafie 52
Mikrokinematografie 53
Mikrolunker 378
Mikroreflexionsmessung 194
Mikroskop
–, aufrechtes 33
–, -Fotometer 195
–, umgekehrtes 34
Mikroskopanpassung 59
mikroskopische Vergrößerung 55
Mikrotomieren 95
MILLERsche Indizes 211f.
Mischbarkeit im flüssigen Zustand
–, geringe 260ff.
–, größere 267ff.
Mischfarben 18
Mischkristalle 156ff., 255, 272ff., 283, 291, 299, 364
–, Bildungsbedingungen 278

–, Eigenschaften 283
–, Zerfall 331
Mischungslücke
– im flüssigen Zustand 256, 261, 298
– im festen Zustand 285f.
Modifikation 226, 244, 250, 323
Modifikatoren 363
Molybdängefüge 589
Monelmetall 657
Monotektikale 269
monotektische Reaktion 269
monotektische Zusammensetzung 269
MOSELEYsches Gesetz 155

N

Nahordnung 357
Naßtrennschleifen 80
Negativ-Positiv-Verfahren 65
Netzebene 208
NEUMANNsche Bänder 391
Neusilber 658
NEWTONsches Abkühlungsgesetz 235
nichtmetallische Einschlüsse 479
Nickelstähle 580
Niederschlagätzung 112
niedriglegierte Stähle 553
Nitriertiefe 538
Nitrierung 538
Normalglühen 509, 551
Normalschliff 78

O

Oberflächenabdruck 166
Oberflächenhärten 533
OBERHOFFER-Ätzung 115, 372, 406
Objekthelligkeitsumfang 71
Objektiv 29
Öffnungsfehler 38
Oktaeder 213, 218f.
Okular 29
Ölhärter 562
Ordnungsgrad 158

Orientierungszusammenhang nach KURDJUMOW-SACHS 491
OSMONDsche Methode 239

P

Patentieren 550, 552
Pendelglühung 517
Peritektikale 298
Peritektikum 298
peritektischer Hof 303
peritektischer Punkt 298
peritektisches System 369
peritektoide Umwandlung 328
peritektoides System 328
Perlit 326f., 426, 430
–, lamellarer 434, 487
–, körniger 436
Phase 250
Phasenanalyse 173
–, röntgenografische 155
Phasenfelder 256
Phasenkontrast 44
Phasenobjekt 40
Phosphorbronze 651
Phorphorseigerung 453
Photoemissions-Elektronenmikroskopie 193
Planachromate 40
Planapochromate 40
Planglasilluminator 31
Plastizität 385
Platin 729
Platin–Iridium 733
Platin–Rhodium 733
Platinschädlinge 731
Plattenmartensit 489
Polarisation 19
Polarisationsmikroskopie 45ff.
Polarisatoren 24, 45
Poldichte 160
Polierfehler 93
Polierregel 92
Polierspannung 103
Polygonisation 396
Potentialdifferenz 109, 200f.
potentiostatisches Ätzen 118
Präparationsstufen 77
Preßschweißen 415

Primärgefüge 454
Primärhärte 567
Primärrekristallisation 396
Primärzementit 430
Prismenilluminator 32
Probennahme 77
Probenstrom 171
Projektionsdiagramm 347f.
Projektor 30
Punktanalyse 133, 173

Q

Quasiisotropie 225
Quergleitung 389
Querschliff 134

R

Raffinadekupfer 626
RAOULTsches Gesetz 253ff., 261, 279, 345
Rasterelektronenmikroskopie 172, 174ff.
Rauhigkeitszone 83
Raumgitter 208ff.
Raumgitterinterferenzen 146
Realisationsdiagramm 281
Realkristall 220
Reckgrad, kritischer 523
Redoxvorgang 108
Reflexion 19ff.
Reflexionsgrad 195
Reflexionskoeffizient 21ff.
Reflexionsstandard 197
Reflexionsvermögen 24, 41, 50
Registrierung von Mikroskopbildern 34
Reifung 230
reine Metalle 206
Reineisen 424
Reinstaluminium 677
Rekristallisation in situ 396
Rekristallisationsdiagramm 401
Rekristallisationsglühen 520
Rekristallisationstemperatur 398, 520
Reliefbildung 191
Restaustenit 489

Rhombendodekaeder 213
RICHARDsche Regel 227
Richtreihe 140
Ringfasertextur 159
Riß 224
Röntgenbilder 175
Röntgendiffraktometrie 146
Röntgenröhre 154
Röntgenstrahlen 146
Rotbruch 461, 474
Rotguß 657
Rückstandsanalyse 480
Rückstreuelektronen 170, 174

S

Sammelrekristallisation 397, 522
Sandguß 360f.
Sauerstoffaufblasverfahren 422
SAUVEURsches Schaubild 444
Schalenhartguß 610, 622
Schärfentiefe 37
Schattenstreifen 457
Scherdeformation 493
Schlackeneinschlüsse 406
Schlacken im Stahl 479
Schleifen 83
Schleiflappen 93
Schleifpapier 85
Schleifregel 85
Schleiffrisse 533
Schlifflage 79
Schmelzschleifen 415
Schmelztemperatur 227
Schmelzwärme 227
Schnellarbeitsstahl 409, 604
Schraffurätzung 115
Schrägschliff 78
Schraubenversetzung 388
Schrumpfspannungen 531
Schrumpfung 375
Schwärme 357
Schwarzbruch 570, 608
Schwarzkernguß 624
Schwärzungskurve 66
Schwärzungsunterschied 71
Schwarz-Weiß-Fotografie 63
Schwebekristall 427

Schweißen 414
Schweißnaht 514
Schwerkraftseigerung 261, 270, 370, 674
Schwerpunktbeziehung 342f.
Schwindung 375
Segregat 217, 292, 299, 301, 317ff.
Seigerungen 364
Seigerungsriß 459
sekundäre Rekristallisation 397
Sekundärelektronen 170, 174
Sekundärgefüge 454
Sekundärhärte 567
Sekundärzementit 430
selektive Korrosion 664
selektiver Materialabtrag 200
Sensibilisierung 69
SIEMANS-MARTIN-Verfahren 422
Sigma-Phase 585
Silber 713
Silber – Kadmium 719
Silber-Kadmium-Verbundwerkstoffe
Silber – Kupfer 717
Silberlot 717
Silber – Nickel 715
Silber-Nickel-Faserverbundwerkstoff 716
Silber-Nickel-Kontaktwerkstoffe 715
Silber – Palladium 722
Silikateinschlüsse 477
Siliziumstähle 569
Soliduslinie 279
Solidustemperatur 279
Sonderbronzen 650
Sonderkarbide 553, 557
Sondermessing 643
Sondernitride 539
Spannungskorrosionsriß 697
Spannungsrißkorrosion (Messing) 640
spektrale Empfindlichkeit 69
Spektralfarben 18
Spektrometrie
–, wellenlängendisperse 172
–, energiedisperse 173

Spektrum einer Röntgenröhre 154
Spinell 479
Spiralfasertextur 159
Spangiose 621
Stahl 421
Steadit 616
Steinsalzgitter 308f.
Stereomikroskopie 51
Stirnabschreckprobe 508
STRAUSS-Probe 596
Stromdichte-Potential-Schaubild 119
Stromdichte-Spannungs-Kurve 102
Strukturätzung 200
Stufenversetzung 388
Subgrenzenätzung 200
Subkornkoaleszenz 396
Sublimation 230
Substitutionsmischkristall 157, 272f.
Symmetrie 214
System
 – Ag – Cu 306
 – Ag – Ni 331f.
 – Al – Cu 332
 – Al – Sb 310ff.
 – Al – Sn 286ff.
 – Bi – Pb – Sn 344ff.
 – Cd – Sn 304
 – Co – Ni 324
 – Cu – Cu_2O 296
 – Cu – Ni 280ff.
 – Cu – Pb 267ff.
 – Fe – C 325ff., 446
 – Fe – C – Si 570
 – Fe – Cr 585
 – Fe – Cr – C 586
 – Fe – Cr – Ni 592
 – Fe – H_2 470
 – Fe – Fe_3C – Fe_3P 617
 – Fe – Mn 452, 573
 – Fe – Mn – C 574
 – Fe – N 466
 – Fe – Ni 580
 – Fe – Ni – C 581
 – Fe – O_2 474
 – Fe – P 453
 – Fe – Pb 256f.

 – Fe – S 461
 – Fe – Si 452, 569
 – Fe – V 330f.
 – Pb – As 297
 – Pb – Bi 297
 – Pb – Cd 297
 – Pb – Hg 297
 – Pb – Sb 291ff., 303ff.
 – Pb – Sn 297
 – Pb – Zn 260ff.
 – Pt – Ag 299ff.
 – Pt – Co 329
 – Sb – Fe 314f.
 – Sb – Sn 333f.

T

Teilchenzahl pro Flächeneinheit 129, 131
Temperaturkammer 186
Temperatur-Konzentration-Schnitt 350f.
Temperguß 622
–, schwarzer 622
–, weißer 624
Temperkohle 612, 622
ternäres Zustandsdiagramm 343ff.
ternäreutektischer Punkt 345
ternäreutektisches System 344ff.
Tertiärzementit 430, 448
Textur 151, 159ff., 225
thermische Analyse 233ff.
thermischer Ermüdungsriß 700
thermisches Ätzen 121, 191
Thermodifferentialkurve 240f.
Thermoelement 233
thermomagnetische Waage 248
THOMAS-Verfahren 421
Tiefenätzung 109, 111, 373, 406
Tieftemperaturkammer 190
Tieftemperaturmikroskopie 186
Titan 707
Titanlegierungen 710
Titan – Vanadin 710

Tonerde 478
Tonerde-Polieren 88
Topographiekontrast 174
Totalreflexion 21
Totglühen 608
Trägerkristall 671
Transformatorenblech 571
Transkristallisationszone 358
Transmissionselektronenmikroskopie 161 ff.
TROUTONsche Regel 227
Tubuslinse 30

U

Überalterung 323
Überhärtung 527
Überhitzung 225, 361, 511
Überkohlung 536
Übersättigung 318 ff.
Überstruktur 309, 329
Überwalzung 411
Überzeitung 225, 512
Umformtextur 392
umgekehrte Blockseigerung 374
Umkehrverfahren 65
Umwandlung
-, α/γ bei Stahl 245, 250, 326
- des Austenits 484
Umwandlungspunkte, Bestimmung 232
Umwandlungsspannungen 493, 531
unberuhigter Stahl 381
Unmischbarkeit
- im flüssigen Zustand 256
- im festen Zustand 285
Unterbrechen 64
Unterhärtung 527
Unterkühlung 237, 357 f.
Unterkühlungsschaubild von Stahl 484

V

VAN'T HOFFsche Gleichung 316
VEGARD-Regel 157

Verbrauchsmaterial 84
Verbrennung 475
Verdampfungstemperatur 227
Verdampfungswärme 227
Veredlung von Al-Si-Gußlegierungen 682
Verfestigung 385
Verformungsvermögen 304
Vergrößerung 28, 30
Vergrößerungsfähigkeit 73
Vergüten 541
Vergütungsstahl 423
Verkürzungsfehler 178
Versetzung 388
Versetzungsätzung 200
Versetzungsdichte 135, 137, 159, 390
Versetzungsgleiten 389
Versetzungslinie 389
Versprödung 468, 472
Verteilungsfunktion, rheologische Bestimmung 138 ff.
Vertikalschnitt 350 f.
Verzeichnung 39
VICKERS-Härte 177
Vielkristall 221
Vielkristalldiffraktometrie 152
Vielkristallhärte 176
Vielkristallinterferenzen 148 ff.
Vollständigglühen 513
Volumenanteil 141
Volumenausdehnungskoeffizient 242 f.
Volumenprozent 258 f., 341 f.

W

Wälzlagerstahl 589
Walztextur 392
Warmbadhärtung 533, 551
warmfester Stahl 601
Warmformgebung 395
Warmumformung 403
Wasserhärter 562
Wasserstoffkrankheit von Kupfer 629
Weichfleckigkeit 518
Weichglühen 515
Weichhaut 450

Weichlöten 413
Weißmetall 361, 371
Wellen, elektromagnetische 17
Wellenlänge 17
- von Elektronen 162
WIDMANNSTÄTTENsches Gefüge 220, 417, 454, 510, 574
Wüstit 474

Z

Zeilengefüge 455, 464, 512
Zeitbruchlinien für Pt 99,9 und DVS-Pt 732
Zellgefüge 679
Zementit 326 f., 428
-, körniger 516
Zerreißdiagramm 384
Ziehtextur 392
Zink 659
Zink-Aluminium 661
Zink-Aluminium-Kupfer 664
Zinkblendegitter 308
Zink-Druckguß 664
Zinnbronze 645
Zinnlote 670
Zinnsäureeinschlüsse 651
ZTU-Diagramm 496
-, isothermisches 496, 560
-, kontinuierliches 502
ZTU-Schaubild, isothermes 250
Zugfestigkeit 385
Zunderbeständigkeit 601
Zuschläge 420
Zustandsdiagramm 228, 251 ff.
-, Aufstellung 335 ff.
-, binäres 251 ff.
-, tertiäres 343 ff.
- von Mg 229 f.
Zweistofflegierung 251
Zwillingsbildung 386, 390
Zwillingsebene 390
Zwillingsgrenze 222 f.
Zwillingsrichtung 390
Zwillingssysteme 390
Zwischenbild 35
Zwischenstufenvergütung 549, 552